Ingenieur-Mathematik

Lehrbuch der höheren Mathematik
für die technischen Berufe

von

Dr. ing. Dr. phil. Heinz Egerer

Diplom-Ingenieur, Dr. ing. Dr. phil., vorm. Professor für Ingenieur-Mechanik und Material-Prüfung
an der Technischen Hochschule Drontheim

Erster Band

Niedere Algebra und Analysis. — Lineare Gebilde der Ebene und des Raumes
in analytischer und vektorieller Behandlung. — Kegelschnitte

Mit 320 Textabbildungen und 575 vollständig
gelösten Beispielen und Aufgaben

Berichtigter Manuldruck 1921

Berlin

Verlag von Julius Springer

1913

ISBN-13: 978-3-642-89642-2   e-ISBN-13: 978-3-642-91499-7
DOI: 10.1007/978-3-642-91499-7

Vorwort.

Mit vorliegendem Band erscheint ein Werk, dessen erste Anlage
noch aus der Zeit 1900 bis 1910 stammt, als ich Repetitorien aus
dem Gebiet der Mathematik und Mechanik für die Diplomprüfungen
an der Technischen Hochschule München leitete[1]), aus einer Zeit, die
mich mit der mathematischen Denkweise unserer Studierenden ver-
traut machte, mich aber auch die Schwierigkeiten eines für die
technische Praxis notwendigen mathematischen Studiums vollkommen
würdigen ließ.

Der endgültigen Festsetzung und teilweisen Vollendung des
Werkes habe ich meine Vorlesungen über Ingenieur-Mechanik zu-
grunde gelegt, die ich die letzten beiden Jahre an der hiesigen
Technischen Hochschule für die Studierenden aller Abteilungen gab.
Demzufolge bildet der vorliegende erste Band die Unterlage zur
Statik starrer Körper einschließlich der Theorie der ebenen und
räumlichen Fachwerke; der demnächst erscheinende zweite Band
(Differential- und Integralrechnung, Reihen, Gleichungen, Kurven-
diskussion) für die Elemente der Mechanik starrer und nichtstarrer
Körper; der dritte abschließende Band (gewöhnliche Differential-
gleichungen, Flächen, Raumkurven, partielle Differentialgleichungen,
Wahrscheinlichkeits- und Ausgleichsrechnung, Fouriersche Reihen usw.)
für allgemeine Festigkeitsrechnung und allgemeine Dynamik sowie
angewandte Mechanik.

„Ingenieur-Mathematik" habe ich das Werk betitelt und damit
Zweck und Inhaltsumgrenzung angeben wollen sowie die Behandlung
des Stoffes. Man betrachte einmal den Umfang der mathematischen
Ausbildung unserer Bau-, Maschinen- und Elektroingenieure, die
hinter jener der Mathematik-Lehramtskandidaten nicht zurückbleibt,

---

[1]) Inzwischen erschien 1908 im Verlag Oldenburg ein „Repetitorium der
höheren Mathematik (Lehrsätze, Formeln, Tabellen)".

betrachte ferner den Zweck dieser Ausbildung, und man wird zugeben müssen, daß die Behandlung des Stoffes eine andere sein muß als die für den Mathematiker passende. An vielen mathematischen Fragen muß der Ingenieur mit einer kurzen Orientierung vorbeigleiten, in den meisten Fällen muß seine Ausbildung nur so weit gehen, daß er imstande ist, an Hand von Spezialwerken sich im Bedarfsfall selbst weiterzubilden, in den Elementen selbstverständlich muß sein Wissen ein ganz solides sein. Für ihn ist die Mathematik nur eine Hilfswissenschaft; die relativ geringe Zeit, die er auf sie verwenden kann, muß eben dann durch eine möglichst anschauliche Behandlung des Stoffes ausgenützt werden, und das ist unbedingt die vorwiegend graphische. Sie ist am ehesten imstande, dem Ingenieur das zu geben, worauf es ihm beim mathematischen Studium ankommt, nämlich in erster Linie das Wesentliche, das Qualitative eines durch Zahlen gekennzeichneten technischen Vorganges zu erkennen und aus der Formel abzulesen, in zweiter Linie erst das Quantitative.

Entsprechend seinem Zweck als Unterlage für die Statik starrer Körper, die ja nur lineare Probleme bietet, bringt der erste Band ziemlich ausführlich die Geometrie der linearen Gebilde. Vorausgeschickt wurde ihr ein Abschnitt „Niedere Algebra und Analysis", der als Übergang von der elementaren Mathematik vorbereiten soll zu den linearen Gebilden und zwar durch die Determinanten und linearen Gleichungen. Weiter soll dieser Abschnitt vorbereiten auf die in der höheren Mathematik so notwendige Strenge der Begriffsfestsetzung. Die Geometrie der Kegelschnitte dient als Unterlage für eine Reihe technisch wichtiger Begriffe, vor allem aber für die in der Mechanik, auch bereits in der Statik, recht häufig auftretende polare Zuordnung. Eine weitere Anwendung finden die Kegelschnitte auf die Massenmomente, deren Begriffsfestsetzung und Behandlung gar nicht früh genug erfolgen kann.

Wir haben bis jetzt kein mathematisches Werk, das den Bedürfnissen des modernen Ingenieurs gerecht wird. Das zeigt sich vor allem auch dadurch, daß in den bekannteren Lehrbüchern die Vektorenrechnung entweder gar nicht oder überaus stiefmütterlich behandelt wird. Man ist ja leider heute oft noch genötigt, den Gebrauch der Vektoren für den Ingenieur nahezu entschuldigen zu müssen. Und doch ist gerade die Vektorenrechnung dazu berufen, dem Ingenieur das Wesentliche eines mechanischen Vorganges am deutlichsten klarzulegen. Grund genug für mich, die Vektoren-rechnung in breiterer Darstellung zu bringen.

Soweit nicht die Spezialausbildung des Ingenieurs ein tieferes Eindringen in die Gebiete der allgemeinen Festigkeitslehre und Dynamik verlangt, bietet der vorliegende Band den geometrischen Stoff einer jeden technischen Ausbildung. Nimmt man von ihm noch dasjenige hinweg, das in der nachfolgenden Anleitung als gegebenenfalls entbehrlich bezeichnet ist, so bildet der Rest wohl das unbedingt Notwendige, das meines Erachtens jeder wissen muß, der technisch arbeitet.

Die „Ingenieur-Mathematik" soll besonders auch dem im Beruf stehenden Ingenieur zu Hilfe kommen, sei es als Basis für seine mathematische Weiterbildung, sei es als Nachschlagewerk. Für letzteren Zweck ist besonders gesorgt durch recht zahlreiche Hinweise auf vorausgehende Formeln. Ein noch folgendes ausführliches alphabetisches Verzeichnis wird dem Buch als Nachschlagewerk dienlich sein.

Was und wieviel ich Neues gebracht habe, und welchen Wert es hat, das zu beurteilen überlasse ich der Fachkritik.

Drontheim, den 1. Juni 1912.

Heinz Egerer.

Als kurze

Anleitung zum Studium

des Werkes gebe ich an, daß es nicht notwendig, für viele nicht einmal ratsam ist, die einzelnen Abschnitte nacheinander zu studieren. Ich halte es für ganz gut, wenn neben dem mehr trockenen Teil des ersten Abschnittes gleichzeitig der zweite in Angriff genommen wird, soweit er sich nicht auf den ersten stützt. Nach Absolvierung der beiden ersten Abschnitte kann man vielleicht wieder gleichzeitig an den dritten und vierten gehen.

Die mit einem Stern versehenen Nummern oder Schlußteile einzelner Nummern können beim ersten Studium ruhig überschlagen werden, bis in einem späteren Band auf sie verwiesen wird. Wer nicht weitergehende mathematische Kenntnisse, zum Studium der allgemeinen Festigkeitslehre und Dynamik etwa, notwendig hat, überschlägt diese Nummern am besten für immer.

Übungen habe ich in Form von Beispielen und Aufgaben gegeben und als Beispiele vielfach die Entwicklung von Sätzen, auf die später zurückgegriffen wird. Die Durchrechnung der Beispiele rate ich sofort vorzunehmen, die Lösung der Aufgaben kann unter Umständen zurückstehen bis zu einer Repetition des Stoffes. Die Lösung der Beispiele sowohl wie der Aufgaben rate ich immer mit dem Stift in der Hand vorzunehmen: bei Unklarheiten und als Kontrolle für die richtige Lösung mache man Skizzen.

Eine oft gestellte Frage, welche Formeln soll man auswendig wissen, beantworte ich dahin: alle diejenigen, von denen man selbst wahrnimmt, daß sie oft auftreten und angewandt werden. Man vermeide einen Ballast von auswendig gelernten Formeln; der Ingenieur ist mehr als irgendein anderer Berufsmensch auf stetes Nachschlagen hingewiesen; für ihn kommt es nicht darauf an, eine Formel zu wissen, sondern sie zu verstehen und anzuwenden.

Zum Schluß bemerke ich noch, daß ich mich, wo es anging, an die Bezeichnungen der „Hütte" gehalten habe.

Inhaltsverzeichnis.

Vierter Abschnitt.

Lineare Gebilde des Raumes in analytischer und vektorieller Behandlung.

Erster Abschnitt.

Niedere Algebra und Analysis.

Einleitung.

1. Algebra als Teil der höheren Mathematik ist die Lehre von der Auflösung gewisser Gleichungen, die man deswegen algebraische Gleichungen nennt, siehe Nr. 47. In der Elementär-Mathematik ist sie die Entwicklung aller jener Rechnungsregeln, die für diese Auflösung notwendig sind.

Analysis ist die Entwicklung aller mathematischen Rechnungsregeln ausschließlich der reingeometrischen, faßt also in sich die Algebra als Bestandteil, soweit diese in der Elementar-Mathematik gedeutet ist.

Die Analysis geht von gegebenen Größen aus und bildet neue Größen, indem sie die gegebenen in ganz bestimmter Weise verknüpft. Solche Verknüpfungen oder Operationen, auch Rechnungsoperationen genannt, sind etwa: die Summe gegebener Größen, deren Produkt usw.

Die Anwendung allgemeiner Überlegungen auf diese genau bestimmten Operationen führt auf Regeln, wie diese Operationen einfacher zu bilden sind, auf sogenannte Rechnungsregeln, auch Gesetze, Sätze oder Formeln genannt, deren Zweck ist, vorliegende Operationen in der einfachsten Form durchzuführen bzw. das Resultat in der einfachsten Form darzustellen.

Die Größen, die die Analysis verknüpft, sind verschiedenartiger Natur. So beschäftigt sich die Vektor-Analysis mit Vektoren, siehe Nr. 68, es gibt eine Analysis der reellen Zahlen, eine Analysis der komplexen Zahlen usw. Die Analysis der gewöhnlichen Zahlen 1, 2, 3, ... ist die Arithmetik. Diese erweitert sich zur Buchstabenarithmetik oder der Algebra im elementaren Sinn, wenn sie mit solchen Größen operiert, die genau oder mit Annäherung auf die gewöhnlichen Zahlen zurückzuführen sind und darum auch kurzweg

Zahlen genannt werden. Über die Elementaroperationen der Arithmetik: Summe, Differenz, Produkt, Quotient, Potenz, Wurzel, Logarithmus, kommt diese **niedere Algebra** nicht hinaus. Sie wird zur eigentlichen **Analysis**, wenn sie außer diesen Elementaroperationen noch alle möglichen neuen Operationen und Zahlengrößen definiert. Sie heißt speziell oft **niedere Analysis**, auch **algebraische Analysis**, wenn sie die Differential- und Integral-Rechnung aus dem Kreis ihrer Betrachtung ausschließt, und oft **höhere Analysis**, wenn sie vorwiegend mit diesen beiden Rechnungsarten arbeitet.

Eine „**Größe**" ist jedes wirkliche oder gedachte Objekt. Diese Größen werden abkürzend meist durch Buchstaben bezeichnet. Sie heißen „**algebraische Größen**", wenn auf sie die Definitionen und Sätze der Algebra angewandt werden können; in diesem Fall spricht man von ihnen als von (benannten oder unbenannten) „**Zahlen**".

Es sei an dieser Stelle bereits auf die verschiedene Bedeutung des Beriffes „**algebraisch**" aufmerksam gemacht: In der Elementar-Mathematik steht „algebraisch" im Gegensatz zu „geometrisch", in der höheren Mathematik „algebraisch" im Gegensatz zu „transzendent", siehe Nr. 46. Umgekehrt steht in der höheren Mathematik „analytisch" in gewissem Gegensatz zu „geometrisch", siehe Nr. 55. Es ist also von nun an „analytisch" zu setzen, wo die Elementar-Mathematik meist „algebraisch" sagte.

Summe. Produkt. Negative Zahlen. Die Zahlen 0 und ∞. Unbestimmte Zahlen. Quotient. Teilverhältnis. Gebrochene Zahlen.

2. Als **natürliche Zahlen** oder in anderer Sprechweise **positive ganze Zahlen** seien bezeichnet die benannten oder unbenannten Zahlen 1, 2, 3, 4, . . ., wo jede nachfolgende Zahl aus der vorhergehenden durch Hinzufügung der Einheit hervorgeht. Wie und wie weit diese Reihe sich fortsetzt, werde an anderer Stelle untersucht. Bezeichnet a bzw. $b, c, d, \ldots$ jeweils eine bestimmte natürliche Zahl, so ergeht für die erste Operation, die **Addition**, die

> **Definition:** a und b **addieren** heißt eine neue Zahl angeben, die so viele Einheiten hat als die gegebenen Zahlen a und b zusammen.   (a)

Man nennt in diesem Zusammenhang a und b **Summanden**, die gesuchte Zahl **Summe** und bezeichnet sie mit $a + b$.

Der Begriff **Summe** hat somit ebenso wie die noch folgenden: Produkt, Differenz usw., eine zweifache Bedeutung, insofern er zunächst die Operation bezeichnet, alsdann das Resultat dieser Operation.

Nach Definition ist die Summe $a + b$ ebenfalls eine natürliche Zahl, solange es a und b sind; durch die Tätigkeit des Addierens tritt man also aus dem Kreis der natürlichen Zahlen nicht heraus.

Mit Hilfe allgemeiner Überlegungen beweist die Elementarmathematik die beiden Summensätze,

Kommutatives Gesetz:

$$a + b = b + a, \tag{b}$$

Assoziatives Gesetz:

$$a + (b + c) = (a + b) + c. \tag{c}$$

3. Eine weitere Zahlenverknüpfung von a und b, die den Kreis der natürlichen Zahlen nicht verläßt, solange a und b natürlich sind, ist das **Produkt** $a \cdot b$, gegeben durch die

Definition: Die Zahl a mit der Zahl b multiplizieren heißt a so oft als Summand setzen als b Einheiten enthält. (a)

In diesem Zusammenhang nennt man a **Multiplikand**, b den **Multiplikator**, beide zusammen öfter noch **Faktoren**. Nach dieser Definition ist also

$$a \cdot b = a + a + a + \ldots + a, \ (b \ \text{Summanden}). \tag{b}$$

Allgemeine Überlegungen in Verbindung mit den vorausgehenden Regeln lassen die Elementarmathematik die nachfolgenden drei **Produktensätze** beweisen,

I. **Kommutatives Gesetz:**

$$a \cdot b = b \cdot a, \tag{c}$$

II. **Assoziatives Gese**

$$a \cdot (b\,c) = (ab) \cdot c, \tag{d}$$

III. **Distributives Gesetz:**

$$(a + b) \cdot c = a \cdot c + b \cdot c. \tag{e}$$

Als Umkehr der letzten Formel hat man den viel gebrauchten Satz vom **Faktorenaussetzen:**

$$a \cdot c + b \cdot c = c \cdot (a + b), \tag{f}$$

d. h. haben die Summanden einer Summe den nämlichen Faktor gemeinsam, so ist derselbe Faktor der Summe. Als solcher wird er vor die eingeklammerte Summe gesetzt.

Als Fortsetzung von (e) tritt noch ·hinzu die Formel

$$(a + b) \cdot (c + d) = ac + ad + bc + bd. \tag{g}$$

4. Definition: Die Differenz $a - b$ ist ein gesuchter Summand, und zwar diejenige Zahl, die zu b addiert a gibt. $\tag{a}$

Man spricht, b wird von a substrahiert, und nennt a den Minuend, b den Subtrahend. Mit der gegebenen Definition ist die Differenz als die umgekehrte oder inverse Operation der Summe gekennzeichnet. Man hat bei der Subtraktion drei Fälle zu unterscheiden.

I. Der Minuend a ist größer als der Subtrahend b. In diesem Fall verläßt die Operation $a - b$ den Kreis der natürlichen Zahlen nicht.

II. Der Minuend a ist gleich dem Subtrahend b, also $a = b$. In diesem Fall kann die Differenz $a - b$ keine natürliche Zahl sein. Im Sinn der vorausgehenden Definition liegt in der Operation $a - b$ die Forderung, von a Einheiten b Einheiten wegzunehmen; die restierende Zahl der Einheiten ist mit $a - b$ ausgedrückt. Ist $a = b$, so werden von a alle Einheiten weggenommen, so daß keine mehr vorhanden ist. Dieses Resultat bezeichnet die Arithmetik mit dem Zeichen 0, so daß

$$a - a = 0 = b - b = c - c = \tag{b}$$

0 ist also ein Zeichen für eine Differenz, deren Minuend und Subtrahend gleich sind.

Dieses Zeichen 0 ist keine „Zahl" im ursprünglichen Sinn, der mit diesem Begriff eine Anzahl vorhandener Objekte bezeichnete: es ist die erste künstliche Zahl, eine Erweiterung der natürlichen Zahlen. Man muß das wohl beachten, wenn man Zahlenverbindungen aufstellt, in denen diese neue Zahl 0 auftritt. Zu diesem Zweck sollen die beiden Zahlenverbindungen $0 \cdot a$ und $a \cdot 0$ betrachtet werden.

Der Wert der ersteren ist leicht zu ermitteln. Da nämlich a nach Voraussetzung eine natürliche Zahl ist, so gilt nach Definition (3a)

$$0 \cdot a = 0 + 0 + 0 + \ldots + 0. \; (a \text{ Summanden})$$
$$= 0.$$

Nach den bisher gegebenen Definitionen und Formeln läßt sich dagegen der Wert $a \cdot 0$ nicht ermitteln. Wollte man nämlich die Definition (3a) anwenden, und sagen, a soll nullmal als Summand gesetzt werden, so wäre das sinnlos. Aus Definition also zu schließen, daß $a \cdot 0 = 0$ ist — es sei diese Tatsache als bekannt vorausgesetzt — geht nicht. Denn man müßte, um vorzugreifen, genau so gut sagen können, a^0 gibt null, weil nach Definition der Potenz a nullmal als

Faktor gesetzt wird, während doch bekanntermaßen $a^0 = 1$ ist. Den Satz $a \cdot 0 = 0 \cdot a$ anzuwenden ist noch nicht erlaubt, weil dieser Satz nur für natürliche Zahlen bewiesen ist. Die Mathematik geht nun hier so vor daß sie mit einer Definition hinaushilft, vorausgesetzt daß mit dieser nicht ein Widerspruch geschaffen wird. Über letztere Möglichkeit sehe man bei den unbestimmten Zahlen. In der Tat wird nun mit der Definition

$$a \cdot 0 = 0 \qquad\qquad (c)$$

keines der bisherigen Gesetze — in Betracht kommt einzig (3 c), da dann $a \cdot 0 = 0 \cdot a$ — verletzt.

III. Ist $a < b$, so kann man ebenfalls keine natürliche Zahl angeben, die der Forderung $a - b$ genügt. In diesem Fall verläßt die Operation $a - b$ ebenso wie im vorigen den Kreis der natürlichen Zahlen.

5. Durch die Einführung der „Zahl" 0 ist die Reihe der natürlichen Zahlen 1, 2, 3, 4, ... nach unten künstlich um eine Stelle erweitert, um beliebig viele Stellen aber noch durch Einführung der **negativen Zahlen** $-1, -2, -3, \ldots$, die definiert sind als Differenzen, deren Minuend 0 ist, in Zeichen

$$-a = 0 - a.$$

Man kann sich geometrisch recht einfach eine Vorstellung von dem Wesen der negativen Zahlen machen, indem man auf einer Geraden von einem fest gewählten Anfangspunkt aus etwa nach rechts eine beliebig gewählte Strecke als Einheit abträgt und den Endpunkt dieser Strecke mit 1 bezeichnet, d. h. ihn als Bild der Zahl 1 wählt. Trägt man weiterhin immer und immer wieder im gleichen Richtungssinn diese Einheitsstrecke ab, so erhält man ent-

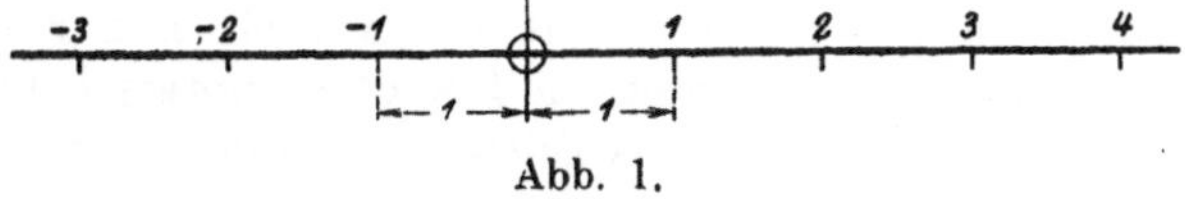

Abb. 1.

sprechend die Bilder der Zahlen 2, 3, 4, ..., siehe Abb. 1. Konsequenterweise wird man nach dem, was oben von der Zahl 0 gesagt würde, den Anfangspunkt als Bild der Zahl 0 betrachten, ihn daher auch als Nullpunkt bezeichnen. Auf dieser Geraden findet das Addieren der Zahl b sein Bild durch Hinzufügen, das Subtrahieren von b durch Wegnehmen von b Einheitsstrecken. Man gelangt so recht einfach zur Zahl -1 oder $0 - 1$, indem man vom Nullpunkt aus die Einheitsstrecke nach links abträgt, d. h. 1 subtrahiert, entsprechend zu den Zahlen $-2, -3, -4, \ldots$ Die negativen Zahlen haben dann ihr Bild auf der linken Seite vom Nullpunkt, wenn es die natürlichen Zahlen auf der rechten Seite haben, und umgekehrt. Sie unterscheiden sich von den natürlichen Zahlen also nur durch den Begriff rechts und links. Sowohl die gegebene Definition als auch die geometrische Deutung der Differenz läßt diese als negative Zahl erkennen, sobald der Minuend kleiner ist als der Subtrahend. Damit ist entwickelt, wie die Zahlenverbindung $a - b$ aus dem Kreis der natürlichen Zahlen heraustreten kann.

Man beachte, daß eine Zahl an sich weder positiv noch negativ ist, daß sie erst negativ oder positiv wird durch den Standpunkt, den man ihr gegenüber einnimmt. Eine Temperatur wird erst dadurch als positive und negative unterscheidbar, daß man ganz willkürlich einer bestimmten Temperatur den Wert Null beilegt und alle höheren Temperaturen durch positive Zahlen kennzeichnet, alle niedrigeren durch negative. Hätte man die Temperatur des verdampfenden Wassers mit Null bezeichnet statt derjenigen des gefrierenden, so würde aus der Celsiustemperatur 15^0 die neue Temperatur -85^0 geworden sein, wenn man die gleichen Temperaturintervalle beibehalten hätte. Oder ein anderes Beispiel: würde man eine Bergeshöhe vom Talboden aus zählen, so könnte ein Berg A etwa eine Höhe von nur 1000 m haben, wenn er vom Meeresniveau aus gerechnet die Höhe 4000 m hat, und von dem gleichen Talboden aus gemessen käme ein tiefer gelegenes Tal zur „Höhe" von vielleicht -300 m. Man muß das beachten, wenn man verschiedene Höhen vergleichen will. Vom vorausgesetzten Talboden aus betrachtet kann der Berg A von 1000 m Höhe doppelt so hoch sein wie ein andrer Berg B, der dann die Höhe 500 m vom Tal aus haben müßte. Vom Meeresniveau aus betrachtet verhalten sich ihre Höhen 4000 m und 3500 m selbstverständlich keineswegs wie $2:1$. In der Elektrizitätslehre unterscheidet man ebenso zwischen positiv und negativ elektrischen Körpern und will in Wahrheit dadurch nur Körper mit höherem und Körper mit niedererm Potential unterscheiden.

Man merke demnach, daß das Zeichen $(-)$ zunächst nur formaler Natur ist und bezeichne nicht voreilig $-a$ als eine negative Zahl, bevor man nicht weiß, ob a selbst positiv oder negativ ist; damit $-a$ wirklich negativ ist, muß a positiv sein, ein negatives a würde $-a$ positiv machen.

Die negativen Zahlen einschließlich der Zahl 0 bilden die erste Erweiterung der natürlichen Zahlen. Im Gegensatz zu den negativen Zahlen heißt man diese positive Zahlen, beide ganze Zahlen, so daß man positiv ganze und negativ ganze Zahlen unterscheidet.

Durch die Tätigkeit des Addierens, Subtrahierens, Multiplizierens gehen aus den ganzen Zahlen wieder ganze Zahlen hervor, man heißt diese drei Operationen **ganze rationale Operationen.**

Wenn man sagt $12 > 3$, so ist damit für jedermann klar, was gemeint ist: 12 Dinge sind mehr als 3 Dinge, vorausgesetzt daß diese Dinge alle gleichartig sind. Verläßt man aber das Gebiet der natürlichen Zahlen und schreibt etwa $-12 < 3$ oder $-12 < -3$, so hat das folgenden Sinn: Will man alle ganzen Zahlen, positive und negative, unter sich vergleichen, so geschieht dies am einfachsten durch eine geometrische Vorstellung oder Darstellung, etwa durch Abb. 1 oder die vorangehenden Beispiele. Legt man die Gerade dieser Abbildung vertikal, so lassen sich die angegebenen Vergleichungen erklären als: $+12$ liegt „höher" als $+3$ und -12 liegt „tiefer" als $+3$ und ebenso auch tiefer als -3. Für den Fall der Abb. 1 selbst müßte man setzen „mehr rechts" und „weniger rechts" statt „höher" und „tiefer"

Die Zahlen $+a$ und $-a$ unterscheiden sich nur durch das Vorzeichen, in der geometrischen Darstellung nur durch den Richtungssinn, in dem sie vom Nullpunkt aus aufgetragen sind. Man drückt diese Tatsache dadurch aus, daß man sagt, $+a$ und $-a$ haben gleichen **Absolutwert** und schreibt

$$|+a| = a, \qquad |-a| = a. \tag{a}$$

Geometrisch hat das folgenden Sinn: die Strecken AB und BA sind gleich. Will man eine Unterscheidung zwischen beiden machen, so wird man das am besten tun, indem man sich die Strecke von einem Punkt durchlaufen denkt, der dann — die Schreibweise AB oder BA soll das andeuten — entweder von A nach B oder von B nach A sich bewegt. Wählt man willkürlich $(+)$ als Vorzeichen der Strecke AB, so muß man der Strecke BA, da sie im entgegengesetzten Sinn gelesen wird, das Vorzeichen $(-)$ geben. Wir werden, um diese Unterscheidung in den folgenden Zeilen zum Ausdruck zu bringen, sagen: die Strecke AB ist gleich der Strecke BA, und meinen dann den Absolutwert. Andrerseits sagen wir, der Weg AB und der Weg BA sind entgegengesetzt gleich, sie unterscheiden sich nur durch das Vorzeichen, so daß

$$BA = -AB \quad \text{oder} \quad AB + BA = 0 \tag{b}$$

Hierüber siehe noch Nr. 56.

6. Die Elementarmathematik **definiert** (man beachte die Bemerkungen in Nr. 4)

$$a \cdot 0 = 0, \tag{a}$$

$$0 \cdot 0 = 0, \tag{b}$$

$$a \cdot (-b) = -ab, \tag{c}$$

$$(-a) \cdot (-b) = ab. \tag{d}$$

Dann beweist sie mit Hilfe allgemeiner Überlegungen. daß die bis jetzt aufgetretenen Formeln, die zunächst nur für die natürlichen Zahlen gelten, auch für negative Zahlen einschließlich der Zahl 0 Gültigkeit haben. Sie weist damit nach, daß die Differenz $a-b$ als eine Summe $a+(-b)$ betrachtet werden kann.

Es dürfen sonach in den folgenden Zeilen die Zahlen $a, b, c, d \ldots$ als beliebige (positive oder negative) ganze Zahlen einschließlich 0 betrachtet werden, solange nicht anders festgesetzt wird.

7. Die Zahl ∞ — „unendlich groß" oder kürzer „unendlich" — ist in der Elementarmathematik definiert als eine Zahl größer als jede angegebene Zahl.   (a)

Im Gegensatz zu ihr heißen die bis jetzt aufgetretenen Zahlen einschließlich 0 endliche Zahlen

Um diese neue Zahl auch unter die bisher aufgestellten Gesetze einzubeziehen, sei definiert:

$$\infty - a = \infty, \qquad a - \infty = -\infty. \qquad \text{(b)}$$

solange a endlich, und

$$a \cdot \infty = \infty \cdot a = \infty, \qquad \text{(c)}$$

solange a von 0 verschieden.

8. Unbestimmte Zahlen sind solche Zahlengrößen, deren Wert nach den vorausgegangenen Definitionen und Sätzen nicht ermittelt werden kann, und für die die Mathematik auch keine neuen Definitionen einführen kann, ohne einen Widerspruch zu schaffen. Es ist also nicht ganz richtig, wenn man unbestimmte Zahlen als solche Zahlengrößen bezeichnet, die jeden beliebigen Wert annehmen können. Um Zahlengrößen als unbestimmte zu erkennen, ist es nötig, die Fassung von Definitionen und Sätzen denkbar genau zu wählen. Erwähnt möge noch werden, wie in den folgenden Zeilen ersichtlich. daß unbestimmt. Werte immer dann auftreten, wenn man rein formal auf eine neue Zahlenoperation mehrere Sätze anwenden kann, die sich in ihren Resultaten widersprechen.

Nach der vorausgehenden Erklärung ist also

$$\infty - \infty \text{ eine unbestimmte Zahl.} \qquad \text{(a)}$$

Wendet man nämlich formal auf sie die Gesetze

$$a - a = 0; \qquad \infty - a = \infty$$

für $a = \infty$ an — in Wahrheit setzen aber beide a als endlich voraus — so würde die erste Formel den Wert 0, die zweite den Wert ∞ ergeben; beide Formeln würden sich also widersprechen.

Ebenso ist

$$0 \cdot \infty \text{ eine unbestimmte Zahl.} \qquad \text{(b)}$$

Formal würde von den Gesetzen

$$0 \cdot a = 0, \qquad a \cdot \infty = \infty,$$

wenn man sie anwenden dürfte, das erste für $a = \infty$ den Wert 0, das zweite für $a = 0$ den Wert ∞ ergeben, also ein Widerspruch auftreten.

Man beachte, was am Schluß von Nr. 6 gesagt war, daß nämlich alle bis dahin angegebenen Gesetze nicht nur für die natürlichen Zahlen, sondern für alle ganzen Zahlen überhaupt gültig sind. Vorausgesetzt war natürlich, daß diese ganzen Zahlen alle endlich sein müssen.

Wie man aus diesen beiden Beispielen von unbestimmten Zahlen sieht, würden die vorausgehenden Gesetze teilweise ihre Gültigkeit verlieren, wenn man sie auch auf die „Zahl" ∞ anwendet. Man wird daraus zunächst die Schlußfolgerung ziehen, daß man bei Gebrauch der Zahl ∞ recht vorsichtig sein muß. Im Charakter dieser Zahl liegt es — so wie sie nach (7a) definiert war —, daß sie außerhalb der gewöhnlichen Zahlen steht, daher auch in ihrer Anwendung eine Sonderstellung einnimmt. Man erinnere sich dieser Sonderstellung der Zahl ∞ bei allen noch eintreffenden Sätzen und Definitionen, die auf diese Zahl ∞ Bezug haben.

9. Sind a und b ganze Zahlen, so nennt man das Produkt ab ein ganzes Vielfaches sowohl von a als auch von b. Man sagt dann auch, a und b sind in ab ohne Rest enthalten, oder a und b sind Teiler von ab. Naturgemäß hat jede Zahl a, da man sie als Produkt $a \cdot 1$ schreiben kann, die Einheit sowie sich selbst als Teiler.

Die ganzen Zahlen lassen sich nun in zwei Gruppen unterscheiden: Die Zahlen der ersten Gruppe haben außer der Einheit und sich selbst auch noch andere ganze Zahlen als Teiler, sind also ganze Vielfache dieser Zahlen; z. B. hat 12 außer 1 und 12 noch 2, 3, 4, 6 als Teiler. Die der zweiten Gruppe haben außer der Einheit und sich selbst keine ganzen Zahlen als Teiler, wie z. B. 2, 3, 5, 7 usw. Letztere Zahlen heißt man **Primzahlen**.

Haben zwei ganze Zahlen außer der Einheit keine ganze Zahl als gemeinschaftlichen Teiler, so nennt man sie **relativ prim**; man sagt auch, die beiden Zahlen sind relative Primzahlen. So sind z. B. relativ prim 2 und 3, oder 8 und 9, oder 12 und 25 usw.

Ist a ein ganzes Vielfaches von b. und b selbst wieder ein ganzes Vielfaches von c, so ist natürlich auch a ein ganzes Vielfaches von c.

10. Die Zahlenverbindung $a:b$ oder in anderer Schreibweise $\frac{a}{b}$, genannt der Quotient oder das Teilverhältnis der Zahlen a und b, ist definiert als diejenige Zahl, die mit b multipliziert a gibt.   (a)

Der Quotient ist demnach die inverse Operation zum Produkt. In diesem Zusammenhang heißt a der **Dividend**, b der **Divisor**; man sagt, a wird mit b **dividiert**.

Es seien a und b zunächst als ganzzahlig, endlich und von 0 verschieden vorausgesetzt. Unmittelbar aus der Definition ergibt sich dann

$$\frac{a}{a} = 1, \qquad \frac{a}{b} \cdot b = \frac{ab}{b} = a, \qquad \frac{a}{b} = \frac{na}{nb}. \qquad \text{(b)}$$

Der Quotient $a:b$ kann nur so lange eine ganze Zahl sein, als a ein ganzes Vielfaches von b ist. Trifft dies aber nicht zu, dann tritt die Zahlenverbindung $a:b$ aus dem Kreis der ganzen Zahlen heraus, sie wird eine **gebrochene Zahl** genannt. Den Quotienten $a:b$ nennt man dann auch einen **Bruch**, a den **Zähler** und b den **Nenner** des Bruches. Ist der Zähler kleiner als der Nenner, so spricht man von einem **echten Bruch**, in allen anderen Fällen von einem **unechten**. Die gebrochenen Zahlen sind eine neue, die zweite Erweiterung der natürlichen Zahlen. Formal ist natürlich $a:b$ auch dann ein Bruch, wenn a ein ganzes Vielfaches von b ist. Man spricht dann wohl von einem „uneigentlichen Bruch" Mit dem Wort „Bruch" ist eben mehr die Form getroffen als der Inhalt.

Teilt man die bisherige Einheit 1 in b gleiche Teile und führt einen solchen Teil als neue Einheit ein, so ist in diesem neuen System die Zahl 1 gleich b Einheiten. Die neue Einheit ist nach Definition gleich $\frac{1}{b}$ und entsprechend

$$\frac{a}{b} = a \cdot \frac{1}{b},$$

so daß der Quotient $a:b$ sich als das Produkt der Zahl a mit der neuen Einheit $\frac{1}{b}$ ergibt.

Die Definition des Quotienten wird noch ergänzt durch folgende Festsetzungen

$$1. \qquad \frac{a}{0} = \infty, \qquad \frac{0}{a} = 0, \qquad \text{(c)}$$

solange a von 0 verschieden (es darf a auch ∞ sein);

$$2. \qquad \frac{a}{\infty} = 0, \qquad \frac{\infty}{a} = \infty, \qquad\qquad \text{(d)}$$

solange a von ∞ verschieden (es darf a auch gleich 0 sein).

11. Da die Sätze bzw. Definitionen

$$\frac{a}{a} = 1, \qquad \frac{a}{0} = \infty, \qquad \frac{0}{a} = 0$$

a als von 0 verschieden voraussetzten, läßt sich der Wert der Zahlen- form $\frac{a}{0}$ nach keiner dieser Regeln bestimmen. Formal würde die Anwendung dieser Sätze für $a = 0$ im ersten Fall 1, im zweiten ∞, im dritten 0, also einen Widerspruch ergeben. Es würde sonach eine Definition des Wertes von $0:0$, die sich natürlich auf formale Ge- setze stützen müßte, einen Widerspruch ergeben, d. h.

$$\text{die Zahlenform } \frac{0}{0} \text{ ist unbestimmt.} \qquad\qquad \text{(a)}$$

Ebenso setzen die Sätze oder Definitionen

$$\frac{a}{a} = 1, \qquad \frac{a}{\infty} = 0, \qquad \frac{\infty}{a} = \infty$$

a als endlich voraus, es läßt sich also auch der Wert der Zahlen- form $\frac{\infty}{\infty}$ nach keiner derselben ermitteln. Formal würde sich nach diesen Sätzen für $a = \infty$ im ersten Fall 1, im zweiten 0, im dritten ∞. sonach ein Widerspruch ergeben. Für eine Definition des Wertes von $\infty:\infty$ würde wieder das eben Gesagte gelten, d. h.

$$\text{die Zahlenform } \frac{\infty}{\infty} \text{ ist unbestimmt.} \qquad\qquad \text{(b)}$$

12. Die Zurückführung der bisherigen ganzen Zahlen auf neue Einheiten nach Nr. 10 ergibt ungezwungen die Regeln

$$a \cdot \frac{b}{c} = ab \cdot \frac{1}{c} = \frac{a}{c} \cdot b = \frac{ab}{c}, \qquad \frac{a}{b} \cdot \frac{c}{d} = \frac{ac}{bd}, \qquad a \cdot \frac{b}{c} = a : \frac{c}{b}. \qquad \text{(a)}$$

Man nennt $\frac{1}{a}$ den gestürzten oder reziproken Wert von a, entsprechend $\frac{c}{b}$ den reziproken Wert von $\frac{b}{c}$.

Mit Zurückführung der bisherigen ganzen Zahlen auf neue Ein- heiten und mit Hilfe allgemeiner Überlegungen beweist nun die Elementarmathematik. daß alle bisher aufgestellten Gesetze auch für die gebrochenen Zahlen gelten. Im allgemeinen freilich nur so lange, als sie endlich und von 0 verschieden sind. Für die Zahlen 0 und ∞ muß man meist auf besondere Regeln zurückgehen. Für die Folge dürfen somit die Zahlen $a, b, c, d \ldots$ als beliebige (endliche und von 0 verschiedene) ganze oder gebrochene Zahlen betrachtet werden. solange nicht anders bemerkt ist.

Ganze und gebrochene Zahlen faßt man unter dem Namen **rationale Zahlen** zusammen; die Operationen Summe, Differenz, Produkt, Quotient mit rationalen Zahlen führen aus dem Kreis dieser Zahlen nicht heraus, man nennt diese Operationen — die vier Grundrechnungsarten — daher **rationale Operationen**. Sie liefern für alle endlichen und von 0 verschiedenen Zahlen bestimmte eindeutige Werte.

13. Der Proportion

$$a : b = a' : b'$$

läßt sich eine andere brauchbare Form geben durch Einführung des Proportionalitätsfaktors. Obige Proportion drückt doch aus: a ist das Ebensovielfache von b, wie a' von b' — das Wievielfache a von b ist, gibt diese Proportion freilich nicht zu erkennen — wenn also a das ϱ-fache von b ist, dann muß auch a' das ϱ-fache von b' sein. Diese Tatsache drückt man aus durch die Schreibweise

$$a = \varrho\, b,, . \qquad\qquad a' = \varrho\, b', \tag{a}$$

die andere meist **brauchbarere Form der Proportion.**

Entsprechend wandelt man die Proportion

$$a : b : c : d : \ldots = a' : b' : c' : d' : \ldots$$

oder

$$a : a' = b : b' = c : c' = d : d' = \ldots$$

um in die mehr anwendbare Form

$$a = \lambda\, a', \qquad b = \lambda\, b', \qquad c = \lambda\, c', \qquad d = \lambda\, d' \ldots \tag{b}$$

Schreibt man z. B. aufgelöst

$$a = \varrho\, a', \qquad\qquad b = \varrho\, b'$$

statt

$$a : b = a' : b',$$

so daß also

$$a + b = \varrho\, (a' + b')$$

$$a - b = \varrho\, (a' - b'),$$

so ergeben sich zwanglos, indem man durch einfache Division den Proportionalitätsfaktor ϱ entfernt, die Formeln der **korrespondierenden Addition und Subtraktion:**

$$(a + b) : a = (a' + b') : a',$$

$$(a \pm b) : b = (a' \pm b') : b';$$

$$(a + b) : (a - b) = (a' + b') : (a' - b') \quad \text{usw.}$$

Die Physik deckt Beziehungen zwischen den von ihr untersuchten Größen auf und findet diese Gesetze meist in Formen von Proportionen, schreibt aber diese Beziehungen fast immer mit Einführung eines Proportionalitätsfaktors. Wenn man also weiß, daß beim freien Fall ohne Luftwiderstand die zurückgelegten Wege sich verhalten wie die Quadrate der Zeiten, so wird man etwa so vorgehen. Man hat in n Zeiten t_1, $t_2 \ldots t_n$ die Wege s_1. s_2, $\ldots s_n$ beobachtet und gefunden, daß

$$s_1 : t_1{}^2 = s_2 : t_2{}^2 = \ldots = s_n : t_n{}^2$$

ist, und schließt daraus, daß in einer beliebigen Zeit t der Weg s zurückgelegt wird, für den auch gelten muß

$$s : t^2 = s_1 : t_1{}^2 = s_2 : t_2{}^2 = \ldots = s_n : t_n{}^2.$$

Diese Verhältnisse haben alle einen konstanten Wert, den man mit c bezeichnet. Dann schreibt man das Gesetz des freien Falles in der Form

$$s : t^2 = c \quad \text{oder} \quad s = c \cdot t^2$$

und nennt c etwa den Proportionalitätsfaktor des Gesetzes des freien Falles. Nachträglich wird man sich dann auch noch bemühen, das Wesen dieses Proportionalitätsfaktors c zu ermitteln.

Oder ein anderes Beispiel: Zwischen den an einem materiellen Punkt angreifenden Kräften P und den von ihnen hervorgerufenen Geschwindigkeitsänderungen oder Beschleunigungen b besteht ein einfacher Zusammenhang, sie sind direkt proportional. Diese Tatsache könnte man in der Form $P_1 : b_1 = P_2 : b_2 = \ldots = P_n : b_n$ anschreiben. Es würde aber in dieser Schreibweise der doch auch interessierende Wert dieser Verhältnisse fehlen. Deswegen wählt man wieder die Schreibweise $P = mb$, eine Gleichung, die in der Mechanik als dynamische Grundgleichung bekannt ist, und nennt dann m direkt den Proportionalitätsfaktor der dynamischen Grundgleichung. Das Wesen dieses Proportionalitätsfaktors m wird durch den Begriff „Masse" zum Ausdruck gebracht.

Beispiel a). Die Lösung eines Systems von zwei linearen Gleichungen ist gegeben durch $x : y : 1 = 3 : 4 : 7$. Man löst die Proportion auf, $x : 1 = 3 : 7$ und $y : 1 = 4 : 7$ oder $x = \frac{3}{7}$, $y = \frac{4}{7}$. Ist etwa umgekehrt die Lösung eines Systems von drei Gleichungen gegeben durch $x = a : d$, $y = b : d$, $z = c : d$, so kann man diese Lösung übersichtlicher schreiben

$$x : y : z : 1 = a : b : c : d.$$

Beispiel b). Gegeben ist $\operatorname{tg}\alpha = \dfrac{2\,t}{1 - t^2}$; gesucht ist $\sin\alpha$ und $\cos\alpha$. Man setzt

$$\sin\alpha : \cos\alpha = 2\,t : (1 - t^2) \quad\text{oder}\quad \sin\alpha = \varrho\cdot 2\,t, \quad \cos\alpha = \varrho\cdot(1 - t^2),$$

wo mit dem Bekanntsein des Proportionalitätsfaktors ϱ auch die Werte $\sin\alpha$ und $\cos\alpha$ bekannt wären. ϱ ist zu ermitteln aus

$$\sin^2\alpha + \cos^2\alpha = 1 \quad\text{oder}\quad \varrho^2\,[4\,t^2 + (1 - t^2)^2] = 1.$$

Man formt um $\varrho^2\,(1 + t^2)^2 = 1$ und erhält

$$\varrho = \pm\frac{1}{1 + t^2}, \qquad \sin\alpha = \pm\frac{2\,t}{1 + t^2}, \qquad \cos\alpha = \pm\frac{1 - t^2}{1 + t^2},$$

wo entweder nur das obere oder nur das untere Vorzeichen anzuwenden ist.

Aufgabe a). Von vier Zahlen x, y, u, v kennt man die Summe 1, ferner gilt $x : y : u : v = a : b : c : d$; gesucht sind die Zahlen.

Lösung: Mit Einführung eines Proportionalitäts aktors σ setzt man $x = \sigma a$, $y = \sigma b$, $u = \sigma c$, $v = \sigma d$ und erhält $1 = \sigma(a + b + c + d)$, woraus sich $\sigma = 1 : (a + b + c + d)$ und daraus wieder

$$x = \frac{a}{a + b + c + d}, \quad y = \frac{b}{a + b + c + d}, \quad u = \frac{c}{a + b + c + d}, \quad v = \frac{d}{a + b + c + d}$$

ergibt. Man schreibt aber diese Lösung viel übersichtlicher an in der Form

$$x : y : u : v : 1 = a : b : c : d : (a + b + c + d).$$

Aufgabe b). Vom Winkel α kennt man $\operatorname{tg}\dfrac{\alpha}{2} = t$; gesucht ist $\sin\dfrac{\alpha}{2}$ und $\cos\dfrac{\alpha}{2}$.

Lösung: Man setzt $\sin\dfrac{\alpha}{2} : \cos\dfrac{\alpha}{2} = t : 1$ oder $\sin\dfrac{\alpha}{2} = \varrho\cdot t$, $\cos\dfrac{\alpha}{2} = \varrho\cdot 1$ Mit $\sin^2\dfrac{\alpha}{2} + \cos^2\dfrac{\alpha}{2} = 1 = \varrho^2\,(1 + t^2)$ erhält man $\varrho = 1 : \pm\sqrt{1 + t^2}$ und so $\sin\dfrac{\alpha}{2} = t : \pm\sqrt{1 + t^2}$, $\cos\dfrac{\alpha}{2} = 1 : \pm\sqrt{1 + t^2}$, wo das Wurzelvorzeichen entweder immer positiv oder immer negativ zu nehmen ist.

Potenz und Wurzel. Irrationale Zahlen. Logarithmus.

14. Die Zahlenverbindung a^n, genannt die n-te Potenz von a, ist definiert als Produkt von n gleichen Faktoren a, also

$$a^n = a\cdot a\cdot a\cdot a\cdot\ldots\cdot a \quad (n\ \text{Faktoren}). \tag{a}$$

Man nennt in diesem Zusammenhang a die Basis, n den Exponenten der Potenz.

Nach dieser Definition ist, ohne daß dies besonders zum Ausdruck gelangte, n als natürliche Zahl hingestellt. a kann jede rationale Zahl sein, auch 0 und ∞. Um aber diese neue Zahlenverbindung für alle möglichen rationalen n zu deuten, wird man zunächst, da für $n = 0$ die oben gegebene Definition nicht anwendbar ist, ebensowenig wie für negative oder gebrochene n, neuerdings definieren

$$a^0 = 1, \qquad\qquad\qquad (b)$$

solange a endlich und von 0 verschieden ist.

Warum man $a^0 = 1$ gerade so und nicht anders definiert hat — man hätte sinnlos die erst gegebene Definition anwenden und ebenso sinnlos sagen können, a soll nullmal als Faktor gesetzt werden, es ist also a^0 gleich 0 —, erklärt sich aus der Forderung, daß alle mathematischen Formeln in sich widerspruchslos seien. Betrachtet man der Reihe nach die Potenzen a^5, a^4, a^3, a^2, a^1, so wird jedesmal der Exponent um die Einheit kleiner, die nachfolgende Potenz aber immer gleich dem a-ten Teil der vorausgehenden, so daß man, um keinen Widerspruch in dieser Gesetzmäßigkeit zu erhalten, $a^0 = 1$ setzen muß. Aus demselben Grund wird man, da sich diese angefangene Reihe a^5, a^4, a^3, a^2, a^1, a^0 fortsetzt mit a^{-1}, a^{-2}, a^{-3}, ... definieren müssen

$$a^{-n} = 1 : a^n = \frac{1}{a^n}. \qquad\qquad\qquad (c)$$

Damit ist für alle ganzzahligen n der Zahlenwert a^n vollständig festgelegt. Zunächst für positive, alsdann für negative n beweist die Elementarmathematik mit Hilfe allgemeiner Überlegungen ausgehend von den gegebenen Definitionen die nachfolgenden **Potenzsätze.**

$$a^r \cdot a^s = a^{r+s}, \qquad \frac{a^r}{a^s} = a^{r-s} = \frac{1}{a^{s-r}}, \qquad (d)$$

$$(ab)^m = a^m b^m, \qquad \left(\frac{a}{b}\right)^m = \frac{a^m}{b^m}, \qquad (e)$$

$$(a^r)^s = a^{rs} = (a^s)^r. \qquad\qquad\qquad (f)$$

Die Potenzen von Summen erscheinen meist in den nachstehenden Formen

$$\left.\begin{array}{l} (a \pm b)^2 = a^2 \pm 2ab + b^2 \\ (a \pm b)^3 = a^3 \pm 3a^2 b + 3ab^2 \pm b^3 \\ (a \pm b)^4 = a^4 \pm 4a^3 b + 6a^2 b^2 \pm 4ab^3 + b^4 \end{array}\right\} \qquad (g)$$

die Spezialfälle des binomischen Lehrsatzes sind, siehe Nr. 36. Als Summen von Potenzen treten vielfach die nachfolgenden Formen auf:

$$\left.\begin{aligned}
a^2 - b^2 &= (a+b)(a-b)\\
a^3 - b^3 &= (a-b)(a^2+ab+b^2)\\
a^3 + b^3 &= (a+b)(a^2-ab+b^2)\\
a^4 - b^4 &= (a^2-b^2)(a^2+b^2)\\
&= (a-b)(a^3+a^2b+ab^2+b^3)\\
a^n - b^n &= (a-b)(a^{n-1}+a^{n-2}b+a^{n-3}b^2+\ldots+ab^{n-2}+b^{n-1})\\
a^n + b^n &= (a+b)(a^{n-1}-a^{n-2}b+a^{n-3}b^2-+\ldots-ab^{n-2}+b^{n-1})
\end{aligned}\right\} \quad \text{(h)}$$

Letztere Formel setzt n als ungerad voraus.

15. Die Rechnung mit 0 ist durch Definition (14a), die $0^n = 0$ für endliches und von 0 verschiedenes n liefert, sowie durch Definition (14b) festgelegt, mit Ausnahme des Zahlenwertes 0^0, der sich nach keiner der vorausgehenden Regeln und Definitionen ermitteln läßt. Formal würde Definition (14a) für $n=0$ den Wert 0, die zweite Definition (14b) für $a=0$ den Wert 1 dieser Zahlenform, also einen Widerspruch ergeben, d. h.

$$\text{die Zahlenform } 0^0 \text{ ist unbestimmt.} \qquad \text{(a)}$$

Die Rechnung mit ∞ ist teilweise bestimmt durch die Definition (14a), die $\infty^n = \infty$ liefert, solange n von Null verschieden ist. Die Zahlengröße ∞^0 läßt sich nach den bisher gegebenen Definitionen und Regeln nicht ermitteln. Formal würde diese Zahlengröße nach Definition (14a) für $n=0$ zu ∞ werden, nach Definition (14b) für $a=\infty$ zu 1, also ein Widerspruch auftreten. Man sieht,

$$\text{die Zahlenform } \infty^0 \text{ ist unbestimmt.} \qquad \text{(b)}$$

Weiterhin sei definiert

$$a^\infty = \left.\begin{matrix}0\\\infty\end{matrix}\right\}, \quad \text{wenn } a \begin{matrix}<\\>\end{matrix} 1, \qquad \text{c)}$$

d. h. ein echter Bruch unendlich oft mit sich selbst multipliziert wird Null; und ein unechter Bruch unendlich oft mit sich selbst multipliziert wird unendlich.

Die Zahlengröße 1^∞ ist weder nach diesen beiden, noch nach irgendeiner andern der bisher ergangenen Regeln zu ermitteln. Eine Definition, die man einzuführen versuchte, würde wieder einen Widerspruch ergeben, so daß also gilt

$$\text{die Zahlenform } 1^\infty \text{ ist unbestimmt.} \qquad \text{(d)}$$

Anmerkung: Wer nicht scharf genug die ergangenen Definitionen beachtet, ist leicht geneigt, $1^\infty = 1$ zu setzen, indem er an Definition (14a) denkend überlegt, daß 1 immer wieder mit sich selbst multipliziert wird, also nur 1 geben kann. Dem ist nun entgegenzuhalten, daß diese Definition auf 1^∞ nicht angewandt werden kann, weil sie natürliche Zahlen als Exponenten voraussetzt, und daß auch keine andere Definition den Wert von 1^∞ bestimmt.

Formal ist aus Definition (c) indes zu ersehen, daß 1^∞ der sprungweise Übergang von $a^\infty = \infty$ für $a > 1$ zu $a^\infty = 0$ für $a < 1$ ist. Die Elementarmathematik bestimmt also den Wert von 1^∞ nicht, außer sie kommt dem an Definition (14a) sich anlehnenden Bedürfnis entgegen und definiert einfach: $1^\infty = 1$. Indes würde, wie spätere Zeilen (die sich allerdings über das Niveau der gewöhnlichen niederen Mathematik erheben) zeigen, diese Definition Widersprüche herbeiführen, so daß sie unterbleibt.

16. Die Frage, wie ist die Zahlenverbindung $a^{r/s}$ zu definieren, findet ihre Antwort, indem man formal $a^{r/s}$ wie eine rationale Zahl b behandelt, also

$$a^{\frac{r}{s}} = b \quad \text{und damit} \quad (a^{\frac{r}{s}})^s = b^s$$

oder

$$a^r = b^s$$

nach (14f) setzt, und demgemäß definiert:

$a^{\frac{r}{s}}$ oder in anderer Schreibweise $\sqrt[s]{a^r}$ ist diejenige Zahl, die mit s potenziert a^r gibt.   (a)

Man nennt $\sqrt[s]{a^r}$ auch die s-te Wurzel aus a^r, ferner a^r den **Radikanden**, s den **Wurzelexponent**, r den **Potenzexponent**.
Nach dieser Definition ist also

$$\sqrt[n]{a^n} = \left(\sqrt[n]{a}\right)^n = a,$$

$$\sqrt[s]{a^{rs}} = \left(\sqrt[s]{a^r}\right)^s = a^r.$$

Statt $\sqrt[2]{a}$ schreibt man kürzer $\sqrt{a}$ und nennt sie die **Quadratwurzel** aus a; $\sqrt[3]{a}$ nennt man die **Kubikwurzel** aus a.

Mit Hilfe der ergangenen Definition für $a^{r/s}$ und allgemeiner Überlegungen beweist nun die Elementarmathematik die nachfolgenden Wurzelsätze, gültig für rationale a, b, r, s. Wenn eine von den Zahlen r und s den Wert 0 oder ∞ annimmt, so kommen die Formeln (14b), (15a), (15b), (15c), (15d) in Betracht.

$$a^{\frac{r}{s}} = \sqrt[s]{a^r} = \left(\sqrt[s]{a}\right)^r,   \tag{b}$$

$$\sqrt[s]{a \cdot b} = \sqrt[s]{a} \cdot \sqrt[s]{b}, \qquad \sqrt[s]{\frac{a}{b}} = \frac{\sqrt[s]{a}}{\sqrt[s]{b}},   \tag{c}$$

$$\sqrt[r]{\sqrt[s]{a}} = \sqrt[rs]{a} = \sqrt[s]{\sqrt[r]{a}},   \tag{d}$$

$$\sqrt[r]{a^s} = \sqrt[nr]{a^{ns}} = \sqrt[r:n]{a^{s:n}},   \tag{e}$$

$$\sqrt[r]{a} \cdot \sqrt[s]{a} = \sqrt[rs]{a^{r+s}},   \tag{f}$$

$$\sqrt[-r]{a^s} = \sqrt[r]{a^{-s}} = 1 : \sqrt[r]{a^s}.   \tag{g}$$

Die Frage, ob $a^{r/s}$ für rationale a, r, s selbst noch rational ist, soll zunächst an zwei Beispielen ihre Antwort finden.

$9^{1/2}$ oder $\sqrt{9}$ ist nach Definition gleich ± 3, also noch rational (allerdings nicht mehr eindeutig, sondern zweideutig). Man schließt somit, daß $a^{r/s}$ rational sein **kann**.

Die Zahl $10^{1/2}$ oder $\sqrt{10}$ kann keine rationale Zahl sein. Zunächst ist leicht zu zeigen, daß sie keiner rationalen ganzen Zahl gleich sein kann, da das Quadrat von ± 3 erst 9, das Quadrat von ± 4 bereits 16 ist. Angenommen, es sei $\sqrt{10}$ gleich einer rationalen gebrochenen Zahl. Eine solche kann man durch Umformen immer auf die Form $a:b$ bringen, wo a und b rational und ganz und zu einander relativ prim sind. Wenn also $\sqrt{10} = a:b$ wäre, dann müßte $10 = a^2:b^2$ oder a^2 das 10-fache von b^2 sein, was unmöglich ist, wenn a und b relativ prim sind. $\sqrt{10}$ kann also keine rationale Zahl sein.

Wenn nun aber die Zahl $\sqrt{10}$ selbst keine rationale Zahl ist, so kann man ihren Wert doch mit Hilfe der rationalen Zahlen ausdrücken. Zunächst weiß man sicher, daß sie zwischen 3 und 4 liegen muß. Durch Probieren etwa findet man dann, daß $3{,}1^2 = 9{,}61$ und $3{,}2^2 = 10{,}24$, daß also $\sqrt{10}$ zwischen 3,1 und 3,2 liegt. Und wenn man weiter probiert, findet man $3{,}16^2 = 9{,}9856$ und $3{,}17^2 = 10{,}0489$, daß also $\sqrt{10}$ zwischen 3,16 und 3,17 liegt. Man kann diesen Gedankengang fortsetzen und mit beliebiger Genauigkeit $\sqrt{10}$ zwischen zwei Zahlen einschließen, von denen die eine kleiner, die andere größer ist als $\sqrt{10}$.

Nichtrationale Zahlen, die diese Eigenschaft haben, daß sie durch rationale Zahlen mit beliebiger Genauigkeit ausgedrückt werden können, nennt man irrationale Zahlen, (h) so daß also $\sqrt{10}$ das erste Beispiel einer solchen irrationalen Zahl ist. Was von $\sqrt{10}$ oder $10^{1/2}$ gilt, wird im allgemeinen Fall auch von Zahlen von der Form $a^{r/s}$ gelten, so daß man sagen kann: die Zahlen $a^{r/s}$ sind im allgemeinen irrational, oder die Operation $a^{r/s}$ ist eine irrationale Operation.

Anmerkung: Man beachte genau die Definition einer irrationalen Zahl, um nicht irrtümlich die sogenannten periodischen Dezimalbrüche für irrationale Zahlen zu halten. So ist beispielshalber 3,161616 ... gleich der rationalen Zahl $3\frac{16}{99}$ und entsprechend ist 3,171717 ... gleich der rationalen Zahl $3\frac{17}{99}$, dagegen $\sqrt{10} = 3{,}16 \ldots$ irrational. Den Wert $\sqrt{10}$ kann man nicht durch eine rationale Zahl angeben. Bei den Reihen wird darüber noch zu sprechen sein.

Die bis jetzt besprochenen rationalen Zahlen faßt man mit den soeben definierten irrationalen Zahlen zusammen unter dem gemeinsamen Namen reelle Zahlen, und beweist dann: die bis jetzt aufgestellten Gesetze gelten für alle reellen Zahlen. In den nachfolgenden Zeilen dürfen also die Zahlzeichen a, b, c, ... jede beliebige reelle Zahl vorstellen, wenn nicht in den neueinzuführenden Definitionen eine andere Annahme gemacht wird.

Mit der Einführung der irrationalen Zahlen ist der Kreis der natürlichen Zahlen neuerdings erweitert worden: Die irrationalen Zahlen bilden die dritte Erweiterung der natürlichen Zahlen.

Die Potenz $a^{r/s}$ ist also im allgemeinen irrational. Oder: die Potenz a^n bleibt nur so lange eindeutig rational, als a rational und n ganzzahlig ist.

17. Zwei rationale Zahlen a und b haben stets ein gemeinschaftliches Maß. Damit soll gesagt sein, daß sich zu diesen Zahlen a und b immer eine Zahl m so finden läßt, daß sowohl a als auch b ein ganzes endliches Vielfaches dieser Zahl m ist. Um etwa 12 und 15 zu vergleichen, so haben beide $m = 3$ als gemeinschaftliches Maß. Sind die beiden Zahlen ganz, so haben sie auf alle Fälle die Zahl 1 als gemeinschaftliches Maß, und wenn sie gebrochen sind, eine erst zu schaffende neue Einheit von der Form $1 : b$. So haben $\frac{4}{9}$ und $\frac{7}{12}$ als gemeinschaftliches Maß $m = \frac{1}{36}$, es ist $\frac{4}{9} = 16 \cdot \frac{1}{36}$ und $\frac{7}{12} = 21 \cdot \frac{1}{36}$. Alle rationalen Zahlen sind, wie man mit dem Fremdwort sagt, **kommensurabel**. **Inkommensurabel** sind eine rationale und eine irrationale Zahl, oder im allgemeinen zwei irrationale Zahlen. So haben 2 und $\sqrt{3}$ kein gemeinschaftliches Maß, ebensowenig $\sqrt{2}$ und $\sqrt{3}$. Wenn man also von zwei Zahlen weiß, daß sie kein gemeinschaftliches Maß haben, so ist mindestens die eine Zahl irrational.

Hat die Analysis mit irrationalen Zahlen zu rechnen, so geht sie so vor, daß sie die betrachtete irrationale Zahl mehr oder minder genau zwischen zwei rationale Zahlen einschließt. So sagt man, um das Beispiel von oben noch einmal zu wiederholen, $\sqrt{10}$ liegt zwischen 3 und 4, oder genauer, $\sqrt{10}$ liegt zwischen 3,1 und 3,2, oder noch genauer, $\sqrt{10}$ liegt zwischen 3,16 und 3,17, usf. Ist etwa z eine irrationale Zahl, so wird man setzen

$$a < z < b,$$

wo a und b rationale Zahlen sind, oder in anderer Form

$$a + \delta = z = b - \varepsilon, \tag{a}$$

wo δ und ε beliebig kleine Zahlen sind. Um das obige Beispiel festzuhalten, würde man setzen

$$3 + \delta = \sqrt{10} = 4 - \varepsilon$$

oder genauer

$$3{,}1 + \delta' = \sqrt{10} = 3{,}2 - \varepsilon',$$

2*

oder nach Belieben noch genauer. Ausgehend von der Schreibweise (a), beweist man, daß alle die bisherigen Zahlenregeln, gültig erwiesen für rationale Zahlen, auch als gültig für die irrationalen Zahlen zu erweisen sind. Man sagt, diese Zahlenregeln gelten für a und b als rationale Zahlen, sie gelten also auch für z, das mit beliebig großer Annäherung zwischen solche rationale Zahlen a und b eingeschlossen werden kann.

Eine Darstellung aller rationalen Zahlen gibt die Fortsetzung der Betrachtung in Nr. 5, die die ganzen Zahlen durch Abtragen von Einheitsstrecken auf einer Geraden von einem festen Punkt aus gewinnen ließ, die positiven auf der rechten, die negativen auf der linken Seite dieser Geraden. Teilt man die Einheitsstrecke 1 in b gleiche Teile und betrachtet einen solchen Teil $1:b$ als neue Einheit, so erhält man das Bild der Zahl $a:b$, wenn man vom Nullpunkt aus a der neuen Einheitsstrecken abträgt. Hat man mehrere gebrochene Zahlen mit verschiedenen Nennern darzustellen, so kann man sie zuvor alle auf den gleichen Nenner bringen, der b heiße. Man sieht, daß man so die Zwischenräume zwischen den ganzen Zahlen beliebig mit gebrochenen Zahlen von der Form $a:b$ ausfüllen kann, die natürlich nicht kontinuierlich, sondern sprungweise aufeinanderfolgen, da b als endlich vorausgesetzt ist. Die Zwischenräume zwischen der so dargestellten rationalen Zahlen werden durch neue Zahlen ausgefüllt, die nach dem vorher Erwähnten irrational heißen. Erst rationale und irrationale Zahlen zusammen bilden auf der Geraden eine kontinuierliche oder stetige Zahlenreihe.

Die irrationalen Zahlen sind nun zweifacher Natur: Man unterscheidet nämlich alle Zahlen auch noch als

> algebraisch, wenn sie aus natürlichen Zahlen durch eine endliche Anzahl von Summen, Differenzen, Produkten, Quotienten und Potenzen mit rationalen Exponenten sich zusammensetzen,   (b)

im Gegensatz zu den transzendenten Zahlen, die auf andere Weise entstehen, und kann daher algebraisch irrationale und transzendent irrationale Zahlen unterscheiden. Letztere heißt man oft auch transzendente Zahlen schlechtweg. So sind z. B. $\sqrt{3}$, $2 - \sqrt{3}$ usw. algebraisch irrationale Zahlen, dagegen $2^{\sqrt{3}}$, $4^{\sqrt{2}}$ — da der Potenzexponent nicht rational ist — oder eine Reihe mit unendlich vielen Summanden usw. transzendent irrational, oder kurzweg transzendent, ebenso $\log 2$, $\sin 10^{0}$ usw., ferner die Ludolphsche Zahl π, die später oft auftretende Zahl $e = 2{,}718\,28 \ldots$ usw.

Anmerkung: Die Gleichungstheorie definiert die algebraischen Zahlen als solche Zahlen, die einer Gleichung

$$x^n + a_1 x^{n-1} + a_2 x^{n-2} + \ldots + a_{n-1} x + a_n = 0$$

mit rationalen a_i genügen.

Entsprechend nennt man eine Operation algebraisch, wenn sie aus einer endlichen Zahl von Summen, Differenzen, Produkten, Quotienten und Potenzen mit rationalen Exponenten sich zusammensetzt, im Gegensatz zu den transzendenten Operationen, die nicht so entstehen.

18. Die Zahlenverbindung $\overset{b}{\log} a$, genannt **Logarithmus von a zur Basis b**, ist definiert als diejenige Zahl, mit der man b potenzieren muß, um a zu erhalten. (a)

Nach dieser Definition ist also ein Logarithmus ein gesuchter Exponent; die gegebene Definition läßt sich auch durch die Gleichung

$$b^x = a$$

anschreiben, wo dann x der gesuchte Exponent, also $x = \overset{b}{\log} a$ ist. In diesem Zusammenhange nennt man a den **Logarithmand oder Numerus**, b die **Basis**.

a und b seien einen Augenblick als beliebige reelle Zahlen vorausgesetzt. Dann läßt sich sofort zeigen, daß $\overset{b}{\log} a$ keine reelle Zahl sein muß. $\overset{10}{\log}(-1000)$ z. B. ist keine reelle Zahl, da jede Potenz von 10 unter Voraussetzung eines reellen Exponenten positiv ist. Ebensowenig ist $\overset{-10}{\log} 1000$ eine reelle Zahl. Man sieht also, wenn auch die beiden bestimmenden Zahlen a und b reell sind, so muß doch der oben definierte Logarithmus selbst nicht reell sein. Eine Erörterung aber darüber, für welche Zahlen a und b der oben definierte Logarithmus reell ist, soll hier unterbleiben. Näher darauf einzugehen, bleibt der Rechnung mit den komplexen Zahlen vorbehalten. Für die folgenden Zeilen seien a und b als reelle Zahlen vorausgesetzt, und gleichzeitig noch so, daß $\overset{b}{\log} a$ reell wird.

Die Formel

$$b^{\overset{b}{\log} a} = a,$$ (b)

eine Umformung der Definition, wird von der Elementarmathematik zum Nachweis der nachstehenden **Logarithmensätze** benützt

$$\overset{b}{\log}(rs) = \overset{b}{\log} r + \overset{b}{\log} s, \qquad \overset{b}{\log}(r:s) = \overset{b}{\log} r - \overset{b}{\log} s,$$ (c)

$$\overset{b}{\log} a^m = m \overset{b}{\log} a, \qquad \overset{b}{\log} \sqrt[r]{a^s} = \frac{s}{r} \overset{b}{\log} a,$$ (d)

$$\overset{b}{\log} a = \overset{m}{\log} a : \overset{m}{\log} b,$$ (e)

wo m beliebig gewählt werden kann.

Nach Definition wird

$$\overset{b}{\log} b = 1, \qquad \overset{b}{\log} 1 = 0, \qquad \overset{1}{\log} b = \infty,$$

solange b von 1 und 0 und ∞ verschieden ist.

Wendet man diese drei Regeln formal auf den Fall $b = 1$ an, so würde man für $\overset{1}{\log} 1$ der Reihe nach 1, 0 und ∞ erhalten, also Widersprüche. Es ergibt sich, da man auch keine Definition treffen kann, die solche Widersprüche vermeiden läßt, daß

$$\overset{1}{\log} 1 \text{ ein unbestimmter Wert ist.} \tag{f}$$

Die Rechnung mit den Zahlen 0 und ∞ wird durch folgende Definitionen bzw. Formeln ermöglicht:

$$\overset{0}{\log} b = 0, \tag{g}$$

$$\overset{b}{\log} 0 = \left.\begin{matrix} +\infty \\ -\infty \end{matrix}\right\}, \text{ wenn } b \text{ ein } \begin{matrix} \text{echter} \\ \text{unechter} \end{matrix} \text{ Bruch,} \tag{h}$$

$$\overset{b}{\log} \infty = \left.\begin{matrix} +\infty \\ -\infty \end{matrix}\right\}, \text{ wenn } b \text{ ein } \begin{matrix} \text{unechter} \\ \text{echter} \end{matrix} \text{ Bruch,} \tag{i}$$

$$\overset{\infty}{\log} b = 0. \tag{k}$$

19. In der Elementarmathematik wählt man meist die Zahl 10 als Basis der Logarithmen und schreibt dann abkürzend $\log a$ statt $\overset{10}{\log} a$. Diese Logarithmen nennt man **Zehnerlogarithmen** oder **Briggsche Logarithmen.** Die abkürzende Schreibweise $\lg a$ statt $\overset{e}{\log} a$ stellt den **natürlichen Logarithmus** dar, der die Zahl e als Basis benützt. Über die Zahl $e = 2{,}718\,28\ldots$ lese man später bei den Reihen. Im Gegensatz zu den natürlichen Logarithmen nennt man alle andern künstliche Logarithmen, versteht aber unter diesem Namen wohl meist die Zehnerlogarithmen. Die höhere Mathematik rechnet fast nur mit den natürlichen Logarithmen, die gewöhnlichen Logarithmentafeln aber enthalten nur für die Zehnerlogarithmen Tabellen. Für die Benutzung dieser Tabellen hat man nach (18 e) die Formeln

$$\left.\begin{aligned} \log e &= 0{,}434\,294\,481\,903\ldots \\ \lg 10 &= 2{,}302\,585\,092\,994\ldots = M = 1 : \log e \end{aligned}\right\} \tag{a}$$

und damit den Übergang

$$\left.\begin{aligned} \log a &= \frac{\lg a}{\lg 10} = \frac{1}{M} \cdot \lg a \\[2mm] \lg a &= \frac{\log a}{\log e} = M \log a \end{aligned}\right\} \tag{b}$$

Man merke: der natürliche Logarithmus ist etwas mehr wie doppelt so groß als der Briggsche Logarithmus.

Vereinfachungsregeln.

20. Um einen irgendwie gegebenen Rechnungsausdruck auf eine möglichst einfache Form, auf die beste Form, zu bringen, wendet man mit Vorteil die nachfolgenden Vereinfachungsregeln an. Man beachte wohl, Regeln, d. h. man muß nicht so verfahren, ein gewandter Rechner wird oft von ihnen abweichen. Aber sie bilden eine Norm, die immer zum Ziel führt, wenn auch schließlich nicht immer auf die möglichst einfache oder möglichst elegante Weise. Man wende sie also an, wenn man im Zweifel ist, wie man eine notwendige Vereinfachung vornehmen soll.

a) **Gemeinsame Faktoren der Summanden einer Summe** werden als gemeinsamer Faktor der Summe vor dieselbe gesetzt.

$$2a - 2b + 2c = 2(a - b + c),$$
$$a^3 - 3a^2 b + ab^2 = a \cdot (a^2 - 3ab + b^2),$$
$$\sqrt{ab} + \sqrt{ac} - \sqrt{ad} = \sqrt{a} \cdot (\sqrt{b} + \sqrt{c} - \sqrt{d}).$$

b) **Brüche im Bruch** werden beseitigt, indem man Zähler und Nenner des Hauptbruches mit dem Generalnenner der Nebenbrüche multipliziert.

$$\frac{\frac{1}{2} - \frac{1}{3}}{\frac{1}{4} - \frac{1}{6}} = \frac{12\left(\frac{1}{2} - \frac{1}{3}\right)}{12\left(\frac{1}{4} - \frac{1}{6}\right)} = \frac{6 - 4}{3 - 2} = 2.$$

$$\frac{1 : \sqrt{a} - 1 : \sqrt{b}}{1 : \sqrt{a} + 1 : \sqrt{b}} = \frac{\sqrt{ab}\,(1 : \sqrt{a} - 1 : \sqrt{b})}{\sqrt{ab}\,(1 : \sqrt{a} + 1 : \sqrt{b})} = \frac{\sqrt{b} - \sqrt{a}}{\sqrt{b} + \sqrt{a}}.$$

c) **Eine Wurzel im Nenner wird beseitigt** — Sprechweise: „der Nenner wird rational gemacht" — indem man Zähler und Nenner des Bruches mit einer passend gewählten Zahl multipliziert.

$$\frac{2}{\sqrt{3}} = \frac{2 \cdot \sqrt{3}}{\sqrt{3} \cdot \sqrt{3}} = \frac{2}{3}\sqrt{3}.$$

$$\frac{a - b}{\sqrt{a}} = \frac{(a - b) \cdot \sqrt{a}}{\sqrt{a} \cdot \sqrt{a}} = \frac{(a - b) \cdot \sqrt{a}}{a}.$$

$$\frac{a}{\sqrt[3]{b}} = \frac{a \cdot \sqrt[3]{b^2}}{\sqrt[3]{b} \cdot \sqrt[3]{b^2}} = \frac{a\sqrt[3]{b^2}}{b}.$$

$$\frac{c}{\sqrt{a} + \sqrt{b}} = \frac{c \cdot (\sqrt{a} - \sqrt{b})}{(\sqrt{a} + \sqrt{b}) \cdot (\sqrt{a} - \sqrt{b})} = \frac{c(\sqrt{a} - \sqrt{b})}{a - b}.$$

d) Ein Bruch unter einer Wurzel wird beseitigt, indem man Zähler und Nenner dieses Bruches mit einer passend gewählten Zahl multipliziert. (Oder indem man so verfährt, wie durch die nachfolgenden Beispiele noch angedeutet ist.)

$$\sqrt{\frac{a}{b}} = \sqrt{\frac{a \cdot b}{b \cdot b}} = \frac{1}{b}\sqrt{ab},$$

oder
$$\sqrt{\frac{a}{b}} = \frac{b}{b}\sqrt{\frac{a}{b}} = \frac{1}{b}\sqrt{b^2 \cdot \frac{a}{b}} = \frac{1}{b}\sqrt{ab}.$$

$$\sqrt[3]{\frac{a}{b}} = \sqrt[3]{\frac{a \cdot b^2}{b \cdot b^2}} = \frac{1}{b}\sqrt[3]{ab^2},$$

oder
$$\sqrt[3]{\frac{a}{b}} = \frac{b}{b}\sqrt[3]{\frac{a}{b}} = \frac{1}{b}\sqrt[3]{b^3 \cdot \frac{a}{b}} = \frac{1}{b}\sqrt[3]{ab^2}$$

e) Gebrochene und negative Exponenten werden beseitigt.

$$\frac{a^{\frac{1}{3}} + a^{-\frac{1}{3}}}{(-a)^{\frac{1}{3}} - (-a)^{-\frac{1}{3}}} = \frac{\sqrt[3]{a} + 1 : \sqrt[3]{a}}{-\sqrt[3]{a} + 1 : \sqrt[3]{a}} = \frac{\sqrt[3]{a^2} + 1}{-\sqrt[3]{a^2} + 1}.$$

f) Bei Lösung von Gleichungen wendet man oft mit Vorteil die folgende Regel an: **Unbequeme Exponenten** werden durch **Logarithmieren** beseitigt.

$$x^{\log x} = 0{,}1\, x^2 \sqrt{x}$$

$$\log x \cdot \log x = \log 0{,}1 + \tfrac{5}{2} \log x$$

oder
$$2u^2 - 5u + 2 = 0,$$

wenn man
$$\log x = u$$

setzt.

Wesen der komplexen Zahlen. Summe, Differenz, Produkt, Quotient komplexer Zahlen. Algebraische Operationen mit komplexen Zahlen.

21. Der Name „Zahl" wurde in Anlehnung an die Begriffe „Zählen" und „Anzahl" im vorausgehenden zunächst für die natürlichen Zahlen 1, 2, 3, ... gebraucht, sodann auch für die erste Erweiterung, die negativen Größen — 1. — 2, — 3, ..., sowie 0 und ∞. Es wurde dann als zweite Erweiterung die gebrochene Zahl geschaffen, als dritte schließlich die irrationale. Alle diese Größen wurden reelle Zahlen genannt und damit bereits angedeutet, daß der Name **Zahl** auch noch auf andere Größen Anwendung finden werde. Welche

Größen nennt man nun ganz allgemein Zahlengrößen oder schlechtweg Zahlen? Antwort gibt die Definition: Alle Größen, welche formal den für die reellen Zahlen aufgestellten Gesetzen genügen, werden Zahlen genannt. Wir werden in den folgenden Zeilen zwei neue Größen kennen lernen, die komplexen Zahlen und die Vektoren, die, obwohl unter sich in einem ganz innigen Zusammenhang stehend, sich dadurch unterscheiden, daß erstere, wie der Name bereits andeutet, Zahlen sind, letztere aber nicht.

Es sei die Zahlenform $i = \sqrt{-1}$ betrachtet. Wir schreiben jetzt noch einmal „Zahlenform", um anzudeuten, daß wir noch nicht wissen, ob i eine Zahl ist. Das werden erst die folgenden Zeilen zeigen. Wir wollen aber dieses Resultat einstweilen vorwegnehmen und in Zukunft von der „Zahl" i sprechen. Zunächst: Ist i eine reelle Zahl? Wenn das der Fall wäre, so müßte i mit sich selbst multipliziert -1 geben, oder in mathematischer Schreibweise, es müßte $i^2 = -1$ sein, was einen Widerspruch gäbe mit $(6\,d)$, wonach jede reelle Zahl mit sich selbst multipliziert einen positiven reellen Wert gibt. Also $i = \sqrt{-1}$ ist keine reelle Zahl. Man nennt die Zahlen $\sqrt{-1}$, $\sqrt{-2}$, $\sqrt{-3}$, ... imaginäre Zahlen. Der Name rührt davon her, daß man wegen des eben angegebenen Widerspruches solche Zahlen als „unmögliche" Zahlen betrachtete, statt den richtigen Schluß zu ziehen und zu sagen, es sind keine der bisherigen Zahlen, es sind neue Zahlen.

Wie ist nun i oder $\sqrt{-1}$ zu definieren? Wenn man sagt, i ist die Zahl, die mit sich selbst multipliziert -1 gibt, oder wenn man dafür schreibt, $i^2 = -1$, so macht man mit dieser Definition den Fehler, daß man noch gar nicht festgestellt hat, was eigentlich heißt, mit i multiplizieren. Man sehe einen Augenblick davon ab, daß i eine Abkürzung ist für $\sqrt{-1}$ und stelle sich vor, i sei eine abkürzende Bezeichnung für irgendein wirklich vorhandenes oder gedachtes Objekt. Genau so wie $a \cdot a$ keinen Sinn hätte, wenn a keine Zahl, sondern nur eine Abkürzung etwa statt Apfel wäre, so hat auch $i \cdot i$, oder wenn man dafür schreibt i^2, an sich keinen Sinn.

Ehe wir weitergehen, wollen wir den Zahlenbegriff noch von einer andern Seite her betrachten, ausgehend von der Darstellung aller reellen Zahlen auf einer Geraden siehe Nr. 5 und Nr. 17. Danach kann man jeder der reellen Zahlen auf dieser Geraden einen ganz bestimmten Punkt anweisen, und umkehrt stellt jeder Punkt eine ganz bestimmte reelle Zahl dar. Man fragt nun, warum sollen die Punkte gerade dieser Geraden einen Vorzug vor andern Punkten haben? Warum soll nicht jeder andere Punkt der Ebene, in der die Gerade liegt, auch eine Zahl vorstellen, oder indem man noch weiter geht, warum soll nicht jeder Punkt des Raumes, in dem diese Ebene und damit auch diese Gerade liegt, auch eine Zahl vorstellen?

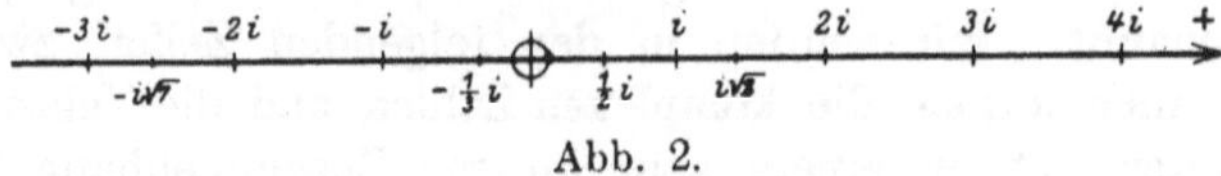

Abb. 2.

Fragen solcher Art sind naturgemäß berechtigt. Eine Antwort erhält man durch folgende Überlegung: Wenn man als Bild der Einheit i (oder irgendeiner anderen Einheit a) sich eine beliebig gewählte Strecke vorstellt — daß man das tun darf, lehrt die Erfahrung — und diese Strecke als Strecke 1 bezeichnet, dann wird naturgemäß die Strecke 2 bzw. ihr Endpunkt ein Bild der Zahl $2i$ sein, die Strecke 3 ein Bild der Zahl $3i$, usw. Man sieht, die Darstellung der Zahlen i, $2i$, $3i$, ... und konsequenterweise der Zahlen $-1i$, $-2i$, $-3i$, .. $\frac{1}{2}i$, $-\frac{1}{4}i$ ..., $i\sqrt{2}$, $-i\sqrt{7}$, ... unterscheidet sich in gar nichts von der Darstellung der Zahlen 1, 2, 3, ..., -1, -2, -3, ..., $\frac{1}{2}$, $-\frac{1}{4}$, ..., $\sqrt{2}$, $-\sqrt{7}$, ... Es wird also die Gerade der Abb. 2 bei dieser Festsetzung alle imaginären Zahlen enthalten, einzig wegen der willkürlichen Festsetzung, daß die Strecke 1 bzw. ihr Endpunkt als Bild der Einheit i zu betrachten ist. Die gewählte Gerade muß nun nicht, wie die obenstehende Abbildung tut, horizontal sein. Sie kann eine ganz beliebige Lage im Raum einnehmen. Es sollte durch diese Wahl nur dargelegt werden, daß die Darstellung der reellen Zahlen und die der imaginären in der gleichen Weise sich vollzieht.

22. Um nun aber einen Zusammenhang zwischen den reellen und den imaginären Zahlen zu erhalten, wird man nach dem Vorgang von Gauß auf einer horizontalen Geraden die reellen Zahlen abtragen, und auf einer dazu senkrechten die imaginären, siehe die Abbildung; der Pfeil der Abbildung soll die Richtung angeben, in der die Zahlen fortschreiten. Daß man die beiden Geraden senkrecht wählt, daß man für beide den gleichen Nullpunkt wählt, und die gleiche Strecke sowohl für die Darstellung der Zahl 1 wie auch

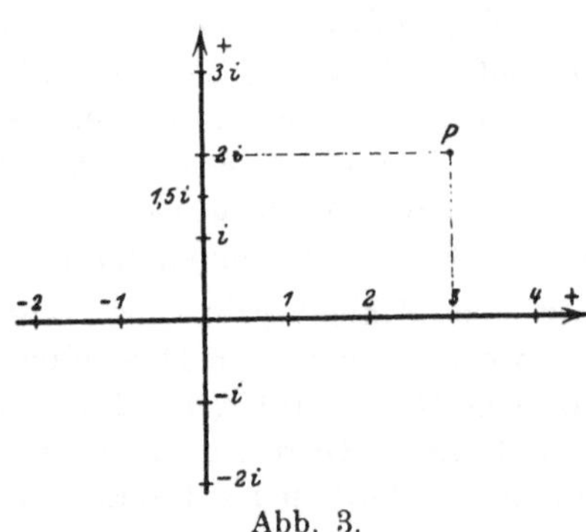

Abb. 3.

der Zahl i, diese Wahl geschieht aus Zweckmäßigkeitsgründen.

Und nun soll wieder auf die Frage zurückgegangen werden: Stellt bei dieser willkürlichen Festsetzung auch der Punkt P, der auf keiner der beiden Geraden liegt, eine Zahl vor und welche? Die erste Frage zu verneinen, haben wir nicht den geringsten Anlaß. Die Antwort auf die zweite geht von der Tatsache aus, daß bei Auflösungen von Gleichungen Zahlenformen $a + ib$ auftreten, wo a und b selbst reell sind. So ist z. B. von der Gleichung

$$x^2 - 6x + 13 = 0$$

die Lösung

$$x = 3 \pm \sqrt{9 - 13} = 3 \pm \sqrt{-4} = 3 \pm 2i.$$

Wir haben für den Augenblick als erlaubt vorausgesetzt, daß man mit den imaginären Zahlen gerade so rechnet wie mit den reellen Zahlen. Dann ist x die Summe einer reellen und einer imaginären Zahl. Der Schritt von der Darstellung der reellen Zahlen durch Punkte einer horizontalen und der imaginären durch Punkte einer vertikalen Geraden zur Darstellung der komplexen Zahl $a + ib$ — so nennt man Zahlenformen, die als Summe einer reellen Zahl und einer imaginären erscheinen — durch einen Punkt im übrigen Gebiet der Ebene ist nicht groß. Die Zahl $3 + 2i$ wird nach der Wahl von Gauß durch einen Punkt P dargestellt, zu dem man kommt, wenn man in horizontaler Richtung 3-mal die Strecke 1 und in vertikaler Richtung 2-mal die Strecke 1 abträgt, so wie Abb. 3 zeigt. Allgemein wird man nach diesem Beispiel die Zahl $a + ib$ durch einen Punkt darstellen, zu dem man kommt, wenn man in horizontaler Richtung a-mal die Strecke 1 und in vertikaler Richtung b-mal die Strecke 1 abträgt.

Die weitere Frage, welche Zahlen durch Punkte des Raumes, die außerhalb der Ebene der Abbildung liegen, dargestellt werden, wird später zum Teil durch die Vektorenrechnung beantwortet. Denn die erste Frage, ob diese Punkte überhaupt Zahlen vorstellen, können wir nicht verneinen.

Es sei, was in den folgenden Zeilen erwiesen wird, wieder für den Augenblick als bekannt vorausgesetzt, daß nämlich für die Zahlenformen $a + ib$ die gleichen Gesetze gelten, wie für die reellen; dann ist mit dieser komplexen „Zahl", wie wir sie genannt haben, eine neue Erweiterung der natürlichen Zahlen geschaffen. Dann sind aber die imaginären Zahlen ebenso gut, wie die reellen Spezialfälle der komplexen Zahlen. Da ja die Elemente a und b dieser komplexen Zahl $a + ib$ als reelle Zahlen vorausgesetzt sind, wird für den Fall $b = 0$ die komplexe Zahl zu einer reellen und für den Fall $a = 0$ zu einer imaginären.

23. Die nächsten Zeilen werden sich nun mit den komplexen Zahlen so weit zu beschäftigen haben, als zuerst nachzuweisen ist, daß für diese neuen Zahlen die gleichen Gesetze gelten, wie für die reellen.

Diesem Nachweis sollen einige allgemeine Erklärungen vorausgehen. Jede komplexe Zahl z ist von der Form $a + ib$, wo a und b reelle Zahlen sind. Man nennt a den reellen Teil, ib den imaginären Teil der komplexen Zahl, $a + ib$ die Normalform d. h. gebräuchliche Form, oder komplexe Form der komplexen Zahl (andere Formen folgen weiter unten). Jede komplexe Zahl z wird in der Gaußschen Zahlenebene durch einen Punkt dargestellt, so wie es eben angegeben worden war. Modul oder Absolutwert der Zahl $a + ib$ ist der Wurzelwert

$$\varrho = (\pm) \sqrt{a^2 + b^2}.$$

Der Modul ϱ hat stets das Vorzeichen $+$. Um ϱ zu bezeichnen, schreibt man

$$\varrho = |z| = |a + ib|,$$

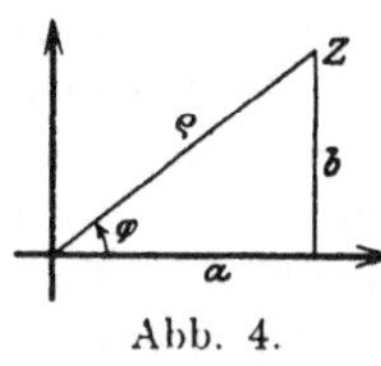

Abb. 4.

so daß also die Einschließung einer komplexen Zahl in Vertikalstriche deren Absolutwert bezeichnet. Argument der komplexen Zahl $a + ib$ nennt man den Winkel oder genauer den Bogen von der Achse der reellen Zahlen aus im Gegenuhrzeigersinn zum Modul, siehe Abb 4. Für das Argument φ gilt

$$\varphi = \operatorname{arctg} \frac{b}{a}.$$

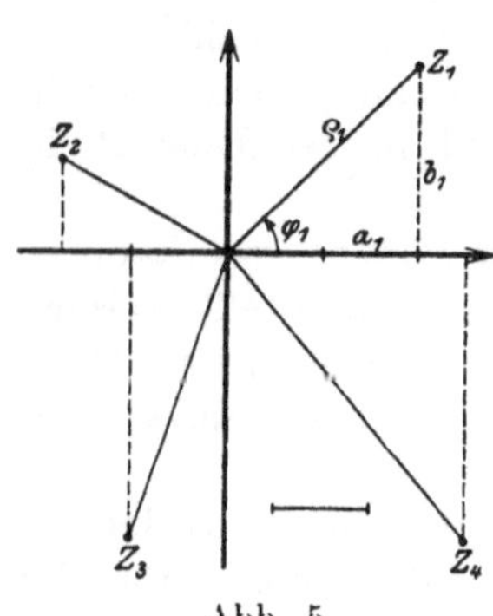

Abb. 5.

Man sieht, daß durch diese Formel φ selbst noch nicht bestimmt ist. Bis auf ein ganzes Vielfaches von 2π ist φ zu ermitteln aus den zusammengehörigen Gleichungen

$$\cos \varphi = \frac{a}{\varrho}, \qquad \sin \varphi = \frac{b}{\varrho}$$

So sind z. B. in Abb. 5 die komplexen Zahlen

$$z_1 = 2 + 2i, \quad z_2 = -\sqrt{3} + i, \quad z_3 = -1 - 3i, \quad z_4 = 2{,}5 - 3i$$

durch die mit z_1, z_2, z_3, z_4 bezeichneten Punkte dargestellt. Es ist für z_1

$$a_1 = 2, \quad b_1 = 2, \quad \varrho_1 = \sqrt{a_1^2 + b_1^2} = 2\sqrt{2}, \quad \varphi_1 = \tfrac{1}{4}\pi + 2k\pi,$$

wobei k als beliebige ganze Zahl vorausgesetzt wird. Entsprechend ist für z_2, z_3, z_4

$$a_2 = -\sqrt{3}, \, b_2 = 1, \quad \varrho_2 = 2, \qquad \varphi_2 = \tfrac{5}{6}\pi + 2k\pi;$$

$$a_3 = -1, \quad b_3 = -3, \quad \varrho_3 = \sqrt{10}, \quad \cos\varphi_3 = -1 : \sqrt{10}, \quad \sin\varphi_3 = -3 : \sqrt{10};$$
$$a_4 = 2{,}5, \quad b_4 = -3, \quad \varrho_4 = \tfrac{1}{2}\sqrt{61}, \quad \cos\varphi_4 = 5 : \sqrt{61}, \quad \sin\varphi_4 = -6 : \sqrt{61}.$$

Aufgabe: Man zeichne die Zahlen $z_1 = 3$, $z_2 = -2{,}5$, $z_3 = 1{,}5\,i$, $z_4 = -3\,i$ und gebe von ihnen Modul und Argument an

Lösung: Es ist für $z_1 = 3$

$$a_1 = 3, \qquad b_1 = 0, \qquad \varrho_1 = 3, \qquad \varphi_1 = 0 + 2k\pi,$$

entsprechend für z_2, z_3 und z_4.

$$a_2 = -2{,}5 \qquad b_2 = 0, \qquad \varrho_2 = 2{,}5, \qquad \varphi_2 = \pi + 2k\pi;$$
$$a_3 = 0, \qquad b_3 = 1{,}5, \qquad \varrho_3 = 1{,}5, \qquad \varphi_3 = \tfrac{1}{2}\pi + 2k\pi;$$
$$a_4 = 0, \qquad b_4 = -3, \qquad \varrho_4 = 3, \qquad \varphi_4 = \tfrac{3}{2}\pi + 2k\pi.$$

Wenn k als beliebige ganze Zahl vorausgesetzt wird, so hat nach den ergangenen Definitionen die Zahl 1 den Modul 1 und das Argument $2k\pi$, die Zahl i den Modul 1 und das Argument $\tfrac{1}{2}\pi + 2k\pi$, die Zahl -1 den Modul 1 und das Argument $\pi + 2k\pi$, die Zahl $-i$ den Modul 1 und das Argument $\tfrac{3}{2}\pi + 2k\pi$.

Alle Zahlen mit dem Modul 1 liegen auf dem Einheitskreis, d. i. auf einem Kreis mit dem Radius 1, um den Nullpunkt. Zahlen mit gleichem Modul liegen auf dem gleichen Kreis um den Nullpunkt.

Die Zahlen $a + ib$ und $a - ib$ heißen **konjugiert komplex**, oft auch nicht ganz richtig konjugiert imaginär, sie haben gleichen Modul und entgegengesetzt gleiches Argument; ihre reellen Teile sind gleich, ihre imaginären entgegengesetzt gleich.

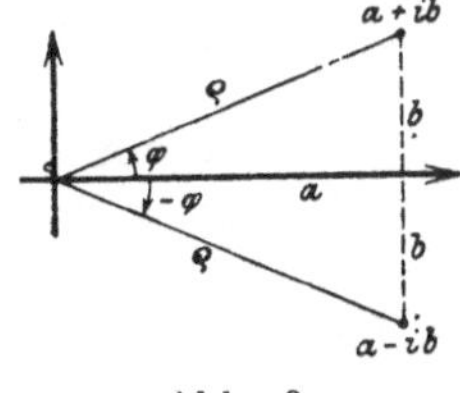

Abb. 6.

Von der komplexen Zahl $a + ib = 0$ ist der reelle Teil a gleich Null, ebenso der imaginäre ib, der Modul ϱ ist ebenfalls Null, das Argument φ kann jeden Wert annehmen.

Sind zwei komplexe Zahlen $z_1 = a_1 + ib_1$ und $z_2 = a_2 + ib_2$ einander gleich, so gilt, da sie durch den gleichen Punkt dargestellt werden,

$$a_2 = a_1, \qquad b_2 = b_1, \qquad \varrho_2 = \varrho_1, \qquad \varphi_2 = \varphi_1 + 2k\pi, \tag{a}$$

wo k eine beliebige ganze Zahl ist. Man beachte also, daß gleiche Zahlen den reellen Teil, sowie den imaginären gleich haben, und ebenso den Modul, daß aber ihre Argumente sich um ein ganzes Vielfaches von 2π unterscheiden.

Für die komplexe Zahl z hat man verschiedene Schreibweisen. Zunächst die bereits angegebene gebräuchliche Form, die Normalform oder komplexe Form $z = a + ib$, dann mit alleiniger Benützung von Modul ϱ und Argument φ wegen

$$a = \varrho \cos\varphi, \qquad b = \varrho \sin\varphi$$

die zweite Form

$$z = \varrho \cdot (\cos \varphi + i \sin \varphi),$$

oder mit Benützung der periodischen Eigenschaft der Sinus- und Kosinusfunktion, wenn k eine beliebige ganze Zahl,

$$z = \varrho \cdot [\cos(\varphi + 2k\pi) + i \sin(\varphi + 2k\pi)]. \qquad \text{(b)}$$

Eine dritte Form

$$z = \varrho \cdot e^{i\varphi} \quad \text{oder} \quad z = \varrho \cdot e^{i(\varphi + 2k\pi)}$$

soll, wenn auch erst an späterer Stelle entwickelt, doch schon hier angeschrieben werden.

Warum die erste Form als Normalform gewählt würde, ist aus (a) und (b) bereits, sowie auch aus folgendem zu ersehen: Einer jeden Zahl z ist in der Gaußschen Ebene ein ganz bestimmter Punkt eindeutig zugewiesen und umgekehrt jedem Punkt der Ebene eine ganz bestimmte Zahl z eindeutig, solange man die komplexe

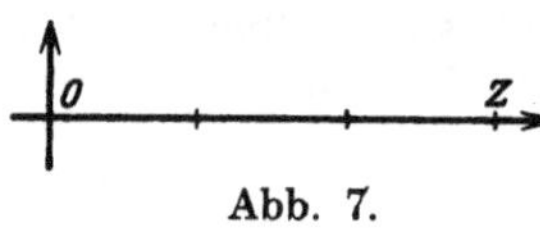

Abb. 7.

Zahl nur in der Normalform anschreibt. Auch der Modul ist durch jeden Punkt der Ebene eindeutig bestimmt, nicht aber das Argument. Es stellt z. B. der Punkt der Ebene der Abb. 7 eindeutig die Zahl $z = 3 + 0 \cdot i$ vor. In der zweiten Form stellt er aber unendlich viele Zahlen vor. Sicher muß $\varrho = 3$ sein, das Argument φ aber kann ebensowohl 0, als auch 2π, 4π, 6π, ... allgemein $2k\pi$ sein, wo für k jede beliebige ganze Zahl gesetzt werden darf. Es stellt also dieser Punkt die Zahlen

$$z_1 = 3 \cos 0, \qquad z_2 = 3 \cos 2\pi, \qquad z_3 = 3 \cos 4\pi,$$

usw. vor, oder allgemein die Zahlen $3(\cos 2k\pi + i \sin 2k\pi)$, wo wieder k jede beliebige ganze Zahl, positiv oder negativ, sein kann. Als komplexe Zahlen im ursprünglich definierten Sinn sind alle diese Zahlen freilich einander gleich, indes ist gleichwohl darauf aufmerksam zu machen, jedenfalls schon deswegen, um zu verhüten, daß man eine komplexe Zahl durch den Modul ϱ und das Argument φ definiert. Aus diesen Erwägungen heraus ist leicht einzusehen, warum man die erste Form, die komplexe Form, als Normalform aufstellt.

24. Es sollen der Reihe nach die verschiedenen Operationen mit komplexen Zahlen behandelt werden. Vier Aufgaben sind es bei jeder dieser Operationen, die gelöst werden müssen:

　　a) die jeweilige Operation, z. B. Summe, Produkt, ... ist eindeutig zu definieren,

　　b) das Resultat dieser Operation ist in der Normalform aufzustellen,

c) die Gesetze für die reellen Zahlen sind auch für die komplexen Zahlen als gültig zu erweisen,

d) diese Gesetze sind für die komplexen Zahlen zu erweitern.

Was die einzelnen Definitionen anlangt, so wird man ersehen, daß diese fast durchweg nichts anderes sind als eine Rechnungsvorschrift: mit den imaginären Zahlen genau so zu rechnen, wie wenn es reelle Zahlen wären.

Um mit der Summe zweier komplexer Zahlen $z_1 = a_1 + ib_1$ und $z_2 = a_2 + ib_2$ zu beginnen. Man definiert:

> Zwei komplexe Zahlen werden addiert, indem man die reellen Teile für sich und die imaginären Teile für sich addiert, genau so wie wenn es reelle Zahlen wären. (a)

Wenn von nun an abkürzend gesetzt wird

$$z_1 = a_1 + ib_1, \quad z_2 = a_2 + ib_2, \quad z_3 = a_3 + ib_3, \quad \text{usw.,}$$

dann ist

$$z = z_1 + z_2 = (a_1 + ib_1) + (a_2 + ib_2)$$
$$= (a_1 + a_2) + i \cdot (b_1 + b_2),$$

so daß also die Summe z bereits in der komplexen Form erscheint. Die für die reellen Zahlen als gültig erwiesenen Summensätze

$$z_1 + z_2 = z_2 + z_1$$
$$z_1 + (z_2 + z_3) = (z_1 + z_2) + z_3$$

lassen sich nach der oben gegebenen Definition (a) recht einfach entwickeln.

Zu diesen Summensätzen tritt noch eine Erweiterung hinzu, ersichtlich aus der graphischen Darstellung der beiden Zahlen z_1 und z_2 und ihrer Summe z. Da nämlich $z = a + ib$ als reellen Teil $a = a_1 + a_2$, als imaginären Teil $ib = i \cdot (b_1 + b_2)$ hat, so ist nach Abb. 8. der Modul ϱ der Zahl z als Diagonale des aus den komplexen Zahlen 0, z_1, z_2, z gebildeten Parallelogramms erkannt, oder in der Sprechweise der Vektoren, siehe Nr. 69:

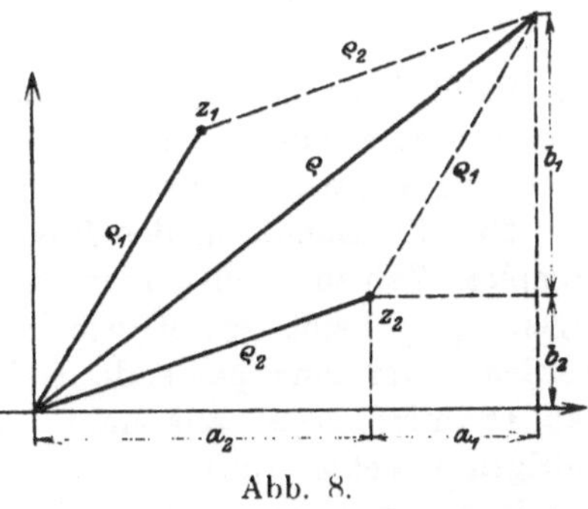

Abb. 8.

> Komplexe Zahlen werden addiert, indem man ihre Module graphisch addiert. (b)

Aus der obigen Abbildung ist auch gleichzeitig zu ersehen, daß stets

$$\varrho \leqq \varrho_1 + \varrho_2$$

oder
$$|z_1 + z_2| \leqq |z_1| + |z_2| \tag{c}$$

gelten muß. Der Modul der Summe zweier Zahlen ist nur dann gleich der Summe der Module dieser Zahlen, wenn sie beide reell sind, oder alle beide imaginär. Es gilt also: **Der Absolutwert (Modul) der Summe zweier Zahlen ist stets kleiner oder höchstens gleich der Summe der Absolutwerte der Einzelzahlen.**

Sowohl aus Definition (a) als auch aus dem Satz (b) ist zu ersehen, daß die Summe von zwei konjugiert komplexen Zahlen stets reell sein muß.

Durch die Definition:

$$z = z_1 - z_2 \text{ ist die Zahl, die zu } z_2 \text{ addiert } z_1 \text{ gibt,} \tag{d}$$

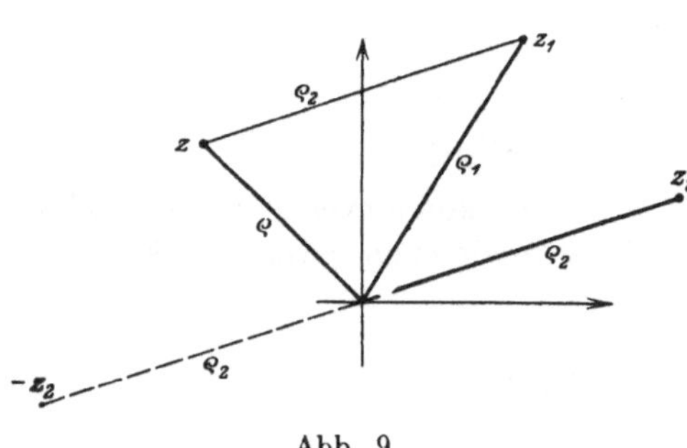

Abb. 9.

ist die Differenz $z_1 - z_2$ als ein gesuchter Summand erkannt; es ist dann $z_1 = z + z_2$, so daß auf diese Summe die im vorausgehenden entwickelten Sätze anzuwenden sind. Die Abb. 9 läßt die Differenz $z_1 - z_2$ als Summe $z_1 + (-z_2)$ erkennen; in dieser Abbildung ist ϱ_2 der Modul von $-z_2$, so daß der Modul ϱ von $z_1 - z_2$ wieder als graphische Summe der Module von z_1 und $-z_2$ erscheint. Damit ist die Differenz $z_1 - z_2$ als keine neue Rechnungsart, sondern nur als eine andere Form der Summe erkannt.

25. Die Definition des Produktes zweier natürlicher Zahlen auf komplexe Zahlen anzuwenden, ist unmöglich, da es sinnlos wäre, zu sagen $z_1 \cdot z_2$ heißt soviel wie z_1 soll z_2-mal als Summand gesetzt werden. Um eine passende Definition zu erhalten, überlege man, daß es nur darauf ankommt, alle bisher für die reellen Zahlen gültigen Gesetze auch für die neuen, die komplexen Zahlen, als richtig zu erweisen. Man wählt deswegen als Definition des Produktes $z_1 z_2$ folgende:

Zwei komplexe Zahlen z_1 und z_2 werden multipliziert, indem man wie bei reellen Zahlen jeden Teil der einen Zahl mit jedem Teil der andern Zahl multipliziert, (a) und ergänzt diese Definition durch den Zusatz:

Das Quadrat der Einheit i der imaginären Zahlen ist -1,

$$i^2 = -1. \tag{b}$$

Nach dieser Definition wird

$$z = z_1 \cdot z_2 = (a_1 + ib_1) \cdot (a_2 + ib_2)$$
$$= a_1 a_2 + a_1 ib_2 + ib_1 a_2 + ib_1 ib_2$$
$$= (a_1 a_2 - b_1 b_2) + i \cdot (a_1 b_2 + a_2 b_1).$$

Damit ist dann gleichzeitig die zweite Aufgabe erledigt: Das Produkt $z_1 \cdot z_2$ ist auf die Normalform gebracht. Der Beweis der Produktensätze,

$$z_1 z_2 = z_2 z_1,$$
$$z_1 (z_2 z_3) = (z_1 z_2) \cdot z_3,$$
$$(z_1 + z_2) z_3 = z_1 z_3 + z_2 z_3,$$

ist nach der gegebenen Definition des Produktes zweier Zahlen leicht zu erbringen. Es erübrigt somit nur mehr die Erweiterung dieser Sätze. Mit Verwendung der zweiten Form der Zahlen z_1 und z_2 wird

$$z_1 z_2 = \varrho_1 (\cos \varphi_1 + i \sin \varphi_1) \cdot \varrho_2 (\cos \varphi_2 + i \sin \varphi_2)$$
$$= \varrho_1 \varrho_2 [\cos (\varphi_1 + \varphi_2) + i \sin (\varphi_1 + \varphi_2)].$$

Das Produkt $z_1 z_2$ hat also den Modul $\varrho_1 \varrho_2$ und das Argument $\varphi_1 + \varphi_2$. Entsprechend hat man, wenn

$$z_k = a_k + ib_k = \varrho_k (\cos \varphi_k + i \sin \varphi_k),$$
$$z_1 \cdot z_2 \ldots z_n = \varrho_1 (\cos \varphi_1 + i \sin \varphi_1) \cdot \varrho_2 (\cos \varphi_2 + i \sin \varphi_2) \cdot \ldots \cdot \varrho_n (\cos \varphi_n + i \sin \varphi_n)$$
$$= \varrho_1 \varrho_2 \ldots \varrho_n [\cos (\varphi_1 + \varphi_2 + \ldots + \varphi_n) + i \sin (\varphi_1 + \varphi_2 + \ldots + \varphi_n)].$$

Damit ist bewiesen:

Komplexe Zahlen werden multipliziert, indem man ihre Module multipliziert und ihre Argumente addiert. (c)

Sowohl nach Definition als auch nach dem eben erwiesenen Satz ist unschwer nachzuweisen, daß das Produkt zweier konjugiert komplexer Zahlen $z_1 = a + ib$ und $z_2 = a - ib$ eine reelle Zahl ist,

$$(a + ib) \cdot (a - ib) = a^2 + b^2. \tag{d}$$

Umgekehrt erfahren wir dadurch als Erweiterung von (14h), daß man jedes Binom von der Form $a^2 + b^2$ zerlegen kann in

$$a^2 + b^2 = (a + ib) \cdot (a - ib).$$

Aufgabe: Welche Beziehung muß zwischen zwei komplexen Zahlen $a + ib$ und $c + id$ bestehen, damit sowohl ihre Summe als auch ihr Produkt reell wird.

Lösung: Man vermutet, daß die beiden Zahlen konjugiert komplex sind, was sich auch wirklich durch die nachfolgende Rechnung ergibt. Damit die Summe $(a + c) + i(b + d)$ und das Produkt $(ac - bd) + i(ad + bc)$ der obigen Zahlen reell wird, müssen die imaginären Teile verschwinden, es muß gelten

$$b + d = 0 \quad \text{und} \quad ad + bc = 0$$

oder

$$d = -b \quad \text{und} \quad c = a,$$

d. h. beide Zahlen müssen konjugiert komplex sein: $a + ib$ und $a - ib$.

26. **Der Quotient $z = z_1 : z_2$ ist definiert als diejenige Zahl, die mit z_2 multipliziert z_1 gibt.** (a)

so daß also nach dieser Definition

$$z_1 = z \cdot z_2,$$

welche Anschreibweise alle weiteren Aufgaben löst. Haben nämlich die Zahlen z_1 bzw. z_2 und z die Module und Argumente ϱ_1, φ_1 bzw. ϱ_2, φ_2 und ϱ, φ, so ist nach (25c)

$$\varrho_1 = \varrho \cdot \varrho_2, \qquad \varphi_1 = \varphi + \varphi_2$$

oder umgekehrt

$$\varrho = \varrho_1 : \varrho_2, \qquad \varphi = \varphi_1 - \varphi_2$$ (b)

was sich formulieren läßt:

Zwei komplexe Zahlen werden dividiert, indem man ihre Module entsprechend dividiert und ihre Argumente entsprechend subtrahiert,

also

$$\frac{z_1}{z_2} = \frac{\varrho_1(\cos \varphi_1 + i \sin \varphi_1)}{\varrho_2(\cos \varphi_2 + i \sin \varphi_2)}$$

$$= \frac{\varrho_1}{\varrho_2}[\cos(\varphi_1 - \varphi_2) + i \sin(\varphi_1 - \varphi_2)].$$ (c)

Damit ist auch die zweite Aufgabe gelöst, das Resultat der Zahlenoperation $z_1 : z_2$ in komplexer Form darzustellen, da sich nach dieser Formel als reeller bzw. imaginärer Bestandteil des Quotienten $z_1 : z_2$ die Werte

$$\frac{\varrho_1}{\varrho_2}\cos(\varphi_1 - \varphi_2) \quad \text{bzw.} \quad i \cdot \frac{\varrho_1}{\varrho_2}\sin(\varphi_1 - \varphi_2)$$

ergeben.

Eine andere Methode, den Quotienten

$$\frac{z_1}{z_2} = \frac{a_1 + ib_1}{a_2 + ib_2}$$

in komplexer Form darzustellen, besteht darin, daß man ihn umwandelt, wie folgt:

$$\frac{z_1}{z_2} = \frac{(a_1 + ib_1) \cdot (a_2 - ib_2)}{(a_2 + ib_2) \cdot (a_2 - ib_2)}$$

$$= \frac{(a_1 a_2 + b_1 b_2) - i(a_1 b_2 - a_2 b_1)}{a_2{}^2 + b_2{}^2}$$

$$= A + iB.$$

Der Quotient $1:z$, der reziproke Wert von z, läßt sich nach
dem eben besprochenen anschreiben

$$\frac{1}{z} = \frac{1}{\varrho\,(\cos\varphi + i\sin\varphi)} = \frac{1\,(\cos 0 + i\sin 0)}{\varrho\,(\cos\varphi + i\sin\varphi)}$$

$$= \frac{1}{\varrho}\,[\cos(-\varphi) + i\sin(-\varphi);\tag{d}$$

oder

$$\frac{1}{z} = \frac{1}{a + ib} = \frac{a - ib}{(a + ib)(a - ib)} = \frac{a}{a^2 + b^2} - i \cdot \frac{b}{a^2 + b^2}\,.$$

Es kann somit der Quotient $z_1 : z_2$ auch als Produkt $z_1 \cdot \dfrac{1}{z_2}$ der
komplexen Zahlen z_1 und $\dfrac{1}{z_2}$ betrachtet werden. Es erübrigt sich
somit, weitere Regeln über den Quotienten aufzustellen, da er in
Zukunft stets als Produkt angesprochen werden soll.

Aufgabe a) mit d) Man zeichne in der Gaußschen
Zahlenebene

$$z_1 = 0,5 - i\,1,5 \quad \text{und} \quad z_2 = -1,5 + i\,1,5;$$

dann suche man graphisch

a) $z_1 + z_2$;   b) $z_1 - z_2$;   c) $z_1 z_2$;   d) $z_1 : z_2$.

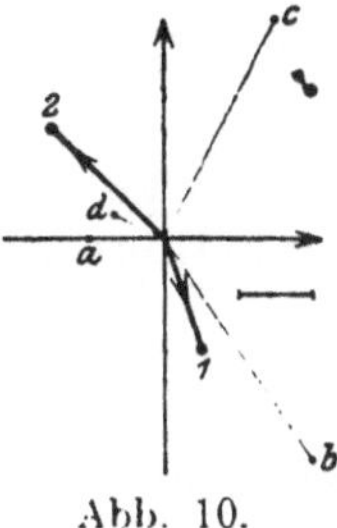
Abb. 10.

Lösung: Die Werte der Operationen a), b), c), d),
mit Hilfe der vorausgehenden Sätze graphisch gefunden,
sind in die Abbildung eingetragen. Rechnerisch findet man
und kontrolliert

$$z_a = -1, \qquad z_b = 2 - 3\,i, \qquad z_c = 1,5 + 3\,i, \qquad z_d = -\tfrac{2}{3} + \tfrac{1}{3}\,i.$$

Aufgabe e) Man soll das Produkt zweier gegebener Quadratsummen
als Summe zweier Quadrate darstellen, also

$$(a^2 + b^2)(c^2 + d^2) \text{ in } x^2 + y^2$$

umwandeln, wo a, b, c, d gegeben und x, y gesucht sind.

Lösung: Man schreibt

$$x^2 + y^2 = (a + ib)(a - ib) \cdot (c + id)(c - id)$$

$$= (a + ib)(c + id) \cdot (a - ib)(c - id)$$

$$= [(ac - bd) + i(ad + bc)]\,[(ac - bd) - i(ad + bc)]$$

$$= (ac - bd)^2 + (ad + bc)^2,$$

wo dann $x = ac - bd$ und $y = ad + bc$ ist.

Für $a=1$, $b=2$, $c=3$, $d=4$ wird $x=-5$, $y=10$ und so $(1+4)\cdot(9+16)$ $=25+100$.

Aufgabe f) Welche ganzen Zahlen genügen der Gleichung

$$z^2 = x^2 + y^2?$$

Lösung: Man setzt $z^2 = (x+iy)(x-iy)$ und substituiert zwei neue Zahlen p und q durch die Beziehung

$$x+iy = (p+iq)^2 = p^2 - q^2 + 2pqi \qquad \qquad x = p^2 - q^2$$
$$x-iy = (p-iq)^2 = p^2 - q^2 - 2pqi \qquad \text{oder} \qquad y = 2pq.$$

Dann wird

$$z^2 = (x+iy)(x-iy) = (p^2 - q^2 + 2pqi)(p^2 - q^2 - 2pqi)$$
$$= (p^2 - q^2)^2 + 4p^2q^2 = x^2 + y^2.$$

Man kann p und q beliebig wählen. Beispielsweise:

$$
\begin{array}{llllllll}
\text{für } & p=2, & q=1 \text{ wird} & x=3, & y=4 & z=5 & \text{und so} & 25 = 9 + 16, \\
\text{„} & p=3, & q=1 \text{ „} & x=8, & y=6, & z=10 & \text{„ „} & 100 = 64 + 36, \\
\text{„} & p=3, & q=2 \text{ „} & x=5, & y=12, & z=13 & \text{„ „} & 169 = 25 + 144.
\end{array}
$$

Aufgabe g) Wie müssen zwei komplexe Zahlen $a+ib$ und $c+id$ beschaffen sein, damit ihr Produkt P reell ist?

Lösung.
$$P = (a+ib)(c+id) = (ac - bd) + i(ad + bc).$$

Damit P reell ist, muß $ad + bc = 0$ sein oder $c:d = a:-b$ oder mit Einführung eines Proportionalitätsfaktors $c = \varrho a$, $d = -\varrho b$. Dann wird $P = (a+ib)\varrho(a-ib) = \varrho(a^2 + b^2)$.

Man sieht: sollen zwei komplexe Zahlen ein reelles Produkt liefern, müssen sie bis auf einen konstanten Faktor konjugiert komplex sein. Siehe auch Aufgabe 25.

27. Die Potenz $z^n = (a+ib)^n$ ist für ganze positive n (größer als 0) oder mit anderen Worten, solange der Exponent n eine natürliche Zahl ist, definiert durch

$$z^n = z\cdot z \ldots z, \qquad n\,\text{Faktoren}, \qquad\qquad \textbf{(a)}$$

erweist sich sonach als ein Produkt von gleichen Faktoren. Es gelten also auch die Produktensätze von Nr. 25, so daß

$$[\varrho(\cos\varphi + i\sin\varphi)]^n = \varrho^n(\cos n\varphi + i\sin n\varphi) \qquad\qquad \textbf{(b)}$$

(Spezialfall des Moivreschen Satzes, siehe Nr. 28).

Für $n = 0$ kann obige Definition der Potenz nicht mehr gelten, also ist neu zu definieren, wie (14b)

$$z^0 = 1, \qquad\qquad \textbf{(c)}$$

und ebenso entsprechend wie (14c)

$$z^{-n} = 1 : z^n. \qquad\qquad \textbf{(d)}$$

Die Potenzsätze in Nr. 14 lassen sich ebenso wie in der Elementarmathematik zunächst für alle natürlichen Zahlen n erweisen, alsdann leicht für $n=0$ und für negative n, so daß sie Gültigkeit für alle ganzen Exponenten haben.

28. Die Potenz mit einem gebrochenen Exponenten wird genau so behandelt, wie es bei den reellen Zahlen geschah. Man wird zunächst den Exponenten so umformen, daß Zähler und Nenner als ganze Zahlen und relativ prim zueinander erscheinen. Es seien also für die Potenz $z^{\lambda/\mu}$ die beiden Zahlenwerte λ und μ als ganz und relativ prim zueinander vorausgesetzt. Bevor man diese Größe $z^{\lambda/\mu}$ definiert, fragt man sich: ist denn diese Größe überhaupt eine komplexe Zahl? In der Tat, das weiß man im voraus nicht, man vermutet es nur. Man wird daher so vorgehen, daß man willkürlich annimmt, durch die Operation $z^{\lambda/\mu}$ sei eine komplexe Zahl ζ definiert, also $\zeta = z^{\lambda/\mu}$. Wenn ζ wirklich komplex ist, dann muß sie einen bestimmten Modul und ein bestimmtes Argument haben, und umgekehrt, wenn man Modul und Argument von ζ angeben kann, dann ist ζ als komplexe Zahl vollständig bestimmt. Wie bei den reellen Zahlen definiert man nun:

$$\zeta = z^{\lambda/\mu}, \text{ oder in anderer Schreibweise } \zeta = \sqrt[\mu]{z^\lambda}, \text{ ist} \tag{a}$$
$$\text{diejenige Zahl, die mit } \mu \text{ potenziert } z^\lambda \text{ gibt.}$$

Es ist also ζ definiert durch die Gleichung

$$\zeta^\mu = z^\lambda.$$

ζ ist als komplex vorausgesetzt; sein Modul sei mit r, sein Argument mit ω bezeichnet, so daß

$$\zeta = r\,(\cos \omega + i \sin \omega).$$

Da wieder

$$z = \varrho\,(\cos \varphi + i \sin \varphi),$$

so geht nach (27 b)

$$\zeta^\mu = z^\lambda$$

über in
$$r^\mu\,(\cos \mu\omega + i \sin \mu\omega) = \varrho^\lambda\,(\cos \lambda\varphi + i \sin \lambda\varphi),$$

woraus nach (23 a)

$$r^\mu = \varrho^\lambda \quad \text{und} \quad \mu\omega = \lambda\varphi + 2k\pi.$$

oder
$$r = \varrho^{\frac{\lambda}{\mu}} \quad \text{und} \quad \omega = \frac{\lambda\varphi + 2k\pi}{\mu},$$

wo k eine beliebige ganze Zahl.

Damit ist entwickelt der **Moivre**sche **Lehrsatz**

$$z^{\frac{\lambda}{\mu}} = [\varrho\,(\cos \varphi + i \sin \varphi)]^{\frac{\lambda}{\mu}} = \varrho^{\frac{\lambda}{\mu}} \left(\cos \frac{\lambda\varphi + 2k\pi}{\mu} + i \sin \frac{\lambda\varphi + 2k\pi}{\mu} \right). \tag{b}$$

Da k jede beliebige ganze Zahl sein kann, so könnte es auf den ersten Blick scheinen, als ob $z^{\lambda/\mu}$ unendlich viele Werte hätte.

Es soll nachgewiesen werden, daß $z^{\lambda/\mu}$ oder $\sqrt[\mu]{z^{\lambda}}$ genau μ Werte hat. Jedenfalls haben alle diese Wurzelwerte den gleichen Absolutwert, nämlich $\varrho^{\lambda/\mu}$. Es sind also nur mehr die Argumente zu untersuchen. Da λ, μ, φ gegebene Werte sind und nur k eine willkürliche ganze Zahl, so unterscheiden sich zwei aufeinanderfolgende Argumente

$$\frac{\lambda\varphi}{\mu} + \frac{2\pi}{\mu}\cdot k \quad \text{und} \quad \frac{\lambda\varphi}{\mu} + \frac{2\pi}{\mu}(k+1)$$

immer nur um $\dfrac{2\pi}{\mu}$, also um den μ-ten Teil des Einheitskreisumfanges. Trägt man nun alle Wurzeln $z^{\lambda/\mu}$ in der Gaußschen Zahlenebene an, so liegen sie alle auf dem gleichen Kreis um den Nullpunkt mit dem Radius $\varrho^{\lambda/\mu}$ und haben aufeinanderfolgend immer einen Winkel- oder Bogenunterschied von $\dfrac{2\pi}{\mu}$, liegen also symmetrisch auf diesem Kreis. Damit ist dann auch gleichzeitig erwiesen, daß $z^{\lambda/\mu}$ nicht mehr und nicht weniger als μ Werte hat. Diese sind aufzufinden, wenn man einen von ihnen kennt, da alle übrigen dann symmetrisch auf dem nämlichen Kreis um den Nullpunkt liegen.

Aufgabe a) Um den Wert $\sqrt{3+4i}$ zu ermitteln, setzt man

$$\sqrt{3+4i} = [\varrho\,(\cos\varphi + i\sin\varphi)]^{\frac{1}{2}} = \sqrt{\varrho}\cdot\left(\cos\frac{\varphi+2k\pi}{2} + i\sin\frac{\varphi+2k\pi}{2}\right)$$

$$= \sqrt{\varrho}\left[\cos\left(\frac{\varphi}{2}+k\pi\right) + i\sin\left(\frac{\varphi}{2}+k\pi\right)\right]$$

und erhält zwei Werte, für $k=0$ und $k=1$

$$w_1 = \sqrt{\varrho}\left(\cos\frac{\varphi}{2} + i\sin\frac{\varphi}{2}\right) \quad \text{und} \quad w_2 = -\sqrt{\varrho}\left(\cos\frac{\varphi}{2} + i\sin\frac{\varphi}{2}\right)$$

Es ist $\varrho = \sqrt{9+16} = 5$ und $\operatorname{tg}\varphi = \frac{4}{3}$, woraus man zunächst $\cos\varphi = 0{,}6$ und dann $\cos\frac{\varphi}{2} = \sqrt{0{,}8}$, $\sin\frac{\varphi}{2} = \sqrt{0{,}2}$ erhält. Damit wird

$$\sqrt{3+4i} = \pm\sqrt{5}\,(\sqrt{0{,}8} + i\sqrt{0{,}2}) = \pm(2+i).$$

Aufgabe b) Man ermittle $s = \sqrt{3+4i} + \sqrt{3-4i}$.

Lösung: Wie vorausgehend findet man $\sqrt{3-4i} = \pm(2-i)$ und erhält $s = \pm(2+i)\pm(2-i) = \pm 4$, wenn man nur die beiden obern oder nur die beiden untern Vorzeichen wählt.

Oder man sagt: die beiden Radikanden sind konjugiert komplex, also müssen es auch die Wurzeln sein. Ist daher $\sqrt{a+ib} = \alpha + i\beta$, so muß $\sqrt{a-ib} = \alpha - i\beta$ sein.

29. Beispiel a) Speziell ist

$$\sqrt[n]{1} = \cos\left(k\frac{2\pi}{n}\right) + i\sin\left(k\frac{2\pi}{n}\right), \tag{a}$$

d. h. die n Werte von $\sqrt[n]{1}$ liegen alle symmetrisch auf dem Einheitskreis, ihre Module. sind alle gleich 1, ihre aufeinanderfolgenden Argumente jedesmal um $\dfrac{2\pi}{n}$ verschieden. siehe Abb. 11. Nennt man ε_1 den Wurzelwert mit dem Argument $1 \cdot \dfrac{2\pi}{n}$, ε_2 den Wurzelwert mit dem Argument $2 \cdot \dfrac{2\pi}{n}$ usw., so sind die n Werte von $\sqrt[n]{1}$

$$\varepsilon_1,\ \varepsilon_2,\ \varepsilon_3,\ \ldots\ \varepsilon_n,$$

wo

$$\varepsilon_l = \cos l\,\frac{2\pi}{n} + i \sin l\,\frac{2\pi}{n}.$$

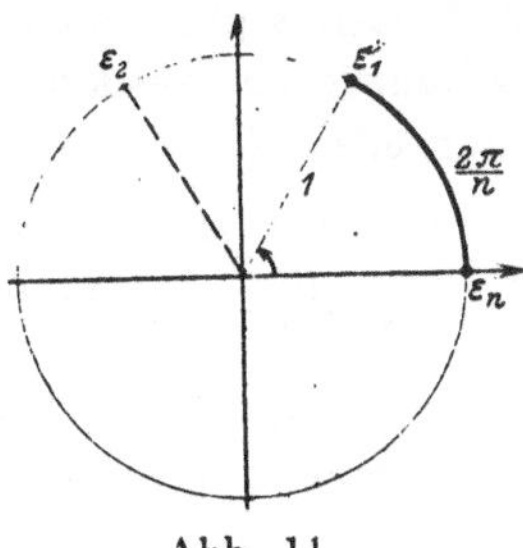
Abb. 11.

Da nun alle ε den gleichen Modul haben, ferner das Argument φ_l von ε_l das l-fache des Argumentes von ε_1 ist, so ist nach (27b)

$$\varepsilon_l = \varepsilon_1{}^l,$$

so daß also die n Werte von $\sqrt[n]{1}$ sich auch in der Form

$$\varepsilon,\ \varepsilon^2,\ \varepsilon^3,\ \ldots\ \varepsilon^n$$

anschreiben lassen.

Beispiel b) Entsprechend ist

$$\sqrt[n]{-1} = \cos (2k+1)\frac{\pi}{n} + i \sin (2k+1)\frac{\pi}{n},$$

d. h. die n Werte von $\sqrt[n]{-1}$ liegen symmetrisch auf dem Einheitskreis, ihre Module sind somit alle gleich 1, ihre aufeinanderfolgenden Argumente unterscheiden sich jedesmal um $\dfrac{2\pi}{n}$. Nennt man den ersten Wurzelwert

$$\varepsilon_1 = \varepsilon = \cos \frac{\pi}{n} + i \sin \frac{\pi}{n},$$

so daß er also das Argument $\dfrac{\pi}{n}$ hat, so sind die aufeinanderfolgenden Werte

$$\varepsilon_1 = \varepsilon,\ \ \varepsilon_2 = \varepsilon^3,\ \ \varepsilon_3 = \varepsilon^5,\ \ldots\ \varepsilon_n = \varepsilon^{2n-1}.$$

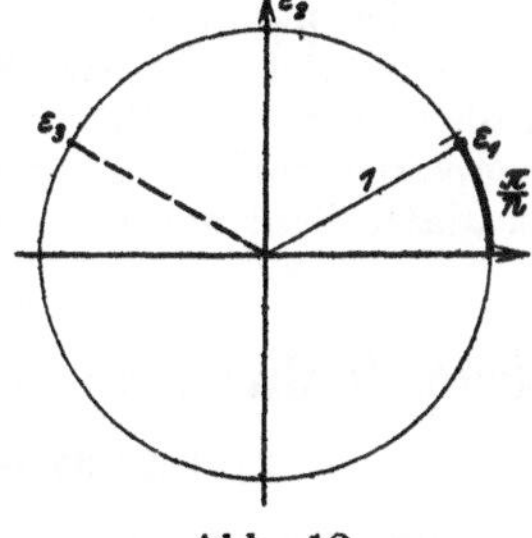
Abb. 12.

Man teilt demnach den halben Bogen des Einheitskreises in n Teile, so wie Abb. 12 zeigt, und erhält dann alle Wurzeln. Ist n ungerade, so ist eine Wurzel -1. Diese Wurzel trägt man zuerst an, und dann mit Berücksichtigung des Satzes, daß alle Wurzeln symmetrisch auf dem Einheitskreis liegen, die andern.

Mit Hilfe des Moivreschen Lehrsatzes beweist man nun elementarmathematisch, daß die Potenzsätze auch für gebrochene Exponenten, demnach für alle rationalen Exponenten gelten. Damit sind dann für alle komplexen Zahlen die Gesetze der Elementarmathematik als gültig erwiesen, solange man aus dem Kreis der algebraischen Operationen — Addieren, Subtrahieren, Multiplizieren, Dividieren und Potenzieren mit konstanten rationalen Exponenten — nicht hinauskommt. An späterer Stelle sollen die wichtigstens transzendenten Operationen mit komplexen Zahlen besprochen, und soll nachgewiesen werden, daß für sie die gleichen Sätze gelten wie für die reellen Zahlen.

Aufgabe a) mit e) Man zeichne alle Werte von

$$\text{a) } \sqrt[3]{1}, \quad \text{b) } \sqrt[3]{-1}, \quad \text{c) } \sqrt[4]{256:81}, \quad \text{d) } \sqrt[4]{-256:81}, \quad \text{e) } \sqrt[6]{64}.$$

Lösung: Die 3 Werte $a_i = \sqrt[3]{1}$ liegen alle symmetrisch auf dem Einheitskreis, sind also zu zeichnen, da man eine Wurzel $a_1 = 1$ kennt, siehe Abb. 13.

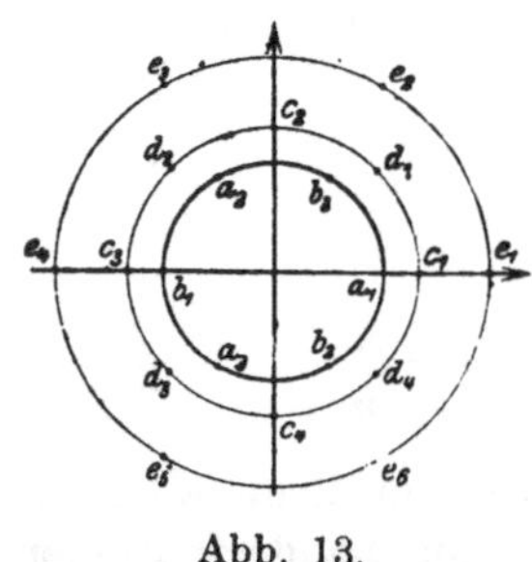

Abb. 13.

Ebenso kennt man von den 3 Wurzeln $b_i = \sqrt[3]{-1}$ eine, nämlich $b_1 = -1$, kann also die übrigen symmetrisch dazu auf dem Einheitskreis konstruieren. Von den 4 Wurzeln $c_i = \sqrt[4]{256:81}$, die alle den Modul $4:3$ haben und alle symmetrisch auf einem Kreis um den Nullpunkt mit dem Radius $4:3$ liegen, kennt man eine $c_1 = 4:3$. Auf dem nämlichen Kreis liegen die 4 Wurzeln $d_i = \sqrt[4]{-256:81}$ und zwar symmetrisch zu beiden Achsen. Die 6 Wurzeln $e_i = \sqrt[6]{64}$ haben den Modul 2, sie liegen alle symmetrisch auf dem Kreis mit dem Radius 2 um den Nullpunkt; eine der Wurzeln ist bekannt, $e_1 = 2$.

Aufgabe f) mit h) Man beweise, daß die nachstehenden Ausdrücke nur der Form nach komplex sind.

$$\text{f) } (a+ib)^n + (a-ib)^n, \qquad \text{g) } \sqrt[n]{a+ib} - \sqrt[n]{a-ib},$$
$$\text{h) } i \cdot [(a+ib)^n - (a-ib)^n].$$

Lösung: $a+ib$ und $a-ib$ sind konjugiert komplex und ebenso auch ihre n-ten Potenzen bzw. Wurzeln. Die Summe von zwei konjugiert komplexen Zahlen ist aber reell. Im Fall h) hat man die Differenz von zwei konjugiert komplexen Zahlen, die rein imaginär ist. Multipliziert man aber eine rein imaginäre Zahl mit i, so erhält man eine reelle Zahl.

Neue Zahlformen: $n!$, $\binom{n}{p}$. Permutationen. Kombinationen. Variationen. Binomischer Lehrsatz.

30. Die Zahlenverbindung $n!$ (gesprochen „n Fakultät" oder „n ausgerufen") ist definiert durch die Formel

$$n! = 1 \cdot 2 \cdot 3 \cdot 4 \ldots (n-1) \cdot n. \tag{a}$$

Zunächst ergibt die Definition, daß n eine natürliche Zahl sein muß, da sich ja $n!$ als ein Produkt darstellt, dessen erster Faktor 1 ist und dessen weitere Faktoren immer um je 1 größer sind, bis der letzte Faktor n erreicht ist. Es ist

$$1! = 1, \quad 2! = 1 \cdot 2 = 2, \quad 3! = 1 \cdot 2 \cdot 3 = 6 \text{ usw.}$$

Man sieht unmittelbar ein, daß

$$n! = (n-1)! \cdot n$$

und umgekehrt

$$(n-1)! = \frac{n!}{n} \tag{b}$$

ist, so daß also

$$2! = 3! : 3 = 2, \quad 1! = 2! : 2 = 1$$

ist. Wenn die Definition 0! einen Sinn hätte, würde sich nach dieser Formel (b) ergeben

$$0! = 1! : 1 = 1.$$

Da nun einerseits später die Zahlform 0! des öfteren vorkommt, andererseits ein Widerspruch zu dem Gesetz (b) nicht auftreten soll, definiert man

$$0! = 1. \tag{c}$$

31. Die weitere wichtige Zahlenform, der Binomialkoeffizient $\binom{n}{p}$ — gesprochen „n über p" — ist folgendermaßen definiert:

$$\binom{n}{p} = \frac{n \cdot (n-1) \cdot (n-2) \ldots (n-k+1) \ldots (n-p+2)(n-p+1)}{1 \cdot 2 \cdot 3 \ldots \cdot k \cdot \ldots \cdot (p-1) \qquad p}, \tag{a}$$

sonach als Bruch, dessen Nenner und Zähler ein Produkt von p Faktoren ist. Im Nenner beginnen die Faktoren mit 1 und erreichen immer um 1 zunehmend den Endwert p, im Zähler beginnen die Faktoren mit n und nehmen je um 1 ab, so daß also der letzte Faktor $n-p+1$ ist. Über dem unteren Faktor k steht sonach jeweils oben der Faktor $n-k+1$. Durch die Definition ist festgelegt, daß p eine natürliche Zahl sein muß, während n beliebig sein darf.

Beispiele a) mit n) (man schreibe den Nenner immer zuerst an)

$$\binom{4}{2} = \frac{4 \cdot 3}{1 \cdot 2} = 6, \qquad \binom{6}{3} = \frac{6 \cdot 5 \cdot 4}{1 \cdot 2 \cdot 3} = 20, \qquad \binom{7}{5} = \frac{7 \cdot 6 \cdot 5 \cdot 4 \cdot 3}{1 \cdot 2 \cdot 3 \cdot 4 \cdot 5} = 21,$$

$$\binom{n}{1} = \frac{n}{1} = n, \qquad \binom{n}{2} = \frac{n(n-1)}{1 \cdot 2}, \qquad \binom{n}{3} = \frac{n(n-1)(n-2)}{1 \cdot 2 \cdot 3},$$

$$\binom{n}{n} = \frac{n(n-1) \cdot (n-2) \ldots 2 \cdot 1}{1 \cdot 2 \cdot 3 \ldots (n-1) \cdot n} = 1,$$

$$\binom{\frac{1}{2}}{1} = \frac{\frac{1}{2}}{1} = \frac{1}{2}, \qquad\qquad \binom{\frac{1}{2}}{2} = \frac{\frac{1}{2} \cdot -\frac{1}{2}}{1 \cdot 2} = -\frac{1}{8},$$

$$\binom{\frac{1}{2}}{3} = \frac{\frac{1}{2} \cdot -\frac{1}{2} \cdot -\frac{3}{2}}{1 \cdot 2 \cdot 3} = \frac{1}{16}, \qquad \binom{\frac{1}{2}}{4} = \frac{\frac{1}{2} \cdot -\frac{1}{2} \cdot -\frac{3}{2} \cdot -\frac{5}{2}}{1 \cdot 2 \cdot 3 \cdot 4} = -\frac{5}{128}$$

$$\binom{3}{5} = \frac{3 \cdot 2 \cdot 1 \cdot 0 \cdot -1}{1 \cdot 2 \cdot 3 \cdot 4 \cdot 5} = 0, \qquad \binom{-2}{3} = \frac{-2 \cdot -3 \cdot -4}{1 \cdot 2 \cdot 3} = -4 \text{ usw.}$$

Beispiel o) Man beweise, daß

$$\binom{n}{p} + \binom{n}{p+1} = \binom{n+1}{p+1}. \tag{b}$$

Nach Definition wird

$$\binom{n}{p} + \binom{n}{p+1} = \frac{n(n-1)\ldots(n-p+1)}{1 \cdot 2 \cdot \ldots \cdot p} + \frac{n(n-1)\ldots(n-p+1)(n-p)}{1 \cdot 2 \cdot \ldots \cdot p \cdot (p+1)}$$

$$= \binom{n}{p} \cdot \left[1 + \frac{n-p}{p+1}\right] = \binom{n}{p} \cdot \frac{n+1}{p+1} = \binom{n+1}{p+1}.$$

Der zu beweisende Satz gilt für alle n, da über dasselbe keinerlei Voraussetzung gemacht wurde.

Unter der Voraussetzung, daß neben p auch n positiv und ganz ist, lassen sich eine Reihe von Sätzen über die Binominalkoeffizienten ableiten. Ergänzt man nämlich in Definition (a) den Zähler, indem man die Zahlenfolge $n \cdot (n-1) \ldots (n-p+1)$ bis 1 weiterführt, und dementsprechend auch den Nenner mit $(n-p) \ldots 2 \cdot 1$ multipliziert, so hat man

$$\binom{n}{p} = \frac{n \cdot (n-1) \cdot (n-2) \cdot \ldots (n-p+1) \cdot (n-p)(n-p-1)\ldots 2 \cdot 1}{1 \cdot 2 \cdot 3 \quad\ldots\quad \cdot p \cdot (n-p)(n-p-1)\ldots 2 \cdot 1}$$

oder
$$\binom{n}{p} = \frac{n!}{p!\,(n-p)!}. \tag{c}$$

Dieser Satz gilt für n und p nur, wenn sie natürliche Zahlen sind. Nach diesem Satze wird auch $\binom{n}{n-p}$ entwickelt, indem man einfach $n-p$ statt p und entsprechend p statt $n-p$ setzt.

Damit wird

$$\binom{n}{n-p} = \frac{n!}{(n-p)!\,p!}.$$

Vergleicht man die beiden letzterhaltenen Resultate miteinander, so erhält man den Hauptsatz der Binomialkoeffizienten:

$$\binom{n}{p} = \binom{n}{n-p}. \tag{d}$$

Es ist also nach diesem Hauptsatz beispielsweise

$$\binom{5}{4}=\binom{5}{1}=5,\quad \binom{7}{5}=\binom{7}{2}=\frac{7\cdot 6}{1\cdot 2}=21,\quad \binom{11}{8}=\binom{11}{3}=\frac{11\cdot 10\cdot 9}{1\cdot 2\cdot 3}=165.$$

32. Nach dieser Regel wäre auch

$$\binom{n}{0}=\binom{n}{n}=1,$$

wenn auf die Zahlenform $\binom{n}{0}$ die Definition (31a) zuträfe; da dies aber nicht der Fall ist, andererseits die Zahlform $\binom{n}{0}$ des öfteren auftritt, so wird man sie neu definieren müssen, und zwar, um keinen Widerspruch mit den vorausgehenden Sätzen zu erhalten, so wie man eben durch formale Anwendung des Satzes gefunden hätte, also

$$\binom{n}{0}=1. \tag{a}$$

Ist in einem Binomialkoeffizienten die untere Zahl größer als die obere, so daß man ihn also schreiben kann $\binom{n}{n+p}$, wo n und p als natürliche Zahlen vorausgesetzt werden, so ist dieser Binomialkoeffizient Null,

$$\binom{n}{n+p}=\frac{n\cdot(n-1)\ldots\quad\cdot 1\cdot 0\cdot -1\cdot\quad\ldots(-p+1)}{1\quad\cdot\quad 2\quad\ldots n\cdot(n+1)\cdot(n+2)\ldots\ (n+p)}=0. \tag{b}$$

Als Übungsbeispiel sei noch bewiesen

$$\binom{n}{p}=\binom{n-1}{p-1}+\binom{n-2}{p-1}+\binom{n-3}{p-1}+\ldots+\binom{p-1}{p-1} \tag{c}$$

Es ist nach (31b)

$$\binom{n}{p}=\binom{n-1}{p-1}+\binom{n-1}{p}$$

$$\binom{n-1}{p}=\binom{n-2}{p-1}+\binom{n-2}{p}$$

$$\binom{n-2}{p}=\binom{n-3}{p-1}+\binom{n-3}{p}$$

$$\cdots\cdots\cdots\cdots\cdots$$

$$\cdots\cdots\cdots\cdots\cdots$$

$$\binom{p}{p}=\binom{p-1}{p-1}+\binom{p-1}{p}.$$

Addiert man alle diese Gleichungen und berücksichtigt, daß auf beiden Seiten eine Reihe von Gliedern hinausfallen, so erhält man schließlich den zu beweisenden Satz. Formel (c) macht zwar über

n keinerlei Voraussetzungen, wohl aber ist durch die Art der Beweisführung (n nimmt allmählich ab bis $p-1$, wo $p-1$ eine natürliche Zahl sein muß) n als natürliche Zahl angenommen.

Stellt man für alle positiven ganzen n und p, auch die Zahl 0 mit eingeschlossen, alle möglichen Binomialkoeffizienten $\binom{n}{p}$ in einem Schema zusammen, so erhält man das Pascalsche Dreieck oder die Binomialtafel. Um dieses Schema vollständig zu gestalten, definiert man noch

$$\binom{0}{0}=1. \tag{d}$$

Damit wird diese Tafel

$$\binom{0}{0}$$
$$\binom{1}{0}\quad\binom{1}{1}$$
$$\binom{2}{0}\quad\binom{2}{1}\quad\binom{2}{2}$$
$$\binom{3}{0}\quad\binom{3}{1}\quad\binom{3}{2}\quad\binom{3}{3}$$
$$\binom{4}{0}\quad\binom{4}{1}\quad\binom{4}{2}\quad\binom{4}{3}\quad\binom{4}{4}$$
$$\cdots\cdots\cdots\cdots\cdots$$

oder

$$1$$
$$1\quad 1$$
$$1\quad 2\quad 1$$
$$1\quad 3\quad 3\quad 1$$
$$1\quad 4\quad 6\quad 4\quad 1$$
$$1\quad 5\quad 10\quad 10\quad 5\quad 1$$
$$\cdots\cdots\cdots\cdots$$

Über die weitere Fortsetzung dieses leicht übersehbaren Schemas braucht nicht mehr gesagt zu werden.

Aufgabe a) Man beweise

$$\binom{a+b}{2}=\binom{a}{2}+\binom{a}{1}\binom{b}{1}+\binom{b}{2}.$$

Lösung: Man entwickelt die einzelnen auftretenden Binomialkoeffizienten, die linke wie die rechte Seite geben

$$\tfrac{1}{2}(a+b)(a+b-1).$$

Aufgabe b) mit d) Man beweise

$$\text{b)}\quad \binom{a+b}{3}=\binom{a}{3}+\binom{a}{2}\binom{b}{1}+\binom{a}{1}\binom{b}{2}+\binom{b}{3};$$

$$\text{c)} \quad \binom{0}{p} + \binom{1}{p} + \binom{2}{p} + \dots + \binom{n}{p} = \binom{n+1}{p+1};$$

$$\text{d)} \quad \binom{n}{0} - \binom{n}{1} + \binom{n}{2} - \binom{n}{3} + \dots + (-1)^n \binom{n}{n} = 0.$$

Lösung: Im Fall b) wird wie bei der vorausgehenden Aufgabe die Entwickelung beider Gleichungsseiten geben

$$\tfrac{1}{6}(a+b)(a+b-1)(a+b-2).$$

Fall c) ist durch (c) schon mitbewiesen; nach dieser Formel ist

$$\binom{n+1}{p+1} = \binom{n}{p} + \binom{n-1}{p} + \binom{n-2}{p} + \dots + \binom{p}{p}.$$

Man kann, da nach (b)

$$\binom{p-1}{p} = 0, \qquad \binom{p-2}{p} = 0, \dots \qquad \binom{1}{p} = 0, \qquad \binom{0}{p} = 0,$$

die obige Formel weiter fortsetzen in der Form

$$\binom{n+1}{p+1} = \binom{n}{p} + \binom{n-1}{p} + \dots + \binom{p}{p} + \binom{p-1}{p} + \dots + \binom{1}{p} + \binom{0}{p}.$$

Im Fall d) schreibt man nach (31 b)

$$\binom{n}{0} = \qquad\qquad 1 \qquad + 1$$
$$-\binom{n}{1} = -\binom{n-1}{0} - \binom{n-1}{1}$$
$$\binom{n}{2} = +\binom{n-1}{1} + \binom{n-1}{2}$$
$$-\binom{n}{3} = -\binom{n-1}{2} - \binom{n-1}{3}$$
$$\cdots \cdots \cdots \cdots \cdots$$
$$\cdots \cdots \cdots \cdots \cdots$$
$$(-1)^n \binom{n}{n} = \left[\binom{n-1}{n-1} + \binom{n-1}{n}\right] \cdot (-1)^n$$

und addiert diese Gleichungen; auf der rechten Seite haben alle Glieder die Summe 0. Der beigesetzt Faktor $(-1)^n$ ersetzt ein $+$ oder $-$, je nachdem n gerade oder ungerade ist.

33. Es seien verschiedene Elemente d, a, c, b, e, $\dots$ gegeben, die irgendwelche Größen vorstellen sollen. Stellt man alle diese Elemente nach irgendeinem Schema zusammen, z. B. in alphabetischer Reihenfolge, wie etwa die oben gegebenen zu $abcde\dots$, oder die Elemente a_3, a_4, a_1, a_2, $\dots$ in der Reihenfolge der natürlichen Zahlen zu $a_1 a_2 a_3 a_4 \dots$, oder ist diese Zusammenstellung schon gegeben, wie etwa durch die einzelnen Buchstaben eines bestimmten Wortes in der durch dieses Wort gegebenen Reihenfolge, so nennt man diese Folge einen Zeiger oder Index. Also wäre $abcde\dots$ oder $a_1 a_2 a_3 a_4 \dots$ ein solcher Zeiger oder Index.

Im Zeiger sind die einzelnen Elemente ihrem Rang nach bereits geordnet. So nennt man im Zeiger $abcde\dots$ die Elemente b, c, d, $e, \dots$ alle vom höheren Rang als a, und wieder c, d, e, $\dots$ vom höheren

Rang als a und b. usw. Die Rangfolge dieser Elemente ist also $a, b, c, d, \ldots$ wie der Zeiger angibt.

Greift man nun aus einem solchen Zeiger eine bestimmte Anzahl Elemente heraus und stellt sie in bestimmter Weise zusammen, so nennt man diese Zusammenstellung eine Komplexion. So sind z. B. ab oder cab oder $ecbad$ Komplexionen des Zeigers $abcde$. —

Bei den einzelnen Komplexionen folgen die Elemente nicht ihrem gegebenen Rang entsprechend aufeinander. Man nennt eine solche Umkehrung der Rangfolge eine Inversion. Von den eben angegebenen Komplexionen zum Zeiger $abcde$ hätte also die erste Komplexion ab keine Inversion, die zweite cab die Inversionen ca, cb, die dritte $ecbad$ die Inversionen ec, eb, ea, ed, cb, ca, ba. Erwähnt soll hier im voraus werden, daß diese Inversionen maßgebend sind für das eventuelle Vorzeichen der betreffenden Komplexion, so zwar daß durch eine gerade Anzahl von Inversionen ein positives, durch eine ungerade Anzahl ein negatives Vorzeichen bestimmt ist.

Spezielle Komplexionen sind die Permutationen, Kombinationen, Variationen. Andere Komplexionen haben für uns kein Interesse.

34. Einen gegebenen Zeiger permutieren heißt ihn möglichst oft anders gruppieren.

Sind die n Elemente des Zeigers alle verschieden, und bezeichnet man die Anzahl aller möglichen Permutationen von n Elementen mit P_n, so ist

$$P_n = n! \tag{a}$$

Das ist ohne weiteres ersichtlich, wenn $n = 1$, wenn also der Zeiger nur aus einem Element besteht. Hat der Zeiger nur zwei Elemente, etwa a, b, so sind nur $2! = 2$ Permutationen möglich, nämlich ab und ba. Tritt zu diesem Zeiger noch ein drittes Element c hinzu, so daß er abc ist, so kann man dieses neue Element c in jeder der bereits vorhandenen Permutationen entweder voraus oder in die Mitte oder an den Schluß setzen, man erhält also $2! \cdot 3 = 3!$ Permutationen, nämlich

$$cab, \; acb, \; abc, \quad cba, \; bca, \; bac,$$

so daß Formel (a) auch für $n = 3$ bewiesen ist. Man schließt nun genau wieder wie vorhin: Tritt zu diesem Zeiger abc noch ein viertes Element d hinzu, so kann man dieses neue Element d in jeder der bereits vorhandenen Permutationen entweder voraus oder zwischen erstes und zweites Element oder zwischen zweites und drittes Element oder an den Schluß setzen; man erhält also $3! \cdot 4 = 4!$ Permutationen, nämlich

$$dcab, \; .cdab, \; cadb, \; cabd \; \text{usw.,}$$

womit Formel (a) auch für $n = 4$ bewiesen ist.

Man schließt so weiter, daß der Satz auch für $n = 5$, $n = 6$, ... gilt, man müßte allerdings den Beweisgang jedesmal. wiederholen. Es sei hier ein in der Mathematik oft gebrauchtes Beweisverfahren dargelegt, das auch in den folgenden Zeilen noch einigemal Anwendung finden wird: der Schluß von n auf $n + 1$. Der Gedankengang dieses Schlusses ist: Man nimmt an, der zu beweisende Satz sei für n bewiesen, dann weist man nach, daß unter dieser Voraussetzung der Satz auch für $n + 1$ gilt. Meist ist der Satz nun für die Zahlen $n = 2$, $n = 3$, ... schon bewiesen, dann sagt man. der Satz gilt für $n = 2$, also gilt er auch für $n = 3$, also gilt er auch für $n = 4$, also auch für $n = 5$ usw. Dieses Beweisverfahren sei auch hier angewandt: Angenommen, die Formel (a) sei für n als gültig bewiesen, so daß die Anzahl der Permutationen von n Elementen gleich $n!$ wäre. Vermehrt man nun den Zeiger um 1 Element, so kann man dieses neue Element in jeder der schon vorhandenen Permutationen vor das erste Element setzen, oder zwischen das erste und zweite, oder zwischen das zweite und dritte usf. Man kann ihm also in jeder der schon vorhandenen Permutationen eine $(n + 1)$-fache Stellung anweisen, so daß aus jeder derselben durch die Hinzufügung des neuen Elementes $n + 1$ neue Permutationen hervorgehen. Man erhält somit, da bereits $n!$ Permutationen vorhanden sind, $n! \cdot (n + 1)$ $= (n + 1)!$ neue Permutationen, so daß die Formel (a) für $n + 1$ bewiesen ist, wenn sie für n gültig ist. Nun ist die Formel tatsächlich für $n = 4$ noch bewiesen, folglich ist sie auch für $n = 5$ gültig, folglich auch für $n = 6$, folglich auch für $n = 7$ usw., das heißt, sie ist für alle endlichen n gültig.

35. Einen gegebenen Zeiger von n verschiedenen Elementen zur p-ten Klasse kombinieren heißt möglichst oft p verschiedene Elemente aus ihm herausgreifen. Die Reihenfolge der Elemente ist also belanglos.

So sind die Komplexionen

$$12, 13, 14, 15, 23, 24, 25, 34, 35, 45$$

alle möglichen Kombinationen zweiter Klasse ohne Wiederholung von dem Zeiger 12345; und entsprechend sind

$$11, 12, 13, 14, 15, 22, 23, 24, 25, 33, 34, 35, 44, 45, 55$$

alle möglichen Kombinationen zweiter Klasse mit Wiederholung aus demselben Zeiger.

Soll sich kein Element wiederholen, und bezeichnet man die Anzahl aller möglichen Kombinationen dieser Elemente zur p-ten Klasse mit $C_{n,p}$, so ist

$$C_{n,p} = \binom{n}{p}. \tag{a}$$

Soll man die n Elemente a_1, a_2, a_3, ... a_n etwa zur ersten Klasse
kombinieren, so gibt dies natürlich n Kombinationen, womit die
Formel für $p = 1$ erwiesen ist.

Um die Formel für $p = 2$ zu erweisen, schreibe man ausgehend
vom Zeiger $a_1 a_2 a_3$ ... a_n die Gesamtheit der Kombinationen zweiter
Klasse in folgendem Schema an

$$
\begin{array}{llllll}
a_1 a_2 & a_1 a_3 & a_1 a_4 & \cdots\cdots\cdots\cdots & a_1 a_n \\
a_2 a_1 & a_2 a_3 & a_2 a_4 & \cdots\cdots\cdots\cdots & a_2 a_n \\
a_3 a_1 & a_3 a_2 & a_3 a_4 & \cdots\cdots\cdots\cdots & a_3 a_n \\
\cdots & \cdots & \cdots & \cdots & \cdots \\
\cdots & \cdots & \cdots & \cdots & \cdots \\
a_n a_1 & a_n a_2 & a_n a_3 & \cdots\cdots\cdots\cdots & a_n a_{n-1}
\end{array}
$$

Die in dem Schema eingetragene Treppe trennt die Wiederholungen
von den Originalbildungen. Im ganzen Schema kommt also jede
Kombination doppelt vor. Nun enthält dieses Schema n Reihen zu
je $n - 1$ Kombinationen, insgesamt also $n \cdot (n - 1) = 2 \cdot \binom{n}{2}$ Kombinationen, deren je zwei immer doppelt auftreten, so daß Formel (a)
für $p = 2$ bewiesen ist mit

$$C_{n,2} = \binom{n}{2}.$$

Um die Formel für $C_{n,3}$ als richtig zu erweisen, wird man wieder
so verfahren wie beim Beweis für $p = 2$. Man fügt zu jeder der
$C_{n,2}$ Kombinationen (deren jede also 2 Elemente enthält) jedes der
noch übrigen $n - 2$ Elemente hinzu und erhält dann $C_{n,2} \cdot (n - 2)$
neue Kombinationen zur dritten Klasse, von denen aber jede dreimal
vorkommt, z. B. $a_1 a_2 \cdot a_3$ auch noch als $a_2 a_3 \cdot a_1$ und als $a_1 a_3 \cdot a_2$.
Damit ist

$$C_{n,3} = \frac{1}{3}(n-2) \cdot C_{n,2} = \frac{n(n-1)(n-2)}{1 \cdot 2 \cdot 3} = \binom{n}{3},$$

womit die Formel (a) auch für $p = 3$ erwiesen ist. Man sieht bereits,
wie der Beweisgang, den man im allgemeinen Fall wieder mit Hilfe
des Schlusses von n auf $n + 1$ führt, sich fortsetzt.

36. Eine Summe von zwei Summanden heißt ein Binom; ent-
sprechend eine solche von drei Summanden ein Trinom, von mehreren
Summanden ein Polynom. Der binomische Lehrsatz gibt das
Resultat von Produkten von der Art

$$(x + a_1)(x + a_2)(x + a_3) \cdots (x + a_n)$$

in einer dem Gedächtnis leicht einzuprägenden Form. Zu diesem
Zweck bildet man auf elementare Weise solche Produkte, zunächst
von zwei, drei, vier Faktoren, also

$$(x+a_1)(x+a_2) = x^2 + x(a_1+a_2) + a_1 a_2,$$
$$(x+a_1)(x+a_2)(x+a_3) = x^3 + x^2(a_1+a_2+a_3)$$
$$+ x(a_1 a_2 + a_1 a_3 + a_2 a_3) + a_1 a_2 a_3,$$
$$(x+a_1)(x+a_2)(x+a_3)(x+a_4) = x^4 + x^3(a_1+a_2+a_3+a_4)$$
$$+ x^2(a_1 a_2 + a_1 a_3 + \ldots + a_3 a_4)$$
$$+ x(a_1 a_2 a_3 + a_1 a_2 a_4 + a_1 a_3 a_4 + a_2 a_3 a_4)$$
$$+ a_1 a_2 a_3 a_4.$$

Man schließt durch Induktion, daß für ein Produkt aus n solchen Binomen gilt

$$(x+a_1)(x+a_2) \ldots (x+a_n)$$
$$= x^n + x^{n-1}(a_1+a_2+\ldots+a_n) + x^{n-2}(a_1 a_2 + a_1 a_3 + \ldots + a_{n-1} a_n)$$
$$+ x^{n-3}(a_1 a_2 a_3 + \ldots + a_{n-2} a_{n-1} a_n) + x^{n-4}(\;) + \ldots$$
$$+ a_1 a_2 a_3 \ldots a_n. \tag{a}$$

Natürlich läßt sich diese Formel wieder mit Hilfe des Schlusses von n auf $n+1$ beweisen. Die rechte Seite dieser Gleichung stellt sich als eine Summe von Gliedern dar, die nach fallenden Potenzen von x geordnet sind. Der Koeffizient von x^{n-1}, das heißt der bei x^{n-1} stehende Zahlenfaktor, ist $a_1+a_2+a_3+\ldots+a_n$, das ist die Summe aller möglichen Kombinationen des Zeigers $a_1 a_2 a_3 \ldots a_n$ zur ersten Klasse; wir schreiben abkürzend dafür $\Sigma C_{n,1}$. Allgemein ist der Koeffizient von x^{n-p} die Summe aller möglichen Kombinationen des nämlichen Zeigers zur p-ten Klasse; mit Abkürzung schreiben wir entsprechend $\Sigma C_{n,p}$. Man kann mit Einführung dieser Abkürzungen schreiben

$$(x+a_1)(x+a_2) = x^2 + x \cdot \Sigma C_{2,1} + \Sigma C_{2,2},$$
$$(x+a_1)(x+a_2)(x+a_3) = x^3 + x^2 \cdot \Sigma C_{3,1} + x \cdot \Sigma C_{3,2} + \Sigma C_{3,3},$$
$$(x+a_1)(x+a_2)(x+a_3)(x+a_4) = x^4 + x^3 \cdot \Sigma C_{4,1} + x^2 \cdot \Sigma C_{4,2}$$
$$+ x \cdot \Sigma C_{4,3} + \Sigma C_{4,4},$$

oder allgemein

$$(x+a_1)(x+a_2) \ldots (x+a_n) = x^n + x^{n-1} \Sigma C_{n,1} + x^{n-2} \Sigma C_{n,2} + \ldots$$
$$+ x \cdot \Sigma C_{n,n-1} + \Sigma C_{n,n}. \tag{b}$$

womit der allgemeine binomische Lehrsatz entwickelt ist.

In dieser allgemeinen Form findet der binomische Lehrsatz selten Anwendung, öfter aber für den Spezialfall

$$a_1 = a_2 = a_3 = \ldots = a_n = a.$$

In diesem Fall werden die Kombinationen der nämlichen Klasse einander gleich, und zwar werden alle Kombinationen erster Klasse zu a, somit $\Sigma C_{n,1} = n \cdot a$; alle Kombinationen zweiter Klasse werden zu a^2

und somit $\Sigma C_{n,\,2} = \binom{n}{2} \cdot a^2$; allgemein gehen die Kombinationen p-ter Klasse über in a^p, so daß $\Sigma C_{n,\,p} = \binom{n}{p} \cdot a^p$. Dann nimmt der allgemeine binomische Lehrsatz die spezielle Form an

$$(x + a)^n = x^n + x^{n-1} \cdot \binom{n}{1} a + x^{n-2} \cdot \binom{n}{2} a^2 + \cdots$$

$$+ x \cdot \binom{n}{n-1} a^{n-1} + \binom{n}{n} a^n,$$

oder wenn man y statt a setzt,

$$(x + y)^n = x^n + \binom{n}{1} x^{n-1} y + \binom{n}{2} x^{n-2} y^2 + \cdots + \binom{n}{1} x y^{n-1} + y^n. \quad \text{(c)}$$

Gewöhnlich ist diese Form gemeint, wenn man schlechtweg vom **binomischen Lehrsatz** spricht. Die vorausgehende Entwicklung zunächst der allgemeinsten und dann der speziellen Form macht von den auftretenden Zahlengrößen keine andere Voraussetzung als daß die Anzahl n der Binome ganz und positiv, oder in der anderen Sprechweise, daß sie eine natürliche Zahl ist. Es gilt dann für alle Formen des binomischen Lehrsatzes, somit auch für die folgende, die man für $y = 1$ erhält,

$$(1 + x)^m = 1 + \binom{m}{1} x + \binom{m}{2} x^2 + \cdots + \binom{m}{1} x^{m-1} + x^m, \quad \text{(d)}$$

daß m positiv und ganz ist, während x und y beliebig sein können.

Spätere Zeilen werden eine der vorausgehenden ganz ähnliche Formel entwickeln, die Binominalreihe, die umgekehrt für beliebige m, aber beschränkte x gilt. Es sei hier schon auf dieselbe aufmerksam gemacht.

Beispiele:

a)
$$(x + y)^3 = x^3 + \binom{3}{1} x^2 y + \binom{3}{1} x y^2 + y^3,$$
$$= x^3 + 3 x^2 y + 3 x y^2 + y^3.$$

b)
$$\left(\frac{a}{2} - \frac{b}{3}\right)^4 = \left(\frac{a}{2}\right)^4 + \binom{4}{1}\left(\frac{a}{2}\right)^3\left(-\frac{b}{3}\right) + \binom{4}{2}\left(\frac{a}{2}\right)^2\left(-\frac{b}{3}\right)^2$$
$$+ \binom{4}{1}\left(\frac{a}{2}\right)\left(-\frac{b}{3}\right)^3 + \left(-\frac{b}{3}\right)^4$$
$$= \frac{a^4}{16} - \frac{a^3 b}{6} + \frac{a^2 b^2}{6} - \frac{2 a b^3}{27} + \frac{b^4}{81}.$$

Die notwendigen Koeffizienten bei solchen Aufgaben entnehme man der **Pascalschen** Tafel, siehe Nr. 32.

Aufgabe a) mit c) Man entwickle nach dem binomischen Lehrsatz

a) $(a \pm b)^3$; b) $(a \pm 2b)^4$; c) $(\tfrac{3}{4}x - \tfrac{2}{3}y)^3$.

Lösung: $(a \pm b)^3 = a^3 \pm 3a^2 b + 3ab^2 \pm b^3,$

$(a \pm 2b)^4 = a^4 \pm 8a^3 b + 24a^2 b^2 \pm 32ab^3 + 16b^4,$

$(\tfrac{3}{4}x - \tfrac{2}{3}y)^3 = \tfrac{27}{64}x^3 - \tfrac{9}{8}x^2 y + xy^2 - \tfrac{8}{27}y^3.$

Aufgabe d) Man entwickle ebenso $\left(1 + \dfrac{1}{\omega}\right)^\omega$, wenn ω ganz und positiv.

Lösung: $\left(1 + \dfrac{1}{\omega}\right)^\omega = 1 + \binom{\omega}{1} \cdot \dfrac{1}{\omega} + \binom{\omega}{2} \cdot \dfrac{1}{\omega^2} + \cdots + \binom{\omega}{\omega} \cdot \dfrac{1}{\omega^\omega}$

$$= 1 + \frac{1}{1!} + \frac{\omega - 1}{2!\,\omega} + \frac{(\omega - 1)(\omega - 2)}{3!\,\omega^2} + \frac{(\ )(\ )(\ )}{4!\,\omega^3} + \cdots$$

$$= 1 + \frac{1}{1!} + \frac{1}{2!} + \frac{1}{3!} + \frac{1}{4!} + \cdots + \frac{1}{\omega!}$$

$$+ \left(- \frac{1}{2!\,\omega} - \frac{3}{3!\,\omega} + \frac{2}{3!\,\omega^2} - \frac{6}{4!\,\omega} + \cdots\right).$$

Aufgabe e) Man beweise $\Sigma C_{n,1} + \Sigma C_{n,2} + \cdots + \Sigma C_{n,n} = 2^n - 1$.

Lösung: $\Sigma C_{n,p}$ ist das Symbol für die Summe aller möglichen Kombinationen von n Elementen zur p-ten Klasse. Die Symbole treten auf im binomischen Lehrsatz (b). Setzt man dort $x = 1$ und ebenso alle $a_i = 1$, so erhält man

$$2 \cdot 2 \cdot 2 \ldots 2 = 1 + \Sigma C_{n,1} + \Sigma C_{n,2} + \cdots + \Sigma C_{n,n},$$

womit der Satz bewiesen ist.

Determinanten.

37. Zunächst sei das Wesen der sogenannten zyklischen Vertauschung erklärt. Man betrachte zu diesem Zweck den Ausdruck

$$A = a_1 b_2 c_3 d_4 + a_2 b_3 c_4 d_1 + a_3 b_4 c_1 d_2 + a_4 b_1 c_2 d_3,$$

der dem Gedächtnis leicht einzuprägen ist, wenn man sich sein Bildungsgesetz merkt. Aus dem ersten Summanden $a_1 b_2 c_3 d_4$ geht nämlich der zweite hervor, wenn man gleichzeitig die Indizes 1, 2, 3, 4 durch die Indizes 2, 3, 4, 1 ersetzt. Auf die nämliche Weise geht der dritte Summand aus dem zweiten, und der vierte aus dem dritten hervor. Diese Vertauschung von 1 durch 2, von 2 durch 3, von 3 durch 4 und von 4 durch 1 nennen wir eine zyklische und sagen, die vier Elemente 1, 2, 3, 4 bilden einen Zyklus. Die Skizze der Abbil-

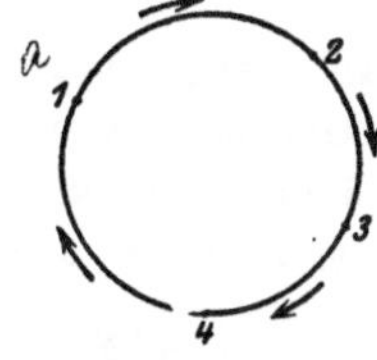

Abb. 14.

dung wird diesen Namen ohne weitere Erklärung rechtfertigen. Der Summenausdruck A hat naturgemäß die Eigenschaft, daß er bei zyklischer Vertauschung unter Zugrundelegung des Zyklus 1, 2, 3, 4

— oder wie wir dafür kürzer sagen wollen, durch die zyklische Vertauschung 1, 2, 3. 4 — in sich selbst übergeht. Ausdrücke, die diese Eigenschaft haben. kommen in der Mathematik sehr häufig vor.

Es seien aus den Gleichungen

$$a_1 x + b_1 y + c_1 z = 0, \qquad a_2 x + b_2 y + c_2 z = 0 \qquad \text{(a)}$$

die Verhältnisse der Größen x, y, z zu bestimmen. Man dividiert beide Gleichungen mit z,

$$a_1 \frac{x}{z} + b_1 \frac{y}{z} + c_1 = 0. \qquad a_2 \frac{x}{z} + b_2 \frac{y}{z} + c_2 = 0,$$

und betrachtet die Verhältnisse $x : z, \; y : z$ als Unbekannte. Elementarmathematisch findet man

$$x : z = (b_1 c_2 - b_2 c_1) : (a_1 b_2 - a_2 b_1), \quad y : z = (c_1 a_2 - c_2 a_1) : (a_1 b_2 - a_2 b_1),$$

oder zusammengefaßt

$$x : y : z = (b_1 c_2 - b_2 c_1) : (c_1 a_2 - c_2 a_1) : (a_1 b_2 - a_2 b_1), \qquad \text{(b)}$$

und wenn man nach (13b) noch einen Proportionalitätsfaktor ϱ einführt,

$$x = \varrho (b_1 c_2 - b_2 c_1), \quad y = \varrho (c_1 a_2 - c_2 a_1), \quad z = \varrho (a_1 b_2 - a_2 b_1). \qquad \text{(c)}$$

Man betrachte die erste Klammer $b_1 c_2 - b_2 c_1$; diese Differenz geht durch die zyklische Vertauschung 1, 2 bis auf das Vorzeichen in sich selbst über. Von der gleichen Beschaffenheit sind naturgemäß auch die beiden anderen Klammern. Führt man für die erste Klammer das Symbol d. h. die abkürzende Bezeichnung (bc) ein, also $(bc) = b_1 c_2 - b_2 c_1$, entsprechend für die beiden andern Klammern die Symbole (ca) und (ab), so kann man das Verhältnis der drei Größen x, y, z in der einfachen Form schreiben

$$x : y : z = (bc) : (ca) : (ab)$$

oder

$$x = \varrho (bc), \qquad y = \varrho (ca), \qquad z = \varrho (ab). \qquad \text{(d)}$$

Man sieht, daß diese drei Gleichungen (b) oder (c) oder (d) den Zyklus a, b, c und x, y, z bilden. Hat man diese Beziehungen einmal erkannt, so ist die Formel für das Verhältnis der drei Größen x, y, z, wenn wir es wieder ohne Abkürzung schreiben,

$$x : y : z = (b_1 c_2 - b_2 c_1) : (c_1 a_2 - c_2 a_1) : (a_1 b_2 - a_2 b_1)$$

sicher recht einfach zu merken, oder jedenfalls zu bilden.

Es sei hier schon angegeben, daß man diese Klammern (bc), (ca) und (ab) Determinanten nennt.

Ein zweites Beispiel, um das Wesen einer Determinante kennen zu lernen, bietet die Lösung folgender Aufgabe: Gegeben sind die drei Gleichungen

$$a_1 x + b_1 y + c_1 z = 0, \quad a_2 x + b_2 y + c_2 z = 0, \quad a_3 x + b_3 y + c_3 z = 0. \qquad \text{(e)}$$

Welche Beziehung muß zwischen den Größen a, b, c bestehen, damit die drei Gleichungen sich nicht widersprechen?

Aus den ersten beiden Gleichungen haben wir schon das Verhältnis der drei Größen x, y, z bestimmt; bringt man nun diese Verhältnisse mit der dritten Gleichung in Zusammenhang, so darf kein Widerspruch eintreten. Dann nimmt aber die dritte Gleichung die Form an

$$a_3 \cdot \varrho \, (b_1 c_2 - b_2 c_1) + b_3 \cdot \varrho \, (c_1 a_2 - c_2 a_1) + c_3 \cdot \varrho \, (a_1 b_2 - a_2 b_1) = 0.$$

oder wenn man mit ϱ dividiert und symbolisch d. h. abkürzend schreibt,

$$a_3 \, (bc) + b_3 \, (ca) + c_3 \, (ab) = 0 \qquad \text{(f)}$$

Dies ist dann die Bedingung dafür, daß die oben gegebenen drei Gleichungen sich nicht widersprechen. Man sieht, die linke Gleichungsseite ist ein Ausdruck, der durch die zyklische Vertauschung a, b, c in sich selbst übergeht. Auch diesen Ausdruck nennt man eine Determinante. Es wird schon ungefähr ersichtlich sein, was eine Determinante ist. Ohne genau zu definieren, wollen wir Determinanten beschreiben als Summen, die bei der Lösung von Gleichungen auftreten und die Eigenschaft haben, daß sie durch zyklische Vertauschung in sich selbst übergehen, mit oder ohne Einschluß des Vorzeichens. Betrachten wir die linke Seite der letzten Gleichung noch einmal kurz, so wird man einsehen, daß diese Summe durch die symbolische Schreibweise

$$(abc) = a_3 b_1 c_2 - a_3 b_2 c_1 + b_3 c_1 a_2 - b_3 c_2 a_1 + c_3 a_1 b_2 - c_3 a_2 b_1$$

recht gut ausgedrückt ist.

38. An die letzte Gleichung anknüpfend, nennen wir

$$D = \begin{vmatrix} a_1 & b_1 & c_1 \\ a_2 & b_2 & c_2 \\ a_3 & b_3 & c_3 \end{vmatrix}$$

oder in anderer Schreibweise (abc) oder $|abc|$ oder $\Sigma \pm a_1 b_2 c_3$ eine Determinante dritten Grades. Sie hat drei Horizontalreihen, auch Zeilen genannt, und drei Vertikalreihen, auch Kolonnen genannt, ferner $3 \cdot 3 = 9$ Elemente $a_1, b_1, \ldots c_3$. Man nennt $a_1 b_2 c_3$ die Hauptdiagonale oder kurzweg Diagonale — im Gegensatz zur Hauptdiagonale dann $a_3 b_2 c_1$ Nebendiagonale — a_1 den Kopf, a_1, b_2, c_3 die Hauptelemente der Determinante. Die Schreibweise $\Sigma \pm a_1 b_2 c_3$

deutet die Determinante als eine Summe an, deren einzelne Glieder verschiedenes Vorzeichen haben. Es ist definiert:

> Die Determinante D ist eine Summe, deren einzelne Glieder aus der Hauptdiagonale $a_1 b_2 c_3$ durch Permutation der Indizes 1, 2, 3 hervorgehen; das Vorzeichen der einzelnen Determinantenglieder ist $+$ oder $-$, je nachdem die Anzahl der Inversionen der permutierten Indizes gerade ist oder ungerade. (a)

Nach dieser Definition hat also die obige Determinante $3! = 6$ Glieder, nämlich

$$
\begin{array}{cccccc}
a_1 b_2 c_3, & a_1 b_3 c_2, & a_2 b_1 c_3, & a_2 b_3 c_1, & a_3 b_1 c_2, & a_3 b_2 c_1, \\
1\ 2\ 3 & 1\ 3\ 2 & 2\ 1\ 3 & 2\ 3\ 1 & 3\ 1\ 2 & 3\ 2\ 1 \\
+ & - & - & + & + & -
\end{array}
$$

deren Vorzeichen unter den einzelnen Permutationen steht, so daß die Bildungsweise ersichtlich ist.

(Betrachtet man die einzelnen Determinantenglieder, so sieht man, daß in jedem derselben aus jeder Zeile und aus jeder Kolonne ein Element enthalten ist. An diese Tatsache knüpft eine andere Definition der Determinante an, die verlangt, man soll alle möglichen Komplexionen von der Form $a_i b_k c_l$ bilden, so zwar, daß in jeder solchen Komplexion jede Zeile und jede Kolonne mit je einem Element vertreten ist, und alle diese Produkte addieren, nachdem man vorher noch die Vorzeichen passend ausgewählt hat.)

Statt nach Definition (a) die Buchstaben stehen zu lassen und die Indizes zu permutieren, hätte man auch so verfahren können, daß man die Indizes stehen läßt und die Buchstaben permutiert. Sowohl durch die erste Definition wie auch durch diese neue abgeänderte. erhält man den Wert der Determinante D zu

$$ D = + a_1 b_2 c_3 - a_1 b_3 c_2 - a_2 b_1 c_3 + a_2 b_3 c_1 + a_3 b_1 c_2 - a_3 b_2 c_1. $$

Ganz allgemein nennt man

$$
D = \begin{vmatrix}
a_1 & b_1 & c_1 & \cdots & n_1 \\
a_2 & b_2 & c_2 & \cdots & n_2 \\
\cdot & \cdot & \cdot & \cdot & \cdot \\
\cdot & \cdot & \cdot & \cdot & \cdot \\
a_n & b_n & c_n & \cdots & n_n
\end{vmatrix}.
$$

oder mit anderer Schreibweise $(a_1 b_2 \ldots n_n)$ oder $|a_1 b_2 \ldots n_n|$ oder $\Sigma \pm a_1 b_2 \ldots n_n$ eine Determinante n-ten Grades. Sie hat n Horizontalreihen oder Zeilen, n Vertikalreihen oder Kolonnen, n^2 Elemente.

$a_1 b_2 \ldots n_n$ nennt man wieder die Hauptdiagonale, a_1 den Kopf, a_1, b_2, $\ldots n_n$ die Hauptelemente. Die Schreibweise $\Sigma \pm a_1 b_2 \ldots n_n$ deutet wieder die Determinante als eine Summe an, deren einzelne Glieder verschiedenes Vorzeichen haben. Entsprechend wie vorher ist definiert: Die Determinante D ist eine Summe, deren einzelne Glieder aus der Diagonale $a_1 b_2 \ldots n_n$ durch Permutation der Indizes 1, 2, 3, $\ldots n$ hervorgehen; das Vorzeichen des einzelnen Determinantengliedes ist $+$ oder $-$, je nachdem die Anzahl der Inversionen der permutierten Indizes in diesem Glied gerade oder ungerade ist.

Eine andere Bezeichnung der einzelnen Elemente der Determinante durch doppelte Indizes definiert

$$A = \begin{vmatrix} a_{11} & a_{12} & a_{13} \\ a_{21} & a_{22} & a_{23} \\ a_{31} & a_{32} & a_{33} \end{vmatrix}$$

wieder als eine Summe, deren einzelne Glieder aus der Diagonale $a_{11} a_{22} a_{33}$ dadurch hervorgehen, daß man ihre ersten Indizes stehen läßt und die zweiten permutiert; als Vorzeichen erhält jedes einzelne Glied $+$ oder $-$, je nachdem die Anzahl der Inversionen der permutierten Indizes gerade oder ungerade ist. (b)

Beispielsweise ist nach dieser Definition

$$A = \begin{vmatrix} a_{11} & a_{12} & a_{13} \\ a_{21} & a_{22} & a_{23} \\ a_{31} & a_{32} & a_{33} \end{vmatrix}$$

$$= + a_{11} a_{22} a_{33} - a_{11} a_{23} a_{32} - a_{12} a_{21} a_{33} + a_{12} a_{23} a_{31} + a_{13} a_{21} a_{32} - a_{13} a_{22} a_{31}.$$
$$ \quad 1\ 2\ 3 \qquad 1\ 3\ 2 \qquad 2\ 1\ 3 \qquad 2\ 3\ 1 \qquad 3\ 1\ 2 \qquad 3\ 2\ 1$$

Die Bezeichnung der einzelnen Elemente einer Determinante durch verschiedene Buchstaben und einzelne Indizes ist für den Anfänger vielleicht übersichtlicher, dagegen gestattet die Schreibweise mit doppelten Indizes eine einfachere Beweisführung, insbesonders wenn die Determinantensätze in ihrer allgemeinsten Form bewiesen werden sollen.

Anmerkung. In diesem ersten Band machen wir in der Hauptsache nur von Determinanten zweiten und dritten Grades Gebrauch. Die Beweisführung für die Determinantensätze beschränkt sich daher auf Determinanten zweiten und dritten Grades. An späterer Stelle folgt dann eine allgemeine Beweisführung für Determinanten beliebigen Grades.

Nach der vorausgehenden Definition ist

$$\begin{vmatrix} a_{11} & a_{12} \\ a_{21} & a_{22} \end{vmatrix} = a_{11}a_{22} - a_{21}a_{12}, \tag{c}$$

d. h. die Determinante zweiten Grades ist gleich Hauptdiagonale minus Nebendiagonale.

Beispiele:

a) $\begin{vmatrix} \sin\varphi & -\cos\varphi \\ \cos\varphi & \sin\varphi \end{vmatrix} = \sin\varphi\cdot\sin\varphi - \cos\varphi\cdot(-\cos\varphi) = 1,$

b) $\begin{vmatrix} a_1 & b_1 \\ a_2 & b_2 \end{vmatrix} = a_1 b_2 - a_2 b_1$ c) $\begin{vmatrix} 3 & 4 \\ 6 & 9 \end{vmatrix} = 3\cdot 9 - 6\cdot 4 = 3,$

d) $\begin{vmatrix} -1 & 3 \\ -2 & 4 \end{vmatrix} = -1\cdot 4 - (-2)\cdot 3 = 2.$

e) $\begin{vmatrix} 5 & -2 \\ 3 & 1 \end{vmatrix} = 5\cdot 1 - 3\cdot(-2) = 11.$

39. Naturgemäß wäre die Definition (38b) allein recht ungeeignet, Determinanten höheren Grades zu entwickeln, besonders wenn die einzelnen Elemente bestimmte Zahlenwerte wären. Man müßte in diesem Fall statt der Zahlen Buchstaben einführen, dann die Determinante entwickeln und schließlich wieder statt der Buchstaben die Zahlenwerte substituieren. Es werden daher von Definition (38b) ausgehend einige Sätze abzuleiten sein, die die Entwicklung einer Determinante einfacher gestalten.

Durch die Determinante

$$A = \begin{vmatrix} a_{11} & a_{12} & a_{13} \\ a_{21} & a_{22} & a_{23} \\ a_{31} & a_{32} & a_{33} \end{vmatrix} \quad \text{und} \quad A' = \begin{vmatrix} a_{11} & a_{21} & a_{31} \\ a_{12} & a_{22} & a_{32} \\ a_{13} & a_{23} & a_{33} \end{vmatrix}$$

sind die gleichen Summen definiert. In der Determinante A' sind gegenüber der Determinante A die Zeilen mit den entsprechenden Kolonnen vertauscht und umgekehrt. Man hat dafür die Sprechweise: die Determinante A ist gestürzt und daraus die Determinante A' geworden. Die elementare Entwicklung beider Determinanten nach (38b) ergibt $A = A'$, und zeigt damit, daß man zur nämlichen Determinante gelangt, ob man nun die ersten Indizes stehen läßt und die zweiten permutiert, oder umgekehrt. Also Satz:

Wenn man eine Determinante stürzt so ändert man dadurch ihren Wert nicht. (a)

Jedem einzelnen Element einer Determinante kann man je nach seiner Stellung ein $+$- oder $-$-Zeichen zuweisen. Um ein beliebig ausgewähltes Element an den Kopf der Determinante zu bringen, muß man eine Reihe von Parallelvertauschungen von Zeilen und Kolonnen vornehmen. Um z. B. in der obigen Determinante A das Element a_{23} an den Kopf zu bringen, also dahin, wo a_{11} steht, wird man die erste Zeile mit der zweiten Zeile vertauschen, dann die dritte Kolonne mit der zweiten, und schließlich noch die zweite Kolonne mit der ersten. Man hat sonach insgesamt drei Parallelvertauschungen vornehmen müssen, um a_{23} an die gewünschte Stelle zu bringen. Man sagt, das betrachtete Element ist von gerader Klasse, wenn die Anzahl der Parallelvertauschungen, die man vornehmen muß, um dieses Element an den Kopf zu bringen, eine gerade ist, und es ist von ungerader Klasse, wenn die Anzahl dieser Parallelvertauschungen ungerade ist. Will man den Begriff der Klasse durch ein Vorzeichen charakterisieren, so würde man den Elementen gerader Klasse ein $+$, den Elementen ungerader Klasse ein $-$ zuweisen. Bei obigem Beispiel wäre also a_{23} von ungerader Klasse; wenn man diesem Element ein Vorzeichen zuweisen wollte, müßte es ein $-$ sein.

$$\text{Das Schema} \quad \begin{vmatrix} + & - & + & - \\ - & + & - & + \\ + & - & + & - \\ - & + & - & + \end{vmatrix}$$

für eine Determinante vierten Grades bringt den durch $+$ und $-$ ausgezeichneten Stellungsunterschied zur Darstellung. Man beachte, daß alle Elemente der Hauptdiagonale durch die $+$-Stellung ausgezeichnet sind.

Greift man in einer gegebenen Determinante n-ten Grades ein Element heraus und streicht dessen Zeile und Kolonne, so bilden die nichtgestrichenen Elemente eine Determinante $(n-1)$-ten Grades, die man die adjungierte Determinante zu dem betrachteten Element nennt. Gibt man dieser adjungierten Determinante noch ein $+$ oder $-$, je nachdem das bestimmende Element von gerader oder ungerader Klasse ist, so heißt man sie die Unterdeterminante zu diesem Element. In der obigen Determinante A ist zum Beispiel a_{23} von ungerader Klasse, die adjungierte Determinante zu a_{23} ist

$$\begin{vmatrix} a_{11} & a_{12} \\ a_{31} & a_{32} \end{vmatrix}, \quad \text{während} \quad (-) \begin{vmatrix} a_{11} & a_{12} \\ a_{31} & a_{32} \end{vmatrix}$$

die Unterdeterminante zu a_{23} ist.

Beispiel: Es seien die Unterdeterminanten zu den einzelnen Elementen mit großen Buchstaben bezeichnet, so daß also A_{ik} die Unterdeterminante zu a_{ik} vorstellt, dann ist für die Determinante A

$$A_{11} = (+) \begin{vmatrix} a_{22} & a_{23} \\ a_{32} & a_{33} \end{vmatrix} \qquad A_{12} = (-) \begin{vmatrix} a_{21} & a_{23} \\ a_{31} & a_{33} \end{vmatrix} \qquad A_{13} = (+) \begin{vmatrix} a_{21} & a_{22} \\ a_{31} & a_{32} \end{vmatrix}$$

$$A_{21} = (-) \begin{vmatrix} a_{12} & a_{13} \\ a_{32} & a_{33} \end{vmatrix} \qquad A_{22} = (+) \begin{vmatrix} a_{11} & a_{13} \\ a_{31} & a_{33} \end{vmatrix} \qquad A_{23} = (-) \begin{vmatrix} a_{11} & a_{12} \\ a_{31} & a_{32} \end{vmatrix}$$

$$A_{31} = (+) \begin{vmatrix} a_{12} & a_{13} \\ a_{22} & a_{23} \end{vmatrix} \qquad A_{32} = (-) \begin{vmatrix} a_{11} & a_{13} \\ a_{21} & a_{23} \end{vmatrix} \qquad A_{33} = (+) \begin{vmatrix} a_{11} & a_{12} \\ a_{21} & a_{22} \end{vmatrix}$$

Man beachte, daß durch den Begriff Unterdeterminante auch das Vorzeichen mit definiert ist. Wenn also das bestimmende Element von ungerader Klasse ist, dann haben adjungierte Determinante und Unterdeterminante verschiedenes Vorzeichen, während sie einander gleich sind, wenn das bestimmende Element von gerader Klasse ist. Weiter beachte man, daß die Unterdeterminante zu einem ausgewählten Element nur abhängig ist von der Stellung dieses bestimmenden Elementes und gar nicht von dessen Wert.

40. Der Hauptsatz der Lehre von den Determinanten ist

$$A = \begin{vmatrix} a_{11} & a_{12} & a_{13} \\ a_{21} & a_{22} & a_{23} \\ a_{31} & a_{32} & a_{33} \end{vmatrix} = a_{i1} A_{i1} + a_{i2} A_{i2} + a_{i3} A_{i3}. \qquad \text{(a)}$$

Eine Determinante wird entwickelt, indem man von einer beliebig ausgewählten Reihe jedes Element mit seiner Unterdeterminante multipliziert und die erhaltenen Produkte addiert.

Der Beweis für diesen Satz ist für eine Determinante zweiten und dritten Grades ganz elementar zu erhalten. Man entwickelt nach (38b) und ordnet passend, dann muß man nach dieser Definition das gleiche Resultat erhalten wie nach dem angeführten Satz. Beispielsweise wird nach dieser Definition

$$A = + a_{11} a_{22} a_{33} - a_{11} a_{23} a_{32} - a_{12} a_{21} a_{33} + a_{12} a_{23} a_{31} + a_{13} a_{21} a_{32} - a_{13} a_{22} a_{31}$$
$$= a_{11} (a_{22} a_{33} - a_{23} a_{32}) + a_{21} (a_{13} a_{32} - a_{12} a_{33}) + a_{31} (a_{12} a_{23} - a_{13} a_{22})$$
$$= a_{11} A_{11} + a_{21} A_{21} + a_{31} A_{31},$$

wodurch der angegebene Satz zunächst für die erste Kolonne als richtig bewiesen ist. Was für eine Kolonne gilt, muß natürlich auch für eine Zeile gelten, da man ja die Determinante stürzen, d. h. die Zeilen zu Kolonnen machen kann. Durch andere Zusammenfassung der einzelnen Elemente hätte man die Gültigkeit des Satzes auch für die zweite und dritte Kolonne erweisen können und damit den Satz als allgemein gültig für eine Determinante dritten Grades.

Aufgabe a) Man entwickle die Determinante $D = \begin{vmatrix} 1 & 3 & 4 \\ 6 & 2 & 0 \\ 2 & 7 & 8 \end{vmatrix}$.

Lösung: Man geht von der dritten Kolonne aus, als einer der einfachsten, da eines ihrer Elemente 0 ist, und erhält

$$D = 4 \cdot (+) \begin{vmatrix} 6 & 2 \\ 2 & 7 \end{vmatrix} + 0 \cdot (-) \begin{vmatrix} 1 & 3 \\ 2 & 7 \end{vmatrix} + 8 \cdot (+) \begin{vmatrix} 1 & 3 \\ 6 & 2 \end{vmatrix}$$
$$= 4 \cdot 38 + 0 + 8 \cdot - 16 = 24.$$

Entwickelt man nach der ebenfalls recht einfachen zweiten Zeile, so erhält man

$$D = 6 \cdot (-) \begin{vmatrix} 3 & 4 \\ 7 & 8 \end{vmatrix} + 2 \cdot (+) \begin{vmatrix} 1 & 4 \\ 2 & 8 \end{vmatrix} + 0 \cdot (-) \begin{vmatrix} 1 & 3 \\ 2 & 7 \end{vmatrix}$$
$$= 6 \cdot 4 + 2 \cdot 0 + 0 = 24.$$

Aufgabe b) Man entwickle die Determinante $D = \begin{vmatrix} 16 & 4 & 10 \\ 3 & 2 & 1 \\ 9 & 6 & 4 \end{vmatrix}$

Lösung: Man geht von der einfachsten Reihe aus, hier der zweiten Zeile, und erhält

$$D = 3 \cdot (-) \begin{vmatrix} 4 & 10 \\ 6 & 4 \end{vmatrix} + 2 \cdot (+) \begin{vmatrix} 16 & 10 \\ 9 & 4 \end{vmatrix} + 1 \cdot (-) \begin{vmatrix} 16 & 4 \\ 9 & 6 \end{vmatrix}$$
$$= 3 \cdot 44 + 2 \cdot - 26 + 1 \cdot - 60 = 20.$$

Aufgabe c) Man entwickle $D = \begin{vmatrix} 0 & n & n \\ n & 0 & n \\ n & n & 0 \end{vmatrix}$.

Lösung Man entwickelt nach der letzten Zeile

$$D = n \cdot (+) \begin{vmatrix} n & n \\ 0 & n \end{vmatrix} + n \cdot (-) \begin{vmatrix} 0 & n \\ n & n \end{vmatrix} + 0 = n \cdot n^2 + n \cdot n^2 = 2n^3.$$

Aufgabe d) Man entwickle $D = \begin{vmatrix} 1 & 1 & 1 \\ \alpha & \beta & \gamma \\ \alpha^2 & \beta^2 & \gamma^2 \end{vmatrix}$.

Lösung: Man entwickelt nach der letzten Zeile

$$D = \alpha^2 \cdot (+) \begin{vmatrix} 1 & 1 \\ \beta & \gamma \end{vmatrix} + \beta^2 \cdot (-) \begin{vmatrix} 1 & 1 \\ \alpha & \gamma \end{vmatrix} + \gamma^2 \cdot (+) \begin{vmatrix} 1 & 1 \\ \alpha & \beta \end{vmatrix}$$
$$= \alpha^2 \cdot (\gamma - \beta) + \beta^2 (-) (\gamma - \alpha) + \gamma^2 (\beta - \alpha).$$

41. $\begin{vmatrix} a_{11} & a_{12} & a_{13} \\ a_{21} & a_{22} & a_{23} \\ a_{31} & a_{32} & a_{33} \end{vmatrix} = - \begin{vmatrix} a_{13} & a_{12} & a_{11} \\ a_{23} & a_{22} & a_{21} \\ a_{33} & a_{32} & a_{31} \end{vmatrix}$ (a)

Die Vertauschung von zwei Parallelreihen ändert den absoluten Wert einer Determinante nicht, sondern nur ihr Vorzeichen.

Der Satz ist ohne weiteres ersichtlich für eine Determinante zweiten Grades, da nach Definition (38c) durch die Vertauschung von Parallelreihen die Hauptdiagonale zur Nebendiagonale wird und umgekehrt.

$$\text{Beispiel a)} \quad A = \begin{vmatrix} a_{11} & a_{12} \\ a_{21} & a_{22} \end{vmatrix} \qquad A' = \begin{vmatrix} a_{21} & a_{22} \\ a_{11} & a_{12} \end{vmatrix}$$

Die Determinante A' geht aus Determinante A durch Vertauschung der Zeilen hervor. Nach (38c) wird

$$A = a_{11}a_{22} - a_{21}a_{12}, \qquad A' = a_{21}a_{12} - a_{11}a_{22},$$

also
$$A' = - A$$

Vertauscht man in einer Determinante dritten Grades zwei Parallelreihen, so wird in beiden Determinanten eine Reihe ungeändert bleiben. Entwickelt man nach dieser ungeänderten Reihe, so werden sich die Unterdeterminanten der ursprünglichen Determinante A und die der geänderten A' dadurch unterscheiden, daß nach dem eben Bewiesenen die Unterdeterminanten von A' alle entgegengesetzt gleich sind den Unterdeterminanten von A. Dann ist aber auch A' selbst entgegengesetzt gleich A, und somit wieder der Beweis des Satzes für eine Determinante dritten Grades erbracht.

Beispiel b) Von den nachfolgenden zwei Determinanten geht A' aus A durch Vertauschung der ersten mit der dritten Zeile hervor.

$$A = \begin{vmatrix} a_{11} & a_{12} & a_{13} \\ a_{21} & a_{22} & a_{23} \\ a_{31} & a_{32} & a_{33} \end{vmatrix} \qquad A' = \begin{vmatrix} a_{31} & a_{32} & a_{33} \\ a_{21} & a_{22} & a_{23} \\ a_{11} & a_{12} & a_{13} \end{vmatrix}$$

Nach (40a) wird

$$A = a_{21}A_{21} + a_{22}A_{22} + a_{23}A_{23}, \qquad A' = a_{21}A'_{21} + a_{22}A'_{22} + a_{23}A'_{23}.$$

Da nun $\quad A'_{21} = - A_{21}, \qquad A'_{22} = - A_{22}, \qquad A'_{23} = - A_{23},$

so wird auch

$$A' = - A.$$

$$\varrho A = \varrho \begin{vmatrix} a_{11} & a_{12} & a_{13} \\ a_{21} & a_{22} & a_{23} \\ a_{31} & a_{32} & a_{33} \end{vmatrix} = \begin{vmatrix} a_{11} & \varrho a_{12} & a_{13} \\ a_{21} & \varrho a_{22} & a_{23} \\ a_{31} & \varrho a_{32} & a_{33} \end{vmatrix} \qquad \text{(b)}$$

Eine Determinante wird mit einem Faktor multipliziert, indem man alle Elemente einer beliebig ausgewählten Reihe mit diesem Faktor multipliziert.

Der Satz ist recht einfach zu beweisen, indem man nach der ausgewählten Reihe entwickelt, also für die obige Determinante

$$\varrho A = \varrho\,(a_{12}A_{12} + a_{22}A_{22} + a_{32}A_{32}) = \varrho a_{12}\cdot A_{12} + \varrho a_{22}\cdot A_{22} + \varrho a_{32}\cdot A_{32}$$

und damit die rechte Gleichungsseite erhält.

Beispiel c) Man ermittle den Wert der Determinante

$$A = \begin{vmatrix} \tfrac{1}{3} & \tfrac{2}{3} & \tfrac{1}{2} \\ \tfrac{1}{2} & -\tfrac{1}{4} & \tfrac{1}{3} \\ 1 & -\tfrac{1}{2} & \tfrac{1}{3} \end{vmatrix}.$$

Man wird die Determinante vor der Entwicklung zunächst vereinfachen, indem man setzt

$$6\cdot 12\cdot 6\cdot A = 6\cdot 12\cdot 6 \begin{vmatrix} \tfrac{1}{3} & \tfrac{2}{3} & \tfrac{1}{2} \\ \tfrac{1}{2} & -\tfrac{1}{4} & \tfrac{1}{3} \\ 1 & -\tfrac{1}{2} & \tfrac{1}{3} \end{vmatrix} = \begin{vmatrix} 2 & 8 & 3 \\ 3 & -3 & 2 \\ 6 & -6 & 2 \end{vmatrix},$$

und erhält dann

$$\cdot 6\cdot 12\cdot 6\cdot A = 3\cdot(-)\begin{vmatrix} 8 & 3 \\ -6 & 2 \end{vmatrix} - 3\cdot(+)\begin{vmatrix} 2 & 3 \\ 6 & 2 \end{vmatrix} + 2\cdot(-)\begin{vmatrix} 2 & 8 \\ 6 & -6 \end{vmatrix}$$

$$= 3\cdot(-34) - 3\cdot(-14) + 2\cdot 60 = 60,$$

also $\qquad A = \tfrac{5}{36}.$

Die Umkehr zu Satz (b) ist unmittelbar einzusehen:

Haben alle Elemente einer bestimmten Reihe den gleichen Faktor, so läßt sich dieser als gemeinsamer Faktor der Determinante vor diese setzen. (c)

Beispiel d) $\quad D = \begin{vmatrix} 4 & 6 & 10 \\ \tfrac{1}{3} & \tfrac{2}{3} & -\tfrac{1}{3} \\ 1 & 3 & 5 \end{vmatrix} = 2\cdot\tfrac{1}{3}\begin{vmatrix} 2 & 3 & 5 \\ 1 & 2 & -1 \\ 1 & 3 & 5 \end{vmatrix}$

$$= \tfrac{2}{3}\left[1\cdot(-)\begin{vmatrix} 3 & 5 \\ 3 & 5 \end{vmatrix} + 2\cdot(+)\begin{vmatrix} 2 & 5 \\ 1 & 5 \end{vmatrix} - 1\cdot(-)\begin{vmatrix} 2 & 3 \\ 1 & 3 \end{vmatrix}\right] = 8\tfrac{2}{3}.$$

$$D = \begin{vmatrix} a_{11} & a_{12} & a_{11} \\ a_{21} & a_{22} & a_{21} \\ a_{31} & a_{32} & a_{31} \end{vmatrix} = 0. \qquad E = \begin{vmatrix} a_{11} & a_{12} & \varrho a_{11} \\ a_{21} & a_{22} & \varrho a_{21} \\ a_{31} & a_{32} & \varrho a_{31} \end{vmatrix} = 0. \qquad (d)$$

Eine Determinante mit zwei gleichen oder proportionalen Parallelreihen hat den Wert Null.

Sind nämlich zwei Parallelreihen gleich, so ändert sich beim Vertauschen dieser Parallelreihen die Determinante und damit auch ihr Wert D nicht. Andererseits muß aber nach (a) die Determinante durch die Vertauschung den Wert $-D$ erhalten. Es muß also $D = -D$ sein, was unter Voraussetzung endlicher Werte der Elemente nur für

$D = 0$ zutrifft. Damit ist zunächst der Satz für gleiche Parallelreihen bewiesen. Sind nun in einer Determinante E die beiden Parallelreihen proportional, d. h. ist jedes Element der einen Reihe das ϱ-fache des entsprechenden Elementes der Parallelreihe, so werden nach Herausstellung des gemeinsamen Faktors ϱ die beiden Parallelreihen gleich, so daß wieder $E = 0$ wird.

42.
$$\begin{vmatrix} a_{11} & a_{12} + b_{12} & a_{13} \\ a_{21} & a_{22} + b_{22} & a_{23} \\ a_{31} & a_{32} + b_{32} & a_{33} \end{vmatrix} = \begin{vmatrix} a_{11} & a_{12} & a_{13} \\ a_{21} & a_{22} & a_{23} \\ a_{31} & a_{32} & a_{33} \end{vmatrix} + \begin{vmatrix} a_{11} & b_{12} & a_{13} \\ a_{21} & b_{22} & a_{23} \\ a_{31} & b_{32} & a_{33} \end{vmatrix}. \quad \text{(a)}$$

Sind die Elemente einer Reihe Binome, so ist die Determinante gleich der Summe von zwei neuen Determinanten, deren jede in der betreffenden Reihe anstatt des Binoms einen entsprechenden Summanden hat.

Der Satz ist leicht zu beweisen, wenn man unter Anwendung von (40a) nach der betreffenden Reihe entwickelt und schreibt

$$A = (a_{12} + b_{12}) A_{12} + (a_{22} + b_{22}) A_{22} + (a_{32} + b_{32}) A_{32}$$
$$= a_{12} A_{12} + a_{22} A_{22} + a_{32} A_{32} + b_{12} A_{12} + b_{22} A_{22} + b_{32} A_{32}.$$

Natürlich läßt sich dieser Satz auch umkehren, indem man in (a) die beiden Gleichungsseiten umkehrt. Man hat dann:

$$\begin{vmatrix} a_{11} & a_{12} & a_{13} \\ a_{21} & a_{22} & a_{23} \\ a_{31} & a_{32} & a_{33} \end{vmatrix} + \begin{vmatrix} a_{11} & b_{12} & a_{13} \\ a_{21} & b_{22} & a_{23} \\ a_{31} & b_{32} & a_{33} \end{vmatrix} = \begin{vmatrix} a_{11} & a_{12} + b_{12} & a_{13} \\ a_{21} & a_{22} + b_{22} & a_{23} \\ a_{31} & a_{32} + b_{32} & a_{33} \end{vmatrix} \quad \text{(b)}$$

d. h. die Summe von zwei Determinanten n-ten Grades, die bis auf zwei entsprechende Reihen gleich sind, ist gleich einer einzigen Determinante n-ten Grades, die bis auf die entsprechende Reihe den beiden zu addierenden Reihen gleich ist; diese Reihe selbst ist dann gleich der Summe der entsprechenden Reihen der gegebenen Determinanten.

Beispiel a) Man beweise, daß

$$\begin{vmatrix} a_1 x + b_1 y & a_1 & b_1 \\ a_2 x + b_2 y & a_2 & b_2 \\ a_3 x + b_3 y & a_3 & b_3 \end{vmatrix} = 0;$$

und zwar unabhängig von x und y Null wird.

Man zerlegt diese Determinante D in zwei Summanden

$$D = \begin{vmatrix} a_1 x & a_1 & b_1 \\ a_2 x & a_2 & b_2 \\ a_3 x & a_3 & b_3 \end{vmatrix} + \begin{vmatrix} b_1 y & a_1 & b_1 \\ b_2 y & a_2 & b_2 \\ b_3 y & a_3 & b_3 \end{vmatrix},$$

deren jeder einzeln nach Satz (41 d) verschwinden muß, welchen Wert auch x und y haben mögen.

$$\begin{vmatrix} a_{11} & a_{12} & a_{13} \\ a_{21} & a_{22} & a_{23} \\ a_{31} & a_{32} & a_{33} \end{vmatrix} = \begin{vmatrix} a_{11} & a_{12} + \varrho a_{11} & a_{13} \\ a_{21} & a_{22} + \varrho a_{21} & a_{23} \\ a_{31} & a_{32} + \varrho a_{31} & a_{33} \end{vmatrix} \qquad \text{(c)}$$

d. h. eine Determinante ändert ihren Wert nicht, wenn man zu einer Reihe das Vielfache einer Parallelreihe addiert.

Man kann nämlich die rechte Seite zerlegen in

$$\begin{vmatrix} a_{11} & a_{12} & a_{13} \\ a_{21} & a_{22} & a_{23} \\ a_{31} & a_{32} & a_{33} \end{vmatrix} + \begin{vmatrix} a_{11} & \varrho a_{11} & a_{13} \\ a_{21} & \varrho a_{21} & a_{23} \\ a_{31} & \varrho a_{31} & a_{33} \end{vmatrix},$$

von welcher Summe der zweite Summand verschwindet, da er zwei proportionale Parallelreihen hat.

Diesen Satz benützt man zur Vereinfachung von Determinanten, freilich meist nur für solche höheren Grades. Es soll aber an Determinanten dritten Grades schon gezeigt werden, in welcher Weise man solche Vereinfachungen vornimmt.

Beispiel b) Gesucht ist der Wert der Determinante

$$A = \begin{vmatrix} 120 & 84 & 95 \\ 36 & 25 & 80 \\ 77 & 90 & 112 \end{vmatrix}$$

Man subtrahiert die zweite Kolonne von der ersten und dritten und erhält

$$A = \begin{vmatrix} 120-84 & 84 & 95-84 \\ 36-25 & 25 & 80-25 \\ 77-90 & 90 & 112-90 \end{vmatrix} = \begin{vmatrix} 36 & 84 & 11 \\ 11 & 25 & 55 \\ -13 & 90 & 22 \end{vmatrix}.$$

Die Elemente der dritten Kolonne haben alle den gleichen Faktor 11, den man aussetzt; damit wird

$$A = 11 \begin{vmatrix} 36 & 84 & 1 \\ 11 & 25 & 5 \\ -13 & 90 & 2 \end{vmatrix}.$$

Nun kann man nach der letzten Kolonne entwickeln, oder wenn man noch eine Vereinfachung vornehmen will — die aber in den meisten Fällen ganz unbedeutend ist —, von der zweiten Zeile das 5-fache der ersten Zeile abziehen und von der dritten Zeile das 2-fache der ersten. Damit wird

$$A = 11 \begin{vmatrix} 36 & 84 & 1 \\ 11-5\cdot36 & 25-5\cdot84 & 5-5\cdot1 \\ -13-2\cdot36 & 90-2\cdot84 & 2-2\cdot1 \end{vmatrix} = 11 \cdot \begin{vmatrix} 36 & 84 & 1 \\ -169 & -395 & 0 \\ -85 & -78 & 0 \end{vmatrix}$$

$$= 11 \begin{vmatrix} -169 & -395 \\ -85 & -78 \end{vmatrix} = 11\,(169\cdot78 - 85\cdot395) = -11 \cdot 20\,393.$$

Zu diesem Resultat wäre man ebenso schnell oder vielleicht noch schneller gekommen, wenn man wie angegeben nach der letzten Kolonne entwickelt hätte.

Beispiel c) Die Determinante

$$D = \begin{vmatrix} 1 & x-a & y-b \\ 1 & x_1-a & y_1-b \\ 1 & x_2-a & y_2-b \end{vmatrix}$$

wird vereinfacht, indem man die a-fache erste Kolonne zur zweiten addiert und die b-fache erste zur dritten Kolonne,

$$D = \begin{vmatrix} 1 & x-a+a & y-b+b \\ 1 & x_1-a+a & y_1-b+b \\ 1 & x_2-a+a & y_2-b+b \end{vmatrix} = \begin{vmatrix} 1 & x & y \\ 1 & x_1 & y_1 \\ 1 & x_2 & y_2 \end{vmatrix}$$

Beispiel d)

$$\begin{vmatrix} -1 & 1 & 1 & 1 \\ 1 & -1 & 1 & 1 \\ 1 & 1 & -1 & 1 \\ 1 & 1 & 1 & -1 \end{vmatrix} = \begin{vmatrix} -1 & 0 & 0 & 0 \\ 1 & 0 & 2 & 2 \\ 1 & 2 & 0 & 2 \\ 1 & 2 & 2 & 0 \end{vmatrix} = - \begin{vmatrix} 0 & 2 & 2 \\ 2 & 0 & 2 \\ 2 & 2 & 0 \end{vmatrix} = -16.$$

Man hat zu jeder Kolonne die erste Kolonne addiert.

Beispiel e)

$$\begin{vmatrix} -x & y & z & 1 \\ x & -y & z & 1 \\ x & y & -z & 1 \\ x & y & z & 1 \end{vmatrix} = \begin{vmatrix} -2x & 0 & 0 & 0 \\ 0 & -2y & 0 & 0 \\ 0 & 0 & -2z & 0 \\ x & y & z & 1 \end{vmatrix} = \begin{vmatrix} -2x & 0 & 0 \\ 0 & -2y & 0 \\ 0 & 0 & -2z \end{vmatrix} = -8xyz$$

Man hat von jeder Zeile die vierte Zeile subtrahiert und dann nach der vierten Kolonne entwickelt.

Oft ist es erwünscht, eine Determinante n-ten Grades in eine solche $(n+1)$-ten Grades umzuformen. Durch die Aufstellung

$$\begin{vmatrix} 1 & a & b \\ 0 & a_1 & b_1 \\ 0 & a_2 & b_2 \end{vmatrix} = 1 \cdot (+) \begin{vmatrix} a_1 & b_1 \\ a_2 & b_2 \end{vmatrix}$$

ist der Weg gezeigt, den man hierbei einzuschlagen hat. Entwickelt man nämlich die links stehende Determinante nach der ersten Kolonne, so ergibt sich ihr Wert als das Produkt aus dem Element 1 der ersten Zeile und seiner Unterdeterminante. Man sieht, daß die anderen Elemente der ersten Zeile ganz belanglos sind. Diese Aufstellung gibt sonach eine **Regel für die Erweiterung einer Determinante in der umgekehrten Reihenfolge**

$$\begin{vmatrix} a_1 & b_1 \\ a_2 & b_2 \end{vmatrix} = \begin{vmatrix} 1 & a & b \\ 0 & a_1 & b_1 \\ 0 & a_2 & b_2 \end{vmatrix} \tag{1}$$

in Worten: Man fügt zu der Determinante eine neue Kolonne und eine neue Zeile, und zwar so, daß ein Element der neuen Kolonne (Zeile) den Wert 1 hat und die andern Elemente den Wert Null, während die Elemente der neuen Zeile (Kolonne) bis auf das schon festgesetzte Element beliebige Werte erhalten; Voraussetzung ist weiterhin, daß das Element 1 von gerader Klasse ist und demgemäß seiner Unterdeterminante das Zeichen $+$ zugeordnet wird.

Nach dieser Regel kann man die neue Zeile und Kolonne an beliebige Stelle setzen, beispielsweise

$$\begin{vmatrix} a_1 & b_1 \\ a_2 & b_2 \end{vmatrix} = \begin{vmatrix} 1 & 0 & 0 \\ a & a_1 & b_1 \\ b & a_2 & b_2 \end{vmatrix} = \begin{vmatrix} a_1 & m & b_1 \\ 0 & 1 & 0 \\ a_2 & n & b_2 \end{vmatrix} = \begin{vmatrix} A & B & 1 \\ a_1 & b_1 & 0 \\ a_2 & b_2 & 0 \end{vmatrix} \text{ usw.;}$$

es ist nur erforderlich, daß die hinzugefügte Zeile und Kolonne sich im Element 1 treffen und daß dieses Element 1 von gerader Klasse ist. Die Werte der verfügbaren Elemente wählt man mit Rücksicht auf den Zweck den man jeweils mit dieser Erweiterung verfolgt.

Beispiel f)

$$\begin{vmatrix} x_1-a & y_1-b & z_1-c \\ x_2-a & y_2-b & z_2-c \\ x_3-a & y_3-b & z_3-c \end{vmatrix} = \begin{vmatrix} x_1-a & y_1-b & z_1-c & 0 \\ x_2-a & y_2-b & z_2-c & 0 \\ x_3-a & y_3-b & z_3-c & 0 \\ a & b & c & 1 \end{vmatrix} = \begin{vmatrix} x_1 & y_1 & z_1 & 1 \\ x_2 & y_2 & z_2 & 1 \\ x_3 & y_3 & z_3 & 1 \\ a & b & c & 1 \end{vmatrix}$$

Aus der zweiten Determinante geht die dritte hervor, wenn man zu jeder Zeile die vierte neue Zeile addiert.

Aufgabe a) Man gebe den Wert der Determinante

$$D = \begin{vmatrix} a^2 & a & 1 \\ b^2 & b & 1 \\ c^2 & c & 1 \end{vmatrix}$$

in Form eines Produktes an.

Lösung: Man subtrahiert die erste Zeile von der zweiten und dritten und erhält

$$D = \begin{vmatrix} a^2 & a & 1 \\ b^2-a^2 & b-a & 0 \\ c^2-a^2 & c-a & 0 \end{vmatrix} = \begin{vmatrix} b^2-a^2 & b-a \\ c^2-a^2 & c-a \end{vmatrix}$$

$$= (b-a)(c-a) \begin{vmatrix} b+a & 1 \\ c+a & 1 \end{vmatrix} = (b-a)(c-a)(b-c)$$

Aufgabe b) Man löse die Gleichung

$$\begin{vmatrix} x^2 & x & 1 \\ a^2 & a & 1 \\ b^2 & b & 1 \end{vmatrix} = 0.$$

Lösung: Man zerlegt entweder wie bei der vorausgehenden Aufgabe die Determinante in drei lineare Faktoren

$$(x-a)(x-b)(a-b) = 0$$

und findet sofort $x = a$ und $x = b$ als Wurzeln. Oder man wendet Satz (41d) an: Determinanten mit gleichen Parallelreihen haben den Wert Null. Solche erhält man aber, wenn man an Stelle von x entweder a oder b setzt, d. h. für

$x = a$ und für $x = b$ verschwindet die Determinante, also sind $x = a$ und $x = b$ Wurzeln der obigen Gleichung.

Aufgabe c) Man zerlege die Determinante

$$D = \begin{vmatrix} x-1 & x^2-1 & x^3-1 \\ 2x-4 & x^2-4 & x^3-8 \\ 3x-9 & x^2-9 & x^3-27 \end{vmatrix}$$

in lineare Faktoren.

Lösung: Die Elemente der ersten Zeile haben den gemeinsamen Faktor $x-1$, den man vor die Determinante setzen kann; ebenso kann man $x-2$ und $x-3$ als gemeinsamen Faktor der Elemente der zweiten bzw. dritten Zeile aussetzen und erhält D als Produkt von $(x-1)(x-2)(x-3)$ und einer Determinante

$$D' = \begin{vmatrix} 1 & x+1 & x^2+x+1 \\ 2 & x+2 & x^2+2x+4 \\ 3 & x+3 & x^2+3x+9 \end{vmatrix} = \begin{vmatrix} 1 & x & x+1 \\ 2 & x & 2x+4 \\ 3 & x & 3x+9 \end{vmatrix} = x \begin{vmatrix} 1 & 1 & x+1 \\ 0 & -1 & 2 \\ 0 & -2 & 6 \end{vmatrix}$$

$$= x \cdot (-2), \quad \text{also} \quad D = -2x(x-1)(x-2)(x-3).$$

In dieser Determinante D' hat man die erste Kolonne von der zweiten subtrahiert und dann die x-fache neue zweite Kolonne von der dritten und so die mittlere Determinante erhalten. Aus ihr erhält man die dritte Form, wenn man x aussetzt und dann von der zweiten Zeile die doppelte erste abzieht und von der dritten Zeile die dreifache erste.

Aufgabe d) Gesucht ist der Wert der Determinante

$$D = \begin{vmatrix} 18 & 36 & 58 & 50 \\ 26 & 39 & 80 & 78 \\ 17 & 39 & 55 & 45 \\ 9 & 16 & 27 & 23 \end{vmatrix}$$

Lösung: Man subtrahiert die doppelte vierte Zeile von der ersten und dritten Zeile und die dreifache vierte Zeile von der zweiten und erhält

$$D = \begin{vmatrix} 0 & 4 & 4 & 4 \\ -1 & -9 & -1 & 9 \\ -1 & 7 & 1 & -1 \\ 9 & 16 & 27 & 23 \end{vmatrix} = 4 \begin{vmatrix} 0 & 0 & 1 & 0 \\ -1 & -8 & -1 & 10 \\ -1 & 6 & 1 & -2 \\ 9 & -11 & 27 & -4 \end{vmatrix} = 4 \begin{vmatrix} -1 & -8 & 10 \\ -1 & 6 & -2 \\ 9 & -11 & -4 \end{vmatrix}$$

Aus der ersten Determinante hat man 4 ausgesetzt und die dritte Kolonne sowohl von der zweiten wie von der vierten Kolonne subtrahiert; dann hat man nach der ersten Zeile entwickelt. Die letzte Determinante entwickelt man nach der dritten Zeile und erhält

$$D = 4[9 \cdot (-44) - 11 \cdot (-12) - 4 \cdot (-14)] = 16 \cdot (-52) = -832.$$

Allgemeine Erörterungen über Funktionen und Gleichungen. Lineare und nichtlineare Aufgaben der Technik. Lineare Gleichungen. Gleichung zweiten Grades.

43. Man kann die Zahlen einteilen in konstante oder unveränderliche, das sind solche Zahlen, die ihren Wert im Verlauf der jeweils vorliegenden Untersuchung nicht ändern, und variable oder **veränderliche Zahlen**, das sind solche, die im Verlauf der Untersuchung beschränkt oder unbeschränkt alle möglichen Werte annehmen oder annehmen können. Die konstanten Zahlen werden gewöhnlich mit den ersten Buchstaben des Alphabets a, b, c, ... A, B, C, ... usw., die variablen mit den letzten Buchstaben x, y, z, ... X, Y, Z, ... bezeichnet.

Anmerkung. Wenn gesagt ist „im Verlauf der Untersuchung", so soll damit nur ausgedrückt werden, daß nur das Verhalten während der Untersuchung interessiert und die Zahlen außerhalb der Untersuchung andere Eigenschaften haben können. Wenn man beispielsweise mit einem Gas von konstanter Temperatur Versuche ausführt, so bezieht sich der Ausdruck „konstant" hier nur auf die Dauer dieser Versuche. Außerhalb dieser Versuche kann und wird die Temperatur des Gases ebensowohl konstant wie variabel sein.

Der Anfänger verwechselt leicht die Begriffe „variabel" und „unbekannt". Er merke sich: Wenn man die Größe x als Unbekannte auffaßt, so heißt das, x hat einen bestimmten Wert, man kennt ihn aber noch nicht, kann ihn also erst aus einer Bedingung für x, d. h. aus einer Gleichung für x ermitteln. Die Gleichung $x^2 - 5x + 6 = 0$ etwa läßt einen solchen unbekannten Wert für x ermitteln. Ist aber x als Variable zu betrachten, so heißt das, x kann (mit oder ohne Einschränkung) alle möglichen Werte annehmen.

Die Variabilität einer Zahl x kann unbeschränkt (unbegrenzt) oder beschränkt (begrenzt) sein: Es kann etwa diese Veränderlichkeit dadurch begrenzt sein, daß man sagt, x soll positiv und ganz sein, oder x darf nur alle möglichen Werte zwischen 0 und 10 oder zwischen 1 und 2 annehmen. Oder allgemein, x kann alle Werte zwischen a und b annehmen. Wenn man die neuen Begriffe **Bereich** und **Intervall** einführt, würde man sagen, x liegt im Bereich oder im Intervall von $x = a$ bis $x = b$. a und b nennt man dann die **Grenzen** des angegebenen Intervalles. Es soll bei dieser Gelegenheit auf die Notwendigkeit einer genauen Sprechweise hingewiesen werden: Es ist ein Unterschied, ob man feststellt, x liegt im Bereich von a bis b einschließlich dieser Grenzen oder ausschließlich derselben. Im ersten Fall gehören a und b noch zum Bereich, man kann schreiben $a \leq x \leq b$, wenn b größer als a vorausgesetzt wird. Im zweiten Fall hätte man $a < x < b$, d. h. die Grenzen a und b selbst gehören nicht mehr zum Bereich der Variablen x. Die Schreibweise $|x| < 1$, oder was das gleiche ist, $-1 < x < +1$, deutet x als einen echten Bruch an.

Die Größe x kann ferner **willkürlich veränderlich** sein, d. h. man erteilt dem x willkürlich einen beliebigen Wert; und **abhängig veränderlich**, d. h. x ändert sich erst dann, wenn sich eine mit x in Beziehung stehende andere Größe ändert. Betrachtet man etwa x als den Weg eines frei fallenden Körpers, so kann man x als abhängig von der Zeit t darstellen; die Sprechweise: x ist abhängig von der Zeit t, oder: x läßt sich nach t ausdrücken, ersetzt man in der höheren Mathematik durch die neue Sprechweise: x ist eine Funktion von t. Die Größe t ist in dieser Darstellung die unabhängige (oder willkürliche) Variable, kurz Unabhängige oder Argument genannt, x ist die abhängige Variable, auch kurz Abhängige oder Funktion genannt.

Beispiel a) Das Volumen V einer Kugel ist eine Funktion des Kugelradius r. Zu jedem Radius r gehört ein bestimmtes V, das Volumen V ist vom Radius r abhängig oder in der neuen Sprechweise: V ist eine Funktion von r. Hier ist r die Unabhängige oder das Argument und V die Funktion. Der Barometerstand b ist abhängig von der Höhe h über dem Meeresspiegel oder in der neuen Sprechweise: der Barometerstand b ist eine Funktion der Höhe h. Bei der Brechung des Lichtes gibt es an der brechenden Schicht zu jedem Eintrittswinkel ε einen ganz bestimmten Austrittswinkel α, mithin ist α eine Funktion von ε.

Um den Begriff Funktion elementar zu entwickeln, sei gegeben der Ausdruck $x^2 - 5x + 6$. Statt zu sprechen: gegeben ist ein Ausdruck, der x enthält, oder der von x abhängt, wird in der höheren Mathematik gesagt: gegeben ist eine Funktion von x, und dafür geschrieben $f(x)$. Sprechweise: „Funktion von x" oder oft noch kürzer „f von x". Dann soll in diesem Zusammenhang die Abkürzung oder das Zeichen $f(\ )$ den Aufbau der Funktion von x, also den Aufbau des x enthaltenden Ausdruckes zur Darstellung bringen. Wenn sonach gegeben ist

$$f(x) = x^2 - 5x + 6,$$

dann bedeutet $f(\xi)$ eine Funktion von ξ, die den gleichen Aufbau hat wie $f(x)$, d. h. einen Ausdruck, der das ξ in der gleichen Weise enthält wie der obige Ausdruck $x^2 - 5x + 6$ das x, so daß

$$f(\xi) = \xi^2 - 5\xi + 6.$$

Entsprechend ist

$$f(a) = a^2 - 5a + 6,$$
$$f(a - b) = (a - b)^2 - 5(a - b) + 6,$$
$$f(4) = 4^2 - 5 \cdot 4 + 6 = 2,$$
$$f(0) = 0^2 - 5 \cdot 0 + 6 = 6.$$

(Es schadet durchaus nicht, wenn man im Anfang statt „Funktion von x" sagt „Ausdruck, der x enthält".)

Tritt in der nämlichen Aufgabe x auch noch in anderen Ausdrücken auf, so wird man für diese neuen Ausdrücke oder Funktionen selbstverständlich andere Funktionszeichen wählen, etwa $F(x)$, $u(x)$, $v(x)$, $\varphi(x)$, $R(x)$ usw., wo dann jedes dieser abkürzenden Zeichen $F(\ )$, $u(\ )$, $v(\ )$ usw. einen anderen Aufbau der Funktion andeuten soll.

Beispiel b) Ist etwa gegeben

$$u(x) = x^3 + 2x, \qquad v(x) = x^2 - 4x,$$

so ist

$$u(t) = t^3 + 2t, \qquad v(t) = t^2 - 4t,$$

$$u(a) = a^3 + 2a, \qquad v(a) = a^2 - 4a,$$

$$u(\xi) + v(\xi) = \xi^3 + 2\xi + \xi^2 - 4\xi = \xi^3 + \xi^2 - 2\xi \quad \text{usw.}$$

Durch den Ausdruck oder die Funktion von x

$$x^2 - 5x + 6$$

sind zwei Variable gekennzeichnet, erstens das Argument oder die Unabhängige x, dann die Abhängige oder die Funktion $x^2 - 5x + 6$, wofür man eben kürzer schreibt $f(x)$. Man muß nur festhalten, daß im Verlauf der vorliegenden Rechnung $f(x)$ ein Symbol, eine abkürzende Bezeichnung statt $x^2 - 5x + 6$ ist.

Für $x^2 - 5x + 6$ kann man statt $f(x)$ auch ein anderes Symbol wählen, etwa y, und schreiben

$$y = x^2 - 5x + 6,$$

so daß dann x das Argument, y die Funktion ist, oder in anderer Sprechweise, x ist die Unabhängige, y die Abhängige. Es soll aber gerade im Anfang diese neue symbolische Schreibweise mit einer zweiten Größe y vermieden werden, um das Wesen der Funktion möglichst klar hervortreten zu lassen.

Es kann natürlich y auch dann eine Funktion von x sein, wenn man zwar weiß, daß y von x abhängig ist, aber nicht weiß, nach welchem Gesetz diese Abhängigkeit zum Ausdruck gebracht werden kann. Ganz allgemein wird man definieren: Wenn in einem Bereich von $x = a$ bis $x = b$ jedem Wert von x ein bestimmter Wert (oder mehrere bestimmte Werte) von y zugeordnet ist, nach einem bekannten oder unbekannten Gesetz, nennt man in diesem Bereich y eine Funktion von x. So besteht z. B. zwischen der Temperatur T und dem Druck p eines gesättigten Dampfes ein bestimmter Zusammenhang, dessen wahres Gesetz man noch nicht kennt: Es ist sicher der Druck p eine Funktion der Temperatur T. Man spricht von einer **analytischen Funktion**, wenn der Zusammenhang zwischen variablen Größen analytisch, durch eine Gleichung zum Ausdruck gebracht werden kann.

44 Die Funktionen lassen sich von verschiedenen Standpunkten aus verschieden einteilen.

Zunächst als Funktionen **einer Variablen** gegenüber den Funktionen **von mehreren Variablen**. So ist etwa die Kreisfläche einzig abhängig vom Radius r, so daß $r^2\pi$ eine Funktion des Argumentes r ist. Die Dreiecksfläche ist abhängig von Grundlinie g und Höhe h, es ist somit diese Fläche $\frac{1}{2}gh$ eine Funktion zweier Argumente g und h; ebenso ist das Volumen eines Kreiskegels eine Funktion zweier Argumente, nämlich in der Darstellung $V=\frac{1}{3}r^2\pi h$ eine Funktion des Grundkreisradius r und der Höhe h.

Eine andere Einteilung ist die in **entwickelte oder explizite Funktionen** im Gegensatz zu den **unentwickelten oder impliziten Funktionen**. Es sei zwischen zwei variablen Größen x und y eine Beziehung gegeben, derart, daß man die eine der beiden Größen erfahren kann, wenn man die andere kennt. Ein Beispiel soll das klar machen: Das Mariottesche Gesetz sagt aus, daß bei konstanter Temperatur das Produkt aus dem (variabel gedachten) Druck und dem Volumen konstant ist, daß also $pv=c$, wenn v und p ein Paar variabler zusammengehöriger Drücke und Volumina sind. Man nennt dann $pv=c$ eine unentwickelte oder implizite Funktion von p oder auch von v. Man kann in diesem speziellen Fall auch schreiben $p=c:v$ und hätte damit p als explizite oder entwickelte Funktion von v dargestellt; oder umgekehrt durch die Schreibweise $v=c:p$ die Größe v als Funktion von p entwickelt. Die Funktion $v=c:p$ nennt man die Umkehr zur Funktion $p=c:v$ oder die **inverse Funktion** dazu. Mit der Schreibweise $pv=c$ ist sonach ganz unbestimmt gelassen, welche der beiden Größen v oder p man als Argument, welche man als Funktion zu betrachten hat. Praktisch kommt dies darauf hinaus, daß man bei Versuchen über Gase entweder den Druck p als willkürlich wählt und daraus v bestimmt, oder umgekehrt v festsetzen und daraus p bestimmen kann. Sind zwei Variable durch eine Gleichung implizit in Zusammenhang gebracht, so darf man nicht nach Belieben die eine oder die andere der Variablen als unabhängig betrachten. Das wird sofort ersichtlich, wenn beispielshalber zwischen dem Weg s, den ein materieller Punkt oder ein Körper zurücklegt, und der Zeit t, in der diese Bewegung vor sich geht, ein Zusammenhang gegeben ist. Hier ist klar, daß man die Zeit t als Unabhängige, als Argument betrachten muß und den Weg s als abhängige Variable, als Funktion.

Eine andere Einteilung in **stetig veränderliche oder kontinuierliche Funktionen** im Gegensatz zu den **sprungweise veränderlichen oder diskontinuierlichen Funktionen** soll an späterer Stelle noch ausführlicher besprochen werden.

Im Gegensatz zur eindeutigen Funktion, die jedem Wert des Argumentes einen und nur einen ganz bestimmten Wert der Funktion zuteilt, steht die mehrdeutige Funktion, die im allgemeinen für jeden Wert des Argumentes mehrere Funktionswerte liefert. So ist z. B. $x^2 - 5x + 6$ eine eindeutige Funktion, dagegen $\sqrt[3]{x^3 - 1}$ eine mehrdeutige, hier dreideutige, weil sie im allgemeinen für jeden Wert x drei Funktionswerte liefert. Die Funktion $\arcsin x$ ist sogar eine unendlich vieldeutige Funktion; jedem Wert von x sind im allgemeinen unendlich viele Werte $\arcsin x$ zugeordnet (so ist etwa $\arcsin \frac{1}{2} = \frac{1}{6}\pi + 2k\pi$ wo k jede beliebige ganze Zahl sein kann).

Wieder eine andere Einteilung, für uns zunächst die wichtigste, richtet sich nach dem Aufbau der Funktion aus dem Argument bzw. aus den Argumenten bei einer Funktion mit mehreren Variablen. Man wird bei dieser Einteilung ausgehen vom einfachsten Aufbau, den eine Funktion haben kann, und dann allmählich zu verwickelteren und schwierigeren Funktionen fortschreiten.

Eine graphische Darstellung der Funktionen wird im zweiten Band die Einleitung zur Differentialrechnung bringen.

Beispiel a) Durch die Gleichung $x^4 - y = 0$ sind die Variabeln x und y gegenseitig in Abhängigkeit gesetzt. Jedem x entsprechen ganz bestimmte Werte von y und umgekehrt jedem y ganz bestimmte Werte x. Für $x = 16$ etwa hat man $y = 16^4$; einem Wert $y = 16$ entspricht ein Wert $x = 2$, aber auch noch -2, sowie $2i$ und $-2i$ Zu jedem Wert von x hat man nur einen einzigen Wert y, d. h. die Funktion x^4 ist eindeutig. Die Funktion $\sqrt[4]{y}$ aber ist mehrdeutig, hier vierdeutig, weil jedem y vier bestimmte Werte von $\sqrt[4]{y}$ entsprechen. Durch die implizite oder unentwickelte Schreibweise $x^4 - y = 0$ hat man nur eine gegenseitige Abhängigkeit zwischen x und y ausgedrückt, ohne besonders anzugeben, welche der beiden Variabeln die Unabhängige ist. Durch die entwickelte oder explizite Schreibweise $y = x^4$ hat man x als Unabhängige und y als Funktion charakterisiert und durch die explizite Schreibweise $x = \sqrt[4]{y}$ umgekehrt y als Argument und x als Funktion. Die beiden Funktionen $x = \sqrt[4]{y}$ und $y = x^4$ sind naturgemäß invers.

Beispiel b) Für eine Linse mit gegebener Brennweite b gibt es zu jeder Gegenstandsweite x eine ganz bestimmte Bildweite y. Der Zusammenhang zwischen diesen Größen ist gegeben durch die Beziehung $\frac{1}{x} + \frac{1}{y} = \frac{1}{b}$. Als Unabhängige wird man hier die Gegenstandsweite x betrachten und dann die Abhängige y in der Form

$y = \dfrac{bx}{x-b}$ darstellen. Man kann aber auch so kalkulieren, daß man sich alle möglichen Bildweiten y vorgeschrieben denkt und immer nach der notwendigen Gegenstandsweite x fragt. Durch diese Vorschrift ist dann x als Funktion von y zu betrachten, $x = \dfrac{by}{y-b}$.

45. Die einfachste aller Funktionen ist die ganze rationale; die allgemeinste ganze rationale Funktion m-ten Grades von x ist m als natürliche Zahl vorausgesetzt.

$$G(x) = a_0 x^m + a_1 x^{m-1} + a_2 x^{m-2} + \ldots + a_{m-1} x + a_m.$$

Zur ganzen rationalen Funktion einer oder mehrerer Variabler setzen sich (nach dieser Formel) die Variablen durch eine endliche Anzahl von Summen, Differenzen und Produkten zusammen.   (a,

(Die Potenz mit ganzen positiven Exponenten ist natürlich als eine endliche Anzahl von Produkten eingeführt.)

Es ist beispielsweise

$$3u - 4 \text{ eine spezielle und } au + b$$

die allgemeinste ganze rationale Funktion ersten Grades von u, entsprechend

$$x^2 - 6x + 5 \text{ eine spezielle und } ax^2 + bx + c$$

die allgemeinste ganze rationale Funktion zweiten Grades von x, und wieder

$$x^2 - 4xy + 3y^2 - 2x + 1$$

eine spezielle und

$$ax^2 + bxy + cy^2 + dx + ey + f$$

die allgemeinste ganze rationale Funktion zweiten Grades von x und y.

Man beachte, daß die Reihe

$$a_0 + a_1 x + a_2 x^2 + \ldots + a_m x^m + \ldots$$

keine ganze rationale Funktion von x ist, solange die Zahl der Summanden nicht endlich ist.

Entsprechend ihrer Definition ist die ganze rationale Funktion eindeutig.

Die einfachste aller ganzen Funktionen einer Variablen x ist die lineare Funktion in x, die ganze rationale Funktion ersten Grades in x. Ihre allgemeinste Form ist $ax + b$ oder $a_0 x + a_1$ oder $Ax + B$ usw.

Es sei u linear von x abhängig, also $u = ax + b$; ebenso sei y linear von u abhängig, $y = a'u + b'$; dann kann man schreiben

$$y = a'(ax + b) + b' = aa'x + (a'b + b') \quad \text{oder} \quad y = Ax + B,$$

es ist sonach y von x auch linear abhängig. Man merke:

> Ist y linear von u abhängig und u selbst linear ab-
> hängig von x, dann ist auch y linear von x abhängig. 　　(b)

Man kann den Satz auch in anderer Form schreiben:

> Ist u linear von x abhängig und v linear von x ab-
> hängig, dann ist auch u linear abhängig von v. 　　(c)

Denn wenn $u = a_1 x + b_1$ und $v = a_2 x + b_2$, dann kann man invers schreiben $x = (u - b_1) : a_1$ und $x = (v - b_2) : a_2$, woraus folgt

$$(u - b_1) : a_1 = (v - b_2) : a_2 \quad \text{oder} \quad u = \frac{a_1}{a_2} v + \frac{a_2 b_1 - a_1 b_2}{a_2},$$

d. h. u erscheint in der Form $u = Av + B$.

Beispiel: Zwischen den Temperaturgraden des Celsiusthermometers und jenen nach Reaumur und Fahrenheit besteht ein linearer Zusammenhang. Man stelle diesen auf, wenn man weiß, daß 0^0 C $= 0^0$ R $= 32^0$ F und 100^0 C $= 80^0$ R $= 212^0$ F ist.

Bezeichnet t die Anzahl der Temperaturgrade, so ist durch

$$t_R = a_1 t_C + b_1 \quad \text{und} \quad t_F = a_2 t_C + b_2$$

der Zusammenhang der Reaumur- und Fahrenheitzählung mit der Celsiuszählung gegeben. Nun weiß man aus den gegebenen Zahlenwerten, daß bei 0^0 C

$$0 = a_1 \cdot 0 + b_1 \quad \text{und} \quad 32 = a_2 \cdot 0 + b_2$$

und bei 100^0 C

$$80 = a_1 \cdot 100 + b_1 \quad \text{und} \quad 212 = a_2 \cdot 100 + b_2$$

gilt, man kann somit $b_1 = 0$, $a_1 = 0,8$, $b_2 = 32$, $a_2 = 1,8$ ermitteln und hat damit für jede Temperatur den Zusammenhang

$$t_R = 0,8\, t_C \quad \text{und} \quad t_F = 1,8\, t_C + 32. \quad\quad (d)$$

Nach (c) muß auch zwischen t_R und t_F eine lineare Beziehung gelten, die man aus den vorstehenden Gleichungen zu

$$t_F = \tfrac{9}{4}\, t_R + 32 \quad\quad (e)$$

ermitteln kann.

Aufgabe a) Welche ganze rationale Funktion dritten Grades in x nimmt an den Stellen $x = 0, 1, -1, 2$ die Werte $1, -6, 12, -69$ an?

Lösung: Die gesuchte Funktion bezeichnet man mit y; dann ist

$$y = a_0 + a_1 x + a_2 x^2 + a_3 x^3.$$

Für die vier Unbekannten a_0, a_1, a_2, a_3 hat man vier Bedingungsgleichungen, auch Anfangsbedingungen genannt; indem man nämlich für x die angegebenen Werte 0, 1, — 1, 2 setzt und dann für y die gleichfalls gegebenen Werte 1, — 6, 12, — 69 erhalten muß:

$$1 = a_0,$$
$$-6 = a_0 + a_1 + a_2 + a_3,$$
$$12 = a_0 - a_1 + a_2 - a_3,$$
$$-69 = a_0 + 2a_1 + 4a_2 + 8a_3.$$

Man findet $a_0 = 1$, $a_1 = 1$, $a_2 = 2$, $a_3 = -10$ und damit die gesuchte Funktion

$$y = 1 + x + 2x^2 - 10x^3.$$

Aufgabe b) Welche ganze rationale Funktion vierten Grades in u nimmt an den Stellen 0, 1, — 1, 2, — 2 die Werte 10, 8, 8, 14, 14 an?

Lösung: Die gesuchte Funktion sei

$$v = a_0 + a_1 u + a_2 u^2 + a_3 u^3 + a_4 u^4,$$

dann ermittelt man die fünf unbekannten Koeffizienten a_i aus den fünf gegebenen Anfangsbedingungen wie bei der vorausgehenden Aufgabe und findet

$$v = 10 - 3u^2 + u^4$$

46. Nach der ganzen rationalen Funktion ist die nächsteinfache die beliebige

> rationale Funktion, zu der sich die Variablen durch eine endliche Anzahl von Summen, Differenzen, Produkten und Quotienten zusammensetzen.   (a)

Nach dieser Definition ist also die rationale Funktion eindeutig. Die allgemeinste rationale Funktion von x ist, wenn m und n als natürliche Zahlen vorausgesetzt werden,

$$R(x) = \frac{a_0 x^m + a_1 x^{m-1} + \cdots + a_{m-1} x + a_m}{b_0 x^n + b_1 x^{n-1} + \cdots + b_{n-1} x + b_n}, \qquad \text{(b)}$$

sonach ein Quotient aus zwei rationalen ganzen Funktionen. Im allgemeinsten Fall ist die rationale Funktion also gebrochen; sie heißt echt gebrochen, und zwar vom Grad n, wenn $m < n$; sie heißt unecht gebrochen, wenn $m \gtreqless n$; alsdann ist sie m-ten Grades, so daß also die höhere Gradzahl der Zähler- oder Nennerfunktion den Grad der rationalen Funktion entscheidet. Wird der Nenner 1 oder gleich einer Konstanten, so spezialisiert sich die rationale Funktion zur rationalen ganzen Funktion. Es ist beispielsweise

$$\frac{z-1}{4z+3} \quad \text{eine spezielle und} \quad \frac{a_0 z + a_1}{b_0 z + b_1}$$

die allgemeinste unecht gebrochene rationale Funktion ersten Grades von z, ebenso

$$\frac{2}{4x+3}$$ eine spezielle und $$\frac{a_0}{b_0 x + b_1}$$

die allgemeinste echt gebrochene rationale Funktion ersten Grades von x; ebenso ist

$$\frac{x-1}{x^2 - 4x + 3}$$ eine spezielle und $$\frac{a_0 x + a_1}{b_0 x^2 + b_1 x + b_2}$$

die allgemeinste echt gebrochene rationale Funktion zweiten Grades von x usw.

Man beachte, daß der Kettenbruch

$$x + \cfrac{a_0}{x + \cfrac{a_1}{x + \cfrac{a_2}{x + \dots}}}$$

keine rationale Funktion von x ist, solange die Anzahl der Quotienten nicht endlich ist.

Beispiel: Man weiß, daß u eine allgemeine lineare Funktion von x ist und daß zu $x = 0$ auch $u = 0$ gehört, sowie zu $x = \infty$ auch $u = \infty$. Man ermittle diese Funktion.

Eine allgemeine lineare Funktion von x hat die Form $\dfrac{ax+b}{cx+d}$; es muß also zwischen u und x die Beziehung $u = \dfrac{ax+b}{cx+d}$ bestehen. Die auftretenden Konstanten a, b, c, d kann man teilweise bestimmen durch die oben gegebenen Bedingungen; es gilt $0 = \dfrac{a \cdot 0 + b}{c \cdot 0 + d}$ oder $\dfrac{b}{d} = 0$, was unter Voraussetzung endlicher Konstanten nur durch $b = 0$ erfüllt wird. Ferner gilt $\infty = \dfrac{a \cdot \infty + b}{c \cdot \infty + d}$, was unbestimmt wird; zu diesem Zweck formt man um zu $\dfrac{1}{u} = \dfrac{c + d : x}{a + b : x}$ und erhält $0 = \dfrac{c + 0}{a + 0}$, was $c = 0$ verlangt. Damit ist die gesuchte Funktion auf die Form $u = \dfrac{ax}{d}$ oder $u = \varrho x$ gebracht, das heißt u und x müssen direkt proportional sein.

Irrational wird die Funktion, wenn zu ihrer Zusammensetzung auch noch andere Operationen als Summe, Differenz, Produkt, Quotient und Potenz mit konstanten ganzzahligen Exponenten einen Beitrag leisten. So ist $\sqrt{x^2 - 1}$ eine irrationale Funktion, weil zu ihrer Bildung eine Potenz mit gebrochenem Exponenten erwendet wird; ebenso ist 10^x eine irrationale Funktion, weil zu ihrer Bildung ein

variabler Exponent verwendet wird; es ist eine Reihe mit unendlich
vielen Summanden eine irrationale Funktion, weil nach Vorschrift
die Anzahl der zur Bildung der rationalen Funktion Beitrag leisten-
den Operationen eine endliche sein muß.

Die irrationalen Funktionen können irrational transzendent
oder irrational algebraisch sein.

Algebraisch heißt eine Funktion dann, wenn zu ihrer
Bildung eine endliche Anzahl von Summen, Differenzen,
Produkten, Quotienten und Potenzen mit rationalen konstanten Exponenten sich zusammensetzen. Eine irrationale Funktion, die nicht irrational algebraisch ist, heißt
irrational transzendent oder schlechtweg transzendent. (c)

So sind beispielsweise

$$x^2 - \sqrt{x+3}, \qquad u^2 - (uv)^{1/2} + v^2$$

algebraische Funktionen und zwar irrational algebraische, ebenso ist
$x^a + y^b$ eine algebraische Funktion von x und y, solange a und b
rational und konstant sind; sind a und b ganze Zahlen, so ist diese
Funktion algebraisch rational, sind a und b aber gebrochene Zahlen,
so ist die Funktion irrational algebraisch. Dagegen sind $x^{\sqrt{2}}$, x^π, x^e
irrational transzendente Funktionen oder schlechtweg transzendente
Funktionen von x, weil der Exponent keine rationale Zah' ist,
und 10^x oder a^x transzendente Funktionen von x, weil der Exponent
variabel ist.

Aufgabe a) mit f) Man suche diejenigen Funktionen $f(x)$, die je die
nachstehenden Eigenschaften haben.

a) $f(x+y) = f(x) \cdot f(y)$;   b) $f(x) = f(x+h)$;

c) $f(x+y) + f(x-y) = 2f(x) \cdot f(y)$;   d) $f(x) = f(-x)$;

e) $f(xy) = f(x) + f(y)$;   f) $f(x, y) = f(y, x)$.

Lösung: Forderung a) wird erfüllt durch die Exponentialfunktion a^x; es
ist $a^{x+y} = a^x \cdot a^y$. Der Bedingung b) genügen die sogenannten periodischen
Funktionen, wie etwa $\sin x$. Es ist z. B. $\sin x = \sin(x+2\pi)$; oder
$\operatorname{tg} x = \operatorname{tg}(x+\pi)$ usw. Bei der Gleichung c) erinnert man sich an einen trigonometrischen Satz; nach diesem ist $\cos(x+y) + \cos(x-y) = 2\cos x \cdot \cos y$;
es ist also die Kosinusfunktion $\cos(x)$ die verlangte Funktion. Durch die
Bedingung d) sind alle geraden Funktionen definiert, deren Kennzeichen
sein muß, daß das Vorzeichen der Unabhängigen belanglos ist, z. B.
$(x)^2 = (-x)^2$ oder $a_0 + a_2 x^2 + a_4 x^4 = a_0 + a_2(-x)^2 + a_4(-x)^4$ oder $\cos x$
$= \cos(-x)$ usw. Die Eigenschaft e) ist ein wichtiges Kennzeichen der Loga-

rithmusfunktion $\lg x$ oder $\log x$. Es ist $\log(xy) = \log x + \log y$. Die Forderung f) schließlich ist ein Kennzeichen der symmetrischen Funktionen.
Eine Funktion heißt in x und y symmetrisch, wenn man x und y in der Funktion vertauschen kann, ohne daß der Wert der Funktion sich ändert. So sind
z. B. einfache symmetrische Funktionen in x und y.

$$x + y = y + x, \qquad xy = yx, \qquad a^{xy} = a^{yx} \text{ usw.}$$

47. Die allgemeinste Gleichung für x ist $f(x) = 0$; das heißt: setzt man irgendeine Funktion von x gleich Null, so erhält man eine Gleichung für x.

Je nachdem man also die Funktionen unterscheidet und einteilt, unterscheidet man auch die Gleichungen. Die erste Einteilung der Gleichungen ist nach (46 d) jene in transzendente und algebraische Gleichungen. Eine algebraische Gleichung kann man durch geeignete Umformung stets in eine ganze rationale verwandeln. So wird beispielsweise aus

$$\sqrt{x + a} + \sqrt{x + b} = \sqrt{2\,x}$$

der Reihe nach

$$x + a + 2\sqrt{x + a}\,\sqrt{x + b} + x + b = 2\,x,$$
$$4\,(x + a)\,(x + b) \qquad = (a + b)^2,$$
$$4\,x^2 + 4\,x\,(a + b) \qquad = (a - b)^2,$$

somit eine rationale Gleichung zweiten Grades.

Wurzeln einer Gleichung nennt man jene Zahlen, die in den Gleichungsausdruck eingesetzt diesen zu Null machen, oder in der oft auftretenden Sprechweise, die den Gleichungsausdruck d. i. die Funktion $f(x)$ verschwinden lassen. Ist also α eine Wurzel der Gleichung $f(x) = 0$, so muß gelten $f(\alpha) = 0$, d. h. α läßt die Funktion $f(x)$ verschwinden.

Hat man ein System von zusammengehörigen Gleichungen

$$F(x,\ y,\ z,\ \ldots) = 0,$$
$$G(x,\ y,\ z,\ \ldots) = 0,$$
$$\cdot\ \cdot\ \cdot\ \cdot\ \cdot\ \cdot\ \cdot\ \cdot\ \cdot\ \cdot\ \cdot$$

für mehrere Unbekannte x, y, $\ldots$, so nennt man Wurzeln dieser Gleichungen jenes System von Zahlen, das in die vorliegenden Gleichungen statt der Unbekannten x, y, $\ldots$ eingesetzt diesen Gleichungen genügt, d. h. die Funktionen $F(x,\ y,\ \ldots)$, $G(x,\ y,\ \ldots)$, $\ldots$ verschwinden läßt.

Die Gleichungen sind zu unterscheiden als identische Gleichungen und Bestimmungsgleichungen. Bei ersteren verschwindet die Funktion $f(x)$ identisch, d. h. für jeden beliebigen Wert von x. So sind z. B. $x - x = 0$, $x \cdot (a + b) - a x - b x = 0$, $\sqrt{x^2 + 2ax + a^2} - (a + x) = 0$ usw. identische Gleichungen; die linke Gleichungsseite verschwindet, welchen Wert auch x haben mag. Alle anderen Gleichungen, die nur für bestimmte Werte der Unbekannten gelten, die also erst nach Einsetzung dieser bestimmten Werte statt der Unbekannten zu identischen werden, nennt man Bestimmungsgleichungen.

Um mehrere Unbekannte x, y, z, ... zu ermitteln, hat man ebensoviele Gleichungen nötig als Unbekannte vorhanden sind. Im allgemeinen können alle diese Unbekannten in jeder Gleichung auftreten, so daß also ein Gleichungssystem für die zwei Unbekannten x, y von der Form

$$F(x, y) = 0, \qquad G(x, y) = 0$$

sein wird, entsprechend das System für die drei Unbekannten x, y, z von der Form

$$F(x, y, z) = 0, \quad G(x, y, z) = 0, \quad H(x, y, z) = 0.$$

Diese einzelnen Gleichungen nun müssen folgenden zwei Bedingungen genügen. Erstens darf keine der Gleichungen eine Folge der anderen mitbestehenden Gleichungen sein, die Gleichungen müssen gegenseitig voneinander unabhängig sein. So wäre z. B. das Gleichungssystem

$$x - 2y + 4 = 0,$$
$$3x - 6y + 12 = 0$$

ungenügend zur Ermittlung der Unbekannten x und y, da die zweite Gleichung $3(x - 2y + 4) = 0$ nur eine andere Schreibweise der ersten ist. Ebenso wäre das Gleichungssystem

$$\text{I} \quad x - 2y + 4z - 3 = 0,$$
$$\text{II} \quad 2x + y - 3z + 1 = 0,$$
$$\text{III} \quad 4x - 3y + 5z - 5 = 0$$

nicht hinreichend zur Ermittlung von x, y, z, da die dritte Gleichung nur eine Folge der beiden ersten ist, also nichts Neues aussagt. Es ist Gleichung III die Summe aus $2 \cdot \text{I}$ und II.

Die zweite Bedingung, der ein System von Gleichungen genügen muß, ist die, daß sie sich nicht widersprechen. So steht z. B. die zweite Gleichung des Paares

$$x - 3y - 4 = 0,$$
$$x - 3y - 5 = 0$$

im Widerspruch mit der ersten Gleichung. Allerdings gibt das System beider Gleichungen noch eine Lösung, nämlich $x = \infty$, $y = \infty$. Von solchen Werten als Lösungen wollen wir aber zunächst absehen.

48. Für alle technischen Probleme ist, wie für ein wissenschaftliches Problem überhaupt, die Grundfrage: Wenn die Wirkung W_1 einer Ursache U_1 auf ein Objekt bekannt ist, und ebenso die Wirkung W_2 einer Ursache U_2 für das gleiche Objekt, wie läßt sich die Wirkung W der Ursache U aus den Wirkungen W_1 und W_2 zusammensetzen, wenn die Ursache U dieser Wirkung W sich in einer bekannten Weise aus den Ursachen U_1 und U_2 zusammensetzt? Die Technik führt zur Lösung dieser Frage eine Reihe von Begriffen ein, deren wichtigste die von Resultante und Superposition sind.

Der menschliche Geist ist bestrebt, zwischen Ursache U und Wirkung W einerseits und andererseits zwischen der Gesamtwirkung W und den Einzelwirkungen W_1 und W_2 den einfachsten Zusammenhang anzunehmen. Die einfachste aller rechnerischen Überlegungen lautet: Wenn die Ursache n-mal so groß wird, dann auch die Wirkung. Und: Die resultierende Wirkung W ist gleich der Summe der Einzelwirkungen W_1 und W_2. Wir wollen einen solchen Schluß einen linearen Schluß nennen und werden später zeigen daß er seine bildliche Darstellung durch eine Gerade oder ein System von Geraden findet. Einen solchen linearen Schluß macht die menschliche Logik immer beim Abschätzen und damit meist Fehler, wenn für die abgeschätzten Erscheinungen kein einfacher Zusammenhang zwischen Ursache und Wirkung vorhanden ist.

Tritt der Forscher an ein neues Problem heran, so wird er nicht leicht die Vermutung oder mindestens den Wunsch unterdrücken, daß zwischen den von ihm untersuchten Größen und ihren Ursachen der einfachste Zusammenhang, also ein linearer, bestehe. Oder um von einem anderen Standpunkt auszugehen: Sicherlich haben jene Probleme zuerst eine Behandlung gefunden, bei denen ein solch angedeuteter einfacher Zusammenhang zu beobachten war. Und solcher sind gar viele. Zunächst alle Aufgaben der Statik des materiellen Punktes und des starren Körpers. Von ihnen ausgehend hat sich die Mechanik entwickelt. Resultante gegebener Kräfte, Arbeit einer gegebenen Kraft, Moment einer gegebenen Kraft, Resultantensatz, Momentensatz usw. sind Begriffe und Tatsachen, die sich durch gerade Linien zum Ausdruck bringen lassen. Der Einfluß der Stellung einer Last auf wichtige statische Größen ist zumeist durch gerade Linien dargestellt; Seilpolygon, Momentendiagramm, Schwerkraftdiagramm usw. das alles sind Begriffe, die durch Gerade ihre Darstellung finden. Wenn der Ingenieur von einem Problem erst einmal erkannt hat, daß es linear ist, dann ist dieses Problem für ihn bereits gelöst, gelöst durch die Sätze über Gerade und lineare Gleichungen. Die überwiegende Anzahl der Aufgaben der Statik, natürlich nicht nur der theoretischen, ist ersten Grades, ein Grund mit für die frühzeitige und heute nahezu vollendet dastehende Entwicklung der allgemeinen Baustatik.

Die Aufgaben der praktischen Statik werden sofort komplizierter, sobald sie das Gebiet der statischen Bestimmtheit verlassen. Nahezu alle nichtlinearen Aufgaben der Ingenieurstatik gehören der Festigkeitslenre an. sind als solche meist Aufgaben zweiten Grades und lassen sich, wie das später die analytische Geometrie zeigen wird, vermittels der Theorie der Kegelschnitte lösen. Und wo die Aufgaben über den zweiten Grad hinausgehen, da kennt der Ingenieur ein einfaches Hilfsmittel: Da jede Aufgabe durch eine Kurve oder, wie man auch sagen kann, durch ein Diagramm ihre Darstellung finden kann, so ersetzt er diese Darstellungskurve innerhalb des betrachteten Gebietes durch eine sich an diese Kurve anschmiegende neue Kurve einfacherer Art, in erster Annäherung durch die berührende Gerade, in zweiter Annäherung durch einen berührenden Kegelschnitt. Gleichungen ersten und zweiten Grades, oder geometrisch gesprochen: gerade Linien und Kegelschnitte, kommen deswegen für den Ingenieur besonders in Betracht.

Der theoretisch arbeitende Ingenieur ist sehr oft gezwungen, die an ihn herantretenden Probleme auf dem Reißbrett d. h. graphisch zu behandeln. Er kann sich selten auf langwierige rechnerische Untersuchungen einlassen, da der Umstände, die das von ihm untersuchte Problem beeinflussen, oft gar viele sind. Er darf oft froh sein, wenn er den Einfluß einer wichtigen Größe nur qualitativ erfaßt hat. Näherungsrechnung und Abschätzung auf Grund bekannter ähnlicher Erscheinungen lassen ihn dann seine Rechnung mit mehr oder minder großer Annäherung zu Ende führen. Zu diesen einfacheren Erscheinungen, auf die verwickeltere zurückzuführen gesucht werden, zählen alle diejenigen, die durch Gerade und Kegelschnitte ihre Lösung finden. Man sieht, auf Probleme ersten und zweiten Grades werden die schwierigeren Probleme meist zurückgeleitet.

Für den Ingenieur sind daher besonders wichtig die Sätze über lineare Aufgaben und Aufgaben zweiten Grades (oder wie man nicht ganz richtig sagt, quadratische Aufgaben). In der Geometrie finden beide durch Gerade und Kegelschnitte ihre Darstellung.

Zu diesen Aufgaben zweiten Grades liefert die Mechanik der elastischen Körper die meisten Beiträge. Charakteristischerweise führen alle Aufgaben, die mit den Begriffen der Formänderung und der Formänderungsarbeit rechnen oder ganz allgemein mit dem Arbeitsbegriff, auf Gleichungen zweiten Grades. Geometrisch finden diese Probleme durch Gebilde zweiter Ordnung, Ellipse und Ellipsoid, ihre Darstellung. Die Parabel, die die spezielle quadratische Aufgabe repräsentiert, kommt ganz besonders als Annäherungskurve in Betracht: Konstruktive Linien lassen sich am genauesten durch Parabelbögen ersetzen, schwach durchhängende Seile und Ketten haben in erster Annäherung Parabelform, die Diagramme der Baustatik sind vielfach Parabelbögen, hydrostatische und praktisch hydrodynamische Verhältnisse lassen sich vielfach durch Parabelbögen veranschaulichen usw.

Das Gebiet der Dynamik setzt sofort mit dem Vertrautsein aller Aufgaben zweiten Grades ein. Schon eine der einfachsten Bewegungsarten, die gleichförmig beschleunigte, läßt sich erst durch die Parabel graphisch zum Ausdruck bringen. Eine weitere einfache Bewegungsart, die harmonische Schwingung, wird am einfachsten mit den Gesetzen der Ellipse dargestellt. Die Interferenzerscheinungen finden am Kreis eine anschauliche Wiedergabe. Die Beschreibung der Bewegung eines starren Körpers um einen festen Punkt, diese für den Ingenieur in den Spezialfällen so wichtige Bewegung, kann mit Zuhilfenahme des Trägheitsellipsoides überaus an Einfachheit gewinnen. Es sei weiter erinnert an die Gesetze der Relativbewegung eines Punktes auf einem beliebig bewegten Körper, die durch Gesetze zweiter Ordnung entwickelt werden, im Gegensatz zu dem Fall der Relativbewegung auf einem Körper mit nur Translationsbewegung, ein Fall, der durch lineare Gesetze dargestellt werden kann.

In der technischen Wärmetheorie gelangt andererseits die Hyperbel zu großer Bedeutung, die wärmetheoretischen Kurven sind meist verallgemeinerte Hyperbeln.

Mit diesem vorausgehenden Überblick soll dem Studierenden die fundamentale Wichtigkeit der Aufgaben ersten und zweiten Grades dargelegt werden. Ihren mathematischen Ausdruck finden solche Aufgaben in der Analysis durch die linearen und quadratischen Gleichungen, in der Geometrie durch Gerade und Kegelschnitt.

Von nichtlinearen Aufgaben kommen zu besonderer Geltung noch jene, deren analytische Formulierung auf transzendente Gleichungen führt. An späterer Stelle wird gezeigt werden, wie die Praxis in solchen Fällen meist mit Erfolg angenähert oder genau auf lineare und quadratische Aufgaben reduziert.

49. Bezeichnet man die Größen a bzw. b, c, $\ldots$ als Größen erster Dimension (Längen, Strecken), dann werden die Größen ab, a^2 oder b^2, bc, $\ldots$ als solche zweiter Dimension, entsprechend a^3, b^3, c^3 oder a^2b, abc, $\ldots$ als solche dritter Dimension, a^4, b^4, a^3b, abc^2.. als solche von der Dimension 4 usf. zu bezeichnen sein. Natürlich kann man auch Größen negativer oder gebrochenzahliger Dimension aufstellen; so wäre $1:ab$ von der Dimension -2, ebenso $a:bc^2$, $a^2:b^2c^2$ usw. $\sqrt{a}$ hat die Dimension $\frac{1}{2}$, $\sqrt{abc}$ die Dimension $\frac{3}{2}$ usf.

Eine Summe heißt nun homogen in a, b, c, wenn jeder Summand bezüglich dieser Größen a, b, c von der nämlichen Dimension ist; so sind z. B. die Ausdrücke

$$a^3 + b^3 + c^3, \qquad 3a^2 + 4bc - c^2, \qquad abc - ab^2 - ac^2 + 4bc^2$$

homogen in a, b, c; andererseits ist der Ausdruck $abc + 3b^2 + 2bc + c^2$ in a, b, c nicht homogen, wohl aber bezüglich b und c allein. Der Ausdruck $4ax + 3by + 2cz$ ist sowohl in a, b, c als auch in x, y, z homogen. Über Homogenität siehe später noch einige Regeln.

Eine Gleichung heißt homogen, wenn ihre Summanden bezüglich der Unbekannten gleicher Dimension sind, z. B.

$$x - 2y + z = 0, \qquad x^2 - 2xy + 4y^2 = 0. \qquad x^3 - 4z^3 + xyz = 0.$$

Eine Gleichung heißt linear, wenn ihre Summanden bezüglich der Unbekannten höchstens von der ersten Dimension sind. z. B.

$$x - 4y + z - 3 = 0, \quad ax + by + c = 0, \quad Ax + By + Cz + D = 0$$

Die Gleichungen

$$xy + 4x - z = 0, \qquad xy + yz - x + 3 = 0$$

enthalten zwar alle die Unbekannten vom ersten Grad, sind aber nicht linear, da die Summanden xy und yz bezüglich der Unbekannten von der zweiten Dimension sind.

In homogenen linearen Gleichungen sind alle Summanden bezüglich der Unbekannten von der ersten Dimension, demnach sind die Gleichungen

$$a_1 x + b_1 y = 0. \quad a_1 x + b_1 y + c_1 z = 0, \qquad 3x - 4y + 5z - 2u = 0$$

alle linear homogen.

Homogene Gleichungen werden in äquivalente unhomogene umgewandelt, wenn man mit einer der Unbekannten dividiert und für die auftretenden Verhältnisse der Unbekannten neue Bezeichnungen einführt. So wird beispielshalber aus

$$a_1 x + b_1 y + c_1 z = 0,$$

wenn man mit z dividiert und $x : z = \xi$, $y : z = \eta$ setzt,

$$a_1 \xi + b_1 \eta + c_1 = 0.$$

Umgekehrt kann man unhomogene Gleichungen in homogene verwandeln, wenn man Verhältnisse statt der Unbekannten einführt; so geht etwa

$$3x - 4y + 5z - 2 = 0$$

durch die Substitution

über in

$$x = \xi : \omega, \qquad y = \eta : \omega, \qquad z = \zeta : \omega$$

$$3\xi - 4\eta + 5\zeta - 2\omega = 0.$$

Hat man somit einen Satz für homogene Gleichungen bewiesen, so folgt von selbst der Satz für inhomogene Gleichungen, wenn man neue Unbekannte statt der Unbekannten-Verhältnisse einführt, und umgekehrt.

Man beachte für die nachfolgenden Überlegungen den Satz, daß man aus homogenen Gleichungen nicht die Unbekannten selbst, sondern nur ihre Verhältnisse ermitteln kann. Aus der Gleichung

$$4\,x - 3\,y = 0$$

kann man ermitteln

$$x : y = 3 : 4.$$

Die Meinung, daß durch Hinzufügen einer zweiten homogenen Gleichung für x und y diese Unbekannten selbst ermittelt werden könnten, ist falsch; schreibt man nämlich etwa noch hinzu

$$x + 2\,y = 0,$$

so erhält man daraus

$$x : y = - 2 : 1,$$

also einen Widerspruch, d. h. die beiden Gleichungen

$$4\,x - 3\,y = 0, \qquad x + 2\,y = 0$$

vertragen sich gegenseitig nicht. Wir wollen natürlich absehen von der Möglichkeit, daß man alle homogen auftretenden Unbekannten gleich Null setzt und damit den vorgegebenen Gleichungen genügt. Im allgemeinen widersprechen sich somit die zwei homogenen Gleichungen mit zwei Unbekannten,

$$a_1 x + b_1 y = 0, \qquad a_2 x + b_2 y = 0$$

Das wird leicht verständlich, wenn man die homogenen Gleichungen nach der vorher angegebenen Methode in unhomogene verwandelt, wonach das vorliegende Paar in

$$a_1 \frac{x}{y} + b_1 = 0 \qquad \text{oder} \qquad a_1 \xi + b_1 = 0$$
$$a_2 \frac{x}{y} + b_2 = 0 \qquad\qquad\qquad a_2 \xi + b_2 = 0$$

übergeht. Diese Betrachtungen zeigen, daß n homogene Gleichungen mit n bzw. $n + 1$ Unbekannten übergehen in das äquivalente System von n unhomogenen Gleichungen mit $n - 1$ bzw. n Unbekannten. Was im zweiten umgewandelten System die Unbekannten sind, waren im ersten System die Verhältnisse der Unbekannten, wonach also der oben erwähnte Satz leicht einzusehen ist. Man merke daher:

Aus n homogenen Gleichungen kann man nur die n Verhältnisse der $n+1$ Unbekannten ermitteln. (a)

50. An das System der beiden Gleichungen

$$a_1 x + b_1 y = 0$$
$$a_2 x + b_2 y = 0$$

anknüpfend sei wiederholt, daß diese beiden Gleichungen im allgemeinen sich widersprechen, oder in anderer Ausdrucksweise „sich nicht vertragen" oder „nicht gleichzeitig bestehen", wie etwa das Gleichungspaar der vorigen Nummer; sie widersprechen sich aber nicht für speziell gewählte Werte a_1, b_1, a_2, b_2, wenn nämlich $x:y$ aus der ersten Gleichung den gleichen Wert wie aus der zweiten erhält, wenn also

$$-b_1 : a_1 = -b_2 : a_2 \qquad \text{oder} \qquad a_1 b_2 - a_2 b_1 = 0$$

oder in anderer Form
$$\begin{vmatrix} a_1 & b_1 \\ a_2 & b_2 \end{vmatrix} = 0,$$

wenn also die Determinante des Gleichungssystems verschwindet d. h. zu Null wird. Dieser Satz ist der Spezialfall eines allgemeineren, der in den folgenden Zeilen zur Entwicklung gelangt und lautet:

> Damit n lineare homogene Gleichungen mit n Unbekannten zusammen bestehen können (sich vertragen), muß die Determinante des Gleichungssystems verschwinden.   (a)

Oder wenn man mit einer der Unbekannten dividiert und zu unhomogenen Gleichungen übergeht:

> Damit n lineare unhomogene Gleichungen mit $n-1$ Unbekannten zusammen bestehen können (sich vertragen), muß die Determinante des Gleichungssystems verschwinden.   (b)

Dieser Satz, der also für den Fall $n = 2$ eben entwickelt wurde, gestattet sofort die Lösung von linearen Gleichungen mit Hilfe von Determinanten. Letztere bilden ein recht einfaches Mittel zur Lösung von linearen (und wie später gezeigt werden soll, auch von nichtlinearen) Gleichungen mit mehreren Unbekannten. Zu bemerken ist aber hier noch, daß in elementaren Fällen, besonders bei Zahlengleichungen, die Methode der Substitution oder Komparation oder am besten die Additionsmethode meist einfacher zum Ziele führt. Um mit der Lösung von zwei unhomogenen Gleichungen mit zwei Unbekannten zu beginnen,

$$a_1 x + b_1 y + c_1 = 0$$
$$a_2 x + b_2 y + c_2 = 0.$$

Angenommen, y sei ermittelt und somit x als die einzige Unbekannte zu betrachten, dann muß nach dem Satz (b)

$$\begin{vmatrix} a_1 & b_1 y + c_1 \\ a_2 & b_2 y + c_2 \end{vmatrix} = 0$$

oder nach (42a) und (41b)

$$y \cdot \begin{vmatrix} a_1 & b_1 \\ a_2 & b_2 \end{vmatrix} + \begin{vmatrix} a_1 & c_1 \\ a_2 & c_2 \end{vmatrix} = 0$$

sein. Führt man die schon in Nr. 37 angegebene Schreibweise ein, daß man nämlich symbolisch setzt

$$(ab) = a_1 b_2 - a_2 b_1 \, . \qquad (bc) = b_1 c_2 - b_2 c_1 \, . \qquad (ca) = c_1 a_2 - c_2 a_1 \, ,$$

so wird aus der letzten Gleichung

$$y = - (ac) : (ab) = (ca) : (ab).$$

Umgekehrt hätte man auch y als unbekannt annehmen können und gefunden

$$x = (bc) : (ab).$$

Beide Lösungen kann man zusammenfassen in die Formel

$$x : y : 1 = (bc) : (ca) : (ab)$$

oder
$$x : y : 1 = \begin{vmatrix} b_1 & c_1 \\ b_2 & c_2 \end{vmatrix} : \begin{vmatrix} c_1 & a_1 \\ c_2 & a_2 \end{vmatrix} : \begin{vmatrix} a_1 & b_1 \\ a_2 & b_2 \end{vmatrix} , \qquad (c)$$

wie das ja aus Nr. 37 bereits bekannt ist.

Wenn man das Schema

$$\begin{vmatrix} a_1 & b_1 & c_1 \\ a_2 & b_2 & c_2 \end{vmatrix} ,$$

genannt **Matrix**, durch Hinzufügen einer dritten fingierten Zeile zu einer Determinante dritten Grades

$$\begin{vmatrix} a_1 & b_1 & c_1 \\ a_2 & b_2 & c_2 \\ \cdot & \cdot & \cdot \end{vmatrix}$$

ergänzt (die fingierte Zeile ist durch Punkte angedeutet), so sind die Determinanten der Formel (c) die Unterdeterminanten der aufeinanderfolgenden Elemente der fingierten Zeile (die Werte dieser Elemente sind ja nach Nr. 39 belanglos). Wenn man nun festsetzt, daß diese Matrix als Abkürzung für das Verhältnis der aufeinanderfolgenden Unterdeterminanten der fingierten Zeile gesetzt wird,

$$\begin{vmatrix} a_1 & b_1 & c_1 \\ a_2 & b_2 & c_2 \end{vmatrix} = + \begin{vmatrix} b_1 & c_1 \\ b_2 & c_2 \end{vmatrix} : - \begin{vmatrix} a_1 & c_1 \\ a_2 & c_2 \end{vmatrix} : + \begin{vmatrix} a_1 & b_1 \\ a_2 & b_2 \end{vmatrix}$$

so läßt sich die Lösung der Gleichungen

$$\begin{aligned} a_1 x + b_1 y + c_1 &= 0 \\ a_2 x + b_2 y + c_2 &= 0 \end{aligned} \qquad \text{in der Form} \qquad x : y : 1 = \begin{vmatrix} a_1 & b_1 & c_1 \\ a_2 & b_2 & c_2 \end{vmatrix} , \qquad (d)$$

also abgekürzt statt (c) schreiben.

Beispiel a) Nach dieser Formel ergeben sich aus den Gleichungen

$$3x - 4y + 2 = 0 \qquad x + y - 3 = 0$$

die Verhältnisse der Unbekannten

$$x : y : 1 = \begin{vmatrix} 3 & -4 & 2 \\ 1 & 1 & -3 \end{vmatrix} = (+) \begin{vmatrix} -4 & 2 \\ 1 & -3 \end{vmatrix} : (-) \begin{vmatrix} 3 & 2 \\ 1 & -3 \end{vmatrix} : (+) \begin{vmatrix} 3 & -4 \\ 1 & 1 \end{vmatrix}$$

$$= 10 : 11 : 7 \quad \text{und damit diese selbst} \quad x = 10 : 7, \quad y = 11 : 7.$$

Von dem durch (d) aufgelösten unhomogenen Gleichungspaar geht man in der vorher besprochenen Weise zu den homogenen Gleichungen

$$a_1 x + b_1 y + c_1 z = 0$$
$$a_2 x + b_2 y + c_2 z = 0$$

über, deren Lösung somit durch

$$x : y : z = \begin{vmatrix} a_1 & b_1 & c_1 \\ a_2 & b_2 & c_2 \end{vmatrix} \tag{e}$$

oder nicht abgekürzt durch

$$x : y : z = + \begin{vmatrix} b_1 & c_1 \\ b_2 & c_2 \end{vmatrix} : - \begin{vmatrix} a_1 & c_1 \\ a_2 & c_2 \end{vmatrix} : + \begin{vmatrix} a_1 & b_1 \\ a_2 & b_2 \end{vmatrix} \tag{f}$$

gegeben ist.

Beispiel b) Nach diesen Formeln ergeben sich aus den Gleichungen

$$x - 2y + 3z = 0 \qquad 2x + y - z = 0$$

die Verhältnisse der Unbekannten in der Form

$$x : y : z = \begin{vmatrix} 1 & -2 & 3 \\ 2 & 1 & -1 \end{vmatrix} ,$$

oder unabgekürzt

$$x : y : z = (+) \begin{vmatrix} -2 & 3 \\ 1 & -1 \end{vmatrix} : (-) \begin{vmatrix} 1 & 3 \\ 2 & -1 \end{vmatrix} : (+) \begin{vmatrix} 1 & -2 \\ 2 & 1 \end{vmatrix}$$

$$= -1 : 7 : 5.$$

Hat man drei homogene Gleichungen mit drei Unbekannten

$$a_1 x + b_1 y + c_1 z = 0 .$$
$$a_2 x + b_2 y + c_2 z = 0$$
$$a_3 x + b_3 y + c_3 z = 0,$$

so geben die ersten beiden Gleichungen die bereits bekannte Lösung

$$x : y : z = \begin{vmatrix} b_1 & c_1 \\ b_2 & c_2 \end{vmatrix} : \begin{vmatrix} c_1 & a_1 \\ c_2 & a_2 \end{vmatrix} : \begin{vmatrix} a_1 & b_1 \\ a_2 & b_2 \end{vmatrix}$$

oder mit Einführung eines Proportionalitätsfaktors nach (13 b)

$$x = \varrho \begin{vmatrix} b_1 & c_1 \\ b_2 & c_2 \end{vmatrix}, \qquad y = \varrho \begin{vmatrix} c_1 & a_1 \\ c_2 & a_2 \end{vmatrix}, \qquad z = \varrho \begin{vmatrix} a_1 & b_1 \\ a_2 & b_2 \end{vmatrix}$$

Sollen nun die obigen drei Gleichungen zusammen bestehen (sich vertragen), so müssen die eben gefundenen Werte der letzten Gleichung genügen, es muß also gelten

$$\varrho\, a_3 \begin{vmatrix} b_1 & c_1 \\ b_2 & c_2 \end{vmatrix} + \varrho\, b_3 \begin{vmatrix} c_1 & a_1 \\ c_2 & a_2 \end{vmatrix} + \varrho\, c_3 \begin{vmatrix} a_1 & b_1 \\ a_2 & b_2 \end{vmatrix} = 0$$

oder $$\begin{vmatrix} a_1 & b_1 & c_1 \\ a_2 & b_2 & c_2 \\ a_3 & b_3 & c_3 \end{vmatrix} = 0, \qquad\qquad (g)$$

oder in der schon in Nr. 37 angegebenen abkürzenden Schreibweise
$$(a\,b\,c) = 0.$$

womit dann der Satz (a) auch für $n = 3$ erwiesen ist. Wenn man wieder den bekannten Übergang zu den unhomogenen Gleichungen vornimmt, so ist genau so Satz (b) für $n = 3$ bewiesen, d. h. die Verträglichkeit der drei Gleichungen

$$a_1 x + b_1 y + c_1 = 0$$
$$a_2 x + b_2 y + c_2 = 0$$
$$a_3 x + b_3 y + c_3 = 0$$

mit zwei Unbekannten erfordert das Verschwinden der Determinante dieses Gleichungssystems, somit

$$(a\,b\,c) = 0. \qquad\qquad (h)$$

Um für ein System von drei Gleichungen,

unhomogen mit 3 Unbekannten   homogen mit 4 Unbekannten

$$\begin{aligned} a_1 x + b_1 y + c_1 z + d_1 &= 0 & & & a_1 x + b_1 y + c_1 z + d_1 u &= 0 \\ a_2 x + b_2 y + c_2 z + d_2 &= 0 & \text{bzw.} & & a_2 x + b_2 y + c_2 z + d_2 u &= 0 \\ a_3 x + b_3 y + c_3 z + d_3 &= 0 & & & a_3 x + b_3 y + c_3 z + d_3 u &= 0, \end{aligned}$$

noch kurz die Lösung anzugeben: man wird verfahren wie eingangs dieser Nummer, indem man eine der Unbekannten bzw. bei den homogenen Gleichungen das Verhältnis von zwei der Unbekannten als bereits ermittelt betrachtet und den Satz (a) bzw. (b) vom Verschwinden der Determinante anwendet, es muß also

$$\begin{vmatrix} a_1 & b_1 & c_1 z + d_1 \\ a_2 & b_2 & c_2 z + d_2 \\ a_3 & b_3 & c_3 z + d_3 \end{vmatrix} = 0 \quad \text{oder} \quad z \begin{vmatrix} a_1 & b_1 & c_1 \\ a_2 & b_2 & c_2 \\ a_3 & b_3 & c_3 \end{vmatrix} + \begin{vmatrix} a_1 & b_1 & d_1 \\ a_2 & b_2 & d_2 \\ a_3 & b_3 & d_3 \end{vmatrix} = 0$$

oder in der abkürzenden Schreibweise

$$z\cdot(abc) + (abd) = 0$$

sein. Genau so findet man x und y bzw. bei den homogenen Gleichungen die Verhältnisse der Unbekannten, so daß

$$x:y:z:1 = - (bcd): + (acd): - (abd): + (abc)$$

oder in der neuen Schreibweise mit Einführung der Matrix wie unter (d)

$$x:y:z:1 = \begin{vmatrix} a_1 & b_1 & c_1 & d_1 \\ a_2 & b_2 & c_2 & d_2 \\ a_3 & b_3 & c_3 & d_3 \end{vmatrix} \quad \text{bzw.} \quad x:y:z:u = \begin{vmatrix} a_1 & b_1 & c_1 & d_1 \\ a_2 & b_2 & c_2 & d_2 \\ a_3 & b_3 & c_3 & d_3 \end{vmatrix} \qquad \text{(i)}$$

als Lösung der obigen Gleichungen erscheint, wenn wieder das auf der rechten Gleichungsseite stehende Schema als Abkürzung für das Verhältnis der Unterdeterminanten der aufeinanderfolgenden Elemente der fingierten vierten Zeile gewählt wird.

Diese Entwicklungen werden in der gleichen Weise fortgesetzt für Gleichungen mit n Unbekannten. Da aber in den vorausgehenden Zeilen in der Hauptsache nur Determinanten bis zum dritten Grad besprochen wurden, wird auch hier mit den Gleichungen mit drei Unbekannten abgebrochen und an späterer Stelle deren Behandlung wieder aufgenommen.

Beispiel c) Das Gleichungssystem $\begin{cases} 2x + 3y + z - 17 = 0 \\ 3x - y + z - 4 = 0 \\ 5x + 3y - 4z + 1 = 0 \end{cases}$

hat als Lösung

$$x:y:z:1 = \begin{vmatrix} 2 & 3 & 1 & -17 \\ 3 & -1 & 1 & -4 \\ 5 & 3 & -4 & 1 \end{vmatrix}$$

$$= (-) \overset{I}{\begin{vmatrix} 3 & 1 & -17 \\ -1 & 1 & -4 \\ 3 & -4 & 1 \end{vmatrix}} : (+) \overset{II}{\begin{vmatrix} 2 & 1 & -17 \\ 3 & 1 & -4 \\ 5 & -4 & 1 \end{vmatrix}} : (-) \overset{III}{\begin{vmatrix} 2 & 3 & -17 \\ 3 & -1 & -4 \\ 5 & 3 & 1 \end{vmatrix}} : (+) \overset{IV}{\begin{vmatrix} 2 & 3 & 1 \\ 3 & -1 & 1 \\ 5 & 3 & -4 \end{vmatrix}}$$

$$= (-) \begin{vmatrix} 0 & 4 & -29 \\ -1 & 1 & -4 \\ 0 & -1 & -11 \end{vmatrix} : (+) \begin{vmatrix} -1 & 0 & -13 \\ 3 & 1 & -4 \\ 17 & 0 & -15 \end{vmatrix} : (-) \begin{vmatrix} 11 & 0 & -29 \\ 3 & -1 & -4 \\ 14 & 0 & -11 \end{vmatrix} : (+) \begin{vmatrix} 11 & 0 & 4 \\ 3 & -1 & 1 \\ 14 & 0 & -1 \end{vmatrix}$$

$$= 73 : 236 : 285 : 67.$$

Beispiel d) Das Gleichungssystem $\begin{cases} a_1 x + b_1 y + c_1 z = 0 \\ a_2 x + b_2 y + c_2 z = 0 \end{cases}$ hat nach Angabe als Lösung $x:y:z = 0:0:0$; woher kommt das?

Nach dieser Lösung müssen alle aus der Matrix $\begin{vmatrix} a_1 & b_1 & c_1 \\ a_2 & b_2 & c_2 \end{vmatrix}$ bildbaren Determinanten zweiten Grades Null sein,

$$b_1 c_2 - b_2 c_1 = 0, \qquad c_1 a_2 - c_2 a_1 = 0, \qquad a_1 b_2 - a_2 b_1 = 0$$

oder

$$a_2 : b_2 : c_2 = a_1 . b_1 : c_1.$$

d. h. die vorliegenden zwei Gleichungen sind nicht voneinander unabhängig, es ist die eine aus der andern durch Multiplikation mit einem konstanten Faktor hervorgegangen.

Aufgabe a) Man löse das Gleichungssystem

$$2x + 3y - z - 3 = 0, \quad 3x - y + z - 4 = 0, \quad 5x - 3y - 2z + 7 = 0.$$

Lösung: Man wird in diesem speziellen Fall die Lösung am einfachsten mit elementaren Mitteln erzielen, indem man sich etwa zunächst zwei Gleichungen verschafft, die z nicht enthalten. Man erhält als Lösung

$$x = \frac{37}{47}, \qquad y = \frac{72}{47}, \qquad z = \frac{149}{47}$$

Löst man nach (i), so erhält man

$$x : y : z : 1 = \begin{vmatrix} 2 & 3 & -1 & -3 \\ 3 & -1 & 1 & -4 \\ 5 & -3 & -2 & 7 \end{vmatrix}$$

$$= -\begin{vmatrix} 3 & -1 & -3 \\ -1 & 1 & -4 \\ -3 & -2 & 7 \end{vmatrix} : +\begin{vmatrix} 2 & -1 & -3 \\ 3 & 1 & -4 \\ 5 & -2 & 7 \end{vmatrix} : -\begin{vmatrix} 2 & 3 & -3 \\ 3 & -1 & -4 \\ 5 & -3 & 7 \end{vmatrix} : +\begin{vmatrix} 2 & 3 & -1 \\ 3 & -1 & 1 \\ 5 & -3 & -2 \end{vmatrix}$$

$$= 37 : 72 : 149 : 47$$

wie oben.

Aufgabe b) Ist folgendes Gleichungssystem verträglich?

$$\begin{cases} a_1 x + b_1 y + (a_1 + \lambda b_1) z = 0 \\ a_2 x + b_2 y + (a_2 + \lambda b_2) z = 0 \\ a_3 x + b_3 y + (a_3 + \lambda b_3) z = 0. \end{cases}$$

Man löse das System.

Lösung: Das Gleichungssystem ist nach (a) verträglich, wenn zwischen den Gleichungskoeffizienten der Zusammenhang

$$\begin{vmatrix} a_1 & b_1 & a_1 + \lambda b_1 \\ a_2 & b_2 & a_2 + \lambda b_2 \\ a_3 & b_3 & a_3 + \lambda b_3 \end{vmatrix} = 0$$

besteht. Dieser Zusammenhang besteht in der Tat: man hat nur die Determinante in zwei Summanden zu zerlegen.

Die Lösung des Systemes wird nach (e), wenn man die letzte Gleichung wegläßt.

$$x : y : z = \begin{vmatrix} a_1 & b_1 & u_1 + \lambda b_1 \\ a_2 & b_2 & a_2 + \lambda b_2 \end{vmatrix}$$

$$= + \begin{vmatrix} b_1 & a_1 + \lambda b_1 \\ b_2 & a_2 + \lambda b_2 \end{vmatrix} : - \begin{vmatrix} a_1 & a_1 + \lambda b_1 \\ a_2 & a_2 + \lambda b_2 \end{vmatrix} : + \begin{vmatrix} a_1 & b_1 \\ a_2 & b_2 \end{vmatrix}$$

$$= + \begin{vmatrix} b_1 & a_1 \\ b_2 & a_2 \end{vmatrix} : - \lambda \begin{vmatrix} a_1 & b_1 \\ a_2 & b_2 \end{vmatrix} : + \begin{vmatrix} a_1 & b_1 \\ a_2 & b_2 \end{vmatrix} = - 1 : - \lambda : 1.$$

51. Zur Ermittlung einer Unbekannten x hat man nur eine einzige Gleichung notwendig, zur Ermittlung von n Unbekannten n Gleichungen, die aber im allgemeinen Fall als unhomogen vorausgesetzt werden. Hat man für eine einzige Unbekannte mehr als eine Gleichung, so werden sich dieselben im allgemeinen widersprechen; jedenfalls dürfen die Koeffizienten der zweiten Gleichung nicht beliebig werden, wenn beide sich nicht widersprechen, oder wie man auch sagt, wenn beide verträglich sein sollen. Es muß also zwischen den Koeffizienten beider Gleichungen ein bestimmter Zusammenhang existieren, damit sie verträglich sind. Um etwa die beiden zusammengehörigen Gleichungen

$$ax^2 + bx + c = 0,$$
$$dx + e = 0$$

zu betrachten: wenn man aus der zweiten Gleichung x ermittelt, so muß es in die erste substituiert dieser genügen, es muß somit

$$a\left(-\frac{e}{d}\right)^2 + b\left(-\frac{e}{d}\right) + c = 0$$

oder

$$ae^2 - bed + cd^2 = 0,$$

d. h. es muß ein Ausdruck, der die Koeffizienten beider Gleichungen enthält, für den Fall der Verträglichkeit Null werden. Diesen Ausdruck — in der Sprechweise der höheren Mathematik: Funktion der Gleichungskoeffizienten — nennt man die **Resultante** beider Gleichungen. Man definiert also:

> **Resultante von zwei Gleichungen** ist diejenige **Funktion der Koeffizienten beider Gleichungen** (d. h. derjenige aus den Koeffizienten beider Gleichungen gebildete Ausdruck) deren Verschwinden die Verträglichkeit beider Gleichungen angibt.   (a)

Es ist sonach

$$ae^2 - bed + cd^2$$

die Resultante des Systems

$$ax^2 + bx + c = 0,$$
$$dx + e = 0.$$

Um einen Fehler vermeiden zu lassen: die Resultante R von gegebenen Gleichungen muß natürlich nicht Null sein; in diesem Fall sind die gegebenen Gleichungen eben nicht verträglich. Wenn aber $R = 0$, dann müssen die gegebenen Gleichungen zusammen bestehen.

Um die Resultante zweier Gleichungen zu ermitteln, kann man wie oben aus der einen Gleichung die Unbekannte ausrechnen und in die andere einsetzen. Danach würde sich die elementare Rechnungsregel ergeben:

> Die Resultante zweier Gleichungen ist das Eliminationsresultat der Unbekannten aus den gegebenen Gleichungen.   (b)

Man kann die Resultante auch in den schwierigeren Fällen durch Zurückführung auf ein System von linearen Gleichungen elementar ermitteln, wie an dem folgenden Beispiel zunächst gezeigt werden soll: Gesucht ist zu

$$ax^2 + bx + c = 0,$$
$$\alpha x^2 + \beta x + \gamma = 0$$

die Resultante. Man könnte aus der ersten Gleichung x berechnen und in die zweite substituieren. Statt dessen bildet man aus dem gegebenen Gleichungssystem durch geeignete Umformung zwei neue lineare Gleichungen (man wird durch Multiplizieren und Subtrahieren einmal die quadratischen Glieder, das andere Mal die absoluten Glieder entfernen),

$$\gamma a x^2 + \gamma b x - c\alpha x^2 - c\beta x = 0$$
$$\alpha b x + \alpha c - a\beta x - a\gamma = 0$$

oder

$$x(\gamma a - c\alpha) + (\gamma b - c\beta) = 0$$
$$x(\alpha b - a\beta) + (\alpha c - a\gamma) = 0,$$

deren Resultante

$$R = -(\gamma a - c\alpha)^2 - (\alpha b - a\beta)(\gamma b - c\beta) \qquad (c)$$

oder ein Vielfaches davon ist.

Aufgabe a) Gesucht ist die Resultante der beiden Gleichungen

$$x^3 + px + q = 0$$
$$3x^2 + p = 0.$$

Lösung: Aus der letzten Gleichung ermittelt man $x = \sqrt{-\dfrac{p}{3}}$ und setzt es in die erste Gleichung ein: dann muß, wenn die Gleichungen verträglich sein sollen,

$$\sqrt{-\frac{p}{3}}\left(-\frac{p}{3} + p\right) + q = 0,$$

oder wenn man vereinfacht,

$$4\,p^3 - 27\,q^2 = 0$$

sein. Es ist also

$$4\,p^3 - 27\,q^2 \qquad \text{oder} \qquad \varrho\,(4\,p^3 - 27\,q^2)$$

die Resultante der beiden Gleichungen, wo ϱ jeder von Null und Unendlich verschiedene Zahlenwert sein darf.

Aufgabe b) Man ermittle die Resultante der beiden Gleichungen

$$x^3 + p\,x + q = 0$$

$$a\,x^2 + b\,x + c = 0.$$

Lösung: Man verschafft sich durch geeignete Umformung der beiden Gleichungen ein System von zwei neuen äquivalenten Gleichungen, das dem gegebenen System äquivalent ist. Zu diesem Zweck multipliziert man die erste Gleichung mit a, die zweite mit x und subtrahiert, dann ist die Resultante des neuen Systems

$$b\,x^2 + x\,(c - a\,p) - a\,q = 0$$

$$a\,x^2 + \qquad b\,x \qquad + c = 0$$

auch diejenige des gegebenen Systems. Die Resultante des neuen Systems ist aber nach (c)

$$R = -\,(b\,c + a^2\,q)^2 - (a\,c - a^2\,p - b^2)\,(c^2 - a\,c\,p + a\,b\,q)$$

oder ein beliebiges Vielfaches davon

52. Es sei der in einem späteren Teil erscheinenden Gleichungstheorie die Lösung der Gleichung zweiten Grades vorweggenommen. Einerseits ist die Lösung einer Gleichung zweiten Grades Gegenstand des mathematischen Stoffes der Mittelschulen, so daß die folgenden Zeilen meist Bekanntes bringen, andrerseits ist die Kenntnis verschiedener Sätze, die auf die Gleichung zweiten Grades Bezug haben, recht bald unentbehrlich, so daß nur schwer an ein Umgehen dieser Sätze zu denken ist.

Die allgemeinste ganze rationale Funktion zweiten Grades in x ist

$$a\,x^2 + b\,x + c.$$

Dieser Ausdruck gleich Null gesetzt ist die allgemeinste Gleichung zweiten Grades in x. In Zukunft sind die Koeffizienten a, b, c immer als reell vorausgesetzt, dann heißt die Gleichung reell. Deswegen müssen aber nicht ihre Wurzeln reell sein.

Es wird sich später (besonders bei den Integralen) sehr oft als nötig erweisen, einen Ausdruck $a\,x^2 + b\,x + c$ so umzugestalten, daß er in der Form $(A\,x + B)^2 + C$ erscheint. Das kann man entweder derart machen, daß man die zweite Form ausführt und schreibt

$$A^2\,x^2 + 2\,A\,B\,x + B^2 + C \quad \text{identisch mit} \quad a\,x^2 + b\,x + c,$$

also erhält

$$A^2 = a, \qquad 2\,A\,B = b, \qquad B^2 + C = c,$$

woraus sich A, B. C ermitteln lassen. Oder daß man die sogenannte quadratische Ergänzung anwendet. Bei letzterer überlegt man, daß

$$(x + b)^2 = x^2 + 2bx + b^2$$

ist, daß also zum Ausdruck $x^2 + 2bx$ noch b^2 zu ergänzen ist, damit dieser Ausdruck in ein reines Quadrat übergeht. So ist beispielsweise zu $x^2 + 2x$ noch 1 zu ergänzen, damit man

$$x^2 + 2x + 1 = (x + 1)^2,$$

also ein reines Quadrat erhält; entsprechend zu $x^2 + 4x$ noch 4, zu $x^2 - 6x$ noch 9 usw.

Um demnach einen Ausdruck $ax^2 + bx + c$ auf die Form $(Ax + B)^2 + C$ zu bringen, vervollständige man die ersten beiden Summanden $ax^2 + bx$ durch die quadratische Ergänzung zu einem reinen Quadrat von der Form $(Ax + B)^2$. Man wird z. B. schreiben

$$x^2 + 2x + 4 = x^2 + 2x + 1 - 1 + 4$$
$$= (x + 1)^2 + 3.$$

Weitere Beispiele: Die nachfolgenden Ausdrücke werden auf die Form $(Ax + B)^2 + C$ gebracht.

$$x^2 + 4x + 3 \quad = x^2 + 4x + 4 - 4 + 3 \quad = (x + 2)^2 - 1;$$
$$x^2 - 6x + 10 = x^2 - 6x + 9 - 9 + 10 \quad = (x - 3)^2 + 1;$$
$$4x^2 - 4x - 3 = 4x^2 - 4x + 1 - 1 - 3 \quad = (2x - 1)^2 - 4;$$
$$x^2 + bx + c \quad = x^2 + bx + \tfrac{1}{4}b^2 - \tfrac{1}{4}b^2 + c = (x + \tfrac{1}{2}b)^2 - \tfrac{1}{4}b^2 + c.$$

Aufgabe a) mit e) Man verwandle die nachfolgenden quadratischen Ausdrücke durch die „quadratische Ergänzung" in Binome von der Form $a^2 \pm b^2$ oder $\alpha\, a^2 \pm b^2$, wo a in x linear und b konstant ist.

$$\text{a) } x^2 - 4x + 5; \quad \text{b) } x^2 - 6x - 9; \quad \text{c) } x^2 + 9x - 4;$$
$$\text{d) } 2x^2 - 4x + 9; \quad \text{e) } 3x^2 - 7x + 1.$$

Lösung: Man bildet die einzelnen Ausdrücke so um, wie nachstehend angedeutet.

a) $x^2 - 4x + 4 + 1 \quad = (x - 2)^2 + 1$

b) $x^2 - 6x + 9 - 18 = (x - 3)^2 - 18 = (x - 3)^2 - (\sqrt{18})^2$

c) $x^2 + 9x + 4,5^2 - 4 - 4,5^2 \qquad = (x + 4,5)^2 - (4 + 4,5^2)$

d) $2(x^2 - 2x) + 9 \qquad = 2(x^2 - 2x + 1) + 9 - 2$
$$= 2(x - 1)^2 + 7$$

e) $3\left[x^2 - \dfrac{7}{3}x\right] + 1 \qquad = 3\left[x^2 - \dfrac{7}{3}x + \left(\dfrac{7}{6}\right)^2\right] - 3\cdot\left(\dfrac{7}{6}\right)^2 + 1$
$$= 3\left[x - \dfrac{7}{6}\right]^2 - \dfrac{37}{12}.$$

53. Die Gleichung $ax^2 + bx + c = 0$ findet bekanntlich durch die quadratische Ergänzung ihre Lösung, indem man der Reihe nach umformt:

$$x^2 + \frac{b}{a}\, x + \frac{c}{a} = 0$$

$$x^2 + \frac{b}{a}\, x + \frac{b^2}{4a^2} - \frac{b^2}{4a^2} + \frac{c}{a} = 0$$

$$\left(x + \frac{b}{2a}\right)^2 - \frac{b^2 - 4ac}{4a^2} = 0$$

$$x + \frac{b}{2a} = \pm\, \frac{\sqrt{b^2 - 4ac}}{2a}$$

$$x = \frac{-b \pm \sqrt{b^2 - 4ac}}{2a} \qquad \text{(a)}$$

Man erhält so zwei Wurzeln:

$$x_1 = \frac{-b + \sqrt{b^2 - 4ac}}{2a}, \qquad x_2 = -\,\frac{-b - \sqrt{b^2 - 4ac}}{2a},$$

zwischen denen folgende unmittelbar einzusehende Beziehungen bestehen:

$$x_1 \cdot x_2 = \frac{c}{a}, \qquad x_1 + x_2 = -\,\frac{b}{a},$$

oder umgeformt:

$$ac = ax_1 \cdot ax_2, \qquad -b = ax_1 + ax_2. \qquad \text{(b)}$$

Diese beiden Beziehungen gestatten in vielen Fällen eine Lösung der quadratischen Gleichung ohne Benützung der Formel; man hat diese Beziehungen (b) nur in die Vorschrift zu kleiden:

> ac zerlegt man in zwei Faktoren, deren Summe $-b$ ist; die beiden gefundenen Faktoren sind die a-fachen Wurzeln.

Beispiel a) Gesucht sind die Wurzeln der Gleichung

$$4x^2 - 8x + 3 = 0.$$

Hier ist $a = 4$, $b = -8$, $c = 3$; $ac = 12$ zerlegt man in zwei Faktoren, deren Summe $-b = +8$ ist; die beiden Faktoren 6 und 2, die dieser Forderung genügen, sind die 4-fachen Wurzeln, also ist

$$x_1 = \tfrac{6}{4} = \tfrac{3}{2}, \qquad x_2 = \tfrac{2}{4} = \tfrac{1}{2}.$$

Beispiel b) Gesucht sind die Wurzeln der Gleichung

$$4x^2 - 4x - 3 = 0.$$

12 zerlegt man in zwei Faktoren, deren Summe $+4$ ist; die beiden Faktoren 6 und -2, die dieser Forderung genügen, sind die 4-fachen Wurzeln also

$$x = \tfrac{3}{2}, \qquad\qquad x_2 = -\tfrac{1}{2}.$$

Wir werden später für alle Gleichungen einen wichtigen Satz beweisen:

$$\text{Ist } \alpha \text{ eine Wurzel der Gleichung } f(x) = 0, \text{ so}$$
$$\text{ist } x - \alpha \text{ ein Faktor der Funktion } f(x). \qquad\qquad (\text{c})$$

Für die quadratische Gleichung

$$ax^2 + bx + c = 0$$

ist dieser Beweis recht einfach; es ist

$$a\alpha^2 + b\alpha + c = 0$$

die Bedingung, daß α eine Wurzel dieser Gleichung ist; die gegebene Gleichung bleibt die nämliche, wenn man diese Bedingungsgleichung oder Identität von ihr subtrahiert; es liefert dann

$$a(x^2 - \alpha^2) + b(x - \alpha) = 0$$

tatsächlich $x - \alpha$ als Faktor.

Man benützt diesen Satz für die oft auftretende Aufgabe, Ausdrücke von der Form $ax^2 + bx + c$ in zwei lineare Faktoren zu zerlegen. Nach dem eben bewiesenen Satz hat man nur die beiden Wurzeln der Gleichung $ax^2 + bx + c = 0$ zu ermitteln: sie sollen α und β heißen, dann sind $x - \alpha$ und $x - \beta$ die gesuchten linearen Faktoren der Funktion $ax^2 + bx + c$ oder genauer der Funktion $x^2 + \dfrac{b}{a} x + \dfrac{c}{a}$.

Beispiel c) Die beiden linearen Faktoren von $x^2 - 6x + 8$ findet man, indem man die Wurzeln der Gleichung $x^2 - 6x + 8 = 0$ aufsucht. Diese Wurzeln ergeben sich nach (b) als 4 und 2, also sind $x - 4$ und $x - 2$ Faktoren des gegebenen Ausdruckes zweiten Grades, d. h. man kann zerlegen:

$$x^2 - 6x + 8 = (x - 4) \cdot (x - 2).$$

Beispiel d) Die Wurzeln der Gleichung $3x^2 - 2x - 8 = 0$ sind 2 und $-\tfrac{4}{3}$ nach (b), also $x - 2$ und $x + \tfrac{4}{3}$ Faktoren des Ausdruckes $3x^2 - 2x - 8$; es ist somit:

$$3x^2 - 2x - 8 = 3(x - 2) \cdot (x + \tfrac{4}{3}) = (x - 2) \cdot (3x + 4).$$

Aufgabe a) mit c) Wie heißt die quadratische Gleichung mit den Wurzeln

a) 2 und 3;   b) a_1 und a_2:   c) $2 + i$ und $2 - i$?

Lösung: Durch die Wurzeln einer Gleichung sind deren Koeffizienten bestimmt und damit die Gleichung selbst. Im Fall. a) ist nach (b)

$$2 + 3 = -\frac{b}{a} \qquad 2 \cdot 3 = \frac{c}{a}, \quad \text{also} \quad b = -5a, \qquad c = 6a,$$

so daß die Gleichung heißt

$$ax^2 - 5ax + 6a = 0 \quad \text{oder} \quad x^2 - 5x + 6 = 0.$$

Oder man verwendet Satz (c) und findet die Gleichung unmittelbar in der Form

   a) $(x - 2)(x - 3) = 0$ oder $x^2 - 5x + 6 = 0$.

   b) $x^2 - (a_1 + a_2)x + a_1 a_2 = 0$ oder $(x - a_1)(x - a_2) = 0$.

   c) $x^2 - (2 + i + 2 - i)x + (2 + i)(2 - i) = 0$ oder $x^2 - 4x + 5 = 0$

      oder $(x - 2 - i)(x - 2 + i) = 0$.

Aufgabe d) mit h)   Man löse mit Hilfe der Gleichungssätze:

  d) $x^2 - 4x + 3 = 0$;   e) $x^2 + 7x + 10 = 0$;   f) $x^2 + 3x - 10 = 0$;

       g) $3x^2 - 8x + 4 = 0$;   h) $2x^2 + 3x - 9 = 0$.

Lösung: Am einfachsten nach (b) findet man die Wurzelpaare:

  d) $3, 1$ e) $-2, -5$ f) $-5, 2$ g) $\frac{6}{8}, \frac{2}{3}$ h) $-\frac{6}{2}, +\frac{3}{2}$.

54. Diskussion der quadratischen Gleichung $ax^2 + bx + c = 0$. Die Gleichung liefert für alle Werte a, b, c stets zwei Wurzeln:

$$x_1 = \frac{-b + \sqrt{b^2 - 4ac}}{2a} \qquad x_2 = \frac{-b - \sqrt{b^2 - 4ac}}{2a}.$$

Der Radikand $D = b^2 - 4ac$ entscheidet über die Reellität der Wurzeln; man nennt ihn deswegen die **Diskriminante** der quadratischen Gleichung $ax^2 + bx + c = 0$ oder auch die Diskriminante der Funktion $ax^2 + bx + c$. (Der Begriff Diskriminante gelangt in den späteren Zeilen noch zu ausführlicher Besprechung.) Es gilt

$$x_1 \text{ und } x_2 \text{ sind} \begin{cases} \text{reell und verschieden} \\ \text{reell und gleich} \\ \text{konjugiert imaginär} \end{cases} \text{wenn } D = 0.$$

Für spezielle Werte von a, b, c erhält man spezielle Wurzelwerte; insbesondere wird

$$\left. \begin{array}{lll} x_1 = 0, & x_2 = -\dfrac{b}{a}, \text{ wenn} & c = 0, \\[2mm] x_1 = 0, & x_2 = 0, \qquad \text{„} & b = 0 \text{ und } c = 0, \\[2mm] x_1 = \infty, & x_2 = -\dfrac{c}{b}, \quad \text{„} & a = 0, \\[2mm] x_1 = \infty, & x_2 = \infty, \qquad \text{„} & a = 0 \text{ und } b = 0. \end{array} \right\} \quad \text{(a)}$$

Die beiden letzten Resultate lassen sich leicht erweisen, wenn man $x = 1 : y$ setzt; dann geht die quadratische Gleichung

$$a x^2 + b x + c = 0 \quad \text{über in} \quad a + b y + c y^2 = 0,$$

liefert also für $a = 0$ die beiden Wurzeln $y_1 = 0$, $y_2 = -\dfrac{b}{c}$, und somit

$$x_1 = \frac{1}{y_1} = \infty, \qquad\qquad x_2 = \frac{1}{y_2} = -\frac{c}{b}.$$

Für $a = 0$, $b = 0$ liefert die neue Gleichung $y_1 = 0$, $y_2 = 0$, somit wird für die alte Gleichung:

$$x_1 = \frac{1}{y_1} = \infty, \qquad\qquad x_2 = \frac{1}{y_2} = \infty.$$

Nun hat es ja scheinbar keinen Sinn, zu sagen, die Gleichung $0 \cdot x^2 + b x + c = 0$ hat zwei Wurzeln, da sie ja vom ersten Grad in x ist. Indes ist hier zu erwähnen, daß sie nur der Form nach linear ist, insofern sie eben tatsächlich als Spezialisierung der quadratischen Gleichung zu betrachten ist. Es kommt bei praktischen Aufgaben sehr oft vor, daß man eine quadratische Gleichung $a x^2 + b x + c = 0$ zu erwarten hat, während die Lösung nur eine solche ersten Grades $b x + c = 0$ bringt; in diesem Fall ist die lineare Gleichung, die man erhält, als eine degenerierte Gleichung zweiten Grades zu betrachten, die also neben der Wurzel $x_1 = -\dfrac{c}{b}$ noch die latente Wurzel $x_2 = \infty$ hat. In den nachfolgenden Zeilen, bei den Kegelschnitten und speziell bei der Parabel, werden wir noch öfter auf diesen Fall stoßen.

Aufgabe a) Von der Gleichung $x^2 - 2x + 2 = 0$ weiß man, daß sie die Wurzel $1 - i$ hat. Wie heißt die andere Wurzel?

Lösung Sind die beiden Wurzeln einer quadratischen Gleichung imaginär, so sind sie konjugiert imaginär, mit $1 + i$ als Wurzel ist also auch die zweite $1 - i$ gegeben

Aufabe b) Von zwei Zahlen u und v kennt man die Summe $s = u + v$ und das Produkt $p = uv$; welche quadratische Gleichung hat u und v als Wurzeln?

Lösung: Statt u und v als die beiden Wurzeln von zwei zusammengehörigen Gleichungen zu betrachten und demgemäß zu ermitteln, kann man sie auch als Wurzelpaar einer quadratischen Gleichung auffassen, da ihre Summe und ihr Produkt gegeben ist. Dann findet man wie bei Aufgabe 53b) diese Gleichung:

$$x^2 - (u + v)x + uv = 0 \quad \text{oder} \quad x^2 - s x + p = 0.$$

Aufgabe c) und d) Nach der vorausgehenden Aufgabe löse man die simultanen Gleichungen:

$$\text{c) } u + v = 7, \quad uv = 12; \qquad \text{d) } x + y = 2, \quad xy = -24.$$

Lösung: c) u und v sind die Wurzeln der Gleichung

$$x^2 - 7x + 12 = 0, \text{ also } u = 4, v = 3 \text{ oder } u = 3, v = 4,$$

d) x und y sind die Wurzeln der Gleichung

$$z^2 - 2z - 24 = 0, \text{ also } x = 6, y = -4 \text{ oder } x = -4, y = 6.$$

Aufgabe e) mit g) Man zerlege in lineare Faktoren:

$$\text{e) } x^2 - 12x + 32; \quad \text{f) } x^2 + 7x + 12; \quad \text{g) } 3x^2 - x - 12.$$

Lösung: e) Die Gleichung $x^2 - 12x + 32 = 0$ hat die Wurzeln 8 und 4, also schreibt man:

$$\text{e) } x^2 - 12x + 32 = (x - 8)(x - 4), \quad \text{f) } x^2 + 7x + 12 = (x + 4)(x + 3),$$

$$\text{g) } 3x^2 - x - 12 = \tfrac{1}{12}(6x - 1 - \sqrt{145})(6x - 1 + \sqrt{145}).$$

Im Fall g) wird man praktischer die quadratische Ergänzung anwenden.

Lineare Gebilde der Ebene in analytischer und vektorieller Behandlung.

Einige allgemeine Begriffe. Koordinaten und Koordinatensystem.

55. Geometrie ist die Lehre von den Eigenschaften der körperlichen Gebilde. Insofern wir nämlich ih unserer Vorstellung dem Punkt, der Strecke, der Fläche eine wenn auch über alle Maßen kleine Ausdehnung in irgendeiner Richtung geben, sind wir berechtigt, sie auch als „körperliche" Gebilde aufzufassen. Diese gedachte Ausdehnung kommt zum Ausdruck in verschiedenen Sprechweisen, etwa wenn wir bei den Kongruenzbeweisen von Dreiecken uns dieselben „aufeinandergelegt". denken usw.

Analytische Geometrie oder Koordinatengeometrie heißt die Geometrie dann, wenn sie Eigenschaften der geometrischen Gebilde in Zahlen zum Ausdruck bringt. Analytische Geometrie ist so zunächst die Erweiterung der algebraischen Geometrie der Elementarmathematik. Bringt also diese die Eigenschaften eines geometrischen Gebildes „algebraisch" zum Ausdruck, so verleiht dafür in analoger Sprechweise die höhere Mathematik der nämlichen Eigenschaft „analytischen" Ausdruck, womit sie dann das gleiche sagen will. Man darf nämlich nicht vergessen, daß in der höheren Mathematik das Wort „algebraisch" eine andere Bedeutung erhält als in der Elementarmathematik. „Algebraisch" der Elementarmathematik ebenso wie „analytisch" der höheren Mathematik steht so im Gegensatz etwa zu „graphisch", „geometrisch", „projektiv"

Im Gegensatz zur algebraischen Geometrie aber betrachtet die analytische Geometrie die Gebilde nicht nur als solche allein, sondern nimmt Bezug auf ein System von festen geometrischen Gebilden (das sie Koordinatensystem nennt), bringt sie also in Zusammenhang mit diesen.

Winkel- und Bogenmaß. Winkel werden gemessen durch den zugehörigen Bogen auf dem Einheitskreis, d. i. ein Kreis mit dem Radius 1. Dessen Umfang ist 2π, also entspricht dem Winkel 180^0 der Bogen π, dem Winkel 90^0 der Bogen $\frac{1}{2}\pi$, dem Winkel 1^0 der Bogen $\pi:180$; allgemein: Das Bogenmaß arc a für einen Winkel a^0 ist

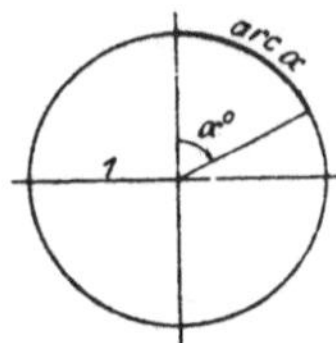

$$\text{arc } a = \pi\,\frac{a^0}{180^0}.\qquad\text{(a)}$$

Abb. 15.

So entspricht z. B. dem Winkelmaß 30^0 das Bogenmaß

$$\text{arc } 30^0 = \pi\,\frac{30^0}{180^0} = \tfrac{1}{6}\pi.$$

Dementsprechend ist

$$\text{arc } 1^0 = \pi: \quad\ \ 180 = 0,017\ 453\ 292\ 52\ \dots.$$
$$\text{arc } 1' = \pi:\ \ 10800 = 0,000\ 290\ 888\ 21\ \dots,$$
$$\text{arc } 1'' = \pi: 648\,000 = 0,000\ 004\ 848\ 14\ \dots.$$

Umgekehrt gehört zum Bogenmaß 1 das Winkelmaß

$$180^0:\pi = 57^0\,17'\,45'' = 57,295\ 8^0$$
$$= 3\,437,75' \quad = 206\,265''$$

Es entsprechen sich dann

Bogen 1	und Winkel	$57,295\ 8^0$	
„ 0,1	„ „	$5,729\ 6^0$	
„ 0.01	„ „	$0,573\ 0^0$	$= 34,38'$
„ 0,001	„ „	$0,057\ 3^0$	$= 3,44'$.

Dem Gedächtnis präge man ein und gebrauche für rohe Abschätzung:

Zum Bogenmaß 1 gehört ein Winkel von rund 60^0 (b)

Statt arc α schreibt und spricht man in der höheren Mathematik kurz α.

56. Einen Richtungssinn (nicht zu verwechseln mit Richtung) setzt man in der analytischen Geometrie ebenso wie in der Elementarmathematik durch das Plus- und Minuszeichen fest, so z. B. auf einer gegebenen horizontalen Geraden nach Willkür etwa den Sinn nach links mit —, den nach rechts mit +, oder auf einer vertikalen Geraden den Richtungssinn nach oben mit +, den nach unten mit —. Oder auf einem Kreis die Bewegung im Uhrzeigersinn, wofür in den nachfolgenden Zeilen stets rechtsum gesagt werden soll, mit +, die Bewegung linksum mit —.

Die Festsetzung des Richtungssinnes ist lediglich Übereinkommen. Nun operiert man in der Geometrie sehr oft mit horizontalen und vertikalen Strecken sowie Kreisen. Dabei hat sich ein Übereinkommen herausgebildet, dem wir uns ebenfalls anschließen werden, daß man in horizontaler Richtung nach rechts $+$ zählt und in vertikaler Richtung nach oben $+$, und auf einem Kreis $+$ linksum, d. i. gegen die Bewegung des Uhrzeigers. Bei einzelnen Problemen, besonders in der Ingenieurpraxis vorkommenden, wird es zuweilen notwendig oder wenigstens vorteilhaft sein, von diesem Übereinkommen abzuweichen. Das wird aber dann eigens angegeben werden, so daß in den folgenden Zeilen das angegebene Übereinkommen gelten soll.

Mit Beachtung des Richtungssinnes gilt z. B. auf einer Geraden, s. Abb. 16,

$$OP = -PO \quad \text{oder} \quad OP + PO = 0, \tag{a}$$

oder

$$AB = -BA \quad \text{oder} \quad AB + BA = 0,$$

das soll heißen: der Weg von A nach B ist entgegengesetzt gleich dem Weg von B nach A. Und ebenso bedeutet

$$P_1 P_3 = P_1 P_2 + P_2 P_3$$

oder

$$P_1 P_2 + P_2 P_3 + P_3 P_1 = 0,$$

der Weg von P_1 nach P_3 ist gleich der Summe der Wege von P_1 nach P_2 und von P_2 nach P_3, s. Abb. 17.

Abb. 16.   Abb 17.

Desgleichen ist auf einem Kreis, s. Abb. 18,

$$\widehat{OP} = -\widehat{PO} \quad \text{oder} \quad \widehat{OP} + \widehat{PO} = 0, \tag{b}$$

das soll heißen: der Bogen oder Bogenweg von O nach P ist entgegengesetzt gleich dem Bogenweg von P nach O.

Und ebenso ist wieder

$$\widehat{P_1 P_3} = \widehat{P_1 P_2} + \widehat{P_2 P_3}$$

oder

$$\widehat{P_1 P_2} + \widehat{P_2 P_3} + \widehat{P_3 P_1} = 0.$$

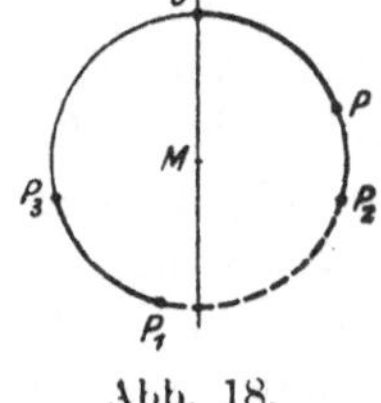

Abb. 18.

Manche Schriftsteller gebrauchen für die Darstellung dieses Bewegungssinnes die Bezeichnung $\longrightarrow$, so daß also $\overrightarrow{P_1 P_2}$ heißt, man soll den Weg P_1P_2 bzw. den Winkelweg $\widehat{P_1P_2}$ im Sinne von P_1 nach P_2 durchlaufen. Dem Studierenden wird aber dringend geraten, sich den Weg P_1P_2 bzw. den Winkelweg $\widehat{P_1P_2}$ stets im Sinne von P_1 nach P_2 durchlaufen vorzustellen. allgemein so wie die Reihenfolge der Ortspunkte angibt, auch da, wo die Festsetzung eines Bewegungssinnes ohne Bedeutung für die gestellte Aufgabe ware. Aus diesem Grund wurde die Einführung eines eigenen Zeichens für die Kennzeichnung des Richtungssinnes unterlassen.

Man vermeide in der analytischen Geometrie die Bezeichnung „Entfernung zweier Punkte P_1 und P_2" oder „Winkel zwischen zwei Geraden G_1 und G_2" und gewöhne sich an die Bezeichnung: Weg von P_1 nach P_2, und ebenso: Winkel von der Geraden G_1 nach der Geraden G_2. Viele Fehler, vor allem natürlich die Vorzeichenfehler, lassen sich durch diese konsequent durchgeführte Sprechweise vermeiden.

Um nur ein Beispiel zu erwähnen: Die Elementarmathematik sagt: Schließen zwei Gerade G_1 und G_2 den Winkel φ ein, dann die von einem Punkt aus auf diese Geraden gefällten Lote L_1 und L_2 den Winkel $\pi - \varphi$, s. Abb. 19. Die analytische Geometrie ist konsequenter und sagt: Schließen zwei Gerade den Winkel φ ein, dann auch die von einem Punkte aus auf sie gefällten Lote. Genauer müßte sie natürlich sagen: Der Winkel von G_1 nach G_2 ist gleich dem Winkel von L_1

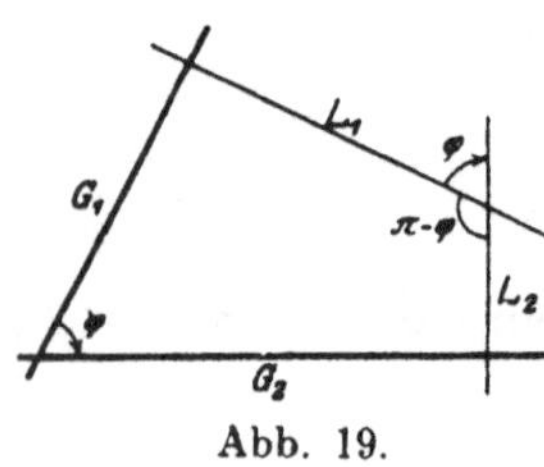

Abb. 19.

nach L_2; sie führt dabei stets einen bestimmten Umlaufsinn als den normalen und im Verlauf der gegebenen Aufgabe oder Rechnung festzuhaltenden ein.

Noch einen Rat müssen wir geben, um die erwähnten Vorzeichenfehler, die oft schwer zu vermeiden sind, auf ein Minimum zu bringen: Horizontale Strecken lese man stets von links nach rechts, vertikale Strecken von unten nach oben, Bögen linksum. Somit bei Abb. 58 etwa A_1A_2 und nicht A_2A_1 und ebenso B_1B_2 und nicht B_2B_1.

57. Koordinaten eines untersuchten geometrischen Gebildes sind diejenigen Zahlen, die die Lage dieses Gebildes gegenüber einer bekannten Anfangslage (oder auch gegenüber festen Elementargebilden) bestimmen.

Koordinatensystem ist die Gesamtheit jener festen Elementargebilde, von denen aus man die Lage des untersuchten Gebildes bestimmt.

Um die Lage eines Punktes P auf einem gegebenen Kreis festzulegen, s. Abb. 20, gibt man am einfachsten den Winkelweg φ vo
einem festen Anfangspunkt O auf dem
Kreis zum untersuchten Punkt P an. φ ist
dann die Koordinate des Punktes P auf dem
Kreis, der Anfangspunkt O, genannt Nullpunkt, oder auch der Anfangsstrahl MO bildet das Koordinatensystem. Den Winkel φ
zählt man positiv in der Technik gewöhnlich
rechtsum, in der Mathematik aber umgekehrt
linksum, also wie in der Skizze der Pfeil
angibt.

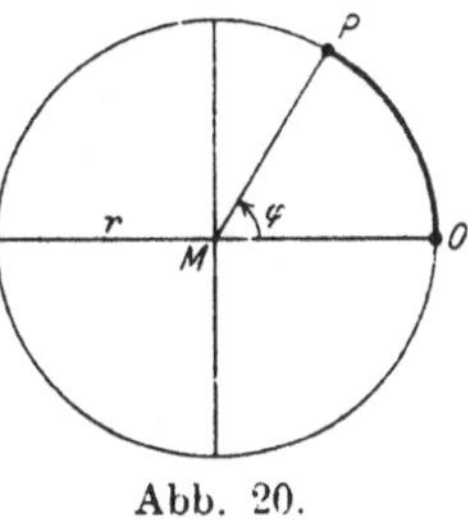

Abb. 20.

Oder: Um auf der Erde, die man sich als gegebene Kugel vorstellt, einen bestimmten Ort oder Punkt P festzulegen, wählt man
auf ihr zwei zueinander senkrechte größte Kreise aus, am besten
den Äquator und einen bestimmten Meridian, den Anfangs- oder
Nullmeridian, s. Abb. 21. Diese beiden bilden dann das Koordinatensystem auf der Erde. Dann legt man
durch den Punkt P einen Meridian und
einen Breitekreis, und fixiert so diesen
Punkt durch seine (geographische) Länge
φ und (geographische) Breite ψ. Es ist
φ der Winkel von der Ebene des Null-
meridians zum Ortsmeridian, ψ der Winkel vom Äquator zum Ortsradius, gemessen auf der Ortsmeridianebene. φ
werde positiv gezählt, wenn vom Nord-
pol aus gesehen der Umlaufsinn vom
Nullmeridian zum Ortsmeridian linksum
ist, ψ positiv nach oben.

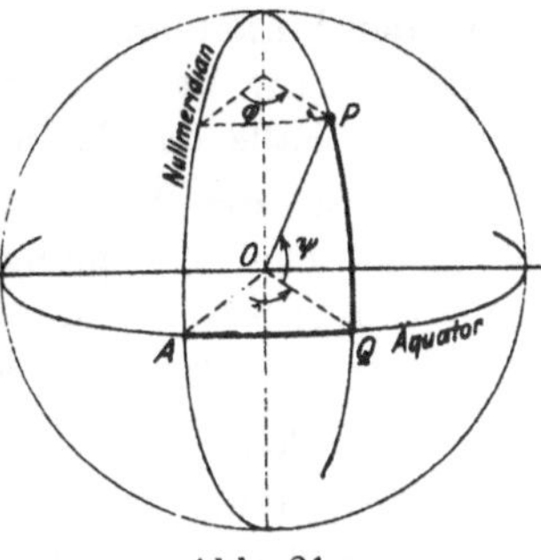

Abb. 21.

φ und ψ sind dann die Koordinaten des Punktes P auf der
Erdkugel; Äquator und Nullmeridian bilden das Koordinatensystem
(über diese Kugel- oder sphärischen Koordinaten folgt später
mehr).

Eine Gerade in der Ebene ist durch zwei Zahlen festgelegt.
Man wählt als Koordinatensystem etwa zwei beliebige feste Gerade OA und OB. Als Koordinaten der Gerade könnte man wählen
die Abschnitte a und b auf den Achsen, gemessen von O aus im
Sinn OA bzw. OB und würde im Fall der Abb. 22 diese Gerade kurz-
weg bezeichnen als Gerade $2|3$ oder in anderer Schreibweise $G = 2|3$,
und damit diejenige Gerade meinen, die auf den Anfangsstrahlen OA
und OB die Stücke $a = 2$ und $b = 3$ abschneidet.

Konsequenterweise würde dann die Gerade $G' = 2| - 3$, um

diese Sprechweise beizubehalten, entsprechend der Skizze der Abb. 23 dargestellt, und analog die Gerade $G'' = -2 \mid -3$.

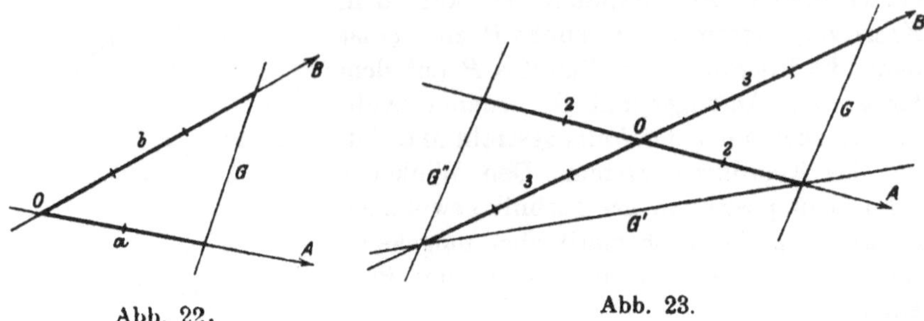

Abb. 22.   Abb. 23.

Ein Punkt P im Raum ist durch Angabe dreier Zahlen bestimmt. Um z. B. in einem Zimmer die Lage des festen Punktes P zu fixieren, wird man am einfachsten die Abstände dieses Punktes vom Fußboden sowie von zwei nichtparallelen Wänden messen. Die Angabe, ob man nach oben oder unten, nach rechts oder links, nach vorn oder hinten mißt, wird wieder durch die Vorzeichen $+$ und $-$ festgelegt. Die drei Ebenen, auf die der Punkt bezogen wird, bilden in diesem Falle das Koordinatensystem.

58. Für die Tatsache, daß man zur Festlegung eines Punktes im Raum drei Zahlenangaben notwendig hat, gebraucht man verschiedene Sprechweisen, die meist unmittelbar durch den Wortlaut ihre Erklärung finden. Man sagt:

Ein Punkt hat im Raum drei Koordinaten.

oder: Ein Punkt im Raum ist durch drei Zahlenangaben bestimmt,

oder: Einem Punkt im Raum kann man drei Bedingungen vorschreiben,

oder: Im Raum gibt es ∞^3 Punkte oder ∞^3 Lagen eines Punktes.

Um den hier zum erstenmal auftretenden Begriff ∞^3 zu charakterisieren — der, was wohl zu beachten ist, keinerlei mathematischen Inhalt hat, sondern nur eine Sprechweise ist —, sei erinnert, daß es sowohl auf einer Geraden als auch in einer Ebene als auch im Raum unendlich viele Punkte gibt. Daß aber die Anzahl der Punkte in der Ebene größer ist als die auf einer Geraden und wieder die Anzahl der Punkte im Raum größer als die in der Ebene oder die auf einer Geraden, ist selbstverständlich. Indem man sich aber eine Ebene als aus unendlich vielen Geraden bestehend denkt, kommt man damit zur Sprechweise: Die Ebene hat $\infty \cdot \infty$ oder ∞^2 Punkte. Und wiederum stellt man sich den Raum als aus unendlich vielen (etwa aufeinandergelegten) Ebenen bestehend vor, und drückt dies aus durch die Sprechweise: Der Raum hat $\infty \cdot \infty^2$ oder ∞^3 Punkte. Man hüte sich aber, um noch einmal darauf hinzuweisen, diese Sprechweise als etwas anderes zu nehmen als eben eine Sprechweise.

Es seien etwa die Abstände des vorhin besprochenen Punktes von den drei Wänden 3, 4 und 2, so daß man entsprechend dem Vorausgehenden diesen Punkt kurzweg als Punkt 3 | 4 | 2 bezeichnet und abkürzend schreibt $P = 3 \,|\, 4 \,|\, 2$. Die Zahlen 3, 4 und 2 sind die Koordinaten des Punktes. Dann drückt die Sprech- und Schreibweise, daß es im Raum ∞^3 Punkte gibt, aus, daß man statt jeder der drei Zahlen 3, 4 und 2 unendlich viele andere Werte wählen kann, und jedesmal einen anderen Punkt erhält.

Eine andere Sprechweise zur Bezeichnung dieser Verhältnisse:

Ein Punkt im Raum hat drei Freiheitsgrade,

oder: Ein Punkt im Raum hat drei Bewegungsmöglichkeiten,

wird später bei Bewegungsaufgaben zur Erklärung gelangen (wenn sie nicht unmittelbar schon eingesehen wird).

Eine Ebene im Raum ist durch drei Zahlen festgelegt. Man führe etwa drei beliebige feste Gerade durch einen Punkt O als Koordinatensystem ein. Diese drei „Anfangsgeraden" OA, OB und OC, auf denen durch Schreibweise und Pfeil der Richtungssinn angedeutet ist, siehe die Abbildung, dürfen nur nicht in der nämlichen Ebene liegen. Als Koordinaten der Ebene könnte man wieder entsprechend dem Fall der Geraden in einer Ebene die Abschnitte a, b und c wählen, gemessen von O aus im Sinn OA bzw. OB und OC. Dann

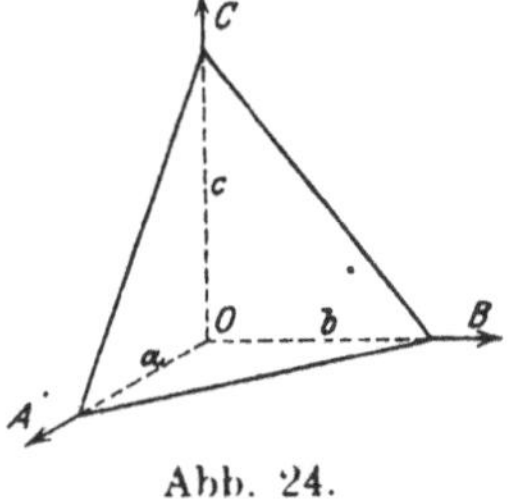

Abb. 24.

würde die kurze Schreibweise $E = 6 \,|\, 5 \,|\, 4$ jene Ebene bezeichnen, die auf den Anfangsstrahlen OA, OB, OC die Stücke $a = 6$, $b = 5$, $c = 4$ abschneidet.

Im Raum hat man also zur Bestimmung einer Ebene drei Zahlen notwendig. Man verleiht dieser Tatsache wieder durch die nachfolgenden Sprechweisen Ausdruck: Die Ebene hat im Raum drei Koordinaten, sie ist im Raum durch drei Zahlenangaben bestimmt, man kann ihr im Raum drei Bedingungen vorschreiben, im Raum gibt es ∞^3 Ebenen oder ∞^3 Lagen einer Ebene; die Ebene hat im Raum drei Freiheitsgrade oder drei Bewegungsmöglichkeiten.

Entsprechend kann man natürlich für die übrigen besprochenen Gebilde sich ausdrücken. Also: auf einer Kugel (allgemein auf einer Fläche) gibt es ∞^2 Punkte, ein Punkt auf einer Fläche ist durch zwei Zahlenangaben oder Bedingungen bestimmt, auf der Fläche hat

ein Punkt zwei Koordinaten oder zwei Freiheitsgrade oder Bewegungsmöglichkeiten.

Und desgleichen: Ein Punkt auf einem Kreis (allgemein auf
einer gegebenen Kurve) hat nur eine Koordinate, eine Bewegungsmöglichkeit, einen Freiheitsgrad; auf einer gegebenen Kurve gibt
es ∞^1 Punkte, auf einer gegebenen Kurve ist ein Punkt durch eine
Bedingung bestimmt.

Und: In der Ebene gibt es ∞^2 Gerade, in der Ebene ist eine
Gerade durch zwei Bedingungen bestimmt, die Gerade hat in der
Ebene zwei Koordinaten oder Freiheitsgrade oder Bewegungsmöglich-
keiten.

59. Unter einer Scheibe sei verstanden ein ebener Körper, der
sich nur in seiner eigenen Ebene bewegen kann. Als Beispiel einer
solchen Scheibe werde ein Rechteck $ABCD$ gewählt, siehe die Abbildung, dessen Anfangslage
$A_0B_0C_0D_0$ sei. Jede neue Lage
$ABCD$ ist dann durch drei
Zahlen bestimmt: indem man
etwa angibt die Verschiebung a
des Rechteckes in Richtung der
Kante AB, die Verschiebung b
in Richtung der Kante DA,
den Drehwinkel φ des Rechteckes um A. a, b, φ sind dann
die Koordinaten der Scheibe;
in vorliegenden Fall der Abb. 25
ist $a = 3$, $b = 2$. $\varphi = 60^0$. Die
Kanten A_0B_0 und A_0D_0 bilden
das Koordinatensystem. Was vom

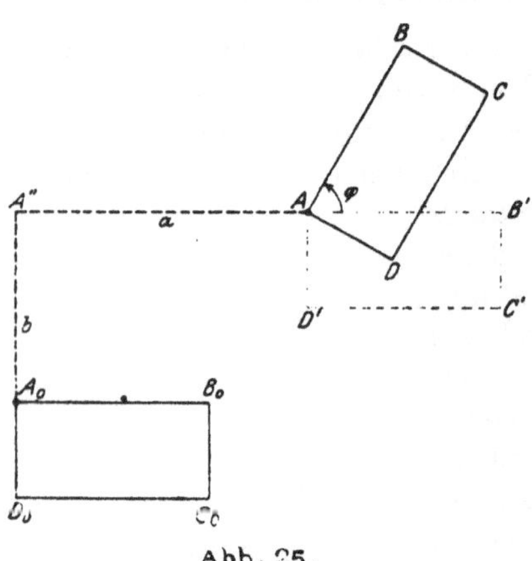

Abb. 25.

Rechteck gilt. hat natürlich auch für jede beliebige Scheibe Geltung.
weil man sich diese mit einem auf ihr ausgewählten solchen Rechteck $ABCD$ fest verbunden vorstellen kann.

Von der Scheibe gilt also, wenn man die neue Sprechweise anwendet: Die Scheibe hat in ihrer Ebene drei Freiheitsgrade oder
drei Koordinaten oder drei Bewegungsmöglichkeiten oder ∞^3 Lagen.
Ihre Lage in dieser Ebene ist durch drei Bedingungen bestimmt.

Geometrie auf der Geraden. Massensystem auf der Geraden.

60. Auf einer gegebenen Geraden gibt es ∞^1 Punkte. die Lage
eines bestimmten Punktes P ist also durch eine einzige Bedingung
gegeben. Um auf der gegebenen Geraden einen bestimmten Punkt P
festzulegen, wählt man auf ihr einen festen Punkt O aus und nennt

ihn den Nullpunkt oder Anfangspunkt der Geraden. Dieser
feste Punkt bildet dann auf der gegebenen Geraden das Koordinatensystem. Die Lage des Punktes P bestimmt man durch Angabe des
von O aus nach P zurückgelegten Weges x und setzt fest, daß x
nach rechts positiv zählt, nach links negativ. Dann ist

$$OP = x, \qquad PO = -x \tag{a}$$

Wenn natürlich P links vom Nullpunkt liegt, also x negativ
wird, so ist OP nach links gerichtet und sonach negativ, PO nach rechts
gerichtet, also positiv. Ist etwa $x_1 = -2$, dann ist $OP_1 = x_1 = -2$,
$P_1 O = -x_1 = -(-2) = +2$, siehe die Skizze der Abbildung.

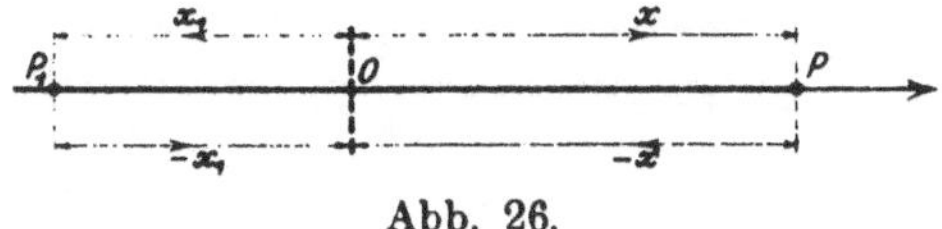

Abb. 26.

Anmerkung. Als Längeneinheit kann man jede beliebige Länge wählen,
solange keine bestimmte Benennung, wie Kilometer oder Meter oder Zentimeter usw., mitgegeben ist. Die Zahlenaufgaben der Geometrie bleiben meist
dimensionslos; erst in bestimmten praktischen Fällen tritt eine Benennung zur
eigentlichen Zahl. Beim Zeichnen von benannten Größen gibt man einen Maßstab an. Hat man beispielsweise Kräfte durch Strecken darzustellen, so wird
man einen Kräftemaßstab einführen und diesen der Zeichnung beigeben,
etwa in der Abkürzung K.M. 1 mm = 200 kg, das heißt: 1 Millimeter der
Zeichnung stellt 200 Kilogramm vor, so daß dann eine Strecke von 3 cm die
Kraft $30 \cdot 200$ kg = 6000 kg darstellen würde.

Beim Zeichnen von Längen gibt man einen Längenmaßstab an, meist
in der Abkürzung L.M. 1 : 100, das heißt: die Längen der Zeichnung verhalten
sich zu den wirklichen Längen wie 1 : 100; oder man gibt in der Zeichnung
durch eine Strecke (oder auf andere Weise) die Längeneinheit an. Beide Verfahren sind bei den vorliegenden Abbildungen angewandt; fehlt aber eine Angabe, so soll ein für allemal 1 Zentimeter als Längeneinheit festgesetzt sein.

61. Die Entfernung der Punkte P_1 und P_2 ist nach Nr. 56

$$P_1 P_2 = P_1 O + O P_2$$
$$= -x_1 + x_2,$$

siehe Abbildung 27, also Regel

$$P_1 P_2 = x_2 - x_1, \tag{a}$$

d. h. die Entfernung der Punkte P_1 und P_2 ist: Endpunktskoordinate
minus Anfangskoordinate.

Wenn man nur den absoluten Wert der Entfernung der Punkte
P_1 und P_2 wissen will, so ist das Vorzeichen allerdings belanglos,
indes ist es ratsam, nach Nr. 56 zu sagen: Weg von P_1 nach P_2 statt
Entfernung der Punkte P_1 und P_2. Man kann ja nachträglich nach

Belieben schließlich das Vorzeichen des Weges weglassen, wenn man nur den absoluten Zahlenwert dieses Weges haben will.

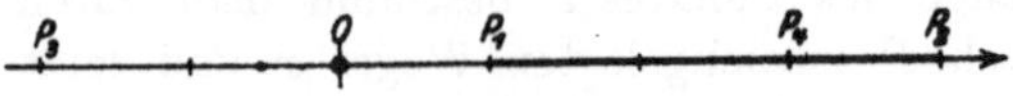

Abb. 27.

Beispiel a) Die Punkte der Geraden der Abbildung haben die Koordinaten

$$x_1 = 1, \qquad x_2 = 4,$$
$$x_3 = -2, \qquad x_4 = 3.$$

Dann sind die Wege

$$P_1 P_2 = x_2 - x_1 = 4 - 1 = 3, \qquad P_1 P_3 = x_3 - x_1 = -2 - 1 = -3,$$
$$P_1 P_4 = x_4 - x_1 = 3 - 1 = 2, \qquad P_2 P_3 = x_3 - x_2 = -2 - 4 = -6,$$
$$P_2 P_4 = x_4 - x_2 = 3 - 4 = -1, \qquad P_3 P_4 = x_4 - x_3 = 3 - (-2) = 5.$$

Wenn man die Entfernungen $P_i P_k$ sich nur als Strecken denkt, also ohne Richtungssinn, dann kann man sagen: Es haben die Strecken $P_1 P_2$, bzw. $P_1 P_3$, $P_1 P_4$, ... die Längen 3, 3, 2, ...

62. Die Strecke $P_1 P_2$ auf der gegebenen Geraden der Abb. 28 wird durch einen dritten Punkt P derselben Geraden nach einem bestimmten Verhältnis geteilt. Je nachdem man die Strecke $P_1 P_2 = 6$ und die Teilstrecken $P_1 P = 2$ bzw. $P P_2 = 4$ dieser Abbildung nach

Abb. 28.   L.E. 5 mm.

links oder nach rechts durchläuft, kann man als Teilverhältnis wählen

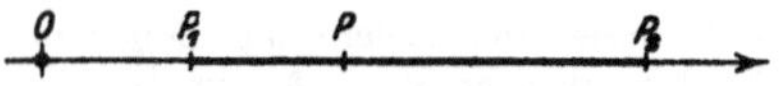

$$P_1 P : P P_2 = 2 : 4 = \tfrac{1}{2}, \qquad P P_1 : P P_2 = -2 : \quad 4 = -\tfrac{1}{2},$$
$$P P_2 : P_1 P = 4 : 2 = 2, \qquad P P_2 : P P_1 = \quad 4 : -2 = -2.$$

Man sieht, daß ohne präzise Festsetzung des Begriffes „Teilverhältnis" schon vier verschiedene Werte auftreten, die alle als Teilverhältnisse anzusehen sind. Läßt man unter dem Namen Teilverhältnis auch noch die Verhältnisse $P P_1 : P_1 P_2$ usw. gehen, so erhält man noch weitere mögliche Werte.

Um die auf das Teilverhältnis sich stützenden nachfolgenden Rechnungen recht einfach zu gestalten, hat man als Definition des Teilverhältnisses λ festgesetzt

$$\lambda = P P_1 : P P_2, \tag{a}$$

wenn man sich P_1 als Anfangspunkt, P_2 als Endpunkt der Strecke oder des Weges $P_1 P_2$ vorstellt.

Im Fall der Abb. 28 ist mit $P P_1 = -2$, $P P_2 = +4$ der Wert $\lambda = -2 : 4 = -\tfrac{1}{2}$; als Längeneinheit gilt die Strecke 5 mm.

Nach der vorangehenden Definition ist λ negativ für einen Teilpunkt P innerhalb der Teilstrecke, da PP_1 und PP_2 dann entgegengesetzten Richtungssinn haben, und positiv für einen Teilpunkt P außerhalb der Teilstrecke.

Aufgabe a) Man gebe an, in welchen Verhältnissen die Strecke P_1P_2 der Abb. 27 durch die Punkte P_3, P_4, O geteilt wird.

Lösung: P_3 teilt mit $x_3 = -2$ die Strecke P_1P_2 im Verhältnis

$$\lambda_3 = P_3P_1 : P_3P_2 = +3 : +6 = \tfrac{1}{2} \cdot$$

Von P_4 wird die Strecke geteilt im Verhältnis

$$\lambda_4 = P_4P_1 : P_4P_2 = -2 : +1 = -2,$$

und von O mit der Koordinate 0 im Verhältnis

$$\lambda_0 = OP_1 : OP_2 = +1 : 4 = +\tfrac{1}{4}.$$

Die Definition des Teilverhältnisses λ läßt für eine gegebene Strecke P_1P_2 folgende Aufgabe stellen:

a) gesucht λ, wenn der Teilpunkt P gegeben,

b) gesucht der Teilpunkt P, der einem vorgeschriebenen λ entspricht.

Die erste Aufgabe findet ihre Lösung nach Definition,

$$\lambda = PP_1 : PP_2 = \frac{x_1 - x}{x_2 - x}, \tag{b}$$

die zweite durch Anwendung dieser Formel, indem man nach x auflöst,

$$x = \frac{\lambda x_2 - x_1}{\lambda - 1}. \tag{c}$$

Aufgabe b) Man zeichne in die Abb. 29 diejenigen Punkte ein, die die gegebene Strecke P_1P_2 im Verhältnis $\lambda = -\tfrac{1}{2}$, -2, $+2$, $-\tfrac{1}{8}$, 3 teilen, wenn P_1 und P_2 durch $x_1 = -4$ und $x_2 = 2$ gegeben sind.

Lösung· P_3 bildet gegen P_1P_2 das Teilverhältnis $\lambda = -\tfrac{1}{2}$, dann gilt

$$x_3 = \frac{\lambda x_2 - x_1}{\lambda - 1} = \frac{-\tfrac{1}{2} \cdot 2 - (-4)}{-\tfrac{1}{2} - 1} = -2,$$

womit P_3 bestimmt ist.

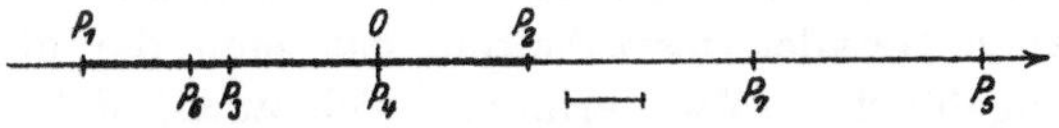

Abb. 29.

Ebenso ermittelt man den Punkt P_4, der das Teilverhältnis $\lambda = -2$ bildet, durch $x_4 = 0$, P_5 wegen $\lambda = +2$ durch $x_5 = +8$, P_6 wegen $\lambda = -\tfrac{1}{8}$ durch $x_6 = -\tfrac{5}{2}$, P_7 wegen $\lambda = 3$ durch $x_7 = 5$.

Aufgabe c) Gesucht ist die Koordinate x des Mittelpunktes M der Strecke P_1P_2 der Abb. 28.

Lösung: M teilt die Strecke im Verhältnis $\lambda = -1$, es ist daher

$$x = \frac{-1 \cdot x_2 - x_1}{-1 - 1} = \frac{x_1 + x_2}{2} = 5.$$

Ohne Benützung der Teilverhältnisformel hätte man elementar das gleiche Resultat erreicht, daß nämlich auf einer Geraden der mittlere Abstand zweier Punkte von einem festen Punkt dieser Geraden gleich ist dem arithmetischen Mittel der Abstände beider Punkte.

63. Ausgezeichnete Punkte auf einer gegebenen Strecke $P_1 P_2$ bzw. auf ihrer Verlängerung sind zunächst die Punkte P_1, P_2 selbst, sodann der Mittelpunkt M. Diesen drei ausgezeichneten Punkten entsprechen ausgezeichnete Werte der ∞^1 möglichen Teilverhältnisse. P_1 teilt die Strecke $P_1 P_2$ im Verhältnis $0 : P_1 P_2 = 0$, während P_2 im Verhältnis $P_2 P_1 : 0 = \infty$, und M im Verhältnis -1 teilt.

Es wird sich später noch vielfach zeigen, daß unter allen möglichen Zahlen die Zahlen 0, 1, -1 stets eine besondere Bedeutung haben. Soeben war ersichtlich gemacht, daß den Teilverhältnissen 0, ∞, -1 die Punkte P_1, P_2, M der Teilstrecke entsprachen. Für $\lambda = 1$ gibt die Gl. (62c) als Koordinate des Teilpunktes $x = \infty$, d. h. den unendlich fernen Punkt auf der Strecke $P_1 P_2$. Man könnte sich leicht zu der Annahme verleiten lassen, daß es auf einer Geraden $P_1 P_2$ zwei unendlich ferne Punkte gäbe, einen wenn man nach links geht, einen zweiten, wenn man nach rechts geht. Eine Diskussion darüber wie auch über andere gleichzeitig damit zusammenhängende Fragen ist nicht gerade einfach, übrigens ʼhier auch noch nicht am Platz. Einstweilen sei definiert: Auf einer Geraden gibt es nur einen unendlich fernen Punkt, den man ebensowohl erhält, wenn man nach rechts, wie auch wenn man nach links unendlich weit geht. Dabei diene zur Erklärung dieser Definition: Solange nicht der Begriff „unendlich" strenge genug festgelegt ist, ist es unmöglich, von diesem Begriff ausgehend den unendlich fernen Punkt einer Geraden aufzusuchen. Andererseits ist bis jetzt ersichtlich, daß jedem Teilungsverhältnis λ, solange λ von 1 verschieden ist, immer nur ein im Endlichen gelegener Punkt P als Teilpunkt zugewiesen war, und umgekehrt jedem im Endlichen gelegenen Punkt P immer ein und nur ein bestimmtes Teilungsverhältnis λ. Um die Einheitlichkeit dieser eindeutigen Zuordnung von Zahlen λ und Punkten P auf einer gegebenen Geraden festzuhalten, hat man die oben gegebene Definition eingeführt. (Man erinnere sich auch, daß man in der Elementarmathematik formal $+\infty = -\infty$ erhält.)

64. Auf einer Geraden seien zwei Punkte P_1 und P_2 durch ihre Koordinaten x_1 und x_2 gegeben, s. Abb. 28. Beide Punkte haben den Mittelpunkt M, dessen Koordinate das arithmetische Mittel der Koordinaten der beiden Punkte ist, siehe auch Aufg. 62c). Nun seien beide Punkte P_1 und P_2 Träger von Massen oder Massenteilchen m_1 und m_2 und deswegen **materielle** oder **Massenpunkte** genannt. Man wird dann nicht mehr von einem Mittelpunkt schlechtweg, sondern von einem **Massenmittelpunkt** sprechen und diesen mit passender Berücksichtigung der einzelnen Massen definieren müssen. Um die Definition vorzubereiten, sei ein Beispiel aus der **Vermessungslehre** gebracht. Wenn man das wahrscheinliche Mittel aus zwei Beobachtungen b_1 und b_2 angeben soll, dann wird man nicht ohne weiteres das arithmetische Mittel der beiden Beobachtungen wählen, sondern auch noch die Güte oder das „Gewicht" der beiden Beobachtungen berücksichtigen. Ist vielleicht die eine Beobachtung selbst wieder das Resultat aus 10 Einzelmessungen, die andere nur aus 5 solchen, dann sagt man, die erste Beobachtung b_1 ist vom Gewicht 10, die zweite vom Gewicht 5, und nimmt als wahrscheinliches Mittel der beiden Beobachtungen das „verallgemeinerte Mittel" $b = \dfrac{10\,b_1 + 5\,b_2}{15}$. Es ist ohne weiteres klar, daß b einen Wert erreicht, der viel mehr an b_1 wie an b_2 herangeht. Entsprechend wird man bei der Definition des Massenmittelpunktes vorgehen und sagen, der Massenmittelpunkt M wird dem Punkt mit der größeren Masse näher liegen, also näher bei P_1, wenn m_1 größer als m_2 ist. Dann wird der Abstand dieses Massenmittels M von O, das ist seine Koordinate ξ, nicht mehr durch $\frac{1}{2}(x_1 + x_2)$ gegeben sein, sondern wird **definiert** durch

$$\xi = \frac{m_1 x_1 + m_2 x_2}{m_1 + m_2}\,. \tag{a}$$

Durch die Hinzunahme der Massen hat man dann das „Gewicht" der beiden Punkte, ihren Einfluß auf die Massenwirkung mitberücksichtigt. Das Produkt mx ist eine besonders in der Mechanik wichtige Größe und wird **statisches Moment** des Massenteilchens m oder auch kurz **Moment** dieses Massenteilchens oder Massenpunktes bezüglich des Nullpunktes O genannt. Der Nullpunkt O heißt in diesem Zusammenhang **Bezugspunkt**; meist ist er ein (wirklicher oder nur gedachter) Drehpunkt. Das Moment mx kann positiven oder negativen Wert haben, je nachdem x positiv oder negativ ist; die Masse m selbst ist stets positiv. Um den Wert dieses neu eingeführten Begriffes „Moment" zu verstehen, beachte man, daß bei allen Wirkungen, die von Massen abhängen, also bei den sogenannten **Massenwirkungen**, nicht nur die Zahlenwerte der Massen oder Massenteilchen, sondern auch noch ihre Lagenverhältnisse eine Rolle spielen.

Der Name „Moment" hat naturgemäß nichts zu tun mit dem Begriff Moment einer Kraft, sondern ist nur in Anlehnung an das Kraftmoment wegen der ähnlichen Bildungsweise gebraucht.

Sucht man das Teilverhältnis des Massenmittelpunktes auf der Strecke $P_1 P_2$, so findet man nach (62b) und der obigen Formel

$$\lambda = \frac{P P_1}{P P_2} = \frac{x_1 - \xi}{x_2 - \xi} = -\frac{m_2}{m_1}, \qquad \text{(b)}$$

der Massenmittelpunkt teilt die Strecke $P_1 P_2$ im umgekehrten Verhältnis der Massen; ist beispielsweise P_1 Träger der Masse $m_1 = 10$ und P_2 Träger der Masse $m_2 = 5$, so liegt der Massenmittelpunkt P näher bei P_1, und zwar verhält sich dann $P P_1 : P P_2 = 5 : 10 = 1 : 2$; das Vorzeichen (—) gibt ja nur an, daß der Massenmittelpunkt innerhalb der Strecke $P_1 P_2$ liegt. Man sieht, nach (b) ist der Massenmittelpunkt der nämliche Punkt, den die Physik oder Mechanik als Schwerpunkt eines Systems von zwei Massen erklärt.

Eine Mehrheit von Massenpunkten $P_1, P_2, \ldots P_n$ mit den Massen $m_1, m_2, \ldots m_n$ heißt man ein Massensystem oder einen Körper.

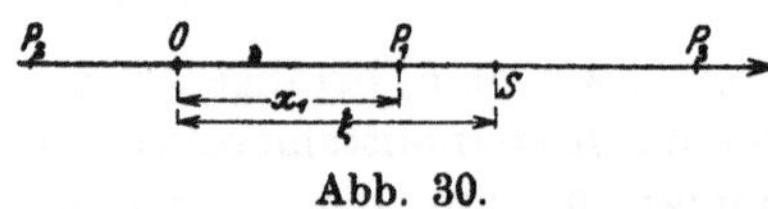

Abb. 30.

Die einzelnen Massenteilchen können ganz beliebige Lage gegenseitig haben. Es sei als einfachster Fall zunächst angenommen, daß die einzelnen Massenpunkte $P_1, P_2, \ldots$ auf einer Geraden liegen. Ohne Rücksicht auf die Lage der einzelnen Teilchen wird das Massensystem ersetzt durch

$$M = m_1 + m_2 + \ldots + m_n = \Sigma m,$$

welche Summe man die Masse des Systems nennt. In den meisten Fällen kommt auch noch die Lage der einzelnen Massenpunkte zur Geltung, man führt deswegen auf der Geraden ein Koordinatensystem ein.

In Erweiterung der Definition (a) führt man als Massenmittelpunkt dieses Systems den Punkt S ein, der die Koordinate

$$\xi = \frac{m_1 x_1 + m_2 x_2 + \ldots + m_n x_n}{m_1 + m_2 + \ldots + m_n} \quad \text{oder} \quad \xi = \frac{\Sigma m x}{M} \qquad \text{(c)}$$

hat. Die x_i sind die Abstände der einzelnen Massenpunkte P_i vom Bezugspunkt und werden von diesem aus gemessen, positiv nach der einen Seite, negativ nach der anderen; die m_i sind die Massen dieser einzelnen Massenpunkte P_i; die $m_i x_i$ ihre Momente für den Bezugspunkt O; $M = \Sigma m$ ist die Gesamtmasse des Systems; die Summe der Einzelmomente der Massenpunkte

$$D = m_1 x_1 + m_2 x_2 + \ldots + m_n x_n \quad \text{oder} \quad D = \Sigma m x \qquad \text{(d)}$$

nennt man das Moment des Massensystems oder des Körpers bezüglich des Nullpunktes O. Die Mechanik weist nach, daß durch die Definition (c) der Schwerpunkt des Körpers bestimmt ist und schreibt diese Definition dann in der praktischeren Form des Schwerpunktsatzes

$$M\,\xi = \Sigma\,m\,x \tag{e}$$

an. Denkt man sich die ganze Masse des Systemes im Schwerpunkt vereinigt, so wäre durch $M\,\xi$ das Moment dieses Massenmittelpunktes für den Bezugspunkt O gegeben.

Aufgabe a) Welches ist die Bedingung dafür, daß der Nullpunkt Schwerpunkt ist?

Lösung: Wegen $\xi = 0$ muß $\Sigma\,m\,x = 0$ sein.

Aufgabe b) Gesucht ist der Schwerpunkt des Massensystems der Abb. 30, wenn $m_1 = 2$, $m_2 = 3$, $m_3 = 8$.

Lösung: Man liest aus der Abbildung $x_1 = 1{,}5$, $x_2 = -1$, $x_3 = 3{,}5$ und erhält nach dem Schwerpunktsatz $\xi = 28 : 13$.

Punkt und Punktsystem in rechtwinkligen Koordinaten. Massensystem in der Ebene.

65. In einer gegebenen Ebene gibt es ∞^2 Punkte, die Lage eines bestimmten Punktes ist also durch zwei Bedingungen gegeben. Oder in anderer Ausdrucksweise: In einer gegebenen Ebene hat der Punkt zwei Freiheitsgrade oder zwei Bewegungsmöglichkeiten, er hat zwei Koordinaten. Um daher unter den ∞^2 verschiedenen Punkten der Ebene einen bestimmten Punkt herauszugreifen, d. h. seine Lage festzustellen, muß man zwei Angaben über ihn machen. Um innerhalb eines gegebenen Rechteckes, etwa einer Zimmerwand, einen bestimmten Punkt P festzulegen, siehe Abb. 31, wird man wohl praktisch meist seine Entfernungen von zwei Kanten, etwa der unteren und rechten, angeben. Diese zwei Zahlen nennt man die Koordinaten des Punktes innerhalb des gegebenen Rechteckes. Natürlich hat man noch andere Möglichkeiten, die Lage des Punktes genau anzugeben, etwa indem man seine Entfernungen von den Eckpunkten A und B des Rechteckes feststellt,

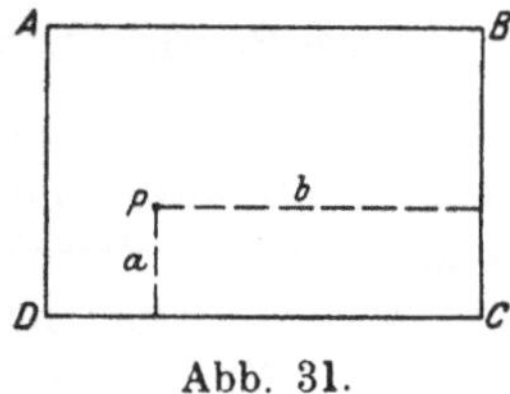

Abb. 31.

oder indem man die Winkel mißt, die die Strecken PA und PB mit der Kante AB einschließen. Letzterer Fall kommt praktisch etwa vor, wenn das gegebene Rechteck ein größeres Grundstück ist.

Um in der nach allen Richtungen sich unendlich ausdehnenden Ebene die Lage eines ausgewählten Punktes P festzulegen, wird man, an die erste Lagenfeststellung des Rechteckpunktes der Abb. 31 anknüpfend, in der Ebene zwei zueinander senkrechte Gerade auswählen und ein für allemal festhalten. Diese zwei Ge raden bilden dann das Koordinatensystem der Ebene, ihr Schnittpunkt O heißt Nullpunkt oder Anfangspunkt der Ebene. Man wird, um den Punkt festzulegen, seine Entfernungen von den beiden festen Geraden messen und diese beiden Maßzahlen seine Koordinaten nennen.

Das so vorgeschlagene Koordinatensystem heißt Descartessches oder cartesi(ani)sches Koordinatensystem. Man nennt die beiden festen Achsen Koordinatenachsen, und zwar die eine (für den Beschauer meist horizontal liegende) die x-Achse oder Abszissenachse, die andere y-Achse oder Ordinatenachse. Die Entfernung y des Punktes von der x-Achse nennt man seine Ordinate oder sein y kurzweg, die Entfernung x von der y-Achse seine Abszisse oder sein x. Die im folgenden stets gebrauchte Schreibweise $P = x \mid y$ bedeutet: P hat die Abszisse x und die Ordinate y. Nach Abb. 32 heißt also $P = 4 \mid 2$ soviel wie Punkt P hat die Abszisse 4 und die Ordinate 2, oder sein x ist 4, sein y ist 2.

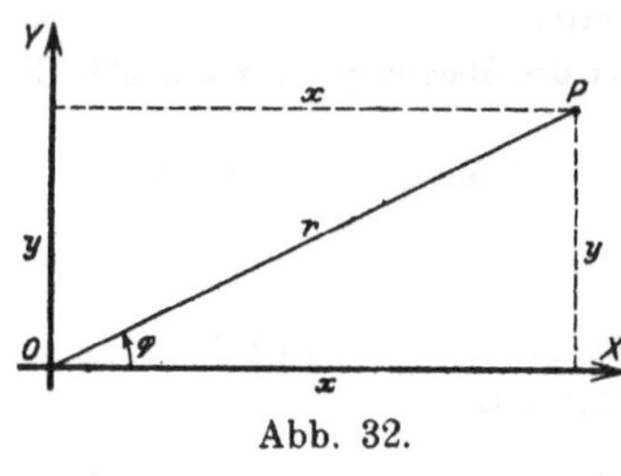
Abb. 32.

Der Wert des eingeführten Koordinatensystems unter den verschiedenen anderen gebräuchlichen Koordinatensystemen wird später noch erläutert werden. Zunächst sei anknüpfend an die Erörterung in Nr. 56 als Definition der rechtwinkligen Koordinaten eingeführt:

Cartesische Koordinaten (oder Parallelkoordinaten) des Punktes P sind die Wege vom Nullpunkt zum Punkt P in Richtung der Koordinatenachsen. (a)

Der Richtungssinn der Koordinatenachsen ist wie üblich derart festgesetzt, daß man auf der (horizontalen) x-Achse nach rechts, auf der (lotrechten) y-Achse nach oben positiv zählt. Der Pfeil der Koordinatenachsen soll stets den positiven Richtungssinn angeben. Mit dieser Festsetzung sind die Koordinaten der vier Punkte der Abb. 33, die alle gleichen Abstand von beiden Achsen haben,

$$P_1 = +4 \mid +2, \quad P_2 = -4 \mid +2, \quad P_3 = -4 \mid -2, \quad P_4 = +4 \mid -2.$$

Durch die beiden Koordinatenachsen ist die ganze Ebene in vier Gebiete oder Quadranten abgeteilt, die sich nach den Vorzeichen benennen lassen, die die Koordinaten der einzelnen Punkte in ihnen haben. Gewöhnlich bezeichnet man den Quadranten, der die Koordinatenvorzeichen $+\; +$ hat, als ersten Quadranten oder als

Quadranten $+\,+$, entsprechend den zweiten Quadranten durch $-\,+$, den dritten durch $-\,-$, den vierten durch $+\,-$, so wie das auch in Abb. 33 angedeutet ist. Die Reihenfolge der Quadrantenbenennungen wird erhalten, wenn man um den Nullpunkt im positiven Sinn herumgeht, in der Mathematik also linksum.

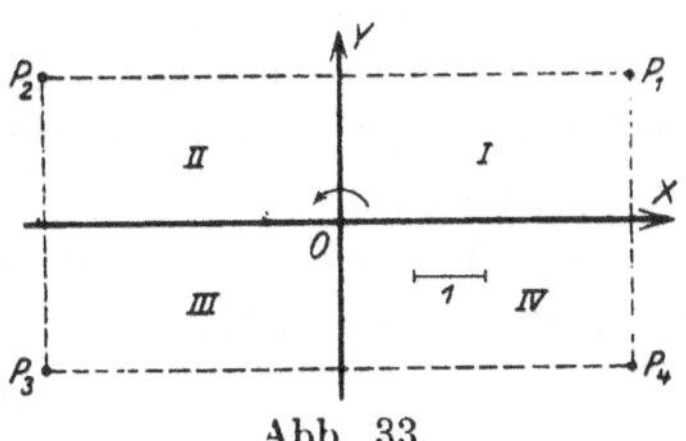

Abb. 33.

Den Fahrstrahl r vom Nullpunkt zum untersuchten Punkt P, siehe Abb. 32, nennt man den Radiusvektor dieses Punktes. Dieser Radiusvektor ist stets positiv zu zählen und zwar vom Nullpunkt zum betrachteten Punkt (wenn besondere Verhältnisse zu einer anderen Annahme zwingen, wird noch darauf hingewiesen werden), so daß

$$r = \underset{(-)}{+}\ \sqrt{x^2 + y^2}, \qquad\qquad\text{(b)}$$

das Vorzeichen der Wurzel also unbeachtet bleibt.

Es haben demnach die Punkte P_1, P_2, P_3, P_4 der Abb. 33 alle den gleichen Radiusvektor.

$$r_1 = r_2 = r_3 = r_4 = \sqrt{16 + 4} = 2\sqrt{5}$$

Den Winkel φ von der x-Achse zum Radiusvektor, in positivem Sinn d. h. linksum gezählt, nennt man den Richtungswinkel des Radiusvektor. Nun rechnet man in der analytischen Geometrie mehr mit den Winkelfunktionen als mit den Winkeln selbst, speziell wird in der Geometrie der Ebene die Tangensfunktion fast ausschließlich gebraucht. Man denke nur an die in der Technik gebräuchlichen Bezeichnungen: Steigung gleich der Tangente des Steigungswinkels, Böschung gleich der Tangensfunktion des Böschungswinkels. So definiert man auch: Richtung des Radiusvektor ist die Tangente des Richtungswinkels φ. Wenn man also diese Richtung mit λ bezeichnet, so gilt

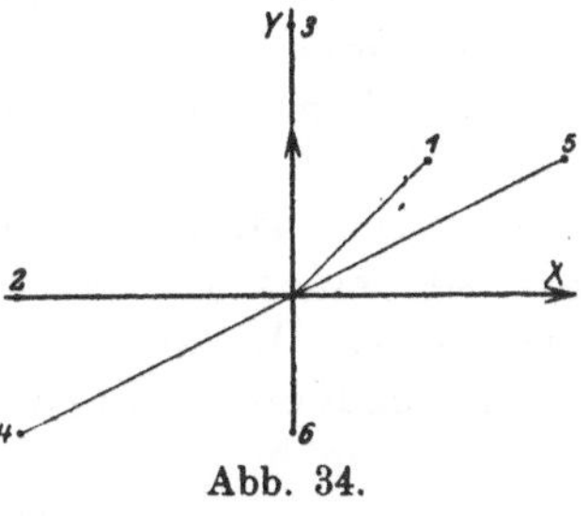

Abb. 34.

$$\lambda = \operatorname{tg}\varphi = \frac{y}{x} \qquad\qquad\text{(c)}$$

Aufgabe a) Man gebe die Koordinaten der Punkte P_1, P_2, P_3, P_4, P_5, P_6 der Abb. 34 an, ferner ihre Radienvektoren, sowie deren Richtungswerte.

Lösung: Durch Abmessen findet man $P_1 = 1\,|\,1$, $P_2 = -2\,|\,0$, $P_3 = 0\,|\,2$, $P_4 = -2\,|\,-1$, $P_5 = 2\,|\,1$, $P_6 = 0\,|\,-1$. Nach (b) und (c) findet man die Radienvektoren und die Richtungswerte $\operatorname{tg}\varphi$:

8*

$$r_1 = \sqrt{2}, \qquad r_2 = 2, \qquad r_3 = 2, \qquad r_4 = \sqrt{5}, \qquad r_5 = \sqrt{5}, \qquad r_6 = 1.$$

$$\operatorname{tg}\varphi_1 = 1, \quad \operatorname{tg}\varphi_2 = 0, \quad \operatorname{tg}\varphi_3 = \infty, \quad \operatorname{tg}\varphi_4 = \tfrac{1}{2}, \quad \operatorname{tg}\varphi_5 = \tfrac{1}{2}, \quad \operatorname{tg}\varphi_6 = \infty.$$

Beispiel a) Wenn $x \mid y$ die Koordinaten eines gegebenen Punktes sind, wie lassen sich dann die Koordinaten eines auf der nämlichen Geraden durch den Nullpunkt liegenden Punktes P' nach x und y ausdrücken?

Die Koordinaten dieses andern Punktes sind die Vielfachen der Koordinaten des gegebenen Punktes, also ist, siehe Abb. 35.

$$P' = \varrho x \mid \varrho y, \tag{d}$$

wo ϱ durch die spezielle Lage noch gegeben ist.

Beispiel b) Wie viele Richtungen gibt es in der Ebene? Wie viele unendlich ferne Punkte gibt es in der Ebene? Wodurch wird man die einzelnen unendlich fernen Punkte der Ebene unterscheiden?

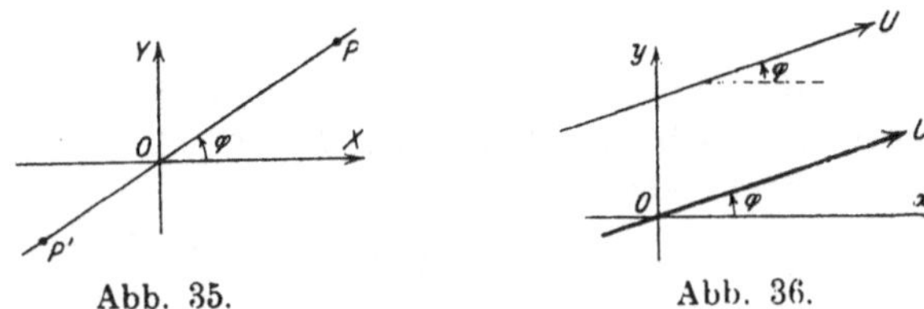

Abb. 35.　　　　　　　　　Abb. 36.

Zu jeder Geraden der Ebene gibt es eine parallele Gerade durch den Nullpunkt, also gibt es so viele Richtungen als es Gerade durch den Nullpunkt gibt, nämlich ∞^1. Dann muß es aber auch ∞^1 unendlich ferne Punkte in der Ebene geben, da man auf parallelen Geráden immer zum nämlichen unendlich fernen Punkt U kommt, siehe Abb. 36. Die einzelnen unendlich fernen Punkte der Ebene werden sich darin gleichen. daß sie alle den Radiusvektor ∞ haben, und sie werden sich dadurch unterscheiden, daß diese Radienvektoren verschiedene Richtungen haben. Man wird also im Fall der Abb. 36 sagen, die Koordinaten des unendlich fernen Punktes U sind gegeben durch

$$U = \varrho \cos\varphi \mid \varrho \sin\varphi, \tag{e}$$

wo ϱ den Wert ∞ und φ einen gegebenen Wert hat.

Aufgabe b) Welche Koordinaten haben die Punkte auf dem Radiusvektor OP_1 der Abb. 34, speziell der unendlich ferne Punkt? Die letzte Frage beantworte man auch für die übrigen Radienvektoren dieser Abbildung.

Lösung: $P_1 = 1 \mid 1$, also haben die Punkte auf dem Radiusvektor OP_1 oder in dessen Verlängerung die Koordinaten $\varrho \cdot 1 \mid \varrho \cdot 1$. Der unendlich ferne Punkt in der Richtung OP_1 ist $U_1 = \varrho \mid \varrho$, wo $\varrho = \infty$ ist.

Die unendlich fernen Punkte in Richtung der übrigen Radienvektoren sind, $\varrho = \infty$ vorausgesetzt, $U_2 = -2\varrho \mid 0 \cdot \varrho$ oder $U_2 = -2\varrho \mid b$, wo b jeden beliebigen Wert haben kann; $U_3 = 0 \cdot \varrho \mid 2\varrho$ oder $U_3 = a \mid 2\varrho$, wo a beliebig ist; $U_4 = -2\varrho \mid -\varrho$; $U_5 = 2\varrho \mid \varrho$; $U_6 = 0 \cdot \varrho \mid -\varrho$ oder $U_6 = a \mid -\varrho$, wo a beliebig ist.

66. Mit Einführung der rechtwinkligen Koordinaten ergibt sich recht einfach nachfolgende Definition der trigonometrischen Funktionen eines Winkels oder Bogens φ, nämlich

Sinus ist das Verhältnis von Ordinate
  zu Radiusvektor . . . . $\sin \varphi = y : r,$
Kosinus ist das Verhältnis von Abszisse
  zu Radiusvektor . . . . $\cos \varphi = x : r,$ (a)
Tangens ist das Verhältnis von Ordinate
  zu Abszisse . . . . $\operatorname{tg} \varphi = y : x,$
Kotangens ist das Verhältnis von Abszisse zu Ordinate . . . . $\operatorname{cotg} \varphi = x : y.$

Gegenüber der bekannten Definition der trigonometrischen Funktionen in der Elementarmathematik hat die vorstehende den Vorteil, daß sie für alle Winkel anwendbar ist, auch für solche, die gleich oder größer als $\tfrac{1}{2}\pi$ sind. Um also die trigonometrischen Funktionen eines gegebenen Winkels oder Bogens zu finden, zeichnet man mit diesem Winkel bzw. Bogen einen Radiusvektor und wählt auf ihm irgendeinen Punkt P aus. Mit Angabe von x, y, r dieses Punktes ist die Aufgabe gelöst.

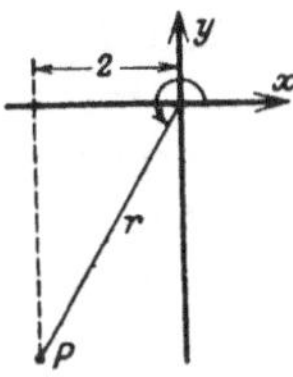

Abb. 37.
L. E. 5 mm.

Um etwa die Funktionen des Winkels 240^0 aufzufinden, zieht man einen Radiusvektor unter diesem Winkel und nimmt auf diesem Radiusvektor irgendeinen Punkt P an, etwa $r = 4$ nach Abb. 37, so daß $P = -2 \mid -2\sqrt{3}$, dann ist

$$\sin 240^0 = \frac{y}{r} = -\tfrac{1}{2}\sqrt{3}, \qquad \cos 240^0 = \frac{x}{r} = -\tfrac{1}{2},$$

$$\operatorname{tg} 240^0 = \frac{y}{x} = \sqrt{3}, \qquad \operatorname{cotg} 240^0 = \frac{x}{y} = \tfrac{1}{3}\sqrt{3}.$$

Aufgabe a) Man gebe die Funktionen der Winkel 90^0, 180^0, 135^0, 210^0, -45^0 an.

Lösung: Man zieht, wie angegeben, Radienvektoren mit diesen Winkeln und wählt auf ihnen je einen beliebigen Punkt, siehe Abb. 38, etwa so, daß

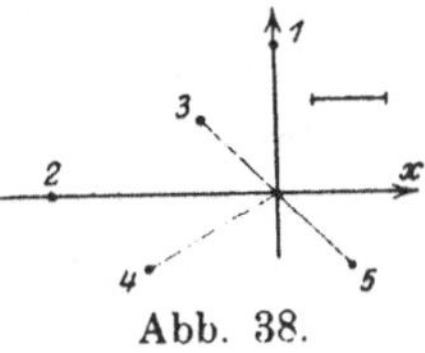

Abb. 38.

$$P_1 = 0 \mid 2, \quad r_1 = 2, \quad P_2 = -3 \mid 0, \quad r_2 = 3, \quad P_3 = -1 \mid 1, \quad r_3 = \sqrt{2},$$
$$P_4 = -\sqrt{3} \mid -1, \quad r_4 = 2, \quad P_5 = 1 \mid -1, \quad r_5 = \sqrt{2}.$$

Die gesuchten Werte findet man so wie in Tabelle zusammengestellt.

	90°	180°	135°	210°	— 45°
sin	$+1$	0	$+\frac{1}{2}\sqrt{2}$	$-\frac{1}{2}$	$-\frac{1}{2}\sqrt{2}$
cos	0	-1	$-\frac{1}{2}\sqrt{2}$	$-\frac{1}{2}\sqrt{3}$	$+\frac{1}{2}\sqrt{2}$
tg	∞	0	-1	$+\frac{1}{3}\sqrt{3}$	-1
cotg	0	∞	-1	$+\sqrt{3}$	-1

67. In der x, y-Ebene sei der Punkt P, siehe Abb. 32, wieder Träger einer Masse m, also ein materieller Punkt oder Massenpunkt. Spielen bei Aufgaben über Massenpunkte die Lagenverhältnisse dieser Punkte eine Rolle, so muß man die Koordinaten x, y der Massenpunkte mit hinzunehmen. Man führt dann entsprechend der Definition in Nr. 64 die Begriffe mx und my als statische Momente der Masse m ein und nennt mx das statische Moment für die y-Achse und my das statische Moment für die x-Achse. Die x- und y-Achse nennt man in diesem Zusammenhang auch Bezugsachsen, weil man die ganze Lage des Massensystems auf sie bezieht.

Ein Punkthaufen in der Ebene bestehe aus den materiellen Punkten P_1, P_2, ... P_n, die also Träger der Massenteilchen m_1, m_2, ... m_n sind. Das System dieser Massenpunkte nennt man, unter der Voraussetzung, daß sie unter sich unverschieblich sind, eine Scheibe; im praktischen Fall werden deren einzelne Punkte meist kontinuierlich aufeinanderfolgen; für die angegebenen Definitionen und Sätze ist diese Voraussetzung aber nicht notwendig. Die Gesamtmasse dieser Scheibe ist unabhängig von dem gewählten Koordinatensystem und unabhängig von der Verteilung der einzelnen Punkte

$$M = \Sigma m = m_1 + m_2 + \ldots + m_n.$$

Kommt aber auch noch die Lage der Massenpunkte in Betracht, dann wird man wieder wie in Nr. 64 ein Koordinatensystem einführen und

$$\begin{aligned} D_x &= \Sigma m y = m_1 y_1 + m_2 y_2 + \ldots + m_n y_n \\ D_y &= \Sigma m x = m_1 x_1 + m_2 x_2 + \ldots + m_n x_n \end{aligned} \qquad \text{(a)}$$

das statische Moment des Massensystems M bezüglich der x-Achse bzw. y-Achse nennen.

Zum Begriff und zur Festsetzung des Massenmittelpunktes oder Schwerpunktes gelangt man wieder wie in Nr. 64 durch den Schwerpunktsatz der Mechanik,

$$M s = \Sigma m r, \qquad \text{(b)}$$

wo $m_1, m_2, \ldots m_n$ die Massen der einzelnen Massenpunkte P_1, P_2, ... sind, ferner $r_1, r_2, \ldots$ deren Abstände von einer beliebig gewählten Geraden, $M = \Sigma m$ die Gesamtmasse und s der Abstand des Schwerpunktes von dieser Geraden. Jede Gerade durch den Schwerpunkt nennt man eine **Schwerlinie**; da der Schwerpunkt von ihr den Abstand $s = 0$ hat, so ist die Bedingung für eine Schwerlinie

$$\Sigma\, mr = 0. \tag{c}$$

Wählt man die x- und y-Achse als Bezugsachsen, so nimmt der Schwerpunktsatz die Form an

$$M\xi = \Sigma\, mx, \qquad M\eta = \Sigma\, my. \tag{d}$$

Beispiel a) Sind die Punkte $P_1 = 1\,|\,2$, $P_2 = 1\,|\,-1$, $P_3 = -1\,|\,1$, $P_4 = 2,5\,|\,1$ der Ebene Träger der Massen 2, 1, 3, 4, so ist für dieses Massensystem

$$M = \Sigma\, m = 2 + 1 + 3 + 4 = 10,$$

$$D_y = \Sigma\, mx = 2 + 1 - 3 + 10 = 10, \quad D_x = \Sigma\, my = 4 - 1 + 3 + 4 = 10,$$

also nach der vorausgehenden Formel

$$\xi = 1, \qquad \eta = 1,$$

und somit der Schwerpunkt $S = 1\,|\,1$.

Aufgabe a) Die Ecken eines Polygons $P_1 P_2 \ldots P_n$ tragen alle die gleiche Masse m; gesucht ist der Schwerpunkt $\xi\,|\,\eta$ dieses Systems.

Lösung: Sind $x_i\,|\,y_i$ die Koordinaten von P_i, so wird

$$M = \Sigma\, m = n \cdot m, \qquad D_y = \Sigma\, mx = m \cdot \Sigma\, x, \qquad D_x = \Sigma\, my = m \cdot \Sigma\, y,$$

also nach dem Schwerpunktsatz

$$\xi = \frac{1}{n}\Sigma\, x, \qquad \eta = \frac{1}{n}\Sigma\, y.$$

Aufgabe b) Wie groß müssen die Koordinaten $\xi\,|\,\eta$ von P_4 sein, wenn der Schwerpunkt des Massensystems: $m_1 = 2$ in $P_1 = 1\,|\,1$, $m_2 = 3$ in $P_2 = 1\,|\,-2$, $m_3 = 4$ in $P_3 = 0\,|\,-4$, $m_4 = 2$ in P_4, nach P_4 fallen soll?

Lösung: Nach dem Schwerpunktsatz wird

$$M\xi = m_1 x_1 + m_2 x_2 + m_3 x_3 + m_4 \xi, \qquad M\eta = m_1 y_1 + m_2 y_2 + m_3 y_3 + m_4 \eta,$$

aus beiden Gleichungen ermittelt man $\xi = 5:9$, $\eta = -20:9$.

Vektor. Vektorensumme.

68. Die unbenannten oder benannten Größen der Mathematik und Mechanik lassen sich unterscheiden als **richtungslose** oder **skalare** Größen (**Skalare**), das sind solche Größen, denen nur ein durch eine einzige Zahl (in umkehrbarer Weise eindeutig) darstellbarer Mengenbegriff innewohnt, z. B. Zeit, Masse, Wärme usw., und als **gerichtete** oder **vektorielle** Größen (**Vektoren**), denen neben dem Mengenbegriff auch eine Richtung zukommt, z. B. Weg, Geschwindigkeit, Kraft usw. Im folgenden sollen Skalare mit lateinischen Buchstaben, Vektoren mit fettgedruckten gotischen bezeichnet werden, z. B. $\mathfrak{z}$, $\mathfrak{v}$, $\mathfrak{B}$, $\mathfrak{A}$, $\mathfrak{a}$.

Ist die Berechtigung gegeben, sich eine Strecke als Bild einer gewöhnlichen Zahl vorzustellen, dann wird die in einem bestimmten Sinn durchlaufene **gerichtete** Strecke das Bild eines Vektors sein; die Maßzahl dieser Strecke ist unter Berücksichtigung des Darstellungsmaßstabes die gleiche wie die des Vektors, die Richtung der Strecke ist dieselbe wie die des Vektors, der Pfeil der Strecke gibt den Richtungssinn des Vektors an. Nicht zur Darstellung gebracht wird also durch die mit Pfeil versehene Strecke die **Lage** des Vektors im Raum. Solche Vektoren, bei denen die Lage belanglos ist, unterscheidet man als **freie** Vektoren von den **gebundenen** Vektoren, zu deren Kennzeichnung noch ein die Lage bestimmendes Element hinzukommen muß.

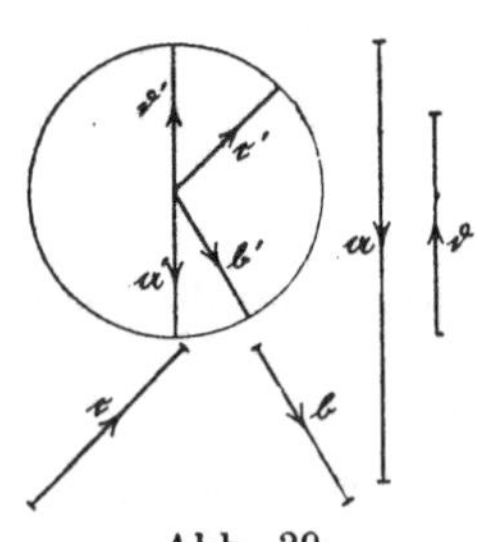

Abb. 39.

Einheitsvektoren sind Vektoren, deren Zahlenwert 1 ist; dargestellt wird also der Einheitsvektor durch eine Strecke gleich der Längeneinheit (die man natürlich willkürlich wählen kann). In der Ebene gibt es ∞^1 Einheitsvektoren, im Raum ∞^2; trägt man alle Einheitsvektoren der Ebene bzw. des Raumes von einem festen Punkt aus ab, so bilden die Endpunkte einen Kreis bzw. eine Kugelfläche vom Radius 1. In Abb. 39 sind $\mathfrak{a}'$, $\mathfrak{b}'$, $\mathfrak{c}'$, $\mathfrak{d}'$ willkürlich ausgewählte Einheitsvektoren der Ebene.

Jeder Vektor ist das Vielfache eines Einheitsvektors; nach bbildung ist z. B.

$$\mathfrak{a} = 3\,\mathfrak{a}', \qquad \mathfrak{b} = 1{,}2\,\mathfrak{b}', \qquad \mathfrak{c} = 1{,}5\,\mathfrak{c}', \qquad \mathfrak{d} = 1{,}5\,\mathfrak{d}'$$

Jene Zahl, die angibt, wieviel mal so groß ein Vektor ist als der mit ihm gleichgerichtete Einheitsvektor, heißt der **Betrag** (oder **Zahlenwert**, auch **Tensor**) des Vektors. Den Betrag nimmt man stets positiv. Nach Abb. 39 ist also 3 der Betrag, $\mathfrak{a}'$ der Einheitsvektor des Vektors $\mathfrak{a}$ usw. Damit ergibt sich:

Jeder Vektor ist gleich Betrag mal Einheitsvektor. $\qquad\qquad$ (a)

Zwei Vektoren $\mathfrak{U} = U \cdot \mathfrak{u}$ und $\mathfrak{B} = V \cdot \mathfrak{v}$ können demnach gemeinsam haben:

a) nur den Betrag, also $U = V$,

b) nur den Einheitsvektor, also $\mathfrak{u} = \mathfrak{v}$,

c) Betrag und Einheitsvektor, also $U = V$, $\mathfrak{u} = \mathfrak{v}$;

in letzterem Fall heißt man die Vektoren gleich und schreibt $\mathfrak{U} = \mathfrak{B}$.

Zwei Vektoren heißen entgegengesetzt gleich, wenn sie gleiche Beträge, aber entgegengesetzt gleiche Einheitsvektoren haben. Wenn also $\mathfrak{U} = -\mathfrak{B}$, so heißt dies $U = V$, $\mathfrak{u} = -\mathfrak{v}$.

Wählt man in der Ebene willkürlich zwei zueinander senkrechte Richtungen aus und hält sie für die Dauer der Untersuchung fest, so sollen die Einheitsvektoren in diesen zwei ausgezeichneten Richtungen Grundvektoren genannt und mit $\mathfrak{i}_1$, $\mathfrak{i}_2$ bezeichnet werden, siehe Abb. 40.

Entsprechend hat man im Raum drei Grundvektoren $\mathfrak{i}_1$, $\mathfrak{i}_2$, $\mathfrak{i}_3$ in drei zueinander senkrechten willkürlichen ausgewählten Richtungen.

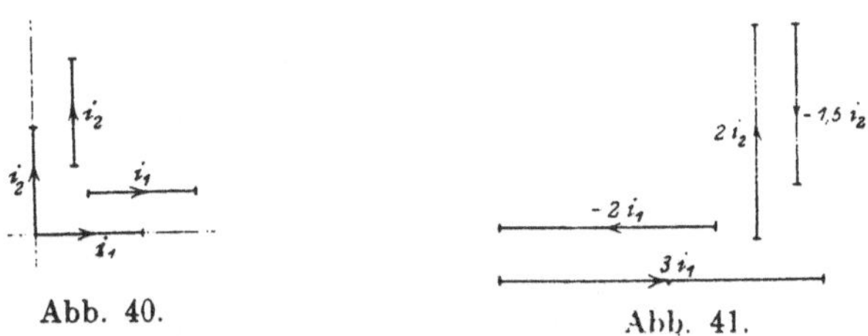

Abb. 40.   Abb. 41.

Beispiel a) Man zeichne die Vektoren

$$3\mathfrak{i}_1, \quad -2\mathfrak{i}_1, \quad 2\mathfrak{i}_2, \quad -1{,}5\mathfrak{i}_2.$$

Wenn die beiden Grundrichtungen als bekannt vorausgesetzt werden, hier $\mathfrak{i}_1$ horizontal nach rechts, $\mathfrak{i}_2$ dazu senkrecht nach oben, gibt Abb. 41 die Zeichnung.

69. Die elementaren Rechnungsoperationen mit ·Vektoren bezwecken eine möglichst sinnfällige Darstellung von wichtigen Größen der Mechanik und von diesen hergeleiteten Größen: Resultante, Arbeit, Moment usw. Durch diese Absicht erklären sich die in den folgenden Zeilen eingeführten Definitionen von Summe oder Produkt zweier Vektoren.

Anknupfend an die Darstellung der elementaren Summe $a + b$ zweier Zahlen a und b durch die Strecke OE der Abb. 42 definiert man die Summe $\mathfrak{A} + \mathfrak{B}$ (auch geometrische oder graphische Summe genannt) der Vektoren $\mathfrak{A}$ und $\mathfrak{B}$ als einen Vektor, den man folgendermaßen erhält, siehe Abb. 43:

Abb. 42.

Man trägt von einem willkürlich gewählten Anfangspunkt O aus zuerst den Vektor $\mathfrak{A}$ und von dessen Endpunkt aus den Vektor $\mathfrak{B}$ an, dessen Endpunkt wieder E sei. ·Dann ist der·Vektor von O nach E die Summe $\mathfrak{A} + \mathfrak{B}$.

(a)

Anmerkung. Dem Anfänger wird geraten, stets „graphische Summe" oder „geometrische Summe" zu sagen, nicht kurzweg Summe; auch stets zu sagen, der Vektor von O nach E, nicht schlechtweg Strecke oder Verbindungsstrecke OE. Ebenso stelle er sich einen Vektor stets als einen im Pfeilsinn durchlaufenen Weg vor, nicht kurzweg als Strecke.

Die Summe $\mathfrak{B} + \mathfrak{A}$ der Abb. 43 ist nach Definition durch den nämlichen Vektor von O nach E dargestellt wie die Summe $\mathfrak{A} + \mathfrak{B}$; damit ergibt sich

$$\mathfrak{A} + \mathfrak{B} = \mathfrak{B} + \mathfrak{A}, \tag{b}$$

d. h. die Reihenfolge der Summanden ist belanglos.

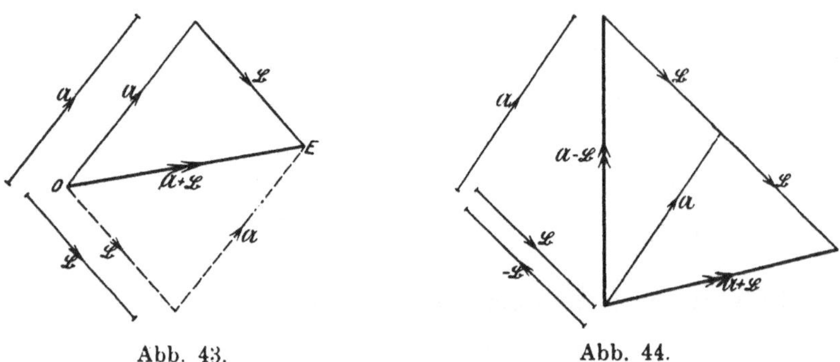

<table>
<tr><td>Abb. 43.</td><td>Abb. 44.</td></tr>
</table>

Ebenso ist ohne weiteres ersichtlich, daß

$$\mathfrak{A} + (\mathfrak{B} + \mathfrak{C}) = (\mathfrak{A} + \mathfrak{B}) + \mathfrak{C}. \tag{c}$$

Die Operation $\mathfrak{A} - \mathfrak{B}$ kann man entweder als Differenz definieren, d. h. als gesuchten Summanden, oder als Summe der Vektoren $\mathfrak{A}$ und $-\mathfrak{B}$, wobei, wie die Abb. 44 ersichtlich macht, der Vektor $-\mathfrak{B}$ entgegengesetzt gleich ist dem Vektor $+\mathfrak{B}$. In Abb. 44 ist noch zum Vergleich die Summe $\mathfrak{A} + \mathfrak{B}$ und die Summe $\mathfrak{A} - \mathfrak{B}$ eingetragen.

Aufgabe a) mit d) Gegeben sind durch Abb. 45 die Vektoren $\mathfrak{A}, \mathfrak{B}, \mathfrak{C}, \mathfrak{D}$. Man zeichne die Vektoren $\mathfrak{B}_1 = \mathfrak{A} + \mathfrak{B} + \mathfrak{C} + \mathfrak{D}$, $\mathfrak{B}_2 = \mathfrak{A} + \mathfrak{B} + \mathfrak{C} - \mathfrak{D}$, $\mathfrak{B}_3 = \mathfrak{A} - \mathfrak{B} + \mathfrak{C} - \mathfrak{D}$, $\mathfrak{B}_4 = -\mathfrak{A} - \mathfrak{B} + \mathfrak{C} + \mathfrak{D}$.

Lösung: durch die Abb. 46 mit 49.

Aufgabe e) mit h) Man zeichne die Vektoren $\mathfrak{v}_1 = \mathfrak{i}_1 + 2\mathfrak{i}_2$, $\mathfrak{v}_2 = 1,5\,\mathfrak{i}_1 - 2\,\mathfrak{i}_2$, $\mathfrak{v}_3 = -0,5\,\mathfrak{i}_1 - 1,5\,\mathfrak{i}_2$, $\mathfrak{v}_4 = \mathfrak{i}_1\sqrt{2} - \mathfrak{i}_2\sqrt{3}$.

Lösung: durch Abb. 50 mit 53.

70. Die Definition (69a) und die Abb. 44 mit 53 machen ohne weiteres klar:

Jeder Summensatz wird durch ein Polygon dargestellt,

und umgekehrt.

Jedes (ebene oder windschiefe) Polygon kann
als Bild eines Summensatzes betrachtet werden.   (a)

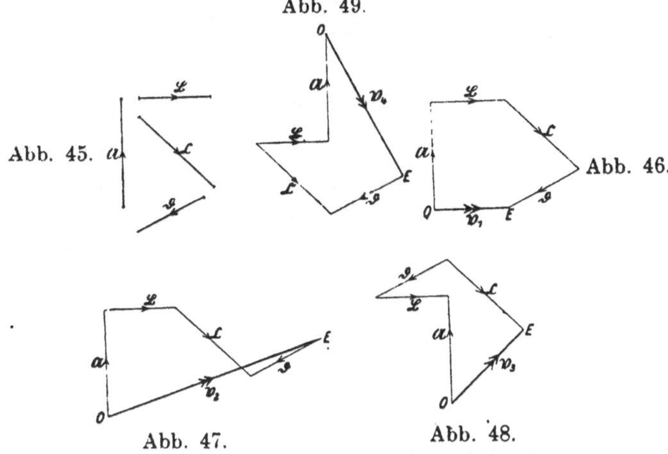

So kann man z. B. das Polygon der Abb. 46 lesen

$$\mathfrak{B}_1 = \mathfrak{A} + \mathfrak{B} + \mathfrak{C} + \mathfrak{D},$$

wenn man Anfangspunkt O und Endpunkt E so wählt, wie in dieser Figur angegeben. Oder

$$\mathfrak{A} + \mathfrak{B} + \mathfrak{C} + \mathfrak{D} - \mathfrak{B}_1 = 0,$$

wenn man den Endpunkt E in den Anfangspunkt O verlegt denkt; oder

$$\mathfrak{B} + \mathfrak{C} + \mathfrak{D} = -\mathfrak{A} + \mathfrak{B}_1,$$

wenn man als Anfangspunkt den Endpunkt des Vektors $\mathfrak{A}$ wählt und als Schlußpunkt E den Endpunkt des Vektors $\mathfrak{D}$. Natürlich sind die beiden letzten Schreibweisen nur Umformungen der ersten.

Wie man aus zwei oder mehreren Vektoren durch geometrische Summierung einen neuen Vektor erhält, so kann man umgekehrt jeden Vektor in zwei oder mehrere andere zerlegen; die so gewonnenen Vektoren heißen die Komponenten des gegebenen Vektors. So kann man sich etwa vorstellen, daß der Vektor $\mathfrak{B}_1$ der Abb. 46 gegeben ist, und daß er nach dieser Abbildung in die Komponenten $\mathfrak{A}, \mathfrak{B}, \mathfrak{C}, \mathfrak{D}$ zerlegt wurde.

Meist kommt man in die Lage, einen Vektor in Komponenten parallel den willkürlich gewählten oder irgendwie vorgeschriebenen zwei Grundrichtungen der Ebene bzw. den drei Grundrichtungen des Raumes zerlegen zu müssen.

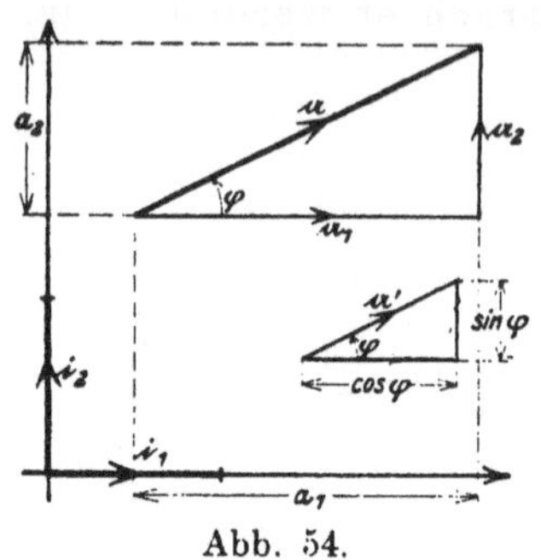

Abb. 54.

Schließt in der Ebene ein Einheitsvektor $\mathfrak{a}'$ mit der ersten Grundrichtung den Winkel φ ein, so ergibt sich nach Abb. 54

$$\mathfrak{a}' = \mathfrak{i}_1 \cos \varphi + \mathfrak{i}_2 \sin \varphi, \qquad \text{(b)}$$

wo also $1 \cdot \cos \varphi$ und $1 \cdot \sin \varphi$ die Projektionen des Einheitsvektors auf die beiden Grundrichtungen und demgemäß $\mathfrak{i}_1 \cos \varphi$ und $\mathfrak{i}_2 \sin \varphi$ die Komponenten in diesen Grundrichtungen sind.

Sind a_1, a_2 die Projektionen eines gegebenen Vektors $\mathfrak{a}$ auf die vorgeschriebenen zwei Grundrichtungen der Ebene, so sind die Komponenten dieses Vektors $\mathfrak{a}_1 = \mathfrak{i}_1 a_1$, $\mathfrak{a}_2 = \mathfrak{i}_2 a_2$, also

$$\mathfrak{a} = \mathfrak{a}_1 + \mathfrak{a}_2 = \mathfrak{i}_1 a_1 + \mathfrak{i}_2 a_2$$
$$= a\,(\mathfrak{i}_1 \cos \varphi + \mathfrak{i}_2 \sin \varphi) = a\,\mathfrak{a}',$$

wenn $\mathfrak{a}'$ der Einheitsvektor von $\mathfrak{a}$ ist, so wie Abb. 54 angibt. Der Vektor $\mathfrak{a}$ hat den Betrag $a = {}_{(\pm)}\sqrt{a_1{}^2 + a_2{}^2}$.

Beispiel a) Welche Beziehung besteht zwischen zwei aufeinander senkrechten Vektoren $\mathfrak{a}$ und $\mathfrak{b}$ vom gleichen Betrag a?

Für ihre Einheitsvektoren gilt, da ihre Richtungen φ und $\varphi + \tfrac{1}{2}\pi$,

$$\mathfrak{a}' = \mathfrak{i}_1 \cos \varphi + \mathfrak{i}_2 \sin \varphi, \qquad \pm \mathfrak{b}' = - \mathfrak{i}_1 \sin \varphi + \mathfrak{i}_2 \cos \varphi$$

und damit für sie selbst

$$\mathfrak{a} = \quad \mathfrak{a}' \cdot a = \quad \mathfrak{i}_1 a \cos \varphi + \mathfrak{i}_2 a \sin \varphi,$$
$$\pm \mathfrak{b} = \pm \mathfrak{b}' \cdot a = - \mathfrak{i}_1 a \sin \varphi + \mathfrak{i}_2 a \cos \varphi$$

oder

$$\mathfrak{a} = \mathfrak{i}_1 a_1 + \mathfrak{i}_2 a_2, \qquad \pm \mathfrak{b} = - \mathfrak{i}_1 a_2 + \mathfrak{i}_2 a_1. \qquad \text{(c)}$$

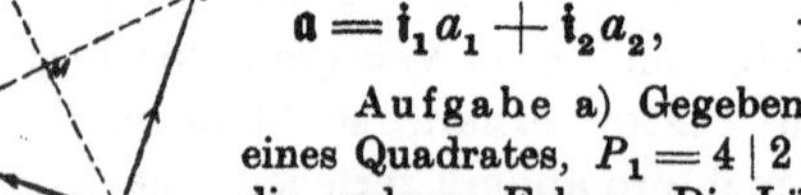

Abb. 55.

Aufgabe a) Gegeben sind die Diagonaleckpunkte eines Quadrates, $P_1 = 4\,|\,2$ und $P_2 = 2\,|\,6$; gesucht sind die anderen Ecken. Die Lösung wird in vektorieller und analytischer Form verlangt.

Lösung: Die Anwendung der vorausgehenden Formel liefert nach Abb. 55 durch P_1 und P_2 den Vektor $P_1 P_2 = - 2\mathfrak{i}_1 + 4\mathfrak{i}_2$ und weiterhin

Vektor $P_1 M = - \mathfrak{i}_1 + 2\mathfrak{i}_2$, Vektor $M P_3 = 2\mathfrak{i}_1 + \mathfrak{i}_2$,

also Vektor $P_1 P_3 = \mathfrak{i}_1 + 3\mathfrak{i}_2$, Vektor $P_1 P_4 = - 3\mathfrak{i}_1 + \mathfrak{i}_2$.

Damit wird
$$\mathfrak{r}_3 = \mathfrak{r}_1 + \mathfrak{i}_1 + 3\,\mathfrak{i}_2, \qquad \mathfrak{r}_4 = \mathfrak{r}_1 - 3\,\mathfrak{i}_1 + \mathfrak{i}_2.$$
Die Projektion auf die Koordinatenachsen liefert
$$\left.\begin{aligned} x_3 &= x_1 + 1 = 5 \\ y_3 &= y_1 + 3 = 5 \end{aligned}\right\} \qquad \left.\begin{aligned} x_4 &= x_1 - 3 = 1 \\ y_4 &= y_1 + 1 = 3 \end{aligned}\right\}.$$

Ohne weitere Begründung ist der Satz einzusehen:

> Sind zwei Vektoren gleich, so sind auch ihre Komponenten in den Grundrichtungen entsprechend gleich. (d)

Projiziert man ein geschlossenes (ebenes oder räumlich windschiefes) Polygon von einem willkürlich gewählten Zentrum aus auf eine willkürlich gewählte Ebene, so wird die Projektion wieder ein Polygon geben, dessen einzelne Seiten im gleichen Richtungssinn durchlaufen werden wie die des ursprünglich gegebenen Polygons, siehe Abb. 56. Wenn demnach im ursprünglichen Polygon gilt

$$\mathfrak{S} = \mathfrak{A} + \mathfrak{B} + \mathfrak{C} + \cdots,$$

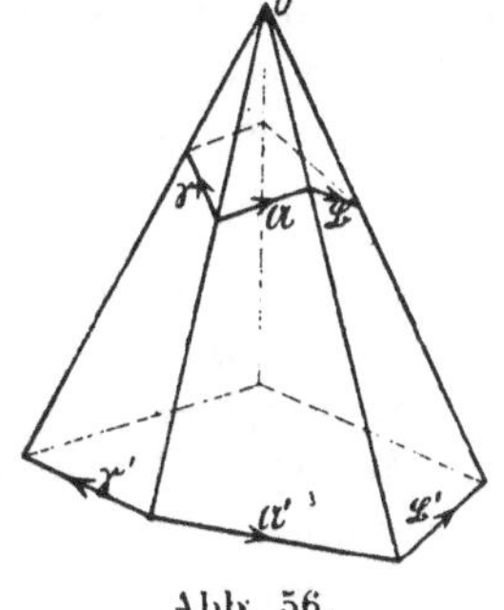

Abb. 56.

so gilt vom projizierten Polygon

$$\mathfrak{S}' = \mathfrak{A}' + \mathfrak{B}' + \mathfrak{C}' + \cdots$$

Dabei sind also $\mathfrak{S}'$, $\mathfrak{A}'$, $\mathfrak{B}'$, $\mathfrak{C}'$, ... die Projektionen von $\mathfrak{S}$, $\mathfrak{A}$, $\mathfrak{B}$, $\mathfrak{C}$, ... auf die willkürlich vorgeschriebene Projektionsebene. Die Seiten $\mathfrak{S}'$, $\mathfrak{A}'$, $\mathfrak{B}'$, $\mathfrak{C}'$, ... liegen in ein und derselben Ebene, während für $\mathfrak{S}$, $\mathfrak{A}$, $\mathfrak{B}$, $\mathfrak{C}$, ... dies im allgemeinsten Fall nicht zutreffen wird. Welche Beziehungen auch sonst noch zwischen den beiden Polygonen vorhanden sein mögen, uns interessiert hier nur die eine Tatsache, daß die Projektion wieder ein Polygon gibt. Ob das willkürlich gewählte Projektionszentrum im Endlichen oder im Unendlichen liegt, im letzteren Fall also eine Parallelprojektion vorliegt, ist für die Beziehung, die uns hier interessiert und die in den beiden oben angegebenen Gleichungen zum Ausdruck kommt, belanglos. Uns interessiert hier nur, daß der Summensatz

$$\mathfrak{S} = \mathfrak{A} + \mathfrak{B} + \mathfrak{C} + \cdots$$

seiner Form nach vollständig erhalten geblieben ist, nur daß jetzt statt der ursprünglichen Polygonseiten deren Projektionen stehen Der Satz bleibt natürlich auch dann noch erhalten, wenn man nicht auf eine Ebene, sondern auf eine Gerade projiziert. Allerdings hat hier eine Zentralprojektion nur dann einen Sinn wenn das Polygon eben ist und auch die gegebene Gerade, auf die projiziert werden soll, in der Polygonebene liegt. Im allgemeinen Fall ist unter Projektion auf eine gegebene Gerade immer eine Parallelprojektion durch parallele Ebenen zu verstehen: Als Projektion einer Strecke AB auf die gegebene Gerade gilt dann die Strecke $A'B'$ zwischen den Schnittpunkten A' und B' der durch A und B gelegten parallelen Projektionsebenen mit der gegebenen Geraden. Bei dieser Projektion gilt also wieder vom projizierten Polygon

$$\mathfrak{S}'' = \mathfrak{A}'' + \mathfrak{B}'' + \mathfrak{C}'' + \cdots,$$

oder besser, da die einzelnen projizierten Seiten jetzt alle auf der gleichen Geraden liegen, die Beibehaltung der Vektorenschreibweise somit keinen Zweck mehr hat,

$$S'' = A'' + B'' + C'' + \cdots$$

Wenn man also die in einem vektoriellen Summensatz auftretenden einzelnen Summanden auf eine willkürlich gewählte Ebene oder Gerade projiziert, so bleibt die Form des Summensatzes die gleiche, nur daß statt der ursprünglichen Vektoren deren Projektionen stehen. Wir wollen diesen wichtigen Satz in Zukunft in der einfachen Form aussprechen:

> Ein Summensatz bleibt bei der Projektion erhalten. (e)

Beispiel b) Gegeben ist eine Gerade im Abstand p vom Nullpunkt; das Lot von letzterem aus bildet mit der x-Achse den Winkel α. Gesucht ist der Abstand d, den ein beliebiger Punkt $P = x\,|\,y$ von der Geraden hat, s. Abb. 57.

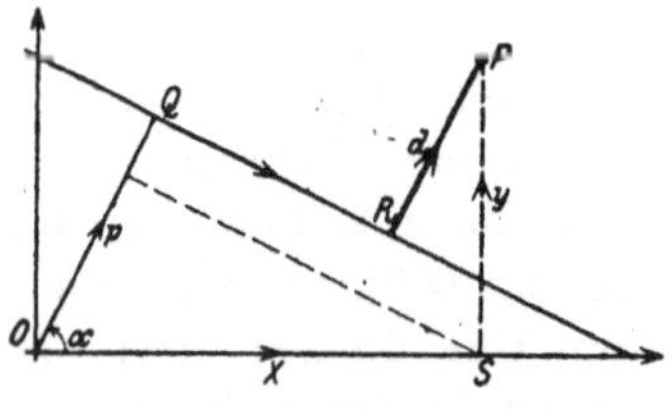

Man geht vom Nullpunkt aus zum Punkt P auf zwei verschiedenen Wegen, so wie das die Pfeile in der Abbildung andeuten. Kennzeichnet man einen Vektor, wie das oft geschieht, durch einen Horizontalstrich

Abb. 57.

über dem Zahlenwert, so hat man in dieser neuen Schreibweise für Vektoren

$$\overline{OQ} + \overline{QR} + \overline{RP} = \overline{OS} + \overline{SP}.$$

Diesen Summensatz „projiziert" man senkrecht auf eine Gerade von der Richtung p oder d und erhält

$$p + 0 + d = x \cos\alpha + y \sin\alpha$$

oder

$$d = x \cos\alpha + y \sin\alpha - p. \tag{f}$$

Strecke. Teilverhältnis. Dreieck. Vieleck.

71. Gegeben sind die Punkte $P_1 = x_1 | y_1$ und $P_2 = x_2 | y_2$ in der Ebene. Um eindeutige Formeln für Länge, Projektion und Richtung der Strecke $P_1 P_2$ zu erhalten, denke man sich dieselbe stets in der Richtung von P_1 nach P_2 durchlaufen, es sei also P_1 der Anfangspunkt, P_2 der Endpunkt genannt. Wenn man schlechthin von Endpunkten spricht, meint man ebensowohl P_1 wie P_2. Die Projektion der Strecke $P_1 P_2$ auf die x- und y-Achse sei mit X bzw. Y bezeichnet, die Strecke $P_1 P_2$ selbst mit R. Der Winkel τ von der x-Achse zur Strecke R in positivem Sinne — in der höheren Mathematik Linksdrehung — sei Richtungswinkel der Strecke genannt, die Tangensfunktion $\operatorname{tg} \tau$ selbst Richtung der Strecke.

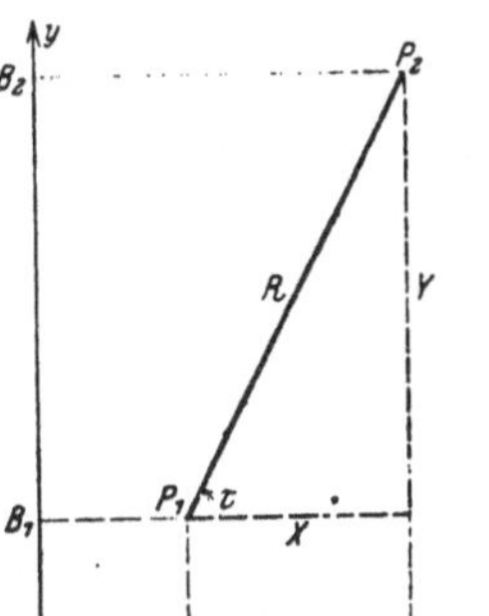

Abb. 58. L. E. 5 mm.

Mit Berücksichtigung des Richtungssinnes ergeben sich die Projektionen $X = A_1 A_2$ und $Y = B_1 B_2$ der Strecke $P_1 P_2$ (oder wenn man genauer sein will, die Wege von P_1 nach P_2 in Richtung der Achsen) unabhängig von der Lage nach (61a) zu

$$X = x_2 - x_1, \qquad Y = y_2 - y_1. \qquad \text{(a)}$$

In der Vektorensprache ist die Entfernung der beiden Punkte P_1 und P_2 durch die vom Bezugspunkt O aus zu ihnen geführten Vektoren $\mathfrak{r}_1$ und $\mathfrak{r}_2$ gegeben. Die Abb. 59 macht ohne weiteres ersichtlich, daß

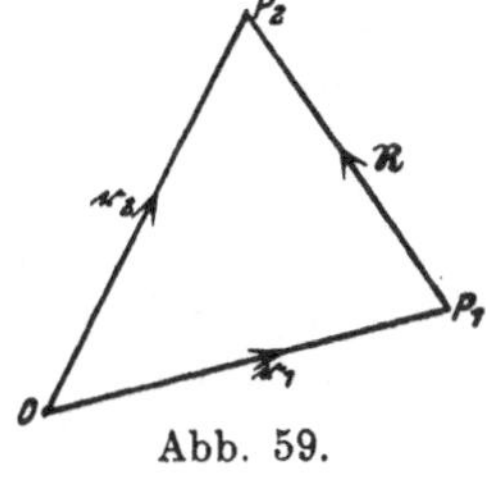

Abb. 59.

$$\mathfrak{R} = \mathfrak{r}_2 - \mathfrak{r}_1 \qquad \text{(b)}$$

ist. Man hätte von dieser Formel, die ohne Bezugnahme auf ein spezielles Koordinatensystem gilt, ausgehen können und durch Projektion auf die beiden Koordinatenachsen, oder, was das gleiche ist, auf die beiden Grundrichtungen, die beiden Formeln (a) erhalten; es ist ja

$$\mathfrak{r}_1 = \mathfrak{i}_1 x_1 + \mathfrak{i}_2 y_1, \qquad \mathfrak{r}_2 = \mathfrak{i}_1 x_2 + \mathfrak{i}_2 y_2, \qquad \mathfrak{R} = \mathfrak{i}_1 X + \mathfrak{i}_2 Y.$$

oder nach (b)

$$\mathfrak{R} = \mathfrak{i}_1 X + \mathfrak{i}_2 Y = \mathfrak{i}_1 (x_2 - x_1) + \mathfrak{i}_2 (y_2 - y_1),$$

und somit, da gleiche Vektoren auch gleiche Komponenten in den beiden Grundrichtungen haben,

$$X = x_2 - x_1, \qquad Y = y_2 - y_1.$$

Unabhängig von jedem Koordinatensystem gilt: Die Projektion einer Strecke auf eine Gerade ist gleich dem Produkt aus Originalstrecke mal Kosinus des Neigungswinkels, so daß also

$$X = R \cos \tau, \qquad Y = R \sin \tau$$

oder
$$x_2 - x_1 = R \cos \tau. \qquad y_2 - y_1 = R \sin \tau. \tag{c}$$

Die Länge einer beliebigen Strecke ermittelt man vielfach nach dem pyth. Lehrsatz, wenn man die gesuchte Strecke als Hypotenuse zu zwei gegebenen Katheten kennt. Im vorliegenden Fall kennt man die Projektionen X und Y der Strecken $P_1 P_2$, diese selbst ist Hypotenuse zu dem aus X und Y gebildeten rechtwinkligen Dreieck. Damit ist unabhängig von der Lage des Koordinatensystems

$$R = (\pm)\sqrt{X^2 + Y^2}, \tag{d}$$

die Länge der Strecke $P_1 P_2$ ist gleich der
Wurzel aus der Quadratsumme ihrer Projektionen.

Das Minuszeichen bleibt ohne Bedeutung, da man von der Strecke $P_1 P_2$ stets nur den absoluten Wert erfahren will. Mit Beachtung von (a) kann man noch schreiben

$$R = \sqrt{(x_2 - x_1)^2 + (y_2 - y_1)^2} \tag{e}$$

Indes sei in Wort und Schrift stets nur die obige Regel (d) angewandt.

Beispiel: Für die Punkte $P_1 = 2 | 2$ und $P_2 = 5 | 8$ der Abb. 58 ist

$$X = x_2 - x_1 = 5 - 2 = 3, \qquad Y = y_2 - y_1 = 8 - 2 = 6.$$

Die Vorzeichen entsprechen der Tatsache, daß die Projektionen $A_1 A_2$ und $B_1 B_2$ nach rechts bzw. nach oben gehen. Die Strecke $P_1 P_2$ selbst wird

$$R = \sqrt{X^2 + Y^2} = \sqrt{3^2 + 6^2} = 3\sqrt{5}.$$

Richtungswinkel τ der Strecke $P_1 P_2$ (oder einer beliebigen Geraden) und Richtung derselben sind bereits definiert. Die Strecke $P_1 P_2$ kann als Radiusvektor betrachtet werden, wenn man P_1 als Koordinatenanfangspunkt einführt; X und Y wären dann die Projektionen dieses Radiusvektors und damit

$$\operatorname{tg} \tau = \frac{Y}{X}. \tag{f}$$

die Richtung einer beliebigen Strecke $P_1 P_2$ der Ebene ist gleich (dem Quotienten aus) Y-Projektion durch X-Projektion (oder wenn man genauer sein will. gleich dem Quotienten aus Y-Weg durch X-Weg). Mit (a) kann man noch schreiben

$$\operatorname{tg} \tau = \frac{y_2 - y_1}{x_2 - x_1}. \tag{g}$$

Die Strecke der Abb. 58 etwa hat darnach die Richtung

$$\operatorname{tg} \tau = \frac{Y}{X} = \frac{6}{3} = 2.$$

Aufgabe a) mit c) Man zeichne die Strecken $P_1 P_2$ und ermittle ihre Projektionen, ihre Länge und Richtung.

a) $P_1 = 1|1$, $P_2 = 2|4$; b) $P_1 = 1|1$, $P_2 = 0|-2$; c) $P_1 = -2|2$, $P_2 = -1|-1$.

$$\text{Lösung:} \quad \text{a)} \ X = 1, \quad Y = 3, \quad R = \sqrt{10}, \quad \operatorname{tg} \tau = 3,$$
$$\text{b)} \ X = -1, \quad Y = -3, \quad R = \sqrt{10}, \quad \operatorname{tg} \tau = 3,$$
$$\text{c)} \ X = 1, \quad Y = -3, \quad R = \sqrt{10}, \quad \operatorname{tg} \tau = -3.$$

Richtung und Länge der Strecke $P_1 P_2$ kann man mit einer einzigen Formel angeben mit Benützung der Vektoren: Es ist

$$\text{a)} \ \mathfrak{R} = \mathfrak{i}_1 + 3\mathfrak{i}_2, \quad \text{b)} \ \mathfrak{R} = -\mathfrak{i}_1 - 3\mathfrak{i}_2, \quad \text{c)} \ \mathfrak{R} = \mathfrak{i}_1 - 3\mathfrak{i}_2.$$

Die Zeichnung der Abb. 60 dient als Kontrolle.

Aufgabe d) Von der Strecke $P_1 P_2$ kennt man den Endpunkt $P_2 = -1|2$, sowie die Richtung $4 : 3$ und die Länge 5; man ermittle die Projektionen der Strecke und die Koordinaten des Anfangspunktes P_1.

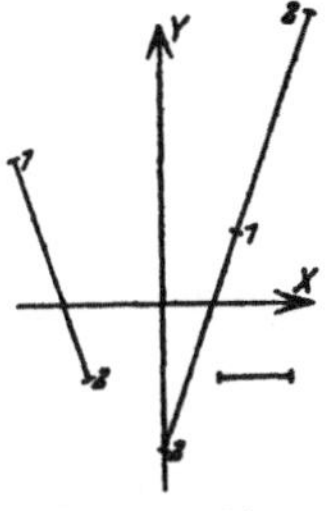 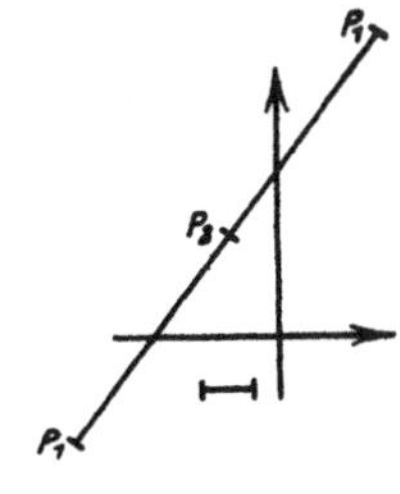

Abb. 60. Abb. 61.

Lösung: Nach Angabe ist $\operatorname{tg} \tau = Y : X = 4 : 3$, also mit Einführung eines Proportionalitätsfaktors $Y = 4\varrho$ und $X = 3\varrho$. Da $R = 5$ oder $X^2 + Y^2 = 25$, ergibt sich daraus $25\varrho^2 = 25$ oder $\varrho = \pm 1$, somit zwei Lösungen

$$\text{1)} \ X = \ \ 3 = x_2 - x_1, \quad Y = \ \ 4 = y_2 - y_1 \quad \text{oder} \quad x_1 = -4, \quad y_1 = -2,$$
$$\text{2)} \ X = -3 = x_2 - x_1, \quad Y = -4 = y_2 - y_1 \quad \text{oder} \quad x_1 = 2, \quad y_1 = 6.$$

Die Zeichnung der Abb. 61 dient als Kontrolle.

Aufgabe e) Punkt P_0 hat von den Punkten $P_1 = -2|0$, $P_2 = 3|3$, $P_3 = 0|-2$ gleiche Entfernung; man suche die Koordinaten x_0, y_0.

Lösung: Aus Symmetriegründen ergibt sich zunächst, daß $x_0 = y_0$; die Bedingung $P_0 P_1 = P_0 P_2$ liefert dann $P_0 = \frac{7}{8}|\frac{7}{8}$. (Im allgemeinen Fall ermittelt man x_0 und y_0 aus den zwei Bedingungsgleichungen $P_0 P_1 = P_0 P_2 = P_0 P_3$).

Aufgabe f) Man stelle die Richtungen $\operatorname{tg} \tau_1 = \frac{1}{2}$, $\operatorname{tg} \tau_2 = 2$, $\operatorname{tg} \tau_3 = -\frac{2}{3}$, $\operatorname{tg} \tau_4 = -0{,}896$ dar.

Lösung: Man geht aus von (g) und sagt, die Richtung $\frac{1}{2}$ oder $1 : 2$ oder $-1 : -2$ oder allgemein $1\varrho : 2\varrho$ wird im rechtwinkligen Koordinatensystem repräsentiert durch eine Strecke, die als Vertikal- oder y-Projektion $+1$ und als x-Projektion $+2$ hat oder auch, wenn sie -1 als y-Projektion und -2 als x-Projektion hat oder ganz allgemein, wenn sie 1 Längeneinheit als y-Projektion und 2 Längeneinheiten als x-Projektion hat, wo man die Längeneinheit beliebig wählen kann und durch ϱ ausdrückt. Man findet die Richtung $\operatorname{tg} \tau_1 = \frac{1}{2}$ durch die Strecke R_1 der Abb. 62 dargestellt oder eine zu ihr parallele Strecke oder Gerade.

Die Richtung z oder $2 \mathbin{:} 1$ oder $2\varrho \mathbin{:} 1\varrho$ ist durch eine Strecke R_2 dargestellt, die 2 Längen als y-Projektion und 1 Länge als x-Projektion hat, so wie die Abbildung angibt. Entsprechend ist die Richtung $-\frac{2}{3}$ oder $-2 \mathbin{:} 3$ oder $2 \mathbin{:} -3$ oder $2\varrho \mathbin{:} -3\varrho$ dargestellt durch die Strecke R_3 und die Richtung $-0{,}896$ oder $0{,}896 \mathbin{:} -1$ oder $896 \mathbin{:} -1000$ oder $-896\varrho \mathbin{:} 1000\varrho$ oder $1{,}12 \mathbin{:} -1{,}25$ dargestellt durch die Strecke R_4.

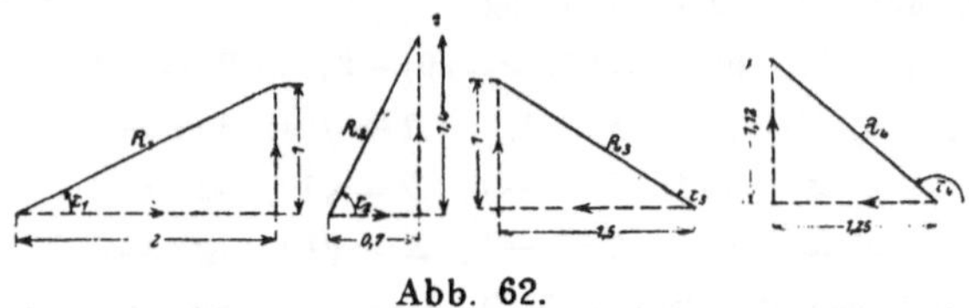

Abb. 62.

72. Gegeben sind die Endpunkte $P_1 = x_1 | y_1$ und $P_2 = x_2 \, y_2$ der Strecke $P_1 P_2$. Irgendein Punkt P auf dieser Strecke (oder ihrer Verlängerung) teilt die Strecke in einem bestimmten Verhältnis. Wie in Nr. 62 ist das Teilungsverhältnis λ, nach dem P die Strecke $P_1 P_2$ teilt, definiert zu

$$\lambda = PP_1 : PP_2, \tag{a}$$

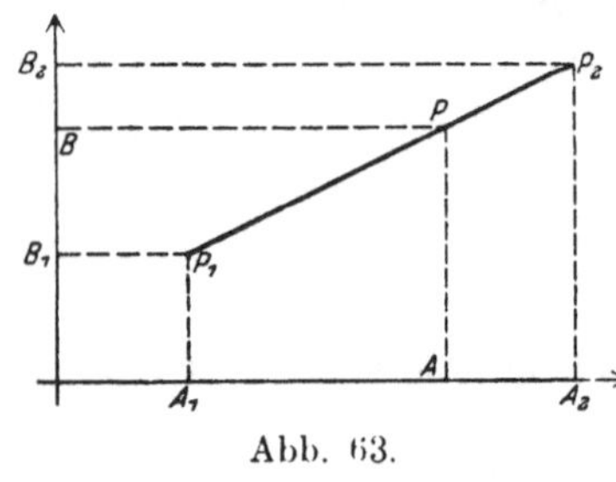

Abb. 63.

womit bei Beachtung des Richtungssinnes der Strecken PP_1 und PP_2 schon gegeben ist, daß λ negativ wird, wenn der Teilpunkt P innerhalb der Strecke $P_1 P_2$ liegt, und positiv für Teilpunkte außerhalb der Strecke.

Da $P_1 P_2$ durch P im gleichen Verhältnis geteilt wird wie seine Projektionen $A_1 A_2$ und $B_1 B_2$ durch A bzw. B, so gilt ebenso

$$A A_1 : A A_2 = \lambda = B B_1 : B B_2 :$$

damit wird nach (62 b)

$$\lambda = \frac{x - x_1}{x - x_2} \quad \text{und} \quad \lambda = \frac{y - y_1}{y - y_2}, \tag{b}$$

oder wenn man in den vorstehenden Gleichungen nach x bzw. y auflöst,

$$x = \frac{\lambda x_2 - x_1}{\lambda - 1}, \qquad y = \frac{\lambda y_2 - y_1}{\lambda - 1}. \tag{c}$$

Die erste Formel (b) löst die Aufgabe, auf der gegebenen Strecke $P_1 P_2$ das Teilungsverhältnis λ zu ermitteln, wenn der Teilpunkt P, d. h. seine Koordinaten, gegeben sind; die zweite Formel (c) läßt auf der gegebenen Strecke $P_1 P_2$ den Teilpunkt P bzw. seine Koordinaten für ein vorgeschriebenes λ ermitteln.

Rechnet man mit Vektoren, so wählt man den Koordinatenanfangspunkt etwa als Bezugspunkt, dann ist das Teilverhältnis λ wieder definiert durch die Formel

$$\lambda = PP_1 : PP_2 \quad \text{oder} \quad PP_1 = \lambda\, PP_2,$$

woraus ohne weiteres folgt

$$\mathfrak{r}_1 - \mathfrak{r} = \lambda\,(\mathfrak{r}_2 - \mathfrak{r}). \tag{d}$$

Man beachte, daß durch diese Schreibweise gleichzeitig zum Ausdruck gebracht ist, daß die Punkte P_1, P_2, P auf der nämlichen Strecke liegen. Denn für die drei beliebig gelegenen Punkte P_1, P_2, P der Abb. 65 kann wohl noch gelten $PP_1 = \lambda \cdot PP_2$ für sich allein, oder $x_1 - x = \lambda(x_2 - x)$ für sich allein, aber nicht mehr $\mathfrak{r}_1 - \mathfrak{r} = \lambda\,(\mathfrak{r}_2 - \mathfrak{r})$. Man sieht, daß die Formel (d) umfassender ist als jede einzelne der anderen hierher gehörigen Formeln (b) oder (c).

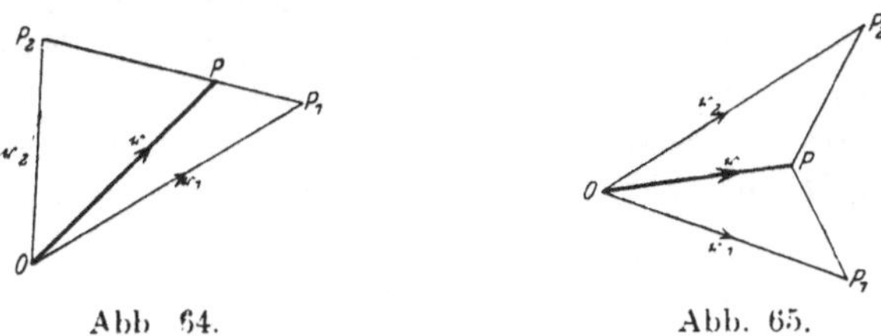

Abb. 64.   Abb. 65.

Aus der in der Vektorform gegebenen Definition des Teilungsverhältnisses λ folgt für ein gegebenes λ der zum Teilpunkt P führende Vektor

$$\mathfrak{r} = \frac{\lambda \mathfrak{r}_2 - \mathfrak{r}_1}{\lambda - 1} \tag{e}$$

und damit der Teilpunkt P selbst.

Beispiel a) Will man etwa den **Mittelpunkt** M der Strecke $P_1 P_2$ mit Hilfe der entwickelten Formen gewinnen, so beachte man, daß für diesen Mittelpunkt das Teilungsverhältnis $\lambda = -1$ ist, woraus

$$x = \frac{x_1 + x_2}{2} \quad \text{und ebenso} \quad y = \frac{y_1 + y_2}{2} \tag{f}$$

wird. Man hat dann wieder die bekannte Formel:

Die Koordinaten des Mittelpunktes oder Schwerpunktes einer Strecke sind das Mittel aus den Koordinaten der Endpunkte.

Dieser oft gebrauchte Satz ist zunächst nur für rechtwinklige Koordinaten bewiesen, aber wie die Skizze der Abb. 66 ohne weitere

Erklärung zeigt, auch für Vektorkoordinaten gültig, so daß also der Mittelpunkt M der Strecke $P_1 P_2$ gegeben ist durch den Vektor

$$\mathfrak{r} = \frac{\mathfrak{r}_1 + \mathfrak{r}_2}{2}. \tag{g}$$

Die Formeln (f) sind von der eben angeschriebenen die „Projektionen".

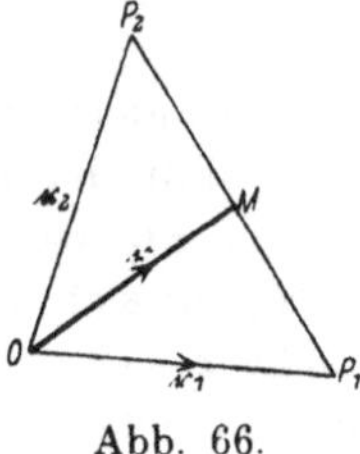

Abb. 66.

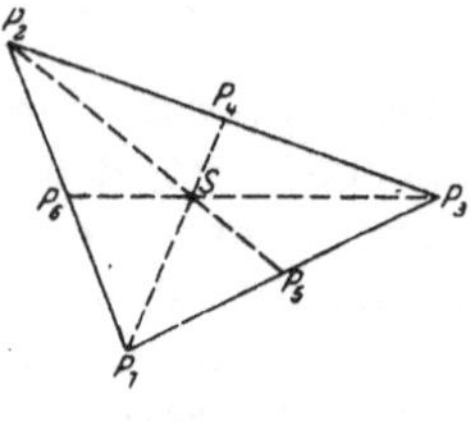

Abb. 67.

Beispiel b) Die Koordinaten des Schwerpunktes einer Dreiecksfläche findet man mit Hilfe der vorausgehenden Formeln. Die elementare Geometrie sagt: der Schwerpunkt des Dreiecks teilt die Mittellinien (oder Schwerlinien) in Abschnitte, die sich wie $1:2$ verhalten. Der Mittelpunkt P_4 der Seite $P_2 P_3$ ist $P_4 = x_4 \mid y_4$, wo

$$x_4 = \frac{x_2 + x_3}{2}, \qquad y_4 = \frac{y_2 + y_3}{2}.$$

Der Schwerpunkt $S = \xi \mid \eta$ teilt die Strecke $P_1 P_4$ im Verhältnis $\lambda = -2 : 1$, so daß

$$\xi = \frac{-2 x_4 - x_1}{-2 - 1} = \frac{2 x_4 + x_1}{3}$$

oder $\xi = \dfrac{x_1 + x_2 + x_3}{3}$, und entsprechend $\eta = \dfrac{y_1 + y_2 + y_3}{3}$. (h)

Die Koordinaten des Schwerpunktes einer Dreiecksfläche sind also das Mittel aus den Koordinaten der Eckpunkte.

Beispiel c) In Abb. 63 ist $P_1 = 1 \mid 1$, $P_2 = 4 \mid 2{,}5$. Die Abszisse von P ist $x = 3$, so daß nach (b) das Teilverhältnis $\lambda = \dfrac{3 - 1}{3 - 4} = -2$

wird. Mit diesen Werten liefert Formel (c) dann $y = \dfrac{-2 \cdot 2{,}5 - 1}{-2 - 1} = 2$, so daß $P = 3 \mid 2$.

Beispiel d) Zuweilen ist das Teilverhältnis in der Form $\lambda = -\lambda_2 : \lambda_1$ gegeben; man erhält dann die Abszisse x des Teilpunktes in der Form

$$x = \frac{-\lambda_2 x_2 : \lambda_1 - x_1}{-\lambda_2 : \lambda_1 - 1} = \frac{\lambda_2 x_2 + \lambda_1 x_1}{\lambda_2 + \lambda_1}$$

und dementsprechend beide Koordinaten zu

$$x : y : 1 = (\lambda_1 x_1 + \lambda_2 x_2) : (\lambda_1 y_1 + \lambda_2 y_2) : (\lambda_1 + \lambda_2). \tag{i}$$

Beispiel e) Man ergänze das Dreieck $P_1 P_2 P_3$ der Abb. 68 durch einen vierten Punkt zu einem Parallelogramm. $P_1 = 0 \,|\, 1$, $P_2 = 2 \,|\, 0$, $P_3 = 1 \,|\, 2$.

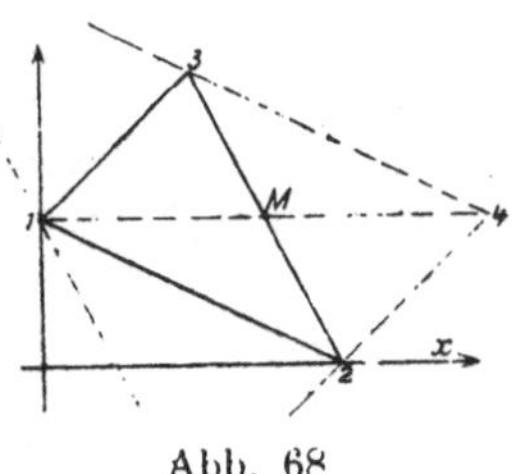

Abb. 68

Es gibt drei Punkte P_4, P_5, P_6, die der Aufgabe genügen. Um etwa P_4 zu bestimmen, wird man für die zwei Unbekannten x_4 und y_4 zwei Gleichungen aufstellen müssen. Man erinnert sich an die Eigenschaften des Parallelogramms und schreibt an

$$P_2 P_4 = P_1 P_3 \quad \text{und} \quad P_3 P_4 = P_1 P_2.$$

Der Anfänger wird meist diese beiden Gleichungen aufstellen. Er sei belehrt, daß alle Gleichungen die mit Längen von Strecken operieren, unpraktisch sind, weil sie nach Formel (71d) die Quadrate von Koordinaten enthalten. Von einer anderen Parallelogrammeigenschaft ausgehend kann man schreiben

$$P_2 P_4 = P_1 P_3 \quad \text{und} \quad P_2 P_4 \parallel P_1 P_3.$$

Auch dieses Gleichungspaar ist noch unpraktisch, weil es wieder die Längen der Strecken $P_2 P_4$ und $P_1 P_3$ enthält. Wesentlich einfacher gestaltet sich schon die Rechnung, wenn man ausgeht von der Eigenschaft

$$P_1 P_3 \parallel P_2 P_4 \quad \text{und} \quad P_3 P_4 \parallel P_1 P_2,$$

da dann die Formel (71f) in den Unbekannten x_4 und y_4 linear ist. Am einfachsten wird die Lösung, wenn man mit Sätzen über Projektionen operiert, also hier setzt

$$X_{13} = X_{24} \quad \text{und} \quad Y_{13} = Y_{24},$$

in Zahlen

$$x_3 - x_1 = x_4 - x_2 \quad \text{und} \quad y_3 - y_1 = y_4 - y_2,$$

was $x_4 = 3$, $y_4 = 1$ liefert.

Man hätte auch den Satz benützen können, daß sich die Diagonalen eines Parallelogramms halbieren, und geschrieben: M ist der Mittelpunkt von $P_1 P_4$ und $P_2 P_3$, in Zahlen

$$\frac{x_1 + x_4}{2} = \frac{x_2 + x_3}{2} \quad \text{und} \quad \frac{y_1 + y_4}{2} = \frac{y_2 + y_3}{2}.$$

Die Benützung von Vektoren,

$$\text{Vektor } P_1 P_3 = \text{Vektor } P_2 P_4,$$

führt wegen der vorzunehmenden Zerlegung nach den Grundrichtungen wieder auf die Lösung zurück, die bereits als die einfachste bezeichnet wurde.   Ebenso erhält man rasch eine Lösung, wenn man setzt

$$\text{Vektor } P_1 P_4 = \text{Vektor } P_1 P_3 + \text{Vektor } P_1 P_2.$$

Aufgabe a)   Gegeben $P_1 = -2 \,|\, -1$, $P_2 = 4 \,|\, 2$.   Man zeichne die Strecke $P_1 P_2$ und trage auf ihr die Punkte ein, die diese Strecke im Verhältnis $\lambda = 4$, bzw. -4, 3, -3, 1, -1, $1:3$, $-1:3$, $1:4$, $-1:4$ teilen.

Lösung: Nach Formel (c) wird

$$x = 2 \frac{2\lambda + 1}{\lambda - 1}, \qquad y = \frac{2\lambda + 1}{\lambda - 1}.$$

Für die angegebenen Werte von λ findet man die Punkte $6\,|\,3$ bzw. $2,8\,|\,1,4$, $7\,|\,3,5$, $2,5\,|\,1,25$, $\infty\,|\,\infty$, $1\,|\,0,5$, $-5\,|\,-2,5$, $-0,5\,|\,-0,25$, $-4\,|\,-2$, $-0,8\,|\,-0,4$.

Aufgabe b)   Gegeben sind die Punkte $P_1 = x_1 \,|\, y_1$ und $P_2 = x_2 \,|\, y_2$. Auf der Strecke $P_1 P_2$ liegen die Punkte $P_3 = x_3 \,|\, y_3$ und $P_4 = x_4 \,|\, y_4$. Es sind x_3 und y_4 als bekannt vorausgesetzt, man soll die unbekannten Werte y_3 und x_4 ermitteln.

Lösung: Da x_3 bekannt ist, findet man

$$\lambda_3 = \frac{x_3 - x_1}{x_3 - x_2} \text{ und daraus } y_3 = \frac{\lambda_3 y_2 - y_1}{\lambda_3 - 1} = \frac{y_2 (x_3 - x_1) - y_1 (x_3 - x_2)}{x_2 - x_1}$$

Entsprechend findet man

$$\lambda_4 = \frac{y_4 - y_1}{y_4 - y_2} \text{ und daraus } x_4 = \frac{x_2 (y_4 - y_1) - x_1 (y_4 - y_2)}{y_2 - y_1}$$

Aufgabe c) und d)   Gesucht ist der Mittelpunkt der Strecke $P_1 P_2$.

c) $P_1 = 4\,|\,2$, $P_2 = -4\,|\,-6$;   d) $P_1 = 2\,|\,3$, $P_2 = -3\,|\,1,5$.

Lösung: c) $0\,|\,-2$,   d) $-0,5\,|\,2,25$.

Aufgabe e) und f)   Von einer Strecke $P_1 P_2$ kennt man den Anfangspunkt P_1 und den Mittelpunkt M; gesucht P_2.

e) $P_1 = 2\,|\,1$, $M = 0\,|\,-2$;   f) $P_1 = -2\,|\,-1$, $M = 3\,|\,4$.

Lösung: e) $-2\,|\,-5$,   f) $8\,|\,9$.

Aufgabe g)   Man suche den Schwerpunkt des Dreiecks $P_1 P_2 P_3$.

$$P_1 = 1\,|\,0, \quad P_2 = 3\,|\,4, \quad P_3 = 0\,|\,4.$$

Lösung: $S = \tfrac{4}{3}\,|\,\tfrac{8}{3}$.

73. Die Radienvektoren zu den Punkten P_1 und P_2 haben die Längen

$$r_1 = \sqrt{x_1^2 + y_1^2} \quad \text{bzw.} \quad r_2 = \sqrt{x_2^2 + y_2^2}$$

und die Richtungen

$$\operatorname{tg} \varphi_1 = \frac{y_1}{x_1} \quad \text{bzw.} \quad \operatorname{tg} \varphi_2 = \frac{y_2}{x_2}$$

ferner die Winkelentfernung

$$\psi = \varphi_2 - \varphi_1 \qquad \text{(a)}$$

Der Winkel ψ wird natürlich von r_1 nach r_2 gezählt.

Da man alle Winkelfunktionen von φ_1 und φ_2 kennt, z. B. $\sin \varphi_1 = y_1 : r_1$, $\cos \varphi_1 = x_1 : r_1$ usw., so kann man auch für ψ solche Funktionen auf elementarem Weg anschreiben und erhält

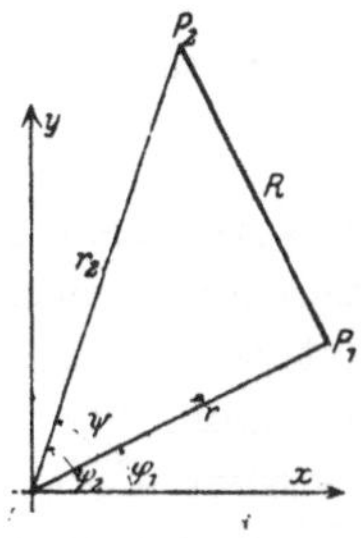

$$\sin \psi = \frac{x_1 y_2 - x_2 y_1}{r_1 r_2}, \qquad \cos \psi = \frac{x_1 x_2 + y_1 y_2}{r_1 r_2} . \quad \text{(b)}$$

Abb. 69.

Will man die Winkelentfernung ψ von zwei beliebigen Strecken R_1 und R_2 der Ebene, so braucht man nur beide parallel zu verschieben, bis sie sich im Nullpunkt schneiden und die vorausgehenden Formeln anwenden. Ihre Projektionen sind X_1, Y_1 bzw. X_2, Y_2, ihre Längen R_1 und R_2, ihre Richtungen $\operatorname{tg} \varphi_1$ bzw. $\operatorname{tg} \varphi_2$. Dann wird die Winkelentfernung $\psi = \varphi_2 - \varphi_1$ wieder ausgedrückt durch die Formeln

$$\sin \psi = \frac{X_1 Y_2 - X_2 Y_1}{R_1 R_2}, \qquad \cos \psi = \frac{X_1 X_2 + Y_1 Y_2}{R_1 R_2}$$

Beide Formeln kann man zusammenfassen zu

$$\operatorname{tg} \psi = \frac{X_1 Y_2 - X_2 Y_1}{X_1 X_2 + Y_1 Y_2} . \qquad \text{(c)}$$

Beispiel a) Hat man zwei parallele Strecken, so wird mit $\psi = 0$ oder $\psi = 180°$ auch $\sin \psi = 0$ oder $\operatorname{tg} \psi = 0$ und damit $X_1 Y_2 - X_2 Y_1 = 0$ oder

$$Y_1 : X_1 = Y_2 : X_2 \quad \text{oder} \quad Y_1 = \varrho Y_2, \; X_1 = \varrho X_2, \qquad \text{(d)}$$

d. h. die Projektionen beider Strecken sind proportional.

Bei zwei zueinander senkrechten Strecken wird $\psi = 90°$ oder $\psi = 270°$ und $\cos \psi = 0$ oder $\operatorname{tg} \psi = \infty$; dann muß $X_1 X_2 + Y_1 Y_2 = 0$ sein oder umgeformt $Y_1 : X_1 = - X_2 : Y_2$ oder

$$Y_2 : X_2 = -1 : (Y_1 : X_1), \qquad \text{(e)}$$

d. h. die Richtung der zweiten Strecke ist reziprok und negativ zur Richtung der ersten Strecke.

Die Strecke $P_1 P_2$ bildet mit dem Nullpunkt ein Dreieck $O P_1 P_2$ dessen Inhalt zu ermitteln ist. Sind die Punkte $P_1 = x_1 \,|\, y_1$ und $P_2 = x_2 \,|\, y_2$ bekannt, dann auch ihre Radienvektoren r_1 und r_2, sowie deren Richtungswinkel φ_1 und φ_2 bzw. deren trigonometrische

Funktionen, und ihre Winkelentfernung ψ. Die Elementarmathematik ermittelt den Inhalt des Dreiecks OP_1P_2 zu

$$\triangle = \tfrac{1}{2}\, r_1 r_2 \sin \psi.$$

Von vornherein ist damit ersichtlich, daß das Dreieck auch negativen Flächeninhalt erhalten kann und es ist anzugeben, welchen Sinn eine negative bzw. positive Fläche hat. Ist ψ im Sinn von r_1 nach r_2 genommen, dann wird $\sin\psi$ und damit das Dreieck positiv, wenn φ_1 kleiner als φ_2, d. h. wenn das Dreieck OP_1P_2 in der Reihenfolge O, P_1, P_2 umlaufen links vom Weg liegt, also links von einem Beschauer, der den Weg OP_1P_2 durchläuft. Umgekehrt wird es negativ, wenn φ_1 größer als φ_2, d. h. wenn es in der Reihenfolge O, P_1, P_2 umlaufen rechts vom Weg liegt. Der absolute Zahlenwert ändert sich nicht bei verschiedenem Umlaufsinn, nur das Vorzeichen. Damit hat man also für jedes beliebige Dreieck ABC

$$\triangle ABC = -\,\triangle ACB \qquad\qquad\text{(f)}$$

oder

$$\triangle ABC + \triangle ACB = 0,$$

in unserem Fall

$$\triangle OP_1P_2 = -\,\triangle OP_2P_1.$$

Der Zahlenwert der Dreiecksfläche wird

$$\triangle OP_1P_2 = \tfrac{1}{2}\, r_1 r_2 \frac{x_1 y_2 - x_2 y_1}{r_1 r_2}$$

oder

$$\triangle OP_1P_2 = \tfrac{1}{2}\,(x_1 y_2 - x_2 y_1); \qquad\qquad\text{(g)}$$

oder in der Schreibweise der Determinanten

$$\triangle OP_1P_2 = \tfrac{1}{2}\begin{vmatrix} x_1 & y_1 \\ x_2 & y_2 \end{vmatrix} = \tfrac{1}{2}\,(x_1 y_2).$$

Beispiel b) In Abb. 69 ist $P_1 = 2\,|\,1$, $P_2 = 1\,|\,3$, also

$$\triangle OP_1P_2 = \tfrac{1}{2}\begin{vmatrix} 2 & 1 \\ 1 & 3 \end{vmatrix} = 2{,}5; \qquad \triangle OP_2P_1 = \tfrac{1}{2}\begin{vmatrix} 1 & 3 \\ 2 & 1 \end{vmatrix} = -\,2{,}5;$$

nämlich 2,5 Flächeneinheiten. Hat man irgendwie die Längeneinheit festgesetzt, dann ist dadurch ohne weiteres die Flächeneinheit gegeben. Ist bei den Abbildungen dieses Buches keine besondere Angabe gemacht, so gilt bekanntlich 1 cm als Längeneinheit und damit selbstredend 1 cm² als Flächeneinheit.

Um den Flächeninhalt eines beliebigen Dreiecks $P_1P_2P_3$ zu ermitteln, kann man einmal derart vorgehen, daß man den Koordinatenanfangspunkt in den Punkt P_3 verlegt, so daß für dieses neue System

$$P_3 = 0\,|\,0, \quad P_1 = \xi_1\,|\,\eta_1, \quad P_2 = \xi_2\,|\,\eta_2.$$

Dann wird, wie eben gezeigt,

$$\triangle P_1P_2P_3 = \triangle P_3P_1P_2 = \tfrac{1}{2}(\xi_1\eta_2 - \xi_2\eta_1).$$

Beim Übergang zum ursprünglichen Koordinatensystem erhält P_3 die Koordinaten $x_3 | y_3$; durch diesen Übergang sind also die Koordinaten von P_3 um x_3 bzw. um y_3 größer geworden. Um ebensoviel werden auch die Koordinaten von P_1 und P_2 größer, so daß

$$x_1 = \xi_1 + x_3, \quad y_1 = \eta_1 + y_3, \qquad x_2 = \xi_2 + x_3, \quad y_2 = \eta_2 + y_3.$$

Damit wird, wenn man elementar rechnet,

$$\begin{aligned} \triangle P_1P_2P_3 &= \tfrac{1}{2}[(x_1 - x_3)(y_2 - y_3) - (x_2 - x_3)(y_1 - y_3)] \\ &= \tfrac{1}{2}(x_1y_2 - x_2y_1) + \tfrac{1}{2}(x_2y_3 - x_3y_2) + \tfrac{1}{2}(x_3y_1 - x_1y_3), \end{aligned}$$

oder in der Schreibweise der Determinanten:

$$\triangle P_1P_2P_3 = \tfrac{1}{2}(x_1y_2) + \tfrac{1}{2}(x_2y_3) + \tfrac{1}{2}(x_3y_1). \tag{h}$$

Diese Formel hätte man einfacher nach Satz (42a) finden können, indem man schreibt:

$$\begin{aligned} \triangle P_1P_2P_3 &= \tfrac{1}{2}\begin{vmatrix} \xi_1 & \eta_1 \\ \xi_2 & \eta_2 \end{vmatrix} = \tfrac{1}{2}\begin{vmatrix} x_1 - x_3 & y_1 - y_3 \\ x_2 - x_3 & y_2 - y_3 \end{vmatrix} \\ &= \tfrac{1}{2}\begin{vmatrix} x_1 & y_1 \\ x_2 & y_2 \end{vmatrix} + \tfrac{1}{2}\begin{vmatrix} x_2 & y_2 \\ x_3 & y_3 \end{vmatrix} + \tfrac{1}{2}\begin{vmatrix} x_3 & y_3 \\ x_1 & y_1 \end{vmatrix} \end{aligned}$$

Letztere Schreibweise läßt vermuten, daß die Fläche des Dreiecks $P_1P_2P_3$ durch eine Determinante dritten Grades angegeben werden kann. In der Tat ist

$$\triangle P_1P_2P_3 = \tfrac{1}{2}\begin{vmatrix} x_1 & y_1 & 1 \\ x_2 & y_2 & 1 \\ x_3 & y_3 & 1 \end{vmatrix}, \tag{i}$$

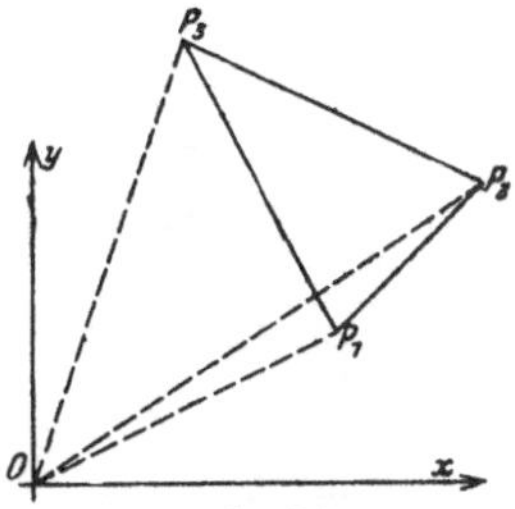

Abb. 70.

wie man sich überzeugen kann, wenn man diese Determinante entwickelt, am einfachsten nach der dritten Kolonne.

Man hätte auch derart vorgehen können, daß man das Dreieck $P_1P_2P_3$ aus Teildreiecken zusammensetzt und mit Hilfe der Abb. 70, wenn man alle Dreiecke im nämlichen Sinn abliest, schreibt:

$$\begin{aligned} \triangle P_1P_2P_3 &= \triangle OP_1P_2 + \triangle OP_2P_3 - \triangle OP_1P_3 \\ &= \triangle OP_1P_2 + \triangle OP_2P_3 + \triangle OP_3P_1 \\ &= \tfrac{1}{2}(x_1y_2 - x_2y_1) + \tfrac{1}{2}(x_2y_3 - x_3y_2) + \tfrac{1}{2}(x_3y_1 - x_1y_3). \end{aligned}$$

Beispiel c) Nach den vorausgehenden Formeln, am einfachsten nach (i), wird z. B. die Fläche des Dreiecks $P_1P_2P_3$ der Abb. 70, wo $P_1 = 2 | 1$, $P_2 = 3 | 2$, $P_3 = 1 | 3$:

$$\triangle = \tfrac{1}{2}\begin{vmatrix} 2 & 1 & 1 \\ 3 & 2 & 1 \\ 1 & 3 & 1 \end{vmatrix} = \tfrac{1}{2}\left[\begin{vmatrix} 3 & 2 \\ 1 & 3 \end{vmatrix} - \begin{vmatrix} 2 & 1 \\ 1 & 3 \end{vmatrix} + \begin{vmatrix} 2 & 1 \\ 3 & 2 \end{vmatrix}\right]$$

$$= 1{,}5 \text{ Flächeneinheiten}$$

Aufgabe a) Man berechne vom Viereck $P_1 P_2 P_3 P_4$ die Richtung und Größe der Seiten, dann die Tangensfunktionen der Winkel.
$$P_1 = 0 \mid 0, \quad P_2 = 0 \mid 1, \quad P_3 = 1 \mid 1, \quad P_4 = 2 \mid -1.$$

Lösung: $P_1 P_2 = 1$, $P_2 P_3 = 1$, $P_3 P_4 = \sqrt{5}$, $P_4 P_1 = \sqrt{5}$.

$$\operatorname{tg} \varphi_{12} = \infty, \quad \operatorname{tg} \varphi_{23} = 0, \quad \operatorname{tg} \varphi_{34} = -2, \quad \operatorname{tg} \varphi_{41} = -1 : 2.$$
$$\operatorname{tg} \psi_1 = -2, \quad \operatorname{tg} \psi_2 = \infty, \quad \operatorname{tg} \psi_3 = -2, \quad \operatorname{tg} \psi_4 = 3 : 4$$

Aufgabe b) Vom Dreieck $P_1 P_2 P_3$ kennt man die Punkte $P_1 = 2 \mid 1$, $P_2 = 3 \mid 3$, $P_3 = x_3 \mid 4$, sowie den Flächeninhalt $\triangle = 4$; gesucht ist x_3.

Lösung:

$$2\triangle = 2 \cdot 4 = \begin{vmatrix} 2 & 1 & 1 \\ 3 & 3 & 1 \\ x_3 & 4 & 1 \end{vmatrix} = \begin{vmatrix} 3 & 3 \\ x_3 & 4 \end{vmatrix} - \begin{vmatrix} 2 & 1 \\ x_3 & 4 \end{vmatrix} + \begin{vmatrix} 2 & 1 \\ 3 & 3 \end{vmatrix}$$
$$= 12 - 3x_3 - 8 + x_3 + 3,$$

womit sich $x_3 = -\tfrac{1}{2}$ ergibt.

74. Die Fläche F des Vieleckes $P_1 P_2 P_3 \ldots P_n$ ist die Summe von $n - 2$ Dreiecken, nämlich:

$$\triangle P_1 P_2 P_3 + \triangle P_1 P_3 P_4 + \triangle P_1 P_4 P_5 + \cdots + \triangle P_1 P_{n-1} P_n,$$

siehe Abbildung, sonach:

$$
\begin{aligned}
2F = {}& (x_1 y_2) & + (x_2 y_3) & + (x_3 y_1) \\
& + (x_1 y_3) & + (x_3 y_4) & + (x_4 y_1) \\
& + (x_1 y_4) & + (x_4 y_5) & + (x_5 y_1) \\
& \ \cdot \ \cdot \ \cdot & \cdot \ \cdot \ \cdot & \cdot \ \cdot \ \cdot \\
& + (x_1 y_{n-1}) & + (x_{n-1} y_n) & + (x_n y_1) \\
= {}& (x_1 y_2) + (x_2 y_3) + (x_3 y_4) + \ldots (x_{n-1} y_n) + (x_n y_1). & & \text{(a)}
\end{aligned}
$$

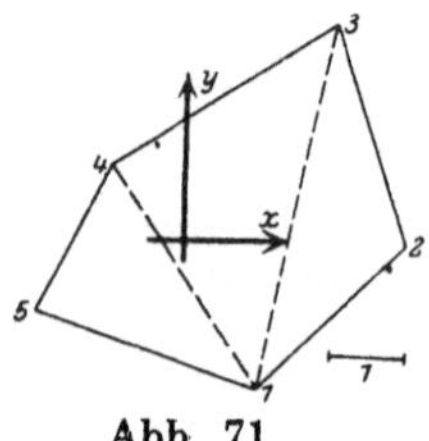

Abb. 71.

Beispiel a) So ist z. B. die Fläche des Vielecks $P_1 P_2 \ldots P_5$ der Abbildung, aus der die Koordinaten der einzelnen Punkte abgelesen werden können zu
$$P_1 = 1 \mid -2, \quad P_2 = 3 \mid 0, \quad P_3 = 2 \mid 3,$$
$$P_4 = -1 \mid 1, \quad P_5 = -2 \mid -1,$$
gleich

$$F = \tfrac{1}{2}[1 \cdot 0 - (-2) \cdot 3 + 3 \cdot 3 - 0 \cdot 2 + 2 \cdot 1 - 3 \cdot (-1) + (-1) \cdot (-1)$$
$$- 1 \cdot (-2) + (-2) \cdot (-2) - (-1) \cdot 1]$$

$$= 14 \text{ Flächeneinheiten.}$$

Koordinatensysteme und Koordinatentransformation.

75. Nach der Definition von Nr. 57 ist ein Koordinatensystem die Gesamtheit jener festen Elemente, von denen aus man die Lage eines untersuchten Punktes (oder anderer geometrischer Gebilde) durch Zahlen bestimmt; diese Zahlen selbst nennt man die Koordinaten des untersuchten Punktes. Da nun in der Ebene die Lage eines Punktes durch zwei Zahlenangaben bestimmt werden kann, so ist ersichtlich, daß man in der Ebene mindestens zwei feste Elemente für diese Bestimmung nötig hat. Am nächsten liegt es, als feste Elemente der Ebene Gerade und Punkte zu wählen, als einfachste Koordinatensysteme also jene, die aus zwei festen Geraden oder zwei festen Punkten oder einem festen Punkt und einer festen Geraden bestehen.

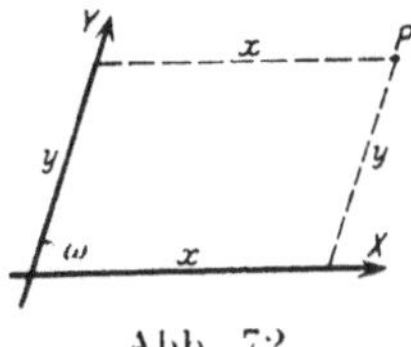

Abb. 72.

Im ersten Fall hat man das cartesische oder Parallelkoordinatensystem, von dem das vorausgehende eingehender betrachtete rechtwinklige Koordinatensystem nur ein spezieller Fall ist. Die Elemente des Parallelkoordinatensystems sind zwei nichtparallele Gerade, genannt Abszissen- oder x-Achse, und Ordinaten- oder y-Achse. Der Winkel von der x- zur y-Achse kann alle Werte zwischen 0 und π haben, für $\omega = \tfrac{1}{2}\pi$ hat man das rechtwinklige Koordinatensystem. Die Definition (65a) gilt auch hier:

> Cartesische oder Parallelkoordinaten des Punktes P sind die Wege vom Nullpunkt zum Punkt P in Richtung der Koordinatenachsen.   (a)

Durch diese Festsetzung sind also wieder die Koordinaten der vier Punkte der Abb. 73 folgendermaßen festgelegt:

$$P_1 = 2\,|\,1, \quad P_2 = -2\,|\,1, \quad P_3 = -2\,-1; \quad P_4 = 2\,|\,-1.$$

Beispiel a) Welche der unter Voraussetzung eines rechtwinkligen Koordinatensystems bewiesenen Sätze bleiben gültig für ein beliebiges Parallelkoordinatensystem?

Da das rechtwinklige Koordinatensystem sich als ein spezieller Fall des allgemeinen Parallelkoordinatensystems erweist, so ist zu erwarten, daß eine Reihe von Sätzen, die für das rechtwinklige Koordinatensystem bewiesen wurden, ohne weiteres auch für

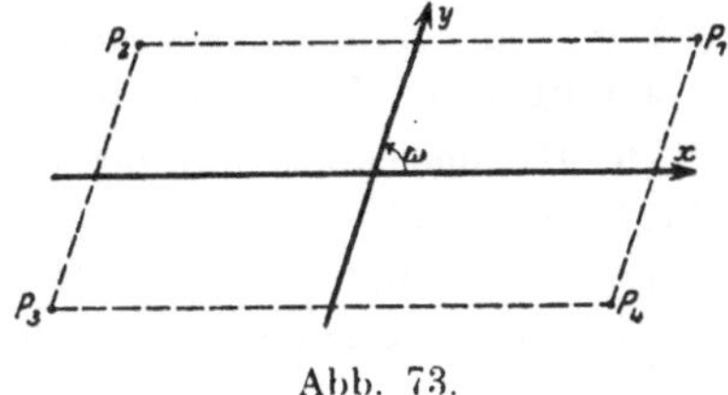

Abb. 73.

das beliebige Parallelkoordinatensystem gelten. Sicher trifft dies nicht zu für alle jene Sätze, die die Tatsache benützen, daß der Winkel von der x-Achse zur y-Achse ein rechter ist, also nicht für jene Sätze, die sich auf den pythagoräischen Lehrsatz stützen, während umgekehrt alle jene Sätze, die nur allgemein projektivische Wahrheiten zur Beweisführung heranziehen, ohne weiteres als für beliebige Parallelkoordinatensysteme gültig mit übernommen werden können. So sind für beliebige cartesische Koordinaten die schiefen Projektionen der Strecke $P_1 P_2$ auf die beiden Koordinatenachsen:

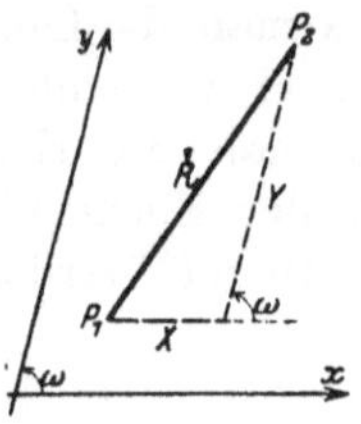

Abb. 74.

$$X = x_2 - x_1, \quad Y = y_2 - y_1,$$

es ist das Teilverhältnis λ des Teilpunktes P auf der Strecke $P_1 P_2$ bestimmt durch die Gleichung

$$\frac{x - x_1}{x - x_2} = \lambda = \frac{y - y_1}{y - y_2} \tag{b}$$

und umgekehrt der Teilpunkt P selbst durch λ bestimmt nach der Formel

$$x = \frac{\lambda x_2 - x_1}{\lambda - 1}, \qquad y = \frac{\lambda y_2 - y_1}{\lambda - 1} \tag{c}$$

Naturgemäß bleiben dann auch die Formeln (72f) und (72h) für die Bestimmung des Schwerpunktes einer Strecke bzw. einer Dreiecksfläche bestehen.

Beispiel b) Man ermittle die Länge R der Strecke $P_1 P_2$ für allgemeine Parallelkoordinaten.

Die schiefen Projektionen der Strecke $P_1 P_2$ auf die Koordinatenachsen seien X und Y, dann ist

$$R^2 = X^2 + Y^2 + 2XY \cos \omega$$

oder

$$R = \sqrt{(x_2 - x_1)^2 + (y_2 - y_1)^2 + 2(x_2 - x_1)(y_2 - y_1) \cos \omega}. \tag{d}$$

Das aus zwei festen Punkten bestehende Bipolarkoordinatensystem (man bestimmt die Lage des Punktes P durch Angabe der Entfernung r_1 und r_2 von zwei festen Polen O_1 und O_2) kommt für den Ingenieur kaum in Betracht, soll also außer der namentlichen Erwähnung sonst keine Beachtung mehr finden.

76. Häufiger aber und oft mit großem Vorteil benützt man das Polarkoordinatensystem, bestehend aus einer festen Geraden und einem festen Punkt auf ihr. (Der Fall, daß der feste Punkt nicht auf der festen Geraden liegt, kommt für den Ingenieur wohl kaum in Betracht.) Den festen Punkt O nennt man den Anfangspunkt oder Nullpunkt oder Pol, den festen Strahl durch O den Anfangsstrahl des Polarkoordinatensystems. Wichtig ist, daß nach Definition der feste Strahl als Halbstrahl zu betrachten ist, der also von O aus nur nach einer Seite geht, meist vom Beschauer aus horizontal nach· rechts.

Man bestimmt nun die Lage eines Punktes P dadurch, daß man seine Winkel- oder Bogenentfernung (auch Polarwinkel oder Winkelweg genannt) φ vom Anfangsstrahl aus mißt, und den Radiusvektor oder Leitstrahl r, d. h. seine wahre Entfernung vom Nullpunkt aus. Dadurch ist die Lage des Punktes P, die man in kurzer Schreibweise durch $P = r \mid \varphi$ angibt, eindeutig festgelegt. (Umgekehrt sind freilich für einen bestimmten

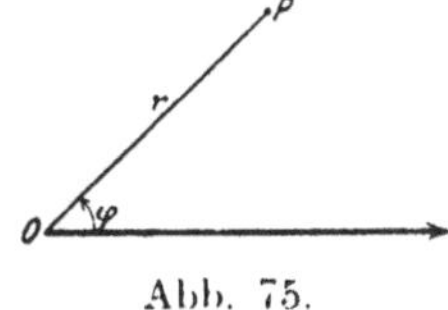

Abb. 75.

Punkt der Ebene die Koordinaten nicht eindeutig festgelegt; man vergleiche das kommende Beispiel sowie das in Nr. 23 für die geometrische Darstellung einer komplexen Zahl Angegebene.)

Beispiel a) Von den in die Abb. 76 eingezeichneten Punkten kann man mit Zuhilfenahme des beigegebenen Maßstabes die Lage durch Polarkoordinaten angeben. Es ist für P_1 die Winkelentfernung $\varphi_1 = 0$, wenn man φ nur bis 2π rechnet, und $\varphi_1 = 0 + 2k\pi$, wo k ganzzahlig, wenn man φ beliebig weit rechnen darf; der Radiusvektor ist $r_1 = 3$, also gilt $P_1 = 3 \mid 0$, da wir φ nur bis 2π zählen wollen, wenn nicht andere Voraussetzungen angegeben sind. Entsprechend findet man

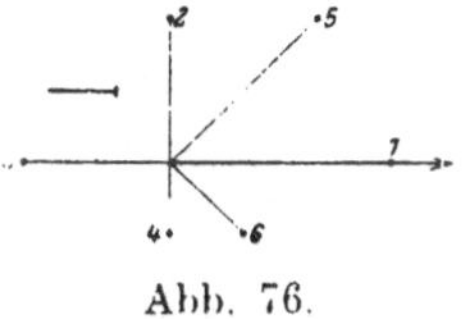

Abb. 76.

von P_2 die Winkelentfernung $\varphi_2 = \tfrac{1}{2}\pi$ und den Radiusvektor $r_2 = 2$, also $P_2 = 2 \mid \tfrac{1}{2}\pi$. P_3 hat die Winkelentfernung $\varphi_3 = \pi$ und den Radiusvektor $r_3 = 2$, es ist also $P_3 = 2 \mid \pi$. Es wäre falsch, wenn man sagen wollte, die Winkelentfernung φ_3 ist 0 und der Radiusvektor $r_3 = -2$. Der Radiusvektor ist immer als positiv zu wählen, wenn nicht eigens eine andere Festsetzung getroffen wird, und der Winkel φ immer vom Anfangsstrahl aus, der also nach Abbildung und Angabe nur nach einer Seite geht. Für die übrigen Punkte hat man $P_4 = 1 \mid \tfrac{3}{2}\pi$, $P_5 = 2\sqrt{2} \mid \tfrac{1}{4}\pi$, $P_6 = \sqrt{2} \mid -\tfrac{1}{4}\pi$. Der Nullpunkt hat eine beliebige Winkelentfernung, sein Radiusvektor ist 0, also schreibt man: $O = 0 \mid \varphi$.

Beispiel b) Gegeben sind die beiden Punkte $P_1 = r_1 \mid \varphi_1$, $P_2 = r_2 \mid \varphi_2$.

Ihre Winkelentfernung ist $\varphi_2 - \varphi_1$; die Länge der Strecke $P_1 P_2$ ist

$$R = \sqrt{r_1^2 + r_2^2 - 2\,r_1 r_2 \cos(\varphi_2 - \varphi_1)}, \tag{a}$$

deren Projektionen auf den Anfangsstrahl bzw. senkrecht dazu sind:

$$X = r_2 \cos\varphi_2 - r_1 \cos\varphi_1, \qquad Y = r_2 \sin\varphi_2 - r_1 \sin\varphi_1,$$

ferner ist die Richtung der Strecke:

$$\operatorname{tg}\tau = \frac{Y}{X} = \frac{r_2 \sin\varphi_2 - r_1 \sin\varphi_1}{r_2 \cos\varphi_2 - r_1 \cos\varphi_1}. \tag{b}$$

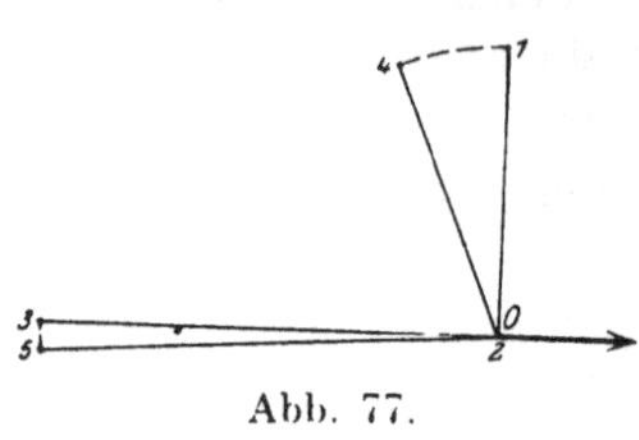

Abb. 77.

Aufgabe a) In ein Polarkoordinatensystem trage man die folgenden Punkte ein: $P_1 = 2 \mid \frac{1}{3}\pi$, $P_2 = 0 \mid \pi$, $P_3 = \pi \mid \pi$, $P_4 = 2 \mid 2$, $P_5 = \pi \mid -3$.

Lösung: Man beachte, daß $\pi = 3{,}14\ldots$ eine Länge, eine Strecke ist. $P_3 = \pi \mid \pi$ heißt also, der Radiusvektor r hat die Länge $3{,}14\ldots$, die im Bogenmaß gemessene Winkelentfernung φ_3 ist π, also im Winkelmaß 180^0, demgemäß kommt P_3 so zur Darstellung, wie durch Abb. 77 angegeben ist. $P_4 = 2 \mid 2$ heißt, der Radiusvektor ist $r_4 = 2$, das Bogenmaß für φ_4 ist 2, nach (55a) also das Winkelmaß $\frac{2}{\pi} \cdot 180^0 = 115^0$ rund. P_5 hat den Radiusvektor $r_5 = 3{,}14\ldots$ und das Bogenmaß $\varphi_5 = -3$, nach (55a) also das Winkelmaß $-\frac{3}{\pi} \cdot 180^0 = -172^0$ rund, oder (da bei der Zählweise der Winkelentfernung bis 2π statt α auch $2\pi + \alpha$ gesetzt werden kann) $360^0 - 172^0 = 188^0$ rund.

77. Die Eigenschaften eines geometrischen Gebildes lassen sich analytisch um so einfacher aussprechen, je einfacher die Lage des Koordinatensystems gegenüber dem untersuchten Gebilde ist. Man wird daher von vornherein das Koordinatensystem, wenn es nicht bestimmt vorgeschrieben ist, möglichst einfach zu den gegebenen oder gesuchten Gebilden legen, oder falls sich ein bereits vorhandenes Koordinatensystem ungünstig bezüglich der vorzunehmenden Rechnung erweist, dieses verlassen und zu einem günstiger gewählten neuen System übergehen. Für einen solchen Übergang sind nun Formeln aufzustellen.

Im Verlauf einer analytisch-geometrischen Rechnung hat man oft einen Übergang von Polarkoordinaten zu rechtwinkligen oder umgekehrt vorzunehmen. Man wählt dann meist die positive x-Achse als Anfangsstrahl, so daß zwischen den Koordinaten x, y einerseits und den Koordinaten r, φ andrerseits die Beziehung besteht

$$\left.\begin{aligned} x &= r\cos\varphi \\ y &= r\sin\varphi \end{aligned}\right\} \quad \text{bzw. umgekehrt} \quad \left\{\begin{aligned} r &= (\pm)\,\sqrt{x^2 + y^2} \\ \operatorname{tg}\varphi &= y : x \quad \text{oder} \quad \varphi = \operatorname{arctg}\frac{y}{x}. \end{aligned}\right. \tag{a}$$

Das Vorzeichen des Radiusvektors r ist, wie oben erwähnt, stets positiv zu nehmen.

Beispiel a) Die Punkte P_1, P_2, P_3 der Abb. 70 mit den rechtwinkligen Koordinaten $2\,|\,1$, $3\,|\,2$, $1\,|\,3$ haben nach dieser Formel die Polarkoordinaten

$$r_1 = \sqrt{5}, \quad \varphi_1 = \operatorname{arctg}\tfrac{1}{2}, \quad r_2 = \sqrt{13}, \quad \varphi_2 = \operatorname{arctg}\tfrac{2}{3}, \quad r_3 = \sqrt{10},$$
$$\varphi_3 = \operatorname{arctg} 3.$$

Bei der Verschiebung oder Translation eines Parallelkoordinatensystems (rechtwinklig oder schiefwinklig), siehe Abbildung, hat der neue Nullpunkt P_0 im alten System die Koordinaten $x_0\,|\,y_0$, im neuen $0\,|\,0$, die alten Abszissen x sind also alle um x_0 größer als die neuen ξ, die alten Ordinaten y alle um y_0 größer als die neuen η es gilt

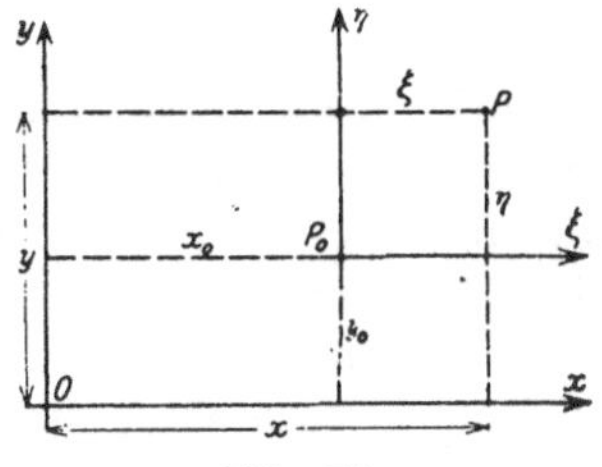

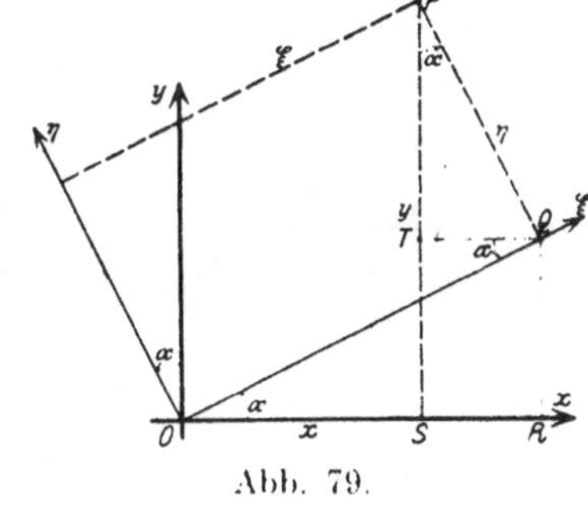

Abb. 78.

$$\left.\begin{aligned} x &= x_0 + \xi \\ y &= y_0 + \eta \end{aligned}\right\} \quad \text{bzw. umgekehrt} \quad \left\{\begin{aligned} \xi &= x - x_0 \\ \eta &= y - y_0. \end{aligned}\right. \qquad \text{(b)}$$

Beispiel b) Gegeben sind die Punkte $P_1 = -2\,|\,1$, $P_2 = 0\,|\,2$, $P_3 = 4\,|-1$, $P_4 = 2\,|\,2$ eines rechtwinkligen Koordinatensystems. Man soll das Koordinatensystem so verschieben, daß P_3 der neue Nullpunkt wird.

Im neuen System hat P_3 die Koordinaten $0\,|\,0$, also ist gegenüber dem alten System die Abszisse um 4 kleiner, die Ordinate um 1 größer geworden. Das Entsprechende gilt natürlich auch für die anderen Punkte, so daß im neuen System $P_1 = -6\,|\,2$, $P_2 = -4\,|\,3$, $P_3 = 0\,|\,0$, $P_4 = -2\,|\,3$ wird, siehe Abb. 80. Man hätte selbstverständlich auch die Formel (b) anwenden können und mit $x_0 = 4$, $y_0 = -1$

$$\xi = x - 4, \qquad \eta = y - (-1) = y + 1$$

und damit die nämlichen Werte erhalten.

78. Bei der Drehung des rechtwinkligen Koordinatensystems bleibt der Nullpunkt in Ruhe, jede der beiden Koordinatenachsen wird im positiven Sinn um den Winkel α gedreht. Aus Abb. 79 ist der nachfolgende Zusammenhang zwischen den Koordinaten x, y des alten Systems und den Koordinaten ξ, η des neuen zu ersehen. Es ist $x = OR - SR$ und $y = ST + TP$, somit

Abb. 79.

$$x = \xi \cos \alpha - \eta \sin \alpha$$
$$y = \xi \sin \alpha + \eta \cos \alpha.$$

(a)

Durch einfache Umformung kann man aus diesen Gleichungen auch die neuen Koordinaten ξ, η nach den alten x, y ausdrücken; man erhält

$$\xi = \quad x \cos \alpha + y \sin \alpha$$
$$\eta = - x \sin \alpha + y \cos \alpha.$$

(b)

Verschiebung und Drehung des rechtwinkligen Koordinatensystems. Die ursprünglichen Koordinaten sollen x, y, die neuen ξ, η heißen. Wenn man zuerst verschiebt, erhält man ein Zwischensystem, dessen Koordinaten mit x', y' bezeichnet seien; Von diesem System geht man dann zum verlangten über, indem man noch verdreht. Man erhält also

$$x = x' + x_0 \qquad x' = \xi \cos \alpha - \eta \sin \alpha$$
$$\text{und}$$
$$y = y' + y_0 \qquad y' = \xi \sin \alpha + \eta \cos \alpha,$$

oder zusammengefaßt

$$x = \xi \cos \alpha - \eta \sin \alpha + x_0$$
$$y = \xi \sin \alpha + \eta \cos \alpha + y_0,$$

(c)

und umgekehrt, wenn man die neuen Koordinaten ξ, η nach den alten x, y ausgedrückt haben will,

$$\xi = \quad x' \cos \alpha + y' \sin \alpha \qquad x' = x - x_0$$
$$\text{nebst}$$
$$\eta = - x' \sin \alpha + y' \cos \alpha \qquad y' = y - y_0,$$

oder zusammengenommen

$$\xi = \quad (x - x_0) \cos \alpha + (y - y_0) \sin \alpha$$
$$\eta = - (x - x_0) \sin \alpha + (y - y_0) \cos \alpha.$$

(d)

Beispiel a) Man wähle für das Punktsystem des vorausgehenden Beispiels, siehe Abb. 80, den Punkt P_3 wieder als neuen Nullpunkt und drehe das Koordinatensystem so, daß die positive x-Achse durch den Punkt P_2 geht. Wenn man zunächst verschiebt, erhält man, wie bereits ermittelt, die Koordinaten $P_1 = -6 \,|\, 2$; $P_2 = -4 \,|\, 3$, $P_3 = 0 \,|\, 0$, $P_4 = -2 \,|\, 3$. Der Radiusvektor r_2 schließt mit der x'-Achse dieses neuen Systems den Winkel φ_2 ein, der bestimmt ist durch $\mathrm{tg}\, \varphi_2 = -3 : 4$, somit, da φ_2 im zweiten Quadranten liegt, $\sin \varphi_2 = 3 : 5$, $\cos \varphi_2 = -4 : 5$. Man kennt

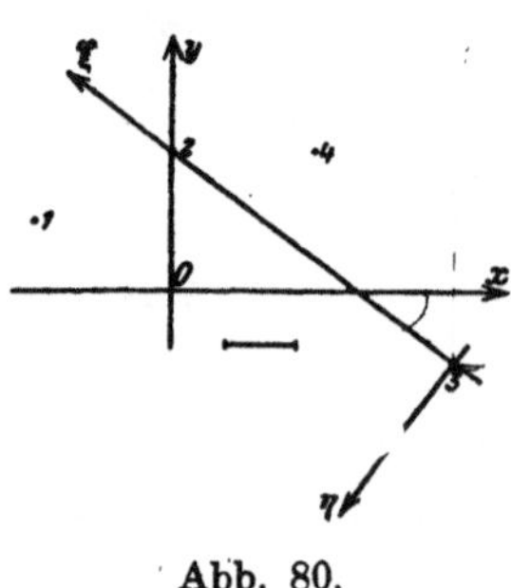

Abb. 80.

nun die Funktionen des Verdrehungswinkels φ_2, oder, wie wir ihn bisher genannt haben, α, und erhält damit nach Formel (b), hier

$$\xi = -0,8\,x + 0,6\,y, \qquad \eta = -0,6\,x - 0,8\,y,$$

und die neuen Koordinaten der einzelnen Punkte durch

$$P_1 = 6\,|\,2, \quad P_2 = 5\,|\,0, \quad P_3 = 0\,|\,0, \quad P_4 = 3,4\,|-1,2.$$

Wenn man durch Drehung eines Polarkoordinatensystems r, φ um den Winkel φ_0 übergeht zu einem neuen System r', φ', so ändert sich nur der Polarwinkel φ zum neuen Winkel φ', während der Radiusvektor r bleibt, so daß also, siehe auch Abb. 81,

$$\left.\begin{array}{l} r = r' \\ \varphi = \varphi' + \varphi_0 \end{array}\right\} \quad \text{oder umgekehrt} \quad \left\{\begin{array}{l} r' = r \\ \varphi' = \varphi - \varphi_0. \end{array}\right. \tag{e}$$

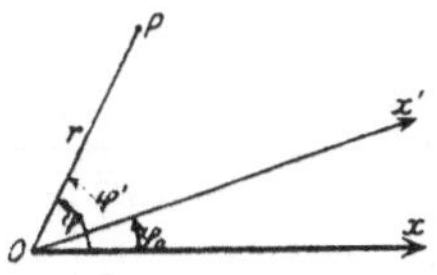

Abb. 81.

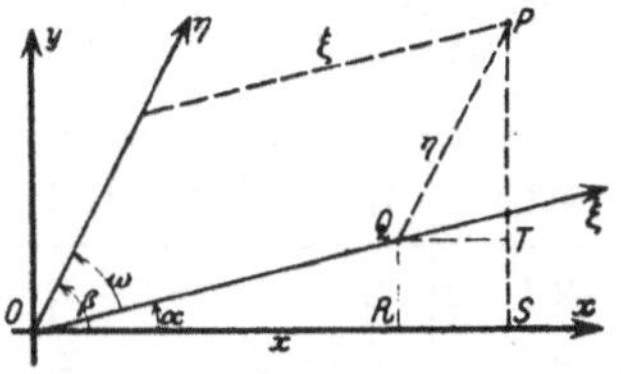

Abb. 82.

Der Übergang von rechtwinkligen Koordinaten zu schiefwinkligen geschieht dadurch, daß man beide Koordinatenachsen so um den Nullpunkt dreht, daß die ξ-Achse mit der x-Achse den Winkel α und die η-Achse mit ihr den Winkel β bildet. Abb. 82 läßt dann die nachfolgend angeschriebenen Beziehungen einsehen. Es ist, wenn man

$$x = OR + RS \quad \text{und} \quad y = ST + TP$$

schreibt,

$$x = \xi \cos \alpha + \eta \cos \beta$$
$$y = \xi \sin \alpha + \eta \sin \beta, \tag{f}$$

und wenn man diese Gleichungen umformt,

$$\xi \sin (\beta - \alpha) = \quad\; x \sin \beta - y \cos \beta$$
$$\eta \sin (\beta - \alpha) = -x \sin \alpha + y \cos \alpha. \tag{g}$$

Naturgemäß enthalten die beiden letzt angeschriebenen Formeln als Spezialfall in sich die Formeln (a) und (b). Wegen $\omega = 90°$ wird für diesen Spezialfall $\beta = 90° + \alpha$, welcher Wert in die vorausgehenden Gleichungen eingesetzt sie auf die Formeln (a) und (b) reduzieren muß.

Aufgabe a) mit f) Gegeben sind die Punkte $P_1 = -2\,|\,1$, $P_2 = 0\,|\,2$, $P_3 = 4\,|-1$ und $P_4 = 2\,|\,2$ eines rechtwinkligen Koordinatensystems. Man gebe ihre Koordinaten für ein neues System an, das man erhält durch Drehung des alten Systems

    a) in der Ebene um 180° links um den Nullpunkt,
    b) aus der Ebene heraus um 180° um die x-Achse,
    c) aus der Ebene heraus um 180° um die Mediane,
    d) in der Ebene um 90° rechts um den Nullpunkt,
    e) in der Ebene um 270° links um den Nullpunkt,
    f) in der Ebene um 60° rechts um den Nullpunkt.

Lösung: Die nachfolgende Tabelle gibt die gesuchten Koordinaten. Im Fall a) ist der Richtungssinn der Achsen vertauscht, alle Koordinaten werden negativ. Im Fall b) bleibt die x-Achse, die y-Achse vertauscht den Richtungssinn, die x bleiben unverändert, die y werden negativ. Im Fall c) wird die x- mit der y-Achse vertauscht, $x \mid y$ geht über in $y \mid x$. Im Fall d) und e) wird die x-Achse zur neuen y-Achse, die y-Achse zur neuen x-Achse, aber mit entgegengesetztem Richtungssinn, der neue y-Wert ist sonach gleich dem ursprünglichen x-Wert und der neue x-Wert gleich dem negativen alten y-Wert; mechanisch: $x \mid y$ geht über in $-y \mid x$. Fall f) ist durch die Formel (b) erledigt, wo $\alpha = -60^{\circ}$, also $x_f = \tfrac{1}{2} x - \tfrac{1}{2}\sqrt{3}\, y$, $\quad y_f = \tfrac{1}{2}\sqrt{3}\, x + \tfrac{1}{2} y$.

Punkt	$x \mid y$	$x_a \mid y_a$	$x_b \mid y_b$	$x_c \mid y_c$	$x_e \mid y_e$	$x_f \mid y_f$
1	$-2 \mid 1$	$2 \mid -1$	$-2 \mid -1$	$1 \mid -2$	$-1 \mid -2$	$-1 - \tfrac{1}{2}\sqrt{3} \mid -\sqrt{3} + \tfrac{1}{2}$
2	$0 \mid 2$	$0 \mid -2$	$0 \mid -2$	$2 \mid 0$	$-2 \mid 0$	$-\sqrt{3} \mid 1$
3	$4 \mid -1$	$-4 \mid 1$	$4 \mid 1$	$-1 \mid 4$	$1 \mid 4$	$2 + \tfrac{1}{2}\sqrt{3} \mid 2\sqrt{3} - \tfrac{1}{2}$
4	$2 \mid 2$	$-2 \mid -2$	$2 \mid -2$	$2 \mid 2$	$-2 \mid 2$	$1 - \sqrt{3} \mid \sqrt{3} + 1$

79. Verschiebung eines Vektor-Koordinatensystems: Der neue Bezugspunkt O' hat gegenüber dem alten Bezugspunkt O eine

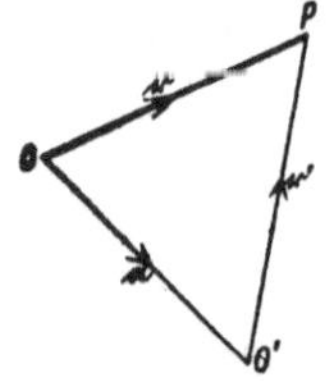

Lage, die durch den Vektor $\mathfrak{a}$ gegeben ist. Abb. 83 macht ohne weitere Erklärung den Zusammenhang

$$\mathfrak{r} = \mathfrak{a} + \mathfrak{r}' \tag{a}$$

zwischen den alten und neuen Vektor-Koordinaten ersichtlich.

Der Übergang von Vektor-Koordinaten zu rechtwinkligen Koordinaten und umgekehrt ist an früherer Stelle bereits besprochen

Abb. 83.

und soll hier nur im Zusammenhang noch erwähnt werden. Nach Nr. 70 bleibt ein Summensatz bei der Projektion erhalten, d. h. ein Satz, den man in der Vektorsprache bewiesen hat, bleibt ohne weiteres richtig, wenn man die Vektoren, die in diesem Satz als Summanden auftreten, auf eine beliebige Ebene, oder was hier für uns in Betracht kommt, auf eine beliebige Gerade projiziert. Man geht also von einem vektoriell erwiesenen Satz über zu der Darstellung des nämlichen Satzes in der Sprechweise der cartesischen Koordinaten, wenn man diesen Satz auf die beiden Koordinatenachsen, die man als Grundrichtungen auswählt, projiziert". Bezeichnet man die Projektionen von $\mathfrak{a}$, $\mathfrak{b}$, $\mathfrak{c}$, ... auf die beiden Grundrichtungen mit a_1, b_1, c_1, ... bzw. a_2, b_2, c_2, ..., so ist der Vektorsatz

$$\mathfrak{a} + \mathfrak{b} + \mathfrak{c} + \ldots = 0$$

äquivalent zwei analytischen Sätzen

$$a_1 + b_1 + c_1 + \ldots = 0$$
$$a_2 + b_2 + c_2 + \ldots = 0,$$

welch letztere als „Projektionen" des vorhergehenden Vektorsatzes zu betrachten sind. Umgekehrt, aber im allgemeinen Fall schwierig, kann man zwei zusammengehörige analytische Formeln durch eine einzige vektorielle ersetzen, wie das an einigen Beispielen gezeigt werden soll.

Beispiel a) und b) Wie liegen die durch die Vektoren $\mathfrak{r}$, $\mathfrak{r}_1$, $\mathfrak{r}_2$ (vom Bezugspunkt O aus) gegebenen Punkte P, P_1, P_2 zueinander, wenn zwischen diesen Vektoren die Beziehung besteht

$$\text{a) } \mathfrak{r} = 2\mathfrak{r}_1 - \mathfrak{r}_2, \qquad \text{b) } \mathfrak{r}_1 + 2\mathfrak{r}_2 - 3\mathfrak{r} = 0?$$

Verschiebt man das Koordinatensystem, indem man etwa den Punkt P_1 als neuen Bezugspunkt Q' wählt, so besteht zwischen den alten und neuen Koordinaten $\mathfrak{r}$ und $\mathfrak{r}'$ oder $\mathfrak{r}_i$ und $\mathfrak{r}_i'$ der Zusammenhang (a), hier

$$\mathfrak{r} = \mathfrak{r}_1 + \mathfrak{r}', \qquad \mathfrak{r}_i = \mathfrak{r}_1 + \mathfrak{r}_i'$$

wegen $\mathfrak{a} = \mathfrak{r}_1$; $\mathfrak{r}_1'$ selbst wird natürlich Null. Damit gehen die beiden oben gegebenen Beziehungen über in

a) $\mathfrak{r}_1 + \mathfrak{r}' = 2(\mathfrak{r}_1 + 0) - (\mathfrak{r}_1 + \mathfrak{r}_2')$ oder $\mathfrak{r}' = -\mathfrak{r}_2'$

b) $(\mathfrak{r}_1 + 0) + 2(\mathfrak{r}_1 + \mathfrak{r}_2') = 3(\mathfrak{r}_1 + \mathfrak{r}')$ $2\mathfrak{r}_2' = 3\mathfrak{r}'$.

In beiden Fällen liegen also die drei Punkte P, P_1, P_2 auf der nämlichen Geraden. Im Fall a) ist P_1 der Mittelpunkt der Strecke PP_2, im Fall b) teilt P die Strecke P_1P_2 im Verhältnis $\lambda = -2$, siehe die Skizze der Abb. 84 und 85.

Man kann im Fall a) durch die Umstellung

$$\mathfrak{r}_1 = \tfrac{1}{2}(\mathfrak{r} + \mathfrak{r}_2)$$

Abb. 84 u. 85.

nach (72g) unmittelbar sehen, daß P_1 der Mittelpunkt der Strecke PP_2 ist.

Im Fall b) läßt die Umstellung $\mathfrak{r} = \dfrac{2\mathfrak{r}_2 + \mathfrak{r}_1}{3}$ mit Berufung auf die Formel (72e) erkennen, daß P die Strecke P_1P_2 im Verhältnis $\lambda = -2$ teilt, siehe Abb. 85.

10*

Aufgabe a) Man beweise vektoriell, daß sich die drei Mittellinien eines Dreiecks im nämlichen Punkt schneiden und gebe für die Lage dieses Punktes, des Schwerpunktes, eine Formel an.

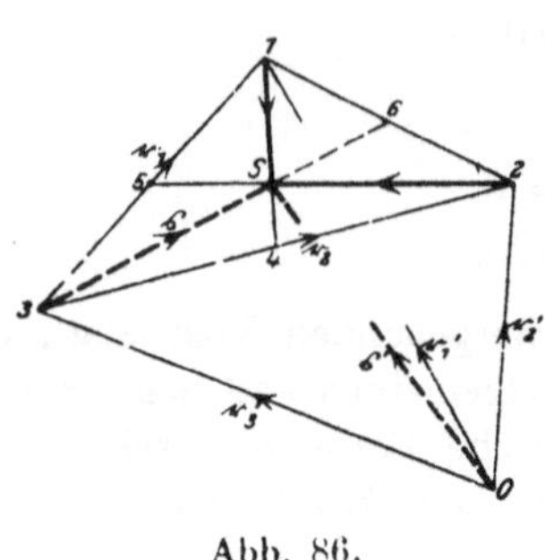

Abb. 86.

Wählt man Punkt P_3, siehe Abb. 86, als Nullpunkt oder Bezugspunkt eines Vektor-Koordinatensystems, so sind die beiden anderen Eckpunkte des Dreieckes durch die Vektoren $\mathfrak{r}_1$ und $\mathfrak{r}_2$ gegeben. Dann ist der Vektor P_1P_4 durch $-\mathfrak{r}_1+\frac{1}{2}\mathfrak{r}_2$ dargestellt und der Vektor P_2P_5 durch $-\mathfrak{r}_2+\frac{1}{2}\mathfrak{r}_1$. Den Schnittpunkt S der Mittellinien P_1P_4 und P_2P_5 findet man folgendermaßen: Es ist der Vektor P_1S ein Vielfaches vom Vektor P_1P_4 (das Wievielfache wissen wir noch nicht), wir setzen deshalb

$$P_1S = \lambda_1 \cdot P_1P_4$$

und entsprechend

$$P_2S = \lambda_2 \cdot P_2P_5.$$

Oder in vektorieller Schreibweise:

$$\text{Vektor } P_1S = \lambda_1(-\mathfrak{r}_1+\tfrac{1}{2}\mathfrak{r}_2), \qquad \text{Vektor } P_2S = \lambda_2(-\mathfrak{r}_2+\tfrac{1}{2}\mathfrak{r}_1)$$

Dann ist der Vektor P_3S oder $\mathfrak{s}$ sowohl durch

$$\mathfrak{r}_1 + \lambda_1(-\mathfrak{r}_1+\tfrac{1}{2}\mathfrak{r}_2) \quad \text{als auch} \quad \mathfrak{r}_2+\lambda_2(-\mathfrak{r}_2+\tfrac{1}{2}\mathfrak{r}_1)$$

gegeben, d. h. die letzten Vektoren müssen einander gleich sein; es ist also

$$\mathfrak{r}_1 + \lambda_1(-\mathfrak{r}_1+\tfrac{1}{2}\mathfrak{r}_2) = \mathfrak{r}_2+\lambda_2(-\mathfrak{r}_2+\tfrac{1}{2}\mathfrak{r}_1),$$

oder geordnet

$$\mathfrak{r}_1(2-2\lambda_1-\lambda_2) = \mathfrak{r}_2(2-2\lambda_2-\lambda_1).$$

Da $\mathfrak{r}_1$ und $\mathfrak{r}_2$ im allgemeinen Fall nicht parallel sind, so ist diese Gleichung nur möglich, wenn gleichzeitig

$$2-2\lambda_1-\lambda_2 = 0 \quad \text{und} \quad 2-2\lambda_2-\lambda_1 = 0$$

oder ausgerechnet, wenn

$$\lambda_1 = \lambda_2 = \tfrac{2}{3}$$

wird.

Das heißt aber nichts anderes als daß S die Mittellinien P_1P_4 und P_2P_5 im Verhältnis $-2:1$ teilt. Die nämliche Berechnung wiederholt, zeigt, daß der Schnittpunkt S' der Mittellinien P_1P_4 und P_3P_6 diese auch im Verhältnis $1:2$ teilt, also fällt S' mit S zusammen, d. h. die drei Mittellinien schneiden sich im nämlichen Punkt S.

Mit den gefundenen Werten λ_1 und λ_2 wird dann

$$\mathfrak{s} = \tfrac{1}{3}(\mathfrak{r}_1+\mathfrak{r}_2).$$

Für ein beliebiges Vektor-Koordinatensystem aber, gegeben durch den Bezugspunkt O, gilt nach Abb. 86

$$\mathfrak{s} = -\mathfrak{r}_3'+\mathfrak{s}', \quad \mathfrak{r}_1 = -\mathfrak{r}_3'+\mathfrak{r}_1', \quad \mathfrak{r}_2 = -\mathfrak{r}_3'+\mathfrak{r}_2'.$$

Damit geht die obige Gleichung

$$3\mathfrak{s} = \mathfrak{r}_1+\mathfrak{r}_2 \quad \text{über in} \quad -3\mathfrak{r}_3'+3\mathfrak{s}' = -\mathfrak{r}_3'+\mathfrak{r}_1'-\mathfrak{r}_3'+\mathfrak{r}_2'$$

oder

$$\mathfrak{s}' = \tfrac{1}{3}(\mathfrak{r}_1'+\mathfrak{r}_2'+\mathfrak{r}_3'). \tag{b}$$

Der Satz an sich ist nicht neu; wir kennen ihn bereits aus den Formeln (72h),

die ja nichts anderes sind als die „Projektionen" des eben angeschriebenen
Satzes.

Aufgabe b) Zwischen den Koordinaten der Punkte $P,$ P_1, P_2, P_3 bestehen die beiden Beziehungen

$$x = x_1 + x_2 - x_3, \qquad y = y_1 + y_2 - y_3$$

Wie liegt der Punkt P gegenüber dem Dreieck $P_1 P_2 P_3$?

Man geht am einfachsten über zu Vektor-Koordinaten und schreibt die
angegebene Bedingung in der Form

$$\mathfrak{r} = \mathfrak{r}_1 + \mathfrak{r}_2 - \mathfrak{r}_3 \quad \text{oder} \quad \tfrac{1}{2}(\mathfrak{r} + \mathfrak{r}_3) = \tfrac{1}{2}(\mathfrak{r}_1 + \mathfrak{r}_2),$$

wodurch dann gesagt ist, daß der Mittelpunkt der Strecke PP_3 gleichzeitig
auch Mittelpunkt der Strecke $P_1 P_2$ ist. Das heißt, der Punkt P ergänzt das
Dreieck $P_1 P_2 P_3$ zu einem Parallelogramm.

Kurven und Kurvengleichung. Geradengleichungen.

80. Kurve oder geometrischer Ort ist eine Linie, deren
einzelne Punkte alle die nämliche geometrische Eigenschaft haben,
durch die sie sich von den nicht auf der Kurve liegenden Punkten
unterscheiden.

An die Spitze der nachfolgenden Betrachtungen sei die Definition
gestellt:

Gleichung einer Kurve (auch Bildungsgesetz der
Kurve genannt) ist der analytische Ausdruck der
Eigenschaften des (die Kurve) erzeugenden Punktes.　　(a)

Um mit einem Beispiel diese Definition zu erklären. Gesucht ist die Gleichung
eines Kreises von gegebenem Radius c um
einen gegebenen Mittelpunkt $M = a\,|\,b$. Statt
zu sagen: alle Kreispunkte haben vom
Mittelpunkt M den gegebenen Abstand c,
sagt man einfacher: Der Kurvenpunkt oder
der erzeugende Punkt P hat vom Mittelpunkt M den gegebenen Abstand c, so daß
also der Kurvenpunkt P der Repräsentant
aller übrigen ist. Was von ihm gilt, gilt von allen Kurvenpunkten.

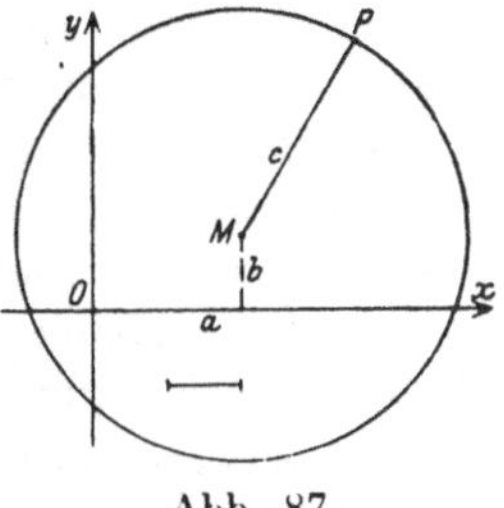

Abb. 87.

Der Kurvenpunkt hat nun im vorliegenden Fall die Eigenschaft

$$PM = c$$

Nach der oben gegebenen Definition muß diese Eigenschaft noch
analytisch ausgedrückt werden, also hier in Koordinaten der auftretenden Punkte. Mit (71e) wird aus der gefundenen Eigenschaft

$$\sqrt{(x-a)^2 + (y-b)^2} = c$$

oder $$(x - a)^2 + (y - b)^2 - c^2 = 0, \qquad \text{(b)}$$

das ist die gesuchte **Kreisgleichung**.

Umgekehrt kann man jede Gleichung zwischen x und y als Gleichung einer Kurve betrachten: sie ist der analytische Ausdruck der Eigenschaften des variablen Punktes $P = x\,|\,y$ einer zunächst noch nicht bekannten Kurve.

Um etwa die Gleichung $xy = 4$ als Beispiel zu nehmen: Vom erzeugenden Punkt P mit den Koordinaten $x\,|\,y$ gilt $x \cdot y = 4$, in Worten: das Produkt der Koordinaten des erzeugenden Kurvenpunktes P ist 4. Der durch diese Gleichung gegebenen Kurve gehören alle Punkte an, deren Koordinaten x und y ein Rechteck vom Inhalt 4 bilden. Mit dieser Festsetzung sind die einzelnen Punkte und damit die Kurve aufzufinden so wie Abb. 88 zeigt.

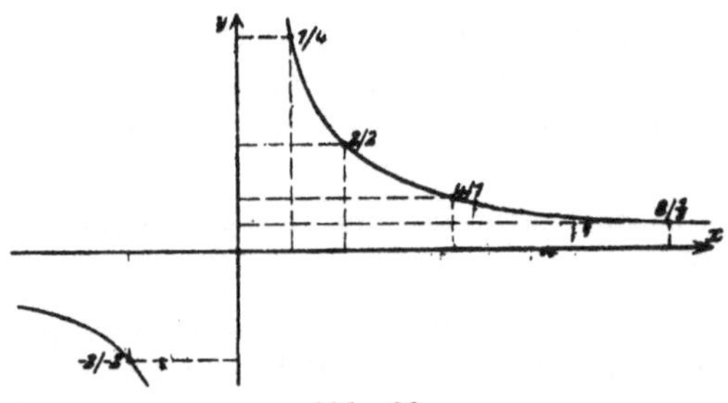

Abb. 88.

Um die Frage zu beantworten, wann liegt ein Punkt $P_0 = x_0\,|\,y_0$ auf einer Kurve mit der gegebenen Gleichung $F(x, y) = 0$ — oder wie man dafür kurz sagt, auf der Kurve $F(x, y) = 0$ —, hat man nur zu beachten, daß dieser Punkt $P_0 = x_0\,|\,y_0$, wenn er auf der Kurve liegt, die nämliche Eigenschaft haben muß wie der erzeugende Punkt (auch laufende Punkt genannt) $P = x\,|\,y$ der Kurve. Dann muß von den Koordinaten x_0, y_0 das nämliche gelten wie von den Koordinaten x, y, das heißt es muß gelten $F(x_0, y_0) = 0$. Dafür sagt man gewöhnlich: Die Koordinaten x_0, y_0 müssen der gegebenen Kurvengleichung genügen, sie müssen die Gleichung erfüllen oder befriedigen, oder der Punkt P_0 muß der Gleichung $F(x, y) = 0$ genügen. Der vorausgehenden Kurvengleichung $xy = 4$ genügen etwa die Punkte $P_1 = 1\,|\,4$, weil $1 \cdot 4 = 4$; oder $P_2 = 2\,|\,2$, weil $2 \cdot 2 = 4$; oder $P_3 = 4\,|\,1$, weil $4 \cdot 1 = 4$; oder $P_4 = 8\,|\,0{,}5$, weil $8 \cdot 0{,}5 = 4$ usw.; alle diese Punkte liegen dann auf der Kurve $xy = 4$, siehe Abb. 88.

Um in den Geist der analytischen Geometrie zu dringen, gibt es kein besseres Mittel, als alle Ausdrücke, die im Verlauf einer Rechnung vorkommen, sich geometrisch vorzustellen. Der Anfänger macht nur zu leicht den Fehler, alle auftretenden Größen x, y, $x^2 + y^2$, $y : x$ usw. rein zahlenmäßig aufzufassen und verliert dabei sehr an Verständnis für das Wesen der Kurvengleichungen. Es wird geraten, im Anfang unter allen Umständen sich jeden analytischen Ausdruck geometrisch vorzustellen, also beispielsweise für x, y, $x + y$, $\sqrt{x^2 + y^2}$, $y : x$ usw. zu sprechen: Abszisse bzw. Ordinate, Summe aus Abszisse und Ordinate, Radiusvektor zum Punkt P, Richtung des Radiusvektor zum Punkt P usw.

Beispiele: Man lese die Eigenschaften der durch nachstehende Gleichungen bestimmten Kurven aus der Gleichung selbst ab.

a) $x = 3$ heißt: die Abszisse des erzeugenden Punktes P ist konstant gleich 3, also erzeugt der Punkt P eine Parallele zur y-Achse;

b) $\sqrt{x^2 + y^2} = 2$ heißt: der Radius zum erzeugenden Punkt P ist konstant gleich 2, also erzeugt der Punkt P den Kreis um den Nullpunkt mit dem Radius 2;

c) $y : x = 3$ heißt: die Richtung des Radiusvektors zum erzeugenden Punkt P ist konstant gleich 3, also erzeugt P eine Gerade durch den Nullpunkt mit der Richtung 3;

d) $x + y = 4$ heißt: Abszisse und Ordinate des erzeugenden Punktes P haben als Summe stets 4.

Für den Anfänger gibt es wohl keine schwierigere Aufgabe als die Aufstellung einer Kurvengleichung und in zweiter Linie die Diskussion von Kurven, wenn deren Gleichung gegeben ist. Der Grund für die vorhandene Schwierigkeit liegt immer in einer falschen Auffassung vom Wesen einer Kurvengleichung. Es fehlt dem Anfänger meist der Mut, eine Kurvengleichung so einfach aufzufassen wie sie aufgefaßt werden muß, nämlich nach Definition als „Eigenschaft des erzeugenden Punktes". Mit dieser Definition ist der Weg vorgeschrieben, den man bei Aufstellung einer Kurvengleichung am besten einschlägt, wenn man nicht unmittelbar eine Formel für diese Gleichung hat: Man gibt vom erzeugenden Punkt eine Eigenschaft an, die er als Punkt dieser Kurve hat und durch die er sich von anderen Punkten, die nicht der Kurve angehören, unterscheidet und auszeichnet; so wie geschehen beim Kreispunkt die Eigenschaft, daß er vom gegebenen Mittelpunkt M immer den gleichen Abstand $MP = c$ hat. Es soll an Hand eines neuen Beispieles der einzuschlagende Weg etwas breiter angegeben werden.

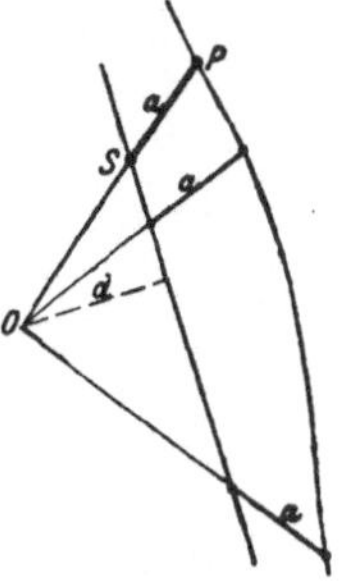

Gesucht ist die Gleichung der Konchoide, die folgendermaßen entsteht: Gegeben ist ein fester Punkt O und im Abstand d von ihm eine feste

Abb. 89.

Gerade; man zieht alle möglichen Strahlen durch O und bringt sie zum Schnitt mit der gegebenen Geraden; von diesem Schnittpunkt S aus trägt man auf dem Strahl die konstante Strecke $SP = a$ ab, dann bilden die Endpunkte eine Kurve, deren Gleichung gesucht ist.

Die Eigenschaft des erzeugenden Konchoidenpunktes P ist hier unmittelbar gegeben durch die Forderung $SP = a$, daher ist

$$SP = a \cdot \text{die Gleichung der gesuchten Kurve,}$$

wenn man nach Vorschrift diese Eigenschaft noch in analytische Form bringt. Zu diesem Zweck wird man ein Koordinatensystem passend wählen. Der Anfänger wird sich meist für ein rechtwink-

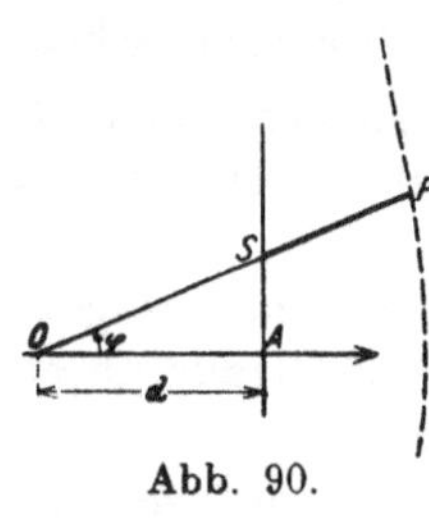

liges System entscheiden, was für die Aufstellung von Kurvengleichungen nicht immer glücklich ist, besonders wenn man wie hier mit Strecken operiert, die mit einem festen Punkt in Beziehung stehen; in solchen Fällen empfiehlt sich meist die Verwendung von Polarkoordinaten. Man wählt den festen Punkt als Nullpunkt des Koordinatensystems und den Strahl vom Nullpunkt aus senkrecht zur gegebenen Geraden als Anfangsstrahl; gleichzeitig wird man noch die

Abb. 90.

ganze Ebene so drehen, daß der Beschauer die feste Gerade lotrecht sieht, so wie Abb. 90 andeutet. Dann wird die angegebene Eigenschaft der Reihe nach die Formen annehmen

$$SP = a \quad \text{oder} \quad OP = OS + a \quad \text{oder} \quad r = OA : \cos \varphi + a$$

oder

$$r = \frac{d}{\cos \varphi} + a,$$

womit die verlangte Kurvengleichung in Polarkoordinaten gefunden ist.

Aber noch unvollständig: Man hat die Strecke SP von S aus nur nach der einen Seite hin abgetragen statt nach beiden Seiten,

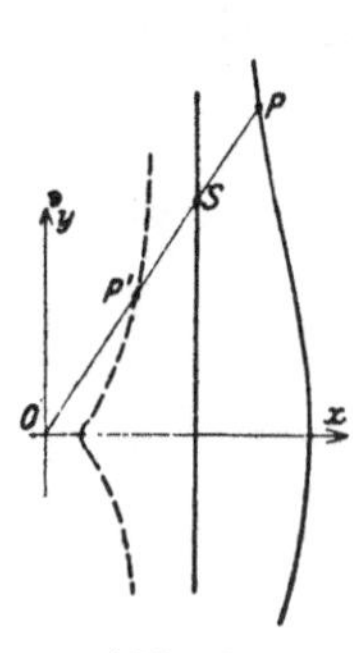

wie man tun muß, wenn man die Vorschrift genau erfüllen will. Indes dieser Fehler ist leicht auszukorrigieren, indem man setzt $OP = OS \pm a$, wo dann das $+$ andeutet, daß man die Strecke a in der Richtung des Radiusvektors anträgt und entsprechend das $-$Zeichen das Umgekehrte. Das kommt auf das gleiche hinaus, wie wenn man nach Abb. 91 setzt: $OP' + P'S = OS$ oder $r + a$ $= OS$ oder $r + a = d : \cos \varphi$. Die richtige und vollständige Gleichung der Konchoide ist somit

Abb. 91.

$$r = \frac{d}{\cos \varphi} \pm a, \tag{c}$$

wo durch jedes der beiden Vorzeichen ein eigener „Ast" der Kurve dargestellt wird.

Will man die Gleichung der Kurve in rechtwinkligen Koordinaten, so geht man mit den Formeln (77a) von den Polarkoordinaten über zu rechtwinkligen; man schreibt

$$r \cos \varphi = d \pm a \cos \varphi \quad \text{oder} \quad x - d = \pm a \frac{x}{r}$$

oder

$$(x - d)\sqrt{x^2 + y^2} = \pm a\,x,$$

oder wenn man quadriert,

$$(x - d)^2 (x^2 + y^2) = a^2 x^2. \tag{d}$$

Hätte man von Anfang an schon rechtwinklige Koordinaten eingeführt, dann hätte am einfachsten genau die nämliche Entwicklung wie die eben vorgetragene beginnend mit $SP = a$ zur Endgleichung geführt, ohne daß man das Wort Polarkoordinaten gebraucht hätte, das heißt man hätte mit den Elementen r und φ der Polarkoordinaten gearbeitet, ohne aber von einem Polarkoordinatensystem zu reden.

Ein weiteres Beispiel bietet die Aufstellung der Gleichung der Cissoide, die folgendermaßen entsteht. Gegeben ist ein Kreis mit dem Radius a und eine feste Tangente im Kreispunkt T. Von dem T diametral gegenüberliegenden Kreispunkt O aus zieht man alle möglichen Strahlen und bringt sie in A zum Schnitt mit dem Kreis und in S mit der festen Tangente. Die durch den Kreis erzeugte Sehne $s = OA$ trägt man auf jedem Strahl von S aus rückwärts ab und kommt zum Punkt P. Durch diese Punkte P wird die Cissoide erzeugt.

Entsprechend der Entstehungsweise des erzeugenden Punktes P gibt man als dessen Eigenschaft an

$$SP = s \quad \text{oder} \quad OP + s = OS$$

und hat damit die Gleichung der Kurve angegeben, wenn man sie noch in analytische Form bringt. Wie beim vorausgehenden Beispiel empfiehlt sich die Einführung von Polarkoordinaten oder doch die Benützung ihrer Elemente r und φ, wenn man das Wort Polarkoordinaten vermeiden und mit rechtwinkligen Koordinaten arbeiten will. Man erhält dann der Reihe nach

$$OP + OA = OS$$

oder

$$r + OT \cdot \cos \varphi = OT : \cos \varphi$$

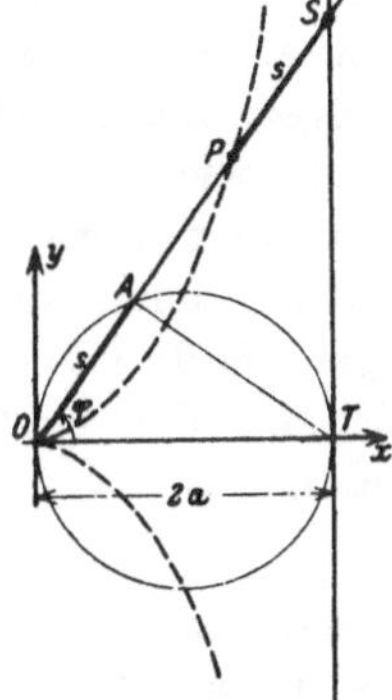

Abb. 92.

oder $\quad r + 2a\cos\varphi = 2a : \cos\varphi \quad$ oder $\quad r = 2a\,(1 : \cos\varphi - \cos\varphi)$

oder
$$r = 2a\,\frac{\sin^2\varphi}{\cos\varphi} \qquad\qquad\qquad\text{(e)}$$

Man formt weiter um zu

$$r\cos\varphi = 2a\sin^2\varphi \quad\text{oder}\quad x = 2ay^2 : r^2$$

oder
$$x(x^2 + y^2) = 2ay^2 \qquad\qquad\qquad\text{(f)}$$

und hat damit die gewünschte Gleichung in rechtwinkligen Koordinaten.

Weitere Beispiele und Aufgaben über die Aufstellung und Diskussion von Kurvengleichungen bringt der Abschnitt „Kurvendikussion“ im nächsten Band.

81. Man kann das Wesen der Kurvengleichungen auch noch von einem andern Gesichtspunkt aus erfassen. Ein Punkt in der Ebene hat 2 Koordinaten oder Freiheitsgrade oder Bewegungsmöglichkeiten oder in anderer Sprechweise, in der Ebene gibt es ∞^2 Punkte.

Solange man über den Punkt P gar keine Voraussetzungen macht, oder wie wir auch sagen können, solange man dem Punkt P keine Bedingung vorschreibt, ihm also seine beiden Freiheitsgrade, seine beiden Bewegungsmöglichkeiten läßt, kann von den beiden Koordinaten x und y jede einen ganz beliebigen Wert annehmen, beide können sich unabhängig voneinander ganz willkürlich ändern. Dem Punkt P eine Bedingung vorschreiben heißt natürlich soviel wie seinen Koordinaten eine Bedingung vorschreiben, also über diese Koordinaten irgendeine Verfügung treffen. Jede solche Verfügung oder Vorschrift drückt sich aus durch eine Gleichung von der Form $F(x, y) = 0$.

Umgekehrt erhält man einen bestimmten Punkt P, wenn man bestimmte Werte für die Koordinaten x und y setzt. Ebenso erhält man einen bestimmten Einzelpunkt P (oder mehrere bestimmte Einzelpunkte), wenn man 2 Bedingungen vorschreibt, denen dieser Punkt genügen muß. Dem Punkt 2 Bedingungen vorschreiben ist das gleiche wie 2 Verfügungen über seine Koordinaten x und y treffen. Wenn man etwa setzt $x = 3$, $y = 2$, so sind damit 2 Bedingungen gegeben, denen der Punkt P, oder seine Koordinaten x und y, genügen muß; in diesem Fall genügt der Punkt, den wir mit $3\,|\,2$ bezeichnen, den beiden Bedingungen. Schreiben wir dem Punkt P die Bedingungen vor

$$x + y = 5, \qquad x - y = 1,$$

so genügen beiden Bedingungen die Zahlenwerte $x = 3$, $y = 2$, also wieder der gleiche Punkt wie vorher. Dem Punkt 2 Bedingungen vorschreiben ist also genau das gleiche wie für die beiden Koordinaten

x und y zwei Bedingungsgleichungen angeben. Solche Bedingungsgleichungen werden im allgemeinen Fall von der Form sein

$$F(x, y) = 0, \qquad G(x, y) = 0.$$

Durch 2 solcher Bedingungen oder Bedingungsgleichungen sind dann dem Punkt P seine beiden Freiheitsgrade genommen.

Schreibt man nun für den Punkt P oder für seine Koordinaten x und y eine einzige solche Bedingungsgleichung an, so heißt dies demgemäß nichts anderes, als daß man dem Punkt P von seinen beiden Freiheitsgraden einen genommen hat, ihm also nur mehr eine Bewegungsmöglichkeit gelassen hat. Durch eine solche Gleichung $F(x, y) = 0$ hat man also von den ∞^2 Punkten der xy-Ebene ∞^1 herausgegriffen, die dann eine Kurve bilden müssen. Das Aufstellen einer solchen Bedingungsgleichung hat eben den Sinn, daß für die Bewegung des Punktes P in der Ebene jetzt ein bestimmtes Gesetz vorgeschrieben ist, oder in der Sprechweise der Mechanik, daß der Punkt P eine Führung, eine Auflagerung erhalten hat. (Wenn man nämlich den Punkt P eines Mechanismus zwingt, eine vorgeschriebene Bahn zu beschreiben, so hat man dafür die Sprechweise: Der Punkt P ist geführt, die Bahn heißt dann die Führung, auch Führungsbahn oder Auflagerbahn). $F(x, y) = 0$ selbst nennt man dann die Gleichung der Kurve, auf der der Punkt P sich nur mehr bewegen kann. Umgekehrt ist dann auch ersichtlich: Bewegt sich ein Punkt $P = x\,|\,y$ nach einem vorgeschriebenen Gesetz in der Ebene (dieses Gesetz kann mit oder ohne Berücksichtigung der Zeit gegeben sein), so ist dieses Bewegungsgesetz auch gleichzeitig die Gleichung der Kurve.

82. Um das Wesen einer Kurvengleichung recht sinnfällig darzustellen, sei von den Geradengleichungen zunächst diejenige entwickelt, die eine Gerade durch zwei gegebene Punkte $P_1 = x_1\,|\,y_1$ und $P_2 = x_2\,|\,y_2$ darstellt. Nach der gegebenen Vorschrift muß man von dem die Gerade erzeugenden Punkt P eine Eigenschaft angeben, die ihm allein zukommt und ihn so von allen anderen nicht auf der Geraden liegenden Punkten unterscheidet. Wie viele solcher Eigenschaften man auch finden mag, sie müssen alle zur nämlichen Gleichung führen. Vom erzeugenden Punkt P der Geraden durch P_1 und P_2 kann man angeben, s. Abb. 93:

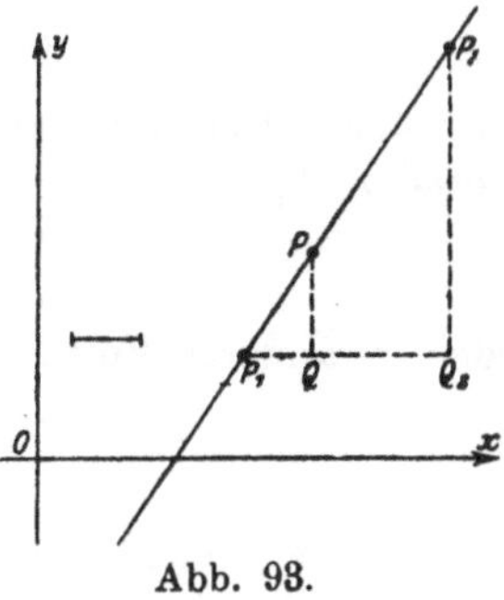

Abb. 93.

a) er bildet mit P_1 und P_2 ein Dreieck vom Inhalt Null; oder

b) er teilt die Strecke $P_1 P_2$ in einem gewissen Verhältnis λ; oder

c) die Strecke $P_1 P$ hat die gleiche Richtung wie die Strecke $P_1 P_2$.

Von Punkten P, die nicht auf dieser Geraden $P_1 P_2$ liegen, werden die vorstehenden Eigenschaften nicht erfüllt. Aus jeder dieser Eigenschaften, deren man natürlich noch verschiedene weniger in die Augen fallende angeben kann, soll die Kurvengleichung abgeleitet werden.

a) Der Inhalt des Dreiecks $P P_1 P_2$ ist

$$\triangle = \tfrac{1}{2} \begin{vmatrix} x & y & 1 \\ x_1 & y_1 & 1 \\ x_2 & y_2 & 1 \end{vmatrix} \text{ nach (73 i),}$$

somit die Gleichung der Geraden $P_1 P_2$, da dieser Inhalt Null sein muß:

$$\begin{vmatrix} x & y & 1 \\ x_1 & y_1 & 1 \\ x_2 & y_2 & 1 \end{vmatrix} = 0 \tag{a}$$

oder ausgeführt:

$$x \cdot (y_1 - y_2) + y \cdot (x_2 - x_1) + (x_1 y_2 - x_2 y_1) = 0. \tag{b}$$

b) Da der Punkt P die Strecke $P_1 P_2$ in einem gewissen (für jede Lage natürlich anderen) Verhältnis λ teilt, so gilt für ihn nach (72 b):

$$\frac{x - x_1}{x - x_2} = \frac{y - y_1}{y - y_2},$$

oder wenn man nach den Variablen x, y ordnet, wie oben:

$$x \cdot (y_1 - y_2) + y \cdot (x_2 - x_1) + (x_1 y_2 - x_2 y_1) = 0.$$

c) Die Richtung der Strecke $P_1 P$ bzw. $P_1 P_2$ ist nach (71 f):

$$\frac{y - y_1}{x - x_1} \quad \text{bzw.} \quad \frac{y_2 - y_1}{x_2 - x_1}.$$

Da beide Richtungswerte gleich sein sollen, ist die Gleichung der Geraden $P_1 P_2$

$$\frac{y - y_1}{x - x_1} = \frac{y_2 - y_1}{x_2 - x_1}$$

oder in anderer Form

$$\frac{x - x_1}{x_2 - x_1} = \frac{y - y_1}{y_2 - y_1}. \tag{c}$$

Ordnet man nach x und y, so erscheint wieder die Gleichungsform

$$x \cdot (y_1 - y_2) + y \cdot (x_2 - x_1) + (x_1 y_2 - x_2 y_1) = 0$$

wie oben.

Von vorstehenden Gleichungsformen wird in den nachfolgenden Zeilen hauptsächlich (c) gebraucht.

Beispiel a) Nach Abb. 93 ist
$P_1 = 3|1,5$, $P_2 = 6|6$, demgemäß die Gleichung der Geraden $P_1 P_2$

$$\frac{x-3}{6-3} = \frac{y-1,5}{6-1,5}$$

oder

$$4,5 \cdot (x-3) = 3 \cdot (y-1,5)$$

oder

$$3x - 2y - 6 = 0.$$

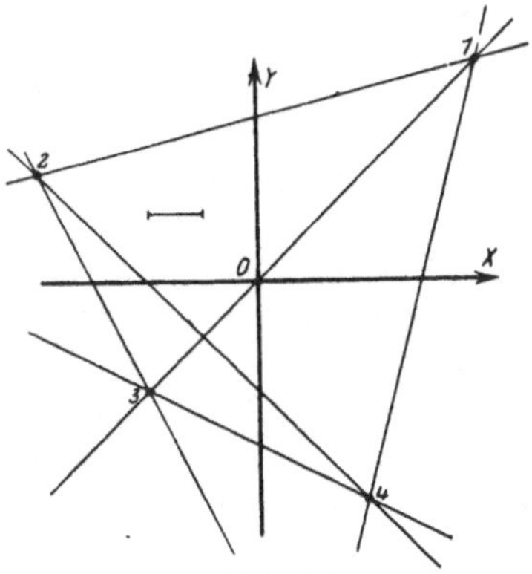

Aufgabe a) Ein vollständiges Viereck besteht aus den sechs Geraden, die man durch vier gegebene Ecken hindurchlegen kann. Man ermittle die Gleichungen dieser sechs Geraden, wenn $P_1 = 4|4$, $P_2 = -4|2$, $P_3 = -2|-2$, $P_4 = 2|-4$ die vier gegebenen Ecken sind. Zur Kontrolle zeichne man die Geraden noch ein.

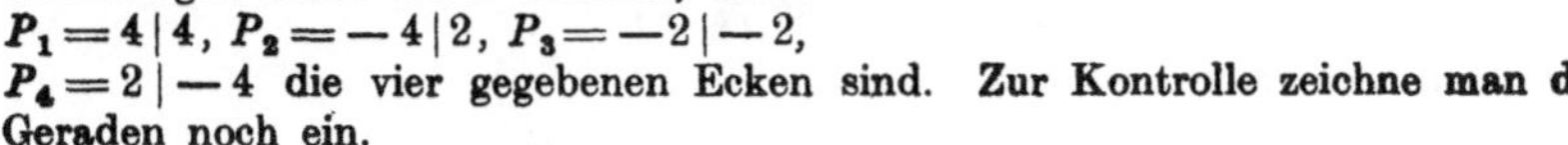

Abb. 94.

Lösung: Man verwendet am einfachsten die Formel (c) und erhält als Gleichung für die Geraden:

$P_1 P_2$: $x - 4y + 12 = 0$, $\qquad$ $P_1 P_3$: $x - y = 0$,

$P_1 P_4$: $4x - y - 12 = 0$, $\qquad$ $P_2 P_3$: $2x + y + 6 = 0$,

$P_2 P_4$: $x + y + 2 = 0$, $\qquad$ $P_3 P_4$: $x + 2y + 6 = 0$.

Beispiel b) Für manche Zwecke ist es praktisch, der Gleichung der Geraden durch zwei Punkte noch eine andere Form zu geben. Wenn man nämlich in Gleichung (b) setzt: $x_2 - x_1 = X$, $y_2 - y_1 = Y$, $x_1 y_2 - x_2 y_1 = 2F$, so erhält sie die Form

$$xY - yX - 2F = 0, \qquad\qquad (d)$$

wo X und Y die Projektionen der Strecke $P_1 P_2$ sind und F der Inhalt des Dreiecks $O P_1 P_2$ nach (73 g).

Die Bedingung, daß drei Punkte P_1, P_2, P_3 auf der nämlichen Geraden liegen, ist

$$\begin{vmatrix} x_1 & y_1 & 1 \\ x_2 & y_2 & 1 \\ x_3 & y_3 & 1 \end{vmatrix} = 0, \qquad\qquad (e)$$

was entweder dadurch einzusehen ist, daß man sagt, P_3 muß auf der Geraden durch P_1 und P_2 liegen, also die Gleichung (a) derselben erfüllen, oder dadurch, daß man auf Gleichung (73 i) zurückgehend angibt, daß $\triangle P_1 P_2 P_3$ den Flächeninhalt 0 hat.

Aufgabe b) Gesucht ist die Gleichung der Geraden durch die zwei Punkte P_1 und P_2 in schiefwinkligen und Polarkoordinaten.

Lösung: In schiefwinkligen Koordinaten läßt sich die Gleichung der Geraden durch zwei gegebene Punkte $P_1 = x_1 \mid y_1$ und $P_2 = x_2 \mid y_2$ dadurch aufstellen, daß man vom erzeugenden Punkt P an Hand der Abb. 95 sagt: Wo er auch auf der Geraden liegt, stets ist das durch ihn bestimmte Dreieck $P_1 P Q$ ähnlich dem Dreieck $P_1 P_2 Q_2$, so daß also die Konstanz des Verhältnisses

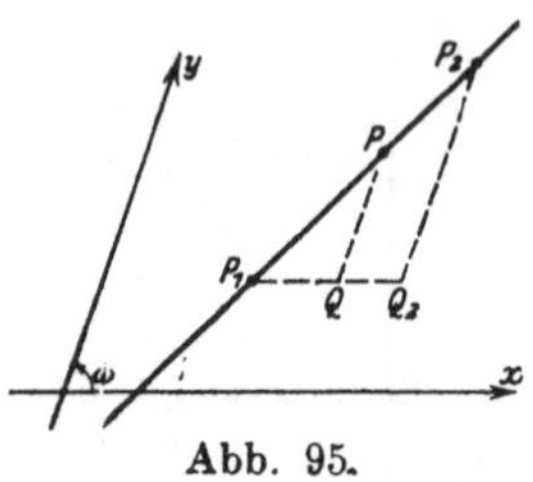

$$\frac{x - x_1}{x_2 - x_1} = \frac{y - y_1}{y_2 - y_1} \qquad \text{(f)}$$

Abb. 95.

eine Eigenschaft des erzeugenden Punktes P bzw. seiner Koordinaten und damit die Gleichung der Geraden durch P_1 und P_2 ist.

Bei Anwendung eines Polarkoordinatensystems ist es wohl am einfachsten, von der Gleichung in rechtwinkligen Koordinaten auszugehen, etwa von Gleichung (a), und mit den Formeln $x = r \cdot \cos \varphi$, $y = r \cdot \sin \varphi$ zu Polarkoordinaten überzugehen. Man erhält damit als Gleichung der gesuchten Geraden

$$\begin{vmatrix} r \cdot \cos \varphi & r \cdot \sin \varphi & 1 \\ r_1 \cos \varphi_1 & r_1 \sin \varphi_1 & 1 \\ r_2 \cos \varphi_2 & r_2 \sin \varphi_2 & 1 \end{vmatrix} = 0,$$

oder wenn man entwickelt und ordnet:

$$r_1 r_2 \sin (\varphi_2 - \varphi_1) + r_2 r \sin (\varphi - \varphi_2) + r r_1 \sin (\varphi_1 - \varphi) = 0. \qquad \text{(g)}$$

Aufgabe c) Man beweise analytisch, daß sich die drei Mittellinien eines Dreiecks im nämlichen Punkt schneiden, und gebe für die Lage dieses Punktes, des Dreieckschwerpunktes, eine Formel an.

Lösung: Vektoriell ist dieser Punkt bereits durch die Lösung von Aufgabe 79a) gefunden. Analytisch wird man die Gleichung einer beliebigen Mittellinie aufsuchen, etwa der Geraden $P_1 P_4$ der Abb. 86,

$$\frac{x - x_1}{x_4 - x_1} = \frac{y - y_1}{y_4 - y_1} \qquad \text{oder} \qquad \frac{x - x_1}{x_2 + x_3 - 2 x_1} = \frac{y - y_1}{y_2 + y_3 - 2 y_1},$$

wenn man $x_4 = \frac{1}{2}(x_2 + x_3)$ und $y_4 = \frac{1}{2}(y_2 + y_3)$ beachtet. Man formt um

$$\frac{x - x_1}{(x_1 + x_2 + x_3) - 3 x_1} = \frac{y - y_1}{(y_1 + y_2 + y_3) - 3 y_1} \qquad \text{oder} \qquad \frac{x - x_1}{\xi - x_1} = \frac{y - y_1}{\eta - y_1},$$

wo dann $\xi = \frac{1}{3}(x_1 + x_2 + x_3)$, $\eta = \frac{1}{3}(y_1 + y_2 + y_3)$ sein muß, und hat damit gefunden, daß die Gerade $P_1 P_4$ mit der Geraden $P_1 S$ zusammenfällt, wenn S die Koordinaten $\xi \mid \eta$ hat. Ebenso entwickelt man, daß die Gerade $P_2 P_5$ und $P_2 S$ die nämliche Gleichung haben, also zusammenfallen; und ebenso, daß auch die Gerade $P_3 P_6$ durch den Punkt $S = \xi \mid \eta$ hindurchgeht. Die drei Mittellinien schneiden sich sonach alle im Punkt $S = \xi \mid \eta$.

83. Von der Eigenschaft b) ausgehend, hätte man die Gleichung der Geraden durch zwei gegebene Punkte nach (72c) auch in der Form

$$x = \frac{\lambda x_2 - x_1}{\lambda - 1}, \qquad y = \frac{\lambda y_2 - y_1}{\lambda - 1} \qquad \text{(a)}$$

anschreiben können. Die Größe λ kann man entweder einfach als unbekannte Größe betrachten und eliminieren, man erhält dann eine einzige Gleichung ohne Unbekannte:

$$x \cdot (y_1 - y_2) + y \cdot (x_2 - x_1) + (x_1 y_2 - x_2 y_1) = 0$$

wie oben (82 b).

Man kann aber auch die Form (a) als Kurvengleichung belassen und nennt sie dann die „Parameterform" der Geradengleichung, weil x und y von einem Parameter, d. i. einer verfügbaren Konstanten, abhängig dargestellt sind.

Wesen und Bedeutung eines Parameters soll durch nachfolgende Betrachtungen klarer gemacht werden. Es sei eine Kurve gegeben. Der Punkt P hat auf dieser Kurve nur einen Freiheitsgrad, nur eine Bewegungsmöglichkeit, nur eine Koordinate, d. h. durch eine einzige Zahl ist seine Lage vollständig bestimmt. Man denke sich diese Kurve vom Punkt P nach einem bestimmten Gesetz durchlaufen, etwa von links nach rechts, dann wird zu jedem Zeitpunkt t ein ganz bestimmter Ortspunkt P gehören. Durch Angabe der Zeit t ist also jedesmal ein Punkt P bestimmt, durch t_0 etwa der Punkt P_0, durch t_1 der Punkt P_1 usw. Dann ist t nichts anderes als die Koordinate des Punktes P auf dieser Kurve. Für ein gegebenes t erhält man dann einen bestimmten Punkt P, oder was das gleiche ist, dessen Koordinaten x und y; es sind also x und y abhängig von t, man kann schreiben:

$$x = u(t), \quad y = v(t).$$

Die beiden Gleichungen zusammen geben das Gesetz an, nach dem sich P auf der Kurve bewegt. Man nennt dann in diesem Zusammenhang t sehr häufig auch Parameter und meint damit eine verfügbare Größe von der Art, daß jedem ihrer Werte ein ganz bestimmtes geometrisches Gebilde, hier ein Punkt P, zugeordnet ist. Der Parameter ist also in diesem Fall nichts anderes als eine Koordinate, nämlich die Koordinate des Punktes P auf der gegebenen Kurve.

Oder man stelle sich ein Strahlenbüschel durch einen gegebenen Punkt P vor. Jeder einzelne Strahl kann durch eine bestimmte Zahl dargestellt werden, am einfachsten wohl durch den Winkel φ, den er mit einem festen Strahl des Büschels, im Fall der Abb. 96 mit dem lotrechten Strahl, bildet. Für jeden Wert von φ erhält man einen bestimmten Strahl und umgekehrt für jeden Strahl des Büschels einen bestimmten Wert φ. Man kann dann entsprechend dem vorausgehenden Beispiel φ

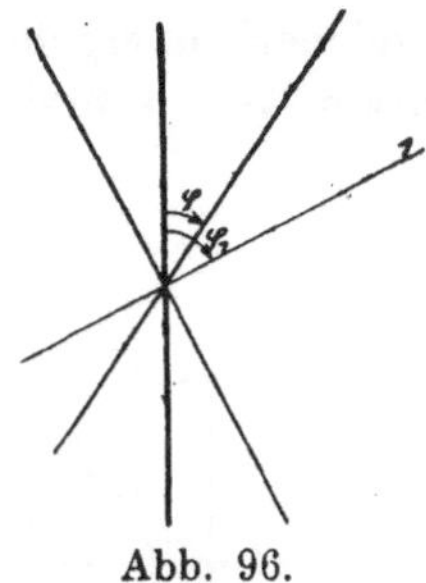

Abb. 96.

als die Koordinate des Strahles im Büschel bezeichnen oder als den Parameter des Einzelstrahles. Man versteht also auch hier wieder unter Parameter eine verfügbare Größe von der Art, daß jedem ihrer Werte ein bestimmtes geometrisches Gebilde, hier ein Strahl, zugeordnet ist.

Es wird praktisch sein, wenn man den sog. Parameter bis zu seiner genauen Festlegung als eine Koordinate in einer Menge von ∞^1 Elementen betrachtet, so daß also durch jeden Einzelwert dieses Parameters ein bestimmtes Element dieser Menge gekennzeichnet ist.

Aus der vorausgehenden Betrachtung geht hervor, daß die Parameterdarstellung einer Kurve natürlich zwei Gleichungen erfordert, da im allgemeinen sowohl x als auch y nach diesem Parameter ausgedrückt sind.

Will man die Gleichung der Geraden durch die Punkte P_1 und P_2 in vektorieller Darstellung, so wird man die Eigenschaften des erzeugenden Punktes P mit Hilfe des vom Bezugspunkt O aus zu ihm führenden Vektors $\mathfrak{r}$ ausdrücken. Wenn P_1 und P_2 durch die zu ihnen führenden Vektoren $\mathfrak{r}_1$ und $\mathfrak{r}_2$ gegeben sind, dann ist auch die Richtung des Vektors $\mathfrak{R} = \mathfrak{r}_2 - \mathfrak{r}_1$, des Vektors von P_1 nach P_2 bekannt. Man gelangt dann zum erzeugenden Punkt P dadurch, daß man vom Bezugspunkt O aus zuerst zum Punkt P_1 geht und von ihm aus um ein Stück $\mu\mathfrak{R}$ weiter. μ ist hier wieder ein Parameter, je nach dem Zahlenwert von μ gelangt man immer zu einem anderen der unendlich vielen Punkte P auf der Geraden. Die Gleichung der gesuchten Geraden ist somit in vektorieller Darstellung:

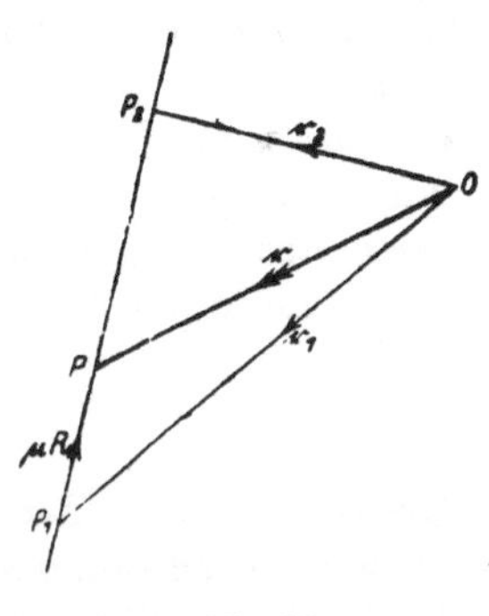

Abb. 97.

$$\mathfrak{r} = \mathfrak{r}_1 + \mu\mathfrak{R}. \tag{b}$$

Man kann von dieser Gleichungsform dadurch zu den bereits gefundenen übergehen, daß man mit Anwendung des Projektionssatzes (70e) schreibt:

$$x = x_1 + \mu(x_2 - x_1),$$
$$y = y_1 + \mu(y_2 - y_1).$$

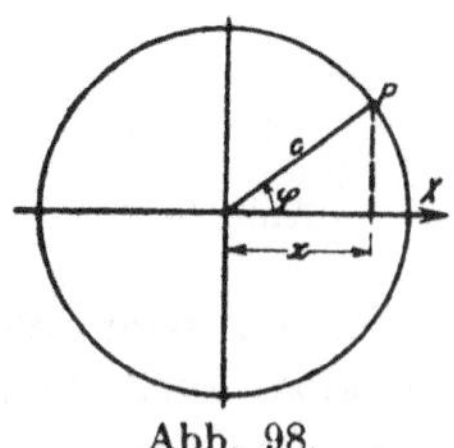

Abb. 98.

Aufgabe a) Man stelle die Gleichung des Kreises mit dem Radius c um den Nullpunkt in Parameterform auf.

Lösung: Auf dem Kreis hat der erzeugende Punkt P nur einen Freiheitsgrad. Als Koordinate auf dem Kreis führt man am einfachsten den Drehwinkel φ ein, den der erzeugende Punkt zur Zeit t zurückgelegt hat. Diese Koordinate φ auf dem Kreis wird dann bei der Darstellung der Kreisgleichung die Rolle eines Parameters spielen. Den Drehwinkel φ kann man von einem beliebigen Anfangsstrahl aus zählen, nach Abbildung etwa von der x-Achse. Dann ist, siehe Abb. 98,

$$x = c \cos \varphi, \qquad y = c \sin \varphi \tag{c}$$

die Parameterdarstellung des Kreises, und wenn man den Parameter φ beseitigt — man quadriert und addiert die beiden Gleichungen —

$$x^2 + y^2 = c^2$$

die Darstellung in der gewöhnlichen Form.

84. Man weiß von einer gegebenen Geraden, daß sie auf der x- und y-Achse die Stücke a und b abschneidet, siehe Abb. 99. Damit sind zwei Punkte der Geraden bekannt, $P_1 = a\,|\,0$ und $P_2 = 0\,|\,b$, so daß nach (82a) die Gleichung der gegebenen Geraden wird

$$\begin{vmatrix} x & y & 1 \\ a & 0 & 1 \\ 0 & b & 1 \end{vmatrix} =$$

oder
$$\frac{x}{a} + \frac{y}{b} - 1 = 0, \tag{a}$$

Abschnittsgleichung der Geraden.

Bei Anwendung schiefwinkliger Koordinaten erhält man für eine Gerade, die auf den Achsen die Stücke a und b abschneidet, die nämliche Gleichung. Man hat nur in der Gleichung (82f) der Geraden durch zwei Punkte P_1 und P_2 zu setzen $P_1 = a\,|\,0$, $P_2 = 0\,|\,b$.

Beispiel a) Die Gerade der Abb. 99 schneidet auf den Achsen die Stücke $a = 4$, $b = 3$ ab, so daß ihre Gleichung wird

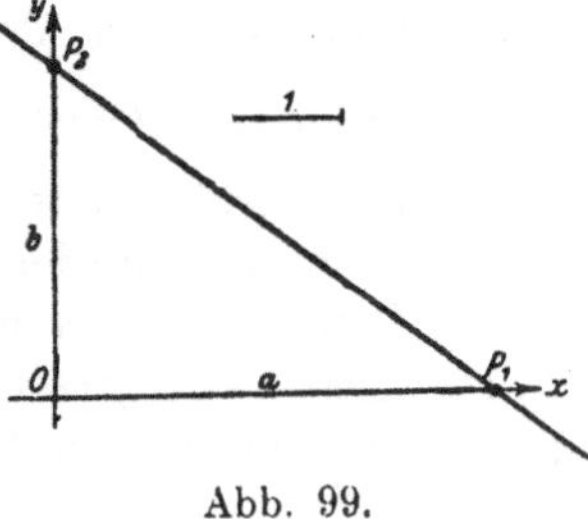

Abb. 99.

$$\frac{x}{4} + \frac{y}{3} - 1 = 0 \quad \text{oder} \quad 3x + 4y - 12 = 0.$$

Weiß man von der gegebenen Geraden, daß das Lot vom Nullpunkt auf sie die Länge p und von der x-Achse aus die Winkelentfernung α hat, so kann man damit auch die beiden Abschnitte a und b auf der x- bzw. y-Achse, nämlich

$$a = p : \cos \alpha, \qquad b = p : \sin \alpha$$

ermitteln, s. Abb. 100, so daß die Gleichung der vorgegebenen Geraden

$$\frac{x}{p : \cos \alpha} + \frac{y}{p : \sin \alpha} - 1 = 0$$

oder
$$x \cdot \cos \alpha + y \cdot \sin \alpha - p = 0 \tag{b}$$

wird, **Normalgleichung der Geraden** oder **Normalform der Geradengleichung.** Normale Form heißt hier so viel wie gebräuchliche Form, gebräuchlich meist für die rein mathematische Anwendung.

Beispiel b) Die Gerade der Abb. 100 hat mit $p = 1,3$ und $\alpha = 60^0$ als Gleichung und zwar in der Normalform

$$x \tfrac{1}{2} + y \tfrac{1}{2}\sqrt{3} - 1,3 = 0.$$

Aufgabe a) Gesucht ist die Gleichung der Geraden durch den Punkt $2\,|\,1$, die vom Nullpunkt den Abstand 1 hat.

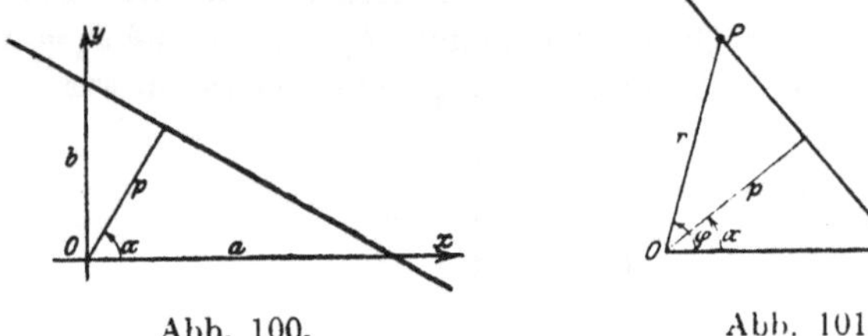

Abb. 100.   Abb. 101.

Lösung: Die gesuchte Gleichung ist $x \cos\alpha + y \sin\alpha - 1 = 0$; die Unbekannte α ermittelt man aus der Bedingung, daß $2\,|\,1$ der Gleichung genügt: $2 \cdot \cos\alpha + 1 \cdot \sin\alpha - 1 = 0$, und findet zwei Lösungen:

$$\sin\alpha = 1, \quad \cos\alpha = 0 \qquad \text{und} \qquad \sin\alpha = -0,6, \quad \cos\alpha = 0,8.$$

Auch im Polarkoordinatensystem gibt es eine Normalform der Geradengleichung, zu der man am einfachsten gelangt, wenn man von der Definition einer Kurvengleichung ausgeht und an Hand der Abb. 101 sagt: Vom erzeugenden Punkt P gilt unabhängig von seiner Lage auf der gegebenen Geraden

$$r \cdot \cos(\varphi - \alpha) = p, \tag{c}$$

welche Gleichung somit die der gesuchten Geraden ist. (**Normalgleichung im Polar-Koordinatensystem.**)

Die Gleichung der Geraden mit gegebener Richtung $\operatorname{tg}\tau$ durch einen gegebenen Punkt $P_0 = x_0\,|\,y_0$ findet man ausgehend von der Definition einer Kurvengleichung, indem man vom erzeugenden Punkt P irgendeine Eigenschaft angibt. Man kann hier sagen: unabhängig von der Lage des Punktes P ist die Richtung $P_0 P$ immer konstant $\operatorname{tg}\tau$, nach (71f) also

$$\operatorname{tg}\tau = \frac{y - y_0}{x - x_0}$$

oder

$$y - y_0 = \operatorname{tg}\tau \cdot (x - x_0) \tag{d}$$

die Gleichung der Geraden.

Beispiel c) Im speziellen Fall wird die Gleichung der Geraden der Abb. 102 mit $P_0 = 1 \mid 1$ und $\operatorname{tg}\tau = 1:2$

$$y - 1 = \tfrac{1}{2}(x - 1)$$

oder geordnet $\qquad x - 2y + 1 = 0.$

Aufgabe b) Man gebe die Gleichung der Geraden, die durch einen gegebenen Punkt $P_0 = r_0 \mid \varphi_0$ hindurchgeht und die gegebene Richtung $\operatorname{tg}\tau$ hat, in Polarkoordinaten.

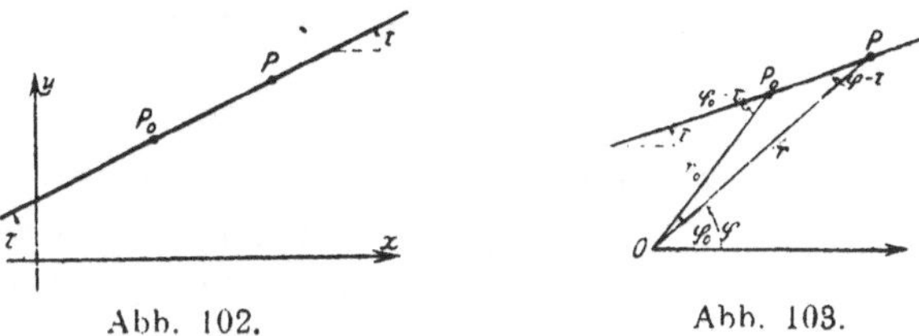

Abb. 102.   Abb. 103.

Lösung: Auf das Dreieck OPP_0 der Abb. 103 wende man den Sinussatz an und erhält

$$r \cdot \sin(\varphi - \tau) = r_0 \sin(\varphi_0 - \tau) \tag{e}$$

als Polargleichung der Geraden mit gegebener Richtung $\operatorname{tg}\tau$ und durch den gegebenen Punkt P_0.

Beispiel d) Gesucht ist die Gleichung der Geraden mit gegebener Richtung durch den gegebenen Punkt P_0 in vektorieller Darstellung.

Wenn $\mathfrak{a}$ der Einheitsvektor in der gegebenen Richtung ist — es ist belanglos, ob $\mathfrak{a}$ den Pfeil nach oben oder unten hat — dann ist $\lambda\mathfrak{a}$ der Vektor von P_0 nach P, wobei λ wieder ein Parameter ist, und damit der Vektor $\mathfrak{r}$ zum erzeugenden Punkt P

$$\mathfrak{r} = \mathfrak{r}_0 + \lambda\,\mathfrak{a}. \tag{f}$$

Damit ist die gesuchte Gleichung aufgestellt, die wir die **Normalform der Geradengleichung in der vektoriellen Darstellung** nennen wollen, da sie die bei der vektoriellen Behandlung hervorstechendste Eigenschaft einer Geraden, die Konstanz der Richtung, zum Ausdruck bringt. Nimmt man Bezug auf zwei gegebene Grundrichtungen, etwa die der beiden Koordinatenachsen, und gibt man die Richtung durch $\operatorname{tg}\tau$, so wird nach nebenstehender Skizze

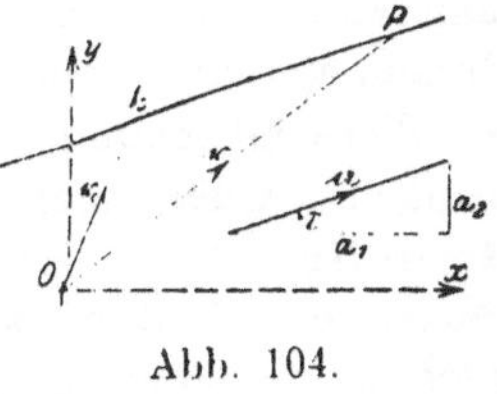

Abb. 104.

$$\operatorname{tg}\tau = a_2 : a_1 \qquad \text{und} \qquad a_1^2 + a_2^2 = 1,$$

also $\qquad a_1 = \dfrac{1}{\sqrt{1 + \operatorname{tg}^2\tau}}, \qquad a_2 = \dfrac{\operatorname{tg}\tau}{\sqrt{1 + \operatorname{tg}^2\tau}}$

und
$$\mathfrak{a} = \mathfrak{i}_1 \frac{1}{\sqrt{1 + \operatorname{tg}^2 \tau}} + \mathfrak{i}_2 \frac{\operatorname{tg} \tau}{\sqrt{1 + \operatorname{tg}^2 \tau}}$$

Die Gleichung einer Geraden, von der die Richtung $\operatorname{tg}\tau$ und der Abschnitt b auf der y-Achse gegeben ist, siehe Abb. 105, findet man ausgehend von der Gleichungsform (d). Die Gerade geht durch den Punkt $P_0 = 0 \mid b$ und hat die Richtung $\operatorname{tg}\tau$, somit die Gleichung

$$y - b = \operatorname{tg}\tau \cdot (x - 0)$$

oder

$$y = x \cdot \operatorname{tg}\tau + b, \tag{g}$$

Richtungsgleichung der Geraden.

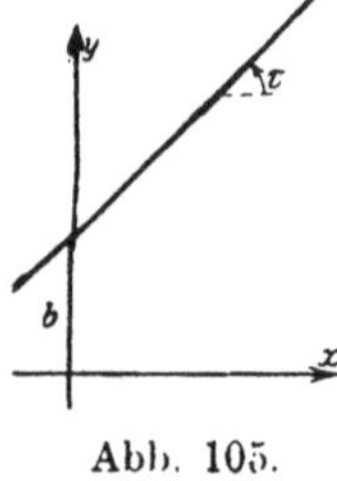

Abb. 105.

Beispiel e) Von der Geraden der Abb. 105 liest man $b = 1$, $\operatorname{tg}\tau = \operatorname{tg} 45^0 = 1$ ab und erhält somit als Gleichung

$$y = x + 1.$$

Aufgabe c) Man stelle die Abschnittsgleichung der Geraden in der Vektorform auf.

Lösung: An die Vektorgleichung (83b) der Geraden durch zwei Punkte anknüpfend wird die gesuchte Gleichung

$$\mathfrak{r} = \mathfrak{a} + \mu (\mathfrak{b} - \mathfrak{a}),$$

deren „Projektionen"

$$x = a + \mu (0 - a), \qquad y = 0 + \mu (b - 0)$$

nach Beseitigung des Parameters μ wieder die gewöhnliche Form (a) liefern.

Diskussion der allgemeinen Geradengleichung.

85. Die vorausgehenden Gleichungen waren alle in den Variabeln x und y linear, also von der Form

$$A x + B y + C = 0.$$

Man kann nun vermuten, daß jede Gleichung in dieser Form eine Gerade vorstellt und das leicht dadurch erweisen, daß es möglich ist, diese Gleichung auf jede der Formen von (84a), (84b), (84g) zu bringen. Oder auch indem man nach dem Sinn der Gleichung $A x + B y + C = 0$ fragt. Offenbar soll sie eine Eigenschaft des erzeugenden Punktes ausdrücken. Man kann nun diese Gleichung auch in der Form $y : (x + C : A) = - A : B$ schreiben und damit ausdrücken, daß das Verhältnis aus der Ordinate und der um eine gegebene Zahl vermehrten Abszisse immer konstant ist, eine Eigenschaft, die nur dann vorhanden ist, wenn x und y die Koordinaten eines Punktes auf einer Geraden sind.

Wenn man nun die allgemeine Geradengleichung

$$Ax + By + C = 0 \tag{a}$$

in eine der vorausgehenden Formen verwandeln will, so überlege man, daß

$$\varrho \cdot (Ax + By + C) = 0,$$

d. i. die mit einem beliebigen konstanten Faktor ϱ multiplizierte oder dividierte Gleichung offenbar noch die nämliche Gerade vorstellt wie $Ax + By + C = 0$ selbst. Durch Multiplikation mit einem passend gewählten Faktor kann man nun die allgemeine Gleichung auf jede der drei Hauptformen: Abschnittsgleichung, Richtungsgleichung, Normalgleichung bringen.

An der Abschnittsgleichung ist charakteristisch, daß das von x und y freie Glied, das sogenannte „absolute Glied", den Wert -1 hat; man hat demnach die allgemeine Gleichung nur mit $-C$ zu dividieren, um sie auf die Form der Abschnittsgleichung zu bringen, die dann ist

$$\frac{Ax}{-C} + \frac{By}{-C} - 1 = 0 \quad \text{oder} \quad \frac{x}{-C:A} + \frac{y}{-C:B} - 1 = 0;$$

daraus ergeben sich die Achsenabschnitte

$$a = -C:A, \qquad b = -C:B \tag{b}$$

der allgemeinen Geradengleichung. Um eine Gerade von gegebener Gleichung zu zeichnen, wird man sie meist auf die Form der Abschnittsgleichung bringen, z. B. die Gerade $3x + 4y - 12 = 0$ auf die Form $\frac{x}{4} + \frac{y}{3} - 1 = 0$. Deren Abschnitte sind $a = 4$ auf der x-Achse, $b = 3$ auf der y-Achse, siehe Abb. 106.

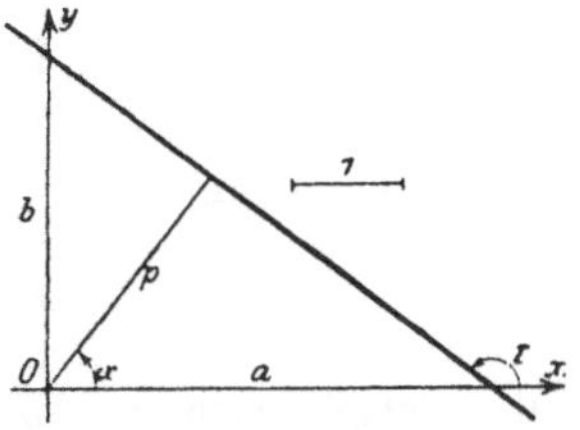

Die Abschnittsgleichung wird unbrauchbar, wenn die Gerade durch den Nullpunkt geht. In diesem Falle wird man graphisch die Gerade am einfachsten mit Hilfe der Richtungsgleichung darstellen.

An der Richtungsgleichung ist charakteristisch, daß sie nach y aufgelöst ist; die allgemeine Gleichung $Ax + By + C = 0$ heißt also in die Richtungsgleichung übergeführt

Abb. 106.

$$y = -\frac{A}{B}x - \frac{C}{B}$$

womit sich die Richtung $\operatorname{tg}\tau$ dieser Geraden $Ax + By + C = 0$ ergibt als

$$\operatorname{tg}\tau = -\frac{A}{B}. \tag{c}$$

Der Abschnitt $b = -C:B$ auf der y-Achse, der aus dieser Überführung zu ersehen ist, ist bereits oben ermittelt.

Die Gerade $3x + 4y - 12 = 0$ der Abbildung hat also die Richtung $\operatorname{tg}\tau = -3:4$.

Die Normalgleichung $x\cdot\cos\alpha + y\cdot\sin\alpha - p = 0$ der Geraden ist dadurch charakteristisch, daß die Quadrate der Koeffizienten von x und y als Summe 1 haben, da ja $\cos^2\alpha + \sin^2\alpha = 1$. Um also die allgemeine Gleichung auf die Normalform zu bringen, wird man mit einem Faktor ϱ multiplizieren,

$$\varrho\cdot Ax + \varrho\cdot By + \varrho\cdot C = 0,$$

dann muß, wenn die erhaltene Gleichung die Normalform sein soll, gelten

$$\varrho^2 A^2 + \varrho^2 B^2 = 1,$$

womit

$$\varrho = \frac{1}{\pm\sqrt{A^2 + B^2}}$$

und als Normalform

$$\frac{Ax + By + C}{\pm\sqrt{A^2 + B^2}} = 0 \tag{d}$$

gefunden wird. Die allgemeine Gleichung muß man demnach mit $\pm\sqrt{A^2 + B^2}$ dividieren, um die Normalform zu erhalten. Welches der beiden Vorzeichen man wählen soll, wird ersichtlich, wenn man festsetzt, daß der Abstand p der Geraden vom Nullpunkt stets positiv zu wählen ist. (Vergleiche damit die allgemeinen Bemerkungen von Nr. 88.) Da die Normalform

$$x\frac{A}{\pm\sqrt{\ }} + y\frac{B}{\pm\sqrt{\ }} + \frac{C}{\pm\sqrt{\ }} = 0$$

ist, und deswegen

$$p = -\frac{C}{\pm\sqrt{A^2 + B^2}} \tag{e}$$

wird, so ergibt sich aus der Festsetzung eines positiven p, daß das Vorzeichen der Wurzel stets entgegengesetzt dem von C zu wählen ist.

Beispiel a) Die Gerade der Abb. 106, deren Gleichung $3x + 4y - 12 = 0$ ist, muß mit $+\sqrt{9 + 16} = +5$ dividiert werden (da hier $C = -12$ das Vorzeichen $-$ hat, so ist das entgegengesetzte Vorzeichen, nämlich $+$, als Vorzeichen der Wurzel zu wählen), um zur Normalform

zu werden. Für sie ist
$$\tfrac{3}{5}x + \tfrac{4}{5}y - \tfrac{12}{5} = 0$$

$$\cos\alpha = \tfrac{3}{5}, \qquad \sin\alpha = \tfrac{4}{5}, \qquad p = \tfrac{12}{5}.$$

Beispiel b) Man setzt voraus, daß zwei Gleichungen

$$A_1 x + B_1 y + C_1 = 0 \quad \text{und} \quad A_2 x + B_2 y + C_2 = 0$$

die nämliche Gerade vorstellen; welche Beziehung besteht zwischen den Koeffizienten der beiden Gleichungen?

Man kann annehmen, daß aus der ersten Gleichung die zweite durch Multiplikation mit einer Konstanten hervorgegangen ist,

$$A_2 x + B_2 y + C_2 \equiv \varrho(A_1 x + B_1 y + C_1),$$

dann muß gelten

$$A_2 = \varrho A_1, \quad B_2 = \varrho B_1, \quad C_2 = \varrho C_1, \tag{f}$$

das heißt die entsprechenden Koeffizienten der beiden Gleichungen müssen proportional sein.

Beispiel c) Hat man etwa für eine Gerade auf irgendeine Weise die Gleichung gefunden $x - 2y + d = 0$ und nach einer zweiten Methode die Gleichung $bx + y - 2 = 0$, so muß nach dem angegebenen Satz gelten $b = \varrho \cdot 1$, $1 = \varrho(-2)$, $-2 = \varrho d$ oder $b : 1 : -2 = 1 : -2 : d$, woraus sich $b = -1 : 2$ und $d = 4$ und die Geradengleichung $x - 2y + 4 = 0$ ergibt.

86. Um das Gewonnene zusammenzuhalten: Die Gerade

$$Ax + By + C = 0$$

schneidet auf der x- und y-Achse die Stücke

$$a = -\frac{C}{A}, \quad b = -\frac{C}{B}$$

ab, sie hat die Richtung

$$\operatorname{tg}\tau = -\frac{A}{B},$$

vom Nullpunkt O den positiv zu nehmenden Abstand

$$p = \frac{C}{\sqrt{A^2 + B^2}}.$$

Der Winkel α von der x-Achse bis zum Lot p ist bestimmt durch

$$\cos\alpha = \frac{A}{\pm\sqrt{A^2 + B^2}} \quad \text{und} \quad \sin\alpha = \frac{B}{\pm\sqrt{A^2 + B^2}},$$

die Vorzeichen sind wie oben angegeben zu wählen. Zu wiederholen ist noch, daß α von $0°$ bis $360°$ gezählt wird.

Beispiel a) Die durch die Gleichung $2x - 3y + 9 = 0$ dargestellte Gerade hat die Konstanten $A = 2$, $B = -3$, $C = 9$, die Achsenabschnitte $a = -4,5$, $b = 3$, die Richtung $\operatorname{tg}\tau = 2:3$, vom Nullpunkt den Abstand $p = \dfrac{9}{\sqrt{13}}$; es ist

$$p = \frac{9}{\sqrt{13}}, \quad \cos\alpha = \frac{2}{-\sqrt{13}}, \quad \sin\alpha = \frac{-3}{-\sqrt{13}},$$

α liegt also im zweiten Quadranten. Von dieser Geraden sind

$$\frac{x}{-4,5} + \frac{y}{3} - 1 = 0, \quad y = \tfrac{2}{3}x + 3, \quad \frac{2x - 3y + 9}{(+)\sqrt{4 + 9}} = 0$$

die Abschnittsgleichung bzw. Richtungsgleichung und Normalgleichung. Um die Gerade zu zeichnen, geht man meist am einfachsten von der Abschnittsgleichung aus oder von der Richtungsgleichung.

Aufgabe a) Gegeben sind drei Gerade

$$x - y - 1 = 0, \qquad x + y - 3 = 0, \qquad x - 3y + 9 = 0.$$

Man gebe von jeder die Abschnittsgleichung, Normalgleichung und Richtungsgleichung an. Dann diskutiere und zeichne man jede. Liegen die Punkte $2|1$, $0|0$ und $1|2$ auf einer der drei Geraden?

Lösung: $x - y - 1 = 0, \quad \dfrac{x}{3} + \dfrac{y}{3} - 1 = 0, \quad \dfrac{x}{-9} + \dfrac{y}{3} - 1 = 0.$

$$\frac{x - y - 1}{+\sqrt{2}} = 0, \quad \frac{x + y - 3}{+\sqrt{2}} = 0, \quad \frac{x - 3y + 9}{-\sqrt{10}} = 0.$$

$$y = x - 1, \quad y = -x + 3, \quad y = \tfrac{1}{3}x + 3.$$

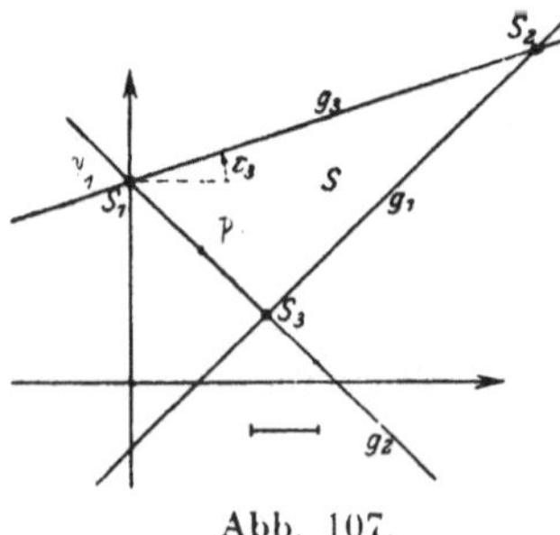

Abb. 107.

Die erste Gerade hat die Achsenabschnitte $a = 1$, $b = -1$, die Richtung $\operatorname{tg}\tau = 1$, vom Nullpunkt die Entfernung $p = 1 : \sqrt{2}$. Für die anderen Geraden sind diese Größen 3, 3, -1, $3 : \sqrt{2}$ und -9, 3, $\tfrac{1}{3}$, $9 : \sqrt{10}$. Kontrolle an der Zeichnung der Abb. 107, Punkt $2 | 1$ genügt den beiden ersten Geraden, $2 - 1 - 1 = 0$, $2 + 1 - 3 = 0$, $2 - 3 \cdot 1 + 9 > 0$, Punkt $0|0$ genügt keiner der Geraden, Punkt $1|2$ der zweiten, siehe auch Zeichnung.

Für spezielle Werte der Konstanten A, B, C erhält man spezielle Gerade, es definiert

$$A = 0, \quad \text{also} \quad By + C = 0 \quad \text{oder} \quad y = \text{const.}$$

eine Parallele zur x-Achse,

$$B = 0, \quad \text{also} \quad Ax + C = 0 \quad \text{oder} \quad x = \text{const.}$$

eine Parallele zur y-Achse,

$$C = 0, \quad \text{also} \quad Ax + By = 0 \quad \text{oder} \quad y = \lambda x$$

eine Gerade durch den Nullpunkt, (a)

$$A = 0 \quad \text{mit} \quad C = 0, \quad \text{also} \quad y = 0 \text{ die } x\text{-Achse,}$$
$$B = 0 \quad \text{mit} \quad C = 0, \quad \text{also} \quad x = 0 \text{ die } y\text{-Achse,}$$
$$A = 0 \quad \text{mit} \quad B = 0, \quad \text{also} \quad C = 0 \text{ nach (84a), da } a = \infty,$$

$b = \infty$ wird, **die unendlich ferne Gerade,** d. i. die Gesamtheit aller unendlich fernen Punkte. (b)

In der x-y-Ebene ist die Gerade durch zwei Bedingungen bestimmt; in der x-y-Ebene gibt es ∞^2 Gerade, oder in anderer Sprechweise: die Gerade hat in der Ebene zwei Freiheitsgrade oder zwei Koordinaten. Um also unter den ∞^2 Geraden der Ebene eine bestimmte herauszugreifen, muß man zwei Bedingungen vorschreiben, denen sie genügen soll. Aus zwei Bedingungsgleichungen kann man aber zwei Unbekannte ermitteln: Zwei Konstante, nicht mehr und nicht weniger, dürfen sonach in der Geradengleichung auftreten, wenn diese bestimmbar sein soll. In der Tat · enthält die Abschnittsgleichung nur zwei Unbekannte, nämlich a und b, mit deren Kenntnis die Gerade auch bekannt ist; die Normalgleichung die Unbekannten α und p, deren Kenntnis die Gerade bestimmt; die Richtungsgleichung die beiden Unbekannten tg τ und b, die beide die Gerade bekannt machen, sobald sie selbst bekannt sind. Scheinbar treten in der allgemeinen Gleichung drei Konstante auf, A, B, C. Da aber die Gerade sich nicht ändert, wenn man die Gleichung mit einer konstanten Zahl multipliziert oder dividiert, so kann man irgendeine von den drei Größen A, B, C wegdividieren, die andern beiden sind dann noch durch die vorgeschriebenen Bedingungen aufzufinden. Die allgemeine Gleichung bildet bei der Lösung von Aufgaben die unbequemste Form, es wird dem Anfänger geraten, bei Ermittlung einer unbekannten Geradengleichung die anderen Formen zu bevorzugen.

Beispiel b) Wie heißt die allgemeinste Geradengleichung bei schiefwinkligen Koordinaten?

Beim Übergang von einem rechtwinkligen zu einem schiefwinkligen System und umgekehrt wird der Grad, in dem die Variabeln x und y auftreten, nicht geändert. Eine in x und y lineare Gleichung von der Form $Ax + By + C = 0$ stellt demnach auch in schiefwinkligen Koordinaten eine Gerade vor, da sie beim Übergang zu rechtwinkligen Koordinaten linear bleibt, also dort eine Gerade darstellt. Das gleiche hätte man natürlich wie früher auch daraus schließen können, daß man die obige Gleichung auf die Form der Abschnittsgleichung bringen kann.

Aufgabe b) Man weise nach, daß die allgemeinste Gleichung, die sowohl den Vektor $\mathfrak{r}$ vom Bezugspunkt O aus zum erzeugenden Punkt P als auch den Parameter λ vom ersten Grad enthält, die Gleichung einer Geraden ist.

Eine solche Gleichung, die man bilinear in $\mathfrak{r}$ und λ heißt, ist von der Form

$$\alpha\lambda\mathfrak{r} + \beta\mathfrak{r} + \mathfrak{a}\lambda + \mathfrak{b} = 0,$$

wo α, β, $\mathfrak{a}$, $\mathfrak{b}$ als konstant zu betrachten sind. Daß diese Gleichung eine Gerade vorstellt, kann man nachweisen, indem man zur gewöhnlichen analytischen Darstellung mit Benützung des Projektionssatzes übergeht. Man wird also auf die beiden Grundrichtungen, das sind die der beiden Koordinatenachsen, projizieren und erhält, wenn man zuvor noch die Glieder mit λ zusammennimmt,

$$\lambda(\alpha x + a_1) + \beta x + b_1 = 0$$
$$\lambda(\alpha y + a_2) + \beta y + b_2 = 0,$$

wo natürlich a_1 und a_2 die Projektionen von $\mathfrak{a}$ und entsprechend b_1 und b_2 die Projektionen des Vektors $\mathfrak{b}$ sind. Die Elimination von λ aus beiden Gleichungen ergibt

$$(\alpha x + a_1)(\beta y + b_2) = (\alpha y + a_2)(\beta x + b_1)$$

oder

$$x(\alpha b_2 - \beta a_2) + y(\beta a_1 - \alpha b_1) + (a_1 b_2 - a_2 b_1) = 0,$$

somit tatsächlich die Gleichung einer Geraden. Es kann somit

$$\alpha\lambda\mathfrak{r} + \beta\mathfrak{r} + \mathfrak{a}\lambda + \mathfrak{b} = 0$$

oder praktischer noch

$$\mathfrak{r} = \frac{\mathfrak{a}\lambda + \mathfrak{b}}{\alpha\lambda + \beta} \tag{c}$$

als allgemeine Gleichung einer Geraden in vektorieller Darstellung angesehen werden.

Man sieht, daß die Normalform der Geradengleichung in vektorieller Darstellung $\mathfrak{r} = \mathfrak{r}_0 + \lambda\mathfrak{a}$ von dieser eben angeschriebenen allgemeinen Gleichung ein spezieller Fall wird, wenn man nämlich $\alpha = 0$, $\beta = 1$, $\mathfrak{b} = \mathfrak{r}_0$ setzt.

* Es kann gefragt werden, welchen statischen Sinn hat die Gleichung $Ax + By + C = 0$. Man erinnert sich bei dem Suchen nach einer Antwort an eine Eigenschaft der Kraft, daß sie nämlich in ihrer Richtung verschoben werden kann, wenn sie an einem starren Körper angreift. Sei K eine gegebene Kraft mit dem Angriffspunkt P und der Richtung $\operatorname{tg}\tau$. Der Richtungssinn oder in anderer Sprechweise der Pfeil dieser Kraft soll durch das Vorzeichen von K gegeben sein. Dann sind $K \cdot \cos\tau$ und $K \cdot \sin\tau$ die beiden Komponenten von K in Richtung der Koordinatenachsen. Die Eigenschaft, daß die Kraft K in ihrer Richtung verschoben werden kann, drückt sich aus durch die Bedingung, daß

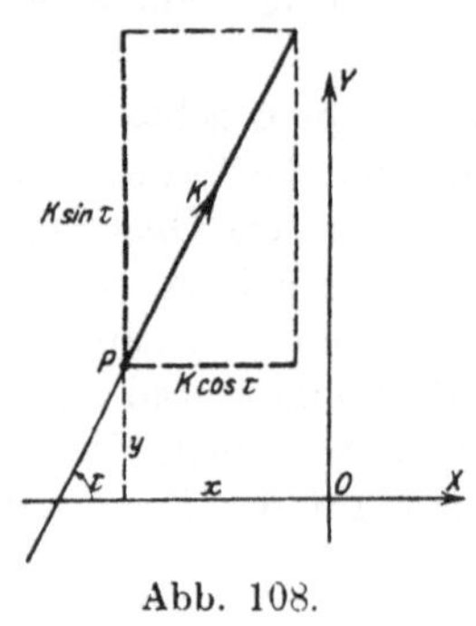

Abb. 108.

das Moment von K für den Nullpunkt als gedachten Drehpunkt unabhängig vom Angriffspunkt P stets den gleichen Wert D hat, also durch die Bedingung

$$K \cos \tau \cdot y + K \sin \tau \cdot x = D,$$

das ist aber nichts anderes als die Gleichung der Geraden, auf der K verschoben werden darf.

Man sieht also, die Gleichung $Ax + By + C = 0$ kann als eine Momentengleichung betrachtet werden; x und y sind die Koordinaten des Angriffspunktes einer Kraft, die auf der Geraden liegt, also variabel, da ja dieser Angriffspunkt auf der Geraden verschoben werden darf, Ax und By sind Momente der Komponenten der Kraft bezüglich des Nullpunktes, also müssen A und B selbst, ohne Berücksichtigung des Richtungssinnes, die Komponenten in Richtung der Koordinatenachsen sein: C aber ist ein Moment.

Wir werden in einem späteren Kapitel auf diese Tatsache wieder zurückkommen, wenn wir nämlich alle linearen Formen durch Vektoren darstellen, und die Geometrie in ihren Grundzügen als eine statische Geometrie entwickeln werden.

Gerade und Gerade. Gerade und Strecke. Gerade und Punkt. Geradensystem und Geradenbüschel.

87. Statt des häufig wiederkehrenden Ausdruckes $Ax + By + C$ (in den folgenden Zeilen wird oft auch von der „Form" $Ax + By + C$ gesprochen) wird in der analytischen Geometrie meist eine Abkürzung, ein Symbol G geschrieben; entsprechend das Symbol N für die auch häufig auftretende Form $x \cdot \cos \alpha + y \cdot \sin \alpha - p$. Man sagt und schreibt dann symbolisch: Die Gerade $G = 0$ oder $N = 0$ statt: die Gerade $Ax + By + C = 0$ bzw. $x \cdot \cos \alpha + y \cdot \sin \alpha - p = 0$. Um im Anfang recht deutlich zum Ausdruck zu bringen, daß G ein Symbol, eine Abkürzung statt $Ax + By + C$ ist, sei eine Zeitlang das Zeichen $\equiv$ für eine Identität eingeführt, also

$$G \equiv Ax + By + C \quad \text{bzw.} \quad N \equiv x \cdot \cos \alpha + y \cdot \sin \alpha - p$$

gesetzt. (Man verwechsle nicht, wie das dem Anfänger häufig passiert, die Größe G oder N mit der Eigenschaft $G = 0$ bzw. $N = 0$.) Entsprechend ist natürlich

$$G_1 \equiv A_1 x + B_1 y + C_1 \quad \text{oder} \quad G_2 \equiv A_2 x + B_2 y + C_2 \text{ usw.}$$

bzw.

$$N_1 \equiv x \cdot \cos \alpha_1 + y \cdot \sin \alpha_1 - p_1 \text{ oder } N_2 \equiv x \cdot \cos \alpha_2 + y \cdot \sin \alpha_2 - p_2 \text{ usw.}$$

$G_1 = 0$ und $G_2 = 0$ sind dann in der symbolischen Sprech- und

Schreibweise die allgemeinen Gleichungen von zwei Geraden, also abkürzende Bezeichnungen statt

$$A_1 x + B_1 y + C_1 = 0 \quad \text{bzw.} \quad A_2 x + B_2 y + C_2 = 0.$$

Um von diesen zwei Geraden den Schnittpunkt $P_0 = x_0 \,|\, y_0$ aufzufinden, überlegt man: Dieser Punkt P_0 liegt auf beiden Geraden, muß also beiden Gleichungen genügen, so daß

$$A_1 x_0 + B_1 y_0 + C_1 = 0 \quad \text{und} \quad A_2 x_0 + B_2 y_0 + C_2 = 0.$$

Damit sind dann die Koordinaten x_0, y_0 gefunden zu

$$x_0 : y_0 : 1 = (B_1 C_2 - B_2 C_1) : (C_1 A_2 - C_2 A_1) : (A_1 B_2 - A_2 B_1) \qquad \text{(a)}$$

oder in der Schreibweise der Determinanten, siehe (50d),

$$x_0 : y_0 : 1 = \begin{vmatrix} A_1 & B_1 & C_1 \\ A_2 & B_2 & C_2 \end{vmatrix}$$

Beispiel a) Der Schnittpunkt der beiden Geraden der Abb. 111, nämlich

$$G_1 \equiv x + y - 5 = 0, \qquad G_2 \equiv 2x - y - 4 = 0$$

ist nach dieser Formel gegeben durch

$$x_0 = 3, \qquad y_0 = 2, \quad \text{also} \quad P_0 = 3 \,|\, 2.$$

Beispiel b) Welchen Wert muß a haben, damit die drei Geraden

$$x - y - 1 = 0,$$
$$ax + y - 3 = 0 \qquad ax + 2y = 0$$

durch den nämlichen Punkt gehen?

Man kann elementar aus den beiden ersten Gleichungen die Koordinaten x und y des Schnittpunktes ermitteln und in die dritte einsetzen. Oder man sagt: Für die zwei Unbekannten x und y hat man drei lineare unhomogene Gleichungen, also muß nach (50g)

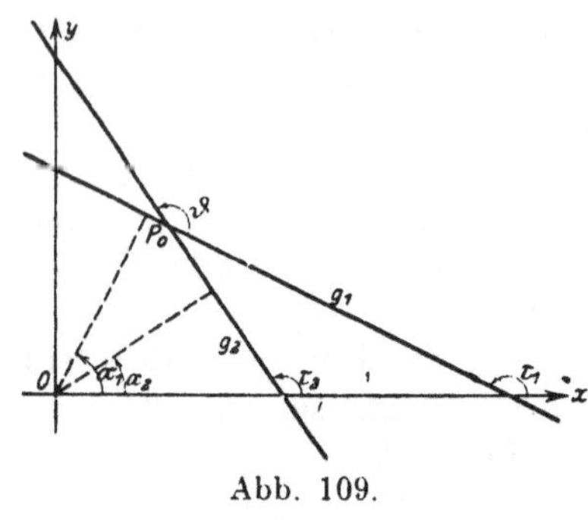

Abb. 109.

$$\begin{vmatrix} 1 & -1 & -1 \\ a & 1 & -3 \\ a & 2 & 0 \end{vmatrix} = 0, \quad \text{oder} \quad a = -3$$

sein. Ganz allgemein gilt und wird wie eben bewiesen:

Damit drei Gerade durch den nämlichen Punkt gehen, muß die Determinante des Systemes der drei Gleichungen $G_1 = 0$, $G_2 = 0$, $G_3 = 0$ verschwinden. (b)

Aufgabe a) Die gesuchte Gerade $G = 0$ geht durch den Schnittpunkt von

$$G_1 \equiv 3x - y - 1 = 0 \quad \text{und} \quad G_2 \equiv x + 3y - 1 =$$

und bildet mit den Koordinatenachsen ein Dreieck vom Inhalt 4.

Lösung: Die gesuchte Gerade sei $\dfrac{x}{a} + \dfrac{y}{b} - 1 = 0$. Für die zwei Unbekannten a und b hat man zwei Gleichungen

$$\begin{vmatrix} 3 & -1 & -1 \\ 1 & 3 & -1 \\ 1:a & 1:b & -1 \end{vmatrix} = 0 \quad \text{und} \quad \tfrac{1}{2}ab = 4,$$

erstere nach (b). Aus beiden ermittelt man zunächst $a + 2b = 40$ und $a \cdot 2b = 16$, woraus wie in Aufgabe 54b)

$$a = 20 + 8\sqrt{6}, \quad 2b = 20 - 8\sqrt{6} \quad \text{oder} \quad a = 20 - 8\sqrt{6}, \quad 2b = 20 + 8\sqrt{6}.$$

Um den **Schnittwinkel** ϑ zweier Geraden (gezählt von 0 bis π von der ersten zur zweiten Geraden im positiven Sinn) aufzufinden, beginnt man

$$\vartheta = \tau_2 - \tau_1$$

und erhält nach Abb. 109:

a) Die in der Normalgleichung gegebenen Geraden

$$N_1 \equiv x \cdot \cos \alpha_1 + y \cdot \sin \alpha_1 - p_1 = 0,$$
$$N_2 \equiv x \cdot \cos \alpha_2 + y \cdot \sin \alpha_2 - p_2 = 0$$

schließen einen Winkel ϑ ein, der bestimmt ist durch

$$\vartheta = \alpha_2 - \alpha_1. \tag{c}$$

b) Die in der allgemeinen Gleichung gegebenen Geraden

$$G_1 \equiv A_1 x + B_1 y + C_1 = 0, \quad G_2 \equiv A_2 x + B_2 y + C_2 = 0$$

schließen einen Winkel ϑ ein, der bestimmt ist durch

$$\operatorname{tg} \vartheta = \operatorname{tg}(\tau_2 - \tau_1)$$
$$= \frac{\operatorname{tg} \tau_2 - \operatorname{tg} \tau_1}{1 + \operatorname{tg} \tau_1 \operatorname{tg} \tau_2} \tag{d}$$

oder mit $\operatorname{tg} \tau_1 = -A_1 : B_1$, $\operatorname{tg} \tau_2 = -A_2 : B_2$ nach (85 c)

$$\operatorname{tg} \vartheta = \frac{A_1 B_2 - A_2 B_1}{A_1 A_2 + B_1 B_2}. \tag{e}$$

Für bestimmte Zwecke kann es oft nötig sein, daraus zu berechnen

$$\cos \vartheta = \frac{A_1 A_2 + B_1 B_2}{\pm \sqrt{(A_1{}^2 + B_1{}^2)(A_2{}^2 + B_2{}^2)}},$$

$$\sin \vartheta = \frac{A_1 B_2 - A_2 B_1}{\pm \sqrt{(A_1{}^2 + B_1{}^2)(A_2{}^2 + B_2{}^2)}} \tag{f}$$

Beispiel c) Die beiden Geraden

$$G_1 \equiv x + y - 5 = 0, \qquad G_2 \equiv 2x - y - 4 = 0$$

der Abb. 111 schließen den Winkel ϑ ein. Mit $A_1 = 1$, $B_1 = 1$, $A_2 = 2$, $B_2 = -1$ wird

$$\operatorname{tg} \vartheta = \frac{1 \cdot -1 - 2 \cdot 1}{1 \cdot 2 + 1 \cdot -1} = \frac{-3}{1} = -3.$$

Die Formel (e) gibt an: Sind die beiden Geraden $G_1 = 0$ und $G_2 = 0$ parallel, so wird $\operatorname{tg} \vartheta = 0$, also

$$A_1 B_2 = A_2 B_1 \quad \text{oder} \quad A_1 : B_1 = A_2 : B_2,$$

d. h. die Koeffizienten von x und y beider Gleichungen müssen zueinander proportional sein. Sind beide Gerade senkrecht, so wird $\vartheta = 90^0$ oder $\operatorname{tg} \vartheta = \infty$, also $A_1 A_2 + B_1 B_2 = 0$ oder umgeformt

$$-\frac{A_2}{B_2} = -1 : \left(-\frac{A_1}{B_1}\right) \quad \text{oder} \quad \operatorname{tg} \tau_2 = -\frac{1}{\operatorname{tg} \tau_1},$$

d. h. die Richtungskoeffizienten beider Geraden müssen zueinander reziprok und negativ sein.

Diese Aussagen hätte man einfacher finden können: Sind beide Gerade parallel, so ist

$$\operatorname{tg} \tau_1 = \operatorname{tg} \tau_2, \quad \text{also} \quad -\frac{A_1}{B_1} = -\frac{A_2}{B_2},$$

d. h. die Koeffizienten von x und y müssen proportional sein. Die Geraden

$$Ax + By + C = 0 \quad \text{und} \quad \varrho \cdot Ax + \varrho \cdot By + C = 0,$$

oder in anderer Form die Geraden

$$Ax + By + C = 0 \quad \text{und} \quad Ax + By + C' = 0$$

sind also einander parallel; somit:

> Die Gleichungen von parallelen Geraden unterscheiden sich nur im konstanten Glied. (g)

Sind beide Gerade zueinander senkrecht, so ist

$$\tau_2 = \tau_1 + \tfrac{1}{2}\pi, \quad \text{also} \quad \operatorname{tg} \tau_2 = -\operatorname{cotg} \tau_1 = -1 : \operatorname{tg} \tau_1. \qquad \text{(h)}$$

Damit hat die zur Geraden $Ax + By + C = 0$ senkrechte Gerade die Richtung $-\dfrac{B}{A}$; die Geraden

$$Ax + By + C = 0 \quad \text{und} \quad Bx - Ay + C = 0 \qquad \text{(i)}$$

sind zueinander senkrecht.

Beispiel d) Eine Parallele zur Geraden $2x + 3y - 5 = 0$ hat die Gleichung $2x + 3y + C = 0$, wo C durch eine zweite Bedingung noch bestimmbar ist. Wenn etwa angegeben ist, daß die Gerade durch den Punkt $1 \mid 2$ gehen soll, so muß dieser Punkt der Geradengleichung genügen, also muß $2 \cdot 1 + 3 \cdot 2 + C = 0$ sein. Damit wird $C = -8$ und die Gleichung der neuen Geraden $2x + 3y - 8 = 0$. Eine zur gegebenen Geraden $2x + 3y - 5 = 0$ senkrechte Gerade hat die Gleichung $3x - 2y + C' = 0$, wo wieder C' durch eine zweite Bedingung bestimmbar ist. Sei festgesetzt, daß diese neue Gerade durch den gleichen Punkt $1 \mid 2$ geht, so muß gelten $3 \cdot 1 - 2 \cdot 2 + C' = 0$ oder $C' = 1$, also ist die Gleichung dieser Geraden $3x - 2y + 1 = 0$.

Aufgabe b) Gegeben ist die Gerade $2x - y - 3 = 0$. Man lege durch den Nullpunkt und durch den Punkt $1 \mid -1$ je eine Parallele und eine Senkrechte zu dieser gegebenen Geraden.

Lösung: Eine Parallele bzw. eine Senkrechte zur gegebenen Geraden hat die Gleichung

$$2x - y + C = 0 \quad \text{bzw.} \quad x + 2y + C' = 0.$$

Für das Geradenpaar durch den Nullpunkt muß gelten $2 \cdot 0 - 1 \cdot 0 + C = 0$, bzw. $1 \cdot 0 + 2 \cdot 0 + C' = 0$ oder $C = 0$, $C' = 0$, also ist dessen Gleichung $2x - y = 0$ bzw. $x + 2y = 0$. Für das Geradenpaar durch den Punkt $1 \mid -1$ muß gelten $2 \cdot 1 - 1 \cdot (-1) + C = 0$ und $1 \cdot 1 + 2 \cdot (-1) + C' = 0$ oder $C = -3$, $C' = 1$, also ist die Gleichung des zweiten Paares $2x - y - 3 = 0$ bzw. $x + 2y + 1 = 0$.

Abweichend von der angegebenen Lösungsmethode hätte man, in diesem Fall vielleicht etwas einfacher, sagen können: Von der gesuchten Geraden kennt man einen Punkt, ferner die Richtung (aus der Bedingung, daß die Gerade parallel bzw. senkrecht sein muß zur gegebenen Geraden), man kann daher unmittelbar Formel (84d) anwenden.

Aufgabe c) Durch den Schnittpunkt der Geraden

$$G_1 \equiv x - y - 2 = 0 \quad \text{und} \quad G_2 \equiv 3x - y - 1 = 0$$

lege man Parallele und Senkrechte zu den Geraden

$$3x - 2y = 0, \quad y + 2x = 0, \quad x + 3y = 0.$$

Lösung: Der Schnittpunkt ist $P_0 = -0{,}5 \mid -2{,}5$, die Geradenpaare sind

$$\left.\begin{matrix} 3x - 2y - 3{,}5 = 0 \\ 2x + 3y + 8{,}5 = 0 \end{matrix}\right\} \quad \left.\begin{matrix} 2x + y + 3{,}5 = 0 \\ x - 2y - 4{,}5 = 0 \end{matrix}\right\} \quad \left.\begin{matrix} x + 3y + 8 = 0 \\ 3x - y - 1 = 0 \end{matrix}\right\}.$$

Aufgabe d) Die Gerade $G_1 = 0$ geht durch den Punkt $2 \mid 1$ und schneidet auf der x-Achse das Stück $m = 5$ ab. Gesucht ist eine ihr parallele Gerade, die auf der y-Achse das Stück $n = 3$ abschneidet.

Lösung: Die Gerade $G_1 = 0$ geht auch durch den Punkt $5 \mid 0$. Ihre Gleichung ist $x + 3y - 5 = 0$; die zu ihr parallele Gerade geht noch durch den Punkt $0 \mid 3$ und hat dann die Gleichung $x + 3y - 9 = 0$.

Aufgabe e) Durch den Nullpunkt lege man Senkrechte zu den Seiten des Dreieckes $P_1 P_2 P_3$, wenn $P_1 = 1 \mid 0$, $P_2 = 3 \mid 2$, $P_3 = 0 \mid 1$.

Lösung: Die Dreieckseiten $P_1 P_2$, $P_2 P_3$, $P_3 P_1$ haben die Projektionen $X_{12} = 2$, $X_{23} = -3$, $X_{31} = 1$, $Y_{12} = 2$, $Y_{23} = -1$, $Y_{31} = -1$ und damit die

Richtungen $\lambda_{12} = 1$, $\lambda_{23} = \frac{1}{3}$, $\lambda_{31} = -1$. Die zu ihnen senkrechten Richtungen sind dann $\mu_{12} = -1$, $\mu_{23} = -3$, $\mu_{31} = 1$ und deswegen die gesuchten Geraden

$$y = -1 \cdot x, \qquad y = -3 \cdot x, \qquad y = 1 \cdot x.$$

Beispiel e) Die Koordinaten des Schnittpunktes einer Strecke mit einer Geraden bestimmt man folgendermaßen.

Sind P_1 und P_2 die Endpunkte der Strecke und $G = 0$ die Gleichung der Geraden, so teilt der gesuchte Schnittpunkt P_0 die Strecke $P_1 P_2$ nach einem zunächst unbekannten Verhältnis λ. Wäre λ bekannt, dann auch die Koordinaten x_0, y_0 nach der Formel für den Teilungspunkt

$$x_0 : y_0 : 1 = (\lambda x_2 - x_1) : (\lambda y_2 - y_1) : (\lambda - 1).$$

Für die Bestimmung von λ benützt man die Bedingung, daß P_0 der Geradengleichung genügen muß, also

$$A x_0 + B y_0 + C = 0 \qquad \text{oder} \qquad A \frac{\lambda x_2 - x_1}{\lambda - 1} + B \frac{\lambda y_2 - y_1}{\lambda - 1} + C = 0,$$

und findet aus dieser Gleichung

$$\lambda = (A x_1 + B y_1 + C) : (A x_2 + B y_2 + C). \tag{k}$$

Damit sind die Koordinaten des Schnittpunktes P_0 bestimmt und gleichzeitig auch eine Formel für das Verhältnis gegeben, in dem die Gerade $G = 0$ die Strecke $P_1 P_2$ teilt.

Beispiel f) Den Winkel einer Geraden mit einer Strecke R oder genauer den Winkel von der Strecke zur Geraden findet man, wenn man eine Gerade G' parallel der Strecke zieht, am einfachsten durch den Nullpunkt. Hat die Strecke die Projektionen X und Y, also die Richtung $\operatorname{tg} \tau' = Y : X$, so ist die Gleichung dieser Hilfsgeraden

$$y = x \operatorname{tg} \tau' \qquad \text{oder} \qquad Y x - X y = 0.$$

Diese schließt mit der gegebenen Geraden $G = 0$ den Winkel ϑ ein, für den nach (e)

$$\operatorname{tg} \vartheta = \frac{A X + B Y}{A Y - B X}. \tag{l}$$

Damit ist dann auch die Projektion der Strecke R auf die Gerade $G = 0$ bekannt, nämlich

$$R = R \cos \vartheta = \frac{A Y - B X}{\pm \sqrt{A^2 + B^2}}, \tag{m}$$

wenn man $\cos \vartheta$ nach $\operatorname{tg} \vartheta$ ausdrückt und $R = \sqrt{X^2 + Y^2}$ berücksichtigt.

Beispiel g) Gegeben sind die beiden Endpunkte $P_1 = 2 \mid 1$, $P_2 = 0 \mid -1$ einer Strecke und die Gerade $3x + 4y - 6 = 0$.

Der Schnittpunkt P_0 der Strecke $P_1 P_2$ mit der Geraden hat nach der angegebenen Formel auf der Strecke $P_1 P_2$ das Teilverhältnis

$$\lambda = (3 \cdot 2 + 4 \cdot 1 - 6):(3 \cdot 0 + 4 \cdot - 1 - 6) = 4 : - 10 = - 0{,}4.$$

Das Zeichen — gibt an, daß der Punkt P_0 innerhalb der Strecke $P_1 P_2$ liegt. Mit $\lambda = - 0{,}4$ erhält man P_0 durch

$$x_0 : y_0 : 1 = (- 0.4 \cdot 0 - 2):(- 0{,}4 \cdot - 1 - 1):(- 0{,}4 - 1) = 10 : 3 : 7,$$

sonach $P_0 = \frac{10}{7} \mid \frac{3}{7}$. Den Winkel ϑ der Strecke mit der Geraden bestimmt man nach der angegebenen Formel wegen $X = - 2$, $Y = - 2$ durch

$$\operatorname{tg} \vartheta = \frac{3 \cdot - 2 + 4 \cdot - 2}{3 \cdot - 2 - 4 \cdot - 2} = - 7 \quad \text{und desgleichen die Projektion } R'$$

der Strecke auf die Gerade durch $R' = \dfrac{3 \cdot - 2 - 4 \cdot - 2}{\pm \sqrt{9 + 16}} = \pm 0{,}4.$

88. Der Abstand d des Punktes P_0 von der Geraden $N \equiv x \cdot \cos \alpha + y \cdot \sin \alpha - p \equiv 0$ wird am einfachsten — wenn man nicht wie bei der Entwicklung der Formel (70f) mit Vektoren arbeiten will — mit Hilfe einer zu ihr parallelen Geraden durch den Punkt P_0 ermittelt. Letztere hat vom Nullpunkt den Abstand $p + d$, also die Gleichung

$$x \cdot \cos \alpha + y \cdot \sin \alpha - (p + d) = 0,$$

und geht durch den Punkt P_0, so daß

$$x_0 \cos \alpha + y_0 \sin \alpha - p - d = 0,$$

sonach

$$d = x_0 \cos \alpha + y_0 \sin \alpha - p, \qquad \text{(a)}$$

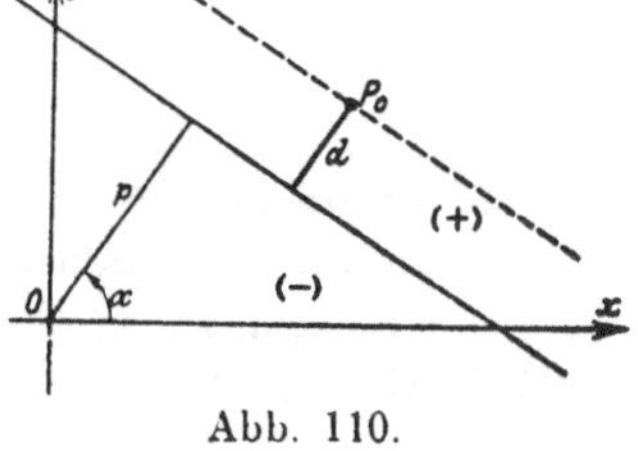

Abb. 110.

das ist der Wert, den die linke Seite der Geradengleichung annimmt, wenn man in ihr statt der variablen Koordinaten diejenigen des Punktes P_0 einsetzt, dessen Abstand gesucht ist.

Wenn man in Nr. 85 festsetzte, daß eine Gerade vom Nullpunkt oder allgemein von jedem beliebigen Punkt stets positiven Abstand haben soll, so ist damit nicht gesagt, daß nun umgekehrt auch ein Punkt von einer festen Geraden aus stets einen positiven Abstand hat. Man überlege einmal, was der Sinn der verschiedenen Vorzeichen einer Zahl ist. Immer dann, wenn eine Polarität vorhanden ist — rechts und links, oben und unten, rechtsum und linksum usw. — wird man zur Unterscheidung die Vorzeichen + und — benützen. Durch eine Gerade wird die Ebene in zwei Teile getrennt, also eine Polarität geschaffen. Man wird den einen Teil positiv nennen, den andern negativ, und dementsprechend auch erwarten, daß die Punkte des positiven Raumes von der festen Geraden einen positiven Abstand haben und die anderen Punkte einen negativen.

Nun zeigt die letzte Formel, daß der Nullpunkt von jeder nicht durch ihn hindurchgehenden Geraden negativen Abstand hat, und ebenso alle Punkte, die mit ihm auf der gleichen Seite der Geraden liegen. Man wird daher von den beiden durch die Gerade getrennten Ebenenteilen denjenigen als den negativen bezeichnen, der den Nullpunkt enthält. Diese Unterscheidung der Ebenenteile versagt zwar, wenn die Gerade durch den Nullpunkt selbst geht, genügt aber vollständig für unsere Zwecke.

Ist aber ein fester Punkt in der Koordinatenebene gegeben, so wird dadurch keine Teilung der Ebene geschaffen, eine Unterscheidung der Geraden in der Ebene durch $+$ und $-$ hätte also keinen Zweck und keinen Sinn, wenigstens was ihre Lage gegenüber dem festen Punkt anlangt. Daher die in Nr. 85 getroffene Festsetzung, daß jede Gerade vom Nullpunkt positiven Abstand hat.

Ist die gegebene Gerade in der allgemeinen Form $G = 0$ gegeben, so bringt man sie auf die Normalform $\dfrac{Ax + By + C}{\pm \sqrt{A^2 + B^2}} = 0$, so daß nach dem vorausgehenden

$$d = \frac{Ax_0 + By_0 + C}{\pm \sqrt{A^2 + B^2}} \tag{b}$$

Das Vorzeichen der im Nenner stehenden Wurzel ist natürlich wieder nach der getroffenen Festsetzung entgegengesetzt dem von C, so daß der Nullpunkt wieder negativen Abstand von der Geraden hat.

Beispiel a) Die Punkte $P_1 = 2\,|\,3$, $P_2 = -1\,|\,1$, $P_3 = 0\,|-1$ haben von der Geraden

$$N \equiv \tfrac{3}{5}x + \tfrac{4}{5}y - 2 = 0$$

die Abstände

$$d_1 = \tfrac{3}{5}\cdot 2 + \tfrac{4}{5}\cdot 3 - 2 = 1\tfrac{3}{5},$$
$$d_2 = -1\tfrac{4}{5}, \quad d_3 = -2\tfrac{4}{5}.$$

Beispiel b) Man zeichne die beiden Geraden, deren Gleichungen durch

$$G_1 \equiv x + y - 5 = 0,$$
$$G_2 \equiv 2x - y - 4 = 0$$

gegeben sind. Dann ermittle man die Abstände d_i und e_i, die die vier gegebenen Punkte $P_1 = 0\,|\,1$, $P_2 = 6\,|\,3$, $P_3 = 3\,|-3$, $P_4 = 3\,|\,7$ von diesen bei-

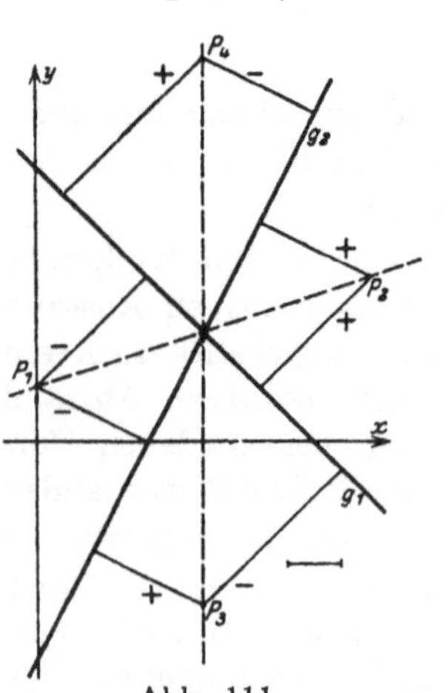

Abb. 111.

den Geraden haben, und trage diese gefundenen Abstände nebst ihrem Vorzeichen ein. Man gebe ferner noch für jeden Punkt P_i das Verhältnis $d_i : e_i$ an.

Die Geraden sind durch Abb. 111 dargestellt. Die Normalgleichungen der beiden Geraden sind:

$$N_1 \equiv \frac{x + y - 5}{\sqrt{2}} = 0, \qquad\qquad N_2 \equiv \frac{2x - y - 4}{\sqrt{5}} = 0.$$

Dann ist

$$d_i = \frac{x_i + y_i - 5}{\sqrt{2}}, \qquad\qquad e_i = \frac{2x_i - y_i - 4}{\sqrt{5}}.$$

Für die speziellen Werte x_i, y_i wird

$$d_1 = -2\sqrt{2}, \qquad e_1 = -\sqrt{5}, \qquad d_1 : e_1 = 2\sqrt{0{,}4};$$
$$d_2 = 2\sqrt{2}, \qquad e_2 = \sqrt{5}, \qquad d_2 : e_2 = 2\sqrt{0{,}4};$$
$$d_3 = -2{,}5\sqrt{2}, \qquad e_3 = \sqrt{5}, \qquad d_3 : e_3 = -2{,}5\sqrt{0{,}4};$$
$$d_4 = 2{,}5\sqrt{2}, \qquad e_4 = -\sqrt{5}, \qquad d_4 : e_4 = -2{,}5\sqrt{0{,}4}.$$

Beispiel c) Man stelle eine Formel auf für den Abstand d des Punktes P_0 von der Strecke $P_1 P_2$.

P_0 hat von dieser Strecke den gleichen Abstand, wie von der Geraden durch P_1 und P_2. Letztere hat nach (82d) die Gleichung $xY - yX - 2F = 0$ oder in der Normalform $\dfrac{xY - yX - 2F}{\pm R} = 0$ wegen $\sqrt{X^2 + Y^2} = R$; es hat daher der Punkt P_0 von dieser Geraden und damit von der Strecke den Abstand

$$d = \frac{x_0 Y - y_0 X - 2F}{\pm R}. \qquad\qquad (\text{c})$$

Es sind X und Y die Projektionen der Strecke R, während $2F = x_1 y_2 - x_2 y_1$ die doppelte Fläche des Dreiecks $O P_1 P_2$ ist. Das Vorzeichen von R muß gleich demjenigen von F gewählt werden.

Für den speziellen Fall $P_1 = 1 \mid 2$, $P_2 = 2 \mid 0$, $P_0 = 2 \mid 1$ wird $X = 1$, $Y = -2$, $R = \sqrt{5}$, $2F = -4$; dann wird

$$d = \frac{x_0 \cdot -2 - y_0 \cdot 1 + 4}{-\sqrt{5}} = \frac{2 \cdot -2 - 1 \cdot 1 + 4}{-\sqrt{5}} = \frac{1}{\sqrt{5}}.$$

Beispiel d) Unter der Entfernung d der beiden parallelen Geraden $G_1 = 0$ und $G_2 = 0$ oder genauer der Entfernung der Geraden $G_2 = 0$ von der Geraden $G_1 = 0$ sei verstanden der zu beiden Geraden senkrechte Weg von der ersten zur zweiten Geraden. Vom Nullpunkt aus hat man zur ersten Geraden den Weg p_1, zur zweiten den Weg p_2, demnach ist

$$d = p_2 - p_1 \qquad\qquad (\text{d})$$

der Weg von der ersten zur zweiten Geraden. Um p_1 und p_2 zu finden, bringt man beide Geradengleichungen auf die Normalform.

Beispiel e) Die beiden Geraden $2x - y - 3 = 0$ und $2x - y - 1 = 0$ haben die Normalgleichungen

$$\frac{2x - y - 3}{\sqrt{5}} = 0 \quad \text{und} \quad \frac{2x - y - 1}{\sqrt{5}} = 0, \quad \text{somit} \quad d = \frac{1}{\sqrt{5}} - \frac{3}{\sqrt{5}} = \frac{-2}{\sqrt{5}}.$$

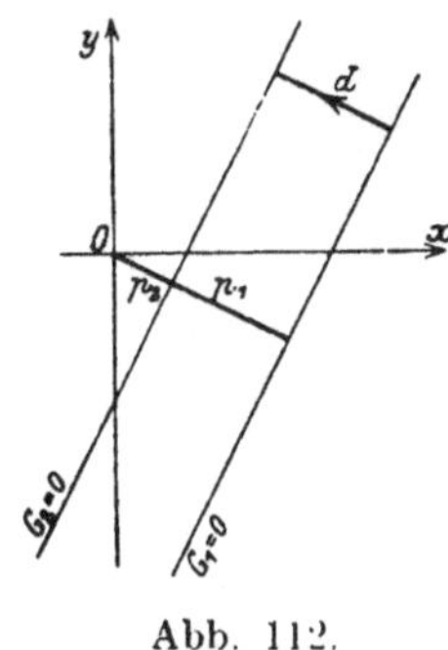

Abb. 112.

Das — -Zeichen bedeutet hier, daß der Weg d in Richtung zum Nullpunkt geht, siehe Abb. 112.

Aufgabe a) Gesucht sind die Schnittpunkte und Schnittwinkel von je zweien der Geraden der Aufgabe 86a). Welche Fläche hat das durch die drei Schnittpunkte gebildete Dreieck? Welchen Abstand hat der Schwerpunkt dieses Dreiecks von jeder der drei Geraden?

Lösung (Kontrolle an Hand der Abb. 107):

$$S_1 = 0 \,|\, 3, \quad S_2 = 6 \,|\, 5, \quad S_3 = 2 \,|\, 1; \quad \operatorname{tg} \psi_1 = 2,$$
$$\operatorname{tg} \psi_2 = 1 : 2, \quad \operatorname{tg} \psi_3 = \infty;$$

$$\triangle S_1 S_2 S_3 = -8; \quad S = \tfrac{8}{4} \,|\, 3; \quad s_1 = -\tfrac{2}{3}\sqrt{2}, \quad s_2 = \tfrac{4}{3}\sqrt{2}, \quad s_3 = -\tfrac{4}{15}\sqrt{10}.$$

Aufgabe b) Gegeben ist ein Dreieck mit den Ecken $P_1 = 4 \,|\, 3$, $P_2 = 0 \,|\, 0$, $P_3 = 1,5 \,|\, -2$. Gesucht sind die Koordinaten $x_0 \,|\, y_0$ des Punktes P_0, wenn dessen Abstände von den Geraden sich wie $4 : 3\sqrt{5} : 3$ verhalten.

Lösung: Man bezeichnet $P_1 P_2 = R_3$, $P_2 P_3 = R_1$, $P_3 P_1 = R_2$, dann hat der Punkt P_0 von R_i den Abstand $d_i = \dfrac{x_0 Y_i - y_0 X_i - 2 F_i}{\pm R_i}$. Mit den angegebenen Zahlen wird für die Strecke $R_3 = P_1 P_2$ gefunden $X_3 = -4$, $Y_3 = -3$, $R_3 = 5$, $2 F_3 = 0$; entsprechend $X_1 = 1,5$, $Y_1 = -2$, $R_1 = 2,5$, $2 F_1 = 0$ und $X_2 = 2,5$, $Y_2 = 5$, $R_2 = 2,5\sqrt{5}$, $2 F_2 = 12,5$. Damit werden die Abstände

$$d_1 = \frac{-2x_0 - 1,5y_0}{\pm 2,5}, \qquad d_2 = \frac{5x_0 - 2,5y_0 - 12,5}{2,5\sqrt{5}}, \qquad d_3 = \frac{-3x_0 + 4y_0}{\pm 5},$$

und das Verhältnis dieser Abstände

$$d_1 : d_2 : d_3 = 4 : 3\sqrt{5} : 3 \quad \text{oder} \quad d_1 = \frac{4}{3\sqrt{5}} d_2, \quad d_3 = \frac{1}{\sqrt{5}} d_2.$$

Man erhält dann für die beiden Unbekannten die Gleichungen

$$\frac{2x_0 + 1,5y_0}{\mp 2,5} = \frac{4}{3\sqrt{5}}\frac{2x_0 - y_0 - 5}{\sqrt{5}}, \qquad \frac{-3x_0 + 4y_0}{\pm 5} = \frac{1}{\sqrt{5}}\frac{2x_0 - y_0 - 5}{\sqrt{5}}$$

oder

$$\mp 6(2x_0 + 1,5y_0) = 4(2x_0 - y_0 - 5), \quad \pm(-3x_0 + 4y_0) = 2x_0 - y_0 - 5,$$

aus denen man x_0 und y_0 ermittelt; wegen der verschieden möglichen Vorzeichen erhält man vier Lösungen: $P_0 = 1 \,|\, 0$, $P_0' = -\tfrac{7}{17} \,|\, -\tfrac{24}{17}$, $F_0'' = -5 \,|\, 0$, $P_0''' = \tfrac{7}{13} \,|\, \tfrac{24}{13}$.

89. Die Formeln (88a) und (88b) erweisen sich sehr günstig für die geometrische Deutung der Symbole G und N, wo also

$$N \equiv x \cdot \cos \alpha + y \cdot \sin \alpha - p, \qquad G \equiv Ax + By + C.$$

Daß die Größe N eine Strecke sein muß, ist selbstverständlich, da ja die einzelnen Summanden $x \cdot \cos \alpha$, $y \cdot \sin \alpha$, p Strecken sind. Aber welche? Wir wissen, daß $N = 0$ oder in nichtsymbolischer Form $x \cdot \cos \alpha + y \cdot \sin \alpha - p = 0$ die Gleichung einer Geraden ist, und daß der beliebig gelegene Punkt $P_0 = x_0 \mid y_0$ von dieser den Abstand

$$d = x_0 \cdot \cos \alpha + y_0 \cdot \sin \alpha - p$$

hat. Ein Punkt $P_1 = 2 \mid 3$ etwa hätte sonach den Abstand

$$d_1 = 2 \cos \alpha + 3 \sin \alpha - p,$$

ein Punkt $P_2 = a \mid b$ den Abstand

$$d_2 = a \cdot \cos \alpha + b \cdot \sin \alpha - p.$$

Der beliebig in der Ebene gelegene Punkt $P = x \mid y$ hat nach dieser Formel den Abstand

$$x \cdot \cos \alpha + y \cdot \sin \alpha - p,$$

wofür wir auch N setzen können. Also: Ist $P = x \mid y$ ein beliebiger Punkt der Ebene, $N \equiv x \cdot \cos \alpha + y \cdot \sin \alpha - p = 0$ die Normalform einer gegebenen Geraden, so hat dieser Punkt $x \mid y$ von der Geraden $N = 0$ den Abstand N.

Wenn man festhält, daß alle Kurvengleichungen nur als Eigenschaften des erzeugenden Punktes gelesen werden dürfen, ist damit der Sinn der Gleichung $N = 0$ der folgende: Der Abstand des Punktes P von der Geraden ist Null, wenn er erzeugender Punkt der Geraden ist.

* G ist ein Symbol, eine Benennung für $Ax + By + C$, sonach

$$N \equiv \frac{G}{\pm \sqrt{A^2 + B^2}} \qquad \text{oder} \qquad G \equiv N \cdot \pm \sqrt{A^2 + B^2},$$

d. h. G ist der mit einem konstanten Faktor $\pm \sqrt{A^2 + B^2}$ multiplizierte Abstand des beliebigen Punktes $P = x \mid y$ von der Geraden $G = 0$.

Beispiel a) Jede Gleichung stellt eine Kurve vor; wenn also $N = x \cdot \cos \alpha + y \cdot \sin \alpha - p = 0$ eine gegebene Gerade ist, was stellt dann die Gleichung $N = 1$ für eine Kurve vor? Man kann entweder so vorgehen, daß man für das Symbol N seinen wahren Wert einführt, also

$$x \cdot \cos \alpha + y \cdot \sin \alpha - p = 1 \qquad \text{oder} \qquad x \cdot \cos \alpha + y \cdot \sin \alpha - (p + 1) = 0$$

schreibt, und sieht dann, daß diese Gleichung eine Parallele zur gegebenen Geraden im Abstand 1 vorstellt.

Oder man arbeitet unmittelbar mit dem Symbol N selbst und deutet nach Vorschrift $N = 1$ als eine Eigenschaft des erzeugenden Punktes, sagt also: vom erzeugenden Punkt P weiß man, daß sein Abstand von der gegebenen Geraden stets gleich 1 ist, und kommt dann zur nämlichen Kurve.

Beispiel b) Gegeben sind die beiden Geraden der Abb. 111

$$G_1 = x + y - 5 = 0, \qquad G_2 = 2x - y - 4 = 0.$$

Welche Kurve ist durch die Gleichung $5G_1 = 4G_2$ dargestellt?

Wie beim vorhergehenden Beispiel kann man wieder so vorgehen, daß man statt der Symbole G_1 und G_2 ihren Wert einsetzt, also schreibt

$$5(x + y - 5) = 4(2x - y - 4) \quad \text{oder geordnet} \quad x - 3y + 3 = 0,$$

und daraus sieht, daß diese Gleichung die Gerade durch die beiden Punkte P_1 und P_2 der Abb. 111 vorstellt.

Oder man arbeitet wieder mit den Symbolen selbst und deutet $5G_1 = 4G_2$ als eine Eigenschaft des erzeugenden Punktes P. Da nun G_1 das Vielfache des Abstandes des erzeugenden Punktes P von der Geraden $G_1 = 0$ ist und ebenso G_2 das Vielfache seines Abstandes von der Geraden $G_2 = 0$, so sagt die Gleichung $5G_1 = 4G_2$ aus, daß die Abstände des erzeugenden Punktes von den beiden festen Geraden $G_1 = 0$ und $G_2 = 0$ ein konstantes Verhältnis haben, daß also der Punkt P eine Gerade durch den Schnittpunkt von $G_1 = 0$ und $G_2 = 0$ erzeugt. Wenn man G_1 und G_2 transformiert in die äquivalenten Symbole N_1 und N_2, durch die Beziehung

$$G_i = \pm N_i \cdot \sqrt{A_i^2 + B_i^2}, \quad \text{hier} \quad G_1 = N_1 \cdot \sqrt{2}, \quad G_2 = N_2 \cdot \sqrt{5},$$

so geht $5G_1 = 4G_2$ über in $5N_1 \cdot \sqrt{2} = 4N_2 \cdot \sqrt{5}$ oder $N_1 : N_2 = 2 \cdot \sqrt{0{,}4}$; d. h. dann, die Abstände des erzeugenden Punktes P von den beiden festen Geraden müssen das Verhältnis $2\sqrt{0{,}4}$ haben, wodurch sich die gesuchte Gerade als diejenige durch die beiden Punkte P_1 und P_2 ergibt, siehe Beispiel 88 b).

Der letztere Weg, mit den Symbolen selbst zu arbeiten, statt mit den durch sie dargestellten Ausdrücken, ist der einfachere und anschaulichere, wenn auch im Anfang etwas beschwerlichere.

Aufgabe   Punkt P hat von den Geraden

$$x - y - 1 = 0 \quad \text{und} \quad x + y - 3 = 0$$

Abstände, die sich wie $2 : 1$ verhalten; welchen Ort beschreibt P?

Lösung. $N_1 \equiv \dfrac{x - y - 1}{\sqrt{2}} = 0$ und $N_2 \equiv \dfrac{x + y - 3}{\sqrt{2}} = 0$

sind die Normalgleichungen der Geraden. P hat von beiden die Abstände N_1 bzw. N_2, von denen nach Bedingung gilt

$$N_1 : N_2 = 2:1 \quad \text{oder} \quad N_1 = 2N_2 \quad \text{oder} \quad x + 3y - 5 = 0,$$

d. i. wieder die Gleichung einer Geraden.

90. Um unter den ∞^2 Geraden der Ebene eine ganz bestimmte herauszugreifen, muß man ihr zwei Bedingungen auferlegen; durch zwei Bedingungen kann man die zwei Koordinaten der Geraden oder, was auf das nämliche hinausgeht, die zwei Konstanten der Geraden bestimmen. Fordert man von der Geraden nur die Erfüllung einer einzigen Bedingung, so erhält man ∞^1 Gerade, die in ihrer Gesamtheit **ein Geradensystem** oder in der üblicheren Sprechweise eine **Geradenschar** bilden; in der Gleichung wird sich diese Tatsache dadurch zum Ausdruck bringen, daß eine Konstante unbestimmt, verfügbar bleibt, daß also in der Gleichung ein Parameter auftritt. Sei derselbe mit t bezeichnet, so wird die Gleichung einer Geradenschar sich durch

$$x \cdot u(t) + y \cdot v(t) + w(t) = 0, \tag{a}$$

oder wenn man mit $w(t)$ dividiert, durch

$$x \cdot U(t) + y \cdot V(t) + 1 = 0$$

ausdrücken lassen. Hier sind u, v, w bzw. U, V ganz beliebige Funktionen von t.

Jede Geradenschar kann man betrachten als die Gesamtheit aller Tangenten an eine gegebene Kurve.

Beispiel a) Die Tangenten an den Kreis um den Nullpunkt mit dem Radius a haben alle den Abstand a vom Nullpunkt, also die Gleichung $x \cdot \cos t + y \cdot \sin t - a = 0$, wenn man hier t statt des früher üblichen α schreibt. Für jeden Wert von t erhält man eine andere Gerade der Schar, eine andere Kreistangente.

Man kann dem Parameter t auch noch eine andere Bedeutung geben als die rein geometrische des vorangehenden Beispieles. Man stelle sich vor, daß eine Gerade nach einem irgendwie gegebenen Gesetze sich in der x-y-Ebene bewegt, dann wird für jeden Zeitpunkt t eine bestimmte Lage der Geraden vorhanden sein, es wird diese Lage sich als Funktion der Zeit darstellen lassen, oder was das nämliche ist, die Konstanten der Geradengleichung, die ja die Gerade bestimmen, werden als Funktionen der Zeit erscheinen, so wie das etwa in der Gleichung (a) zum Ausdruck kommt, wenn man t als die variable Zeit betrachtet.

Von allen Geradenscharen interessiert uns besonders diejenige, die durch lineare Formen u, v, w bzw. U, V erhalten wird. Setzt man

$$u = A_1 + t A_2, \quad v = B_1 + t B_2, \quad w = C_1 + t C_2,$$

wo außer dem Parameter t die anderen Größen alle als bekannt anzunehmen sind, so wird die Gleichung der Schar, wenn man noch ordnet,

$$(A_1 x + B_1 y + C_1) + t \cdot (A_2 x + B_2 y + C_2) = 0$$

oder in symbolischer Schreibweise, wenn man aus Zweckmäßigkeitsgründen $t = -\lambda$ substituiert,

$$G_1 - \lambda G_2 = 0.$$

$G_1 = 0$ und $G_2 = 0$ sind natürlich die Gleichungen von zwei festen Geraden. Gefragt ist, in welchem Zusammenhang die Geradenschar $G_1 - \lambda G_2 = 0$ mit diesen beiden festen Geraden steht, ferner welche geometrische Bedeutung hier der Parameter λ hat. Man kann Antwort geben, einmal elementar mit Benützung der vorausgehenden Sätze, ein andermal, indem man unmittelbar mit den Symbolen G_1 und G_2 operiert, also die Gleichung $G_1 - \lambda G_2 = 0$ der unmittelbaren Anschauung zuführt.

Im ersten Fall überlegt man: Da G_1 und G_2 in den Koordinaten x und y linear sind, ist es auch $G_1 - \lambda G_2$, also stellt $G_1 - \lambda G_2 = 0$ gerade Linien vor, und zwar für jede Wahl von λ eine andere, insgesamt also ∞^1. Die beiden Geraden $G_1 = 0$ und $G_2 = 0$ schneiden sich im Punkt P_0, dessen Koordinaten x_0, y_0 dann sowohl der Gleichung $G_1 = 0$ wie derjenigen $G_2 = 0$ genügen müssen, oder wie man sich auch ausdrückt, G_1 und G_2 verschwinden lassen. Dann läßt P_0 auch den Ausdruck $G_1 - \lambda G_2$ verschwinden, welchen Wert auch λ haben mag, d. h. jede Gerade von der Form $G_1 - \lambda G_2 = 0$ geht durch den Schnittpunkt P_0 von $G_1 = 0$ mit $G_2 = 0$. Nun nennt man aber ∞^1 Gerade der Ebene durch den nämlichen Punkt ein Strahlenbüschel, also ist

$$G_1 - \lambda G_2 = 0 \tag{b}$$

das Strahlen- oder Geradenbüschel durch den Schnittpunkt der Geraden $G_1 = 0$ und $G_2 = 0$.

Beispiel b) Die Geradenschar $x + t^2 x - 3 t^2 y - 2 - 6 t^2 = 0$ erweist sich, da man schreiben kann

$$(x - 2) + t^2 (x - 3 y - 6) = 0 \quad \text{oder} \quad (x - 2) - \lambda (x - 3 y - 6) = 0,$$

wenn man $t^2 = -\lambda$ setzt, als ein Strahlenbüschel durch den Schnittpunkt P_0 der Geraden $x - 2 = 0$ und $x - 3 y - 6 = 0$, d. i. durch den Punkt $P_0 = 2 \mid -\frac{4}{3}$.

Scheinbar enthält die Gleichung in der erstgegebenen Form den Parameter nicht linear. Man vermeide den Fehler, t als Parameter zu betrachten; als solcher tritt hier t^2 auf, die einzelnen Funktionen sind also in t^2 linear.

Aufgabe a) Gesucht ist das Geradenbüschel durch den Nullpunkt.

Lösung: Man wählt zwei beliebige Gerade durch den Nullpunkt, am einfachsten die x- und die y-Achse, also $G_1 \equiv y = 0$, $G_2 \equiv x = 0$, dann wird die Gleichung des Büschels

$$G_1 - \lambda G_2 = 0, \qquad \text{hier} \qquad y - \lambda x = 0,$$

d. i. die uns bereits durch (86a) bekannte Gleichung.

Aufgabe b) Wie lautet die Gleichung des Geradenbüschels durch den Punkt $3 \mid 2$?

Lösung: Man legt zwei Gerade $G_1 = 0$ und $G_2 = 0$ durch den Punkt, am einfachsten Parallele zu den Achsen, $G_1 \equiv y - 2 = 0$ und $G_2 \equiv x - 3 = 0$; dann ist die Gleichung des Büschels $y - 2 = \lambda (x - 3)$. Natürlich ist das die nämliche Gleichung wie (84d), wenn man $\operatorname{tg} \tau = \lambda$ schreibt.

Aufgabe c) Die Gerade $G = 0$ soll durch die Schnittpunkte der Geradenpare $G_1 = 0$, $G_2 = 0$ und $G_3 = 0$, $G_4 = 0$ gehen; wie ermittelt man ihre Gleichung?

Lösung: Die gesuchte Gerade ist sowohl von der Form $G_1 - \lambda G_2 = 0$ wie auch $G_3 - \mu G_4 = 0$. Beide Formen müssen bis auf einen konstanten Faktor identisch sein; schreibt man ohne Kürzung,

$$A_1 x + B_1 y + C_1 - \lambda (A_2 x + B_2 y + C_2) = 0,$$
$$A_3 x + B_3 y + C_3 - \mu (A_4 x + B_4 y + C_4) = 0,$$

so müssen die entsprechenden Koeffizienten der Variabeln einander proportional sein,

$$A_3 - \mu A_4 = \varrho (A_1 - \lambda A_2), \qquad B_3 - \mu B_4 = \varrho (B_1 - \lambda B_2),$$
$$C_3 - \mu C_4 = \varrho (C_1 - \lambda C_2),$$

wenn ϱ der Proportionalitätsfaktor ist. Für die Unbekannten ϱ, λ, μ hat man so drei Gleichungen.

Bei Zahlenbeispielen wird es natürlich meist einfacher sein, die Schnittpunkte P_1 und P_2 der Geradenpaare aufzusuchen und durch sie mit Anwendung der Formel die Gerade zu legen.

***91.** Die vorausgehende mehr elementare Behandlung der Gleichung $G_1 - \lambda G_2 = 0$ bringt die geometrische Deutung des Parameters λ nicht. Diese und gleichzeitig die Deutung der Gleichung $G_1 - \lambda G_2 = 0$ erhält man am einfachsten, wenn man mit den Symbolen G_1 und G_2 oder deren Normalformen N_1 und N_2 selbst operiert. Wir wollen mit den letzteren beginnen, also von den beiden festen Geraden die Normalgleichung anschreiben und damit das Geradensystem in der Form $N_1 - \lambda N_2 = 0$. Für λ nehmen wir zunächst einen bestimmten Wert λ_0, d. h. wir greifen unter den ∞^1 Geraden des Systems eine bestimmte einzelne heraus, deren Gleichung also

$$N_1 - \lambda_0 N_2 = 0.$$

Wir wissen, daß N_1 der Abstand des Punktes $P = x \mid y$ von der Geraden $N_1 = 0$ ist, entsprechend N_2 der Abstand dieses Punktes von der Geraden $N_2 = 0$. Als Eigenschaft des erzeugenden Punktes

$P = x \mid y$ betrachtet, sagt diese Gleichung $N_1 = \lambda_0 N_2$, daß der Abstand des erzeugenden Punktes P von der ersten Geraden gleich ist dem λ_0-fachen Abstand von der zweiten Geraden. Dann muß aber nach bekannten Sätzen der Geometrie der erzeugende Punkt P, wenn er diese Eigenschaft haben soll, auf einer Geraden liegen, die durch den Schnittpunkt der beiden Geraden $N_1 = 0$ und $N_2 = 0$ hindurchgeht. Damit ist der in der Gleichung $N_1 - \lambda_0 N_2 = 0$ auftretende Parameter λ_0 gedeutet als das Verhältnis der Abstände des erzeugenden Punktes P dieser Geraden von den beiden festen Geraden $N_1 = 0$ und $N_2 = 0$.

Was für den speziellen Parameter λ_0 gilt, gilt genau so für einen beliebigen λ der Gleichung $N_1 - \lambda N_2 = 0$. Für jeden Wert λ erhält man sonach eine Gerade, die durch den Schnittpunkt der beiden festen Geraden $N_1 = 0$ und $N_2 = 0$ hindurchgeht, und alle Punkte P einer solchen Geraden haben von den beiden festen Geraden Abstände N_1 und N_2, deren Verhältnisse konstant gleich λ sind. Die ∞^1 Werte, die man dem Parameter λ geben kann, definieren also ein Strahlen- oder Geradenbüschel durch den Schnittpunkt der beiden gegebenen Geraden, die wir **Grundgerade** nennen wollen

Beispiel a) Die beiden Geraden der Abb. 111 haben die Gleichungen

$$N_1 \equiv \frac{x + y - 5}{\sqrt{2}} = 0, \qquad N_2 \equiv \frac{2x - y - 4}{\sqrt{5}} = 0.$$

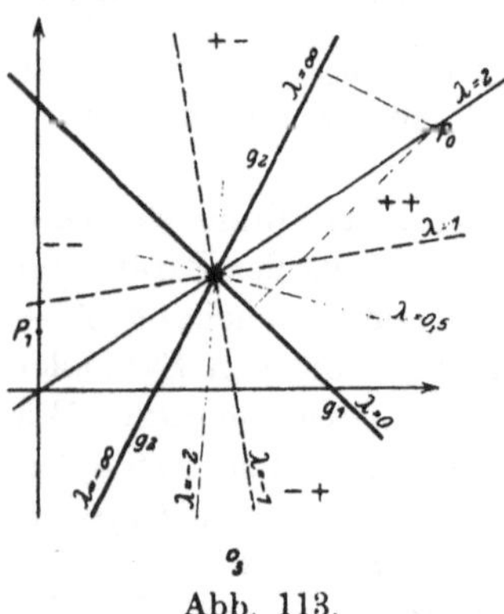

Abb. 113.

Wir betrachten sie als die Grundgeraden eines Strahlenbüschels; dann hat dieses die Gleichung $N_1 - \lambda N_2 = 0$. Für jeden Wert λ erhält man eine bestimmte Gerade des Büschels. Für $\lambda = 2$ etwa heißt die Gleichung der Geraden symbolisch $N_1 = 2N_2$, d. h. die Punkte dieser Geraden haben von den beiden Grundgeraden Abstände, deren Verhältnis immer gleich 2 ist; aus dieser Bedingung gewinnt man die Gerade $N_1 - 2N_2 = 0$ so, wie sie in die Abb. 113 eingetragen ist.

Für $\lambda = 0$ erhält man die eine der Grundgeraden selbst, nämlich $N_1 = 0$; schreibt man die Gleichung des Büschels $\frac{N_1}{\lambda} - N_2 = 0$, dann sieht man, daß für $\lambda = \infty$ die zweite der Grundgeraden, nämlich $N_2 = 0$, erscheint. Es wurde früher schon darauf hingewiesen, daß die Zahlen 0, ∞, 1, -1 ausgezeichnete Zahlen des Zahlensystems sind, und wird hier zunächst für die Zahlen 0 und ∞ bestätigt. Für den Fall $\lambda = 1$ erhält man $N_1 - N_2 = 0$, oder $N_1 = N_2$; das kann aber nichts anderes sein als die Winkelhalbierende der beiden Geraden, oder genauer, die eine der zwei Winkelhalbierenden, die andere muß jedenfalls der Gleichung $N_1 = - N_2$ oder $N_1 + N_2 = 0$ genügen. In der Tat: denn das Abstandsverhältnis kann hier sowohl positiv wie negativ sein, da ja die Abstände selbst positiv und negativ werden, je nach der Lage gegenüber den beiden Grundgeraden. In Abb. 111 sind für die vier gegebenen Punkte P_1, P_2, P_3, P_4 die Vorzeichen der Abstände ermittelt und neben diesen Abständen selbst eingetragen. Man sieht daraus, daß die ganze Ebene durch die sich schneidenden Grundgeraden in vier Quadranten eingeteilt wird, die wir am einfachsten numerieren nach den Vorzeichen, die die Abstände der Punkte dieser Quadranten von den beiden Grundgeraden haben (das erste Vorzeichen gilt gegenüber der ersten Grundgeraden, das zweite gegenüber der zweiten Grundgeraden), also durch die kurze Bezeichnung $+ +$ für den Quadranten, in dem P_2 liegt, $+ -$ für den durch P bestimmten Quadranten, $- -$ für den durch P_1 bestimmten, $- +$ für den Quadranten, der P_3 enthält. Die Punkte der Geraden durch P_1 und P_2 haben ein positives Abstandsverhältnis, also ein positives λ; für die Winkelhalbierende, die durch die beiden Quadranten P_1 und P_2 geht, muß demgemäß $\lambda = + 1$, also ihre Gleichung $N_1 - N_2 = 0$ sein. $N_1 + N_2 = 0$ oder $N_1 = - N_2$ ist die Winkelhalbierende durch die Quadranten $+ -$ und $- +$.

Ist das Strahlenbüschel durch die Gleichung $G_1 - \lambda G_2 = 0$ gegeben, so kann man diese mit Einführung der Normalform schreiben

$$N_1 \sqrt{A_1{}^2 + B_1{}^2} - \lambda N_2 \cdot \sqrt{A_2{}^2 + B_2{}^2} = 0$$

oder
$$N_1 - \mu N_2 = 0,$$

wo
$$\lambda = \mu \sqrt{\frac{A_1{}^2 + B_1{}^2}{A_2{}^2 + B_2{}^2}} \tag{a}$$

Damit ist für einen bestimmten Strahl des Büschels $G_1 - \lambda G_2 = 0$ wieder μ das Abstandsverhältnis der Punkte dieses Strahles gegenüber den beiden Grundstrahlen, und λ ein gegebenes Vielfaches dieses Abstandsverhältnisses; für alle Strahlen des Büschels ist natürlich λ das nämliche Vielfache des Abstandsverhältnisses μ, da ja A_1, B_1, A_2, B_2 für das Büschel konstant sind.

Beispiel b) Man ermittle die Bedingung dafür, daß sich drei Gerade $G_1 = 0$, $G_2 = 0$, $G_3 = 0$ im nämlichen Punkt schneiden.

Die Gerade $G_3 = 0$ muß durch den Schnittpunkt von $G_1 = 0$ mit $G_2 = 0$ gehen, sich also auf die Form $G_1 - \lambda G_2 = 0$ bringen lassen, oder wenn man $\lambda = -\lambda_2 : \lambda_1$ setzt, auf die Form

$$\lambda_1 G_1 + \lambda_2 G_2 = 0. \tag{b}$$

Eine andere Überlegung: der den drei Geraden gemeinsame Punkt P_0 mit den Koordinaten $x_0 \mid y_0$ muß den drei gegebenen Geradengleichungen genügen, führte zur Formel (87 b).

Aufgabe a), Man beweise, daß sich die drei Winkelhalbierenden eines Dreieckes im nämlichen Punkt schneiden.

Lösung: Die drei Geraden durch die Eckpunkte des Dreieckes haben die Gleichungen $N_1 = 0$, $N_2 = 0$, $N_3 = 0$; damit sind

$$N_1 - N_2 = 0, \qquad N_2 - N_3 = 0, \qquad N_3 - N_1 = 0$$

die Gleichungen der Winkelhalbierenden, wenn man den Nullpunkt des Koordinatensystems im Innern des Dreieckes wählt. Man kann die Gleichung der dritten Winkelhalbierenden in der Form schreiben

$$N_3 - N_1 = -(N_1 - N_2) - (N_2 - N_3) = 0$$

und sieht nach dem vorausgehenden Beispiel, daß die drei Geraden durch den nämlichen Punkt gehen.

Aufgabe b) Man beweise, daß sich die drei Höhen eines Dreieckes im nämlichen Punkt schneiden.

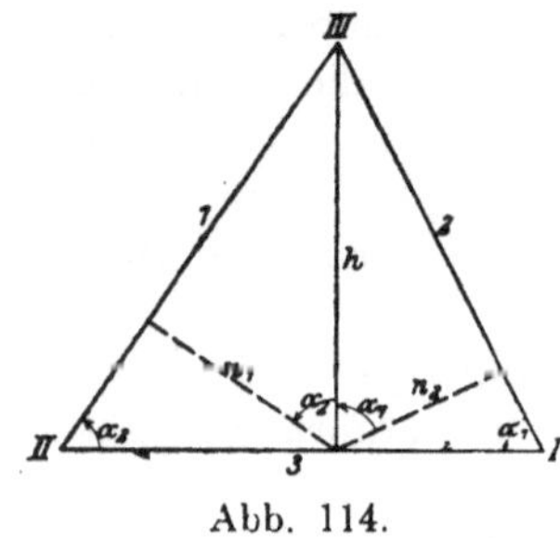

Abb. 114.

Lösung: Wenn $N_1 = 0$, $N_2 = 0$, $N_3 = 0$ die Gleichungen der Geraden durch die drei Eckpunkte des Dreieckes sind — der Nullpunkt des Koordinatensystems wird im Innern des Dreieckes gewählt — so ist $N_1 - \lambda N_2 = 0$ die Gleichung der durch den Eckpunkt III senkrecht zur Seite $N_3 = 0$ errichteten Geraden, auf der also die Dreieckshöhe liegt. Der Parameter λ ist das Abstandsverhältnis des erzeugenden Punktes von den beiden Geraden $N_1 = 0$ und $N_2 = 0$. Nach Abb. 114 ergibt sich

$$\lambda = N_1 : N_2 = n_1 : n_2 = h \cos \alpha_2 : h \cos \alpha_1$$
$$= \cos \alpha_2 : \cos \alpha_1$$

und damit die Gleichung dieser Senkrechten

$$N_1 - \frac{\cos \alpha_2}{\cos \alpha_1} N_2 = 0 \qquad \text{oder} \qquad N_1 \cos \alpha_1 - N_2 \cos \alpha_2 = 0.$$

Die Gleichungen der beiden anderen Geraden, die man durch die Eckpunkte senkrecht zu den gegenüberliegenden Seiten zieht, sind entsprechend

$$N_2 \cos \alpha_2 - N_3 \cos \alpha_3 = 0, \quad N_3 \cos \alpha_3 - N_1 \cos \alpha_1 = 0.$$

Damit ergibt sich genau wie bei der vorausgehenden Aufgabe, daß die drei Höhen sich im nämlichen Punkt schneiden.

92. Aufgabe a) Welche zur x-Achse parallele Gerade bildet mit den Geraden $x - y - 1 = 0$ und $x + y - 3 = 0$ ein Dreieck von der Fläche 8?

Lösung: Die gegebenen Geraden und die gesuchte $y = b$ schneiden sich in den Punkten $P_0 = 2|1$, $P_1 = b + 1|b$, $P_2 = 3 - b|b$. Also Dreieck $(b-1)^2 = 8$ oder $b = 1 \pm 2\sqrt{2}$.

Aufgabe b) Durch die Punkte $P_1 = 1|2$, $P_2 = 3|2$, $P_3 = 3|4$ lege man ein Dreieck, dessen Seiten parallel sind den Geraden $x - y = 0$, $x + y = 0$, $x - 3y = 0$, und berechne die Fläche des Dreiecks.

Lösung: Die gesuchten Geraden sind $x - y + 1 = 0$, $x + y - 5 = 0$, $x - 3y + 9 = 0$; sie schneiden sich in den Punkten $Q_3 = 2|3$, $Q_1 = 1.5|3.5$. $Q_2 = 3|4$; Dreiecksfläche $\triangle = -0,5$.

Aufgabe c) Die gesuchte Gerade $G = 0$ hat vom Punkt $1|0$ die gleiche Entfernung wie die y-Achse und bildet mit der Geraden $x - y - 1 = 0$ einen Winkel von 45^0.

Lösung: Die gesuchte Gerade hat von $1|0$ die Entfernung $+1$ und den Richtungswinkel $\tau = 0^0$ oder $\tau = 90^0$, da die gegebene Gerade den Richtungswinkel 45^0 hat. Also vier Gerade: $x = 0$, $x = 2$, $y = 1$, $y = -1$.

Aufgabe d) Der Punkt P_0 hat von den Geraden $2x - y - 1 = 0$ und $x - 2y - 1 = 0$ die Abstände 4 bzw. -2; gesucht ist x_0 und y_0.

Lösung: $\quad 4 = \dfrac{2x_0 - y_0 - 1}{\sqrt{5}}, \qquad -2 = \dfrac{x_0 - 2y_0 - 1}{\sqrt{5}},$

daraus $\qquad 3x_0 = 1 + 10\sqrt{5}, \qquad 3y_0 = -1 + 8\sqrt{5}$.

Aufgabe e) Die gesuchte Gerade $G = 0$ hat von den Punkten $P_1 = 1|0$ und $P_2 = 0|1$ gleiche Entfernung und vom Nullpunkt die Entfernung 2.

Lösung: Die gesuchte Gerade $x \cos \alpha + y \sin \alpha - 2 = 0$ ist entweder parallel $P_1 P_2$ oder geht durch den Mittelpunkt M von $P_1 P_2$. Im ersten Falle $x + y \pm 2\sqrt{2} = 0$, im letzten Falle imaginäres Geradenpaar.

Aufgabe f) P bildet mit den zwei festen Punkten $P_1 = 3|4$ und $P_2 = 1|2$ ein Dreieck $P_1 P_2 P$ vom Inhalt 4; welchen Ort beschreibt P?

Lösung: $\triangle P_1 P_2 P = 4 \quad$ oder $\quad \begin{vmatrix} 3 & 4 & 1 \\ 1 & 2 & 1 \\ x & y & 1 \end{vmatrix} = 8$.

Der Punkt P beschreibt die Gerade $x - y - 3 = 0$, eine Parallele zur Strecke $P_1 P_2$.

Aufgabe g) Gesucht ist die Gleichung derjenigen Geraden durch den Nullpunkt, die parallel ist zur Winkelhalbierenden von $x - y - 1 = 0$ und $2x + y + 3 = 0$.

Lösung: Die Winkelhalbierende ist

$$\frac{x - y - 1}{+\sqrt{2}} \pm \frac{2x + y + 3}{-\sqrt{5}} = 0 \text{ oder } x(\sqrt{5} \mp 2\sqrt{2}) - y(\sqrt{5} \pm \sqrt{2}) - (\sqrt{5} \pm 3\sqrt{2}) = 0.$$

Die zu ihr parallele Gerade durch den Nullpunkt ist

$$x(\sqrt{5} \mp 2\sqrt{2}) - y(\sqrt{5} \pm \sqrt{2}) = 0.$$

Es gilt nur das obere Vorzeichen oder nur das untere.

Aufgabe h) $P_0 = x_0|y_0$ hat von der Winkelhalbierenden zu

$$x - y - 1 = 0 \quad \text{und} \quad x + 2y - 2 = 0$$

den Abstand 4 und liegt auf jener Geraden, die durch den Ursprung parallel zur Geraden $x - 3y + 9 = 0$ geht; gesucht ist x_0 und y_0.

Lösung: Die Winkelhalbierende ist

$$\frac{x-y-1}{\sqrt{2}} \pm \frac{x+2y-2}{\sqrt{5}} = 0 \quad \text{oder} \quad x\,(\sqrt{5}\pm\sqrt{2}) + y\,(-\sqrt{5}\pm 2\sqrt{2}) - (\sqrt{5}\pm 2\sqrt{2}) = 0.$$

P_0 hat von ihr den Abstand 4 und liegt ferner auf der Geraden $x - 3y = 0$. Man hat also zwei Gleichungen für x_0 und y_0,

$$x_0 = 3 y_0 \quad \text{und} \quad 4 = \frac{x_0\,(\sqrt{5}\pm\sqrt{2}) + y_0\,(-\sqrt{5}\pm 2\sqrt{2}) - (\sqrt{5}\pm 2\sqrt{2})}{\sqrt{20\mp 2\sqrt{10}}}$$

aus denen man erhält

$$x_0 : y_0 : 1 = 3\,(4\sqrt{20\mp 2\sqrt{10}}+\sqrt{5}\pm 2\sqrt{2}) : (4\sqrt{20\mp 2\sqrt{10}}+\sqrt{5}\pm 2\sqrt{2}) : (2\sqrt{5}\pm 5\sqrt{2}).$$

Elemente der linearen Transformation.

93. Vorgelegt ist das Gleichungspaar

$$\begin{aligned} x' &= a_1 x + b_1 y + c_1, \\ y' &= a_2 x + b_2 y + c_2, \end{aligned} \tag{a}$$

wo x, y und x', y' kartesische Koordinaten sein sollen. Dieses Gleichungspaar kann in zweifacher Weise aufgefaßt werden. Zunächst als Darstellung einer Koordinatentransformation, als Übergang von einem Koordinatensystem x, y zu einem neuen System x', y', wie ihn Nr. 78 eingehender besprach. $x|y$ und $x'|y'$ sind also Koordinaten des nämlichen Punktes für zwei verschiedene Koordinatensysteme. Durch das angegebene Gleichungspaar ist dann das neue Koordinatensystem bestimmt, wenn man in der vorliegenden Ebene das alte willkürlich gewählt hat und umgekehrt

Beispiel a) Es seien gegeben zwei Gleichungen von der Form (78c)

$$\begin{aligned} x &= 0{,}6\,x' - 0{,}8\,y' - 2, \\ y &= 0{,}8\,x' + 0{,}6\,y' - 1, \end{aligned} \quad \text{oder umgekehrt} \quad \begin{aligned} x' &= 0{,}6\,x + 0{,}8\,y + 2, \\ y' &= -0{,}8\,x + 0{,}6\,y - 1, \end{aligned}$$

wo also, wenn man auf (78c) zurückgeht,

$$\cos\alpha = 0{,}6, \qquad \sin\alpha = 0{,}8, \qquad x_0 = -2, \qquad y_0 = -1.$$

Es sind $x|y$ als Koordinaten eines variablen Punktes P für das (in der Abb. 115 stark ausgezogene) System X, Y vorausgesetzt und $x'|y'$ als die Koordinaten des nämlichen Punktes für das neue System X', Y'. Letzteres ist durch die gegebenen Gleichungen bestimmt, wenn ersteres bekannt ist.

Der neue Nullpunkt O' hat im alten System die Koordinaten $x_0 = -2$, $y_0 = -1$; mit $\cos\alpha = 0{,}6$, $\sin\alpha = 0{,}8$

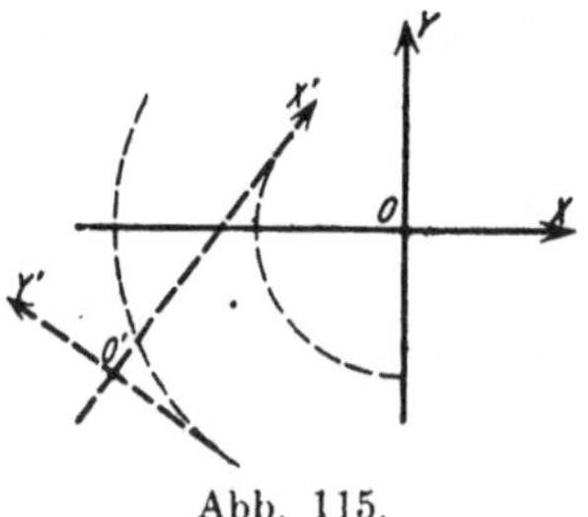

Abb. 115.

ist dann das neue Koordinatensystem so ermittelt wie in der Abbildung gestrichelt eingezeichnet.

Das Gleichungspaar (a) oder dessen Umkehr,

$$x = \frac{b_2 x' - b_1 y' + b_1 c_2 - b_2 c_1}{a_1 b_2 - a_2 b_1},$$

$$y = \frac{-a_2 x' + a_1 y' + c_1 a_2 - c_2 a_1}{a_1 b_2 - a_2 b_1},$$

(b)

läßt aber noch eine andere Auffassung zu, wenn man $x|y$ als Koordinaten eines untersuchten Punktes P und $x'|y'$ als Koordinaten eines zweiten Punktes P' für das nämliche Koordinatensystem auffaßt. Dann ist für jedes gegebene Paar $x|y$ durch diese Gleichung ein neues Paar $x'|y'$ bestimmt und umgekehrt, also jedem gegebenen Punkt $P = x|y$ der Ebene ein neuer Punkt $P' = x'|y'$ der gleichen Ebene zugeordnet, umgekehrt natürlich jedem Punkt $P' = x'|y'$ durch die Gleichungen (b) ein bestimmter Punkt $P = x|y$. Man hätte auch so überlegen können, daß man zwei Ebenen ε und ε' auswählt, in der ersten Ebene ε die Punkte P auf ein willkürlich gewähltes Koordinatensystem X, Y bezieht, in der zweiten Ebene ε' die Punkte P' auf ein ebenfalls willkürlich festgelegtes System X', Y'. Dann ist jedem Punkt P der Ebene ε durch die Gleichungen (a) immer ein und nur ein zu ermittelnder Punkt P' der Ebene ε' zugeordnet, eindeutig wie man dafür sagt, und umgekehrt jedem Punkt P' der zweiten Ebene ε' durch das Paar (a) bzw. (b) ein und nur ein Punkt P der ersten Ebene, also wieder eindeutig.

Eine Zuordnung zwischen zwei Trägern von Elementen, derart, daß jedem Element E des ersten Trägers eindeutig ein Element E' des zweiten Trägers, und jedem Element E' des zweiten Trägers durch die rückwärts verlaufende Transformation eindeutig wieder das Element E zugewiesen ist, nennt man eine eineindeutige Zuordnung oder Transformation.

Zuordnungen von der eben charakterisierten Art treten in praktischen Fällen überaus häufig auf. Man kann sich davon recht einfach eine Vorstellung machen, wenn man die Elemente des ersten Trägers als Ursachen und diejenigen des zweiten als Wirkungen betrachtet. In den meisten Fällen ist jeder Ursache eine einzige bestimmte Wirkung zugewiesen, somit eindeutig zugewiesen. Kommt dann noch hinzu, daß jede Wirkung nur durch eine einzige ganz bestimmte Ursache hervorgerufen wird, dann ist die Zuordnung zwischen Ursache und Wirkung eineindeutig. Die Statik starrer Körper verwendet eine Reihe von Sätzen über diese lineare Zuordnung.

Als Gegenbeispiel sei die Transformation

$$x' = x^2 - 1, \qquad y' = y - 1$$

angegeben: hier entspricht jedem Punkt $P = x|y$ der Ebene ε eindeutig ein Punkt $P' = x'|y'$ der Ebene ε'; durch die Umkehr

$$x = \pm \sqrt{x' + 1}, \qquad y = y' + 1$$

ist aber jedem Punkt $P' = x'|y'$ der Ebene ε' ein Paar von Punkten der Ebene ε, nämlich

$$P_1 = +\sqrt{x' + 1}\,|y' + 1, \qquad P_2 = -\sqrt{x' + 1}\,|y' + 1$$

zugewiesen. Analog zur vorigen Benennung heißt diese Zuordnung dann eine einzweideutige.

Durch die Zuordnung (a) bzw. (b) ist jedem geometrischen Gebilde G der ersten Ebene ε ein ganz bestimmtes Gebilde G' der zweiten Ebene ε' zugeordnet und umgekehrt. Man hat dafür die Ausdrucksweise: die Ebene ε ist in die Ebene ε' transformiert oder auf sie abgebildet, und zwar eineindeutig durch die Formel (a).

Natürlich kann man die beiden Ebenen auch aufeinandergelegt denken, mit einem gemeinsamen Koordinatensystem. Gerade dieser Fall ist der häufiger vorkommende und auf ihn beziehen sich die kommenden Betrachtungen. In den folgenden Zeilen denke man sich bei Untersuchung solcher Zuordnungen und Abbildungen also stets zwei zusammenfallende Ebenen, die Ebene ε mit den Punkten P, die Ebene ε' mit den Punkten P', und für beide Ebenen das nämliche Koordinatensystem.

Beispiel b) Durch das vorausgehende Zahlenbeispiel

$$\left.\begin{aligned} x &= 0{,}6\,x' - 0{,}8\,y' - 2 \\ y &= 0{,}8\,x' + 0{,}6\,y' - 1 \end{aligned}\right\} \qquad \left.\begin{aligned} x' &= 0{,}6\,x + 0{,}8\,y + 2 \\ y' &= -0{,}8\,x + 0{,}6\,y - 1 \end{aligned}\right\}$$

ist eine spezielle Abbildung vorgeschrieben. So sind den Eckpunkten

$$P_0 = 0|0, \quad P_1 = 1|0, \quad P_2 = 1|1, \quad P_3 = 0|1$$

eines Quadrates der Ebene ε zugeordnet die Punkte

$$P_0' = 2|{-}1, \quad P_1' = 2{,}6|{-}1{,}8, \quad P_2' = 3{,}4|{-}1{,}2, \quad P_3' = 2{,}8|{-}0{,}4$$

der Ebene ε', die im vorliegenden Fall mit der Ebene ε zusammenfällt. Rechnet man zurück, so werden diesen letzten Punkten der Ebene ε' wieder die vier ersten Punkte der Ebene ε entsprechen. Betrachtet man aber die vier Punkte P_0', P_1', P_2', P_3' als Punkte der ersten Ebene ε und bezeichnet sie deshalb als Punkte

$$P_4 = 2|{-}1, \quad P_5 = 2{,}6|{-}1{,}8, \quad P_6 = 3{,}4|{-}1{,}2, \quad P_7 = 2{,}8|{-}0{,}4,$$

so werden ihnen als Punkten von ε wieder vier neue Punkte

$$P_4' = 2{,}4|{-}3{,}2, \quad P_5' = 2{,}12|{-}4{,}16, \quad P_6' = 3{,}08|{-}4{,}44, \quad P_7' = 3{,}36|{-}3{,}48$$

der Ebene ε' entsprechen.

Wie man der Zeichnung entnehmen kann, werden die Quadrate
0 1 2 3 und 4 5 6 7 wieder abgebildet in Quadrate $0'1'2'3'$ und $4'5'6'7'$.
Abbildungen von der Art wie die vor-
liegende, daß also die Gebilde E der
Ebene ε abgebildet werden in kongruente
Gebilde E' der Ebene ε', nennt man Kon-
gruenzabbildungen: sie sind ein Spezialfall sowohl der flächentreuen wie
der winkeltreuen Abbildungen, siehe
später. Als Charakteristikum der vorliegenden Abbildung entnehme man noch
der Zeichnung, daß der Punkt $M =$
$0\,|-2{,}5$ mit seiner Abbildung $M' =$
$0\,|-2{,}5$ zusammenfällt. Und weiter,
daß man von jedem Gebilde E der
Ebene ε zum Gebilde E' der Ebene ε'
dadurch übergehen kann, daß man eine
Drehung um den Punkt M mit dem eingezeichneten Winkel α vornimmt. Würde
man die ganze Ebene ε mit dem Win-

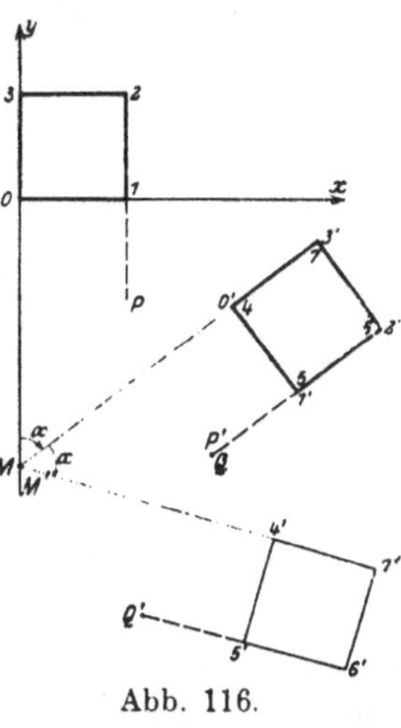

Abb. 116.

kel α um den Punkt M drehen, so fiele sie Punkt für Punkt mit
der Ebene ε' zusammen, d. h. jeder Punkt P würde sich mit seiner
Abbildung P' decken.

94. Die vorausgehende Transformation (93a) ist von einfacher
Art, wie gleich nachher gezeigt werden soll. Es ist unschwer einzusehen, daß durch irgend zwei Gleichungen zwischen den Koordinaten
x, y und x', y' jedem Punkt P der Ebene ε ein bestimmter Punkt P'
(oder eine gewisse Anzahl von Punkten P') der Ebene ε', die natürlich auch mit der Ebene ε zusammenfallen kann, zugewiesen wird.
Solche allgemeine Transformationen oder Abbildungen werden uns
später noch beschäftigen. Einstweilen kommen nur lineare Transformationen — auch homographische, projektive oder kollineare Transformationen genannt — in Betracht, d. s. Zuordnungen,
die durch zwei lineare Gleichungen zwischen x, y einerseits und x', y'
andrerseits gegeben, also im allgemeinsten Fall von der Form

$$x' = \frac{a_1 x + b_1 y + c_1}{a_3 x + b_3 y + c_3} \qquad y' = \frac{a_2 x + b_2 y + c_2}{a_3 x + b_3 y + c_3} \tag{a}$$

sind, und in der Umkehr, wenn man nach x und y auflöst und dabei
zur Abkürzung die Unterdeterminanten der Determinante

$$\begin{vmatrix} a_1 & b_1 & c_1 \\ a_2 & b_2 & c_2 \\ a_3 & b_3 & c_3 \end{vmatrix}$$

einführt, also $A_1 = b_2 c_3 - b_3 c_2$ usw., von der Form

$$x = \frac{A_1 x' + A_2 y' + A_3}{C_1 x' + C_2 y' + C_3}, \qquad y = \frac{B_1 x' + B_2 y' + B_3}{C_1 x' + C_2 y' + C_3}. \tag{b}$$

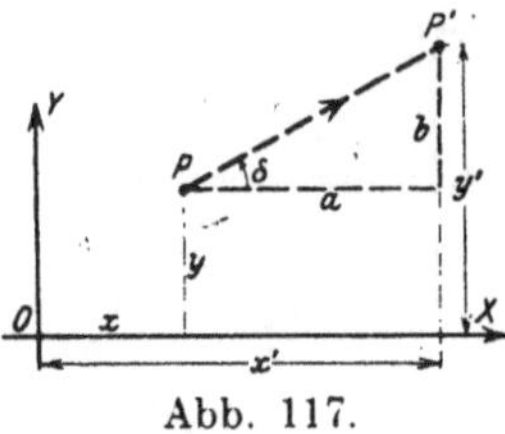

Abb. 117.

Es ist aber nicht unsere Aufgabe. diesen allgemeinsten Fall der linearen Transformation zu untersuchen; hier sollen nur diejenigen Sonderfälle betrachtet werden, die für den Ingenieur mehr oder weniger wichtig sind.

Den einfachsten Fall, die Transformation

$$x' = x + a, \qquad y' = y + b \tag{c}$$

oder in der Vektorsprache

$$\mathfrak{r}' = \mathfrak{r} + \mathfrak{c} \tag{d}$$

bezeichnen wir als Schiebung oder Translation der gegebenen Ebene. Die Abbildung erspart weitere Erklärungen: Man erhält den Punkt $P' = x'|y'$ aus dem Punkt $P = x\,y$, wenn man diesen in der x-Richtung um a, in der y-Richtung um b verschiebt; oder in anderer Weise, indem man den Punkt P in der Richtung tg $\delta = b : a$ um die Strecke $c = \sqrt{a^2 + b^2}$ verschiebt. Die Ebene ε wird in die Ebene ε' transformiert, wenn man sie genau so wie den einzelnen Punkt P verschiebt, daher der Name dieser speziellen Transformation.

Aufgabe a) Wie hängt die besprochene Translation der Ebene, $x' = x + a$, $y' = y + b$, zusammen mit der Koordinatentransformation $x' = x + a$, $y' = y + b$?

Lösung: Der durch das gegebene Gleichungspaar vorgeschriebene Koordinatenübergang ist nach Nr. 77 dadurch festgelegt, daß man das ganze Koordinatensystem parallel verschiebt und zwar in der x-Richtung um $-a$, in der y-Richtung um $-b$. Was andrerseits die durch das nämliche Gleichungspaar gegebene lineare Transformation der Ebene anlangt, so kommt man vom Punkt P zum Punkt P' durch die Translation $a|b$, d. h. indem man vom Punkt P aus in der x-Richtung um a, in der y-Richtung um b weitergeht. Denkt man sich nun bei dieser Translation auch das Koordinatensystem mitgenommen, so ist dadurch eine Koordinatentransformation $x = x' + a$, $y = y' + b$ hergestellt, die also aus der vorgeschriebenen durch Vertauschung der alten und neuen Koordinaten hervorgeht.

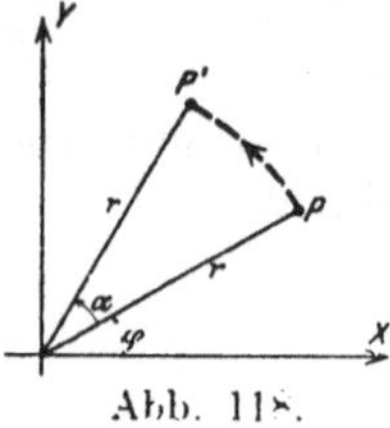

Abb. 118.

Für die nächsteinfache Transformation, die Drehung der Ebene um den Nullpunkt, ergeben sich die Formeln, wenn der Drehwinkel α gegeben ist, folgendermaßen. Die Punkte $P = x|y$ und $P' = x'|y'$ haben die Polarkoordinaten $r|\varphi$ bzw. $r|\varphi + \alpha$, so daß mit

$$x = r \cos \varphi \left.\right\} \quad \text{bzw.} \quad x' = r \cos(\varphi + \alpha) \left.\right\}$$
$$y = r \sin \varphi \qquad\qquad y' = r \sin(\varphi + \alpha)$$

die gewünschte Transformation durch

$$x' = x \cos \alpha - y \sin \alpha \left.\right\}$$
$$y' = x \sin \alpha + y \cos \alpha \qquad\qquad\qquad (e)$$

entsprechend den Formeln (78a) der Koordinatentransformation dargestellt ist.

***95.** Die Drehung um einen bestimmten Punkt $M = x_0 \,|\, y_0$ hat naturgemäß die gleichen Transformationsformeln wie die Drehung um den Nullpunkt, wenn man den Punkt M zum Nullpunkt eines neuen Koordinatensystems ξ, η macht, also

$$\xi = x - x_0, \quad \eta = y - y_0, \quad \xi' = x' - x_0, \quad \eta' = y' - y_0$$

statt

$$x, \quad y, \quad x', \quad y'$$

setzt. Damit gehen die vorausgehenden Formeln (94e)

$$\xi' = \xi \cos \alpha - \eta \sin \alpha$$
$$\eta' = \xi \sin \alpha + \eta \cos \alpha$$

über in

$$x' - x_0 = (x - x_0) \cos \alpha - (y - y_0) \sin \alpha$$
$$y' - y_0 = (x - x_0) \sin \alpha + (y - y_0) \cos \alpha ; \qquad (a)$$

wenn man noch die Konstanten

$$x_0 (1 - \cos \alpha) + y_0 \sin \alpha = a$$
$$- x_0 \sin \alpha + y_0 (1 - \cos \alpha) = b \qquad (b)$$

zur Abkürzung einführt, so ist diese vorgeschriebene projektive Transformation der Ebene dargestellt durch die Gleichungen

$$x' = x \cos \alpha - y \sin \alpha + a$$
$$y' = x \sin \alpha + y \cos \alpha + b. \qquad (c)$$

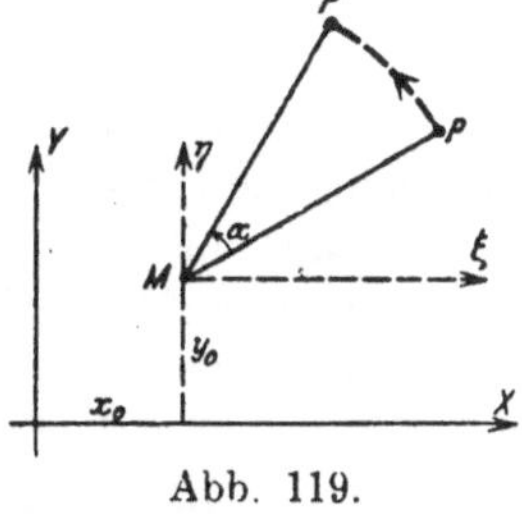

Abb. 119.

Diese Transformation, Drehung der Ebene um einen festen Punkt M, sei als **Scheibenbewegung** gekennzeichnet.

Um eine Scheibe, siehe Nr. 59, aus einer gegebenen Anfangslage A in eine verlangte Endlage U überzuführen, kann man entweder derart vorgehen, daß man zuerst jene Verschiebung der Ebene vornimmt, die irgendeinen Punkt $M_A = x_1 \,|\, y_1$ in seine wahre Endlage M_U bringt, und dann noch eine Drehung um diesen Punkt M_U mit dem Winkel α, bis die Scheibe die vorgeschriebene Endlage U erreicht.

Oder man nimmt zuerst eine Drehung der Scheibe mit dem Winkel α um den willkürlich gewählten Punkt M_A vor, so daß jede

Gerade durch M_A und damit jede Gerade der Scheibe überhaupt parallel ihrer Endlage wird. Dann ist nur noch eine Verschiebung der Scheibe aus dieser Zwischenlage in die Endlage notwendig, da-

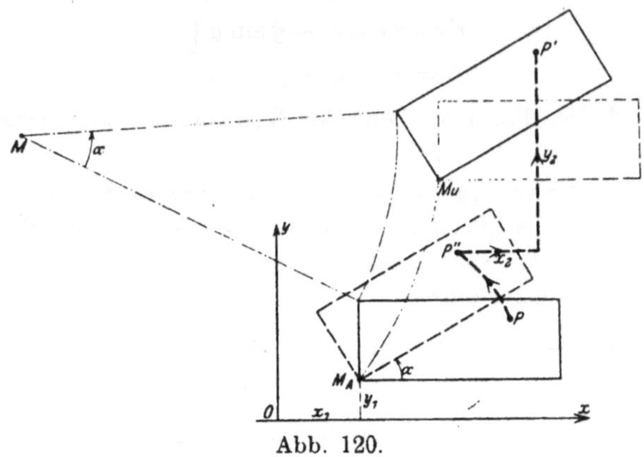

Abb. 120.

durch erreichbar, daß man den Punkt M_A seine Endlage M_U erreichen läßt. Aus der Anfangslage A gelangt also die Scheibe durch die Drehung zunächst in die Zwischenlage Z und zwar vermittels der Transformationsformeln (a)

$$x'' - x_1 = (x - x_1) \cos \alpha - (y - y_1) \sin \alpha,$$
$$y'' - y_1 = (x - x_1) \sin \alpha + (y - y_1) \cos \alpha,$$

wenn $x_1 | y_1$ die Koordinaten des Punktes M_A, $x | y$ die Koordinaten eines beliebigen Scheibenpunktes P, $x'' | y''$ dessen Koordinaten nach der Drehung, also in der Zwischenlage sind. Aus dieser Zwischenlage Z gelangt dann die Scheibe in die Endlage U durch die Transformation (94c)

$$x' = x'' + x_2, \qquad y' = y'' + y_2,$$

wenn x_2, y_2 die Projektionen des Verschiebungsweges, $x' | y'$ die Koordinaten des Punktes P in seiner Endlage P' sind. Die Zusammenfassung beider Formeln gibt

$$x' = (x - x_1) \cos \alpha - (y - y_1) \sin \alpha + x_1 + x_2,$$
$$y' = (x - x_1) \sin \alpha + (y - y_1) \cos \alpha + y_1 + y_2,$$

oder wenn man noch die Abkürzungen

$$x_1 (1 - \cos \alpha) + y_1 \sin \alpha \qquad\quad + x_2 = a$$
$$- x_1 \sin \alpha \qquad\quad + y_1 (1 - \cos \alpha) + y_2 = b \qquad\qquad \textbf{(d)}$$

einführt,

$$x' = x \cos \alpha - y \sin \alpha + a$$
$$y' = x \sin \alpha + y \cos \alpha + b. \qquad\qquad \textbf{(e)}$$

Die Gleichheit dieser Formel mit (c) sagt aber dann, daß man die Scheibe aus ihrer Anfangslage A in die Endlage U auch noch dadurch überführen kann, daß man sie um einen zunächst unbekannten Punkt $M = x_0 \mid y_0$ mit dem Winkel α verdreht. Diesen Punkt M selbst bzw. seine Koordinaten $x_0 \mid y_0$ ermittelt man mit Benutzung des Gleichungspaares (b), wenn man die als bekannt vorausgesetzten Werte a und b aus (d) entnimmt, also durch die Gleichungen

$$x_1(1-\cos\alpha) + y_1\sin\alpha \qquad + x_2 = x_0(1-\cos\alpha) + y_0\sin\alpha$$

$$-x_1\sin\alpha \qquad + y_1(1-\cos\alpha) + y_2 = -x_0\sin\alpha \qquad + y_0(1-\cos\alpha). \tag{f}$$

Aus ihnen ergeben sich mit

$$1 - \cos\alpha = 2\sin^2\frac{\alpha}{2}, \qquad \sin\alpha = 2\sin\frac{\alpha}{2}\cos\frac{\alpha}{2}$$

zunächst die Umformungen

$$x_1 + y_1\cot\frac{\alpha}{2} + x_2 : 2\sin^2\frac{\alpha}{2} = x_0 + y_0\cot\frac{\alpha}{2}$$

$$-x_1\cot\frac{\alpha}{2} + y_1 + y_2 : 2\sin^2\frac{\alpha}{2} = -x_0\cot\frac{\alpha}{2} + y_0$$

und dann durch weitere Vereinfachung

$$x_0 = x_1 + \frac{1}{2}\left(x_2 - y_2\cot\frac{\alpha}{2}\right)$$

$$y_0 = y_1 + \frac{1}{2}\left(y_2 + x_2\cot\frac{\alpha}{2}\right) \tag{g}$$

als Koordinaten dieses Drehpunktes M.

Beispiel: Im Fall der Abb. 120 ist $x_1 = 1$, $y_1 = 0{,}5$, $x_2 = 1$, $y_2 = 2{,}5$, $\alpha = 30°$, und damit $x_0 = -3{,}165$, $y_0 = +3{,}616$. Das Rechteck dieser Abbildung geht durch Drehung um den Punkt $M = x_0 \mid y_0$ mit dem Winkel α aus der Lage A in die Lage U über.

96. Die in den Nummern 94 und 95 gegebenen speziellen kollinearen Abbildungen der Ebene ε in die Ebene ε' waren jedesmal geometrisch recht einfach zu deuten: die Ebene ε konnte durch eine Bewegung (Verschiebung oder Drehung) in die Ebene ε' übergeführt werden. Dadurch sind aber **Kongruenz-Transformationen** definiert: jedes Gebilde G der ersten Ebene ε ist kongruent mit dem entsprechenden Gebilde G' der Ebene ε'.

Die nächsteinfache kollineare Transformation ist die **Ähnlichkeitstransformation**. Bei ihr haben die beiden Ebenen ε und ε' einen Punkt M gemeinsam, das Ähnlichkeitszentrum; macht man diesen Punkt M zum Nullpunkt, so ist die Ähnlichkeitstransformation definiert durch die zwischen den Radienvektoren bestehende Beziehung $\mathfrak{r}' = c\mathfrak{r}$. Die Transformationsformeln lauten dann

$$x' = cx, \qquad y' = cy. \tag{a}$$

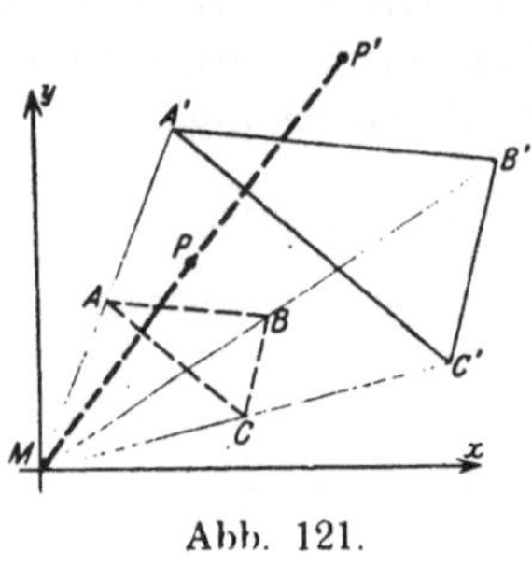

Abb. 121.

Es ist ohne weiteres ersichtlich, daß irgendein Gebilde G' der Ebene ε' ähnlich ist dem entsprechenden Gebilde G der Ebene ε, siehe auch Abb. 121, wo $c = 2$ gewählt wurde. Die Gebilde G und G' sind aber nicht nur einander ähnlich, sondern auch ähnlich gelegen: entsprechende Punkte P, P', A, A' usw. liegen auf dem nämlichen Radiusvektor; Gebilde, die ähnlich und ähnlich gelegen sind, nennt man homothetische Gebilde.

Die Ähnlichkeitstransformation ist eine winkeltreue Abbildung: winkeltreu deswegen genannt, weil irgend zwei Gerade der ursprünglichen Ebene ε und die entsprechenden zwei Geraden der Ebene ε' den nämlichen Winkel einschließen; oder kürzer: die Winkel bleiben bei dieser Transformation erhalten. Bei der Ähnlichkeitstransformation werden alle Strecken homogen deformiert: zwischen irgend zwei entsprechenden Strecken AB und $A'B'$ besteht die Beziehung $A'B'$ ist parallel AB und $A'B' = c \cdot AB$, wo c konstant ist für die ganze Ebene. Vektoriell schreibt man kürzer: zwischen zwei entsprechenden Vektoren $\mathfrak{a}$ und $\mathfrak{a}'$ besteht die Beziehung

$$\mathfrak{a}' = c\,\mathfrak{a}.$$

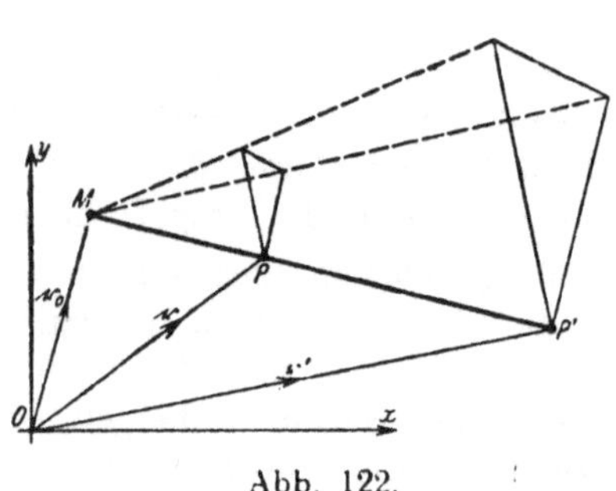

Abb. 122.

Irgend zwei zugeordnete Flächen F und F' bilden nach elementargeometrischen Sätzen das Verhältnis c^2, also $F' = c^2 \cdot F$.

Soll man die gewünschten Transformationsformeln auf ein Koordinatensystem mit vorgeschriebenem Nullpunkt 0 beziehen, der nicht mit dem Ähnlichkeitszentrum M zusammenfällt, so wird man mit Hilfe von Vektoren entwickeln, siehe Abb. 122,

$$\text{Vektor } MP' = c \cdot \text{Vektor } MP$$

oder

$$-\mathfrak{r}_0 + \mathfrak{r}' = c\,(-\mathfrak{r}_0 + \mathfrak{r}).$$

und erhält damit die Transformationsformel

$$\mathfrak{r}' = c\mathfrak{r} + \mathfrak{r}_0(1 - c), \tag{b}$$

die man noch auf die Grundrichtungen projizieren kann,

$$x' = cx + x_0(1 - c),$$
$$y' = cy + y_0(1 - c). \tag{c}$$

97. Durch die Formel

$$x' = x, \qquad y' = cy \tag{a}$$

ist ebenfalls eine Transformation einfachster Art bestimmt, **homogene Deformation** genannt. Durch sie wird jedem Punkt P der Ebene ein Punkt P' zugeordnet, der gleiche Abszisse wie P, aber eine c-mal so große Ordinate hat, siehe Abb. 123, wo $c = 2$ gewählt wurde. Die Punkte der x-Achse sind sich selbst zugeordnet. Die ganze Ebene wird senkrecht zur x-Achse homogen deformiert, gedehnt für $c > 1$, und gepreßt für $c < 1$. Man beachte diese Deformation gegenüber derjenigen bei der Ähnlichkeitstransformation; dort wurde jede Strecke im gleichen Verhältnis c deformiert, hier werden nur die Strecken senkrecht zur x-Achse im Verhältnis c gedehnt bzw. gepreßt, Strecken parallel zur x-Achse überhaupt nicht. Strecken schief zur x-Achse in einem variablen Verhältnis.

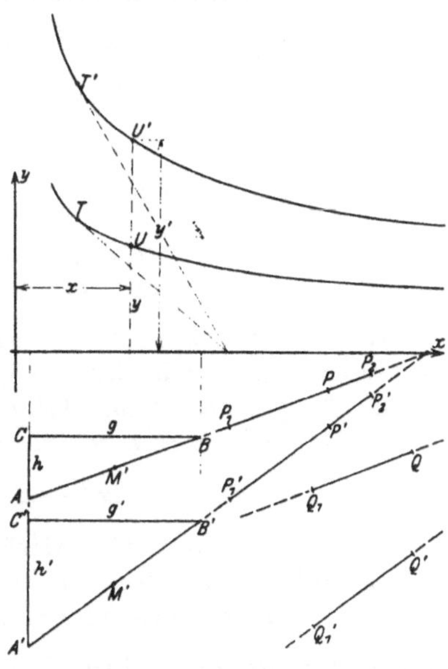

Abb. 123.

Im gleichen Verhältnis wie die Ordinaten werden auch die Flächen deformiert. Denkt man sich zunächst zwei zugeordnete Dreiecke D und D', mit den Grundlinien g und g' parallel zur x-Achse und den Höhen h und h', siehe Abb. 123, so muß $g' = g$, $h' = ch$ und damit $\tfrac{1}{2}g'h' = c \cdot \tfrac{1}{2}gh$ oder $D' = cD$ sein. Hat man aber ein beliebig begrenztes Flächenstück F und das zugehörige F', so kann man sich diese Flächen in lauter Dreiecke $F_1, F_2, \ldots$ bzw. $F_1', F_2' \ldots$ zerlegt denken, so daß deren Grundlinien alle parallel zur x-Achse sind. Dann gilt

$$F = F_1 + F_2 + \ldots, \qquad F' = F_1' + F_2' + \ldots,$$
$$F_1' = cF_1, \quad F_2' = cF_2, \ldots$$

und damit

$$F' = cF. \tag{b}$$

Die einander zugeordneten Geraden

$$Ax + By + C = 0 \quad \text{und} \quad Ax' + By' : c + C = 0$$

schneiden sich, wie aus den Gleichungen hervorgeht, auf der x-Achse. Das wäre auch ohne Gleichung einzusehen gewesen, da ja die Punkte der x-Achse sich selbst zugeordnet sind, wie schon oben gesagt wurde. Ebenso ist ohne weiteres einzusehen, daß alle Geraden, welche zugeordnete Punkte verbinden, wie PP', AA', BB' usw., parallel sind.

Den zwei parallelen Geraden

$$Ax + By + C = 0 \quad \text{und} \quad Ax + By + C' = 0$$

sind zugeordnet die Geraden

$$Ax' + By' : c + C = 0 \quad \text{und} \quad Ax' + By' : c + C' = 0,$$

die also wieder parallel sind:

<blockquote>Bei der homogenen Deformation bleibt die Parallelität von Strecken und Geraden erhalten. (c)</blockquote>

Eine Strecke $P_1 P_2$ mit einem Teilpunkt P wird deformiert in die Strecke $P_1' P_2'$ mit dem Teilpunkt P'. Auf der ursprünglichen Strecke $P_1 P_2$ hatte P das Teilverhältnis $\lambda = (x_1 - x) : (x_2 - x)$, auf der transformierten Strecke ist das Teilverhältnis

$$\lambda' = (x_1' - x') : (x_2' - x') = (x_1 - x) : (x_2 - x) = \lambda.$$

<blockquote>Die Proportionalität von Strecken auf der gleichen Geraden bleibt demnach bei der homogenen Deformation erhalten; (d)</blockquote>

insbesonders ist zu merken, daß der Mittelpunkt einer Strecke sich wieder in den Mittelpunkt der transformierten Strecke transformiert. Auch die Proportionalität von Strecken auf parallelen Geraden bleibt erhalten; sie werden ja, wie das am einfachsten die Abb. 123 ersehen läßt, im gleichen Verhältnis deformiert, wie wenn sie auf der nämlichen Geraden wären.

Den Zusammenhang zwischen einem Gebilde und dem durch homogene Deformation daraus hervorgegangenen Gebilde kann man noch von einem andern Gesichtspunkt aus betrachten. Es sei die Ebene ε' gegen die Koordinatenebene, die wir als Ebene ε bezeichnen wollen, unter einem Winkel α geneigt; die Schnittgerade beider Ebenen sei die x-Achse. Wenn man nun irgendein Gebilde der Ebene ε' senkrecht auf die Koordinatenebene projiziert, so besteht zwischen

beiden Gebilden oder allgemein zwischen beiden Ebenen der einfache
Zusammenhang, siehe Abb. 124,

$$x = x', \qquad y = c y',$$

wo $c = \cos\alpha$ ist. Man sieht, der Zusammenhang zwischen den beiden Gebilden ist der gleiche wie bei der homogenen Deformation. Man kann sich also
die Kurve K der Abb. 124 aus der Kurve
K' ebensogut durch homogene Deformation wie durch Parallelprojektion hervorgegangen denken.

Die homogene Deformation

$$x' = cx, \qquad y' = y \qquad \text{(e)}$$

ist gegenüber der vorausgehenden nicht
neu; es sind nur die Begriffe x und y
vertauscht; die ganze Ebene wird senkrecht zur y-Achse, also in der x-Rich-
tung, homogen deformiert:

Auch die Abbildung

$$x' = ax, \qquad y' = by \qquad \text{(f)}$$

fügt den beiden vorausgehenden Abbildungen nichts Neues hinzu. Diese Gleichungen sagen aus, daß die Ebene so-

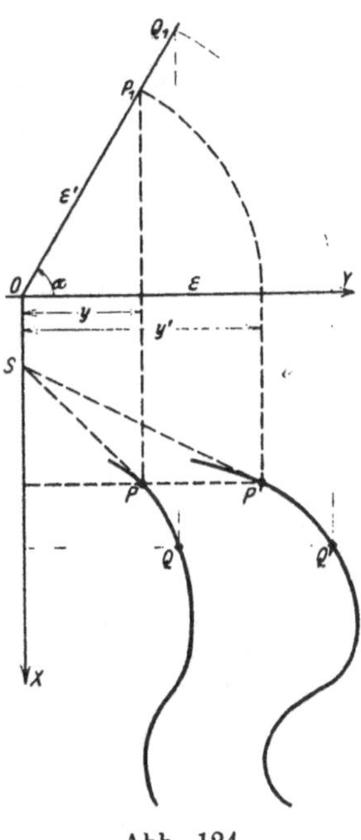

Abb. 124.

wohl in der x- wie in der y-Richtung homogen deformiert wird.
Irgendeine Fläche F wird dann in die entsprechende Fläche $F' = ab \cdot F$
deformiert. In Abb. 125 ist $a = 2$, $b = 1,5$ gewählt. Die Deformation läßt sich dadurch am einfachsten herstellen, daß man zuerst die
Deformation $x'' = ax$, $y'' = y$ und dann diejenige $x' = x''$, $y' = by''$
vornimmt, also zuerst in der x-Richtung und dann in der y-Richtung
deformiert; oder auch umgekehrt.

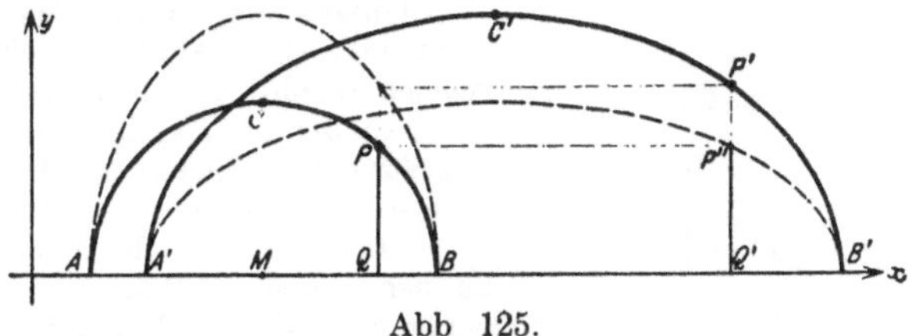

Abb 125.

Auch wenn x, y, x', y' schiefwinklige Koordinaten vorstellen,
tritt nichts Neues in der bisherigen Betrachtungsweise hinzu; die

homogene Deformation findet immer noch in der x- bzw. y-Richtung statt, nur ist dann die Deformationsrichtung nicht mehr senkrecht zu diesen Achsen.

∗ 98. Wir kehren wieder zurück zu dem Gleichungspaar, von dem wir bei der Besprechung der linearen Transformationen ausgingen, zum Paar (93a)

$$x' = a_1 x + b_1 y + c_1,$$
$$y' = a_2 x + b_2 y + c_2.$$

Die durch dieses Paar definierte sogenannte **affine Abbildung** ist ein Spezialfall der allgemeinen linearen (oder kollinearen projektiven, homographischen) Transformation (94a). Man sieht, daß die in den vorausgehenden Nummern 94 mit 97 behandelten Einzelfälle alle selbst wieder in dieser affinen Abbildung als Spezialfälle enthalten sind.

Bei diesen Einzelfällen wurde eine Reihe von Sätzen aufgestellt, die verallgemeinert werden sollen, wo sie verallgemeinerungsfähig sind. Bisher wurde, ohne daß eigens davon Erwähnung geschah, als selbstverständlich angenommen, daß bei der linearen Transformation Gerade wieder in Gerade übergehen. In der Tat ist das ja auch recht leicht einzusehen, da bei dieser allgemeinen linearen Abbildung irgendeine Gleichung nach der Transformation den gleichen Grad in x' und y' hat wie vorher in x und y; eine Gleichung ersten Grades also, eine Geradengleichung, geht durch diese Transformation wieder in eine Geradengleichung über; entsprechend eine Gleichung n-ten Grades wieder in eine Gleichung n-ten Grades.

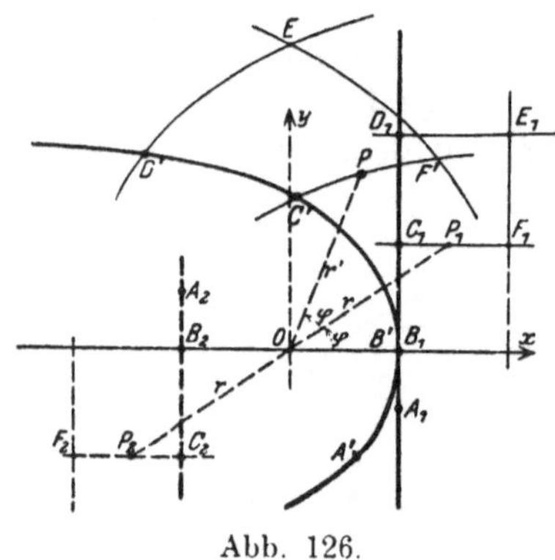

Abb. 126.

Beispiel a) In der Abbildung ist eine Transformation skizziert, die in Polarkoordinaten durch die Formel

$$r' = r, \qquad \varphi' = 2\varphi$$

gegeben ist. Hier bestehen allerdings zwischen diesen Polarkoordinaten lineare Gleichungen; es wäre aber verfehlt, wenn man diese Abbildung eine lineare nennen würde. Der analytische Begriff „linear" der vorausgehenden Nummern bezieht sich eben nur auf Parallelkoordinaten (und deren an späterer Stelle noch zu besprechende Erweiterungen, zu denen aber Polarkoordinaten nicht gehören), und beim Übergang zu Parallelkoordinaten werden die obigen Transformationsformeln nicht linear. Diesen Übergang erreicht man hier mit

$$x = r\cos\varphi, \qquad y = r\sin\varphi, \qquad x' = r'\cos\varphi', \qquad y' = r'\sin\varphi',$$

so daß wegen

$$r' = r, \qquad \varphi' = 2\varphi$$

das Gleichungspaar

$$x' = r \cos 2\varphi = r\,(\cos^2\varphi - \sin^2\varphi)$$

$$y' = r \sin 2\varphi = r \cdot 2 \sin\varphi \cos\varphi$$

oder

$$x' = \frac{x^2 - y^2}{\sqrt{x^2 + y^2}}, \qquad y' = \frac{2xy}{\sqrt{x^2 + y^2}}$$

die Abbildung bestimmt; will man die Umkehr, so rechnet man

$$x = r \cos\varphi = r\sqrt{\tfrac{1}{2}(1 + \cos 2\varphi)} = r'\sqrt{\tfrac{1}{2}(1 + \cos\varphi')}$$

$$y = r \sin\varphi = r\sqrt{\tfrac{1}{2}(1 - \cos 2\varphi)} = r'\sqrt{\tfrac{1}{2}(1 - \cos\varphi')}$$

und erhält

$$x = \sqrt{\tfrac{1}{2}\left(x'^2 + y'^2 + x'\sqrt{x'^2 + y'^2}\right)}$$

$$y = \sqrt{\tfrac{1}{2}\left(x'^2 + y'^2 - x'\sqrt{x'^2 + y'^2}\right)}$$

Man sieht, daß die Abbildung keine projektive ist. Sie ist auch nicht eindeutig; da das Vorzeichen von $r = \sqrt{x^2 + y^2}$ als positiv festgesetzt ist, so ist zwar jedem Punkt der Ebene ε eindeutig ein Punkt der Ebene ε' zugeordnet, nach Abbildung also den Punkten A, B, C, D die Punkte A', B', C', D'; aber umgekehrt entspricht jedem Punkt Q' der Ebene ε' immer ein Paar von Punkten Q_1, Q_2 der Ebene ε; die vorliegende Abbildung ist also einzweideutig. Verbindet man die Punkte A, B, C, D, so bilden sie eine Gerade, die zugeordneten Punkte A', B', C', D' aber liegen auf einer krummen Linie, die Gerade durch A, B, C, D ist also nicht in eine Gerade transformiert worden.

In der gleichen Weise wie in der vorigen Nummer läßt sich bei der beliebigen affinen Abbildung entwickeln, daß parallele Gerade wieder in parallele Gerade transformiert werden; und ebenso, daß das Verhältnis von Strecken, die auf der nämlichen Geraden oder auf parallelen Geraden liegen, bei der affinen Abbildung erhalten bleibt, daß also speziell der Mittelpunkt einer Strecke nach der Transformation wieder Mittelpunkt der abgebildeten Strecke ist. Es sei an dieser Stelle erwähnt, daß beide Tatsachen, die Erhaltung des Parallelismus und des Proportionalismus von Strecken der gleichen Geraden, bei der allgemeinen projektiven Abbildung nicht mehr zuzutreffen braucht.

Bei der homogenen Deformation wurde darauf hingewiesen, daß zwei zugeordnete Strahlen sich auf der nämlichen Geraden, dort der x-Achse, schneiden, sowie daß die Geraden AA', BB', CC', ... einander alle parallel sind. Dieser Satz gilt nicht für alle affinen Gebilde, sondern nur für solche, die eine spezielle Lage haben, die, wie man sagt, affin und affin gelegen sind. Man nennt dann die Gerade, auf der sich die zugeordneten Strahlen schneiden und deren Punkte sich also selbst entsprechen müssen, die Affinitätsachse. Die durch die Formel $x' = x$, $y' = by$ zugeordneten Gebilde haben z. B. die x-Achse als Affinitätsachse; die durch $x' = ax$, $y' = y$

definierte affine Beziehung besitzt in der y-Achse die Affinitätsachse. Dagegen läßt sich für die affine Zuordnung $x' = ax,\ y' = by$ keine solche Achse mehr finden, solange a und b allgemeine Werte haben.

Unter welcher Bedingung sind nun die durch

$$x' = a_1 x + b_1 y + c_1, \qquad y' = a_2 x + b_2 y + c_2$$

definierten affinen Gebilde gleichzeitig affin gelegen? Man geht von der Forderung aus, daß diese Gebilde eine Affinitätsachse haben müssen, auf der sich entsprechende Gerade schneiden. Die Gleichung der Affinitätsachse bestimmt sich durch die Eigenschaft ihres erzeugenden Punktes P, daß er nämlich mit dem zugeordneten Punkt P' zusammenfällt, daß also $x' = x$ und $y' = y$. Man hat so zwei Gleichungen für die Affinitätsachse gefunden,

$$\begin{aligned} x(a_1 - 1) + y b_1 \qquad\quad + c_1 &= 0, \\ x a_2 \qquad\quad + y(b_2 - 1) + c_2 &= 0, \end{aligned} \tag{a}$$

die demnach bis auf einen konstanten Faktor ϱ gleich sein müssen, d. h. es gilt

$$a_2 = \varrho(a_1 - 1), \qquad b_2 - 1 = \varrho b_1, \qquad c_2 = \varrho c_1 \tag{b}$$

oder nach Beseitigung dieses Proportionalitätsfaktors

$$a_2 : (a_1 - 1) = (b_2 - 1) : b_1 = c_2 : c_1. \tag{c}$$

Mit dieser Formel ist gleichzeitig auch analytisch bewiesen, daß die Geraden AA', BB', CC', $\ldots$ alle parallel sind, daß also die Richtung von PP' konstant ist. Denn diese Richtung

$$\operatorname{tg} \tau = \frac{y' - y}{x' - x} = \varrho\, \frac{x a_2 + y(b_2 - 1) + c_2}{x(a_1 - 1) + y b_1 + c_1} \tag{d}$$

nimmt nach der eben entwickelten Formel den zwar unbekannten aber konstanten Wert ϱ an.

*99. An späterer Stelle nachgewiesen, aber trotzdem schon hier soll angegeben werden, daß jede affine Zuordnung

$$x' = a_1 x + b_1 y + c_1, \qquad y' = a_2 x + b_2 y + c_2$$

durch Übergang zu einem passend gewählten Koordinatensystem ξ, η, im allgemeinen ein schiefwinkliges, sich durch die schon beschriebene Transformation (97f)

$$\xi' = a \xi, \qquad \eta' = b \eta$$

darstellen läßt, womit dann der geometrische Charakter aller affinen Abbildungen erklärt wäre: jedes geometrische Gebilde läßt sich durch eine zweimalige homogene Deformation in das durch eine bestimmte Formel vorgeschriebene affine Gebilde überführen.

Die affine Zuordnung ist immer dadurch bestimmt, daß man drei vorgeschriebenen Punkten P_1, P_2, P_3 der Ebene ε andere drei vorgeschriebene Punkte P_1', P_2', P_3' der Ebene ε' (die natürlich im allgemeinen mit der Ebene ε zusammenfällt) entsprechen läßt. Dann wird dem Gleichungspaar

$$x' = a_1 x + b_1 y + c_1, \qquad y' = a_2 x + b_2 y + c_2$$

durch die drei zusammengehörigen vorgeschriebenen Wertepaare $x_1 \mid y_1$, $x_2 \mid y_2$, $x_3 \mid y_3$ und $x_1' \mid y_1'$, $x_2' \mid y_2'$, $x_3' \mid y_3'$ genügt, was sechs Gleichungen für die sechs unbekannten Konstanten a_1, b_1, c_1, a_2, b_2, c_2 ergibt. Mit Ermittlung dieser Konstanten ist die affine Zuordnung dann bestimmt. Voraussetzung ist natürlich, daß diese drei Punkte P_1, P_2, P_3 bzw. P_1', P_2', P_3' nicht auf der gleichen Geraden liegen.

Beispiel: Eine affine Abbildung sei dadurch gegeben, daß man drei gegebenen Punkten $P_1 = 0 \mid 0$, $P_2 = 1 \mid 0$, $P_3 = 0 \mid 1$ der Ebene ε die drei Punkte $P' = 2 \mid 2$, $P_2' = 2 \mid 1$, $P_3' = 3 \mid 4$ der Ebene ε' zuordnet, siehe die Abb. 127; Ebene ε und ε' liegen natürlich aufeinander. Dann ist also das Dreieck $P_1' P_2' P_3'$ die affine Abbildung des Dreieckes $P_1 P_2 P_3$. Die Zeichnung läßt ersehen, daß die Strahlen $P_1 P_1'$, $P_2 P_2'$, $P_3 P_3'$ parallel sind, so daß also durch die gegebene Zuordnung zwei affine Systeme in affiner Lage definiert sind. Man kann die Aufgabe rein geometrisch weiter verfolgen, dann wird man mit den beiden Hauptsätzen für affine Systeme arbeiten, sowie den beiden Spezialsätzen für affine Systeme in affiner Lage: entsprechende Punkte liegen auf Parallelen, entsprechende Gerade schneiden sich auf der Affinitätsachse. Wenn eine analytische Behandlung der Aufgabe verlangt wird, so

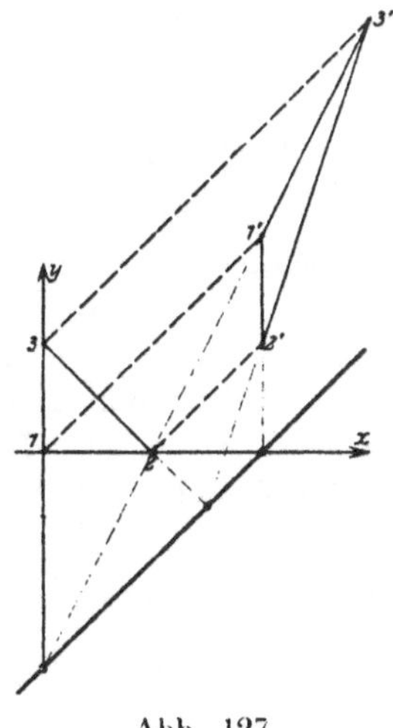

Abb. 127.

wird man zuerst die Transformationsformel aufstellen; die sechs Konstanten dieser Formel

$$x' = a_1 x + b_1 y + c_1, \qquad y' = a_2 x + b_2 y + c_2$$

werden aus der Bedingung ermittelt, daß den gegebenen Punkten P_1, P_2, P_3 die ebenfalls gegebenen Punkte P_1', P_2', P_3' entsprechen sollen. Dann gilt also

$$2 = a_1 \cdot 0 + b_1 \cdot 0 + c_1, \qquad 2 = a_2 \cdot 0 + b_2 \cdot 0 + c_2$$
$$2 = a_1 \cdot 1 + b_1 \cdot 0 + c_1, \qquad 1 = a_2 \cdot 1 + b_2 \cdot 0 + c_2$$
$$3 = a_1 \cdot 0 + b_1 \cdot 1 + c_1, \qquad 4 = a_2 \cdot 0 + b_2 \cdot 1 + c_2,$$

woraus sich ergibt

$$a_1 = 0, \quad b_1 = 1, \quad c_1 = 2, \quad a_2 = -1, \quad b_2 = 2, \quad c_2 = 2,$$

und damit die Transformationsformel bzw. deren Umkehr.

$$\left.\begin{aligned} x' &= y + 2 \\ y' &= -x + 2y + 2 \end{aligned}\right\} \qquad \left.\begin{aligned} x &= 2x' - y' - 2, \\ y &= x' - 2. \end{aligned}\right\}$$

Die Gleichung der Affinitätsachse ist nach (98a)

$$x' - x = 0, \quad \text{hier} \quad x - y - 2 = 0$$

oder auch

$$y' - y = 0, \quad \text{hier} \quad x - y - 2 = 0.$$

Zufällig ist die Affinitätsachse hier parallel den Geraden $P_1 P_1'$, $P_2 P_2'$ usw. Aus der Zeichnung kann man ablesen, daß diese gegebenen Geraden die Richtung $\operatorname{tg}\tau = 1$ haben. Analytisch wird nach (98d) sich ebenso ergeben müssen

$$\operatorname{tg}\tau = \frac{y' - y}{x' - x} = \frac{(-x + 2y + 2) - y}{(y + 2) - x} = 1.$$

Zur Geraden

$$G \equiv Ax + By + C = 0 \text{ ist } G' \equiv A(2x - y - 2) + B(x - 2) + C = 0$$

die zugeordnete Gerade; beide müssen sich auf der Affinitätsachse schneiden. Statt aber ihren Schnittpunkt aufzusuchen und nachzuweisen, daß dieser der Gleichung der Affinitätsachse genügt, überlegt man einfacher: Die Geraden $G = 0$, $G' = 0$ und die Affinitätsachse gehen durch den gleichen Punkt, also muß die Bedingung von Beispiel 91b) gelten. In der Tat ist, wenn man die Gleichung der Affinitätsachse symbolisch $G_1 = x - y - 2 = 0$ schreibt.

$$G' = G + (A + B)G_1$$

oder nichtsymbolisch

$$x(2A + B) - Ay + (-2A - 2B + C)$$
$$\equiv (Ax + By + C) + (A + B)(x - y - 2).$$

∗100. **Aufgabe a)** Man diskutiere diejenige lineare Abbildung, die dem Dreieck $P_1 = 0\ 0$, $P_2 = 1|0$, $P_3 = 0|1$ das Dreieck $P_1' = 0|2$, $P_2' = 2\ 2$. $P_3' = 0|3$ zuordnet.

Lösung: In Abb. 128 sind die beiden zugeordneten Dreiecke eingezeichnet. Durch die Zuordnung von drei Punkten ist die Abbildung als eine affine erkannt. Die beiden zugeordneten Systeme sind nun zwar affin, aber nicht affin gelegen: die zugeordneten Geraden schneiden sich nicht auf der nämlichen Geraden. Die besondere Lage dieser beiden zugeordneten Systeme verleitet leicht zu einem Fehler; es schneiden sich nämlich eine Reihe von zugeordneten Geraden auf der nämlichen Geraden, etwa auf AB, die aber keine Affinitätsachse ist; die beiden Geraden $P_2 P_4$ und $P_2' P_4'$ zum Beispiel schneiden sich nicht auf ihr. Die durch die beiden Dreiecke gegebene Zuordnung ist von recht einfacher Art; man führt das Dreieck $P_1 P_2 P_3$ dadurch in das Dreieck $P_1' P_2' P_3'$ über, daß man es erst in der y-Richtung um die Strecke 2 verschiebt

und dann noch eine homogene Deformation in der x-Richtung vornimmt. Mit dieser Kenntnis kann man geometrisch recht einfach irgendein Gebilde in das zugeordnete überführen, so nach Skizze die Strecke $Q_1 Q_2$ in die zugeordnete $Q_1' Q_2'$.

Analytisch kann man die Transformationsformeln entweder dadurch aufstellen, daß man wie beim vorhergehenden Beispiel die sechs Gleichungen aufstellt, oder noch einfacher wenn man analytisch das Dreieck $P_1 P_2 P_3$ zunächst in der y-Richtung um die Strecke 2 verschiebt, also $x'' = x$,

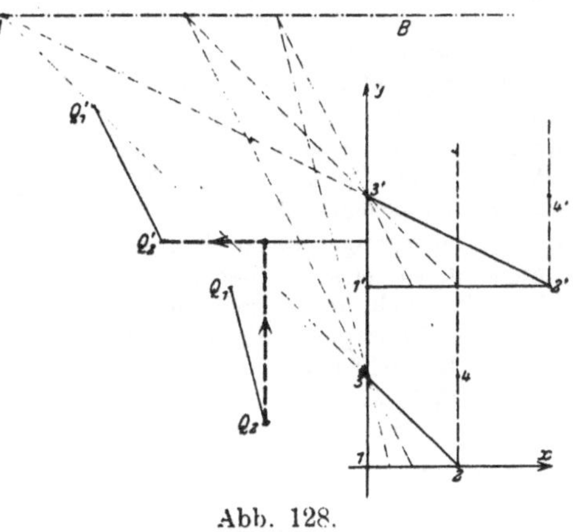

Abb. 128.

$y'' = y + 2$ setzt, und dann in der x-Richtung homogen deformiert (hier auf das Zweifache ausdehnt), $x' = 2x''$, $y' = y''$. Durch Zusammensetzen der beiden Formeln erhält man als Transformationsgleichungen für die vorgeschriebene Abbildung

$$x' = 2x, \qquad y' = y + 2.$$

Man kontrolliert die Richtigkeit der Formel durch die Zuordnung der Punkte P_1, P_2, P_3 und P_1', P_2', P_3' und findet die Formel bestätigt.

Für die vorliegende Transformation ist

$$a_1 = 2, \quad b_1 = 0, \quad c_1 = 0, \quad a_2 = 0, \quad b_2 = 1, \quad c_2 = 2;$$

die Bedingung (98c) für affine Systeme in affiner Lage demnach nicht erfüllt. Die zugeordneten Systeme sind also **affin in nichtaffiner Lage**. Dann sind natürlich auch die Geraden PP', QQ', AA' usw. nicht parallel. Im vorliegenden Fall ist $P = x|y$, also $P' = x'|y' = 2x|y + 2$, und damit die Richtung der Geraden bzw. der Strecke PP' nach (98 d)

$$\operatorname{tg} \tau = \frac{(y + 2) - y}{2x - x} = \frac{2}{x} ;$$

man sieht, die Richtung der Geraden PP' ist nicht konstant, sondern von x abhängig.

Aufgabe b) Dem Dreieck $P_1 P_2 P_3$ der Abb. 129 ist das Dreieck $P_1' P_2' P_3'$ zugewiesen, so daß also P_1 und ebenso P_2 sich selbst entsprechen. Man zeige, daß die beiden affinen Systeme auch affin gelegen sind. Man konstruiere zu einem beliebig gegebenen Punkt P den zugeordneten Punkt P'. Man mache die Kontrolle, indem man noch die Transformationsformel aufstellt.

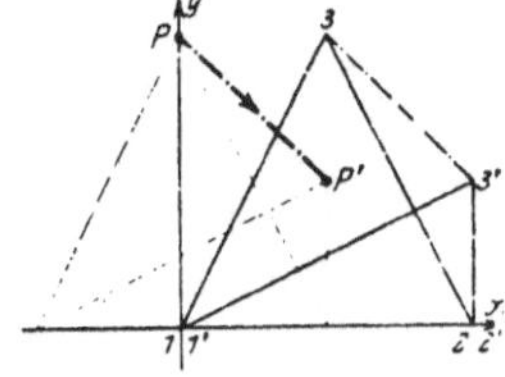

Abb. 129.

Lösung: Wenn zwei Punkte einer Geraden sich selbst zugeordnet sind, dann natürlich auch alle Punkte dieser Geraden, da ja bei der affinen Abbildung die Proportionalität von Strecken auf der nämlichen Geraden erhalten bleibt. Wenn aber alle Punkte einer Geraden sich selbst zugeordnet sind, dann muß diese Gerade Affinitätsachse sein, da der Schnittpunkt irgendeiner Geraden der Ebene mit dieser Achse sich selbst entspricht. In der Tat sind also die beiden affinen Systeme auch noch affin gelegen.

Den zugeordneten Punkt P' zum Punkt P erhält man, wenn man durch letzteren Parallele legt zu den beiden Geraden $P_1 P_3$ und $P_2 P_3$; diesen müssen dann Parallelen, die zum System der Ebene ε zählen, im System der Ebene ε' wieder parallele Gerade zu $P_1' P_3'$ und $P_2' P_3'$ entsprechen, deren Schnittpunkt P' der gesuchte Punkt ist. Die Transformationsformel könnte man an Hand der eben angegebenen Konstruktion aufstellen, da aber eine Kontrolle verlangt ist, so sei sie in der gleichen Weise wie bei den vorhergehenden Beispielen entwickelt, indem man unter Zugrundelegung eines Koordinatensystems für die drei Punktpaare die aus der Skizze zu entnehmenden Koordinaten anschreibt. (Empfehlenswert sind auch schiefwinklige Koordinatenachsen in Richtung von $P_1 P_2$ und $P_1 P_3$.) Es ist bei entsprechender Wahl des Koordinatensystems

$$P_1 = 0|0, \quad P_2 = x_2|0, \quad P_3 = x_3|y_3, \quad P_1' = 0|0, \quad P_2' = x_2|0, \quad P_3' = x_3'|y_3'.$$

Diese drei Wertepaare müssen die allgemeine Transformationsformel (93a) für affine Systeme erfüllen, woraus

$$a_1 = 1, \quad b_1 = (x_3' - x_3) : y_3, \quad c_1 = 0, \quad a_2 = 0, \quad b_2 = y_3' : y_3, \quad c_2 = 0$$

als die Konstanten dieser Formel gefunden werden und diese selbst als

$$x' = x + \frac{x_3' - x_3}{y_3}\, y, \qquad y' = \frac{y_3'}{y_3}\, y\,.$$

In dem speziellen Fall der Abb. 129 ist $x_3 = 1$, $y_3 = 2$, $x_3' = 2$, $y_3' = 1$, also $b_1 = 0{,}5$, $b_2 = 0{,}5$ und damit die Zuordnung

$$x' = x + 0{,}5\, y, \qquad y' = 0{,}5\, y\,.$$

Als Kontrolle für die Richtigkeit der Konstruktion des Punktes P' müssen sich dessen Koordinaten zu $1|1$ ergeben, wenn P diejenigen $0|2$ hat, was auch zutrifft.

Dritter Abschnitt.

Kegelschnitte.

Geometrie auf der Geraden.

101. Eine quadratische Gleichung $ax^2 + bx + c = 0$ läßt sich graphisch darstellen, indem man ihre beiden Wurzeln x_1 und x_2 als Abszissen zweier Punkte P_1 und P_2 auf einer Geraden betrachtet; diese beiden Punkte P_1 und P_2 seien als „Bild" der obigen Gleichung bezeichnet. So findet z. B. die Gleichung $x^2 - 4x + 3 = 0$ mit den Wurzeln $x_1 = 1$ und $x_2 = 3$ durch die Punkte P_1 und P_2 der Abb. 130 ihre Darstellung, die Gleichung $ax^2 + x - 3 = 0$ für den Fall $a = 0$ durch die Punkte P_2 und P_∞. Denn die Bedingung $a = 0$ liefert nach (54a) eine Wurzel mit dem Wert ∞, die andere Wurzel $x_2 = 3$ wird durch den Punkt P_2 dargestellt. Die Gleichung $x^2 - x = 0$ mit den Wurzeln $x_1 = 1$, $x_2 = 0$ findet ihre Darstellung durch die Punkte P_1 und O der gleichen Abbildung; die Gleichung $x^2 = 0$ schließlich durch den doppelt zu zählenden Nullpunkt.

Aufgabe: Die Endpunkte P_1 und P_2 der Strecke $P_1 P_2$ sind auf einer Geraden durch die Gleichung $ax^2 + bx + c = 0$ dargestellt; die Strecke $P_1 P_2$ wird durch den Punkt P im Verhältnis λ geteilt; man gebe die Koordinaten x des Punktes P als Funktion der Gleichungskoeffizienten a, b, c an.

Abb. 130.

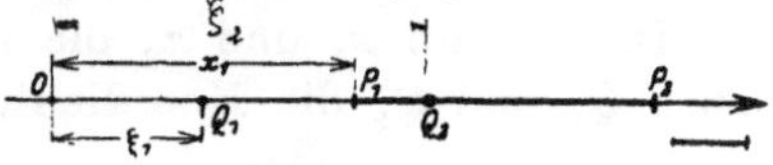

Abb. 131.

Lösung: Bei vorgeschriebenem λ hat x die Koordinate

$$x = \frac{\lambda x_2 - x_1}{\lambda - 1}, \qquad \text{wo} \qquad x_{1.2} = \frac{-b \pm \sqrt{b^2 - 4ac}}{2a}$$

die Koordinaten von P_1 und P_2 sind. Man setzt die Werte x_1 und x_2 in die erste Gleichung ein und erhält als Koordinate x des Teilpunktes P

$$x = \frac{-b(1 - \lambda) + (1 + \lambda)\sqrt{b^2 - 4ac}}{2a(1 - \lambda)}$$

Die Strecke $P_1 P_2$ der Abb. 131 wird durch den Punkt Q_1 dieser Strecke in einem gewissen Verhältnis λ geteilt. Nimmt man zu diesen drei Punkten P_1, P_2, Q_1 noch einen vierten Punkt Q_2 hinzu, der die Strecke $P_1 P_2$ im Verhältnis $-\lambda$ teilt, so nennt man die vier Punkte P_1, P_2, Q_1, Q_2 vier harmonische Punkte und sagt: die Strecke $P_1 P_2$ wird durch die Punkte Q_1 und Q_2 harmonisch geteilt. Da Q_1 die Strecke $P_1 P_2$ äußerlich teilt und Q_2 die gleiche Strecke innerlich, so ist klar, daß die beiden Paare P_1, P_2 einerseits und Q_1, Q_2 andrerseits sich gegenseitig trennen, das heißt einer der Punkte Q liegt innerhalb der Strecke $P_1 P_2$ und umgekehrt einer der Punkte P innerhalb der Strecke $Q_1 Q_2$. Wir drücken dies aus durch die Sprechweise: die beiden getrennten Paare P_1, P_2 und Q_1, Q_2 teilen sich harmonisch; und wenn man öfters nur von zwei Paaren spricht, die sich harmonisch teilen, so meint man natürlich die getrennten Paare.

Beispiel a) Die Punkte P_1, P_2, Q_1, Q_2 der Abb. 131 haben die Koordinaten $x_1 = 4$, $x_2 = 8$, $\xi_1 = 2$, $\xi_2 = 5$; dann wird die Strecke $P_1 P_2$ von Q_1 bzw. Q_2 im Verhältnis

$$\lambda_1 = \frac{4-2}{8-2} = \frac{1}{3}, \qquad \lambda_2 = \frac{4-5}{8-5} = -\frac{1}{3}$$

geteilt. Q_1 und Q_2 teilen also die Strecke $P_1 P_2$ harmonisch. Umgekehrt wird die Strecke $Q_1 Q_2$ von P_1 bzw. P_2 im Verhältnis

$$\mu_1 = \frac{2-4}{5-4} = -2, \qquad \mu_2 = \frac{2-8}{5-8} = +2,$$

also ebenfalls harmonisch geteilt.

Wird die Strecke $P_1 P_2$ von den Punkten Q_1 und Q_2 harmonisch geteilt, dann wird auch die Strecke $Q_1 Q_2$ harmonisch geteilt von den Punkten P_1 und P_2. (a)

Denn wenn x_1 und x_2 die Abszissen von P_1 und P_2 sind, dann haben Q_1 und Q_2 die Koordinaten

$$\xi_1 = \frac{\lambda x_2 - x_1}{\lambda - 1} \qquad \text{und} \qquad \xi_2 = \frac{\lambda x_2 + x_1}{\lambda + 1}$$

Dann wird $Q_1 Q_2$ durch P_1 bzw. P_2 im Verhältnis

$$\mu_1 = \frac{\xi_1 - x_1}{\xi_2 - x_1} \qquad \text{bzw.} \qquad \mu_2 = \frac{\xi_1 - x_1}{\xi_2 - x_2}$$

geteilt; die Substitution von ξ_1 und ξ_2 ergibt

$$\mu_1 = \frac{\lambda + 1}{\lambda - 1} \qquad \text{bzw.} \qquad \mu_2 = -\frac{\lambda + 1}{\lambda - 1}$$

oder $\mu_2 = -\mu_1$, das ist aber die Bedingung dafür, daß auch $Q_1 Q_2$ durch die Punkte P_1 und P_2 harmonisch geteilt wird.

Liegen die Punktpaare A, B und C, D harmonisch, so daß also die Strecke AB durch die Punkte C und D harmonisch geteilt wird, und damit auch die Strecke CD durch die Punkte A und B, so gilt mit Zuhilfenahme des Mittelpunktes M der Strecke AB die einfache in der Festigkeitslehre (Biegung) öfter benützte Formel

$$(MA)^2 = MC \cdot MD. \tag{b}$$

Macht man nämlich den Mittelpunkt M, so wie Abb. 132 zeigt, zum Nullpunkt, so haben A und B etwa die Koordinaten a bzw. $-a$ und damit C und D, weil sie die Strecke AB im Verhältnis λ bzw. $-\lambda$ teilen, die Koordinaten

$$\frac{-\lambda a - a}{\lambda - 1} = a\,\frac{1 + \lambda}{1 - \lambda} = MC \text{ bzw.} \qquad \frac{\lambda a - a}{-\lambda - 1} = a\,\frac{1 - \lambda}{1 + \lambda}$$

Dann wird die zu beweisende Formel

$$a^2 = a\,\frac{1 + \lambda}{1 - \lambda} \cdot a\,\frac{1 - \lambda}{1 + \lambda},$$

was sich als richtig ergibt.

Abb. 132.   Abb. 133.

Unter der Voraussetzung, daß M der Nullpunkt eines Koordinatensystems ist, schreibt man Formel (b) meist in der Form

$$a^2 = a_1 a_2, \tag{c}$$

wo dann $+a$ und $-a$ die Koordinaten der Endpunkte der zu teilenden Strecke sind und a_1 und a_2 die Koordinaten der beiden Teilpunkte, siehe Abb. 133.

Umgekehrt sind durch eine Gleichung von der Form (c) stets vier harmonische Punkte gegeben. Denn wenn man auf einer Strecke $P_1 P_2$ von der Länge $2a$ deren Mittelpunkt M zum Nullpunkt eines Koordinatensystems macht, so daß also der eine Endpunkt, etwa P_1, die Koordinate a hat, und der andere Endpunkt P_2 die Koordinate $-a$, so ist durch die Koordinate a_1 ein Punkt Q_1 definiert, der die Strecke $P_1 P_2$ im Verhältnis

$$\lambda_1 = \frac{Q_1 P_1}{Q_1 P_2} = \frac{a - a_1}{-a - a_1} = \frac{a_1 - a}{a_1 + a}$$

teilt, und durch die Koordinate a_2 ein Punkt Q_2, für den ent-

14*

sprechend $\lambda_2 = \dfrac{Q_2 P_1}{Q_2 P_2} = \dfrac{a_2 - a}{a_2 + a}$ sein muß; die Beziehung $a^2 = a_1 a_2$ macht nun, wenn man $a_2 = a^2 : a_1$ einsetzt,

$$\lambda_2 = \frac{a_2 - a}{a_2 + a} = \frac{a - a_1}{a + a_1} = -\lambda_1,$$

das heißt Q_1 und Q_2 teilen die Strecke $P_1 P_2$ harmonisch.

Beispiel b) Wenn von vier harmonischen Punkten P_1, P_2, und Q_1, Q_2 zwei zusammenfallen, was ist die Folgerung?

Wenn die Strecke $P_1 P_2$ durch Q_1 und Q_2 harmonisch geteilt wird, und es fällt etwa Q_1 mit P_1 zusammen, so ist nach Definition $\lambda_1 = 0$ und damit auch $\lambda_2 = -\lambda_1 = 0$, das heißt es fallen Q_1 und Q_2 in den Punkt P_1. Fällt Q_1 nach P_2, so wird $\lambda_1 = \infty$ und damit auch λ_2, so daß auch in diesem Fall Q_1 und Q_2 mit einem der Streckenendpunkte, hier P_2, zusammenfallen. Fällt Q_1 nach Q_2, so wird $\lambda_1 = \lambda_2$; andrerseits muß aber auch $\lambda_1 = -\lambda_2$ sein, so daß λ_1 und λ_2 nur die Werte 0 oder ∞ haben können; dann hat man wieder einen der beiden erstgenannten Fälle, daß also Q_1 und Q_2 gleichzeitig entweder nach P_1 oder P_2 fallen. Die nämliche Betrachtung gilt für Q_2. Und weiterhin auch für die Punkte P_1 und P_2, da ja $P_1 P_2$ und $Q_1 Q_2$ sich gegenseitig harmonisch teilen. Man faßt dann zusammen:

Fallen von vier harmonischen Punkten zwei zusammen, dann mit ihnen auch noch ein dritter. (d)

102. In Nr. 64 war das statische Moment eines Massenpunktes P und eines Punkthaufens P_1, P_2, ... P_n bezüglich des (als Drehpunkt betrachteten) Nullpunktes definiert und mit Hilfe des Begriffes Moment der Schwerpunktsatz aufgestellt. Allgemein versteht man unter Momenten eines Punktes Produkte, deren einer Faktor die Masse m des Punktes und deren andere Faktoren die Abstände von festen Punkten bzw. Geraden oder Ebenen sind; bezeichnet man diese Abstände mit r, s, ... oder x, y, z, ..., so sind solche Momente niederer oder höherer Ordnung von der Form

$$mr, \quad ms, \quad mr^2, \quad ms^2, \quad mxy, \quad mxyz, \dots$$

Das einfachste Moment des Massenteilchens m ist demnach das statische Moment mr bzw. ms auch kurzweg Moment genannt. An dieser Stelle interessiert uns nur das Moment zweiter Ordnung mx^2, das wir Trägheitsmoment des Massenteilchens m bezüglich des Nullpunktes (als wirklichen oder nur gedachten Drehpunktes) nennen.

Mit vorstehender Definition hat das Trägheitsmoment eines materiellen Punktes, da die Masse m positiv ist, stets positiven Wert;

desgleichen also auch das **Trägheitsmoment eines Punkthaufens**, das durch

$$J = \Sigma m x^2 = m_1 x_1{}^2 + m_2 x_2{}^2 + m_3 x_3{}^2 + \cdots \tag{a}$$

definiert ist. Die Definition zeigt, daß für einen vom Massensystem sich entfernenden Drehpunkt das Trägheitsmoment immer größer wird. Zu vermuten ist, daß je mehr sich der Drehpunkt dem Schwerpunkt nähert, um so kleiner das Trägheitsmoment wird, daß man also den kleinsten Wert von J erhält, wenn man den Schwerpunkt S selbst als Bezugspunkt oder Drehpunkt wählt. Nach (64c) wird in diesem Fall $\Sigma m x' = 0$, wenn x_i' die Abstände der Masseteilchen m_i vom Schwerpunkt sind, siehe Abb. 134. Es ist für diese Wahl

$$J_s = \Sigma m x'^2 = m_1 x_1'^2 + m_2 x_2'^2 + \cdots$$

Da mit s als Koordinate des Schwerpunktes

$$x_i = s + x_i'$$

ist, wird

$$\begin{aligned}
J = \Sigma m x^2 &= \Sigma m (s + x')^2 \\
&= \Sigma m s^2 + 2 \Sigma m s x' + \Sigma m x'^2 \\
&= s^2 \Sigma m + 2 s \Sigma m x' + \Sigma m x'^2 \\
&= M s^2 + 0 + J_s,
\end{aligned}$$

denn s kann als konstanter Faktor vor das Summenzeichen gesetzt werden; man hat also

$$J = M s^2 + J_s, \tag{b}$$

das heißt das Trägheitsmoment eines linearen Massensystemes ist für jeden nicht mit dem Schwerpunkt zu-

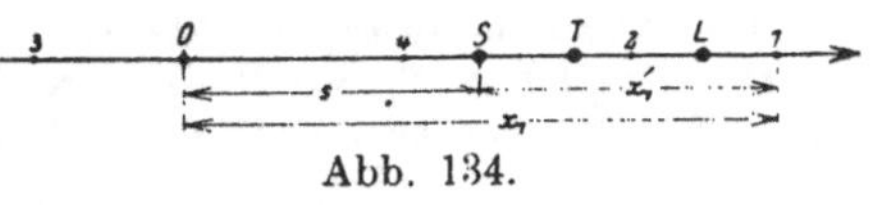

Abb. 134.

sammenfallenden Bezugspunkt O größer als das Trägheitsmoment für den Schwerpunkt selbst, und zwar um $M s^2$ wenn s der Abstand des gewählten Bezugspunktes vom Schwerpunkt ist.

    * Wäre die ganze Masse M des Punkthaufens im nämlichen Punkt T vereinigt, der den Abstand i vom Bezugspunkt O hat, so wäre das Trägheitsmoment des Massensystems

$$\Sigma m i^2 = m_1 i^2 + m_2 i^2 + \cdots = M i^2.$$

In der Technik „reduziert" man gern ein Massensystem auf den nämlichen Abstand, das heißt man denkt sich alle Massenpunkte des Systems in einem einzigen Punkt T vereinigt, setzt aber dabei voraus, daß das ursprüngliche Massensystem und das im Punkt T vereinigte das gleiche Trägheitsmoment haben. Den Abstand i des Punktes T vom Bezugspunkt O nennt man den **Trägheitsradius** oder **Trägheitshalbmesser**. Dann ist dieser **Trägheitshalbmesser** i bestimmt durch die Gleichung

$$M i^2 = J \qquad \text{oder} \qquad i^2 = J : M. \tag{c}$$

Den Punkt T nennt man auch den **Trägheitsmittelpunkt** des Massensystems für den Bezugspunkt O als gedachten Drehpunkt.

Beispiel a) Die Massen des Punkthaufens der Abb. 134 sind $m_1 = 3$, $m_2 = 2$, $m_3 = 2$, $m_4 = 4$.

Aus der nachfolgenden Tabelle entnimmt man die Masse des Haufens $M = 11$, das statische Moment für den Bezugspunkt O ist $D = 22$, das Trägheitsmoment $J = 77$. Der Schwerpunktssatz $Ms = \Sigma mx$ bestimmt die Schwerpunktskoordinate $s = 2$, Formel (c) den Trägheitsradius $i = \sqrt{7} = 2{,}65$; letzterer ist dann die Koordinate des Trägheitsmittelpunktes T, wenn man sich den Bezugspunkt als Drehpunkt vorstellt.

	x	m	mx	mx^2
1	4	3	12	48
2	3	2	6	18
3	-1	2	-2	2
4	1,5	4	6	9
		11	22	77

Beispiel b) Man beweise, daß der **Trägheitsmittelpunkt** T vom **Bezugspunkt** O immer größeren Abstand hat als der **Schwerpunkt** S. $\qquad$ (d)

Die Abstände dieser Punkte sind i und s; soll $i > s$ sein, dann auch $i^2 > s^2$ oder $MJ > D^2$, wo D das Drehmoment des Punkthaufens ist, oder $MJ - D^2 > 0$. Man entwickelt diese Differenz und erhält

$$MJ - D^2 = \Sigma \, m_k m_l (x_k - x_l)^2,$$

wo k und l alle möglichen Indizes von 1 bis n sind, vorausgesetzt, daß man n Massenpunkte hat. Da die Massen m immer positiv sind, so ist $MJ - D^2 > 0$ und damit $i > s$ erwiesen.

Im vorhergehenden Beispiel war $s = 2$ und $i = 2{,}65$.

Durch die Formel

Abb. 135.

$$lD = J \qquad \text{oder} \qquad ls = i^2 \tag{e}$$

wird ein Punkt L im Abstand l vom Drehpunkt O definiert, den man **Schwingungsmittelpunkt** des Massensystems nennt; in diesem Zusammenhang nennt man l dann auch **reduzierte Pendellänge**.

Aus der Definition ist unmittelbar ersichtlich, daß der Schwingungsmittelpunkt vom Bezugspunkt größeren Abstand hat als der Trägheitsmittelpunkt, da $l = i \cdot (i : s)$, siehe auch Abb. 135.

Beispiel c) Macht man den Schwingungsmittelpunkt L zum neuen Drehpunkt, so wird der alte Drehpunkt zum neuen Schwingungsmittelpunkt.

Für das neue Koordinatensystem wird nach Abbildung $x' = x - l$ und damit das neue Drehmoment

$$D' = \Sigma m x' = \Sigma m x - \Sigma m l$$
$$= D - M l.$$

und das neue Trägheitsmoment

$$J' = \Sigma m x'^2 = \Sigma m (x - l)^2$$
$$= \Sigma m x^2 - 2 l \Sigma m x + l^2 \Sigma m$$
$$= J - 2 l D + l^2 M = l (l M - D)$$

mit Benützung der Formeln (c), (e) und (64 d).

Der neue Schwingungsmittelpunkt ist definiert durch die Formel $l' D' = J'$ und liefert

$$l' = J' : D' = -l,$$

wodurch in der Tat der alte Drehpunkt sich als Schwingungsmittelpunkt für das neue Koordinatensystem erweist.

Elementarsätze der Kurvendiskussion in ihrer Anwendung auf die Kegelschnitte.

103. In den vorausgehenden Zeilen wurden mehr oder minder eingehend die verschiedenen Formen der linearen Gleichung $A x + B y + C = 0$ geometrisch gedeutet. Die nächste Aufgabe wird nun sein, Gleichungen höherer Grades auf ihren geometrischen Sinn zu untersuchen, die durch sie dargestellten Gebilde zu diskutieren, mit ihnen andere Gebilde in Beziehung zu setzen und so eine Reihe von Eigenschaften praktisch wichtiger Kurven zu erhalten.

Es sollen zunächst eine Reihe von Sätzen aufgestellt werden, die gestatten, aus der Gleichung einer Kurve zunächst in rechtwinkligen Koordinaten unmittelbar wichtige Eigenschaften derselben abzulesen.

Gegeben sei der Kreis mit dem Radius 2 um den Nullpunkt, der also nach Nr. 80 die Gleichung $x^2 + y^2 - 4 = 0$ hat, ferner drei Gerade $x = 1$, $x = 2$, $x = 3$.

Die Abbildung zeigt, daß die erste Gerade den Kreis in zwei Punkten schneidet, da ihr Abstand vom Mittelpunkt kleiner ist als der Radius, daß ferner die zweite Gerade den Kreis berührt, da ihr Abstand vom Kreismittelpunkt gleich dem Radius ist, und daß schließlich die dritte Gerade $x = 3$ mit dem Kreis keinen reellen

Punkt gemeinsam hat. **Was diese Abbildung ersichtlich macht, drückt die elementare Geometrie,** die nur mit reellen Punkten operiert, folgendermaßen aus: Eine Gerade hat mit einem Kreis zwei oder einen oder keinen Punkt gemeinsam, je nachdem der Abstand der Geraden vom Mittelpunkt kleiner, gleich oder größer ist als der Radius. Das ist ungenau, kann aber recht einfach korrigiert werden, wenn man das Wort „Punkt" ersetzt durch „reeller Punkt". Indes läßt sich der Satz noch viel einfacher formulieren: Ein Kreis wird von jeder Geraden in zwei (reellen oder imaginären)

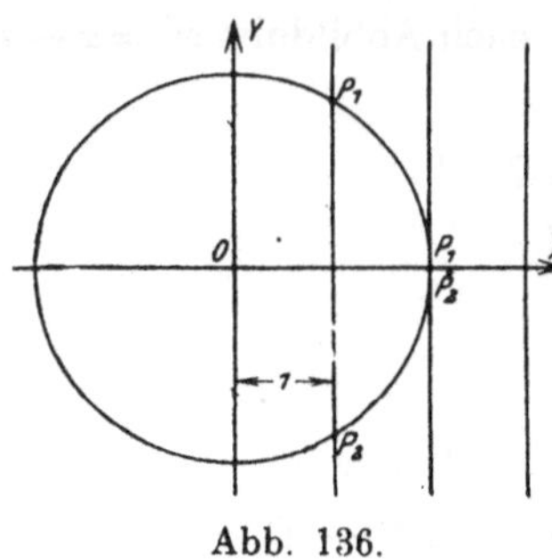

Abb. 136.

Punkten geschnitten. Das soll zunächst an den drei gegebenen speziellen Geraden, dann allgemein gezeigt werden. Von den Schnittpunkten P_1 und P_2 der ersten Geraden $x = 1$ mit dem gegebenen Kreis gilt

$$x = 1 \quad \text{und} \quad x^2 + y^2 - 4 = 0,$$

woraus $x_1 = 1$, $y_1 = \sqrt{3}$ und $x_2 = 1$, $y_2 = -\sqrt{3}$. Die Punkte $P_1 = 1 | + \sqrt{3}$ und $P_2 = 1 | - \sqrt{3}$ sind zwei reelle Punkte.

Die Schnittpunkte P_1' und P_2' der Geraden $x = 2$ mit dem Kreis erhält man als

$$P_1' = 2 | + 0, \qquad P_2' = 2 | - 0,$$

d. h. als identisch; diese Gerade schneidet also den Kreis in zwei zusammenfallenden (reellen) Punkten.

Die Schnittpunkte P_1'' und P_2'' der dritten Geraden mit dem Kreis müssen ebenso die Bedingung

$$x = 3 \quad \text{und} \quad x^2 + y^2 - 4 = 0$$

erfüllen, so daß sich für sie $y^2 = -5$ oder

$$P_1'' = 3 | + i.\sqrt{5}, \qquad P_2'' = 3 | - i\sqrt{5}$$

ergibt, womit sie als imaginäre Punkte erwiesen sind, konjugiert imaginäre Punkte, wie wir sie entsprechend ihren Koordinatenwerten nennen wollen.

Damit ist gezeigt, daß jede der drei Geraden den Kreis in zwei Punkten schneidet. Bei dieser Gelegenheit war zu ersehen, daß auf dem Kreis auch imaginäre Punkte liegen. Aber nur die reellen sind darstellbar, durch diesen Kreis eben. Die imaginären Punkte bilden auch einen Kurvenzug, einen imaginären, den man wohl auch den imaginären Ast der Kurve, hier des Kreises, nennt. Naturgemäß kümmert man sich wenig um diesen imaginären Ast.

Nun kann man in der gleichen Weise wie vorher auch zeigen, daß der Kreis von jeder Geraden in zwei reellen oder imaginären Punkten geschnitten wird. Es ergibt sich dieser Nachweis als Spezialfall eines allgemeinen Satzes, der aufgestellt werden soll. Zu diesem Zwecke sei gegeben die Definition:

> Eine Kurve heißt von der n-ten Ordnung, wenn sie von jeder Geraden in n (reellen oder imaginären) Punkten geschnitten wird. (a)

Danach wäre also die Gerade eine Kurve erster Ordnung. Und der Kreis eine Kurve zweiter Ordnung, oder ein Kegelschnitt, wie man statt Kurven zweiter Ordnung auch sagt. Woran erkennt man nun eine Kurve zweiter Ordnung? Antwort darauf gibt der Satz:

> Eine Gleichung n-ten Grades in Parallelkoordinaten stellt eine Kurve n-ter Ordnung dar. (b)

Nach diesem Satz müßte also jede Gleichung zweiten Grades eine Kurve zweiter Ordnung oder in der neuen Sprechweise einen Kegelschnitt vorstellen. Die allgemeinste Gleichung zweiten Grades

$$A x^2 + B xy + C y^2 + D x + E y + F = 0, \qquad (c)$$

genannt allgemeine Kegelschnittsgleichung, stellt eine Kurve vor, deren Schnittpunkte mit der beliebigen Geraden $y = \lambda x + b$ erhalten werden, wenn man beide Gleichungen kombiniert, also $y = \lambda x + b$ in die obige Gleichung substituiert; dann erhält man für die Abszissen x der Schnittpunkte durch

$$A x^2 + B x (\lambda x + b) + C (\lambda x + b)^2 + D x + E (\lambda x + b) + F = 0$$

eine Gleichung zweiten Grades, die im allgemeinen zwei (reelle oder imaginäre) Werte x liefert. Zu jedem dieser Werte x als Abszisse liefert die Geradengleichung $y = \lambda x + b$, da ja die Schnittpunkte auch auf der durch sie dargestellten Geraden liegen müssen, das zugehörige y. Man erhält also im allgemeinen zwei Schnittpunkte der untersuchten Kurve mit einer beliebigen Geraden, die durch obige Gleichung dargestellte Kurve ist demnach immer eine Kurve zweiter Ordnung oder ein Kegelschnitt. Das ist der Grund, warum man die obige Gleichung „allgemeine Kegelschnittsgleichung" nennt. Umgekehrt muß jeder Kegelschnitt in Parallelkoordinaten durch eine Gleichung von der Form (c) dargestellt werden können.

In der nämlichen Weise, wie hier der Satz (b) für den Fall $n = 2$ bewiesen ist, gestaltet sich der Beweis für ein beliebiges n.

In den folgenden Nummern sollen die gestaltlichen Verhältnisse einiger spezieller Kegelschnitte angegeben werden.

Beispiel a) Von welcher Ordnung ist die Kurve $\sqrt{x} + \sqrt{y} = \sqrt{a}$?

Satz (b) setzt naturgemäß ganze rationale Gleichungen voraus, das sind solche, bei denen die Koordinaten x und y nur in ganzen rationalen Funktionen auftreten. Erscheinen die Variablen als Elemente einer irrationalen Funktion wie im vorliegenden Fall, so wird man diese Gleichung rational und ganz machen, vorausgesetzt, daß die irrationale Funktion algebraisch ist, siehe Nr. 46. Im vorliegenden Fall wird man der Reihe nach umformen

$$x + 2\sqrt{xy} + y = a \quad \text{oder} \quad x + y - a = -2\sqrt{xy} \quad \text{oder} \quad (x + y - a)^2 = 4xy$$

und erhält eine rationale ganze Gleichung zweiten Grades, eine Kegelschnittsgleichung, die sonach einen Kegelschnitt vorstellt.

Durch geeignete Vereinfachungen kann man jeder algebraischen Gleichung die Form einer ganzen rationalen Gleichung n-ten Grades geben.

Beispiel b) Von welcher Ordnung ist die Kurve $y = e^x$?

Die Gleichung ist transzendent, es gibt keine Möglichkeit, ihr die Form einer ganzen rationalen Gleichung n-ten Grades zu geben außer durch Reihenentwicklung, bei deren Anwendung aber n unendlich groß würde.

Man teilt deswegen die Kurven ein in algebraische und transzendente Kurven; nur auf erstere läßt sich der Begriff „Ordnung" anwenden.

Beispiel c) Wird der Kegelschnitt $xy = c^2$ auch von Geraden $y = b$ in zwei Punkten geschnitten?

Scheinbar nicht, da die Substitution $y = b$ in die Gleichung das Resultat $bx = c^2$ oder $x = c^2 : b$ und somit scheinbar nur einen einzigen Schnittpunkt $\dfrac{c^2}{b} \,\Big|\, b$ liefert. Schneidet man aber mit der Geraden $y = \lambda x + b$, von der ja die Gleichung $y = b$ ein Spezialfall ist, so erhält man aus $x(\lambda x + b) = c^2$ oder $\lambda x^2 + bx - c^2 = 0$ immer zwei x und deswegen zwei Punkte; für den Fall $\lambda = 0$ wird die allgemeine Gerade wieder $y = b$ wie vorgeschrieben, dann liefert die Gleichung zweiten Grades in x eine Wurzel $x_1 = \infty$ und eine zweite $x_2 = c^2 : b$ wie oben. Man sieht, die Gerade $y = b$ schneidet nur scheinbar in einem einzigen Punkte, in Wahrheit im unendlichen fernen Punkte P_1 und im Punkte $P_2 = \dfrac{c^2}{b} \,\Big|\, b$. Man kann sich, wenn man will, der Sprechweise bedienen: die Kurve $xy = c^2$ wird von Geraden $y = b$ nur in einem einzigen endlichen Punkte geschnitten.

104. Wir beginnen mit dem durch die Gleichung $y = x^2$ dargestellten Kegelschnitt und versuchen uns ein ungefähres Bild desselben zu verschaffen. Zunächst sieht man, daß das Vorzeichen von x belanglos ist, das heißt aber nichts anderes, als daß auch $-a \,|\, b$

ein Punkt der Kurve sein muß, wenn $+a|b$ ein solcher ist. Zu jedem Punkte der Kurve existiert also immer noch ein zweiter, der symmetrisch zu ihm bezüglich der y-Achse liegt, oder mit anderen Worten, wenn man verallgemeinert:

> Ist in der Gleichung einer Kurve das Vorzeichen von x belanglos, so ist die Kurve symmetrisch zur y-Achse.   (a)

Man kann dafür auch sagen: die Kurve spiegelt sich an der y-Achse, siehe Abb. 137.

Und entsprechend gilt, wenn in der Kurvengleichung das Vorzeichen von y belanglos ist: Ist $a|+b$ ein Punkt der Kurve, dann auch der Punkt $a|-b$, d. h.

> Ist in der Gleichung einer Kurve das Vorzeichen von y belanglos, so ist die Kurve symmetrisch zur x-Achse.   (b)

Weiter sagt die Gleichung $y=x^2$ aus, daß für reelle x die rechte Gleichungsseite, also auch die linke, hier y, stets positiv sein muß; die Kurve verläuft somit stets oberhalb der x-Achse.

Für große x ist y, da es mit dem Quadrat von x wächst, erst recht groß; ist etwa $x=10$, dann y schon 100, also zehnmal so groß wie x; man schließt: Weit weg vom Nullpunkt verläuft die durch $y=x^2$ dargestellte Kurve sehr steil. Umgekehrt wird y erst recht klein, wenn x klein ist; für $x=0{,}1$ etwa wird $y=0{,}01$ oder zehnmal so klein, so daß, da die Kurve durch den Nullpunkt geht, gilt: In der Nähe des Nullpunktes verläuft die Kurve sehr flach.

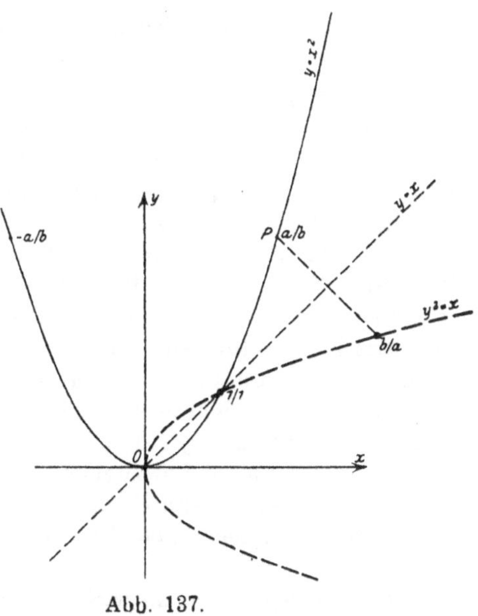

Abb. 137.

Fassen wir alles zusammen: Der durch $y=x^2$ dargestellte Kegelschnitt, Parabel zweiter Ordnung oder kurz Parabel genannt, geht durch den Nullpunkt, ist symmetrisch zur y-Achse, verläuft nur oberhalb der x-Achse. und zwar in der Nähe des Nullpunktes

sehr flach, steiler aber, je weiter er sich vom Nullpunkt entfernt.
Damit ergibt sich die Kurve so, wie sie durch Abb. 137 dargestellt
wird. Ihre genauere Gestalt findet man, indem man nachträglich
noch einige Punkte aufsucht.

Anmerkung. Der Anfänger sucht sich von einer Kurve, deren Gleichung
$F(x, y) = 0$ gegeben ist, dadurch meist ein Bild zu machen, daß er mehr oder
minder viele Punkte der Kurve aufsucht, indem er etwa x der Reihe nach die
ganzzahligen Werte zwischen -5 und $+5$ annehmen läßt und immer das zugehörige y aufsucht. Nun beachte man aber zunächst, daß diese Vorgangs-
weise nur angängig ist, wenn keine unbenannten Zahlen in der Kurvengleichung
auftreten; und dann, daß sie recht schwerfällig ist bei Gleichungen höheren
Grades oder bei transzendenten Gleichungen. Nun kommt aber noch weiter
hinzu, daß man bei verwickelteren Kurvenformen eine Menge von Kurvenpunkten aufsuchen müßte, um die Gestalt der Kurve auch nur angenähert
richtig wiederzugeben.

Vor dieser Methode, die Gestalt einer Kurve zu ermitteln, sei ausdrücklich gewarnt. Stets strebe man zuerst danach, sich ein ungefähres Bild von
der Kurve zu verschaffen oder doch wenigstens einige ihrer Eigenschaften anzugeben, erst dann gehe man, wenn es noch notwendig ist, daran, die genauere Gestalt punktweise zu ermitteln. Es wird ja freilich Fälle geben, wo
man zur punktweisen Konstruktion gezwungen ist, aber das werden stets die
Ausnahmefälle sein.

Man diskutiere den Kegelschnitt $x = y^2$ hinsichtlich seiner Gestalt.

Man kann entweder die entsprechende Schlußfolgerung wie
bei der Kurve $y = x^2$ anwenden und erhält: Der vorliegende Kegelschnitt geht durch den Nullpunkt und ist symmetrisch zur x-Achse,
er verläuft nur rechts von der y-Achse und zwar sehr steil in der
Nähe des Nullpunktes, sehr flach weit weg vom Nullpunkt, siehe
Abb. 137. Oder man kann schließen: Die Gleichung $x = y^2$ geht aus
der Gleichung $y = x^2$ durch Vertauschung der Variablen hervor.
War also $a|b$ ein Punkt der Kurve $y = x^2$, so ist $b|a$ ein Punkt
der neuen Kurve $x = y^2$. Nun liegen aber die Punkte $a|b$ und $b|a$
symmetrisch zur Mediane, d. h. zur Winkelhalbierenden des ersten
und dritten Quadranten, zur Geraden $y = x$. Es entspricht sonach
jedem Punkt der Kurve $y = x^2$ ein zur Mediane symmetrischer
Punkt der Kurve $x = y^2$, d. h. die neue Kurve $x = y^2$ liegt symmetrisch zur Kurve $y = x^2$ bezüglich der Mediane. Man kann sich die
neue Kurve somit dadurch aus der ursprünglichen hervorgehend
denken, daß man diese aus der Ebene heraus um die Mediane dreht
und zwar um $180°$.

Die vorausgehende Entwicklung läßt sich zusammenfassen:

Die Kurve $F(y, x) = 0$ geht aus der Kurve
$F(x, y) = 0$ durch Vertauschung der x- und y-Achse
hervor. Beide Kurven liegen gegenseitig symmetrisch bezüglich der Mediane $y = x$.   (c)

Man diskutiere den Kegelschnitt $xy = c^2$.

Da c^2 für reelle c positiv ist, so müssen x und y beide gleichzeitig positiv oder gleichzeitig negativ sein: die untersuchte Kurve kann also nur im ersten und dritten Quadranten verlaufen. Die Gleichung $xy = c^2$ ist ferner symmetrisch bezüglich der Variablen x und y, d. h. man kann x und y vertauschen, ohne daß die Gleichung sich ändert. Dann muß aber nach der vorausgehenden Entwicklung die Kurve symmetrisch zur Mediane sein, da ja die Gleichung durch Vertauschung der Variablen in sich selbst übergeht, also sich nicht ändert; allgemein ist zu merken:

> Eine in den Variablen x und y symmetrische Gleichung (d. h. x und y sind vertauschbar, ohne daß sich die Gleichung ändert) stellt eine zur Mediane symmetrische Kurve dar. (d)

Die Umformung $y = c^2 : x$ sagt aus: y wird groß, wenn x klein wird und umgekehrt.

Von dem Kegelschnitt $xy = c^2$, gleichseitige Hyperbel, in der Wärmetheorie auch Mariottesche Kurve genannt, siehe Abb. 138, weiß man also: Er verläuft nur im ersten und dritten Quadranten und ist symmetrisch zur Mediane, y wird groß wenn x klein wird und umgekehrt.

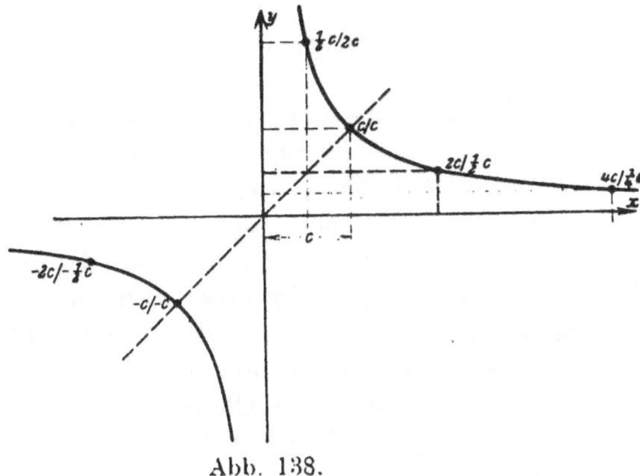

Abb. 138.

Man kann vom erzeugenden Punkt P noch eine aus der Gleichung unmittelbar ersichtliche Eigenschaft ablesen: Das aus den Koordinaten x und y gebildete Rechteck hat konstante Flächen, und diese Eigenschaft zur Konstruktion der Kurve mit heranziehen, so wie in Abb. 88 und Abb. 138 geschehen und durch die einzelnen Punkte angedeutet ist.

Gegenüber der Kurve $xy = c^2$ haben die Koordinatenachsen eine besondere Eigenschaft: Die Kurve schmiegt sich, wie die Abbildung ersichtlich macht, mehr und mehr an die Koordinatenachsen an, um sie erst im Unendlichen berührend zu erreichen. Eine Gerade mit dieser Eigenschaft, wie sie die Koordinatenachsen im vorliegenden Fall haben, nennt man eine Asymptote der Kurve (Definition der Asymptote siehe später).

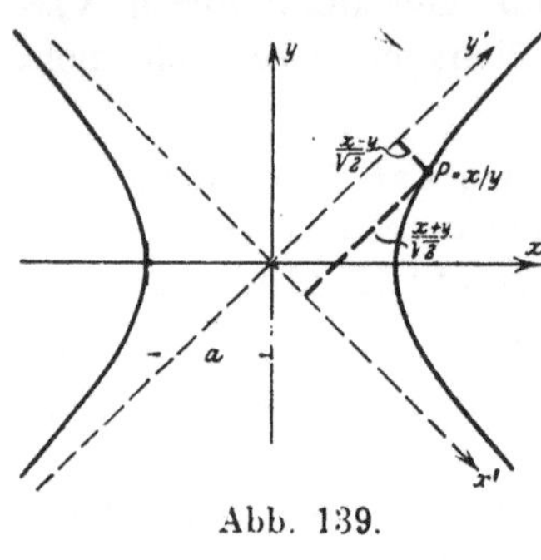

Abb. 139.

Man zeige, daß auch die Gleichung $x^2 - y^2 = a^2$ eine gleichseitige Hyperbel vorstellt.

Als geometrische Eigenschaft des erzeugenden Punktes der gleichseitigen Hyperbel lernten wir, daß das Rechteck aus den Abständen von zwei zueinander senkrechten festen Geraden, ihren Asymptoten, konstant ist. Nun kann man die vorliegende Gleichung auch schreiben

$$(x - y)(x + y) = a^2$$

oder wenn man für $x - y$ und $x + y$ die Normalform (85d) einführt,

$$\frac{x - y}{\sqrt{2}} \cdot \frac{x + y}{\sqrt{2}} = \frac{a^2}{2}$$

$\dfrac{x - y}{\sqrt{2}}$ und $\dfrac{x + y}{\sqrt{2}}$ stellt aber nach Nr. 89 den Abstand des variablen Punktes P von den Geraden $x - y = 0$ bzw. $x + y = 0$ vor; wir haben also in der Tat die nämliche Eigenschaft bei der vorliegenden Kurve wie bei der bereits diskutierten $xy = c^2$. Es müssen demnach $x - y = 0$ und $x + y = 0$, das sind die Mediane und die zu ihr Senkrechte durch den Nullpunkt, die Asymptoten der neuen Kurve sein, wenn diese eine gleichseitige Hyperbel sein soll. Dreht man nun das Koordinatensystem um -45°, so daß diese beiden Geraden $x - y = 0$ und $x + y = 0$ Koordinatenachsen werden, so muß, falls sie wirklich die Asymptoten sind, die Gleichung im neuen System x', y' von der Form sein $x'y' = c^2$. Diese Drehung wird nach (78b) wegen $\cos \alpha = 1 : \sqrt{2} = -\sin \alpha$ charakterisiert durch

$$x' = (x - y) : \sqrt{2} \qquad\qquad y' = (x + y) : \sqrt{2},$$

womit die gegebene Gleichung übergeht in

$$y' \cdot x' = a^2 : 2,$$

mithin die durch sie dargestellte Kurve tatsächlich als gleichseitige Hyperbel erwiesen ist.

Um zu rekapitulieren: Die Kurve $x^2 - y^2 = a^2$ ist eine gleichseitige Hyperbel; ihre Asymptoten sind die beiden Geraden $x - y = 0$ und $x + y = 0$. Sie verläuft symmetrisch zur x- und y-Achse, siehe Abb. 139.

Aufgabe a) und b) Von zwei variablen Geraden geht die erste stets durch den Punkt $-a\,|\,0$, die zweite stets durch den Punkt $+a\,|\,0$. Bildet die erste mit der x-Achse den Winkel φ, dann die zweite mit dieser Achse den Winkel a) $90^0 + \varphi$, b) $90^0 - \varphi$. Gesucht ist der geometrische Ort der Schnittpunkte beider Geraden.

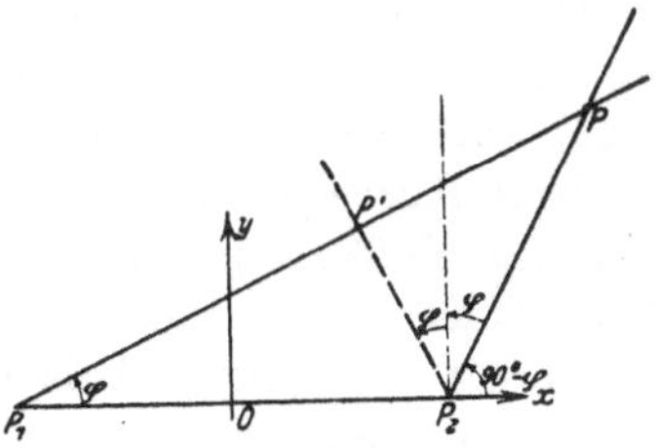

Lösung: Im Fall a) ist die zweite Gerade immer senkrecht zur ersten Geraden, der Schnittpunkt P' beider erzeugt demnach einen Kreis über $P_1 P_2$ als Durchmesser, wenn $P_1 = -a\,|\,0$ und $P_2 = +a\,|\,0$.

Im Fall b) ist P der Schnittpunkt der beiden Geraden $P_1 P$ und $P_2 P$, also gelten für ihn deren Gleichungen

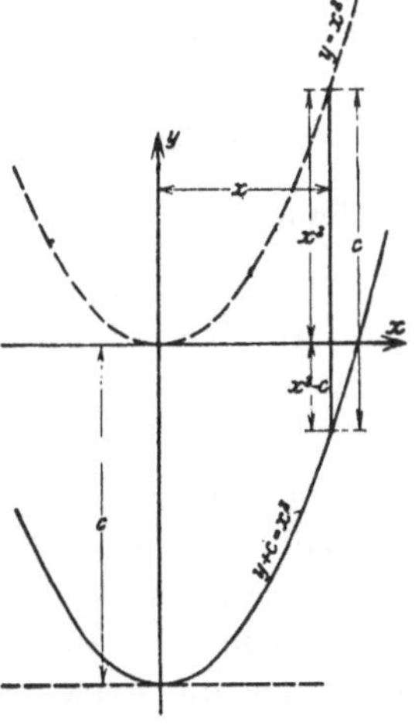
Abb. 140.

$$y = \operatorname{tg}\varphi \cdot (x + a) \quad \text{und} \quad y = \operatorname{tg}(90 - \varphi) \cdot (x - a).$$

Man hat zwei Gleichungen mit einer Unbekannten oder einem Parameter φ dessen Elimination die Kurvengleichung liefert. Man setzt $\operatorname{tg}\varphi = \lambda$, dann wird $\operatorname{tg}(90 - \varphi) = \operatorname{cotg}\varphi = 1 : \lambda$ und beide Gleichungen

$$y = \lambda(x + a) \quad \text{und} \quad y = \frac{1}{\lambda}(x - a),$$

deren Produkt $y^2 = x^2 - a^2$ oder $x^2 - y^2 = a^2$ die gesuchte Gleichung ist. Sie stellt eine gleichseitige Hyperbel dar.

105. Ausgehend von der Kurve $y = x^2$ ist die Kurve $y + c = x^2$ zu zeichnen. Die Kurve $y = x^2$ sei nach Nr. 104 gezeichnet gedacht; an jeder Stelle dieser Kurve gehört zur Abszisse x die Ordinate x^2. Die neue Kurve $y + c = x^2$ oder $y = x^2 - c$ hat die Eigenschaft, daß an jeder beliebigen Stelle zur Abszisse x die Ordinate $x^2 - c$ gehört. An der gleichen Stelle, d. h. für gleiches x, ist also die Ordinate der zu zeichnenden Kurve um c kleiner als die Ordinate der gegebenen Kurve $y = x^2$. Für $c = 3$ etwa sind alle Ordinaten um 3 kleiner als die entsprechenden Ordinaten der gegebenen Kurve. Man erhält also die neue Kurve $y + c = x^2$ recht einfach, indem man die ursprüngliche Kurve $y = x^2$ in der y-Richtung um $-c$ verschiebt (d. h. in der negativen y-Richtung um das

Abb. 141.

Stück $+c$). In Abb. 141 ist die ursprüngliche Kurve $y = x^2$ gestrichelt eingetragen, die Kurve $y + c = x^2$ ausgezogen. unter der Annahme $c = 3$.

Man hätte auch so kalkulieren können: Wo bei der ursprünglichen Kurve y steht, da steht bei der neuen $y + c$. Die Ordinaten der ursprünglichen Kurve sind also an der nämlichen Stelle x gleich der um c vermehrten Ordinate der neuen Kurve, oder umgekehrt: an der gleichen Stelle x sind die Ordinaten der neuen Kurve gleich der um c verminderten Ordinate der ersten Kurve. Dieselbe Überlegung wird man auch anwenden, wenn man die durch $F(x, y + c) = 0$ gegebene Kurve zeichnen soll. Man kann sich entweder die Gleichung aufgelöst denken $y + c = f(x)$, und hat dann wieder den vorigen Fall. Oder man sagt: Die beiden Gleichungen $F(x, y) = 0$ und $F(x, y + c) = 0$ unterscheiden sich dadurch, daß an der nämlichen Stelle x in der zweiten Gleichung $y + c$ steht, wo in der ersten Gleichung y steht, also ist an der nämlichen Stelle x die Ordinate der zweiten Kurve vergrößert um c gleich der Ordinate der ersten Kurve; oder umgekehrt: an dieser Stelle ist die Ordinate der Kurve $F(x, y + c) = 0$ gleich der um c verkleinerten Ordinate der Kurve $F(x, y) = 0$. Die Punkte der zweiten Kurve liegen also an der nämlichen Stelle x immer um c tiefer als die Punkte der ersten Kurve. Man hat somit ganz allgemein die Regel:

> Die Kurve $F(x, y + c) = 0$ geht aus der Kurve $F(x, y) = 0$ hervor, indem man letztere in der y-Richtung um $-c$ verschiebt. (a)

Und da die gleiche Betrachtung auch für x gilt:

> Die Kurve $F(x + c, y) = 0$ geht aus der Kurve $F(x, y) = 0$ hervor, indem man letztere in der x-Richtung um $-c$ verschiebt. (b)

Schließlich kann man noch beide Sätze zusammenfassen:

> Die Kurve $F(x + a, y + b) = 0$ geht aus der Kurve $F(x, y) = 0$ hervor, indem man letztere in der x-Richtung um $-a$, in der y-Richtung um $-b$ verschiebt. (c)

Praktisch wird man meist so verfahren, daß man, statt die Kurve in den beiden Grundrichtungen um $-a$ bzw. um $-b$ zu verschieben, das Koordinatensystem um $+a$ bzw. um $+b$ verschiebt, dann hat dem neuen Achsensystem gegenüber die alte Kurve die nämliche Lage wie die verschobene Kurve gegenüber dem alten Koordinatensystem.

Aufgabe a) Man zeichne die Kurve $(x-1)(y+2)=4$.

Lösung: Man zeichnet zuerst die Kurve $xy=4$, so wie in Abb. 142 leicht gestrichelt eingezeichnet, eine gleichseitige Hyperbel. Die verlangte Kurve geht dann aus ihr hervor durch Verschiebung in der x-Richtung um $+1$, in der y-Richtung um -2. Statt die Verschiebung der Kurve vorzunehmen, wird es, wenn andere Umstände nicht dagegen sprechen, praktischer sein, wie vorhin angedeutet, das Koordinatensystem in den Grundrichtungen um -1 bzw. um $+2$ zu verschieben. Man sieht aus der Abbildung, daß die verschobene Kurve gegenüber dem alten System x, y die gleiche Lage hat wie die ursprüngliche Kurve gegenüber dem verschobenen Koordinatensystem x', y'.

Aufgabe b) Man zeichne die Kurve $(y-1)^2 = x-4$.

Lösung: Man zeichnet zuvor die Kurve $y^2 = x$ so wie in Abb. 137 angegeben; dann verschiebt man diese Kurve in der x-Richtung um $+4$ und in der y-Richtung um $+1$ und erhält damit die verlangte Kurve. Oder man verschiebt das Koordinatensystem in den beiden Grundrichtungen um -4 und -1, dann hat die ursprüngliche Kurve gegenüber dem neuen Koordinatensystem die Gleichung $(y-1)^2 = x-4$, stellt also die verlangte Kurve dar.

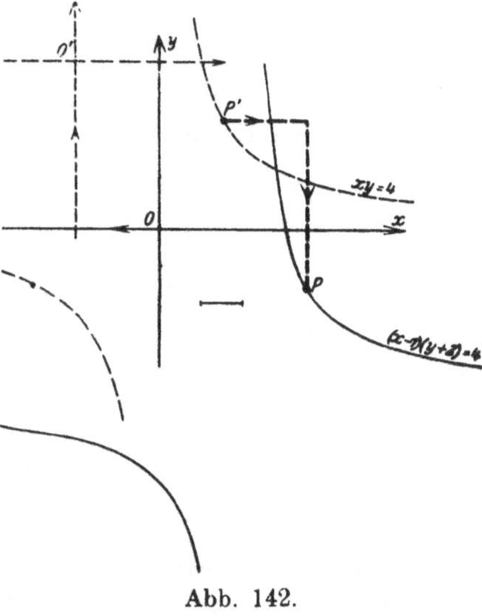

Abb. 142.

Aufgabe c) Man zeichne die Kurve $x^2 - 4x + y^2 - 2y = 0$.

Lösung: Mit Anwendung der quadratischen Ergänzung der Nr. 52 schreibt man die Gleichung in der Form $x^2 - 4x + 4 + y^2 - 2y + 1 - 4 - 1 = 0$ und erhält $(x-2)^2 + (y-1)^2 - 5 = 0$, welche Gleichung nach (80b) einen Kreis um den Mittelpunkt $2\,|\,1$ mit dem Radius $\sqrt{5}$ vorstellt.

Man diskutiere die Kurve $Ax^2 + Bxy + Cy^2 = 0$. Die vorstehende Kurvengleichung ist in den Variablen x und y homogen, d. h. jeder Summand ist bezüglich dieser Variablen von gleicher Dimension, im vorliegenden Fall von der zweiten. Man kann diese homogene Gleichung mit der höchsten Potenz einer der Variablen, etwa x^2, dividieren und erhält

$$C\left(\frac{y}{x}\right)^2 + B\left(\frac{y}{x}\right) + A = 0,$$

oder aufgelöst

$$\frac{y}{x} = \frac{-B \pm \sqrt{B^2 - 4AC}}{2C}$$

also zwei verschiedene Gleichungen ersten Grades von der Form $y = \lambda_1 x$, $y = \lambda_2 x$, hier

$$y = x\,\frac{-B+\sqrt{\ }}{2C}. \qquad\qquad y = x\,\frac{-B-\sqrt{\ }}{2C},$$

deren jede eine Gerade durch den Nullpunkt darstellt.

Wäre die homogene Gleichung von der n-ten Dimension gewesen, so hätte man nach Division mit x^n eine Gleichung n-ten Grades in $\frac{y}{x}$ erhalten, deren Auflösung n lineare Gleichungen von der Form

$$y = \lambda_1 x, \quad y = \lambda_2 x, \ldots, y = \lambda_n x$$

liefert, deren jede eine Gerade durch den Nullpunkt vorstellt.

Man kann die gewonnenen Erfahrungen in dem Satz zusammenfassen:

> **Ist die Kurvengleichung $F(x, y) = 0$ homogen n-ten Grades bezüglich der Variablen, so stellt sie n Gerade durch den Nullpunkt dar.**   (d)

Ein anderer Satz:

> **Fehlt in einer Kurvengleichung x bzw. y, so stellt sie eine endliche Zahl von Parallelen zur x- bzw. y-Achse vor,**   (e)

ist ohne weiteres ersichtlich; die Gleichung $x^2 - 4x + 3 = 0$ etwa kann man auflösen $(x-1)(x-3) = 0$, was zwei Parallele zur y-Achse vorstellt, $x - 1 = 0$ und $x - 3 = 0$. Entsprechend würde die Gleichung $y^3 - y^2 = 0$ oder aufgelöst $y \cdot y \cdot (y-1) = 0$ drei Gerade parallel zur x-Achse vorstellen, die doppelt zu zählende x-Achse selbst, nämlich $y^2 = 0$, und die Gerade $y - 1 = 0$.

Mittelpunkt einer Kurve heißt ein Punkt dann, wenn er jede durch ihn hindurchgehende Sehne halbiert. Ist speziell der Nullpunkt Mittelpunkt, so äußert sich dies dadurch, daß zu jedem Kurvenpunkt $P_1 = a \,|\, b$ ein weiterer Kurvenpunkt $P_2 = -a \,|\, -b$ gefunden werden kann. P_1 und P_2 liegen ja auf dem gleichen Fahrstrahl durch den Nullpunkt und haben gleiche Entfernung von ihm, siehe Abb. 143. Man kann also den Satz aufstellen:

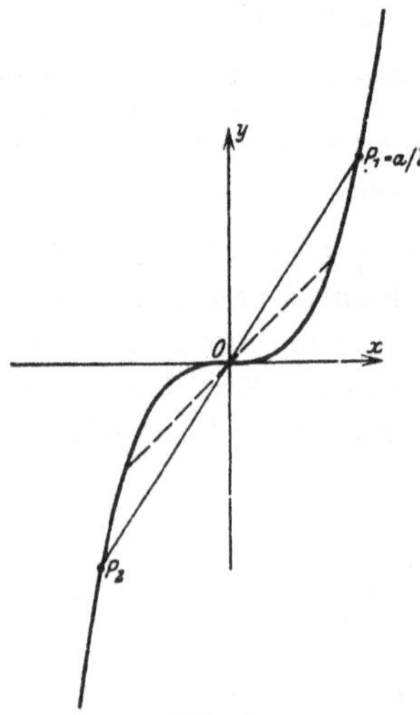

Abb. 143.

> **Genügt mit** $+a \mid +b$ **auch** $-a \mid -b$ **der Kurvengleichung, so ist der Nullpunkt Mittelpunkt der Kurve.** (f)

Beispiel: Man zeichne die Kurve $y = x^3$, eine kubische Parabel.

Man sieht zunächst, daß y immer das nämliche Vorzeichen hat wie x, daß also die Kurve nur im ersten oder dritten Quadranten verläuft. Der Nullpunkt, durch den die Kurve hindurchgeht, erweist sich als Mittelpunkt. Denn wenn $a \mid b$ ein Kurvenpunkt ist, also $b = a^3$ gilt, dann auch $-b = (-a)^3$, der Punkt $-a \mid -b$ liegt somit ebenfalls auf der Kurve. In der Nähe des Nullpunktes ist die Kurve sehr flach: dort ist x sehr klein, aber y noch viel kleiner; ist etwa $x = 0{,}1$, so wird $y = 0{,}001$, also hundertmal so klein. Umgekehrt verläuft die Kurve sehr steil, wenn sie einmal weiter weg ist vom Nullpunkt; für $x = 10$ etwa wird $y = 1000$ oder hundertmal so groß wie x. Mit diesen Eigenschaften ist die ungefähre Gestalt dieser Kurve bekannt, die genauere läßt sich durch Bestimmung von einzelnen speziellen Punkten sofort so wiedergeben, wie sie Abb. 143 zeigt.

Aufgabe d) Man zeichne den Kegelschnitt $x^2 - 5x + 6 = 0$.

Lösung: Nach (e) ein Geradenpaar $(x - 3)(x - 2) = 0$ oder $x - 3 = 0$ mit $x - 2 = 0$ parallel zur y-Achse.

Aufgabe e) Man zeichne die Kurve $y^3 - y^2 - 6y = 0$.

Lösung: Nach (e) ein Geradentripel $y(y - 3)(y + 2) = 0$ oder $y = 0$ mit $y - 3 = 0$ und $y + 2 = 0$ parallel zur x-Achse.

Aufgabe f) Man zeichne die Kurve $y^3 - 6y^2 x + 8yx^2 = 0$.

Lösung: Nach (d) ein Geradentripel $\dfrac{y}{x} \cdot \left(\dfrac{y}{x} - 4\right)\left(\dfrac{y}{x} - 2\right) = 0$ durch den Nullpunkt, zerlegt: $y = 0$, $y = 4x$, $y = 2x$.

106. Die Kurve $y = x^2$ liege gezeichnet vor, gefragt ist, in welcher Weise aus ihr die Kurve $cy = x^2$ hervorgeht. Man schreibt die neue Kurve an $y = \dfrac{1}{c} x^2$ und überlegt: bei der alten Kurve gehört zur Abszisse x die Ordinate x^2, bei der neuen aber zum nämlichen x die Ordinate $\dfrac{1}{c} x^2$. An jeder Stelle, d. h. für jedes x ist also die Ordinate der neuen Kurve $\dfrac{1}{c}$ mal so groß als die Ordinate der ursprünglichen Kurve. Für $c = 3$ etwa sind die Ordinaten der neuen Kurve $3y = x^2$ an jeder Stelle $\frac{1}{3}$ mal so groß als die Ordinaten der ursprünglichen Kurve $y = x^2$, siehe Abb. 144.

Dann ist aber nach Nr. 97 die neue Kurve, die ebenso wie $y = x^2$ eine **Parabel** vorstellt, nichts anderes als die homogene

15*

Deformation der gegebenen Kurve. In der Tat geht ganz allgemein
aus der Kurve $F(x, y) = 0$ die Kurve $F(x, cy) = 0$ durch homogene

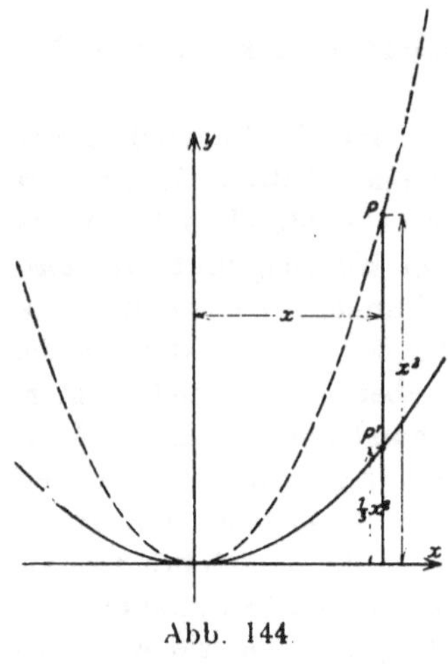

Abb. 144

Deformation hervor. Denkt man sich
nämlich die erste Kurve in der Ebene ε
gelegen und diese Ebene ε in die Ebene ε' transformiert durch die Formel
$x = x'$, $y = cy'$, so wird die gegebene
Kurve $F(x, y) = 0$ transformiert in die
Kurve $F(x', cy') = 0$ oder wie wir dafür auch schreiben können, $F(x, cy) = 0$,
da ja beide Ebenen ε und ε' zusammenfallen. Man hat somit:

Die Kurve $F(x, cy) = 0$
geht aus der Kurve $F(x, y)$
$= 0$ hervor, indem man diese
in der y-Richtung $\dfrac{1}{c}$ mal homogen deformiert, d. h. c mal
verkürzt oder preßt.   (a)

Und entsprechend wird in der gleichen Weise entwickelt:

Die Kurve $F(cx, y) = 0$ geht aus der Kurve $F(x, y) = 0$
hervor, indem man diese in der x-Richtung $\dfrac{1}{c}$ mal homogen
deformiert, d h. c-mal verkürzt oder preßt.   (b)

Und wenn man beide Sätze zusammenfaßt:

Die Kurve $F(ax, by) = 0$ geht aus der Kurve
$F(x, y) = 0$ hervor, indem man diese in der x-Rich-
tung $\dfrac{1}{a}$ mal und in der y-Richtung $\dfrac{1}{b}$ mal homogen deformiert.   (c)

Ein spezieller Fall dieser letzten Kurvenverwandlung ist derjenige, der eine Kurve in eine homothetische, d. h. in eine ähnliche und ähnlich gelegene Kurve umwandelt. Nach (96 a) wird
dieser Spezialfall durch die Beziehung $x' = cx$ und $y' = cy$ charakterisiert, falls der Nullpunkt Ähnlichkeitszentrum ist. Man schließt
dann:

Die Kurve $F(cx, cy) = 0$ geht aus der Kurve $F(x, y) = 0$
durch eine Ähnlichkeitstransformation (mit dem Nullpunkt
als Ähnlichkeitszentrum) hervor.   (d)

Durch die vorausgehend angegebenen Transformationen, die eine
Kurve in eine neue verwandeln. wird der Grad der transformierten

Gleichung nicht geändert; auch nicht durch die allgemeinste lineare Transformation Nr. 94, die allgemeine kollineare Abbildung Es wird also durch eine lineare Transformation eine Kurve n-ter Ordnung wieder in eine Kurve n-ter Ordnung transformiert, ein Kegelschnitt speziell wieder in einen Kegelschnitt.

Beispiel a) Man zeichne die Kurve $4y^2 = x$.

Man schreibt die Gleichung in der Form $y^2 = \tfrac{1}{4}x$ an und sieht daraus, daß man die Kurve erhält, indem man die Parabel $y^2 = x$ in der x-Richtung 4-mal homogen deformiert. so wie durch die Abb. 145 angedeutet ist.

Man hätte auch schreiben können $(2y)^2 = x$ und dann die Kurve dadurch erhalten, daß man die Parabel $y^2 = x$ in der y-Richtung $\tfrac{1}{2}$mal homogen deformiert. Natürlich muß man nach beiden Konstruktionsweisen zur nämlichen Kurve gelangen, siehe die Abbildung.

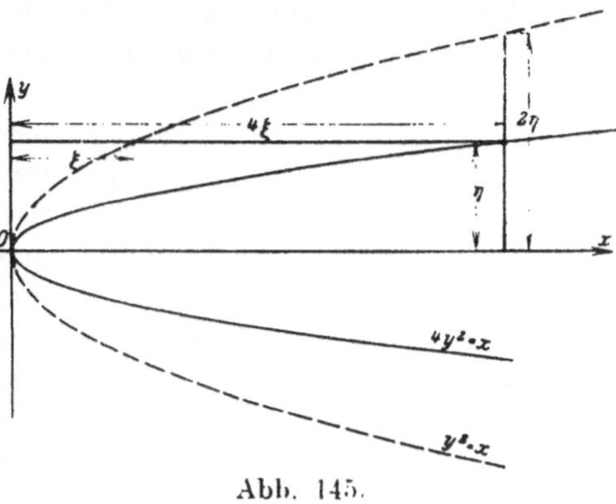

Abb. 145.

.Aufgabe: Man zeichne die Kurve $4y^2 - 8y - x = 0$.

Lösung: Man formt mit Hilfe der quadratischen Ergänzung die Gleichung der Kurve um zu $4y^2 - 8y + 4 - 4 - x = 0$ oder $4(y - 1)^2 = x + 4$. Nach (105c) geht die gesuchte Kurve aus der eben gezeichneten Kurve $4y^2 = x$ durch Verschiebung in der x-Richtung um -4 und in der y-Richtung um $+1$ hervor. Statt der Kurve hätte man auch das Koordinatensystem entgegengesetzt verschieben können, also in der x-Richtung um $+4$ und in der y-Richtung um -1. Gegenüber diesem neuen System hat dann die alte Kurve die Gleichung $4(y - 1)^2 = x + 4$.

Beispiel b) Man ermittle mit Hilfe allgemeiner Überlegungen die ungefähre Gestalt der Kurve $y^2 = x^3$, genannt Neilsche Parabel oder semikubische Parabel.

Das Vorzeichen von y ist belanglos. also ist die Kurve symmetrisch zur x-Achse. Da für reelle Punkte die linke Seite der Gleichung stets positiv ist, muß die rechte Seite auch stets positiv sein, somit auch immer x; dann läuft die Kurve aber nur rechts von der y-Achse. Wenn x groß ist. ist y erst recht groß; für $x = 100$ etwa ist $y^2 = 10^6$. also $y = 1000$ oder 10-mal so groß wie x; weit weg vom Nullpunkt läuft die Kurve also sehr steil. Die Kurve geht durch den Nullpunkt; in der Umgebung des Nullpunktes selbst läuft sie sehr flach: denn wenn x klein ist. wird y erst recht klein. Für

$x = 0{,}01$ zum Beispiel wird $y^2 = x^3 = 10^{-6}$ und damit $y = 0{,}001$ oder 10-mal so klein wie x. Alles das, was man mit diesen allgemeinen Überlegungen erfahren hat, ist in der Abb. 146 durch die stark ausgezogenen Striche angedeutet.

Wenn man noch hinzunimmt, daß die Kurve dritter Ordnung ist, so ist damit die ungefähre Gestalt der Kurve so wie in Abb. 146 dargestellt gefunden und die genauere Gestalt so wie Abb. 147 zeigt.

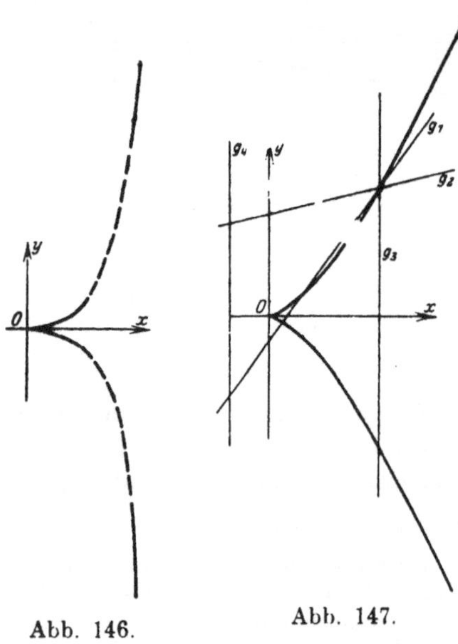

Abb. 146.   Abb. 147.

Anmerkung: Die eben besprochene Kurve ist dritter Ordnung, wird also von jeder Geraden in drei reellen oder imaginären Punkten geschnitten. Es wird in den folgenden Zeilen (in der Gleichungstheorie) bewiesen werden, daß die imaginären Wurzeln einer reellen Gleichung (d. i. einer Gleichung mit reellen Koeffizienten) immer nur paarweise konjugiert auftreten, daß also zur Wurzel $a + ib$ immer noch eine zweite $a - ib$ gehört. Nach diesem Satz müssen also die imaginären Schnittpunkte einer reellen Geraden mit einer reellen Kurve immer nur paarweise auftreten, d. h. wird eine solche Kurve von einer Geraden in einem imaginären Punkt geschnitten, dann auch immer noch in einem zugehörigen zweiten konjugiert imaginären Punkt. Es wird daher im vorliegenden Fall die Kurve $y^2 = x^3$ der Abb. 147 von einer reellen Geraden entweder in 3 reellen Punkten geschnitten, wie zum Beispiel durch die Gerade g_1, oder in 1 reellen und in 2 imaginären wie durch die Gerade g_2. Die Gerade g_3 schneidet die Kurve in 3 reellen Punkten, nämlich in P_1 und P_2 im Endlichen und in einem dritten Punkt P_∞ im Unendlichen; die Gerade g_4 schneidet die Kurve in 1 reellen Punkt P_∞ im Unendlichen und in 2 imaginären Punkten.

107. Man ermittle die ungefähre Gestalt des Kegelschnitts

$$\frac{x^2}{a^2} + \frac{y^2}{b^2} - 1 = 0, \text{ der Ellipse.}$$

zunächst mit Hilfe allgemeiner Überlegungen; alsdann gebe man die genauere Gestalt an, indem man die Kurve in Beziehung setzt zu den Kreisen $x^2 + y^2 = a^2$ und $x^2 + y^2 = b^2$.

Das Vorzeichen von x und y ist belanglos. also ist die Kurve symmetrisch zur y- und x-Achse. Aus dem gleichen Grund ist dann der Nullpunkt Mittelpunkt der Kurve. Wenn man reelle x und y voraussetzt. dann müssen die Summanden $\dfrac{x^2}{a^2}$ und $\dfrac{y^2}{b^2}$ stets positiv sein; da aber ihre Summe gleich 1 sein muß, so kann keiner von ihnen größer als 1 sein, es wird sonach x höchstens gleich a, wenn nämlich y Null wird. und y höchstens gleich b, wenn x verschwindet. Dann verläuft aber die Kurve innerhalb eines zum Koordinatensystem symmetrischen Rechteckes mit den Seiten $2\,a$ und $2\,b$. Wenn man noch hinzunimmt. daß die zu untersuchende Kurve ein Kegelschnitt ist, also von jeder Geraden in zwei Punkten geschnitten wird, so ist damit für die Ermittlung der ungefähren Gestalt der Kurve das meiste angegeben. Abb. 148 gibt die Gestalt für den Fall $a = 3$. $b = 2$ wieder.

Geometrisch kann man die Kurve recht einfach zeichnen, wenn man sich die Beziehung zwischen der Ellipse und den angegebenen Kreisen klar macht. Man formt die Gleichung des ersten Kreises um zu $\dfrac{x^2}{a^2} + \dfrac{y^2}{a^2} - 1 = 0$. dann sieht man, daß die vorgelegte Ellipse, deren Gleichung man schreiben kann $\dfrac{x^2}{a^2} + \dfrac{\left(y\,\dfrac{a}{b}\right)^2}{a^2} - 1 = 0$, die homogene Deformation dieses Kreises ist: die Kreisordinate und die $\dfrac{a}{b}$ fache Ellipsenordinate sind gleich, der Kreis wird in der y-Richtung $\dfrac{b}{a}$ mal deformiert. Wie die Abb. 148 erkennen läßt, ist dieser Kreis der Ellipse um-schrieben.

Man kann sich die Ellipse auch dadurch aus dem umschriebenen Kreis mit dem Radius a hervorgegangen denken, daß man diesen Kreis aus seiner Ebene heraus um die x-Achse dreht. bis er die Neigung $\dfrac{b}{a}$ gegen die Anfangsebene hat und ihn auf diese Ebene projiziert.

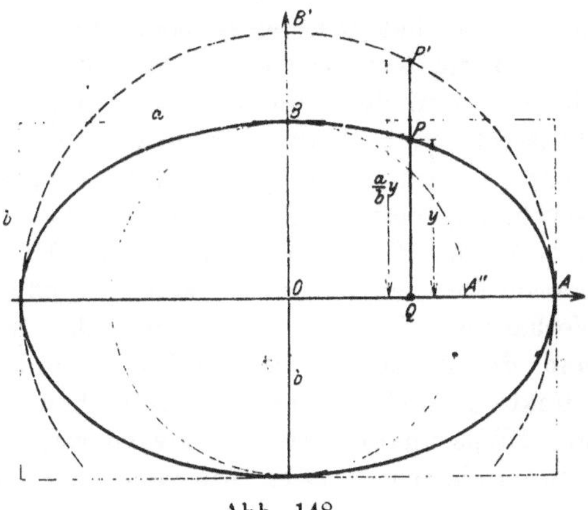

Abb. 148.

Punkt B' projiziert sich dann in B, Punkt P' in P, so daß also

$$QP:QP' = b:a.$$

In der gleichen Weise geht die Ellipse $\dfrac{x^2}{a^2} + \dfrac{y^2}{b^2} - 1 = 0$ aus dem zweiten Kreis $x^2 + y^2 - b^2 = 0$ oder $\dfrac{x^2}{b^2} + \dfrac{y^2}{b^2} - 1 = 0$ hervor, indem man diesen in der x-Richtung $\dfrac{a}{b}$ mal homogen deformiert, denn diese homogene Transformation deformiert ihn in

$$\frac{\left(x\,\dfrac{b}{a}\right)^2}{b^2} + \frac{y^2}{b^2} - 1 = 0 \quad \text{oder} \quad \frac{x^2}{a^2} + \frac{y^2}{b^2} - 1 = 0.$$

Dieser zweite Kreis ist damit als der der Ellipse eingeschriebene Kreis erkannt. [Auch aus ihm kann man sich die Ellipse durch Projektion hervorgegangen denken. Nur dreht man diesmal die Ebene, auf die projiziert wird, um die y-Achse, bis sie gegen die ursprüngliche Lage die Neigung $a:b$ hat. Dann projiziert man alle Punkte des nichtmitgedrehten Kreises vertikal nach oben, so daß die Projektionsstrahlen alle senkrecht zum Kreis sind und die gedrehte Ebene schief treffen. Punkt A'' wird nach A projiziert, Punkt P'' nach P, so daß $RP:RP'' = a:b$, siehe Abb. 148 und 149; R ist der Schnittpunkt von PP'' mit der y-Achse. Nach dieser Projektion dreht man die Ebene wieder in ihre ursprüngliche Lage zurück, womit dann die Kreisprojektion in der Ebene als die untersuchte Ellipse erscheint.]

Die angegebenen Beziehungen der Ellipse zum umschriebenen und eingeschriebenen Kreis gestatten einfache Ellipsenkonstruktionen mit Hilfe dieser Kreise. Zunächst einmal, indem man entweder alle Ordinaten des umschriebenen Kreises im Verhältnis $b:a$ deformiert; hat man einen sogenannten Reduktionszirkel zur Hand, so wird die Konstruktion recht einfach. Oder aber man deformiert alle Abszissen des eingeschriebenen Kreises im Verhältnis $a:b$. Beide Konstruktionen werden in praktischen Fällen seltener angewandt. Mehr dagegen die folgende: Den Ellipsenpunkt P kann man sich sowohl aus dem Punkt P' des umschriebenen Kreises, wie auch aus dem Punkt P'' des eingeschriebenen Kreises durch homogene Deformation hervorgegangen denken. Da nun die beiden Kreisradien das Verhältnis $a:b$ haben, ebenso auch die Ordinaten der Punkte P' und P und die Abszissen der Punkte P und P'', so müssen die beiden Punkte P' und P'' auf dem nämlichen Radius liegen. Es kann also der Ellipsenhalbmesser OP sowohl aus dem Kreishalbmesser OP' des umschriebenen Kreises wie aus dem mit OP' zusammenfallenden

Halbmesser OP'' des eingeschriebenen Kreises durch Projektion hervorgehen. Es läßt sich somit die Ellipse recht einfach konstruieren, indem man einen beliebigen Strahl durch den Mittelpunkt der Kreise legt und den Schnittpunkt P' dieses Strahles mit dem umschriebenen Kreis in der y-Richtung projiziert, den Schnittpunkt P'' mit dem eingeschriebenen Kreis aber in der x-Richtung; die beiden Projizierenden schneiden sich im Ellipsenpunkt P.

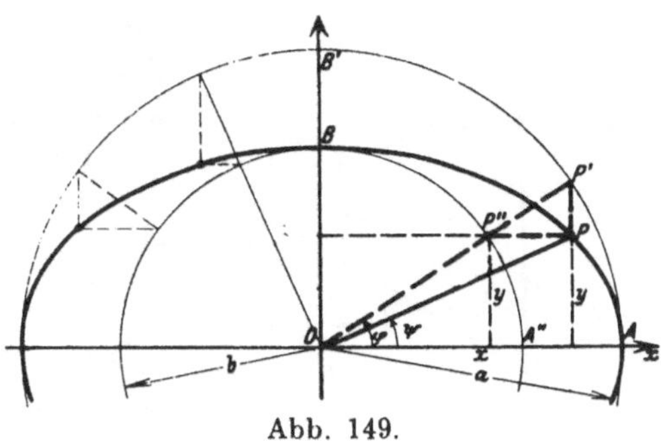

Abb. 149.

Analytisch läßt sich diese Konstruktionsvorschrift an Hand der Abb. 149 ausdrücken durch

$$\left. \begin{aligned} x &= a \cos \varphi \\ y &= b \sin \varphi \end{aligned} \right\} \tag{a}$$

und liefert damit die Ellipsengleichung in der Parameterdarstellung. Zu jedem Parameter oder Winkel φ des Kreishalbmessers erhält man einen bestimmten Ellipsenpunkt P und weiterhin einen bestimmten Ellipsenhalbmesser α sowie Halbmesserwinkel ψ. Eliminiert man aus der letzten Form der Ellipsengleichung den Parameter φ mittels der Beziehung $\cos^2 \varphi + \sin^2 \varphi = 1$, so erhält man wieder die ursprüngliche Form $\dfrac{x^2}{a^2} + \dfrac{y^2}{b^2} - 1 = 0$ oder $b^2 x^2 + a^2 y^2 = a^2 b^2$

Der Parameter φ wird zuweilen „exzentrische Anomalie" genannt.

Beispiel a) Die Ellipse $\dfrac{x^2}{9} + \dfrac{y^2}{4} - 1 = 0$ der Abb. 148 ist nach diesen Angaben symmetrisch zur x- und zur y-Achse und hat den Nullpunkt als Mittelpunkt. Sie ist einem zum Koordinatensystem symmetrischen Rechteck mit den Seiten $2a = 6$ und $2b = 4$ eingeschrieben. Die Ellipse kann man sich aus den beiden Kreisen $x^2 + y^2 - 9 = 0$ und $x^2 + y^2 - 4 = 0$ hervorgegangen denken entweder durch homogene Deformation. [oder, was auf das nämliche hinauskommt, durch Projektion dieser Kreise auf eine Ebene, die unter der Richtung $2:3$ bzw. $3:2$ gegen die Kreisebene geneigt ist. In einem Fall stehen die Projektionsstrahlen senkrecht zur Projektionsebene, im andern Fall senkrecht zur Kreisebene]. Am einfachsten konstruiert man die Ellipse so, wie oben angegeben und durch Abb. 149 angedeutet wurde.

Die für praktische Fälle recht brauchbare **Papierstreifen-konstruktion** (auch Stangenkonstruktion genannt), auf die der Ellipsenzirkel zurückgeht, benützt die beiden Halbachsen a und b, das sind die Radien der beiden Hilfskreise, in folgender Weise: Man läßt die Enden eines Streifens BA von der Länge $a - b$ auf den Achsen gleiten, so daß A immer auf der a-Achse und B immer auf der b-Achse bleibt. Auf der Verlängerung des Streifens um b liegt der die Ellipse erzeugende Punkt P. Jede der einzelnen Streifenlagen ist durch den Winkel φ charakterisiert. sonach φ ein Parameter. Für ein beliebiges φ erhält man

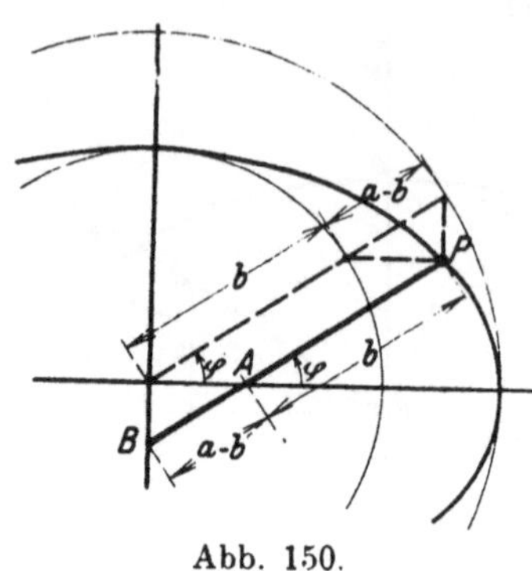

Abb. 150.

$$x = (a - b)\cos\varphi + b\cos\varphi = a\cos\varphi, \qquad y = b\sin\varphi.$$

das ist die bekannte Parametergleichung der Ellipse. In der Abbildung ist auch noch die rein geometrische Erklärung der Papierstreifenkonstruktion angedeutet: Der „Papierstreifen" BAP ist demnach nichts anderes als der unter dem Winkel φ gezogene Kreishalbmesser, der die beiden Hilfskreise in den Punkten P' und P'' schneidet.

Die Kenntnis von dem einfachen affinen Zusammenhang zwischen der Ellipse und den beiden Hilfskreisen gestattet die Angabe des von der Ellipse eingeschlossenen Flächeninhaltes F. Der umschriebene Kreis hat die Fläche $F' = a^2\pi$, die bei der homogenen Deformation in $F = F'\dfrac{b}{a} = ab\pi$ übergeht. Ebenso kann man schließen: die Fläche $F'' = b^2\pi$ des eingeschriebenen Kreises geht bei der homogenen Deformation zur Ellipse über in $F = F''\dfrac{a}{b} = ab\pi$. Die Ellipsenfläche ist somit $ab\pi$.

Und weiter gestattet dieser affine Zusammenhang zwischen der Ellipse und den beiden Kreisen auch eine einfache **Konstruktion der Tangente und Normalen** in einem gegebenen Ellipsenpunkt P. Diese Tangente ist als Gerade durch zwei unendlich benachbarte

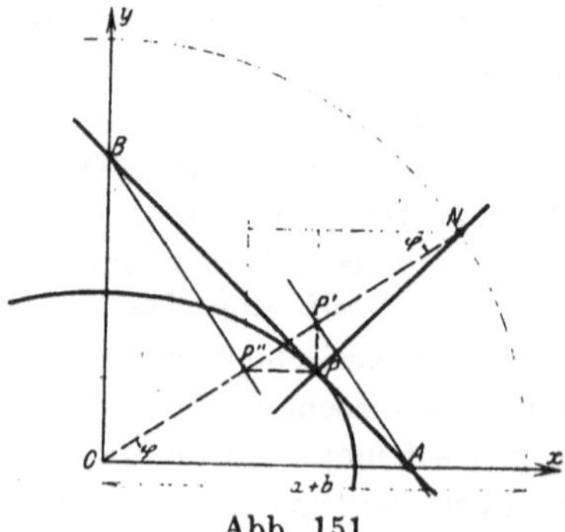

Abb. 151.

Punkte die homogene Deformation der affinen Kreistangente, d. h. der Tangente im affinen Kreispunkt P'. Da für den umschriebenen Kreis und die Ellipse die x-Achse Affinitätsachse ist, so schneiden sich die Ellipsentangente in P und die affine Kreistangente in P' auf der x-Achse, womit dann die Ellipsentangente als Gerade durch P und diesen gemeinsamen Schnittpunkt A bestimmt ist. Andrerseits ist die y-Achse Affinitätsachse für die Ellipse und den eingeschriebenen Kreis, es schneiden sich daher die Ellipsentangente in P und die Tangente im affinen Kreispunkt P'' auf der y-Achse, so daß die Ellipsentangente wieder durch P und diesen gemeinsamen Schnittpunkt B bestimmt ist, siehe Abb 151.

Die Tangente im Ellipsenpunkte P muß gleichzeitig durch die Punkte A und B gehen; diese Tatsache bietet erstens eine Kontrolle für die richtige Konstruktion der Tangente; ferner bestimmt sie deren Richtung als

$$\operatorname{tg}\tau = -\frac{OB}{OA} = -\frac{b:\sin\varphi}{a:\cos\varphi} = -\frac{b}{a}\operatorname{cotg}\varphi. \tag{b}$$

Die Normale im Ellipsenpunkt P konstruiert man entweder als Senkrechte zur Tangente, wenn man diese als bereits gezeichnet voraussetzt, oder so wie die Abbildung angibt als Gerade NP, wo N der Schnittpunkt des Hilfsstrahles φ und des Kreises um den Nullpunkt mit dem Radius $a+b$ ist. Da die Tangente im Ellipsenpunkt φ die Richtung $\operatorname{tg}\tau = -\dfrac{b}{a}\operatorname{cotg}\varphi$ hat, so ist die Richtung der Normalen im gleichen Punkt

$$\operatorname{tg}\nu = -\frac{1}{\operatorname{tg}\tau} = \frac{a}{b}\operatorname{tg}\varphi = \frac{a\sin\varphi}{b\cos\varphi}. \tag{c}$$

Die Richtung $\operatorname{tg}\nu$ wird dargestellt durch die Strecke PN, da diese $a\sin\varphi$ als y-Projektion und $b\cos\varphi$ als x-Projektion hat.

Das Tangentenpaar von einem Punkt Q aus an die Ellipse konstruiert man als das affine Geradenpaar zum Tangentenpaar vom affinen Punkt Q' aus an den umschriebenen Kreis.

108. Ausgehend von der gleichseitigen Hyperbel $x^2 - y^2 - a^2 = 0$ kann man die Gestalt der allgemeineren

$$\text{Hyperbel} \quad \frac{x^2}{a^2} - \frac{y^2}{b^2} - 1 = 0 \tag{a}$$

angeben. Man vermutet, daß die neue Kurve in der nämlichen Weise aus dieser gleichseitigen Hyperbel hervorgehen wird, wie die Ellipse aus dem Kreis, also durch homogene Deformation. In der Tat, wenn man die gleichseitige Hyperbel schreibt $\dfrac{x^2}{a^2} - \dfrac{y^2}{a^2} - 1 = 0$, dann kann man die Gleichung der zu untersuchenden Kurve auf sie zurückführen durch die Schreibweise $\dfrac{x^2}{a^2} - \dfrac{\left(y\frac{a}{b}\right)^2}{a^2} - 1 = 0$ und damit zeigen, daß man die gleichseitige Hyperbel in der y-Richtung $\dfrac{b}{a}$ mal homogen deformieren muß, um die neue Hyperbel zu erhalten. Nach Nr. 104 ist die Gestalt der gleichseitigen Hyperbel bekannt, und somit auch die Gestalt dieser neuen allgemeineren Hyperbel. (Man sieht, wie der Kreis ein Spezialfall der Ellipse ist, so ist die gleichseitige Hyperbel auch ein Spezialfall der untersuchten Hyperbel. Man hat nur $a = b$ zu setzen und es geht die allgemeine Hyperbel über in die gleichseitige.)

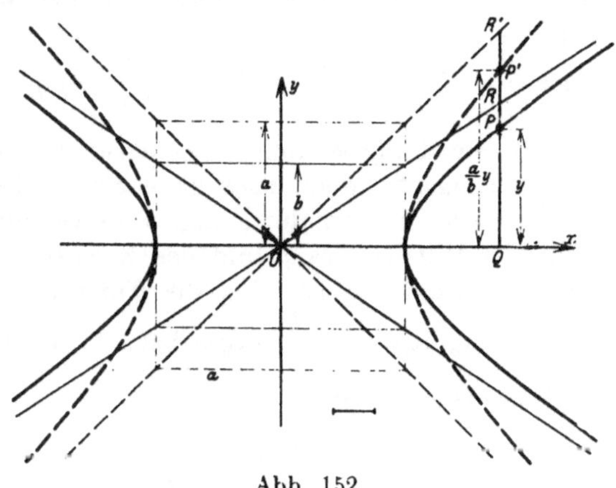

Abb. 152.

Beide Hyperbeln sind affin und affin gelegen, die x-Achse ist Affinitätsachse, also gehen die Asymptoten der gleichseitigen Hyperbel, $y = \pm x$ über in die Asymptoten der neuen Hyperbel $y\dfrac{a}{b} = \pm x$ oder $\dfrac{y}{b} \pm \dfrac{x}{a} = 0$. Die Hyperbel $\dfrac{x^2}{a^2} - \dfrac{y^2}{b^2} - 1 = 0$ hat sonach die Asymptoten

$$\left(\frac{x}{a} + \frac{y}{b}\right)\left(\frac{x}{a} - \frac{y}{b}\right) = 0, \tag{b}$$

das sind zwei Gerade durch den Nullpunkt mit den Richtungen $+\dfrac{b}{a}$ und $-\dfrac{b}{a}$, so wie das Abb. 152 zeigt.

Beispiel a) Die Hyperbel $\dfrac{x^2}{9} - \dfrac{y^2}{4} - 1 = 0$ ist in Abb. 152

und 153 zur Darstellung gebracht. Man kann sie entweder als homogene Deformation der gleichseitigen Hyperbel konstruieren, und in der Abbildung ist das auch zur Anschauung gebracht. Aber das ist umständlich. Einfacher wird man ihre Gestalt mit Hilfe der vorausgegangenen Sätze ermitteln. Zunächst sieht man, daß die Kurve symmetrisch ist zu beiden Koordinatenachsen, weil das Vorzeichen sowohl von x wie von y belanglos ist. Die Kurve besteht also aus vier symmetrischen Ästen, von denen man nur einen zu ermitteln braucht. Ferner kennt man von der Hyperbel die beiden Asymptoten. Sie haben die Richtung $\pm\,b:a$, hier $\pm\,2:3$, sind also die Diagonalen eines zum Koordinatensystem symmetrischen Rechteckes mit den Seiten $2a$ und $2b$. Die allgemeine Gestalt der Hyperbel als Deformation der gleichseitigen Hyperbel ist ohnedies bekannt. Man wird daher noch einige Punkte rechnerisch ermitteln und kann die Kurve dann beliebig genau zeichnerisch darstellen.

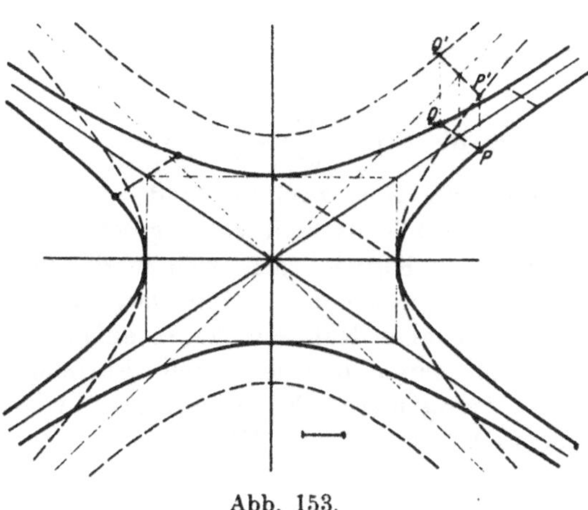

Abb. 153.

Man diskutiere die Hyperbel $\dfrac{x^2}{a^2}-\dfrac{y^2}{b^2}+1=0.$ (c)

Man geht von der Kurve $x^2-y^2+a^2=0$ oder $y^2-x^2=a^2$ aus, die wie die Kurve $x^2-y^2=a^2$ eine gleichseitige Hyperbel sein muß; sie geht ja aus dieser direkt durch Vertauschung der Variabeln x und y hervor, beide Kurven spiegeln sich an der Mediane, siehe Nr. 104. Diese gleichseitige Hyperbel geht nun durch homogene Deformation in der y-Richtung in die zu diskutierende Hyperbel über, aus

$$\frac{x^2}{a^2}-\frac{y^2}{a^2}+1=0 \quad\text{wird}\quad \frac{x^2}{a^2}-\frac{\left(y\dfrac{a}{b}\right)^2}{a^2}+1=0 \quad\text{oder}\quad \frac{x^2}{a^2}-\frac{y^2}{b^2}+1=0.$$

Durch die nämliche homogene Deformation ist aus der gleichseitigen Hyperbel $x^2 - y^2 - a^2 = 0$ die oben besprochene Hyperbel $\frac{x^2}{a^2} - \frac{y^2}{b^2} - 1 = 0$ hervorgegangen. Letztere und die vorliegende Hyperbel — aus später noch anzugebenden Gründen werden sie konjugiert genannt — sind durch die Abb. 155 dargestellt; beide haben die nämlichen Asymptoten, denen gegenüber sie „schiefsymmetrisch" liegen. Zu jedem Punkt P der einen Hyperbel findet man einen entsprechenden Punkt Q der konjugierten Hyperbel, so wie die Abbildung angibt. Die Asymptoten der beiden allgemeinen Hyperbeln sind affin zu den Asymptoten der beiden gleichseitigen Hyperbeln und gehen aus ihnen ebenfalls durch homogene Deformation hervor. Die Strecke PQ wird von der Asymptote halbiert, die Richtung PQ ist affin zu der Richtung $P'Q'$ senkrecht zur Mediane.

Beispiel b) Entsprechend dem Beispiel a) ist in Abb. 153 gewählt $a = 3$, $b = 2$, so daß die beiden konjugierten Hyperbeln heißen

$$\frac{x^2}{9} - \frac{y^2}{4} - 1 = 0 \quad \text{und} \quad \frac{x^2}{9} - \frac{y^2}{4} + 1 = 0.$$

Man diskutiere die Kurve $\frac{x^2}{a^2} + \frac{y^2}{b^2} + 1 = 0.$ \hfill (d)

Die Gleichung ist vom zweiten Grad, die Kurve somit ein Kegelschnitt. Da a und b als reell vorausgesetzt sind, so kann kein reeller Punkt auf dieser Kurve liegen, weil in diesem Fall jeder der drei Summanden in der Gleichung positiv wäre, die Summe von drei positiven Zahlen aber nicht Null sein kann, außer sie sind alle drei gleich Null. Die Kurvenpunkte sind sonach alle imaginär, die Kurve heißt deswegen „imaginärer Kegelschnitt" oder wegen ihrer Gleichungsform auch „imaginäre Ellipse".

Kreis.

109. Als Beispiel für die Gleichung einer Kurve war in Nr. 80 die Gleichung des Kreises mit dem Radius c um den Mittelpunkt $M = a \,|\, b$ aufgestellt worden und zwar in der Form

$$(x - a)^2 + (y - b)^2 - c^2 = 0, \hfill \text{(a)}$$

welche Gleichung man die Normalgleichung des Kreises nennt.

So hat z. B. der Kreis um $M = 2 \,|\, 1$ mit dem Radius 3, siehe Abb. 87, als Gleichung $(x - 2)^2 + (y - 1)^2 - 9 = 0$, und umgekehrt stellt die Gleichung $(x - 3)^2 + (y + 2)^2 - 4 = 0$ einen Kreis mit dem Radius 2 um den Mittelpunkt $3 \,|\, -2$ vor.

Die Gleichung (a) ist vom zweiten Grad in x und y; es fragt sich nun, unter welcher Bedingung eine beliebige Gleichung zweiten Grades in rechtwinkligen Koordinaten x und y,

$$A\,x^2 + B\,xy + C\,y^2 + Dx + Ey + F = 0$$

einen Kreis vorstellt. Offenbar dann und nur dann, wenn diese Gleichung sich auf die Normalform (a) oder die mit ihr identische

$$x^2 + y^2 - 2\,ax - 2\,by + (a^2 + b^2 - c^2) = 0$$

umformen läßt. Dazu ist notwendig, daß die Koeffizienten A und C von x^2 und y^2 gleich sind und das Glied $B\,xy$ verschwindet, d. h. der Koeffizient B von xy Null ist. Eine Gleichung von dieser Form,

$$A\,x^2 + A\,y^2 + Dx + Ey + F = 0,$$

oder wenn man mit A dividiert und $D : A = 2\,\alpha$, $E : A = 2\,\beta$, $F : A = \gamma$ setzt,

$$x^2 + y^2 + 2\,\alpha x + 2\,\beta y + \gamma = 0, \tag{b}$$

die allgemeine Kreisgleichung, läßt sich durch quadratische Ergänzung der Binome $x^2 + 2\,\alpha x$ bzw. $y^2 + 2\,\beta y$ leicht auf die Normalform überführen. Es stellt dann

$$x^2 + y^2 + 2\,\alpha x + 2\,\beta y + \gamma = 0$$

oder

$$x^2 + 2\,\alpha x + \alpha^2 + y^2 + 2\,\beta y + \beta^2 + \gamma - \alpha^2 - \beta^2 = 0$$

oder

$$(x + \alpha)^2 + (y + \beta)^2 - (\alpha^2 + \beta^2 - \gamma) = 0$$

einen Kreis um den Mittelpunkt $M = -\alpha \,|\, -\beta$ mit dem Radius $c = \sqrt{\alpha^2 + \beta^2 - \gamma}$ vor.

Beispiel a) Die allgemeine Kreisgleichung $x^2 + y^2 - 8x + 4y = 0$ geht durch die quadratische Ergänzung über in die Normalform

$$x^2 - 8x + 16 - 16 + y^2 + 4y + 4 - 4 = 0$$

oder

$$(x - 4)^2 + (y + 2)^2 - 20 = 0,$$

stellt also einen Kreis mit dem Radius $\sqrt{20}$ um den Punkt $+4\,|\,-2$ vor.

Aufgabe a) mit d) Man zeichne die durch die Gleichungen

a) $x^2 + y^2 - 8x + 4 = 0,$ b) $x^2 + y^2 - 4y + 20 = 0$

c) $x^2 + y^2 - 16x - 4y = 0,$ d) $4x^2 + 4y^2 - 6x + 8y + 4 = 0$

dargestellten Kreise.

Lösung: Man stellt mit Benützung der quadratischen Ergänzung die Normalformen auf

a) $(x - 4)^2 + y^2 - 12 = 0,$ b) $x^2 + (y - 2)^2 + 16 = 0,$

c) $(x - 8)^2 + (y - 2)^2 - 68 = 0,$ d) $(x - \tfrac{3}{4})^2 + (y + 1)^2 - \tfrac{9}{16} = 0.$

Im letzten Fall hat man vorher mit 4 dividiert. Man sieht dann, daß der erste Kreis den Radius $\sqrt{12}$ und den Mittelpunkt $4\,|\,0$ hat; der zweite

Kreis hat den Radius $\sqrt{-16} = 4i$ und den Mittelpunkt $0 \mid 2$, ist also imaginär; der dritte Kreis hat den Mittelpunkt $8 \mid 2$ und den Radius $\sqrt{68}$, der vierte den Mittelpunkt $\frac{3}{4} \mid -1$ und den Radius $\frac{1}{4}$.

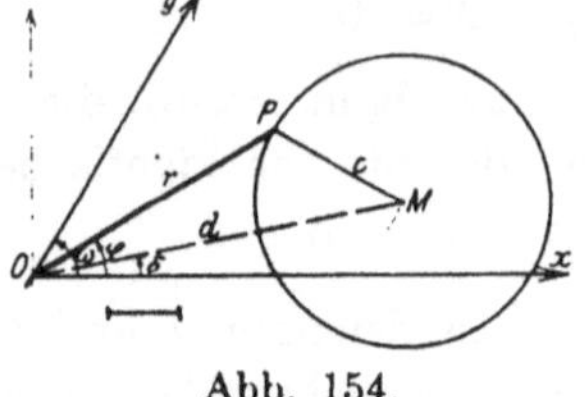

Abb. 154.

Beispiel b) Bei Anwendung von schiefwinkligen Koordinaten wird die Gleichung des Kreises vom Radius c um den Mittelpunkt $M = a \mid b$, ausgehend von der Eigenschaft des erzeugenden Punktes P, nämlich $MP = c$, mit (75d) in der Form

$$\sqrt{(x-a)^2 + (y-b)^2 + 2(x-a)(y-b)\cos\omega} = c$$

oder

$$(x-a)^2 + (y-b)^2 + 2(x-a)(y-b)\cos\omega - c^2 = 0 \qquad \text{(c)}$$

erhalten; und bei Polarkoordinaten mit (76a) in der Form

$$\sqrt{r^2 + d^2 - 2rd\cos(\varphi - \delta)} = c$$

oder

$$r^2 + d^2 - 2rd\cos(\varphi - \delta) - c^2 = 0, \qquad \text{(d)}$$

wenn P die Polarkoordinaten $r \mid \varphi$, M diejenigen $d \mid \delta$ hat; siehe die Abbildung.

Aufgabe e) Der Kreis der Abbildung hat in einem rechtwinkligen Koordinatensystem den Mittelpunkt $M = 5 \mid 1$ und den Radius $c = 2$. In diesem System wäre seine Gleichung $(x-5)^2 + (y-1)^2 - 4 = 0$. Der Übergang zum schiefwinkligen Koordinatensystem geschieht durch die Formel (78f) $x = x' + y'\cos\omega$, $y = y'\sin\omega$, oder da nach Abbildung $\omega = 60^\circ$, durch $x = x' + 0{,}5y'$, $y = 0{,}5y'\sqrt{3}$. Dann wird die Kreisgleichung im neuen System

$$(x' + 0{,}5y' - 5)^2 + (0{,}5y'\sqrt{3} - 1)^2 - 4 = 0.$$

Zum gleichen Resultat hätte auch Formel (c) geführt. Im neuen System hat der Mittelpunkt M die Koordinaten $a' = 5 - \frac{1}{3}\sqrt{3}$, $b' = \frac{2}{3}\sqrt{3}$. Dann wird die Kreisgleichung

$$\left(x' - 5 + \tfrac{1}{3}\sqrt{3}\right)^2 + \left(y' - \tfrac{2}{3}\sqrt{3}\right)^2 + 2\left(x' - 5 + \tfrac{1}{3}\sqrt{3}\right)\left(y' - \tfrac{2}{3}\sqrt{3}\right)\cdot 0{,}5 - 4 = 0,$$

die der obigen identisch ist, wie die Ausrechnung zeigen kann.

$*$ Die vorausgenannte Bedingung, daß die Gleichung zweiten Grades einen Kreis vorstellt, ist auch erfüllt für die Gleichungen

$$(x-a)^2 + (y-b)^2 + c^2 = 0 \qquad \text{bzw.} \qquad x^2 + y^2 + c^2 = 0. \qquad \text{(e)}$$

Man bemerkt, daß alle Summanden dieser Gleichungen positiv sind und doch als Summe 0 haben sollen. Das ist für reelle Zahlen nur möglich, wenn jeder Summand einzeln den Wert 0 hat. Dem widerspricht aber das Verlangen, daß ein gegebenes c von 0 verschieden sein soll. Die aufgestellten Kurven haben also keinen reellen Punkt, sie sind imaginär. Deswegen kann man sie aber doch als Kreise ansprechen: man kann ihren Mittelpunkt und ihren Radius angeben, im ersten Fall ist der Mittelpunkt $a \mid b$ und der Radius ic, der zweite „Kreis" hat den Mittelpunkt $0 \mid 0$ und den Radius ic. Die Spezialfälle dieser „Kreise" sind

$$(x-a)^2 + (y-b)^2 = 0 \quad \text{bzw.} \quad x^2 + y^2 = 0, \tag{f}$$

wo also der imaginäre Radius $ic = 0$ und damit gleichzeitig reell geworden ist. Der Kreis ist zu einem Punkt zusammengeschrumpft, zum Mittelpunkt $a \mid b$ bzw. $0 \mid 0$. Dieser Kreis mit dem Radius 0 bildet so den Übergang vom imaginären Kreis zum reellen. Er hat einen einzigen reellen Punkt, den Mittelpunkt $a \mid b$ bzw. $0 \mid 0$.

Man beachte noch, daß obige Gleichungen (f), die jede einen „Kreis mit dem Radius 0" bestimmen, gleichzeitig auch als Gleichungen von Geradenpaaren zu betrachten sind, wenn man nämlich zerlegt
$$(x+iy)\cdot(x-iy) = 0 \quad \text{bzw.} \quad [x-a+i(y-b)]\cdot[x-a-i(y-b)] = 0.$$
Natürlich sind beide Geradenpaare imaginär, konjugiert imaginär, sie schneiden sich aber in einem reellen Punkt $0 \mid 0$ bzw. $a \mid b$.

Über diese imaginären Geradenpaare, genannt zirkuläre Geradenpaare — es sei hier nur kurz·vermerkt, daß sie „Ausartungen" oder „Degenerationen" des Kreises sind — wird später bei den Kegelschnitten noch gesprochen werden.

Beispielsweise stellt die Gleichung $x^2 + y^2 - 8x + 4y + 20 = 0$ oder umgeformt $(x-4)^2 + (y+2)^2 = 0$ einen Kreis mit dem Mittelpunkt $4 \mid -2$ und dem Radius 0 vor; durch diese Gleichung wird gleichzeitig dargestellt das Paar von konjugiert imaginären Geraden $[x-4+i(y+2)]\,[x-4-i(y+2)] = 0$, die beide den reellen Punkt $4 \mid -2$ gemeinsam haben.

110. Sowohl in der Normalgleichung wie in der allgemeinen Gleichung des Kreises treten drei voneinander unabhängige Konstante auf. Diese müssen bekannt sein, wenn man einen bestimmten Kreis darstellen will. Sind sie unbekannt, so erfordert ihre Ermittlung die Aufstellung von drei Bedingungsgleichungen. Ein Kreis ist also durch drei Bedingungen bestimmt. Man kann ihm etwa vorschreiben, daß er durch drei gegebene Punkte gehen soll, oder daß er zwei gegebene Gerade berühren und durch einen gegebenen Punkt gehen soll usw. Es gibt also in der Ebene ∞^3 Kreise. Daß mit Angabe des Mittelpunktes dem Kreis zwei Bedingungen vorgeschrieben sind, ist selbstverständlich.

Beispiel: Gesucht ist die Gleichung des Kreises, der durch die drei gegebenen Punkte $P_1 = x_1 \mid y_1$, $P_2 = x_2 \mid y_2$, $P_3 = x_3 \mid y_3$ geht.

Die Gleichung dieses Kreises in der allgemeinen Form sei
$$x^2 + y^2 + 2\alpha x + 2\beta y + \gamma = 0:$$

dann werden die drei unbekannten Konstanten ermittelt durch die
drei Bedingungsgleichungen

$$x_1^2 + y_1^2 + 2\alpha x_1 + 2\beta y_1 + \gamma = 0$$
$$x_2^2 + y_2^2 + 2\alpha x_2 + 2\beta y_2 + \gamma = 0 \qquad \text{(a)}$$
$$x_3^2 + y_3^2 + 2\alpha x_3 + 2\beta y_3 + \gamma = 0.$$

Die erste Gleichung gibt an, daß der Punkt $P_1 = x_1 \,|\, y_1$ auf
dem Kreis liegt, entsprechend entstehen die beiden andern. Diese
drei Gleichungen enthalten die Unbekannten α, β, γ linear, man erhält also nur eine einzige Lösung für sie, also nur einen Kreis. Man
könnte diese drei Unbekannten elementar aus den drei Gleichungen
ermitteln und in die vorausstehende Kreisgleichung einsetzen; das
wäre aber recht umständlich. Dafür wird man praktischer sagen:
Die vorausstehende Kreisgleichung und die drei Bedingungsgleichungen (a) bilden ein zusammengehöriges System für die Größen α.
β. γ. Dieses zusammengehörige System besteht aus vier linearen
unhomogenen Gleichungen für die drei Unbekannten α, β, γ, es muß
somit nach (50b) die Determinante dieses zusammengehörigen Gleichungssystems verschwinden,

$$\begin{vmatrix} x^2 + y^2 & 2x & 2y & 1 \\ x_1^2 + y_1^2 & 2x_1 & 2y_1 & 1 \\ x_2^2 + y_2^2 & 2x_2 & 2y_2 & 1 \\ x_3^2 + y_3^2 & 2x_3 & 2y_3 & 1 \end{vmatrix} = 0. \qquad \text{(b)}$$

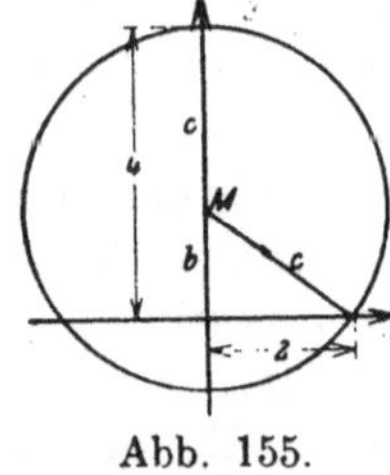

Abb. 155.

Die Unbekannten in dem Gleichungssystem
waren α, β, γ, die Gleichungskoeffizienten sind
aus den festen oder variablen Koordinaten x_i,
y_i und x, y gebildet. Die aufgestellte Gleichung
(b) ist eine Bedingung für den erzeugenden
Kreispunkt P oder dessen Koordinaten $x \,|\, y$ und
somit nach (80a) die Gleichung des gesuchten
Kreises selbst.

Aufgabe a) Man stelle die Gleichung des durch die Punkte $P_1 = 2 \,|\, 0$,
$P_2 = -2 \,|\, 0$, $P_3 = 0 \,|\, 4$ gehenden Kreises auf.

Lösung: Mit Anwendung der vorausgehenden Formel

$$\begin{vmatrix} x^2 + y^2 & 2x & 2y & 1 \\ 4 & 4 & 0 & 1 \\ 4 & -4 & 0 & 1 \\ 16 & 0 & 8 & 1 \end{vmatrix} = 0 \qquad \text{oder} \qquad x^2 + y^2 - 3y - 4 = 0.$$

Oder elementarer und in diesem speziellen Fall einfacher, indem man von
der Normalgleichung $(x - a)^2 + (y - b)^2 - c^2 = 0$ ausgeht.

Nach Skizze ist $a = 0$, $c^2 = b^2 + 4$, $c + b = 4$; damit wird die Normal-gleichung

$$(x - 0)^2 + (y - 1{,}5)^2 - 2{,}5^2 = 0 \quad \text{oder} \quad x^2 + y^2 - 3y - 4 = 0.$$

Ein Kreis ist durch drei Bedingungen bestimmt; schreibt man ihm nur zwei Bedingungen vor, so bleibt eine der Gleichungskonstanten unbestimmt, sie wird zu einem Parameter, die Gleichung stellt dann ∞^1 Kreise vor, die ein Kreissystem oder eine Kreisschar bilden. Die allgemeine Gleichung einer solchen Kreisschar ist

$$x^2 + y^2 + 2x \cdot u(t) + 2y \cdot v(t) + w(t) = 0,$$

wo t als Parameter auftritt und u, v, w beliebige Funktionen dieses Parameters sind. Über ein spezielles Kreissystem, das Kreisbüschel, sehe man weiter unten.

Aufgabe b) Man suche den Kreis vom Radius 2, der durch die Punkte $1 \mid 0$ und $0 \mid 1$ geht.

Lösung: Normalgleichung $(x - a)^2 + (y - b)^2 - 4 = 0$; eine Skizze läßt sehen, daß $b = a$. Punkt $1 \mid 0$ genügt der Gleichung und liefert

$$a = 0{,}5 \pm 0{,}5\sqrt{7} = b.$$

Aufgabe c) Man suche den Kreis vom Radius 3, der durch den Punkt $2 \mid 0$ geht und die x-Achse berührt.

Lösung: Man zeichne Skizze; man erhält zwei Kreise

$$(x - 2)^2 + (y \mp 3)^2 - 9 = 0.$$

Aufgabe d) Gesucht ist die Gleichung aller Kreise, die gleichzeitig die x- und y-Achse berühren.

Lösung: In jedem Quadrant liegt ein Kreissystem; Normalgleichung $(x - a)^2 + (y - b)^2 - c^2 = 0$; eine Skizze zeigt $a = \pm c$, $b = \pm c$. In der Gleichung der Kreissysteme tritt dann c als Parameter auf,

$$(x \mp c)^2 + (y \mp c)^2 - c^2 = 0.$$

111. Der analytische Aufbau der Kreisgleichungen läßt recht oft unmittelbar die Haupteigenschaften der zugehörigen Kreise ablesen. So stellt

$$x^2 + y^2 + 2\alpha x + 2\beta y = 0$$

einen Kreis durch den Nullpunkt vor;

$$x^2 + y^2 + 2\beta y + \gamma = 0$$

einen Kreis symmetrisch zur y-Achse, d. h. mit dem Mittelpunkt auf der y-Achse (das Vorzeichen von x ist belanglos);

$$x^2 + y^2 + 2\alpha x + \gamma = 0$$

einen Kreis symmetrisch zur x-Achse, d. h. mit dem Mittelpunkt auf der x-Achse (das Vorzeichen von y ist belanglos);

$$x^2 + y^2 + 2\beta y = 0$$

einen Kreis, der die x-Achse im Nullpunkt berührt (er ist symmetrisch zur y-Achse und geht durch den Nullpunkt);

$$x^2 + y^2 + 2\alpha x = 0$$

einen Kreis, der die y-Achse im Nullpunkt berührt (er ist symmetrisch zur x-Achse und geht durch den Nullpunkt);

$$x^2 + y^2 + \gamma = 0$$

einen Kreis um den Nullpunkt;

$$x^2 + y^2 = 0$$

einen Kreis um den Nullpunkt und durch den Nullpunkt;

$$2\alpha x + 2\beta y + \gamma = 0$$

einen Kreis mit unendlich großem Radius, d. i. eine Gerade. Weiter unten wird ein solcher Kreis, die Potenzlinie, noch eingehender behandelt werden. An dieser Stelle soll nur noch die Frage beantwortet werden, mit welchem Recht man eine Geradengleichung als eine Kurvengleichung zweiten Grades betrachten kann, oder genauer als einen Spezialfall einer Kurvengleichung zweiten Gerades. Es sei erinnert an das, was in Nr. 54 über die lineare Gleichung als Spezialfall der quadratischen Gleichung gesagt wurde. Entsprechend findet man hier, daß die Kurve zweiter Ordnung

$$A x^2 + B x y + C y^2 + D x + E y + F = 0$$

für den Fall $A = 0$, $B = 0$, $C = 0$ übergeht in eine Gerade, die in diesem Fall somit als ein spezieller Kegelschnitt zu betrachten ist.

Aufgabe a) Von einem Dreieck sind zwei Ecken A und B fest, die dritte C soll sich so bewegen, daß die Summe der Quadrate der variablen Dreiecksseiten gleich ist dem λ-fachen Quadrat der festen Dreiecksseite. Welche Kurve erzeugt C?

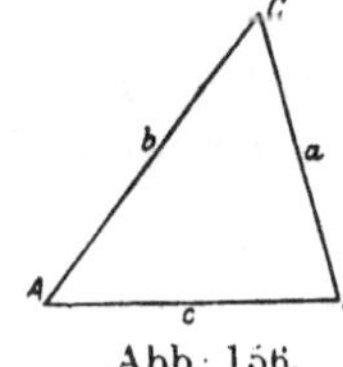
Abb. 156.

Lösung: Die Gleichung des erzeugten Ortes für C ist $b^2 + a^2 = \lambda \cdot c^2$, oder in rechtwinkligen Koordinaten, wenn man A als Nullpunkt und AB in Richtung von A nach B als x-Achse wählt,

$$[x^2 + y^2] + [(x - c)^2 + y^2] = \lambda c^2$$

oder

$$x^2 + y^2 - c x + \tfrac{1}{2} c^2 (1 - \lambda) = 0$$

das ist ein Kreis mit dem Mittelpunkt auf der Grundlinie $A B$.

Kontrolle: Für die Annahme $\lambda = 1$ muß $A B$ Durchmesser des Kreises werden, dieser also seinen Mittelpunkt M in der Mitte von $A B$ haben, was auch zutrifft: $x^2 + y^2 - c x = 0$.

Aufgabe b) Die Ecke C des Dreieckes des vorigen Beispiels soll sich so bewegen, daß die variablen Dreiecksseiten ein konstantes Verhältnis bilden. Welchen Ort bildet C?

Lösung: Die Gleichung der durch C erzeugten Kurve ist $b : a = \varepsilon$, oder bei der Wahl des gleichen Koordinatensystems wie vorher:

$$\sqrt{x^2 + y^2} = \varepsilon \cdot \sqrt{(x - c)^2 + y^2},$$

welche Gleichung nach Quadrierung und gehöriger Zusammenfassung zu

$$x^2 + y^2 + 2cx\,\frac{\varepsilon^2}{1-\varepsilon^2} - c^2\,\frac{\varepsilon^2}{1-\varepsilon^2} = 0$$

wird, also zur Gleichung eines Kreises mit dem Mittelpunkt auf der Grundlinie $A\,B$.

112. Als Kurve zweiter Ordnung wird der Kreis $(x-a)^2 + (y-b)^2 - c^2 = 0$ von einer Geraden in zwei Punkten geschnitten. Wir wollen einen Augenblick annehmen, daß diese beiden Punkte P_1 und P_2 reell sind, dann sind ihre Koordinaten an Hand der Abbildung unschwer zu ermitteln, wenn man mit Vektoren rechnet. Der Abstand d des Kreismittelpunktes $M = a\,|\,b$ von der Geraden ist als bekannt vorausgesetzt oder kann nach (88a) bzw. (88b) ermittelt werden. Man beachte den Richtungssinn des Vektors $\mathfrak{d}$, der entsprechend der Festsetzung in Nr. 88 angegeben ist. Der Zahlenwert des Vektors $\mathfrak{g}$ ist $g = \sqrt{c^2 - d^2}$, wenn c der Radius. Dann sind die beiden Vektoren vom Nullpunkt zu den Schnittpunkten P_1 und P_2 bestimmt durch

$$\mathfrak{r}_{1,2} = \mathfrak{r}_0 - \mathfrak{d} \pm \mathfrak{g}, \tag{a}$$

wo das obere Vorzeichen für P_1, das untere für P_2 gilt. Den Übergang zur analytischen Darstellung erhält man durch „Projektion" dieser Gleichung auf die beiden Grundrichtungen,

$$x_{1,2} = a - d\cos\alpha \pm g\sin\alpha,$$
$$y_{1,2} = b - d\sin\alpha \mp g\cos\alpha, \tag{b}$$

wo wieder das obere Vorzeichen dem Schnittpunkt P_1, das untere P_2 angehört.

Ist die Gleichung der Geraden in der Normalform

$$x\cos\alpha + y\sin\alpha - p = 0$$

gegeben, so ist

$$d = a\cos\alpha + b\sin\alpha - p;$$

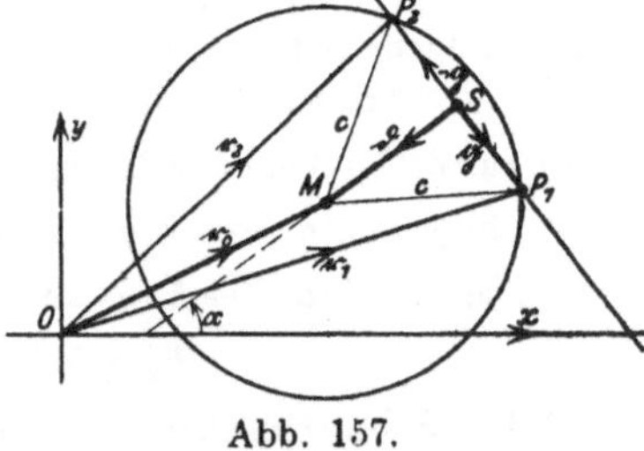

Abb. 157.

im Fall der Darstellung der Geraden durch die allgemeine Gleichung $Ax + By + C = 0$ wird

$$d = \frac{Aa + Bb + C}{\pm\sqrt{A^2 + B^2}}$$

Die Größen a, b, c, d sind alle reell, imaginär kann nur

$$g = \sqrt{c^2 - d^2} \tag{c}$$

werden. Das wird natürlich dann der Fall sein, wenn der Abstand

d des Kreismittelpunktes von der Geraden größer ist als der Kreis-radius c. In diesem Fall gelten die vorausgehenden Formeln genau so, wie wenn g reell ist, denn der Gedankengang der Entwicklung bleibt der nämliche, wenn man über die Realität der Schnittpunkte überhaupt keine Voraussetzung macht. Für den Fall $g = 0$, d. h. wenn die Gerade den Kreis berührt, gibt die Formel (b) den doppelt zu zählenden Schnittpunkt $a - d \cos \alpha \mid b - d \sin \alpha$ an.

Beispiel: Gesucht sind die Schnittpunkte der Geraden $16x + 12y - 69 = 0$ mit dem Kreis $(x - 2)^2 + (y - 1)^2 - 1{,}5^2 = 0$, siehe Abbildung.

Man bringt die Gerade auf die Normalform

$$\frac{16x + 12y - 69}{\sqrt{16^2 + 12^2}} = 0 \qquad \text{oder} \qquad x \cdot 0{,}8 + y \cdot 0{,}6 - 3{,}45 = 0.$$

Hier ist $a = 2$, $b = 1$, $c = 1{,}5$, $p = 3{,}45$, $\cos \alpha = 0{,}8$, $\sin \alpha = 0{,}6$ und somit $d = -1{,}25$, $g = \sqrt{1{,}5^2 - 1{,}25^2} = 0{,}83$. Damit wird

$$x_{1,2} = 2 + 1{,}25 \cdot 0{,}8 \pm 0{,}83 \cdot 0{,}6 = 3 \pm 0{,}498$$

$$y_{1,2} = 1 + 1{,}25 \cdot 0{,}6 \mp 0{,}83 \cdot 0{,}8 = 1{,}75 \mp 0{,}664$$

oder

$$P_1 = 3{,}498 \mid 1{,}086, \qquad P_2 = 2{,}502 \mid 2{,}414.$$

Aufgabe a) Man ermittle die Schnittpunkte der Geraden $3x - 4y - 15 = 0$ mit dem Kreis $x^2 + y^2 - 4x + 2y - 4 = 0$.

Lösung: Hier ist $a = 2$, $b = -1$, $c = 3$ $\cos \alpha = 0{,}6$, $\sin \alpha = -0{,}8$, $p = 3$, $d = -1$, $g = 2\sqrt{2}$. $P_1 = 0{,}35 \mid -3{,}50$, $P_2 = 4{,}85 \mid -0{,}10$.

Aufgabe b) und c): Man ermittle die Schnittpunkte des Kreises der vorigen Aufgabe mit der Geraden

$$\text{b) } 3x - 4y - 25 = 0, \qquad \text{c) } 3x - 4y - 35 = 0.$$

Lösung: Es ändert sich gegenüber der vorigen Aufgabe

$$\text{b) } p = 5, \ d = -3, \ g = 0, \ P_1 = 3{,}8 \mid -3{,}4, \qquad P_2 = 3{,}8 \mid -3{,}4.$$

$$\text{c) } p = 7, \ d = -5, \ g = 4i, \ P_1 = 5 - 3{,}2\,i \mid -5 - 2{,}4\,i,$$

$$P_2 = 5 + 3{,}2\,i \mid -5 + 2{,}4\,i.$$

$*$ Die Schnittpunkte des Kreises $(x - a)^2 + (y - b)^2 - c^2 = 0$ mit der unendlich fernen Geraden sind natürlich beide imaginär, was ja auch mit der Formel (b) übereinstimmt, wenn man dort d unendlich groß wählt. Für diesen Wert wird $g = di$, weil c^2 gegenüber d^2 verschwindet, und obige Formel erhält die Form

$$x_{1,2} = -d \cos \alpha \pm id \sin \alpha = -d (\cos \alpha \mp i \sin \alpha)$$

$$y_{1,2} = -d \sin \alpha \mp id \cos \alpha = -d (\sin \alpha \pm i \cos \alpha) \tag{d}$$

da auch noch a und b gegenüber $d = \infty$ verschwinden. Es werden also die Koordinaten dieser unendlich fernen Schnittpunkte vollständig unabhängig von den Zahlenwerten a, b, c, d. h. die unendlich ferne Gerade schneidet jeden Kreis der Ebene im nämlichen Punktpaar; man nennt diese beiden Punkte die **unendlich fernen Kreispunkte.**

113. Als Richtung einer Kurve an der untersuchten Stelle ist die Richtung der Tangente in diesem Punkt definiert. Von Ausnahmefällen abgesehen, die später zu behandeln sind, wechselt die Richtung einer krummen Kurve kontinuierlich von Punkt zu Punkt. Ein beliebtes allgemeines Verfahren, um die Richtung einer Kurve an einer beliebigen Stelle P_0 zu erfahren, besteht darin, daß man eine Sekante durch den Punkt P_0 und einen weiteren Punkt P_1 legt und deren Gleichung dann anschreibt für den speziellen Fall, daß P_0 mit P_1 zusammenfällt. Indes ist für den Kreis $x^2 + y^2 - c^2 = 0$ die Tangente an der Stelle P einfacher aufzufinden. Entweder indem man überlegt: Von der Tangente kennt man einen Punkt P_0 und die Richtung $\operatorname{tg} \tau = -\dfrac{x_0}{y_0}$, da ja die Tangente in P_0 senkrecht steht zum Radius $M P_0$ mit der Richtung $y_0 : x_0$. Oder man sagt: Das Lot vom Nullpunkt auf die Gerade hat die Größe c und den Neigungswinkel γ, von welch letzterem gilt

$$x_0 = c \cos \gamma, \qquad y_0 = c \sin \gamma.$$

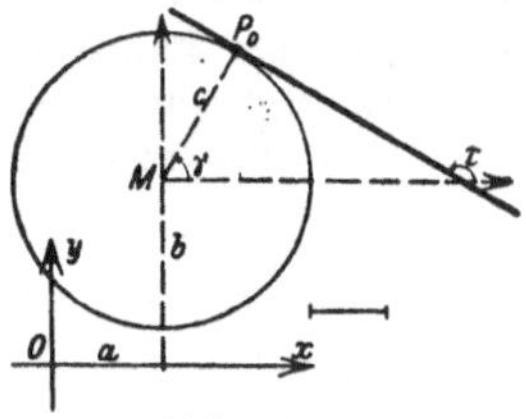

Damit geht die Gleichung der Kreistangente

$$x \cos \gamma + y \sin \gamma - c = 0$$

über in

Abb. 158.

$$x x_0 + y y_0 - c^2 = 0. \tag{a}$$

Naturgemäß ist die letztere Entwicklung nur für den Fall anwendbar, daß der Kreismittelpunkt zum Nullpunkt gemacht wird.

An der Stelle P_0 des Kreises mit beliebigem Mittelpunkt

$$(x - a)^2 + (y - b)^2 - c^2 = 0$$

hat der Radius $M P_0$, siehe Abbildung, die Richtung $(y_0 - b) : (x_0 - a)$, und somit die Kreistangente in P_0 die Richtung $\operatorname{tg} \tau = -\dfrac{x_0 - a}{y_0 - b}$. Dann ist nach (84d) ihre Gleichung

$$y - y_0 = \operatorname{tg} \tau \cdot (x - x_0)$$

oder

$$(x - x_0)(x_0 - a) + (y - y_0)(y_0 - b) = 0. \tag{b}$$

Wenn man noch berücksichtigt, daß für den Punkt $P_0 = x_0 \,|\, y_0$ gilt

$$(x_0 - a)^2 + (y_0 - b)^2 - c^2 = 0.$$

dann kann man die Gleichung der Kreistangente im Punkt P_0 noch umformen zu

$$(x-a)(x_0-a)+(y-b)(y_0-b)-c^2=0, \tag{c}$$

aus welcher für den Fall $a=0=b$ wieder die Gleichung (a) hervorgeht.

Beispiel: Beim Kreis der Abb. 158 ist $a=1{,}5$, $b=2{,}5$, $c=2$, also seine Gleichung $(x-1{,}5)^2+(y-2{,}5)^2-4=0$. Der Punkt $P_0=2{,}5\mid 2{,}5+\sqrt{3}$ genügt dieser Gleichung, liegt also auf dem Kreis. In ihm ist die Tangente durch die Gleichung

$$(x-1{,}5)(2{,}5-1{,}5)+(y-2{,}5)(2{,}5+\sqrt{3}-2{,}5)-4=0$$

oder

$$x+y\sqrt{3}-(1{,}5+2{,}5\sqrt{3})=0$$

dargestellt.

Aufgabe: Die Gerade $4x+3y+3=0$ ist Tangente an den Kreis $(x-4)^2+(y-2)^2-25=0$. Gesucht ist der Berührpunkt P_0.

Lösung: Die Tangente im Punkt P_0 hat die Gleichung $(x-4)(x_0-4)+(y-2)(y_0-2)-25=0$ und muß auf die Form der gegebenen Geradengleichung zu bringen sein. Man ordnet $x(x_0-4)+y(y_0-2)-[4(x_0-4)+2(y_0-2)+25]=0$ und vergleicht $(x_0-4):(y_0-2):-[\,]=4:3:3$ oder mit Einführung eines Proportionalitätsfaktors

$$x_0-4=4\varrho \qquad y_0-2=3\varrho, \qquad 4(x_0-4)+2(y_0-2)+25=-3\varrho,$$

woraus man $P_0=0\mid-1$ gewinnt.

114. Gegeben sei der Kreis

$$K\equiv(x-a)^2+(y-b)^2-c^2=0,$$

wo also K ein Symbol, eine Abkürzung für die linke Gleichungsseite ist, so daß man in Zukunft sprechen und schreiben kann: Kreisgleichung $K=0$ statt: Kreisgleichung $(x-a)^2+(y-b)^2-c^2=0$. Gegeben sei ferner ein Punkt $P_0=x_0\mid y_0$, zunächst außerhalb des Kreises gelegen. Man legt durch diesen Punkt eine beliebige Sekante, die den Kreis in zwei nicht zusammenfallenden Punkten Q_1 und Q_2 schneiden soll. Das Produkt $P_0Q_1\cdot P_0Q_2$ der beiden Sekantenabschnitte nennt man die Potenz des Punktes P_0 bezüglich des gegebenen Kreises (oder: für den gegebenen Kreis) und beweist, daß dieses Produkt einen von der Richtung der Sekante unabhängigen Wert hat.

Macht man nämlich den Punkt P_0 zum Nullpunkt eines Polarkoordinatensystems, so ist nach (109d) der Radiusvektor r zu einem Kreispunkt P gegeben durch $r^2-2re\cos(\varphi-\delta)+(e^2-c^2)=0$. Für jeden beliebigen Polarwinkel φ erhält man zwei Sekantenabschnitte oder Radienvektoren r_1 und r_2, die man als Unbekannte aus der angegebenen Gleichung für r ermitteln könnte. Hier interessiert nur deren Produkt r_1r_2, das nach (53b) den Wert e^2-c^2

haben muß; e ist die Entfernung des betrachteten Punktes P_0 vom Kreismittelpunkt, siehe Abb. 159. Dann wird

$$r_1 r_2 = e^2 - c^2 = (x_0 - a)^2 + (y_0 - b)^2 - c^2. \tag{a}$$

Dieses Produkt $r_1 r_2$ oder mit dem neuen Namen diese Potenz wird gleich t^2, wenn $t = P_0 T$ die Tangentialentfernung des Punktes P_0 gegen den vorliegenden Kreis ist, d. h.

das Tangentenstück von P_0 bis zum Berührungspunkt T auf dem Kreis; denn
wenn die Sekante zur Tangente wird,
werden die Sekantenabschnitte $r_1 = r_2 = t$.
Die Potenz des Punktes P_0 ist sonach
gleich dem Quadrat seiner Tangentialentfernung. Liegt P_0 außerhalb des Kreises, so ist seine Potenz positiv, seine
Tangentialentfernung reell, liegt er auf

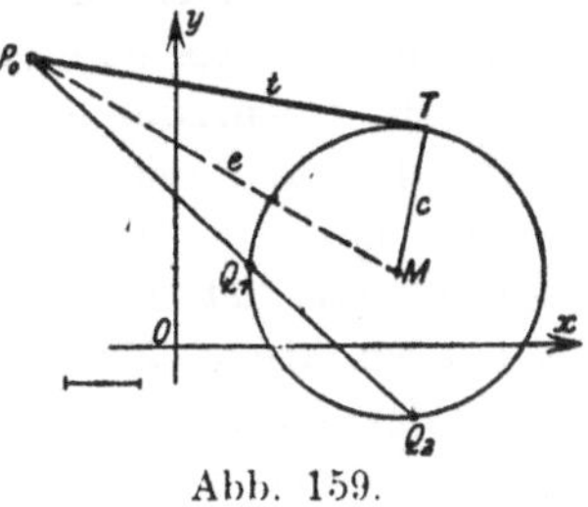

Abb. 159.

dem Kreis, so wird seine Potenz wie auch seine Tangentialentfernung Null, liegt er innerhalb des Kreises, so wird die Potenz negativ und die Tangentialentfernung imaginär.

Somit ist die Potenz des Punktes P_0

$$t^2 = (x_0 - a)^2 + (y_0 - b)^2 - c^2$$

und damit die Tangentialentfernung dieses Punktes

$$t = \sqrt{(x_0 - a)^2 + (y_0 - b)^2 - c^2}. \tag{b}$$

Ein Punkt $2\,|\,1$ etwa hat die Potenz $(2-a)^2 + (1-b)^2 - c^2$, der Nullpunkt $0\,|\,0$ die Potenz $a^2 + b^2 - c^2$ oder γ bei der allgemeinen Kreisgleichung, vom Kreismittelpunkt $M = a\,|\,b$ ist sie $-c^2$, von einem ganz beliebigen Punkt $x\,|\,y$, der aber kein Kreispunkt zu sein braucht, ist sie

$$K = (x - a)^2 + (y - b)^2 - c^2. \tag{c}$$

Man erkennt sonach die geometrische Deutung des für die rechte Kreisgleichungsseite eingeführten Symbols K: es ist die Potenz eines beliebigen Punktes $P = x\,|\,y$ für den gegebenen Kreis $K = 0$. Dieser Punkt $P = x\,|\,y$ liegt natürlich im allgemeinen nicht auf dem Kreis — wir hätten für ihn ebensogut schreiben können $P_0 = x_0\,|\,y_0$. Wenn er aber auf dem Kreis liegt, dann gilt für ihn $K = 0$, d. h. er muß dann die Kreisgleichung erfüllen.

Das Symbol K wird auch als Abkürzung für die rechte Seite der allgemeinen Kreisgleichung $x^2 + y^2 + 2\alpha x + 2\beta y + \gamma = 0$ ge-
nommen. Diese Gleichung unterscheidet sich von der Normalgleichung nur durch eine Umformung in sich selbst; bei den Geradengleichungen ist das anders, dort geht die Normalgleichung $N = 0$ aus der all-

gemeinen Gleichung $G = 0$ durch Multiplikation mit einem Faktor hervor, es ist also das Symbol N ein Vielfaches des Symboles G. Wollte man für die linke Seite der allgemeinen Kreisgleichung ein neues Symbol einführen, etwa L, so würde sich $K = L$ ergeben, vorausgesetzt natürlich. daß die Glieder x^2 und y^2 den Koeffizienten 1 haben.

Es kann daher in den folgenden Zeilen für die linke Seite ebensowohl der Normalgleichung wie der allgemeinen Gleichung des Kreises als Abkürzung das Symbol K gesetzt werden.

Durch den Kreis $K = 0$ wird die ganze Ebene in zwei Gebiete getrennt: das eine innerhalb des Kreises $K = 0$: für alle Punkte dieses Gebietes ist $K < 0$ oder t imaginär; das andere Gebiet umfaßt alle Punkte außerhalb des Kreises, für sie ist $K > 0$ und somit t reell; der Kreis selbst ist die Grenze beider Gebiete, für ihn. ist also $K = 0$ und $t = 0$.

Beispiel: Im Fall der Abbildung ist die Kreisgleichung $(x - 3)^2 + (y - 1)^2 - 4 = 0$, Punkt $P_0 = -2\,|\,4$ hat die Potenz $(-2 - 3)^2 + (4 - 1)^2 - 4 = 30$ und die Tangentialentfernung $t = \sqrt{30} = 5{,}477$. Auf der Sekanten durch den Mittelpunkt werden die Stücke $P_0 A_1 = e - c$ und $P_0 A_2 = e + c$ abgeschnitten, deren Produkt $(e - c)(e + c) = e^2 - c^2 = t^2$ wieder die Potenz des Punktes P_0 für den gegebenen Kreis ist.

Aufgabe: Gesucht ist der geometrische Ort der Punkte, von denen aus das Tangentenstück an den Kreis $K \equiv x^2 + y^2 - 4x = 0$ die konstante Länge 4 hat?

Lösung: Von diesen Punkten gilt $t^2 = 16$ oder $K = 16$ oder $x^2 + y^2 - 4x - 16 = 0$, sie bilden demnach selbst wieder einen Kreis.

115. Neben der Potenz $x_0^2 + y_0^2 - c^2 = 0$ des Punktes $P_0 = x_0\,|\,y_0$ für den Kreis $x^2 + y^2 - c^2 = 0$ tritt noch öfter auf der Ausdruck

$$Q \equiv x x_0 + y y_0 - c^2,$$

nach dessen geometrischer Bedeutung ebenfalls gefragt ist. Falls P_0 ein Kreispunkt ist, stellt $Q = 0$ die Tangente in diesem Punkt P_0 an den Kreis dar, siehe Nr. 113. Welche Beziehung aber stellt die Gerade $Q = 0$ und das Symbol Q zwischen dem gegebenen Kreis $x^2 + y^2 - c^2 = 0$ und dem gegebenen Punkt P_0 her, wenn letzterer nicht auf dem Kreis liegt?

Zunächst ist ersichtlich, daß die Gerade $Q = 0$ auf dem Radiusvektor $O P_0$ senkrecht steht, denn dieser hat die Richtung $\dfrac{y_0}{x_0}$, die Gerade $Q = 0$ aber die Richtung $-\dfrac{x_0}{y_0}$; bringt man die Gerade $Q = 0$ auf die Normalform

$$\frac{xx_0 + yy_0 - c^2}{\sqrt{x_0^2 + y_0^2}} = 0 \quad \text{oder} \quad \frac{xx_0 + yy_0 - c^2}{r_0} = 0,$$

so erhält man $c^2 : r_0$ als Abstand der Geraden $Q = 0$ vom Nullpunkt; damit ist aber, siehe Abb. 160, die Gerade $Q = 0$ als diejenige Ge-

rade erwiesen, die durch die Berührpunkte der von P_0 aus an den Kreis gelegten Tangenten geht. Denn die Kathete c des Dreiecks MB_1P_0 muß das geometrische Mittel aus der Hypotenuse r_0 und dem anliegenden Hypotenusenabschnitt sein, letzterer also $c^2 : r_0$. Diese Gerade

$$Q \equiv xx_0 + yy_0 - c^2 = 0 \quad \text{(a)}$$

nennen wir die Polare des Punktes P_0 für den

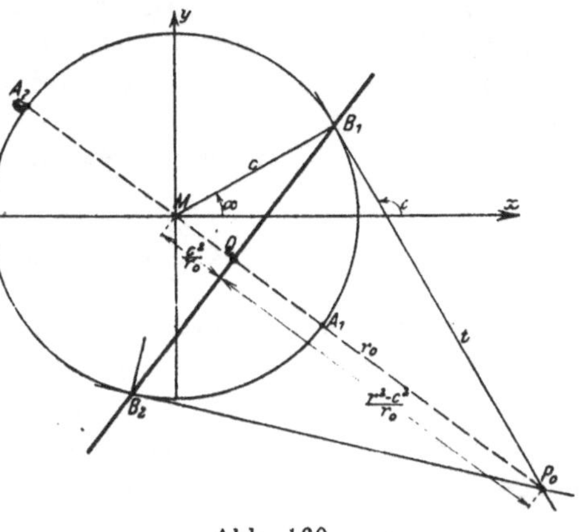

Abb. 160.

Kreis $x^2 + y^2 - c^2 = 0$. (Die allgemeine Definition der Polaren eines Punktes für einen gegebenen Kegelschnitt siehe später.) Umgekehrt nennt man den Punkt P_0 den Pol der Geraden $Q = 0$ für den gegebenen Kreis. Durch die vorausgehende Definition ist jedem Punkt P_0 der Ebene eine ganz bestimmte Polare bezüglich des gegebenen Kreises zugeordnet (also für jeden andern Kreis eine andere Polare), und umgekehrt auch jeder Geraden ein ganz bestimmter Pol bezüglich des gegebenen Kreises.

Beispiel a) Im Fall der Abbildung ist $c = 2$, $P_0 = 4 \mid -3$. also $r_0 = 5$. Der Kreis hat die Gleichung $x^2 + y^2 - 4 = 0$, für einen beliebigen Punkt P_0 heißt die Polare bezüglich des gegebenen Kreises $xx_0 + yy_0 - 4 = 0$, für den speziellen Punkt $P_0 = 4 \mid -3$ ist sie also $4x - 3y - 4 = 0$.

Liegt der Punkt P_0 außerhalb des gegebenen Kreises, so schneidet seine Polare den Kreis in zwei reellen Punkten; liegt P_0 auf dem Kreis selbst, so wird aus der Polaren die Tangente in P_0; rückt also P_0 gegen den Kreis, so rückt ihm die Polare entgegen. Liegt P_0 innerhalb des Kreises, dann schneidet die Polare den Kreis in zwei imaginären Punkten — das sind eben die Berührungspunkte der vom Punkt P_0 aus an den Kreis gezogenen, ebenfalls imaginären Tangenten. Kommt schließlich P_0 in den Mittelpunkt $M = 0 \mid 0$ des Kreises zu liegen, so wird die Polare

$$0 + 0 - c^2 = 0,$$

d. i. die unendlich ferne Gerade. Also: Bezüglich eines gegebenen Kreises ist die Polare des Kreismittelpunktes die unendlich ferne Gerade; der Pol der unendlich fernen Geraden bezüglich eines gegebenen Kreises ist der Mittelpunkt dieses Kreises.

Um für eine gegebene Gerade $Ax + By + C = 0$ den Pol $P_0 = x_0 \mid y_0$ bezüglich eines gegebenen Kreises $x^2 + y^2 - c^2 = 0$ zu finden, überlegt man, daß die Gerade $Ax + By + C = 0$ und die Polare dieses Punktes, $xx_0 + yy_0 - c^2 = 0$, identisch sein müssen, woraus sich

$$x_0 : y_0 : -c^2 = A : B : C$$

oder

$$x_0 = -c^2 \frac{A}{C}, \qquad y_0 = -c^2 \frac{B}{C} \qquad\qquad \text{(b)}$$

als Koordinaten des gesuchten Poles P_0 ergeben.

Beispiel b) Sucht man zur Geraden $B_1 B_2$ der Abbildung mit der Gleichung $4x - 3y - 4 = 0$ den Pol, so muß dieser natürlich mit dem Punkt P_0 dieser Abbildung zusammenfallen, was die vorausgehende Formel für $A = 4$, $B = -3$, $C = -4$, $c = 2$ mit $x_0 = +4$, $y_0 = -3$ bestätigt.

Aufgabe a): Die Gerade $x = 3$ schneidet den Kreis $x^2 + y^2 = 4$ in zwei imaginären Punkten P_1 und P_2. Man suche die Gleichung der natürlich gleichfalls imaginären Tangenten in diesen Punkten und dann deren Schnittpunkt P_0, der reell ist. In welcher Beziehung steht P_0 zu der Geraden $x = 3$?

Lösung: Es ist $P_1 = 3 \mid i\sqrt{5}$, $P_2 = 3 \mid -i\sqrt{5}$. Die Tangentengleichungen sind $3x + y \cdot i\sqrt{5} = 4$ und $3x - y \cdot i\sqrt{5} = 4$, die sich beide im reellen Punkt $P_0 = \frac{4}{3} \mid 0$ schneiden. Zu diesem Punkt P_0 ist die gegebene Gerade die Polare, $\frac{4}{3}x + 0 \cdot y = 4$ oder $x = 3$, was zu erwarten war.

*116. Zu dem gegebenen Kreis $x^2 + y^2 - c^2 = 0$ sollen die beiden parallelen Tangenten von gegebener Richtung $\operatorname{tg}\tau = \lambda$ gesucht werden. Man überlegt: Die beiden Tangenten haben vom Nullpunkt den Abstand c, also ist ihre Gleichung

$$x \cos\alpha + y \sin\alpha - c = 0,$$

wobei zwischen den Winkeln α und τ, siehe Abb. 160, die Beziehung

$$\alpha = \tau - \tfrac{1}{2}\pi, \quad \text{also} \quad \cos\alpha = \sin\tau, \quad \sin\alpha = -\cos\tau$$

oder wegen $\operatorname{tg}\tau = \lambda$

$$\cos\alpha = \frac{\lambda}{\pm\sqrt{1+\lambda^2}}, \quad \sin\alpha = -\frac{1}{\pm\sqrt{1+\lambda^2}}$$

besteht. Damit wird die Gleichung des Tangentenpaares

$$\lambda x - y \mp c\sqrt{1+\lambda^2} = 0$$

oder

$$y = \lambda x \pm c\sqrt{1+\lambda^2}. \qquad\qquad \text{(a)}$$

Wünscht man das Tangentenpaar mit vorgeschriebener Richtung $\operatorname{tg}\tau=\lambda$ an den beliebig gelegenen Kreis $(x-a)^2+(y-b)^2-c^2=0$ gelegt, so wird man am einfachsten das Koordinatensystem verschieben, bis der Kreismittelpunkt Nullpunkt wird. Der Übergang zu diesem neuen System geschieht durch die Formel $x=x'+a$, $y=y'+b$. Im neuen System hat dann der Kreis die Gleichung $x'^2+y'^2-c^2=0$ und nach der eben durchgeführten Rechnung das gesuchte Geradenpaar die Gleichung $y'=\lambda x'\pm c\sqrt{1+\lambda^2}$. Geht man wieder zurück zum ursprünglichen Koordinatensystem, so lautet in diesem die Gleichung des gesuchten Geradenpaares

$$y=\lambda x+(b-\lambda a)\pm c\sqrt{1+\lambda^2}. \tag{b}$$

Vom Punkt $P_0=x_0\,|\,y_0$ aus soll an den gegebenen Kreis $x^2+y^2-c^2=0$ das Tangentenpaar gelegt werden. Man überlegt:

Der Berührpunkt der von P_0 aus gezogenen Tangente sei $B_1=x_1\,|\,y_1$, siehe Abb. 160; dann ist $xx_1+yy_1-c^2=0$ nach (113a) die gesuchte Tangente. Für die Koordinaten $x_1\,|\,y_1$ des unbekannten Berührpunktes B_1 hat man die Gleichungen

$$x_1^2+y_1^2-c^2=0 \quad\text{und}\quad x_0x_1+y_0y_1-c^2=0,$$

da einerseits B_1 auf dem gegebenen Kreis $x^2+y^2-c^2=0$ liegen muß, andererseits P_0 auf der Tangente in B_1.

Aus beiden Gleichungen kann man x_1 und y_1 ermitteln zu

$$x_1=\frac{c^2x_0\pm cy_0\sqrt{x_0^2+y_0^2-c^2}}{x_0^2+y_0^2}, \qquad y_1=\frac{c^2y_0\mp cx_0\sqrt{x_0^2+y_0^2-c^2}}{x_0^2+y_0^2},$$

wo entweder die beiden oberen oder die beiden unteren Vorzeichen zusammengehören. Diese Werte für x_1 und y_1 hat man in die obige Gleichung einzusetzen, um das gesuchte Geradenpaar zu erhalten. Man hat natürlich für jedes der beiden Punktpaare $x_1\,|\,y_1$ eine Tangente und damit ein Tangentenpaar. Dessen Gleichung ist

$$c\,[x_0(x-x_0)+y_0(y-y_0)]\pm(xy_0-x_0y)\sqrt{x_0^2+y_0^2-c^2}=0. \tag{c}$$

Als Kontrolle hat man: Liegt der Punkt $P_0=x_0\,|\,y_0$ auf dem Kreis selbst, dann fallen die beiden Geraden des Paares zusammen; wegen $x_0^2+y_0^2=c^2$ erhält man

$$c\,[x_0(x-x_0)+y_0(y-y_0)]\pm 0=0$$

oder umgeformt $xx_0+yy_0-c^2=0$, welche Gerade in diesem Falle doppelt zu zählen ist.

Beispiel a) In Abb. 160 ist das vom Punkt $P_0=4\,|-3$ an den Kreis gelegte Tangentenpaar

$$2\,[4\,(x-4)-3\,(y+3)]\pm(-3x-4y)\sqrt{16+9-4}=0$$

oder

$$x(8 \mp 3\sqrt{21}) - y(6 \pm 4\sqrt{21}) - 50 = 0.$$

Beispiel b) Vom Punkt $P_0 = \tfrac{4}{3}|0$ aus lege man an den Kreis $x^2 + y^2 = 4$ das Tangentenpaar.

Hier ist $c = 2$, $x_0 = \tfrac{4}{3}$, $y_0 = 0$; Gleichung (c) geht damit über in

$$2\left[\frac{4}{3}\left(x - \frac{4}{3}\right) + 0\right] \pm \left(0 - \frac{4}{3}y\right)\sqrt{\frac{16}{9} + 0 - 4} = 0$$

oder

$$3x \mp iy\sqrt{5} - 4 = 0.$$

das ist das gleiche Geradenpaar wie das in Aufgabe 115a) errechnete.

117. Gegeben sind zwei Kreise durch die Normalgleichungen

$$K_1 \equiv (x - a_1)^2 + (y - b_1)^2 - c_1^2 = 0$$
$$K_2 \equiv (x - a_2)^2 + (y - b_2)^2 - c_2^2 = 0,$$

oder wenn man diese für den späteren Gebrauch umformt,

$$K_1 \equiv x^2 + y^2 - 2a_1 x - 2b_1 y + \gamma_1 = 0$$
$$K_2 \equiv x^2 + y^2 - 2a_2 x - 2b_2 y + \gamma_2 = 0.$$

Die Kreise haben die Mittelpunkte $M_1 = a_1|b_1$ und $M_2 = a_2|b_2$ und die Radien $c_1 = \sqrt{a_1^2 + b_1^2 - \gamma_1}$ und $c_2 = \sqrt{a_2^2 + b_2^2 - \gamma_2}$.

Die Gerade durch die beiden Mittelpunkte heißt Zentrale der beiden Kreise, ihre Gleichung ist

$$(y - b_1)(a_2 - a_1) = (x - a_1)(b_2 - b_1). \tag{a}$$

Die Entfernung der beiden Mittelpunkte, der Zentralabstand, ist

$$d = \sqrt{(a_2 - a_1)^2 + (b_2 - b_1)^2}. \tag{b}$$

∗ Zwei Kreise schneiden sich entweder in zwei reellen oder in zwei imaginären Punkten; der Übergang von einem dieser Fälle zum andern ist der, daß sie sich berühren, oder in anderer Ausdrucksweise, daß sie sich in zwei zusammenfallenden Punkten schneiden. Ist der Zentralabstand $d > c_1 + c_2$, so schließen sie sich gegenseitig aus und schneiden sich imaginär; ist $d = c_1 + c_2$, so berühren sie sich von außen; ist $c_1 + c_2 > d > c_1 - c_2$, wo c_1 als der größere Radius an-

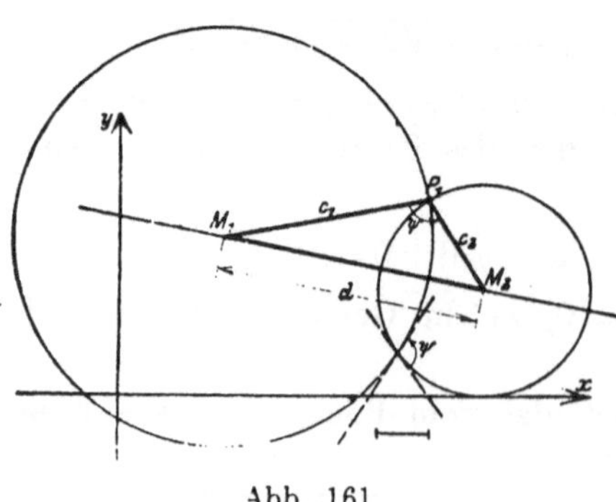

Abb. 161.

genommen wird, so schneiden sie sich in zwei reellen und voneinander verschiedenen Punkten; ist $d = c_1 - c_2$, so berühren sich beide Kreise von innen; ist $d < c_1 - c_2$, so liegt der eine Kreis ganz innerhalb des andern, die Schnittpunkte sind wieder imaginär.

Unabhängig, ob die Schnittpunkte reell oder imaginär sind, lassen sich ihre Koordinaten ermitteln als Wurzelpaare der eingangs dieser Nummer angeschriebenen Gleichungspaare.

Anmerkung. In einem späteren Teile beweist die Algebra den Satz: Eine Gleichung m-ten Grades in x und y hat mit einer Gleichung n-ten Grades in x und y zusammen $m \cdot n$ Wertpaare als Wurzeln. Und die Geometrie leitet daraus den Satz ab: Eine Kurve m-ter Ordnung und eine solche n-ter Ordnung schneiden sich in $m \cdot n$ Punkten. Danach müßten sich zwei Kreise in 2.2 oder 4 Punkten schneiden. In der Tat trifft dies zu: zwei dieser vier Punkte sind immer imaginär, es sind dies die sog. unendlich fernen Kreispunkte, die Schnittpunkte der unendlich fernen Geraden mit jedem Kreis. Die übrigen beiden Punkte können reell oder imaginär sein.

Der Spezialfall der Berührung der Kreise ist gekennzeichnet durch die Formel

$$d = c_1 \pm c_2 \quad \text{oder} \quad (a_2 - a_1)^2 + (b_2 - b_1)^2 = (c_1 \pm c_2)^2. \qquad \text{(c)}$$

Wenn die beiden Kreise sich rechtwinklig schneiden, so bilden die beiden Radien mit dem Zentralabstand d ein rechtwinkliges Dreieck, so daß in diesem Fall

$$d^2 = c_1{}^2 + c_2{}^2 \quad \text{oder} \quad (a_2 - a_1)^2 + (b_2 - b_1)^2 = c_1{}^2 + c_2{}^2 \qquad \text{(d)}$$

sein muß.

Es sollen die Schnittpunkte von zwei Kreisen ermittelt werden. Es empfiehlt sich oft, das Koordinatensystem so zu legen, daß der Nullpunkt in den Mittelpunkt M_1 des einen Kreises fällt und die x-Achse in die Richtung von M_1 nach M_2, so wie die Abb. 162 angibt. Auf dieses

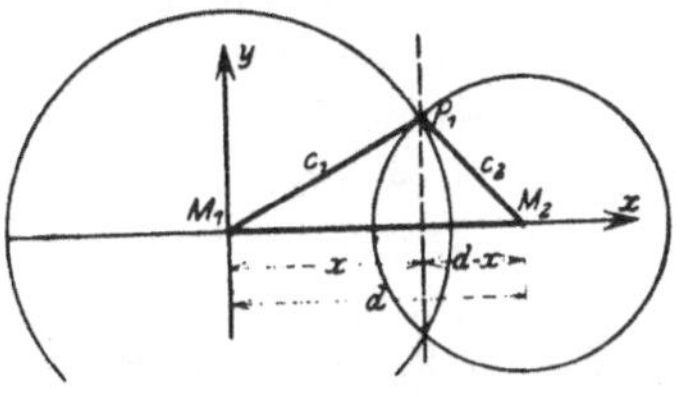

Abb. 162.

Koordinatensystem bezogen, lauten die Gleichungen beider Kreise

$$K_1 \equiv x^2 + y^2 - c_1{}^2 = 0$$

$$K_2 \equiv (x - d)^2 + y^2 - c_2{}^2 = 0.$$

Aus diesen beiden Gleichungen ermittelt man zuerst die Abszisse x und dann die Ordinate y in der Form

$$2dx = d^2 + c_1{}^2 - c_2{}^2, \quad y = \pm \sqrt{c_1{}^2 - x^2}, \qquad \text{(e)}$$

und wenn man diese Wurzel umformt,

$$2dy = \pm \sqrt{4d^2 c_1{}^2 - (d^2 + c_1{}^2 - c_2{}^2)^2}$$
$$= \pm \sqrt{(2dc_1 + d^2 + c_1{}^2 - c_2{}^2)(2dc_1 - d^2 - c_1{}^2 + c_2{}^2)}$$
$$= + \sqrt{(d + c_1 + c_2)(d + c_1 - c_2)(c_2 + d - c_1)(c_2 - d + c_1)},$$

ein Resultat, das man auch unmittelbar hätte anschreiben können, wenn man von der Heronischen Formel über den Dreiecksinhalt ausgegangen wäre. Man faßt zusammen

$$x = \frac{d^2 + c_1{}^2 - c_2{}^2}{2d}, \qquad y = \pm \frac{\sqrt{[d^2 - (c_1 - c_2)^2][(c_1 + c_2)^2 - d^2]}}{2d} \qquad \text{(f)}$$

Den Schnittwinkel ψ der beiden Kreise gibt am einfachsten Formel (73c) an Hand der Abb. 162. Es hat der Radius $M_1 P_1$ die Projektionen $X_1 = x$ und $Y_1 = y$, der Radius $M_2 P_1$ diejenigen $X_2 = x - d$ und $Y_2 = y$, woraus

$$\operatorname{tg}\psi = \frac{X_1 Y_2 - X_2 Y_1}{X_1 X_2 + Y_1 Y_2}$$
$$= \frac{dy}{x^2 + y^2 - dx} = \frac{dy}{c_1{}^2 - dx}$$
$$= \frac{\sqrt{[d^2 - (c_1 - c_2)^2][(c_1 + c_2)^2 - d^2]}}{c_1{}^2 + c_2{}^2 - d^2} \qquad \text{(g)}$$

nach (f).

Naturgemäß gilt diese Formel, auch wenn sie bei spezieller Lage abgeleitet wurde, für jedes Koordinatensystem, da ja die Größen c_1, c_2, d und ψ alle unabhängig sind von der Wahl eines Koordinatensystemes.

Als Kontrolle hat man: $\operatorname{tg}\psi = 0$, d. h. die beiden Kreise berühren sich, wenn $c_1 - c_2 = \pm d$ oder $c_1 + c_2 = \pm d$; und $\operatorname{tg}\psi = \infty$, d. h. die Kreise schneiden sich rechtwinklig, wenn $c_1{}^2 + c_2{}^2 = d^2$.

Aufgabe a) Die Kreise der Abb. 161 haben die Mittelpunkte $M_1 = 2|3$ und $M_2 = 7|2$, ferner die Radien $c_1 = 4$ und $c_2 = 2$. Gesucht sind die Kreisgleichungen, die Gleichung der Zentrale, der Zentralabstand und der Schnittwinkel beider Kreise.

Lösung:
$$K_1 \equiv (x - 2)^2 + (y - 3)^2 - 16 = 0,$$
$$K_2 \equiv (x - 7)^2 + (y - 2)^2 - 4 = 0,$$

$$x + 5y - 17 = 0, \quad d = \sqrt{26}, \quad \operatorname{tg}\psi = \frac{\sqrt{(26 - 4)(36 - 26)}}{16 + 4 - 26} = -2{,}47$$

oder $\psi = 112^\circ$ rund.

Aufgabe b) und c) Durch $P_0 = 2|2$ lege man einen Kreis $K_2 = 0$ vom Radius 1, der den gegebenen Kreis $K_1 \equiv x^2 + y^2 - 8x - 4y + 19 = 0$ b) berührt, c) senkrecht schneidet.

Lösung: Vom gegebenen Kreis ist der Mittelpunkt $M_1 = 4|2$, der Radius $c_1 = 1$, vom gesuchten $K_2 \equiv (x - a)^2 + (y - b)^2 - 1 = 0$ ist $M = a|b$, $c = 1$. Es gilt $(2 - a)^2 + (2 - b)^2 = 1$, da der Kreis durch P_0 geht.

b) Wegen Berührung gilt noch $(4-a)^2+(2-b)^2=(1+1)^2$; aus den zwei Gleichungen findet man $a=2\tfrac{1}{4}$, $b=2\pm\tfrac{1}{4}\sqrt{15}$.

c) Stehen die Kreise senkrecht, so gilt noch $(4-a)^2+(2-b)^2=1^2+1^2$; aus beiden Gleichungen ermittelt man $a=2\tfrac{1}{4}$, $b=2\pm\tfrac{1}{4}\sqrt{7}$.

118. Ein spezieller Fall der in Nr. 110 besprochenen Kreisschar ist das Kreisbüschel, d. i. die Gesamtheit jener ∞^1 Kreise, die durch zwei gegebene Punkte P_1 und P_2 gehen, oder was das gleiche ist, durch die Schnittpunkte von zwei gegebenen Kreisen. Sind $K_1=0$ und $K_2=0$ die Gleichungen dieser zwei Kreise, die sich in den Punkten P_1 und P_2 schneiden, so ist $K_1-\lambda K_2=0$ die Gleichung des durch diese beiden Kreise bestimmten Büschels, wenn λ ein Parameter, eine verfügbare Konstante ist. Das ergibt sich aus folgender Betrachtung.

Gegeben sind zwei Kurven $F(x,y)=0$ und $G(x,y)=0$ oder in symbolischer Schreibweise $F=0$ und $G=0$, dann ist nach der Bedeutung der Gleichung $F-\lambda G=0$ gefragt, wenn λ ein Parameter ist. $F-\lambda G=0$ ist eine Kurvengleichung, und zwar die Gleichung einer Kurvenschar, weil λ unendlich viele Werte annehmen kann und man für jeden der ∞^1 Werte von λ eine andere Kurve, insgesamt also ∞^1 Kurven erhält. Die beiden Kurven $F=0$ und $G=0$ schneiden sich in Punkten, deren einer $P_1=x_1\,|\,y_1$ sein soll. P_1 liegt auf der ersten Kurve $F=0$, muß also deren Gleichung erfüllen, es muß gelten $F(x_1,y_1)=0$, oder wie man dafür meist kürzer sagt, er macht F zu Null, er läßt F verschwinden. Der Punkt P_1 liegt auch auf der zweiten Kurve, also macht er auch G zu Null. Dann muß er auch die Summe $F-\lambda G$ zu Null machen, wenn er jeden einzelnen Summanden zu Null macht, er genügt also dieser Gleichung, oder geometrisch gesprochen, er liegt auf der durch $F-\lambda G=0$ dargestellten Kurve, genauer, er liegt auf allen Kurven $F-\lambda G=0$, denn es stellt ja diese Gleichung ∞^1 Kurven vor. Oder umgekehrt: alle Kurven der Schar $F-\lambda G=0$ gehen durch den Punkt P_1. Was vom Schnittpunkt P_1 gilt, gilt genau so auch von allen anderen Schnittpunkten der beiden Kurven $F=0$ und $G=0$. Daher müssen alle Kurven der Schar $F-\lambda G=0$ durch die Schnittpunkte der beiden Kurven $F=0$ und $G=0$ hindurchgehen, der beiden Grundkurven, wie wir sie nennen und dadurch von den übrigen Kurven der Schar hervorheben wollen. Eine Kurvenschar von dieser Eigenschaft, daß also alle Kurven durch die nämlichen Punkte hindurchgehen, heißt man ein Kurvenbüschel.

Es stellt demnach $F-\lambda G=0$ die Gleichung eines Kurvenbüschels vor; alle Kurven dieses Büschels gehen durch die nämlichen Punkte, durch die Schnittpunkte der beiden Grundkurven $F=0$ und $G=0$. (a)

Dann stellt aber die vorausgehende Gleichung $K_1 - \lambda K_2 = 0$ auch ein Kurvenbüschel vor. Setzt man für die Symbole K_1 und K_2 die Formen ein, für die sie als Abkürzung dienen, siehe Nr. 117, und ordnet nach den Variabeln,

$$x^2(1-\lambda) + y^2(1-\lambda) - 2x(a_1 - \lambda a_2) - 2y(b_1 - \lambda b_2) + (\gamma_1 - \lambda \gamma_2) = 0,$$

so erweist sich diese Gleichung $K_1 - \lambda K_2 = 0$ als Kreisgleichung, da die Koeffizienten von x^2 und y^2 beide gleich sind hier $1-\lambda$, und der Koeffizient von xy Null ist.

Die Gleichung $K_1 - \lambda K_2 = 0$ erweist sich so-
mit als die Gleichung eines Kreisbüschels,   (b)

das ist die Gesamtheit aller Kreise, die durch die Schnittpunkte P_1 und P_2 der beiden Kreise $K_1 = 0$ und $K_2 = 0$ hindurchgehen, siehe Abb. 163.

    * Die beiden Punkte P_1 und P_2, die den ∞^1 Kreisen des Büschels gemeinsam sind, können natürlich auch imaginär sein. Man vergleiche dazu die Abb. 164, die zwei verschiedene Kreisbüschel darstellt: bei dem einen Büschel schneiden sich die Kreise in den zwei reellen Punkten $P_1 = 0 \,|\, d$ und $P_2 = 0 \,|\, {-d}$, die Kreise des zweiten Büschels haben die zwei imaginären Punkte $P_1' = id \,|\, 0$ und $P_2' = -id \,|\, 0$ gemeinsam.

    Vom Kreis $K_1 - \lambda K_2 = 0$ benötigt man oft die Normalgleichung oder die Darstellung in der Form (109a). Zu diesem Zweck entwickelt man $K_1 - \lambda K_2 = 0$ und ordnet

$$x^2(1-\lambda) + y^2(1-\lambda) - 2x(a_1 - \lambda a_2) - 2y(b_1 - \lambda b_2) + (\gamma_1 - \lambda \gamma_2) = 0.$$

Man sieht, man muß diese Gleichung mit $1-\lambda$ dividieren, um mit

$$K_\lambda = \frac{K_1 - \lambda K_2}{1-\lambda}$$
$$= x^2 + y^2 - 2x\frac{\lambda a_2 - a_1}{\lambda - 1} - 2y\frac{\lambda b_2 - b_1}{\lambda - 1} + \frac{\lambda \gamma_2 - \gamma_1}{\lambda - 1} = 0 \qquad (c)$$

die Normalform des Büschelkreises (oder was das gleiche ist: des Kreisbüschels) zu erhalten.

    Ist $K_\lambda = 0$ die Normalform eines Büschelkreises, dann ist wieder K_λ die Potenz des Punktes $P = x \,|\, y$ für diesen Büschelkreis $K_1 - \lambda K_2 = 0$.

    Beispiel: Gegeben sind die beiden Kreise $K_1 = 0$ und $K_2 = 0$. Man ermittle den Mittelpunkt $M = a \,|\, b$ des Kreises $K_1 - \lambda K_2 = 0$, wenn λ einen bestimmten Wert hat; in welchem Verhältnis teilt M den Zentralabstand der beiden Grundkreise?

    Aus der Normalform (c) des Büschelkreises liest man die Koordinaten $a \,|\, b$ seines Mittelpunktes M ab sowie seinen Radius c,

$$a = \frac{\lambda a_2 - a_1}{\lambda - 1}, \qquad b = \frac{\lambda b_2 - b_1}{\lambda - 1}, \qquad c = \sqrt{a^2 + b^2 - \frac{\lambda \gamma_2 - \gamma_1}{\lambda - 1}}, \qquad \text{(d)}$$

und sieht daraus unmittelbar, daß dieser neue Mittelpunkt M auf der Zentralen der beiden Grundkreise liegt, was ja selbstverständlich ist, und daß er den Zentralabstand $M_1 M_2$ im Verhältnis λ teilt.

Aufgabe a) Gesucht ist die Gleichung des Kreisbüschels durch die Punkte $P_1 = 0 \mid 0$, $P_2 = 4 \mid 2$.

Lösung: Durch die beiden Punkte legt man zwei Kreise; $K_1 \equiv (x - 2)^2 + (y - 1)^2 - 5 = 0$ hat als Mittelpunkt M den Mittelpunkt $2 \mid 1$ der Strecke $P_1 P_2$ und als Radius die halbe Länge dieser Strecke, der andere $K_2 \equiv x - 2y = 0$ ist die Gerade durch die beiden Punkte, also ein Kreis mit unendlich großem Radius. Dann ist die Gleichung des Büschels

$$[(x - 2)^2 + (y - 1)^2 - 5] - \lambda\,[x - 2y] = 0.$$

***119.** Welche geometrische Bedeutung hat der Parameter λ des Kreisbüschels $K_1 - \lambda K_2 = 0$? Zunächst zeigte das Beispiel der vorhergehenden Nummer, daß der Mittelpunkt M des Büschelkreises den Zentralabstand $M_1 M_2$ der beiden Grundkreise im Verhältnis λ teilt. Für $\lambda = 0$ muß M mit M_1 zusammenfallen, also $K_\lambda \equiv K_1$ sein, was ja auch stimmt, wenn man in der Gleichung des Büschels $\lambda = 0$ setzt. Ebenso erhält man für $\lambda = \infty$ den zweiten Grundkreis $K_2 = 0$, weil in diesem Fall M mit M_2 zusammenfällt; das zeigt auch die Büschelgleichung, wenn man sie zuvor mit λ dividiert hat. Für $\lambda = -1$ fällt der Mittelpunkt M auf die Mitte von $M_1 M_2$. Für $\lambda = 1$ liegt M im Unendlichen, der Kreis wird zur Geraden. Das muß auch die Büschelgleichung zeigen; für $\lambda = 1$ wird sie $K_1 - K_2 = 0$ oder in nichtsymbolischer Schreibweise

$$- 2x(a_1 - a_2) - 2y(b_1 - b_2) + (\gamma_1 - \gamma_2) = 0, \qquad \text{(a)}$$

da die Glieder mit x^2 und y^2, die im allgemeinen Fall die Koeffizienten $1 - \lambda$ haben, für $\lambda = 1$ verschwinden. Diesen ausgezeichneten Kreis des Büschels, den Kreis mit dem Parameter $\lambda = 1$, den Kreis mit unendlich großem Radius, das heißt eine Gerade, nennt man Harmonikale, auch Chordale oder Potenzlinie des Büschels. Sie steht senkrecht zur Zentrale der beiden Grundkreise.

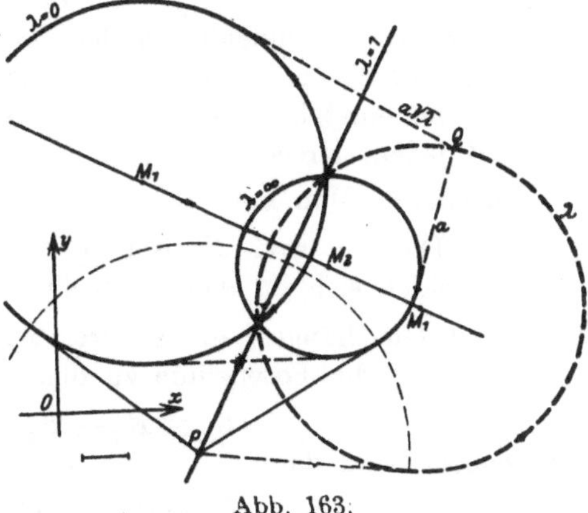

Abb. 163.

Die Punkte dieser Potenzlinie haben eine Eigenschaft, die unmittelbar aus ihrer Gleichung $K_1 - K_2 = 0$ oder $K_1 = K_2$ abzulesen ist. Ist $K \equiv (x-a)^2 + (y-b)^2 - c^2 = 0$ die Gleichung eines Kreises, so ist K die Potenz eines beliebigen Punktes $P = x\,|\,y$ für diesen Kreis. Dementsprechend ist K_1 die Potenz des Punktes $P = x\,|\,y$ für den ersten Grundkreis $K_1 = 0$ und K_2 die Potenz dieses Punktes für den zweiten Grundkreis $K_2 = 0$. Von dem erzeugenden Punkt der Potenzlinie gilt nun $K_1 = K_2$, d. h. er hat für beide Grundkreise die nämliche Potenz. Dann hat er aber, da $K_1 = t_1^2 = t_2^2 = K_2$ ist, von beiden Grundkreisen auch gleiche Tangentialentfernung. Aber nicht nur von den beiden Grundkreisen, denn die Potenzlinie zu den Kreisen $K_1 = 0$ und $K_2 = 0$ ist naturgemäß auch Potenzlinie für zwei beliebige Kreise $K_1 - \lambda K_2 = 0$ und $K_1 - \lambda' K_2 = 0$ des Büschels. Es hat sonach der erzeugende Punkt P der Potenzlinie gegenüber allen Büschelkreisen wegen $K_1 - K_2$ die gleiche Potenz

$$K_\lambda = \frac{K_1 - \lambda K_2}{1 - \lambda} = \frac{K_1 - \lambda K_1}{1 - \lambda} = K_1 = K_2 \qquad\qquad \text{(b)}$$

Dann hat er auch von allen Kreisen des Büschels die nämliche Tangentialentfernung $t_\lambda = t_1 = t_2$, das heißt der Kreis um einen beliebigen Punkt der Potenzlinie als Mittelpunkt schneidet alle Kreise des Büschels rechtwinklig, wenn er einen Kreis desselben — abgesehen natürlich von der Potenzlinie — rechtwinklig schneidet.

Speziell kann man noch merken: Zieht man die gemeinsamen Tangenten an die beiden Grundkreise (oder zwei beliebige Büschelkreise), so wird das Stück zwischen den beiden Berührpunkten durch die Potenzlinie halbiert. Von dieser Eigenschaft der Potenzlinie macht man oft mit Vorteil bei Kreiskonstruktionen Gebrauch.

Auf der Potenzlinie gibt es nun ∞^1-Punkte. Schlägt man um jeden dieser Punkte einen Kreis, der die Kreise des vorliegenden Büschels senkrecht schneidet, so hat man zwei Systeme von Kreisen, das gegebene $K_1 - \lambda K_2 = 0$ und das neue, das durch die angegebene Konstruktion entsteht. Jeder Kreis des einen Systems steht senkrecht auf jedem Kreis des andern Systems, siehe Abb. 164.

Beispiel: Man beweise:

Die zu drei Kreisen gehörigen drei Potenzlinien schneiden sich im nämlichen Punkt. $\qquad\qquad$ (c)

Wenn die Gleichungen dieser drei Kreise sind $K_1 = 0$, $K_2 = 0$, $K_3 = 0$, so ist die Potenzlinie zu den beiden ersten Kreisen

$$G_3 \equiv K_1 - K_2 = 0;$$

entsprechend sind dann

$$G_1 \equiv K_2 - K_3 = 0, \qquad\qquad G_2 \equiv K_3 - K_1 = 0$$

die Potenzlinien zum zweiten und dritten Kreis bzw. zum dritten
und ersten Kreis. Da die erste Potenzlinie $G_3 = 0$ sich in der Form

$$G_3 \equiv -(K_2 - K_3) - (K_3 - K_1) = 0$$
$$\equiv -G_1 - G_2$$

schreiben läßt, so stellt sie nach (91b) eine Gerade durch den Schnittpunkt der beiden andern Potenzlinien vor, womit dann der angegebene Satz bewiesen ist.

Aufgabe a) Zu zwei Kreisen, $K_1 = 0$, $K_2 = 0$, die keinen reellen Punkt
gemeinsam haben, ist die Potenzlinie zu zeichnen.

Lösung: Man zeichnet noch einen beliebigen dritten Kreis $K_3 = 0$ so,
daß er die beiden gegebenen reell schneidet und zeichnet die Potenzlinien zum
ersten und dritten bzw. zweiten und dritten Kreis. Nach dem vorausgehend
bewiesenen Satz muß dann die gesuchte Potenzlinie durch den Schnittpunkt
der beiden gezeichneten Potenzlinien gehen, andrerseits muß sie senkrecht zur
Zentralen der zwei vorgeschriebenen Kreise stehen.

Aufgabe b) Welcher Punkt hat bezüglich der drei Kreise

$$K_1 = x^2 + y^2 - 4 = 0, \quad K_2 = x^2 + y^2 - 4x = 0, \quad K_3 = x^2 + y^2 - 2x - 4y = 0$$

gleiche Potenz?

Lösung: Die zu den drei Kreisen gehörigen drei Potenzlinien schneiden
sich im gesuchten Punkt. Es sind
$$K_1 - K_2 = 4x - 4 = 0, \quad K_2 - K_3 = -2x + 4y = 0 \quad \text{oder} \quad x = 1, \quad x = 2y$$
zwei von den drei möglichen Potenzlinien; sie schneiden sich im Punkt
$P_0 = 1 \,|\, 0{,}5$. Zur Kontrolle bildet man noch $K_1 - K_3 = 2x + 4y - 4 = 0$
oder $x + 2y - 2 = 0$, auf welcher Geraden der Punkt $1\,|\,0{,}5$ liegen muß.

Aufgabe c) Man stelle die Normalgleichungen $K_1 = 0$ und $K_2 = 0$
der beiden stark ausgezogenen Kreise der Abb. 163 auf, sowie die Gleichung
$K_1 - \lambda K_2 = 0$ des durch sie bestimmten Kreisbüschels. Von letzterem stelle
man die Gleichung der Potenzlinie auf sowie die allgemeinen und Normalgleichungen jener Kreise, die den Parametern $\lambda = 2$, $\lambda = 3$, $\lambda = 4$ zugeordnet
sind; man zeichne diese. Um den Punkt P der Potenzlinie ist in der Ab-
bildung ein Kreis geschlagen, der alle Kreise des Büschels senkrecht schneidet;
man gebe seine Gleichung an.

Lösung: Der Abbildung entnimmt man $M_1 = 2\,|\,5$, $c_1 = 4$, $M_2 = 6\,|\,3$,
$c_2 = 2$. Die dadurch bestimmten Kreise sind

$$K_1 \equiv (x - 2)^2 + (y - 5)^2 - 16 = 0, \qquad K_2 \equiv (x - 6)^2 + (y - 3)^2 - 4 = 0.$$
$$\equiv x^2 + y^2 - 4x - 10y + 13 = 0, \qquad \equiv x^2 + y^2 - 12x - 6y + 41 = 0.$$

Das Kreisbüschel hat die Gleichung $K_1 - \lambda K_2 = 0$ oder $x^2(1 - \lambda) + y^2(1 - \lambda)$
$- 2x(2 - 6\lambda) - 2y(5 - 3\lambda) + (13 - 41\lambda) = 0$; die Potenzlinie ist $K_1 - K_2 = 0$
oder $8x - 4y - 28 = 0$. Für die Kreise $\lambda = 2$, $\lambda = 3$, $\lambda = 4$ erhält man die
Gleichungen

$$K_{\lambda=2} \equiv x^2 + y^2 - 20x - 2y + 69 = (x - 10)^2 + (y - 1)^2 - 32 = 0,$$
$$K_{\lambda=3} \equiv x^2 + y^2 - 16x - 4y + 55 = (x - 8)^2 + (y - 2)^2 - 13 = 0,$$
$$K_{\lambda=4} \equiv x^2 + y^2 - \frac{44}{3}x - \frac{14}{3}y + \frac{151}{3} = \left(x - \frac{22}{3}\right)^2 + \left(y - \frac{7}{3}\right)^2 - \frac{80}{9} = 0.$$

Der Kreis $K_{\lambda=3}=0$ ist in der Abbildung gezeichnet. Die Mittelpunkte der drei Kreise liegen auf der Zentralen; sie teilen den Zentralabstand $M_1 M_2$ im Verhältnis λ. Der angegebene Punkt $P=3\,|-1$ hat für den Kreis $K_1=0$ die Potenz $(3-2)^2+(-1-5)^2-16=21=c^2$; also Gleichung des Kreises um ihn: $(x-3)^2+(y+1)^2-21=0$.

***120.** Die Frage nach der geometrischen Bedeutung des Parameters λ im Büschelkreis $K_1-\lambda K_2=0$ kann auch noch von einem anderen Gesichtspunkt aus beantwortet werden. Jedem der ∞^1 Kreise des Büschels ist ein bestimmter Parameter λ zugeordnet und jedem Parameter λ ein bestimmter Kreis des Büschels. Sei etwa $\lambda=4$, so heißt die Gleichung des zu $\lambda=4$ gehörigen Büschelkreises $K_1-4K_2=0$ oder $K_1=4K_2$. Nach Definition gibt die Gleichung einer Kurve die Eigenschaft des erzeugenden Punktes an. Im vorliegenden Fall ist K_1 und K_2 die Potenz des Punktes P für den ersten bzw. zweiten Grundkreis. Die durch die Gleichung $K_1=4K_2$ angegebene Eigenschaft des erzeugenden Punktes P des Büschelkreises mit dem Parameter $\lambda=4$ ist also: Seine Potenz gegenüber dem ersten Grundkreis ist viermal so groß wie gegenüber dem zweiten Kreis. Oder wenn man $K_1=t_1{}^2$, $K_2=t_2{}^2$ nach Nr. 114 setzt,

$$t_1=\pm 2t_2,$$

d. h. der erzeugende Punkt P des Büschelkreises $\lambda=4$ hat vom ersten Grundkreis die doppelte Tangentialentfernung wie vom zweiten Grundkreis.

Allgemein gilt für jeden Kreis (oder genauer für den erzeugenden Punkt eines jeden Kreises), der einem bestimmten Wert λ zugeordnet ist,

$$K_1=\lambda K_2 \quad \text{oder} \quad t_1=\sqrt{\lambda}\cdot t_2, \tag{a}$$

d. h. der erzeugende Punkt des Büschelkreises mit dem Parameter λ

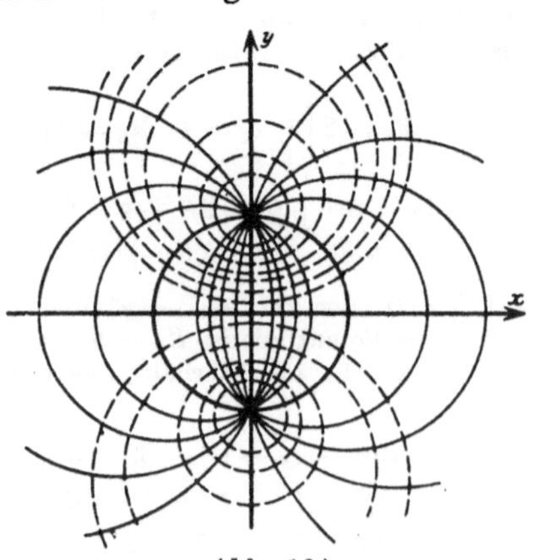

Abb. 164.

hat gegenüber den beiden Grundkreisen $K_1=0$ und $K_2=0$ Potenzen, deren Verhältnis λ ist. Oder: er hat vom ersten Grundkreis eine Tangentialentfernung, die das $\sqrt{\lambda}$-fache der Tangentialentfernung vom zweiten Grundkreis ist.

Für Rechnungen und Überlegungen am Kreisbüschel wird man das Koordinatensystem günstig so legen, daß die Mittelpunkte der Grundkreise und damit auch aller Büschelkreise auf der x-Achse liegen, die Schnittpunkte der Grundkreise aber, das sind die Grundpunkte des Büschels, auf der y-Achse, so daß sie die Koordinaten $P_1 = 0\,|\,d$ und $P_2 = 0\,|\,-d$ erhalten, siehe Abb. 164. Wählt man als ersten Grundkreis den Kreis um den Nullpunkt,

$$K_1 \equiv x^2 + y^2 - d^2 = 0,$$

als zweiten die Potenzlinie

$$K_2 \equiv x = 0,$$

so wird die Gleichung des Büschels, wenn man $2a$ statt λ setzt,

$$K_1 - 2aK_2 = 0,$$

oder in nichtsymbolischer Form

$$K_a \equiv x^2 + y^2 - 2ax - d^2 = 0. \tag{b}$$

In der vorausgehenden Nummer wurde gezeigt, daß es um jeden Punkt der Potenzlinie, hier $x = 0$, als Mittelpunkt einen Kreis gibt, der alle Kreise des Büschels orthogonal schneidet. Sei etwa $0\,|\,b$ ein solcher Punkt der Potenzlinie, dann ist $b^2 - d^2$ nach Nr. 114 seine Potenz bezüglich des Kreises $K_1 = 0$ oder $t = \sqrt{b^2 - d^2}$ seine Tangentialentfernung von diesem Kreis und gleichzeitig der Radius des um ihn beschriebenen Kreises, der alle Kreise des Büschels $K_1 - 2aK_2 = 0$ rechtwinklig schneidet, seine Gleichung somit $(x - 0)^2 + (y - b)^2 - b^2 + d^2 = 0$ oder

$$K_b = x^2 + y^2 - 2by + d^2 = 0. \tag{c}$$

Läßt man nun b variieren, so erhält man für jeden der ∞^1 Punkte $0\,|\,b$ der y-Achse einen Kreis, so daß $K_b = 0$ ein Kreissystem darstellt und zwar, wie die Form

$$K_b \equiv (x^2 + y^2 + d^2) - 2b \cdot y = 0 \quad \text{oder} \quad K_b \equiv K_3 - 2b \cdot K_4 = 0,$$

zeigt, wieder ein Kreisbüschel. Dabei ist $K_3 = 0$ ein Kreis um den Nullpunkt mit dem Radius id, also ein imaginärer Kreis, $K_4 = 0$ die x-Achse. Letztere Gerade ist dann die Potenzlinie des neuen Kreisbüschels $K_b = 0$. Jeder Kreis $K_a = 0$ des ersten Büschels schneidet jeden Kreis $K_b = 0$ des zweiten Büschels senkrecht, die beiden Büschel bilden zusammen ein System von Orthogonalkurven.

Geometrische Entstehung der Kegelschnitte. Geometrische Deutung der Kegelschnittsgleichung.

121. Im vorausgehenden haben wir uns ein Bild von verschiedenen Kegelschnitten zu verschaffen gesucht, ausgehend von deren Gleichung; zugrunde gelegt war diesem Bestreben eine Reihe on allgemeinen Sätzen, die für alle Kurven und für alle Gleichungen anwendbar sind. Die folgenden Zeilen bringen die Herleitung der Gleichungen der besprochenen Kegelschnitte, ausgehend von deren geometrischen Eigenschaften, das ist von den geometrischen Eigenschaften des erzeugenden Punktes. Dabei wird als ganz charakteristische Eigenschaft des erzeugenden Kegelschnittpunktes ein bestimmtes Verhalten gegenüber festen gegebenen Punkten und Geraden auffallen. Nahezu alle Eigenschaften, die vom erzeugenden Punkt anzugeben sind, beziehen sich auf seine Abstände von solchen festen Punkten und Geraden.

Den Kreis, eine spezielle Ellipse, haben wir schon von diesem Standpunkt aus besprochen, nämlich als Ort, dessen erzeugender Punkt P von einem festen Punkt M den gegebenen Abstand c hat. Wie die Gleichung $xy = c^2$ der gleichseitigen Hyperbel angibt, haben die Abstände des erzeugenden Punktes P von zwei festen Geraden. hier den Koordinatenachsen, ein konstantes Produkt.

Es sei der erzeugende Punkt P zunächst gegenübergestellt zwei festen Punkten F_1 und F_2, von denen er die Abstände r_1 und r_2

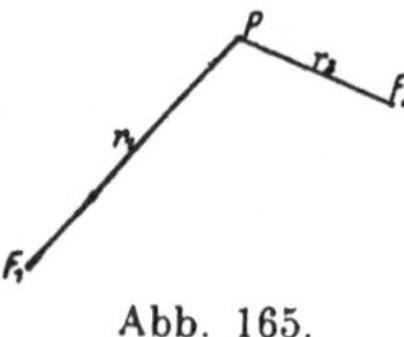

Abb. 165.

hat. Jede Beziehung, die man zwischen diesen variablen Abständen r_1 und r_2 angibt, muß eine bestimmte Kurve definieren. Ohne weiteres ist klar, daß diese Kurven eine um so einfachere Gestalt haben werden und eine um so einfachere Gleichung, je einfacher man das Gesetz zwischen r_1 und r_2 aufstellt. Zu solchen einfachen Gesetzen sind etwa zu zählen die Beziehungen

$$r_1 = \text{konstant} \quad \text{oder} \quad r_2 = \text{konstant},$$

$$r_1 = r_2 \quad \text{und die Erweiterung} \quad r_2 = \alpha\, r_1,$$

$$r_1 r_2 = a^2,$$

$$r_1 \pm r_2 = c \quad \text{und die Erweiterung} \quad \alpha_1 r_1 + \alpha_2 r_2 = c,$$

$$r_1^2 \pm r_2^2 = c^2 \quad \text{''} \quad \text{''} \quad \text{''} \quad \alpha_1 r_1^2 + \alpha_2 r_2^2 = c^2,$$

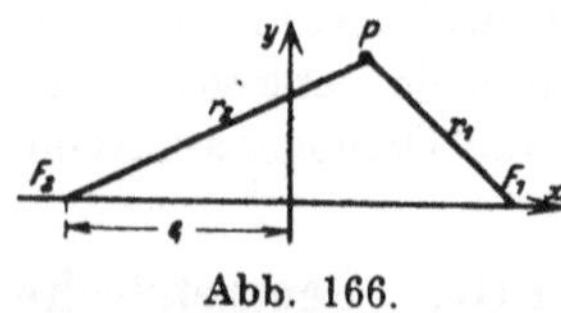

Abb. 166.

und so fort.

Jede dieser Eigenschaften, die man für den Zusammenhang zwischen r_1 und r_2 gibt, führt zu einer Kurve. Die Herleitung der Gleichungen dieser Kurven wird als Koordinatensystem am besten dasjenige wählen, das als x-Achse die Gerade $F_1 F_2$ hat und als y-Achse die Mittelsenkrechte zu $F_1 F_2$. Für dieses Koordinatensystem wird

also

$$P = x\,|\,y, \quad F_1 = e\,|\,0, \quad F_2 = -e\,|\,0,$$

$$r_1 = \sqrt{(x-e)^2 + y^2}, \qquad r_2 = \sqrt{(x+e)^2 + y^2}$$

122. Wer einigermaßen die Operationen mit irrationalen Formen beherrscht, wird sofort ersehen, daß die Bedingungen

$$r_1 = c \quad \text{oder} \quad r_2 = c, \quad r_2 = \alpha r_1, \quad r_1 \pm r_2 = c, \quad \lambda_1 r_1^2 + \lambda_2 r_2^2 = c^2$$

auf Gleichungen zweiten Grades führen und deswegen Kegelschnitte bestimmen. Es wird z. B. die Gleichung $r_2 = \alpha r_1$ oder $r_2^2 = \alpha^2 r_1^2$ übergehen in

$$(x + e)^2 + y^2 = \alpha^2 [(x - e)^2 + y^2]$$

oder $\quad x^2 (1 - \alpha^2) + y^2 (1 - \alpha^2) + 2ex(1 + \alpha^2) + e^2 (1 - \alpha^2) = 0,$

oder wenn man mit $1 - \alpha^2$ dividiert und $(1 + \alpha^2):(1 - \alpha^2) = \lambda$ setzt,

$$x^2 + y^2 + 2ex\lambda + e^2 = 0,$$

eine Gleichung, die einen Kreis mit dem Mittelpunkt auf der Geraden $F_1 F_2$ bestimmt. In der Tat ist nach den Lehren der Elementargeometrie der geometrische Ort des Punktes, der von zwei gegebenen festen Punkten F_1 und F_2 ein konstantes Abstandsverhältnis hat, ein Kreis mit dem Mittelpunkt M auf der Geraden $F_1 F_2$.

Für den Spezialfall $r_2 = r_1$ wird $\alpha = 1$, der Kreis geht in die Gerade $x = 0$ über, was ja erwartet werden mußte.

Die Forderung

$$\lambda_1 r_1^2 + \lambda_2 r_2^2 = c^2$$

oder $\quad\quad \lambda_1 [(x + e)^2 + y^2] + \lambda_2 [(x - e)^2 + y^2] = c^2$

oder $\quad x^2 (\lambda_1 + \lambda_2) + y^2 (\lambda_1 + \lambda_2) + 2ex(\lambda_1 - \lambda_2) + e^2 (\lambda_1 + \lambda_2) = c^2$

oder $\quad\quad x^2 + y^2 + 2ex\dfrac{\lambda_1 - \lambda_2}{\lambda_1 + \lambda_2} + e^2 - \dfrac{c^2}{\lambda_1 + \lambda_2} = 0$

definiert die entstehende Kurve wieder als Kreis. In dieser Gleichung ist die vorausgehende schon mit enthalten, wenn man $c = 0$ und $\lambda_1 = 1$, $\lambda_2 = - \alpha^2$ setzt. Auch dieser Kreis ist symmetrisch zur Geraden $F_1 F_2$, hat also seinen Mittelpunkt auf ihr. Im Spezialfall $r_1^2 + r_2^2 = c^2$, d. h. $\lambda_1 = \lambda_2 = 1$ fällt der Kreismittelpunkt M mit dem Mittelpunkt von $F_1 F_2$ zusammen, im Fall $r_1^2 - r_2^2 = c^2$, d. h. $\lambda_1 = 1$, $\lambda_2 = - 1$ geht der Kreis wieder in eine Gerade $4ex = c^2$ senkrecht zu $F_1 F_2$ über.

123. Wesentlich neue Kurven läßt die Bedingung

$$\pm r_1 \pm r_2 = c \quad\quad (r_1,\ r_2,\ c \text{ positiv})$$

entstehen. Einen Überblick über die Gestalt dieser Kurven kann man sich verschaffen, auch ohne dieselben punktweise zu konstruieren, was übrigens nach der gegebenen Vorschrift leicht auszuführen wäre. Um mit der ersten Kurve zu beginnen, mit der durch $r_1 + r_2 = c$ bestimmten, einer Ellipse, wie wir sehen werden. Die gegebene Vorschrift läßt sie symmetrisch zur Geraden $F_1 F_2$ und zu deren Mittel-

senkrechten sein. Da $r_1 + r_2$ nicht größer als c sein kann, liegt sie
ganz im Endlichen. Der Gärtner etwa, der einem Beet Ellipsenform
geben will, konstruiert die Kurve folgendermaßen: Er steckt an den
Stellen F_1 und F_2 zwei Pfähle in die Erde, nimmt eine in sich geschlossene Schnur von der Länge $c + 2e$, das ist $F_2 P + P F_1 + F_1 F_2$,
siehe Abb. 167, legt dieselbe um die beiden festen Pflöcke und zeichnet
mit einem beweglichen Pflock, den er längs der gespannten Schnur
entlang führt, die gesuchte Kurvenform in die Erde. Natürlich muß
man die Pflöcke als unendlich dünn voraussetzen, wenn man genaue
Ellipsenform haben will. Ist er oberhalb der Strecke $F_1 F_2$, dann
legt sich das Schnurstück $F_1 F_2 = 2e$ unten an die Pfähle. Wenn
er rechtsum sich bewegt, dann findet an der Stelle A der Übergang
von der oberen Kurvenhälfte zur unteren statt; an dieser Stelle sind

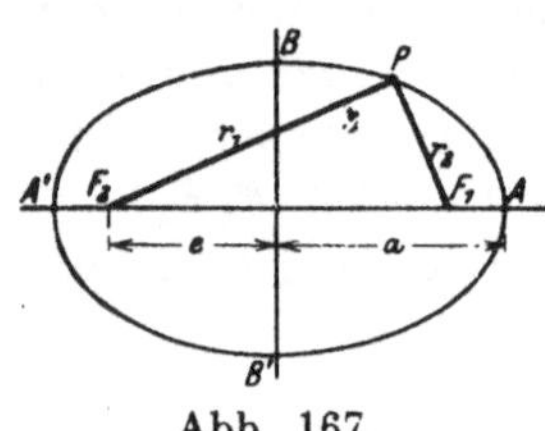

Abb. 167.

der obere und untere Schnurteil gleich groß,
nämlich jeder $e + a$, wenn man die Benennungen der Abbildung einführt. Da $c + 2e$
$= 2(e + a)$, ergibt sich die Summe c der
beiden Fahrstrahlen r_1 und r_2 zu

$$r_1 + r_2 = 2a. \tag{a}$$

Bezeichnet man noch die Entfernung $B' B$
mit $2b$ oder OB mit b, so ergibt sich, da
an der Stelle B die beiden Fahrstrahlen gleich groß sind, also jeder
gleich a,

$$a^2 = b^2 + e^2. \tag{b}$$

Mit diesen geometrisch gedeuteten Werten a, b, e geht nun die
Forderung $r_1 + r_2 = 2a$ oder

$$\sqrt{(x + e)^2 + y^2} = 2a - \sqrt{(x - e)^2 + y^2}$$

der Reihe nach über in

$$x^2 + 2ex + e^2 + y^2 = 4a^2 + x^2 - 2ex + e^2 + y^2 - 4a$$
$$(ex - a^2)^2 = a^2[(x - e)^2 + y^2]$$
$$e^2 x^2 - 2exa^2 + a^4 = a^2 x^2 - 2exa^2 + a^2 e^2 + a^2 y^2$$
$$a^2(a^2 - e^2) = x^2(a^2 - e^2) + a^2 y$$
$$a^2 b^2 = x^2 b^2 + a^2 y^2$$
$$\frac{x^2}{a^2} + \frac{y^2}{b^2} - 1 = 0,$$

das ist die uns bereits bekannte und diskutierte Ellipsengleichung,
die wir als Achsengleichung der Ellipse (auch Mittelpunktsachsengleichung genannt) bezeichnen wollen, weil die Achsen $A A'$
und $B B'$ der Ellipse auf den Koordinatenachsen liegen. a und b

nennt man die **Halbachsen** der Ellipse, die beiden Fixpunkte F_1
und F_2 ihre **Brennpunkte**, e die **Brennweite** oder **lineare
Exzentrizität**, die Punkte A und A' **Scheitel**.

124. Wendet man die nämliche Entwicklung auf die Forderung

$$r_1 - r_2 = \pm\, 2\,a \qquad (r_1,\ r_2,\ a\ \text{positiv}) \qquad\qquad \text{(a)}$$

an, so wird durch diese Bedingung die
Hyperbel bestimmt, deren Gleichung

$$\frac{x^2}{a^2} - \frac{y^2}{b^2} - 1 = 0$$

wird. Man hat nur in der vorausgehenden
Entwicklung

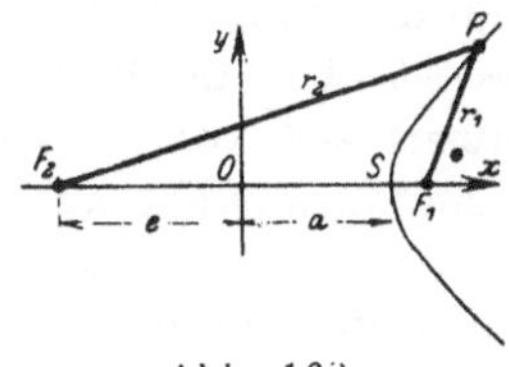

Abb. 168.

$$a^2 - e^2 = -\,b^2 \qquad\qquad \text{(b)}$$

zu setzen statt $+\,b^2$; die geometrische Deutung von b ist natürlich
noch nachzuholen, siehe (c). Die Gestalt der Hyperbel ist durch die
Untersuchung von Nr. 108 bereits bekannt. Man kann sich aber von
der Gestalt der Hyperbel allein dadurch eine Vorstellung machen, daß
man von der oben gegebenen Bedingung $r_1 - r_2 = \pm\, 2\,a$ ausgeht.

Zunächst bedeutet das doppelte Vorzeichen, daß man einen
rechten und einen linken Kurvenast hat; die Annahme $r_1 - r_2 = +\, 2\,a$
setzt $r_1 > r_2$ voraus, der erzeugende Punkt bewegt sich links von der
y-Achse; entsprechend definiert $r_1 - r_2 = -\, 2\,a$ oder $r_2 - r_1 = +\, 2\,a$
den rechten Kurvenast. Beide Kurvenäste sind natürlich symmetrisch
gegeneinander bezüglich der y-Achse. Da man nun noch gegenüber
der Strecke $F_1 F_2$ die Begriffe oben und unten vertauschen kann,
ohne daß dadurch an der Eigenschaft des erzeugenden Punktes
etwas geändert wird, so folgt, daß die Hyperbel symmetrisch ist zur
x- und y-Achse (vorausgesetzt die getroffene Wahl des Koordinatensystems).

In Abb. 168 ist der rechte Ast der Hyperbel skizziert; die Kurve
schneidet die x-Achse in einem Punkt $S = a\,|\,0$. Für diesen Punkt
ist die Summe der Fahrstrahlen $r_1' + r_2' = 2\,e$, andrerseits nach
Vorschrift die Differenz $r_2' - r_1' = 2\,a$;
der Vergleich liefert $a < e$. Da ferner
$a > 0$ vorausgesetzt wird, kann es auf
der y-Achse keinen reellen Punkt der
Hyperbel geben; es wäre für diesen
Punkt $r_1 = r_2$ und damit $a = 0$. Werden r_1 und r_2 beide sehr groß, dann
sind sie nahezu einander gleich, da ja
ihr Unterschied nur $2\,a$ ist. In der
Abb. 169 etwa, wo $a = 5$, $e = 6$ ge

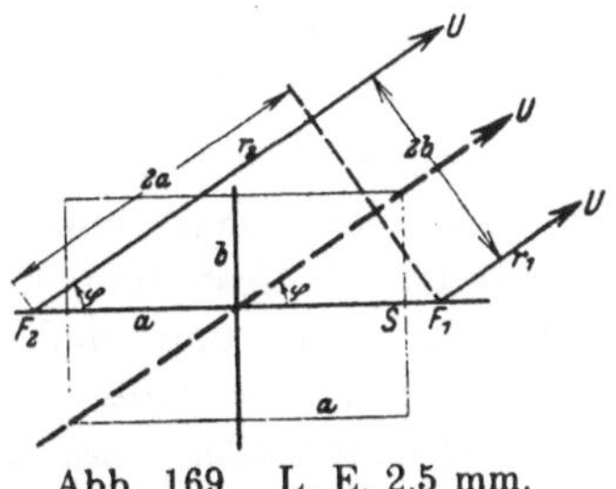

Abb. 169. L. E. 2,5 mm.

wählt wurde, wäre für den Fall $r_1 = 1000$ der andere Vektor r_2 entweder 990 oder 1010, also nahezu gleich r_1. Das heißt aber nichts anderes, als daß für sehr weit entfernte Hyperbelpunkte die beiden Vektoren r_1 und r_2 nahezu parallel sind. Wird r_1 schließlich unendlich groß, dann auch r_2, dann sind beide parallel, aber immer noch um das endliche Stück $2\,a$ verschieden. Durch diese Bedingung ist dann die Richtung zu den unendlich fernen Punkten der Hyperbel gegeben; es ist eben die Richtung dieser unendlich großen r_1 und r_2. Man erinnert sich von Nr. 108 her, daß die beiden Asymptoten der Hyperbel vom Mittelpunkt aus zu den unendlich fernen Hyperbelpunkten gehen. Wegen der Beziehung $r_2 = r_1 + 2\,a$ ist dann, siehe die Abbildung, die Richtung der unendlich großen Radienvektoren und damit auch die Richtung der Asymptoten gegeben durch $\cos\varphi = 2\,a : 2\,e$ oder wenn man wie bei der Aufstellung der Hyperbelgleichung

$$a^2 - e^2 = -\,b^2 \tag{c}$$

setzt und damit die neue Größe b definiert, durch

$$\operatorname{tg}\varphi = b : a. \tag{d}$$

Mit diesen verschiedenen Angaben ist dann die ungefähre Gestalt der Hyperbel bestimmt. In der Abb. 169 ist nur ein Quadrant für die Kurve eingezeichnet, die ganze Kurve ergibt sich aus der Tatsache, daß sie symmetrisch ist zu beiden Achsen.

      Beispiel: Einen Hyperbelzirkel erhält man auf der Grundlage der folgenden Konstruktion, siehe Abb. 170. Eine unendlich dünn gedachte Stange F_1Q von der Länge s dreht sich in der Ebene um den festgehaltenen Endpunkt F_1. Ein Punkt P hat auf der Stange eine Führung mit Hilfe einer Schnur F_2PQ von gegebener Länge l, deren ein Endpunkt F_2 in der Ebene fest und deren anderer Q auf dem Stab fest ist. Die Stücke F_2P und PQ sollen immer straff gespannt sein. Durch die so gegebene Führung ist der Punkt P gezwungen, eine Hyperbel zu beschreiben.

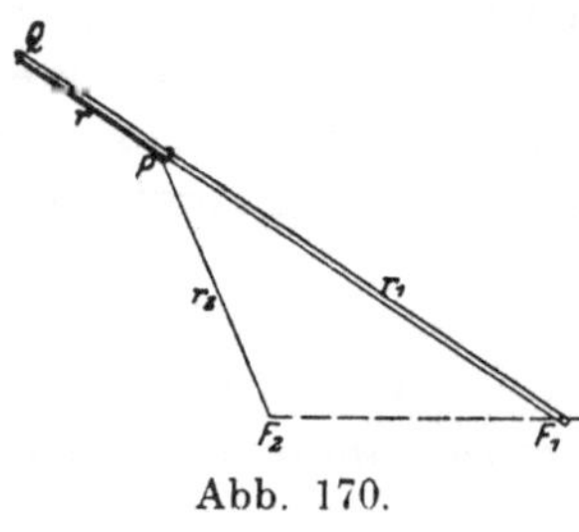
Abb. 170.

      Es ist $r_1 - r_2 = (s - r) - r_2 = s - (r + r_2) = s - l.$ Nun ist s ebenso wie l konstant, sonach auch $s - l$ oder $r_1 - r_2$.

125. Hält man von der Ellipse den linken Scheitel S_2 und Brennpunkt F_2 fest und läßt den rechten Scheitel S_1 und Brennpunkt F_1 mehr und mehr nach rechts rücken, so werden die Strecken e und a größer und größer und damit auch einer der beiden Brennstrahlen oder auch alle zwei. Wie aber e und a auch wachsen, stets behält das Stück $S_2 F_2$ den gleichen Wert $a - e$. Auch für den Fall, daß der Mittelpunkt der Ellipse und damit auch S_1 und F_1 unendlich weit nach rechts rücken, behält $a - e$ seinen Anfangswert. Setzt man $a - e = f$, wählt ferner das Koordinatensystem so, daß wieder die Gerade $F_1 F_2$ zur x-Achse wird, aber S_2 oder S nach Abb. 171 der Nullpunkt, so geht mit

$$F_2 = f \mid 0, \quad F_2 F_1 = Q F_1 = 2e,$$
$$x = f + q, \quad r_2 = \sqrt{(x - f)^2 + y^2}$$

die Gleichung der Kurve, $r_1 + r_2 = 2a$, der Reihe nach über in

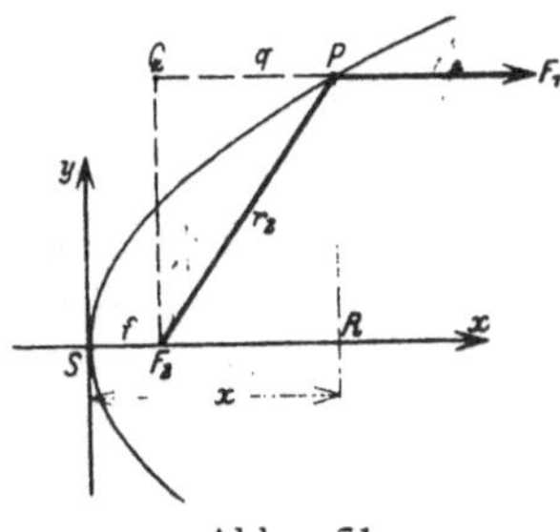

Abb. 171.

$$r_2 + (2e - q) = 2a$$
$$r_2 = q + 2(a - e) = q + 2f$$
$$r_2 = x + f \tag{a}$$
$$(x - f)^2 + y^2 = x^2 + 2fx + f^2$$
$$y^2 = 4fx, \tag{b}$$

das ist die aus Nr. 106 bereits bekannte Parabelgleichung. Man nennt S den Scheitel der Parabel und die aufgestellte Gleichung ihre Scheiteltangentengleichung (die y-Achse ist Scheiteltangente).

Man beachte in der Reihe der vorausgehenden Umformungen speziell die Beziehung $r_2 = x + f$ die eine Reihe von Eigenschaften der Parabel aufdeckt. An dieser Stelle soll nur angegeben werden, daß die Ordinate p im Brennpunkt F nach dieser Gleichung den Wert $p = 2f$ hat.

Die vorstehende Betrachtung hat die Parabel als einen Spezialfall der Ellipse gezeigt; auf die gleiche Weise stellt man sie auch als Sonderfall der Hyperbel dar, als eine Hyperbel, deren ein Brennpunkt im Unendlichen liegt. Man legt wieder das Koordinatensystem so, daß die Gerade $F_2 F_1$ zur x-Achse wird und der Scheitel S_1 oder S nach Abb. 172 zum Nullpunkt. Die Unbestimmtheit, die durch die Zahlen $e = \infty$

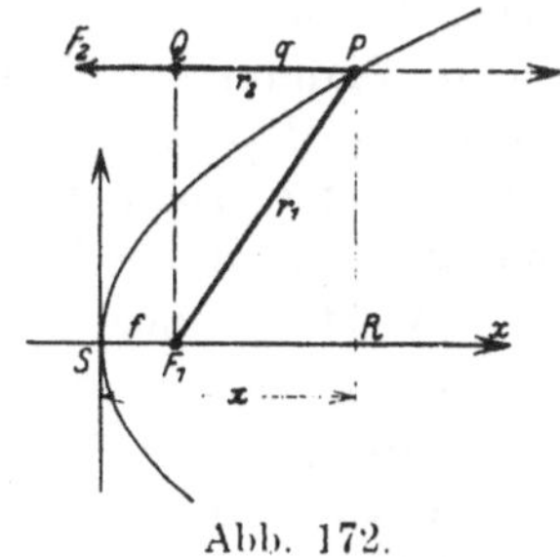

Abb. 172.

und $a = \infty$ auftritt, vermeidet man wieder durch die bekannte Beziehung $S F_1 = f = e - a$ für die Hyperbel, siehe Abb. 168. Mit

$$F_1 = f \mid 0, \quad F_2 F_1 = F_2 Q = 2e, \quad x = f + q, \quad r_1 = \sqrt{(x - f)^2 + y^2}$$

erhält man der Reihe nach die Umformungen

$$r_2 - r_1 = 2a$$
$$r_1 = 2e + q - 2a = q + 2f$$
$$= x + f$$
$$y^2 = 4fx.$$

Das gleiche Resultat muß man erhalten, wenn man, wie in Abbildung angedeutet, den unendlich großen Fahrstrahl r_2 nach rechts zieht.

Die Parabel ist sowohl von der Ellipse wie von der Hyperbel ein Spezialfall, der Übergang von der Ellipse zur Hyperbel. An späterer Stelle wird auf diesen Übergang und auf die Zusammengehörigkeit der drei Kurven Ellipse, Hyperbel und Parabel noch näher einzugehen sein.

Gleichung (a) gibt Anlaß zu einer Parabelkonstruktion und auf deren Grundlage zur Konstruktion eines Parabelzirkels. Man trägt links vom Scheitel S das Stück f an, so daß $Q_0 S = f$ wird, siehe Abb. 173. Dann ist $Q_0 S + S R = f + x = r_2$. Man zieht eine Senkrechte zur Parabelachse im beliebigen Achsenpunkt R, dann schneidet der Kreis um F_2 mit dem Radius $r_2 = Q_0 R$ diese Senkrechte im Parabelpunkt P.

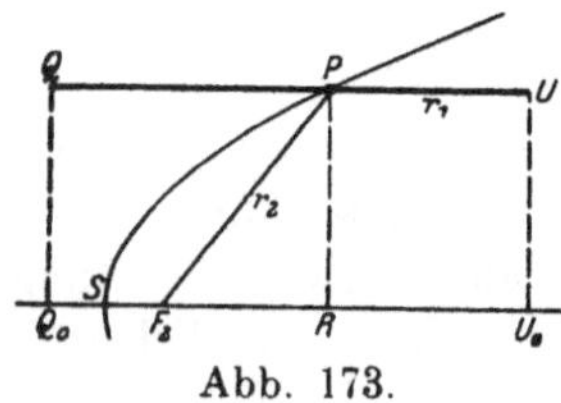

Abb. 173.

Nun bewege sich eine unendlich dünn gedachte Stange UQ von der Länge l in der Ebene der Abbildung senkrecht zu ihrer Anfangslage $U_0 Q_0$. Ein Punkt P hat auf dieser Stange eine Führung mit Hilfe einer Schnur $F_2 P U$ von der Länge l. Der eine Endpunkt F_2 dieser Schnur bleibt fest an seiner Stelle F_2 in der Ebene, der andere Endpunkt U bleibt fest an seiner Stelle U auf der Stange. Die Stücke $F_2 P$ und PU der Schnur sind immer als straff gespannt vorausgesetzt. Dann ist durch diese Führung der Punkt P gezwungen, eine Parabel zu beschreiben.

Es ist nämlich $r_1 + r_2 = l$ oder $r_2 = l - r_1 = QP = Q_0 S + x$ oder $r_2 = f + x$, welche Gleichung bereits besprochen ist.

Naturgemäß erhält man mit diesem Zirkel nur ein begrenztes Parabelstück wegen der endlichen Länge l des Stabes.

*126. Die allgemeinste lineare Gleichung

$$\alpha_1 r_1 + \alpha_2 r_2 = c$$

zwischen den beiden Fahrstrahlen r_1 und r_2 von den beiden Brennpunkten F_1 und F_2 zum erzeugenden Punkt P, siehe Abb. 166, führt auf eine Gleichung von höherem als zweiten Grad in x und y. Sie hat für uns kein Interesse, soll daher auch nicht entwickelt werden.

Von den Gleichungen höheren Grades zwischen r_1 und r_2 soll außer denen in Nr. 121, die auf Kreise oder Gerade führten, nur noch besprochen werden

$$r_1 r_2 = c^2 \qquad\qquad\qquad \text{(a)}$$

Mit den Werten $r_1 = \sqrt{(x-e)^2 + y^2}$, $r_2 = \sqrt{(x+e)^2 + y^2}$, siehe Abb. 166, geht die Beziehung $r_1 r_2 = c^2$ der Reihe nach über in

$$[(x-e)^2 + y^2] \cdot [(x+e)^2 + y^2] = c^4$$

$$(x^2 + y^2)^2 = 2 e^2 (x^2 - y^2) + c^4 - e^4, \qquad\qquad \text{(b)}$$

das ist die Gleichung der **Cassinischen Kurve**. Für den Spezialfall $c = e$ geht sie über in

$$(x^2 + y^2)^2 = 2 e^2 (x^2 - y^2), \qquad\qquad\qquad \text{(c)}$$

das ist die **Lemniskate**. Über beide Kurven sehe man noch in einem späteren Teil (Kurvendiskussion).

***127.** Es seien gegeben zwei feste Gerade g_1 und g_2, von denen der variable Punkt $P = x \mid y$ die Abstände N_1 und N_2 hat. Man kann hier fragen, welche Kurven erzeugt der variable Punkt P, wenn in den Forderungen der vorausgehenden Aufgaben an Stelle der beiden Fahrstrahlen r_1 und r_2 die Abstände N_1 und N_2 treten. Man sieht ohne weiteres ein, daß durch die allgemeine Bedingung

$$\alpha_1 N_1 + \alpha_2 N_2 = c,$$

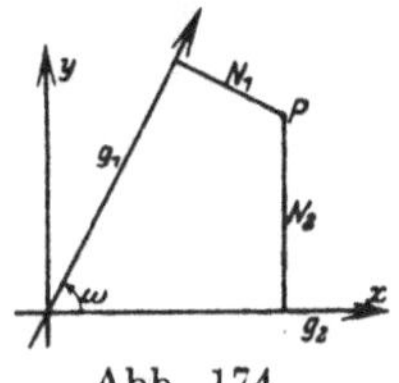

Abb. 174.

in der die speziellen Forderungen

$$N_1 = c, \quad N_2 = c, \quad N_2 = N_1, \quad N_2 = \lambda N_1, \quad N_1 \pm N_2 = c$$

enthalten sind, Gerade als Ortskurven dargestellt werden. Man muß nur festhalten, daß für ein rechtwinkliges Koordinatensystem die beiden festen Geraden die Gleichungen

$$x \cos \alpha_1 + y \sin \alpha_1 - p_1 = 0 \quad \text{und} \quad x \cos \alpha_2 + y \sin \alpha_2 - p_2 = 0$$

haben, womit sich nach Nr. 89

$$N_1 = x \cos \alpha_1 + y \sin \alpha_1 - p_1, \quad N_2 = x \cos \alpha_2 + y \sin \alpha_2 - p_2$$

ergibt. Die vorgeschriebenen Bedingungen liefern somit nach Substitution von N_1 und N_2 nur lineare Gleichungen in x und y und bestimmen damit Gerade als Ortskurven.

Wesentlich neue Gleichungen lassen sich herleiten aus folgenden Forderungen:

$$N_1 \cdot N_2 = c^2 \qquad N_1^2 \pm N_2^2 = c^2, \qquad a N_2 = N_1^2 \quad \text{usw.}$$

Diese Kurven seien zunächst diskutiert unter der einschränkenden Voraussetzung, daß die beiden gegebenen Geraden $N_1 = 0$ und $N_2 = 0$ senkrecht zueinander stehen. Man wird in diesem Fall als einfachstes Koordinatensystem natürlich ein rechtwinkliges wählen, das diese beiden Geraden als Achsen hat, und zwar die Gerade g_2 als x-Achse, die Gerade g_1 als y-Achse. Mit dieser Festsetzung wird $N_1 = x$ als Abstand von der Geraden $g_1 = 0$, hier $x = 0$, und entsprechend $N_2 = y$, so daß die obigen Forderungen ohne Umformung direkt als Kurvengleichungen gelesen werden können, nämlich

$$xy = c^2, \quad x^2 \pm y^2 = c^2, \quad ay = x^2 \quad \text{usw.}$$

Es sind das die bereits bekannten Gleichungen der gleichseitigen Hyperbel $xy = c^2$ und $x^2 - y^2 = c^2$, der gleichseitigen Ellipse oder des Kreises $x^2 + y^2 = c^2$ und der Parabel $ay = x^2$.

Sind die beiden gegebenen Geraden unter einem beliebigen Winkel ω gegeneinander geneigt, so wird man entweder ein schiefwinkliges Koordinatensystem wählen, das die beiden gegebenen Geraden als Koordinatenachsen hat, oder man wird, was hier geschehen soll und durch Abb. 174 zum Ausdruck gebracht ist, die Gerade g_2 als x-Achse wählen und eine Senkrechte durch den Schnittpunkt beider Geraden als y-Achse. Für dieses Koordinatensystem haben die beiden gegebenen Geraden g_1 und g_2 die Gleichungen

$$\lambda x - y = 0 \quad \text{und} \quad y = 0,$$

wo $\lambda = \operatorname{tg} \omega$ ist. Damit wird nach (88b)

$$N_1 = \frac{\lambda x - y}{\sqrt{\lambda^2 + 1}}, \qquad N_2 = y,$$

mit welchen Werten die gegebenen Forderungen sich unmittelbar als die gesuchten Kurvengleichungen anschreiben lassen, nämlich als

$$\frac{\lambda x - y}{\sqrt{\lambda^2 + 1}} \cdot y = c^2, \qquad \frac{(\lambda x - y)^2}{\lambda^2 + 1} \pm y^2 = c^2, \qquad ay = \frac{(\lambda x - y)^2}{\lambda^2 + 1}.$$

Das sind nun durchweg Gleichungen zweiten Grades, stellen also Kegelschnitte vor.

28. Hat man drittens einen gegebenen Punkt F und im Abstand d von ihm eine gegebene Gerade g, von denen der erzeugende Punkt P die Abstände r bzw. N hat, so wird man entsprechend wie bisher für den variablen Punkt $P = x \,|\, y$ die Forderung festsetzen

$$\alpha r + \beta N = c, \tag{a}$$

in der die Sonderfälle

$$r + N = c, \quad r = \varepsilon N, \quad r = N \quad \text{usw.}$$

enthalten sind, und nach dem entstehenden Ort bzw. nach seiner Gleichung fragen.

Auch ohne Festsetzung eines bestimmten Koordinatensystems ist aus den aufgestellten Forderungen ohne weiteres ersichtlich, daß die durch die gegebenen Gleichungen definierten Kurven Kegelschnitte sein müssen, da ja die variablen x und y nach Beseitigung der Wurzeln höchstens in der zweiten Dimension auftreten. Aus demselben Grund wird auch durch die Forderung $\alpha r^2 + \beta N^2 = c^2$ ein Kegelschnitt definiert. Wählt man die gegebene Gerade g als y-Achse eines rechtwinkligen Koordinatensystems, die Senkrechte hierzu durch F als x-Achse, so wird mit

$$F = d \,|\, 0, \quad P = x \,|\, y, \quad N = x,$$
$$r = \sqrt{(x-d)^2 + y^2}$$

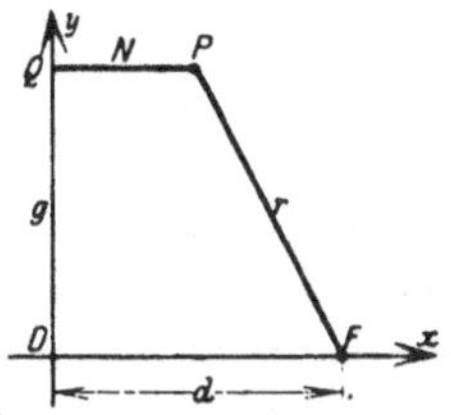

die erstgegebene Forderung, der der erzeugende Punkt genügen soll, $\alpha r + \beta N = c$, übergehen in

$$\alpha \sqrt{(x-d)^2 + y^2} + \beta x = c$$
$$\alpha^2[(x-d)^2 + y^2] = (c - \beta x)^2 \qquad (b)$$

Abb. 175.

und damit als gesuchte Kurvengleichung

$$x^2(\alpha^2 - \beta^2) + \alpha^2 y^2 - 2x(\alpha^2 d - \beta c) + \alpha^2 d^2 - c^2 = 0, \qquad (c)$$

die Gleichung eines Kegelschnittes, ergeben.

Entsprechend wird die zweite Forderung $\alpha r^2 + \beta N^2 = c^2$ in

$$\alpha[(x-d)^2 + y^2] + \beta x^2 = c^2$$
$$x^2(\alpha + \beta) + \alpha y^2 - 2\alpha d x + (\alpha d^2 - c^2) = 0,$$

das ist wieder eine Kegelschnittsgleichung, übergehen.

Aufgabe: Ein variabler Punkt $P = x \,|\, y$ soll von einer festen Geraden g und von einem festen Punkt F Abstände haben, deren Produkt konstant gleich c^2 ist. Man stelle die Gleichung der entstehenden Kurve in rechtwinkligen Koordinaten auf; man versuche aus den verschiedenen Gleichungsformen einige Eigenschaften abzulesen.

Lösung: Bezeichnet man wie bisher die Abstände des erzeugenden Punktes von der festen Geraden g und dem festen Punkt F mit N und r, so ist die gegebene Forderung $Nr = c^2$. Man wählt das rechtwinklige Koordinatensystem so wie die Abbildung angibt und erhält $N = x$ und $r = \sqrt{(x-d)^2 + y^2}$; dann nimmt die gegebene Forderung die Form

$$x \sqrt{(x-d)^2 + y^2} = c^2$$

oder

$$x^2[(x-d)^2 + y^2] = c^4$$

an und definiert somit eine Kurve vierter Ordnung. Die Kurve ist nach (104b) symmetrisch zur x-Achse. Aus der Bedingung $Nr = c^2$ oder $xr = c^2$ kann man sehen, daß r zunimmt, wenn x gegen Null hin abnimmt und unendlich wird für $x = 0$; die Kurve schmiegt sich an die y-Achse an, diese ist eine Asymptote der Kurve. Umgekehrt kann aber x nicht unendlich groß werden, sondern muß einen begrenzten Wert haben. Denn mit $x = \infty$ müßte selbstverständlich auch $r = \infty$ werden, was der Gleichung $xr = c^2$ widerspräche. Diesen begrenzten Wert erreicht die Kurve der Symmetrie wegen im Schnittpunkt mit der x-Achse; dort ist $x(x - d) = \pm c^2$ für $y = 0$.

129. Von den durch die Forderung $\alpha r + \beta N = c$ bestimmten Kurven interessiert uns besonders jene, die durch die Bedingung

$$r = \varepsilon N \tag{a}$$

charakterisiert ist. Wegen der speziellen Werte $\alpha = 1$, $\beta = - \varepsilon$, $c = 0$ geht die allgemeine Gleichung (128b) über in

$$(x - d)^2 + y^2 = \varepsilon^2 x^2 \tag{b}$$

oder wenn man nach den Variablen ordnet

$$x^2(1 - \varepsilon^2) + y^2 - 2dx + d^2 = 0. \tag{c}$$

Aus dieser Gleichung sieht man zweierlei: 1. die Kurve ist symmetrisch zur x-Achse, und 2. das Vorzeichen von ε ist belanglos, man kann also ε nach Belieben positiv oder negativ annehmen, man muß die Kurve sonach nur für positive ε diskutieren; für $-\varepsilon$ erhält man die nämliche Kurve wie für $+\varepsilon$. Beide Tatsachen hätte man übrigens auch aus der Bedingung $r = \varepsilon N$ ablesen können (das Vorzeichen von r ist stets positiv zu wählen). Da die Kurve ein Kegelschnitt ist, so schneidet sie die x-Achse, wie auch jede andere Gerade, in zwei Punkten S_1 und S_2, siehe Abb. 176. Für jeden dieser beiden Punkte S gilt die Beziehung $r = \varepsilon N$, hier $SF = \varepsilon \cdot SD$; es teilt also der Punkt S die Strecke FD nach dem Verhältnis ε. Daß man ε sowohl positiv wie negativ annehmen kann, hat für die zwei Schnittpunkte S_1 und S_2 auf der x-Achse folgende Bedeutung: der eine S_1 teilt die Strecke FD innerlich im Verhältnis ε, der andere S_2 äußerlich, oder in anderer Sprechweise: S_2 teilt die Strecke FD im Verhältnis $-\varepsilon$, wenn S_1 sie im Verhältnis $+\varepsilon$ teilt, und umgekehrt.

Die vier Punkte F und D einerseits und S_1 und S_2 andrerseits liegen demnach harmonisch zueinander; oder: die Strecke DF wird von S_1 und S_2 harmonisch geteilt wie auch umgekehrt die Strecke $S_1 S_2$ von D und F. Jedenfalls liegt also S_2 außerhalb der Strecke FD. wenn S_1 innerhalb liegt. Nennt man die feste Gerade, von der aus man den Abstand N mißt, Direktrix, so kann man dem Gedächtnis einprägen:

> Die Kegelschnittsachse wird durch Brennpunkt und Direktrix harmonisch geteilt. $\qquad$ (d)

Errichtet man in S_1 eine Parallele zur y-Achse, so läßt eine einfache geometrische Betrachtung ersehen, daß die Kurve sich von dieser Geraden, die sie in S_1 berührt, nach rechts wegwenden muß. und zwar um so stärker, je kleiner ε ist. Für den Fall $\varepsilon < 1$ sagt die Bedingung $S_2 F = \varepsilon \cdot S_2 D$ aus, daß die Strecke $S_2 F$ kleiner ist als die Strecke $S_2 D$, daß also S_2, da es ja außerhalb der Strecke $F D$ liegt, rechts von F liegen muß. Die Kurve schneidet die x-Achse außer in S_1 noch einmal rechts vom Brennpunkt in S_2, sie muß eine Ellipse sein, wenn es, was später noch zu erweisen ist, außer Ellipse, Hyperbel und Parabel keine anderen Kegelschnitte mehr gibt. Nähert sich ε dem Wert 1, so rückt der eine Schnittpunkt S_1 des Kegelschnittes mit der x-Achse mehr und mehr gegen den Mittelpunkt der Strecke $F D$, der andere S_2 mehr und mehr nach rechts gegen den unendlich fernen Punkt der x-Achse; wird $\varepsilon = 1$, dann ist der rechte Scheitel der Ellipse in das Unendliche gerückt, die Ellipse ist zur Parabel geworden. Wird schließlich $\varepsilon > 1$, so gilt $S_2 F > S_2 D$, der zweite Scheitel S_2 des Kegelschnittes, der Schnittpunkt mit der x-Achse, muß dann links von D liegen, der Kegelschnitt ist eine Hyperbel.

Wenn es wirklich außer Ellipse, Parabel und Hyperbel keine anderen Kegelschnitte mehr gibt, dann sind bis jetzt zwei wichtige Eigenschaften des erzeugenden Kegelschnittpunktes aufgedeckt worden, einmal die Beziehung $r_1 + r_2 = \pm 2\,a$, die er gegenüber den beiden Brennpunkten F_1 und F_2 einnimmt, und dann die bei weiten wichtigere $r = \varepsilon N$ gegenüber dem Brennpunkt und der Direktrix. Wegen der symmetrischen Gestalt des Kegelschnitts schließt man, daß es zu jedem Brennpunkt eine zugehörige Direktrix gibt, demnach eine rechts und eine links vom Kegelschnitt. Bei der Parabel muß naturgemäß die eine Direktrix im Unendlichen liegen. Die rein gestaltlichen Verhältnisse eines Kegelschnitts lassen sich am besten mit Hilfe der Beziehung $r = \varepsilon N$ beurteilen; für Fragen, die mit der Gestalt in Zusammenhang stehen, wird man demnach

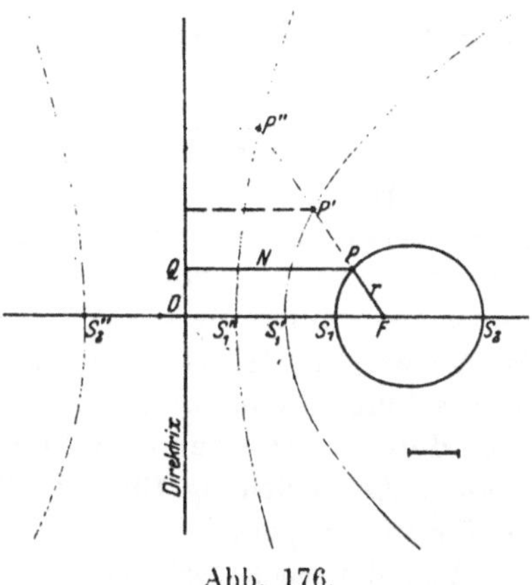

Abb. 176.

am einfachsten von dieser Gleichung und ihren analytischen Umformungen ausgehen. Die Lösung von Aufgaben, die sich auf die Lage des Kegelschnittes beziehen und ihn in Zusammenhang mit anderen Gebilden bringen, stützt sich mehr auf die Mittelpunktsachsengleichung. Bei der Parabel wird in dieser Hinsicht die Achsengleichung durch die Scheiteltangentengleichung ersetzt.

Beispiel: Man entnimmt der Abbildung die Koordinaten $S_1 = 3 \mid 0$, $S_1' = 2 \mid 0$, $S_1'' = 1 \mid 0$ der Scheitel der drei Kegelschnitte; da nun $DF = d = 4$ ist, so hat man nach der Teilungsformel $\varepsilon = S_1 F : S_1 D = -\frac{1}{3}$, $\varepsilon' = -1$, $\varepsilon'' = -3$, es ist der erste Kegelschnitt eine Ellipse, der zweite eine Parabel, der dritte eine Hyperbel. Die anderen Scheitel dieser Kurven entsprechen den Werten $\varepsilon = \frac{1}{3}$, $\varepsilon' = 1$, $\varepsilon''' = 3$ und haben deswegen die mit Hilfe der Teilungsformel zu ermittelnden Koordinaten $S_2 = 6 \mid 0$, $S_2' = \infty \mid 0$, $S_2'' = -2 \mid 0$, wie auch die Abbildung ersehen läßt.

130. Die Bestimmung der rein gestaltlichen Verhältnisse eines Kegelschnittes stützt sich auf die Größen a, b, e, d ε, p. Von diesen sechs Größen treten die Halbachsen a und b, sowie die Brennweite oder lineare Exzentrizität e nur bei Ellipsen und Hyperbeln auf. Bei der Parabel liegt ein Brennpunkt im Endlichen, der zweite im Unendlichen, ebenso der zweite Scheitel und damit auch der Mittelpunkt des Kegelschnitts. Man unterscheidet deswegen auch die Kegelschnitte als Mittelpunktskegelschnitte (Ellipse und Hyperbel) einerseits von der Parabel andrerseits, die keinen Mittelpunkt hat, oder genauer: keinen Mittelpunkt im Endlichen hat. Von diesen drei Größen a, b, e waren zwei vollständig hinreichend zur Bestimmung der Gestalt der Ellipse oder Hyperbel, es muß also eine Beziehung zwischen diesen drei Größen a, b, e vorhanden sein. In der Tat wurde in den Nummern 123 und 124 die Beziehung

$$e^2 = a^2 \mp b^2 \tag{a}$$

aufgestellt, wo das obere Vorzeichen für die Ellipse, das untere für die Hyperbel gilt. In den folgenden Zeilen werden für Ellipse und Hyperbel oft gemeinsame Formeln aufgestellt, die sich eventuell noch durch ein Vorzeichen unterscheiden; es soll dann das obere Vorzeichen immer für die Ellipse, das untere für die Hyperbel gebraucht werden. Hingewiesen soll hier schon werden, daß eine Formel für die Ellipse ohne weiteres auch für die Hyperbel gilt, wenn man $+b^2$ durch $-b^2$ oder $-b^2$ durch $+b^2$ ersetzt; in der Tat geht ja auch die Gleichung für die Ellipse durch diesen Tausch über in die für die Hyperbel.

Von den sechs Größen a, b, e, d, ε, p bilden drei für sich eine Gruppe, a, b, e, die bei der Mittelpunktachsengleichung der Kegelschnitte auftreten. Auch die anderen drei bilden für sich eine Gruppe; diese sind charakteristisch für die Beziehung, die ein Kegelschnittspunkt gegenüber dem Paar fester Elemente: Brennpunkt und Direktrix hat. Durch die Angabe der sogenannten numerischen Exzentrizität ε sowie des Abstandes d des Brennpunktes von der Direktrix war der Halbparameter p bestimmt, das ist die Kegelschnittsordinate im Brennpunkt, wenn man als x-Achse eines rechtwinkligen Koordinatensystemes die Verbindungsgerade $F_1 F_2$ der beiden Brennpunkte wählt. Innerhalb dieser Gruppe der drei Größen ε, d, p besteht die Beziehung $p = \varepsilon d$, die sofort als allgemein gültig für alle Kegelschnitte erwiesen werden soll, so daß dann mit Angabe von irgend zwei dieser Größen die dritte mitbestimmt ist. Also auch hier ist durch Abgabe von zwei Zahlen die Gestalt des Kegelschnittes bekannt. Die Gruppe ε, d, p der sechs Kegelschnittskonstanten hat vor der Gruppe a, b, e voraus, daß die Beziehungen, die sich auf diese Zahlen stützen, unabhängig davon sind, ob der Kegelschnitt Ellipse, Hyperbel oder Parabel ist.

Ist einmal die Gestalt eines Kegelschnittes bekannt. dann auch jede der sechs obigen Größen. Da nun durch irgend zwei derselben die Gestalt bestimmt ist, so müssen sich vier voneinander unabhängige Gleichungen zwischen den sechs Größen aufstellen lassen. Zu diesen Gleichungen gelangt

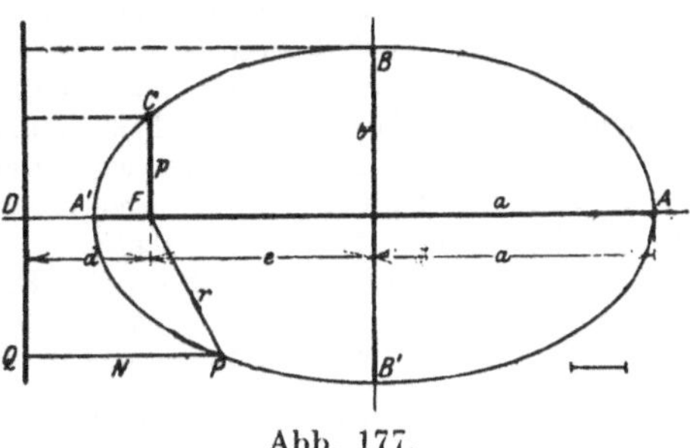

Abb. 177.

man am einfachsten, wenn man die Forderung $r = \varepsilon N$ für ausgezeichnete Punkte des Kegelschnittes anwendet, siehe die Abbildung. Für alle Kegelschnitte gilt im Punkt C, wo $r = p$ und $N = d$ ist,

$$p = \varepsilon d. \tag{b}$$

Im Punkt A wird $r = a + e$, $N = d + e + a$, somit

$$a + e = \varepsilon(d + e + a). \tag{c}$$

Genau so entwickelt man vom Punkt A' aus

$$a - e = \varepsilon(d + e - a) \tag{d}$$

und hat dann mit (a) die vier Gleichungen, die alle die sechs Größen a, b, e, d, ε, p bestimmen lassen, sobald man zwei von ihnen kennt. Es ist praktisch, diese Gleichungen für den Gebrauch noch umzuformen, es treten dann noch neue Gleichungen hinzu, die aber nur eine Folgerung der vorausgehenden sind. So wird man durch Summieren der letzten beiden erhalten

$$a = \varepsilon(d + e) \tag{e}$$

und wenn man diese Gleichung in (c) substituiert,

$$e = \varepsilon a \quad \text{und daraus mit (e)} \quad a(1 - \varepsilon^2) = \varepsilon d. \tag{f}$$

Gleichung (e) liefert mit a multipliziert $a^2 = e(d + e)$ und noch mit (a) kombiniert

$$\pm b^2 = e\,d, \tag{g}$$

wo wieder das obere Vorzeichen für die Ellipse, das untere für die Hyperbel gilt. Letztere Gleichung läßt sich mit $e = \varepsilon a$ umformen zu

$$\pm b^2 = a\,\varepsilon\,d$$

oder

$$\pm b^2 = p\,a. \tag{h}$$

Anmerkung: Die Namen „lineare Exzentrizität" und „numerische Exzentrizität" stammen wie überhaupt die meisten der im Zusammenhang mit den Kegelschnitten gebrauchten Namen ursprünglich aus der Astronomie. Was speziell die Bezeichnung „Exzentrizität" angeht, so rührt diese von dem Vergleich der Planetenbahnkurven, die ja Ellipsen sind, mit Kreisen her. Beim Kreis ist $e = 0$ und damit auch $\varepsilon = 0$, die beiden Brennpunkte fallen in den Kreismittelpunkt. Weicht eine Ellipse wenig von der Kreisform ab, was bei den Planetenbahnen zutrifft, dann ist e wenig von 0 verschieden und demgemäß auch ε, die Brennpunkte liegen zwar exzentrisch, d. h. außerhalb des Kurvenmittelpunktes, aber diese exzentrische Abweichung oder „Exzentrizität" ist gering. Die exzentrische Abweichung der Brennpunkte vom Mittelpunkt wird entweder linear gemessen durch e oder verhältnismäßig durch $\varepsilon = e : a$, daher die beiden Namen „lineare" und „numerische" Exzentrizität.

Beispiel a) Man gebe für die drei Kegelschnitte der Abb. 176 die sechs Größen a, b, e, d, ε, p an.

Es ist von der Ellipse bekannt $d = 4$, $\varepsilon = \tfrac{1}{3}$; man erhält $p = \tfrac{4}{3}$ aus (h), $a = \tfrac{3}{2}$ und $e = \tfrac{1}{2}$ aus (f) und $b^2 = 2$ oder $b = \sqrt{2}$ aus (g). Von der Parabel kennt man $d = 4$, $\varepsilon' = 1$ und erhält $p = \varepsilon' d = 4$; die Größen a, b, e werden unendlich groß. Von der Hyperbel kennt man $d = 4$, $\varepsilon'' = 3$, und findet daraus entsprechend wie bei der Ellipse $p = 12$, $a = -\tfrac{3}{2}$, $e = -\tfrac{9}{2}$, $-b^2 = -18$ oder $b = 3\sqrt{2}$. Die gefundenen Werte kontrolliert man an Hand der Abbildung und findet sie bestätigt.

Beispiel b) Von der Ellipse der Abb. 177 kennt man $a = 5$, $b = 3$; man bestimmt $e = 4$ aus (a), $\varepsilon = e : a = \tfrac{4}{5}$, $d = \tfrac{9}{4}$ aus (g) und $p = \tfrac{9}{5}$ aus (b).

Beispiel c) Eine Ellipse ist bestimmt durch $p = 1$, $\varepsilon = \tfrac{1}{2}$. Man ermittelt $d = 2$ aus (b), $a = \tfrac{4}{3}$ und $e = \tfrac{2}{3}$ aus (f) und noch $b = \tfrac{2}{3}\sqrt{3}$ aus (g).

In der vorausgehenden Nummer war angegeben, daß sich die Mittelpunktsgleichung von Ellipse und Hyperbel und die Scheitelgleichung der Parabel besonders für jene Aufgaben empfehlen, die sich auf die Lage der Kegelschnitte beziehen und sie daher in Zusammenhang mit anderen Gebilden der Ebene bringen. Man geht von der Gleichung (129b) sowohl zur Scheitelgleichung wie zur

Mittelpunktsgleichung durch eine einfache Verschiebung des Koordinatensystems in Richtung der x-Achse über. Der Scheitel S hat von der Direktrix die Entfernung $DS = \dfrac{d}{\varepsilon + 1}$, da S die Strecke FD im Verhältnis $-\varepsilon$ teilt; der Übergang zur Scheitelgleichung ist somit durch $x' = x + \dfrac{d}{\varepsilon + 1}$, $y' = y$ gegeben, wenn x', y' das alte Koordinatensystem vorstellt, und führt die Gleichung $(x' - d)^2 + y'^2 = \varepsilon^2 x'^2$ der Reihe nach über in

$$\left(x + \frac{d}{\varepsilon + 1} - d\right)^2 + y^2 = \varepsilon^2 \left(x + \frac{d}{\varepsilon + 1}\right)^2$$

oder

$$\left(x - \frac{\varepsilon d}{\varepsilon + 1}\right)^2 + y^2 = \varepsilon^2 \left(x + \frac{d}{\varepsilon + 1}\right)^2$$

oder $x^2(1 - \varepsilon^2) + y^2 = 2\varepsilon d x$ oder mit $\varepsilon d = p$ in

$$y^2 = 2px + x^2(\varepsilon^2 - 1). \tag{i}$$

Mit $\varepsilon = 1$ erhält man die bereits aus Nr. 125 bekannte Scheiteltangentengleichung der Parabel, $y^2 = 2px$. Zur weiteren Kontrolle kann dienen, daß man für $\varepsilon = 0$ wegen $r = \varepsilon N$ die Gleichung eines Kreises mit dem Radius 0 um den Brennpunkt erhalten muß. Setzt man $\varepsilon = 0$ in die Kurvengleichung ein, so erhält man zunächst $x^2 + y^2 - 2px = 0$, und wenn man noch $p = \varepsilon d = 0$ beachtet, $x^2 + y^2 = 0$ wie angesagt war.

Zur Mittelpunktsachsengleichung kann man naturgemäß nur bei Ellipse und Hyperbel transformieren. Am einfachsten geht man von der Scheiteltangentengleichung aus, man hat dann nur um die halbe Achsenlänge a zu verschieben um den neuen Nullpunkt zu erhalten. Die Transformationsformeln sind demnach, wenn man das Scheiteltangentensystem mit x', y' bezeichnet, $x' = x + a$, $y' = y$ und führen die letzte Kurvengleichung $y'^2 = 2px' + x'^2(\varepsilon^2 - 1)$ über in

$$y^2 = 2p(x + a) + (x + a)^2 \frac{e^2 - a^2}{a^2}$$

oder

$$y^2 = 2px + 2pa + (x + a)^2 \frac{\mp b^2}{a^2}$$

oder

$$+ y^2 = x^2 \frac{b^2}{a^2} + 2x\left(-\frac{b^2}{a} + \frac{b^2}{a}\right) + (-2b^2 + b^2)$$

oder

$$+ y^2 = x^2 \frac{b^2}{a^2} - b^2$$

und damit in die bereits bekannte Gleichung $b^2 x^2 + a^2 y^2 = a^2 b^2$.

Für uns ist der Übergang zu dieser letzten Gleichung nur eine
Kontrolle für die Richtigkeit der aufgestellten Formeln, besonders
derjenigen für die Größen a, b, e, ε, d, p.

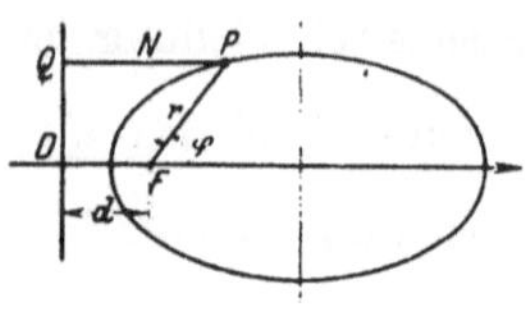

Abb. 178.   L. E. $\tfrac{2}{3}$ cm.

Mit Vorteil gebraucht man öfter eine
Darstellung der Kegelschnitte in Polarkoordinaten, die man unmittelbar von der Bedingung $r = \varepsilon N$ aus ableitet. Eine günstige Form für die Gleichung ist zu erwarten, wenn man den Brennpunkt als Nullpunkt wählt und die Gerade $F_1 F_2$ als Nullstrahl. Nach Abb. 178 wird aus der gegebenen Bedingung

$$r = \varepsilon \cdot QP = \varepsilon(d + r\cos\varphi)$$

oder

$$r(1 - \varepsilon\cdot\cos\varphi) = \varepsilon d$$

oder

$$r = \frac{p}{1 - \varepsilon\cos\varphi} \tag{k}$$

Zählt man, was bisweilen geschieht, den Winkel φ rechtsum, im
Uhrzeigersinn, so wie in der Abbildung durch den gestrichelten Bogen
angedeutet, indem man sich den Nullstrahl vom Nullpunkt aus nach
links gerichtet vorstellt, dann ist φ zu ersetzen durch $\pi - \varphi$, die
Polargleichung der Kegelschnitte ist dann $r = \dfrac{p}{1 + \varepsilon\cos\varphi}$.

Beispiel d) Man stelle die Gleichung der Mittelpunktskegelschnitte in Polarkoordinaten auf, indem man den Mittelpunkt als
Nullpunkt wählt und den Nullstrahl auf der großen Achse.

Als große Achse wird gewöhnlich die Gerade $F_1 F_2$ bezeichnet,
wenn man mit Achse eine Gerade meint, oder auch die Strecke
$S_1 S_2 = 2a$. Man geht am einfachsten von der Mittelpunktsachsengleichung aus und transformiert mit den bekannten Formeln $x = r\cos\varphi$,
$y = r\sin\varphi$ zum vorgeschriebenen System. Dann geht

$$b^2 x^2 + a^2 y^2 = a^2 b^2$$

über in

$$\pm b^2 r^2 \cos^2\varphi + a^2 r^2 \sin^2\varphi = \pm a^2 b^2$$

oder

$$r^2 [\pm b^2 \cos^2\varphi + a^2 - a^2 \cos^2\varphi] = \pm a^2 b^2$$

oder

$$r^2 = \frac{\pm a^2 b^2}{a^2 - \cos^2\varphi\,(a^2 \mp b^2)} \qquad \text{oder} \qquad r^2 = \frac{\pm b^2}{1 - \varepsilon^2 \cos^2\varphi} \tag{l}$$

wenn man mit a^2 dividiert und $e : a = \varepsilon$ setzt.

Aufgabe a) und b) Gegeben ist ein Kreis vom Radius c und eine feste Gerade im Abstand d vom Mittelpunkt des Kreises.

a) Gesucht ist der geometrische Ort jener Punkte P, deren Tangentialentfernung PT vom Kreis (T ist der Berührpunkt der von P aus an den Kreis gelegten Tangente) das ε-fache der Entfernung PQ von der Geraden ist;

b) man diskutiere die entstehende Kurve für verschiedene Werte ε, besonders $\varepsilon = 1$ und $\varepsilon = 0$.

Lösung: Man wählt die feste Gerade als y-Achse und die Senkrechte zu ihr durch den Kreismittelpunkt als x-Achse. Die Eigenschaft des erzeugenden Punktes ist $t = \varepsilon N$; diese Eigenschaft, in analytische Form gebracht, ist die Gleichung der Kurve. Der Kreis hat die Gleichung $(x - d)^2 + y^2 = c^2$, dann ist der Tangentialabstand des variablen Punktes $P = x \mid y$ vom Kreis gleich $t = \sqrt{(x - d)^2 + y^2 - c^2}$; sein Abstand N von der Geraden ist $N = x$. Mit diesen Werten wird die Gleichung der Kurve $\sqrt{(x - d)^2 + y^2 - c^2} = \varepsilon x$ oder $(x - d)^2 + y^2 - c^2 = \varepsilon^2 x^2$. Die Gleichung ist vom zweiten Grad und stellt daher einen Kegelschnitt dar. Bis auf die Konstante c ist die aufgestellte Kurvengleichung genau so wie (129b), für $c = 0$ ist sie direkt identisch mit ihr. Die entsprechende Diskussion wie bei der Kurve $r = \varepsilon N$ führt beim vorliegenden Kegelschnitt $t = \varepsilon N$ zu dem Resultat, daß er für $\varepsilon < 1$ eine Ellipse ist, für $\varepsilon = 1$ eine Parabel und für $\varepsilon > 1$ eine Hyperbel. ε ist immer positiv vorausgesetzt. für $-\varepsilon$ erhält man die nämliche Kurve wie für $+\varepsilon$. Für den Spezialfall $\varepsilon = 0$ stellt die Kur-

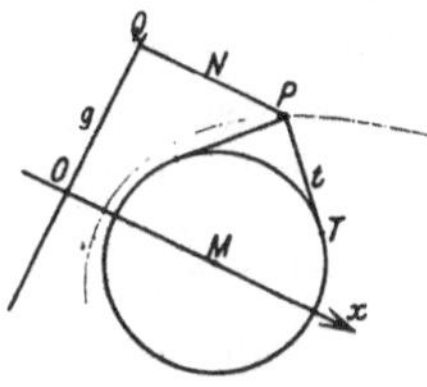

Abb. 179.

vengleichung $(x - d)^2 + y^2 - c^2 = 0$ den gegebenen Kreis vor; das ergibt auch unmittelbar die Bedingung $t = 0$.

131. Es soll von nun ab eine andere Schreibweise der Kegelschnittsgleichung benützt werden, eine Schreibweise, die der Anfänger meist als kompliziert betrachtet, deren Wert und Vorteile ihm aber später klar werden. Man schreibe einmal die Gleichung einer Geraden in der Form

$$a_1 x + a_2 y + a_3 = 0,$$

oder wenn man formell die Gleichung homogen macht,

$$a_1 x + a_2 y + a_3 z = 0,$$

wo natürlich $z = 1$ sein muß und somit nur der Form nach eine Variable ist. Bezeichnet man nun x als erste, y als zweite, z als dritte Variable, so gibt der Index 1, 2, 3 sofort die Stellung der Koeffizienten a_1, a_2, a_3 an, so daß also a_1 der Koeffizient der ersten Variablen x, a_2 der Koeffizient der zweiten Variablen y, a_3 derjenige der dritten z sein muß. Wenn man diese Form

$$a_1 x + a_2 y + a_3 z$$

quadriert, erhält man

$$a_1^2 x^2 + 2 a_1 a_2 xy + a_2^2 y^2 + 2 a_1 a_3 xz + 2 a_2 a_3 yz + a_3^2 z^2$$

Nun treten in der Mathematik sehr häufig die sogenannten

symbolischen Potenzen einer Form auf, die man nach Festsetzung recht einfach aus den gewöhnlichen Potenzen dieser Form dadurch erhält, daß man alle entstandenen Produkte von der Art $A_i A_k A_l \ldots$ ersetzt durch $A_{ikl} \ldots$ Man ersetzt so beispielsweise $a_1 a_2$ durch a_{12} oder a_{21}, da ja $a_1 a_2 = a_2 a_1$, a_i^2 durch a_{ii}, $F_1 F_2 F_3$ durch F_{123} oder F_{132} oder F_{213} usw., $F_1 F_3^2$ durch F_{133} usw.

Beispiel a) Die dritte wirkliche Potenz von $F_1 u + F_2 v$ ist

$$F_1^3 u^3 + 3 F_1^2 F_2 u^2 v + 3 F_1 F_2^2 u v^2 + F_2^3 v^3,$$

dann würde man die symbolische dritte Potenz nach dieser Vorschrift erhalten in der Form

$$F_{111} u^3 + 3 F_{112} u^2 v + 3 F_{122} u v^2 + F_{222} v^3.$$

Natürlich ist die nullte und erste wirkliche Potenz auch gleich der nullten und ersten symbolischen Potenz.

In dem eingangs erwähnten Fall erhält man dann die zweite symbolische Potenz S von $a_1 x + a_2 y + a_3 z$ als

$$S = a_{11} x^2 + 2 a_{12} xy + a_{22} y^2 + 2 a_{13} xz + 2 a_{23} yz + a_{33} z^2, \qquad \text{(a)}$$

oder wenn man den wahren Wert von z einführt und damit zur unhomogenen Darstellung zurückgeht,

$$S = a_{11} x^2 + 2 a_{12} xy + a_{22} y^2 + 2 a_{13} x + 2 a_{23} y + a_{33} \qquad \text{(b)}$$

als zweite symbolische Potenz von $a_1 x + a_2 y + a_3$.

Die Koeffizienten a_{ik} und a_{ki} sind selbstverständlich einander gleich, da sie ja beide aus $a_i a_k = a_k a_i$ hervorgegangen sind, so daß man nach Belieben a_{21} statt a_{12}, a_{31} statt a_{13}, a_{32} statt a_{23} setzen kann. Es gibt dann der Index des Koeffizienten sofort dessen Stellung an. z. B. steht a_{11} bei $x \cdot x$ oder x^2, a_{12} bei $2xy$, a_{23} bei $2yz$ oder $2y$ usw. Damit ist die linke Seite der Kegelschnittsgleichung durch die Form (a) oder (b) festgelegt, es sei diese Form in Zukunft abkürzend mit S bezeichnet, so daß die Kegelschnittsgleichung selbst $S = 0$ lautet, also

$$S = 0 \quad \text{oder} \quad a_{11} x^2 + 2 a_{12} xy + a_{22} y^2 + 2 a_{13} x + 2 a_{23} y + a_{33} = 0. \text{ (c)}$$

Für manche Zwecke wird man die Kegelschnittsgleichung auch formell homogen anschreiben, so wie durch (a) angedeutet.

Beispiel b) In der Gleichung

$$3 x^2 + 4 xy + y^2 - 6 x + 12 y - 1 = 0$$

oder $\qquad 3 x^2 + 2 \cdot 2 xy + y^2 + 2 \cdot - 3 x + 2 \cdot 6 y - 1 = 0$

ist $a_{11} = 3$, $a_{12} = 2$, $a_{22} = 1$, $a_{13} = -3$, $a_{23} = 6$, $a_{33} = -1$.

Umgekehrt bestimmen die Koeffizienten $a_{11} = 1$, $a_{12} = 1{,}5$, $a_{13} = -0{,}5$, $a_{22} = 0$, $a_{23} = 2$, $a_{33} = 0$ die Kegelschnittsgleichung

$$x^2 + 2 \cdot 1{,}5\,xy + 0 \cdot y^2 + 2 \cdot -0{,}5\,x + 2 \cdot 2\,y + 0 = 0$$

oder
$$x^2 + 3xy - x + 4y = 0.$$

Man beachte, daß nicht a_{12}, sondern $2a_{12}$ der Koeffizient von $xy \cdot$ ist, oder a_{12} der Koeffizient von $2xy$, entsprechend a_{13} und a_{23}.

Die Koeffizienten a_{ik} der Kegelschnittsgleichung $S = 0$ lassen sich zu einer Determinante dritten Grades zusammenstellen, Kegelschnittsdeterminante oder auch Kegelschnittsdiskrimante genannt. Sie ist

$$A = \begin{vmatrix} a_{11} & a_{12} & a_{13} \\ a_{21} & a_{22} & a_{23} \\ a_{31} & a_{32} & a_{33} \end{vmatrix} \quad \text{oder} \quad A = \begin{vmatrix} a_{11} & a_{21} & a_{31} \\ a_{12} & a_{22} & a_{32} \\ a_{13} & a_{23} & a_{33} \end{vmatrix}, \quad \text{(d)}$$

wenn man die Gleichheit $a_{ik} = a_{ki}$ in der Determinante zum Ausdruck bringen will. Man sieht, daß die Determinante A symmetrisch ist zur Diagonalen. Diese Determinante A und ihre Unterdeterminanten A_{ik}, besonders diejenigen der letzten Zeile (oder Kolonne)

$$A_{31} = + \begin{vmatrix} a_{12} & a_{13} \\ a_{22} & a_{23} \end{vmatrix}, \quad A_{32} = - \begin{vmatrix} a_{11} & a_{13} \\ a_{21} & a_{23} \end{vmatrix}, \quad A_{33} = + \begin{vmatrix} a_{11} & a_{12} \\ a_{21} & a_{22} \end{vmatrix}$$

lassen sich in einer dem Gedächtnis leicht einzuprägenden Form für die Beurteilung der Eigenschaften der zu untersuchenden Kegelschnitte verwerten.

Beispiel c) Für die zwei Kegelschnitte des vorausgehenden Beispieles b) würden diese Determinanten sein

$$A_1 = \begin{vmatrix} 3 & 2 & -3 \\ 2 & 1 & 6 \\ -3 & 6 & -1 \end{vmatrix}, \quad A_2 = \begin{vmatrix} 1 & 1{,}5 & -0{,}5 \\ 1{,}5 & 0 & 2 \\ -0{,}5 & 2 & 0 \end{vmatrix}$$

132. Die allgemeine Kegelschnittsgleichung

$$a_{11}x^2 + 2a_{12}xy + a_{22}y^2 + 2a_{13}x + 2a_{23}y + a_{33} = 0$$

enthält sechs Konstante a_{11}, a_{12}, a_{22}, a_{13}, a_{23}, a_{33}, deren eine, etwa a_{33}, man durch Division beseitigen kann, so daß die Gleichung die Form

$$A x^2 + 2Bxy + Cy^2 + 2Dx + 2Ey + 1 = 0$$

erhält, wo dann $A = a_{11} : a_{33}$, $B = a_{12} : a_{33}$ usw. ist.

Sind diese Konstanten A, B, C, D, E bekannt, so ist damit ein ganz bestimmter Kegelschnitt gegeben. Um diese fünf Konstanten ermitteln zu können, falls sie unbekannt sind, braucht man fünf Bedingungsgleichungen. Durch fünf Bedingungen also ist ein Kegelschnitt bestimmt. Man kann etwa vorschreiben, daß ein gesuchter Kegelschnitt durch fünf gegebene Punkte hindurchgehen oder fünf gegebene Gerade berühren soll usw. Man kann diese Eigenschaft auch noch durch die Sprechweise ausdrücken: In der Ebene gibt es ∞^5 Kegelschnitte. Schreibt man einem Kegelschnitt nur vier Bedingungen vor, so sind dadurch ∞^1 Kegelschnitte bestimmt, die in ihrer Gesamtheit ein Kegelschnittsystem bilden. In der Gleichung wird sich diese fehlende fünfte Bedingung dadurch bemerkbar machen, daß eine der Konstanten unbestimmt bleibt und gegebenenfalls die andern Konstanten sich durch diese eine ausdrücken lassen; diese eine Konstante tritt dann als Parameter in der Gleichung auf. So gibt es beispielsweise ∞^1 Kegelschnitte, die durch vier gegebene Punkte hindurchgehen, sie bilden ein spezielles Kegelschnittsystem, ein Kegelschnittbüschel. Ein anderes spezielles Kegelschnittsystem, eine Kegelschnittschar, wird gebildet durch die ∞^1 Kegelschnitte, die vier gegebene Gerade berühren.

Beispiel: Gesucht ist die Gleichung eines Kegelschnittes, der durch die fünf Punkte $P_1 = 0 \,|\, 0$, $P_2 = 2 \,|\, 1$, $P_3 = 4 \,|\, 0$, $P_4 = 2 \,|\, -1$, $P_5 = 1 \,|\, -1$ hindurchgeht.

Die Gleichung des gesuchten Kegelschnittes sei

$$a_{11} x^2 + 2 a_{12} xy + a_{22} y^2 + 2 a_{13} x + 2 a_{23} y + a_{33} = 0.$$

Dieser Kegelschnitt wäre bekannt und könnte gezeichnet werden, wenn man die Konstanten a_{ik} wüßte. Für sie erhält man, da die gegebenen Punkte der Kegelschnittsgleichung genügen müssen, die fünf Gleichungen

$$\begin{aligned}
&1) & & & & & & & & & a_{33} &= 0 \\
&2) & 4a_{11} &+ 4a_{12} &+ a_{22} &+ 4a_{13} &+ 2a_{23} &+ a_{33} &= 0 \\
&3) & 16a_{11} & & &+ 8a_{13} & &+ a_{33} &= 0 \\
&4) & 4a_{11} &- 4a_{12} &+ a_{22} &+ 4a_{13} &- 2a_{23} &+ a_{33} &= 0 \\
&5) & a_{11} &- 2a_{12} &+ a_{22} &+ 2a_{13} &- 2a_{23} &+ a_{33} &= 0.
\end{aligned}$$

In diesen Gleichungen treten die sechs Unbekannten a_{ik} linear und homogen auf, man kann demnach deren Verhältnisse, etwa $a_{ik} : a_{11}$, ermitteln. Die gefundenen Werte dieser Verhältnisse sind dann in die angeschriebene Kegelschnittsgleichung einzusetzen. Die fünf Bedingungsgleichungen bilden also mit der Kegelschnittsgleichung ein zusammengehöriges System von sechs Gleichungen, in denen die sechs Unbekannten $a_{11}, a_{12} \ldots a_{33}$ linear und homogen auftreten, so daß nach (50a) die Determinante des Gleichungssystemes verschwinden muß,

$$\begin{vmatrix} x^2 & 2xy & y^2 & 2x & 2y & 1 \\ 0 & 0 & 0 & 0 & 0 & 1 \\ 4 & 4 & 1 & 4 & 2 & 1 \\ 16 & 0 & 0 & 8 & 0 & 1 \\ 4 & -4 & 1 & 4 & -2 & 1 \\ 1 & -2 & 1 & 2 & -2 & 1 \end{vmatrix} = 0.$$

Diese Determinante gleich Null gesetzt ist eine Bedingung, der die Koordinaten $x|y$ des erzeugenden Punktes genügen müssen, und somit die gesuchte Kegelschnittsgleichung selbst. Man kann natürlich noch die Determinante auswerten und die Kegelschnittsgleichung auf die gebräuchliche Form bringen.

In dem vorliegenden speziellen Zahlenbeispiel wird man elementar ganz rasch zum Ziel kommen, wenn man die Kegelschnittsgleichung durch a_{11} dividiert und für die Verhältnisse $a_{ik}:a_{11}$ neue Bezeichnungen einführt,

$$x^2 + 2bxy + cy^2 + 2dx + 2ey + f = 0.$$

Für die Unbekannten b, c, d, e, f hat man dann die bereits oben angeschriebenen Bedingungsgleichungen

$$\begin{aligned} &1) & f &= 0 \\ &2) & 4 + 4b + c + 4d + 2e + f &= 0 \\ &3) & 16 \qquad\quad + 8d \qquad\; + f &= 0 \\ &4) & 4 - 4b + c + 4d - 2e + f &= 0 \\ &5) & 1 - 2b + c + 2d - 2e + f &= 0, \end{aligned}$$

aus denen man $f = 0$, $d = -2$, $b = -0{,}5$, $e = 1$, $c = 4$ ermittelt und damit die Kegelschnittsgleichung

$$x^2 - xy + 4y^2 - 4x + 2y = 0.$$

Aufgabe: Gesucht ist die Gleichung des Kegelschnittsystemes durch die vier Punkte $P_1 = 1|0$, $P_2 = -1|0$, $P_3 = 0|1$, $P_4 = 0|-1$.

Lösung: Das Kegelschnittsystem habe die Gleichung

$$Ax^2 + 2Bxy + Cy^2 + 2Dx + 2Ey + 1 = 0,$$

die von den gegebenen vier Punkten erfüllt werden muß. Für die fünf Unbekannten A, B, C, D, E hat man so vier Gleichungen

$$\begin{aligned} &1) & A \qquad\; + 2D \qquad\quad + 1 &= 0 \\ &2) & A \qquad\; - 2D \qquad\quad + 1 &= 0 \\ &3) & C \qquad\; + 2E + 1 &= 0 \\ &4) & C \qquad\; - 2E + 1 &= 0 \end{aligned}$$

aus denen man $A = -1$, $D = 0$, $C = -1$, $E = 0$ ermittelt, während B unbestimmt bleibt. Die Gleichung des Systemes ist dann

$$-x^2 + 2Bxy - y^2 + 1 = 0 \quad \text{oder} \quad (x^2 + y^2 - 1) - \lambda xy = 0,$$

wenn man $2B = \lambda$ setzt. Das Kegelschnittsystem ist ein Kegelschnittbüschel, wie auch die Form $F - \lambda G = 0$ zeigt, siehe Nr. 118.

133. Man kann nun fragen: Warum darf man einem Kreis, der doch auch ein Kegelschnitt ist, nur drei Bedingungen vorschreiben?

Der Kreis ist ein spezieller Kegelschnitt; in dem Begriffe „Kreis" sind bereits zwei Bedingungen enthalten. In der Tat war als Bedingung dafür, daß eine Gleichung zweiten Grades

$$a_{11} x^2 + 2 a_{12} xy + a_{22} y^2 + 2 a_{13} x + 2 a_{23} y + a_{33} = 0$$

einen Kreis vorstelle, gefunden worden, daß in dieser Gleichung die Koeffizienten von x^2 und y^2 gleich seien, und daß das Glied mit xy fehle, oder wie wir jetzt kürzer sprechen und schreiben können, daß

$$a_{11} = a_{22}, \quad a_{12} = 0. \tag{a}$$

Es sind wegen dieser zwei Bedingungen in der allgemeinen Kegelschnittsgleichung dann nur mehr drei unbekannte Konstante vorhanden, die aus drei Bedingungsgleichungen ermittelt werden können.

Anmerkung. Man kann auch rein geometrisch nach Nr. 112, Schlußabschnitt, urteilen: Alle Kreise gehen durch die zwei unendlich fernen Kreispunkte, diese zwei Bedingungen treten zu den für einen Kreis aufzustellenden Bedingungen noch hinzu und geben damit die fünf Bedingungen, die man einem Kegelschnitt vorschreiben kann.

In Nr. 130 war entwickelt, daß die Gestalt eines Kegelschnittes durch zwei Zahlen bestimmt ist, etwa durch Angabe der beiden Halbachsen a und b für einen Mittelpunktskegelschnitt. Wie ist diese Tatsache in Einklang zu bringen mit den fünf Forderungen, die man einem Kegelschnitt vorschreiben kann? Antwort: Durch zwei Zahlen ist die Gestalt des Kegelschnittes vollständig bestimmt, aber noch nicht seine Lage. Angenommen etwa die Gestalt einer Ellipse sei bestimmt, es sei noch ihre Lage in der Koordinatenebene festzustellen. Zu diesem Zwecke wird man am einfachsten den Mittelpunkt M durch zwei Zahlen festlegen und dann noch die Richtung der Halbachse a durch eine Zahl. Zu den zwei Zahlen, die die Gestalt der Ellipse bestimmen, treten also noch hinzu drei Zahlen zur Festlegung der Lage, insgesamt sind demnach wieder fünf Zahlen notwendig, um die Ellipse vollständig festzulegen.

Allgemein: Ein Kegelschnitt, der in der Ebene bewegt werden soll, ist als eine Scheibe zu betrachten. Die Scheibe hat in der Ebene drei Freiheitsgrade. Um also eine bestimmte Lage der Scheibe, im Spezialfall des Kegelschnittes, anzugeben, benötigt man drei Zahlen. Und deswegen insgesamt fünf Zahlenangaben, um einen Kegelschnitt nach Gestalt und Lage festzustellen, zwei für seine Gestalt und drei für seine Lage.

134. Ist ein Kegelschnitt durch zwei verschiedene Gleichungen

$$a_{11}x^2 + 2a_{12}xy + a_{22}y^2 + 2a_{13}x + 2a_{23}y + a_{33} = 0$$

$$b_{11}x^2 + 2b_{12}xy + b_{22}y^2 + 2b_{13}x + 2b_{23}y + b_{33} = 0$$

dargestellt, das nämliche Koordinatensystem vorausgesetzt, so muß die eine dieser Gleichungen eine Umformung der anderen sein und durch Multiplikation mit einem konstanten Faktor wieder in sie übergehen. Dann müssen also die entsprechenden Koeffizienten a_{ik} und b_{ik} proportional sein,

$$b_{11}:a_{11} = b_{12}:a_{12} = b_{22}:a_{22} = b_{13}:a_{13} = b_{23}:a_{23} = b_{33}:a_{33}$$

oder

$$b_{11} = \varrho a_{11}, \quad b_{12} = \varrho a_{12}, \quad b_{22} = \varrho a_{22}, \quad b_{13} = \varrho a_{13}, \quad b_{23} = \varrho a_{23},$$
$$b_{33} = \varrho a_{33}, \tag{a}$$

wenn ϱ der Proportionalitätsfaktor ist. Man erhält so sechs Gleichungen, von denen eine zur Ermittlung des Proportionalitätsfaktors ϱ dient, somit fünf Gleichungen zur Bestimmung von fünf Unbekannten, die in den beiden gleichwertigen Gleichungen auftreten.

Man kann also eine Kegelschnittsgleichung immer in eine andere Gleichung zweiten Grades umformen, **wenn** in letzterer fünf voneinander unabhängige Konstante **auftreten**.

Bisher hatten wir nur spezielle Gleichungen zweiten Grades diskutiert und uns von den Kegelschnitten, die durch solche Gleichungen dargestellt werden, ein Bild zu verschaffen gesucht. Die nächste Frage wird sein: Welche Kurven stellt denn die allgemeinste Gleichung zweiten Grades, die allgemeine Kegelschnittsgleichung

$$S = a_{11}x^2 + 2a_{12}xy + a_{22}y^2 + 2a_{13}x + 2a_{23}y + a_{33} = 0$$

vor? Natürlich Kegelschnitte, Kurven zweiter Ordnung, die also von jeder beliebigen Geraden in zwei (reellen oder imaginären) Punkten geschnitten werden. In den vorausgehenden Zeilen hatten wir die speziellen Kegelschnitte Ellipse, Hyperbel und Parabel kennen gelernt; es fragt sich nunmehr, ob es außer diesen auch noch andere Kegelschnitte gibt.

Der bisherige Gedankengang war derart: Die Ellipse und Hyperbel hatten wir zuerst in ihren einfachen Gleichungsformen $\frac{x^2}{a^2} \pm \frac{y^2}{b^2} - 1 = 0$ kennen gelernt, die Parabel in $y^2 = cx$. Dann war gezeigt worden (129c), daß es für diese drei Kurven eine gemeinsame Gleichung gibt $x^2(1 - \varepsilon^2) + y^2 - 2dx + d^2 = 0$. Gleichzeitig war damit eine gemeinsame Eigenschaft der drei Kurven gezeigt, daß nämlich der erzeugende Punkt P die Forderung $r = \varepsilon N$ erfüllt, wenn r sein Abstand von einem festen Punkt, dem Brennpunkt, und N sein Abstand von einer festen Geraden, der Direktrix, ist. Läßt sich nun die vorliegende Kegelschnittsgleichung auf die Form $r = \varepsilon N$ bringen, so ist damit gezeigt, daß es außer Ellipse, Hyperbel und Parabel keine anderen Kegelschnitte gibt. Dann muß es also für jeden Kegelschnitt eine charakteristische Gerade geben, die Direktrix, und einen charakteristischen Punkt, den Brennpunkt, denen beiden gegenüber der erzeugende Kegelschnittspunkt ein konstantes Abstandsverhältnis ε hat. Der Brennpunkt F ist durch seine Koordinaten x_0, y_0 bestimmt, die Direktrix $x \cos \alpha + y \sin \alpha - p = 0$ durch Angabe von α und p. Insgesamt hat man die fünf Unbekannten x_0, y_0, α, p, ε aus der gegebenen Kegelschnittsgleichung zu ermitteln; und zwar aus der Bedingung, daß diese Kegelschnittsgleichung auf die Form $r = \varepsilon N$ gebracht werden kann. Nun ist r der Abstand des erzeugenden Kegelschnittspunktes $P = x\,|\,y$ vom Brennpunkt $F = x_0\,|\,y_0$, also $r = \sqrt{(x - x_0)^2 + (y - y_0)^2}$; und N sein Abstand von der Direktrix $x \cos \alpha + y \sin \alpha - p = 0$, somit $N = x \cos \alpha + y \sin \alpha - p$; dann nimmt $r = \varepsilon N$ die Form

$$\sqrt{(x - x_0)^2 + (y - y_0)^2} = \varepsilon\,(x \cos \alpha + y \sin \alpha - p)$$

oder

$$(x - x_0)^2 + (y - y_0)^2 = \varepsilon^2\,(x \cos \alpha + y \sin \alpha - p)^2 \qquad\qquad \text{(b)}$$

an. Damit erscheint die gestellte Forderung als Gleichung zweiten Grades zwischen x und y, mit fünf voneinander unabhängigen Konstanten. Sie muß daher tatsächlich aus der gegebenen allgemeinen Kegelschnittsgleichung hervorgehen, indem man nämlich letztere mit einem passend gewählten Faktor ϱ multipliziert. Aus dieser Bedingung kann man dann auch die fünf Unbekannten x_0, y_0, α, p, ε bestimmen.

Beispiel: Man ermittle die Brennpunkte und die Direktrix des Kegelschnitts $9x^2 - 24xy + 16y^2 - 140x - 20y + 200 = 0$.

Die Kegelschnittsgleichung wird auf die Form $r = \varepsilon N$ oder (b) gebracht. Man ordnet:

$$x^2\,(\varepsilon^2 \cos^2 \alpha - 1) + 2xy\,\varepsilon^2 \sin \alpha \cos \alpha + y^2\,(\varepsilon^2 \sin^2 \alpha - 1)$$
$$+ 2x\,(x_0 - \varepsilon^2 p \cos \alpha) + 2y\,(y_0 - \varepsilon^2 p \sin \alpha) - (x_0^2 + y_0^2 - \varepsilon^2 p^2) = 0.$$

Der Vergleich mit der gegebenen Gleichung liefert sechs Gleichungen zur Bestimmung der Unbekannten x_0, y_0, α, p, ε und des Proportionalitätsfaktors ϱ,

1) $\varepsilon^2 \cos^2 \alpha - 1 = 9\varrho$ 4) $x_0 - \varepsilon^2 p \cos \alpha = -70\varrho$

2) $\varepsilon^2 \sin \alpha \cos \alpha = -12\varrho$ 5) $y_0 - \varepsilon^2 p \sin \alpha = -10\varrho$

3) $\varepsilon^2 \sin^2 \alpha - 1 = 16\varrho$ 6) $x_0^2 + y_0^2 - \varepsilon^2 p^2 = -200\varrho.$

Aus 1) und 3) findet man durch Addieren und Subtrahieren

$$7)\ \varepsilon^2 - 2 = 25\,\varrho \qquad 8)\ \varepsilon^2 \cos 2\alpha = -7\varrho;$$

letztere Gleichung mit 2) $\varepsilon^2 \sin 2\alpha = -24\,\varrho$ kombiniert, liefert $\operatorname{tg} 2\alpha = \frac{24}{7}$ oder $\sin 2\alpha = {}_{(-)}^{+}\frac{24}{25}$, $\cos 2\alpha = {}_{(-)}^{+}\frac{7}{25}$ und damit $\sin\alpha = 0,6$, $\cos\alpha = 0,8$; mit diesen Werten erhält man aus 7) und 8) noch $\varepsilon = (+)1$, also eine Parabel, und $\varrho = -1:25$. Die andern drei Gleichungen formt man mit diesen Werten um zu

$$4)\ 5x_0 - 4p = 14 \qquad 5)\ 5y_0 - 3p = 2 \qquad 6)\ x_0{}^2 + y_0{}^2 - p^2 = 8$$

und ermittelt aus ihnen $x_0 = 2,8$, $y_0 = 0,4$, $p = 0$. Es hat also der Brennpunkt F die Koordinaten $2,8\,|\,0,4$, die Direktrix die Gleichung $0,8\,x + 0,6\,y = 0$. Die gegebene Kegelschnittsgleichung läßt sich damit umformen zu

$$\sqrt{(x-2,8)^2 + (y-0,4)^2} = 1 \cdot (0,8\,x + 0,6\,y)$$

d. i. $r = \varepsilon N$.

135. Der Kegelschnitt $S = 0$ wird als Kurve zweiter Ordnung von jeder beliebigen Geraden in zwei Punkten geschnitten. Also auch von der unendlich fernen Geraden. Wir nennen die Schnittpunkte einer Kurve mit der unendlich fernen Geraden die **unendlich fernen Punkte** der Kurve und erhalten somit:

> **Ein Kegelschnitt hat zwei unendlich ferne Punkte.** (a)

Diese beiden Punkte können nun entweder beide reell und verschieden sein, dann ist der Kegelschnitt eine Hyperbel, oder beide sind imaginär, der Kegelschnitt ist eine Ellipse, die ganz im Endlichen verläuft, oder man hat den Übergang von einem Fall zum andern, wenn die beiden unendlich fernen Punkte zusammenfallen, bei der Parabel.

Ganz allgemein gilt: eine Kurve n-ter Ordnung wird von jeder Geraden in n Punkten geschnitten, also auch von der unendlich fernen Geraden; es gilt dann:

> **Eine Kurve n-ter Ordnung hat n unendlich ferne Punkte.** (b)

Etwas einfacher wird die Unterscheidung der Kegelschnittsarten gegenüber der unendlich fernen Geraden mit Einführung der Asymptoten. Man definiert: Asymptoten sind die Tangenten in den unendlich fernen Punkten einer Kurve. Eine Kurve n-ter Ordnung hat n unendlich ferne Punkte, also auch n Asymptoten, speziell:

> **Ein Kegelschnitt hat zwei Asymptoten,** (c)

die reell oder imaginär sind wenn es die beiden unendlich fernen Punkte sind. Es hat also die Hyperbel zwei reelle und verschiedene Asymptoten, die Ellipse zwei imaginäre und verschiedene und die Parabel zwei zusammenfallende Asymptoten.

An späterer Stelle, bei der Diskussion der allgemeinen Kegelschnittsgleichung, werden Methoden für die Ermittlung der Asymptoten angegeben werden.

Polare und Polarensätze.

136. Gegeben sei ein fester Kegelschnitt $S = 0$ sowie ein fester Punkt $P_0 = x_0 \mid y_0$. Irgendein Strahl durch P_0 schneidet auf dem Kegelschnitt die zwei Punkte P_1 und P_2 aus.

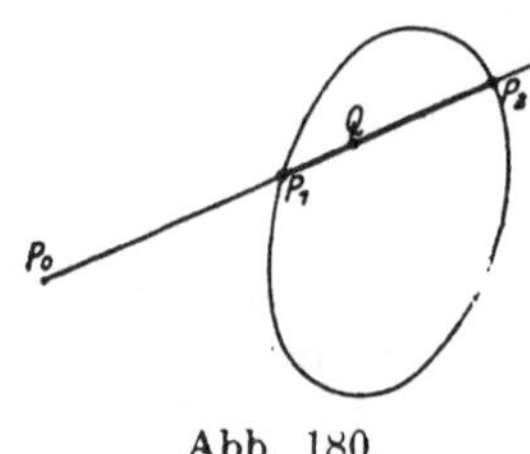

Abb. 180.

die reell oder imaginär sein können. Von jenem vierten Punkt Q, der mit P_0 zur Strecke $P_1 P_2$ harmonisch liegt, sagt man: Er ist zu P_0 harmonisch oder polar oder konjugiert gelegen bezüglich des gegebenen Kegelschnittes. Teilt so P_0 die Sehne $P_1 P_2$ im Verhältnis λ, dann teilt der zu P_0 polare Punkt Q die gleiche Sehne im Verhältnis $-\lambda$.

Zu P_0 gibt es ∞^1 polare oder konjugierte Punkte, da man ∞^1 Strahlen durch P_0 legen kann, deren jeder eine (reelle oder imaginäre) Sehne $P_1 P_2$ aus dem Kegelschnitt ausschneidet. Die Gesamtheit dieser ∞^1 polar gelegenen Punkte Q bildet eine Kurve, eine Gerade, wie wir gleich sehen werden, die man die Polare zu P_0 bezüglich des gegebenen Kegelschnittes nennt. Umgekehrt nennt man den Punkt P_0 den Pol zu dieser Geraden.

Natürlich ist die Zuordnung von Pol und Polare bestimmt durch den gegebenen Kegelschnitt. Jeder andere Kegelschnitt weist dem Punkt P_0 eine andere Polare zu; daher die Sprech- und Schreibweise: Polare oder Pol oder polar gelegen „bezüglich des gegebenen Kegelschnittes" oder „für den gegebenen Kegelschnitt"

Die Polare zu P_0 kann nur eine Gerade sein; denn eine Kurve höherer Ordnung würde die Gerade $P_1 P_2$ in mehr als einem Punkt Q schneiden, es gäbe also zu P_0 bezüglich $P_1 P_2$ noch einen weiteren vierten harmonischen Punkt, was eben unmöglich ist.

Die Lage der Polaren zu P_0 ist leicht festzustellen: Berührt der Strahl durch P_0 den gegebenen Kegelschnitt, so fallen P_1 und P_2 mit Q zusammen, das heißt die Berührpunkte der von P_0 aus an den gegebenen Kegelschnitt gelegten Tangenten sind Punkte der Polaren; damit läßt sich letztere konstruktiv bestimmen als Verbindungsgerade der beiden Berührpunkte, zunächst allerdings nur wenn P_0 außerhalb des Kegelschnittes liegt.

Die Polare zu einem Punkt P_0 für einen gegebenen Kreis $K = 0$ war nach Nr. 115 definiert als die Verbindungsgerade der beiden Berührpunkte der von P_0 aus an den Kreis gelegten Tangenten. Man sieht, daß diese Definition in der neu aufgestellten mit enthalten ist und ihr daher nicht widerspricht.

Beispiel a) Von der Direktrix eines Kegelschnittes gilt:

$$\text{die Direktrix ist die Polare zum Brennpunkt.} \qquad \text{(a)}$$

Aus Symmetriegründen muß jedenfalls die Polare eines Achsenpunktes senkrecht zur Achse stehen. Man braucht von ihr also nur mehr einen einzigen Punkt, um sie konstruieren zu können. Nach Definition ist die Polare zu einem gegebenen Punkt P_0 der Ort aller polar oder harmonisch zu P_0 gelegenen Punkte. Nun wird nach (129d) die große Achse eines Kegelschnittes durch Brennpunkt und Direktrix harmonisch geteilt, demnach müssen der Brennpunkt F und der Schnittpunkt D der Direktrix mit der großen Achse harmonisch zueinander liegen bezüglich der Achse $S_1 S_2$, siehe Abb. 176, oder in der neuen Sprechweise: sie liegen polar bezüglich des Kegelschnittes. Also ist die Direktrix selbst die Polare des Brennpunktes F.

* In der praktischen Mechanik operiert man vielfach mit polaren oder konjugierten Elementen. Es erweist sich als zweckmäßig, einige Hilfssätze aus der projektiven Geometrie herüberzunehmen. Wir knüpfen an die Gleichung eines Geradenbüschels $G_1 - \lambda G_2 = 0$ an und diskutieren die Schnittpunkte dieses Büschels mit einer beliebigen festen Geraden g. Wenn diese von den beiden Grundgeraden $G_1 = 0$ und $G_2 = 0$ in den Punkten P_1 und P_2 geschnitten wird, und von der Büschelgeraden $G_1 - \lambda G_2 = 0$ im Punkt P_λ, dann interessiert das Teilverhältnis μ, in dem P_λ die Strecke $P_1 P_2$ teilt. Zu jedem λ gehört eine bestimmte Büschelgerade G_λ und damit ein bestimmter Punkt P_λ auf der Strecke $P_1 P_2$ und zu diesem wieder ein bestimmtes Teilverhältnis μ; demnach ist μ eine Funktion von λ und zwar eine lineare, weil die Ermittlung von μ nur lineare Gleichungen in μ und $\cdot\lambda$ veranlaßt. Ferner weiß man, daß zu $\lambda = 0$, also zur Grundgeraden $G_1 = 0$, der Punkt P_1 und damit $\mu = 0$ gehört; und entsprechend zur Grundgeraden $G_2 = 0$ oder zu $\lambda = \infty$ der Punkt P_2 und damit $\mu = \infty$. Nach dem Beispiel der Nr. 46 muß der lineare Zusammenhang zwischen λ und μ dann von der Form

$$\mu = \varrho \lambda \qquad \text{(b)}$$

sein, das Teilverhältnis μ ist proportional dem Büschelparameter λ.

Vier Strahlen heißen harmonisch, wenn sie jede Gerade g in vier harmonischen Punkten schneiden. Jedenfalls müssen diese vier harmonischen Strahlen durch den gleichen Punkt gehen, da man sonst in Widerspruch mit Satz (101 d) käme.

Die vier Strahlen

$$G_1 = 0, \qquad G_2 = 0, \qquad G_1 - \lambda G_2 = 0, \qquad G_1 + \lambda G_2 = 0 \qquad \text{(c)}$$

sind harmonische Strahlen, denn sie schneiden jede beliebige Gerade g in vier harmonischen Punkten P_1, P_2, Q_1, Q_2. Nach (a) wird die Strecke $P_1 P_2$ durch Q_1 im Verhältnis $\mu_1 = \varrho \lambda$ und durch Q_2 im Verhältnis $\mu_2 = \varrho(-\lambda) = -\mu_1$ geteilt, womit dann die vier Punkte P_1, P_2, Q_1, Q_2 als vier harmonische Punkte erkannt sind.

Umgekehrt müssen sich vier harmonische Strahlen stets durch vier Gleichungen

$$G_1 = 0, \qquad G_2 = 0, \qquad G_1 - \lambda G_2 = 0, \qquad G_1 + \lambda G_2 = 0 \qquad \text{(d)}$$

darstellen lassen. Da die vier Strahlen durch den nämlichen Punkt gehen, so sind ihre Gleichungen jedenfalls auf die Form $G_1 = 0$, $G_2 = 0$, $G_1 - \lambda G_2 = 0$, $G_1 - \lambda' G_2 = 0$ zu bringen. Sie schneiden die Gerade g in vier Punkten P_1, P_2, Q_1, Q_2; nach (b) wird die Strecke $P_1 P_2$ durch Q_1 im Verhältnis $\mu_1 = \varrho \lambda$ und durch Q_2 im Verhältnis $\mu_2 = \varrho \lambda'$ geteilt. Nun sollen nach Voraussetzung die vier Punkte P_1, P_2, Q_1, Q_2 harmonisch sein, also muß $\mu_2 = -\mu_1$ oder $\lambda' = -\lambda$ sein, so daß dann der vierte Strahl tatsächlich die Gleichung $G_1 + \lambda G_2 = 0$ hat.

Eine ausgewählte Gruppe von vier harmonischen Punkten sind die Endpunkte einer Strecke sowie deren Mittelpunkt und der unendlich ferne Punkt auf der Strecke; der Mittelpunkt teilt die Strecke im Verhältnis -1, der unendlich ferne Punkt im Verhältnis $+1$. Mit Hilfe dieser ausgezeichneten Gruppe kann man recht einfach zu drei gegebenen Strahlen p_1, p_2, q_1 den vierten harmonischen Strahl q_2 konstruieren: Man zieht eine beliebige Gerade g' parallel zum Strahl p_2, die die beiden andern Strahlen in den Punkten P_1 und Q_1 schneidet. Dann macht man $Q_1 P_1 = P_1 Q_2$ und hat damit den vierten harmonischen Strahl q_2 als Strahl durch Q_2 gefunden, siehe Abb. 181.

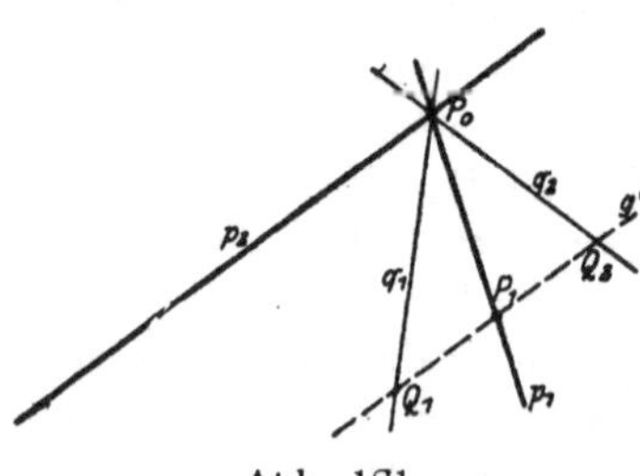
Abb. 181.

Es soll nochmals darauf hingewiesen werden, daß sowohl durch die Schreibweise, etwa P_1, P_2, Q_1, Q_2 oder p_1, p_2, q_1, q_2 oder A, B, A', B' usw., wie auch durch die zeichnerische Darstellung die harmonischen Elemente immer paarweise zusammengehalten werden. Hätte man die gelöste Aufgabe etwa so gestellt: zu drei gegebenen

Strahlen s_1, s_2, s_3 den vierten harmonischen Strahl s zu finden, so hätte man natürlich drei verschiedene Lösungen erhalten, je nachdem man s_1, s_2 oder s_1, s_3 oder s_2, s_3 als das harmonisch zu teilende Paar betrachtet hätte. Im vorliegenden Fall ist durch die Schreibweise P_1, P_2, Q_1, Q_2 das Paar P_1, P_2 als das harmonisch zu teilende Paar charakterisiert.

Beispiel b) Steht das eine getrennte Paar der harmonischen Strahlen zueinander senkrecht, so halbiert es die Winkel des anderen Paares. (e)

Das läßt sich recht einfach an Hand der Abb. 182 mit Hilfe der zuletzt angegebenen Konstruktion einsehen. Es muß die Hilfsgerade g' parallel dem ersten Strahl p_1 und damit senkrecht p_2 sein; andrerseits ist $R_1 P_2 = P_2 R_2$, es ist also p_2 die Winkelhalbierende der Strahlen q_1 und q_2 und demgemäß ist es auch p_1.

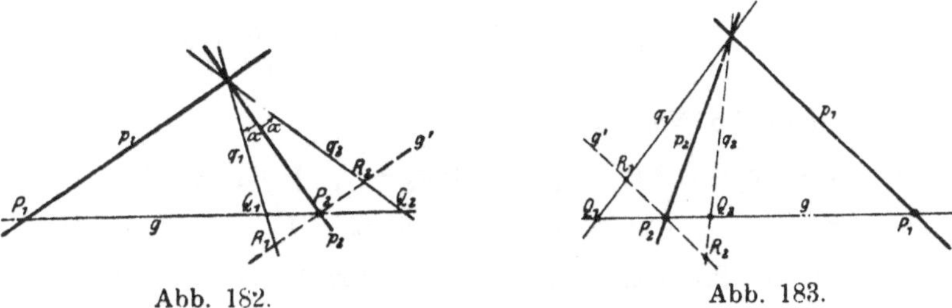

Abb. 182.   Abb. 183.

Beispiel c) Zu drei Punkten P_1, P_2, Q_1 auf einer Geraden g ist der vierte harmonische Punkt Q_2 rein graphisch zu ermitteln.

Die Strahlen durch vier harmonische Punkte sind harmonische Strahlen, die ihrerseits wieder jede andere Gerade auch in vier harmonischen Punkten schneiden. Man zieht daher von einem beliebigen Punkt P_0 aus Strahlen p_1, p_2, q_1 zu den Punkten P_1, P_2, Q_1 und sucht nach der im vorausgehenden angegebenen und durch die Abbildungen 181 und 183 angedeuteten Methode den vierten harmonischen Strahl. Zu diesem Zweck zieht man die Hilfsgerade g' parallel p_1 durch P_2 und macht auf ihr $R_1 P_2 = P_2 R_2$; der Strahl q_2 durch R_2 schneidet auf g den vierten harmonischen Punkt Q_2 aus.

* 137. Es sei nun ein Kegelschnitt $S = 0$ gegeben und ferner die beiden beliebigen Punkte $P_1 = x_1 \mid y_1$ und $P_2 = x_2 \mid y_2$. Legt man durch diese eine Gerade, so werden durch sie auf dem Kegelschnitt zwei andere Punkte Q_1 und Q_2 ausgeschnitten. Von diesen

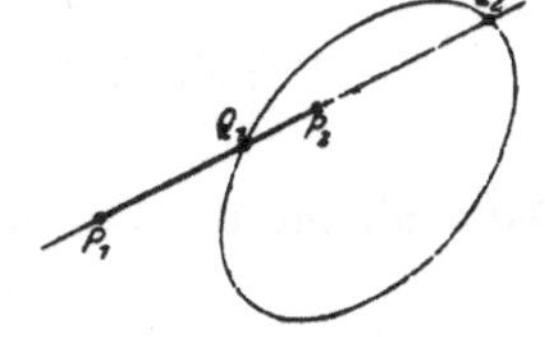

Abb. 184.

sei zunächst der eine Q_1 betrachtet. Er teilt die Strecke $P_1 P_2$ in einem noch unbekannten Teilverhältnis λ. Man könnte dieses Verhältnis λ dadurch ermitteln, daß man die Koordinaten von Q_1 aufsucht und dann die Formel für das Teilungsverhältnis anwendet. Aber das wäre sehr umständlich. Das Verfahren, das wir einschlagen, gibt uns auch gleichzeitig Aufschluß darüber, ob und unter welcher Bedingung P_1 und P_2 polar liegen. Diese Ermittlung des Teilverhältnisses λ, nach dem Q_1 die Strecke $P_1 P_2$ teilt, geht davon aus, daß Q_1 als Punkt der Geraden $P_1 P_2$ nach (83a) die Koordinaten $\dfrac{\lambda x_2 - x_1}{\lambda - 1} \mid \dfrac{\lambda y_2 - y_1}{\lambda - 1}$ hat und weiter, daß Q_1 auf dem Kegelschnitt $S = 0$ liegt und deswegen seine Koordinaten der Gleichung $S = 0$ genügen müssen, daß also gelten muß

$$a_{11}\left(\frac{\lambda x_2 - x_1}{\lambda - 1}\right)^2 + 2 a_{12} \frac{\lambda x_2 - x_1}{\lambda - 1} \cdot \frac{\lambda y_2 - y_1}{\lambda - 1} + a_{22}\left(\frac{\lambda y_2 - y_1}{\lambda - 1}\right)^2$$

$$+ 2 a_{13} \frac{\lambda x_2 - x_1}{\lambda - 1} + 2 a_{23} \frac{\lambda y_2 - y_1}{\lambda - 1} + a_{33} = 0,$$

oder wenn man die Nenner beseitigt,

$$a_{11}(\lambda x_2 - x_1)^2 + 2 a_{12}(\lambda x_2 - x_1)(\lambda y_2 - y_1) + a_{22}(\lambda y_2 - y_1)^2$$
$$+ 2 a_{13}(\lambda x_2 - x_1)(\lambda - 1) + 2 a_{23}(\lambda y_2 - y_1)(\lambda - 1) + a_{33}(\lambda - 1)^2 = 0.$$

Man rechnet die Produkte aus, ordnet nach Potenzen von λ und setzt zur Abkürzung

$$\begin{aligned}
S_1 &= a_{11}x_1^2 + 2 a_{12}x_1 y_1 + a_{22}y_1^2 + 2 a_{13}x_1 + 2 a_{23}y_1 + a_{33}, \\
S_2 &= a_{11}x_2^2 + 2 a_{12}x_2 y_2 + a_{22}y_2^2 + 2 a_{13}x_2 + 2 a_{23}y_2 + a_{33},
\end{aligned} \qquad \text{(a)}$$

wo also S_i der Wert ist, den die linke Seite der Kegelschnittsgleichung erhält, wenn man $x_i \mid y_i$ statt $x \mid y$ in diese Gleichung substituiert. Ferner setzt man

$$S_{12} = a_{11}x_1 x_2 + a_{12}(x_1 y_2 + x_2 y_1) + a_{22}y_1 y_2 + a_{13}(x_1 + x_2)$$
$$+ a_{23}(y_1 + y_2) + a_{33}$$

oder

$$= x_1(a_{11}x_2 + a_{12}y_2 + a_{13}) + y_1(a_{21}x_2 + a_{22}y_2 + a_{23})$$
$$+ (a_{31}x_2 + a_{32}y_2 + a_{33})$$

oder

$$= x_2(a_{11}x_1 + a_{12}y_1 + a_{13}) + y_2(a_{21}x_1 + a_{22}y_1 + a_{23})$$
$$+ (a_{31}x_1 + a_{32}y_1 + a_{33}). \qquad \text{(b)}$$

Dann nimmt die verlangte Bedingungsgleichung die Form an

$$S_2 \lambda^2 - 2 S_{12} \lambda + S_1 = 0, \qquad \text{(c)}$$

mit deren Hilfe man zwei Werte λ ermitteln kann. Das war zu erwarten, denn was von Q_1 gilt, muß genau so auch von Q_2 gelten, das heißt obige Gleichung liefert gleichzeitig zwei Werte λ, einen für Q_1 und einen für Q_2.

Beispiel a) Gegeben sind der Kegelschnitt $x^2 - y^2 + 4x = 0$ und die Punkte $P_1 = 1 \mid 0$ und $P_2 = 0 \mid 1$. Die Gerade $P_1 P_2$ schneidet den Kegelschnitt in zwei Punkten Q_1 und Q_2. In welchem Verhältnis teilen diese Punkte die Strecke $P_1 P_2$?

Für die beiden Werte λ dieses Verhältnisses gilt die Gleichung $S_2 \lambda^2 - 2 S_{12} \lambda + S_1 = 0$; mit $a_{11} = 1$, $a_{12} = 0$, $a_{22} = -1$, $a_{13} = 2$, $a_{23} = 0$, $a_{33} = 0$ wird $S_1 = 5$, $S_2 = -1$, $S_{12} = 2$. Mit diesen Werten wird obige Gleichung $-\lambda^2 - 4\lambda + 5 = 0$, deren Wurzeln $\lambda_1 = 1$, $\lambda_2 = -5$ sind. Es wird also die Strecke $P_1 P_2$ von den beiden Kegelschnittspunkten Q_1 und Q_2 nach diesen beiden Verhältnissen $+ 1$ und $- 5$ geteilt.

Wenn nun die beiden Punkte P_1 und P_2 polare Punkte sind bezüglich des Kegelschnittes $S = 0$, so teilen sie die Strecke $Q_1 Q_2$ harmonisch, und umgekehrt teilen dann auch die Punkte Q_1 und Q_2 die Strecke $P_1 P_2$ harmonisch. Unter dieser Voraussetzung wird $\lambda_2 = -\lambda_1$ oder $\lambda_1 + \lambda_2 = 0$. Nun ist aber der Koeffizient S_{12} der Bestimmungsgleichung für λ nach (53b) gleich dem Vielfachen der Summe der beiden Wurzeln λ_1 und λ_2 und somit $S_{12} = 0$ die Bedingung dafür, daß $\lambda_1 + \lambda_2 = 0$ oder $\lambda_2 = -\lambda_1$, d. h. daß Q_1 und Q_2 die Strecke $P_1 P_2$ harmonisch teilen oder in der neuen Sprechweise: Die Bedingung dafür, daß die Punkte P_1 und P_2 polar gelegen sind bezüglich des Kegelschnittes $S = 0$, ist in symbolischer Schreibweise $S_{12} = 0$ oder unabgekürzt

$$a_{11} x_1 x_2 + a_{12} (x_1 y_2 + x_2 y_1) + a_{22} y_1 y_2 + a_{13} (x_1 + x_2)$$
$$+ a_{23} (y_1 + y_2) + a_{33} = 0. \tag{d}$$

Beispiel b) Man suche zum Punkt $P_1 = 0 \mid 1$ den bezüglich des Kegelschnittes $S = x^2 - y^2 + 4x = 0$ polaren Punkt P_2 mit der Abszisse $x_2 = 1$.

Es muß gelten $S_{12} = 0$; mit den aus dem vorigen Beispiel zu entnehmenden Werten von a_{ik} wird $S_{12} = 0 + 0 - y_2 + 2 \cdot 1 + 0 + 0 = 0$ und liefert $y_2 = 2$. Zum Punkt $P_1 = 0 \mid 1$ ist also $P_2 = 1 \mid 2$ einer der ∞^1 polaren Punkte bezüglich des gegebenen Kegelschnittes.

$*$ 138. Die vorausgehenden Relationen ändern sich nicht, wenn man andere Bezeichnungen einführt. Man kann also setzen: Die Bedingung dafür, daß die beiden Punkte $P_0 = x_0 \mid y_0$ und $P = x \mid y$ polar liegen bezüglich des Kegelschnittes $S = 0$, ist

$$a_{11} x x_0 + a_{12} (x y_0 + x_0 y) + a_{22} y y_0 + a_{13} (x + x_0) + a_{23} (y + y_0) + a_{33} = 0$$

oder in den gebräuchlicheren Schreibweisen

$$x(a_{11}x_0+a_{12}y_0+a_{13})+y(a_{21}x_0+a_{22}y_0+a_{23})+(a_{31}x_0+a_{32}y_0+a_{33})=0 \quad \text{(a)}$$

bzw.

$$x_0(a_{11}x+a_{12}y+a_{13})+y_0(a_{21}x+a_{22}y+a_{23})+(a_{31}x+a_{32}y+a_{33})=0. \quad \text{(b)}$$

Für die linke Seite dieser drei Gleichungsformen setzt man gewöhnlich das Symbol Q.

Zu einem gegebenen Punkt $P_0 = x_0 \,|\, y_0$ gibt es nun ∞^1 polar gelegene Punkte $P = x \,|\, y$; für alle diese Punkte P muß die vorausgehende Bedingung gelten. Dann ist aber diese Bedingung nichts anderes als die Gleichung der Kurve, die durch diese ∞^1 Punkte gebildet wird, das heißt $Q = 0$ oder in nichtsymbolischer Schreibweise

$$x(a_{11}x_0+a_{12}y_0+a_{13})+y(a_{21}x_0+a_{22}y_0+a_{23})+(a_{31}x_0+a_{32}y_0+a_{33})=0 \quad \text{(c)}$$

ist die Gleichung der Polaren zum gegebenen Punkt $P_0 = x_0 \,|\, y_0$ bezüglich des Kegelschnittes $S = 0$.

Beispiel a) Zum Pol $P_0 = 0 \,|\, 1$ hat die Polare bezüglich des Kegelschnittes $x^2 - y^2 + 4x = 0$ die Gleichung $x(1 \cdot 0 + 0 \cdot 1 + 2)$ $+ y(0 \cdot 0 - 1 \cdot 1 + 0) + (2 \cdot 0 + 0 \cdot 1 + 0) = 0$ oder $2x - y = 0$

Umgekehrt bestimmt man den Pol zu einer gegebenen Geraden $Ax + By + C = 0$. Der Pol sei $P_0 = x_0 \,|\, y_0$, dann muß die Polare zu ihm mit der gegebenen Geraden identisch sein, es müssen also die beiden Gleichungen

$$Ax + By + C = 0,$$

$$x(a_{11}x_0+a_{12}y_0+a_{13})+y(a_{21}x_0+a_{22}y_0+a_{23})+(a_{31}x_0+a_{32}y_0+a_{33})=0$$

die nämliche Gerade vorstellen, weshalb die Koeffizienten der entsprechenden Variablen beider Gleichungen proportional sein müssen:

$$a_{11}x_0 + a_{12}y_0 + a_{13} = \varrho A, \qquad a_{21}x_0 + a_{22}y_0 + a_{23} = \varrho B,$$

$$a_{31}x_0 + a_{32}y_0 + a_{33} = \varrho C,$$

wenn ϱ der Proportionalitätsfaktor ist. Aus diesen drei Bedingungsgleichungen ermittelt man die gesuchten Koordinaten x_0, y_0 samt ϱ, am einfachsten nach (50 i) in der Form

$$x_0 : y_0 : \varrho : 1 = \begin{vmatrix} a_{11} & a_{12} & -A & a_{13} \\ a_{21} & a_{22} & -B & a_{23} \\ a_{31} & a_{32} & -C & a_{33} \end{vmatrix} \quad \text{(d)}$$

Beispiel b) Zur Geraden $3x - 4y - 12 = 0$ ist bezüglich des Kegelschnittes $x^2 - y^2 + 4x = 0$ der Pol $P_0 = x_0 \,|\, y_0$ bestimmt durch

$$x_0 : y_0 : \varrho : 1 = \begin{vmatrix} 1 & 0 & -3 & 2 \\ 0 & -1 & 4 & 0 \\ 2 & 0 & 12 & 0 \end{vmatrix} = 24 : -16 : -4 : -18.$$

Man erhält $x_0 = -24 : 18 = -4 : 3$, $y_0 = 16 : 18 = 8 : 9$ oder $P_0 = -\frac{4}{3} \mid \frac{8}{9}$ als gesuchten Pol.

Beispiel c) In Nr. 136 wurde als Polare zum Brennpunkt die Direktrix gefunden, und zwar mit Hilfe der Definition der Polaren auf geometrischem Weg. Wendet man die Formel an, so erhält man ausgehend von der Gleichungsform (129 c)

$$a_{11} = 1 - \varepsilon^2, \quad a_{12} = 0, \quad a_{22} = 1, \quad a_{13} = -d, \quad a_{23} = 0,$$
$$a_{33} = d^2, \quad F = d \mid 0$$

und damit

$$Q = d\,[(1 - \varepsilon^2)\,x - d] + [-dx + d^2] = -xd\,\varepsilon^2 = 0$$

oder $x = 0$ als Gleichung der Polaren, das ist die y-Achse, die Direktrix.

Beispiel d) Für die Kegelschnitte $\dfrac{x^2}{a^2} \pm \dfrac{y^2}{b^2} \pm 1 = 0$ ist

$$a_{11} = \frac{1}{a^2}, \quad a_{12} = 0, \quad a_{22} = \pm\frac{1}{b^2}, \quad a_{13} = 0, \quad a_{23} = 0, \quad a_{33} = \pm 1$$

und damit
$$\frac{x\,x_0}{a^2} \pm \frac{y\,y_0}{b^2} \pm 1 = 0 \tag{e}$$

die Polare zu einem beliebigen Punkt $P_0 = x_0 \mid y_0$.

Beispiel e) Für die Parabel $y^2 = 2px$ oder $y^2 - 2px = 0$ ist

$$a_{11} = 0, \quad a_{12} = 0, \quad a_{22} = 1, \quad a_{13} = -p, \quad a_{23} = 0, \quad a_{33} = 0$$

und damit

$$-px_0 + yy_0 - px = 0 \quad \text{oder} \quad yy_0 = p\,(x + x_0) \tag{f}$$

die Polare zu einem beliebigen Punkt $P_0 = x_0 \mid y_0$.

*** 139.** Rückt der Punkt P_0 mehr und mehr an den Kegelschnitt heran, so rückt ihm seine Polare entgegen; kommt P_0 auf den Kegelschnitt selbst zu liegen, so geht seine Polare über in die Tangente in diesem Punkt. Folglich ist die Tangente eines Kegelschnittspunktes P_0 als die Polare dieses Punktes bestimmt, so daß die Gleichung der Kegelschnittstangente im Punkt $P_0 = x_0 \mid y_0$

$$x\,(a_{11}x_0 + a_{12}y_0 + a_{13}) + y\,(a_{21}x_0 + a_{22}y_0 + a_{23})$$
$$+ (a_{31}x_0 + a_{32}y_0 + a_{33}) = 0 \tag{a}$$

oder
$$x_0\,(a_{11}x + a_{12}y + a_{13}) + y_0\,(a_{21}x + a_{22}y + a_{23})$$
$$+ (a_{31}x + a_{32}y + a_{33}) = 0$$

wird.

Beispiel a) Die Tangente an den Kegelschnitt $x^2 - y^2 + 4x = 0$ im Kegelschnittspunkt $P_0 = x_0 \mid y_0$ ist

$$x\,(x_0 + 2) - yy_0 + 2x_0 = 0;$$

an der speziellen Stelle $0|0$ wird sie $2x = 0$, das ist die y-Achse.
Dort hat also der Kegelschnitt den Richtungswinkel 90^0.

Beispiel b) Entsprechend den Beispielen d) und e) der vorausgehenden Nummer ist die Tangente im Punkt P_0 der Kegelschnitte

$$\frac{x^2}{a^2} \pm \frac{y^2}{b^2} \pm 1 = 0 \quad \text{durch} \quad \frac{x x_0}{a^2} \pm \frac{y y_0}{b^2} \pm 1 = 0 \tag{b}$$

gegeben und die Tangente im Punkt P_0 der Parabel

$$y^2 = 2px \quad \text{durch} \quad yy_0 = 2p(x + x_0). \tag{c}$$

140. Die Konstruktion der Polaren g zu einem gegebenen Punkt G
beruht darauf, daß man zwei Punkte der Polaren ermittelt. Liegt G
außerhalb des Kegelschnittes, so werden diese beiden Punkte am einfachsten die Berührungspunkte der von G aus an den Bezugskegelschnitt
gezogenen Tangenten sein. Rückt G in das Innere des Kegelschnittes,
so liegt die Polare außerhalb desselben. Die beiden Tangenten von G
aus an den Kegelschnitt und mit ihnen die zugehörigen Berührpunkte
werden imaginär. Deswegen muß aber nicht die Gerade durch diese
beiden Berührpunkte, eben die Polare, imaginär werden. Man wird
sich in diesem Fall auf andere Weise zwei Punkte der Polaren g
verschaffen. Man könnte etwa durch G zwei beliebige Strahlen ziehen
und auf jedem den zu G harmonischen Punkt (mit Anwendung der

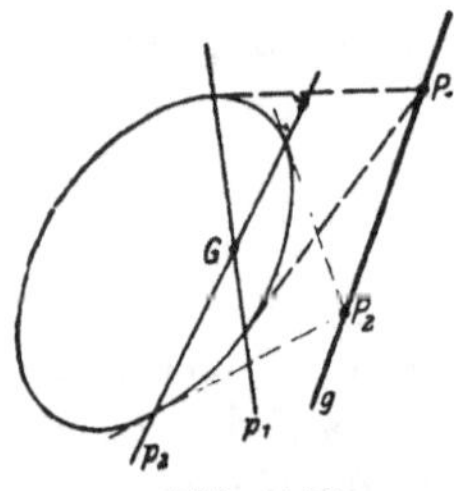

Abb. 185.

Definition) aufsuchen. Dann hätte man zwei
Punkte der Polaren und damit diese selbst.

Einfacher führt die folgende Überlegung
zum Ziel. Man legt durch G eine beliebige
Gerade p_1 und ermittelt deren Pol P_1, etwa
so wie die Abbildung andeutet. Dann liegen
G und P_1 polar, also ist P_1 ein Punkt der
gesuchten Polaren g. Auf die gleiche Weise
sucht man noch einen zweiten Punkt P_2, der
zu G polar liegt; dann muß auch P_2 ein Punkt
der Polaren g sein. Damit ist dann die Polare g bestimmt durch
die beiden Punkte P_1 und P_2.

Umgekehrt wird man verfahren, wenn man zu einer Geraden g,
die den Bezugskegelschnitt nicht reell schneidet, den Pol G ermitteln
soll. Man wählt zwei beliebige Punkte P_1 und P_2 auf der Geraden g
und konstruiert ihre Polaren p_1 und p_2. Deren Schnittpunkt G liegt
nun zu P_1 wie zu P_2 polar, es ist also g die Polare zu G und deswegen umgekehrt G der gesuchte Pol zu g.

Jeder Punkt P_0 dieser Geraden g liegt polar zu G oder umgekehrt: G ist zu jedem Punkt P_0 der Geraden g polar gelegt, d. h.
G ist ein Punkt der Polaren zu jedem P_0, also muß die Polare eines

jeden Punktes P_0 durch G gehen. Man drückt diese Beziehung aus durch den Satz:

Bewegt sich der Pol P_0 auf einer gegebenen Geraden g, so dreht sich seine Polare p_0 um den Pol G dieser Geraden g,   (a)

und seine Umkehrung:

Dreht sich eine Gerade p_0 um einen festen Punkt G, so bewegt sich der Pol P_0 dieser Geraden auf der Polaren g zum festen Punkt G.   (b)

Läßt man den Punkt P_0 beliebig variieren, so variiert selbstverständlich auch die ihm bezüglich des gegebenen Kegelschnittes zugeordnete Polare p_0. Bewegt sich P_0 auf einer Kurve, so werden die zugehörigen ∞^1 Polaren ein Geradensystem, eine Geradenschar bilden. Bewegt sich im Spezialfall P_0 auf einer Geraden g, dann müssen nach der vorstehenden Entwicklung die ∞^1 zugehörigen Polaren ein Geradenbüschel durch den Pol G der Geraden bilden.

Beispiel: Ein Polygon ist durch vier aufeinanderfolgende Seiten s_1, s_2, s_3, s_4 begrenzt. Ihm ist ein anderes Polygon zugeordnet, dessen Eckpunkte S_1, S_2, S_3, S_4 die Pole zu den Seiten s_1, s_2, s_3, s_4 bezüglich einer gegebenen Ellipse sind. Man konstruiere letzteres.

Abb. 186 deutet die Konstruktion des zugeordneten Polygons an und gibt dieses selbst durch die schraffierte Fläche wieder. Um zu s_1 den Pol S_1 zu erhalten, sucht man zu den Punkten T_{41} und T_{12} der Seite s_1 die Polaren, die sich im gesuchten Pol S_1 schneiden. Der Symmetrie wegen ist nur die Polare zu T_{12} notwendig. Um S_2 zu finden, muß man zu zwei Punkten T_{12} und T_{23} die Polaren zeichnen.

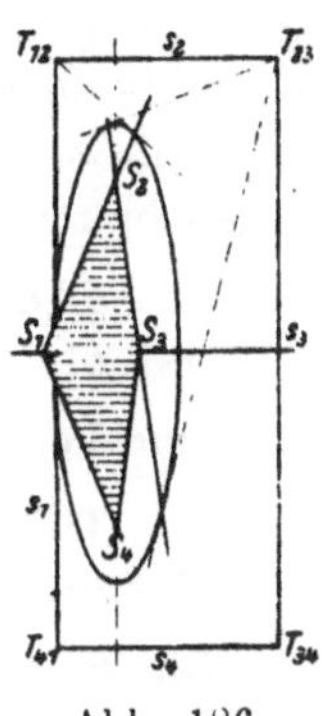

Abb. 186.

141. Ein Kegelschnitt wird von jeder beliebigen Geraden in zwei reellen oder imaginären Punkten P_1 und P_2 geschnitten. Den Abschnitt $P_1 P_2$ bezeichnet man wie beim Kreis als Sehne des Kegelschnittes. In Nr. 105 war als Mittelpunkt einer Kurve jener Punkt bezeichnet, der alle durch ihn gehenden Sehnen halbiert. Alle durch den Mittelpunkt eines Kegelschnittes gehenden Sehnen sollen Durchmesser heißen; oft versteht man aber unter Durchmesser auch die Gerade durch den Mittelpunkt und nicht nur das durch den Kegelschnitt begrenzte Sehnenstück. Der jeweilige Wortlaut eines Satzes wird angeben, ob man mit Durchmesser das begrenzte Sehnenstück oder die Gerade durch den Mittelpunkt meint. Auf jedem Durchmesser liegen der Mittelpunkt M und der unendlich ferne Punkt U

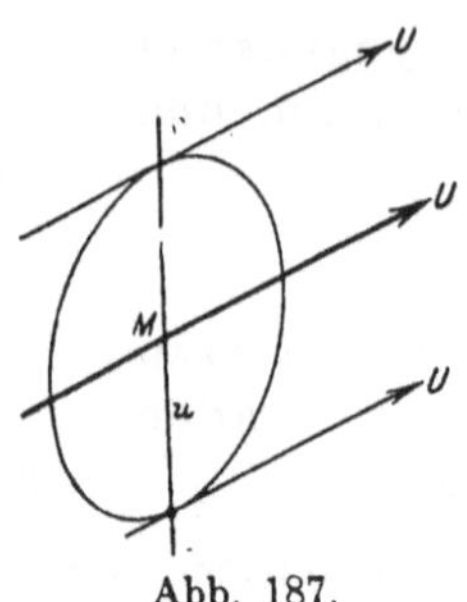

Abb. 187.

polar, siehe die Abbildung, denn ersterer teilt die Sehne im Verhältnis — 1, letzterer im Verhältnis $+$ 1. Durch den Mittelpunkt gibt es ∞^1 Durchmesser; die ∞^1 polaren Punkte, die man auf ihnen zum Mittelpunkt erhält, bilden die unendlich ferne Gerade, es gilt demgemäß mit Bezug auf den gegebenen Kegelschnitt:

> Die Polare des Kegelschnittsmittelpunktes ist die unendlich ferne Gerade　　　(a)

und umgekehrt:

> Der Pol der unendlich fernen Geraden ist der Kegelschnittsmittelpunkt.　　　(b)

Wünscht man zu einem unendlich fernen Punkt U die Polare, so wird man entsprechend ihrer Definition durch den Punkt U einen Durchmesser legen; dann ist der Mittelpunkt M polar gelegen zu U oder ein Punkt der Polaren zu U, d. h. die Polare des unendlich fernen Punktes U geht durch den Mittelpunkt und ist somit ein Durchmesser. Es gilt demgemäß mit Bezug auf den gegebenen Kegelschnitt:

> Die Polare eines unendlich fernen Punktes ist ein Durchmesser　　　(c)

und umgekehrt:

> Der Pol eines Durchmessers ist ein unendlich ferner Punkt.　　　(d)

Die Polare eines unendlich fernen Punktes U ist geometrisch zu konstruieren als Verbindungsgerade u der Berührpunkte der Tangenten, die man in Richtung zum unendlich fernen Punkt an den Kegelschnitt legen kann. Diese Verbindungsgerade muß ein Durchmesser sein. Und umgekehrt wird man den unendlich fern gelegenen Pol U eines gegebenen Durchmessers u finden, indem man in den Schnittpunkten des Durchmessers mit dem Kegelschnitt die Tangenten zieht. Diese müssen zum gesuchten Pol U führen.

142. Für einen gegebenen Kegelschnitt heißen zwei Gerade konjugiert gelegen, wenn die eine durch den Pol der andern geht. Statt konjugiert gelegen kann man auch sagen „polar gelegen". Wenn sonach in Abb. 188 der Punkt G_1 der Pol zur Geraden g_1 ist, dann liegt jede Gerade durch G_1 konjugiert zu g_1; es gibt somit zu einer gegebenen Geraden ∞^1 konjugierte Gerade,.nämlich alle, die durch den Pol dieser Geraden gehen. Zieht man eine beliebige Gerade g_2 durch G_1, so muß nach Nr. 140 ihr Pol G_2 auf der Geraden g_1 liegen. Geht also von zwei Geraden die erste durch den Pol der zweiten, dann auch die zweite durch den Pol der ersten.

Speziell wird man als konjugierte Durchmesser (bezüglich eines gegebenen Kegelschnitts) zwei Durchmesser dann bezeichnen, wenn jeder von ihnen durch den Pol des andern geht, siehe Abb. 189. Zu einem Durchmesser u_1 ist der Pol ein unendlich ferner Punkt U_1, zu dem man gelangt, wenn 'man in den Durchmesserendpunkten die Tangenten an den Kegelschnitt legt. In der Richtung nach U_1 muß dann der zu u_1 konjugierte Durchmesser u_2 gehen.

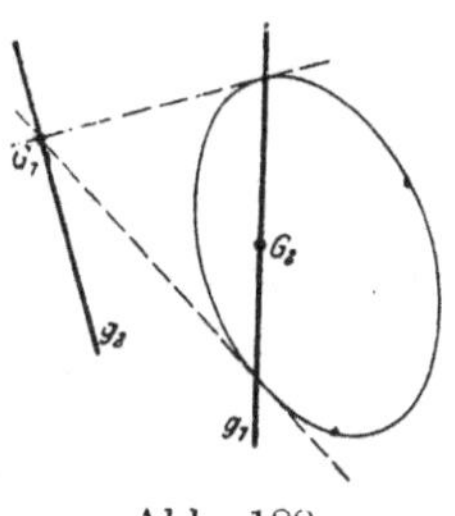

Abb. 188.

Achsen eines Kegelschnittes nennt man diejenigen konjugierten Durchmesser, die zueinander senkrecht stehen.

Die Richtung von zwei konjugierten Durchmessern nennt man konjugierte Richtungen (bezüglich eines gegebenen Kegelschnitts). Zu einer gegebenen Richtung $\lambda_1 = \operatorname{tg} \varphi_1$ findet man geometrisch die konjugierte Richtung $\lambda_2 = \operatorname{tg} \varphi_2$, indem man in der ersten Richtung die beiden Tangenten an den Kegelschnitt legt, und die beiden Berührpunkte durch eine Gerade verbindet. Diese Gerade, ein Durchmesser, hat dann die konjugierte Richtung λ_2.

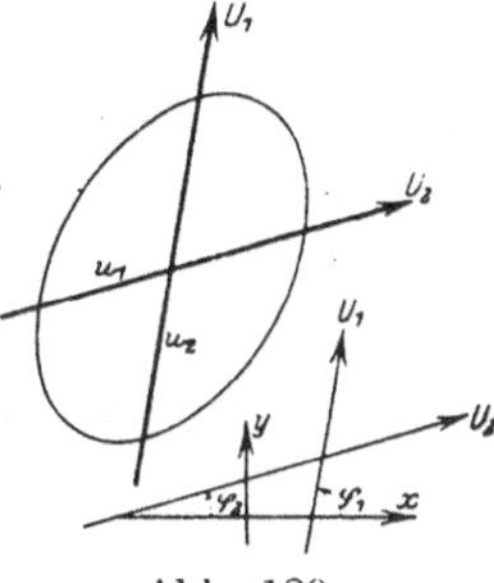

Abb. 189.

* Analytisch wird man so vorgehen: Die Richtung $\lambda_1 = \operatorname{tg} \varphi_1$ definiert den unendlich fernen Punkt $U_1 = \varrho \cos \varphi_1 \,|\, \varrho \sin \varphi_1$. Zu ihm ist die Polare u_1 gegeben durch die Gleichung

$$Q \equiv \varrho \cos \varphi_1 (a_{11} x + a_{12} y + a_{13}) + \varrho \sin \varphi_1 (a_{21} x + a_{22} y + a_{23}) + (a_{31} x + a_{32} y + a_{33}) = 0$$

oder wenn man mit ϱ zuerst dividiert und dann $\varrho = \infty$ setzt,

$$\cos \varphi_1 (a_{11} x + a_{12} y + a_{13}) + \sin \varphi_1 (a_{21} x + a_{22} y + a_{23}) = 0.$$

Man ordnet die Gleichung nach .den Variablen und findet die Richtung der Polaren u_1 nach (85c) als

$$\lambda_2 = \operatorname{tg} \varphi_2 = -\frac{a_{11} \cos \varphi_1 + a_{12} \sin \varphi_1}{a_{12} \cos \varphi_1 + a_{22} \sin \varphi_1} = -\frac{a_{11} + a_{12} \lambda_1}{a_{12} + a_{22} \lambda_1} \qquad (\text{a})$$

Diese Beziehung zwischen λ_1 und λ_2 kann man noch umformen zu

$$\lambda_2 \left(a_{12} + a_{22}\lambda_1\right) + \left(a_{11} + a_{12}\lambda_1\right) = 0$$

oder

$$a_{11} + a_{12}\left(\lambda_1 + \lambda_2\right) + a_{22}\lambda_1\lambda_2 = 0. \qquad \text{(b)}$$

Für die Achsenrichtungen eines Kegelschnittes gilt, da sie zueinander senkrecht stehen, $\lambda_1 \cdot \lambda_2 = -1$.

Beispiel a) Für die Ellipse $\dfrac{x^2}{a^2} + \dfrac{y^2}{b^2} - 1 = 0$ ist $a_{11} = \dfrac{1}{a^2}$, $a_{12} = 0$,

$a_{22} = \dfrac{1}{b^2}$ und somit zwischen zwei konjugierten Richtungen der Zusammenhang

$$\lambda_1\lambda_2 = -b^2 : a^2. \qquad \text{(c)}$$

Entsprechend gilt für die Hyperbeln $\dfrac{x^2}{a^2} - \dfrac{y^2}{b^2} \mp 1 = 0$

$$\lambda_1\lambda_2 = +b^2 : a^2. \qquad \text{(d)}$$

Bei der Parabel $y^2 - 2px = 0$ ist $a_{11} = 0$, $a_{12} = 0$, $a_{22} = 1$ und somit

$$\lambda_1\lambda_2 = 0, \qquad \text{(e)}$$

d. h. eine der beiden konjugierten Richtungen muß immer den Wert Null haben, oder in anderer Sprechweise, der eine der beiden konjugierten Durchmesser muß immer parallel zur x-Achse sein, welche Richtung auch der andere haben mag.

Beispiel b) Die zu einem Durchmesser parallelen Sehnen eines Kegelschnittes werden vom konjugierten Durchmesser halbiert.   (f)

Ist nämlich u ein gegebener Durchmesser des Kegelschnittes, so gehen alle zu ihm parallelen Sekanten durch den gleichen unendlich fernen Punkt U wie dieser Durchmesser. Dann wird jede Sehne $P_1 P_2$ auf einer solchen Sekante durch U im Verhältnis $+1$ geteilt, der zu U konjugierte oder polare Punkt U'' muß demnach die Sehne im Verhältnis -1 teilen, also ihr Mittelpunkt sein. Die Gesamtheit dieser Punkte U' ist aber die Polare des Punktes U oder der zu u konjugierte Durchmesser, siehe Abb. 191.

Ellipse.

143. Für Ellipse und Hyperbel hat man die gleiche Entstehung: man kann sie in Beziehung setzen zu Brennpunkt und Direktrix und erhält für beide die nämliche Gleichung $r = \varepsilon N$; oder man gibt ihre Eigenschaft gegenüber dem Brennpunktspaar F_1 und F_2 an, $r_1 \pm r_2 = \pm 2a$. Die Schlußfolgerung wurde bereits gezogen: es ist zu erwarten, daß es zu jedem Satz für die Ellipse einen äquivalenten Satz für die Hyperbel gibt. Wir haben sogar direkt angegeben und in den bisher auftretenden Fällen bewiesen, daß jede Formel für die Ellipse, die sich auf den Werten a, b, e, p, ε, d aufbaut, übergeht in die entsprechende Formel für die Hyperbel, wenn man $+ b^2$ durch $- b^2$ und umgekehrt natürlich $- b^2$ durch $+ b^2$ ersetzt.

Es soll kursorisch alles zusammengestellt werden, was man bisher von der Ellipse weiß. Sie ist ein Kegelschnitt und zeichnet sich gegenüber den anderen Kegelschnitten Hyperbel und Parabel dadurch aus, daß sie ganz im Endlichen verläuft; ihre beiden unendlich fernen Punkte sind imaginär und desgleichen ihre beiden Asymptoten. Sie ist symmetrisch zu zwei Geraden oder Durchmessern, die man Hauptdurchmesser oder Achsen nennt und als „große" oder Hauptachse und „kleine" oder Nebenachse unterscheidet. Scheitel sind die Schnittpunkte der Ellipse mit den Achsen; unter Achse ist oft auch zu verstehen die Entfernung zweier entsprechender Scheitel und unter Halbachse dann die Entfernung des Scheitels vom Mittelpunkt. Statt von Achsenrichtung spricht man oft auch von den Hauptrichtungen der Ellipse.

Die beiden Brennpunkte F_1 und F_2 liegen auf der großen Achse, die man deshalb oft auch Brennpunktsachse nennt, und zwar im Abstand e vom Mittelpunkt. Es gilt $a^2 = b^2 + e^2$. Der erzeugende Ellipsenpunkt P hat die Eigenschaft $r_1 + r_2 = 2a$ gegenüber den Brennpunkten. Die Ordinate p im Brennpunkt, der sog. Halbparameter, hat den Wert $p = b^2 : a$. Die Polare zum Brennpunkt ist die Direktrix; sie hat den Abstand $\pm \dfrac{a}{\varepsilon}$ vom Mittelpunkt. Gegenüber

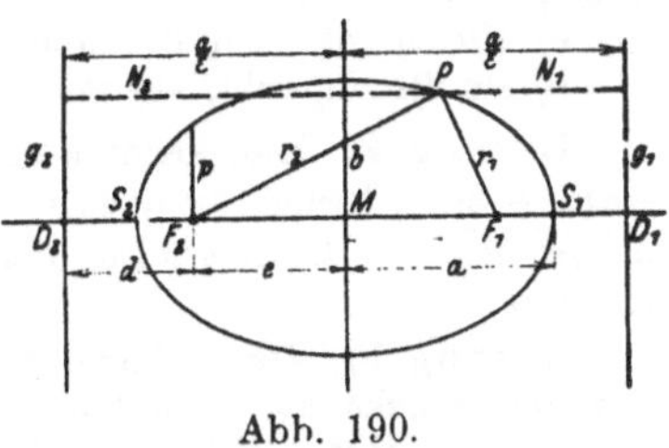

Abb. 190.

Brennpunkt F und Direktrix g hat der erzeugende Ellipsenpunkt P die Eigenschaft $r = \varepsilon N$. Naturgemäß gehört die eine Direktrix g_1 zum Brennpunkt F_1, die andere g_2 zum Brennpunkt F_2. Wenn man die beiden Werte N_1 und N_2 nach Abbildung ersetzt durch

$$N_1 = d + e - x = \frac{a}{\varepsilon} - x, \qquad N_2 = d + e + x = \frac{a}{\varepsilon} + x,$$

so kann man die Eigenschaft $r = \varepsilon N$ auch schreiben

$$r_1 = a - \varepsilon x \quad \text{und} \quad r_2 = a + \varepsilon x. \tag{a}$$

Den Unterschied $2a - 2b$ der beiden Achsen nennt man die lineare Abplattung; man bringt dabei die Ellipse in Zusammenhang mit dem Erdmeridian, so wie man nach Anm. 130 mit den Planetenbahnen eine Beziehung herstellte. Entsprechend der numerischen Exzentrizität kann man an Stelle der linearen die numerische Abplattung

$$\alpha = \frac{2a - 2b}{2a} = \frac{a - b}{a} \tag{b}$$

einführen. Zwischen ihr und der numerischen Exzentrizität ε besteht die elementar zu entwickelnde Beziehung

$$\alpha = 1 - \sqrt{1 - \varepsilon^2} = \frac{\varepsilon^2}{1 + \sqrt{1 - \varepsilon^2}}. \tag{c}$$

Man beachte, daß man für sehr kleines ε wegen des gegenüber 1 zu vernachlässigenden ε^2 setzen kann $\alpha = 0{,}5\,\varepsilon^2$.

Beispiel: Die Exzentrizität der Erdbahn ist $\varepsilon = \frac{1}{60}$ und somit ihre Abplattung $\alpha = \frac{1}{7200}$. Die Abplattung des Erdmeridians ist rund $\alpha = \frac{1}{300}$, dann ist seine Exzentrizität $\varepsilon = \frac{1}{\sqrt{150}} = $ rund $\frac{1}{12}$. Man sieht, die Erdbahnellipse unterscheidet sich weniger von einem Kreis als ein Erdmeridian.

Die Gestalt der Ellipse ermittelt man am schnellsten (aber nicht am genauesten) mit Hilfe der Papierstreifenkonstruktion. An späterer Stelle werden noch einige Ellipsenkonstruktionen angegeben.

Aufgabe a) und b): Man konstruiere eine Ellipse und ermittle ihre Gleichung, wenn von ihr gegeben ist:

a) Mittelpunkt, ein Brennpunkt und eine Direktrix,

b) ein Brennpunkt, ein Scheitel und eine Direktrix.

Lösung a) Man kennt e und d, somit auch $b^2 = ed$ und $a^2 = b^2 + e^2 = e(d + e)$, ferner $\varepsilon = e : a = e : \sqrt{e(d + e)} = \sqrt{e : (d + e)}$ und $p = \varepsilon d = d\sqrt{e : (d + e)}$. Gestalt durch Papierstreifenkonstruktion; Mittelpunktsachsengleichung.

Lösung b) Der Scheitel teilt die Strecke FD im Verhältnis s, somit ist d und s bekannt; man kann mit der Beziehung $r = sN$ die Ellipse konstruieren und ihre Gleichung in Form (129b) aufstellen. Oder: Bekannt ist d und $a - e$, wofür s gesetzt sei. Aus (130d) ermittelt man $\varepsilon = s : (d - s)$; weiter ist $p = \varepsilon d = \dfrac{ds}{d - s}$; man hat noch $a(1 - \varepsilon^2) = \varepsilon d$ oder $a = s\,\dfrac{d - s}{d - 2s}$ und $e = \varepsilon a = \dfrac{s^2}{d - 2s}$, ferner $b^2 = ed = \dfrac{s^2 d}{d - 2s}$. Man kann nun auch die Mittelpunktsachsengleichung aufstellen.

144. Charakteristisch für die Ellipse $\dfrac{x^2}{a^2} + \dfrac{y^2}{b^2} - 1 = 0$ ist ihre Entstehung aus dem umschriebenen Kreis $x^2 + y^2 = a^2$ durch homogene Deformation in der y-Richtung. Damit ist die Ellipse als affin und affin gelegen zu diesem Kreis erkannt; die x-Achse ist dabei Affinitätsachse. Will man Punkte als zur Kreisebene gehörig kennzeichnen, dann wird man sie durch ' hervorheben, also A', B', C', ... P', Q' ..., und dementsprechend ihre Koordination mit x', y' usw. Dann sollen diesen Punkten der Kreisebene die Punkte $A, B, C, \ldots P, Q \ldots$ der Ellipsenebene mit den Koordinaten x, y usw. zugeordnet sein, siehe Abb. 148 und 149. Mit dem Übergang des Kreises in die Ellipse durch die homogene Deformation

$$x' = x, \qquad y' = \frac{a}{b} y \qquad\qquad \text{(a)}$$

gehen auch alle mit dem Kreis in Beziehung gebrachten geometrischen Gebilde: Durchmesser, Tangente, Polare, Tangentenpaar usw. über in die affinen Gebilde. So auch mit

$$x_0' = x_0, \qquad y_0' = \frac{a}{b} y_0 \qquad\qquad \text{(b)}$$

die Kreispolare zum Punkt P_0'

$$x' x_0' + y' y_0' - a^2 = 0$$

in die Polare des Punktes P_0 bezüglich der Ellipse

$$\frac{x x_0}{a^2} + \frac{y y_0}{b^2} - 1 = 0. \qquad\qquad \text{(c)}$$

Durch (138e) wurde die nämliche Gleichung bereits entwickelt, ausgehend von der allgemeinen Gleichung $Q = 0$ der Polaren zu einem Kegelschnittspunkt P_0.

Den Pol P_0 zu einer gegebenen Geraden $Ax + By + C = 0$ kann man wieder mit Vermittlung der homogenen Deformation finden; oder man schließt: umgekehrt muß zu P_0 die Polare heißen

$$\frac{x x_0}{a^2} + \frac{y y_0}{b^2} - 1 = 0 \quad \text{oder} \quad Ax + By + C = 0.$$

Beide Gleichungen stellen die nämliche Gerade vor, sonach muß gelten

$$\frac{x_0}{a^2} : \frac{y_0}{b^2} : -1 = A : B : C$$

oder

$$x_0 = -a^2 \frac{A}{C}, \qquad y_0 = -b^2 \frac{B}{C}. \qquad\qquad \text{(d)}$$

145. Liegt der Punkt P_0 auf der Ellipse selbst, so wird die Polare zur Tangente in diesem Punkt. Man hat demnach als Gleichung der Tangente im Punkt P_0 der obigen Ellipse

$$\frac{x x_0}{a^2} + \frac{y y_0}{b^2} - 1 = 0. \qquad\qquad \text{(a)}$$

Die Richtung dieser Tangente, nämlich

$$\operatorname{tg}\tau = -\frac{b^2 x_0}{a^2 y_0}, \tag{b}$$

ist auch gleichzeitig die Richtung der Ellipse im Punkt P_0.

Die Richtung einer Kurve im Punkt P_0 wird sehr oft folgendermaßen ermittelt. Eine beliebige Sekante durch P_0 und einen zweiten Ellipsenpunkt P_1 hat die Richtung $\operatorname{tg}\tau = (y_1 - y_0):(x_1 - x_0)$. P_0 und P_1 müssen die Kurvengleichung erfüllen,

$$\frac{x_0^2}{a^2} + \frac{y_0^2}{b^2} - 1 = 0 \quad\text{und}\quad \frac{x_1^2}{a^2} + \frac{y_1^2}{b^2} - 1 = 0,$$

woraus sich zunächst durch Subtraktion

$$\frac{x_1^2 - x_0^2}{a^2} + \frac{y_1^2 - y_0^2}{b^2} = 0$$

und daraus

$$\operatorname{tg}\tau = \frac{y_1 - y_0}{x_1 - x_0} = -\frac{b^2}{a^2}\cdot\frac{x_1 + x_0}{y_1 + y_0} \tag{c}$$

als Richtung der Sekante P_0P_1 ergibt. Diese Sekante geht in die Tangente über, wenn P_1 nach P_0 rückt, also $x_1 = x_0$, $y_1 = y_0$ wird. Dann geht die Richtung der Sekante über in die Richtung der Tangente $\operatorname{tg}\tau = -b^2 x_0 : a^2 y_0$ wie oben.

Die Normale im Punkt P_0 zur obigen Ellipse hat nach (87 h) die Richtung $a^2 y_0 : b^2 x_0$ und damit die Gleichung

$$b^2 x_0(y - y_0) - a^2 y_0(x - x_0) = 0. \tag{d}$$

Aufgabe a) Man zeichne die Ellipse $\dfrac{x^2}{25} + \dfrac{y^2}{9} - 1 = 0$. Ferner bestimme man von ihr: Brennweite e, numerische Exzentrizität ε, Ordinate p im Brennpunkt; man zeichne die Direktrix. Man bestimme Tangente und Normale der Ellipse im Punkt $P_0 = x_0 \mid y_0$, wenn $x_0 = 4$.

Lösung: Die Gestalt ist durch Abb. 177 wiedergegeben. Beispiel 130 b) lieferte bereits $a = 5$, $b = 3$, $e = 4$, $\varepsilon = 0,8$, $d = 2\frac{1}{4}$, $p = 1\frac{4}{5}$ Für $x_0 = 4$ findet man zwei symmetrische Punkte $P_0 = 4 \mid \pm 1\frac{4}{5}$. In ihnen ist die Richtung der Tangente $\operatorname{tg}\tau = \mp\dfrac{9\cdot 4}{25\cdot\frac{9}{5}} = \mp\frac{4}{5}$ und die der Normalen $\operatorname{tg}\nu = \pm\frac{5}{4}$. Die Tangente hat die Gleichung $\dfrac{x\cdot 4}{25} \pm \dfrac{y\cdot\frac{9}{5}}{9} - 1 = 0$ oder $4x \pm 5y - 25 = 0$ und die Normale $y \mp \frac{9}{5} = \pm\frac{5}{4}(x - 4)$ oder $25x \mp 20y - 64 = 0$.

Aufgabe b) Gegeben eine Ellipse mit den Halbachsen a und b. Durch den Mittelpunkt M dieser Ellipse legt man zwei zueinander senkrechte Strahlen und bringt sie zum Schnitt mit der Ellipse; die Verbindungsgerade der so erhaltenen Schnittpunkte berührt einen Kreis um den gleichen Mittelpunkt M. Welchen Radius hat dieser Kreis?

Lösung: Man macht M zum Nullpunkt, die Ellipsenachsen zu Koordinatenachsen, dann lautet die Ellipsengleichung $b^2 x^2 + a^2 y^2 = a^2 b^2$, die Gleichung der zwei Strahlen $y = \lambda x$ und $y = -\frac{1}{\lambda} x$. Die durch diese Strahlen bestimmten

Schnittpunkte P_1 und P_2 sind $P_1 = x_1 \mid \lambda x_1$, $P_2 = x_2 \mid \dfrac{-x_2}{\lambda}$. Die Unbekannten x_1 und x_2 sind aus der Bedingung zu ermitteln, daß P_1 und P_2 Ellipsenpunkte sind; es gilt

$$b^2 x_1{}^2 + a^2 \lambda^2 x_1{}^2 = a^2 b^2 \quad \text{oder} \quad x_1{}^2 = a^2 b^2 : (b^2 + a^2 \lambda^2)$$

und entsprechend

$$\lambda^2 b^2 x_2{}^2 + a^2 x_2{}^2 = a^2 b^2 \lambda^2 \quad \text{oder} \quad x_2{}^2 = a^2 b^2 \lambda^2 : (a^2 + \lambda^2 b^2).$$

Wenn man zur Abkürzung $\quad a' = \sqrt{b^2 + a^2 \lambda^2}\quad$ und $\quad b' = \sqrt{a^2 + \lambda^2 b^2}$ setzt, so werden die Koordinaten von P_1 und P_2 durch $P_1 = \dfrac{ab}{a'} \mid \dfrac{\lambda a b}{a'}$,

$P_2 = \dfrac{ab\lambda}{b'} \mid \dfrac{-ab}{b'}$ gegeben sein. Die Gerade $P_1 P_2$ hat die Gleichung

$$\begin{vmatrix} x & y & 1 \\ \dfrac{ab}{a'} & \dfrac{\lambda ab}{a'} & 1 \\ \dfrac{ab\lambda}{b'} & \dfrac{-ab}{b'} & 1 \end{vmatrix} = 0 \quad \text{oder} \quad \begin{vmatrix} x & y & 1 \\ ab & \lambda ab & a' \\ ab\lambda & -ab & b' \end{vmatrix} = 0,$$

oder wenn man nach der ersten Zeile entwickelt und die allgemeine Gleichung zur Normalgleichung umformt,

$$\frac{x(\lambda b' + a') + y(\lambda a' - b') - ab(1 + \lambda^2)}{\sqrt{(\lambda b' + a')^2 + (\lambda a' - b')^2}} = 0.$$

Dann ist der Abstand p dieser Geraden vom Nullpunkt,

$$p = \frac{ab(1 + \lambda^2)}{\sqrt{\lambda^2 b'^2 + a'^2 + \lambda^2 a'^2 + b'^2}} = \frac{ab(1 + \lambda^2)}{\sqrt{(1 + \lambda^2)(a'^2 + b'^2)}}$$

$$= \frac{ab\sqrt{1 + \lambda^2}}{\sqrt{b^2 + a^2 \lambda^2 + a^2 + \lambda^2 b^2}} = \frac{ab}{\sqrt{a^2 + b^2}},$$

unabhängig von λ konstant, das heißt die Gerade berührt den Kreis vom Radius p um den Nullpunkt.

***146.** Das Tangentenpaar von P_0 aus an die Ellipse ist die homogene Deformation des Tangentenpaares von $P_0{}' = x_0{}' \mid y_0{}'$ aus an den Kreis $x'^2 + y'^2 - a^2 = 0$. Von letzterem Paar kennt man die Gleichung, siehe (116c). Die homogene Deformation

$$x' = x, \quad y' = \frac{a}{b} y, \quad x_0{}' = x_0, \quad y_0{}' = \frac{a}{b} y_0$$

führt dieses Paar über in das Tangentenpaar an die Ellipse

$$\frac{x_0(x - x_0)}{a^2} + \frac{y_0(y - y_0)}{b^2} \pm \frac{x y_0 - x_0 y}{ab} \sqrt{\frac{x_0{}^2}{a^2} + \frac{y_0{}^2}{b^2} - 1} = 0. \quad \text{(a)}$$

Die beiden parallelen Tangenten von gegebener Richtung $\lambda = \operatorname{tg} \tau$ an die Ellipse bilden einen Sonderfall des vorausgehenden

Paares, insofern man nämlich an Stelle des Punktes P_0 den unendlich fernen Punkt $U = \varrho \cos \tau \,|\, \varrho \sin \tau$ wählt. Gleichung (a) geht über in

$$\frac{\varrho \cos \tau \cdot (x - \varrho \cos \tau)}{a^2} + \frac{\varrho \sin \tau \cdot (y - \varrho \sin \tau)}{b^2}$$

$$= \mp \frac{\varrho (x \sin \tau - y \cos \tau)}{ab} \sqrt{\frac{\varrho^2 \cos^2 \tau}{a^2} + \frac{\varrho^2 \sin^2 \tau}{b^2} - 1}.$$

Wenn man mit ϱ^2 dividiert und dann $\varrho = \infty$ setzt, erhält man

$$- \frac{\cos^2 \tau}{a^2} - \frac{\sin^2 \tau}{b^2} = \mp \frac{x \sin \tau - y \cos \tau}{ab} \sqrt{\frac{\cos^2 \tau}{a^2} + \frac{\sin^2 \tau}{b^2}}$$

und nach einigen Umformungen

$$y = \lambda x \pm \sqrt{b^2 + a^2 \lambda^2} \tag{b}$$

als gesuchtes Tangentenpaar.

147. Die konjugierten Durchmesser kann man bei der Ellipse auch noch auf andere Weise definieren als das in Nr. 142 geschah, indem man nämlich die Ellipse wieder in Beziehung setzt zu dem Kreis, aus dem sie durch homogene Deformation hervorging. Ein Kreis hat ∞^1 Durchmesser, je zwei senkrechte Durchmesser bilden ein ausgezeichnetes Paar, nach Nr. 142 sind sie **konjugierte Kreisdurchmesser**, so daß es ∞^1 Paare konjugierter Kreisdurchmesser gibt. Da nun jedem Kreisgebilde durch die Transformationsformel (144a) ein affines Ellipsengebilde zugeordnet ist, so wird ein Paar konjugierter Kreisdurchmesser in ein Paar Ellipsendurchmesser übergehen, die deswegen konjugierte Ellipsendurchmesser heißen sollen:

> Konjugierte Ellipsendurchmesser sind die affinen Gebilde zu einem Paar senkrechter Kreisdurchmesser.   (a)

Solcher Paare gibt es ∞^1, zu jedem einzelnen Ellipsendurchmesser einen bestimmten konjugierten Durchmesser.

Durch die affine Zuordnung geht der Satz: Die Tangente in einem Kreispunkt P_0 und der zum Durchmesser MP_0 senkrechte Kreisdurchmesser sind parallel, nach (97c) über in:

> Die Tangente in einem Ellipsenpunkt P_0 und der zum Durchmesser MP_0 konjugierte Ellipsendurchmesser sind parallel.   (b)

Das durch die neue Definition charakterisierte Paar konjugierter Durchmesser ist sonach das gleiche wie das früher definierte.

Bei der Affinität bleiben Streckenmittelpunkte erhalten, es geht somit die Aussage: Die zu einem Kreisdurchmesser parallelen Sehnen werden vom senkrechten Kreisdurchmesser halbiert, über in:

**Die zu einem Ellipsendurchmesser parallelen
Sehnen werden vom konjugierten Durchmesser
halbiert.** (c)

Siehe Abb. 191, vergleiche auch Beispiel 142b).

Beispiel: Man schneidet zwei zum Mittelpunkt homothetisch
liegende Ellipsen mit einer Sekante; welche Beziehung besteht unter
den Sekantenstücken zwischen beiden Ellipsen.

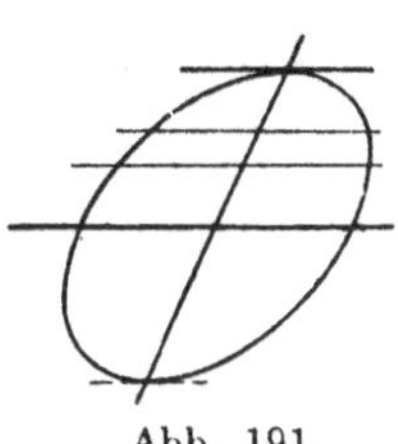

Abb. 191.

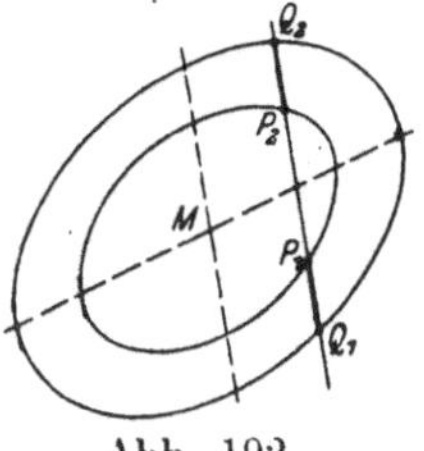

Abb. 192.

Sind zwei Kegelschnitte ähnlich und ähnlich gelegen, oder in
der kürzeren Sprechweise: sind beide homothetisch, mit dem Mittelpunkt als Ähnlichkeitszentrum, siehe Nr. 96 und Nr. 106 so sind.
irgend zwei konjugierte Durchmesser des einen Kegelschnitts auch
gleichzeitig konjugiert bezüglich des andern Kegelschnitts. Damit
ist ein Satz bewiesen:

**Auf jeder Sekante werden durch zwei zum
Mittelpunkt homothetische Kegelschnitte gleiche
Stücke zwischen den beiden Kegelschnitten ab-
geschnitten.** (d)

Denn ist M' der Mittelpunkt der Sehne $P_1 P_2$, dann ist der Durchmesser $M M'$ konjugiert zur Richtung von $P_1 P_2$, also ist M' auch
Mitte von $Q_1 Q_2$ und damit $P_1 Q_1 = P_2 Q_2$.

148. Analytisch werden Beziehungen zwischen den konjugierten
Ellipsendurchmessern recht einfach mit Hilfe der affinen Beziehung
der Ellipse zum umschriebenen und eingeschriebenen Kreis aufgestellt. Beim Kreis ist die Lage eines beliebigen Durchmessers am
einfachsten durch den Winkel φ von einem festen Durchmesser aus festzulegen. Dieser Winkel φ tritt demnach als Parameter auf: Jedem
Wert φ ist ein bestimmter Kreisdurchmesser zugeordnet, und umgekehrt entspricht jedem Kreisdurchmesser ein bestimmter Parameter φ. Es ist praktischer, statt der Durchmesser die Halbmesser einzuführen. Durch den ausgewählten Kreishalbmesser ist
dann ein bestimmter Kreispunkt P_1' festgelegt, siehe Abb. 193, der
die Koordinaten $x = a \cos \varphi$, $y' = a \sin \varphi$ hat, und gleichzeitig ein

bestimmter Ellipsenhalbmesser $OP_1 = a$, sowie der Ellipsenpunkt P_1 mit den Koordinaten

$$x = a \cos \varphi, \qquad y = b \sin \varphi, \qquad \text{(a)}$$

deren Darstellung die Gleichung der Ellipse in der Parameterform ist. Diese Darstellung wurde übrigens in Nr. 107 unmittelbar aus der Abb. 149 abgelesen. Wenn man die beiden Gleichungen quadriert und $\cos^2 \varphi + \sin^2 \varphi = 1$ benützt, kommt man wieder zur gewöhnlichen Ellipsengleichung.

Konjugiert sind die Kreishalbmesser OP_1' und OP_2' mit den Parametern $\varphi_1 = \varphi$ und $\varphi_2 = \varphi + 90^\circ$, also auch die Kreispunkte $P_1' = a \cos \varphi \,|\, a \sin \varphi$ und $P_2' = a \cos (90 + \varphi) \,|\, a \sin (90^\circ + \varphi)$ oder $P_2' = - a \sin \varphi \,|\, a \cos \varphi$. Zu beiden Kreispunkten P_1' und P_2' sind affin die beiden Ellipsenpunkte

$$P_1 = a \cos \varphi \,|\, b \sin \varphi \quad \text{und} \quad P_2 = - a \sin \varphi \,|\, b \cos \varphi, \qquad \text{(b)}$$

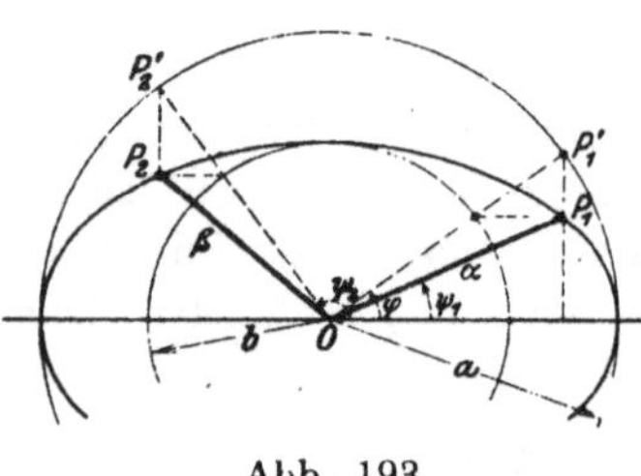

Abb. 193.

die demgemäß als konjugierte Ellipsenpunkte zu bezeichnen sind; entsprechend sind konjugiert die Ellipsenhalbmesser α mit dem Parameter φ und β mit dem Parameter $\varphi + 90^\circ$. Zwischen den Längen α und β muß dann eine Relation bestehen ebenso wie zwischen ihren Richtungen $\operatorname{tg} \psi_1$ und $\operatorname{tg} \psi_2$, so daß mit dem einen Wert auch der andere bekannt bzw. zu ermitteln ist.

An Hand der Abb. 193 liest man ab

$$\alpha^2 = x_1{}^2 + y_1{}^2 = a^2 \cos^2 \varphi + b^2 \sin^2 \varphi$$

$$\beta^2 = x_2{}^2 + y_2{}^2 = a^2 \sin^2 \varphi + b^2 \cos^2 \varphi$$

und erhält durch Summierung

$$\alpha^2 + \beta^2 = a^2 + b^2 \qquad \text{(c)}$$

unabhängig von der Wahl des Paares.

Ebenso für die Richtungen der beiden Halbmesser

$$\operatorname{tg} \psi_1 = \frac{y_1}{x_1} = \frac{b}{a} \operatorname{tg} \varphi, \qquad \operatorname{tg} \psi_2 = \frac{y_2}{x_2} = - \frac{b}{a} \operatorname{cotg} \varphi,$$

und wenn man multipliziert,

$$\operatorname{tg} \psi_1 \cdot \operatorname{tg} \psi_2 = - \frac{b^2}{a^2}, \qquad \text{(d)}$$

das ist die bereits aus Nr. 142 bekannte Beziehung zwischen zwei konjugierten Richtungen.

Zur Gleichung eines Durchmessers

$$A x + B y = 0 \quad \text{ist} \quad B b^2 x - A a^2 y = 0 \tag{e}$$

der konjugierte Durchmesser, da durch $\operatorname{tg} \psi_1 = - \dfrac{A}{B}$ bestimmt ist

$$\operatorname{tg} \psi_2 = - \frac{b^2}{a^2} : \operatorname{tg} \psi_1 = \frac{B b^2}{A a^2}.$$

Aufgabe a) Man versuche eine Parameterdarstellung der Ellipse, indem man als Parameter die Richtung $\lambda = \operatorname{tg} \psi = y : x$ des Durchmessers einführt.

Lösung: Mit $O P = r$ wird $x = r \cos \psi$, $y = r \sin \psi$. Soll $P = x | y$ Ellipsenpunkt sein, so gilt

$$b^2 r^2 \cos^2 \psi + a^2 r^2 \sin^2 \psi = a^2 b^2,$$

woraus mit $\operatorname{tg} \psi = \lambda$ und deswegen

$$\sin \psi : \cos \psi = \lambda : 1 : \sqrt{1 + \lambda^2}$$

$$r = \frac{ab}{\sqrt{b^2 \cos^2 \psi + a^2 \sin^2 \psi}} = ab \sqrt{\frac{1 + \lambda^2}{b^2 + a^2 \lambda^2}}$$

wird und damit die gewünschte Parameterdarstellung

$$\left. \begin{aligned} x &= r \cos \psi \\[2ex] y &= r \sin \psi \end{aligned} \right\} \quad \text{oder} \quad \left. \begin{aligned} x &= \frac{ab}{\sqrt{b^2 + a^2 \lambda^2}} \\[2ex] y &= \frac{\lambda a b}{\sqrt{b^2 + a^2 \lambda^2}} \end{aligned} \right\} \tag{f}$$

Aufgabe b) Man suche Gleichung und Länge des unter 60° geneigten Durchmessers der Ellipse $\dfrac{x^2}{9} + \dfrac{y^2}{16} - 1 = 0$, sowie die Gleichung der Tangente im Endpunkt des Durchmessers. Gesucht ist ferner die Größe und Richtung des konjugierten Durchmessers.

Lösung: $\psi_1 = 60^{\circ}$ liefert $y = x \operatorname{tg} 60^{\circ}$ oder $y = x \sqrt{3}$ als Gleichung des Durchmessers (hier Gerade). Er schneidet die Ellipse in den Punkten $P_1 = \dfrac{12}{\sqrt{43}} \left| \dfrac{12 \sqrt{3}}{\sqrt{43}} \right.$ und $P_1' = \dfrac{-12}{\sqrt{43}} \left| \dfrac{-12 \sqrt{3}}{\sqrt{43}} \right.$; Durchmesserlänge $2\alpha = \dfrac{48}{\sqrt{43}}$; Tangenten $\frac{4}{8} x + \frac{3}{4} y \sqrt{3} - \sqrt{43} = 0$ und $\frac{4}{8} x + \frac{3}{4} y \sqrt{3} + \sqrt{43} = 0$. Der konjugierte Durchmesser hat die Richtung $\operatorname{tg} \psi_2 = - \dfrac{16}{9} \cot \psi_1 = - \dfrac{16}{9 \sqrt{3}}$ und die Länge $2\beta = 2 \sqrt{\dfrac{499}{43}}$.

149. Der Winkel ϑ zwischen den beiden konjugierten Halbmessern α und β ist bestimmt durch

$$\begin{aligned} \sin \vartheta &= \sin (\psi_2 - \psi_1) \\ &= \sin \psi_2 \cos \psi_1 - \sin \psi_1 \cos \psi_2 \\ &= \frac{b \cos \varphi}{\beta} \cdot \frac{a \cos \varphi}{\alpha} - \frac{b \sin \varphi}{\alpha} \cdot \frac{a \sin \varphi}{\beta} = \frac{ab}{\alpha \beta} \end{aligned}$$

oder $\qquad\qquad\qquad\qquad \alpha \beta \cdot \sin \vartheta = ab. \tag{a}$

Nun stellt aber $\alpha\beta\sin\vartheta$ das in der Abbildung schraffiert gezeichnete Parallelogramm dar, den vierten Teil des umschriebenen Parallelogramms, woraus sich der Satz ergibt,

> Alle der Ellipse umschriebenen Parallelogramme haben den gleichen Flächeninhalt $F = 4ab$, wenn die Parallelogrammseiten konjugierten Durchmessern parallel sind. (b)

Diese Wahrheit hätte auch die affine Beziehung zwischen Ellipse und umschriebenem Kreis entwickeln können. Jedes der angegebenen

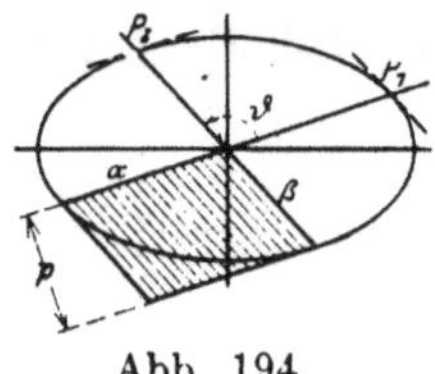

Abb. 194.

Parallelogramme kann man sich durch homogene Deformation hervorgegangen denken aus einem dem Kreis mit dem Radius a umschriebenen Quadrat. Nun hat letzteres immer die Fläche $F' = 4a^2$, durch die homogene Deformation wird diese Fläche auf eine neue im Betrag $F = F' \cdot (b:a) = 4ab$ transformiert. Die Diagonalen des dem Kreis umschriebenen Quadrates stehen zueinander senkrecht, gehen sonach durch die homogene Deformation in konjugierte Durchmesser über.

Ganz allgemein gilt:

> Die Diagonalen eines beliebigen der Ellipse umschriebenen Parallelogramms sind konjugierte Durchmesser; (c)

denn dieses Parallelogramm ist zu betrachten als affine Abbildung eines Rhombus, das dem zur Ellipse affinen Kreis umschrieben ist und dessen Diagonalen demnach senkrecht stehen müssen.

Ein der Ellipse eingeschriebenes Parallelogramm ist zu betrachten als homogene Deformation eines Rechteckes, das dem Kreis $x^2 + y^2 = a^2$ eingeschrieben ist. Es müssen also die Seiten dieses Parallelogramms zwei konjugierten Durchmessern der Ellipse parallel sein.

Leicht einzusehen ist: Das der Ellipse eingeschriebene größte Rechteck hat die Fläche $2ab$, da es aus einem dem Kreis $x^2 + y^2 - a^2 = 0$ eingeschriebenen Quadrat von der Fläche $2a^2$ durch homogene Deformation hervorgeht.

Beispiel: Zum Durchmesser mit dem Richtungswinkel α ist eine Tangente parallel an die Ellipse gelegt (siehe Abb. 194); welchen Abstand p hat sie vom Durchmesser?

Die Tangentengleichung in der Normalform ist

$$\frac{b^2 x x_0 + a^2 y y_0 - a^2 b^2}{\sqrt{b^4 x_0^2 + a^4 y_0^2}} = 0 \quad \text{oder} \quad -x \sin\alpha + y \cos\alpha - p = 0,$$

da das Lot p den Winkel $\alpha + 90^\circ$ gegen die x-Achse bildet. Der Vergleich liefert, wenn man zur Abkürzung $\sqrt{b^4 x_0^2 + a^4 y_0^2} = w$ setzt,

$$-\sin\alpha = \frac{b^2 x_0}{w}, \quad \cos\alpha = \frac{a^2 y_0}{w}, \quad p = \frac{a^2 b^2}{w}$$

Mit einigen Umformungen wird

$$p^2 = a^2 b^2 \cdot \frac{a^2 b^2}{w^2} = a^2 b^2 \frac{b^2 x_0^2 + a^2 y_0^2}{w^2} = \frac{a^2 \; b^4 x_0^2 + b^2 \cdot a^4 y_0^2}{w^2}$$

$$= a^2 \cdot \sin^2\alpha + b^2 \cos^2\alpha$$

oder

$$p = \sqrt{a^2 \sin^2\alpha + b^2 \cos^2\alpha}. \tag{d}$$

*** 150.** Die Tangente bzw. Normale im Ellipsenpunkt P_0, siehe Nr. 145, schneidet auf der x-Achse die Stücke $OT = t$ und $ON = n$ ab, und zwar ist

$$t = \frac{a^2}{x_0} \quad \text{und} \quad n = \frac{x_0 e^2}{a^2}, \quad \text{woraus} \quad tn = e^2 \tag{a}$$

folgt. Das heißt aber nach (101 c) nichts anderes, als daß die Schnittpunkte T und N von Tangente und Normale auf der großen Ellipsenachse die Strecke $F_1 F_2$ harmonisch teilen.

Diese vier Punkte F_1, F_2, T und N werden vom Ellipsenpunkt P_0 aus harmonisch gesehen, die vier Strahlen nach diesem Punkt müssen harmonisch sein, oder die beiden Brennstrahlen von einem Ellipsenpunkt P_0 aus werden durch Tangente und Normale in diesem Punkt harmonisch geteilt. Wenn aber von vier harmonischen Strahlen zwei aufeinander senkrecht stehen, dann müssen sie nach (136 e) die beiden Winkel-

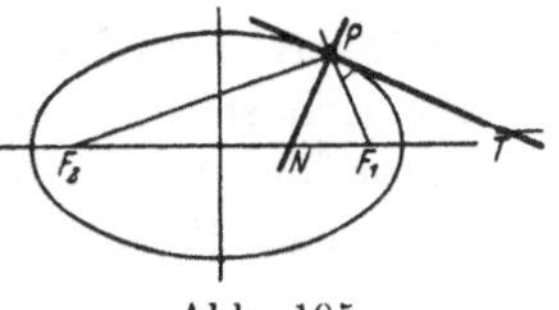

Abb. 195.

halbierenden der beiden andern Strahlen bilden, so daß sich im vorliegenden Fall ergibt:

> **Die Winkel der beiden Brennstrahlen r_1 und r_2 zum Punkt P_0 werden von Tangente und Normale in diesem Punkt halbiert.** (b)

Damit erklärt sich die Bezeichnung „Brennpunkt" und „Brennstrahlen" Denkt man sich die Ellipse spiegelnd, so wird ein Strahl, der vom Brennpunkt F_1 zum Punkt P_0 kommt, von der Ellipse, die in diesem Punkt durch die Tangente ersetzt werden muß, zum Brennpunkt F_2 reflektiert.

Schreibt man die Tangentengleichung in der Normalform

$$\frac{b^2 x x_0 + a^2 y y_0 - a^2 b^2}{\sqrt{b^4 x_0{}^2 + a^4 y_0{}^2}} = 0$$

an, so werden die Abstände d_1 und d_2 der beiden Brennpunkte $F_1 = e\,|\,o$ und $F_2 = -e\,|\,o$ von ihr sein

$$d_1 = \frac{b^2 e x_0 - a^2 b^2}{\sqrt{}} = -b^2 \frac{a^2 - e x_0}{\sqrt{}}$$

$$d_2 = \frac{-b^2 e x_0 - a^2 b^2}{\sqrt{}} = -b^2 \frac{a^2 + e x_0}{\sqrt{}},$$

woraus sich

$$d_1 d_2 = \frac{b^4 (a^4 - e^2 x_0{}^2)}{\sqrt{}\ \sqrt{}} = b^2 \tag{c}$$

ergibt, da man den Radikanden

$$b^4 x_0{}^2 + a^4 y_0{}^2 = b^4 x_0{}^2 + a^2 (a^2 b^2 - b^2 x_0{}^2)$$
$$= -b^2 x_0{}^2 e^2 + a^4 b^2 = b^2 (a^4 - e^2 x_0{}^2)$$

setzen kann. Das Produkt der Lote d_1 und d_2 von den Brennpunkten auf die Tangente hat sonach einen vom Berührpunkt P_0 unabhängigen konstanten Wert b^2.

* **151.** Aus der Ähnlichkeit der Dreiecke $P N_1 F_1$ und $P N_2 F_2$ folgt noch, siehe die Abbildung,

$$d_1 : d_2 = r_1 : r_2. \tag{a}$$

Verlängert man das Lot vom Brennpunkt F_1 aus auf die Tangente um sich selbst, so gelangt man zu einem Punkt F', der ebensoweit hinter der Tangente liegt als F_1 vor ihr und der somit das Spiegelbild von F_1 zur Tangente darstellt.

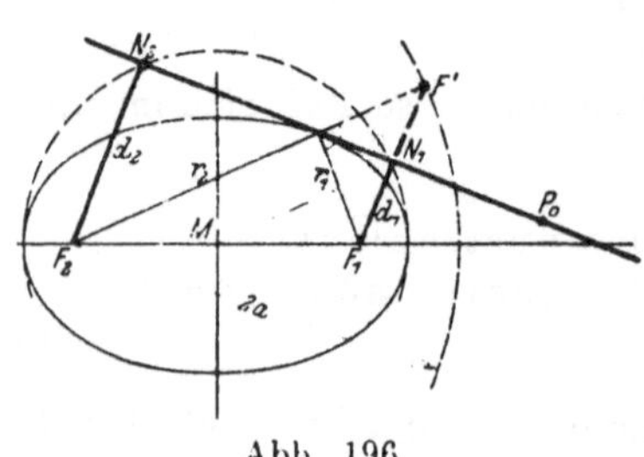

Abb. 196.

Wegen der Beziehung (150 b) muß dann $F_2 P F'$ eine gerade Strecke sein und den Wert $r_1 + r_2 = 2a$ haben. Weil nun $F_2 M = M F_1$ und $F_1 N_1 = N_1 F'$, so muß $M N_1 = a$ sein; ebenso erweist man $M N_2 = a$, also liegen die Fußpunkte N_1 und N_2 der von den beiden Brennpunkten aus auf die Tangente gefällten Lote auf dem der Ellipse umschriebenen Kreis, auf dem Kreis mit dem Radius a.

Für die Tangente von einem Punkt P_0 aus an die Ellipse hat man zwei Konstruktionen. Entweder man ermittelt noch den

Punkt N_1 (oder N_2) und hat dann von der Tangente zwei Punkte, P_0 und N_1. Letzterer liegt einmal auf dem Kreis mit dem Radius a um den Ellipsenmittelpunkt M, andererseits auf einem Kreis über $F_1 P_0$ als Durchmesser. Genauer wird die Konstruktion, wenn man den Punkt F' ermittelt, dann hat man in dem Schnittpunkt P der Ellipse mit $F_2 F'$ unmittelbar den Berührpunkt. Nun liegt F' einmal auf einem Kreis um F_2 mit dem Radius $2a$, andererseits wegen seiner symmetrischen Lage zu F_1 auf einem Kreis um P_0 durch F_1.

152. Wählt man für ein neues Koordinatensystem als schiefwinklige Koordinatenachsen zwei konjugierte Durchmesser, so wird die Gleichung der Ellipse nicht verwickelter. Der Übergang zu diesem neuen Koordinatensystem, siehe Abb. 197, verwendet die Transformation (78f)

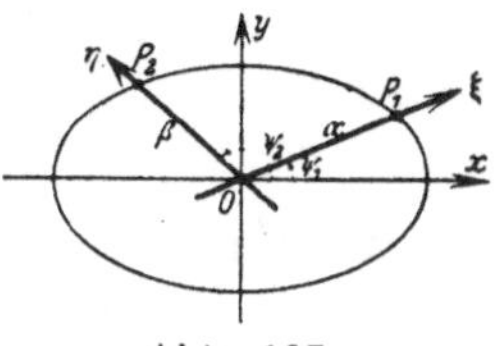

Abb. 197.

$$x = \xi \cos \psi_1 + \eta \cos \psi_2 = \xi \frac{x_1}{\alpha} + \eta \frac{x_2}{\beta}$$

$$y = \xi \sin \psi_1 + \eta \sin \psi_2 = \xi \frac{y_1}{\alpha} + \eta \frac{y_2}{\beta}$$

oder mit Benützung von (148 b)

$$x = \xi \frac{a \cos \varphi}{\alpha} + \eta \frac{-a \sin \varphi}{\beta} \qquad \text{oder} \qquad \frac{x}{a} = \frac{\xi \cos \varphi}{\alpha} - \frac{\eta \sin \varphi}{\beta}$$

$$y = \xi \frac{b \sin \varphi}{\alpha} + \eta \frac{b \cos \varphi}{\beta} \qquad\qquad \frac{y}{b} = \frac{\xi \sin \varphi}{\alpha} + \frac{\eta \cos \varphi}{\beta}$$

und führt die Ellipsengleichung

$$\left(\frac{x}{a}\right)^2 + \left(\frac{y}{b}\right)^2 = 1$$

über in $\qquad \left(\frac{\xi \cos \varphi}{\alpha} - \frac{\eta \sin \varphi}{\beta}\right)^2 + \left(\frac{\xi \sin \varphi}{\alpha} + \frac{\eta \cos \varphi}{\beta}\right)^2 = 1$

oder $\qquad\qquad\qquad \dfrac{\xi^2}{\alpha^2} + \dfrac{\eta^2}{\beta^2} = 1 \qquad\qquad\qquad\qquad\qquad (a)$

Der Spezialfall, daß die beiden konjugierten Durchmesser nicht senkrecht stehen, aber doch symmetrisch liegen zur Ellipse, erfordert $\alpha = \beta$. Das geht auch analytisch daraus hervor, daß zu diesen beiden Ellipsendurchmessern die affinen Kreisdurchmesser den Parameterwinkeln 45^0 und 135^0 entsprechen müssen, die Rechnung somit $\alpha = \beta$ liefert.

$*$ Sind zwei konjugierte Durchmesser $2\,\alpha$ und $2\,\beta$ nach Größe und Lage gegeben, so hat man zwei Möglichkeiten für die Konstruktion der Ellipse. Entweder nach Abb. 198: man beschreibt über dem größeren Durchmesser 2β einen Kreis, der die Hilfspunkte Q_0, Q_1, Q_2 ... enthält, und zieht OQ_0 senkrecht zum Durchmesser, ferner Q_0P_0, wo P_0 der Endpunkt des kleineren Durchmessers 2α. Nun wählt man auf dem Durchmesser 2β einen beliebigen Punkt R und zieht von R sowie von dem zugehörigen Hilfspunkt Q aus Parallele zu OP_0 bzw. Q_0P_0, womit der Ellipsenpunkt P entsteht.

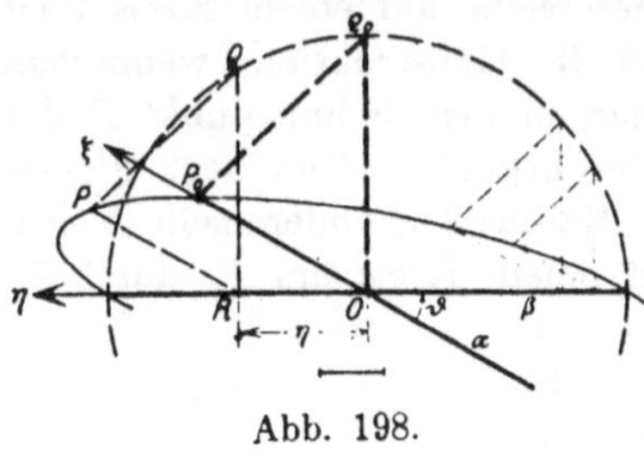

Abb. 198.

Hat R den Abstand η vom Mittelpunkt, so wird $RQ = \sqrt{\beta^2 - \eta^2}$ und wegen der Ähnlichkeit der Konstruktionsdreiecke

$$RP : RQ = OP_0 : OQ_0 \qquad \text{oder} \qquad \xi : \sqrt{\beta^2 - \eta^2} = \alpha : \beta$$

oder

$$\frac{\xi^2}{\alpha^2} + \frac{\eta^2}{\beta^2} = 1,$$

das ist die Ellipsengleichung.

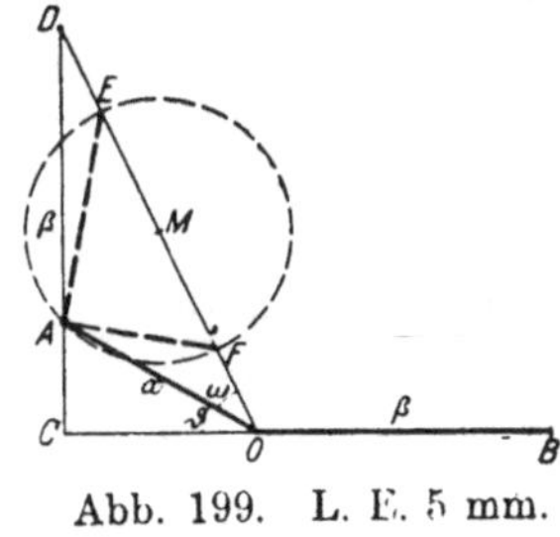

Abb. 199. L. E. 5 mm.

Oder man konstruiert nach Abb. 199 zunächst die Halbachsen a und b, indem man AC senkrecht zum Halbmesser β zieht, dann CA um β verlängert bis D. Die Strecke DO wird in M halbiert und um M ein Kreis durch A gelegt Dieser schneidet auf DO die bestimmenden Punkte E und F aus. AE und AF geben die Richtung der Halbachsen, OF und OE deren Größen.

Es ist nämlich $AC = \alpha \sin\vartheta$, $CD = \alpha \sin\vartheta + \beta$, $OC = \alpha \cos\vartheta$ also

$$OD = \sqrt{(CD)^2 + (OC)^2}$$
$$= \sqrt{\alpha^2 + \beta^2 + 2\alpha\beta \sin\vartheta} = \sqrt{a^2 + b^2 + 2ab}$$

wegen (148c) und (150a). Damit wird

$$OD = a + b \qquad \text{und} \qquad OM = \tfrac{1}{2}(a + b).$$

Den Radius MA findet man nach einigen Umformungen ($OD \cos\omega$ ist die Projektion von OD auf die Gerade OA)

$$MA = \sqrt{(OA)^2 + (OM)^2 - 2 \cdot OA \cdot OM \cos\omega}$$
$$= \sqrt{\alpha^2 + \tfrac{1}{4}(a + b)^2 - \alpha \cdot OD \cos\omega}$$
$$= \sqrt{\alpha^2 + \tfrac{1}{4}(a + b)^2 - \alpha \cdot (\alpha + \beta \sin\vartheta)}$$
$$= \tfrac{1}{2}\sqrt{(a + b)^2 - 4\alpha\beta \sin\vartheta} = \tfrac{1}{2}(a - b),$$

womit
$$OF = OM - MF = b, \qquad OE = OM + ME = a.$$

Beispiel a) Die Gleichung

$$\xi = a \cos \varphi, \qquad \eta = b \sin \varphi \tag{b}$$

liefert auch bei schiefwinkligen Koordinaten ξ, η eine Parameterdarstellung der Ellipse. Eliminiert man nämlich den Parameter φ, so erhält man $\dfrac{\xi^2}{a^2} + \dfrac{\eta^2}{b^2} = 1$, das ist die Ellipsengleichung bezogen auf zwei konjugierte Durchmesser als Koordinatenachsen, Abb. 200.

Beispiel b) Es wird gefragt, ob auch analog durch

$$\xi_1 = a \cos \varphi, \quad \eta_1 = b \sin \varphi \quad \text{und} \quad \xi_2 = - a \sin \varphi, \quad \eta_2 = b \cos \varphi \tag{c}$$

ebenfalls wie beim rechtwinkligen System, siehe (148b), konjugierte Punkte P_1 und P_2 und damit konjugierte Durchmesser 2α und 2β dargestellt werden.

Man bildet nach (75d)

$$\alpha^2 = a^2 \cos^2 \varphi + b^2 \sin^2 \varphi + 2 a \cos \varphi\, b \sin \varphi \cos \omega$$

$$\beta^2 = a^2 \sin^2 \varphi + b^2 \cos^2 \varphi - 2 a \cos \varphi\, b \sin \varphi \cos \omega$$

und erhält die bekannte Formel

$$\alpha^2 + \beta^2 = a^2 + b^2.$$

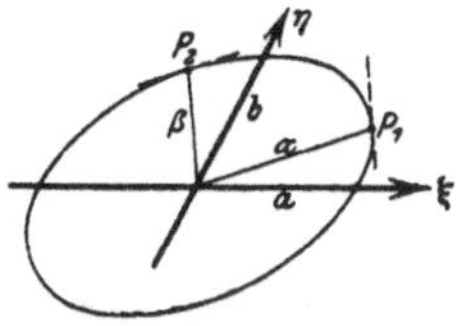

Durch sie wird bestätigt, daß die angesetzten Gleichungen tatsächlich zwei konjugierte Halbmesser α und β charakterisieren.

Aufgabe: Die beiden konjugierten Halbmesser der Abb. 198 und 199 haben die Längen $\alpha = 3$, $\beta = 4$ und schließen den Winkel $\vartheta = 30^0$ ein. Man ermittle graphisch und analytisch die Halbachsen a und b.

Abb. 200.

Lösung: Analytisch setzt man

$$a^2 + b^2 = \alpha^2 + \beta^2 = 25, \quad ab = \alpha\beta \sin \vartheta = 6 \quad \text{oder} \quad a^2 b^2 = 36.$$

Von den Werten a^2 und b^2 kennt man Summe und Produkt, nach Aufg. 54b) findet man $a = 4{,}84$, $b = 1{,}24$.

Die Konstruktion der Abb 199 bestätigt diese Werte.

Hyperbel.

153. Über die wichtigsten Eigenschaften der Hyperbel sind wir aus früheren Untersuchungen bereits orientiert. Deren Ergebnisse kann man kurz zusammenfassen:

Die Hyperbel ist ein Kegelschnitt, eine Kurve zweiter Ordnung wie Ellipse und Parabel, die von der unendlich fernen Geraden stets in zwei reellen nichtzusammenfallenden Punkten geschnitten wird und deswegen immer zwei reelle und verschiedene Asymptoten hat, die sich im Endlichen schneiden. Wie die Ellipse hat sie einen im Endlichen liegenden Mittelpunkt. Alle Geraden durch diesen Mittelpunkt sind Durchmesser. Unter diesen zeichnen sich die beiden Hauptdurchmesser oder Achsen aus, die aufeinander senkrecht stehen. Man unterscheidet sie als Hauptachse (oder auch reelle Achse), wenn sie die Hyperbel in reellen Punkten, den Scheiteln, schneidet und als Nebenachse (oder imaginäre Achse), die die Hyperbel in imaginären Punkten trifft. Auf der reellen Achse liegen die beiden Brennpunkte F_1 und F_2 der Hyperbel, man spricht deshalb zuweilen auch von der Brennpunktsachse. Der erzeugende Punkt besitzt gegenüber den Brennpunkten die Eigenschaft $r_1 - r_2 = \pm\, 2a$.

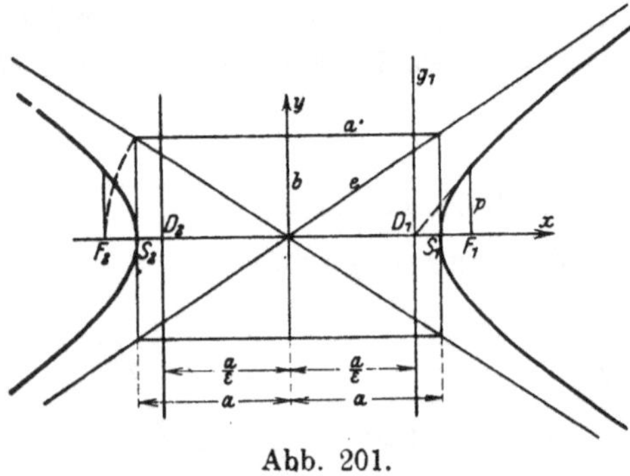

Abb. 201.

Angenähert findet man rasch die Gestalt der Hyperbel mit Hilfe des der Hyperbel umschriebenen Achsenrechteckes aus den Seiten $2a$ und $2b$; die Diagonalen dieses Rechteckes bzw. ihre Verlängerungen sind die Asymptoten der Hyperbel, diese selbst berührt zwei der Rechteckseiten in den Scheiteln. Die Diagonale des Rechteckes ist $2e$. Zwischen der Brennweite e und den Halbachsen a und b besteht die Beziehung $e^2 = a^2 + b^2$.

Nach (136a) ist die Direktrix die Polare des Brennpunktes. Jedem Brennpunkt ist eine eigene Direktrix zugeordnet, deren jede den Abstand $\pm\dfrac{a}{\varepsilon}$ vom Mittelpunkt hat. Der erzeugende Hyperbelpunkt P hat gegenüber dem Brennpunkt und der Direktrix die Eigenschaft $r_1 = \varepsilon N_1$ bzw. $r_2 = \varepsilon N_2$. Aus dieser Eigenschaft lassen sich analog zu (143a) die Formeln

$$r_1 = \varepsilon x - a \qquad \text{und} \qquad r_2 = \varepsilon x + a \qquad \text{(a)}$$

ableiten. Der Halbparameter $p = \dfrac{b^2}{a}$ ist die Ordinate im Brennpunkt.

Gegenüber den beiden Asymptoten hat der erzeugende Punkt der gleichseitigen Hyperbel die Eigenschaft $N_1 N_2 = c^2$, wo N_1 und N_2 seine Abstände von den beiden Asymptoten sind. Diese Eigenschaft und ihre noch zu entwickelnde Erweiterung auf beliebige

Hyperbeln ist die Grundlage für eine Reihe von Hyperbelkonstruktionen. In technischer Hinsicht ist sie eine der wichtigsten Hyperbeleigenschaften, von der besonders die Wärmelehre vielfach Gebrauch macht.

Anmerkung: Die Hyperbel geht durch homogene Deformation aus dem nämlichen Kreis hervor wie die Ellipse, allerdings durch eine imaginäre. Werden wieder die Punkte der Kreisebene bezeichnet durch $P' = x' \mid y'$, die der Hyperbelebene durch $P = x \mid y$, dann soll zwischen den Gebilden der Kreisebene und denen der Hyperbelebene (beide Ebenen liegen natürlich aufeinander und haben das nämliche Koordinatensystem) der Zusammenhang

$$x' = x, \qquad y' = \frac{a}{ib}\, y,$$

bestehen, das ist eine homogene (imaginäre) Deformation in der y-Richtung, womit dann der Kreis $x'^2 + y'^2 = a^2$ übergeht in

$$x^2 + \left(\frac{ay}{ib}\right)^2 - a^2 = 0 \qquad \text{oder} \qquad \frac{x^2}{a^2} - \frac{y^2}{b^2} - 1 = 0.$$

oder in die behandelte Hyperbel. Vorstellbar ist diese homogene Deformation freilich nicht, auch nicht geometrisch darstellbar, sie hat nur einen analytischen Sinn. Sie macht klar, daß im Bereich von $x = -a$ bis $x = +a$ kein reeller Hyperbelpunkt vorhanden sein kann, weil in diesem Bereich reelle Kreispunkte auftreten, deren Deformation in der y-Richtung eben imaginäre Hyperbelpunkte liefert.

Diese Tatsache, daß die Hyperbel durch die oben präzisierte homogene Deformation aus dem Kreis hervorgeht, ist wieder eine Bestätigung der allgemeinen Regel, daß man für jede Ellipsenformel die entsprechende Hyperbelformel erhält, wenn man $+b^2$ durch $-b^2$ ersetzt, also hier $b = \sqrt{b^2}$ durch $\sqrt{-b^2} = ib$. Der analytische Ansatz für die homogene Deformation des Kreises zur Ellipse war $x' = x$, $y' = \frac{a}{b}\, y$, also mußte der Ansatz für die homgene Deformation zur Hyperbel lauten $x' = x$, $y' = \frac{a}{ib}\, y$, wie oben steht.

Der vorausgehend skizzierte Zusammenhang zwischen der Ellipse und der Hyperbel wird in späteren technischen Anwendungen oft von Bedeutung sein.

Aufgabe a) und b) Man zeichne die Hyperbeln

$$\text{a)} \;\; \frac{x^2}{9} - \frac{y^2}{4} - 1 = 0 \qquad \text{und} \qquad \text{b)} \;\; \frac{y^2}{4} - \frac{x^2}{9} - 1 = 0.$$

Ferner bestimme man von ihnen die Größen e, ε, p, d und die Lage der Direktrix.

Lösung: Die Halbachsen sind $a = 3$, $b = 2$, siehe Abb. 152 und 153. Für die erste Hyperbel ist

$$e = \sqrt{13}, \;\; \varepsilon = \frac{1}{3}\sqrt{13}, \;\; p = \frac{4}{3}, \;\; d = \frac{4}{13}\sqrt{13}, \;\; \frac{a}{\varepsilon} = \frac{9}{13}\sqrt{13};$$

für die zweite wird

$$a = 2, \;\; b = 3, \;\; e = \sqrt{13}, \;\; \varepsilon = \frac{1}{2}\sqrt{13}, \;\; p = \frac{9}{2}, \;\; d = \frac{9}{13}\sqrt{13}, \;\; \frac{a}{\varepsilon} = \frac{4}{13}\sqrt{13}.$$

Man beachte, daß man als „reelle" Halbachse a immer diejenige auf der Brennpunktsachse bezeichnet.

*** 154.** Die Polare des Punktes $P_0 = x_0\ y_0$ zu der Hyperbel $\dfrac{x^2}{a^2} - \dfrac{y^2}{b^2} - 1 = 0$ ist nach (138e)

$$\frac{xx_0}{a^2} - \frac{yy_0}{b^2} - 1 = 0. \tag{a}$$

Will man umgekehrt den Pol P_0 zu einer gegebenen Geraden $Ax + By + C = 0$ ermitteln, so überlegt man wie ·bei der Ellipse und findet entsprechend (144d)

$$x_0 = -a^2\frac{A}{C}, \qquad y_0 = +b^2\frac{B}{C}. \tag{b}$$

Für einen Hyperbelpunkt P_0 geht die Polare in die Tangente über, so daß

$$\frac{xx_0}{a^2} - \frac{yy_0}{b^2} - 1 = 0 \tag{c}$$

die Tangente im Punkt P_0 der Hyperbel ist. Ihre Richtung

$$\operatorname{tg}\tau = \frac{b^2 x_0}{a^2 y_0} \tag{d}$$

ist auch gleichzeitig die Richtung der Hyperbel im Punkt P_0. Wie bei der Ellipse kann man noch durch die Punkte P_0 und P_1 der Hyperbel eine Sekante legen und findet entsprechend wie dort

$$\operatorname{tg}\tau = \frac{y_1 - y_0}{x_1 - x_0} = \frac{b^2}{a^2}\cdot\frac{x_1 + x_0}{y_1 + y_0} \tag{e}$$

als Richtung der Sekante $P_0 P_1$.

Die Richtung der Normalen zur Hyperbel im Punkt P_0 ist reziprok und negativ zur Richtung der Tangente, sonach $-a^2 y_0 : b^2 x_0$; dann ist die Gleichung der Normalen im Punkt P_0 nach (84d)

$$b^2 x_0 (y - y_0) + a^2 y_0 (x - x_0) = 0, \tag{f}$$

oder wenn man nach Variablen ordnet und gleichzeitig $a^2 + b^2 = e^2$ setzt,

$$xa^2 y_0 + yb^2 x_0 - e^2 x_0 y_0 = 0.$$

Aufgabe: Zu der Hyperbel der Aufg. 153a) ermittle man die Tangente und Normale im Punkt $P_0 = x_0 \mid y_0$, wenn $x_0 = 5$. Ferner gebe man die Polare zum Punkt $P_1 = 1 \mid 1$. Schließlich gebe man die Gleichung aller Geraden an. die zur Geraden $x = 1$ konjugiert sind.

Lösung: $P_0 = 5 \mid \pm \tfrac{8}{3}$. Tangente $5x \mp 6y - 9 = 0$, Normale $18x \pm 15y - 130 = 0$. Polare $4x - 9y - 36 = 0$; Pol zu $x - 1 = 0$ ist $x_1 = -9\cdot\dfrac{1}{-1} = 9$, $y_1 = 4\cdot\dfrac{0}{-1} = 0$; alle Geraden durch $P_1 = 9 \mid 0$ sind zu $x - 1 = 0$ konjugiert oder polar; Gleichung dieses Büschels $y = \lambda(x - 9)$.

155. Die Eigenschaften der Hyperbel stehen mit ihren Asymptoten im innigsten Zusammenhang. Nach Definition weiß man bereits, daß jeder Kegelschnitt zwei Asymptoten hat. Es soll ein allgemeines Verfahren für die Ermittlung der Asymptoten der Kegelschnitte

$$\frac{x^2}{a^2} - \frac{y^2}{b^2} + \gamma = 0 \qquad \text{(a)}$$

angegeben werden.

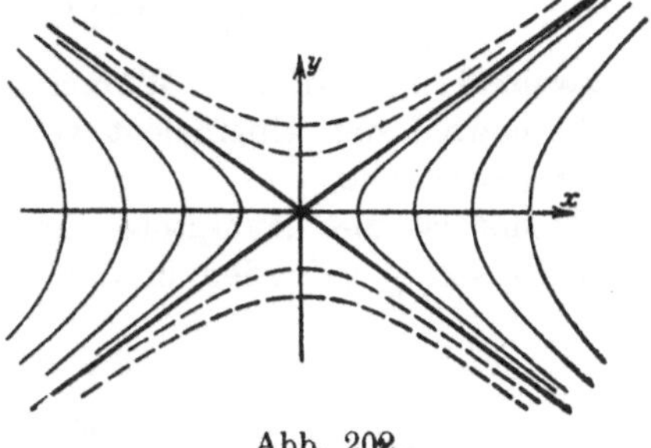

Abb. 202.

Ohne viele Rechnung kann man schließen: Erreichen x und y oder auch nur x oder y allein unendlich große Werte, so kann man ihnen gegenüber den endlichen Summanden γ in der Gleichung vernachlässigen, so daß für die unendlich fernen Punkte dieser Kurve gilt

$$\frac{x^2}{a^2} - \frac{y^2}{b^2} = 0 \qquad \text{oder} \qquad \frac{y}{x} = \pm \frac{b}{a},$$

das heißt diese Kurven haben alle die gleichen unendlich fernen Punkte und damit die gleiche Asymptotenrichtung unabhängig von γ. Man beachte daß für die Asymptotenlage damit zunächst noch nichts gesagt ist.

Analytisch wird man für die vollständige Bestimmung der Asymptote zunächst auch die Richtung der Asymptoten aufsuchen, das ist die Richtung zu den unendlich fernen Punkten U dieser Kurven. Die Punkte U mit den Koordinaten $\varrho\cos\varphi \mid \varrho\sin\varphi$ müssen der obigen Kegelschnittsgleichung genügen.

$$\frac{\varrho^2\cos^2\varphi}{a^2} - \frac{\varrho^2\sin^2\varphi}{b^2} + \gamma = 0 \qquad \text{oder} \qquad \frac{\cos^2\varphi}{a^2} - \frac{\sin^2\varphi}{b^2} + \frac{\gamma}{\varrho^2} = 0.$$

Nun ist $\varrho = \infty$, es gilt somit für die Richtung $\lambda = \operatorname{tg}\varphi$ der Asymptoten

$$\frac{\cos^2\varphi}{a^2} - \frac{\sin^2\varphi}{b^2} = 0 \qquad \text{oder} \qquad \lambda = \operatorname{tg}\varphi = \pm\frac{b}{a},$$

das heißt die obigen Kegelschnitte haben alle die gleiche Asymptotenrichtung unabhängig von γ. Die Asymptotenrichtungen sind alle reell und verschieden, obige Kegelschnitte also Hyperbeln.

Die Asymptote selbst habe die Gleichung $y = \lambda x + l$, wo l zu ermitteln ist aus der Bedingung, daß die Asymptote die Kurve im Unendlichen berührt. Kombiniert man beide Gleichungen

$$b^2 x^2 - a^2 y^2 + \gamma a^2 b^2 = 0 \quad \text{und} \quad y = \pm \frac{b}{a} x + l,$$

so erhält man für die Abszissen x die Gleichung

$$x^2 (b^2 - b^2) - 2 a b l x + a^2 (\gamma b^2 - l^2) = 0,$$

die zweimal die nämliche Wurzel $x = \infty$ liefern muß; es muß nach Nr. 54 sowohl der Koeffizient von x^2 wie der von x verschwinden, sonach $l = 0$ sein.

Damit ist die Asymptote für alle die obigen Kegelschnitte unabhängig von γ gefunden in der Form

$$y = \pm \frac{b}{a} x. \tag{b}$$

Zu den Hyperbeln $\dfrac{x^2}{a^2} - \dfrac{y^2}{b^2} + \gamma = 0$ gehört ihr gemeinsames Asymptotenpaar

$$\frac{x^2}{a^2} - \frac{y^2}{b^2} = 0 \quad \text{oder} \quad \left(\frac{x}{a} - \frac{y}{b}\right)\left(\frac{x}{a} + \frac{y}{b}\right) = 0$$

selbst. Die beiden Aymptoten sind degenerierte oder ausgeartete Hyperbeln. Alle diese Hyperbeln (a) sind nach Nr. 106 homothetisch, d. h. sie sind ähnlich und ähnlich gelegen, Ähnlichkeitszentrum ist der Mittelpunkt, denn aus irgend einer dieser Hyperbeln $\dfrac{x^2}{a^2} - \dfrac{y^2}{b^2} + \gamma' = 0$ geht eine andere

$$\frac{(c x)^2}{a^2} - \frac{(c y)^2}{b^2} + \gamma' = 0 \quad \text{oder} \quad \frac{x^2}{a^2} - \frac{y^2}{b^2} + \gamma'' = 0$$

hervor. Für negative Werte γ erhält man das in der Abbildung ausgezogen gezeichnete Hyperbelsystem, für positive γ das System der gestrichelt gezeichneten Hyperbeln.

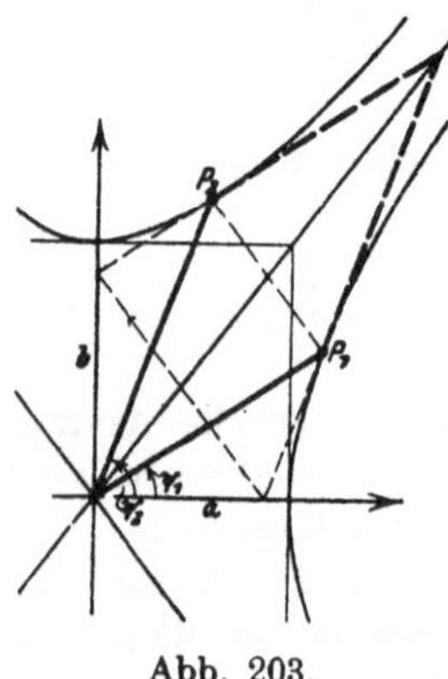

Abb. 203.

* **156.** Die Ellipse wird von jedem Durchmesser reell geschnitten. Nicht so die Hyperbel. Ihre Asymptoten haben die Richtung $+ b : a$ und $- b : a$. Der Symmetrie wegen braucht man nur einen Quadranten der Hyperbel zu untersuchen. Ein Durchmesser, dessen Richtung $\lambda = \operatorname{tg}\psi$ kleiner ist als die Richtung der Asymptote, schneidet die Hyperbel reell, ist seine Richtung größer, schneidet er imaginär. Wenn sonach ϱ ein echter Bruch ist, dann gilt: Ein Durchmesser von der Richtung $(b : a) \cdot \varrho$ schneidet die Hyperbel reell, ein Durchmesser von der Richtung $(b : a) : \varrho$ imaginär.

Nun sei zu einem Durchmesser unter dem Winkel ψ_1 der konjugierte gesucht. Der erste Durchmesser soll die Hyperbel im reellen Punkt P_1 schneiden, dann ist die Tangentenrichtung $\operatorname{tg}\tau_1$ in diesem Punkt gleichzeitig die Richtung $\operatorname{tg}\psi_2$ des konjugierten Durchmessers. Es ist

$$P_1 = x_1\,|\,y_1\,, \qquad \operatorname{tg}\psi_1 = \frac{y_1}{x_1}\,, \qquad \operatorname{tg}\tau_1 = \frac{b^2\,x_1}{a^2\,y_1} = \operatorname{tg}\psi_2 \qquad \text{(a)}$$

nach (154d). Zwischen den Richtungen der beiden konjugierten Durchmesser besteht dann wieder die schon aus Nr. 142 bekannte Beziehung $\operatorname{tg}\psi_1 \cdot \operatorname{tg}\psi_2 = b^2 : a^2$. Da P_1 als reell vorausgesetzt wurde, ist

$$\operatorname{tg}\psi_1 = \frac{y_1}{x_1} = \frac{\varrho\,b}{a}\,, \quad \text{also} \quad \operatorname{tg}\psi_2 = \frac{b}{\varrho\,a}\,,$$

der konjugierte Durchmesser schneidet die Hyperbel imaginär. Von den zwei konjugierten Durchmessern einer Hyperbel schneidet sonach der eine die Hyperbel reell, der andere imaginär.

Fällt der erste Durchmesser in die Richtung der Asymptote, dann ist $\varrho = 1$, es muß der konjugierte Durchmesser in die gleiche Richtung fallen, sonach sind die

> **Asymptoten als je zwei Paare zusammenfallender konjugierter Durchmesser zu betrachten.** (b)

Zwischen den beiden Hyperbeln

$$\frac{x^2}{a^2} - \frac{y^2}{b^2} - 1 = 0 \quad \text{und} \quad \frac{x^2}{a^2} - \frac{y^2}{b^2} + 1 = 0,$$

die die nämlichen Asymptoten haben, besteht ein einfacher Zusammenhang. Sie heißen zu einander konjugiert, und zwar aus folgendem Grund.

Von den beiden konjugierten Durchmessern der ersten Hyperbel schneidet der eine OP_1 die Hyperbel reell, der andere imaginär. Umgekehrt muß eine entsprechende Betrachtung wie die oben angeführte ergeben, daß die konjugierte Hyperbel vom zweiten Durchmesser in einem reellen Punkt P_2 geschnitten wird und vom ersten imaginär. Für diesen Schnittpunkt P_2 des zweiten Durchmessers $y = x\operatorname{tg}\psi_2$ mit der konjugierten Hyperbel gelten wegen (a) die Gleichungen

$$y = x\,\frac{b^2\,x_1}{a^2\,y_1} \quad \text{und} \quad \frac{x^2}{a^2} - \frac{y^2}{b^2} + 1 = 0,$$

woraus sich $x_2 = \dfrac{a}{b}\,y_1$ und $y_2 = \dfrac{b}{a}\,x_1$ ergibt. Die Tangente in diesem

Punkt P_2 hat nach (154 c) die Gleichung $\dfrac{x\,x_2}{a^2} - \dfrac{y\,y_2}{b^2} + 1 = 0$ und somit die Richtung $\operatorname{tg}\tau_2 = \dfrac{b^2\,x_2}{a^2\,y_2} = \dfrac{y_1}{x_1}$, das ist die Richtung des ersten Durchmessers $O\,P_1$. Die beiden Durchmesser, $O\,P_1$ der ersten Hyperbel und $O\,P_2$ der zweiten Hyperbel, verhalten sich also genau so wie wenn sie konjugierte Durchmesser des nämlichen Kegelschnittes wären. Genauer: als Gerade betrachtet sind die beiden Durchmesser natürlich konjugiert, nicht aber als Strecken: ist der erste Durchmesser $O\,P_1$ reell, dann wird der konjugierte imaginär und umgekehrt.

Für die beiden Halbmesser α und β, die man in Zukunft der Einfachheit halber auch konjugiert nennt, gilt

$$\alpha^2 = x_1^2 + y_1^2 \quad \text{und} \quad \beta^2 = x_2^2 + y_2^2$$

und damit

$$\begin{aligned}
\alpha^2 - \beta^2 &= x_1^2 - y_2^2 + y_1^2 - x_2^2 \\
&= x_1^2\left(1 - \frac{b^2}{a^2}\right) + y_1^2\left(1 - \frac{a^2}{b^2}\right) = (a^2 - b^2)\left(\frac{x_1^2}{a^2} - \frac{y_1^2}{b^2}\right) \\
&= a^2 - b^2,
\end{aligned}$$

ein Resultat, das man erwarten konnte entsprechend der Formel (148c) für die Ellipse.

Beispiel: Man beweise den Satz:

Die Tangenten in zwei konjugierten Hyperbelpunkten schneiden sich auf der Asymptote. (d)

Im Punkt $P_1 = x_1|y_1$ der Hyperbel ist die Tangente $\dfrac{x\,x_1}{a^2} - \dfrac{y\,y_1}{b^2} - 1 = 0$.

Dem Punkt $P_1 = x_1|y_1$ ist der Punkt $P_2 = x_2|y_2$ der konjugierten Hyperbel zugeordnet; dessen Koordinaten wurden eben zu $x_2 = a\,y_1 : b$, $y_2 = b\,x_1 : a$ ermittelt, so daß die Tangente im Punkt P_2 wird

$$\frac{x\,x_2}{a^2} - \frac{y\,y_2}{b^2} + 1 = 0 \quad \text{oder} \quad \frac{x\,y_1}{a\,b} - \frac{y\,x_1}{a\,b} + 1 = 0.$$

Sollen nun die beiden Tangenten sich auf der Asymptote $b\,x - a\,y = 0$ schneiden, so muß die Asymptotengleichung $b\,x - a\,y = 0$ sich in der Form

$$\left(\frac{x\,x_1}{a^2} - \frac{y\,y_1}{b^2} - 1\right) - \lambda\left(\frac{x\,y_1}{a\,b} - \frac{y\,x_1}{a\,b} + 1\right) = 0$$

anschreiben lassen, was in der Tat für $\lambda = -1$ zutrifft.

*157. Man kann erwarten, daß sich auch für die Hyperbel eine einfache Parametergleichung aufstellen läßt. Die Abbildung gibt eine Konstruktion für die Hyperbel. Für jeden Parameter φ erhält man einen Hyperbelpunkt P, der nach dieser Konstruktion die Koordinaten

$$x = \frac{a}{\cos\varphi}, \qquad y = b\,\operatorname{tg}\varphi \tag{a}$$

haben muß. Die Elimination von φ aus beiden Gleichungen mit Hilfe der Beziehung $\dfrac{1}{\cos^2\varphi} - \mathrm{tg}^2\,\varphi = 1$ liefert wieder die gewöhnliche Hyperbelgleichung. Für die ·konjugierte Hyperbel lautet die Parameterdarstellung

$$x = a\,\mathrm{tg}\,\varphi, \qquad y = \frac{b}{\cos\varphi}, \tag{b}$$

deren Richtigkeit ebenfalls sofort mit Hilfe der obigen goniometrischen Beziehung erwiesen wird. Man erhält so für jeden Parameter φ sowohl auf der ersten wie auf der konjugierten Hyperbel einen Punkt. Beide Punkte P_1 und P_2 nennt man wieder konjugiert; denn zum ersten Punkt $P_1 = a : \cos\varphi \,|\, b\,\mathrm{tg}\,\varphi$ ist die Durchmesserrichtung $\mathrm{tg}\,\psi_1 =$

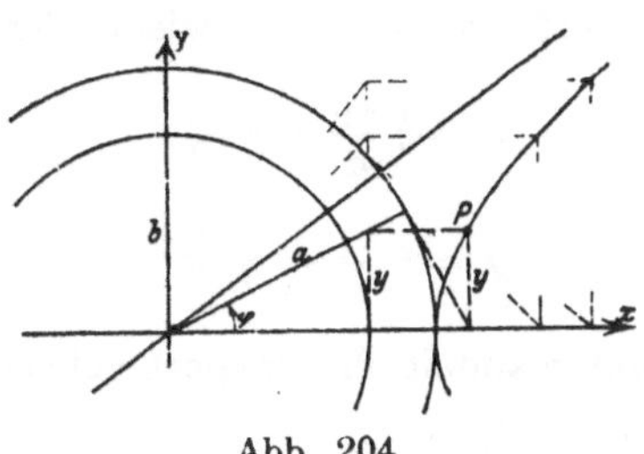
Abb. 204.

$b\sin\varphi : a$, zum Punkt $P_2 = a\,\mathrm{tg}\,\varphi \,|\, b : \cos\varphi$ auf der konjugierten Hyperbel $\mathrm{tg}\,\psi_2 = b : a\sin\varphi$, woraus sich wieder die bekannten Beziehungen wie in der vorausgehenden Nummer

$$\mathrm{tg}\,\psi_1 \cdot \mathrm{tg}\,\psi_2 = b^2 : a^2 \quad \text{und} \quad \alpha^2 - \beta^2 = a^2 - b^2 \tag{c}$$

ableiten lassen.

Wie bei der Ellipse läßt sich für den Winkel der beiden konjugierten Halbmesser α und β entwickeln

$$\sin\vartheta = \sin(\psi_2 - \psi_1) = a\,b : \alpha\,\beta$$

oder

$$a\,b = \alpha\,\beta\sin\vartheta, \tag{d}$$

was wieder den Satz liefert: alle der Hyperbel umschriebenen Parallelogramme haben den gleichen Inhalt $4\,ab$, wenn die Parallelogrammseiten konjugierten Durchmessern parallel sind.

Beispiel a) Man versuche eine Parameterdarstellung der Hyperbel entsprechend der Aufgabe 148a).

Wie dort setzt man

$$x = r\cos\psi = r : \sqrt{1 + \lambda^2}, \qquad y = r\sin\psi = r\,\lambda : \sqrt{1 + \lambda^2}$$

in die Hyperbelgleichung und erhält daraus zunächst

$$r = a\,b\,\sqrt{\frac{1 + \lambda^2}{b^2 - a^2\lambda^2}} = \frac{a\,b\,\sqrt{1 + \lambda^2}}{\sqrt{b^2 - a^2\lambda^2}}$$

und daraus wieder

$$x = \frac{ab}{\sqrt{b^2 - a^2\lambda^2}}, \qquad y = \frac{ab\lambda}{\sqrt{b^2 - a^2\lambda^2}}.$$

*** 158.** Wählt man irgend zwei konjugierte Durchmesser als schiefwinklige Koordinatenachsen, so ist wie bei der Ellipse zu erwarten, daß die Gleichung der Hyperbel für dieses neue Koordinatensystem gleich einfach bleibt. Der Übergang zum neuen System benutzt die Transformation (78f) wie in Nr. 152

$$x = \xi\,\frac{x_1}{\alpha} + \eta\,\frac{x_2}{\beta} \qquad\qquad \frac{x}{a} = \frac{\xi}{\alpha\cos\varphi} + \frac{\eta\,\mathrm{tg}\,\varphi}{\beta}$$

$$\text{oder}$$

$$y = \xi\,\frac{y_1}{\alpha} + \eta\,\frac{y_2}{\beta} \qquad\qquad \frac{y}{b} = \frac{\xi\,\mathrm{tg}\,\varphi}{\alpha} + \frac{\eta}{\beta\cos\varphi}$$

und wandelt die Hyperbelgleichung

$$\left(\frac{x}{a}\right)^2 - \left(\frac{y}{b}\right)^2 = 1 \ \text{ um in } \ \left(\frac{\xi}{\alpha\cos\varphi} + \frac{\eta\,\mathrm{tg}\,\varphi}{\beta}\right)^2 - \left(\frac{\xi\,\mathrm{tg}\,\varphi}{\alpha} + \frac{\eta}{\beta\cos\varphi}\right)^2 = 1$$

oder
$$\frac{\xi^2}{\alpha^2} - \frac{\eta^2}{\beta^2} = 1 \tag{a}$$

Viel brauchbarer für die weitere Behandlung der Hyperbel und ihrer Eigenschaften ist jenes schiefwinklige Koordinatensystem, das das Asymptotenpaar als Koordinatenachsen hat, siehe Abb. 205 und 206.

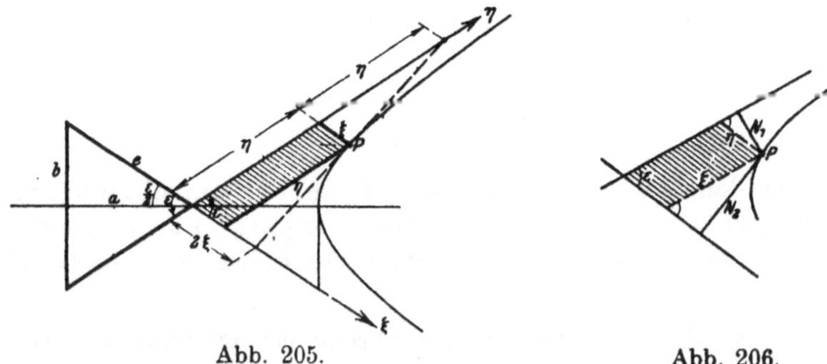

Abb. 205.   Abb. 206.

Die Transformation (78 f) führt mit $\alpha = -\tfrac{1}{2}\varepsilon$, $\beta = \tfrac{1}{2}\varepsilon$ zu diesem neuen System über, in der Form

$$x = \xi\cos\frac{\varepsilon}{2} + \eta\cos\frac{\varepsilon}{2} = (\eta + \xi)\cos\frac{\varepsilon}{2} = (\eta + \xi)\frac{a}{e}$$

$$y = -\xi\sin\frac{\varepsilon}{2} + \eta\sin\frac{\varepsilon}{2} = (\eta - \xi)\sin\frac{\varepsilon}{2} = (\eta - \xi)\frac{b}{e}, \tag{b}$$

wandelt also die Hyperbelgleichung

$$\left(\frac{x}{a}\right)^2 - \left(\frac{y}{b}\right)^2 = 1 \qquad \text{in} \qquad \left(\frac{\eta+\xi}{e}\right)^2 - \left(\frac{\eta-\xi}{e}\right)^2 = 1$$

oder

$$4\,\xi\,\eta = e^2 \tag{c}$$

um. Mit Einführung von $\sin\varepsilon = 2\sin\dfrac{\varepsilon}{2}\cos\dfrac{\varepsilon}{2} = \dfrac{2\,ab}{e^2}$ kann man diese Gleichung auch noch schreiben

$$2\,\xi\,\eta\,\sin\varepsilon = a\,b \tag{d}$$

und hat dann eine einfache geometrische Deutung der linken Gleichungsseite. Sie stellt den doppelten Inhalt des aus den Koordinaten ξ und η gebildeten Parallelogramms vor. In Abb. 205 ist diese Fläche schraffiert gezeichnet, die Fläche $a \cdot b$, das Scheiteltangentendreieck zwischen den Asymptoten, ist gleichfalls hervorgehoben. Damit ist der für die Konstruktion der Hyperbel wichtige Satz bewiesen:

> **Alle Parallelogramme mit zwei Seiten auf den Asymptoten sind inhaltsgleich, wenn sie einen Eckpunkt auf der Hyperbel haben.** (e)

Diesen Satz hätte man ohne Benützung der neuen Gleichung folgendermaßen bewiesen. Die Asymptoten der Hyperbel $b^2x^2 - a^2y^2 = a^2b^2$ sind

$$y = \frac{b}{a}x \quad \text{und} \quad y = -\frac{b}{a}x$$

oder in der Normalform

$$N_1 = \frac{bx - ay}{\sqrt{a^2 + b^2}} = 0 \quad \text{und} \quad N_2 = \frac{bx + ay}{\sqrt{a^2 + b^2}} = 0.$$

Man kann nun die Hyperbelgleichung auch in der Form

$$\frac{bx - ay}{\sqrt{a^2 + b^2}} \cdot \frac{bx + ay}{\sqrt{a^2 + b^2}} = \frac{a^2b^2}{a^2 + b^2} \quad \text{oder} \quad N_1 \cdot N_2 = \frac{a^2b^2}{a^2 + b^2}$$

schreiben, wo N_1 der Abstand des Punktes $P = x\,|\,y$ von der ersten Asymptote ist und N_2 der Abstand von der zweiten. Als Eigenschaft des erzeugenden Punktes P aufgefaßt sagt somit diese letzte Form der Hyperbelgleichung aus, daß die Abstände des Hyperbelpunktes P von den Asymptoten ein konstantes Produkt haben. Nach Skizze 206 kann man mit $N_1 = \eta\sin\varepsilon$ und $N_2 = \xi\sin\varepsilon$ die letzte Aussage noch schreiben

$$\xi\,\eta\,\sin^2\varepsilon = \frac{a^2b^2}{a^2 + b^2} \qquad \text{oder} \qquad 4\,\xi\,\eta = a^2 + b^2$$

wie vorher und kommt damit zur neuen Form der Hyperbelgleichung, ohne eine Transformationsformel anwenden zu müssen.

Beispiel a) Man stelle die Gleichung des Hyperbelsystems $\dfrac{x^2}{a^2} - \dfrac{y^2}{b^2} + \gamma = 0$ auf, bezogen auf die Asymptoten als Koordinatenachsen.

In der vorangehenden Umwandlung der Hyperbelgleichung $\dfrac{x^2}{a^2} - \dfrac{y^2}{b^2} - 1 = 0$ zur Asymptotengleichung bleibt alles unverändert, wenn man γ statt -1 setzt; man erhält dann

$$\left(\frac{\eta + \xi}{e}\right)^2 - \left(\frac{\eta - \xi}{e}\right)^2 = -\gamma \quad \text{oder} \quad 4\,\xi\eta = -\gamma e^2$$

oder auch $2\,\xi\eta \sin \varepsilon = -\gamma \cdot ab$. Es heißt daher zu einer Hyperbel $\xi\eta - a^2 = 0$ die konjugierte Hyperbel $\xi\eta + a^2 = 0$.

Beispiel b) Die vorausgehende Transformationsformel

$$\frac{x}{a} = \frac{\eta + \xi}{e} \qquad \text{oder} \qquad \frac{x_0}{a} = \frac{\eta_0 + \xi_0}{e}$$

$$\frac{y}{b} = \frac{\eta - \xi}{e} \qquad\qquad\qquad \frac{y_0}{b} = \frac{\eta_0 - \xi_0}{e}$$

führt die Gleichung der Tangente

$$\frac{x\,x_0}{a^2} - \frac{y\,y_0}{b^2} = 1 \quad \text{über in} \quad 2\,(\xi\eta_0 + \eta\xi_0) = e^2. \tag{f}$$

∗159. Satz (147d) nimmt für die Hyperbel die Form an:

Auf jeder Sekante werden durch die Hyperbel und ihre Asymptoten gleiche Stücke zwischen Hyperbel und Asymptote abgeschnitten. (a)

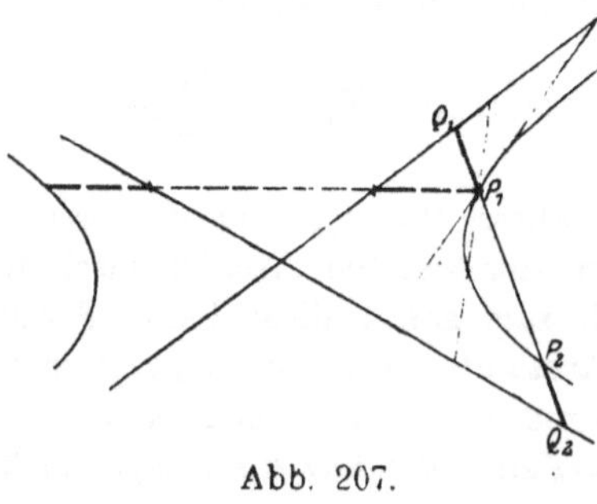
Abb. 207.

Denn die Hyperbel und ihr Asymptotenpaar sind zwei zum Mittelpunkt homothetisch liegende Kegelschnitte, für die die gleiche Entwicklung gilt wie für die beiden Ellipsen der Abb. 192.

Nach diesem Satz kann man eine Hyperbel konstruieren, wenn außer dem Asymptotenpaar noch ein Hyperbelpunkt gegeben ist, so wie die Abbildung andeutet:

Man legt durch diesen gegebenen Punkt P_1 eine beliebige Sekante, die die beiden Asymptoten in den Punkten Q_1 und Q_2 schneidet.

Auf dieser Sekante macht man $P_1Q_1 = P_2Q_2$ und erhält in P_2 einen weiteren Hyperbelpunkt.

Wird die Sekante im Spezialfall zur Hyperbeltangente, so fallen die Punkte P_1, P_2 mit dem Mittelpunkt M der Strecke zusammen, dann gilt:

> Das Stück einer Hyperbeltangente zwischen den Asymptoten hat im Mittelpunkt den Berührpunkt. (b)

In Verbindung mit dem Satz (158e) folgt daraus, daß die Tangente im Punkt $P_0 = \xi_0 | \eta_0$ auf den Asymptoten die Stücke $2\xi_0$ und $2\eta_0$ abschneidet, daß daher die durch die Asymptoten und die Hyperbeltangente charakterisierten Dreiecke den konstanten Inhalt $2 \cdot 2\xi\eta \sin\varepsilon$ oder $2ab$ haben. In Verbindung mit dem Satz (b) wird man zusammenfassen:

> Alle Dreiecke, deren eine Seite die Hyperbel berührt, während die anderen auf den Asymptoten liegen, sind inhaltsgleich. Die tangierende Dreiecksseite wird im Berührpunkt halbiert. (c)

Aufgabe a) und b) Man konstruiere eine Hyperbel, wenn gegeben ist
    a) Mittelpunkt M, eine Asymptote und zwei Punkte P_1, P_2;
    b) eine Asymptote und drei Punkte P_1, P_2, P_3.

Lösung a) Durch P_1 und P_2 legt man eine Gerade, die die Asymptote im Punkt Q_1 schneidet. Man macht auf dieser Geraden $P_1Q_1 = P_2Q_2$, dann muß Q_2 ein Punkt der zweiten Asymptote sein. Da diese auch noch durch den Mittelpunkt M geht, ist sie als Gerade MQ_2 bestimmt. Die Winkelhalbierenden der beiden Asymptoten sind die Hyperbelachsen. Nach (a) oder (c) kann man noch beliebig viele Hyperbelpunkte konstruieren.

Lösung b) Man zieht wieder die Gerade P_1P_2, die die Asymptote in Q_1 schneidet. Dann macht man auf dieser Geraden $P_1Q_1 = P_2Q_2$ und hat in Q_2 einen Punkt der zweiten Asymptote. Genau so macht man auf der Geraden P_1P_3 die Stücke P_1R_1 uud P_3R_3 gleich und findet in R_3 einen weiteren Punkt der zweiten Asymptote, wenn R_1 auf der ersten liegt. Durch die Punkte Q_2 und R_3 ist die zweite Asymptote bestimmt. Dann weite wie oben.

***160.** Die Tangente und Normale im Hyperbelpunkt P_0, siehe Nr. 154, schneiden auf der x-Achse die Stücke $t = OT$ und $n = ON$ ab und zwar ist $t = a^2 : x_0$ und $n = x_0 e^2 : a^2$, woraus sich wie bei der Ellipse $tn = e^2$ ergibt und ebenso, daß die Schnittpunkte der Tangente und Normalen mit der Brennpunktsachse die Strecke F_1F_2 harmonisch teilen, siehe Nr. 150.

Dann werden diese vier Punkte F_1, F_2, T, N von jedem Punkt aus harmonisch gesehen; die Strahlen vom Hyperbelpunkt P_0 aus zu diesen Punkten sind also vier harmonische Strahlen. Und wieder wie bei der Ellipse folgert man:

> Die Winkel der Brennstrahlen zum Hyperbelpunkt P_0 werden in diesem durch Tangente und Normale halbiert. (a)

Der Satz gestattet die Konstruktion der Tangente und Normalen im Punkt P_0 mit Hilfe der Brennstrahlen zum Punkt P_0.

Von einer beliebigen Hyperbeltangente

$$\frac{x x_0}{a^2} - \frac{y y_0}{b^2} - 1 = 0 \quad \text{oder} \quad \frac{b^2 x x_0 - a^2 y y_0 - a^2 b^2}{\sqrt{b^4 x_0{}^2 + a^4 y_0{}^2}} = 0$$

haben die beiden Brennpunkte $F_1 = e\,|\,0$ und $F_2 = -e\,|\,0$ die Abstände

$$d_1 = \frac{b^2 e x_0 - a^2 b^2}{\sqrt{}} = - b^2 \frac{a^2 - e x_0}{\sqrt{}},$$

$$d_2 = \frac{-b^2 e x_0 - a^2 b^2}{\sqrt{}} = - b^2 \frac{a^2 + e x_0}{\sqrt{}},$$

woraus sich

$$d_1 d_2 = \frac{b^4 (a^4 - e^2 x_0{}^2)}{b^4 x_0{}^2 + a^2 (b^2 x_0{}^2 - a^2 b^2)} = \frac{b^2 (a^4 - e^2 x_0{}^2)}{x_0{}^2 e^2 - a^4} = - b^2 \qquad \text{(b)}$$

ergibt. Wie bei der Ellipse sieht man, daß dieses Produkt $d_1 d_2$ einen von der Auswahl der Hyperbeltangente unabhängigen Wert hat.

Wegen der Gleichheit der Winkel zwischen Tangente und Brennstrahlen folgt die Ähnlichkeit der Dreiecke $P_0 F_1 N_1$ und $P_0 F_2 N_2$, woraus sich wieder wie bei der Ellipse

$$r_1 : r_2 = d_1 : d_2 \qquad \text{(c)}$$

ergibt.

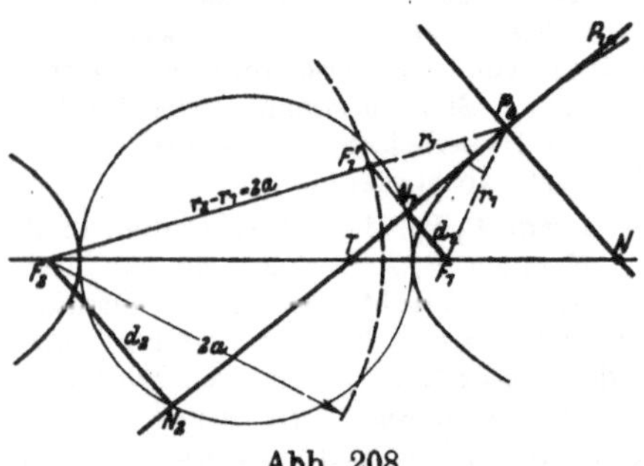
Abb. 208.

Eine entsprechende Entwicklung wie für die Ellipse läßt erkennen, daß die Fußpunkte N_1 und N_2 der von den Brennpunkten aus auf die Tangenten gefällten Lote d_1 und d_2 auf einem Kreis mit dem Radius a um den Mittelpunkt liegen. Und ferner, daß das Spiegelbild $F_1{}'$ des Brennpunktes F_1 bezüglich der Tangente im Abstand $r_2 - r_1 = 2a$ von F_2 liegt. Analoges gilt für F_2 und $F_2{}'$.

Jede der beiden Aussagen gibt eine Konstruktion für das Tangentenpaar von einem Punkt P_1 aus an die Hyperbel, genau so wie sie bei der Ellipse angegeben wurden.

Parabel.

161. Aus früheren Untersuchungen der Nummern 104, 125, 129 sind eine Reihe von Einzelheiten über die Parabel bereits bekannt. So die allgemein gestaltlichen Verhältnisse. Weiter daß die Parabel im Gegensatz zu Ellipse und Hyperbel keinen Mittelpunkt hat oder richtiger ihren Mittelpunkt M im Unendlichen. Daß ebenso ihr zweiter Scheitel und zweiter Brennpunkt im Unendlichen liegt. Daß jeder Strahl von einem Parabelpunkt aus parallel der Achse ein Durchmesser und gleichzeitig zweiter Brennstrahl sein muß. Daß deswegen der erste Brennstrahl r den Wert $r = x + \frac{1}{2}p$ haben muß. Daß ferner der sogenannte Halbparameter p, das ist die Ordinate im Brennpunkt, gleich der doppelten Entfernung f des Brennpunktes vom Scheitel ist. Die letzte Bedingung läßt den Brennpunkt ermitteln, wenn man von einer gezeichnet vorliegenden Parabel die Achse kennt; man zieht vom Schei-

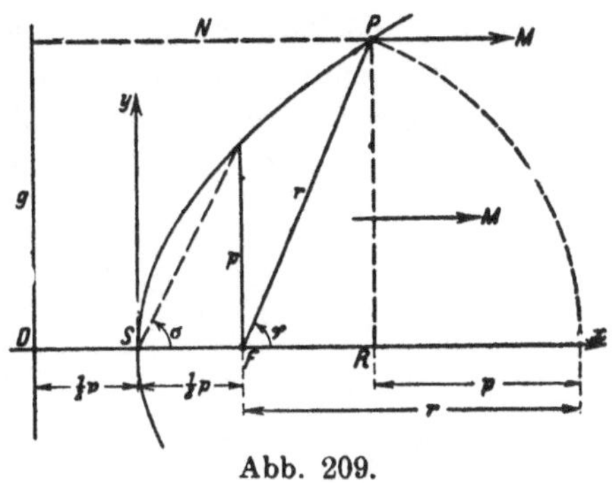

Abb. 209.

tel aus unter der Richtung 2:1 einen Strahl wie die Abbildung angibt, so daß also tg$\sigma = 2 : 1$ ist; dieser Strahl trifft die Parabel im gleichen Punkt wie die Ordinate p. Weiter ist bekannt, daß der erzeugende Parabelpunkt gleichen Abstand von Direktrix g und Brennpunkt F hat, daß sonach die Direktrix vom Brennpunkt den Abstand p hat und der Scheitel in der Mitte zwischen Brennpunkt und Direktrix liegt.

Die Parabel ist als spezieller Fall der Ellipse sowohl wie auch der Hyperbel zu betrachten, sie bildet zwischen beiden den Übergang. Im Gegensatz zu ihnen ist die Parabel ein spezieller *Kegelschnitt*, insofern für sie gilt $\varepsilon = 1$. Im Wort Parabel ist bereits eine der fünf Bedingungen enthalten, die man einen beliebigen Kegelschnitt vorschreiben kann; somit bleiben für die Parabel nur mehr vier Bedingungen, die sie erfüllen kann.

Eine Parabel ist durch vier Bedingungen bestimmt. (a)

Das zeigt auch der Bau der Parabelgleichung: es tritt in der Scheiteltangentengleichung $y^2 = 2\,p\,x$ nur eine einzige Unbekannte auf, der Halbparameter p. **Die Lage der Parabel** ist durch drei Bedingungen bestimmt, somit die Gestalt durch eine einzige. Die Lage der Parabel ist zum Beispiel gegeben durch Scheitel und Scheiteltangente; der Scheitel ist als unbekannter Punkt durch zwei Angaben bestimmt, und die Scheiteltangente durch eine weitere, da sie ja durch ihn hindurchgehen muß; oder man fixiert zuvor die Scheiteltangente durch zwei Angaben und dann den Scheitel selbst auf ihr noch durch eine weitere Angabe. Hat man die Lage der Parabel ermittelt, so wird man durch eine weitere Zahl die Gestalt festlegen, indem man etwa den Halbparameter p angibt oder die Lage des Brennpunktes oder der Direktrix oder indem man noch einen Parabelpunkt festlegt.

Man kann also jedenfalls alle die ∞^4 Parabeln der Ebene durch Verschiebung und Verdrehung so verlegen, daß sie den Scheitel und die Scheiteltangente und somit auch die Achse gemeinsam haben; dann ist ihre gemeinsame Gleichung $y^2 = 2px$, wo p für jede Parabel

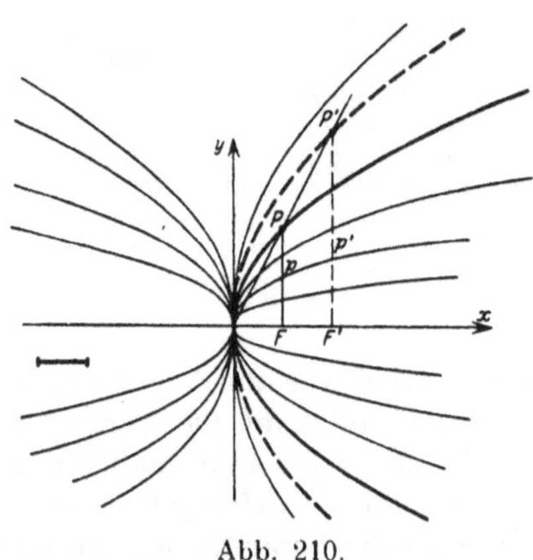

Abb. 210.

einen anderen Wert hat. Eine ausgezeichnete unter diesen Parabeln ist dann diejenige mit dem Wert $p = 0$, das ist die doppelt zählende x-Achse, und eine andere ausgezeichnete die Parabel mit dem Werte $p = \infty$, das ist die y-Achse im Verein mit der unendlich fernen Geraden. Beide Parabeln sind degenerierte oder ausgeartete Parabeln, nämlich ausgeartet zu je einem Geradenpaar. (Man beachte wieder, daß ein Kegelschnitt, da er ja eine Kurve zweiter Ordnung ist, immer nur in ein Geradenpaar ausarten kann, nie in eine einzelne Gerade. Es wäre also falsch, wenn man sagen würde, für $p = \infty$ erhält man die y-Achse). In Abb. 210 ist dieses Parabelsystem skizziert, für positive p öffnen die Parabeln sich nach rechts, für negative p nach links.

Alle diese Parabeln sind ähnlich und ähnlich gelegen mit dem Nullpunkt als Ähnlichkeitszentrum. Denn setzt man cx statt x und cy statt y, so geht die Parabel $y^2 = 2px$ in eine andere $(cy)^2 = 2p\,(cx)$ oder $y^2 = 2p'x$ über, die zum nämlichen System gehört. Da nun alle Parabeln dieses Systems einander ähnlich sind, so sind alle Parabeln der Ebene überhaupt einander ähnlich, da sie immer durch Verschiebung und Drehung so gelegt werden können, daß sie den Scheitel und die Achse und damit die Scheiteltangente gemeinsam haben.

Irgend zwei Parabeln der Ebene sind also
einander ähnlich.

(b)

Man beachte aber, daß sie deswegen noch nicht ähnlich gelegen sind.

Beispiel: Man leite aus der Polargleichung $r = \dfrac{p}{1 - \cos\varphi}$ eine Konstruktion der Parabel ab.

Man schreibt die Gleichung $p = r - r\cos\varphi$; der zweite Summand ist die Projektion des Brennstrahles auf die Achse. Ein Kreis um den Brennpunkt F mit dem Fahrstrahl r schneidet die Achse im Punkt Q, so daß $FQ = r$; trägt man von Q aus rückwärts das Stück p ab, so liefert die Ordinate im Punkt R durch ihren Schnitt mit dem angegebenen Kreis einen Parabelpunkt P, siehe Abb. 209.

Den Beweis für die Richtigkeit dieser Konstruktion hätte man übrigens auch aus der Form $2x : y = y : p$ der Scheiteltangentengleichung entwickeln können, wenn man noch $r = x + \frac{1}{2}p$ berücksichtigt. Nach dieser Darstellung ist die Ordinate des Parabelpunktes das geometrische Mittel aus der doppelten Abszisse und dem Halbparameter p.

Aufgabe a) Man zeichne die Parabel $y^2 = 4x$; dann gebe man die Lage von Brennpunkt und Direktrix an. Wie heißt jene Parabel, deren Brennpunkt die doppelte Entfernung vom Nullpunkt hat wie der Brennpunkt der gegebenen Parabel? Wie zeichnet man diese zweite Parabel, wenn die erste gezeichnet vorliegt? Wie zeichnet man das Parabelsystem der Abb. 210 am einfachsten?

Lösung: Die Parabel hat den Halbparameter $p = 2$, sie ist in dem System der Abb. 210 stark ausgezeichnet; durch Abb. 209 wird sie gleichfalls dargestellt, nur in anderem Maßstab. Brennpunkt: $F = 1 \mid 0$. Direktrix: $x = -1$. Die zweite Parabel hat den Brennpunkt $F' = 2 \mid 0$ und somit den Halbparameter $p' = 4$, ihre Gleichung ist $y^2 = 8x$; sie ist homothetisch zur ersten Parabel, das heißt ähnlich und ähnlich gelegen, der Nullpunkt ist Ähnlichkeitszentrum; man hat also nur die Radienvektoren zur zweiten Parabel doppelt so groß zu nehmen wie zur ersten. Auf die gleiche Weise, mit Hilfe der Radienvektoren, zeichnet man alle Systemparabeln, wenn man eine von ihnen kennt.

Aufgabe b) Von einer Parabel kennt man den Brennpunkt, die Achsenrichtung und einen weiteren Punkt. Wie viele Bedingungen sind dadurch gegeben? Man konstruiere den Scheitel und die Direktrix, ferner stelle man die Gleichung dieser Parabel auf.

Lösung: Mit der Angabe des Brennpunktes hat man der Parabel zwei Bedingungen vorgeschrieben, mit der Angabe der Achsenrichtung eine weitere und ebenso noch eine mit Angabe eines Parabelpunktes P_0, insgesamt also vier Bedingungen.

Die Achse geht durch den Brennpunkt in der vorgeschriebenen Richtung; man ermittelt zuerst p nach der Konstruktionsangabe des vorausgehenden Beispieles, dann ist der Scheitel um $\frac{1}{2}p$ vom Brennpunkt entfernt und die Direktrix um p. Die Aufstellung der Gleichung benützt entweder Polarkoordinaten mit dem Brennpunkt als Anfangspunkt und der Achse als Anfangsstrahl und lautet dann

$$r = \frac{p}{1 - \cos\varphi}, \quad \text{wo} \quad r_0 = \frac{p}{1 - \cos\varphi_0}$$

für den gegebenen Punkt P_0 gilt und p ermitteln läßt. Oder man wählt Achse

und Scheiteltangente als rechtwinklige Koordinatenachsen; für sie heißt die
Gleichung $y^2 = 2px$, wo p wieder den Wert $r_0\,(1 - \cos \varphi_0)$ hat. Im vorliegen-
den Fall der Abb. 209 ist $r_0 = 4$, $\varphi_0 = 60^0$, also $p = 2$; dann lauten die beiden
Gleichungen

$$r = \frac{2}{1 - \cos \varphi} \quad \text{und} \quad y^2 = 4x.$$

162. Wichtiger als die bisher besprochenen Gleichungsformen
ist für den praktischen Gebrauch eine neue Form, die unseres Wissens
bisher noch nicht gebraucht ist. In der Baupraxis des Ingenieurs
tritt von allen krummlinigen Kurven die Parabel am häufigsten
auf oder andere Bogenformen, die mit großer Annäherung durch
Parabelbögen ersetzbar sind und wegen der einfacheren Behandlungs-
möglichkeit auch meist ersetzt werden. Von
solchen Bogen kennt man meistens die Spannweite $2b$, sowie den sogenannten Biegungspfeil a. Es ist daher praktisch, eine Gleichungsform zu ermitteln, die in einfacher
Weise aus diesen beiden Werten a und b sich
herleitet, und das ist die Abschnittsgleichung der Parabel. Wie der Name andeutet,
wählt sie jene Geraden, auf denen Spannweite
und Biegungspfeil gemessen werden, als Koordinatenachsen. Am einfachsten stellt man diese
neue Gleichung auf, indem man von der Scheiteltangentengleichung ausgeht.

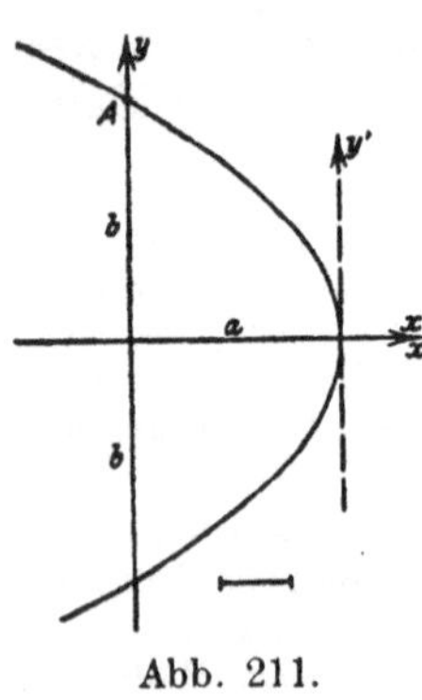

Abb. 211.

Auf das Koordinatensystem x', y' bezogen, siehe Abb. 211, lautet
ihre Gleichung $y'^2 = 2px'$, wobei natürlich bei der getroffenen Wahl
des Richtungssinnes der Koordinatenachsen p negativ wäre. Der
Übergang zum neuen System x, y geschieht durch $x' = x - a$, $y' = y$
und führt die vorausgehende Gleichung in $y^2 = 2p(x - a)$ über; die
Unbekannte p ermittelt man aus der Bedingung, daß der Punkt
$A = 0 \mid b$ der Parabelgleichung genügt, daß also $b^2 = 2p(0 - a)$, und
erhält damit die neue Gleichungsform

$$y^2 = -\frac{b^2}{a}(x - a) \quad \text{oder} \quad \frac{x}{a} + \frac{y^2}{b^2} - 1 = 0, \qquad \text{(a)}$$

Abschnittsgleichung genannt, weil mit dem Bekanntsein der beiden
Parabelabschnitte a und b auf den Achsen diese Gleichungsform
bestimmt ist. Man vergleiche mit ihr die Abschnittsgleichungen der
Geraden sowie der Ellipse und Hyperbel, letztere gewöhnlich Achsen-
gleichungen genannt.

Als Charakteristikum war für die Abschnittsgleichung der Geraden
angegeben, daß das absolute Glied, d. i. das von den Variablen freie

Glied, den Wert -1 hat. Dann kann man aus der Abschnittsgleichung der Geraden

$$\frac{x}{a} + \frac{y}{b} - 1 = 0$$

unmittelbar ablesen, daß sie auf der x-Achse das Stück $+a$ abschneidet, auf der y-Achse das Stück $+b$. Natürlich können a und b auch negativ sein. Auch die Abschnittsgleichungen von Ellipse und Hyperbel haben -1 als absolutes Glied. Von den Ellipsen

$$\frac{x^2}{a^2} + \frac{y^2}{b^2} - 1 = 0 \quad \text{und} \quad \frac{x^2}{-a^2} + \frac{y^2}{-b^2} - 1 = 0$$

ist erstere reell, letztere imaginär. Bei der ersteren sind die beiden Abschnitte auf der x-Achse $+a$ und $-a$, die beiden Abschnitte auf der y-Achse $+b$ und $-b$: bei der imaginären Ellipse sind die Abschnitte auf der x-Achse $+ia$ und $-ia$, die der y-Achse $+ib$ und $-ib$. Von den beiden konjugierten Hyperbeln

$$\frac{x^2}{a^2} + \frac{y^2}{-b^2} - 1 = 0 \quad \text{und} \quad \frac{x^2}{-a^2} + \frac{y^2}{b^2} - 1 = 0$$

hat erstere reelle Abschnitte $+a$ und $-a$ auf der x-Achse und imaginäre $+ib$ und $-ib$ auf der y-Achse, letztere umgekehrt.

Die Abschnittsgleichung der Parabel ist entweder

$$\frac{x}{a} + \frac{y^2}{b^2} - 1 = 0 \quad \text{oder} \quad \frac{x^2}{a^2} + \frac{y}{b} - 1 = 0, \tag{b}$$

je nachdem man die Koordinatenachsen benennt. Von den beiden Variabeln x und y tritt eine im ersten Grad auf, wie bei der Abschnittsgleichung der Geraden, die zugehörige Koordinatenachse schneidet nur einen einzigen Abschnitt ab; die andere Variable tritt im zweiten Grad auf, wie bei der Abschnittsgleichung der Ellipse oder Hyperbel, auf der entsprechenden Koordinatenachse erscheinen zwei gleiche Abschnitte.

Beispiel a) mit d) Die Gleichungen

$$\frac{x}{4} + \frac{y^2}{9} - 1 = 0, \quad x^2 - \frac{y}{2} - 1 = 0, \quad 2x - \frac{y^2}{4} - 1 = 0, \quad x^2 + y + 2 = 0$$

oder

$$\frac{x}{4} + \frac{y^2}{9} - 1 = 0, \quad \frac{x^2}{1} + \frac{y}{-2} - 1 = 0,$$

$$\frac{x}{0,5} + \frac{y^2}{-4} - 1 = 0, \quad \frac{x^2}{-(\sqrt{2})^2} + \frac{y}{-2} - 1 = 0$$

stellen Parabeln vor. Die erste ist symmetrisch zur x-Achse und schneidet auf ihr das Stück $+4$, auf der y-Achse die Stücke $+3$ und -3

ab. siehe Abb. 212. Die zweite Parabel ist symmetrisch zur y-Achse und schneidet auf der x-Achse die Stücke $+1$ und -1 ab, auf der y-Achse das Stück -2, siehe Abb. 213. Die dritte Parabel ist symmetrisch zur x-Achse und schneidet auf der x-Achse das Stück $+0,5$ ab, auf der y-Achse die Stücke $+2i$ und $-2i$, das heißt die y-Achse wird imaginär geschnitten, siehe Abb. 214. Die vierte Parabel ist symmetrisch zur y-Achse und schneidet auf der x-Achse die Stücke $+i\sqrt{2}$ und $-i\sqrt{2}$ ab, das heißt sie schneidet die x-Achse imaginär, auf der y-Achse ist der Abschnitt -2, siehe Abb. 215.

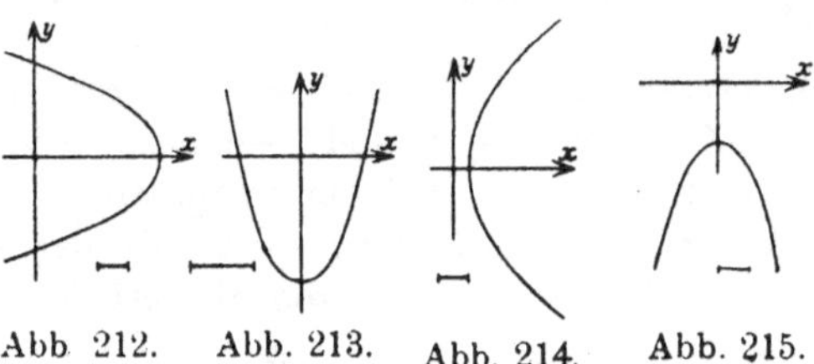

Abb. 212.   Abb. 213.   Abb. 214.   Abb. 215.

Die Abschnittsgleichung ist aus der Scheiteltangentengleichung hervorgegangen. Man kann umgekehrt natürlich auch letztere aus der ersteren ableiten; für den in der Scheitelgleichung auftretenden Halbparameter p, den man bei diesem Übergang benötigt, ist weiter oben entwickelt

$$p = -\frac{b^2}{2a} \quad \text{bzw.} \quad p = -\frac{a^2}{2b}, \tag{c}$$

je nachdem man die erste oder zweite Gleichung (b) meint.

Beispiel e) Wählt man als Nullpunkt bei der Abschnittsgleichung den Brennpunkt, so wird $b = p$, $a = -\tfrac{1}{2}p$ für die erste Parabel (b) und $a = p$, $b = -\tfrac{1}{2}p$ für die zweite, und damit die Abschnittsgleichung selbst, siehe Abb. 216,

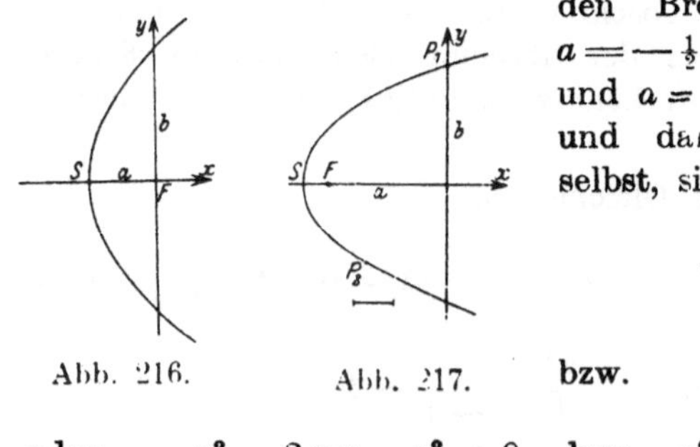

Abb. 216.   Abb. 217.

$$-\frac{2x}{p} + \frac{y^2}{p^2} - 1 = 0$$

$$\text{bzw.} \quad \frac{x^2}{p^2} - \frac{2y}{p} - 1 = 0$$

oder $\quad y^2 - 2px - p^2 = 0 \quad$ bzw. $\quad x^2 - 2py - p^2 = 0$. $\tag{d}$

Aufgabe: Gegeben sind von einer Parabel die Achse und zwei Punkte P_1 und P_2, s. Abb. 217. Verlangt ist die Gleichung und Konstruktion der Parabel.

Lösung: Man wählt die Achse als x-Achse und eine Senkrechte durch P_1 als y-Achse, dann ist die Gleichung der Parabel

$$\frac{x}{a} + \frac{y^2}{b^2} - 1 = 0, \quad \text{wo aus} \quad \frac{x_2}{a} + \frac{y_2^2}{b^2} - 1 = 0$$

die Unbekannte a zu ermitteln ist. Im vorliegenden Fall der Abbildung ist $b = y_1 = 3$; $x_2 = -2$, $y_2 = -2$ und somit $a = -18:5$, also die Parabel-gleichung $-\frac{5}{18}x + \frac{y^2}{9} - 1 = 0$; $p = -b^2:2a = \frac{5}{4}$. Der Scheitel liegt im Abstand $a = -3{,}6$ vom Nullpunkt, der Brennpunkt im Abstand $\frac{1}{2}p = \frac{5}{8}$ vom Scheitel. Damit ist die Konstruktion der Parabel nach Nr. 125 oder Nr. 161 ermöglicht.

163. Die Gleichung der Polaren des Punktes $P_0 = x_0 | y_0$ für die Parabel $y^2 = 2px$ ist nach (138f) gefunden in der Form

$$yy_0 = p(x + x_0). \tag{a}$$

Zu einer gegebenen Geraden $Ax + By + C = 0$ findet man den Pol $x_0 | y_0$ wie bei der Ellipse dadurch, daß man die Polare zu letzterem, nämlich $yy_0 = p(x + x_0)$, identisch mit der gegebenen Geraden ansetzt und durch Vergleich

$$A = \varrho p, \qquad B = -\varrho y_0, \qquad C = \varrho p x_0$$

oder

$$x_0 = \frac{C}{A}, \qquad y_0 = -\frac{Bp}{A} \tag{b}$$

erhält. So ist z. B zur Direktrix $x + \frac{1}{2}p = 0$ der Pol ein Punkt mit den Koordinaten $x_0 = \frac{1}{2}p$, $y_0 = 0$, das ist der Brennpunkt; eine bereits bekannte Tatsache, da Brennpunkt und Direktrix polar liegen.

Ist der Punkt $P_0 = x_0 | y_0$ ein Parabelpunkt, so wird die Polare

$$yy_0 = p(x + x_0) \tag{c}$$

zur Tangente in diesem Parabelpunkt P_0. Deren Richtung

$$\operatorname{tg} \tau = \frac{p}{y_0} = \frac{y_0}{2x_0} \tag{d}$$

ist auch gleichzeitig die Richtung der Parabel im Punkt $P_0 = x_0 | y_0$.

Diese Richtung hätte man wie in Nr. 145 für die Ellipse noch auf andere Weise ableiten können. Die Sekante durch P_0 und einen andern Punkt P_1 hat die Richtung $\operatorname{tg} \tau = (y_1 - y_0):(x_1 - x_0)$. Berücksichtigt man, daß für P_0 und P_1 gilt

$$y_0^2 = 2px_0 \quad \text{und} \quad y_1^2 = 2px_1 \quad \text{oder} \quad y_1^2 - y_0^2 = 2p(x_1 - x_0),$$

so findet man für die Richtung der Sekante $P_0 P_1$

$$\frac{y_1 - y_0}{x_1 - x_0} = \operatorname{tg} \tau = \frac{2p}{y_1 + y_0} \tag{e}$$

Die Richtung der Normalen im Punkt P_0 ist reziprok und negativ zur Kurvenrichtung, also $- y_0 : p$, und damit die Gleichung der Normalen im Punkt P_0

$$y - y_0 = - \frac{y_0}{p}(x - x_0) \quad \text{oder} \quad xy_0 + yp = (py_0 + x_0y_0). \tag{f}$$

Beispiel a) Man ermittle die Richtung der Parabel $\frac{x}{a} + \frac{y^2}{b^2} - 1 = 0$ im Punkt P_0 und dann die Gleichung der Tangente in diesem Punkt

Die Richtung der Parabel $y^2 = 2px$ war $\operatorname{tg}\tau = p : y_0$. Bringt man nun diese Parabel auf die Abschnittsgleichung, indem man den Nullpunkt auf der x-Achse verschiebt, so ändert sich für den Punkt P_0 bei dieser Verschiebung die Ordinate y_0 nicht, es bleibt daher wegen (d) die Formel

$$\operatorname{tg}\tau = p : y_0 \quad \text{oder} \quad \operatorname{tg}\tau = - \frac{b^2}{2ay_0}$$

für die Richtung der Parabel im Punkt P_0 erhalten. Die Tangente in diesem Punkt wird dann $y - y_0 = \operatorname{tg}\tau \cdot (x - x_0)$ oder

$$y - y_0 = - \frac{b^2}{2ay_0}(x - x_0) \quad \text{und wegen} \quad \frac{x_0}{a} + \frac{y_0{}^2}{b^2} - 1 = 0$$

noch zu $\qquad\qquad \dfrac{x + x_0}{2a} + \dfrac{yy_0}{b^2} - 1 = 0. \tag{g}$

Beispiel b) Entsprechend erhält man durch Vertauschung der Achsen und Abschnittsbenennungen

$$\frac{xx_0}{a^2} + \frac{y + y_0}{2b} - 1 = 0 \quad \text{bzw.} \quad \operatorname{tg}\tau = - \frac{2bx_0}{a^2} \tag{h}$$

für die Tangente der Parabel $\frac{x^2}{a^2} + \frac{y}{b} - 1 = 0$ im Punkt P_0 bzw. die Richtung in diesem Punkt.

Aufgabe a) Eine zur y-Achse symmetrische Parabel wird von der Geraden $2x + y = 4$ im Schnittpunkt mit der x-Achse berührt. Gesucht ist die Gleichung der Parabel, die Lage ihres Brennpunktes und ihrer Direktrix.

Lösung: Die Gerade bildet die Abschnitte 2 und 4 auf der x- bzw. y-Achse. Es ist die Abschnittsgleichung der Parabel $\frac{x^2}{a^2} + \frac{y}{b} - 1 = 0$; wo

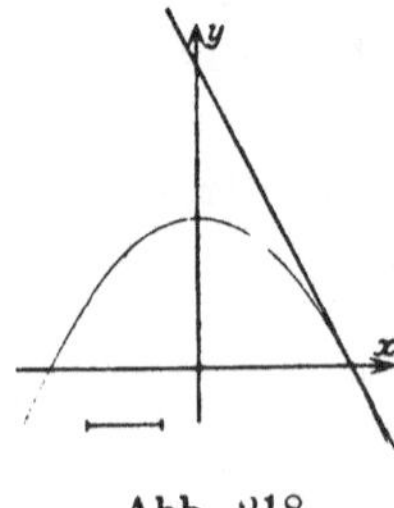

$a = 2$ und b noch unbekannt ist. Im Punkt $2\,|\,0$ hat die Parabel die Richtung

$$\operatorname{tg}\tau = - 2bx_0 : a^2 = - 4b : 4 = - b$$

nach (h) und andrerseits die gleiche Richtung $\operatorname{tg}\tau = - 2 : 1$ wie die berührende Gerade, woraus sich $b = 2$ ergibt. Weiter erhält man $p = - a^2 : 2b = - 1$, das heißt die Parabel öffnet sich nach unten. Der Scheitel hat die Koordinaten $0\,|\,2$ und damit der Brennpunkt $0\,|\,1{,}5$, die Direktrix die Gleichung $y = 2{,}5$.

Abb. 218.

Aufgabe b) Die Gerade $y = \lambda x + 2$ schneidet die Parabel $y^2 = 4x$ in zwei Punkten P_1 und P_2. Wie muß man λ wählen, damit die beiden Tangenten in P_1 und P_2 sich auf der Geraden $x + 2 = 0$ schneiden?

Lösung: Die Gerade $P_1 P_2$ muß nach Nr. 142 polar liegen zur gegebenen Geraden $x + 2 = 0$ und somit durch deren Pol P_0 gehen. Nach (b) ist $x_0 = 2 : 1$, $y_0 = -0 : 1$. Aus der Bedingung $y_0 = \lambda x_0 + 2$ bestimmt man $\lambda = -1$ und damit die gesuchte Gerade als $x + y - 2 = 0$.

164. Die Tangente im Parabelpunkt P_0 hat die Richtung $\operatorname{tg} \tau = y_0 : 2x_0$, es muß somit $TS = SC = x_0$ sein, wenn T der Schnittpunkt der Tangente mit der x-Achse ist. siehe Abbildung. Die Tangente ist dann leicht als Gerade durch T und P_0 zu zeichnen. Man nennt den Abschnitt TP_0 auf der Tangente zwischen Berührpunkt und Schnittpunkt mit der Achse Tangentenstück und dessen Projektion TC auf die Achse Subtangente. Mit dieser neuen Sprechweise erhält man den Satz:

> Die Subtangente wird durch den Scheitel
> halbiert. (a)

Dann gilt auch $SA = \frac{1}{2} y_0$, siehe Abb. 219. Da $DS = \frac{1}{2}p = SF$, wenn D der Schnittpunkt der Direktrix mit der Achse ist, so wird $TD = FC$ und damit TE gleich und parallel dem Brennstrahl

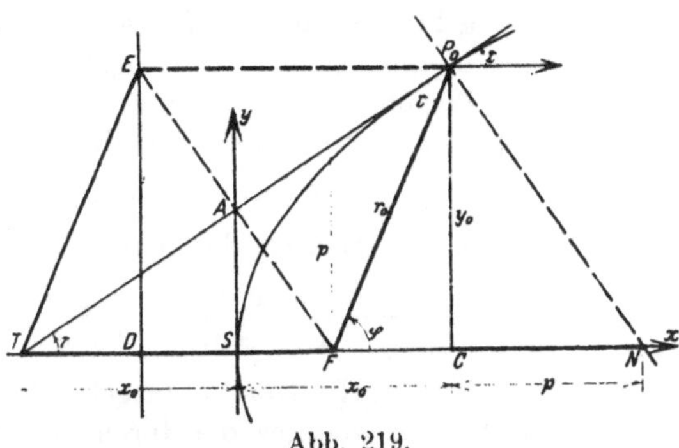

Abb. 219.

$FP_0 = r_0$; Viereck TEP_0F ist also ein Rhombus, wegen $r_0 = x_0 + \frac{1}{2}p$ nach (125a) und $TS = x_0$ wie oben angegeben. Es ist dann FA senkrecht zur Tangente, was den Satz gibt:

> Die Fußpunkte der vom Brennpunkt aus auf
> die Tangenten gefällten Lote liegen auf der
> Scheiteltangente. (b)

Die in der Rhombushälfte TP_0F auftretenden Winkel bei T und P_0 sind gleichgroß mit dem Winkel zwischen Tangente und Durchmesser an der Stelle P_0. Daraus folgt:

Tangente und Normale an der Stelle P_0 halbieren den Winkel der beiden Brennstrahlen, (c)

da ja der zweite Brennstrahl in Richtung des Durchmessers geht
Denkt man sich an der Stelle P_0 die Parabel spiegelnd, so werden
alle vom Brennpunkt ausgehenden Strahlen parallel zur Achse reflektiert. und umgekehrt alle Strahlen parallel zur Achse in den Brennpunkt.

Die Normale im Punkt P_0 hat die Richtung der Rhombusdiagonalen EF. Bezeichnet man den Abschnitt P_0N auf der Normalen
zwischen dem Kurvenpunkt P_0 und Schnittpunkt N mit der x-Achse
als Normalenstück. dessen Projektion CN auf die x-Achse als Subnormale, so folgt aus obigem der Satz:

Die Subnormale der Parabel ist konstant gleich p, (d)

der eine einfache Konstruktion der Normalen gestattet.

Aus der Abbildung kann man noch ablesen:

$$r_0 = FP_0 = TF = DC = FN$$

und daraus folgern. daß der Kreis um den Brennpunkt mit dem
Radius r_0 durch die Schnittpunkte T und N von Tangente und
Normale mit der Achse geht. Mit diesem Kreis hat man gleichfalls
eine einfache Konstruktionsmöglichkeit für Tangente und Normale.

Wegen der Beziehung $\varphi = 2\tau$ kann man
die öfter auftretende Winkelfunktion

$$1 - \cos \varphi = 1 - \cos 2\tau = 2 \sin^2 \tau$$

setzen, also speziell den Fahrstrahl

$$r = \frac{p}{1 - \cos \varphi} = \frac{p}{2 \sin^2 \tau}.$$ (e)

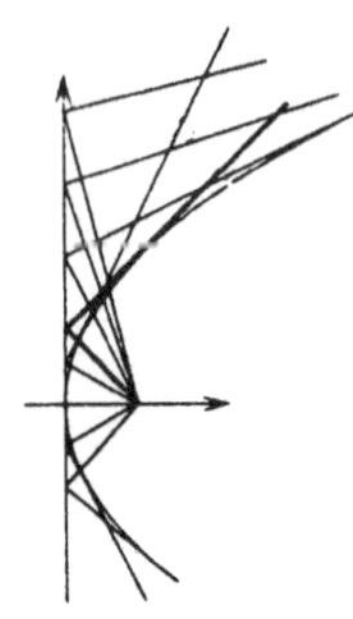
Abb. 220.

Beispiel: Der vorausgehende Satz (b) erklärt ohne weiteres die durch Abb. 220 gegebene
Parabelkonstruktion aus Tangenten. Jede Senkrechte zum Brennstrahl in dessen Schnittpunkt
mit der Scheiteltangente muß eine Parabeltangente sein.

Aufgabe: Man konstruiere eine Parabel von der man den Brennpunkt F
und zwei Punkte P_1 und P_2 kennt.

Lösung: Der Kreis um einen Parabelpunkt durch den Brennpunkt berührt die Direktrix, siehe Abb. 219. Man zieht demnach um P_1 und P_2 Kreise,
die durch den Brennpunkt F gehen, dann ist die Direktrix eine der zwei
reellen gemeinsamen Tangenten an diese Kreise. Man erhält zwei Direktrixlinien und damit zwei verschiedene Parabeln. Die Senkrechte zur Direktrix
durch den Brennpunkt ist Parabelachse, in der Mitte zwischen Brennpunkt

und Direktrix liegt der Scheitel der Parabel, deren weitere Konstruktion nach einer der im vorausgehenden gegebenen Methoden erfolgt.

***165.** Die Konstruktion der Tangente von einem Punkt P_0 aus an die Parabel stützt sich auf die Tatsache, daß der Schnittpunkt A dieser Tangente mit der Scheiteltangente recht einfach gefunden werden kann. Er liegt auf einem Kreis über $P_0 F$ als Durchmesser, weil FA und $P_0 A$ als Diagonalen des oben erwähnten Rhombus zueinander senkrecht stehen, s. Abb. 221. Daher die Konstruktion des Tangentenpaares von P_0 aus an die Parabel: Man zeichne einen Kreis über $P_0 F$ als Durchmesser, der die Scheiteltangente in den Punkten A_1 und A_2 schneidet, dann sind $P_0 A_1$ und $P_0 A_2$ die Tangenten. Oder man erinnert sich, daß die Eckpunkte E und F des erwähnten Rhombus von der Tangente und damit auch von P_0 gleichweit abstehen und konstruiert: Der Kreis um P_0 durch den Brennpunkt schneidet die Direktrix in zwei Punkten E_1 und E_2; Parallele durch E_1 und E_2 zur Achse schi.eiden auf der Parabel die Berührpunkte P_1 und P_2 aus. (Mit

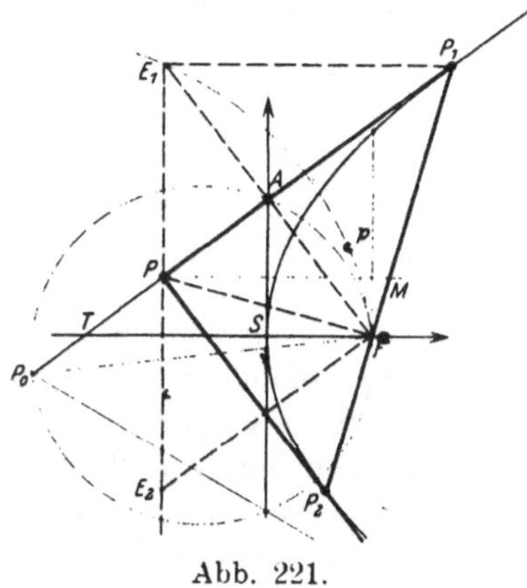

Abb. 221.

diesem E_2 ist der Punkt E_2 der Abb. 221 natürlich nicht identisch, siehe den nachfolgenden Absatz.)

Liegt der Punkt P, von dem aus die Tangenten an die Parabel gelegt werden sollen, im besonderen auf der Direktrix, so muß nach der angegebenen Konstruktion $PE_1 = PF = PE_2$ das Dreieck $E_1 F E_2$ rechtwinklig sein und damit auch das Dreieck $P_1 P P_2$. Man hat so den Satz:

<blockquote>Die Direktrix ist der geometrische Ort der Schnittpunkte senkrechter Parabeltangenten.   (a)</blockquote>

Da nun andrerseits die Direktrix die Polare des Brennpunktes ist. oder umgekehrt die Polare eines Direktrixpunktes durch den Brennpunkt geht, so folgt noch:

<blockquote>Jedes senkrechte Tangentenpaar berührt die Parabel in Punkten, deren Verbindungsgerade durch den Brennpunkt geht.   (b)</blockquote>

Das Tangentenpaar von einem Punkt $P_0 = x_0 \mid y_0$ aus an die Parabel $y^2 = 2px$ läßt sich analytisch folgendermaßen ermitteln.

Die Tangente von P_0 aus berührt die Parabel im zunächst unbekannten Punkt $P_1 = x_1 \,|\, y_1$, so daß ihre Gleichung

$$yy_1 = p(x + x_1).$$

Die beiden Unbekannten x_1 und y_1 ermittelt man aus zwei Anfangsbedingungen: P_1 liegt auf der Parabel, also gilt $y_1{}^2 = 2px_1$ und P_0 liegt auf der Tangente, deswegen $y_0 y_1 = p(x_0 + x_1)$. Aus beiden Gleichungen findet man

$$y_1 = y_0 \pm \sqrt{y_0{}^2 - 2px_0} \quad \text{und} \quad x_1 = y_1{}^2 : 2p,$$

so daß die Gleichung der Tangenten von P_0 aus wird

$$2yy_1 = 2px + y_1{}^2$$

oder

$$2y(y_0 \pm \sqrt{y_0{}^2 - 2px_0}) = 2px + (y_0 \pm \sqrt{y_0{}^2 - 2px_0})^2. \qquad \text{(c)}$$

Durch passende Umformung kann man noch die Wurzeln entfernen und erhält das Tangentenpaar in rationaler Form, aber nicht getrennt,

$$p(x - x_0)^2 = 2(y - y_0)(xy_0 - yx_0). \qquad \text{(d)}$$

In der nämlichen Weise entwickelt man die Gleichung einer **Tangente von gegebener Richtung λ** an die Parabel.

Wäre ihr Berührpunkt $P_0 = x_0 \,|\, y_0$ bekannt, so würde ihre Gleichung $yy_0 = px + px_0$ sein. Die Unbekannten x_0 und y_0 ermittelt man aus den zwei Anfangsbedingungen: P_0 liegt auf der Parabel, also gilt $y_0{}^2 = 2px_0$, und die Richtung im Punkt P_0 ist $\lambda = p : y_0$. Die erhaltenen Werte $y_0 = p : \lambda$ und $px_0 = \tfrac{1}{2} y_0{}^2 = \tfrac{1}{2} p^2 : \lambda^2$ wandeln die Tangentengleichung um in

$$y = \lambda x + \frac{p}{2\lambda}. \qquad \text{(e)}$$

Man hätte diese Gleichung auch aus (c) ableiten können, indem man sagt, der Punkt P_0, von dem aus das Tangenpaar an die Parabel gezogen werden soll, liegt im Unendlichen; die Richtung zu ihm hin ist $\lambda = \mathrm{tg}\,\varphi$, es sind sonach seine Koordinaten $\varrho \cos\varphi \,|\, \varrho \sin\varphi$, wo $\varrho = \infty$. Man wird die Gleichung des von P_0 aus gezogenen Tangentenpaares

$$p(x - \varrho\cos\varphi)^2 = 2(y - \varrho\sin\varphi)(x\varrho\sin\varphi - y\varrho\cos\varphi)$$

zuerst mit ϱ^2 dividieren und dann $\varrho = \infty$ setzen, so daß man erhält

$$p\cos^2\varphi = 2(-\sin\varphi)(x\sin\varphi - y\cos\varphi),$$

oder wenn man mit $\cos^2\varphi$ dividiert und $\mathrm{tg}\,\varphi = \lambda$ setzt,

$$p = -2\lambda(x\lambda - y) \qquad \text{oder} \qquad y = \lambda x + \frac{p}{2\lambda}$$

wie vorher.

***166.** Der Mittelpunkt der Parabel ist der unendlich ferne Punkt M in der Richtung der Parabelachse, das ist für die Parabel $y^2 = 2px$ die x-Achse. Deshalb sind alle Strahlen parallel der Parabelachse als Durchmesser zu betrachten. Dann besteht zwischen den zwei konjugierten Richtungen bezüglich der Parabel folgender Zusammenhang: Die Richtung der Parabelachse ist zu jeder anderen Richtung konjugiert; umgekehrt aber gibt es zur Richtung der Parabelachse ∞^1 konjugierte Richtungen. Dem Begriff der konjugierten Richtung, so wie er in Nr. 142 definiert wurde, haftet sonach bei der Anwendung auf die Parabel eine Unbestimmtheit an, da eben bei ihr alle Durchmesser parallel sind und nicht mehr wie bei den Mittelpunktskegelschnitten durch ihre Richtung allein unterschieden werden können. Analytisch ist das durch die Gleichung (142e) zum Ausdruck gebracht. Man muß diese Durchmesser hier durch ihre Lage unterscheiden. Irgendein solcher $y = y_0$ schneidet die Parabel im Punkt $P_0 = x_0 \,|\, y_0$, wo $x_0 = y_0^2 : 2p$. Dann wäre die Richtung der Tangente in diesem Punkt als konjugiert zur Richtung des Durchmessers durch diesen Punkt zu bezeichnen. In Anlehnung daran seien der Durchmesser durch P_0 und die Tangente in diesem Punkt als konjugiert bezeichnet, oder ganz allgemein der Durchmesser durch P_0 und eine Parallele zur Tangente in P_0. Solcher konjugierter Paare von Tangente und Durchmesser gibt es ∞^1; unter ihnen zeichnet sich zahlenmäßig dasjenige Paar aus, bei dem die beiden Geraden zueinander senkrecht stehen: Parabelachse und Scheiteltangente.

Es ist somit bei der Parabel $y^2 = 2px$ dem Durchmesser $y = y_0$ die Parabeltangente mit der Richtung $\lambda = p : y_0$ zugeordnet und umgekehrt.

Von den so zugeordneten Geraden bildet das ausgezeichnete Paar, Achse und Scheiteltangente, für die Parabel ein günstig gelegenes Koordinatensystem, die Parabelgleichung ist für dieses System naturgemäß auch von recht einfacher Form, $y^2 = 2px$ bzw. $x^2 = 2py$. Indes ist wie bei Ellipse und Hyperbel zu erwarten, daß die Gleichung ihre einfache Form behält, wenn man irgendein anderes der besprochenen Paare als schiefwinklige Koordinatenachsen ξ, η erwählt. Für den Übergang zu diesem neuen Koordinatensystem nimmt man zuerst eine

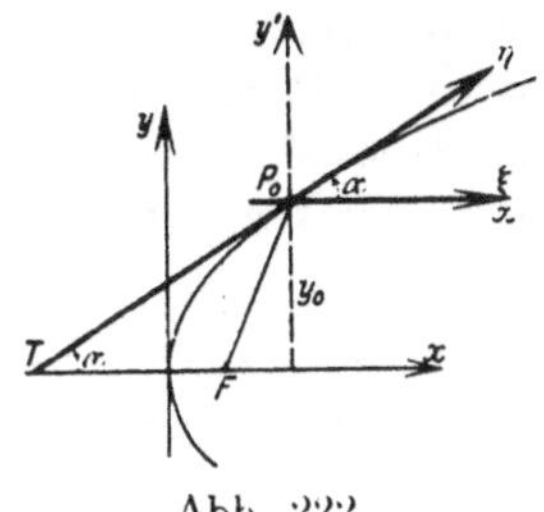

Abb. 222.

Verschiebung zu einem neuen rechtwinkligen System x', y' vor, das den Parabelpunkt P_0 als Nullpunkt hat,

$$x = x' + x_0 \qquad y = y' + y_0.$$

Dann dreht man die rechtwinkligen Achsen x', y' zum · Endsystem ξ, η, indem man 0 statt α und α statt β in (78f) setzt, und erhält

$$x' = \xi + \eta \cos\alpha, \qquad y' = \eta \sin\alpha.$$

Die Gesamttransformation

$$x = \xi + \eta \cos\alpha + x_0, \qquad y = \eta \sin\alpha + y_0 \qquad \text{(a)}$$

führt die Parabelgleichung $y^2 = 2px$ über in $\eta^2 \sin^2\alpha = 2p\,\xi$, wenn man die Beziehung $y_0^2 = 2px_0$ und $\lambda = p : y_0$ oder $p = y_0 \operatorname{tg}\alpha$ beachtet. Man schreibt

$$\eta^2 = 2p'\xi, \qquad \text{wo} \qquad p' = \frac{p}{\sin^2\alpha} \qquad \text{(b)}$$

ist, und hat damit für das neue Koordinatensystem die nämliche Gleichung wie für das alte.

Gegenüber der ξ-Achse dieses neuen Koordinatensystems ist dann die Parabel, wie teilweise bereits bewiesen und ganz allgemein die Gleichung $\eta^2 = 2p'\xi$ zeigt, schiefsymmetrisch, das heißt zu jedem Parabelpunkt $P_1 = a \mid b$ gehört ein anderer $P_2 = a \mid -b$; wegen dieser schiefen Symmetrie müssen dann die beiden Tangenten in diesen Punkten $P_1 = a \mid b$ und $P_2 = a \mid -b$ mit der ξ-Achse den nämlichen Schnittpunkt T gemeinsam haben. Zu diesem Punkt T ist die Gerade $P_1 P_2$ die Polare, es liegen also die Punkte T, O, M und der unendlich ferne Punkt U auf der ξ-Achse harmonisch, das heißt der Sehnenmittel-

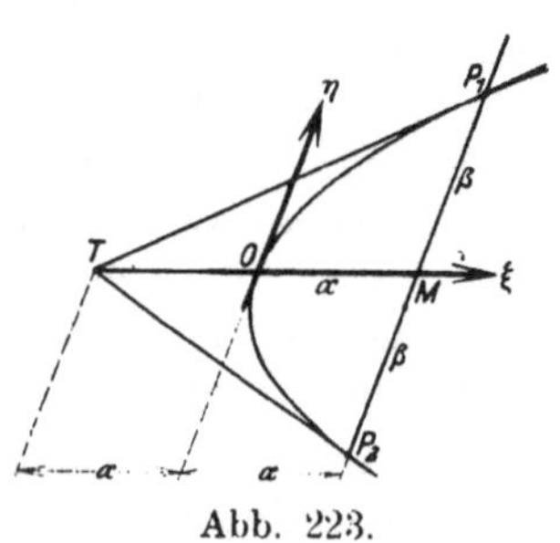

Abb. 223.

punkt M und der Tangentenschnittpunkt T liegen gleichweit entfernt vom Nullpunkt O.

Beispiel: Man beweise die durch die Abb. 224 angegebene Parabelkonstruktion aus einer Tangente mit Berührungspunkt A, einem weiteren Parabelpunkt C und einem Durchmesser AU (im speziellen aus Scheitel A, Achse AU und Parabelpunkt C): Man macht $CB \parallel AU$, teilt AB sowie BC je in n gleiche Teile, und zieht Einzelstrahlen so wie die Skizze andeutet. Nach Konstruktion ist, wenn D der in Abb. 224 mit 3 bezeichnete Punkt auf BC ist,

$$AQ : AB = QP : BD = BD : BC,$$

oder mit Einführung eines Proportionalitätsfaktor ϱ und wenn man $AB = \beta$, $BC = \alpha$ setzt,

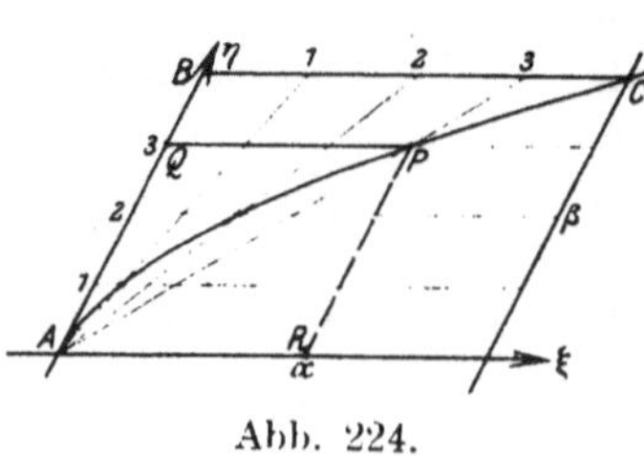

Abb. 224.

$$AQ = \varrho\beta, \qquad QP = \varrho\,BD = \varrho^2\,BC = \varrho^2\alpha.$$

Im Koordinatensystem ξ, η der Abbildung ist $AQ = \eta$, $QP = \xi$, es gilt somit von den Koordinaten des Punktes P

$$\xi = \varrho^2\alpha, \qquad \eta = \varrho\beta,$$

woraus

$$\eta^2 = \frac{\beta^2}{\alpha}\,\xi$$

sich als Gleichung des von P erzeugten Ortes, einer **Parabel** also, ergibt.

Aufgabe: Eine **Parabel** liegt gezeichnet vor, so wie Abb. 225 zeigt. Man konstruiere die Achsenrichtung, die Achse, den Scheitel, den Brennpunkt, die Direktrix, ferner im Punkt P_1 Tangente und Normale, sowie eine zweite Tangente, die zur ersten senkrecht steht; ferner noch eine Tangente mit gegebener Richtung $\lambda = \mathrm{tg}\,\tau$.

Lösung: Man zieht eine beliebige Sehne $P_1 P_2$ sowie eine parallele Sehne $P_3 P_4$; deren Mitten bestimmen einen Durchmesser und somit die Achsenrichtung. Man zieht die Sehne $P_1 P_2'$ und die parallele Sehne $P_3 P_4'$ senkrecht zum Durchmesser; deren Mitten bestimmen die Achse selbst. Die Achse schneidet die Parabel im Scheitel S. Eine Gerade durch S mit der Richtung $2:1$ gegen die Achse schneidet die Parabel im Punkt G, das Lot von G auf die Achse hat den Wert p und trifft die Achse im Brennpunkt F. $SF = \frac{1}{2}p = SD$ auf der Achse bestimmt die Direktrix als Senkrechte zur Achse im Punkt D. Der Kreis um F durch P_1 schneidet auf der Achse die Punkte T und N aus, die Geraden TP_1 und NP_1 sind Tangente und Normale in P_1. Die Tangente TP_1 schneidet die Direktrix in C, die Gerade $P_1 F$ die Parabel in P_5, dann ist CP_5 die zu TP_1 senkrechte Parabeltangente. Der Brennstrahl von F aus unter dem Winkel $\varphi = 2\lambda$ schneidet die Parabel in P_0, die Tangente in P_0 hat die geforderte Richtung $\mathrm{tg}\,\tau = \lambda$.

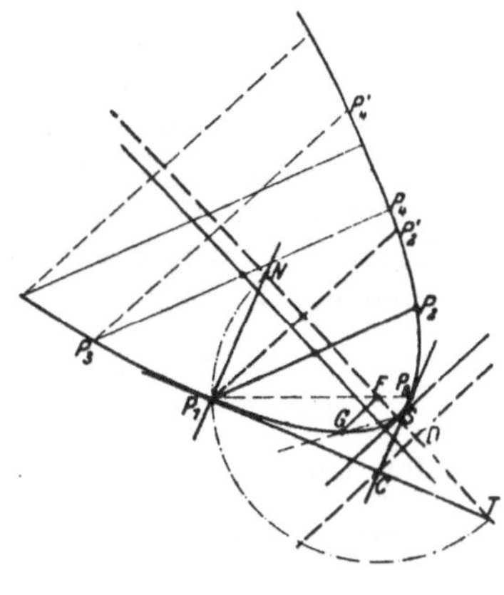

Abb. 225.

***167.** Die auf schiefe konjugierte Durchmesser bezogenen Gleichungen von Ellipse und Hyperbel

$$\frac{\xi^2}{\alpha^2} + \frac{\eta^2}{\beta^2} - 1 = 0, \qquad \frac{\xi^2}{\alpha^2} - \frac{\eta^2}{\beta^2} - 1 = 0$$

haben sich für eine Reihe von Untersuchungen als recht brauchbar erwiesen. In Anlehnung an die schiefwinklige Abschnittsgleichung der Geraden $\frac{\xi}{\alpha} + \frac{\eta}{\beta} - 1 = 0$ sollen diese Kegelschnittsgleichungen ebenfalls als (schiefwinklige) Abschnittsgleichungen der Kegelschnitte bezeichnet werden. Man kann erwarten, daß auch eine schiefwinklige

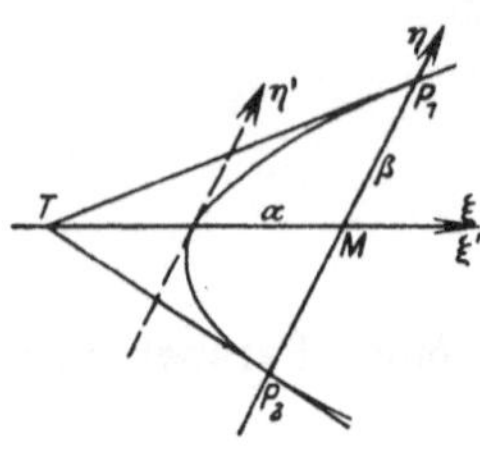

Abschnittsgleichung der Parabel gute Dienste für die Untersuchung der Parabel und ihrer Eigenschaften leisten wird. Man beachte als Charakteristikum der Abschnittsgleichungen der Kegelschnitte, daß die Koordinatenachsen zueinander konjugiert sind. Das trifft auch bei der Parabel noch zu, wenn man nach Abb. 223 den Durchmesser TM als ξ-Achse beibehält und als η-Achse die Gerade $P_1 P_2$ wählt. Dann geht das neue Koordinatensystem ξ, η aus dem alten ξ', η' durch eine Verschiebung in der ξ-Richtung hervor. Man kann schließen, daß die schiefwinkligen Abschnittsgleichungen der Parabeln

Abb. 226.

$$\frac{\xi}{\alpha} + \frac{\eta^2}{\beta^2} - 1 = 0 \qquad \text{bzw} \qquad \frac{\xi^2}{\alpha^2} + \frac{\eta}{\beta} - 1 = 0 \cdot \qquad \text{(a)}$$

in der gleichen Weise aus $\eta^2 = 2 p' \xi$ bzw. $\xi^2 = 2 p' \eta$ hervorgehen wie die Abschnittsgleichungen (162b) aus $y^2 = 2 p x$ und $x^2 = 2 p y$.

α und β sind die Abschnitte der Parabel auf den Koordinatenachsen (die Sehne 2β auf der η-Achse ist natürlich als konjugiert zum Durchmesser, der ξ-Achse, vorausgesetzt).

Beispiel: Im Fall der Abb. 226 ist $\alpha = -2$, $\beta = 2$, somit die Gleichung der Parabel

$$\frac{\xi}{-2} + \frac{\eta^2}{4} - 1 = 0 \qquad \text{oder} \qquad \eta^2 - 2\xi - 4 = 0.$$

Man benützt die Abschnittsgleichung $\dfrac{\xi}{\alpha} + \dfrac{\eta^2}{\beta^2} - 1 = 0$ für eine

neue einfache Konstruktion einer Parabel aus drei Punkten

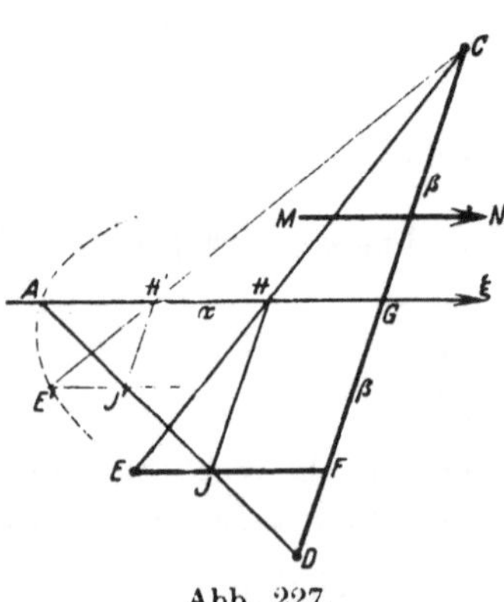

C, D, E und der Achsenrichtung MN (speziell wenn gegeben eine zur Achse vertikale Sehne CD und ein weiterer Parabelpunkt E). Hauptlinien der Konstruktion sind die Sehne CD und der Durchmesser (parallel der Achsenrichtung MN) durch den Sehnenmittelpunkt. Beide Gerade macht man zur η- und ξ-Achse eines schiefwinkligen Koordinatensystemes. Auch der Durchmesser EF ist ein wichtiges Konstruktionselement. Man konstruiert: CE schneidet die ξ-Achse in H,

Abb. 227.

durch ` H eine Parallele zu CD schneidet EF in J; die Gerade DJ liefert den Parabel- und Durchmesserpunkt A. Hat man so A gefunden oder war A bereits gegeben, so konstruiert man Punkte E' umgekehrt: Man zieht eine beliebige Gerade durch C, die den Durchmesser AG in H' schneidet, die Gerade parallel CD durch H' schneidet AD in J'; man zieht die Gerade $J'F'$ parallel der ξ-Achse und schneidet sie mit CH' im Parabelpunkt E'.

Nach dieser Konstruktion ist, s. Abb. 227,

$$EF : HG = CF : CG \qquad \text{und} \qquad JF : AG = FD : GD,$$

oder wenn man $AG = \alpha$, $CG = GD = \beta$, $FE = \xi$, $GF = \eta$ setzt und $JF = HG$ beachtet, und beide Gleichungen multipliziert,

$$\frac{\xi}{\alpha} = \frac{\beta + \eta}{\beta} \cdot \frac{\beta - \eta}{\beta} \qquad \text{oder} \qquad \frac{\xi}{\alpha} + \frac{\eta^2}{\beta^2} = 1 ,$$

das ist die Abschnittsgleichung der Parabel.

Aufgabe a) Von einer Parabel sind zwei Punkte P_1 und P_2 mit den zugehörigen Tangenten gegeben. Man gebe ihre Gleichung an, ferner zeichne man Achse, Scheitel und Brennpunkt der Parabel.

Lösung: Wenn G die Mitte von P_1P_2 und Q der Schnittpunkt der Tangenten, so ist QG ein Parabeldurchmesser, der gleichzeitig konjugiert ist zur Sehne P_1P_2. Der Mittelpunkt A von QG ist Parabelpunkt; eine Parallele durch ihn zu P_1P_2 ist Tangente. Man macht die Geraden AG und P_1P_2 zu Koordinatenachsen und erhält für dieses System

$$\frac{\xi}{\alpha} + \frac{\eta^2}{\beta^2} - 1 = 0 \text{ als Parabelgleichung, wo } \alpha \text{ und}$$

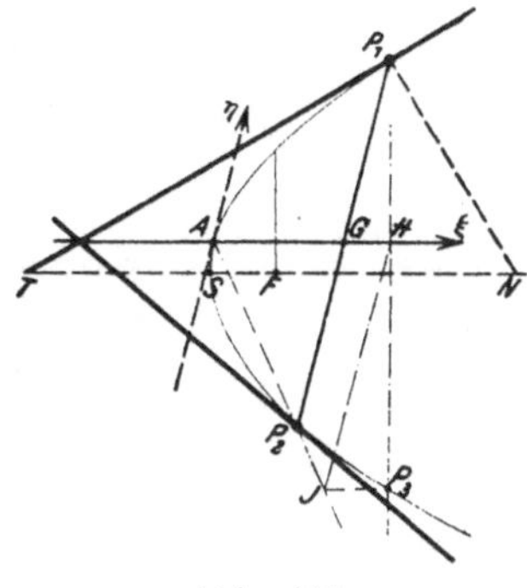

Abb. 228.

β aus der gegebenen Lage zu entnehmen sind.

Nach der vorausgehend angegebenen Konstruktion ermittelt man den Schnittpunkt P_3 der Sekante durch P_1 senkrecht zum Durchmesser, dann ist der Durchmesser durch den Mittelpunkt der Sehne P_1P_3 die gesuchte Achse. Sie schneidet die Parabel im Scheitel S. Die Tangente und Normale im Punkt P_1 schneiden die Achse in den Punkten T und N; der Mittelpunkt der Strecke TN ist der gesuchte Brennpunkt F.

Aufgabe b) Wenn nach der vorhergehenden Aufgabe von der Parabel zwei Tangenten mit den Berührpunkten P_1 und P_2 gegeben sind, wie kontrolliert man dann, ob ein gegebener Punkt P_0 ein Parabelpunkt ist? Man leite aus dieser Kontrolle eine praktische Konstruktion für die Parabel ab.

Lösung: Abb. 229 gibt den Punkt P_0. Ist er ein Parabelpunkt, dann ist P_0P_1 eine Parabelsehne, also der Durchmesser durch den Sehnenmittelpunkt

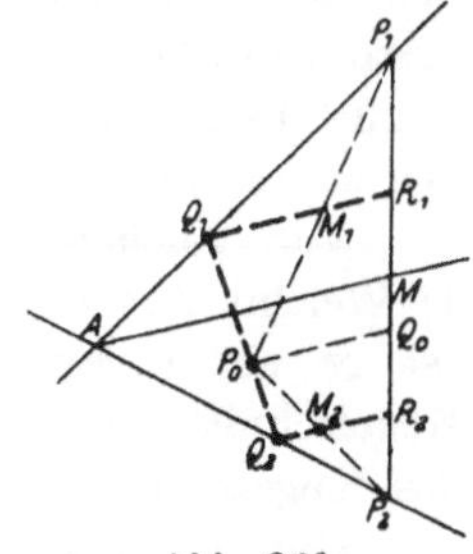

Abb. 229.

M_1 eine schiefe Symmetrieachse zum System der Geraden $P_0 P_1$ und $Q_1 R_1$, somit Q_1 ein Punkt der Tangente in P_0. Ebenso muß $P_0 P_2$ eine Parabelsehne sein und der Durchmesser durch den Sehnenmittelpunkt M_2 im Verein mit $P_0 P_2$ ein schiefes Symmetriekreuz für die Parabel und deswegen Q_2 auch ein Punkt der Tangente in P_0 sein. Es muß also die Gerade $Q_1 Q_2$ als Tangente in P_0 durch diesen Punkt P_0 hindurchgehen.

Macht man wie früher die Gerade AM zur ξ-Achse und die Gerade $P_1 P_2$ zur η-Achse eines schiefwinkligen Koordinatensystems, siehe Abb. 229, so haben die Punkte

$$M. \quad P_1. \quad P_2, \quad Q_0, \qquad R_1, \qquad\qquad R_2$$
$$0, \quad \beta, \quad -\beta, \quad \eta_0, \quad \eta_1 = \tfrac{1}{2}(\eta_0 + \beta), \quad \eta_2 = \tfrac{1}{2}(\eta_0 - \beta)$$

als Ordinaten. Damit ergibt sich

$$P_2 R_2 = \beta + \eta_2 = \tfrac{1}{2}(\eta_0 + \beta) = \eta_1 = M R_1$$

oder in anderer Schreibweise

$$P_2 Q_2 : P_2 A = P_2 R_2 : P_2 M = M R_1 : M P_1 = A Q_1 : A P_1,$$

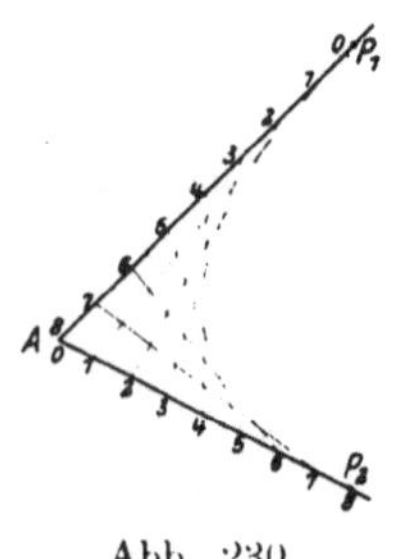

Abb. 230

das heißt das Tangentenstück $P_2 A$ wird vo[n] Q_2 im gleichen Verhältnis geteilt wie das Tangentenstück $A P_1$ von Q_1.

Damit ist dann die durch Abb. 230 gegebene Konstruktion erklärt. Man teilt das Tangentenstück $P_1 A$ in n gleiche Teile und ebenso das Tangentenstück $A P_2$. Die Verbindungsgeraden entsprechender Punkte — man beachte die Reihenfolge der Numerierung — sind Tangenten an die Parabel.

Diskussion der allgemeinen Kegelschnittsgleichung $S = 0$.

168. Hat ein Kegelschnitt eine ganz allgemeine Lage zum Koordinatensystem, so wird seine Gleichung naturgemäß auch recht allgemein werden. Je günstiger man das Koordinatensystem gegenüber dem untersuchten Kegelschnitt wählt, desto günstiger, das heißt desto einfacher wird die Gleichung des Kegelschnittes, so daß man unmittelbar aus dieser einfachen Gleichung über die Eigenschaften des zu untersuchenden Kegelschnittes orientiert ist.

Von solchen Eigenschaften wird uns besonders interessieren: 1) Welcher Art ist der Kegelschnitt? Ellipse, Hyperbel oder Parabel? Ist er ein wirklicher oder degenerierter Kegelschnitt (zerfallender Kegelschnitt oder Geradenpaar)? 2) Welches ist die Lage und Gestalt des Kegelschnittes?

Hat der Kegelschnitt aber eine ganz allgemeine Gleichung, etwa

$x^2 - 2xy + 2y^2 - 4x - 6y + 3 = 0$, so wird eine schnelle Orientierung über die obigen Fragen schwer. Man hat nun zwei Wege, um diese Fragen zu beantworten: Entweder man stellt allgemeine Sätze auf, die für jede Kegelschnittsgleichung $S = 0$ gelten, und operiert nur mit diesen Sätzen; zum Teil haben wir das bereits getan, beispielsweise indem wir eine allgemein gültige Formel für die Polare eines Kegelschnittes aufstellten. Oder man wählt das für den einzelnen Kegelschnitt günstigste Koordinatensystem und formt die allgemeine Kegelschnittsgleichung um; in diesem Fall muß man aber vorher über die Lage des Kegelschnittes orientiert sein. Hier sollen beide Aufgaben gelöst werden; dazu hat man die Betrachtung der Nummern 134 und 135 wieder aufzunehmen und analytisch weiterzuführen.

Man geht aus von der allgemeinen Kegelschnittsgleichung

$$S = a_{11} x^2 + 2a_{12} xy + a_{22} y^2 + 2a_{13} x + 2a_{23} y + a_{33} = 0,$$

in der alle a_{ik} als reell vorausgesetzt werden.

Die Art des Kegelschnitts ist durch die Angabe der Asymptoten bestimmt oder auch schon der Asymptotenrichtungen. Soll der unendlich ferne Punkt $U = \varrho \cos \varphi \,|\, \varrho \sin \varphi$ auf dem Kegelschnitt liegen, der durch vorstehende Gleichung dargestellt wird, so muß er dessen Gleichung erfüllen,

$$\varrho^2(a_{11} \cos^2 \varphi + 2a_{12} \cos \varphi \sin \varphi + a_{22} \sin^2 \varphi) + \varrho(2a_{13} \cos \varphi + 2a_{23} \sin \varphi)$$
$$+ a_{33} = 0,$$

oder wenn man mit ϱ^2 dividiert und dann $\varrho = \infty$ setzt,

$$a_{11} \cos^2 \varphi + 2a_{12} \cos \varphi \sin \varphi + a_{22} \sin^2 \varphi = 0. \qquad \text{(a)}$$

Ist nun die Richtung $\lambda = \operatorname{tg} \varphi$ des unendlich fernen Punktes, das ist die Asymptotenrichtung, unbekannt, so kann sie aus der letzten Gleichung ermittelt werden. wenn man diese zuvor mit $\cos^2 \varphi$ dividiert, zu

$$\operatorname{tg} \varphi = \frac{-a_{12} \pm \sqrt{a_{12}^2 - a_{11} a_{22}}}{a_{22}}$$

Nun ist $a_{12}^2 - a_{11} a_{22} = -(a_{11} a_{22} - a_{12}^2) = -A_{33}$ nach Nr. 131, womit

$$\operatorname{tg} \varphi = \frac{-a_{12} \pm \sqrt{-A_{33}}}{a_{22}} \qquad \text{(b)}$$

wird und so in einer für die Diskussion brauchbaren Form erscheint. Die Wurzel und damit die beiden Asymptotenrichtungen $\lambda_1 = \operatorname{tg} \varphi_1$ und $\lambda_2 = \operatorname{tg} \varphi_2$ werden imaginär, wenn der Radikand negativ, also A_{33} positiv ist. Man hat die Fälle zu unterscheiden: Die beiden

Asymptotenrichtungen λ_1 und λ_2 und damit die beiden Asymptoten selbst sind

$$\left.\begin{array}{l}\text{reell und verschieden}\\ \text{reell und gleich}\\ \text{imaginär und verschieden}\end{array}\right\} \text{wenn } A_{33}=0. \left\{\begin{array}{l}\text{Hyperbel}\\ \text{Parabel}\\ \text{Ellipse.}\end{array}\right. \qquad (c)$$

Beispiel a) Für das obenstehende Zahlenbeispiel $x^2-2xy+2y^2-4x-6y+3=0$ ist $a_{11}=1$, $a_{12}=-1$, $a_{22}=2$, $a_{13}=-2$, $a_{23}=-3$, $a_{33}=3$ und damit die Kegelschnittsdeterminante (131 d) und deren wichtigste Unterdeterminanten

$$A=\begin{vmatrix}1 & -1 & -2\\ -1 & 2 & -3\\ -2 & -3 & 3\end{vmatrix} \quad\text{und}\quad \begin{array}{l}A_{31}=+(3+4)\ \ \ =7,\\ A_{32}=-(-3-2)=5,\\ A_{33}=+(2-1)\ \ \ =1,\end{array}$$

also $A=-2\cdot 7-3\cdot 5+3\cdot 1=-26$.

Hier ist $A_{33}=+1$, folglich stellt die Gleichung eine Ellipse vor.

Beispiel b) Für die Gleichung $x^2-2xy-2y^2-4x-6y+3=0$ ist $a_{11}=1$, $a_{12}=-1$, $a_{22}=-2$, $a_{13}=-2$, $a_{23}=-3$, $a_{33}=3$,

$$A=\begin{vmatrix}1 & -1 & -2\\ -1 & -2 & -3\\ -2 & -3 & 3\end{vmatrix} \quad \begin{array}{l}A_{31}=+(3-4)\ \ \ =-1\\ A_{32}=-(-3-2)=+5\\ A_{33}=+(-2-1)=-3\end{array}$$

$A=-2\cdot -1-3\cdot 5+3\cdot -3=-22$.

Wegen $A_{33}<0$ stellt die Gleichung eine Hyperbel vor; die Richtungen zu den beiden unendlich fernen Punkten sind nach (b)

$$\lambda=\frac{+1\pm\sqrt{3}}{-2} \quad\text{oder}\quad \begin{array}{l}\lambda_1=-0{,}5-0{,}5\,\sqrt{3}=-1{,}37\\ \lambda_2=-0{,}5+0{,}5\,\sqrt{3}=+0{,}37\end{array}$$

Beispiel c) Ist die allgemeine Kegelschnittsgleichung vorgelegt, so kann man sofort angeben, ob sie einen Kreis vorstellt. Es muß für diesen Fall $a_{11}=a_{22}$ und $a_{12}=0$ sein. Die Asymptotenrichtung ist beim Kreis als Spezialfall der Ellipse natürlich imaginär, $\operatorname{tg}\varphi=\pm i$, wenn man die Formel anwendet.

Beispiel d) Auch für den Fall der gleichseitigen Hyperbel hat man ein einfaches Merkmal. Die Asymptoten stehen zueinander senkrecht, das Produkt ihrer Richtungswerte muß sonach den Wert -1 haben, $\operatorname{tg}\varphi_2=-1:\operatorname{tg}\varphi_1$ oder $\operatorname{tg}\varphi_1\cdot\operatorname{tg}\varphi_2=-1$ oder

$$\frac{-a_{12}+\sqrt{a_{12}^2-a_{11}a_{22}}}{a_{22}}\cdot\frac{-a_{12}-\sqrt{a_{12}^2-a_{11}a_{22}}}{a_{22}}=-1$$

oder $\dfrac{a_{12}^2-a_{12}^2+a_{11}a_{22}}{a_{22}^2}+1=0$ oder $a_{11}+a_{22}=0$.

Die Beziehung $a_{22} = - a_{11}$ stellt demnach eine gleichseitige Hyperbel vor. (d)

169. Man sieht aus der vorausgehenden Betrachtung, daß die drei Glieder zweiter Dimension der Kegelschnittsgleichung, nämlich $a_{11}x^2$, $2a_{12}xy$, $a_{22}y^2$, maßgebend sind für die Bestimmung der Richtung der Asymptoten und damit für die Beurteilung der Art des Kegelschnitts. Später wird sich zeigen, daß auch die Achsenrichtung eines Kegelschnittes durch die zweidimensionalen Glieder bestimmt ist.

Ist die allgemeine Kegelschnittsgleichung von der Form

$$a^2 x^2 + 2abxy + b^2 y^2 + 2a_{13}x + 2a_{23}y + a_{33} = 0$$

oder
$$(ax + by)^2 + 2a_{13}x + 2a_{23}y + a_{33} = 0,$$

so stellt sie stets eine Parabel vor; denn es ist $a_{11} = a^2$, $a_{12} = ab$, $a_{22} = b^2$, somit $A_{33} = a^2 \cdot b^2 - (ab)^2 = 0$. Umgekehrt gilt für die Parabel $A_{33} = a_{11}a_{22} - a_{12}{}^2 = 0$ oder $a_{11}a_{22} = a_{12}{}^2$, womit die drei zweidimensionalen Glieder der allgemeinen Kegelschnittsgleichung $a_{11}x^2 + 2a_{12}xy + a_{22}y^2$ in

$$a_{11}x^2 + 2\sqrt{a_{11}a_{22}}\,xy + a_{22}y^2 = (ax + by)^2$$

übergehen, wenn man $a_{11} = a^2$ und $a_{22} = b^2$ setzt. Man merke also:

Bilden die zweidimensionalen Glieder einer Kegelschnittsgleichung ein Quadrat von der Form $(ax + by)^2$, so stellt die Gleichung eine Parabel vor. (a)

Und umgekehrt:

Die zweidimensionalen Glieder jeder Parabelgleichung müssen ein Quadrat von der Form $(ax + by)^2$ bilden.

Für die Asymptotenrichtung der obigen Parabel geht die allgemeine Formel (168 b) wegen $A_{33} = 0$ über in

$$\lambda = -a_{12} : a_{22} = -a : b. \tag{b}$$

Beispiel a) Die Gleichung $x^2 - 2xy + y^2 - 4x - 6y + 3 = 0$ oder $(x - y)^2 - 4x - 6y + 3 = 0$ stellt eine Parabel vor, weil die zweidimensionalen Glieder ein Quadrat von der Form $(ax + by)^2$ bilden. Für sie ist $a_{11} = 1$, $a_{12} = -1$, $a_{22} = 1$, $a_{13} = -2$ $a_{23} = -3$, $a_{33} = 3$,

$$A = \begin{vmatrix} 1 & -1 & -2 \\ -1 & 1 & -3 \\ -2 & -3 & 3 \end{vmatrix} \qquad \begin{aligned} A_{31} &= + (3 + 2) &= + 5 \\ A_{32} &= - (-3 - 2) &= + 5 \\ A_{33} &= + (1 - 1) &= 0 \end{aligned}$$

$$A = -2 \cdot 5 - 3 \cdot 5 + 3 \cdot 0 = -25.$$

Die Richtung zu den beiden unendlich fernen Punkten ist die gleiche,
$\lambda_1 = \lambda_2 = 1$

Beispiel b) Ebenso stellt die Gleichung

$$2y^2 + 6y + 4x - 10 = 0$$

eine Parabel vor; hier ist nur ein einziges zweidimensionales Glied
vorhanden, $2y^2$, das sicher von der Form $(ax + by)^2$ ist, nämlich
$(0 \cdot x + \sqrt{2} \cdot y)^2$. Es ist $a_{11} = 0$, $a_{12} = 0$, $a_{22} = 2$, $a_{13} = 2$, $a_{23} = 3$,
$a_{33} = -10$;

$$A = \begin{vmatrix} 0 & 0 & 2 \\ 0 & 2 & 3 \\ 2 & 3 & -10 \end{vmatrix} \qquad \begin{aligned} A_{31} &= -4, \\ A_{32} &= 0, \\ A_{33} &= 0, \end{aligned}$$

$$A = 2 \cdot -4 + 3 \cdot 0 - 10 \cdot 0 = -8.$$

Die Asymptotenrichtung ist gegeben durch

$$\lambda_1 = \lambda_2 = - 0 : 2 = 0.$$

Die gegebene Parabelgleichung kann man umwandeln

$$y^2 + 3y + \tfrac{9}{4} - \tfrac{9}{4} + 2x - 5 = 0 \quad \text{oder} \quad (y + \tfrac{3}{2})^2 + 2(x - \tfrac{29}{8}) = 0,$$

diese Parabel geht also aus der Parabel $y^2 + 2x = 0$ durch Verschiebung in der x-Richtung um $3\tfrac{5}{8}$ und in der y-Richtung um $-\tfrac{3}{2}$
hervor.

170. Für die Bestimmung der Lage eines Mittelpunktskegel-
schnittes ist das wichtigste Element der Mittelpunkt. Die ge-
bräuchlichste Form der Darstellung von Ellipse und Hyperbel ist
die durch die Mittelpunktsachsengleichung, die als Nullpunkt den
Mittelpunkt voraussetzt. Aus Nr. 105 kennt man ein Merkmal dafür,
daß der Mittelpunkt Nullpunkt ist. Für den Kegelschnitt läßt sich
dieses Merkmal spezialisieren: Wenn in der Kegelschnittsgleichung
die (in den Variablen) linearen Glieder $2a_{13}x$ und $2a_{23}y$ fehlen, so
ist der Nullpunkt Mittelpunkt des Kegelschnittes. Denn dann treten
die Variablen nur mehr in der Form $a_{11}x^2 + 2a_{12}xy + a_{22}y^2$ auf,
die sich nicht ändert, wenn man $a_{11}(-x)^2 + 2a_{12}(-x)(-y) + a_{22}(-y)^2$
setzt. Und umgekehrt ist die Bedingung dafür, daß der Nullpunkt
Mittelpunkt des Kegelschnittes wird: die linearen Glieder der Kegelschnittsgleichung müssen verschwinden. Ein Kegelschnitt mit dem
Nullpunkt als Mittelpunkt muß also eine Gleichung von der Form

$$a_{11}x^2 + 2a_{12}xy + a_{22}y^2 + a_{33} = 0 \qquad \text{(a)}$$

haben. Wenn nun der Mittelpunkt nicht mit dem Nullpunkt identisch
ist, so läßt sich seine Lage auf recht einfache Weise ermitteln.

     *Man weiß aus Nr. 141, daß der Mittelpunkt eines Kegelschnittes
die unendlich ferne Gerade als Polare hat. Wenn $M = x_0 \mid y_0$ der

Mittelpunkt ist, dann muß nach (138c) seine Polare die Gleichung haben

$$x(a_{11}x_0+a_{12}y_0+a_{13})+y(a_{21}x_0+a_{22}y_0+a_{23})+(a_{31}x_0+a_{32}y_0+a_{33})=0,$$

wo also die Klammerausdrücke Konstante sind. Andrerseits ist die Gleichung dieser Polaren, der unendlich fernen Geraden, $C=0$, das heißt $x\cdot0+y\cdot0+C=0$. Beide Gleichungen stellen die nämliche Gerade vor. es muß sonach

$$a_{11}x_0+a_{12}y_0+a_{13}=0$$
$$a_{21}x_0+a_{22}y_0+a_{23}=0$$

(b)

sein, aus welchen Gleichungen man die unbekannten Koordinaten x_0, y_0 ermittelt, am einfachsten in der Form

$$x_0:y_0:1=\begin{vmatrix}a_{11}&a_{12}&a_{13}\\a_{21}&a_{22}&a_{23}\end{vmatrix}=A_{31}:A_{32}:A_{33}$$

oder

$$x_0=A_{31}:A_{33},\qquad y_0=A_{32}:A_{33}.$$

(c)

Für den Fall $A_{33}=0$, der eine Parabel charakterisiert, werden die Koordinaten x_0 und y_0 unendlich groß, vorausgesetzt daß nicht auch gleichzeitig $A_{31}=A_{32}=0$ wird; die Parabel hat sonach ihren Mittelpunkt im Unendlichen.

Beispiel: Die Mittelpunkte der speziellen Kegelschnitte der vorausgehenden Beispiele Nr. 168 und 169 haben die Koordinaten

1. $x_0=7$, $y_0=5$. 2. $x_0=\frac{1}{3}$, $y_0=-\frac{5}{3}$.

3. $x_0=\infty$, $y_0=\infty$, genauer $x_0=\varrho\cos\varphi$, $y_0=\varrho\sin\varphi$,

wo $\operatorname{tg}\varphi=1$, $\varrho=\infty$.

171. Verschiebt man das Koordinatensystem so, daß der Mittelpunkt M zum neuen Nullpunkt eines Systemes x', y' wird — selbstverständlich ist ein Mittelpunktskegelschnitt vorausgesetzt —, so müssen in der umgeformten Kegelschnittsgleichung die in x' und y' linearen Glieder hinausfallen. Die Gleichung wird also der Form nach im neuen System x', y' bedeutend einfacher als im ursprünglichen x, y. Die Beziehung

$$x=x'+x_0, \qquad y=y'+y_0$$

transformiert die Kegelschnittsgleichung $S=0$ in

$$a_{11}(x'+x_0)^2+2a_{12}(x'+x_0)(y'+y_0)+a_{22}(y'+y_0)^2$$
$$+2a_{13}(x'+x_0)+2a_{23}(y'+y_0)+a_{33}=0$$

oder ausgerechnet

$$a_{11}x'^2 + 2a_{12}x'y' + a_{22}y'^2$$
$$+ 2x'(a_{11}x_0 + a_{12}y_0 + a_{13})$$
$$+ 2y'(a_{21}x_0 + a_{22}y_0 + a_{23})$$
$$+ (a_{11}x_0^2 + 2a_{12}x_0y_0 + a_{22}y_0^2 + 2a_{13}x_0 + 2a_{23}y_0 + a_{33}) = 0.$$

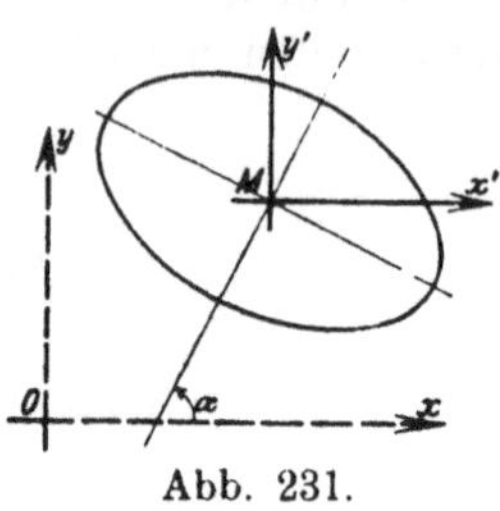

Abb. 231.

Man beachte, daß die zweidimensionalen Glieder sich nicht geändert haben; das hätte man vorhersagen können, wenn man weiß, daß diese Glieder nur für Richtungsverhältnisse maßgebend sind, da eben bei einer Parallelverschiebung in diesen Verhältnissen sich nichts ändert. Die Koeffizienten der in x' und y' linearen Glieder müssen nach (170a) verschwinden, so wie vorausgesagt. Man hätte übrigens diese Tatsache auch benützen können zur Ermittlung der Koordinaten x_0 und y_0 des Mittelpunktes M und wieder wie durch (170c) gefunden

$$x_0 = A_{31} : A_{33}, \qquad y_0 = A_{32} : A_{33}.$$

Der letzte Summand, das von den Variablen freie Glied, läßt sich ordnen

$$x_0(a_{11}x_0 + a_{12}y_0 + a_{13}) + y_0(a_{21}x_0 + a_{22}y_0 + a_{23}) + (a_{31}x_0 + a_{32}y_0 + a_{33})$$
$$= 0 + 0 + a_{31} \cdot \frac{A_{31}}{A_{33}} + a_{32}\frac{A_{32}}{A_{33}} + a_{33}$$
$$= (a_{31}A_{31} + a_{32}A_{32} + a_{33}A_{33}) : A_{33} = A : A_{33}.$$

so daß im neuen System x', y' die Kegelschnittsgleichung lautet

$$a_{11}x'^2 + 2a_{12}x'y' + a_{22}y'^2 + \frac{A}{A_{33}} = 0, \tag{a}$$

also die linearen Glieder verloren hat, wie das als notwendig vorausgesagt wurde.

Als Mittelpunkt eines degenerierenden oder zerfallenden Kegelschnittes, eines Geradenpaares, ist dessen Schnittpunkt zu betrachten. Ist das Geradenpaar parallel, so kann man jeden Punkt der Mittellinie zu den beiden Parallelen als Mittelpunkt betrachten. Setzt man die beiden Geraden als nichtparallel voraus und verlegt man den Nullpunkt des Koordinatensystem x', y' in den Mittelpunkt, den Schnittpunkt, so muß einerseits die Gleichung des Paares von der soeben entwickelten Form (a) sein, andrerseits nach (105d) homogen, A muß also verschwinden.

Die Bedingung $A = 0$ charakterisiert somit einen zerfallenden (degenerierten) Kegelschnitt, **(b)** ein Geradenpaar, und umgekehrt ist $A \gtrless 0$, das heißt A von Null verschieden, die Bedingung für einen wirklichen Kegelschnitt. Führt man den Begriff „Krümmung" ein, so kann man sagen, der Kegelschnitt hat die Krümmung Null, wenn $A = 0$. Man sieht aus dem Vorausgehenden:

A gibt über die Krümmungsart, A_{33} über die
Form des untersuchten Kegelschnittes Aufschluß.   (c)

Beispiel: Die Kegelschnitte der Beispiele der Nr. 168 und 169 sind wirkliche Kegelschnitte, weil bei allen A von 0 verschieden ist. Verschiebt man bei den zwei Mittelpunktskegelschnitten der Beispiele 168 a) und b) das Koordinatensystem, bis ihre Mittelpunkte Nullpunkte werden, so erhält man die neuen einfacheren Gleichungen

a) $x'^2 - 2x'y' + 2y'^2 - 26 = 0$ b) $x'^2 - 2x'y' - 2y'^2 + \frac{22}{3} = 0$.

Aufgabe: Man zeige, daß die Gleichung

$$x^2 - 4xy + 3y^2 + 2x - 2y = 0$$

einen zerfallenden Kegelschnitt vorstellt, und zerlege diese Gleichung.

Lösung: Hier ist $a_{11} = 1$, $a_{12} = -2$, $a_{22} = 3$, $a_{13} = 1$, $a_{23} = -1$, $a_{33} = 0$,

$$A = \begin{vmatrix} 1 & -2 & 1 \\ -2 & 3 & -1 \\ 1 & -1 & 0 \end{vmatrix} \quad \text{und} \quad \begin{aligned} A_{31} &= -1 \\ A_{32} &= -1 \\ A_{33} &= -1, \end{aligned}$$

also $A = 1 \cdot -1 - 1 \cdot -1 + 0 \cdot -1 = 0.$

Die Bedingung $A = 0$ charakterisiert einen degenerierten Kegelschnitt, ein Geradenpaar. Wegen $A_{33} = -1$ ist das Geradenpaar die Ausartung einer Hyperbel.

Man kann die Kegelschnittsgleichung schreiben

$$(x - 3y)(x - y) + 2(x - y) = 0 \quad \text{oder} \quad (x - y)(x - 3y + 2) = 0$$

und hat damit die beiden Geraden $x - y = 0$ und $x - 3y + 2 = 0$ ermittelt. Wenn man diese Zerlegungsmöglichkeit nicht ohne weiteres sieht, wird man so vorgehen: Der Mittelpunkt des Paares, ihr Schnittpunkt, ist gegeben durch $x_0 : y_0 : 1 = -1 : -1 : -1$, also $x_0 = 1$, $y_0 = 1$. Dann sind die Gleichungen beider Geraden $y - 1 = \lambda_1(x - 1)$ und $y - 1 = \lambda_2(x - 1)$ oder $\lambda_1 x - y + 1 - \lambda_1 = 0$ und $\lambda_2 x - y + 1 - \lambda_2 = 0$, somit die Gleichung des Paares

$$(\lambda_1 x - y + 1 - \lambda_1)(\lambda_2 x - y + 1 - \lambda_2) = 0$$

oder $\varrho(x^2 - 4xy + 3y^2 + 2x - 2y) = 0.$

da ja beide Gleichungen das nämliche Paar vorstellen. Der Vergleich der beiden Gleichungen liefert $\lambda_1 = 1$, $\lambda_2 = 1 : 3$ oder $\lambda_1 = 1 : 3$, $\lambda_2 = 1$ und damit die Geraden wie oben.

***172.** Zwischen den Richtungen λ_1 und λ_2 von zwei konjugierten Durchmessern des Kegelschnittes $S = 0$ besteht nach (142 b) die Beziehung

$$a_{11} + a_{12}(\lambda_1 + \lambda_2) + a_{22}\lambda_1\lambda_2 = 0.$$

Für den Spezialfall, daß diese beiden konjugierten Durchmesser zueinander senkrecht stehen, also Achsen des Kegelschnittes sind, wird $\lambda_2 = -1 : \lambda_1$, oder wenn man $\lambda_1 = \lambda$ schreibt, $\lambda_2 = -1 : \lambda$. Die gesuchte Achsenrichtung $\operatorname{tg} \alpha = \lambda$ läßt sich aus der obigen Gleichung ermitteln, da diese von den Werten λ_1 und λ_2 erfüllt werden muß,

$$a_{11} + a_{12}\left(\lambda - \frac{1}{\lambda}\right) - a_{22} = 0 \quad \text{oder} \quad \frac{\lambda}{1 - \lambda^2} = \frac{a_{12}}{a_{11} - a_{22}}.$$

Man erinnert sich an die trigonometrische Formel

$$\operatorname{tg} 2\alpha = \frac{2\operatorname{tg}\alpha}{1 - \operatorname{tg}^2\alpha} = \frac{2\lambda}{1 - \lambda^2}$$

und findet somit die Richtung der Kegelschnittsachsen ausgedrückt durch die Formel

$$\operatorname{tg} 2\alpha = \frac{2a_{12}}{a_{11} - a_{22}} \tag{a}$$

Sie gibt zunächst den doppelten Achsenwinkel 2α bzw. $2\alpha + \pi$ an. Indes hindert nichts, mit Hilfe von trigonometrischen Relationen aus ihr eine neue Formel abzuleiten, die unmittelbar den Achsenwinkel α bringt. Eine solche Formel ist aber weniger notwendig als Formeln für den Sinus und Kosinus des doppelten Achsenwinkels. Wie im Beispiel 13 b) wandelt man vorstehende Formel zu einer Proportion um,

$$\sin 2\alpha : \cos 2\alpha : 1 = 2a_{12} : (a_{11} - a_{22}) : h,$$

und findet mit $h = \underset{(-)}{+}\sqrt{4a_{12}^2 + (a_{11} - a_{22})^2}$, wenn man also das Wurzelvorzeichen positiv wählt,

$$\sin 2\alpha = 2a_{12} : h, \qquad \cos 2\alpha = (a_{11} - a_{22}) : h. \tag{b}$$

Man wird in gegebenen Fällen aber die Aufgabe praktischer lösen, indem man zunächst einen Strahl unter dem doppelten Richtungswinkel 2α bzw. $2\alpha + \pi$ konstruiert; die beiden Winkelhalbierenden liefern dann die Achsenwinkel α und $\alpha + \frac{1}{2}\pi$, in der Abbildung stark ausgezeichnet.

Die Formel für den doppelten Achsenwinkel 2α werde kurz diskutiert. Wird $a_{12} = 0$, dann auch $2\alpha = 0$, die beiden Achsen laufen parallel den Koordinatenachsen, also stellt

$$a_{11}x^2 + a_{22}y^2 + 2a_{13}x + 2a_{23}y + a_{33} = 0 \tag{c}$$

einen Kegelschnitt vor, dessen Achsen parallel den Koordinatenachsen sind.

Das hätte man auch unmittelbar einsehen können; durch die quadratische Ergänzung zu $a_{11}x^2 + 2a_{13}x$ und $a_{22}y^2 + 2a_{23}y$ kann man die Kegelschnittsgleichung auf die Form

$$a_{11}(x + a)^2 + a_{22}(y + b)^2 + c = 0$$

bringen. Aus ihr ist zu ersehen, daß der untersuchte Kegelschnitt aus dem Kegelschnitt $a_{11}x^2 + a_{22}y^2 + c = 0$ durch Verschiebung hervorgeht; letztere Gleichung stellt aber einen Kegelschnitt vor, dessen Achsen mit den Koordinatenachsen zusammenfallen, also müssen die Achsen des untersuchten Kegelschnittes ihnen parallel sein.

$a_{11} = a_{22}$ macht 2α zu 90^0 bzw. 270^0 oder $\alpha_1 = 45^0$ und $\alpha_2 = 135^0$; die Kegelschnittsachsen sind parallel der Mediane und der zu ihr Senkrechten.

Solange nicht gleichzeitig $a_{12} = 0$ und $a_{11} = a_{22}$ ist, erhält man stets zwei bestimmte Achsenrichtungen. Nur wenn gleichzeitig $a_{12} = 0$ und $a_{11} = a_{22}$ ist, wird $\operatorname{tg} 2\alpha$ und damit auch der Achsenwinkel unbestimmt; das ist auch leicht erklärlich, da $a_{11} = a_{22}$ mit $a_{12} = 0$ die Bedingung für einen Kreis ist, in welchem

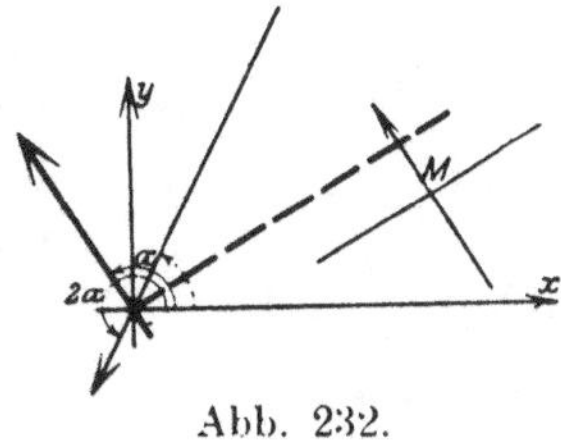

Abb. 232.

Fall man jede Richtung als Achsenrichtung ansehen kann.

Beispiel a) mit c) Für die Kegelschnitte der Beispiele der Nr. 168 und 169 wird

a) $\operatorname{tg} 2\alpha = \dfrac{2 \cdot -1}{1-2} = 2$. Man ermittelt rein geometrisch zunächst die Richtung $\operatorname{tg} 2\alpha$ so wie die Abb. 232 angibt. Man beachte, 'daß man zwei Richtungen erhält, deren Winkel sich um π unterscheiden. Von diesen Richtungen soll die mit dem Pfeil ausgezeichnete als erste Hilfsrichtung bezeichnet werden. Es scheint das Nächstliegende, hier den um π geringeren Winkel, der in der Abbildung durch einen gestrichelten Bogen bezeichnet ist, als ersten Winkel $2\alpha_1$ zu bezeichnen. Man beachte aber, daß die Gleichungen (b)

$$\sin 2\alpha = 2a_{12} : h = -2 : h, \qquad \cos 2\alpha = (a_{11} - a_{22}) : h = -1 : h$$

durch die Vorzeichen angeben, daß 2α im dritten Quadranten liegt. Mit diesem bestimmten Winkel 2α ist dann auch der Achsenrichtungswinkel α festgelegt, so wie die Abbildung durch den Pfeil andeutet. Von den vier verschiedenen Achsenrichtungen, die durch den Mittelpunkt M möglich sind und die sich alle um $\tfrac{1}{2}\pi$ unterscheiden, ist also eine bestimmte ausgezeichnet, die entsprechend dem oben bemerkten als erste Achsenrichtung bezeichnet werden soll. Der Kegelschnitt ist durch Abb. 234 wiedergegeben.

b) $\operatorname{tg} 2\alpha = \dfrac{2 \cdot -1}{1+2} = -\dfrac{2}{3}$. Es sind wieder zwei Richtungswinkel 2α und damit vier verschiedene Achsenwinkel α möglich. Die genauere Formel (b)

$$\sin 2\alpha = 2a_{12} : h = -2 : h, \qquad \cos 2\alpha = (a_{11} - a_{22}) : h = 3 : h$$

sagt aus, daß 2α im vierten Quadrant liegt, siehe Abb: 235, wo
die erste Achsenrichtung des Kegelschnittes mit einem Pfeil versehen ist.

c) $\operatorname{tg} 2\alpha = \dfrac{2 \cdot -1}{1-1} = \infty$; $\quad \sin 2\alpha = -2:h$, $\quad \cos 2\alpha = 0:h$; aus

dem negativen Vorzeichen von $\sin 2\alpha$ schließt man, daß $2\alpha = 270^{\circ}$
oder $\alpha = 135^{\circ}$ ist.

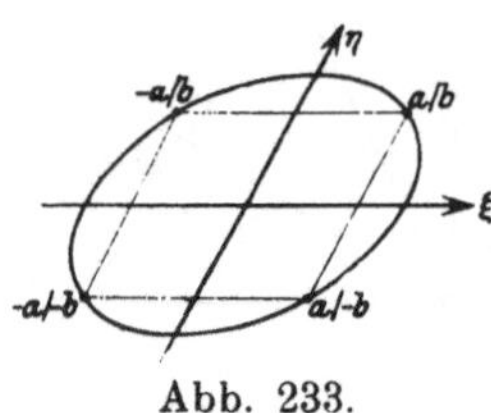

Abb. 233.

***173.** Wählt man irgend zwei konju-
gierte Durchmesser als Koordinatenachsen,
dann ergibt sich nach (142f), auch die Skizze
der Abb. 233 zeigt es, daß mit dem Punkte
$a\,|\,b$ auch die Punkte $-a\,|\,b$, $-a\,|\,-b$, $a\,|\,-b$
auf dem Kegelschnitt liegen, das heißt das
Vorzeichen der Koordinaten, hier etwa ξ und
η, muß belanglos sein. Man schließt:

Wählt man irgend zwei konjugierte Durchmesser eines
Kegelschnittes als Koordinatenachsen ξ, η, so erscheint
die Kegelschnittsgleichung stets in der Form

$$A\xi^2 + B\eta^2 + C = 0. \tag{a}$$

Wählt man speziell das Paar ausgezeichneter konjugierter Durchmesser,
die Kegelschnittsachsen, zu Koordinatenachsen, so erhält man wieder
die gewöhnliche Mittelpunktsachsengleichung $Ax^2 + By^2 + C = 0$.
Um zu letzterer überzugehen, hat man nur das Koordinatensystem
x', y' der Abb. 231 bzw. 232 um den in der vorausgehenden Nummer
bestimmten Achsenwinkel α zu drehen. Das neue System soll x'', y''
heißen. Zu ihm transformiert man mit der Formel (78a)

$$x' = x''\cos\alpha - y''\sin\alpha, \qquad y' = x''\sin\alpha + y''\cos\alpha$$

die Gleichung (171a) in

$$a_{11}(x''\cos\alpha - y''\sin\alpha)^2 + 2a_{12}(x''\cos\alpha - y''\sin\alpha)(x''\sin\alpha + y''\cos\alpha)$$
$$+ a_{22}(x''\sin\alpha + y''\cos\alpha)^2 + \frac{A}{A_{33}} = 0.$$

Man beachte, daß bei dieser Drehung das konstante Glied sich nicht
ändert. Man ordnet die neue Gleichung

$$x''^2[a_{11}\cos^2\alpha + 2a_{12}\sin\alpha\cos\alpha + a_{22}\sin^2\alpha]$$
$$+ 2x''y''[-(a_{11}-a_{22})\sin\alpha\cos\alpha + a_{12}(\cos^2\alpha - \sin^2\alpha)]$$
$$+ y''^2[a_{11}\sin^2\alpha - 2a_{12}\sin\alpha\cos\alpha + a_{22}\cos^2\alpha] + \frac{A}{A_{33}} = 0$$

oder abgekürzt $\quad\quad k_1 x''^2 + k_2 y''^2 + \dfrac{A}{A_{33}} = 0,$ $\hfill$ (b) das ja das Glied mit $x'' y''$ fehlen muß. In der Tat ist das Verschwinden des Koeffizienten dieses Gliedes, nämlich

$$[-(a_{11} - a_{22}) \tfrac{1}{2} \sin 2\alpha + a_{12} \cos 2\alpha] = 0, \tag{c}$$

nur eine Umformung der Gleichung (172 a), die den doppelten Achsenwinkel 2α liefert. Die Koeffizienten k_1 und k_2 der neuen Gleichung lassen sich mit Benützung der Formel (172 b) für den doppelten Achsenwinkel 2α der Reihe nach folgendermaßen umformen:

$$k_1 = a_{11} \cos^2 \alpha + 2 a_{12} \sin \alpha \cos \alpha + a_{22} \sin^2 \alpha$$
$$k_2 = a_{11} \sin^2 \alpha - 2 a_{12} \sin \alpha \cos \alpha + a_{22} \cos^2 \alpha$$

oder

$$2 k_1 = a_{11} (1 + \cos 2\alpha) + 2 a_{12} \sin 2\alpha + a_{22} (1 - \cos 2\alpha)$$
$$2 k_2 = a_{11} (1 - \cos 2\alpha) - 2 a_{12} \sin 2\alpha + a_{22} (1 + \cos 2\alpha)$$

oder

$$2 k_1 = [a_{11} + a_{22}] + [(a_{11} - a_{22}) \cos 2\alpha + 2 a_{12} \sin 2\alpha]$$
$$2 k_2 = [a_{11} + a_{22}] - [(a_{11} - a_{22}) \cos 2\alpha + 2 a_{12} \sin 2\alpha]$$

oder

$$2 k_1 = [a_{11} + a_{22}] + [(a_{11} - a_{22})^2 + 4 a_{12}^2] : h$$
$$2 k_2 = [a_{11} + a_{22}] - [(a_{11} - a_{22})^2 + 4 a_{12}^2] : h, \tag{d}$$

oder da $h = \sqrt{(a_{11} - a_{22})^2 + 4 a_{12}^2}$,

$$k_1 = \tfrac{1}{2} [a_{11} + a_{22} + h] = \tfrac{1}{2} [a_{11} + a_{22} + \sqrt{(a_{11} - a_{22})^2 + 4 a_{12}^2}]$$
$$k_2 = \tfrac{1}{2} [a_{11} + a_{22} - h] = \tfrac{1}{2} [a_{11} + a_{22} - \sqrt{(a_{11} - a_{22})^2 + 4 a_{12}^2}]. \tag{e}$$

Eine kurze Diskussion dieser Formeln für k_1 und k_2 sagt aus: Der Radikand in h ist stets positiv, also h stets reell, also sind auch die beiden Werte k_1 und k_2 stets reell. Weiter: h kann, da die a_{ik} alle reell sind, nur verschwinden, wenn gleichzeitig $a_{11} = a_{22}$ und $a_{12} = 0$ ist; dann wird $k_1 = k_2$ und damit der Kegelschnitt (b) ein Kreis, was natürlich auch unmittelbar aus dessen Gleichung zu ersehen ist.

Die letzt erhaltene Form (b) der Mittelpunktsachsengleichung wird man mit $-A : A_{33}$ dividieren,

$$\frac{x^2}{-A : k_1 A_{33}} + \frac{y^2}{-A : k_2 A_{33}} - 1 = 0 \quad \text{oder} \quad +\frac{x^2}{a^2} + \frac{y^2}{b^2} - 1 = 0, \tag{f}$$

und damit auf die gewohnte Form der Mittelpunktsachsengleichung bringen, so daß also, abgesehen vom Vorzeichen,

$$a^2 = \frac{A}{k_1 A_{33}} \qquad b^2 = \frac{A}{k_2 A_{33}}. \tag{g}$$

Natürlich gibt ein negatives Vorzeichen des ersten oder zweiten Summanden an, daß die Kurve eine Hyperbel ist; werden beide Summanden gleichzeitig negativ, so hat man die imaginäre Ellipse.

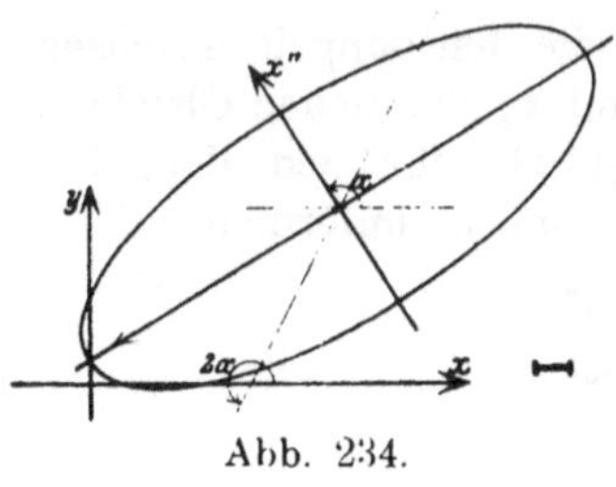

Abb. 234.

Beispiel a) und b) Von den zwei Mittelpunktskegelschnitten der Beispiele 168 ist mittlerweile ermittelt worden: die Art und die Asymptotenrichtung in Nr. 168, die Lage des Mittelpunktes in Nr. 170, die Achsenrichtung in Nr. 172. Die vorausgehenden Formeln geben für den ersten Kegelschnitt, eine Ellipse, an

$$h = \sqrt{5}, \quad k_1 = 0,5\,(3 + \sqrt{5}) = 2,618, \quad k_2 = 0,5\,(3 - \sqrt{5}) = 0,382.$$

$$-A : A_{33} = 26, \quad a^2 = 26 : k_1 = 9,93, \quad b^2 = 26 : k_2 = 68,1,$$

$$a = 3,15, \quad b = 8,25$$

und somit
$$\frac{x^2}{3,15^2} + \frac{y^2}{8,25^2} - 1 = 0$$

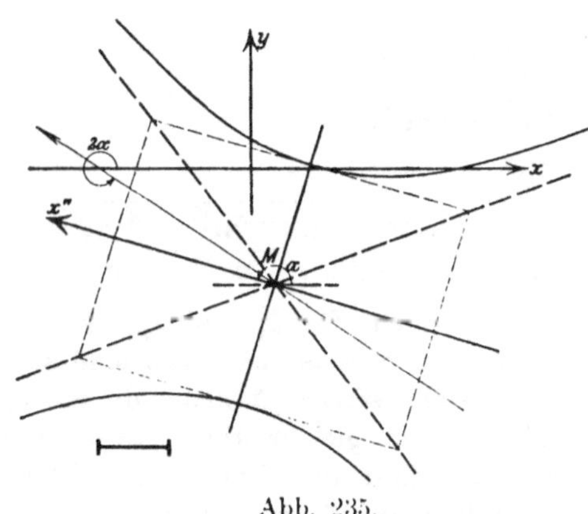

Abb. 235.

als ihre Gleichung für das neue Koordinatensystem. Die Gesamtheit dieser Angaben gestatten dann ihre Konstruktion recht einfach, so wie Abb. 234 zeigt. Da das neue Koordinatensystem gegen das alte um den Winkel α verdreht ist, so fällt die positive x-Richtung in die obengenannte erste Achsenrichtung. Auf der x-Achse schneidet die Ellipse die Stücke $+a$ und $-a$ ab, auf der y-Achse die Stücke $+b$ und $-b$.

Für den zweiten Kegelschnitt, eine Hyperbel, hat man

$$h = \sqrt{13}; \quad k_1 = 0,5\,(-1 + \sqrt{13}) = 1,3,$$

$$k_2 = 0,5\,(-1 - \sqrt{13}) = -2,3; \quad -A : A_{33} = -\tfrac{22}{3};$$

$$a^2 = (-)\,22 : 3,9 = (-)\,5,64, \quad b^2 = 22 : 6,9 = 3,19; \quad a = 2,37, \quad b = 1,79$$

und somit
$$-\frac{x^2}{2,37^2} + \frac{y^2}{1,79^2} - 1 = 0$$

als Gleichung für das neue Koordinatensystem. Die Asymptotenrichtungen waren berechnet zu $\lambda_1 = \operatorname{tg}\varphi_1 = -\,1{,}37$. $\lambda_2 = \operatorname{tg}\varphi_2 = 0{.}37$. Die Vereinigung all dieser Angaben läßt dann die Hyperbel so konstruieren, wie sie in Abb. 235 dargestellt ist. Die positive neue x-Achse ist wieder mit der ersten Achsenrichtung gleichgerichtet.

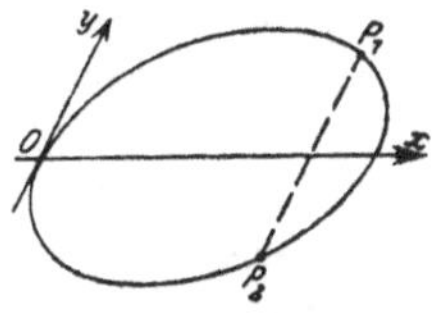

Abb. 236.

  ✓ Aufgabe a) Man beweise: Wählt man einen beliebigen Durchmesser als x-Achse und die Tangente im Endpunkt desselben als y-Achse, so hat jeder Kegelschnitt die Gleichung $A x^2 + B y^2 + C x = 0$.

  ↙ Lösung: Gegenüber dem System der beiden (schiefwinkligen) Koordinatenachsen ist der Kegelschnitt schiefsymmetrisch, es muß zu jedem Punkt $P_1 = a\,'b$ auf der Kurve immer noch einen Kurvenpunkt $P_2 = a\,|-b$ gelten, das heißt das Vorzeichen von y muß in der Kegelschnittsgleichung belanglos sein. Ferner muß der Nullpunkt der Gleichung genügen, also muß das absolute Glied fehlen. Dann kann die Kegelschnittsgleichung aber nur lauten $a_{11}\,x^2 + a_{22}\,y^2 + 2\,a_{13}\,x = 0$, das ist die angegebene Gleichung.

  Aufgabe b) Ein Punkt bewegt sich so, daß die Summe der Quadrate seiner Entfernungen von den drei Seiten eines Dreiecks $P_1 P_2 P_3$ konstant gleich a^2 ist. Welchen Ort beschreibt er? Speziell wähle man $P_1 = 0\,|0$, $P_2 = 2\,|2$, $P_3 = -\,2\,|2$, $a^2 = 16$.

  Lösung: Die drei Geraden durch die Eckpunkte heißen im allgemeinen Fall $N_1 = 0$, $N_2 = 0$, $N_3 = 0$, wenn man die Normalformen wählt. Dann hat der erzeugende Punkt von ihnen die Abstände N_1 bzw. N_2 und N_3, so daß seine Gleichung lautet

$$N_1{}^2 + N_2{}^2 + N_3{}^2 = a^2;$$

sie stellt einen Kegelschnitt vor, da die Variablen höchstens in der zweiten Dimension auftreten.

  Im speziellen Fall sind die drei Geraden

$$G_{12} = x - y = 0, \qquad G_{23} = y - 2 = 0, \qquad G_{31} = x + y = 0,$$

also

$$N_1 = \frac{x-y}{+\sqrt{2}}, \qquad N_2 = \frac{y-2}{+1}, \qquad N_3 = \frac{x+y}{\pm\sqrt{2}}$$

und damit die Kegelschnittsgleichung

$$\frac{(x-y)^2}{2} + \frac{(y-2)^2}{1} + \frac{(x+y)^2}{2} = 16$$

oder

$$x^2 + 2\,y^2 - 4\,y - 12 = 0.$$

Der Kegelschnitt ist symmetrisch zur y-Achse, denn das Vorzeichen von x ist belanglos; dann ist also die y-Achse eine Kegelschnittsachse. Will man die Mittelpunktsachsengleichung, so braucht man nur das Koordinatensystem in der y-Richtung verschieben. Oder man überlegt: Durch die quadratische Ergänzung kommt die vorstehende Gleichung auf die Form

$$x^2 + 2\,(y^2 - 2y + 1) - 2 - 12 = 0 \qquad \text{oder} \qquad \frac{x^2}{14} + \frac{(y-1)^2}{7} - 1 = 0.$$

Man sieht, daß der untersuchte Kegelschnitt aus der Ellipse $\dfrac{x^2}{14} + \dfrac{y^2}{7} - 1 = 0$
durch Verschiebung in der y-Richtung um die Strecke $+1$ hervorgeht, siehe
Nr. 105. Man hätte auch die vorausgehenden Formeln für die Diskussion
dieses Kegelschnittes verwenden können, es sollte aber gezeigt werden, wie
man mit Hilfe weniger allgemeiner Sätze schneller und anschaulicher zum Ziel
kommt.

***174.** Von den zwei Parabelachsen liegt die eine im Endlichen,
die andere fällt mit der unendlich fernen Geraden zusammen. Wenn
man von der Achse einer Parabel spricht, meint man natürlich immer
die im Endlichen liegende, die Symmetrie-
achse. Ist diese Achse einer Parabel parallel
zur x-Achse, so wie Abb. 237 angibt, so lautet ihre Gleichung

$$a_{22}y^2 + 2a_{13}x + 2a_{23}y + a_{33} = 0 \, .$$

Man kann sich nämlich diese Parabel aus
der Parabel $y^2 = 2px$ durch Verschiebung
hervorgegangen denken und zwar in der x-
Richtung um x_0, in der y-Richtung um y_0,
bis der Scheitel S die durch die Abbildung
gegebene Lage erreicht. Dann muß nach
(105 c) die Gleichung der verschoben gedachten, hier der zu untersuchenden, Parabel sein

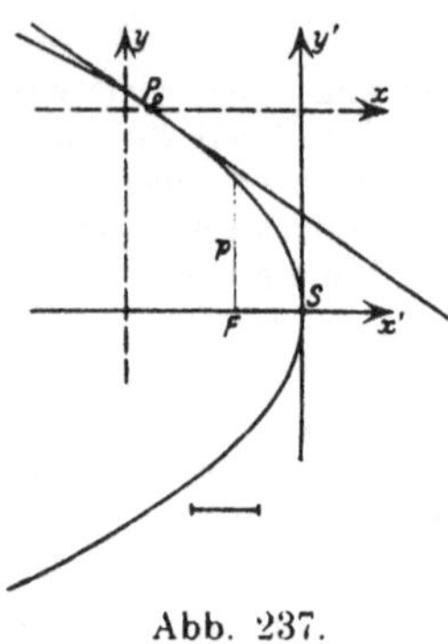

Abb. 237.

$$(y - y_0)^2 = 2p(x - x_0) \quad \text{oder} \quad y^2 - 2px - 2yy_0 + (y_0^2 + 2px_0) = 0,$$

das ist die oben angesetzte Form. Das hätte man übrigens auch
rein analytisch einsehen können. Im vorliegenden Fall sind wegen
$a_{12} = 0$ die Kegelschnittsachsen parallel den Koordinatenachsen,
siehe (172 c), wegen $a_{11} = 0$, $a_{12} = 0$ wird $A_{33} = 0$, die Gleichung
stellt eine Parabel vor.

Umgekehrt wird man die Gleichung der zu untersuchenden
Parabel in der einfachsten Form erhalten, wenn man das Koor-
dinatensystem zum Scheitel $S = x_0 | y_0$ verschiebt, so daß im neuen
System x', y' dann ihre Gleichung $y'^2 = 2px'$ heißt. Eine solche
Koordinatentransformation $x = x' + x_0$, $y = y' + y_0$ führt die ge-
gebene Gleichung über in

$$a_{22}(y' + y_0)^2 + 2a_{13}(x' + x_0) + 2a_{23}(y' + y_0) + a_{33} = 0$$

oder

$$a_{22}y'^2 + 2a_{13}x + 2y'(a_{22}y_0 + a_{23}) + (a_{22}y_0^2 + 2a_{13}x_0 + 2a_{23}y_0 + a_{33}) = 0$$

Diese Gleichung und die Gleichung $y'^2 - 2px' = 0$ stellen die nämliche Kurve vor, der Vergleich der beiden Gleichungsformen liefert
somit, wenn man ϱ als Proportionalitätsfaktor einführt,

$$\varrho \cdot 1 = a_{22}, \qquad -\varrho \cdot p = a_{13}, \qquad \varrho \cdot 0 = a_{22} y_0 + a_{23},$$

$$\varrho \cdot 0 = a_{22} y_0{}^2 + 2 a_{13} x_0 + 2 a_{23} y_0 + a_{33}.$$

Aus dem ersten Gleichungspaar ermittelt man

$$p = - a_{13} : a_{22}, \tag{a}$$

aus dem letzten die Lage des Scheitelpunktes S

$$x_0 : y_0 : 1 = (a_{23}{}^2 - a_{22} a_{33}) : - 2 a_{13} a_{23} : 2 a_{13} a_{22}. \tag{b}$$

Man beachte aber wohl, daß diese Formeln sich nur beziehen auf eine Parabel, deren Achse parallel der x-Achse läuft.

Beispiel: $2 y^2 + 8 x + 12 y - 3 = 0$ stellt eine Parabel vor, deren Achse parallel der x-Achse ist. Für sie ist $a_{11} = 0$, $a_{12} = 0$, $a_{22} = 2$, $a_{13} = 4$, $a_{23} = 6$, $a_{33} = -3$. Nach der vorausgehenden Formel ist dann der Scheitel gegeben durch

$$x_0 : y_0 : 1 = (36 + 6) : - 48 : 16, \quad \text{also} \quad x_0 = 2\tfrac{5}{8}, \quad y_0 = -3,$$

der Brennpunkt durch $p = -4 : 2 = -2$, das heißt die Parabel öffnet sich nach links. Abb. 237 gibt die Gestalt der Parabel, der Brennpunkt F hat vom Scheitel S die Entfernung $\tfrac{1}{2} p = -1$.

Anmerkung: Man hätte den Scheitel $S = x_0 \,|\, y_0$ auch durch folgende Überlegung finden können: Jede Gerade $x = a$ parallel der y-Achse schneidet die Parabel in zwei verschiedenen Punkten, die Gerade $x = x_0$ aber in zwei zusammenfallenden; diese beiden sind bestimmt durch

$$2 y^2 + 8 x_0 + 12 y - 3 = 0 \quad \text{oder} \quad 2 y^2 + 12 y + (8 x_0 - 3) = 0,$$

welche Gleichung die beiden Wurzeln hat

$$y = \frac{-12 \pm \sqrt{144 - 8 \cdot (8 x_0 - 3)}}{4}.$$

Damit die beiden Wurzeln gleich sind, muß $144 - 8 (8 x_0 - 3) = 0$ oder $x_0 = 2\tfrac{5}{8}$ sein; das zugehörige y_0 ergibt sich aus dieser Gleichung zu $y_0 = -3$.

Aufgabe a) Gegeben ist ein Kreis vom Radius c; gesucht ist der geometrische Ort der Mittelpunkte jener Kreise, die gleichzeitig den gegebenen Kreis und einen festen Durchmesser AC desselben berühren. Man zeichne die entstehende Kurve.

Lösung: Vom erzeugenden Punkt P kennt man die Eigenschaft:

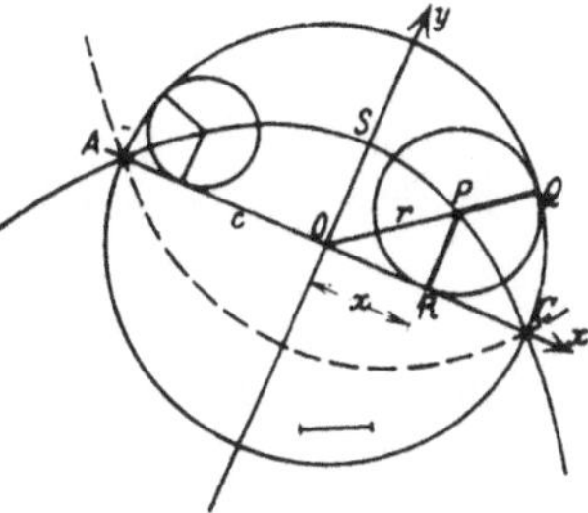

Abb. 238.

$$PQ = PR.$$

Wählt man das Koordinatensystem so wie die Abbildung angibt, so kann man diese Eigenschaft umformen

$$OQ - OP = y \quad \text{oder} \quad c - r = y \quad \text{oder} \quad \sqrt{x^2 + y^2} = c - y \quad \text{oder} \quad x^2 = c^2 - 2 c y.$$

Die Kurve ist eine Parabel symmetrisch zur y-Achse (oder genauer ein Paar von Parabeln, die zweite heißt $x^2 = c^2 + 2cy$). Schreibt man die Gleichung in der Form $x^2 = -2c\left(y - \dfrac{c}{2}\right)$, so sieht man, die untersuchte Parabel geht aus der Parabel $x^2 = -2cy$ hervor durch Verschiebung in der y-Richtung um den halben Grundkreisradius c. Der Parameter der Parabel ist $p = -c$, womit die Konstruktion der Parabel ermöglicht ist. Abb. 238 gibt die Kurve für die Wahl $c = 3$.

Aufgabe b) Man diskutiere die Kurve $x = y^2 + 2y$.

Lösung: Die Kurve ist eine Parabel, deren Achse parallel ist zur x-Achse. Man formt die Gleichung um

$$x + 1 = y^2 + 2y + 1 \quad \text{oder} \quad x + 1 = (y + 1)^2$$

und sieht, daß die Parabel aus einer andern Parabel $x = y^2$ durch Verschiebung hervorgeht und zwar in beiden Achsenrichtungen je um -1.

Aufgabe c) Man diskutiere die Kurve $y = x^2 + x - 2$.

Lösung: Man formt die Gleichung um $y + \frac{1}{4} = x^2 + x + \frac{1}{4} - 2$ oder $y + 2\frac{1}{4} = (x + \frac{1}{2})^2$; sie stellt eine Parabel vor, die aus einer andern Parabel $y = x^2$ durch Verschiebung hervorgeht, in der x-Richtung um $-\frac{1}{2}$ und in der y-Richtung um $-2\frac{1}{4}$.

***175.** Die allgemeinste Lage einer Parabel in einem gegebenen Koordinatensystem ist die, daß ihr Scheitel und ihre Achse eine beliebige Lage bzw. Richtung gegen die Elemente des Koordinatensystems haben. Für die rein geometrische Behandlung der Parabel, für ihre Konstruktion etwa, ist die Lage allerdings belanglos. Nicht aber für die analytische. Man wird deswegen wieder zu einem neuen Koordinatensystem übergehen, das eine möglichst günstige Lage zur Parabel hat. Und zwar wird man wieder die Parabelachse zur x-Achse machen, den Scheitel wählt man als Nullpunkt, dann ist die Scheiteltangente als y-Achse bestimmt.

Der Übergang zum neuen System x'', y'' geschieht durch eine Drehung und eine Verschiebung des alten Koordinatensystems. Es erweist sich als vorteilhaft, zuerst eine Drehung um den Achsenwinkel α zum Zwischensystem x', y' vorzunehmen. Dieser Übergang, nach Formel (78a)

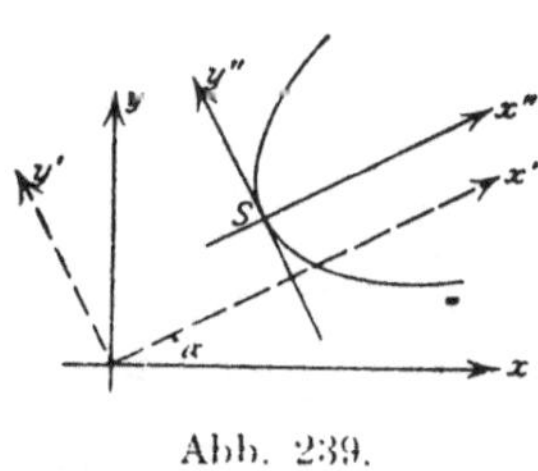

Abb. 239.

$$x = x' \cos \alpha - y' \sin \alpha, \quad y = x' \sin \alpha + y' \cos \alpha,$$

führt die gegebene Parabelgleichung

$$(ax + by)^2 + 2a_{13}x + 2a_{23}y + a_{33} = 0$$

über in

$$[x'(a \cos \alpha + b \sin \alpha) + y'(-a \sin \alpha + b \cos \alpha)]^2$$
$$+ 2x'(a_{13} \cos \alpha + a_{23} \sin \alpha) + 2y'(-a_{13} \sin \alpha + a_{23} \cos \alpha) + a_{33} = 0.$$

Da die Parabelachse im neuen System parallel der x'-Achse ist, so muß die Parabelgleichung den in der vorigen Nummer diskutierten Aufbau haben, es darf also von den zweidimensionalen Gliedern nur das Glied mit y'^2 auftreten, also muß

$$a \cos \alpha + b \sin \alpha = 0 \quad \text{oder} \quad \operatorname{tg} \alpha = -a : b \cdot$$

sein. Wenn man nach Nr. 169 berücksichtigt, daß $a^2 = a_{11}$, $ab = a_{12}$, $b^2 = a_{22}$ ist und man schreiben kann $\operatorname{tg} \alpha = -a^2 : ab = -ab : b^2$, so ergibt sich in der Form

$$\operatorname{tg} \alpha = -\frac{a_{11}}{a_{12}} = -\frac{a_{12}}{a_{22}} \tag{a}$$

die Richtung der Parabelachse. Natürlich hätte man diese Formel auch aus der für alle Kegelschnitte gültigen Beziehung $\operatorname{tg} 2\alpha = 2a_{12} : (a_{11} - a_{22})$ ableiten können. Für uns ist die erste Ableitung also eine Kontrolle.

Man beachte noch, daß nach der vorausgehenden Formel die Gerade $ax + by = 0$ die gleiche Richtung hat wie die Achse, also ein Parabeldurchmesser ist. Mit dem gefundenen Wert der Achsenrichtung $\operatorname{tg} \alpha$ wird

$$\sin \alpha : \cos \alpha : 1 = a : -b : \sqrt{a^2 + b^2}$$

oder

$$\sin \alpha : \cos \alpha : 1 = a_{11} : -a_{12} : \sqrt{a_{11}{}^2 + a_{12}{}^2}. \tag{b}$$

Man hätte natürlich auch schreiben können

$$\sin \alpha : \cos \alpha : 1 = -a : b : \sqrt{};$$

die getroffene Wahl soll angeben, daß man von den zwei entgegengesetzten Richtungspfeilen auf der Parabelachse jenen als positiven wählt, der (im Winkelmaß gemessen) der positiven x-Richtung am nächsten liegt. Mit dieser Wahl wird die neue Form der Parabelgleichung

$$\left(y' \frac{a^2 + b^2}{\sqrt{a^2 + b^2}}\right)^2 + 2x' \frac{a\,a_{23} - b\,a_{13}}{\sqrt{a^2 + b^2}} - 2y' \frac{a\,a_{13} + b\,a_{23}}{\sqrt{a^2 + b^2}} + a_{33} = 0$$

oder

$$y'^2 + 2x' \frac{a\,a_{23} - b\,a_{13}}{(a^2 + b^2)^{\frac{3}{2}}} - 2y' \frac{a\,a_{13} + b\,a_{23}}{(a^2 + b^2)^{\frac{3}{2}}} + \frac{a_{33}}{a^2 + b^2} = 0$$

oder

$$y'^2 + 2m\,x' + 2n\,y' + l = 0, \tag{c}$$

wo

$$m = \frac{a\,a_{23} - b\,a_{13}}{(a^2 + b^2)^{\frac{3}{2}}}, \quad n = -\frac{a\,a_{13} + b\,a_{23}}{(a^2 + b^2)^{\frac{3}{2}}}, \quad l = \frac{a_{33}}{a^2 + b^2} \tag{d}$$

Die letzte Gleichung kann man nun genau so weiterbehandeln wie die Parabelgleichung der vorigen Nummer; man verschiebt sie auf das System x'', y'' In diesem Endsystem, das den Scheitelpunkt S als Nullpunkt hat, lautet die Parabelgleichung $y''^2 = 2px''$. Den Wert p findet man ebenso wie die Koordinaten des Scheitels S aus der vorigen Nummer, wenn man dort 1 statt a_{22}, m statt a_{13}, n statt a_{23}, l statt a_{33} setzt, so daß also mit

$$p = -m, \tag{e}$$

$$x_0' : y_0' : 1 = (n^2 - l) : -2mn : 2m$$

und der vorausgehenden Formel für den Achsenwinkel α alles gegeben ist, was man für die Ermittlung der Lage und Gestalt der Parabel benötigt. Man beachte noch, daß x_0', y_0' die Koordinaten des Scheitels für das x'-y'-System sind. Die Koordinaten für das ursprüngliche System x, y sind durch die Transformationsformel (78a) gegeben,

$$x_0 = x_0' \cos \alpha - y_0' \sin \alpha, \quad y_0 = x_0' \sin \alpha + y_0' \cos \alpha$$

oder mit Substitution der Winkelfunktionen aus (b)

$$x_0 : y_0 : 1 = -(bx_0' + ay_0') : (ax_0' - by_0') : \sqrt{a^2 + b^2}. \tag{f}$$

Beispiel: Die Parabel des Beispieles 169 kann man in der Form $(x - y)^2 - 4x - 6y + 3 = 0$ anschreiben. Hier ist $a = 1$, $b = -1$, $a_{13} = -2$, $a_{23} = -3$, $a_{33} = 3$. Man sieht, daß $x - y = 0$ ein Durchmesser ist, also $\operatorname{tg}\alpha = 1$ · die Achsenrichtung. Das hätte natürlich auch die Formel $\sin\alpha : \cos\alpha : 1 = a : -b : \sqrt{a^2 + b^2}$ · ergeben. Man dreht das Koordinatensystem um $\alpha = 45°$ und erhält für dieses neue System die Gleichung

$$y'^2 + 2mx' + 2ny' + l = 0.$$

Mit $a^2 + b^2 = 2$ wird $m = -\tfrac{5}{4}\sqrt{2}$, $n = -\tfrac{1}{4}\sqrt{2}$, $l = \tfrac{3}{4}$. Ver-

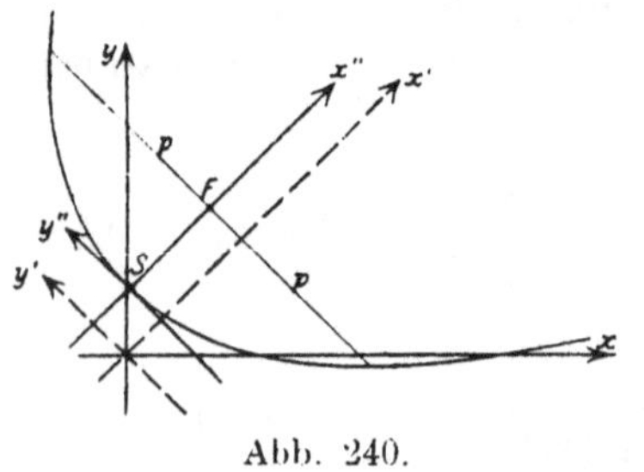
Abb. 240.

schiebt man das Koordinatensystem noch, bis der Scheitel Nullpunkt ist, dann erscheint die Gleichung der Parabel in der einfachen Form $y''^2 = 2px''$. Die Koordinaten des Scheitels im System x', y' sind bestimmt durch $x_0' : y_0' : 1 = 11 : 10 : 20\sqrt{2}$ oder $x_0' = 0{,}389$, $y_0' = 0{,}354$, im alten System x, y sind diese Koordinaten $x_0 = \tfrac{1}{40}$,

$y_0 = \tfrac{21}{40}$. Der Halbparameter ist $p = \tfrac{5}{4}\sqrt{2} = 1{,}77$.

Abb. 240 gibt eine Zeichnung dieser Parabel.

Aufgabe: Man diskutiere und zeichne die Kurve

$$\sqrt{x} + \sqrt{y} = \sqrt{a}.$$

Lösung: Man macht die Gleichung zuerst rational,

$$x + 2\sqrt{xy} + y = a \quad \text{oder} \quad (x + y - a)^2 = 4xy \quad \text{oder}$$

$$(x - y)^2 - 2a(x + y) + a^2 = 0.$$

Die Gleichung stellt eine Parabel vor; die erstgeschriebenen Formen geben an, daß sie symmetrisch zur Mediane ist, da man x und y vertauschen kann, ohne daß die Gleichung sich ändert, siehe (104d). Das heißt dann, daß die Mediane die Parabelachse ist. Die einfachste Gleichungsform erhält man, wenn man das Koordinatensystem um 45^0 verdreht, nach (78a)

$$x = (x' - y') : \sqrt{2}, \qquad y = (x' + y') : \sqrt{2},$$

so daß für das neue Koordinatensystem die Gleichung

$$2y'^2 - 2a\sqrt{2} \cdot x' + a^2 = 0 \quad \text{oder} \quad y'^2 - a\sqrt{2}\left(x' - \frac{a\sqrt{2}}{4}\right) = 0$$

heißt. Verschiebt man noch den Nullpunkt auf der x'-Achse um $\frac{1}{4}a\sqrt{2}$, transformiert also

$$x' = x'' + \tfrac{1}{4}a\sqrt{2}, \qquad y' = y'',$$

so lautet die Scheiteltangentengleichung der Parabel

$$y''^2 = a\sqrt{2}\,x'', \quad \text{wo also} \quad p = \tfrac{1}{2}a\sqrt{2}$$

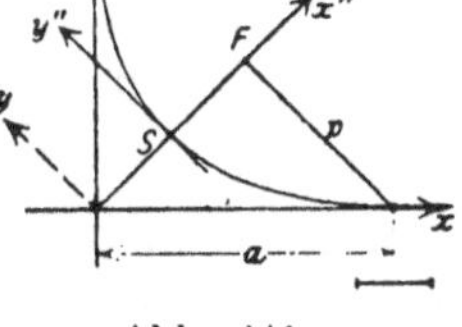

ist. Nun ist bekannt: die Parabelachse, der Scheitel, der Halbparameter p, also auch der Brennpunkt, die Parabel ist somit ohne weiteres zu konstruieren. Abb. 241 gibt die Parabel unter der Annahme $a = 4$.

Abb. 241.

Natürlich hätte man die Aufgabe ganz schematisch auch mit Anwendung der entwickelten Formeln lösen können.

***176.** Der Fall, daß der Kegelschnitt zu einem Geradenpaar ausartet, ist durch $A = 0$ charakterisiert. Die Geradenpaare lassen sich noch unterscheiden als Ausartungen der Ellipse, der Hyperbel und der Parabel. Im ersten Fall ist das Geradenpaar imaginär oder genauer gesprochen konjugiert imaginär, beide Gerade schneiden sich aber in einem reellen Punkt. Als Beispiel sei angeführt der in Nr. 109 bereits besprochene degenerierte Kreis $x^2 + y^2 = 0$, degeneriert nämlich zu einem Geradenpaar $(x + iy)(x - iy) = 0$; die beiden konjugiert imaginären Geraden $x + iy = 0$ und $x - iy = 0$ haben den reellen Schnittpunkt $0 \, ; \, 0$ gemeinsam. Für das Paar von zwei verschiedenen konjugiert imaginären Geraden gilt $A = 0$ zusammen mit $A_{33} > 0$, da es eine degenerierte Ellipse vorstellt. Die ausartende Hyperbel verlangt $A = 0$ mit $A_{33} < 0$; dieses Geradenpaar setzt sich aus zwei reellen und verschiedenen Geraden mit einem im Endlichen liegenden Schnittpunkt zusammen. Von den Hyperbeln $b^2x^2 - a^2y^2 = \gamma a^2 b^2$, wo γ ein Parameter ist, wird diejenige $\gamma = 0$ die Ausartung charakterisieren, nämlich das zu allen diesen Hyperbeln gemeinsame Asymptotenpaar $b^2x^2 - a^2y^2 = 0$ oder $(bx - ay)(bx + ay) = 0$. Oder es artet schließlich die Parabel aus und liefert ein Geradenpaar mit dem Mittelpunkt (= Schnittpunkt) im Unendlichen, ein paralleles Geradenpaar, für das dann $A = 0$ mit $A_{33} = 0$ gilt.

Der letzte Fall muß gesondert betrachtet werden; die beiden Parallelen dieses Paares können sein: entweder reell und verschieden, oder reell und zusammenfallend, oder konjugiert imaginär und verschieden. Man urteilt folgendermaßen: das Geradenpaar bzw. der Kegelschnitt hat jedenfalls die Gleichung

$$(x \cos \alpha + y \sin \alpha - p)(x \cos \alpha + y \sin \alpha - p') = 0;$$

α ist sicher reell, während p und p' gleichzeitig reell oder imaginär sein können. Ordnet man die Gleichung

$$x^2 \cos^2 \alpha + 2 x y \sin \alpha \cos \alpha + y^2 \sin^2 \alpha - 2 s x \cos \alpha - 2 s y \sin \alpha + p p' = 0,$$

wo abkürzend $2 s = p + p'$ gesetzt wird, so ist deren Determinante

$$A = \begin{vmatrix} \cos^2 \alpha & \sin \alpha \cos \alpha & - s \cos \alpha \\ \sin \alpha \cos \alpha & \sin^2 \alpha & - s \sin \alpha \\ - s \cos \alpha & - s \sin \alpha & p p' \end{vmatrix}$$

Man sieht zunächst, daß neben A_{33} auch A_{31} und A_{32} verschwindet; dann wird aber die Formel

$$x_0 : y_0 : 1 = A_{31} : A_{32} : A_{33} = 0 : 0 : 0$$

zur Ermittlung des Mittelpunktes des Kegelschnittes ganz unbestimmt. Das ist dadurch erklärlich, daß man jeden Punkt der Mittelparallelen der beiden gegebenen Parallelen als Mittelpunkt betrachten kann.

Ein Unterscheidungsmerkmal geben die beiden Unterdeterminanten

$$A_{11} = \sin^2 \alpha \, (p p' - s^2) = - \tfrac{1}{4} \sin^2 \alpha \, (p - p')^2$$
$$A_{22} = \cos^2 \alpha \, (p p' - s^2) = - \tfrac{1}{4} \cos^2 \alpha \, (p - p')^2,$$

deren Vorzeichen nur mit dem Klammerwert $(p - p')^2$ variieren kann, da $\sin^2 \alpha$ und $\cos^2 \alpha$ wegen des reellen α immer positiven Wert haben. Sind beide Parallele reell und verschieden, dann auch p und p', dann wird $A_{11} < 0$ und ebenso $A_{22} < 0$. Sind die beiden Parallelen konjugiert imaginär und verschieden, also p und p' von der Form $p = a + ib$, $p' = a - ib$, so wird $(p - p')^2 = (2 ib)^2 = - 4 b^2$ und $A_{11} > 0$ ebenso wie $A_{22} > 0$. $A_{11} = 0$ oder $A_{22} = 0$ bedingt $p = p'$ und somit zusammenfallende Parallele, eine Doppelgerade. In eine solche geht beispielsweise das von einem Punkt P_0 aus an einen Kegelschnitt gezogene Tangentenpaar über, wenn P_0 selbst auf dem Kegelschnitt liegt.

Der Fall $a_{11} = a_{12} = a_{22} = 0$ oder $2 a_{13} x + 2 a_{23} y + a_{33} = 0$ charakterisiert, als Kegelschnitt betrachtet, ein Geradenpaar, dessen eine Gerade die unendlich ferne Gerade ist. Schließlich gibt $a_{11}=a_{12}=a_{22}=a_{13}=a_{23}=0$ · oder $a_{33}=0$ die doppeltzählende unendlich ferne Gerade wieder.

Aufgabe a) Man diskutiere und zeichne den Kegelschnitt

$$4x^2-4xy+y^2-12x+6y+9=0.$$

Lösung: Es ist

$$A=\begin{vmatrix} 4 & -2 & -6 \\ -2 & 1 & 3 \\ -6 & 3 & 9 \end{vmatrix}\ ;\ \text{somit}\quad \begin{aligned} A_{31}&=0 \\ A_{32}&=0 \\ A_{33}&=0 \end{aligned}\ ,\ \text{also}\ A=0.$$

Die Gleichung stellt wegen $A=0$ und $A_{33}=0$ ein paralleles Geradenpaar vor. Man findet auch noch $A_{11}=0$ und sieht daraus, daß die beiden Geraden zusammenfallen. Für die Zeichnung ermittelt man zwei beliebige Punkte, etwa die Schnittpunkte mit den Achsen, $A=\frac{3}{2}\,|\,0$, $B=0\,|-3$. Dann ist $(2x-y-3)^2=0$ die Gleichung dieser doppelt zu zählenden Geraden durch A und B; die Ausrechnung ergibt wieder die obenstehende Kegelschnittsgleichung.

***177.** Die Resultate der vorausgehenden Untersuchungen lassen sich in einer Diskussionstabelle zusammenfassen. Die Determinante A des Kegelschnittes $S=0$ läßt seine Krümmung beurteilen:

$A \lessgtr 0$ Eigentliche (d. h. nicht zerfallende) Kegelschnitte,

$A=0$ Zerfallende Kegelschnitte oder Geradenpaare.

Die Unterdeterminante A_{33} gibt das Verhalten des Kegelschnittes gegenüber der unendlich fernen Geraden an:

$A_{33} \lessgtr 0$ Mittelpunktskegelschnitte,

$A_{33}=0$ Parabeln.

A	A_{33}			
$\gtrless 0$	<0	Hyperbel		
	$=0$	Parabel		
	>0	{ Ellipse, wenn $a_{11}A<0$ oder $a_{22}A<0$ { Imaginärer Kegelschnitt, wenn $a_{11}A>0$ oder $a_{22}A>0$.		
$=0$	<0	Paar von reellen Geraden mit Schnittpunkt im Endlichen		
	$=0$	Paralleles Geradenpaar	A_{11} oder A_{22}	
			<0	reell und verschieden
			$=0$	zusammenfallend
			>0	konjugiert imaginär und verschieden
	>0	Paar von konjugiert imaginären Geraden mit Schnittpunkt im Endlichen		

Anm. Hier ist noch nachzutragen: Ist A von Null verschieden und $A_{33}>0$, so stellt die Kegelschnittsgleichung die reelle oder die imaginäre Ellipse vor; letztere nennt man vielfach auch „imaginärer Kegelschnitt" Man kann beide recht einfach unterscheiden, wenn man ihre Achsen als Koordinatenachsen wählt und sie auf die Mittelpunktsachsengleichung transformiert. Sie erscheinen dann in der Form

$$\frac{x^2}{a^2} + \frac{y^2}{b^2} - 1 = 0 \quad \text{bzw.} \quad \frac{x^2}{a^2} + \frac{y^2}{b^2} + 1 = 0.$$

Will man aber die Koeffizienten a_{ik} der Kegelschnittsgleichung allein sprechen lassen, so schließt man: Der Koeffizient a_{11} sei zunächst positiv vorausgesetzt; soll dann $A_{33} > 0$ sein, dann muß auch a_{22} positiv sein, denn ein negatives a_{22} würde $A_{33} = a_{11}a_{22} - a_{12}^2$ wieder negativ machen. Transformiert man die allgemeine Kegelschnittsgleichung auf die Achsengleichung, so erscheint sie in der Form $k_1 x^2 + k_2 y^2 + A : A_{33} = 0$. Jedenfalls haben k_1 und k_2 das gleiche Vorzeichen, denn ein verschiedenes Vorzeichen würde ja eine Hyperbel bestimmen. Nun ist a_{11} und damit a_{22} positiv, somit nach (173e) auch k_1; andrerseits ist A_{33} ebenfalls positiv, es wird daher in der vorstehenden Gleichung das Vorzeichen des letzten Gliedes durch A allein bestimmt, siehe (173 f). Es erscheint also die Mittelpunktsgleichung in der Form

$$\frac{x^2}{a^2} + \frac{y^2}{b^2} - 1 = 0 \quad \text{bzw.} \quad \frac{x^2}{a^2} + \frac{y^2}{b^2} + 1 = 0,$$

je nachdem A negativ oder positiv ist. Zusammengefaßt: Unter Voraussetzung eines positiven a_{11} oder a_{22} ist durch $A < 0$ eine Ellipse bestimmt, durch $A > 0$ ein imaginärer Kegelschnitt. Ist aber a_{11} negativ, so führt die analoge Wiederholung der vorausgehenden Betrachtung zu dem Schluß, daß umgekehrt $A > 0$ die Ellipse und $A < 0$ den imaginären Kegelschnitt kennzeichnet. Beide Schlußfolgerungen kann man zusammenfassen: Ein negatives $a_{11}A$ oder $a_{22}A$ kennzeichnet eine Ellipse, ein positives $a_{11}A$ oder $a_{22}A$ den imaginären Kegelschnitt.

Um eine vorgelegte Kegelschnittsgleichung zu diskutieren, kann man entweder ganz schematisch die aufgestellten Formeln anwenden, so wie das bei den nachfolgenden Aufgaben d) und h) geschehen ist. Man geht dann von der Determinante der Kegelschnittsgleichung aus. Die Gleichung selbst wird man gegebenenfalls erst in eine günstigere Form überführen, beispielsweise auftretende Brüche beseitigen. Die Determinante liefert die Größen A und A_{33} die die Art des Kegelschnittes entscheiden lassen. Bei Mittelpunktskegelschnitten wird man dann die Lage des Mittelpunktes und der Achsen angeben. Die Gestalt selbst erhält man durch Angabe der einfachsten Gleichung, da diese die Halbachsen a und b enthält. Aus dieser einfachsten Gleichung läßt sich übrigens auch die Art ohne weitere Rechnung ablesen. Bei Parabeln hat man entsprechend Formeln für die Achsenrichtung und den Scheitel und damit für die Achse selbst. Eine weitere Formel für p liefert den Brennpunkt, so daß man die Parabel konstruieren kann.

In den meisten einfacheren Fällen wird man ohne Benützung der Formeln zurecht kommen, auf Grund bekannter Sätze. Recht häufig kann man die Eigenschaften des Kegelschnittes unmittelbar aus der Gleichung ablesen. Gegebenenfalls wird man beide Diskussionsmethoden gemeinsam benützen.

Aufgabe a) Man diskutiere den Kegelschnitt

$$x^2 + y^2 - 4x - 6y = 0.$$

Lösung: Kreis durch den Nullpunkt. Die quadratische Ergänzung formt die Gleichung um zu

$$x^2 - 4x + 4 - 4 + y^2 - 6y + 9 - 9 = 0 \quad \text{oder} \quad (x - 2)^2 + (y - 3)^2 - 13 = 0.$$

Aufgabe b) Man diskutiere und zeichne den Kegelschnitt

$$x^2 + 6y - 4x + 10 = 0.$$

Lösung: Parabel mit der y-Achse als Durchmesser. Die quadratische Ergänzung formt die Gleichung um zu

$$x^2 - 4x + 4 - 4 + 6y + 10 = 0 \quad \text{oder} \quad (x - 2)^2 + 6(y + 1) = 0.$$

Die vorliegende Parabel geht aus der Parabel $x^2 = -6y$ hervor durch Verschiebung in der x-Richtung um $+2$, in der y Richtung um -1. Der Halbparameter ist $p = -3$; Abb. 242 gibt die Zeichnung.

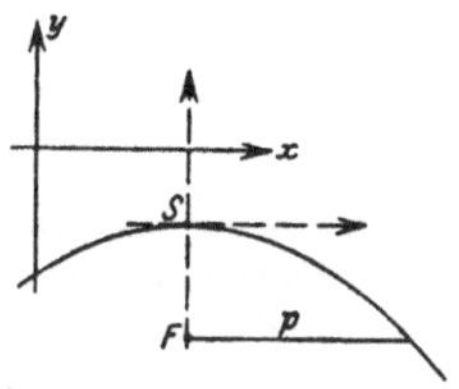

Aufgabe c) Man diskutiere den Kegelschnitt

$$x^2 + 2xy + y^2 - 1 = 0.$$

Lösung: Man formt um zu

$$(x + y)^2 - 1 = 0 \quad \text{oder} \quad (x + y - 1)(x + y + 1) = 0;$$

also zwei parallele Gerade.

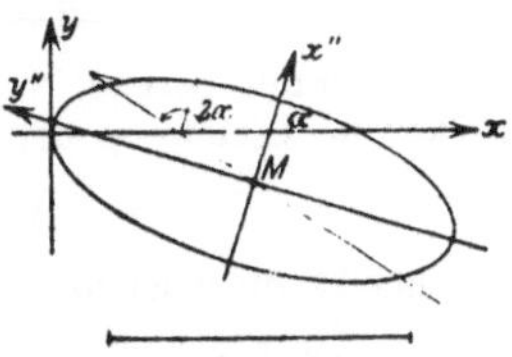

Abb. 242. L. E. 5 mm.

Aufgabe d) Man diskutiere und zeichne den Kegelschnitt

$$x^2 + 2xy + 4y^2 - x = 0.$$

Lösung: Da $a_{13} = -\tfrac{1}{2}$ wäre, formt man um zu

$$2x^2 + 4xy + 8y^2 - 2x = 0.$$

Nun ist

$$A = \begin{vmatrix} 2 & 2 & -1 \\ 2 & 8 & 0 \\ -1 & 0 & 0 \end{vmatrix} \quad \text{und} \quad \begin{aligned} A_{31} &= 8 \\ A_{32} &= -2, \\ A_{33} &= 12 \end{aligned} \quad \text{also} \quad A = -8.$$

Ellipse wegen $A_{33} = 12$; wirkliche Ellipse wegen $A = -8$. Mittelpunkt: $x_0 : y_0 : 1 = 8 : -2 : 12$ oder $x_0 = \tfrac{2}{3}$, $y_0 = -\tfrac{1}{6}$. Achsenrichtung: $\operatorname{tg} 2\alpha = 4 : -6 = -2 : 3$; $\sin 2\alpha = 4 : h$, $\cos 2\alpha = -6 : h$; also 2α im zweiten Quadrant. Einfachste Gleichung für das neue System $k_1 x''^2 + k_2 y''^2 + A : A_{33} = 0$.

Mit $h = +\sqrt{52}$ wird $k_1 = 5 + \sqrt{13} = 8{,}6$, $k_2 = 5 - \sqrt{13} = 1{,}4$, also die Mittelpunktsachsengleichung

$$8{,}6\,x''^2 + 1{,}4\,y''^2 - \frac{2}{3} = 0 \quad \text{oder} \quad \frac{x''^2}{0{,}28^2} + \frac{y''^2}{0{,}69^2} - 1 = 0.$$

Kontrolle: Der Kegelschnitt schneidet die x-Achse in den Punkten $0|0$ und $1|0$, die y-Achse in dem doppelt zählenden Nullpunkt, er berührt sie dort, siehe Abb. 243.

Aufgabe e) Man diskutiere den Kegelschnitt

$$x^2 + y^2 - 2y = 0.$$

Abb. 243.

Lösung: Man liest aus der Gleichung ab, daß der Kegelschnitt ein Kreis ist, der die x-Achse im Nullpunkt berührt, siehe Nr. 111. Man formt die Gleichung durch die quadratische Ergänzung um zu $x^2 + (y-1)^2 - 1 = 0$ und findet dadurch den Radius $c = 1$.

Aufgabe f) Man diskutiere den Kegelschnitt

$$x^2 - 2xy + y^2 + 2x - 2y = 0.$$

Lösung: Die drei zweidimensionalen Glieder bilden ein Quadrat $(x-y)^2$; also Parabel. Man formt die Gleichung um zu $(x-y)^2 + 2(x-y) = 0$ oder $(x-y)(x-y+2) = 0$, also paralleles Geradenpaar.

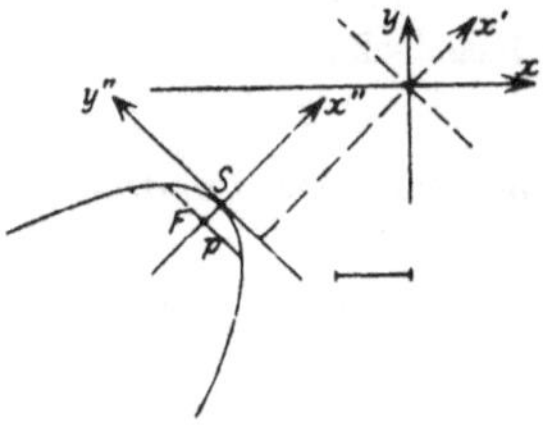

Aufgabe g) Man diskutiere den Kegelschnitt

$$x^2 + 2xy - 4x = 0.$$

Lösung: Man formt um zu $x(x+2y-4) = 0$, also degenerierte Hyperbel.

Aufgabe h) Man diskutiere und zeichne den Kegelschnitt

$$x^2 - 2xy + y^2 + 4x + 9 = 0.$$

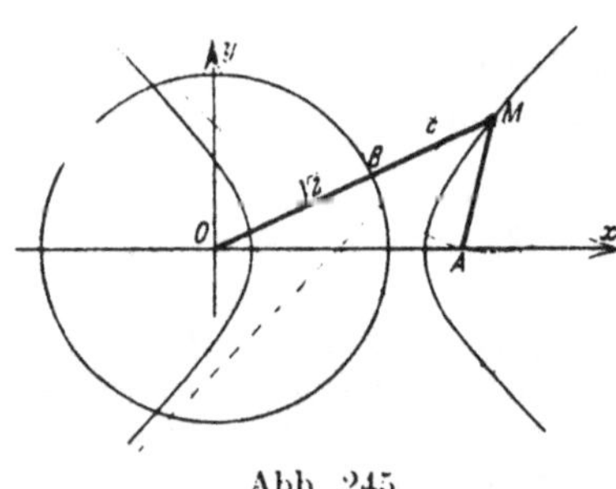

Abb. 244.

Lösung: Die drei zweidimensionalen Glieder bilden ein Quadrat $(x-y)^2$; also Parabel; $x - y = 0$ ist ein Durchmesser. Man wählt die Parabelachse und Scheiteltangente als neue x''- und y''-Achse. $a = 1$, $b = -1$, $a_{13} = 2$, $a_{23} = 0$, $a_{33} = 9$; $a^2 + b^2 = 2$; $m = \frac{1}{2}\sqrt{2}$, $n = -\frac{1}{2}\sqrt{2}$, $l = \frac{9}{2}$; $p = -\frac{1}{2}\sqrt{2}$, das heißt die Parabel öffnet sich gegen den Pfeil der x''-Achse. Der Scheitel hat im System x', y' die Koordinaten $x_0' = -2\sqrt{2}$, $y_0' = \frac{1}{2}\sqrt{2}$, im System x, y somit $x_0 = -2{,}5$, $y_0 = -1{,}5$, siehe Abb. 244.

Aufgabe i) Es gibt ∞^1 Kreise, die durch den Punkt $A = 2|0$ gehen und gleichzeitig den gegebenen Kreis $x^2 + y^2 = 2$ berühren. Welchen Ort bilden die Mittelpunkte dieser Kreise?

Lösung: Die Hauptelemente der Konstruktion eines dieser Kreise sind in der Abb. 245 stark ausgezeichnet. Man schlägt einen Hilfskreis um O mit dem Radius r, einen zweiten solchen um A mit dem Radius $c = r - \sqrt{2}$; beide Hilfskreise schneiden den erzeugenden Punkt M aus, den Mittelpunkt eines der ∞^1 Kreise.

Abb. 245.

$$A = 2|0, \quad M = x|y, \quad \text{somit} \quad AM = \sqrt{(x-2)^2 + y^2}.$$

Vom erzeugenden Punkt M gibt man der Konstruktion entsprechend an:

$$OB + BM = r \quad \text{oder} \quad OB + AM = r$$

und hat damit bereits, wenn man die auftretenden Größen nach x und y ausdrückt, die Gleichung der Ortskurve aufgestellt, nämlich

$$\sqrt{2} + \sqrt{(x-2)^2 + y^2} = \sqrt{x^2 + y^2}.$$

Man macht die Gleichung rational durch Quadrieren und erhält schließlich

$$2x^2 - 2y^2 - 4x + 1 = 0 \quad \text{oder} \quad 2(x-1)^2 - 2y^2 - 1 = 0.$$

Die durch diese Gleichung dargestellte Kurve geht aus der gleichseitigen
Hyperbel $x^2 - y^2 - \tfrac{1}{4} = 0$ durch Verschiebung in der x-Richtung um $+1$
hervor, ist also selbst eine gleichseitige Hyperbel.

Aufgabe k) Gegeben ist eine Parallele zur y-Achse im Abstand a von ihr.
Man ziehe alle möglichen zu ihnen senkrecht stehenden Geraden (Schnittpunkte P_1
und P_2 mit der y-Achse bzw. der Parallelen) und teile $P_1 P_2$ im Verhältnis $y:a$,
wenn y der Abstand der Geraden $P_1 P_2$
vom Nullpunkt ist. Gesucht ist der geometrische Ort des Teilpunktes P. Man diskutiere diese Kurve.

Lösung: Vom erzeugenden Punkt P,
siehe Abb. 246, gilt $\lambda = PP_1 : PP_2$ oder
$PP_1 = \lambda \cdot PP_2$, welche Eigenschaft die Gleichung des Ortes ist, wenn man die Koordi-
naten substituiert hat. Mit $\lambda = y:a$,
$P = x\,|\,y$, $P_1 = 0\,|\,y$, $P_2 = a\,|\,y$ wird obige
Eigenschaft

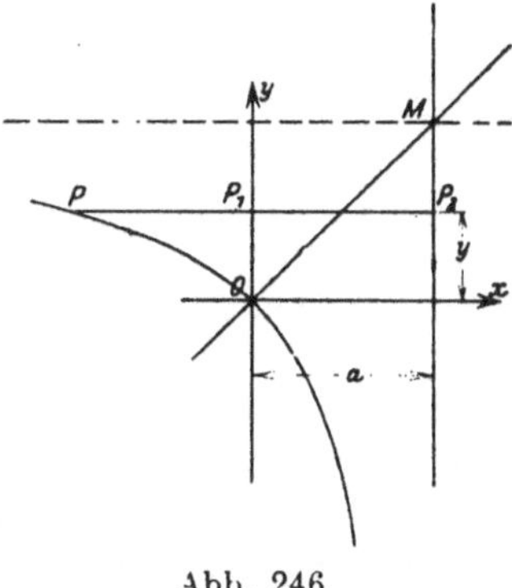

Abb. 246.

$$0 - x = \lambda \cdot (a - x) \quad \text{oder} \quad -ax = y\,(a - x) \quad \text{oder} \quad xy = a\,(x + y).$$

Durch diese Gleichung ist ein Kegelschnitt symmetrisch zur Mediane gegeben,
siehe (104 d). Für die weitere Diskussion formt man die Gleichung um zur
bequemeren Form $2xy - 2ax - 2ay = 0$. Man erhält

$$A = \begin{vmatrix} 0 & 1 & -a \\ 1 & 0 & -a \\ -a & -a & 0 \end{vmatrix} \quad \begin{aligned} A_{31} &= -a \\ \text{und } A_{32} &= -a, \quad \text{also} \quad A = 2a^2. \\ A_{33} &= -1 \end{aligned}$$

Mittelpunkt $M = a\,|\,a$; gleichseitige Hyperbel, da die Asymptotenrichtung
$\operatorname{tg}\varphi_1 = \infty$ mit den Hyperbelachsen den Winkel 45^0 einschließt. Einfachste
Gleichung, auf die Kegelschnittsachsen bezogen, $x^2 - y^2 = 2a^2$ Die Hyperbel
geht durch den Nullpunkt.

Spannungskreis. Trägheits- und Zentrifugalmomente. Trägheitskreis und Trägheitsellipse. Superpositionsprinzip.

***178.** In der Elastizitätstheorie bzw. Festigkeitslehre hat man
beim „ebenen Problem" folgende Grundaufgabe:

Für jeden der ∞^1 Schnitte, die man parallel einer bestimmten
Geraden (spannungslose Richtung) an der untersuchten Stelle U eines
Körpers legen kann, ist die Beanspruchung an dieser Stelle U ge-
geben durch die Werte σ' und τ', für die man die Formeln

$$\sigma' = \frac{\sigma_1 + \sigma_2}{2} + \frac{\sigma_1 - \sigma_2}{2}\cos 2\varphi - \tau \sin 2\varphi$$

$$\tau' = \frac{\sigma_1 - \sigma_2}{2}\sin 2\varphi + \tau \cos 2\varphi$$

kennt, wo der Winkel φ die Lage eines jeden Schnittes durch U bestimmt; σ_1, σ_2 und τ sind gegebene Werte. Man diskutiere die Größen σ' und τ'.

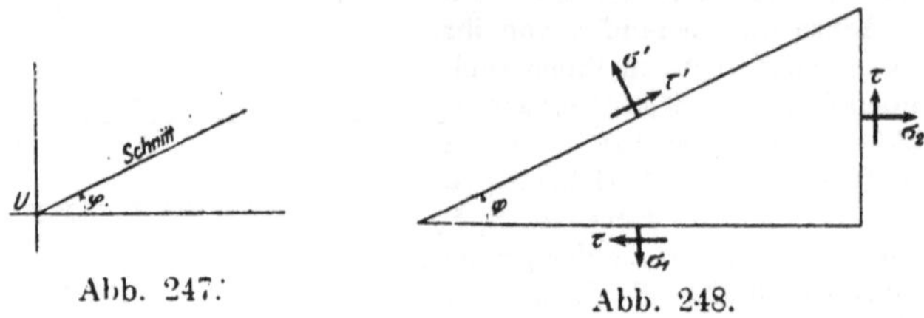

Abb. 247.　　　　　Abb. 248.

Naturgemäß wird man hauptsächlich folgende Frage stellen: In welchen Schnitten erreichen σ' und τ' extreme Werte und wie groß sind diese? Für die Beantwortung solcher Fragen verwendet man meist die Differentialrechnung, obwohl bei den meisten praktischen Aufgaben die Kenntnisse der Kurven erster und zweiter Ordnung, also von Geraden und Kegelschnitten zur Lösung der Aufgabe vollständig ausreichen; bei der graphischen Behandlung kommt noch hinzu der Gewinn an anschaulicher Beurteilung durch Diagramme und an Konstruktionsmöglichkeiten.

Setzt man im vorliegenden Fall zur Abkürzung $\sigma_1 + \sigma_2 = 2\,s$ und $\sigma_1 - \sigma_2 = 2\,d$, wo s und d die halbe Summe bzw. Differenz der beiden gegebenen Werte σ_1 und σ_2 sind, und schreibt

$$\sigma' - s = d \cos 2\,\varphi - \tau \sin 2\,\varphi,$$
$$\tau' = d \sin 2\,\varphi + \tau \cos 2\,\varphi, \qquad \text{(a)}$$

so erkennt man σ' und τ' als Koordinaten eines Kreispunktes und damit das vorstehende Gleichungspaar als Parameterdarstellung eines Kreises. Quadriert man nämlich beide Gleichungen und addiert, so erhält man

$$(\sigma' - s)^2 + \tau'^2 - (d^2 + \tau^2) = 0 \quad \text{oder} \quad (\sigma' - s)^2 + \tau'^2 = r^2, \qquad \text{(b)}$$

das ist die Gleichung eines Kreises vom Radius $r = \sqrt{d^2 + \tau^2}$ um den Mittelpunkt $M = s\,|\,0$, nämlich $(x - s)^2 + y^2 = r^2$, wenn man einen Augenblick x statt σ' und y statt τ' setzt.

Den Parameter $2\,\varphi$ zählt man von einem Anfangsstrahl aus, der durch den Parameter $2\,\varphi = 0$, also durch $\sigma_0' = s + d = \sigma_1$, $\tau_0' = \tau$, in der Abbildung durch den Punkt $N = \sigma_1\,|\,\tau$ bestimmt ist. Der Punkt P der Abbildung mit dem Parameter $2\,\varphi$ hat die Koordinaten $\sigma'\,|\,\tau'$. Seine Konstruktion erfolgt mit Hilfe der im Punkt N gezogenen Kreistangente. Man benützt die Beziehung, daß der Umfangswinkel gleich ist dem halben Zentriwinkel. Der Strahl, der von dieser Tangente aus unter dem Winkel φ gezogen wird, schneidet auf dem

Kreis den Punkt P mit dem Parameter 2φ und deshalb mit den Koordinaten σ' und τ' aus. Es ist, wie die Abbildung ersehen läßt,

$$r \cos 2\alpha = d, \qquad r \sin 2\alpha = \tau,$$

$$MQ = r \cos (2\alpha + 2\varphi) = d \cos 2\varphi - \tau \sin 2\varphi = \sigma' - s,$$

$$QP = r \sin (2\alpha + 2\varphi) = d \sin 2\varphi + \tau \cos 2\varphi = \tau'$$

Eine weitere Diskussion dieses Spannungskreises ist Aufgabe der Festigkeitslehre. Hier soll nur kurz noch darauf aufmerksam gemacht werden, daß man die extremen Werte von σ' durch die Punkte A und B des Spannungskreises dargestellt findet, also

$$\sigma'_{extr} = s \pm r$$
$$= \tfrac{1}{2}(\sigma_1 + \sigma_2) \pm \tfrac{1}{2} \sqrt{(\sigma_1 - \sigma_2)^2 + 4\tau^2}, \qquad (c)$$

und daß die beiden Schnitte, in denen diese Extremwerte von σ auftreten, durch die Gleichung

$$\operatorname{tg} 2\alpha = \tau : d = \frac{2\tau}{\sigma_1 - \sigma_2} \qquad (d)$$

bestimmt sind. Man vergleiche damit die Formeln (173e) und (172a).

Beispiel: Für die Werte $\sigma_1 = 250$, $\sigma_2 = 100$, $\tau = 100$ wird $s = 175$, $d = 75$, $r = 125$. Der Spannungskreis hat den Mittelpunkt $M = 175|0$ und den Radius $r = 125$, siehe Abb. 249. Der Nullstrahl ist durch den Punkt $N = 250|100$ bestimmt. Im Punkt A erreicht σ' seinen kleinsten Wert 50, in B seinen größten Wert 300. In der Abbildung stellt je 1 mm die Spannung 5 dar.

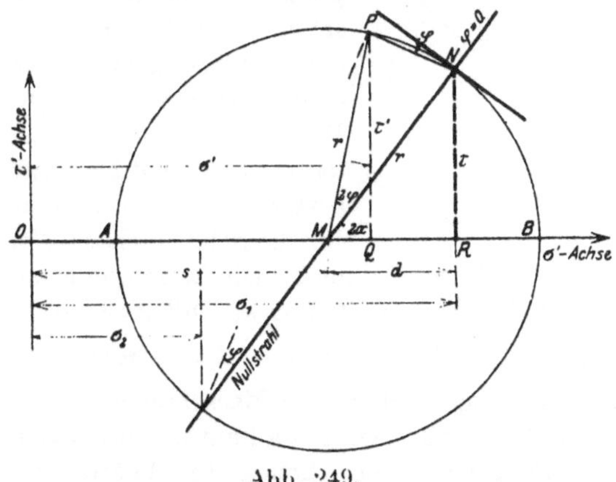

Abb. 249.

***179.** Man bezieht die Massenpunkte einer Scheibe wieder wie in Nr. 67 auf eine beliebige feste Gerade in der Scheibenebene. Diese Bezugsgerade oder Bezugsachse kann man sich als eine Dreh-

achse denken, wenn sie nicht wirklich eine solche ist. Wie in Nr. 102
definiert man mr^2 als Trägheitsmoment des Massenteilchens m für
die Bezugsachse, entsprechend $m_i r_i^2$ als Trägheitsmoment des Massenteilchens m_i; und ferner als Trägheitsmoment des Körpers die
Summe

$$J = \Sigma\, mr^2 = m_1 r_1^2 + m_2 r_2^2 + \cdots + m_n r_n^2, \tag{a}$$

wenn n Massenteilchen vorhanden sind. Die Trägheitsmomente von
Massenteilchen und Massensystemen haben stets positiven Wert, da
m immer nur positiv ist. Gleichzeitig zeigt die Definition auch noch,
daß J um so größer wird, je weiter die Bezugsachse sich von einer
mittleren Punkt der Scheibe, der als Schwerpunkt vermutet wird
entfernt. Auch das ist zu erwarten, daß bei einer Scheibe mit mehr
länglicher Form die Trägheitsmomente für die mehr in der Längs-
richtung gehenden Bezugsachsen kleiner sein werden als für Achsen,
die quer zur Längsform gehen, weil bei letzteren die Einzelmassen
größere Abstände haben. Man beachte als ganz charakteristisch,
daß das Trägheitsmoment einer Masse sich mit dem Quadrat des
Abstandes von der Achse ändert, daß also etwa im zehnfachen Abstand von ihr das Trägheitsmoment hundertmal so groß ist als im
einfachen Abstand. Für die praktische Anwendung von Trägheitsmomenten spielt in dem Produkt mr^2 die Masse meist eine unter-
geordnete Rolle gegenüber dem Abstand r.

In Erinnerung an Nr. 102 ist zu erwarten, daß bezüglich der
Trägheitsmomente die Schwerachsen des Körpers unter allen Achsen
ausgezeichnet sind. Der Schwer-
punkt S ist als bekannt vorausgesetzt. Durch ihn wird irgendeine
Schwerachse gezogen und zu dieser
eine parallele Achse im Abstand s.
Für die Schwerachse ist nach (67 c)
das Drehmoment $D = \Sigma\, my$ des Massensystems Null. Das Trägheitsmoment
für die Schwerachse sei mit J_s bezeich-

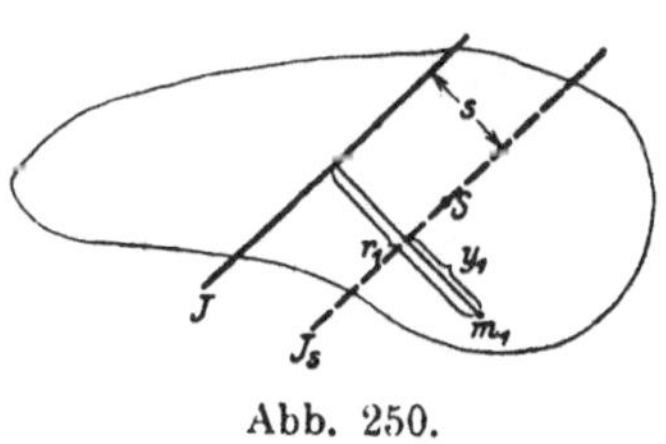

Abb. 250.

net, dasjenige für die Parallele mit J. Die Massenteilchen m haben von
beiden Achsen die Abstände y und r, so daß $r = y + s$. Dann wird

$$J_s = \Sigma\, my^2 \quad \text{und} \quad J = \Sigma\, mr^2,$$

wo die Summierung sich über alle Massenteilchen der Scheibe er-
streckt. Tritt in diesen Summen s als Faktor eines jeden Summanden
auf, so ist er als gemeinsamer konstanter Faktor vor die Summe
zu setzen. Es wird

$$J = \Sigma\, m(y + s)^2 = \Sigma\, my^2 + \Sigma\, 2\,mys + \Sigma\, ms^2$$
$$= \Sigma\, my^2 + 2s \Sigma\, my + s^2 \Sigma\, m = J_s + 2s \cdot D + s^2 \cdot M,$$

oder da D verschwindet,

$$J = J_s + M s^2, \tag{b}$$

das ist der gleiche Satz wie (102 b),

> únter allen parallelen Achsen tritt für die Schwer-
> achsen das kleinste Trägheitsmoment auf.

Zwischen zwei parallelen Achsen im Abstand s_1 und s_2 vom Schwerpunkt besteht nach dieser Entwicklung die Beziehung

$$J_1 = J_s + M s_1^2 \quad \text{und} \quad J_2 = J_s + M s_2^2$$

sonach

$$J_1 - M s_1^2 = J_2 - M s_2^2. \tag{c}$$

Man denke sich die ganze Masse auf den Abstand i „reduziert", das heißt alle Massenpunkte im Abstand i von der Bezugsachse angebracht, und diesen Abstand i so gewählt, daß das Trägheitsmoment J des „reduzierten" Körpers sich nicht ändert, dann nennt man i wieder wie in Nr. 102 den Trägheitsradius oder Trägheitshalbmesser des Körpers. Dann ist wegen dieser Definition i bestimmt durch die Beziehung

$$J = \Sigma m i^2 = m_1 i^2 + m_2 i^2 + \ldots = i^2 \Sigma m = M i^2$$

also

$$J = M i^2 \quad \text{oder} \quad i^2 = \frac{J}{M}. \tag{d}$$

Wie in Nr. 102 beweist man wieder:

> Der Trägheitshalbmesser i eines Massensystemes ist
> immer größer als der Abstand s des Systemschwerpunktes
> von der Bezugsachse. (e)

Beispiel: Die Mechanik lehrt, daß das Trägheitsmoment eines rechteckigen Querschnittes von der Höhe h und der Breite b für die quer zur Höhe laufende Symmetrieachse, nach Abb. 251 die x-Achse, den Wert $J_x = \frac{1}{12} b h^3$ hat. Für die quer zur Breite gehende Symmetrieachse muß

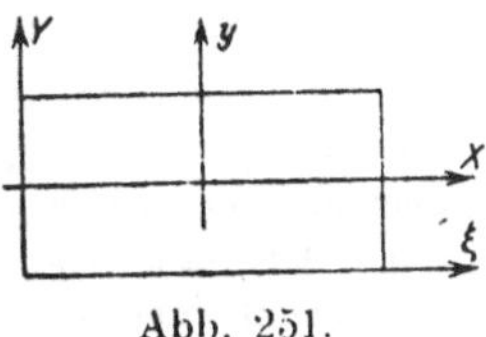

Abb. 251.

dann jedenfalls das Trägheitsmoment sein $J_y = \frac{1}{12} h b^3$. Setzt man die Masse M des Rechteckes gleich seiner Fläche $F = ab$, so kann man auch schreiben

$$J_x = \frac{1}{12} M h^2, \qquad J_y = \frac{1}{12} M b^2, \tag{f}$$

Die Trägheitsradien für beide Achsen sind bestimmt durch $J_x = i_x^2 M$ und $J_y = i_y^2 M$, hier durch

$$i_x = \frac{h}{6}\sqrt{3}, \qquad i_y = \frac{b}{6}\sqrt{3}$$

Für die Rechteckseiten als Bezugsachsen wird nach (b)

$$J_\xi = J_x + M\left(\frac{h}{2}\right)^2 = \tfrac{1}{3} M h^2 = 4 J_x,$$

$$J_\eta = J_y + M\left(\frac{b}{2}\right)^2 = \tfrac{1}{3} M b^2 = 4 J_y.$$

Für die Werte $b = 24$ cm, $h = 12$ cm der Abb. 251 wird

$$M = F = 288 \text{ cm}^2, \quad J_x = 3\,456 \text{ cm}^4, \quad J_y = 13\,824 \text{ cm}^4,$$

$$i_x = 2\sqrt{3} = 3{,}46 \text{ cm}, \quad i_y = 4\sqrt{3} = 6{,}95 \text{ cm}, \quad J_\xi = 4 J_x = 13\,824 \text{ cm}^4$$

$$J_\eta = 4 J_y = 55\,296 \text{ cm}^4 = 16 J_x.$$

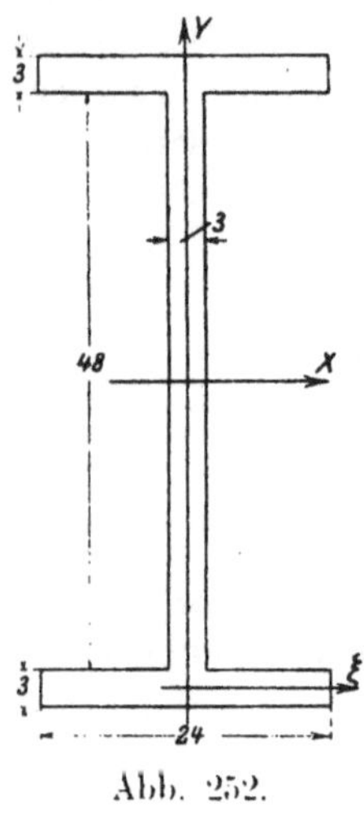

Abb. 252.

Aufgabe: Der Querschnitt der Abb. 252 hat die nämliche Fläche wie derjenige des vorausgehenden Beispieles, nämlich $M = F = (2 \cdot 72 + 3 \cdot 48)$ cm² $= 288$ cm². Man vergleiche die Trägheitsmomente dieses Querschnittes mit denen des vorausgehenden Beispieles.

Lösung: Je eines der horizontalen Rechtecke, im vorliegenden Fall genannt „Obergurt" und „Untergurt" des Querschnittes, hat die Masse $M_1 = F_1 = 72$ cm²; für die vertikale Schwerachse, die y-Achse, ist dessen Trägheitsmoment.

$$J_{1y} = \tfrac{1}{12} \cdot 72 \cdot 24^2 \text{ cm}^4 = 3\,456 \text{ cm}^4.$$

Das vertikale Rechteck, der sogenannte „Steg" des Querschnittes hat die Masse $M_2 = F_2 = 144$ cm² und für die vertikale Schwerachse das Trägheitsmoment

$$J_{2y} = \tfrac{1}{12} \cdot 144 \cdot 3^2 \text{ cm}^4 = 108 \text{ cm}^4.$$

Das Trägheitsmoment J_y des gesamten Querschnittes für die y-Achse ist

$$J_y = 2 J_{1y} + J_{2y} = (2 \cdot 3\,456 + 108) \text{ cm}^4 = 7\,020 \text{ cm}^4.$$

Man beachte, daß für das Trägheitsmoment um die vertikale Achse der Steg des Querschnittes fast nicht in Betracht kommt. Sein Beitrag zum gesamten Trägheitsmoment ist weniger als $2^0/_0$.

Der Obergurt wie der Untergurt hat für seine eigene horizontale Schwerachse ξ das Trägheitsmoment

$$J_{1\xi} = \tfrac{1}{12} \cdot 72 \cdot 3^2 \text{ cm}^4 = 54 \text{ cm}^4.$$

Für die x-Achse ist sein Trägheitsmoment

$$J_{1x} = J_{1\xi} + M \cdot 25{,}5^2 \text{ cm}^2 = (54 + 46\,818) \text{ cm}^4 = 46\,872 \text{ cm}^4.$$

Der Steg hat für die x-Achse das Trägheitsmoment

$$J_{2x} = \tfrac{1}{12} \cdot 144 \cdot 48^2 \text{ cm}^4 = 27\,648 \text{ cm}^4.$$

Das Trägheitsmoment des gesamten Querschnittes für die x-Achse

$$\mathfrak{J}_x = 2 J_{1x} + J_{2x} = (2 \cdot 46\,872 + 27\,648) \text{ cm}^4 = 121\,392 \text{ cm}^4.$$

Gegenüber den Trägheitsmomenten des vorausgehenden Beispieles für die Symmetrieachsen ist jetzt J_x im Verhältnis 121 392 : 3 456 gewachsen, J_y im Verhältnis 7 020 : 13 824; ersteres ist also rund 40 mal so groß geworden, letzteres rund 2 mal so klein.

∗ 180. Liegt die Achse, für die man das Trägheitsmoment einer Scheibe ermitteln soll, in der Scheibenebene selbst, so nennt man sie äquatoriale Achse und spricht von einem äquatorialen Trägheitsmoment. Alle bisher behandelten Trägheitsmomente waren äquatorial. Steht die Bezugsachse senkrecht zur Scheibe, so nennt man sie polare Achse und spricht von einem polaren Trägheitsmoment. Denkt man sich in einem beliebigen Punkt P_0 der Scheibe eine polare Achse errichtet und gleichzeitig ein äquatoriales senkrechtes Achsenkreuz, so wie Abb. 253 angibt, so ist das polare Trägheitsmoment der Scheibe

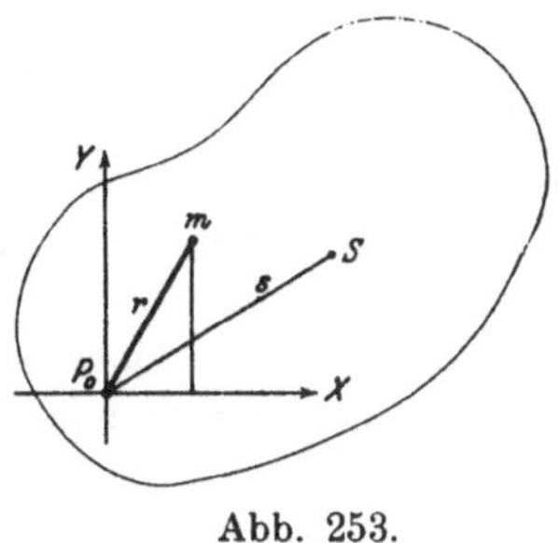

Abb. 253.

$$J_p' = \Sigma\, m r^2 = \Sigma\, m x^2 + \Sigma\, m y^2 = J_x + J_y, \qquad\text{(a)}$$

das polare Trägheitsmoment einer Scheibe ist gleich der Summe der Trägheitsmomente für ein äquatoriales orthogonales Achsenkreuz durch den nämlichen Scheibenpunkt.

Da man das äquatoriale Achsenkreuz beliebig wählen kann, wenn es nur senkrecht ist, so gilt

$$J_p' = J_x + J_y = J_u + J_v, \qquad\text{(b)}$$

die Summe der Trägheitsmomente für irgendein äquatoriales senkrechtes Achsenkreuz durch den nämlichen Scheibenpunkt ist konstant.

Für das polare Trägheitsmoment gelten die gleichen Formeln wie für ein äquatoriales. Ist nämlich J_s' das Trägheitsmoment für die polare Schwerachse der Scheibe, die also in S senkrecht zur Scheibe steht, J' dasjenige

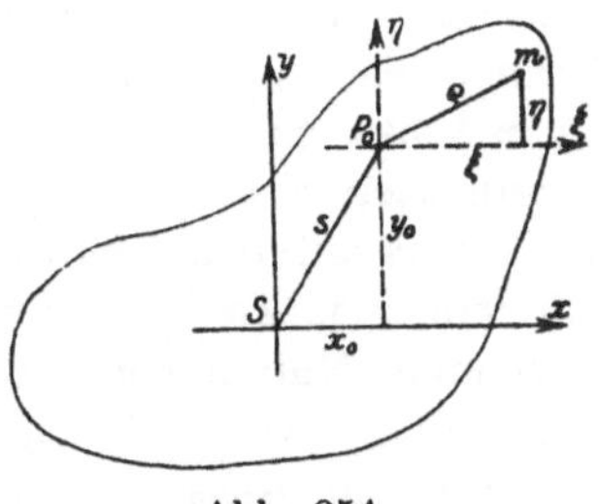

Abb. 254.

für eine parallele Achse durch den beliebigen Punkt P_0 der Scheibe, der vom Schwerpunkt den Abstand s hat, so wird

$$J' = \Sigma\, m \varrho^2 = \Sigma\, m\,(\xi^2 + \eta^2) = \Sigma\, m \xi^2 + \Sigma\, m \eta^2$$
$$= J_\eta + J_\xi,$$

wenn man mit J_ξ und J_η die Trägheitsmomente für die ξ- und η-Achse bezeichnet, siehe Abb. 254. Andrerseits ist nach (179 b)

$$J_\xi = J_x + M y_0^2, \qquad J_\eta = J_y + M x_0^2,$$

wenn $x_0 \,|\, y_0$ die Koordinaten des willkürlich ausgewählten Punktes P_0 sind. Mit diesen Werten wird

$$J' = J_x + J_y + M(x_0^2 + y_0^2)$$
$$= J_s' + M s^2, \tag{c}$$

das ist die entsprechende Formel zu (179b) für die äquatorialen Drehachsen. Damit folgt auch für die polaren Trägheitsmomente, daß sie, bezogen auf parallele Bezugsachsen, für die Schwerachse den kleinsten Wert annehmen.

Als Deviationsmoment oder Zentrifugalmoment des Massenteilchens m_i einer Scheibe bezüglich eines in der Scheibe liegenden Achsenkreuzes x, y definiert man das Produkt $m_i x_i y_i$, und entsprechend

$$\Phi_{xy} = \Sigma\, m x y \tag{d}$$

als das Deviationsmoment oder Zentrifugalmoment des Massensystemes der Scheibe für das x-y-Kreuz. Es ist durch diese Festsetzung nicht ohne weiteres bestimmt, daß dieses Achsenkreuz senkrecht sein muß, man wird schiefe Achsen oft mit Vorteil verwenden, indes soll immer ein rechtwinkliges Kreuz vorausgesetzt sein, wenn nicht eigens eine andere Festsetzung getroffen wird, siehe Abb. 253.

Zunächst läßt die Definition ersehen, daß ein Zentrifugalmoment ebensowohl positive wie negative Werte annehmen kann und im speziellen auch den Wert Null, da ja x und y gleiche und verschiedene Vorzeichen haben können. Weiter sieht man, daß das Zentrifugalmoment eines symmetrischen Massensystemes den Wert Null hat, wenn man die Symmetrieachse und irgendeine andere dazu senkrechte Achse als Achsenkreuz annimmt. Denn wenn man die Symmetrieachse zur y-Achse macht und irgendeine senkrechte Gerade zur x-Achse, so kann jedem Massenteilchen m des Systems mit den Koordinaten $x \,|\, y$ ein symmetrisch gelegenes gleich großes Massenteilchen m mit den Koordinaten $-x \,|\, y$ gegenübergestellt werden, so daß immer je zwei einzelne Zentrifugalmomente $m x y$ und $m(-x)y$ als Summe Null haben. Dabei ist die Lage der zur Symmetrieachse senkrechten zweiten Bezugsachse ganz belanglos.

Für ein Achsenkreuz x, y durch den Schwerpunkt S habe das Zentrifugalmoment des Massensystems den Wert Φ_{xy}, gefragt ist nach dem Zentrifugalmoment $\Phi_{\xi\eta}$ für ein paralleles Achsenkreuz ξ, η durch den Punkt $P_0 = x_0 \,|\, y_0$, siehe Abb. 254. Letzteres ist nach Definition $\Phi_{\xi\eta} = \Sigma\, m \xi \eta$ und nimmt mit $x = \xi + x_0$, $y = \eta + y_0$ den Wert

$$\Phi_{\xi\eta} = \Sigma\, m \xi \eta = \Sigma\, m (x - x_0)(y - y_0)$$
$$= \Sigma\, m x y - \Sigma\, m x y_0 - \Sigma\, m x_0 y + \Sigma\, m x_0 y_0$$
$$= \Sigma\, m x y - y_0 \Sigma\, m x - x_0 \Sigma\, m y + x_0 y_0 \Sigma\, m$$

an. $\Sigma\,mx$ und $\Sigma\,my$ sind die statischen Momente für die y- und x-Achse und verschwinden, weil diese Schwerachsen sind. also wird

$$\Phi_{\xi\,\eta} = \Phi_{x\,y} + x_0\,y_0\,M \tag{e}$$

Beispiel: Nach diesem Satz ist das Deviationsmoment eines Rechteckes für irgendein vorgeschriebenes Achsenkreuz parallel den Rechteckseiten, siehe Abb. 255,

$$\Phi_{\xi\,\eta} = x_0\,y_0\,F. \tag{f}$$

Denn für das Achsenkreuz. das dem vorgeschriebenen parallel durch den Rechteckschwerpunkt gelegt wird, verschwindet das Deviationsmoment $\Phi_{x\,y}$. x_0 und y_0 sind die Koordinaten des Punktes P_0 für das durch den Schwerpunkt gehende x, y-Kreuz, oder auch die Koordinaten des Rechteckschwerpunktes S für das vorgeschriebene ξ, η-Kreuz.

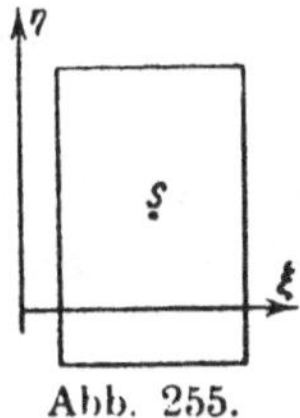
Abb. 255.

Ganz allgemein ist aus dem gleichen Grund das Deviationsmoment eines Symmetriequerschnittes für irgendein Achsenkreuz, dessen eine Seite parallel der Symmetrieachse ist,

$$\Phi_{\xi\,\eta} = x_0\,y_0\,F, \tag{g}$$

wenn wieder der Querschnittschwerpunkt die Koordinaten x_0 und y_0 hat.

$*$ **181.** Durch den Schwerpunkt eines scheibenförmigen Massensystemes gehen ∞^1 in der Scheibe liegende Achsen. Man soll untersuchen, wie sich das Trägheitsmoment des Körpers ändert, wenn man der Reihe nach alle diese ∞^1 Achsen als Drehachsen wählt. Zu diesem Zweck nimmt man zwei beliebige zueinander senkrechte Schwerachsen als x- und y-Achse eines rechtwinkligen Koordinatensystems. Dann sind $m_i\,x_i^2$ und $m_i\,y_i^2$ die Trägheitsmomente des Massenteilchens m_i für die y- bzw. x-Achse, ferner $m_i\,x_i\,y_i$ sein Zentrifugalmoment für das x-y-Kreuz.

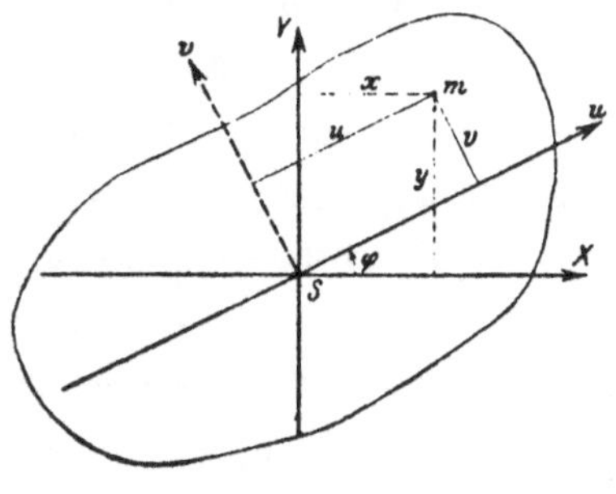
Abb. 256.

Entsprechend sind

$$J_x = \Sigma\,m\,y^2 \qquad J_y = \Sigma\,m\,x^2, \qquad \Phi_{x\,y} = \Sigma\,m\,x\,y \tag{a}$$

die Trägheitsmomente des Körpers für die x- und y-Achse bzw. das Zentrifugalmoment für das x-y-Kreuz. Für ein neues Koordinatensystem $u\text{-}v$, das gegenüber dem $x\text{-}y$-System um den Winkel φ verdreht ist, sind die Trägheitsmomente bzw. das Zentrifugalmoment

$$J_u = \Sigma m v^2, \quad J_v = \Sigma m u^2, \quad \Phi_{uv} = \Sigma m u v,$$

wenn u_i und v_i die Abstände des Massenteilchens m_i von der v- bzw. u-Achse sind. Nach (78b) ist

$$u = x \cos \varphi + y \sin \varphi, \quad v = - x \sin \varphi + y \cos \varphi$$

und damit

$$\begin{aligned}
J_u &= \Sigma m v^2 = \Sigma m (y \cos \varphi - x \sin \varphi)^2 \\
&= \cos^2 \varphi \cdot \Sigma m y^2 + \sin^2 \varphi \cdot \Sigma m x^2 - 2 \sin \varphi \cos \varphi \cdot \Sigma m x y \\
&= J_x \cos^2 \varphi + \quad \sin^2 \varphi - \Phi_{xy} \sin 2 \varphi.
\end{aligned} \tag{b}$$

Das Trägheitsmoment für die v-Achse, die eine um 90^0 größere Winkelentfernung hat als die u-Achse, ist dementsprechend

$$J_v = J_x \sin^2 \varphi + J_y \cos^2 \varphi + \Phi_{xy} \sin 2 \varphi.$$

Die Summe $J_u + J_v$ muß nach 180b) gleich sein $J_x + J_y$, was als Kontrolle dient.

Das Deviationsmoment für das neue Achsenkreuz ist

$$\begin{aligned}
\Phi_{uv} &= \Sigma m u v = \Sigma m (x \cos \varphi + y \sin \varphi)(- x \sin \varphi + y \cos \varphi) \\
&= - \cos \varphi \sin \varphi \cdot J_y + \cos^2 \varphi \cdot \Phi_{xy} - \sin^2 \varphi \cdot \Phi_{xy} + \sin \varphi \cos \varphi \cdot J_x \\
&= \tfrac{1}{2}(J_x - J_y) \cdot \sin 2 \varphi + \Phi_{xy} \cdot \cos 2 \varphi.
\end{aligned} \tag{c}$$

Die Formeln erinnern zum Teil an Nr. 178, wo τ' analog aufgebaut ist wie Φ_{uv}. Man führt zu diesem Zweck

$$J_x + J_y = 2 S, \quad J_x - J_y = 2 D$$

ein und erhält zunächst

$$\Phi_{uv} = D \sin 2 \varphi + \Phi_{xy} \cos 2 \varphi.$$

Die Werte J_u und J_v lassen sich umformen zu

$$\begin{aligned}
2 J_u &= J_x(2 \cos^2 \varphi - 1) + J_x + J_y(2 \sin^2 \varphi - 1) + J_y - 2 \Phi_{xy} \sin 2 \varphi \\
&= J_x \cos 2 \varphi - J_y \cos 2 \varphi + 2 S - 2 \Phi_{xy} \sin 2 \Phi
\end{aligned}$$

oder $\qquad\qquad J_u = S + D \cos 2 \varphi - \Phi_{xy} \sin 2 \varphi.$

Setzt man $\varphi + 90^0$ statt φ, so erhält man

$$J_v = S - D \cos 2 \varphi + \Phi_{xy} \sin 2 \varphi.$$

Das Gleichungspaar

$$\begin{aligned}
J_u - S &= x - S = D \cos 2 \varphi - \Phi_{xy} \sin 2 \varphi \\
\Phi_{uv} &= y \quad\quad = D \sin 2 \varphi + \Phi_{xy} \cos 2 \varphi
\end{aligned} \tag{d}$$

bestimmt ebenso wie das Paar (178a) einen Kreis, wenn man J_u als Abszisse x und Φ_{uv} als Ordinate y eines erzeugenden Punktes betrachtet, und zwar einen Kreis in der Parameterdarstellung. Die Beseitigung des Parameters 2φ liefert

$$(J_u - S)^2 + \Phi_{uv}^2 = D^2 + \Phi_{xy}^2 \quad \text{oder} \quad (x - S)^2 + y^2 = R^2,$$

das ist ein Kreis mit dem Radius $R = \sqrt{D^2 + \Phi_{xy}^2}$ um den Mittelpunkt $M = S\,|\,0$ auf der x-Achse. Wie beim Spannungskreis zählt man den Parameter 2φ als Mittelpunktswinkel von einem Nullstrahl aus; dieser ist durch die Abszisse $x_0 = S + D = J_x$ und die Ordinate $y_0 = \Phi_{xy}$ des Anfangspunktes N bestimmt.

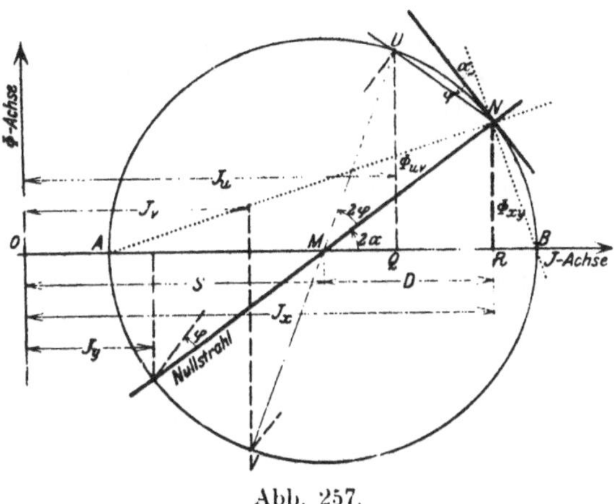

Abb. 257.

Die Abbildung zeigt dann noch, wie man für jeden Achsenwinkel φ die Werte J_u und Φ_{uv} ablesen kann. Man benützt wieder die Beziehung. daß bei einem Kreis der Umfangswinkel gleich dem halben Mittelpunktswinkel ist und trägt von der in N gezogenen Tangente aus, die man sich als x-Achse des Querschnittes denkt, die Achse an, für die man das Trägheitsmoment J_u aufsucht. Diese Achse schneidet den Trägheitskreis im Punkt U, dessen Abszisse J_u und dessen Ordinate Φ_{uv} ist. Der Beweis erfolgt genau so wie unter Nr. 178 für den Spannungskreis. Ein zu NU senkrechter Strahl NV trifft den Kreis in einem Punkt V, dessen Abszisse J_v und dessen Ordinate $-\Phi_{uv}$ ist. Naturgemäß muß UV ein Durchmesser des Trägheitskreises sein und damit die Summe aus J_u und J_v wieder den Wert $2S$ entsprechend der Formel (180b) erreichen.

Man nennt Hauptträgheitsmomente des Massensystems die extremen Werte, die das Trägheitsmoment für eine Schwerachse erreicht, und Hauptachsen jene Schwerachsen, für die das Trägheitsmoment extrem wird.

Die Abbildung gibt dann an, daß es für eine Scheibe zwei

Hauptachsen gibt, die zueinander senkrecht stehen. Die Hauptträgheitsmomente haben die Werte

$$J_{extrem} = S \pm R = S \pm \sqrt{D^2 + \Phi_{xy}^2}$$
$$= \tfrac{1}{2}(J_x + J_y) \pm \tfrac{1}{2}\sqrt{(J_x - J_y)^2 + 4\,\Phi_{xy}^2}\,, \tag{e}$$

die Hauptachsen sind gegen den Nullstrahl unter einem Winkel α bzw. $\alpha + \tfrac{1}{2}\pi$ geneigt, der durch die Formel

$$\operatorname{tg} 2\alpha = \frac{\Phi_{xy}}{D} = \frac{2\,\Phi_{xy}}{J_x - J_y} \tag{f}$$

bestimmt ist. In der Abbildung sind die beiden Hauptachsen punktiert eingezeichnet. Aus dem Diagramm für die Trägheitsmomente liest man weiter ab, daß für das Hauptachsenkreuz das Deviationsmoment Null ist. Ferner daß die extremen Deviationsmomente den Wert

$$\text{extremes } \Phi_{uv} = \pm R = \pm \tfrac{1}{2}\sqrt{(J_x - J_y)^2 + 4\,\Phi_{xy}^2}$$
$$= \pm \tfrac{1}{2}(J_{max} - J_{min}) \tag{g}$$

haben, wo J_{max} und J_{min} das größte bzw. kleinste Trägheitsmoment ist.

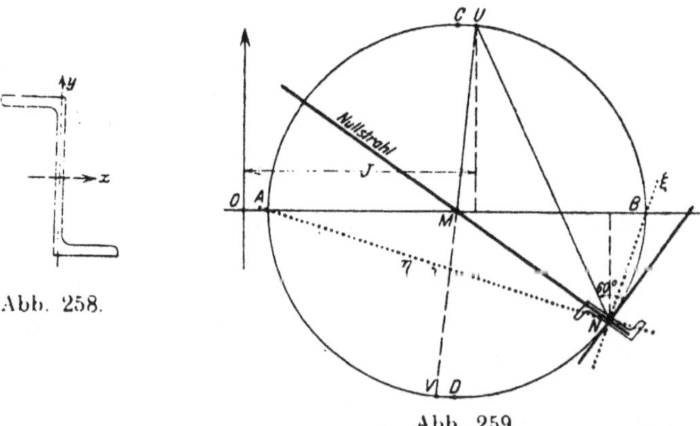

Abb. 258.

Abb. 259.

Beispiel: Von dem durch Abb. 258 gegebenen Querschnitt kennt man den Schwerpunkt, ferner für das x-y-Kreuz die Werte

$$J_x = 2\,289\ \text{cm}^4, \qquad J_y = 367\ \text{cm}^4, \qquad \Phi_{xy} = -\,667\ \text{cm}^4$$

Mit $S = 1\,328\ \text{cm}^4$, $D = 961\ \text{cm}^4$ wird $R = \sqrt{D^2 + \Phi_{xy}^2} = 1\,170\ \text{cm}^4$. Damit kennt man vom Trägheitskreis den Mittelpunkt $M = 1\,328\,|\,0$ und den Punkt $N = 2\,289\,|-667$, der gleichzeitig auf dem Nullstrahl liegt, so daß man diesen und den Trägheitskreis zeichnen kann. Abb. 259 gibt diese Zeichnung im Maßstab 1 mm $= 50$ cm^4. Die Tangente in N stellt die x-Achse des Querschnittes vor. Die beiden

Hauptachsen sind durch die Punkte A und B des Trägheitskreises bestimmt. Die Hauptträgheitsmomente werden der Zeichnung entnommen zu

$$J_\xi = J_{max} = 2\,500 \text{ cm}^4 \qquad J_\eta = J_{min} = 150 \text{ cm}^4.$$

Die extremen Deviationsmomente sind beide entgegengesetzt gleich groß; sie sind als Ordinaten der Punkte C und D gegeben mit $\pm 1\,170$ cm^4.

Für eine unter 60^0 gegen die x-Achse gezogene Drehachse entnimmt man der Zeichnung $J = 28{,}5 \cdot 50$ cm$^4 = 1\,425$ cm^4.

***182.** Für die Ermittlung von Trägheitsmomenten und anderen mit ihnen in Beziehung stehenden Größen kann man auch die **Trägheitsellipse** bzw. **Zentralellipse** benützen, die folgendermaßen entsteht. Die Formel (181 b)

$$J_u = J_x \cos^2 \varphi + J_y \sin^2 \varphi - \Phi_{xy} \sin 2\varphi$$

kann man vereinfachen, wenn man unter all den ∞^1 Achsenkreuzen jenes als Koordinatensystem wählt, für das das Deviationsmoment verschwindet, das Kreuz der Hauptachsen. Die Trägheitsmomente für dieses Kreuz, die Hauptträgheitsmomente, seien mit J_1 und J_2 bezeichnet. Dann gilt für jede andere Schwerachse, die unter dem Winkel α gegen die erste Achse geneigt ist,

$$J_a = J_1 \cos^2 \alpha + J_2 \sin^2 \alpha. \tag{a}$$

Führt man die Trägheitsradien durch die Beziehungen

$$J_1 = M i_1{}^2, \qquad J_2 = M i_2{}^2, \qquad J_a = M i_a{}^2$$

ein, so nimmt obige Gleichung die Form an

$$i_a{}^2 = i_1{}^2 \cos^2 \alpha + i_2{}^2 \sin^2 \alpha, \tag{b}$$

die an die Formel (149 d) erinnert.

Ermittelt man für jede der ∞^1 Schwerlinien den Trägheitsradius i_a und trägt ihn jedesmal vom Nullpunkt aus auf der Schwerlinie ab, so erhält man auf jeder solchen Schwerlinie einen Punkt P, nämlich den Endpunkt dieser Strecke i_a, insgesamt ∞^1 solcher Punkte, also eine Kurve. Würde man deren Gleichung ermitteln, so würde man sie vom vierten Grad finden, somit nicht gut geeignet für die weitere Behandlung. Man versucht daher eine andere graphische Darstellung der Trägheitsmomente und führt zu diesem Zweck einen Radiusvektor $r = c^2 : i$, also

$$r_1 = c^2 : i_1, \qquad r_2 = c^2 : i_2, \qquad r_a = c^2 : i_a,$$

ein, wo c eine verfügbare Konstante; dann geht die letzte Gleichung über in

$$\frac{1}{r_a{}^2} = \frac{\cos^2 \alpha}{r_1{}^2} + \frac{\sin^2 \alpha}{r_3{}^2} \quad \text{oder} \quad \frac{(r_a \cos \alpha)^2}{r_1{}^2} + \frac{(r_a \sin \alpha)^2}{r_2{}^2} = 1,$$

oder wenn man $r_a \cos \alpha = x$ und $r_a \sin \alpha = y$ setzt, siehe Abb. 260,

$$\frac{x^2}{r_1{}^2} + \frac{y^2}{r_2{}^2} = 1$$

das ist die Achsengleichung einer Ellipse, Zentralellipse genannt. wenn man den unten angegebenen Wert von c wählt. Man bemerkt, daß der Proportionalitätsfaktor c^2 scheinbar aus der Gleichung ausgefallen ist; er ist natürlich in r_1 und r_2 noch enthalten. Seine Bedeutung ist hier die, daß man für jeden anderen Wert c^2 eine andere Ellipse erhält, natürlich alle ähnlich, nur durch ihre Größen verschieden. Das heißt c^2 ist von Belang für den Maßstab, in dem

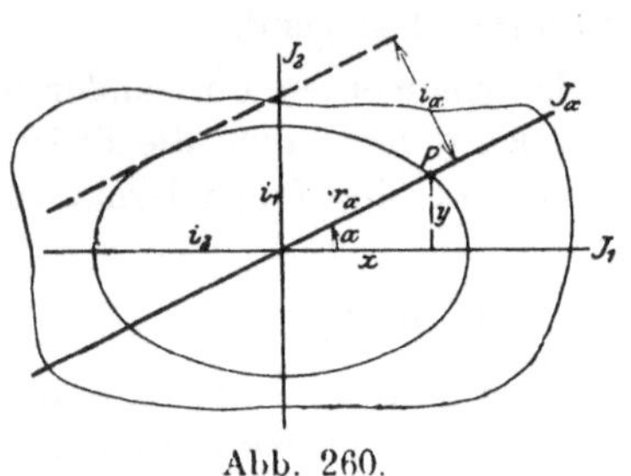

Abb. 260.

man diese Ellipse zeichnen will. Wählt man nun $c^2 = i_1 i_2$, so werden die Halbachsen der Zentralellipse

$$r_1 = c^2 : i_1 = i_2, \qquad r_2 = c^2 : i_2 = i_1$$

und damit ihre Gleichung

$$\frac{x^2}{i_2{}^2} + \frac{y^2}{i_1{}^2} = 1$$

Die Trägheitsradien i_1 und i_2 stehen somit senkrecht zu beiden Achsen, für die sie genommen sind. Man erinnert sich an den Satz (149 d)

$$p^2 = a^2 \sin^2 \alpha + b^2 \cos^2 \alpha$$

und vergleicht ihn mit Formel (b)

$$i_a{}^2 = i_2{}^2 \sin^2 \alpha + i_1{}^2 \cos^2$$

dann gilt, siehe Abb. 260,

> Für jede beliebige Achse als gedachte Dreh
> achse erhält man den Trägheitsradius als Ab
> stand der Achse von der zu ihr parallelen
> Tangente an die Zentralellipse.   (c)

Das Trägheitsmoment J_a für diese Achse erhält man dann als Produkt aus der Masse M mal dem Quadrat des so gefundenen Trägheitsradius i_a, nämlich $J_a = M i_a{}^2$.

Beispiel: Für den Querschnitt des Beispieles 181 soll die Zentralellipse gezeichnet werden. Die Querschnittsfläche ist gegeben mit $F = 38{,}7$ cm².

Hier sind nicht die x- und y-Achse, sondern die ξ- und η-Achse Hauptachsen, also $J_1 = J_\xi$, $J_2 = J_\eta$. Mit $M = F$ wird $i^2 = J : 38{,}7$ cm², im speziellen

$$i_1{}^2 = 64{,}6 \text{ cm}^2, \quad i_2{}^2 = 3{,}9 \text{ cm}^2, \quad \text{in runden Zahlen } i_1 = 8 \text{ cm}, \quad i_2 = 2 \text{ cm}.$$

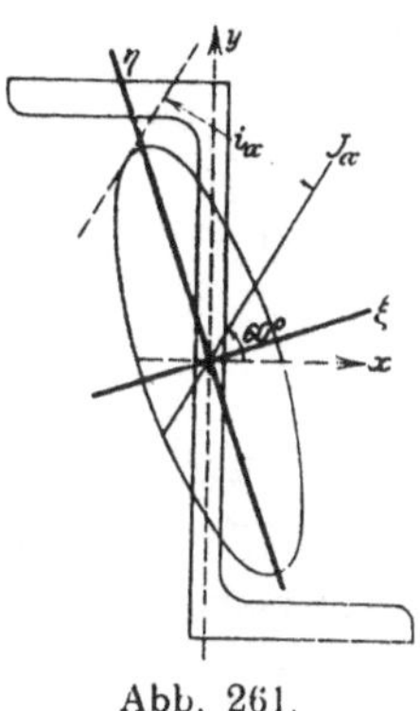

Die ·Zentralellipse hat die Hauptachsen des Querschnittes als Achsen, ihre Gleichung für dieses System ist $\dfrac{\xi^2}{3{,}9} + \dfrac{\eta^2}{64{,}6} = 1$. Abb. 261 gibt die verlangte Zeichnung im Längenmaßstab $1 : 5$. Als Kontrolle lege man eine zur· x-Achse parallele Tangente an die Ellipse. Diese muß vom Mittelpunkt den Abstand i_a haben. $i_a{}^2 = J_a : F = 59{,}2$ cm², $i_a = 7{,}7$ cm. Für eine unter $60°$ gegen die x-Achse gezogene Drehachse entnimmt man der Zeichnung $i = 6{,}1$ cm und erhält damit für diese Achse $J = M i^2 = 1440$ cm⁴. (In Abb. 261 ist der kleine Ellipsenhalbmesser unrichtig 5 mm statt 4 mm.)

Abb. 261.

*** 183.** Durch einen beliebigen Punkt P_0 des scheibenförmigen Körpers lege man alle möglichen äquatorialen Drehachsen. Deren gibt es ∞^1. Für jede derselben ermittle man das Trägheitsmoment und trage wieder vom Punkt P_0 aus auf jeder Drehachse einen zum Trägheitsradius i umgekehrt proportionalen Radiusvektor $r = c^2 : i$ ab. Die Endpunkte dieser ∞^1 Radienvektoren bilden eine Ellipse (wie gezeigt wird), die man die **Trägheitsellipse** der Scheibe im Punkt P_0 nennt, wenn man $c^2 = i_1 i_2$ wählt. Dann wäre also die Zentralellipse eine spezielle Trägheitsellipse.

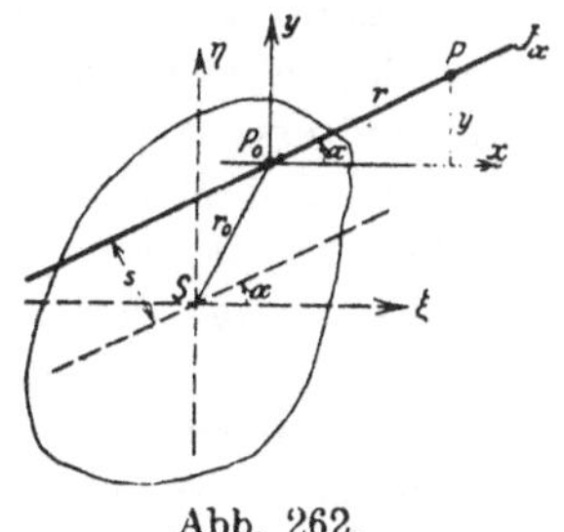

Man trägt unter dem beliebigen Winkel α gegen die x-Achse eine Drehachse an; der Rechnungsvereinfachung halber wählt man die Koordinatenachsen parallel zu den Hauptachsen durch den Schwerpunkt S. Zieht man durch diesen eine parallele Drehachse, die den Abstand s von der gegebenen Achse hat, so gilt

Abb. 262.

nach (179 b) für das Trägheitsmoment J der gegebenen Achse

$$J = J_s + M s^2 \quad \text{oder} \quad M i^2 = M i_s{}^2 + M s^2 \quad \text{oder} \quad i^2 = i_s{}^2 + s^2,$$

25*

oder da i_s die nämliche Größe ist wie i_α der vorausgehenden Nummer,

$$i^2 = i_1{}^2 \cos^2 \alpha + i_2{}^2 \sin^2 \alpha + s^2.$$

i_1 und i_2 sind die Hauptträgheitsradien, beziehen sich also auf das Koordinatensystem ξ, η durch den Schwerpunkt. Mit der Einführung $r = c^2 : i$, im speziellen $r_1 = c^2 : i_1$, $r_2 = c^2 : i_2$ und $r_0 = c^2 : s$ wird die vorstehende Gleichung, da man mit c^4 wegdividieren kann.

$$\frac{1}{r^2} = \frac{\cos^2 \alpha}{r_1{}^2} + \frac{\sin^2 \alpha}{r_2{}^2} + \frac{1}{r_0{}^2}$$

oder

$$1 = \frac{(r \cos \alpha)^2}{r_1{}^2} + \frac{(r \sin \alpha)^2}{r_2{}^2} + \frac{r^2}{r_0{}^2},$$

oder mit $r^2 = x^2 + y^2$ und $r \cos \alpha = x$, $r \sin \alpha = y$

$$x^2 \frac{r_0{}^2 + r_1{}^2}{r_1{}^2} + y^2 \frac{r_0{}^2 + r_2{}^2}{r_2{}^2} = r_0{}^2$$

das ist, wie erwartet, die Gleichung einer Ellipse. der Trägheitsellipse.

　　*** 184.** Haben zwei Größen U_1 und U_2 — im folgenden seien sie „Ursachen" genannt — wenn sie gemeinsam auftreten, die Wirkung W, so nennt man diejenige Größe U, die die nämliche Wirkung erzielt wie U_1 und U_2 zusammen. die Resultierende aus den beiden Größen oder Einzelursachen U_1 und U_2. In diesem Zusammenhang nennt man U_1 und U_2 auch die Komponenten der Größe U. Ob sich zwei Größen U_1 und U_2 immer durch eine Resultierende U ersetzen lassen, hängt natürlich vollständig von der Wirkung W ab. die man betrachtet; eine Antwort auf diese Frage im Sinn der Technik gibt in der Hauptsache die Mechanik. Wenn nun die Einzelursache U_1 für sich die Einzelwirkung W_1 hervorruft und die Einzelursache U_2 für sich die Einzelwirkung W_2, so ist eine Hauptfrage der Praxis: In welcher Weise hängt die resultierende oder Gesamtwirkung W einerseits mit den Einzelwirkungen W_1 und W_2 und andrerseits mit der resultierenden Ursache U zusammen?

　　In der Mechanik ist die erste und wichtigste resultierende Größe die Resultante P von zwei Kräften P_1 und P_2. Unter der Voraussetzung, daß zwei Kräfte P_1 und P_2 überhaupt eine Resultante haben, lehrt die Mechanik. daß diese Resultierende P gleich der graphischen Summe der beiden Einzelkräfte P_1 und P_2 ist. In der Sprechweise der Vektoren: $\mathfrak{R} = \mathfrak{P}_1 + \mathfrak{P}_2$. [Die wichtige Eigenschaft der Resultante von zwei Kräften. daß sie durch den Schnittpunkt der beiden Einzelkräfte gehen muß, ist aber durch die vorstehende Sprech- und Schreibweise nicht zum Ausdruck gebracht.] Man lasse von diesen zwei Einzelkräften beispielsweise P_1 an einem

Körper angreifen, der gestützt ist; dann wird P_1 ganz bestimmte Stützendrucke oder Auflagerkräfte· hervorrufen; der Stützdruck an einem dieser Stützpunkte sei als Wirkung von P_1 mit W_1 bezeichnet. Die Einzelkraft P_2 für sich ruft einen Stützdruck W_2 an dieser Stelle hervor. Greifen P_1 und P_2 gleichzeitig an, oder statt ihrer die Resultierende P, so wird ein Stützdruck W entstehen, der nach dem Superpositionsprinzip[1]),

> Die resultierende Wirkung ist gleich der graphischen Summe der Einzelwirkungen, (a)

aus den Einzeldrücken W_1 und W_2 als deren graphische Summe gebildet wird.

Als weiteres Beispiel sei ein ganz spezieller Fall gewählt. Die Abbildung stellt einen sogenannten Kragträger vor, einen Stab, der horizontal am einen Ende eingespannt ist und am freien Ende eine lotrechte Einzellast P trägt. Diese Ursache P löst eine Reihe von Wirkungen aus, von denen uns im vorliegenden Fall aber nur die durch P hervorgerufene Senkung f des Querschnittsschwerpunktes interessiert. Nimmt man an, daß der Stab ein symmetrisches Prisma

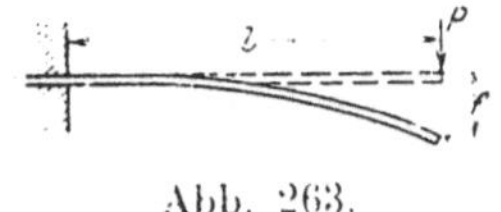

Abb. 263.

ist, nach Abb. 264 etwa mit rechteckigem Querschnitt, und die Kraft P in der vertikalen Symmetrieebene des Stabes liegt, so lehrt die Festigkeitslehre, daß das freie Ende dieses Kragträgers unter dem Einfluß der Last P sich um $f = \dfrac{l^3}{3EJ} \cdot P$ durchbiegt. In dieser Formel ist l die Länge des Stabes, E dessen Elastizitätsmodul, J das Trägheitsmoment des Querschnittes für dessen horizontale Schwerachse. Man kann schreiben $f = \varrho P$, wo dann ϱ nur mehr von den konstanten Größen l, E, J abhängt, also ein Proportionalitätsfaktor ist. Der Zusammenhang zwischen der Ursache P und der Wirkung f ist hier recht einfacher Natur: Wird die Ursache c-mal so groß, dann auch die Wirkung. Von zwei lotrechten Kräften P_1 und P_2 ruft die erste für sich die Wirkung $f_1 = \varrho P_1$ hervor, die zweite die Wirkung $f_2 = \varrho P_2$. Läßt man P_1 und P_2 gleichzeitig angreifen, so ist die resultierende Wirkung nach dem Superpositionsprinzip $f = f_1 + f_2 = \varrho (P_1 + P_2) = \varrho P$, da P_1 und P_2 als parallele Kräfte die Resultierende $P = P_1 + P_2$ haben. Nun erweitert man die vorstehende Aufgabe: Man läßt am freien Ende des Stabes eine Kraft P_1 lotrecht und eine zweite Kraft P_2 wagrecht angreifen,

---

[1]) Siehe des Verfassers: „Neue Methoden der Berechnung ebener und räumlicher Fachwerke", Berlin 1909. Jul. Springer.

so daß beide Kräfte mit den Symmetrieachsen des Querschnittes zusammenfallen. P_1 für sich ruft eine Verschiebung f_1 in der Kraftrichtung hervor,

$$f_1 = \varrho_1 P_1, \quad \text{wo} \quad \varrho_1 = l^3 : 3EJ_1.$$

Dabei ist $J_1 = M i_1^2$ das Trägheitsmoment des Querschnittes für die erste Symmetrieachse, die Horizontalachse. Greift P_2 für sich an, in wagrechter Richtung, so wird es in dieser Richtung eine Verschiebung f_2 des freien Endes hervorrufen; entsprechend der ersten Verschiebung f_1 muß sein

$$f_2 = \varrho_2 P_2, \quad \text{wo} \quad \varrho_2 = l^3 : 3EJ_2;$$

dabei ist $J_2 = M i_2^2$ das Trägheitsmoment des Querschnittes für die zweite Symmetrieachse, die lotrechte Schwerachse.

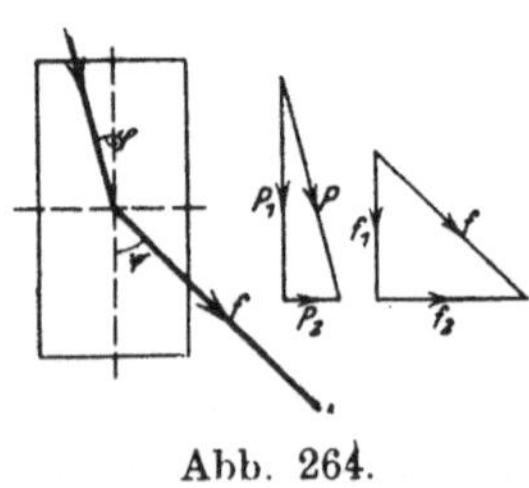

Abb. 264.

Die beiden Kräfte P_1 und P_2 haben nun eine Resultante P; wenn P_1 und P_2 gleichzeitig angreifen, so rufen sie die nämliche Wirkung f hervor, wie wenn die Resultierende P allein angreift. Nach dem Superpositionsprinzip ist dann die Wirkung oder Verschiebung f von P gleich der graphischen Summe der Einzelverschiebungen f_1 und f_2, wie das Abb. 264 andeutet.

Bei dieser Gelegenheit soll auf einen Irrtum aufmerksam gemacht werden, der oft auftritt: Die Verschiebung f geht nämlich nicht in Richtung der Kraft P vor sich, sondern im allgemeinen in anderer Richtung. Die Richtung von P ist im vorliegenden Fall $\operatorname{tg} \varphi = P_1 : P_2$, die Richtung von f ist $\operatorname{tg} \psi = f_1 : f_2$. Die beiden Richtungen sind im allgemeinen voneinander verschieden. Aber eines läßt sich ohne weiteres einsehen, daß nämlich zwischen diesen beiden Richtungen ein gesetzmäßiger Zusammenhang existieren muß, so daß man $\operatorname{tg} \psi$ berechnen kann, wenn man $\operatorname{tg} \varphi$ kennt und umgekehrt. Für diesen Zusammenhang zwischen beiden Richtungen vermutet man ein ganz einfaches Gesetz, ausgehend davon, daß ja f durch lineare vektorielle Gleichungen aus P bzw. P_1 und P_2 hervorgegangen ist. Im vorliegenden Fall ist

$$\operatorname{tg} \psi = f_1 : f_2 = \varrho_1 P_1 : \varrho_2 P_2 = \frac{\varrho_1}{\varrho_2} \cdot \operatorname{tg} \varphi.$$

Oder mit Einführung der Werte von ϱ_1 und ϱ_2

$$\operatorname{tg} \psi = \frac{J_2}{J_1} \operatorname{tg} \varphi = \frac{i_2^2}{i_1^2} \operatorname{tg} \varphi.$$

Diese Beziehung erinnert an die Formel (148d); man formt sie deswegen um, indem man den Winkel $\varphi' = 90^0 + \psi$ oder $\mathrm{tg}\,\psi = -\cotg\,\varphi'$ einführt. Man erhält dann

$$\mathrm{tg}\,\psi = -\cotg\,\varphi' = \frac{i_2^2}{i_1^2}\,\mathrm{tg}\,\varphi \quad \text{oder} \quad \mathrm{tg}\,\varphi \cdot \mathrm{tg}\,\varphi' = -\frac{i_1^2}{i_2^2}, \qquad \text{(b)}$$

das ist eine Formel, die genau den gleichen Aufbau hat wie die erwähnte Formel (148d). Nun sind aber i_1 und i_2 die Halbachsen der Zentralellipse, die man in den gegebenen Querschnitt einzeichnen kann. Dann heißt die gefundene Beziehung zwischen φ und φ' nichts anderes, als daß die Richtung der gegebenen Kraft P und die Richtung der Senkrechten zur Verschiebung f konjugiert sind bezüglich der Zentralellipse. Oder in praktischer Form: Unter dem Einfluß der Kraft P verschiebt sich das freie Ende des Stabes senkrecht zur konjugierten Richtung von P bezüglich der Zentralellipse.

Noch einfacher läßt sich das Ergebnis zusammenfassen, wenn man überlegt, daß die Wirkung der am freien Stabende angreifenden Kraft doch eine Drehung der einzelnen Querschnitte ist und daß beim Eintritt einer solchen Drehung des Endquerschnittes dessen Schwerpunkt sich senkrecht zur Drehachse bewegen muß. Näher auf diese Formänderungen einzugehen ist eine Aufgabe der Festigkeitslehre. Dorthin gehört auch der Satz, den wir durch die vorausgehenden Betrachtungen entwickelt haben:

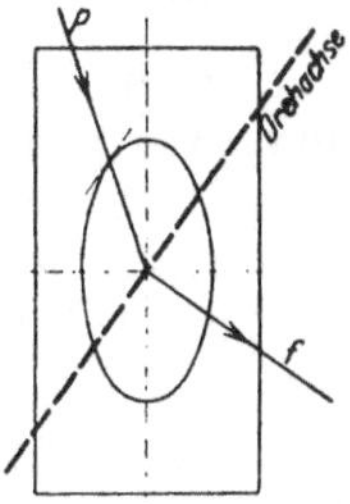

Abb. 265.

Unter dem Einfluß einer am freien Stabende senkrecht zum Stab angreifenden Kraft P dreht sich der Stabquerschnitt um eine Achse, deren Richtung konjugiert ist zur Richtung der Kraft P bezüglich der Zentralellipse des Stabquerschnittes, siehe Abb. 265.

*185. Welche Unterlagen haben die vorausgehenden Betrachtungen? Kommt die gefundene Beziehung nicht eigentlich überraschend, da doch alle die Formeln, die f aus P entstehen ließen, analytisch oder vektoriell linear waren. Wäre nicht aus diesem Grund eher zu erwarten gewesen, daß man die Richtung von f durch lineare Lösungen, das heißt durch alleiniges Ziehen von geraden Linien gefunden hätte?

Man macht gewöhnlich einen Grundfehler, wenn man eine vektoriell-lineare Gleichung als eine lineare Gleichung im Sinne der analytischen Rechnungsweise betrachtet. Man merke:

Die in einer Vektorgleichung linear auftretenden Summanden sind analytisch durch Gleichungen zweiten Grades verbunden. $\qquad$ (a)

Das ist zunächst recht einfach an einem speziellen Fall nachweisbar. Hat wie in Abb. 265 die Kraft P die Komponenten P_1 und P_2, so gilt vektoriell $\mathfrak{P} = \mathfrak{P}_1 + \mathfrak{P}_2$, dagegen analytisch $P^2 = P_1^2 + P_2^2$. Ganz allgemein aber ist der Satz dadurch nachweisbar, daß jeder Vektorsatz durch ein Polygon dargestellt wird, und daß Beziehungen zwischen den einzelnen Polygonseiten mit Hilfe des verallgemeinerten Pythagoräischen Lehrsatzes aufgestellt werden, der die Einzelstrecken des Polygons im Quadrat enthält.

Wenn man diesen angegebenen Satz beachtet. dann muß man direkt vermuten, daß vektoriell-lineare Beziehungen der Ebene ihren graphischen Ausdruck zum großen Teil mit Hilfe von Kegelschnitten finden. Denkt man weiter an die Tatsache, daß bei Kegelschnitten lineare Relationen geschaffen werden durch die Einführung des Polarenbegriffes, so. wird man ohne besondere spezielle Überlegung erwarten,

> daß die Begriffe Ursache und Wirkung, wenn für
> sie das Superpositionsgesetz gilt, durch polare
> Beziehungen zugeordnet sind. (b)

In der Tat zieht sich durch ein großes Gebiet der Mechanik und zwar gerade durch das in der Praxis anwendbare wie ein roter Faden der Begriff der polaren Zuordnung, das ist der vektoriell-linearen Zuordnung zwischen Ursache und Wirkung. Besonders fruchtbar wird diese Zuordnung im Gebiete der Festigkeitslehre und Dynamik.

Daß unter gewissen Voraussetzungen — die übrigens in der Praxis. fast immer zutreffen — wirklich dieser polare Zusammenhang zwischen Ursache und Wirkung existiert, läßt sich recht einfach beweisen. Zu diesem Zweck betrachte man in der Ebene — die entsprechende Entwicklung für den Raum folgt an späterer Stelle — zwei Gruppen von Vektoren $\mathfrak{u}$ und $\mathfrak{w}$; die ersten Vektoren $\mathfrak{u}$ seien Ursachen genannt, die letzteren $\mathfrak{w}$ Wirkungen. Dann ist durch diese Sprechweise bereits angedeutet, daß es zu jedem Vektor $\mathfrak{u}$ einen von ihm abhängigen Vektor $\mathfrak{w}$ gibt. Von zwei Ursachen $\mathfrak{u}_1$ und $\mathfrak{u}_2$ sei vorausgesetzt, daß sie eine Resultierende haben, die gleich ihrer graphischen Summe ist. Umgekehrt kann man dann eine Ursache $\mathfrak{u}$ in zwei Teilursachen oder Komponenten nach beliebiger Richtung zerlegen. In der praktischen Anwendung werden die Vektoren $\mathfrak{u}$ meist Kräfte oder Momente sein.

Von zwei verschiedenen Wirkungen $\mathfrak{w}_1$ und $\mathfrak{w}_2$ sei gleichfalls vorausgesetzt, daß sie eine Resultierende $\mathfrak{w}$ haben, die resultierende Wirkung, die gleich ist ihrer graphischen Summe; dann kann man umgekehrt $\mathfrak{w}$ auch wieder nach zwei beliebigen Richtungen in Komponenten zerlegen. Im praktischen Fall werden die Vektoren $\mathfrak{w}$ etwa Stützdrücke oder Auflagerkräfte sein, oder Spannungen, Formänderungen, Geschwindigkeiten, Winkelgeschwindigkeiten usw. Zwischen diesen Ursachen $\mathfrak{u}$ und Wirkungen $\mathfrak{w}$ soll ein vektoriell-linearer Zusammenhang vorausgesetzt werden, der seinen allgemeinsten Ausdruck in der Form des Superpositionsprinzipes findet,.

die resultierende Wirkung ist gleich der graphischen Summe der Einzelwirkungen.

Ist also irgendeinem Ursachenpaar $\mathfrak{u}_1$ und $\mathfrak{u}_2$ ein Paar von Wirkungen $\mathfrak{w}_1$ und $\mathfrak{w}_2$ zugeordnet, dann muß jeder Ursache

$$\mathfrak{u} = \varrho_1\mathfrak{u}_1 + \varrho_2\mathfrak{u}_2 \text{ eine Wirkung } \mathfrak{w} = \varrho_1\mathfrak{w}_1 + \varrho_2\mathfrak{w}_2$$

zugeordnet sein. Denn wenn zur Ursache $\mathfrak{u}_1$ die Wirkung $\mathfrak{w}_1$ gehört, dann muß jeder c-fachen Ursache nach dem Superpositionsprinzip auch eine c-fache Wirkung entsprechen, also gehört zur Ursache $\varrho_1\mathfrak{u}_1$ die Wirkung $\varrho_1\mathfrak{w}_1$. Der Satz: wird die Ursache c-mal so groß, dann auch die Wirkung, ist also nur ein spezieller Fall des Superpositionsprinzipes. Und gehört zur Ursache $\mathfrak{u}_2$ eine bestimmte Wirkung $\mathfrak{w}_2$, dann gehört zur Ursache $\varrho_2\mathfrak{u}_2$ auch die Wirkung $\varrho_2\mathfrak{w}_2$. Und setzt sich weiter die Ursache $\mathfrak{u}$ aus zwei Einzelursachen $\varrho_1\mathfrak{u}_1$ und $\varrho_2\mathfrak{u}_2$ zusammen, dann muß sich auch die entsprechende Wirkung $\mathfrak{w}$ aus den Einzelwirkungen $\varrho_1\mathfrak{w}_1$ und $\varrho_2\mathfrak{w}_2$ als Resultierende zusammensetzen.

Einer c-fachen Ursache $c\mathfrak{u}$ entspricht auch eine c-fache Wirkung $c\mathfrak{w}$. Die Betrachtung verliert sonach nicht an Allgemeinheit, wenn man nur Ursachen $\mathfrak{u}$ vom Zahlenwert 1 untersucht; dann unterscheiden sich die Einzelursachen nur durch ihre Richtung — denn die Lage soll bei den von uns gebrauchten Vektoren immer als belanglos vorausgesetzt werden. Trägt man nun 'die ∞^1 Vektoren $\mathfrak{u}$, die möglich sind, alle vom nämlichen gegebenen oder beliebig gewählten Punkt O aus ab, so bilden ihre Endpunkte einen Einheitskreis. Auch die zugeordneten ∞^1 Vektoren $\mathfrak{w}$ werden von einem bestimmten Punkt C aus abgetragen, dann bilden ihre Endpunkte ebenfalls eine Kurve, die uns zunächst interessieren wird. Wir erwarten im voraus, daß sie zum Einheitskreis in recht einfacher Beziehung steht.

186. Den Vektor $\mathfrak{u}$ mit dem Zahlenwert $u = 1$ kann man auf unendlich viele Arten in Komponenten zerlegen; am einfachsten wird die Entwicklung, wenn man $\mathfrak{u}$ nach zwei zueinander senkrechten Richtungen, die man als Grundrichtungen wählt, zerlegt. Dann ist

$$\mathfrak{u} = \mathfrak{i}_1 \cos \varphi + \mathfrak{i}_2 \sin \varphi, \text{ also } u_1 = \cos \varphi, \quad u_2 = \sin \varphi,$$

wenn u_1 und u_2 die Zahlenwerte der Einzelursachen $\mathfrak{u}_1$ und $\mathfrak{u}_2$ sind. Der Ursache $\mathfrak{i}_1$ ist eine ganz bestimmte Wirkung $\mathfrak{v}_1$ mit dem Einheitsvektor $\mathfrak{c}_1$ und dem Zahlenwert c_1 zugeordnet, ebenso dem Vektor $\mathfrak{i}_2$ ein ganz bestimmter Vektor $\mathfrak{v}_2$ mit dem Einheitsvektor $\mathfrak{c}_2$ und dem Zahlenwert c_2, so daß also

$$\mathfrak{v}_1 = c_1 \mathfrak{c}_1 \quad \text{und} \quad \mathfrak{v}_2 = c_2 \mathfrak{c}_2 .$$

Selbstverständlich muß diese Zuordnung eine ganz allgemeine sein, es darf zwischen $\mathfrak{v}_1$ und $\mathfrak{v}_2$ keinerlei Zusammenhang existieren, sie müssen voneinander ganz unabhängig sein, sowohl was die Richtung als was den Zahlenwert anlangt. Nach dieser Angabe sind den Vektoren $\mathfrak{u}_1$ und $\mathfrak{u}_2$ in den beiden Grundrichtungen als Ursachen die Wirkungen $u_1 \cdot c_1 \mathfrak{c}_1'$ und $u_2 \cdot c_2 \mathfrak{c}_2$ zugeordnet. Wenn, wie oben angegeben und auch aus der Abbildung ersichtlich ist, die Komponenten von $\mathfrak{u}$ durch

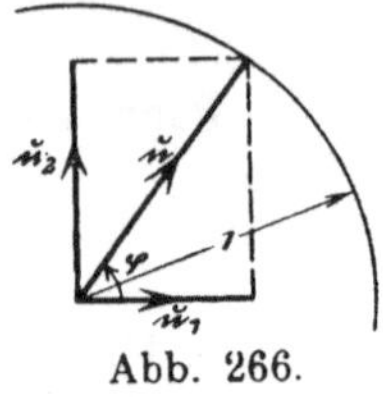

Abb. 266.

$$\mathfrak{u}_1 = \mathfrak{i}_1 \cos \varphi \quad \text{und} \quad \mathfrak{u}_2 = \mathfrak{i}_2 \sin \varphi$$

gegeben sind, dann sind ihnen zugeordnet die Wirkungen

$$\mathfrak{w}_1 = \xi \mathfrak{v}_1 = \cos \varphi \cdot c_1 \mathfrak{c}_1 \quad \text{und} \quad \mathfrak{w}_2 = \eta \cdot \mathfrak{v}_2 = \sin \varphi \cdot c_2 \mathfrak{c}_2 .$$

Man sieht, zur Ursache $\mathfrak{u}$ gehört eine Wirkung $\mathfrak{w}$ mit den Komponenten

$$\xi = c_1 \cos \varphi \quad \text{und} \quad \eta = c_2 \sin \varphi$$

in den durch $\mathfrak{c}_1$ und $\mathfrak{c}_2$ bestimmten Richtungen. Macht man diese Richtungen zur ξ- und η-Achse eines (im allgemeinen) schiefwinkligen Koordinatensystemes, so liefert die Beseitigung des Parameters φ als Gleichung für die Kurve, die der Endpunkt von $\mathfrak{w}$ beschreibt,

$$\frac{\xi^2}{c_1{}^2} + \frac{\eta^2}{c_2{}^2} - 1 = 0$$

das ist die Gleichung einer Ellipse bezogen auf zwei konjugierte Durchmesser als Koordinatenachsen, siehe (152b). Durch die beiden gegebenen Einzelwirkungen $\mathfrak{w}_1$ und $\mathfrak{w}_2$ ist somit eine Ellipse bestimmt, die vom Endpunkt der Wirkung $\mathfrak{w}$ durchlaufen wird, wenn die entsprechende Ursache $\mathfrak{u}$ durch ihren Endpunkt einen Einheitskreis beschreibt.

Man hat demnach zunächst:

Sind zwei Vektoren $\mathfrak{u}$ und $\mathfrak{w}$ vektoriell-linear, das heißt durch das Superpositionsprinzip verbunden, so ist nach (152c) jedem Paar von zwei zueinander senkrechten Vektoren $\mathfrak{u}$ und $\mathfrak{u}'$ vom gleichen Zahlenwert ein Paar von Vektoren $\mathfrak{w}$ und $\mathfrak{w}'$ zugeordnet, die beide konjugierte Halbmesser der nämlichen Ellipse sind.

Mit dieser Ellipse weiterzuarbeiten ist Aufgabe. der Mechanik. An dieser Stelle soll nur mehr ein praktisch häufig auftretender Fall behandelt werden, daß nämlich einem Paar von senkrechten Ursachen $\mathfrak{u}_1$ und $\mathfrak{u}_2$ ein Paar von gleichfalls senkrechten Wirkungen $\mathfrak{w}_1$ und

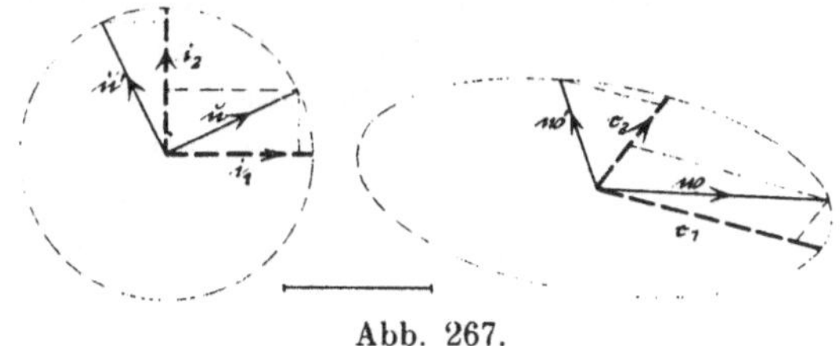

Abb. 267.

$\mathfrak{w}_2$ zugeordnet ist, das gegenüber dem Ursachenpaar um 90° verdreht ist. Irgendeine beliebige Ursache $\mathfrak{u}$ mit den Komponenten $u_1 = u \cos \varphi$ und $u_2 = u \sin \varphi$ in den beiden. Grundrichtungen hat dann die Richtung $\operatorname{tg} \varphi$. Die ihr zugeordnete Wirkung $\mathfrak{w}$ hat in den nämlichen beiden Grundrichtungen die Komponenten

$$w_1 = c_1 u_1 = c_1 u \cos \varphi \qquad \text{und} \qquad w_2 = c_2 u_2 = c_2 u \sin \varphi,$$

wo w_1 die Richtung von u_2 und w_2 die Richtung von $- u_1$ hat; die Richtung der Wirkung ist dann

$$\operatorname{tg} \psi = - w_1 : w_2 = - \frac{c_1 \cos \varphi}{c_2 \sin \varphi} = - \frac{c_1}{c_2} \operatorname{cotg} \varphi$$

oder

$$\operatorname{tg} \varphi \cdot \operatorname{tg} \psi = - \frac{c_1}{c_2}$$

Die Richtungen von Ursache $\mathfrak{u}$ und Wirkung $\mathfrak{w}$ sind in diesem Fall nach (148 d) konjugiert bezüglich einer Ellipse mit den Halbachsen $\sqrt{c_1}$ und $\sqrt{c_2}$ in den beiden Grundrichtungen.

Die in Nr. 184 behandelte Durchbiegung eines Stabquerschnittes ist ein Spezialfall der vorausgehenden Betrachtung. Bei ihr ist diese Ellipse die Zentralellipse des Querschnittes.

Beiläufig soll erwähnt werden, daß man die vorausgehende Betrachtung unter Vermeidung von Vektoren auch dadurch hätte anstellen können, daß man irgendeinem Punkt $U = x \,|\, y$, dem „Ursachenpunkt", einen andern Punkt $W = \xi \,|\, \eta$, den „Wirkungspunkt" durch ein System von linearen Gleichungen

$$\xi = a_1 x + b_1 y + c_1, \qquad \eta = a_2 x + b_2 y + c_2$$

zuordnet. Dem Punkt $O = 0 \,|\, 0$ ist dann zugeordnet der Punkt $C = c_1 \,|\, c_2$. Durch jeden Punkt U ist dann ein Vektor $\mathfrak{u}$ von O

nach U bestimmt, die „Ursache", durch den zugeordneten Punkt W
ein Vektor $\mathfrak{w}$ von C nach W, die „Wirkung" Das vorausgehende

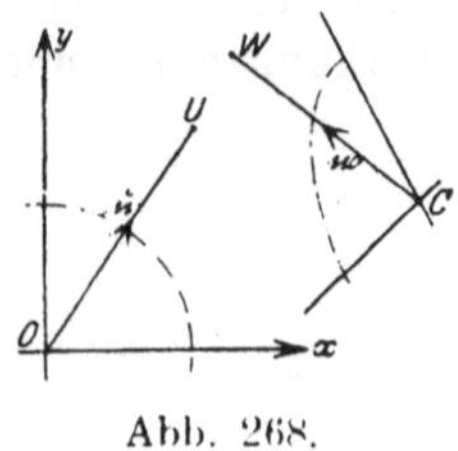

Gleichungspaar ersetzt also die vektoriell-linear
genannte Zuordnung zwischen $\mathfrak{u}$ und $\mathfrak{w}$. Weiter ist dann zu ersehen, daß diese Zuord-
nung im innigsten Zusammenhang steht mit
der affinen Abbildung einer Ebene auf eine
andere. Die Kenntnis dieser Tatsache wird
nicht nur in der theoretischen sondern auch
in der praktischen Anwendung der Mechanik
gute Dienste leisten.

Abb. 268.

Die praktische Anwendung der vorausgehenden Betrachtungen
wird im demnächst erscheinenden ersten Band (Statik starrer Körper)
der „Ingenieur-Mechanik" gezeigt.

Vierter Abschnitt.

Lineàre Gebilde des Raumes in analytischer und vektorieller Behandlung.

**Einige Raumbeziehungen. Orientierung im Raum. Raum-
koordinaten. Richtung, Strecke, Gerade. Ebene.**

187. Eine der wichtigsten Größen der Raumgeometrie ist die
Richtung. Eine solche wird zunächst durch eine Gerade charakterisiert oder auch durch eine Strecke. Alle parallelen Geraden und
Strecken haben die nämliche Richtung, sie sind gleichgerichtet. Man
kann von einer bestimmten Richtung sprechen, ohne deswegen an
eine bestimmte Gerade denken zu müssen. Es repräsentiert eben von
parallelen Geraden jede einzelne die nämliche Richtung. Zur genauen
Charakterisierung einer Richtung gehört auch noch die Festsetzung
eines Richtungssinnes, also eines Vorzeichens der Richtung. Auf
einer Strecke ist eine solche Festsetzung leichter als auf einer Geraden,
weil man auf ersterer meist einen Anfangspunkt und einen Endpunkt
unterscheiden kann. Durch die Schreib- oder Sprechweise „Strecke
$P_1 P_2$“ oder „Strecke AB“ ist auch ohne ausdrückliche Festsetzung
eine Bewegung von P_1 nach P_2 bzw. von A nach B gegeben und damit ein Richtungssinn. Noch mehr tritt ein solcher Riehtungssinn
durch den Begriff „Weg“ hervor. Auf einer Geraden einen bestimmten
Richtungssinn festzulegen, ist zunächst unmöglich. Das hindert
aber nicht, einen solchen Richtungssinn uns auf ihr vorzustellen,
durch einen Pfeil etwa. Dann hat dadurch die Gerade mehr die
Bedeutung eines Strahles erlangt; einen zu ihr parallelen Strahl durch
den Nullpunkt stellen wir uns am einfachsten vom Nullpunkt ausgehend vor, also gewissermaßen als Halbstrahl, das ist eine Strecke
mit dem Nullpunkt als Anfangspunkt und dem unendlich fernen
Punkt U als Endpunkt.

Was versteht man dann unter dem Winkel zweier Geraden oder Strecken im Raum? Ob diese sich schneiden oder nicht, ist dabei belanglos, denn die Definition:

Der Winkel von zwei windschiefen Geraden oder Strecken ist der, den zwei zu ihnen Parallele durch einen beliebig ausgewählten Punkt bilden, (a)

führt immer auf zwei sich schneidende Geraden bzw. Strecken zurück. Hat man etwa zwei Strecken P_1P_2 und Q_1Q_2, so verschiebt man sie parallel, bis die beiden Anfangspunkte P_1 und Q_1 zusammenfallen; bei dieser Verschiebung wird weder an den absoluten noch an den relativen Richtungsverhältnissen etwas geändert.

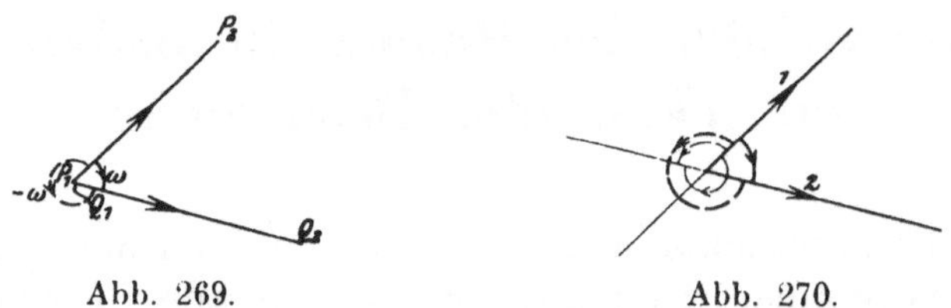

Abb. 269.   Abb. 270.

Wie in der ebenen Geometrie, so gilt auch im Raum, daß die Sprechweise: „Winkel zwischen zwei Geraden 1 und 2" ebensowohl den Winkel von 1 nach 2 als auch den von 2 nach 1 bedeuten kann. Ob diese Sprechweise für die Resultate belanglos ist oder nicht, wissen wir noch nicht; jedenfalls kann sie zu Zweideutigkeiten führen und ist deswegen zu vermeiden. Wir gebrauchen daher die Sprechweise „Winkel von 1 nach 2". Und wenn eine andere Schreib- oder Sprechweise wie diese vorliegt, so wollen wir sie entsprechend der vorgeschlagenen deuten. Im vorliegenden Fall ist nun der Winkel von der Strecke P_1P_2 zur Strecke Q_1Q_2 immer noch zweideutig. In der ebenen Geometrie war das einfacher. Dort war definiert: Der Winkel ist im positiven Sinn zu lesen, das ist in der Mathematik linksum. Eine solche Festsetzung „rechtsum" und „linksum" oder „im Uhrzeigersinn" und „im Gegenuhrzeigersinn" ist in der Ebene möglich, wo der Beschauer oder Rechner immer nur die eine „Seite" der Ebene vor sich hat. Ohne weiteres kommt eben bei einer Aufgabe der Ebene niemand auf den Gedanken, daß man die Gebilde dieser Ebene auch von einem Standpunkt hinter dieser Ebene betrachten kann, wo dann alle Drehungen sich umkehren, also Linksdrehung wird, was vorher Rechtsdrehung war, und umgekehrt. Eine solche ein- fache Unterscheidungsmöglichkeit zwischen Rechtsdrehung und Links- drehung liegt aber im Raum nicht vor. Denn denkt man sich etwa durch die Punkte $P_2P_1Q_2$ der Abbildung eine Ebene gelegt, so kann der Beschauer sowohl vor wie hinter dieser Ebene stehen. Erscheint ihm „vor“ der Ebene der Winkel von P_1P_2 zu Q_1Q_2 rechtsum gezogen, dann „hinter“ der Ebene linksum und umgekehrt. Es wären freilich Auswege da, um den Richtungssinn dieses Winkels von P_1P_2 nach Q_1Q_2 festzulegen, aber sie sind mit Umständlichkeiten verbunden. Man hilft sich hier damit, daß man als Winkelfunktion jene wählt, für die diese Zweideutigkeit belanglos ist. Die beiden Drehwinkel von P_1P_2 nach Q_1Q_2 sind entweder ω oder $2\pi - \omega$, das heißt $-\omega$; nun ist

$$\cos \omega = \cos(-\omega) = \cos(2\pi - \omega),$$

man wählt daher die Kosinusfunktion zur Charakterisierung einer Richtung im Raum. Es kommt noch hinzu, daß auch aus andern Gründen sich die Wahl dieser Funktion als sehr glücklich erweist.

Den Winkel zwischen zwei Geraden 1 und 2 wird man der Sicherheit halber zunächst auch immer als den Winkel von der Geraden 1 zur Geraden 2 definieren. Dann ist er aber immer noch nicht eindeutig festgelegt, wie Abb. 270 zeigt. Stellt man sich aber jede der beiden Geraden als Halbstrahl vor, die beide vom Punkt O ausgehen, dann hat man die gleichen Verhältnisse wie beim Winkel der beiden Strecken der Abb. 269, so daß dann nur die beiden durch stärkere Zeichnung hervorgehobenen Winkel in Betracht kommen. Und wählt man wieder die Kosinusfunktion zum Ausdruck der relativen Richtung der beiden Geraden, dann ist es ganz belanglos, welchen der beiden Winkel man als Richtungswinkel bezeichnet.

Auf den Winkel von zwei Geraden wird zurückgeführt der Winkel zweier Ebenen α und β und zwar durch den Satz:

Zwei Ebenen α und β schließen den gleichen
Winkel ein wie zwei zu ihnen senkrechte Gerade. (b)

Zieht man nämlich durch einen willkürlich gewählten festen Punkt O des Raumes zwei Gerade senkrecht zu den beiden Ebenen, so ergibt sich die Figur der Abb. 271, wenn man die gegebenen Ebenen mit einer Hilfsebene durch die beiden Senkrechten schneidet. Die Pfeile der Abbildung geben an, daß dem Winkel von α nach β auch der Winkel von a nach b entspricht, beide Winkel im nämlichen Drehsinn gemessen. [Natürlich kann hier ein Drehsinn unterschieden werden, da ja die untersuchten Gebilde alle der nämlichen Ebene angehören.] Gehen die beiden Senkrechten a und b zu den Ebenen nicht durch den nämlichen Punkt, so daß sie also windschief werden, dann führt man den Be-

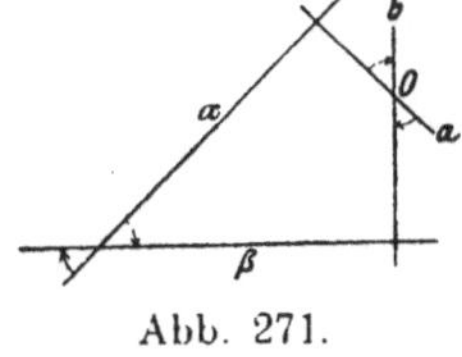

Abb. 271.

weis mit Hilfe der oben angegebenen Definition vom Winkel zweier windschiefer Geraden.

Unter dem Winkel einer Geraden g mit einer Ebene ε versteht man den Winkel, den die Gerade g mit ihrer lotrechten Projektion g' auf ε bildet.

188. Die gleiche Festsetzung bezüglich des Richtungssinnes gilt auch bei einer Strecke. Fast jede Zweideutigkeit verschwindet, wenn man sich eine Strecke AB immer als Vektor oder als Weg vorstellt, durchlaufen von A nach B. Denkt man sich jede Strecke mit einem Richtungssinn versehen, dann haben auch die Projektionen einer Strecke auf eine Gerade einen bestimmten Richtungssinn, der sich durch das Vorzeichen äußert. Wenn wir von Projektion schlechtweg sprechen, meinen wir immer die senkrechte. In der Elementarmathematik gilt der Satz: Die Projektion einer Strecke auf eine Gerade ist gleich dem Produkt aus Originalstrecke mal Kosinus Neigungswinkel. Gemeint ist zunächst die Projektion in einer Ebene. So wie Abb. 272 zeigt, gilt als Neigungswinkel in der Elementarmathematik immer der Winkel zwischen Strecke und Gerade, der kleiner ist als 90°, unabhängig vom Richtungssinn. Man hat also nach diesem Satz

$$A'B' = AB \cdot \cos\alpha, \qquad C'D' = CD \cdot \cos\gamma.$$

Die Strecken AB und CD sowohl wie die Projektionen sind dabei als absolute Werte, also ohne Vorzeichen, das heißt ohne Berücksichtigung eines Drehsinnes gedacht.

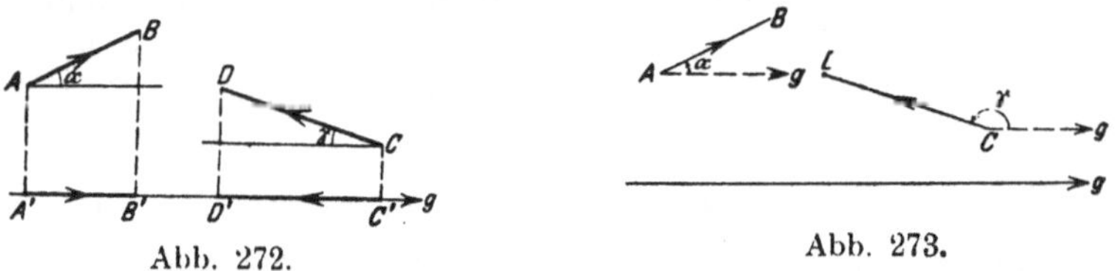

Abb. 272.   Abb. 273.

An dem Satz selbst ändert sich nichts in der höheren Mathematik. Nur müssen die Begriffe Strecke, Gerade, Projektion, Neigungswinkel schärfer gefaßt werden. Wie Abb. 272 zeigt, haben die Projektionen $A'B'$ und $C'D'$ entgegengesetztes Vorzeichen. Es muß also noch der Begriff Neigungswinkel genauer definiert werden. Darunter wollen wir in Zukunft verstehen den Winkel von der Geraden zur Strecke, wenn man die Gerade (als Strahl oder besser Halbstrahl gedacht, das heißt mit einem Pfeil oder Richtungssinn versehen) und die Strecke vom gleichen Punkt ausgehen läßt, also so wie die Skizze der Abb. 273 zeigt.

Anmerkung. In der Ebene ist festgesetzt, daß man den Winkel im positiven Drehsinn (das ist linksum in der Mathematik) zählt, so wie er auch in die Abbildung eingezeichnet wurde. Im Raum aber kann man den Neigungswinkel ebensowohl linksum wie rechtsum zählen, also α oder $2\pi - \alpha$ bzw. γ oder $2\pi - \gamma$ als Neigungswinkel nehmen, da man ja zur Festlegung der Richtung im Raum nur die Kosinusfunktion verwendet, für die das Vorzeichen des Winkels belanglos ist.

Unter dieser Voraussetzung ist $A'B' = AB\cos\alpha$ positiv, das heißt mit g gleichgerichtet, und $C'D' = CD\cos\gamma$ negativ, das heißt entgegengesetzt gerichtet mit g. Im ersten Fall wird eben $\cos\alpha$ positiv, im zweiten $\cos\gamma$ negativ.

Die gleiche Festsetzung des Neigungswinkels φ gilt auch, wenn die zu projizierende Strecke windschief ist zur Geraden. Man hat dann wieder von einem beliebigen Punkt aus die Gerade als Strahl und die Strecke als Weg anzutragen und den Neigungswinkel von der Geraden zur Strecke zu zählen und erhält dann nach Belieben φ oder $2\pi - \varphi$ als Neigungswinkel. Die Projektionslote sind naturgemäß auch windschief, wie das Abb. 274 zeigt, die Projektion selbst ist aber gleichgroß, ob man nun die Punkte A und B unmittelbar auf g oder auf die zu ihr parallele Gerade g' durch A herablotet. Folglich ist wieder

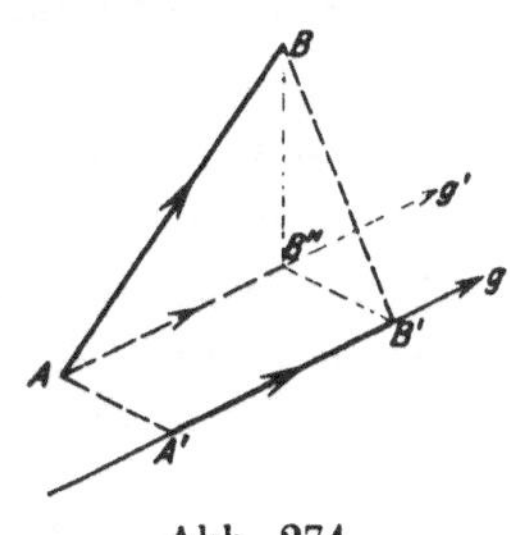

Abb. 274.

$$A'B' = AB'' = AB\cos\varphi.$$

Die Projektion einer Strecke AB auf eine Ebene ε ist aber im Gegensatz zu den beiden vorhergehenden Fällen richtungslos, also zunächst immer dem absoluten Zahlenwert nach zu wählen. Durch die beiden Lote AA' und BB' auf die gegebene Ebene ε ist eine neue Ebene bestimmt, die die Projektionsebene ε in einer Geraden g schneidet. Für diese Gerade der Projektionsebene ist kein Richtungssinn vorgesehen. Man kann so mit hier als Neigungswinkel φ den Winkel zwischen g und AB wählen, der kleiner ist als 90°. Wie in der Elementarmathematik erhält man dann $A'B' = AB\cos\varphi$. Damit gilt dann, wenn man alle bisherigen Einzelfälle zusammenfaßt:

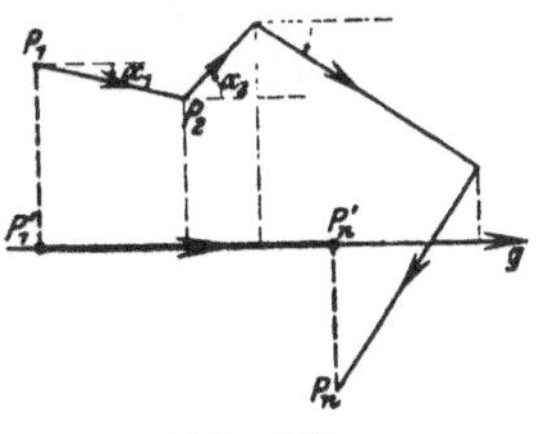

Abb. 275.

Die Projektion einer Strecke auf eine Ebene oder Gerade (auch windschief) ist gleich dem Produkt aus Originalstrecke mal Kosinus Neigungswinkel.

(a)

Die Projektion eines Streckenzuges auf eine Gerade ist natürlich gleich der Summe der Einzelprojektionen, siehe Abb. 275, wo

$$P_1'P_n' = P_1'P_2' + P_2'P_3' + \ldots + P_{n-1}'P_n'$$
$$= P_1P_2 \cos\alpha_1 + P_2P_3 \cos\alpha_2 + \ldots + P_{n-1}P_n \cos\alpha_{n-1}.$$

Das gilt, ob nun wie im vorliegenden Fall der Abbildung die Einzelstrecken mit der Projektionsgeraden g in der nämlichen Ebene liegen oder ob sie unter sich und zu g windschief sind.

Schließt sich der Linienzug, das heißt wird er zu einem Polygon, so daß also P_1 mit P_n zusammenfällt, dann wird $P_1'P_n' = 0$,

> die Projektion eines geschlossenen Polygons auf
> eine Gerade ist Null, (b)

unabhängig ob die einzelnen Polygonseiten unter sich und zur Projektionsgeraden windschief sind oder ob sie unter sich bzw. mit der Projektionsgeraden in der nämlichen Ebene liegen.

189. Es sei wieder festgesetzt, daß die Sprechweise „Winkel zwischen zwei Ebenen α und β" eine abkürzende ist für die genauere „Winkel von der Ebene α zur Ebene β". Schneidet man die beiden Ebenen α und β mit einer dritten Ebene γ senkrecht zu beiden, so ist als Winkel von der Ebene α zur Ebene β oder als Neigungswinkel der Ebene β gegenüber der Ebene α definiert der Winkel von der Geraden $\alpha\gamma$ zur Geraden $\beta\gamma$. Da ein Richtungssinn für die Zählung des Winkels von α nach β nicht festgesetzt ist, so kann dieser Neigungswinkel ebensogut φ wie $2\pi - \varphi$ sein. Für die Kosinusfunktion des Winkels ist das aber wieder belanglos.

Hat man ein ebenes Flächenstück, etwa ein Dreieck, so wird man unter dem Neigungswinkel dieses Flächenstückes gegen eine Ebene ε entsprechend verstehen den Winkel von der Ebene ε zu der Ebene des Flächenstückes.

Nun seien gegeben zwei Ebenen ε und ε'. In der ersten liegt ein Dreieck ABC so, daß die eine Seite AB auf die Schnittgerade $\varepsilon\varepsilon'$ fällt. Dieses Dreieck oder genauer die einzelnen Flächenpunkte projiziert man auf die Ebene ε' und erhält das Dreieck $A'B'C'$, wo A' und B' mit A und B zusammenfallen, siehe Abb. 276. Es ist der Flächeninhalt des Originaldreieckes $\triangle = \frac{1}{2}gh$ und des projizierten $\triangle' = \frac{1}{2}g'h'$. Da nun $g' = g$ und $h' = h \cdot \cos\alpha$, so wird $\triangle' = \triangle \cdot \cos\alpha$, das heißt die Projektion dieser Dreiecksfläche auf die andere Ebene ist gleich dem Produkt aus Originaldreieck mal Kosinus des Neigungswinkels.

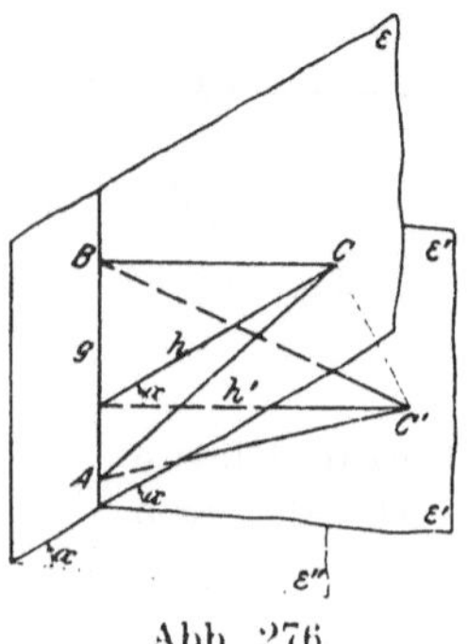

Abb. 276.

Die Abbildung läßt erkennen, daß man die gleiche projizierte Fläche $\triangle'$ erhalten hätte, wenn man als Projektionsebene ε eine zur Ebene ε' parallele Ebene ε'' gewählt hätte. Auch in diesem Fall wäre $\triangle'' = \triangle \cdot \cos \alpha$.

Liegt nun schließlich das Dreieck ABC in der Ebene beliebig, so kann man durch eine Parallele AD zu $\varepsilon\varepsilon'$ das Dreieck $\triangle$ in zwei Teile $\triangle_1$ und $\triangle_2$ teilen, so wie Abb. 277 zeigt. Von diesen Einzelteilen gilt dann

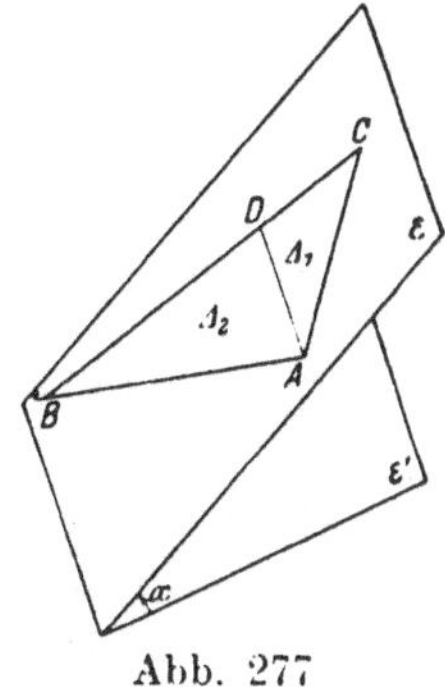

Abb. 277

$$\triangle_1' = \triangle_1 \cos \alpha, \qquad \triangle_2' = \triangle_2 \cos \alpha$$

und damit auch wieder $\triangle' = \triangle \cos \alpha$ wie oben.

Hat man nun in der Ebene ein beliebiges ebenes Flächenstück F, dessen Begrenzung durch gerade Linien gebildet sei, so kann man diese Fläche stets in Dreiecke $F_1, F_2, \ldots F_n$ zerlegen, dann gilt von deren Projektionen auf die Ebene ε'

$$F_1' = F_1 \cos \alpha, \qquad F_2' = F_2 \cos \alpha, \qquad \ldots F_n' = F_n \cos \alpha$$

und somit, wenn man addiert, wieder $F' = F \cos \alpha$.

Und ist schließlich das ebene Flächenstück F beliebig begrenzt, im allgemeinsten Fall krummlinig, so wird sich dies nur dadurch äußern, daß die Zahl der Dreiecke unendlich groß ist. Wenn auch der exakte Beweis für die Richtigkeit erst an späterer Stelle geführt werden kann, so ist doch ohne weiteres einzusehen, daß auch in diesem Fall gilt $F' = F \cos \alpha$. Übrigens wird in diesem Band nur mit geradlinig begrenzten Flächen operiert.

Faßt man die Einzelergebnisse zusammen, so hat man den Satz:

> Die Projektion eines ebenen Flächenstückes auf eine andere Ebene ist gleich dem Produkt aus Originalfläche mal Kosinus des Neigungswinkels. (a)

190. Im Raum hat der Punkt drei Freiheitsgrade oder Bewegungsmöglichkeiten oder in der Sprechweise der Mathematik, er hat drei Koordinaten. Um seine jeweilige Lage durch diese drei Koordinaten festzulegen, braucht man ein Koordinatensystem, das ist ein System von festen Elementen. Vom technischen Gesichtspunkt aus ist zunächst das rechtwinklige Koordinatensystem das einfachste. Im Raum ist dasselbe gebildet durch drei zueinander senkrechte Ebenen, die Koordinatenebenen (auch Anfangs- oder Null-ebenen genannt), die wir als x-, y- und z-Ebene unterscheiden. Durch die drei Ebenen sind als deren Schnittgerade drei ebenfalls zueinander senkrechte Gerade bestimmt, unterschieden als x-, y- und z-Achse. so daß die x-Achse senkrecht steht zur x-Ebene, entsprechend die y- und z-Achse, siehe Abbildung. Oft spricht man auch von xy-Ebene statt z-Ebene und will damit die Ebene durch die x- und y-Achse andeuten; entsprechend von yz- und zx-Ebene. Den Punkt O, in dem die drei Achsen und Ebenen zusammenstoßen, nennt man wieder Anfangspunkt oder Nullpunkt.

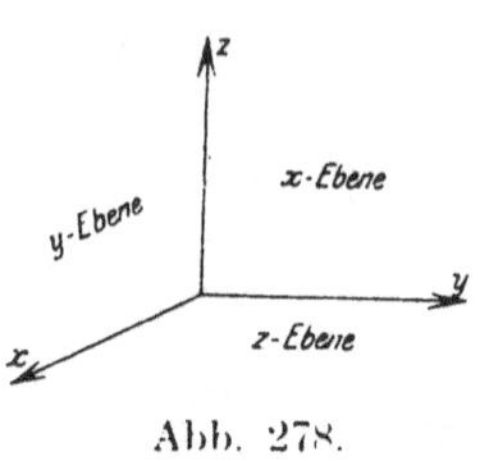

Abb. 278.

Bei Rechnungen in der Raumgeometrie gebraucht man zur Unterscheidung verschiedener Größen Indizes 1, 2, 3. Es ist wohl selbstverständlich, daß man allen Größen, die sich auf die x-Achse oder x-Ebene beziehen, den Index 1 gibt; man denkt sich eben die x-Achse als erste Achse. die y-Achse als zweite und die z-Achse als dritte. Entsprechend wird man die Koordinatenebenen numerieren.

Das System der drei zueinander senkrechten Koordinatenachsen kann natürlich jede beliebige Lage und Stellung im Raum haben. für gewöhnlich aber denkt man sich die z-Achse lotrecht und somit die z-Ebene horizontal. Dann kann man letztere auch analog der Sprechweise der darstellenden Geometrie, bezeichnen als Grundriß. Die x-Achse ist zum Beschauer gerichtet zu denken, so daß die x-Ebene als Aufriß und die y-Ebene als Seitenriß erscheint. Die Grundrißprojektion eines Gebildes G soll bezeichnet werden mit G'. der Aufriß mit G'', der Seitenriß mit G'''.

In der ebenen Geometrie hatte man eine gewisse Aufeinanderfolge der x- und y-Achse eines rechtwinkligen Systems: drehte man die x-Achse um den Nullpunkt zur y-Achse. so war diese Drehung eine Linksdrehung, eine positive. Es ist jetzt allgemein üblich. diese Aufeinanderfolge der beiden Achsen zu wählen. Entsprechend wird man auch im Raum eine bestimmte Aufeinanderfolge der drei Achsen als die normale, die allgemein übliche wählen. Es sei vorausgesetzt. daß die x-Achse der Abbildung vom Nullpunkt weg zum Beschauer geht, also in den Raum vor der Aufrißebene. dann nennt man das System der drei Koordinatenachsen in der Aufeinanderfolge x, y, z ein Rechtssystem. Zur Erklärung dieses Begriffes denke man an die Bewegung einer Schraube: Schraubenbewegung oder kurz Schraubung genannt. Das Charakteristische dieser Bewegung besteht darin, daß jeder Punkt der Schraube eine Rotation um die Schraubenachse ausführt und gleichzeitig eine Translation in Richtung dieser Achse. Nun unterscheidet man zwei Arten der Schraubung: die in der Praxis übliche Schraube ist rechtsgängig im Gegensatz zur seltener gebrauchten linksgängigen. Sieht bei der rechtsgängigen Schraube der Beschauer in Richtung der Schraubenachse, so kann er wahrnehmen. daß die Schraube beim „Zuschrauben" oder Hineinschrauben eine Rechtsdrehung (Uhrzeigerdrehung) ausführt und sich von ihm entfernt. und daß sie beim „Autschrauben" oder Herausschrauben eine Linksdrehung ausführt und sich ihm nähert. Bei der linksgängigen Schraube ist die Bewegung natürlich umgekehrt.

Denkt man sich nun dementsprechend bei dem System der x-y-z die z-Achse als Schraubenachse, so entsteht eine Schraubenbewegung, wenn das Koordinatensystem in Richtung der z-Achse so wie der Pfeil angibt eine Schiebung ausführt und gleichzeitig damit eine Drehung um die z-Achse von der x-Achse zur y-Achse. Je nach dem Sinn der Schiebung und Drehung erhält man entweder ein Rechts- oder Linkssystem. Es müßte sonach ein Beschauer, der seinen Blick in die z-Richtung wendet. also so wie der Pfeil anzeigt, wahrnehmen, wie das rechtsgängige Koordinatensystem sich von ihm entfernt und gleichzeitig rechtsum dreht („Zuschrauben") oder er müßte wahrnehmen, wie dieses nämliche System zu ihm herankommt und gleichzeitig linksum rotiert („Aufschrauben"). Bei einem Linkssystem ist die Drehung wieder umgekehrt. Durch das nachfolgende Schema wird der Begriff des Rechts- und Linkssystems kurz zusammengefaßt.

Rechtssystem: Entfernung mit Rechtsdrehung
         oder Näherung „ Linksdrehung,

Linkssystem: Entfernung mit Linksdrehung
         oder Näherung „ Rechtsdrehung.

Es ist belanglos, ob man vom x-y-z- oder y-z-x- odei z-x-y-System spricht. wenn nur die Aufeianderfolge x-y-z-x-y-... erhalten bleibt. Statt der z-Achse kann man sonach auch die x-Achse sich als Schraubenachse vorstellen. Dann wäre das Rechtssystem y-z-x definiert durch eine Rechtsdrehung der yz-Ebene um die x-Achse von der y- zur z-Achse und eine gleichzeitige Schiebung in Richtung der positiven x-Achse oder durch eine Linksdrehung von der y- zur z-Achse und gleichzeitig eine Schiebung gegen den Pfeil der x-Achse, beide Male gesehen von einem Beschauer, der seinen Blick in Richtung der positiven x-Achse hat, also in die Pfeilrichtung schaut.

Anmerkung: Mit der sogenannten Daumenregel will man das Gesagte mechanisch präzisieren. Da diese Regel auch im Gebiet der Physik oft gebraucht wird, so soll sie auch hier Erwähnung finden. Man denke sich von der linken Hand den Mittelfinger als x-Achse, den Zeigefinger als y-Achse und den Daumen als z-Achse, dann bildet das System dieser drei Fingerrichtungen ein Rechtssystem, wie man es auch im Raum halten mag. Selbstverständlich müssen die drei Finger zueinander senkrecht stehen, das heißt gespreizt sein.

191. Als rechtwinklige Koordinaten x, y, z eines Punktes P definiert man wie in der ebenen Geometrie die Wege vom Null-

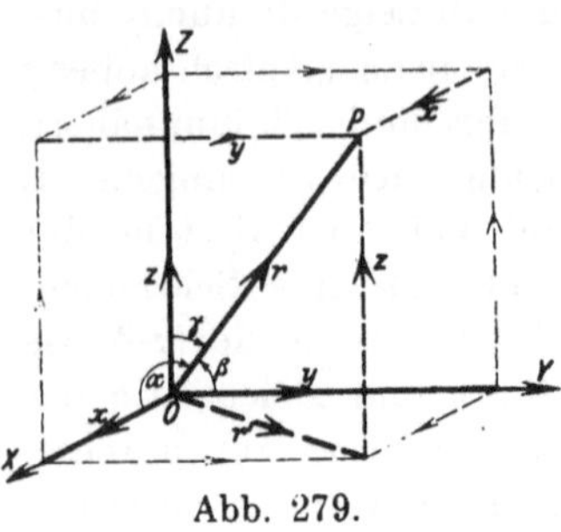

Abb. 279.

punkt O aus in Richtung der drei Koordinatenachsen zum Punkt P, siehe Abb. 279. Die Strecke OP ist der Radiusvektor, den man wieder als Weg von O nach P aufzufassen hat, so wie der eingezeichnete Pfeil andeutet. Aus der angegebenen Definition folgt zunächst, daß die Koordinaten. x, y, z des Punktes P auch gleichzeitig dessen Abstände von der x- bzw. y- und z-Ebene sind. Viel gebraucht wird der auch aus der Koordinatendefinition hervorgehende Satz, der ohne weiteres einzusehen ist:

> Rechtwinklige Koordinaten x, y, z des Punktes P sind die Projektionen des Radiusvektors r auf die drei Koordinatenachsen. (a)

Durch die drei Koordinatenebenen werden im Raum acht Raumteile oder Oktanten gebildet, die man durch die Vorzeichen der Koordinaten ihrer Punkte unterscheiden kann. So hat etwa im ersten Oktanten, der begrenzt ist durch die drei positiven Koordinatenachsen oder Koordinatenebenen, ein beliebiger Punkt die Koordinatenvorzeichen $+\ +\ +$ Den ersten vier Oktanten ensprechen die Vorzeichenkombinationen $+\,+\,+,\ +\,+\,-\ \ +\,-\,-,\ +\,-\,+,$ den letzten vier die umgekehrten.

Stellt man sich die Koordinatenachsen immer als Strahlen vor, die vom Nullpunkt ausgehen, entsprechend den Radiusvektor als Weg oder Vektor, so sind die Richtungswinkel α, β, γ des Radiusvektors gegen die Koordinatenachsen bis auf das Vorzeichen eindeutig bestimmt. Dann gilt

$$x = r \cos \alpha, \qquad y = r \cos \beta, \qquad z = r \cos \gamma$$

oder $\qquad\qquad\qquad\qquad\qquad\qquad\qquad\qquad\qquad\qquad$ (b)

$$\cos \alpha = \frac{x}{r}, \qquad \cos \beta = \frac{y}{r}, \qquad \cos \gamma = \frac{z}{r}.$$

Nach Abb. 279 gibt

$$r^2 = r'^2 + z^2 \qquad \text{und} \qquad r'^2 = x^2 + y^2$$

also

$$r^2 = x^2 + y^2 + z^2 \qquad\qquad\qquad (c)$$

einen weiteren Zusammenhang zwischen dem Radiusvektor und den Koordinaten. Da in diesem Band nur mit rechtwinkligen Raumkoordinaten gerechnet wird, so sollen mit Koordinaten schlechtweg immer nur rechtwinklige gemeint sein, wenn nicht eine andere Festsetzung eigens getroffen ist.

Die vorangehende Gleichung läßt sich auch noch anschreiben

$$r^2 = (r \cos \alpha)^2 + (r \cos \beta)^2 + (r \cos \gamma)^2$$

und liefert damit in der Richtungsformel

$$\cos^2 \alpha + \cos^2 \beta + \cos^2 \gamma = 1 \tag{d}$$

einen Zusammenhang zwischen den drei Neigungswinkeln α, β, γ eines Radiusvektors oder zwischen den drei Richtungskoeffizienten oder Richtungsfaktoren $\cos \alpha$, $\cos \beta$, $\cos \gamma$, wenn man mit diesen Namen die Kosinusfunktionen der Neigungswinkel bezeichnet. In Wörten heißt die Richtungsformel:

> die Summe der Quadrate der drei Richtungsfaktoren ist 1. (e)

Nach Nr. 68 ist ein Einheitsvektor definiert als ein Vektor vom Zahlenwert 1. Bezeichnet man mit $\mathfrak{i}_1$, $\mathfrak{i}_2$, $\mathfrak{i}_3$ die Einheitsvektoren in den drei Achsenrichtungen, und mit $\mathfrak{x}$, $\mathfrak{y}$, $\mathfrak{z}$ die Komponenten des Radiusvektors $\mathfrak{r}$, so ist

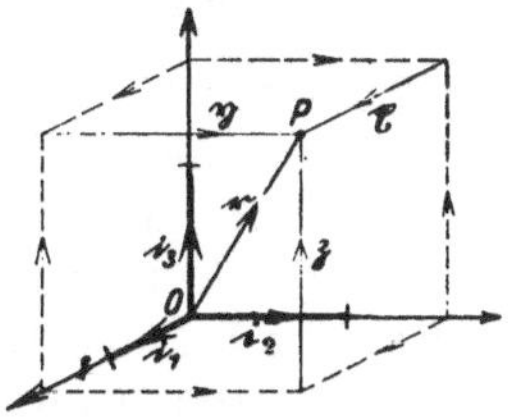

$$\mathfrak{r} = \mathfrak{x} + \mathfrak{y} + \mathfrak{z}$$

was mit

Abb. 280.

$$\mathfrak{x} = \mathfrak{i}_1 x, \qquad \mathfrak{y} = \mathfrak{i}_2 y, \qquad \mathfrak{z} = \mathfrak{i}_3 z$$

auch geschrieben werden kann

$$\mathfrak{r} = \mathfrak{i}_1 x + \mathfrak{i}_2 y + \mathfrak{i}_3 z, \tag{f}$$

Aufgabe a) mit d) Man ermittle den Zahlenwert, die Richtungsfaktoren und die Richtungswinkel der Radienvektoren zu den Punkten

a) $P_1 = 3\,|\,0\,|\,0$,   b) $P_2 = 2\,|\,0\,|\,1$,   c) $P_3 = 0\,|\,2\,|\,1$,   d) $P_4 = 1\,|\,1\,|\,1$.

Lösung: a) $r = 3$; $\cos \alpha = 1$, $\cos \beta = \cos \gamma = 0$; $\alpha = 0$, $\beta = \gamma = \pm 90^\circ$;

b) $r = \sqrt{5}$; $\cos \alpha = \dfrac{2}{\sqrt{5}}$, $\cos \beta = 0$, $\cos \gamma = \dfrac{1}{\sqrt{5}}$; $\alpha = 26^\circ 35'$, $\beta = 90^\circ$, $\gamma = 63^\circ 25'$;

c) $r = \sqrt{5}$; $\cos \alpha = 0$, $\cos \beta = \dfrac{2}{\sqrt{5}}$, $\cos \gamma = \dfrac{1}{\sqrt{5}}$; $\alpha = 90^\circ$, $\beta = 26^\circ 35'$, $\gamma = 63^\circ 25'$;

d) $r = \sqrt{3}$; $\cos \alpha = \cos \beta = \cos \gamma = \dfrac{1}{\sqrt{3}}$; $\alpha = \beta = \gamma = 54^\circ 45'$.

Aufgabe e) Der Radiusvektor r der Abb. 281 ist durch Grund- und Aufriß dargestellt. Man ermittle seine Projektionen, Komponenten und Richtungsfaktoren sowie Neigungswinkel gegen die Koordinatenachsen.

Lösung: Der Abbildung ist zu entnehmen: $x = 2$, $y = 1$, $z = 2$; damit wird $r = (\pm) \sqrt{4+1+4} = 3$; die Komponenten sind $\mathfrak{x} = 2 \cdot \mathfrak{i}_1$, $\mathfrak{y} = 1 \cdot \mathfrak{i}_2$, $\mathfrak{z} = 2 \cdot \mathfrak{i}_3$, also $\mathfrak{r} = 2\mathfrak{i}_1 + \mathfrak{i}_2 + 2\mathfrak{i}_3$; die Richtungsfaktoren sind $\cos\alpha = \frac{2}{3}$, $\cos\beta = \frac{1}{3}$, $\cos\gamma = \frac{2}{3}$, woraus $\alpha = (\pm)\,48^0\,10'$, $\beta = (\pm)\,70^0\,30'$, $\gamma = (\pm)\,48^0\,10'$.

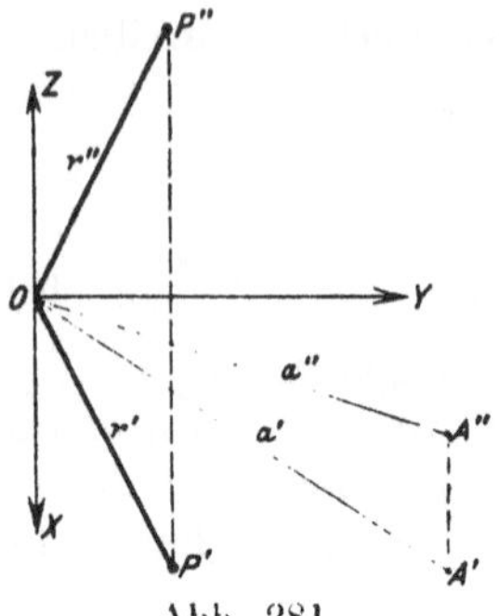

Abb. 281.

Aufgabe f) Die nämlichen Größen ermittle man für den Radiusvektor a von Abb. 281.

Lösung: $x = 2$, $y = 3$, $z = -1$; $\mathfrak{x} = 2\mathfrak{i}_1$, $\mathfrak{y} = 3\mathfrak{i}_2$, $\mathfrak{z} = -\mathfrak{i}_3$; $a = 2\mathfrak{i}_1 + 3\mathfrak{i}_2 - \mathfrak{i}_3$; $r = \sqrt{14}$;

$$\cos\alpha = \frac{2}{\sqrt{14}} = 0{,}534\,6, \qquad \cos\beta = \frac{3}{\sqrt{14}} = 0{,}801\,9,$$

$$\cos\gamma = \frac{-1}{\sqrt{14}} = -0{,}267\,3; \quad \alpha = 57^0\,40', \quad \beta = 36^0\,40'.$$

$$\gamma = 105^0\,30'.$$

192. Keine Beziehung wird in der analytischen Geometrie des Raumes so oft verwendet als die Richtungsformel und ihre Umformungen. Die nachfolgende Entwicklung gibt eine oft und mit großem Vorteil benützte. Methode bei der Lösung von Richtungsaufgaben, bei denen naturgemäß meistens die Richtungsformel zur Anwendung gelangt.

Trägt man alle Einheitsvektoren vom Nullpunkt aus ab, so liegen die Endpunkte auf einer Kugel mit dem Radiusvektor $r = 1$, auf der Einheitskugel. Jedem der ∞^2 Einheitsvektoren die es im Raum gibt. entspricht dann einer der ∞^2 Punkte auf der Einheitskugel. Man kann dann jeden solchen Punkt P' als Bild nehmen für den entsprechenden Einheitsvektor $\mathfrak{r}'$ und mit diesen Kugelpunkten P' operieren statt mit den betreffenden Einheitsvektoren. Hat der Einheitsvektor $\mathfrak{r}'$ die Neigungswinkel α, β, γ gegen die drei Achsen. oder die Richtungskoeffizienten $\cos\alpha$, $\cos\beta$. $\cos\gamma$, so hat nach (191b) der Punkt P' die Koordinaten $\cos\alpha \mid \cos\beta \mid \cos\gamma$. Der Einheitsvektor selbst ist dann bestimmt durch

$$\mathfrak{r}' = \mathfrak{i}_1 \cos\alpha + \mathfrak{i}_2 \cos\beta + \mathfrak{i}_3 \cos\gamma. \tag{a}$$

Jeder der ∞^2 Einheitsvektoren repräsentiert eine bestimmte Richtung im Raum, so daß es also ∞^2 Richtungen im Raum gibt. Dementsprechend gibt es durch jeden Punkt des Raumes ∞^2 Gerade oder Strahlen. die in ihrer Gesamtheit ein Strahlenbündel oder Geradenbündel bilden (die ∞^1 Geraden der Ebene durch einen festen Punkt bilden ein Geradenbüschel oder Strahlenbüschel). Damit ist gesagt, daß eine Richtung im Raum durch zwei Zahlenangaben bestimmt ist und deshalb auch durch zwei Zahlenangaben eine Gerade durch einen festgewählten Punkt. Man könnte auch sagen: Eine Gerade durch einen festen Punkt hat zwei Freiheitsgrade oder zwei Koordinaten. Als Maß für eine Richtung

führt man Winkel oder praktischer Winkelfunktionen ein. In der
Ebene hat sich die Tangensfunktion als brauchbar erwiesen; in den
vorausgehenden Betrachtungen ist schon darauf hingewiesen worden,
daß im Raum die Kosinusfunktion das beste Richtungsmaß liefert.
Man entschließt sich also im Raum als Richtungsmaß die Kosinusfunktionen von Winkeln zu benützen und definiert:

> **Richtungswinkel** einer Geraden oder Strecke (bzw.
> eines Strahles oder eines Weges) nennt man ihre drei
> Neigungswinkel gegen die positiven Koordinatenachsen.   (b)

Und:

> **Richtungsfaktoren** (auch Richtungswerte oder
> Richtungskoeffizienten genannt) einer Geraden oder Strecke
> nennt man die Kosinusfunktionen der Richtungswinkel.
> Der kürzeren Darstellung halber schreibt man oft α
> statt $\cos\alpha$, β statt $\cos\beta$ usw.   (c)

Daß die Richtung einer Geraden oder Strecke tatsächlich durch
die Angabe von nur zwei Zahlen bestimmt ist, ergibt sich auch durch
die Beziehung zwischen den drei Richtungsfaktoren $\cos\alpha$, $\cos\beta$, $\cos\gamma$
einer Geraden oder Strecke, durch die **Richtungsformel**

$$\cos^2\alpha + \cos^2\beta + \cos^2\gamma = 1. \tag{d}$$

Denn da diese Beziehung bewiesen ist für die Richtungsfaktoren
eines Radiusvektors, so gilt sie auch für diejenigen einer Strecke
oder Geraden, da man stets einen Radiusvektor parallel dieser Geraden oder Strecke ziehen kann.

Kennt man von einer bestimmten Richtung zwei Richtungs-
winkel α und β, so ist durch beide der dritte Richtungswinkel γ bestimmt, aber nicht eindeutig. Denn zu einem festgesetzten α und β
gehört eindeutig ein bestimmtes $\cos\alpha$ und $\cos\beta$ und zu diesen nach
der Richtungsformel $\cos\gamma = \pm\sqrt{1 - \cos^2\alpha - \cos^2\beta}$. Durch Angabe
von zwei Richtungswinkeln oder Richtungsfaktoren ist also die Rich-
tung selbst nicht eindeutig, sondern zweideutig bestimmt. Geometrisch
läßt sich das recht anschaulich klar machen. Alle Radienvektoren
(vom Nullpunkt aus) von gegebenem α oder $\cos\alpha$ liegen auf einer
Kegelfläche mit dem Nullpunkt als Kegelspitze und mit der Öffnung
2α um die x-Achse als Kegelachse. Ebenso liegen alle Radienvektoren von gegebenem β oder $\cos\beta$ auf einer Kegelfläche mit der
Öffnung 2β um die y-Achse. Schreibt man nun einem Radius-
vektor α und β vor oder $\cos\alpha$ und $\cos\beta$, so muß er beiden Kegeln
angehören, das heißt er ist die gemeinsame Schnittlinie derselben.
Beide Kegel sind symmetrisch zur z-Ebene, sie schneiden sich in
zwei Geraden, die symmetrisch liegen zur z-Ebene, oder mit anderen
Worten, die beiden Radienvektoren haben die z-Ebene als Spiegel.

Entsprechend der Richtungsformel besteht zwischen den Koordinaten x', y', z' eines Punktes P' der Einheitskugel um den Nullpunkt die Beziehung

$$x'^2 + y'^2 + z'^2 = 1, \tag{e}$$

da ja diese Koordinaten nichts anderes sind als Richtungsfaktoren des zugehörigen Einheitsvektors.

Alle parallelen Geraden führen zum nämlichen unendlich fernen Punkt U, da sie sich ja alle in U schneiden. Es gibt sonach im Raum ∞^2 unendlich ferne Punkte, nämlich so viele als es Richtungen im Raum gibt. Einen unendlich fernen Punkt gibt man durch die zu ihm führende Richtung an und schreibt sonach seine Koordinaten an

$$U = u \cos \alpha \mid u \cos \beta \mid u \cos \gamma, \qquad \text{wo } u = \infty. \tag{f}$$

Man muß diese Schreibweise beachten bei allen Beziehungen mit unendlich fernen Punkten. Die einfache Angabe, daß der unendlich ferne Punkt unendlich große Koordinaten hat, ist viel zu unbestimmt für die Charakterisierung eines einzelnen dieser ∞^2 möglichen unendlich fernen Punkte. Ein bestimmter unendlich ferner Punkt hat eine bestimmte Richtung und diese ist durch die vorausgehende Schreibweise festgelegt.

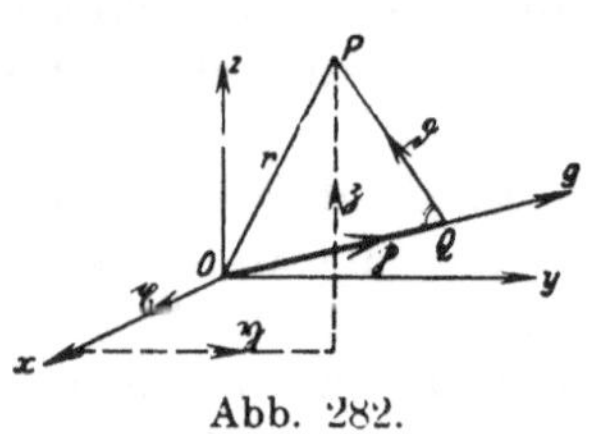

Abb. 282.

Beispiel: Von einer Geraden g durch den Nullpunkt kennt man ihre Richtungsfaktoren $\cos \alpha$, $\cos \beta$, $\cos \gamma$. Man ermittle die Projektion eines beliebigen Radiusvektors OP auf sie, ferner den Abstand d des Punktes P von ihr.

Man geht auf zwei Wegen zum Punkt P, wie das in Abb. 282 angedeutet ist und in Vektoren geschrieben wird,

$$\mathfrak{p} + \mathfrak{d} = \mathfrak{x} + \mathfrak{y} + \mathfrak{z}.$$

Diese Vektorgleichung projiziert man auf die Gerade g und erhält als gesuchte Projektion

$$p = x \cos \alpha + y \cos \beta + z \cos \gamma, \tag{g}$$

da der Vektor d senkrecht zur Geraden steht und somit die Projektion Null hat. Das Dreieck OPQ ist bei Q rechtwinklig, so daß

$$d^2 = r^2 - p^2 = (x^2 + y^2 + z^2) - (x \cos \alpha + y \cos \beta + z \cos \gamma)^2$$
$$= x^2 (1 - \cos^2 \alpha) + y^2 (1 - \cos^2 \beta) + z^2 (1 - \cos^2 \gamma)$$
$$- 2xy \cos \alpha \cos \beta - 2yz \cos \beta \cos \gamma - 2zx \cos \gamma \cos \alpha$$

oder mit Benützung der Richtungsformel (191 d)

$$d^2 = (y^2 + z^2)\cos^2\alpha + (z^2 + x^2)\cos^2\beta + (x^2 + y^2)\cos^2\gamma$$
$$- 2\,xy\cos\alpha\cos\beta - 2\,yz\cos\beta\cos\gamma - 2\,zx\cos\gamma\cos\alpha. \qquad \text{(h)}$$

Aufgabe a) und b) Vom Ursprung aus ist ein Strahl von der Länge r gezogen, der mit den Achsen die Winkel α, β, γ bildet. Man bestimme $\cos\gamma$ und die Koordinaten des Endpunktes, wenn r, α, β gegeben.

a) $r = 8$, $\quad\alpha = 45^0$, $\quad\beta = 45^0$; $\qquad$ b) $r = 5$, $\quad\alpha = 60^0$, $\quad\beta = 45^0$

Lösung: a) $\cos\alpha = \dfrac{1}{\sqrt{2}} = \cos\beta$, also $\cos\gamma = 0$; $x = 4\sqrt{2} = y$, $z = 0$.

b) $\cos\alpha = \frac{1}{2}$, $\quad\cos\beta = \dfrac{1}{\sqrt{2}}$, also $\cos\gamma = \pm\frac{1}{2}$; $x = \frac{5}{2}$, $y = \dfrac{5}{\sqrt{2}}$, $z = \pm\frac{5}{2}$

Aufgabe c) Wie muß eine Gerade gerichtet sein, damit sie mit den Koordinatenachsen eines räumlichen Systems gleiche Winkel einschließt?

Lösung: $\alpha = \beta = \gamma$ oder $\cos\alpha = \cos\beta = \cos\gamma$; die Richtungsformel liefert

$3\cos^2\alpha = 1$, oder $\cos\alpha = \pm\dfrac{1}{\sqrt{3}} = \cos\beta = \cos\gamma$. Gibt nur eine Gerade, da durch das Zeichen (—) die Richtung entgegengesetzt bestimmt wird wie durch das Zeichen (+).

Aufgabe d) Vom Radiusvektor l kennt man zwei Richtungsfaktoren $\cos\alpha = \frac{1}{3}$, $\cos\beta = -\frac{2}{3}$, sowie die Komponente $z = -4\,i_3$; man stelle ihn im Grund- und Aufriß dar.

Lösung: Nach der Richtungsformel ist $\cos\gamma = \pm\frac{2}{3}$; nit $z = -4 = l\cos\gamma$ wird $l = 6$, da der Radiusvektor nur positives Vorzeichen hat. Man erhält zwei Lösungen:

$$P_1 = 2 \mid -4 \mid 4, \qquad P_2 = 2 \mid -4 \mid -4,$$

so wie Abb. 283 zeigt; die erste Lösung wird durch den ausgezogenen Radiusvektor bezeichnet, die zweite Lösung durch den gestrichelten.

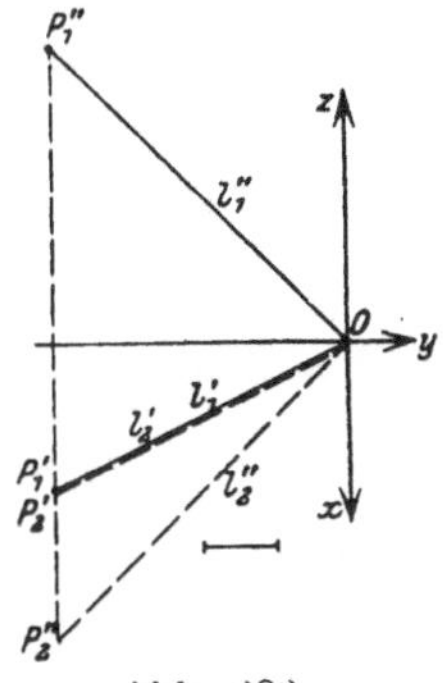

Abb. 283.

193. Hat eine beliebige Strecke R im Raum mit den Richtungsfaktoren $\cos\alpha$, $\cos\beta$, $\cos\gamma$ die Projektionen X, Y, Z auf die drei Koordinatenachsen, so kann man den Anfangspunkt dieser Strecke als Nullpunkt des Koordinatensystems wählen und erhält dann die Beziehungen der vorausgehenden Nummern, wenn man R statt r und X, Y, Z statt x, y, z setzt, also speziell

$$R = \sqrt{X^2 + Y^2 + Z^2}, \qquad\qquad \text{(a)}$$

$$X = R\cos\alpha. \qquad Y = R\cos\beta, \qquad Z = R\cos\gamma$$

oder

$$\cos\alpha = \frac{X}{R} \qquad \cos\beta = \frac{Y}{R}, \qquad \cos\gamma = \frac{Z}{R} \qquad\qquad \text{(b)}$$

Entsprechend der Betrachtung in Nr. 71 haben die Projektionen selbst die Werte

$$X = x_2 - x_1, \qquad Y = y_2 - y_1, \qquad Z = z_2 - z_1, \qquad \text{(c)}$$

wenn die beiden Punkte P_1 und P_2 ganz beliebig im Raum liegen, siehe Abb. 284.

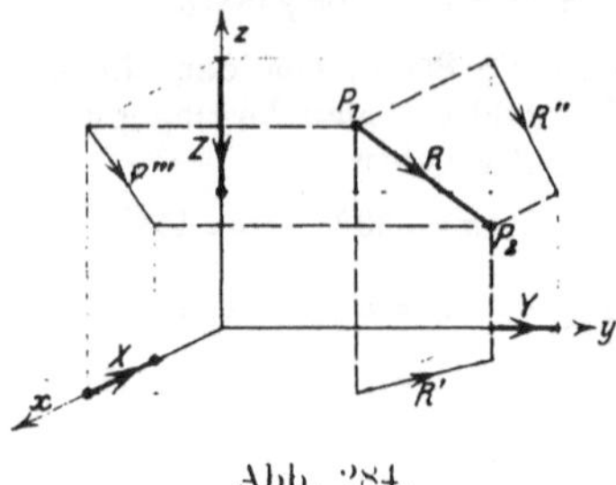

Abb. 284.

Hat man einen beliebigen Vektor $\mathfrak{A}$ im Raum mit den Projektionen A_1, A_2, A_3 auf die drei Achsen, dann werden diese, als Vektoren betrachtet und als solche Komponenten von $\mathfrak{A}$ genannt, in der Vektorensprache ausgedrückt durch

$$\mathfrak{A}_1 = \mathfrak{i}_1 A_1, \qquad \mathfrak{A}_2 = \mathfrak{i}_2 A_2, \qquad \mathfrak{A}_3 = \mathfrak{i}_3 A_3$$

Dann gilt entsprechend wie in Nr. 70 die Beziehung

$$\mathfrak{A} = \mathfrak{i}_1 A_1 + \mathfrak{i}_2 A_2 + \mathfrak{i}_3 A_3. \qquad \text{(d)}$$

Diese Gleichung ist dann vollständig hinreichend zur Charakterisierung des Vektors $\mathfrak{A}$, während in der Sprache der analytischen Geometrie drei Gleichungen notwendig sind, um den Vektor $\mathfrak{A}$ vollständig zu beschreiben, etwa

$$A = \sqrt{A_1^2 + A_2^2 + A_3^2}, \qquad \text{(e)}$$

um den Zahlenwert anzugeben, und zwei der Gleichungen

$$A_1 = A \cos\alpha, \qquad A_2 = A \cos\beta, \qquad A_3 = A \cos\gamma \qquad \text{(f)}$$

für die Richtung.

Diese letzte Formel faßt man mit (b) zusammen zum Satz:

     Die Projektionen einer Strecke oder eines Vektors sind proportional ihren Richtungsfaktoren.   (g)

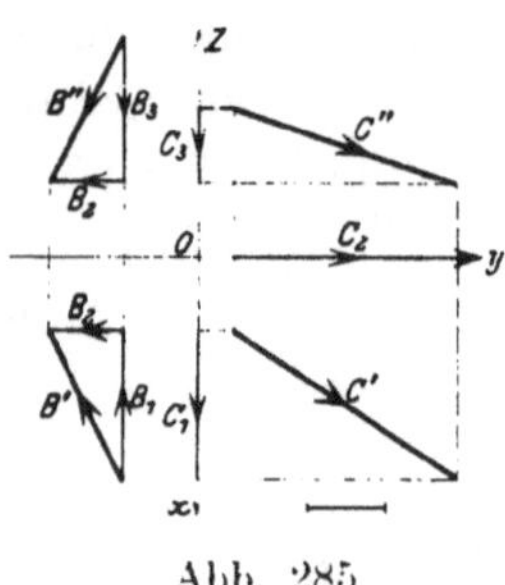

Abb. 285.

Beispiel a) Man gebe Zahlenwert und Richtung des Vektors B der Abb. 285 durch eine einzige Gleichung wieder.

Es ist

$$B_1 = -2, \qquad B_2 = -1, \qquad B_3 = -2,$$

also

$$\mathfrak{B} = -2 \cdot \mathfrak{i}_1 - 1 \cdot \mathfrak{i}_2 - 2 \cdot \mathfrak{i}_3.$$

In der analytischen Geometrie müßte man schreiben

$$B = \sqrt{4 + 1 + 4} = 3,$$

$$\cos\alpha = -2:3, \qquad \cos\beta = -1:3, \qquad \cos\gamma = -2:3.$$

Beispiel b) Von einer Strecke $P_1 P_2 = 2\sqrt{19}$ kennt man den Anfangspunkt $P_1 = 6\,|\,8\;5$ und das Verhältnis der Richtungsfaktoren $\cos\alpha : \cos\beta : \cos\gamma = 3 : -3 : 1$. Gesucht sind die Projektionen der Strecke und der Endpunkt P_2.

Man setzt $\cos\alpha = 3\varrho.\ \cos\beta = -3\varrho.\ \cos\gamma = \varrho$ und ermittelt mit Hilfe der Richtungsformel $\varrho = 1 : \pm\sqrt{19}$ und damit

$$\cos\alpha = \pm\frac{3}{\sqrt{19}}, \qquad \cos\beta = \mp\frac{3}{\sqrt{19}}, \qquad \cos\gamma = \pm\frac{1}{\sqrt{19}},$$

wobei entweder nur das obere oder nur das untere Vorzeichen gilt. Man erhält sonach zwei Richtungen. die aber beide auf der nämlichen Geraden liegen und sich nur durch den Richtungssinn unterscheiden; geht die eine nach vorwärts, dann die andere nach rückwärts. Das ist klar, da $\cos(\pi + \varphi) = -\cos\varphi$ ist, die Richtungsfaktoren also ihre Vorzeichen umkehren, wenn man den Richtungssinn wechselt. Man merke aus dieser Betrachtung

> Durch das Verhältnis der Richtungsfaktoren ist die Richtung bestimmt, aber ohne Angabe des Richtungssinnes. $\hfill$ (h)

Im vorliegenden Fall erhält man demgemäß wegen des nicht festgestellten Richtungssinnes zwei Lösungen; die beiden Strecken $P_1 P_2$ und $P_1 P_2'$ liegen auf der gleichen Geraden. Es wird

$$X = 2\sqrt{19} \cdot \pm\frac{3}{\sqrt{19}} = \pm 6, \quad \text{ebenso} \quad Y = \mp 6, \quad Z = \pm 2,$$

wo wieder entweder nur die oberen oder nur die unteren Vorzeichen gelten. Dann wird

$$x_2 = X + x_1 = \pm 6 + 6 = \left.\begin{matrix}12\\0\end{matrix}\right\}, \qquad y_2 = Y + y_1 = \left.\begin{matrix}2\\14\end{matrix}\right\}, \qquad z_2 = \left.\begin{matrix}7\\3\end{matrix}\right\}$$

oder

$$P_2 = 12\,|\,2\;\;7 \quad \text{und} \quad P_2' = 0\,|\,14\,|\,3.$$

In vielen Fällen ist nun der Richtungssinn belanglos und nur die Richtung ohne Angabe des Sinnes maßgebend. wenn man etwa von zwei parallelen Geraden oder Ebenen spricht. In solchen Fällen empfiehlt es sich, nur mit dem Verhältnis der Richtungsfaktoren zu rechnen und nicht mit den Werten selbst, also wie im vorliegenden Fall

$$\cos\alpha : \cos\beta : \cos\gamma = 3 : -3 : 1$$

oder besser

$$\cos\alpha = 3\varrho, \qquad \cos\beta = -3\varrho. \qquad \cos\gamma = \varrho$$

zu setzen und den Proportionalitätsfaktor nicht eher zu ermitteln, als es unbedingt notwendig ist. In den allerwenigsten Fällen benötigt man diesen Wert ϱ, meistens fällt er aus der Rechnung hinaus, wie die späteren Beispiele fast alle zeigen.

Aufgabe a) Man stelle den Vektor $\mathfrak{C} = 2\mathfrak{i}_1 + 3\mathfrak{i}_2 - \mathfrak{i}_3$ durch Grund- und Aufriß dar.

Lösung: Die Lage des Vektors ist belanglos, also trage man auf der x-Achse irgendwo den Vektor $\mathfrak{C}_1 = 2\mathfrak{i}_1$ an, so wie Abb. 285 angibt, entsprechend $\mathfrak{C}_2 = 3\mathfrak{i}_2$ auf der y-Achse und $\mathfrak{C}_3 = -\mathfrak{i}_3$ auf der z-Achse (es sei wieder erinnert, daß die Schreibweise durch gotische Buchstaben nur für die Rechnung notwendig ist).

Aufgabe b) und c) Man gebe die Projektionen auf die drei Achsenrichtungen sowie die Richtungskoeffizienten der Strecke $P_1 P_2$ an.

b) $P_1 = 2|0|1$, $P_2 = 1|0|1$;   c) $P_1 = 4|2|3$, $P_2 = 3|-2|-1$.

Lösung:

b) $X = -1$, $Y = 0$, $Z = 0$; $R = 1$; $\cos\alpha = -1$, $\cos\beta = 0 = \cos\gamma$;

c) $X = -1$, $Y = -4$, $Z = -4$, $R = \sqrt{33}$; $\cos\alpha = \dfrac{-1}{\sqrt{33}}$, $\cos\beta = \dfrac{-4}{\sqrt{33}} = \cos\gamma$.

Aufgabe d) und e) Vom Punkt P_1 aus ist ein Strahl $P_1 P_2$ von der Länge R gezogen, dessen Projektionen X, Y auf die x- und y-Achse gegeben sind. Man bestimme die Richtungskoeffizienten dieses Strahles sowie die Koordinaten von P_2, wenn x_1, y_1, z_1 als bekannt vorausgesetzt wird.

d) $R = 10$, $X = 5$, $Y = 6$;   e) $R = 6$, $X = -2$, $Y = 5$.

Lösung:

d) $\cos\alpha = 0{,}5$, $\cos\beta = 0{,}6$, $\cos\gamma = \pm\sqrt{0{,}39}$; $Z = \pm\sqrt{39}$; $x_2 = X + x_1 = 5 + x_1$,
$$y_2 = Y + y_1 = 6 + y_1, \quad z_2 = Z + z_1 = \pm\sqrt{39} + z_1.$$

e) $\cos\alpha = -\tfrac{1}{3}$, $\cos\beta = \tfrac{5}{6}$, $\cos\gamma = \pm\tfrac{1}{6}\sqrt{7}$; $Z = \pm\sqrt{7}$; $x_2 = -2 + x_1$,
$$y_2 = 5 + y_1, \quad z_2 = \pm\sqrt{7} + z_1.$$

194. Ein Punkt P auf der Strecke $P_1 P_2$ teilt die Strecke $P_1 P_2$ im Verhältnisse λ, und zwar ist wie in Nr. 72 das Teilverhältnis λ definiert durch $\lambda = P P_1 : P P_2$. Entsprechend dieser Festsetzung ist λ wieder negativ für einen innern Teilpunkt und positiv für einen Teilpunkt außerhalb der Teilstrecke zu nehmen.

Wenn die beiden Punkte P_1 und P_2 durch ihre Koordinaten gegeben sind, dann kann die Aufgabe lauten, entweder zu einem bestimmten Teilpunkt P das Teilverhältnis λ aufzusuchen, oder für ein bestimmt vorgeschriebenes λ den Teilpunkt P zu ermitteln. Beide Aufgaben sind linear und wie alle linearen räumlichen Aufgaben recht einfach mit Hilfe der Vektoren zu lösen. (Man hätte naturgemäß eine Lösung auch dadurch erhalten, daß man den Gedankengang in Nr. 72 von den zwei Koordinaten der Ebene auf die drei des Raumes erweitert.) Bezeichnet man die Vektoren von einem fest gewählten Nullpunkt O aus zu den Punkten P_1, P_2, P mit

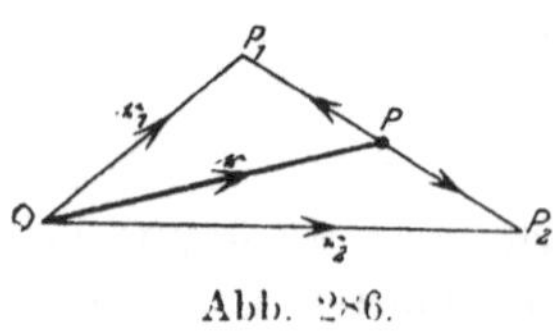

Abb. 286.

$\mathfrak{r}_1$, $\mathfrak{r}_2$, $\mathfrak{r}$, so sind die Vektoren PP_1 und PP_2 durch $-\mathfrak{r}+\mathfrak{r}_1$ bzw. $-\mathfrak{r}+\mathfrak{r}_2$ dargestellt. In der Vektorensprache nimmt die Definition des Teilverhältnisses $\lambda = PP_1 : PP_2$ oder $PP_1 = \lambda \cdot PP_2$ die Form an

$$\mathfrak{r}_1 - \mathfrak{r} = \lambda(\mathfrak{r}_2 - \mathfrak{r}) \tag{a}$$

oder
$$\mathfrak{r} = \frac{\lambda \mathfrak{r}_2 - \mathfrak{r}_1}{\lambda - 1} . \tag{b}$$

Man kann beide Gleichungen auf jede der drei Koordinatenachsen „projizieren" und erhält im ersten Fall das Teilverhältnis

$$\lambda = \frac{x - x_1}{x - x_2} = \frac{y - y_1}{y - y_2} = \frac{z - z_1}{z - z_2} , \tag{c}$$

wenn der Teilpunkt P bekannt ist, und umgekehrt den Teilpunkt P durch seine Koordinaten

$$x = \frac{\lambda x_2 - x_1}{\lambda - 1}, \qquad y = \frac{\lambda y_2 - y_1}{\lambda - 1}, \qquad z = \frac{\lambda z_2 - z_1}{\lambda - 1}, \tag{d}$$

wenn λ gegeben ist.

Ist speziell der Mittelpunkt P der Strecke $P_1 P_2$ gesucht, so erhält man mit $\lambda = -1$ dessen Koordinaten in der Form

$$\mathfrak{r} = \tfrac{1}{2}(\mathfrak{r}_1 + \mathfrak{r}_2)$$

oder
$$x = \tfrac{1}{2}(x_1 + x_2), \qquad y = \tfrac{1}{2}(y_1 + y_2), \qquad z = \tfrac{1}{2}(z_1 + z_2), \tag{e}$$

in Worten:

Die (cartesischen sowohl wie vektoriellen) Koordinaten des Mittelpunktes einer Strecke $P_1 P_2$ sind das arithmetische Mittel der Koordinaten der Endpunkte.

Beispiel: Unter welcher Bedingung schneidet der Radiusvektor OP_3 die Strecke $P_1 P_2$?

Es muß sich auf OP_3 ein Punkt P finden lassen, der gleichzeitig auch auf $P_1 P_2$ liegt. Als Teilpunkt der Strecke $P_1 P_2$ hat er die Koordinaten

$$x = \frac{\lambda x_2 - x_1}{\lambda - 1} , \qquad y = \frac{\lambda y_2 - y_1}{\lambda - 1}, \qquad z = \frac{\lambda z_2 - z_1}{\lambda - 1},$$

wo natürlich λ unbekannt ist und auch bleiben kann. Gleichzeitig ist P auch ein Punkt auf dem Radiusvektor OP_3 und hat daher die Koordinaten

$$x = \varrho x_3, \qquad y = \varrho y_3, \qquad z = \varrho z_3,$$

wo wieder ϱ unbestimmt bleibt. Faßt man beide Gleichungsgruppen zusammen, so erhält man als zusammengehörig

$$\varrho(\lambda - 1)x_3 = \lambda x_2 - x_1, \ \varrho(\lambda - 1)y_3 = \lambda y_2 - y_1, \ \varrho(\lambda - 1)z_3 = \lambda z_2 - z_1$$

und daraus durch Elimination von ϱ und λ, wenn man $\varrho(\lambda-1)$ als erste Unbekannte betrachtet und λ als zweite, nach (50b)

$$\begin{vmatrix} x_3 & -x_2 & x_1 \\ y_3 & -y_2 & y_1 \\ z_3 & -z_2 & z_1 \end{vmatrix} = 0 \quad \text{oder} \quad \begin{vmatrix} x_1 & y_1 & z_1 \\ x_2 & y_2 & z_2 \\ x_3 & y_3 & z_3 \end{vmatrix} = 0 \qquad (f)$$

als gesuchte Bedingung dafür, daß der Radiusvektor OP_3 die Strecke P_1P_2 schneidet.

Aufgabe a) und b) Gesucht ist der Mittelpunkt der Strecke P_1P_2.

a) $P_1 = 0|0|9$, $P_2 = 1|0|1$; b) $P_1 = 6|1|5$, $P_2 = -3|4|1$.

Lösung: a) $\frac{1}{2}|0|5$ b) $\frac{3}{2}|\frac{5}{2}|3$.

Aufgabe c) Gesucht ist der durch $\mathfrak{r} = \mathfrak{r}_1 + \mathfrak{r}_2 - \mathfrak{r}_3$ definierte Punkt P. Wie liegt er gegenüber dem durch $\mathfrak{r}_1$, $\mathfrak{r}_2$, $\mathfrak{r}_3$ definierten Dreieck?

Lösung: Man schreibt $\frac{1}{2}(\mathfrak{r}+\mathfrak{r}_3) = \frac{1}{2}(\mathfrak{r}_1+\mathfrak{r}_2)$ und ersieht daraus, daß der Mittelpunkt der Strecke PP_3 auch gleichzeitig Mittelpunkt der Strecke P_1P_2 ist; dann ergänzt P das Dreieck $P_1P_2P_3$ zu einem Parallelogramm.

Aufgabe d) Man beweise, daß $\mathfrak{r} = \dfrac{m_1\mathfrak{r}_1 + m_2\mathfrak{r}_2}{m_1 + m_2}$ zu einem Punkt P auf der Strecke P_1P_2 führt, der dieselbe im Verhältnis $-m_2 : m_1$ teilt.

Lösung: Wenn der Punkt P die Strecke im Verhältnis $\lambda = -m_2 : m_1$ teilt, so führt zu ihm der Vektor

$$\mathfrak{r} = \frac{\lambda \mathfrak{r}_2 - \mathfrak{r}_1}{\lambda - 1} \quad \text{oder mit} \quad \lambda = -\frac{m_2}{m_1} \quad \mathfrak{r} = \frac{m_2\mathfrak{r}_2 + m_1\mathfrak{r}_1}{m_2 + m_1}$$

195. Durch eine feste Gerade gibt es ∞^1 Ebenen, die in ihrer Gesamtheit ein Ebenenbüschel bilden. Man kann diese Tatsache auch ausdrücken: Eine Ebene durch eine feste Gerade hat nur einen einzigen Freiheitsgrad, nur eine Bewegungsmöglichkeit, nur eine Koordinate, ihre Lage ist durch Angabe von nur einer Zahl vollständig bestimmt. Als Koordinate der Ebene eines Büschels könnte man etwa den Neigungswinkel wählen, den sie mit einer festen Ebene dieses Büschels bildet.

Eine Ebene durch einen festen Punkt hat zwei Koordinaten, das heißt man benötigt zwei Zahlen, um ihre Stellung vollständig anzugeben. Schreibt man ihr z. B. noch einen Punkt vor, so hat man nach dem eben Erwähnten nur mehr eine Bedingung zu erfüllen. etwa sie soll eine gegebene Fläche berühren oder sie soll noch durch einen dritten Punkt hindurchgehen. Man kann dafür auch sagen: eine Ebene durch einen festen Punkt hat zwei Freiheitsgrade oder Bewegungsmöglichkeiten, oder auch: durch einen festen Punkt gibt es ∞^2 Ebenen. Diese ∞^2 Ebenen durch einen festen Punkt bilden in ihrer Gesamtheit ein Ebenenbündel. Die einzelnen Ebenen eines Bündels unterscheiden sich nur durch ihre Stellung. Der Begriff „Stellung“ oder „Richtung“ einer Ebene sieht also hier im Gegensatz zu „Lage". Als Maß der Richtung oder Stellung einer Ebene führt man ihre Richtungswinkel ein, die man folgendermaßen definiert:

> **Stellungs- oder Richtungswinkel einer Ebene** (oder eines ebenen Flächenstückes) nennt man die Neigungswinkel, die sie mit den Koordinatenebenen bildet· sie werden von den Koordinatenebenen aus gezählt. (a)

Und weiter:

> **Richtungsfaktoren** (auch Richtungswerte oder Richtungskoeffizienten genannt) · einer Ebene nennt man die Kosinusfunktionen der Richtungswinkel. (b)

Da eine Ebene durch einen festen Punkt bestimmt ist durch zwei Zahlenangaben, so folgt daraus, daß die Richtung einer Ebene mit Angabe zweier Richtungswinkel bekannt ist, denn zu jeder beliebigen Ebene kann man durch einen festen Punkt immer nur eine einzige Parallelebene legen. Es muß also zwischen den drei Richtungswinkeln α, β, γ, oder was auf das gleiche hinauskommt, zwischen den drei Richtungsfaktoren $\cos\alpha$, $\cos\beta$, $\cos\gamma$ einer Ebene ein Zusammenhang existieren. Dessen Auffindung geht von dem Satz (187 b) aus; errichtet man zur gegebenen Ebene ε eine senkrechte Gerade g in ·einem beliebigen Punkt, so schließt die gegebene Ebene ε mit der x-Ebene den gleichen Winkel α ein wie die Gerade g mit der x-Achse; das gleiche· gilt auch von ihren Winkeln β und γ mit der y- und z-Ebene. Daraus folgt dann:

> **Eine Gerade und eine ihr senkrechte Ebene haben gleiche Richtungswinkel, daher auch gleiche Richtungsfaktoren.** (c)

Man drückt diese Tatsache wohl auch in der kurzen Sprechweise aus:

> **Eine Gerade und eine zu ihr senkrechte Ebene haben gleiche Richtung,** (d)

und denkt, wenn man von Richtung einer Ebene spricht, immer an die Richtung einer zur Ebene senkrechten Geraden. (Die Konsequenz dieser Betrachtung ist dann die, daß man ein Flächenstück ebenso wie eine Strecke als Vektor behandeln darf, denn dieses Flächenstück hat einen Zahlenwert und eine Richtung, also das, was den Inhalt eines Vektors ausmacht. Im nächsten Kapitel wird auf diese neue Art von Vektoren noch näher eingegangen.) Dann gilt ebenso wie bei einer Geraden die Beziehung zwischen den drei Richtungsfaktoren $\cos\alpha$, $\cos\beta$, $\cos\gamma$ einer Ebene, nämlich die Richtungsformel

$$\cos^2\alpha + \cos^2\beta + \cos^2\gamma = 1.\qquad(e)$$

Beispiel: Eine Ebene ε sei gegeben durch ihre drei Richtungsfaktoren $\cos\alpha$, $\cos\beta$, $\cos\gamma$ sowie durch ihren Abstand p vom Nullpunkt. Gesucht ist der Abstand d eines beliebigen Punktes $P = x\,|\,y\,|\,z$ von dieser Ebene.

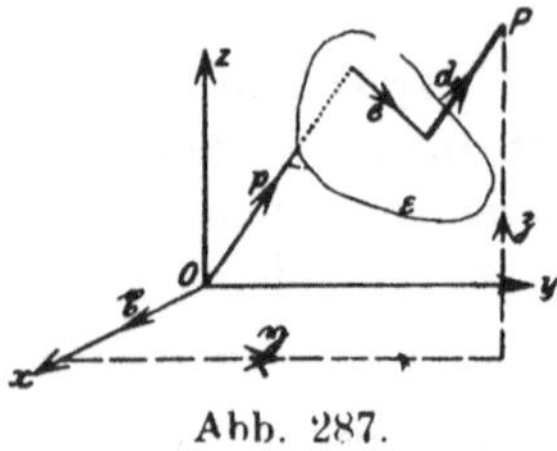
Abb. 287.

Der Abstand d soll immer von der Ebene aus zu dem gegebenen Punkt gezählt werden, woraus sich der Pfeil dieser Strecke in der Abbildung erklärt. Vom Nullpunkt aus geht man zum Punkt P auf zwei verschiedenen Wegen, wie das die Pfeile der Skizze andeuten. Dann erhält man mit Benützung von Vektoren

$$\mathfrak{p} + \mathfrak{e} + \mathfrak{d} = \mathfrak{x} + \mathfrak{y} + \mathfrak{z};$$

die Lote p und d auf die Ebene sind parallel, beide haben die nämlichen Richtungsfaktoren $\cos\alpha$, $\cos\beta$, $\cos\gamma$ wie die gegebene Ebene, der Vektor e liegt in der Ebene. Projiziert man vorstehende Gleichung auf p oder d, so erhält man wie in Nr. 192

$$p + 0 + d = x\cos\alpha + y\cos\beta + z\cos\gamma$$

und damit den Abstand des Punktes P von der Ebene

$$d = x\cos\alpha + y\cos\beta + z\cos\gamma - p. \tag{f}$$

196. Ein Punkt P' auf der Einheitskugel, siehe Nr. 192, ist das Bild einer bestimmten Richtung, nämlich der Richtung OP', wenn O der Mittelpunkt der Einheitskugel. Ist diese Richtung gegeben durch ihre Richtungsfaktoren $\cos\alpha$, $\cos\beta$, $\cos\gamma$, so hat der Punkt P' auf der Einheitskugel die Koordinaten $P' = \cos\alpha\,|\,\cos\beta\,|\,\cos\gamma$. Zwei verschiedene Richtungen, gegeben durch ihre Richtungsfaktoren $\cos\alpha_1$, $\cos\beta_1$, $\cos\gamma_1$ und $\cos\alpha_2$ $\cos\beta_2$, $\cos\gamma_2$ finden ihre Bilder durch die Punkte $P_1' = \cos\alpha_1\,|\,\cos\beta_1\,|\,\cos\gamma_1$ und $P_2' = \cos\alpha_2\,|\,\cos\beta_2\,|\,\cos\gamma_2$ auf der Einheitskugel Die beiden Punkte P_1' und P_2' haben eine wirkliche

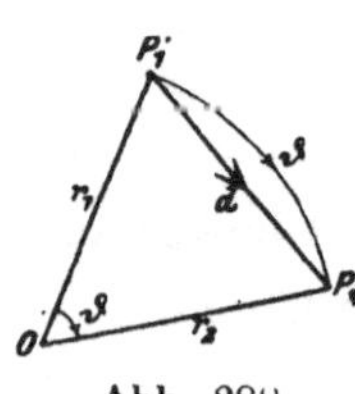
Abb. 288.

Entfernung d und eine Winkel- oder Bogenentfernung ϑ auf der Einheitskugel, denn Winkel werden ja gemessen und dargestellt durch Bögen auf dem Einheitskreis. Die wahre Entfernung d kann man einmal nach dem Kosinussatz ermitteln in der Form

$$d^2 = r_1^2 + r_2^2 - 2r_1 r_2 \cos\vartheta = 2(1 - \cos\vartheta), \tag{a}$$

weil $r_1 = 1 = r_2$ ist; andrerseits nach (193a) und (193c) in der Form

$$d^2 = (\cos\alpha_2 - \cos\alpha_1)^2 + (\cos\beta_2 - \cos\beta_1)^2 + (\cos\gamma_2 - \cos\gamma_1)^2$$
$$= 2[1 - (\cos\alpha_1 \cos\alpha_2 + \cos\beta_1 \cos\beta_2 + \cos\gamma_1 \cos\gamma_2)],$$

wenn man ausrechnet und die Richtungsformel benützt. Der Vergleich beider Formeln liefert für die Winkelentfernung ϑ der Punkte P_1' und P_2'

$$\cos \vartheta = \cos \alpha_1 \cos \alpha_2 + \cos \beta_1 \cos \beta_2 + \cos \gamma_1 \cos \gamma_2 .$$

Diese Winkelentfernung ϑ der beiden Punkte ist gleichzeitig auch der Winkel zwischen zwei Richtungen oder zwischen zwei Strecken oder Geraden in diesen Richtungen. Auch der Winkel zwischen zwei Ebenen ist durch diese Formel bestimmt, denn zwei Ebenen schließen den gleichen Winkel ein wie zwei zu ihnen senkrechte Gerade. Man faßt somit zusammen: Der Winkel ϑ zweier Strecken oder Geraden oder zweier Ebenen mit den Richtungsfaktoren $\cos \alpha_1$, $\cos \beta_1$, $\cos \gamma_1$ und $\cos \alpha_2$, $\cos \beta_2$, $\cos \gamma_2$ ist bestimmt durch

$$\cos \vartheta = \cos \alpha_1 \cos \alpha_2 + \cos \beta_1 \cos \beta_2 + \cos \gamma_1 \cos \gamma_2 . \tag{b}$$

Für manche Zwecke ist es erwünscht, noch eine Formel

$$\sin \tfrac{1}{2} \vartheta = \tfrac{1}{2} \sqrt{(\cos \alpha_2 - \cos \alpha_1)^2 + (\cos \beta_2 - \cos \beta_1)^2 + (\cos \gamma_2 - \cos \gamma_1)^2} \tag{c}$$

zu haben, die elementar aus $\sin \tfrac{1}{2} \vartheta = \tfrac{1}{2} \sqrt{2(1 - \cos \vartheta)}$ in Verbindung mit (a) abzuleiten ist.

Beispiel a) Man drücke den Winkel ϑ zweier Strecken R_1 und R_2 allein durch diese Strecken und ihre Achsenprojektionen aus.

Die erste Strecke R_1 hat die Achsenprojektionen X_1, Y_1, Z_1 und damit nach (193b) die Richtungsfaktoren $X_1 : R_1$, $Y_1 : R_1$, $Z_1 : R_1$; entsprechend hat die zweite Strecke die Richtungsfaktoren $X_2 : R_2$, $Y_2 : R_2$, $Z_2 : R_2$. Dann ist die Winkelentfernung ϑ der beiden Strecken, das heißt der Winkel ϑ von der ersten zur zweiten Strecke bestimmt durch

$$\cos \vartheta = \frac{X_1 X_2 + Y_1 Y_2 + Z_1 Z_2}{R_1 R_2} \tag{d}$$

Aufgabe a) Von zwei Geraden hat die erste die Richtungswinkel 60^0, 60^0, γ_1, die zweite 45^0, 45^0, γ_2; welchen Winkel schließen sie ein?

Lösung: Die erste Gerade hat die Richtungskoeffizienten $\cos 60^0$, $\cos 60^0$, $\cos \gamma_1$ oder $\tfrac{1}{2}$, $\tfrac{1}{2}$, $\cos \gamma_1$; die Richtungsformel liefert $\cos \gamma_1 = \pm \sqrt{\tfrac{1}{2}}$. Entsprechend sind die Richtungskoeffizienten der zweiten Geraden $\sqrt{\tfrac{1}{2}}$, $\sqrt{\tfrac{1}{2}}$, 0.

Damit wird $\cos \vartheta = \tfrac{1}{2} \sqrt{\tfrac{1}{2}} + \tfrac{1}{2} \sqrt{\tfrac{1}{2}} \pm \sqrt{\tfrac{1}{2}} \cdot 0 = \sqrt{\tfrac{1}{2}}$ oder $\vartheta = 45^0$.

Aufgabe b) Welchen Winkel schließen die Strecke $P_1 P_2$ und der Vektor $\mathfrak{r} = 2\mathfrak{i}_1 + \mathfrak{i}_2 - 2\mathfrak{i}_3$ ein, wenn $P_1 = 0|0|2$ und $P_2 = 3|1|-1$?

Lösung: Die Strecke $P_1 P_2$ hat die Projektionen $X = 3$, $Y = 1$, $Z = -3$, woraus $R = \sqrt{19}$ und $\cos \alpha_1 = 3 : \sqrt{19}$, $\cos \beta_1 = 1 : \sqrt{19}$, $\cos \gamma_1 = -3 : \sqrt{19}$. Der Vektor r hat die Projektionen 2, 1, -2, also den Zahlenwert 3 und damit die Richtungskoeffizienten $\cos \alpha_2 = 2 : 3$, $\cos \beta_2 = 1 : 3$, $\cos \gamma_2 = -2 : 3$. Dann erhält man $\cos \vartheta = (3 \cdot 2 + 1 \cdot 1 - 3 \cdot -2) : 3 \sqrt{19} = 13 : 3 \sqrt{19}$.

Stehen die beiden Geraden g_1 und g_2 bzw. die beiden Strecken R_1 und R_2 oder die beiden Ebenen ε_1 und ε_2 mit den Richtungsfaktoren $\cos\alpha_1$, $\cos\beta_1$, $\cos\gamma_1$ und $\cos\alpha_2$, $\cos\beta_2$, $\cos\gamma_2$ zueinander senkrecht, so wird $\vartheta = 90^0$ und damit

$$\cos\alpha_1\cos\alpha_2 + \cos\beta_1\cos\beta_2 + \cos\gamma_1\cos\gamma_2 = 0. \qquad (e)$$

Sind aber die beiden Geraden bzw. die beiden Ebenen parallel zueinander, so haben sie die gleichen Richtungsfaktoren, es gilt

$$\cos\alpha_1 = \cos\alpha_2, \qquad \cos\beta_1 = \cos\beta_2, \qquad \cos\gamma_1 = \cos\gamma_2. \qquad (f)$$

Das Senkrechtstehen von zwei Geraden oder von zwei Ebenen ist sonach durch eine einzige Beziehung zwischen den zwei Geraden bzw. Ebenen zum Ausdruck gebracht; das Parallellaufen aber durch zwei Beziehungen, denn mit $\cos\alpha_1 = \cos\alpha_2$, $\cos\beta_1 = \cos\beta_2$ ist selbstverständlich auch $\cos\gamma_1 = \cos\gamma_2$. Verlangt man also, daß eine Gerade g_2 zu einer Geraden g_1 parallel sein soll, oder eine Ebene ε_2 parallel einer anderen Ebene ε_1, so sind in dieser Forderung zwei zu erfüllende Gleichungen enthalten; dagegen nur eine, wenn man verlangt, daß zwei Ebenen ε_1 und ε_2 oder zwei Gerade g_1 und g_2 zueinander senkrecht stehen sollen.

Soll eine Gerade g mit den Richtungsfaktoren $\cos\alpha_1$, $\cos\beta_1$, $\cos\gamma_1$ zu einer Ebene ε mit den Richtungsfaktoren $\cos\alpha_2$, $\cos\beta_2$, $\cos\gamma_2$ senkrecht stehen, so sind in dieser Forderung wieder die zwei zu erfüllenden Gleichungen

$$\cos\alpha_1 = \cos\alpha_2, \qquad \cos\beta_1 = \cos\beta_2, \qquad \cos\gamma_1 = \cos\gamma_2$$

enthalten, daß nämlich die Gerade und die Ebene die gleiche Richtung haben. Soll die Gerade g aber parallel sein zur Ebene ε, so heißt das soviel wie sie soll senkrecht sein zu einer Geraden g', die von gleicher Richtung ist wie die Ebene, es muß also dann nur die einzige Bedingung (e) erfüllt sein. Wenn eine Gerade von der Richtung $\cos\alpha$, $\cos\beta$, $\cos\gamma$ parallel ist zu einer Ebene, so hat man dafür die Sprechweise: die Ebene enthält die Richtung $\cos\alpha$, $\cos\beta$, $\cos\gamma$.

Beispiel b): Welche Beziehung besteht zwischen den Projektionen zweier Strecken R_1 und R_2, wenn diese zueinander senkrecht stehen?

Man stützt sich auf das vorausgehende Beispiel; mit $\vartheta = 90^0$ oder $\cos\vartheta = 0$ wird

$$X_1 X_2 + Y_1 Y_2 + Z_1 Z_2 = 0. \qquad (g)$$

Beispiel c) Wenn die beiden Strecken R_1 und R_2 parallel sind, wie viele und welche Beziehungen bestehen dann zwischen den Projektionen der beiden Strecken?

Geht man hier von der Formel (d) aus, so kommt man auf eine umständliche Rechnung. Man schließt hier unmittelbar: beide Strecken sind parallel, folglich haben sie gleiche Richtungsfaktoren

$$\frac{X_1}{R_1} = \frac{X_2}{R_2}, \qquad \frac{Y_1}{R_1} = \frac{Y_2}{R_2}, \qquad \frac{Z_1}{R_1} = \frac{Z_2}{R_2}.$$

Scheinbar sind das wieder drei Gleichungen, in Wirklichkeit ist aber die letzte Gleichung nur eine Folge der beiden ersten, wie eine elementare Rechnung mit Hilfe von Nr. 193 erweist. Da nur die Projektionen verwendet werden sollen, so schreibt man die vorausgehenden Gleichungen entweder in der Form

$$X_1 : Y_1 : Z_1 = X_2 : Y_2 : Z_2 \quad \text{bzw.} \quad X_1 : X_2 = Y_1 : Y_2 = Z_1 : Z_2$$

oder praktischer mit Einführung eines Proportionalitätsfaktors

$$X_1 = \varrho X_2, \qquad Y_1 = \varrho Y_2, \qquad Z_1 = \varrho Z_2. \tag{h}$$

Dieser Faktor ϱ ist, wie die Ausgangsgleichung ersehen läßt, das Verhältnis $R_1 : R_2$ der Zahlenwerte der Strecken.

Aufgabe c) Gesucht ist eine Richtung $\cos \alpha$, $\cos \beta$, $\cos \gamma$, die senkrecht zu zwei gegebenen Richtungen $\cos \alpha_1$, $\cos \beta_1$, $\cos \gamma_1$ und $\cos \alpha_2$, $\cos \beta_2$, $\cos \gamma_2$ steht.

Lösung: Nach (e) muß von der gesuchten Richtung gelten

$$\cos \alpha \cdot \cos \alpha_1 + \cos \beta \cdot \cos \beta_1 + \cos \gamma \cdot \cos \gamma_1 = 0$$
$$\cos \alpha \cdot \cos \alpha_2 + \cos \beta \cdot \cos \beta_2 + \cos \gamma \cdot \cos \gamma_2 = 0.$$

Für die unbekannten Richtungskoeffizienten hat man sonach zwei lineare homogene Gleichungen, aus denen man ihr Verhältnis

$$\cos \alpha : \cos \beta : \cos \gamma = \begin{vmatrix} \cos \alpha_1 & \cos \beta_1 & \cos \gamma_1 \\ \cos \alpha_2 & \cos \beta_2 & \cos \gamma_2 \end{vmatrix} \tag{i}$$

nach Nr. 50 ermitteln kann.

Aufgabe d) Man löse die vorstehende Aufgabe für den Fall

$$\cos \alpha_1 : \cos \beta_1 : \cos \gamma_1 = 2 : 3 : 1 \quad \text{und} \quad \cos \alpha_2 : \cos \beta_2 : \cos \gamma_2 = 1 : 2 : 3.$$

Lösung: Mit Einführung von Proportionalitätsfaktoren ϱ_1 und ϱ_2 schreibt man $\cos \alpha_1 = 2\varrho_1$, $\cos \beta_1 = 3\varrho_1$, $\cos \gamma_1 = 1 \cdot \varrho_1$ und $\cos \alpha_2 = 1 \cdot \varrho_2$, $\cos \beta_2 = 2\varrho_2$, $\cos \gamma_2 = 3\varrho_2$; dann wird

$$\cos \alpha : \cos \beta : \cos \gamma = \begin{vmatrix} 2\varrho_1 & 3\varrho_1 & \varrho_1 \\ \varrho_2 & 2\varrho_2 & 3\varrho_2 \end{vmatrix} = 7\varrho_1\varrho_2 : -5\varrho_1\varrho_2 : \varrho_1\varrho_2$$
$$= 7 : -5 : 1,$$

oder $\qquad \cos \alpha = 7\varrho, \qquad \cos \beta = -5\varrho, \qquad \cos \gamma = \varrho.$

Mit Hilfe der Richtungsformel erhält man $\varrho^2 \cdot 75 = 1$ und daraus

$$\cos \alpha = \pm \frac{7}{\sqrt{75}}, \qquad \cos \beta = \mp \frac{5}{\sqrt{75}}, \qquad \cos \gamma = \pm \frac{1}{\sqrt{75}},$$

wo entweder nur die oberen oder nur die unteren Vorzeichen zu wählen sind.

197. Bei Aufgaben über Raumelemente (Ebene. Gerade. Punkte) achte man immer darauf, wieviel Bedingungen dem gesuchten Element vorgeschrieben sind. Der Anfänger sieht nicht ohne weiteres, daß z. B. in der Forderung. eine Gerade soll durch zwei gegebene Punkte gehen. vier Bedingungen enthalten sind; er wird sehr oft voreilig nur zwei Bedingungen erblicken. Er beachte aber, daß eine Gerade durch einen festen Punkt zwei Freiheitsgrade hat, oder in anderer Ausdrucksweise, daß es durch einen festen Punkt im Raum ∞^2 Gerade gibt (die sich alle nur durch die Richtung unterscheiden, siehe Nr. 192). In der Ebene war das anders, dort gab es durch einen Punkt nur ∞^1 Gerade; schreibt man sonach in der Ebene einer Geraden einen Punkt vor, so hat man ihr nur eine Bedingung vorgeschrieben; und schreibt man ihr zwei Punkte vor. so hat man ihr die beiden Freiheitsgrade genommen. die sie in der Ebene hat. und erhält demnach eine ganz bestimmte Gerade.

Im Raum. gibt es ∞^3 Punkte, ein Punkt im Raum ist also durch drei Bedingungen bestimmt. Verlangt man beispielsweise, daß der Punkt auf zwei vorgeschriebenen Flächen liegen soll, so ist er dadurch noch nicht bestimmt; es gibt ∞^1 Punkte, die dieser Forderung genügen; in ihrer Gesamtheit bilden sie die Schnittkurve der beiden Flächen. Verlangt man, daß der Punkt auf einer vorgeschriebenen Fläche und auf einer vorgeschriebenen Kurve liegen soll, so ist er dadurch bestimmt: durch die erste Forderung hat man ihm einen Freiheitsgrad genommen, durch die zweite zwei, somit durch beide Forderungen seine drei Freiheitsgrade. Und würde man verlangen. daß der Punkt auf zwei vorgeschriebenen Kurven liegen soll, so hätte man vier Bedingungen gestellt, die der Punkt im allgemeinen nicht erfüllen kann.

Eine Ebene durch eine feste Gerade g hat nur einen einzigen Freiheitsgrad, man kann ihr sonach nur eine einzige Bedingung vorschreiben, etwa sie soll eine gegebene Fläche berühren, oder durch einen gegebenen Punkt hindurchgehen. Denn wenn man einer Ebene einen bestimmten Punkt vorschreibt. so hat man ihr dadurch (anders als bei der Geraden) nur eine einzige Bedingung vorgeschrieben. Oder man kann verlangen, daß die Ebene durch diese feste Gerade g eine gegebene Richtung enthalten. das heißt einer gegebenen Richtung oder Geraden parallel sein soll. Man verwechsle diese Forderung aber nicht mit derjenigen, daß man der Ebene eine bestimmte Richtung vorschreibt, indem man etwa verlangt, sie soll einer gegebenen Ebene parallel sein oder senkrecht zu einer gegebenen Geraden stehen. Man merke wohl, daß man einer Ebene durch ihre Richtung zwei Bedingungen vorschreibt.

Eine Ebene durch einen festen Punkt P_0 hat zwei Freiheitsgrade, folglich kann man ihr noch zwei Bedingungen vorschreiben. etwa sie soll einer gegebenen Ebene parallel sein oder sie soll zu einer gegebenen Geraden senkrecht stehen. In beiden Fällen hat man ihr die Richtung vorgeschrieben. Verlangt man, daß sie eine gegebene Richtung enthalten, das heißt zu einer Geraden mit dieser Richtung parallel sein soll, so hat man ihr durch diese Forderung eine einzige Bedingung vorgeschrieben; man braucht nur durch den festen Punkt P_0 eine Gerade von der gegebenen Richtung zu. ziehen, dann erfüllen alle Ebenen durch diese Gerade die aufgestellte Forderung. Würde man aber verlangen, sie soll zwei gegebene Richtungen enthalten, das heißt zu zwei Geraden mit gegebenen Richtungen parallel sein, so hätte man ihr dadurch zwei Bedingungen vorgeschrieben und so die beiden Freiheitsgrade genommen; man brauchte nur durch den festen Punkt P_0 zwei Gerade mit den gegebenen Richtungen zu ziehen, dann wäre durch diese beiden Geraden die Ebene bestimmt.

Wenn man einer Ebene einen Punkt vorschreibt, dann hat man ihr einen Freiheitsgrad genommen. Folglich kann man der Ebene durch P_0 noch zwei weitere Punkte P_1 und P_2 vorschreiben. Ob man sagt, die Ebene soll durch zwei Punkte P_1 und P_2 gehen, oder ob man sie durch die Gerade $P_1 P_2$ gehen läßt, ist ganz gleichwertig. Man merke also, daß man einer Ebene zwei Bedingungen vorschreibt, wenn man sie durch eine gegebene Gerade gehen läßt.

Wieviel Ebenen gibt es im Raum? Oder wenn man die Frage umformt, wieviel Freiheitsgrade hat die Ebene im Raum; oder durch wieviel voneinander unabhängige Zahlen wird die Lage einer beliebigen Ebene im Raum festgelegt? Offenbar bereits durch drei. etwa wie meist in der darstellenden Geometrie durch Angabe der drei Abschnitte a, b, c, die sie auf den drei Koordinatenachsen bildet. Eine Ebene im Raum hat sonach drei Freiheitsgrade oder Koordinaten. man kann ihr drei Bedingungen vorschreiben, im Raum gibt es ∞^3 Ebenen. Man kann beispielsweise verlangen, sie soll zwei gegebene Kugeln berühren und durch einen gegebenen Punkt P_0 gehen. Oder sie soll zwei gegebenen Geraden parallel sein und eine gegebene Fläche berühren usw.

Aufgabe a) Kann man durch eine gegebene Gerade g_1 eine Ebene senkrecht zu einer Geraden g_2 legen?

Lösung: Im allgemeinen nicht; man hat der Ebene zwei Bedingungen durch die gegebene Gerade g_1 vorgeschrieben und weitere zwei durch die Forderung, sie soll zu der Geraden g_2 senkrecht sein. Denn diese letzte Forderung sagt, daß die Ebene die gleichen Richtungsfaktoren hat wie die Gerade g_2.

In einer festen Ebene hat die Gerade g zwei Freiheitsgrade. Man kann ihr daher in dieser festen Ebene zwei Bedingungen vorschreiben. Naturgemäß müssen dieselben miteinander verträglich sein. Man kann beispielsweise nicht verlangen, daß die gesuchte Gerade einer beliebig gegebenen Geraden schief zur festen Ebene parallel sein soll. Durch diese Forderung hat man zwar zwei Bedingungen vorgeschrieben, die aber im vorliegenden Fall nicht verträglich sind, weil die Gerade aus der gegebenen festen Ebene heraustreten müßte.

Die Gerade durch einen festen Punkt P_0 hat zwei Freiheits-grade und kann so zwei an sie gestellten Bedingungen genügen. Wie bei der Ebene ist zu merken, daß man der Geraden im Raum durch ihre Richtung zwei Bedingungen vorschreibt. Man kann beispielsweise verlangen, daß die Gerade durch den Punkt P_0 parallel sein soll einer gegebenen Geraden, denn dadurch hat man ihr die gleiche Richtung vorgeschrieben; oder daß sie senkrecht stehen soll zu einer gegebenen Ebene, weil sie dann die nämliche Richtung hat wie diese Ebene. Sagt man aber, die Gerade soll zu einer gegebenen Ebene parallel sein, oder sie soll zu einer gegebenen Geraden senkrecht sein, so hat man ihr mit jeder dieser Forderungen nur eine einzige Bedingung vorgeschrieben. Weiter ist zu merken, daß man durch einen Punkt der Geraden im Raum zwei Be-dingungen vorschreibt. Weiter oben ist das bereits dargelegt.

Aufgabe b) Kann man durch den gegebenen Punkt P_0 eine Gerade legen, die auf einer gegebenen Geraden g' senkrecht stehen und gleichzeitig durch den Nullpunkt gehen soll?

Lösung: Im allgemeinen nicht. Man hat der Geraden eine Bedingung vorgeschrieben durch die Forderung sie soll zu g' senkrecht stehen und zwei weitere durch die Forderung, sie soll durch den Nullpunkt gehen. Drei Be-dingungen kann man aber einer Geraden durch P_0 nicht vorschreiben.

Im Raum hat die Gerade vier Freiheitsgrade; oder in anderer Form: es gibt im Raum ∞^4 Gerade; oder: die Lage einer beliebigen Geraden im Raum wird durch vier voneinander unabhängige Zahlen festgelegt. Da nämlich eine Gerade im Raum durch Grundriß und Aufriß gegeben ist und ihre Grundrißprojektion ebenso wie die Auf-rißprojektion jede für sich zwei Freiheitsgrade hat, so ergeben sich daraus die vier Freiheitsgrade der Geraden selbst. Oder man kal-kuliert etwa: Die Gerade ist im Raum durch Grundriß- und Aufriß-spur bestimmt, jede dieser beiden Spuren aber selbst wieder durch zwei Zahlenangaben. und somit die Gerade selbst durch vier Zahlen-angaben. Man kann demgemäß der Geraden im Raum vier Be-dingungen vorschreiben. Etwa: sie soll durch einen gegebenen Punkt gehen. (zwei Bedingungen) und zu einer gegebenen Ebene senkrecht sein (zwei Bedingungen). Oder: die gesuchte Gerade soll zwei ge-gebene Gerade schneiden und eine gegebene Richtung haben. Oder: die gesuchte Gerade soll drei gegebene Gerade schneiden und einer gegebenen Ebene parallel sein. Oder: die gesuchte Gerade soll vier gegebene Gerade schneiden usw.

Elementare Produkte und Quotienten mit Vektoren. Arbeit und skalares Produkt. Das Flach als Vektor. Moment und vektorielles Produkt.

198. Setzt man n als natürliche Zahl voraus, so definiert die Elementarmathematik

$$a \cdot n = a + a + a + \ldots + a, \quad (n \text{ Summanden}),$$

und stößt bei dieser Definition auf keine Schwierigkeiten. Entsprechend sei definiert

$$\mathfrak{a} \cdot n = \mathfrak{a} + \mathfrak{a} + \mathfrak{a} + \ldots + \mathfrak{a}, \quad (n \text{ Summanden}),$$

wonach $\mathfrak{a} \cdot n$ sich als eine fortgesetzte Summierung und damit als ein elementares Produkt erweist. Wenn wir noch weiter festsetzen, daß

$$n\mathfrak{a} = \mathfrak{a}n$$

den nämlichen Vektor vorstellt, so folgt aus diesen beiden Definitionen, daß die nämlichen Sätze wie beim elementaren Produkt ab gelten, siehe Nr. 3, also hier

$$\mathfrak{a} \cdot n = n\mathfrak{a}, \tag{a}$$

$$(\mathfrak{a} + \mathfrak{b})\, n = \mathfrak{a}n + \mathfrak{b}n, \tag{b}$$

$$\mathfrak{a}\,(m + n) = \mathfrak{a}m + \mathfrak{a}n. \tag{c}$$

Dieses elementare Produkt bietet somit nichts Neues, es ist auf das elementare Produkt ab zurückgeführt, es ist nichts anderes als eine geometrische oder graphische Summe mit gleichen Summanden. So ist es auch leicht erklärlich, daß wir die bisher auftretenden Vektoren, wie $3\mathfrak{i}_1$, $2,4\mathfrak{i}_2$, $-2\mathfrak{i}_3$ usw., nicht als Produkte behandelten.

Ist nun aber n oder m keine natürliche Zahl, sondern eine negative oder eine gebrochene oder eine irrationale Zahl, so wird man den nämlichen Gedankengang anwenden wie im ersten Abschnitt dieses Buches und ausgehend von der Gültigkeit der obigen Sätze für natürliche Zahlen m und n durch passende Definitionen die Gültigkeit für beliebige Zahlen erweitern und so allgemein

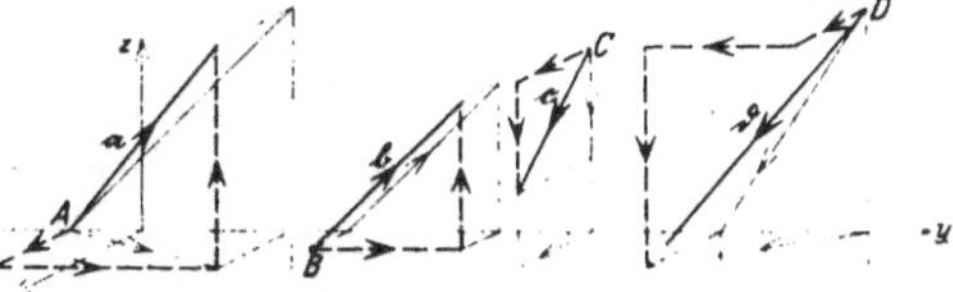

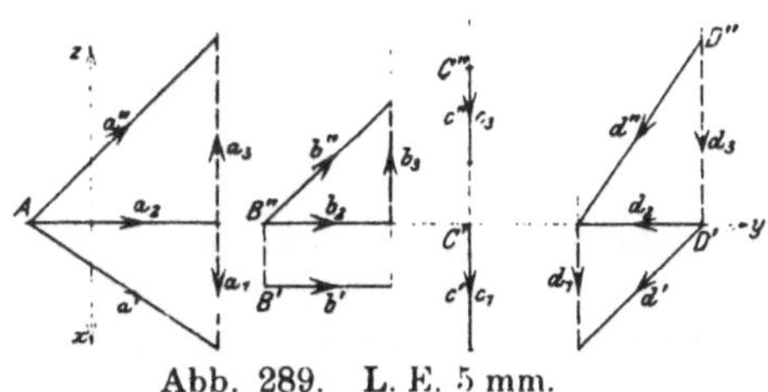

Abb. 289. L. E. 5 mm.

entwickeln, daß die obigen Sätze immer gelten, solange m und n überhaupt reelle Zahlen sind. (m und n als komplexe Zahlen im allgemeinsten Fall zu betrachten, haben wir keinen Anlaß, obwohl selbstverständlich nichts im Weg steht, auch mit komplexen Vektoren zu rechnen, die dann allerdings geometrisch zunächst nicht darstellbar wären.)

Aufgabe a) mit d) Man konstruiere in senkrechter und axonometrischer Darstellung die Vektoren

a) $2\mathfrak{i}_1 + 3\mathfrak{i}_2 + 3\mathfrak{i}_3$ b) $2\mathfrak{i}_2 + 2\mathfrak{i}_3$,   c) $2\mathfrak{i}_1 - 1{,}5\mathfrak{i}_3$,   d) $2\mathfrak{i}_1 - 2\mathfrak{i}_2 - 3\mathfrak{i}_3$.

Lösung: Der erste Vektor hat in den drei Achsenrichtungen die Komponenten $+2$, $+3$, $+3$. Seine Lage im Raum ist belanglos, in der Abbildung ist er als Vektor $\mathfrak{a}$ von einem beliebig gewählten Punkt A auf der y-Achse aus abgetragen, so daß seine Projektionen $a_1 = 2$, $a_2 = 3$, $a_3 = 3$ sind. Die andern Vektoren sind von beliebig gewählten Punkten B, C, D aus abgetragen.

Unter der Voraussetzung, daß die beiden Vektoren $\mathfrak{A}$ und $\mathfrak{B}$ gleichgerichtet sind und n eine reelle Zahl ist, wird der Quotient $\mathfrak{A} : \mathfrak{B} = n$ oder $\dfrac{\mathfrak{A}}{\mathfrak{B}} = n$ definiert als diejenige Zahl, mit der man $\mathfrak{B}$ multiplizieren muß, um $\mathfrak{A}$ zu erhalten. In dieser Definition ist die einfache Tatsache ausgedrückt, daß der Vektor $\mathfrak{A}$ das n-fache des Vektors $\mathfrak{B}$ ist. Durch die Definition ist keine neue Operation geschaffen, ebensowenig wie durch das elementare Produkt $n\mathfrak{B}$; der Quotient $\mathfrak{A} : \mathfrak{B}$ ist ein elementarer Quotient genau so wie $a : b$ der reellen Zahlen a und b, es gelten somit für diesen Quotienten $\mathfrak{A} : \mathfrak{B}$ genau die gleichen Regeln wie für denjenigen der Zahlen a und b. Es sei aber ausdrücklich nochmals darauf hingewiesen, daß $\mathfrak{A}$ und $\mathfrak{B}$ gleichgerichtet sein müssen.

199. Legt ein materieller Punkt m, an dem eine Kraft P angreift, den geradlinigen Weg s zurück und bleibt auf diesem Weg s die Kraft P nach Größe und Richtung konstant, so definiert man in der Mechanik als Arbeit der Kraft P auf dem Weg s das Produkt aus Kraft mal Weg mal Kosinus des Winkels von P nach s. Bezeichnet man diese Arbeit mit A, so ist also nach Abb. 290

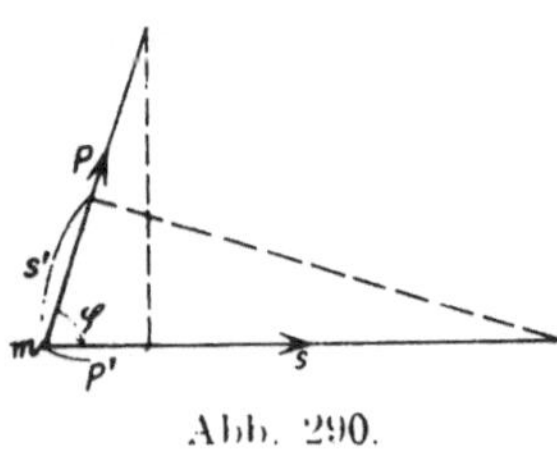
Abb. 290.

$$A = P \cdot s \cdot \cos \varphi. \tag{a}$$

Wenn man schreibt

$$A = P \cdot s \cos \varphi = P \cdot s', \tag{b}$$

so ergibt sich daraus eine andere Formulierung der Größe A, nämlich: Arbeit ist das Produkt aus Kraft und Wegprojektion; natürlich ist die Projektion auf P gemeint, und zwar die senkrechte. Ebenso kann man schreiben

$$A = s \cdot P \cos \varphi = s \cdot P' \qquad \text{(c)}$$

Arbeit ist das Produkt aus Weg mal Kraftprojektion.

Beispiel a) Es ist im Fall der Abbildung

291) $P = 500$ kg, $\quad s = 2{,}5$ m, $\quad P' = 500$ kg, $\quad A = 1250$ mkg,

292) $P = 500$ kg, $\quad s = 3$ m. $\quad P' = -500$ kg, $\quad A = -1500$ mkg,

293) $P = 400$ kg, $\quad s = 3$ m, $\quad P' = 0$, $\quad A = 0$,

294) $P = 1100$ kg, $\quad s = 1{,}5$ m, $\quad P' = -1000$ kg, $\quad A = -1500$ mkg,

wenn man den Richtungssinn in Richtung des Weges s positiv wählt.

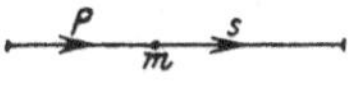

Abb. 291. 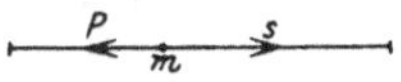   Abb. 292.    Abb. 293. 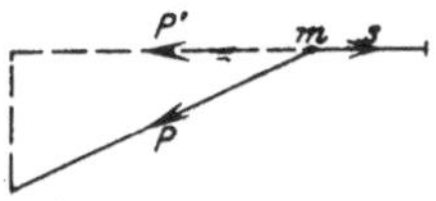   Abb. 294.
L. M. 1 : 200,   K. M. 1 mm = 50 kg.

Will man den Begriff „Arbeit" in der Sprechweise der Vektoren zum Ausdruck bringen, so denkt man zunächst daran, daß durch Angabe der Vektoren Kraft und Weg oder in der vektoriellen Schreibweise durch Angabe der Größen $\mathfrak{P}$ und $\mathfrak{s}$ der Winkel φ von $\mathfrak{P}$ nach $\mathfrak{s}$ schon mitbestimmt ist. Denn durch die Schreibweise $\mathfrak{P}$ ist ja auch die Richtung der Kraft P zum Ausdruck gebracht, ebenso diejenige des Weges s durch die Schreibweise $\mathfrak{s}$. Folglich ist durch das Bekanntsein von $\mathfrak{P}$ und $\mathfrak{s}$ auch der Winkel φ von $\mathfrak{P}$ nach $\mathfrak{s}$ bekannt. Nun wird man wie bei der Definition der graphischen Summe zweier Vektoren überlegen: Der Begriff „Arbeit" tritt in der Mechanik so oft auf, daß sich für ihn eine möglichst einfache Schreibweise und Sprechweise empfiehlt. Man nehme einmal an, es trete in einer größeren Rechnung der Ausdruck $\sqrt{a x^2 + b x + c}$ recht oft auf. Man wird dann nicht ermangeln, für diesen Ausdruck ein einfacheres abkürzendes Zeichen, ein Symbol zu setzen, etwa w_x statt $\sqrt{a x^2 + b x + c}$, und künftig immer mit w_x rechnen statt mit diesem Wurzelausdruck. Entsprechend wird man für den Ausdruck $P s \cos \varphi$ ein Symbol einführen. Um einige Vorschläge zu machen, man könnte etwa setzen P_s oder $\mathfrak{P}_s$ oder $\mathfrak{P}\mathfrak{s}$ oder $\mathfrak{P} \times \mathfrak{s}$ usw. Man hat sich jetzt meist auf die symbolische Schreibweise $\mathfrak{P}\mathfrak{s}$ geeinigt. Neben dieser wollen wir aus Gründen, die später ersichtlich werden, auch die Schreibweise P_s gebrauchen und festsetzen: Mit dem Symbol P_s oder $\mathfrak{P}\mathfrak{s}$ soll die Arbeit A der Kraft P auf dem Weg s zum Ausdruck gebracht werden, so daß also

$$A = P_s = \mathfrak{P}\mathfrak{s} = P \cdot s \cdot \cos \varphi. \qquad \text{(d)}$$

Dieses Symbol $\mathfrak{P}\mathfrak{s}$ oder P_s nennt man das **skalare Produkt** der Vektoren $\mathfrak{P}$ und $\mathfrak{s}$. Man beachte wohl, daß das nur ein Name ist! $\mathfrak{P}\mathfrak{s}$ ist nie und nimmer ein Produkt, so wie die Mathematik der Zahlen es meint. Man nennt dieses Symbol nur deswegen Produkt, weil für dasselbe Formeln existieren, die denen eines wirklichen Produktes entsprechen, und man nennt es speziell **skalares** Produkt,

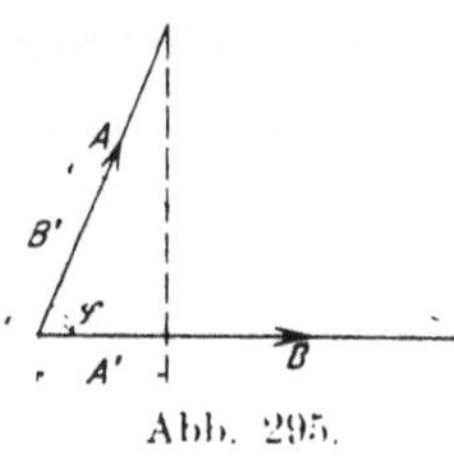

Abb. 295.

weil das Resultat $Ps\cos\varphi$ eine skalare, eine richtungslose Größe ist. Dem Namen Produkt entspricht auch die Schreib- und Sprechweise $\mathfrak{P}\mathfrak{s}$, „$\mathfrak{P}$ mal $\mathfrak{s}$ skalar“ oder kürzer und besser „$\mathfrak{P}\mathfrak{s}$ skalar“. Die andere Schreibweise P_s läßt den Irrtum, als ob man es mit einem wirklichen Produkt zu tun hätte, eher vermeiden. Man wird aber trotzdem auch meist sagen „P mal s skalar“ statt richtiger „P s skalar“.

Sieht man nun von der oben angegebenen speziellen Bedeutung der Vektoren in einem skalaren Produkt ab, definiert sonach $\mathfrak{A}$ und $\mathfrak{B}$ einfach als Vektoren, so wird man entsprechend dem Vorausgehenden das „skalare Produkt“ $\mathfrak{A}\mathfrak{B}$ oder in der andern Schreibweise A_B definieren als wirkliches Produkt der Zahlenwerte A und B und des Kosinus des Winkels von $\mathfrak{A}$ nach $\mathfrak{B}$, in Zeichen

$$A_B = \mathfrak{A}\mathfrak{B} = A \cdot B \cdot \cos\varphi, \tag{e}$$

oder mit Hinweis auf Abb. 295

$$\mathfrak{A}\mathfrak{B} = A \cdot B' = A' \cdot B \tag{f}$$

Nach dieser Definition wird also ein skalares Produkt $\mathfrak{A}\mathfrak{B}$ zu Null, wenn entweder der Vektor A Null ist; oder wenn der Vektor B Null ist; oder wenn die beiden Vektoren A und B senkrecht zueinander stehen, da in diesem Fall der Winkel von A nach B den Wert 90° oder 270° annimmt.

Beispiel b) Wann ist 1) $\mathfrak{A}\mathfrak{B} = AB$? 2) $\mathfrak{A}\mathfrak{B} = -AB$?

Lösung: 1) Nach Definition, wenn $\cos\varphi = 1$, oder $\varphi = 0$, somit die Vektoren A und B gleichgerichtet sind.

2) Wenn $\cos\varphi = -1$, oder $\varphi = 180^\circ$ und somit die Vektoren A und B entgegengesetzt gerichtet sind.

Das skalare Produkt $\mathfrak{A}\mathfrak{A}$ (wofür man aber nicht schreiben soll $\mathfrak{A}^2$) geht nach Definition über in A^2, ist also gleich dem Quadrat des Zahlenwertes von $\mathfrak{A}$. Dementsprechend wird

$$\mathfrak{i}_1\mathfrak{i}_1 = \mathfrak{i}_2\mathfrak{i}_2 = \mathfrak{i}_3\mathfrak{i}_3 = 1 \tag{g}$$

da die Zahlenwerte der Einheitsvektoren 1 sind. Andrerseits stehen die Grundvektoren $\mathfrak{i}_1$, $\mathfrak{i}_2$, $\mathfrak{i}_3$ aufeinander senkrecht, so daß

$$\mathfrak{i}_1\mathfrak{i}_2 = \mathfrak{i}_2\mathfrak{i}_3 = \mathfrak{i}_3\mathfrak{i}_1 = 0, \qquad \mathfrak{i}_2\mathfrak{i}_1 = \mathfrak{i}_3\mathfrak{i}_2 = \mathfrak{i}_1\mathfrak{i}_3 = 0. \tag{h}$$

200. Bei einem wirklichen Produkt $a \cdot b$ kann man die beiden Faktoren a und b vertauschen; beim skalaren Produkt $\mathfrak{A}\mathfrak{B}$ trifft die nämliche Regel auch für die beiden Vektoren $\mathfrak{A}$ und $\mathfrak{B}$ zu, so daß man

$$\mathfrak{A}\mathfrak{B} = \mathfrak{B}\mathfrak{A} \tag{a}$$

hat. Das ist leicht einzusehen, da nach Definition

$$\mathfrak{A}\mathfrak{B} = AB\cos\varphi, \qquad \mathfrak{B}\mathfrak{A} = B \cdot A \cdot \cos(-\varphi) = BA\cos\varphi$$

ist.

Auch das zweite Hauptgesetz für ein wirkliches Produkt, nämlich

$$(a+b)c = ac + bc,$$

findet sein Analogon in dem entsprechenden Satz

$$(\mathfrak{A} + \mathfrak{B})\mathfrak{C} = \mathfrak{A}\mathfrak{C} + \mathfrak{B}\mathfrak{C} \tag{b}$$

für das skalare Produkt. Führt man nämlich für einen Augenblick die graphische Summe $\mathfrak{R}$ der beiden Vektoren $\mathfrak{A}$ und $\mathfrak{B}$ ein, so hat man

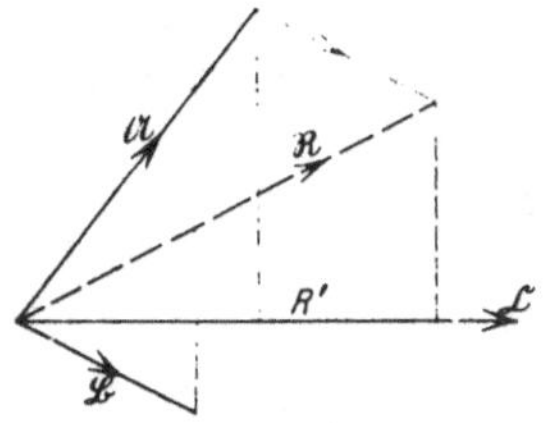

$$\mathfrak{R} = \mathfrak{A} + \mathfrak{B}$$

Abb. 296.

oder nach dem Projektionssatz

$$R' = A' + B',$$

wenn man alle Vektoren auf $\mathfrak{C}$ projiziert. Letztere Gleichung multipliziert man mit C,

$$R'C = A'C + B'C,$$

wofür man nach (199 f) schreiben kann

$$\mathfrak{R}\mathfrak{C} = \mathfrak{A}\mathfrak{C} + \mathfrak{B}\mathfrak{C},$$

oder wenn man statt $\mathfrak{R}$ wieder $\mathfrak{A} + \mathfrak{B}$ schreibt,

$$(\mathfrak{A} + \mathfrak{B})\mathfrak{C} = \mathfrak{A}\mathfrak{C} + \mathfrak{B}\mathfrak{C}.$$

Will man die Bezeichnung **Produkt** noch weiter entwickeln durch die Begriffe „multiplizieren" und „Faktoren", so kann man die bewiesene Regel in die Worte kleiden:

Eine (graphische) Summe wird skalar multipliziert indem man jeden Summanden skalar multipliziert. (c)

Dieses Multiplikationsgesetz kann man erweitern

$$(\mathfrak{A} + \mathfrak{B})(\mathfrak{C} + \mathfrak{D}) = \mathfrak{A}\mathfrak{C} + \mathfrak{A}\mathfrak{D} + \mathfrak{B}\mathfrak{C} + \mathfrak{B}\mathfrak{D}, \tag{d}$$

indem man etwa $\mathfrak{E} = \mathfrak{C} + \mathfrak{D}$ einführt und zweimal die letztentwickelte Formel anwendet.

Man beachte wohl, daß das dritte Hauptgesetz des Produktes $a(bc) = (ab)c$ auf das skalare Produkt nicht angewandt werden kann; $\mathfrak{A} \cdot (\mathfrak{B}\mathfrak{C})$ ist ja gar kein skalares Produkt: $\mathfrak{B}\mathfrak{C}$ ist eine gewöhnliche Zahl als Resultat eines skalaren Produktes, demnach $\mathfrak{A} \cdot K$ ein elementares Produkt, wenn man $\mathfrak{B}\mathfrak{C} = K$ setzt. In der Operation $\mathfrak{A}(\mathfrak{B}\mathfrak{C})$ sind eben elementares und skalares Produkt gemischt, es lassen sich die vorausgehenden Sätze also nicht anwenden. Nebenbei ist leicht einzusehen, daß $\mathfrak{A} \cdot (\mathfrak{B}\mathfrak{C})$ oder $\mathfrak{A}K$ ein Vektor von der Richtung $\mathfrak{A}$ ist, dagegen $(\mathfrak{A}\mathfrak{B}) \cdot \mathfrak{C}$ ein Vektor von der Richtung $\mathfrak{C}$. Beide können sonach unmöglich gleich sein, außer sie sind gleich Null.

Von den drei Hauptgesetzen des elementaren Produktes gelten also für das skalare Produkt nur die beiden ersten, das dritte nicht.

Beispiel: Man drücke $\mathfrak{A}\mathfrak{B}$ durch die Projektionen von $\mathfrak{A}$ und $\mathfrak{B}$ auf die drei Grundrichtungen aus.

Der Vektor $\mathfrak{A}$ hat die Projektionen A_1, A_2, A_3 auf die drei Grundrichtungen, entsprechend $\mathfrak{B}$ die Projektionen B_1, B_2, B_3. Dann wird

$$\mathfrak{A} = \mathfrak{i}_1 A_1 + \mathfrak{i}_2 A_2 + \mathfrak{i}_3 A_3, \qquad \mathfrak{B} = \mathfrak{i}_1 B_1 + \mathfrak{i}_2 B_2 + \mathfrak{i}_3 B_3$$

und

$$\mathfrak{A}\mathfrak{B} = (A_1 \mathfrak{i}_1 + A_2 \mathfrak{i}_2 + A_3 \mathfrak{i}_3) \cdot (B_1 \mathfrak{i}_1 + B_2 \mathfrak{i}_2 + B_3 \mathfrak{i}_3).$$

Man rechnet nach dem letzten Satz aus und beachtet die Formeln (199 g) und (199 h). Dann erhält man

$$\mathfrak{A}\mathfrak{B} = A_1 B_1 + A_2 B_2 + A_3 B_3. \tag{e}$$

Für die rechte Gleichungsseite gebraucht man in der höheren Mathematik die abkürzende Bezeichnung A_B; diese Bezeichnungsweise ist ein Grund mit, wenn wir in den folgenden Zeilen zuweilen A_B oder B_A statt $\mathfrak{A}\mathfrak{B}$ schreiben.

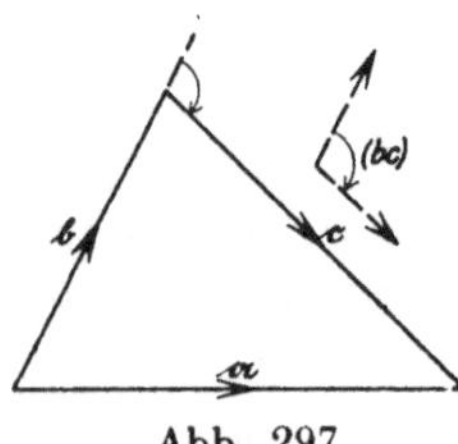

Abb. 297.

Aufgabe a) Seien $\mathfrak{a}$, $\mathfrak{b}$, $\mathfrak{c}$ die drei Seiten eines beliebigen Dreiecks in Vektordarstellung. Von der Vektorrelation zwischen $\mathfrak{a}$, $\mathfrak{b}$, $\mathfrak{c}$ ausgehend beweise man den Kosinussatz.

Lösung: Die Abbildung gibt für die drei als Vektoren gedeuteten Dreiecksseiten den Zusammenhang

$$\mathfrak{a} = \mathfrak{b} + \mathfrak{c}.$$

Man multipliziert beiderseits skalar mit $\mathfrak{a}$,

$$\mathfrak{a}\mathfrak{a} = (\mathfrak{b} + \mathfrak{c})\mathfrak{a} \quad \text{oder} \quad \mathfrak{a}\mathfrak{a} = (\mathfrak{b} + \mathfrak{c})(\mathfrak{b} + \mathfrak{c})$$

und beachtet, daß $\mathfrak{a}\mathfrak{a} = a^2$ usw.,

$$a^2 = b^2 + c^2 + 2\mathfrak{b}\mathfrak{c}$$
$$= b^2 + c^2 + 2bc \cos(bc),$$

wo (bc) der Winkel von b nach c ist. In der Abbildung ist angedeutet, daß man beide Vektoren vom nämlichen Punkt ausgehen lassen muß, um den Winkel (bc) richtig zu bestimmen.

Aufgabe b) Man drücke den Kosinus des Winkels ψ der beiden Vektoren $\mathfrak{r}_1$ und $\mathfrak{r}_2$ nach P_1 und P_2 durch die Beträge r_1 und r_2 sowie durch die Koordinaten von P_1 und P_2 aus (Ebene und Raum).

Lösung: Man bildet das skalare Produkt $\mathfrak{r}_1\mathfrak{r}_2$ und führt die Projektionen beider Vektoren auf die Grundrichtungen ein.

$\mathfrak{r}_1$ hat die Projektionen x_1, y_1, z_1, entsprechend $\mathfrak{r}_2$ diejenigen x_2, y_2, z_2, so daß ebenso wie beim vorausgehenden Beispiel

$$\mathfrak{r}_1\mathfrak{r}_2 = (x_1\mathfrak{i}_1 + y_1\mathfrak{i}_2 + z_1\mathfrak{i}_3)(x_2\mathfrak{i}_1 + y_2\mathfrak{i}_2 + z_2\mathfrak{i}_3)$$
$$= x_1 x_2 + y_1 y_2 + z_1 z_2$$

wird. Andrerseits ist nach Definition

$$\mathfrak{r}_1\mathfrak{r}_2 = r_1 r_2 \cdot \cos\psi ,$$

so daß die Zusammenstellung beider Gleichungen

$$\cos\psi = \frac{\mathfrak{r}_1\mathfrak{r}_2}{r_1 r_2} = \frac{x_1 x_2 + y_1 y_2 + z_1 z_2}{r_1 r_2}$$

die gewünschte Formel gibt. Für eine ebene Aufgabe ist $z_1 = 0 = z_2$ zu setzen.

Aufgabe c) Man ermittle das skalare Produkt der Einheitsvektoren $\mathfrak{r}_1'$ und $\mathfrak{r}_2'$, wenn deren Richtungsfaktoren $\cos\alpha_1$, $\cos\beta_1$, $\cos\gamma_1$ und $\cos\alpha_2$, $\cos\beta_2$, $\cos\gamma_2$ sind.

Lösung: Es ist nach (192a)

$$\mathfrak{r}_1' = \mathfrak{i}_1\cos\alpha_1 + \mathfrak{i}_2\cos\beta_1 + \mathfrak{i}_3\cos\gamma_1 , \qquad \mathfrak{r}_2' = \mathfrak{i}_1\cos\alpha_2 + \mathfrak{i}_2\cos\beta_2 + \mathfrak{i}_3\cos\gamma_2$$

und somit nach (e)

$$\mathfrak{r}_1'\mathfrak{r}_2' = \cos\alpha_1\cos\alpha_2 + \cos\beta_1\cos\beta_2 + \cos\gamma_1\cos\gamma_2;$$

andrerseits ist nach Definition $\mathfrak{r}_1'\mathfrak{r}_2' = 1 \cdot 1 \cdot \cos\vartheta$, woraus sich die bekannte Formel (196b) ergibt

$$\cos\vartheta = \cos\alpha_1\cos\alpha_2 + \cos\beta_1\cos\beta_2 + \cos\gamma_1\cos\gamma_2.$$

201. Irgendein ebenes Flächenstück F im Raum werde ein **Flach** genannt, entsprechend dem Begriff „Vielfach" statt „Polyeder". Wenn dessen Einzeldimensionen für eine gewünschte Aufgabe belanglos sind und ebenso seine Lage, man also nur nach dem Zahlenwert und nach der Richtung bzw. Stellung im Raum fragt, dann besitzt das Flach alle charakteristischen Eigenschaften eines freien Vektors, nämlich Zahlenwert und Richtung. In die Richtung ist auch mit eingeschlossen der Richtungssinn, wie gleich nachher zu ersehen ist. Als Richtung einer Ebene und damit eines Flaches ist nach Nr. 195 die Richtung der zur Ebene senkrechten Geraden oder Strecke bestimmt, nach Abb. 298 die Richtung der Strecke AE. Sei F der Zahlenwert des Flaches. dann ist dieses selbst dargestellt durch einen Vektor $\mathfrak{F}$, der den Zahlenwert F hat und senkrecht zum Flach steht. Dieser Vektor $\mathfrak{F}$, Flachvektor genannt, ersetzt dann das Flach in seinen charakteristischen Eigenschaften Zahlenwert

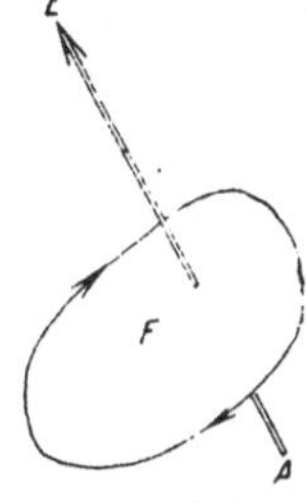

Abb. 298.

und Richtung. Wenn es nur auf diese Eigenschaften ankommt, dann ist der Flachvektor ein völlig ausreichendes Bild für das Flach selbst, so daß man ebensogut mit dem Flachvektor operiert wie mit dem Flach. Diese Möglichkeit hat große Vorteile, weil man eben mit Strecken oder Vektoren viel einfacher rechnet als mit Flächenstücken, siehe auch später Flächentheorie. Wenn man mit solchen Flachvektoren operiert, dann darf man aber nie vergessen, daß sie nur Bilder sind für die Flächenstücke, und daß sie diese nur in der Rechnung ersetzen. Man wird gut daran tun, mindestens im Anfang, sich neben dem in der Rechnung auftretenden Flachvektor gleichzeitig auch immer das Flach selbst vorzustellen, das durch den Flachvektor dargestellt wird. Beispielsweise neben einem Flachvektor $\mathfrak{A}$ vom Zahlenwert 20 in Richtung der x-Achse ein in der x-Ebene liegendes Flächenstück A vom Flächeninhalt 20. Dieses Flach A in der x-Ebene und der Vektor $\cdot\mathfrak{A}$ parallel der x-Achse sind natürlich einander nicht gleich, sondern es ersetzt nur der Vektor $\mathfrak{A}$ in der Rechnung das Flächenstück A, er ist nur dessen Bild. Der Zahlenwert A des Vektors $\mathfrak{A}$ ist der gleiche wie derjenige des Flaches A, ersterer in Längeneinheiten, letzterer in Flächeneinheiten.

Es kann gefragt werden, welchen Vorteil die Darstellung eines Flaches durch einen Vektor hat. Es ist leicht einzusehen, daß man im Raum mit Strecken anschaulicher arbeitet als mit Flächenstücken, wie ja auch eine Kurve im Raum der Anschauung eher zugänglich ist wie eine Fläche. Man kann sich leichter drei von einem Punkt angehende Vektoren im Raum gleichzeitig vorstellen als drei durch diesen Punkt gehende Ebenen oder Ebenenstücke. Um ein spezielles Beispiel zu nennen: Ein Tetraeder ist aus vier Dreiecken zusammengesetzt. Will man über diese vier Dreiecke eine Aussage machen, die nur ihre Zahlenwerte und Richtungen anlangt, so wird man mit großem Vorteil statt der vier Dreiecke gleichwertige einfache Bilder einführen, eben ihre Flachvektoren. Mit diesen vier Vektoren kann man viel übersichtlicher und anschaulicher operieren als mit den vier entsprechenden Dreiecken. Will man beispielsweise eine Beziehung zwischen den Zahlen- und Richtungswerten der vier Dreiecke D_1, D_2, D_3, D_4, so hat man nur den Zusammenhang zwischen den vier entsprechenden Vektoren $\mathfrak{D}_1$, $\mathfrak{D}_2$, $\mathfrak{D}_3$, $\mathfrak{D}_4$ aufzustellen.

Um zusammenzufassen: Kommt bei einem ebenen Flächenstück nur der Zahlenwert F dieses Flächenstückes und die Richtung $\cos\alpha$, $\cos\beta$, $\cos\gamma$ in Betracht, so ist der Flachvektor $\mathfrak{F}$ vom Zahlenwert F und der Richtung $\cos\alpha$, $\cos\beta$, $\cos\gamma$ ein völlig ausreichendes Bild für dieses Flach. Die Zuordnung zwischen dem Flach und dem entsprechenden Flachvektor ist eine eineindeutige, so daß einem bestimmten Flach eindeutig ein bestimmter Flachvektor zugeordnet ist und umgekehrt einem bestimmten Flachvektor eindeutig ein bestimmtes Flach. Voraussetzung ist natürlich, daß alle Flache von gleichem Flächeninhalt und gleicher Richtung als einander gleich angesehen werden, wie auch die spezielle Einzeldimensionierung sein mag.

Über den Richtungssinn des Flachvektors $\mathfrak{F}$, den wir uns im Begriff Richtung eingeschlossen denken, muß noch eine Festsetzung getroffen werden. Man denke sich zu diesem Zweck die Begrenzung des Flaches in einem bestimmten Sinn durchlaufen, etwa nach Abb. 298; von der Seite A her wird ein Beschauer wahrnehmen, daß die Begrenzung linksum durchlaufen wird, von der Seite E her rechtsum. Festgesetzt werde:

Der Sinn des Flachvektors oder dessen Pfeil geht zum Beschauer, wenn dieser die Begrenzung des entsprechenden Flaches rechtsum durchlaufen sieht, $\hspace{4em}$ (a)

also im Uhrzeigersinn; im Fall der Abb. 298 wird demnach der Pfeil von A nach E gehen, so wie er auch eingezeichnet ist.

Hat das Flach F in einem räumlichen Koordinatensystem die Richtungsfaktoren $\cos\alpha$, $\cos\beta$, $\cos\gamma$, so sind

$$F_1 = F\cos\alpha \qquad F_2 = F\cos\beta \qquad F_3 = F\cos\gamma$$

nach (189a) die Projektionen des Flaches auf die drei Koordinatenebenen; dann liefert die Summe der Quadrate dieser Gleichungen in der Form

$$F_1{}^2 + F_2{}^2 + F_3{}^2 = F^2(\cos^2\alpha + \cos^2\beta + \cos^2\gamma)$$

oder

$$F = \sqrt{F_1{}^2 + F_2{}^2 + F_3{}^2} \hspace{4em} (b)$$

den Zahlenwert des Flaches.

Man kann diesen Zahlenwert auch noch in der Form

$$F = F_1\cos\alpha + F_2\cos\beta + F_3\cos\gamma \hspace{4em} (c)$$

ermitteln, denn die Substitution der Werte $F_1 = F\cos\alpha$, $F_2 = F\cos\beta$, $F_3 = F\cos\gamma$ liefert wieder $F = F(\cos^2\alpha + \cos^2\beta + \cos^2\gamma) = F\cdot 1$.

Naturgemäß sind diese Größen $F_1 = F\cos\alpha$, $F_2 = F\cos\beta$, $F_3 = F\cos\gamma$ auch gleichzeitig die Projektionen des Flachvektors $\mathfrak{F}$ auf die drei Koordinatenachsen, da ja das Flach und der zugehörige Flachvektor gleiche Richtung haben. Demnach ist dieser Vektor selbst

$$\mathfrak{F} = \mathfrak{i}_1 F_1 + \mathfrak{i}_2 F_2 + \mathfrak{i}_3 F_3$$
$$= F(\mathfrak{i}_1\cos\alpha + \mathfrak{i}_2\cos\beta + \mathfrak{i}_3\cos\gamma) = F\mathfrak{f},$$

wenn $\mathfrak{f}$ der Einheitsvektor.

Ist das Flach F ein Vieleck, dessen Einzelecken P_i die Koordinaten $x_i \mid y_i \mid z_i$ haben, so kann man nach Nr. 74 eine Formel für die drei Flachprojektionen und damit auch für das Flach und den Flachvektor anschreiben. Im einfachsten Fall eines Dreiecks $\triangle$ mit den Eckpunkten $x_1 \mid y_1 \mid z_1$, $x_2 \mid y_2 \mid z_2$ und $x_3 \mid y_3 \mid z_3$ ist die Projektion $\triangle_3$ des Dreiecks auf die z-Ebene wieder ein Dreieck mit den Eckpunkten $x_1 \mid y_1$, $x_2 \mid y_2$ und $x_3 \mid y_3$ in dieser Ebene und hat demgemäß nach (73 i) den Flächeninhalt

$$\triangle_3 = \tfrac{1}{2} \begin{vmatrix} x_1 & y_1 & 1 \\ x_2 & y_2 & 1 \\ x_3 & y_3 & 1 \end{vmatrix}$$

Entsprechend findet man durch cyklische Vertauschung

$$\triangle_1 = \begin{vmatrix} y_1 & z_1 & 1 \\ y_2 & z_2 & 1 \\ y_3 & z_3 & 1 \end{vmatrix} \quad \text{und} \quad \triangle_2 = \begin{vmatrix} z_1 & x_1 & 1 \\ z_2 & x_2 & 1 \\ z_3 & x_3 & 1 \end{vmatrix}$$

als Projektionen der Dreiecksfläche auf die beiden anderen Koordinatenebenen und aus ihnen den Dreiecksinhalt

$$\triangle = \sqrt{\triangle_1{}^2 + \triangle_2{}^2 + \triangle_3{}^2}. \tag{d}$$

Der dieses Flach darstellende Flachvektor $\mathfrak{D}$ ist dann in vektorieller Form dargestellt durch

$$\mathfrak{D} = \mathfrak{i}_1 \triangle_1 + \mathfrak{i}_2 \triangle_2 + \mathfrak{i}_3 \triangle_3,$$

in analytischer durch seinen Zählenwert und die Richtungsfaktoren,

$$\triangle = \sqrt{\triangle_1{}^2 + \triangle_2{}^2 + \triangle_3{}^2} \quad \text{und} \quad \cos\alpha = \frac{\triangle_1}{\triangle}, \quad \cos\beta = \frac{\triangle_2}{\triangle}, \quad \cos\gamma = \frac{\triangle_3}{\triangle}.$$

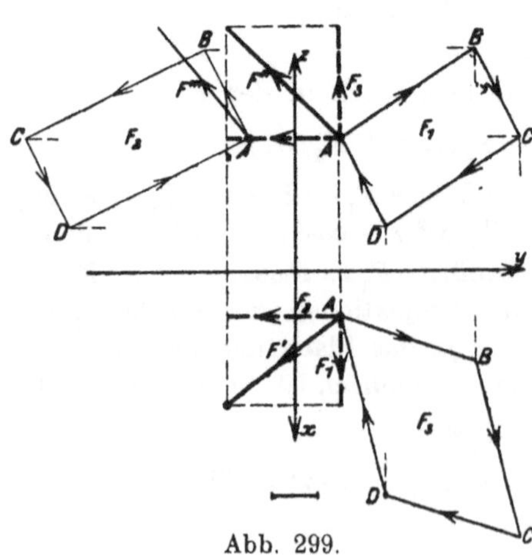

Abb. 299.

Beispiel a) Durch Abb. 299 ist im Längenmaßstab 1:2 ein Flach $ABCD$ durch Grund- und Aufriß gegeben. Man zeichnet auch noch den Seitenriß und ermittelt durch Abmessen

$$F_1 = +8 \text{ cm}^2,$$
$$F_2 = -10 \text{ cm}^2,$$
$$F_3 = +11 \text{ cm}^2$$

und damit

$$F = \sqrt{285} \text{ cm}^2 = 16,9 \text{ cm}^2.$$

Man trägt von einem beliebigen Punkt aus, etwa vom Punkt A, die drei Komponenten $F_1\mathfrak{i}_1$, $F_2\mathfrak{i}_2$, $F_3\mathfrak{i}_3$ ab, nach Abb. 299 im Maßstab 1 mm für 0,8 cm², und erhält als graphische Summe den Flachvektor

$$\mathfrak{F} = 8\,\mathfrak{i}_1 - 10\,\mathfrak{i}_2 + 11\,\mathfrak{i}_3 .$$

Analytische Lösung: Gegeben oder irgendwie ermittelt sind die Koordinaten der Eckpunkte des Flaches $ABCD$

$$A = 1\,|\,1\,|\,3, \quad B = 2\,|\,4\,|\,5, \quad C = 6\,|\,5\,|\,3, \quad D = 5\,|\,2\,|\,1.$$

Dann erhält man nach Nr. 74 die Flächenprojektionen

$$2F_3 = 1\cdot 4 - 2\cdot 1 + 2\cdot 5 - 6\cdot 4 + 6\cdot 2 - 5\cdot 5 + 5\cdot 1 - 1\cdot 2 = -22$$

und entsprechend $2F_1 = -16$ und $2F_2 = +20$ Flächeneinheiten, und daraus

$$F = \sqrt{11^2 + 8^2 + 10^2} = \sqrt{285} = 16{,}88 \text{ Flächeneinheiten},$$

welche Werte mit den graphisch gefundenen übereinstimmen. Die Richtung des Flachvektors ist bestimmt durch seine Richtungsfaktoren

$$\cos\alpha = \frac{-8}{\sqrt{285}}, \quad \cos\beta = \frac{10}{\sqrt{285}}, \quad \cos\gamma = \frac{-11}{\sqrt{285}} .$$

Die graphische Behandlung liefert die Projektionen des Flachvektors mit entgegengesetztem Vorzeichen wie die analytische. Seinen Grund hat dies darin, daß man bei Festsetzung des Richtungssinnes des Flachvektors für eine Rechtsdrehung in der Mechanik das $(+)$-Zeichen wählt, in der Mathematik aber das $(-)$-Zeichen.

Beispiel b) Von zwei Flachen F und F' hat das eine die Projektionen L, M, N auf die drei Koordinatenebenen, das andere L', M', N'.

Dann sind die Richtungsfaktoren der beiden Flache und der zugehörigen Flachvektoren $\cos\alpha = \dfrac{L}{F}$, $\cos\beta = \dfrac{M}{F}$, $\cos\gamma = \dfrac{N}{F}$ und $\cos\alpha' = \dfrac{L'}{F'}$, $\cos\beta' = \dfrac{M'}{F'}$, $\cos\gamma' = \dfrac{N'}{F'}$. Beide schließen einen Winkel ϑ ein, der bestimmt ist durch

$$\cos\vartheta = \frac{LL' + MM' + NN'}{FF'} . \tag{e}$$

In der Mechanik hat man des öfteren mit zwei zueinander senkrechten Flachen bzw. Flachvektoren zu arbeiten; für sie gilt nach dieser Formel

$$LL' + MM' + NN' = 0. \tag{f}$$

Beispiel c) In einem Flach $\mathfrak{F}$ mit den Projektionen L, M, N

auf die drei Koordinatenebenen liegt die Strecke R mit den Projektionen X, Y, Z auf die drei Koordinatenachsen.

Dann muß der Flachvektor $\mathfrak{F}$ senkrecht stehen zur Strecke R; nun hat dieser Vektor die nämlichen Projektionen L, M, N auf die Koordinatenachsen wie das Flach auf die Koordinatenebenen, es muß daher nach (196g) gelten

$$XL + YM + ZN = 0. \qquad (g)$$

Anmerkung: Mit den Flachvektoren kann man natürlich genau so operieren wie mit den gewöhnlichen Vektoren. Sie unterscheiden sich ja in nichts von diesen. Genau so gut, wie ein Vektor einen Weg, eine Kraft usw. vorstellen kann, so kann er auch ein Flach, ein Ebenenstück repräsentieren. Man bildet so die graphische Summe von zwei Flachen oder Flachvektoren $\mathfrak{F}_1$ und $\mathfrak{F}_2$ und erhält ein neues Flach $\mathfrak{F} = \mathfrak{F}_1 + \mathfrak{F}_2$ usw. Auf die Bedeutung des Flaches und die graphische Summierung von Flachen im Raum kommen wir in einem späteren Teil gelegentlich der Anwendung nochmals zu sprechen. Einstweilen kann darauf hingewiesen werden, daß die Auffassung des Flaches als eines stromumflossenen Flächenstückes gute Dienste bei allen Strömungserscheinungen leistet.

202. Man denke sich den materiellen Punkt m vermittels einer starren gewichtslosen Stange mO mit dem festen Punkt O so verbunden, daß die Stange sich nach jeder Richtung um O drehen kann, so daß sie also, und der Punkt m genau so, zwei Freiheits-

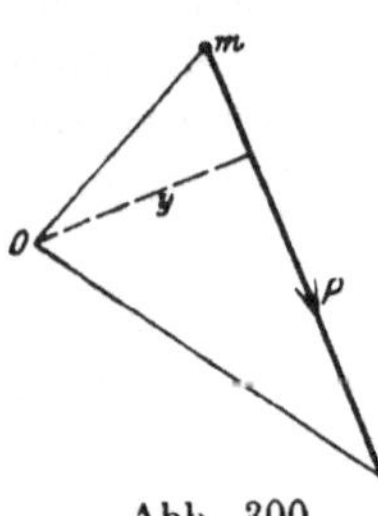
Abb. 300.

grade hat. Praktisch führt man dies aus, indem man die Stange durch ein **Kugelgelenk** mit O verbindet. Greift nun am materiellen Punkt m eine Kraft P an, so ist aus Symmetriegründen zu erwarten, daß der Punkt m, falls er vorher in Ruhe war, einen Kreisbogen um O beschreibt, dessen Ebene durch die Stange Om und die Kraft P bestimmt ist. Die Achse der Drehung ist dann senkrecht zu dieser Ebene, wobei natürlich vorausgesetzt ist, daß P aus dieser Ebene nicht heraustritt. In der **Mechanik** führt man als Maß der Drehwirkung den Begriff **Moment** ein. Dieses Moment oder diese Drehwirkung der Kraft P bezüglich des Drehpunktes O ist hinreichend charakterisiert, wenn man Lage, Richtung und Zahlenwert von P gegenüber dem Punkt O angibt.

Zu diesem Zweck definiert man: Der **Zahlenwert** der Drehwirkung oder des Momentes M der Kraft P für den Punkt O ist $M = Py$, wenn y der **Dreharm** der Kraft P für den Bezugspunkt O ist, das heißt der (natürlich senkrechte) Abstand der Drehkraft vom Drehpunkt, siehe die Abbildung. Den Drehpunkt O heißt man meist **Momentenpunkt**. Da es natürlich belanglos ist, ob der vorausgehend geschilderte Zusammenhang ein wirklicher oder nur gedachter ist, so wird man also unter Momentenpunkt einen gedachten oder wirklichen Drehpunkt zu verstehen haben. Der Zahlenwert $M = Py$ des Momentes wird dargestellt durch das doppelt zu zählende Dreieck der Abbildung, das sogenannte Momentendreieck.

Weiter ist zur Charakterisierung des Momentes oder Drehmomentes der Kraft P noch anzugeben die Richtung der Drehachse. Da es ohnedies feststeht, daß die Drehachse durch O hindurchgeht, ihre Lage also bestimmt ist, wenn man ihre Richtung kennt, so ist nur mehr die Richtung darzustellen durch eine beliebig gelegene Strecke senkrecht zum Momentendreieck. Der Richtungssinn des Momentes wird am einfachsten durch einen Pfeil auf der eben angegebenen Strecke zum Ausdruck gebracht. Wir setzen fest: auf dieser Strecke muß der Pfeil zum Beschauer gehen, wenn dieser wahrnimmt, daß durch die Kraft P das Momen-

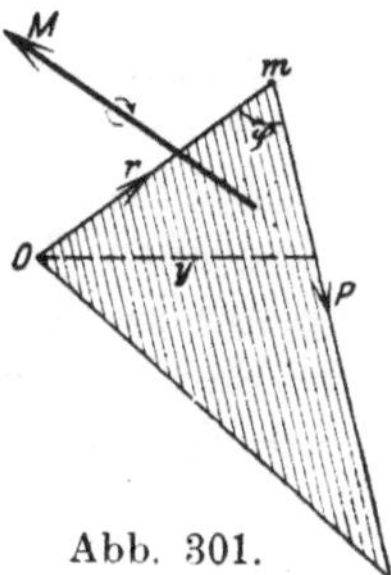

Abb. 301.

tendreieck rechtsum gedreht wird, wie das bei Abb. 301 der Fall ist.

Nach diesen Angaben ist das Moment einer Kraft ein Vektor: zu seiner Bestimmung ist Zahlenwert und Richtung mit Richtungssinn notwendig. Und zwar ein Vektor von der in der vorausgehenden Nummer beschriebenen Art, ein Flachvektor: das doppeltgezählte Momentendreieck, dessen Begrenzung umlaufen wird, so wie P angibt, bildet das Flach.

Das Moment, in der soeben beschriebenen Form, ist eine in der Mechanik so häufig auftretende Größe, daß sich eine kurze Schreib- und Sprechweise für den Inhalt seiner Definition als notwendig erweist. Man beachte, daß durch Angabe des Vektors $\mathfrak{P}$ sowie des Vektors $\mathfrak{r}$ vom Momentenpunkt zum materiellen Punkt m das Momentendreieck als Flach vollständig bestimmt ist. Der Momentenvektor $\mathfrak{M}$, wie in Zukunft auch statt Moment gesagt wird, kann demnach durch ein Operationszeichen, das nur $\mathfrak{P}$ und $\mathfrak{r}$ enthält, vollständig dargestellt werden. Wir wählen die Schreibweise $[\mathfrak{P}\,\mathfrak{r}]$ für den Vektor $\mathfrak{M}$ und die Sprechweise „Vektorprodukt aus $\mathfrak{P}$ und $\mathfrak{r}$" oder „vektorielles Produkt aus $\mathfrak{P}$ und $\mathfrak{r}$" oder auch kürzer „$\mathfrak{P}$ mal $\mathfrak{r}$ vektoriell". Diese Schreib- und Sprechweise hat die Gefahr, daß man die neue Operation für ein wirkliches Produkt hält, was sie natürlich nie ist. Produkt nennt man die neue Operation, weil für sie analoge Gesetze gelten wie für ein wirkliches Produkt, auch die Schreibweise stützt sich auf diese Überlegung. Im Gegensatz zum skalaren Produkt nennt man die neue Größe Vektorprodukt oder vektorielles Produkt, weil das Resultat der neuen Operation ein Vektor ist.

Den Zahlenwert des Momentenvektors kann man nach der Festsetzung angeben als $M = Py$, das ist das Produkt aus Drehkraft mal Dreharm oder das Doppelte des Momentendreieckes (genauer: die Maßzahl des Momentenvektors ist gleich der Maßzahl des doppelten Momentendreieckes), oder man führt statt des Dreharmes y den Hebelarm r (das ist der Vektor vom Momentenpunkt zum Angriffspunkt der Kraft, zum materiellen Punkt) ein und hat $M = Pr\sin\varphi$.

Mit den vorausgehenden Betrachtungen, die ja mehr in das Gebiet der Mechanik zu verweisen sind und deren Fortsetzung dort zu suchen ist, sollte nur kurz der Wert und die Bedeutung der nachfolgenden Rechnungen klargelegt werden. Alle diese haben als Hauptzweck, dem Moment (neben Resultante und Arbeit das wichtigste Element der Ingenieur-Mechanik), das ja ein Vektor ist, eine vektoranalytisch verwertbare Form zu verleihen.

Wir definieren also:

Das Vektorprodukt $\mathfrak{B} = [\mathfrak{A}\mathfrak{B}]$ — auch vektorielles oder bisweilen äußeres Produkt genannt — aus den beiden Vektoren $\mathfrak{A}$ und $\mathfrak{B}$ ist ein Vektor, dessen Zahlenwert $V = AB\sin\varphi$ und dessen Richtung senkrecht ist zu beiden Vektoren $\mathfrak{A}$ und $\mathfrak{B}$, so zwar, daß die Vektoren $\mathfrak{A}$, $\mathfrak{B}$, $\mathfrak{B}$ in dieser Reihenfolge ein Rechtssystem bilden.   (a)

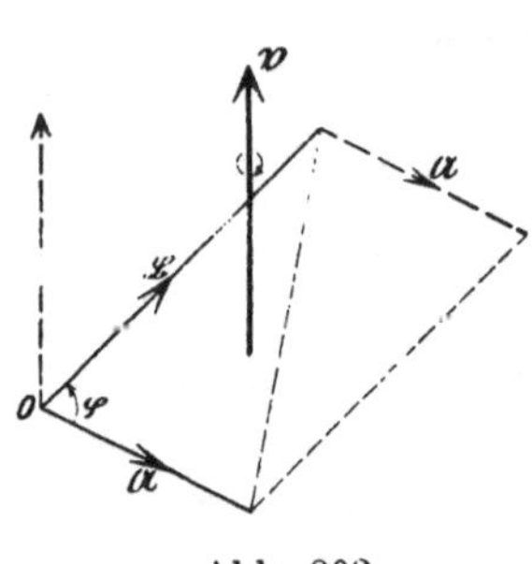

Abb. 302.

Nach den früheren Festsetzungen wird der Winkel φ vom Vektor A zum Vektor B gezählt, wenn man beide vom gleichen Punkt aus abträgt, siehe Abb. 302.

Oder man definiert:

Der Zahlenwert V des Vektorproduktes $\mathfrak{B}$ ist gegeben durch das doppelte aus A und B gebildete Vektordreieck; $\mathfrak{B}$ steht senkrecht zum Vektordreieck; wenn der Beschauer $\mathfrak{A}$ an (dem als Hebelarm gedachten) $\mathfrak{B}$ angreifend voraussetzt und nimmt eine Rechtsbewegung wahr, dann geht der Pfeil von $\mathfrak{B}$ zu ihm; nimmt er eine Linksdrehung wahr, so wendet sich der Pfeil von ihm weg.   (b)

Die beiden Definitionen bezüglich des Pfeiles oder in anderer Sprechweise bezüglich des Richtungssinnes von $\mathfrak{B}$ sind als gleichwertig aus Abb. 302 zu ersehen.

Beispiel a) Was ist an der Gleichung $[\mathfrak{A}\mathfrak{B}] = AB$ falsch?

Antwort: Daß die linke Seite ein Vektor und die rechte eine

Skalare ist; man kann nur Vektoren mit Vektoren und Skalare mit Skalaren vergleichen.

Beispiel b) Kann die Gleichung $[\mathfrak{A}\mathfrak{B}] = \mathfrak{A}$ richtig sein?

Nur wenn $\mathfrak{A} = 0$ ist; denn ist $\mathfrak{A}$ von Null verschieden, so steht der Vektor $[\mathfrak{A}\mathfrak{B}]$ senkrecht zu $\mathfrak{A}$, weil ja $\mathfrak{A}$ die eine Seite des Vektordreieckes bildet; es können beide Vektoren aber unmöglich gleich sein, wenn sie verschieden gerichtet sind.

203. Nach der Definition des Vektorproduktes ist $[\mathfrak{A}\mathfrak{B}] = 0$, wenn entweder Vektor A oder Vektor $B = 0$ ist, oder aber wenn beide parallel sind, also gleichgerichtet oder entgegengesetzt gerichtet. Denn in letzteren beiden Fällen liegen die zwei Seiten A und B des Vektordreieckes in der nämlichen Geraden.

Daraus folgt speziell, daß

$$[\mathfrak{A}\mathfrak{A}] = 0, \qquad [\mathfrak{i}_1\mathfrak{i}_1] = [\mathfrak{i}_2\mathfrak{i}_2] = [\mathfrak{i}_3\mathfrak{i}_3] = 0.$$

Anmerkung: Das Rechnen mit Vektorprodukten macht dem Anfänger meist größere Schwierigkeiten. Hier hilft nichts anderes, als eben immer und immer wiederholen. Ein Mittel, leichter in das Wesen der Vektorenrechnung hereinzukommen, ist das, sich jeden Vektor räumlich vorzustellen. Besonders gilt dies vom Vektorprodukt. Man gewöhne sich deswegen ganz streng daran, beim Lesen eines Vektorproduktes, etwa $[\mathfrak{U}\mathfrak{B}]$, sich diese Größe vorzustellen als Vektor senkrecht zu dem aus $\mathfrak{U}$ und $\mathfrak{B}$ gebildeten Vektordreieck. Man muß dieses Vektordreieck vor sich sehen, am einfachsten, indem man $\mathfrak{B}$ als Hebelarm und $\mathfrak{U}$ als angreifende Kraft sich vorstellt, und senkrecht zu diesem Dreieck den Vektor $[\mathfrak{U}\mathfrak{B}]$, versehen mit dem entsprechenden Pfeil.

Unmittelbar durch diese Vorstellung allein schon sieht man, daß die neue Operation $[\mathfrak{A}\mathfrak{B}]$ kein wirkliches Produkt ist: bei einem solchen gilt als erster Hauptsatz $a \cdot b = b \cdot a$, was analog beim Vektorprodukt heißen müßte $[\mathfrak{A}\mathfrak{B}] = [\mathfrak{B}\mathfrak{A}]$. Stellt man sich aber diese beiden Größen vor, also im ersten Fall $\mathfrak{A}$ als Kraft am Hebel $\mathfrak{B}$ angreifend, im zweiten Fall umgekehrt, so sieht man im zweiten Fall das Vektordreieck linksumlaufen, wenn es im ersten Fall rechtsumlaufen ist und umgekehrt, wie Abb. 303 angibt. Die

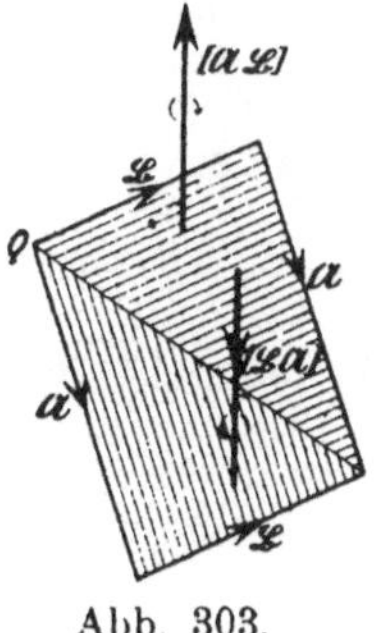

Abb. 303.

beiden Vektoren $[\mathfrak{A}\mathfrak{B}]$ und $[\mathfrak{B}\mathfrak{A}]$ sind demnach entgegengesetzt gleich,

$$[\mathfrak{B}\mathfrak{A}] = - [\mathfrak{A}\mathfrak{B}], \tag{a}$$

wofür man auch schreiben kann

$$[\mathfrak{A}\mathfrak{B}] + [\mathfrak{B}\mathfrak{A}] = 0.$$

Die Rechnung mit den Grundvektoren macht die Ermittlung des Vektorproduktes $[i_1 i_2]$ notwendig. Zu diesem Zweck stellt man sich am einfachsten wieder i_1 als Kraft am Hebelarm i_2 vor, wodurch als doppeltes Vektorendreieck ein Quadrat mit der Fläche 1 erscheint, in Abb. 304 schraffiert. Demnach ist $[i_1 i_2]$ ebenfalls ein Einheitsvektor und zwar gleich i_3, wie die Abbildung zeigt, da der Beschauer, der sich gegen den Pfeil

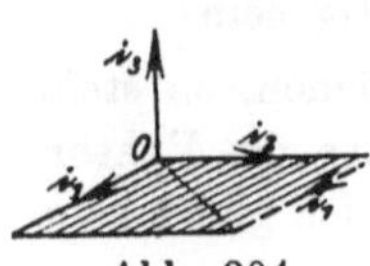
Abb. 304.

von i_3 wendet, das Vektorendreieck von $[i_1 i_2]$ rechtsumlaufen sieht. Es ist sonach

$$[i_1 i_2] = i_3, \qquad [i_2 i_3] = i_1, \qquad [i_3 i_1] = i_2;$$
$$[i_2 i_1] = -i_3, \qquad [i_3 i_2] = -i_1, \qquad [i_1 i_3] = -i_2. \tag{b}$$

Denn aus der ersten Gleichung gehen die beiden nächsten durch zyklische Vertauschung hervor und aus der oberen Gleichungsgruppe die untere nach (a).

Den Vektor $\mathfrak{F} = [\mathfrak{A}\mathfrak{B}]$ stellen wir am einfachsten mit Hilfe des aus $\mathfrak{A}$ und $\mathfrak{B}$ konstruierten Vektordreieckes dar, so wie Abb. 305 andeutet. Die Fläche F des doppelten Vektordreieckes hat die Projektionen F_1, F_2, F_3 auf die Koordinatenebenen, deren Werte sich so ermitteln lassen, wie im Beispiel 201a) angegeben wurde. Die beiden Vektoren A und B sind gegeben durch

$$\mathfrak{A} = i_1 A_1 + i_2 A_2 + i_3 A_3 \qquad \text{und} \qquad \mathfrak{B} = i_1 B_1 + i_2 B_2 + i_3 B_3.$$

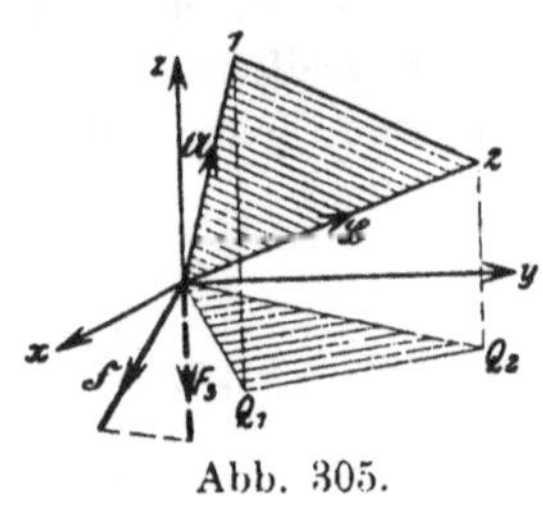
Abb. 305.

Trägt man sie beide vom Nullpunkt des Koordinatensystems aus ab, so hat der Endpunkt P_1 von A die Koordinaten $P_1 = A_1 | A_2 | A_3$ und entsprechend der Endpunkt P_2 des Vektors B die Koordinaten $P_2 = B_1 | B_2 | B_3$. Dann ist F der doppelte Flächeninhalt des Dreieckes $OP_1 P_2$ und F_3 der doppelte Flächeninhalt der Projektionen $OQ_1 Q_2$ dieses Dreieckes auf die z-Ebene, so

wie das Abb. 305 zeigt. Wie in (73g) findet man

$$F_3 = A_1 B_2 - A_2 B_1$$

und entsprechend sind die anderen Projektionen

$$F_1 = A_2 B_3 - A_3 B_2, \qquad F_2 = A_3 B_1 - A_1 B_3.$$

F_1, F_2, F_3 sind die Projektionen des Dreieckes F auf die drei Koordinatenebenen, also gilt

$$F_1 = F \cos \alpha, \qquad F_2 = F \cos \beta, \qquad F_3 = F \cos \gamma,$$

wodurch dann dieses Dreieck, als Flach betrachtet, vollständig bestimmt ist.

Nun ist aber andrerseits auf dem Vektordreieck senkrecht der Vektor $\mathfrak{F}$ errichtet und zwar so, daß seine Maßzahl gleich ist der doppelten Maßzahl des Dreieckes. Dieser Vektor $\mathfrak{F}$ und das doppelte Vektordreieck haben also gleiche Richtung und gleichen Zahlenwert. Dann sind F_1, F_2, F_3 auch die Projektionen von $\mathfrak{F}$ auf die drei Koordinatenachsen, folglich muß gelten

$$[\mathfrak{A}\mathfrak{B}] = \mathfrak{F} = \mathfrak{i}_1 F_1 + \mathfrak{i}_2 F_2 + \mathfrak{i}_3 F_3,$$

oder wenn man die Werte für F_i einsetzt,

$$[\mathfrak{A}\mathfrak{B}] = \mathfrak{i}_1 (A_2 B_3 - A_3 B_2) + \mathfrak{i}_2 (A_3 B_1 - A_1 B_3) + \mathfrak{i}_3 (A_1 B_2 - A_2 B_1). \quad \text{(c)}$$

Die zyklische Reihenfolge verrät schon, daß diese Summe eine Determinante ist, man kann schreiben

$$[\mathfrak{A}\mathfrak{B}] = \begin{vmatrix} \mathfrak{i}_1 & \mathfrak{i}_2 & \mathfrak{i}_3 \\ A_1 & A_2 & A_3 \\ B_1 & B_2 & B_3 \end{vmatrix} \quad \text{(d)}$$

was durch Entwicklung dieser Determinante nach der ersten Zeile ohne weiteres ersichtlich zu machen ist.

204. Man halte fest, daß ein Vektorprodukt durch die Determinante darstellbar ist. In einem späteren Teil werden wir von dieser Determinante ausgehend eine neue Bezeichnung für das Vektorprodukt einführen und mit deren Hilfe eine leichtere Behandlung der höheren Dynamik erreichen. Man halte weiter fest, daß im Gebiet der Summierung für die Vektoren die nämlichen Sätze gelten wie für gewöhnliche Zahlen, und ebenso im Gebiet des elementaren Produktes. In beiden Gebieten operiert man demgemäß mit den Vektoren genau so, wie wenn es gewöhnliche Zahlen wären.

Dann ergibt sich aber recht einfach der zweite Hauptsatz des Vektorproduktes

$$[(\mathfrak{A} + \mathfrak{B})\mathfrak{C}] = [\mathfrak{A}\mathfrak{C}] + [\mathfrak{B}\mathfrak{C}] \quad \text{(a)}$$

Setzt man nämlich einen Augenblick $\mathfrak{R} = \mathfrak{A} + \mathfrak{B}$, und sind A_i, B_i, C_i und R_i die Projektionen der Vektoren A bzw. B, C und R auf die drei Koordinatenachsen, so daß also $R_i = A_i + B_i$, so kann man der Reihe nach schreiben

$$[(\mathfrak{A} + \mathfrak{B})\mathfrak{C}] = [\mathfrak{R}\mathfrak{C}] = \begin{vmatrix} \mathfrak{i}_1 & \mathfrak{i}_2 & \mathfrak{i}_3 \\ R_1 & R_2 & R_3 \\ C_1 & C_2 & C_3 \end{vmatrix}$$

$$= \begin{vmatrix} \mathfrak{i}_1 & \mathfrak{i}_2 & \mathfrak{i}_3 \\ A_1 + B_1 & A_2 + B_2 & A_3 + B_3 \\ C_1 & C_2 & C_3 \end{vmatrix} = \begin{vmatrix} \mathfrak{i}_1 & \mathfrak{i}_2 & \mathfrak{i}_3 \\ A_1 & A_2 & A_3 \\ C_1 & C_2 & C_3 \end{vmatrix} + \begin{vmatrix} \mathfrak{i}_1 & \mathfrak{i}_2 & \mathfrak{i}_3 \\ B_1 & B_2 & B_3 \\ C_1 & C_2 & C_3 \end{vmatrix}$$

$$= [\mathfrak{A}\mathfrak{C}] + [\mathfrak{B}\mathfrak{C}],$$

womit dann der obige Hauptsatz bewiesen ist; man kann diesen, wenn man die Sprechweise des gewöhnlichen Produktes auch auf das Vektorprodukt überträgt, in Worte fassen:

> Eine (graphische) Summe wird vektoriell multipliziert, indem man jeden Summanden vektoriell multipliziert. (b)

Den Beweis hätte man auch führen können mit Hilfe des Satzes:

> Zwei Vektoren sind gleich, wenn ihre Komponenten in Richtung der Koordinatenachsen gleich sind, (c)

der ja unmittelbar einzusehen ist. Setzt man wieder $\mathfrak{A}+\mathfrak{B}=\mathfrak{R}$, dann sind die Projektionen von $[\mathfrak{R}\mathfrak{C}]$ bzw. $[\mathfrak{A}\mathfrak{C}]$ und $[\mathfrak{B}\mathfrak{C}]$ auf die z-Achse

$$R_1C_2 - R_2C_1 \quad \text{bzw.} \quad A_1C_2 - A_2C_1 \quad \text{und} \quad B_1C_2 - B_2C_1.$$

Nun ist aber $R_i = A_i + B_i$, also

$$R_1C_2 - R_2C_1 = (A_1 + B_1)C_2 - (A_2 + B_2)C_1$$
$$= (A_1C_2 - A_2C_1) + (B_1C_2 - B_2C_1).$$

Es sind also die z-Projektionen von $[\mathfrak{R}\mathfrak{C}]$ und $[\mathfrak{A}\mathfrak{C}]+[\mathfrak{B}\mathfrak{C}]$ einander gleich und damit auch die Komponenten in diesen Richtungen; dieselbe Beziehung gilt natürlich auch für die Komponenten in der x- und y-Richtung, dann folgt aber daraus, daß die Vektoren $[\mathfrak{R}\mathfrak{C}]$ und $[\mathfrak{A}\mathfrak{C}]+[\mathfrak{B}\mathfrak{C}]$ einander gleich sind, oder wenn man wieder $\mathfrak{R}=\mathfrak{A}+\mathfrak{B}$ setzt, daß

$$[(\mathfrak{A}+\mathfrak{B})\mathfrak{C}] = [\mathfrak{A}\mathfrak{C}] + [\mathfrak{B}\mathfrak{C}].$$

Einer Beweisführung bedarf nach diesem Satz die Formel

$$[(\mathfrak{A}+\mathfrak{B})(\mathfrak{C}+\mathfrak{D})] = [\mathfrak{A}\mathfrak{C}] + [\mathfrak{A}\mathfrak{D}] + [\mathfrak{B}\mathfrak{C}] + [\mathfrak{B}\mathfrak{D}] , \qquad (d)$$

nicht; sie wird sofort ersichtlich, wenn man etwa $\mathfrak{C}+\mathfrak{D}=\mathfrak{E}$ setzt und die vorausgehende Formel zweimal anwendet.

Aufgabe a) Man beweise aus der Vektorrelation der Aufgabe 200a) den Sinussatz.

Lösung: Man multipliziert die Gleichung $\mathfrak{a} = \mathfrak{b} + \mathfrak{c}$ vektoriell mit $\mathfrak{a}$ und erhält

$$[\mathfrak{a}\mathfrak{a}] = [(\mathfrak{b}+\mathfrak{c})\mathfrak{a}] \quad \text{oder} \quad 0 = [\mathfrak{b}\mathfrak{a}] + [\mathfrak{c}\mathfrak{a}].$$

Die beiden Vektoren $[\mathfrak{b}\mathfrak{a}]$ und $[\mathfrak{c}\mathfrak{a}]$ stehen senkrecht zur Ebene des Dreiecks, da ja die ihnen entsprechenden Vektordreiecke in der gegebenen Dreiecksebene liegen. Beide Vektoren sind entgegengesetzt gleich, der erste wendet sich zum Beschauer, der zweite von ihm weg. Formel (202 a) liefert somit

$$ba \sin \gamma = ca \sin \beta \quad \text{oder} \quad b : c = \sin \beta : \sin \gamma.$$

Aufgabe b) Man drücke den Sinus des Winkels ψ der beiden Vektoren $\mathfrak{r}_1$ und $\mathfrak{r}_2$ von O nach den Punkten P_1 und P_2 durch ihre Beträge r_1 und r_2 sowie durch die Koordinaten von P_1 und P_2 aus (Ebene und Raum).

Lösung: Man bildet das Vektorprodukt $[\mathfrak{r}_1\mathfrak{r}_2]$ und wendet Formel (203d) an

$$[\mathfrak{r}_1\mathfrak{r}_2] = \begin{vmatrix} \mathfrak{i}_1 & \mathfrak{i}_2 & \mathfrak{i}_3 \\ x_1 & y_1 & z_1 \\ x_2 & y_2 & z_2 \end{vmatrix},$$

wenn x_1, y_1, z_1 bzw. x_2, y_2, z_2 die Koordinaten der Punkte P_1 und P_2 und damit die Projektionen von $\mathfrak{r}_1$ und $\mathfrak{r}_2$ auf die Koordinatenachsen sind. Man kann die Determinante entwickeln,

$$[\mathfrak{r}_1\mathfrak{r}_2] = \mathfrak{i}_1\,(y_1 z_2 - y_2 z_1) + \mathfrak{i}_2\,(z_1 x_2 - z_2 x_1) + \mathfrak{i}_3\,(x_1 y_2 - x_2 y_1),$$

und hat damit das Vektorprodukt in Komponenten längs den Koordinatenachsen zerlegt. Die Absolutwerte der linken und rechten Seite der letzten Gleichung sind einander gleich und liefern somit durch

$$r_1 r_2 \sin \psi = \sqrt{(y_1 z_2 - y_2 z_1)^2 + (z_1 x_2 - z_2 x_1)^2 + (x_1 y_2 - x_2 y_1)^2}$$

die verlangte Formel für den Raum. Für den Fall der Ebene ist $z_1 = z_2 = 0$; man erhält dann die bereits früher in Nr. 73 aufgestellte Formel

$$r_1 r_2 \sin \psi = x_1 y_2 - x_2 y_1,$$

Aufgabe c) Man berechne mit Vektoren den Inhalt des ebenen Dreiecks $P_1 P_2 P_3$, wenn $\mathfrak{r}_1$, $\mathfrak{r}_2$, $\mathfrak{r}_3$ die Vektoren von O aus nach P_1 bzw. P_2 und P_3 sind.

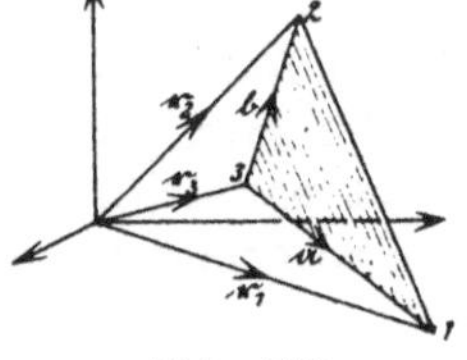
Abb. 306

Lösung: Nach Abbildung ist das doppelte Dreiecksflach

$$[\mathfrak{a}\mathfrak{b}] = [(-\mathfrak{r}_3 + \mathfrak{r}_1)(-\mathfrak{r}_3 + \mathfrak{r}_2)] = 0 - [\mathfrak{r}_3\mathfrak{r}_2] - [\mathfrak{r}_1\mathfrak{r}_3] + [\mathfrak{r}_1\mathfrak{r}_2]$$
$$= [\mathfrak{r}_1\mathfrak{r}_2] + [\mathfrak{r}_2\mathfrak{r}_3] + [\mathfrak{r}_3\mathfrak{r}_1].$$

Man kann auf jeden der Summanden noch Formel (203d) anwenden und erhält

$$[\mathfrak{a}\mathfrak{b}] = \begin{vmatrix} \mathfrak{i}_1 & \mathfrak{i}_2 & \mathfrak{i}_3 \\ x_1 & y_1 & z_1 \\ x_2 & y_2 & z_2 \end{vmatrix} + \begin{vmatrix} \mathfrak{i}_1 & \mathfrak{i}_2 & \mathfrak{i}_3 \\ x_2 & y_2 & z_2 \\ x_3 & y_3 & z_3 \end{vmatrix} + \begin{vmatrix} \mathfrak{i}_1 & \mathfrak{i}_2 & \mathfrak{i}_3 \\ x_3 & y_3 & z_3 \\ x_1 & y_1 & z_1 \end{vmatrix}$$

Entwickelt man diese Determinanten und ordnet nach den Einheitsvektoren, so erhält man das Dreiecksflach als graphische Summe seiner Komponenten und daraus die drei Projektionen $\triangle_1$, $\triangle_2$, $\triangle_3$ auf die Koordinatenebenen. Dann ist $\tfrac{1}{2}\sqrt{\triangle_1^2 + \triangle_2^2 + \triangle_3^2}$ der Flächeninhalt des Dreiecks.

205. Welche Bedeutung hat der Ausdruck $\mathfrak{A}[\mathfrak{B}\mathfrak{C}]$, wo $\mathfrak{A}$, $\mathfrak{B}$, $\mathfrak{C}$ gegebene Vektoren sind?

Setzt man $[\mathfrak{B}\mathfrak{C}] = \mathfrak{F}$, so kann man den Ausdruck schreiben $\mathfrak{A}\mathfrak{F}$, er ist also das skalare Produkt aus dem Vektor $\mathfrak{A}$ und dem Vektorprodukt $\mathfrak{F} = [\mathfrak{B}\mathfrak{C}]$. Führt man die gegebenen Vektoren auf ihre Komponenten in den drei Grundrichtungen zurück, so erhält man zunächst

$$\mathfrak{F} = \begin{vmatrix} \mathfrak{i}_1 & \mathfrak{i}_2 & \mathfrak{i}_3 \\ B_1 & B_2 & B_3 \\ C_1 & C_2 & C_3 \end{vmatrix} \quad \text{oder mit} \quad \begin{aligned} F_1 &= B_2 C_3 - B_3 C_2 \\ F_2 &= B_3 C_1 - B_1 C_3 \\ F_3 &= B_1 C_2 - B_2 C_1 \end{aligned}$$

$$\mathfrak{F} = \mathfrak{i}_1 F_1 + \mathfrak{i}_2 F_2 + \mathfrak{i}_3 F_3.$$

Dann wird nach (200 e)

$$\mathfrak{A}\mathfrak{F} = A_1 F_1 + A_2 F_2 + A_3 F_3$$
$$= A_1 (B_2 C_3 - B_3 C_2) + A_2 (B_3 C_1 - B_1 C_3) + A_3 (B_1 C_2 - B_2 C_1).$$

Die rechte Gleichungsseite ist wegen ihrer zyklischen Bauart als eine Determinante dritten Grades zu erkennen, weshalb man schreiben kann

$$\mathfrak{A}[\mathfrak{B}\mathfrak{C}] = \begin{vmatrix} A_1 & A_2 & A_3 \\ B_1 & B_2 & B_3 \\ C_1 & C_2 & C_3 \end{vmatrix} \tag{a}$$

Durch je zweimalige Vertauschung von Parallelreihen ändert man den Wert dieser Determinante nicht. Man wird einmal die A-Zeile mit der B-Zeile vertauschen und die neue zweite Zeile noch mit der C-Zeile; dann hat man A durch B und B durch C und C durch A ersetzt und erhalten $\mathfrak{A}[\mathfrak{B}\mathfrak{C}] = \mathfrak{B}[\mathfrak{C}\mathfrak{A}]$. Die gleiche Operation kann man nochmals vornehmen und zusammenfassen

$$\mathfrak{A}[\mathfrak{B}\mathfrak{C}] = \mathfrak{B}[\mathfrak{C}\mathfrak{A}] = \mathfrak{C}[\mathfrak{A}\mathfrak{B}]. \tag{b}$$

Die Bedeutung dieses zusammengesetzten Produktes $\Pi = \mathfrak{A}[\mathfrak{B}\mathfrak{C}]$ wird klar, wenn man die drei Vektoren $\mathfrak{A}$, $\mathfrak{B}$, $\mathfrak{C}$ vom nämlichen Punkt O aus zieht. Dann ist durch sie ein Tetraeder festgelegt; es ist zu vermuten, daß das obige Produkt in recht einfacher Weise mit

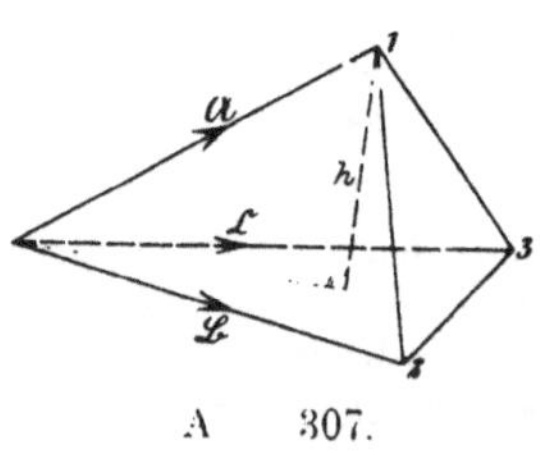

diesem Tetraeder in Beziehung zu setzen ist. Durch die beiden Vektoren $\mathfrak{B}$ und $\mathfrak{C}$ ist ein Dreieck $O P_2 P_3$ oder ein Flach gebildet, dessen dopp 'ter Vektor $\mathfrak{F} = [\mathfrak{B}\mathfrak{C}]$ senkrecht steht zum Dreieck, also parallel ist zu der vom Punkt P_1 aus auf das Dreieck gefällten Höhe h. Nun ist einerseits diese Höhe h gleich der Projektion A' des Vektors $\mathfrak{A}$ auf die Richtung von h, andrerseits ist $\mathfrak{A}\mathfrak{F} = A'F$ nach (199 f),

A 307.

also kann man setzen $\Pi = \mathfrak{A}[\mathfrak{B}\mathfrak{C}] = hF$. Es ist F nichts anderes als der doppelte Flächeninhalt des Dreieckes $O P_2 P_3$, infolgedessen stellt $\Pi = hF$ das sechsfache Volumen des Tetraeders $O P_1 P_2 P_3$ vor, sonach

$$\mathfrak{A}[\mathfrak{B}\mathfrak{C}] = 6\,T, \tag{c}$$

wenn man dieses Tetraedervolumen mit T bezeichnet.

Beispiel: Durch die vom Nullpunkt aus gezogenen Radien-vektoren

$$\mathfrak{r}_1 = 3\,\mathfrak{i}_1 - 6\,\mathfrak{i}_2 + 4\,\mathfrak{i}_3, \qquad \mathfrak{r}_2 = 4\,\mathfrak{i}_2 - 6\,\mathfrak{i}_3, \qquad \mathfrak{r}_3 = 3\,\mathfrak{i}_1 - 4\,\mathfrak{i}_2$$

ist ein Tetraeder $OP_1P_2P_3$ bestimmt, dessen Inhalt

$$T = \tfrac{1}{6}\,\mathfrak{r}_1[\mathfrak{r}_2\mathfrak{r}_3] = \tfrac{1}{6}\begin{vmatrix} x_1 & y_1 & z_1 \\ x_2 & y_2 & z_2 \\ x_3 & y_3 & z_3 \end{vmatrix} = \tfrac{1}{6}\begin{vmatrix} 3 & -6 & 4 \\ 0 & 4 & -6 \\ 3 & -4 & 0 \end{vmatrix}$$

$$= \tfrac{1}{6}\,[3 \cdot 20 - 4 \cdot 18 + 0 \cdot 12] = -2 \text{ ist.}$$

Körper und Massensystem.

206. Unter einem **Vielflach** wollen wir verstehen einen Raum-körper, dessen begrenzende Flächen alle eben sind. Der einfachste von diesen Körpern oder Vielflachen ist das **Vierflach** oder **Te-traeder.** Wenn die Eckpunkte dieses Körpers gegeben sind, kann man die Längen der Einzelkanten ebenso wie den Inhalt der Be-grenzungsflächen nach den bisher aufgestellten Formeln ermitteln. Bleibt nur mehr übrig, eine Formel für sein Volumen anzugeben.

Kennt man die vier Ecken des Tetraeders, so wird man zu-nächst eine der Ecken als Nullpunkt $O = 0\,|\,0\,|\,0$ des Koordinaten-systems wählen, die andern sollen die Koordinaten $P_1 = x_1\,|\,y_1\,|\,z_1$, $P_2 = x_2\,|\,y_2\,|\,z_2$, $P_3 = x_3\,|\,y_3\,|\,z_3$ haben. Dann hat nach der voraus-gehenden Nummer das Tetraeder $OP_1P_2P_3$ den Inhalt

$$V = \tfrac{1}{6}\begin{vmatrix} x_1 & y_1 & z_1 \\ x_2 & y_2 & z_2 \\ x_3 & y_3 & z_3 \end{vmatrix}. \tag{a}$$

Nach dem Beispiel der letzten Nummer hat das durch die Punkte $O = 0\,|\,0\,|\,0$, $P_1 = 3\,|\,-6\,|\,4$, $P_2 = 0\,|\,4\,|\,-6$, $P_3 = 3\,|\,-4\,|\,0$ be-stimmte Tetraeder das Volumen $V = -2$.

Aufgabe a) Gegeben $P_1 = 3\,|\,4\,|\,1$, $P_2 = -1\,|\,2\,|\,-1$, $P_3 = 0\,|\,3\,|\,3$; gesucht ist der Inhalt des Tetraeders $OP_1P_2P_3$.

Lösung: Es ist

$$V = \tfrac{1}{6}\begin{vmatrix} 3 & 4 & 1 \\ -1 & 2 & -1 \\ 0 & 3 & 3 \end{vmatrix} = \tfrac{1}{6}(0 \cdot - 6 + 3 \cdot + 2 + 3 \cdot 10) = 6,$$

wenn man nach der letzten Zeile entwickelt.

Das $+$- oder $-$-Zeichen, das V erhalten kann und das also ein negatives Volumen von einem positiven unterscheidet, hat folgen-den Sinn. Sieht man vom Nullpunkt O aus auf das Flach $P_1P_2P_3$, so kann durch die Aufeinanderfolge P_1, P_2, P_3 der Begrenzung das Flach rechts oder links umlaufen werden, siehe Abb. 307. Im einen Fall ergibt die Rechnung einen positiven, im andern Fall einen negativen Körperinhalt.

Aufgabe b) Unter welcher Bedingung schneidet der Radiusvektor OP_2 die Strecke P_1P_2?

Lösung: Wenn OP_3 und P_1P_2 sich schneiden, so degeneriert das Vierflach $OP_1P_2P_3$ und sein Volumen wird Null. Darum ist

$$V = 0 \quad \text{oder} \quad \begin{vmatrix} x_1 & y_1 & z_1 \\ x_2 & y_2 & z_2 \\ x_3 & y_3 & z_3 \end{vmatrix} = 0$$

die Bedingung, daß OP_3 und $P\,P_2$ sich schneiden.

Eine zweite Lösung dieser Aufgabe ist bereits in Nr. 194 gegeben.

Aufgabe c) mit g) Durch die Punkte $O = 0\,|\,0\,|\,0$, $P_1 = 0\,|\,1\,|\,1$, $P_2 = 1\,|\,0\,|\,1$, $P_3 = 1\,|\,1\,|\,0$ ist ein Tetraeder gegeben. Man ermittle c) die Projektion der Tetraederkanten auf die Koordinatenachsen sowie ihre Richtungen und Längen, d) den Winkel zwischen zwei windschiefen Kanten, e) die Fläche und Richtung des Dreieckes $P_1P_2P_3$, f) das Lot von O aus auf dieses Dreieck, g) den Tetraederinhalt.

Lösung: c) Die Tabelle gibt die verlangten Projektionen, Richtungsfaktoren und Längen für die Kanten CP_1 und P_2P_3, für die übrigen hat man nur eine zyklische Vertauschung vorzunehmen, da ja im vorliegenden Fall wegen der speziellen Zahlenwerte auch die Punkte P_1, P_2, P_3 ineinander durch zyklische Vertauschung übergehen.

	X	Y	Z	R	$\cos\alpha$	$\cos\beta$	$\cos\gamma$
OP_1	0	1	1	$\sqrt{2}$	0	$1:\sqrt{2}$	$1:\sqrt{2}$
P_2P_3	0	1	-1	$\sqrt{2}$	0	$1:\sqrt{2}$	$-1:\sqrt{2}$

d) Der Winkel zwischen OP_1 und P_2P_3 wird nach (196d) ermittelt und zwar zu $\cos\vartheta = 0$, beide Seiten stehen zueinander senkrecht; ebenso auch die andern windschiefen Kanten.

e) Das Dreieck $P_1P_2P_3$ ist gleichseitig, die Einzelseite hat die Länge $\sqrt{2}$, also ist $F = \frac{1}{2}\sqrt{3}$. Man kann aber auch nach (73i) die Projektionen des Dreiecks ermitteln; es ist $F_1 = \frac{1}{2}$ und ebenso auch F_2 und F_3; dann wird $F^2 = 3\cdot\frac{1}{4}$ oder $F = \frac{1}{2}\sqrt{3}$. Aus den Projektionen F_i ergeben sich die Richtungsfaktoren des Dreieckes $\cos\lambda : \cos\mu : \cos\nu = 1:1:1$ oder $\cos\lambda = \cos\mu = \cos\nu = 1:\sqrt{3}$.

f) Das Lot p hat die nämlichen Richtungsfaktoren wie das Dreieck und ist gleich der Projektion von OP_1 auf die Richtung von p. Nach (192g) wird $p = 0\cdot\cos\lambda + 1\cdot\cos\mu + 1\cdot\cos\nu = 2:\sqrt{3}$.

g) $V = \frac{1}{3}Fp = \frac{1}{3}\cdot\frac{1}{2}\sqrt{3}\cdot\dfrac{2}{\sqrt{3}} = \frac{1}{3}$; zur Kontrolle hat man

$$V = \frac{1}{6}\begin{vmatrix} 0 & 1 & 1 \\ 1 & 0 & 1 \\ 1 & 1 & 0 \end{vmatrix} = \frac{1}{3}.$$

207. Oft ist es zweckmäßig, von einem gegebenen Koordinatensystem zu einem günstiger liegenden überzugehen. Der einfachste Übergang ist die **Parallelverschiebung,** so daß die neuen und alten Koordinatenachsen parallel bleiben. Ist $O = 0 \mid 0 \mid 0$ der Nullpunkt im gegebenen System x-y-z und $P_0 = x_0 \mid y_0 \mid z_0$ der neue Nullpunkt, so wird letzterer im neuen System x'-y'-z' die Koordinaten $0 \mid 0 \mid 0$ haben; es haben sich also seine Koordinaten um x_0, y_0, z_0 vermindert, oder umgekehrt, die alten Koordinaten x, y, z sind um diese Beträge x_0, y_0, z_0 größer als die neuen Koordinaten x', y', z'. Das gleiche muß natürlich auch für die andern Punkte gelten, so daß man

$$x = x' + x_0, \qquad y = y' + y_0, \qquad z = z' + z_0 \tag{a}$$

als Formel für den Übergang zu einem Parallelsystem hat.

Beispiel: Man hat eine Punktgruppe $P_1 = 4 \mid 3 \mid 4$, $P_2 = 6 \mid 2 \mid 9$, $P_3 = 8 \mid 4 \mid 7$, $P_4 = 10 \mid 6 \mid 6$, $P_5 = 12 \mid 10 \mid 10$. Man will ein neues Koordinatensystem haben, so daß die fünf gegebenen Punkte sich mehr um den Nullpunkt gruppieren. Als neuen Nullpunkt wählt man am besten den Punkt P_3. Seine neuen Koordinaten sind um 8, 4 und 7 kleiner als die alten, das gleiche gilt für die übrigen Punkte, deren Koordinaten in der beistehenden Tabelle angegeben sind.

P			P_1			P_2			P_3			P_4			P_5		
x	y	z	4	3	4	6	2	9	8	4	7	10	6	6	12	10	10
x'	y'	z'	-4	-1	-3	-2	-2	2	0	0	0	2	2	-1	4	6	3

Diesen Übergang von einem Koordinatensystem x, y z zu einem neuen stellt man recht anschaulich in Vektorkoordinaten dar,

$$\mathfrak{r} = \mathfrak{r}_0 + \mathfrak{r}', \tag{b}$$

wie die Skizze zeigt. Die obigen Gleichungen sind „Projektionen" dieser Vektorengleichung.

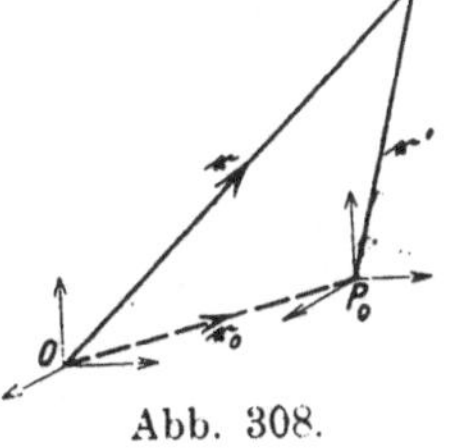

Abb. 308.

208. Will man den Inhalt eines Vierflaches $P_1 P_2 P_3 P_4$ ermitteln, unter der Voraussetzung, daß der Nullpunkt O mit keinem der Eckpunkte P_i zusammenfällt, so hindert natürlich nichts, von dem gegebenen Koordinatensystem $x \mid y \mid z$ durch Verschiebung auf ein neues $x' \mid y' \mid z'$ überzugehen, das man am besten so wählt, daß P_4 der neue Nullpunkt wird. Dann hat man den vorigen Fall der Vierflachberechnung und kann die dort abgeleitete Formel anwenden. Sind im alten System die Koordinaten $P_i = x_i \mid y_i \mid z_i$ und im neuen

$P_i = x_i' \mid y_i' \mid z_i'$, so besteht nach der vorausgehenden Formel zwischen beiden der Zusammenhang

$$x_i' = x_i - x_4, \qquad y_i' = y_i - y_4, \qquad z_i' = z_i - z_4.$$

In diesem neuen Koordinatensystem wird dann das Volumen des Tetraeders

$$V = \tfrac{1}{6} \begin{vmatrix} x_1' & y_1' & z_1' \\ x_2' & y_2' & z_2' \\ x_3' & y_3' & z_3' \end{vmatrix} = \tfrac{1}{6} \begin{vmatrix} x_1 - x_4 & y_1 - y_4 & z_1 - z_4 \\ x_2 - x_4 & y_2 - y_4 & z_2 - z_4 \\ x_3 - x_4 & y_3 - y_4 & z_3 - z_4 \end{vmatrix}$$

oder nach geeigneter Umformung

$$V = \tfrac{1}{6} \begin{vmatrix} x_1 & y_1 & z_1 & 1 \\ x_2 & y_2 & z_2 & 1 \\ x_3 & y_3 & z_3 & 1 \\ x_4 & y_4 & z_4 & 1 \end{vmatrix} \tag{a}$$

Daß beide Determinanten einander gleich sind, kann man sehen, wenn man in der letzten Determinante von jeder der ersten drei Zeile die vierte Zeile abzieht und nach der vierten Kolonne, deren Elemente alle bis auf eines verschwinden entwickelt. Übrigens ist dieses Beispiel bereits in Nr. 42 durchgerechnet.

Beispiel a) Durch die Punkte $P_1 = 4 \mid 5 \mid 3$, $P_2 = 0 \mid 3 \mid 1$, $P_3 = 1 \mid 4 \mid 5$ $P_4 = 1 \mid 1 \mid 2$ ist ein Vierflach bestimmt, dessen Volumen

$$V = \tfrac{1}{6} \begin{vmatrix} 4 & 5 & 3 & 1 \\ 0 & 3 & 1 & 1 \\ 1 & 4 & 5 & 1 \\ 1 & 1 & 2 & 1 \end{vmatrix} = \tfrac{1}{6} \begin{vmatrix} 3 & 4 & 1 & 0 \\ -1 & 2 & -1 & 0 \\ 0 & 3 & 3 & 0 \\ 1 & 1 & 2 & 1 \end{vmatrix} = \tfrac{1}{6} \begin{vmatrix} 3 & 4 & 1 \\ -1 & 2 & -1 \\ 0 & 3 & 3 \end{vmatrix}$$

$= 6$ wird. Man hat zuerst nach (42c) die Determinante umgewandelt, indem man von jeder der ersten drei Zeilen die vierte Zeile abzog, und dann nach der vierten Kolonne entwickelt, was zur nämlichen Determinante wie in Aufgabe 206a) führt; in der Tat sind ja auch die beiden Vierflache dieser Beispiele identisch und nur auf ein verschiedenes Koordinatensystem bezogen.

Beispiel b) Unter welcher Bedingung schneiden sich die beiden Strecken P_1P_2 und P_3P_4?

Im allgemeinen sind zwei Strecken P_1P_2 und P_3P_4 windschief und das aus ihnen gebildete Tetraeder hat dann einen von Null verschiedenen Inhalt. Wenn sich aber beide Strecken schneiden, dann liegen die vier Punkte in der nämlichen Ebene, der Tetraederinhalt $P_1P_2P_3P_4$ muß dann verschwinden. Somit ist

$$\begin{vmatrix} x_1 & y_1 & z_1 & 1 \\ x_2 & y_2 & z_2 & 1 \\ x_3 & y_3 & z_3 & 1 \\ x_4 & y_4 & z_4 & 1 \end{vmatrix} = 0$$

die Bedingung dafür, daß sich die beiden Strecken P_1P_2 und P_3P_4 schneiden.

Aufgabe: Unter welcher Bedingung liegt der Punkt P in der Fläche des Dreiecks $P_1P_2P_3$?

Lösung: Das Tetraeder $PP_1P_2P_3$ muß den Rauminhalt $V = 0$ haben. Es muß die nämliche Determinante wie beim vorausgehenden Beispiel verschwinden, wenn man in dieser x, y, z statt x_4, y_4, z_4 setzt.

209. Der Punkt P im Raum sei Träger eines Massenteilchens m und deswegen Massenpunkt oder materieller Punkt genannt. Die Lage dieses Massenpunktes ist gegeben durch den Vektor $\mathfrak{r}$ vom Bezugspunkt O zu ihm. Wählt man diesen Bezugspunkt O als Nullpunkt eines räumlichen Koordinatensystems, so sind die Koordinaten x, y, z des Massenpunktes die Projektionen des Vektors $\mathfrak{r}$ auf die drei Koordinatenachsen.

In der Mechanik nennt man das Produkt $m\mathfrak{r}$ das statische Moment oder auch ganz kurz Moment des materiellen Punktes für den Bezugspunkt. Will man genau sein und Verwechslungen vorbeugen, so kann man auch von einem polaren statischen Moment sprechen; der Bezugspunkt heißt in diesem Zusammenhang dann Pol. Die Größen mx, my, mz, die Projektionen des polaren Momentes auf die drei Koordinatenachsen, nennt man statische Momente des Massenpunktes oder Massenteilchens für die x- bzw. y- und z-Ebene.

Ein Punkthaufen (häufiger Massensystem oder Körper genannt) bestehe aus den n materiellen Punkten P_1, P_2, ... P_n, die alle Träger von Massenteilchen m_1, m_2, ... m_n, also materielle Punkte oder Massenpunkte sind. Dann ist unabhängig von jedem Massensystem

$$M = \Sigma m = m_1 + m_2 + \ldots + m_n$$

die Gesamtmasse des Körpers. Die graphische Summe

$$\Sigma m\mathfrak{r} = m_1\mathfrak{r}_1 + m_2\mathfrak{r}_2 + \ldots + m_n\mathfrak{r}_n \tag{a}$$

nennt man das polare statische Moment (oder kürzer: das statische Moment oder polare Moment) des Körpers bezüglich des Nullpunktes. Dessen Projektionen auf die drei Koordinatenachsen

$$m_1x_1 + m_2x_2 + \ldots + m_nx_n = \Sigma mx = D_x,$$
$$m_1y_1 + m_2y_2 + \ldots + m_ny_n = \Sigma my = D_y, \tag{b}$$
$$m_1z_1 + m_2z_2 + \ldots + m_nz_n = \Sigma mz = D_z$$

sind gleichzeitig die statischen Momente des Massensystems für die
x- bzw. y- und z-Ebene.

Der Massenmittelpunkt oder Schwerpunkt S des Körpers ist
bestimmt durch den von der Mechanik übernommenen **Schwerpunktsatz**

$$M\mathfrak{s} = \Sigma\, m\,\mathfrak{r}, \tag{c}$$

wo $\mathfrak{s}$ der Vektor vom Bezugspunkt zum Schwerpunkt ist. Im Raum
ist diese vektorielle Form des Schwerpunktsatzes schwer verwendbar; man wird ihn demgemäß auf eine beliebige Gerade projizieren
und erhält so die analytische Form des Schwerpunktsatzes

$$M\,s = \Sigma\, m\,r. \tag{d}$$

In dieser Gleichung sind die r_i die Projektionen der Vektoren OP_i
auf eine beliebig ausgewählte Achse, s ist die Projektion des zum
Schwerpunkt S führenden Vektors OS auf die nämliche Achse. Oder
in anderer Deutung, wenn man eine Ebene durch O senkrecht zur
Projektionsachse legt: die r_i sind die Abstände der Massenpunkte P_i
von dieser Ebene, die $m_i r_i$ also ihre statischen Momente bezüglich
dieser Ebene, ebenso ist s der Abstand des Schwerpunktes von dieser
Ebene; $\Sigma\, m\,r$ ist das statische Moment des Körpers für diese Ebene.
Beiläufig soll hier wieder erinnert werden, daß die Abstände von
der Ebene aus zu den Punkten hin gezählt werden, so daß also die
Punkte auf der einen Seite der Ebene einen positiven Abstand
haben und die auf der anderen Seite einen negativen.

Wählt man speziell die Koordinatenachsen als Projektionsachsen,
dann erhält man die speziellen analytischen Formen

$$M\,\xi = \Sigma\, m\,x, \qquad M\,\eta = \Sigma\, m\,y, \qquad M\,\zeta = \Sigma\, m\,z \tag{e}$$

des Schwerpunktsatzes und aus ihnen die Koordinaten $\xi\,|\,\eta\,|\,\zeta$ des
Schwerpunktes S.

Beispiel: Gesucht ist der Schwerpunkt des Massensystems P_1,
P_2, P_3, P_4; die bezüglichen Massen dieser Punkte sind 2, 4, 6, 1,
$P_1 = -2\,|\,0\,|\,3$, $\quad P_2 = 1\,|\,1\,|\,5$, $\quad P_3 = 2\,|-1\,|-2$, $\quad P_4 = 0\,|\,3\,|\,0$.

In die beistehende Tabelle hat man eingetragen: die Koordinaten der Einzelpunkte, ihre Massen, ihre Momente für die drei
Ebenen.

	x	y	z	m	$m\,x$	$m\,y$	$m\,z$
1	-2	0	3	2	-4	0	6
2	1	1	5	4	4	4	20
3	2	-1	-2	6	12	-6	-12
4	0	3	0	1	0	3	0
				13	12	1	14

Dann ist

$$M = \Sigma m = 13, \quad D_x = \Sigma m x = 12. \quad D_y = \Sigma m y = 1, \quad D_z = \Sigma m z = 14$$

und somit

$$\xi = \tfrac{12}{13}, \qquad \eta = \tfrac{1}{13}, \qquad \zeta = \tfrac{14}{13}.$$

Ebenengleichungen. Ebene und Ebene. Ebene und Punkt. Ebenenbüschel.

210. Als Gleichung eines geometrischen Gebildes bezeichnet man in Erweiterung der Definition von Nr. 80 den analytischen Ausdruck für die Eigenschaft oder Eigenschaften des erzeugenden Elementes dieses Gebildes. Um sofort mit Beispielen zu beginnen: Die Gleichung der z-Ebene ist $z = 0$, da alle Punkte dieser Ebene die Koordinaten $x \,|\, y \,|\, 0$ haben; x und y können beliebige Werte annehmen, z muß aber immer gleich Null sein. In der obigen Sprechweise sagen wir, der erzeugende Punkt P der z-Ebene hat die Koordinaten $P = x \,|\, y \,|\, 0$, oder in einer Gleichung $z = 0$. Diese Gleichung definiert alle Punkte der z-Ebene, man sagt dafür kürzer: sie ist die Gleichung der z-Ebene. Entsprechend lauten die Gleichungen der anderen Koordinatenebenen, zusammengefaßt

$$
\begin{aligned}
x &= 0 \ \text{ist die Gleichung der } x\text{-Ebene,}\\
y &= 0 \quad\text{\textquotedbl}\quad\text{\textquotedbl}\quad\text{\textquotedbl}\quad\text{\textquotedbl } y\text{- \textquotedbl}\\
z &= 0 \quad\text{\textquotedbl}\quad\text{\textquotedbl}\quad\text{\textquotedbl}\quad\text{\textquotedbl } z\text{- \textquotedbl}
\end{aligned}
\tag{a}
$$

Ein anderes Beispiel: die Gleichung der z-Achse ist gesucht. Der erzeugende Punkt P der z-Achse hat die Koordinaten $P = 0 \,|\, 0 \,|\, z$, das heißt, das x und y dieses Punktes sind stets Null, sein z ist beliebig. In analytischer Ausdrucksweise schreibt man:

$$x = 0 \quad \text{mit} \quad y = 0 \qquad \text{oder} \qquad \left.\begin{aligned} x &= 0\\ y &= 0 \end{aligned}\right\}$$

ist die Gleichung der z-Achse.

Man beachte, daß man für die z-Achse zwei Gleichungen anschreiben muß, um ihre Eigenschaften vollständig anzugeben. Der Name „Gleichung" der z-Achse ist nicht ganz glücklich gewählt, da man zwei Gleichungen anschreiben muß, um die Eigenschaft dieses Gebildes anzugeben. Man erinnere sich aber, daß „Gleichung" nach der gegebenen Definition eben nichts anderes heißt als „Ausdruck der Eigenschaft".

Die beiden Beispiele zeigten, daß die Eigenschaft des erzeugenden Elementes eines geometrischen Gebildes vollständig zum Ausdruck gebracht werden muß, wenn man die Gleichung dieses Gebildes haben will. Wenn man von mehreren Eigenschaften eines erzeugenden Elementes spricht, so ist natürlich vorausgesetzt, daß diese Eigenschaften unter sich alle voneinander unabhängig sind. Wenn der erzeugende Punkt der x-Ebene die Eigenschaft hat $x = 0$, und derjenige der y-Ebene die Eigenschaft $y = 0$, so ist klar, daß der erzeugende Punkt der z-Achse die Eigenschaft haben muß $x = 0$ mit $y = 0$, da er ja die Eigenschaft sowohl eines Punktes der x-Ebene wie eines Punktes der y-Ebene haben muß.

Die Ebene ist ein spezieller Fall einer Fläche, die Gerade ein spezieller Fall einer Kurve. Einstweilen merke man sich — es wird in Nr. 217 und an späterer Stelle, bei Behandlung von Flächen und Kurven, noch näher darauf einzugehen sein — daß in der analytischen Geometrie des Raumes die Eigenschaft eines erzeugenden Flächenpunktes durch eine einzige Gleichung dargestellt werden kann. die Eigenschaft eines Kurvenpunktes aber nur durch zwei Gleichungen, die immer zusammengehören und die wir beide vereint als „Gleichung der Kurve" ansprechen.

Der erzeugende Punkt P einer Ebene, die parallel ist zur z-Ebene (also zum Grundriß. wenn wir uns die z-Ebene horizontal vorstellen), hat beliebige x und y, aber ein konstantes z. Für die Ebene im Abstand c von der z-Ebene ist immer $z = c$, der erzeugende Punkt immer $P = x\,|\,y\,|\,c$ oder $z = c$ die Gleichung einer zur z-Ebene parallelen Ebene, siehe Abb. 309. Man hat sonach als Gleichung einer

$$
\begin{aligned}
\text{Ebene parallel zur } x\text{-Ebene:} \quad & x = a, \\
\text{„} \qquad\qquad\quad \text{„} \;\; y\text{-} \;\; \text{„} \quad & y = b, \qquad\qquad \text{(b)} \\
\text{„} \qquad \text{„} \qquad \text{„} \;\; z\text{-} \;\; \text{„} \quad & z = c,
\end{aligned}
$$

wo a bzw. b und c die irgendwie vorgeschriebenen Abstände der untersuchten Ebenen von den Koordinatenebenen sind.

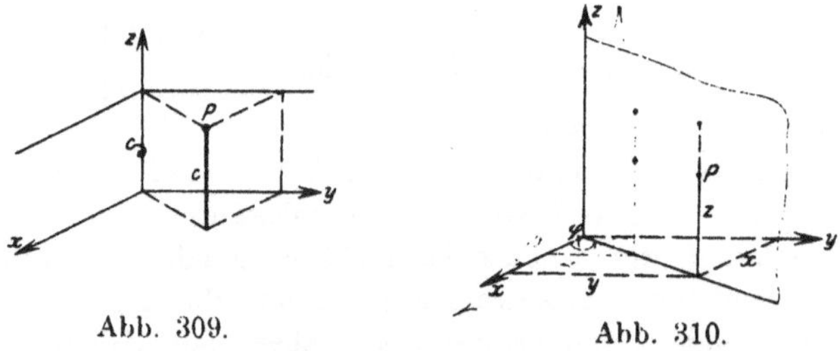

Abb. 309.   Abb. 310.

Von den Punkten einer Ebene durch die z-Achse kann man sagen, daß immer ein bestimmtes Verhältnis zwischen den Koordinaten x und y der einzelnen Punkte besteht, siehe Abb. 310. Folglich ist $y : x = \operatorname{tg}\varphi = \gamma$ konstant oder $y = \gamma x$ die Gleichung der untersuchten Ebene. Das Entsprechende gilt auch für die Gleichungen der Ebenen durch die x- und y-Achse, so daß man als Gleichung einer

$$\text{Ebene durch die } x\text{-Achse: } z = \alpha y$$
$$\text{\textquotedbl} \qquad \text{\textquotedbl} \qquad \text{\textquotedbl} \; y\text{-} \quad \text{\textquotedbl} \qquad x = \beta z$$
$$\text{\textquotedbl} \qquad \text{\textquotedbl} \qquad \text{\textquotedbl} \; z\text{-} \quad \text{\textquotedbl} \qquad y = \gamma x$$

hat.

Aufgabe: Man stelle die Gleichung einer Ebene parallel zur z-Achse auf, ausgehend von der letzten Gleichung (c).

Lösung: Zu diesem Zwecke verschiebt man das Koordinatensystem parallel in der y-Richtung, bis die ursprüngliche Aufrißspur der gegebenen Ebene mit der z-Achse zusammenfällt. In diesem neuen System heißt die neue Gleichung der Ebene $y' = \gamma x'$; nach (207a) geschieht der Übergang zum alten Koordinatensystem durch die Formeln $x = x'$, $y = y' + b$, $z = z'$, so daß im vorgeschriebenen Koordinatensystem die gesuchte Gleichung $y = \gamma x + b$ heißt.

211. Es soll die Gleichung einer Ebene aufgestellt werden, die durch drei gegebene Punkte P_1, P_2 und P_3 hindurchgeht. Die Abbildung gibt ein Stück dieser Ebene an. Nach der Definition der vorigen Nummer hat man von dem erzeugenden Punkt P der vorgeschriebenen Ebene eine Eigenschaft anzugeben, deren analytischer Ausdruck dann die Gleichung dieser Ebene ist. Naturgemäß kann man hier wie auch im allgemeinen vom erzeugenden Punkt mehrere Eigenschaften angeben, die aber alle immer nur das nämliche zum Ausdruck bringen; im vorliegenden Fall kann man sagen:

Die Strecke $P_1 P_2$ wird immer von der Strecke $P_3 P$ geschnitten. Das ist tatsächlich eine Eigenschaft, die dem Punkt P nur zukommt, wenn er auf der Ebene durch P_1, P_2. P_3 liegt, und sonst nicht.

Die Bedingung, daß die beiden Strecken $P_1 P_2$ und $P_3 P$ sich immer schneiden, ist nach dem Resultat des Beispieles 208 b)

$$\begin{vmatrix} x & y & z & 1 \\ x_1 & y_1 & z_1 & 1 \\ x_2 & y_2 & z_2 & 1 \\ x_3 & y_3 & z_3 & 1 \end{vmatrix} = 0 \qquad\qquad \text{(a)}$$

und somit die Gleichung der Ebene durch die drei gegebenen Punkte P_1, P_2, P_3.

Man hätte für den erzeugenden Punkt P der Ebene als Eigenschaft auch angeben können: er bildet mit den drei übrigen Punkten P_1, P_2, P_3 ein Vierflach vom Inhalt Null, und damit die nämliche Gleichung wie eben erhalten.

Eine andere Form der Gleichung — nicht eine andere Gleichung — erhält man mit Benützung von Vektoren. Wählt man an Stelle

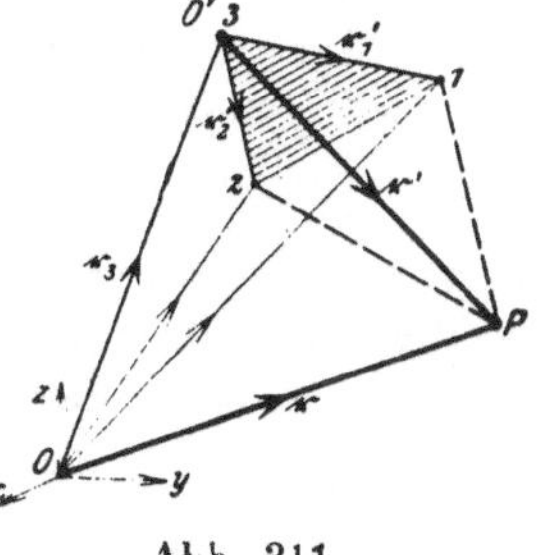

Abb. 311.

des Punktes O den Punkt P_3 als neuen Bezugspunkt O' und bezeichnet die von ihm ausgehenden Vektoren zu den Punkten P_i der Ebene des Dreieckes $P_1 P_2 P_3$ mit $\mathfrak{r}_i'$, so kommt man von O' aus mit dem Vektor

$$\mathfrak{r}' = \lambda \mathfrak{r}_1' + \mu \mathfrak{r}_2' \qquad\qquad (b)$$

durch passende Wahl der Parameter λ und μ zu jedem gewünschten Punkt P der Ebene; und zwar nur zu Ebenenpunkten, weil $\mathfrak{r}_1'$ und $\mathfrak{r}_2'$ und damit auch $\lambda \mathfrak{r}_1$ und $\mu \mathfrak{r}_2'$ in der Ebene liegen. Die aufgestellte Gleichung ist daher die gesuchte Gleichung in der Parameterform. Der Übergang zum alten System geschieht durch die Formel $\mathfrak{r}' = -\mathfrak{r}_3 + \mathfrak{r}$ und liefert im alten System als gewünschte Ebenengleichung

$$\mathfrak{r} - \mathfrak{r}_3 = \lambda(\mathfrak{r}_1 - \mathfrak{r}_3) + \mu(\mathfrak{r}_2 - \mathfrak{r}_3)$$

oder
$$\mathfrak{r} = \lambda \mathfrak{r}_1 + \mu \mathfrak{r}_2 + (1 - \lambda - \mu)\mathfrak{r}_3. \qquad\qquad (c)$$

Diese Vektorgleichung ersetzt ein System von drei analytischen Gleichungen, nämlich das System von Parametergleichungen

$$\begin{aligned}
x &= \lambda x_1 + \mu x_2 + (1 - \lambda - \mu)x_3 \\
y &= \lambda y_1 + \mu y_2 + (1 - \lambda - \mu)y_3 \\
z &= \lambda z_1 + \mu z_2 + (1 - \lambda - \mu)z_3
\end{aligned} \qquad\qquad (d)$$

Jede Gleichung dieses Systems geht aus obiger Vektorgleichung durch Projektion auf die Koordinatenachsen hervor. Man hat drei Gleichungen mit zwei Unbekannten λ, μ, die man beseitigen kann, worauf noch eine einzige Gleichung ohne diese beiden Parameter λ, μ verbleibt. λ und μ sind in der Tat Parameter, denn für ein bestimmtes Wertepaar λ und μ erhält man ein bestimmtes x, y z und damit auch einen bestimmten Punkt P. Jedem Parameterpaar λ, μ ist durch die obenstehende Gleichungsgruppe immer ein ganz bestimmter Punkt P zugeordnet.

Beispiel: Gegeben die Punkte $P_1 = 1\,|\,0\,|\,0$, $P_2 = 1\,|\,2\,|\,3$, $P_3 = 4\,|\,2\,|\,1$. Die Gleichung der Ebene durch diese drei Punkte hat in der ersten Form die Gleichung

$$\begin{vmatrix} x & y & z & 1 \\ 1 & 0 & 0 & 1 \\ 1 & 2 & 3 & 1 \\ 4 & 2 & 1 & 1 \end{vmatrix} = 0 \quad \text{oder} \quad \begin{vmatrix} x-1 & y & z & 1 \\ 0 & 0 & 0 & 1 \\ 0 & 2 & 3 & 1 \\ 3 & 2 & 1 & 1 \end{vmatrix} = 0$$

wenn man von der ersten Kolonne die vierte abzieht, um in der zweiten Zeile dreimal das Element 0 zu erhalten. Entwickelt man nach der zweiten Zeile, so erhält man der Reihe nach

$$\begin{vmatrix} x-1 & y & z \\ 0 & 2 & 3 \\ 3 & 2 & 1 \end{vmatrix} = 0 \quad \text{oder} \quad 0 + 2(x-1-3z) - 3(2x-2-3y) = 0$$

oder $4x - 9y + 6z - 4 = 0$ als gesuchte Gleichung.

In der zweiten Form hat man

$$x = \lambda \cdot 1 + \mu \cdot 1 + (1 - \lambda - \mu) \cdot 4$$
$$y = \lambda \cdot 0 + \mu \cdot 2 + (1 - \lambda - \mu) \cdot 2$$
$$z = \lambda \cdot 0 + \mu \cdot 3 + (1 - \lambda - \mu) \cdot 1$$

und nach Beseitigung von λ und μ als gesuchte Gleichung der Ebene wieder wie vorausgehend $4x - 9y + 6z - 4 = 0$.

Aufgabe: Man bestimme die Gleichung der Ebene durch

$$P_1 = 0|0|0, \qquad P_2 = 1|4|1, \qquad P_3 = 6|2|5.$$

Lösung:

$$\begin{vmatrix} x & y & z & 1 \\ 0 & 0 & 0 & 1 \\ 1 & 4 & 1 & 1 \\ 6 & 2 & 5 & 1 \end{vmatrix} = 0 \quad \text{oder} \quad \begin{vmatrix} x & y & z \\ 1 & 4 & 1 \\ 6 & 2 & 5 \end{vmatrix} = 0$$

oder $18x + y - 22z = 0$.

212. Von einer Ebene kennt man die drei Abschnitte a, b, c, die sie auf den Koordinatenachsen abschneidet, gesucht ist ihre Gleichung. Man führt die Aufgabe auf die vorausgehende zurück, da mit dem Bekanntsein von a, b. c drei Punkte der Ebene vorgeschrieben sind: $P_1 = a|0|0$, $P_2 = 0|b|0$, $P_3 = 0|0|c$. Dann ist ihre Gleichung

$$\begin{vmatrix} x & y & z & 1 \\ a & 0 & 0 & 1 \\ 0 & b & 0 & 1 \\ 0 & 0 & c & 1 \end{vmatrix} = 0 \quad \text{oder} \quad bcx + cay + abz - abc = 0$$

oder
$$\frac{x}{a} + \frac{y}{b} + \frac{z}{c} - 1 = 0, \tag{a}$$

Abschnittsgleichung der Ebene.

An dieser Gleichung ist charakteristisch, daß das absolute Glied, das heißt das von den Variablen freie Glied, den Wert -1 hat. So hat z. B. die Ebene, die die Abschnitte 3, 2, 1 auf den Achsen bildet, die Gleichung

$$\frac{x}{3} + \frac{y}{2} + \frac{z}{1} - 1 = 0 \quad \text{oder} \quad 2x + 3y + 6z - 6 = 0.$$

Aufgabe a) Man bestimme die Gleichung derjenigen Ebene durch $P_1 = 1|4|3$, die auf der x-Achse das Stück 3, auf der y-Achse das Stück 5 abschneidet.

Lösung: Die Gleichung ist $\frac{x}{3} + \frac{y}{5} + \frac{z}{c} - 1 = 0$. Die Unbekannte c bestimmt man aus der Bedingung, daß die Gleichung vom Punkt $1|4|3$ erfüllt werden muß, $\dfrac{1}{3} + \dfrac{4}{5} + \dfrac{3}{c} - 1 = 0$, in der Form $\dfrac{1}{c} = -\dfrac{2}{45}$. Dann lautet die gesuchte Gleichung

$$\frac{x}{3} + \frac{y}{5} - \frac{2z}{45} - 1 = 0 \quad \text{oder} \quad 15x + 9y - 2z - 45 = 0.$$

Von der Abschnittsgleichung kann man ohne weiteres übergehen zur Normalgleichung der Ebene, bei der von der Ebene die Rich-

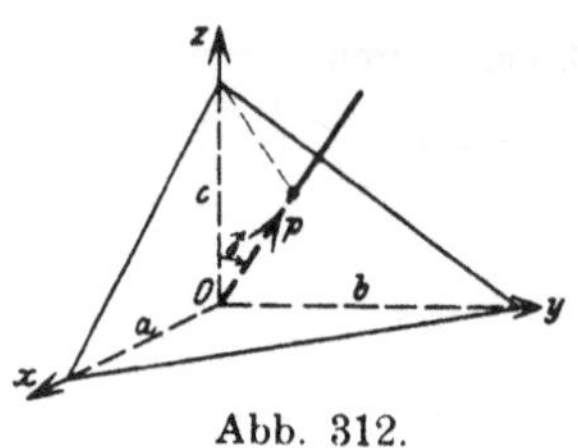

Abb. 312.

tungsfaktoren $\cos\alpha$, $\cos\beta$, $\cos\gamma$ bekannt sind, sowie ihr Abstand p vom Nullpunkt. Wir wollen im voraus wieder wie in der ebenen Geometrie festsetzen, daß dieser Abstand — man verwechsle nicht den Abstand einer Ebene von einem Punkt mit dem Abstand eines Punktes von einer Ebene, welch letzterer zweierlei Vorzeichen haben kann — stets positiv ist und vom Nullpunkt zur Ebene gezählt wird. Aus der Abbildung ersieht man, daß $p = c \cos\gamma$ oder $c = p : \cos\gamma$ ist, und entsprechend muß gelten

$$a = p : \cos\alpha, \qquad b = p : \cos\beta, \qquad c = p : \cos\gamma.$$

Nun sind von dieser Ebene wieder die Abschnitte bekannt und damit nach Substitution ihrer Werte in (a) die Gleichung

$$x \cos\alpha + y \cos\beta + z \cos\gamma - p = 0, \tag{b}$$

Normalgleichung der Ebene.

Ist beispielsweise $\cos\alpha = 0{,}6$, $\cos\beta = 0{,}8$, $p = 0{,}5$ gegeben, so wird nach der Richtungsformel $\cos\gamma = 0$ und die Gleichung der Ebene

$$0{,}6x + 0{,}8y - 0{,}5 = 0.$$

Diese Gleichung ist die Normalform der Ebenengleichung; die Gleichung $6x + 8y - 5 = 0$ aber, die man aus ihr durch Multiplikation mit 10 erhält, ist nicht mehr Normalform. Letztere Gleichung stellt zwar die vorgeschriebene Ebene dar, aber die Gleichungsform ist nicht die Normalform der Ebenengleichung. Das Charakteristische an der Normalform der Ebenengleichung ist die Bedingung, daß die Koeffizienten von x, y, z dieser Gleichung quadriert und addiert als Summe 1 haben müssen, da sie ja zusammengehörige Richtungsfaktoren sind. Deswegen ist z. B. $\dfrac{x}{2} + \dfrac{y}{2} - \dfrac{z}{\sqrt{2}} - 3 = 0$ sofort als Normalgleichung erkannt, die Koeffizienten der Variabeln quadriert und addiert, $\frac{1}{4} + \frac{1}{4} + \frac{1}{2}$, haben 1 als Summe.

Beispiel: Man bestimme die Gleichung einer Ebene im Abstand $p = \sqrt{6}$ vom Nullpunkt, die senkrecht zur Strecke $P_1 P_2$ steht; $P_1 = 1\,|\,4\,|\,3$, $P_2 = 0\,|\,2\,|\,2$.

Die Strecke hat die Projektionen -1, -2, -1 und die Länge $\sqrt{6}$ und somit die Richtungsfaktoren $\dfrac{-1}{\sqrt{6}}$, $\dfrac{-2}{\sqrt{6}}$, $\dfrac{-1}{\sqrt{6}}$. Die Ebene hat die nämlichen Richtungsfaktoren, folglich ist ihre Gleichung

$$x \cdot \frac{-1}{\sqrt{6}} + y \cdot \frac{-2}{\sqrt{6}} + z \cdot \frac{-1}{\sqrt{6}} - \sqrt{6} = 0 \quad \text{oder} \quad x + 2y + z + 6 = 0.$$

Man beachte die Minuszeichen der Glieder der Normalform. Stellt man die beiden Normalformen

$$x\,\frac{1}{\sqrt{6}} + y\,\frac{2}{\sqrt{6}} + z\,\frac{1}{\sqrt{6}} - \sqrt{6} = 0$$

und

$$x\,\frac{-1}{\sqrt{6}} + y\,\frac{-2}{\sqrt{6}} + z\,\frac{-1}{\sqrt{6}} - \sqrt{6} = 0$$

einander gegenüber, so sieht man: beide Ebenen haben entgegengesetzt gleiche Richtungsfaktoren, sie sind also entgegengesetzt gerichtet, das heißt die Lote auf die beiden Ebenen sind gleichgroß, $p_1 = \sqrt{6} = p_2$, und parallel, aber entgegengesetzt gerichtet. Geht das Lot p_1 vom Nullpunkt aus in den ersten Quadranten $+ + +$, so geht das zweite Lot p_2 in den entgegengesetzten Quadranten $- - -$. Beide Ebenen sind parallel und haben gleichen Abstand $p_1 = p_2$ vom Nullpunkt, sie unterscheiden sich geometrisch durch den Richtungssinn der Lote vom Nullpunkt aus auf sie, analytisch durch entgegengesetzt gleiche Richtungsfaktoren.

Aufgabe b) Man bestimme die Gleichung derjenigen Ebene durch die Punkte $P_1 = 0\,|\,0\,|\,0$ und $P_2 = 1\,|\,0\,|\,1$, die mit der z-Ebene den Winkel 60^0 bildet.

Lösung: Die Ebene geht durch den Nullpunkt, also ist wegen $p = 0$ ihre Gleichung $x \cos \alpha + y \cos \beta + z \cos \gamma = 0$; $\cos \gamma = \cos 60^0 = 0,5$; ferner wird die Gleichung vom Punkt $P_2 = 1\,|\,0\,|\,1$ erfüllt, es gilt $1 \cdot \cos \alpha + 0 \cdot \cos \beta + 1 \cdot 0,5 = 0$ oder $\cos \alpha = -0,5$; die Richtungsformel liefert noch $\cos \beta = \pm 0,5 \sqrt{2}$, so daß die Ebenengleichung

$$x \pm y \sqrt{2} - z = 0.$$

Anmerkung. Die Gleichung der Ebene in der Normalform hätte man auch unabhängig von den vorausgehenden Gleichungsformen entwickeln können und dann umgekehrt diese auf sie zurückführen können. Man denke sich das Lot p vom Nullpunkt aus auf die Ebene mit den Richtungsfaktoren $\cos \alpha$, $\cos \beta$, $\cos \gamma$ errichtet und den Radiusvektor r vom Nullpunkt zum erzeugenden Punkt P der Ebene. Dann kann man als Eigenschaft dieses erzeugenden Punktes angeben: Die Projektion seines Radiusvektors r auf das Lot p ist gleich diesem Lot, also

$$p = x \cos \alpha + y \cos \beta + z \cos \gamma,$$

nach Nr. 192.

Oder man benützt die Formel des Beispieles der Nr 195 und schließt: Von der Ebene mit den Richtungsfaktoren $\cos\alpha$, $\cos\beta$, $\cos\gamma$ im Abstand p vom Nullpunkt hat der beliebige Punkt $P = x|y|z$ den Abstand $d = x\cos\alpha + y\cos\beta + z\cos\gamma - p$. Ist P der erzeugende Punkt der Ebene, so ist natürlich $d = 0$, es gilt daher von ihm $0 = x\cos\alpha + y\cos\beta + z\cos\gamma - p$.

Die Gleichung einer Ebene mit vorgeschriebener Richtung durch einen gegebenen Punkt P_0 läßt sich auf die Normalform zurückführen. Sind $\cos\alpha$, $\cos\beta$, $\cos\gamma$ die vorgeschriebenen Richtungswerte, so muß die Gleichung der Ebene sein

$$x\cos\alpha + y\cos\beta + z\cos\gamma - p = 0.$$

Der Abstand p vom Nullpunkt ist unbekannt; zu seiner Ermittlung benützt man die Bedingung, daß $P_0 = x_0|y_0|z$ auf dieser Ebene liegt,

$$x_0\cos\alpha + y_0\cos\beta + z_0\cos\gamma - p = 0.$$

Man substituiert entweder p aus dieser zweiten Gleichung in die erste, oder einfacher: man subtrahiert die zweite Gleichung von der ersten und erhält die gesuchte Gleichung in der Form

$$(x - x_0)\cos\alpha + (y - y_0)\cos\beta + (z - z_0)\cos\gamma = 0. \tag{c}$$

Aufgabe c) Man bestimme die Gleichung derjenigen Ebene durch den Punkt P_1, die senkrecht zur Strecke $P_2 P_3$ steht.

$$P_1 = 1|4|3, \qquad P_2 = 4|0|0, \qquad P_3 = 0|2|1.$$

Lösung: Die Strecke $P_2 P_3$ hat die Projektionen $-4, 2, 1$ und damit die Richtungsfaktoren -4ϱ, 2ϱ, ϱ, siehe Nr. 193. Die zur Strecke senkrechte Ebene hat die gleichen Richtungsfaktoren und deswegen nach der vorausgehenden Formel die Gleichung

$$(x - 1)\cdot -4\varrho + (y - 4)\cdot 2\varrho + (z - 3)\cdot \varrho = 0 \quad \text{oder} \quad 4x - 2y - z + 7 = 0.$$

Aufgabe d) Welches Gebilde wird durch die Gleichung $\mathfrak{r}\mathfrak{p} - p^2$ dargestellt, wenn $\mathfrak{r}$ der Vektor vom Nullpunkt zum erzeugenden Punkt P ist und $\mathfrak{p}$ ein gegebener Vektor vom Zahlenwert p?

Lösung: Setzt man den Einheitsvektor von $\mathfrak{p}$ gleich $\mathfrak{p}'$, so gilt $\mathfrak{p} = \mathfrak{p}'p$; dann wird die obige Gleichung $\mathfrak{r}\mathfrak{p}' = p$. Der Einheitsvektor $\mathfrak{p}'$ ist gegeben durch seine Richtungsfaktoren $\cos\alpha$, $\cos\beta$, $\cos\gamma$. Dann geht die zu diskutierende Gleichung über in

$$(\mathfrak{i}_1 x + \mathfrak{i}_2 y + \mathfrak{i}_3 z)(\mathfrak{i}_1 \cos\alpha + \mathfrak{i}_2 \cos\beta + \mathfrak{i}_3 \cos\gamma) = p$$

oder $\qquad\qquad x\cos\alpha + y\cos\beta + z\cos\gamma - p = 0;$

die Gleichung $\mathfrak{p}\mathfrak{r} = p^2$ ist demnach die Normalform der Ebenengleichung in vektorieller Darstellung.

213. Die bisherigen Gleichungen waren alle von der Form

$$Ax + By + Cz + D = 0.$$

Man vermutet, daß diese Gleichung immer eine Ebene vorstellt. In der Tat zeigt sich das, wenn man etwa die Gleichung mit $-D$ dividiert, man erhält dann die Abschnittsgleichung der Ebene,

$$- \frac{A\,x}{D} - \frac{B\,y}{D} - \frac{C\,z}{D} - 1 = 0$$

oder
$$\frac{x}{-D:A} + \frac{y}{-D:B} + \frac{z}{-D:C} - 1 = 0,$$

womit die Abschnitte

$$a = -\frac{D}{A} \qquad b = -\frac{D}{B}, \qquad c = -\frac{D}{C} \tag{a}$$

der Ebene auf den Koordinatenachsen ermittelt sind. Es stellt also jede in den Koordinaten x, y, z lineare Gleichung eine Ebene vor, das heißt obige Gleichung $Ax + By + Cz + D = 0$ ist die allgemeine Ebenengleichung.

Will man eine Ebene zeichnerisch darstellen, so wird man sie meist auf die Abschnittsgleichung bringen. Mit den Abschnitten a, b, c sind dann auch gleichzeitig die Spuren der Ebene in den drei Rissen bekannt; ihre Grundrißspur E' hat als Gerade der z-Ebene die Gleichung $\frac{x}{a} + \frac{y}{b} - 1 = 0$, ihre Aufrißspur E'' als Gerade der x-Ebene die Gleichung $\frac{y}{b} + \frac{z}{c} - 1 = 0$; wünscht man noch die Seitenrißspur E''', so ist diese durch $\frac{x}{a} + \frac{z}{c} - 1 = 0$ in der y-Ebene gegeben.

Die Abschnittsgleichung versagt, wenn die Ebene durch eine der Koordinatenachsen hindurchgeht oder auch nur durch den Nullpunkt, weil dann alle Abschnitte Null werden und damit unendlich große Glieder in der Gleichung auftreten würden.

Brauchbarer für die Diskussion und Rechnung ist die Normalgleichung, die auch gleichzeitig die geometrische Bedeutung der Konstanten A, B, C, D angibt. Um sie zu erhalten, überlegt man wieder, daß die allgemeine Form und die Normalform der Ebenengleichung sich nur durch einen konstanten Multiplikationsfaktor unterscheiden dürfen, wenn sie die nämliche Ebene vorstellen sollen, so daß

$$x \cos\alpha + y\cos\beta + z\cos\gamma - p = 0 \quad \text{und} \quad \varrho(Ax + By + Cz + D) = 0$$

identische Gleichungen sind. Daraus folgt sofort:

Die Konstanten der Ebengleichung sind
proportional den Richtungsfaktoren der Ebene,   (b)

oder analytisch

$$\cos\alpha = \varrho A, \qquad \cos\beta = \varrho B, \qquad \cos\gamma = \varrho C, \qquad -p = \varrho D,$$

wo natürlich ϱ zunächst unbekannt ist. ϱ läßt sich ermitteln mit Hilfe der Richtungsformel, hier

$$\varrho^2 A^2 + \varrho^2 B^2 + \varrho^2 C^2 = 1 \qquad \text{oder} \qquad \varrho = \frac{1}{\pm \sqrt{A^2 + B^2 + C^2}}. \qquad (c)$$

Damit hat man zweierlei erhalten: Erstens, daß man die allgemeine Ebenengleichung mit $\pm \sqrt{A^2 + B^2 + C^2}$ dividieren muß, um sie auf die Normalgleichung überzuführen, so daß

$$\frac{A\,x + B\,y + C\,z + D}{\pm \sqrt{A^2 + B^2 + C^2}} = 0 \qquad (d)$$

die Normalgleichung der Ebene ist. Damit der Abstand

$$p = -\varrho D = \frac{D}{\mp \sqrt{A^2 + B^2 + C^2}} \qquad (e)$$

der Ebene vom Nullpunkt vorschriftsgemäß stets positiv ist, ist das Vorzeichen der Wurzel stets entgegengesetzt dem Vorzeichen von D zu wählen, siehe Nr. 88.

Und weiter geht die obenstehende Beziehung zwischen den Richtungsfaktoren der Ebene und den Konstanten der Ebenengleichung über in

$$\cos\alpha : \cos\beta : \cos\gamma : 1 = A : B : C : \pm \sqrt{A^2 + B^2 + C^2}. \qquad (f)$$

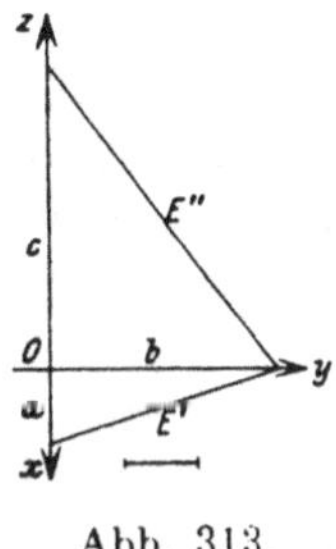

Abb. 313.

aus welcher Gleichung die Richtungsfaktoren unmittelbar zu entnehmen sind, wenn die allgemeine Ebenengleichung gegeben ist.

Beispiel: Die durch die Abbildung dargestellte Ebene hat die allgemeine Gleichung

$$12\,x + 4\,y + 3\,z - 12 = 0.$$

Ihre zeichnerische Darstellung geht am einfachsten aus von der Abschnittsgleichung $\dfrac{x}{1} + \dfrac{y}{3} + \dfrac{z}{4} - 1 = 0$ und ermittelt aus dieser die Abschnitte $a = 1$, $b = 3$, $c = 4$. Die Grundrißspur E' ist $z = 0$ mit $\dfrac{x}{1} + \dfrac{y}{3} - 1 = 0$, ihre Aufrißspur E'' entsprechend $x = 0$ mit $\dfrac{y}{3} + \dfrac{z}{4} - 1 = 0$. Auf die Normalform bringt man die allgemeine Gleichung durch Division mit $\pm \sqrt{12^2 + 4^2 + 3^2} = 13$,

$$\frac{12\,x + 4\,y + 3\,z - 12}{13} = 0 \qquad \text{oder} \qquad x\frac{12}{13} + y\frac{4}{13} + z\frac{3}{13} - \frac{12}{13} = 0,$$

so daß

$$\cos\alpha = +\tfrac{12}{13}, \qquad \cos\beta = +\tfrac{4}{13}, \qquad \cos\gamma = +\tfrac{3}{13}, \qquad p = +\tfrac{12}{13}.$$

Die Konstanten A, B, C, D der allgemeinen Ebenengleichung bestimmen Richtung und Lage der Ebene; zu beachten ist dabei.

daß D ohne jeden Einfluß auf die Richtung ist und nur die Lage
bedingt. Wenn sich daher zwei Ebenengleichungen nur im letzten
Glied D — im „absoluten Glied“, wie man oft auch sagt — unterscheiden, so müssen sie parallel sein. Nehmen die Konstanten der
Ebenengleichung spezielle Werte an, dann wird sich auch die Ebene
nach Richtung und Lage spezialisieren. Besondere ausgezeichnete
Lagen und Richtungen wird sie erhalten, wenn eine oder mehrere
der Konstanten verschwinden, das heißt den Wert Null annehmen.
Wenn D verschwindet, erfüllt der Nullpunkt die Gleichung der Ebene,
die Ebene geht durch den Nullpunkt. Im Fall $A = 0$ wird wegen
$\varrho A = \cos \alpha = 0$ die Ebene senkrecht stehen zur x-Ebene oder parallel
sein zur x-Achse; in der Gleichung wird dann das Glied mit x fehlen.
Zieht man die entsprechende Schlußfolgerung für den Fall $B = 0$
und $C = 0$, so kann man zusammenfassen:

> **Wenn in der Ebenengleichung das Glied mit x**
> **(bzw. y oder z) fehlt, so ist die Ebene parallel zur**
> **x-Achse (bzw. y- oder z-Achse).** (g)

Fehlen zwei der Variabeln in der Ebenengleichung, etwa x und y,
das heißt ist $A = 0$ und $B = 0$, so muß die Ebene gleichzeitig
parallel sein zur x- und y-Achse, sie ist dann parallel der xy- oder
z-Ebene. Fehlen alle Variablen in der Ebenengleichung, lautet diese
demnach $D = 0$, so muß die Ebene allen drei Koordinatenachsen
parallel sein. Eine im Endlichen liegende Ebene kann diese Bedingung nicht erfüllen,

> **es stellt daher $D = 0$ die unendlich ferne Ebene**
> **vor.** (h)

Daß $D = 0$ die Gleichung der unendlich fernen Ebene ist, läßt sich
auch entwickeln, wenn man von der Abschnittsgleichung ausgeht,

$$\frac{x}{a} + \frac{y}{b} + \frac{z}{c} - 1 = 0, \quad \text{und sie auf} \quad -\frac{Dx}{a} - \frac{Dy}{b} - \frac{Dz}{c} + D = 0$$

umformt, indem man mit $-D$ multipliziert. Die unendlich ferne
Ebene schneidet auf den Achsen unendlich große Stücke a, b, c ab,
es müssen daher die Glieder mit x, y, z in der Gleichung hinausfallen und nur $D = 0$ übrig bleiben.

Zuweilen wendet man eine Form der Ebenengleichung an, die
z als explizite Funktion von x und y angibt. Löst man die allgemeine Ebenengleichung nach z auf, so erhält man

$$z = -\frac{A}{C} x - \frac{B}{C} y - \frac{D}{C} \quad \text{oder} \quad z = \lambda x + \mu y + c. \tag{i}$$

Die beiden Konstanten λ und μ bestimmen die Richtung der Ebene;

schreibt man die neue Gleichung in der Form der allgemeinen Gleichung $\lambda x + \mu y - z + c = 0$, so erhält man

$$\cos\alpha : \cos\beta : \cos\gamma : 1 = \lambda : \mu : -1 : \pm\sqrt{\lambda^2 + \mu^2 + 1}, \qquad \text{(k)}$$

wenn man (f) anwendet. Die Konstante c bestimmt die Lage der Ebene; diese wird von der z-Achse im Punkt $0\,|\,0\,|\,c$ geschnitten.

Für den in der Raumgeometrie oft wiederkehrenden linearen Ausdruck $Ax + By + Cz + D$ führt man E als Symbol oder als abkürzende Bezeichnung ein, so daß $E = 0$ die allgemeine Ebenengleichung vorstellt. Es sei hier auf die Ausführungen in Nr. 87 verwiesen. Entsprechend wird man verschiedene Ebenen unterscheiden durch $E_1 = 0$, $E_2 = 0$ usw., wo also

$$E_i \equiv A_i x + B_i y + C_i z + D_i. \qquad \text{(l)}$$

Und weiterhin wird man N als Symbol für den Ausdruck $x\cos\alpha + y\cos\beta + z\cos\gamma - p$ wählen, so daß $N = 0$ die Normalgleichung der Ebene vorstellt.

214. Zwei Ebenen $E_1 = 0$ und $E_2 = 0$ schneiden sich in einer Geraden, deren Gleichung dann ist

$$E_1 = 0 \quad \text{mit} \quad E_2 = 0,$$

denn der erzeugende Punkt dieser Geraden muß sowohl der ersten Ebene angehören wie auch der zweiten.

So ist die Schnittgerade der beiden Ebenen $x - 4y - 3z = 0$ und $2x - 5y + 6 = 0$ dargestellt durch das zusammengehörige Gleichungspaar

$$x - 4y - 3z = 0 \quad \text{mit} \quad 2x - 5y + 6 = 0.$$

Über die Gerade als solche wird der nächste Abschnitt handeln, so daß die weitere Diskussion der Geraden hier vorläufig abbricht.

Außer der Schnittgeraden interessiert vor allem der Neigungswinkel ϑ, den die beiden Ebenen einschließen. Seien in ausführlicher Schreibweise

$$E_1 \equiv A_1 x + B_1 y + C_1 z + D_1 = 0, \quad E_2 \equiv A_2 x + B_2 y + C_2 z + D_2 = 0$$

die Gleichungen der beiden Ebenen, so sind nach der vorausgehenden Nummer die Richtungswerte beider Ebenen

$$\varrho_1 A_1, \quad \varrho_1 B_1, \quad \varrho_1 C_1 \quad \text{bzw.} \quad \varrho_2 A_2, \quad \varrho_2 B_2, \quad \varrho_2 C_2,$$

wobei die Proportionalitätsfaktoren ϱ_1 und ϱ_2 bestimmt sind durch die Richtungsformel oder mit Benützung von (213c) zu

$$\varrho_1 = \frac{1}{\pm\sqrt{A_1^2 + B_1^2 + C_1^2}}, \quad \varrho_2 = \frac{1}{\pm\sqrt{A_2^2 + B_2^2 + C_2^2}}.$$

Nach (196b) ist dann der Neigungswinkel ϑ der zwei Ebenen E_1 und E_2 bestimmt durch

$$\cos\vartheta = \varrho_1 A_1 \cdot \varrho_2 A_2 + \varrho_1 B_1 \cdot \varrho_2 B_2 + \varrho_1 C_1 \cdot \varrho_2 C_2$$
$$= \frac{A_1 A_2 + B_1 B_2 + C_1 C_2}{\sqrt{A_1{}^2 + B_1{}^2 + C_1{}^2} \cdot \sqrt{A_2{}^2 + B_2{}^2 + C_2{}^2}}. \tag{a}$$

Das Vorzeichen der beiden Wurzelwerte ϱ_1 und ϱ_2 ist nach der vorausgehenden Nummer ein ganz bestimmtes und damit auch das Vorzeichen von $\cos\vartheta$.

Beispiel: Die Ebenen

$$E_1 \equiv x - 4y + 2z - 3 = 0 \quad\text{und}\quad E_2 \equiv x + y - 2z - 1 = 0$$

haben die Richtungskoeffizienten ϱ_1, $-4\varrho_1$, $2\varrho_1$ bzw. ϱ_2, ϱ_2, $-2\varrho_2$. Die Werte der Proportionalitätsfaktoren ϱ_1 und ϱ_2 sind bestimmt durch die Richtungsformel

$$\varrho_1{}^2 + 16\varrho_1{}^2 + 4\varrho_1{}^2 = 1 \quad\text{bzw.}\quad \varrho_2{}^2 + \varrho_2{}^2 + 4\varrho_2{}^2 = 1$$

oder $\qquad\qquad \varrho_1 = 1 : \pm\sqrt{21}, \qquad \varrho_2 = 1 : \pm\sqrt{6}.$

Damit wird $\quad \cos\vartheta = \pm\dfrac{1\cdot 1 - 4\cdot 1 + 2\cdot - 2}{\sqrt{21}\cdot\sqrt{6}} = \mp\dfrac{7}{3\sqrt{14}}.$

Natürlich hätte man das gleiche Resultat durch unmittelbare Anwendung der vorausgehenden Formel erhalten. Das Vorzeichen von $\cos\vartheta$ wäre in diesem Fall bestimmt geworden.

Zwei parallele Ebenen $E_1 = 0$ und $E_2 = 0$ haben die gleichen Richtungsfaktoren, also

$$\varrho_1 A_1 = \varrho_2 A_2, \quad \varrho_1 B_1 = \varrho_2 B_2, \quad \varrho_1 C_1 = \varrho_2 C_2,$$

oder in Form einer Proportion

$$A_1 : B_1 : C_1 = A_2 : B_2 : C_2$$
$$\tag{b}$$
bzw. $\qquad\quad A_2 = \varrho A_1, \quad B_2 = \varrho B_1, \quad C_2 = \varrho C_1.$

Die zur Ebene $Ax + By + Cz + D = 0$ parallele Ebene hat demnach die Gleichung $\varrho\cdot Ax + \varrho\cdot By + \varrho\cdot Cz + D = 0$, oder wenn man mit ϱ dividiert, $Ax + By + Cz + D' = 0$. Man merke also:

die Gleichungen paralleler Ebenen unterscheiden sich nur durch das Absolutglied. $\tag{c}$

Sind die beiden Ebenen senkrecht zueinander, so wird $\vartheta = 90^\circ$ oder $\cos\vartheta = 0$, was bei Voraussetzung endlicher Werte der Koeffizienten erfordert, daß der Zähler des Bruches in (a) verschwindet, daß also

$$A_1 A_2 + B_1 B_2 + C_1 C_2 = 0. \tag{d}$$

Man beachte wieder, daß die Tatsache des Senkrechtstehens zweier Ebenen durch eine einzige Bedingungsgleichung ausgedrückt wird, jene des Parallelseins aber durch zwei. In der Tat hat man eben von einer Ebene mehr verlangt, wenn man vorschreibt, sie soll einer andern gegebenen Ebene parallel sein, als wenn sie zu dieser nur senkrecht ist. Es gibt ja auch durch einen Punkt nur eine einzige Ebene, die der gegebenen Ebene parallel ist, dagegen ∞^1 Ebenen durch den Punkt senkrecht zu dieser vorgeschriebenen Ebene.

Aufgabe a) Gesucht ist die Gleichung einer Ebene durch den Punkt $P_0 = 3\,|\,4\,|\,1$ parallel der Ebene $x + z - 3 = 0$.

Lösung: Der Ebene sind drei Bedingungen vorgeschrieben: eine durch Angabe von P_0 und zwei weitere durch Festsetzung der Richtung. Die gesuchte Gleichung ist $x + z + D = 0$; D bestimmt man aus der Bedingung, daß der Punkt P_0 der Gleichung genügen muß, $3 + 1 + D = 0$ oder $D = -4$; damit ist die Gleichung $x + z - 4 = 0$.

Aufgabe b) Gesucht ist die Gleichung einer Ebene durch den Punkt $P_0 = 3\,|\,0\,|\,4$, die senkrecht zur Ebene $x + z - 3 = 0$ ist und vom Nullpunkt den Abstand 0,5 hat.

Lösung: Hier sind die drei Bedingungen ersichtlich. Man benützt die Normalform für die gesuchte Gleichung $x \cos \alpha + y \cos \beta + z \cos \gamma - 0,5 = 0$. Für die Unbekannten α, β, γ hat man außer der Richtungsformel zwei Gleichungen, einmal $3 \cos \alpha + 4 \cos \gamma - 0,5 = 0$, weil der Punkt P_0 der Gleichung genügen muß, dann $1 \cdot \cos \alpha + 0 \cdot \cos \beta + 1 \cdot \cos \gamma = 0$ nach (d). Man erhält aus beiden Gleichungen $\cos \gamma = 0,5$, $\cos \alpha = -0,5$ und daraus $\cos \beta = \pm 0,5 \sqrt{2}$. Dann hat man zwei Lösungen für die gesuchte Gleichung, nämlich

$$x \cdot - 0,5 + y \cdot \pm 0,5 \sqrt{2} + z \cdot 0,5 - 0,5 = 0 \quad \text{oder} \quad x \mp y \sqrt{2} - z + 1 = 0.$$

215. Drei Ebenen $E_1 = 0$, $E_2 = 0$, $E_3 = 0$ schneiden sich in einem bestimmten Punkt P_0. Dessen Koordinaten x_0, y_0, z_0 müssen die Gleichungen dieser drei Ebenen erfüllen,

$$A_1 x_0 + B_1 y_0 + C_1 z_0 + D_1 = 0$$
$$A_2 x_0 + B_2 y_0 + C_2 z_0 + D_2 = 0$$
$$A_3 x_0 + B_3 y_0 + C_3 z_0 + D_3 = 0,$$

und können daher aus ihnen ermittelt werden. Bei speziellen Zahlenbeispielen am einfachsten elementar, im allgemeinen Fall mit Anwendung von (50 i), nämlich

$$x_0 : y_0 : z_0 : 1 = \begin{vmatrix} A_1 & B_1 & C_1 & D_1 \\ A_2 & B_2 & C_2 & D_2 \\ A_3 & B_3 & C_3 & D_3 \end{vmatrix} = \triangle_1 : \triangle_2 : \triangle_3 : \triangle, \qquad \text{(a)}$$

wo $\triangle_1$, $\triangle_2$, $\triangle_3$, $\triangle$ die aus der Matrix zu bildenden aufeinanderfolgenden Determinanten dritten Grades sind. Solange

$$\triangle = \begin{vmatrix} A_1 & B_1 & C_1 \\ A_2 & B_2 & C_2 \\ A_3 & B_3 & C_3 \end{vmatrix} \qquad \text{(b)}$$

von Null verschieden ist, erhält man stets einen bestimmten im Endlichen gelegenen Schnittpunkt P_0.

Aufgabe: Gesucht ist der Schnittpunkt P_0 der Ebenen

$$x - y + 2z - 3 = 0, \qquad 2x + y - z = 0, \qquad x - 4y = 0.$$

Man rechnet elementar oder mit Anwendung von (50 i),

$$x_0 : y_0 : z_0 : 1 = \begin{vmatrix} 1 & -1 & 2 & -3 \\ 2 & 1 & -1 & 0 \\ 1 & -4 & 0 & 0 \end{vmatrix} = -12 : -3 : -27 : -21$$
$$= 4 : 1 : 9 : 7$$

oder

$$x_0 = \tfrac{4}{7}, \qquad y_0 = \tfrac{1}{7}, \qquad z_0 = \tfrac{9}{7}.$$

Ist aber $\triangle = 0$, so hat man zwei Fälle zu unterscheiden: Als ersten, daß von den Determinanten $\triangle_1$, $\triangle_2$, $\triangle_3$ wenigstens eine von Null verschieden ist; dann wird

$$x_0 : y_0 : z_0 : 1 = \triangle_1 : \triangle_2 : \triangle_3 : 0$$

wenigstens eine Koordinate mit dem Wert ∞ ergeben, der Schnittpunkt der drei Ebenen liegt dann im Unendlichen oder die Ebenen schneiden sich in drei parallelen Geraden.

Zweitens können neben $\triangle = 0$ auch alle die andern $\triangle_i$ verschwinden; dann gibt die obige Lösung

$$x_0 : y_0 : z_0 : 1 = 0 : 0 : 0 : 0$$

keinen bestimmten Schnittpunkt, das heißt die drei Ebenen gehen durch die nämliche Gerade, jeder Punkt dieser Geraden kann als Schnittpunkt betrachtet werden. Dieser Fall ist natürlich im vorausgehenden mit inbegriffen, weil eben die drei parallelen Geraden dann zusammenfallen. Im speziellen Fall können die Ebenen auch parallel sein, wo dann als gemeinsame Schnittgerade die unendlich ferne Gerade erscheint. Fallen schließlich die Ebenen im speziellsten Fall zusammen, dann ist jeder Punkt der Ebene Schnittpunkt.

Man faßt die gefundenen Resultate zusammen zu:

Die drei Ebenen $E_1 = 0$, $E_2 = 0$, $E_3 = 0$ schneiden sich in (getrennten oder zusammenfallenden) parallelen Geraden, wenn

$$\triangle = \begin{vmatrix} A_1 & B_1 & C_1 \\ A_2 & B_2 & C_2 \\ A_3 & B_3 & C_3 \end{vmatrix} = 0. \qquad\qquad (c)$$

Beispiel a) Wie löst man drei in x, y, z lineare Zahlengleichungen am schnellsten?

Sind die Zahlengleichungen einfach, etwa wenn die Koeffizienten ganze Zahlen sind, so wird man am besten zunächst eine der Unbekannten eliminieren oder die Formel (50i) anwenden, so wie das beim vorausgehenden Beispiel geschah.

Sind die Zahlengleichungen aber nicht einfach, beispielsweise von der Form $1{,}812\,x - 0{,}045\,y + 6{,}943\,z - 0{,}421 = 0$, wie das bei räumlichen Statikaufgaben öfter vorkommt, so werden die obengenannten Methoden recht mühselige Zahlenrechnungen verschaffen. Hier empfiehlt sich die graphische Lösung, indem man jede der drei Gleichungen als eine Ebenengleichung betrachtet, diese Ebene mit den Hilfsmitteln der darstellenden Geometrie zeichnet und ihren gemeinsamen Schnittpunkt P_0 aufsucht, dessen Koordinaten x_0, y_0, z_0 die gesuchte Lösung der Gleichungsgruppe ergeben. Es empfiehlt sich, von der Abschnittsgleichung der Ebene auszugehen.

Beispiel b) Vier Ebenen haben im allgemeinen keinen Punkt gemeinsam; damit sie sich im nämlichen Punkt schneiden, muß demnach zwischen den Konstanten ihrer Gleichungen eine Beziehung existieren.

Wenn die Ebenengleichungen $E_1 = 0$, $E_2 = 0$, $E_3 = 0$, $E_4 = 0$ sind, dann muß der gemeinsame Punkt, der etwa als $P_0 = x_0 \,|\, y_0 \,|\, z_0$ bezeichnet sei, diese vier Gleichungen erfüllen. Man hat dann für die drei Unbekannten x_0, y_0, z_0 vier lineare Gleichungen, nach (50 b) muß deren Determinante

$$D = \begin{vmatrix} A_1 & B_1 & C_1 & D_1 \\ A_2 & B_2 & C_2 & D_2 \\ A_3 & B_3 & C_3 & D_3 \\ A_4 & B_4 & C_4 & D_4 \end{vmatrix} = 0 \tag{d}$$

sein, damit sie verträglich sind. Diese Gleichung $D = 0$ ist dann die erforderliche Beziehung zwischen den Konstanten der Ebenengleichungen, falls die vier Ebenen sich im nämlichen Punkt schneiden sollen.

216. Für den Abstand d des Punktes $P_0 = x_0 \,|\, y_0 \,|\, z_0$ von der gegebenen Ebene $x \cos \alpha + y \cos \beta + z \cos \gamma - p = 0$ hat man nach (195 f) die Formel

$$d = x_0 \cos \alpha + y_0 \cos \beta + z_0 \cos \gamma - p. \tag{a}$$

Wie in Nr. 88 soll auch hier festgesetzt werden, daß der Abstand d von der Ebene aus zum Punkt P gezählt wird.

Ist von der Ebene die allgemeine Gleichung gegeben, so bringt man diese vorher auf die Normalform

$$\frac{A\,x + B\,y + C\,z + D}{\pm \sqrt{A^2 + B^2 + C^2}} = 0$$

und wendet die vorausgehende Formel an,

$$d = \frac{A x_0 + B y_0 + C z_0 + D}{\pm \sqrt{A^2 + B^2 + C^2}} \tag{b}$$

Für das Vorzeichen der Wurzel gilt die Festsetzung von Nr. 213. Man sieht wieder entsprechend wie in Nr. 88, daß der Nullpunkt von der gegebenen Ebene negativen Abstand hat, und ebenso auch alle Punkte, die auf der gleichen Seite liegen wie dieser, daß also durch jede Ebene der Raum in zwei Teile getrennt wird, einen negativen, der den Nullpunkt enthält, und einen positiven auf der andern Seite der Ebene.

Wenn man will, kann man noch die beiden Seiten der Ebene als positive und negative unterscheiden, als negative etwa diejenige, die zum Nullpunkt hingewandt ist. Freilich wird diese Unterscheidung hinfällig, wenn die Ebene durch den Nullpunkt selbst geht.

Andrerseits bleibt aber die Festsetzung bestehen, daß eine Ebene von einem Punkt immer nur positiven Abstand hat. Dieser scheinbare Widerspruch rührt wieder davon her, daß im Raum durch eine Ebene eine Zweiteilung, eine Polarität geschaffen werden kann, nicht aber durch einen Punkt oder eine Gerade.

Beispiel a) Von der Ebene $x \cos \alpha + y \cos \beta + z \cos \gamma - p = 0$ hat der Punkt $P_1 = 3 \mid 4 \mid 1$ den Abstand

$$d_1 = 3 \cos \alpha + 4 \cos \beta + 1 \cdot \cos \gamma - p;$$

der Punkt $P_2 = a \mid b \mid c$ hat den Abstand

$$d_2 = a \cos \alpha + b \cos \beta + c \cos \gamma - p,$$

und ein ganz veriabler Punkt $P = x \mid y \mid z$ den Abstand

$$d = x \cos \alpha + y \cos \beta + z \cos \gamma - p,$$

wie das ja die ursprüngliche Formel in Nr. 195 angab.

Aufgabe: Gesucht ist die Gleichung der Ebene, von der die Punkte $P_1 = 0 \mid 1 \mid 0$, $P_2 = 2 \mid 0 \mid 1$, $P_3 = 0 \mid 2 \mid -4$ die Abstände -1 bzw. 0 und -2 haben.

Lösung: Die gesuchte Gleichung schreibt man in der Normalform $x \cos \alpha + y \cos \beta + z \cos \gamma - p = 0$; für die Unbekannten α, β, γ, p hat man außer der Richtungsformel noch die gegebenen drei Bedingungen

$$-1 = 0 \cdot \cos \alpha + 1 \cdot \cos \beta + 0 \cdot \cos \gamma - p, \quad 0 = 2 \cdot \cos \alpha + 0 \cdot \cos \beta + 1 \cdot \cos \gamma - p,$$

$$-2 = 0 \cdot \cos \alpha + 2 \cdot \cos \beta - 4 \cdot \cos \gamma - p$$

oder

$$-1 = \cos \beta - p, \quad 0 = 2 \cos \alpha + \cos \gamma - p, \quad -2 = 2 \cos \beta - 4 \cos \gamma - p,$$

aus denen man zunächst $\cos \alpha = \tfrac{3}{8} p$, $\cos \beta = p - 1$, $\cos \gamma = \tfrac{1}{4} p$ und dann mit Hilfe der Richtungsformel $p_1 = 0$, $p_2 = 128 : 77$ ermittelt. Man erhält zwei Lösungen $y = 0$ und $48 x + 51 y + 32 z - 128 = 0$.

30*

Als Entfernung d zweier paralleler Ebenen $E_1 = 0$ und $E_2 = 0$ sei verstanden der senkrechte Weg von der ersten zur zweiten Ebene; durch die vorangehende Schreibweise ist $E_1 = 0$ als erste und $E_2 = 0$ als zweite Ebene charakterisiert. Sind

$$x \cos \alpha_1 + y \cos \beta_1 + z \cos \gamma_1 - p_1 = 0,$$
$$x \cos \alpha_2 + y \cos \beta_2 + z \cos \gamma_2 - p_2 = 0$$

die Gleichungen beider Ebenen, so ist p_1 der Weg vom Nullpunkt zur ersten Ebene, p_2 der Weg vom Nullpunkt zur zweiten, somit der Weg von der ersten zur zweiten Ebene

$$d = p_2 - p_1. \tag{c}$$

Man fragt wieder wie in Nr. 89 nach der geometrischen Bedeutung der Symbole E und N für eine gegebene Ebene. Nach (a) hat der Punkt $P = x \mid y \mid z$ von der Ebene

$$N \equiv x \cos \alpha + y \cos \beta + z \cos \gamma - p = 0$$

den Abstand $\qquad d = x \cos \alpha + y \cos \beta + z \cos \gamma - p,$

das ist aber nichts anderes als N, so daß dieses Symbol N für die gegebene Ebene nichts anderes vorstellt als den Abstand des Punktes $P = x \mid y \mid z$ von ihr. Deren Gleichung $N = 0$ sagt demnach aus, daß der Punkt P, wenn er erzeugender Punkt der Ebene ist, von ihr den Abstand Null hat.

Die Deutung E ist dann auch recht einfach, da ja

$$N \equiv \frac{E}{\pm \sqrt{A^2 + B^2 + C^2}} \quad \text{oder} \quad E \equiv \pm N \cdot \sqrt{A^2 + B^2 + C^2}$$

ist; das heißt das Symbol E stellt den mit einem konstanten Faktor multiplizierten Abstand des beliebigen Punktes $P = x \mid y \mid z$ von der Ebene $E = 0$ dar.

Beispiel b) Die Ebene $E \equiv 2x - y + 2z + 6 = 0$ hat als Normalform $N \equiv \dfrac{2x - y + 2z + 6}{-\sqrt{2^2 + 1^2 + 2^2}} = 0$ oder $N \equiv \dfrac{2x - y + 2z + 6}{-3} = 0.$

Hier ist sonach $E = -3N$. Der Punkt $P_1 = 3 \mid 0 \mid 1$ hat von dieser Ebene den Abstand

$$d_1 = \frac{2 \cdot 3 - 1 \cdot 0 + 2 \cdot 1 + 6}{-3} = -\frac{14}{3},$$

ein Punkt $P_2 = a \mid b \mid c$ hätte den Abstand

$$d_2 = \frac{2a - b + 2c + 6}{-3},$$

ein Punkt $P_0 = x_0 \mid y_0 \mid z_0$ den Abstand

$$d_0 = \frac{2\,x_0 - y_0 + 2\,z_0 + 6}{-3},$$

der Punkt $P = x \mid y \mid z$ hat den Abstand

$$d = \frac{2\,x - y + 2\,z + 6}{-3} = N = \frac{E}{-3},$$

wie auch die Koordinaten dieses Punktes sein mögen. Es ist in diesem speziellen Fall N der Abstand des variablen Punktes P und E der -3-fache Abstand des variablen Punktes P von der gegebenen Ebene.

Die Gleichung $E_1 - \lambda E_2 = 0$, wo λ ein Parameter ist, stellt ein Ebenenbüschel vor. Man überlegt wie in Nr. 90: E_1 und E_2 sind linear in den Koordinaten, daher auch $E_1 - \lambda E_2$, also stellt $E_1 - \lambda E_2 = 0$ die Gleichung von Ebenen vor, und zwar von unendlich vielen, da λ unendlich viele Werte annehmen kann. Es ist somit $E_1 - \lambda E_2 = 0$ die Gleichung einer Ebenenschar. Die beiden Ebenen $E_1 = 0$ und $E_2 = 0$ schneiden sich in einer Geraden g, deren Punkte demnach sowohl die Form E_1 wie auch die Form E_2 zu Null machen, also auch die Form $E_1 - \lambda E_2$. Das heißt aber nichts anderes, als daß alle Punkte der Geraden g und somit diese Gerade g selbst auf jeder der Ebenen $E_1 - \lambda E_2 = 0$ liegt, oder umgekehrt, daß alle Ebenen $E_1 - \lambda E_2 = 0$ die nämliche Gerade g gemeinsam haben. Dann ist aber

$$E_1 - \lambda E_2 = 0 \tag{d}$$

die Gleichung eines **Ebenenbüschels**.

Geradengleichungen. Gerade und Gerade. Gerade und Punkt.

217. Stellen $E_1 = 0$ und $E_2 = 0$ zwei Ebenen vor, so ist durch die Verbindung

$$E_1 = 0 \quad \text{mit} \quad E_2 = 0 \quad \text{oder} \quad \left.\begin{array}{l} E_1 = 0 \\ E_2 = 0 \end{array}\right\}$$

die Gesamtheit jener Punkte definiert, die sowohl der ersten wie der zweiten Gleichung genügen, das heißt die Gleichung der Schnittgeraden beider Ebenen. Ob man zur Darstellung einer Geraden immer zwei Gleichungen benötigt?

Ja, weil durch eine einzige Gleichung eine Fläche dargestellt wird, durch ein System von zwei zusammengehörigen solchen Gleichungen aber eine Kurve. Vorausgesetzt ist natürlich, daß in den Gleichungen keine Unbekannte oder

Parameter auftreten. Das ist unschwer einzusehen, wenn man von den Freiheitsgraden eines Punktes ausgeht. Ein im Raum vollständig freier Punkt hat 3 Freiheitsgrade, dagegen nur 2, wenn er auf einer gegebenen Fläche bleiben soll, nur 1, wenn er sich auf einer vorgeschriebenen Kurve bewegen soll, und 0 Freiheitsgrade, wenn er festgehalten ist.

Bezeichnet man die drei Koordinaten des Punktes P im Raum mit x, y, z, so wird für einen völlig freien Punkt jede dieser drei Koordinaten beliebige Werte annehmen können, über keine dieser Koordinaten ist irgendeine Verfügung getroffen, jede der drei Koordinaten kann man beliebig wählen. Stellt man dagegen irgendeine Bedingung auf, der diese drei Koordinaten oder einzelne davon genügen müssen, oder in andern Worten, stellt man irgendeine Gleichung $F(x, y, z) = 0$ für diese Koordinaten auf, so hat man dadurch dem Punkt P eine Bedingung, eine Bewegungsbeschränkung vorgeschrieben, man hat ihm einen Freiheitsgrad genommen; diese Gleichung definiert somit alle jene Punkte, die der vorgeschriebenen Bewegungsbeschränkung genügen, sie ist also die Gleichung jener Fläche, auf der vorschriftsmäßig der Punkt P sich bewegen soll oder kann.

Schreibt man zwei Gleichungen

$$F(x, y, z) = 0 \quad \text{mit} \quad G(x, y, z) = 0$$

für den Punkt P an, so ist ihm durch jede Gleichung ein Freiheitsgrad genommen, er kann nur mehr einen einzigen Freiheitsgrad haben und muß sich daher auf einer Kurve bewegen; der Verein zweier Gleichungen stellt somit im Raum eine Kurve vor.

Durch drei Gleichungen ist im Raum ein fester Punkt definiert, da ja durch jede dieser drei Gleichungen ihm ein Freiheitsgrad genommen wurde. So stellt etwa die Schreibweise $P = 3 \mid 4 \mid 2$ beispielsweise den Punkt vor, für den $x = 3$, $y = 4$, $z = 2$ gilt, das heißt jede dieser drei Gleichungen definiert eine Bewegungsbeschränkung.

Durch die Gleichung $F(x, y, z) = 0$ ist dem Punkt P eine Flächenführung gegeben, eben die Fläche, die dieser Gleichung genügt; durch die Gleichung $G(x, y, z) = 0$ wird ihm noch eine zweite Flächenführung vorgeschrieben, durch beide zusammen dann eine Kurvenführung, jene Kurve nämlich, die beiden Flächen gemeinsam ist. Die Kurve

$$F(x, y, z) = 0 \quad \text{mit} \quad G(x, y, z) = 0 \quad \text{oder} \quad \left.\begin{array}{l} F(x, y, z) = 0 \\ G(x, y, z) = 0 \end{array}\right\}$$

ist somit den beiden Flächen $F(x, y, z) = 0$ und $G(x, y, z) = 0$ gemeinsam.

Beispiel: Die Gleichung $4x + 3y - 12 = 0$ stellt in der analytischen Geometrie der Ebene eine Gerade vor, so wie sie in die

Abbildung eingetragen ist. Im Raum stellt aber die nämliche Gleichung eine Ebene vor, und zwar eine Ebene parallel der z-Achse. Ihr Schnitt mit der z-Ebene, ihre sogenannte Grundrißspur, ist durch das zusammengehörige Gleichungspaar $4x + 3y - 12 = 0$ mit $z = 0$, also durch zwei Gleichungen dargestellt. Wenn man für diese Schnittgerade eine Redewendung gebraucht wie: diese Gerade hat in der z-Ebene die Gleichung $4x + 3y - 12 = 0$, oder eine ähnliche, so hat man scheinbar nur eine einzige

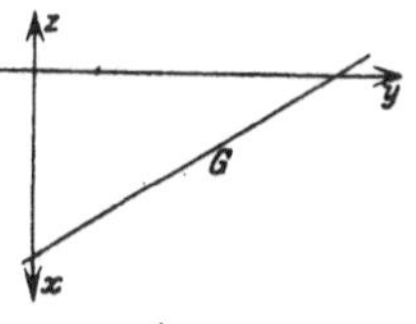

Abb. 314.

Gleichung für die Gerade angeschrieben; scheinbar, denn in den Worten „in der z-Ebene" ist eben die Gleichung $z = 0$ enthalten.

218. Die z-Achse ist als Schnitt der x-Ebene mit der y-Ebene zu betrachten, demgemäß ist ihre Gleichung $x = 0$ mit $y = 0$; entsprechend findet man die Gleichung der andern beiden Koordinatenachsen und hat somit als Gleichungen der

$$
\begin{array}{ccc}
x\text{-Achse} & y\text{-Achse} & z\text{-Achse} \\[4pt]
\left.\begin{array}{l} y = 0 \\ z = 0 \end{array}\right\} &
\left.\begin{array}{l} z = 0 \\ x = 0 \end{array}\right\} &
\left.\begin{array}{l} x = 0 \\ y = 0 \end{array}\right\}
\end{array}
\qquad\text{(a)}
$$

Eine Gerade parallel zur z-Achse wird am einfachsten als Schnitt von zwei Ebenen betrachtet, deren eine $x = a$ parallel der x-Ebene und deren andere $y = b$ parallel der y-Ebene ist; dann ist die Geradengleichung $x = a$ mit $y = b$. Entsprechend findet man die Gleichung von Geraden parallel zu den andern Achsen und hat somit als Gleichung einer Geraden parallel der

$$
\begin{array}{ccc}
x\text{-Achse} & y\text{-Achse} & z\text{-Achse} \\[4pt]
\left.\begin{array}{l} y = b \\ z = c \end{array}\right\} &
\left.\begin{array}{l} z = c \\ x = a \end{array}\right\} &
\left.\begin{array}{l} x = a \\ y = b \end{array}\right\}
\end{array}
\qquad\text{(b)}
$$

Eine Gerade parallel zur z-Ebene wird am einfachsten betrachtet als Schnitt einer zur z-Ebene parallelen Ebene mit einer beliebigen Ebene $E = 0$, so daß ihre Gleichung $z = c$ mit $E = 0$ ist. Entsprechend findet man auch die Gleichungen von Geraden parallel zu den beiden anderen Koordinatenebenen und hat somit als Gleichung einer Geraden parallel zur

$$
\begin{array}{ccc}
x\text{-Ebene} & y\text{-Ebene} & z\text{-Ebene} \\[4pt]
\left.\begin{array}{l} x = a \\ E = 0 \end{array}\right\} &
\left.\begin{array}{l} y = b \\ E = 0 \end{array}\right\} &
\left.\begin{array}{l} z = c \\ E = 0 \end{array}\right\}
\end{array}
\qquad\text{(c)}
$$

Oder wenn man die erste Gleichung dieser Paare in die zweite substituiert.

$$\left.\begin{array}{l}x = a \\ By + Cz + D' = 0\end{array}\right\} \qquad \left.\begin{array}{l}y = b \\ Ax + Cz + D' = 0\end{array}\right\} \qquad \left.\begin{array}{l}z = c \\ Ax + By + D' = 0\end{array}\right\} \quad \text{(d)}$$

Eine Gerade in einer der Koordinatenebenen entsteht als Schnitt einer beliebigen Ebene $E = 0$ mit der betreffenden Koordinatenebene. Insofern ist sie auch gleichzeitig die Spur dieser Ebene in dem betreffenden Riß.

Es ist demnach die Gleichung einer Geraden in der

$$x\text{-Ebene} \qquad\qquad y\text{-Ebene} \qquad\qquad z\text{-Ebene}$$

$$\left.\begin{array}{l}x = 0 \\ E = 0\end{array}\right\} \qquad\qquad \left.\begin{array}{l}y = 0 \\ E = 0\end{array}\right\} \qquad\qquad \left.\begin{array}{l}z = 0 \\ E = 0\end{array}\right\}; \qquad \text{(e)}$$

oder wenn man die erste Gleichung dieser Paare verwendet,

$$\left.\begin{array}{l}x = 0 \\ By + Cz + D = 0\end{array}\right\} \qquad \left.\begin{array}{l}y = 0 \\ 1\,x + Cz + D = 0\end{array}\right\} \qquad \left.\begin{array}{l}z = 0 \\ Ax + By + D = 0\end{array}\right\}. \quad \text{(f)}$$

Eine Gerade durch den Nullpunkt ist der Schnitt von zwei durch den Nullpunkt gehenden Ebenen; demgemäß ist ihre Gleichung

$$\left.\begin{array}{l}A_1 x + B_1 y + C_1 z = 0 \\ A_2 x + B_2 y + C_2 z = 0\end{array}\right\} \qquad \text{oder} \qquad \left.\begin{array}{l}y = mx \\ z = nx\end{array}\right\} \qquad \text{(g)}$$

Letztere Gleichung erhält man, wenn man aus dem ersten Gleichungspaar einmal z und ein anderes Mal y eliminiert, siehe auch die folgende Nummer.

219. Daß eine Ebene im Raum drei Freiheitsgrade hat, war an der Zahl der Konstanten abzulesen, die bei allen Gleichungsformen auf drei gebracht werden konnte. Man könnte nun den falschen Schluß ableiten, daß eine Gerade im Raum sechs Freiheitsgrade hat, weil die allgemeine Geradengleichung

$$\left.\begin{array}{l}E_1 = 0 \\ E_2 = 0\end{array}\right\} \qquad \text{oder} \qquad \left.\begin{array}{l}A_1 x + B_1 y + C_1 z + D_1 = 0 \\ A_2 x + B_2 y + C_2 z + D_2 = 0\end{array}\right\} \qquad \text{(a)}$$

sechs Konstante enthält — wenn man nämlich mit D_1 und D_2 wegdividiert. Nun ist aber bereits entwickelt worden, daß eine Gerade im Raum vier Freiheitsgrade hat, oder mit anderen Worten, daß es im Raum ∞^4 Gerade gibt, oder daß man einer Geraden im Raum vier Bedingungen vorschreiben kann. Wenn aber die Gerade im Raum nur vier Freiheitsgrade hat, so ist die angeschriebene allgemeine Geradengleichung nicht günstig für die Behandlung von Geradenaufgaben. Es läßt sich erwarten, daß man eine Gleichungsform für die Gerade aufstellen kann, die nur vier voneinander unabhängige Konstante enthält. In der Tat erhält man eine solche Normalform der Geradengleichung, wenn man das vorstehende Gleichungspaar in ein anderes umformt, indem man einmal aus beiden Gleichungen z eliminiert, ein anderes Mal y,

$$x(A_1C_2 - A_2C_1) + y(B_1C_2 - B_2C_1) + (D_1C_2 - D_2C_1) = 0$$

$$x(A_1B_2 - A_2B_1) + z(C_1B_2 - C_2B_1) + (D_1B_2 - D_2B_1) = 0$$

Man hat noch mit dem konstanten Koeffizienten $B_1C_2 - B_2C_1$ in jeder Gleichung wegzudividieren und

$$\frac{C_1A_2 - C_2A_1}{B_1C_2 - B_2C_1} = m, \qquad \frac{C_1D_2 - C_2D_1}{B_1C_2 - B_2C_1} = b$$

$$\frac{A_1B_2 - A_2B_1}{B_1C_2 - B_2C_1} = n, \qquad \frac{D_1B_2 - D_2B_1}{B_1C_2 - B_2C_1} = c$$

zu setzen, um mit

$$\left.\begin{array}{l} y = mx + b \\ z = nx + c \end{array}\right\} \tag{b}$$

die gewünschte Normalform zu erhalten.

Diese Umwandlung des Gleichungspaares (a) in ·das neue Paar hat folgenden geometrischen Sinn: die besprochene Gerade ist durch beide Gleichungspaare als Schnitt von zwei Ebenen dargestellt, im ersten Fall von allgemeinen Ebenen, im letzten Fall von zwei Ebenen, deren eine $y = mx + b$ senkrecht steht zum Grundriß und deren andere $z = nx + c$ senkrecht zum Seitenriß, wenn man sich das Koordinatensystem so vorstellt wie in Nr. 190 angegeben war. In der Abbildung sind diese beiden Ebenen eingetragen, die erste vertikal, die zweite horizontal schraffiert.

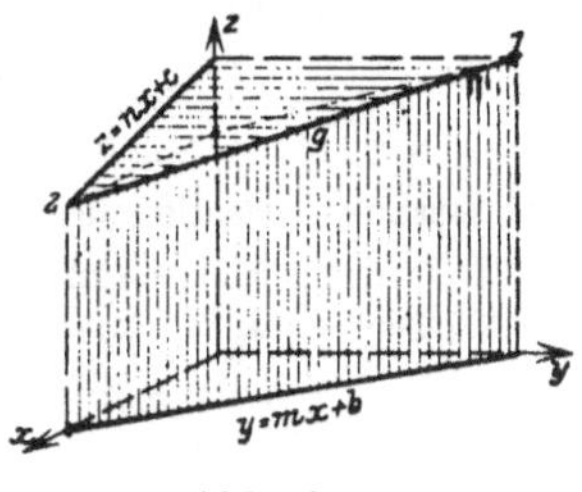

Abb. 315.

Dann ist also durch

$$\left.\begin{array}{l} y = mx + b \\ z = 0 \end{array}\right\} \quad \text{bzw} \quad \left.\begin{array}{l} z = nx + c \\ y = 0 \end{array}\right\} \tag{c}$$

die Grundriß- bzw. Seitenrißprojektion der Geraden dargestellt, da $z = 0$ die x-Ebene, das ist die Grundrißebene vorstellt, und $y = 0$ die y-Ebene oder Seitenrißebene.

Durch die vier Konstanten m, b, n, c ist die Lage und Richtung der Geraden vollständig bestimmt, daher nennt man diese vier Koeffizienten oft auch die **Koordinaten der Geraden**.

Beispiel: Welche geometrische Bedeutung haben die Koeffizienten m, b, n, c der Normalform der Geradengleichung?

$$y = mx + b \quad \text{mit} \quad z = 0$$

ist die Grundrißprojektion der Geraden; denkt man sich für den Augenblick eine Geometrie der Ebene in der z-Ebene, oder wie man auch sagen kann der xy-Ebene, so ist $y = mx + b$ in dieser Ebene die Gleichung der Grundrißprojektion und dann identisch mit der Richtungsgleichung $y = x\,\mathrm{tg}\,\varphi' + b$. Dann haben $m = \mathrm{tg}\,\varphi'$ und b die durch die Richtungsgleichung (84 g) bestimmte Bedeutung, siehe Abb. 316. Entsprechend ist dann, wenn man die y-Achse mit der z-Achse vertauscht, $n = \mathrm{tg}\,\varphi'''$ und c so bestimmt, wie die Abbildung angibt.

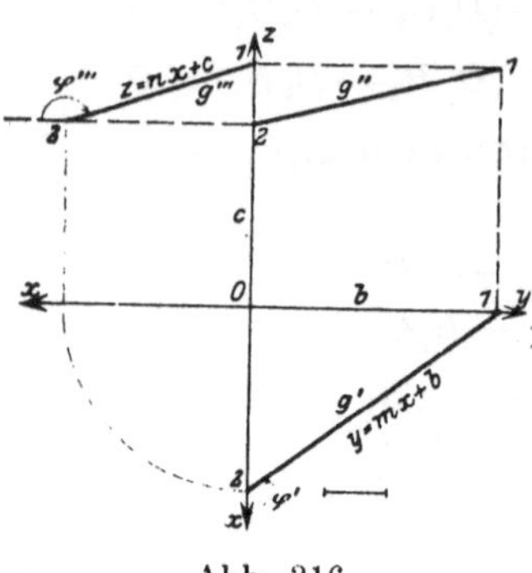

Abb. 316.

Aufgabe a) Was könnte man als Koordinaten der Geraden im Raum einführen?

Lösung: Etwa die beiden Paare von Abschnitten c_1 und c_2, a_2 und a_3, die Grund- und Aufrißprojektion mit den Koordinatenachsen bilden; oder die beiden Koordinatenpaare, durch die Grundrißspur g' und Aufrißspur g'' der Geraden im Grundriß bzw. Aufriß bestimmt sind. Oder wie oben bereits angegeben, die vier Koeffizienten m, b, n, c der Normalform der Geradengleichung.

Aufgabe b) Die allgemeine Gleichung

$$\left.\begin{array}{r} x + y - z = 0 \\ 2x + y + 2z - 12 = 0 \end{array}\right\}$$

einer Geraden wandle man um in die Normalgleichung.

Lösung: Man eliminiert zunächst z aus beiden Gleichungen, dann y und erhält, siehe Abb. 315 und 316,

$$\left.\begin{array}{r} 4x + 3y - 12 = 0 \\ x + 3z - 12 = 0 \end{array}\right\} \quad \text{oder} \quad \left.\begin{array}{r} y = -\tfrac{4}{3}x + 4 \\ z = -\tfrac{1}{3}x + 1 \end{array}\right\}$$

Aufgabe c) Von der Geraden der vorausgehenden Aufgabe gebe man ihre Projektionen auf die drei Risse an sowie ihre Spuren in den drei Rissen.

Lösung: Nach (c) ist $y = -\tfrac{4}{3}x + 4$ mit $z = 0$ die Grundrißprojektion, $z = -\tfrac{1}{3}x + 4$ mit $y = 0$ die Seitenrißprojektion; eliminiert man x, so erhält man in $y = 4z - 12$ die senkrecht zum Aufriß stehende projizierende Ebene, so daß deren Schnitt mit dem Aufriß, also $y = 4z - 12$ mit $x = 0$, die gesuchte Aufrißprojektion ist.

Die Gerade schneidet den Aufriß $x = 0$ im Punkt $S_1 = 0\,|\,4\,|\,4$, das ist die Aufrißspur; entsprechend liefern $y = 0$ und $z = 0$ die Seitenrißspur $S_2 = 3\,|\,0\,|\,3$ und die Grundrißspur $S_3 = 12\,|-12\,|\,0$. Die Gerade ist durch die Abb. 315 und 316 dargestellt.

Eine andere öfter gebrauchte Darstellung formt das ursprüngliche Gleichungspaar in 'ein neues so um, daß in der einen Gleichung y und in der anderen x nicht mehr auftritt, also zum neuen Paar

$$\left.\begin{array}{r} x = \varrho z + r \\ y = \sigma z + s \end{array}\right\}. \tag{d}$$

Die bereits aufgestellten Sätze und Formeln für die Gerade und die erst noch aufzustellenden beziehen sich meist auf die Normalgleichung der Geraden. Man wird daher die Beziehungen zwischen den Koeffizienten ϱ, r, σ, s der neuen Form (d) und denen m, b, n, c der Normalform aufstellen und kann dann eine für die Normalgleichung aufgestellte Formel ohne weiteres für die neue Geradengleichung umwandeln. Man formt zu diesem Zweck die neue Gleichung um in die Normalgleichung, indem man aus dem Gleichungspaar einmal z eliminiert, das andere Mal y. Man erhält

$$\left. \begin{aligned} \sigma x - \varrho y &= \sigma r - \varrho s \\ x &= \varrho z + r \end{aligned} \right\} \text{ oder } \left. \begin{aligned} y &= \frac{\sigma}{\varrho} x + \frac{\varrho s - \sigma r}{\varrho} \\ z &= \frac{1}{\varrho} x - \frac{r}{\varrho} \end{aligned} \right\} \text{ oder } \left. \begin{aligned} y &= mx + b \\ z &= nx + c \end{aligned} \right\}$$

und damit den Zusammenhang

$$m = \frac{\sigma}{\varrho}, \qquad b = s - \frac{\sigma}{\varrho} r, \qquad n = \frac{1}{\varrho}, \qquad c = -\frac{r}{\varrho} \qquad \text{(e)}$$

oder umgekehrt

$$\varrho = \frac{1}{n}, \qquad r = -\frac{c}{n}, \qquad \sigma = \frac{m}{n}, \qquad s = b - \frac{m}{n} c. \qquad \text{(f)}$$

220. Von einer Geraden interessiert am meisten die Richtung. Als erster Satz über die Richtung von Geraden sei angegeben:

> Die Gleichungen von parallelen Geraden
> unterscheiden sich nur im konstanten Glied, $\qquad$ (a)

so daß also die Gleichungspaare

$$\left. \begin{aligned} E_1 &\equiv A_1 x + B_1 y + C_1 z + D_1 = 0 \\ E_2 &\equiv A_2 x + B_2 y + C_2 z + D_2 = 0 \end{aligned} \right\}$$

und

$$\left. \begin{aligned} E_1' &\equiv A_1 x + B_1 y + C_1 z + D_1' = 0 \\ E_2' &\equiv A_2 x + B_2 y + C_2 z + D_2' = 0 \end{aligned} \right\}$$

zwei parallele Gerade vorstellen. Das ist unmittelbar einzusehen, da $E_1 = 0$ und $E_1' = 0$ zwei parallele Ebenen vorstellen und ebenso $E_2 = 0$ und $E_2' = 0$.

Beispiel a) Gegeben die Gerade $\left. \begin{aligned} 4x - 3y - 1 &= 0 \\ x - y + z &= 0 \end{aligned} \right\}$. Eine zu ihr parallele Gerade heißt $\left. \begin{aligned} 4x - 3y \quad + D_1 &= 0 \\ x - y + z + D_2 &= 0 \end{aligned} \right\}$, wo die beiden Unbekannten D_1 und D_2 aus zwei noch aufzustellenden Gleichungen zu ermitteln sind, das heißt aus zwei Bedingungen, die man der

Geraden vorschreibt. Etwa indem man sagt, sie soll durch den Punkt $P_0 = 1\,|\,2\,|\,4$ gehen; dann muß dieser Punkt beiden Gleichungen genügen, es gilt

$$4 \cdot 1 - 3 \cdot 2 + D_1 = 0 \quad \text{mit} \quad 1 - 2 + 4 + D_2 = 0,$$

woraus $D_1 = 2$ und $D_2 = -3$.

Hätte man verlangt, daß die Gerade durch den Nullpunkt geht, dann müßten dessen Koordinaten die Gleichung erfüllen, was $D_1 = 0$ und $D_2 = 0$ gäbe.

Sind bei einer Geraden g mit der Gleichung

$$\left.\begin{array}{l} A_1 x + B_1 y + C_1 z + D_1 = 0 \\ A_2 x + B_2 y + C_2 z + D_2 = 0 \end{array}\right\}$$

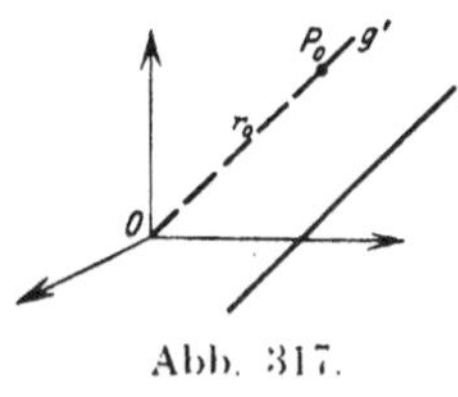

Abb. 317.

nur Richtungsfragen zu entscheiden, dann wird man mit großem Vorteil statt mit ihr besser mit der parallelen Geraden g' durch den Nullpunkt operieren, deren Gleichung

$$\left.\begin{array}{l} A_1 x + B_1 y + C_1 z = 0 \\ A_2 x + B_2 y + C_2 z = 0 \end{array}\right\}$$

ist.

Die Richtung einer Geraden g ermittelt man am einfachsten als die Richtung einer parallelen Geraden g' durch den Nullpunkt. Zu diesem Zweck wähle man auf letzterer irgendeinen Punkt $P_0 = x_0\,|\,y_0\,|\,z_0$ aus, wodurch dann der Radiusvektor $r_0 = OP_0$ bestimmt ist. Die Richtung dieses Radiusvektors, und damit auch die Richtung der vorgelegten Geraden g, ist nach Nr. 191 gegeben durch

$$\cos \alpha : \cos \beta : \cos \gamma = x_0 : y_0 : z_0,$$

oder mit Einführung eines Proportionalitätsfaktors ϱ durch

$$\cos \alpha = \varrho\, x_0, \quad \cos \beta = \varrho\, y_0, \quad \cos \gamma = \varrho\, z_0.$$

Die Unbekannten x_0, y_0, z_0 müssen der Gleichung der Geraden g' genügen, $\left.\begin{array}{l} A_1 x_0 + B_1 y_0 + C_1 z_0 = 0 \\ A_2 x_0 + B_2 y_0 + C_2 z_0 = 0 \end{array}\right\}$, so daß sich als Formel für die Richtungsfaktoren der Geraden g ergibt

$$\cos \alpha : \cos \beta : \cos \gamma = x_0 : y_0 : z_0 = \begin{vmatrix} A_1 & B_1 & C_1 \\ A_2 & B_2 & C_2 \end{vmatrix}$$

$$= (B_1 C_2 - B_2 C_1) : (C_1 A_2 - C_2 A_1) : (A_1 B_2 - A_2 B_1). \tag{b}$$

Selten verlangt man bei größeren zusammenhängenden Aufgaben mehr als das Verhältnis der Richtungsfaktoren, so daß man mit dem eben erhaltenen Resultat sich begnügt oder dasselbe vielleicht noch mit Einführung eines Proportionalitätsfaktors in der Form

$$\cos\alpha = \varrho\,(B_1 C_2 - B_2 C_1), \qquad \cos\beta = \varrho\,(C_1 A_2 - C_2 A_1),$$
$$\cos\gamma = \varrho\,(A_1 B_2 - A_2 B_1) \tag{c}$$

anschreibt. Wünscht man aber noch den Absolutwert der **drei** Richtungsfaktoren zu erfahren, so benützt man wieder die Richtungsformel und addiert die Quadrate der drei Richtungsfaktoren.

Beispiel b) Von der Geraden $\left.\begin{array}{l} 2x - 3y - z - 4 = 0 \\ x + y - 2z + 3 = 0 \end{array}\right\}$ sind die Richtungsfaktoren bestimmt durch

$$\cos\alpha : \cos\beta : \cos\gamma = \left|\begin{array}{ccc} 2 & -3 & -1 \\ 1 & 1 & -2 \end{array}\right| = 7 : 3 : 5$$

oder $\qquad \cos\alpha = 7\,\varrho, \qquad \cos\beta = 3\,\varrho, \qquad \cos\gamma = 5\,\varrho.$

Selten muß man den Wert ϱ ermitteln, in den allermeisten Fällen genügt die Angabe der Verhältnisse der Richtungsfaktoren. Es sei etwa nach der Gleichung einer Ebene gefragt, die zu der vorliegenden Geraden senkrecht stehen und durch den Punkt $P_0 = x_0\,|\,y_0\,|\,z_0$ hindurchgehen soll. Diese Ebene hat die nämlichen Richtungsfaktoren, also 7ϱ, 3ϱ, 5ϱ. Dann ist nach (212c) ihre Gleichung

$$(x - x_0)\cdot 7\varrho + (y - y_0)\cdot 3\varrho + (z - z_0)\cdot 5\varrho = 0$$

oder $\qquad 7(x - x_0) + 3(y - y_0) + 5(z - z_0) = 0.$

Man sieht, die Auswertung von ϱ war nicht notwendig. Wünscht man aber aus irgendeinem Grund die Werte der Richtungsfaktoren ausgerechnet, so wird man die Richtungsformel anwenden,

$$(7\varrho)^2 + (3\varrho)^2 + (5\varrho)^2 = 1 \quad \text{oder} \quad \varrho = 1 : \pm\sqrt{83}$$

und damit finden

$$\cos\alpha = 7 : \pm\sqrt{83}, \qquad \cos\beta = 3 : \pm\sqrt{83}, \qquad \cos\gamma = 5 : \pm\sqrt{83}.$$

Es gehören entweder die oberen oder die unteren Vorzeichen zusammen.

Zum **unendlich fernen Punkt** U einer Geraden gelangt man auch, wenn man vom Nullpunkt aus in Richtung der Geraden den unendlich weiten Weg u zurücklegt. u ist dann der Radiusvektor des unendlich fernen Punktes und somit dessen Koordinaten

$$U = u\cos\alpha\,|\,u\cos\beta\,|\,u\cos\gamma, \tag{d}$$

wo $\cos\alpha$, $\cos\beta$, $\cos\gamma$ die Richtungsfaktoren der Geraden oder Proportionalwerte dazu sind.

Den unendlich fernen Punkt einer Geraden führt man oft mit Vorteil in räumlich-analytische Rechnungen ein. Statt beispielsweise anzugeben, in einer Ebene soll die Richtung $\cos\alpha$, $\cos\beta$, $\cos\gamma$ enthalten sein, kann man auch sagen, in der Ebene ist der unendlich ferne Punkt $u \cos \alpha \,|\, u \cos \beta \,|\, u \cos \gamma$ enthalten. Soll eine Ebene einer vorgeschriebenen Geraden mit der Richtung $\cos \lambda$, $\cos \mu$, $\cos \nu$ parallel sein, so hat man das gleiche verlangt, wenn man sagt, die Ebene ist zur Richtung $\cos \lambda$, $\cos \mu$, $\cos \nu$ parallel, oder praktischer, die Ebene geht durch den unendlich fernen Punkt oder sie enthält diesen unendlich fernen Punkt $u \cos \lambda \,|\, u \cos \mu \,|\, u \cos \nu$ der Geraden, wo dann u unendlich groß ist. In den Rechnungen beseitigt man den Zahlenwert u, indem man zuvor mit u dividiert und dann $u = \infty$ setzt.

Beispiel c) Welchen Wert muß λ haben, damit die Gerade

$$\left.\begin{array}{l} \lambda x - y + 2 = 0 \\ x - \lambda y + z = 0 \end{array}\right\} \text{parallel ist zur Ebene } 4x - 4y + z - 6 = 0?$$

Die Gerade hat die Richtungswerte

$$\cos \alpha : \cos \beta : \cos \gamma = \begin{vmatrix} \lambda & -1 & 0 \\ 1 & -\lambda & 1 \end{vmatrix} = 1 : \lambda : (\lambda^2 - 1).$$

Dann hat der unendlich ferne Punkt der Geraden die Koordinaten $u \,|\, \lambda u \,|\, (\lambda^2 - 1)u$. Er muß auch gleichzeitig der Ebene angehören, so daß von ihm gilt $4u - 4\lambda u + (\lambda^2 - 1)u - 6 = 0$, oder wenn man nach Angabe u beseitigt, $4 - 4\lambda + \lambda^2 - 1 = 0$; diese Gleichung liefert für λ zwei Werte, $\lambda_1 = 3$ und $\lambda_2 = 1$.

Aufgabe a) Gesucht ist die Gleichung einer Ebene durch den Punkt $P_0 = 0\,|\,1\,|\,0$ senkrecht zur Geraden $\left.\begin{array}{l} 2x - y + z = 0 \\ x + y - 2z = 1 \end{array}\right\}$

Lösung: Die Gerade hat die Richtungsfaktoren

$$\cos \alpha : \cos \beta : \cos \gamma = \begin{vmatrix} 2 & -1 & 1 \\ 1 & 1 & -2 \end{vmatrix} = 1 : 5 : 3$$

oder $\cos \alpha = \varrho$, $\cos \beta = 5\varrho$, $\cos \gamma = 3\varrho$. Die Ebene hat die nämlichen Richtungsfaktoren, folglich ist nach (212c) ihre Gleichung

$$(x - 0) \cdot \varrho + (y - 1) \cdot 5\varrho + (z - 0) \cdot 3\varrho = 0 \quad \text{oder} \quad x + 5y + 3z - 5 = 0.$$

Aufgabe b) Gesucht ist die Gleichung einer Ebene durch $P_1 = 0\,|\,2\,|\,-4$ senkrecht zu den Ebenen $x - 4y + 2z = 0$ und $x - 4y - 3 = 0$.

Lösung: Die Ebene steht senkrecht zu der Schnittgeraden beider Ebenen, zur Geraden $\left.\begin{array}{l} x - 4y + 2z = 0 \\ x - 4y - 3 = 0 \end{array}\right\}$. Dann hat sie wie diese Gerade die Richtungsfaktoren

$$\cos \alpha : \cos \beta : \cos \gamma = \begin{vmatrix} 1 & -4 & 2 \\ 1 & -4 & 0 \end{vmatrix} = 8 : 2 : 0,$$

oder $\cos \alpha = 8\varrho$, $\cos \beta = 2\varrho$, $\cos \gamma = 0$. Somit ist nach (212c) ihre Gleichung $4x + y - 2 = 0$.

221. Die Geraden

$$\left.\begin{array}{l} y = mx + b \\ z = nx + c \end{array}\right\} \qquad \text{und} \qquad \left.\begin{array}{l} y = mx \\ z = nx \end{array}\right\}$$

deren letztere durch den Nullpunkt geht, sind nach dem Vorausgehenden parallel und haben sonach gleiche Richtungsfaktoren. Will man diese ermitteln, so braucht man beide Geradengleichungen nur in der allgemeinen Gleichungsform anschreiben

$$\left.\begin{array}{l} mx - y \quad\;\; + b = 0 \\ nx \quad\;\; - z + c = 0 \end{array}\right\} \quad \text{bzw.} \quad \left.\begin{array}{l} mx - y \quad\;\; = 0 \\ nx \quad\;\; - z = 0 \end{array}\right\},$$

wo also

$$A_1 = m, \quad B_1 = -1, \quad C_1 = 0, \quad A_2 = n, \quad B_2 = 0, \quad C_2 = -1$$

ist, und erhält damit nach (220 b)

$$\cos \alpha : \cos \beta : \cos \gamma = \begin{vmatrix} m & -1 & 0 \\ n & 0 & -1 \end{vmatrix} = 1 : m : n$$

oder mit Einführung des Proportionalitätsfaktors ϱ

$$\cos \alpha = \varrho \cdot 1, \quad \cos \beta = \varrho \cdot m, \quad \cos \gamma = \varrho \cdot n.$$

Die drei Gleichungen quadriert und addiert geben den Wert 1 und damit $\varrho = 1 : (\pm) \sqrt{1 + m^2 + n^2}$, demnach

$$\cos \alpha : \cos \beta : \cos \gamma : 1 = 1 : m : n : \sqrt{1 + m^2 + n^2}. \tag{a}$$

Beispiel a) Der unendlich ferne Punkt dieser Geraden hat dann die Koordinaten $U = u \,|\, um \,|\, un$, wo $u = \infty$ ist.

Beispiel b) Die Richtung der Geraden $\left.\begin{array}{l} y = 3x - 1 \\ z = x - 3 \end{array}\right\}$ ist bestimmt durch

$$\cos \alpha : \cos \beta : \cos \gamma : 1 = 1 : 3 : 1 : \sqrt{1 + 9 + 1}$$

oder

$$\cos \alpha = 1 : \sqrt{11}, \quad \cos \beta = 3 : \sqrt{11}, \quad \cos \gamma = 1 : \sqrt{11}.$$

Aufgabe: Gesucht ist die Gleichung einer Parallelen zur Geraden des vorausgehenden Beispiels durch den Punkt $P_0 = -2 \,|\, 4 \,|\, 1$.

Lösung: Die gesuchte Geradengleichung unterscheidet sich nur im konstanten Glied von der gegebenen, heißt also $\left.\begin{array}{l} y = 3x + b \\ z = x + c \end{array}\right\}$. Für die beiden Unbekannten b und c hat man noch zwei Bedingungen: der Punkt P_0 muß der Gleichung genügen, und somit zwei Bedingungsgleichungen

$$\left.\begin{array}{l} 4 = 3 \cdot -2 + b \\ 1 = -2 + c \end{array}\right\} \quad \text{oder} \quad \left.\begin{array}{l} b = 10 \\ c = 3 \end{array}\right\},$$

womit dann die Aufgabe gelöst ist.

Bei der Darstellung der Geraden durch $\left.\begin{array}{l} x = \varrho z + r \\ y = \sigma z + s \end{array}\right\}$ wird man wieder auf die allgemeine Geradengleichung umformen und erhalten

$$A_1 = -1, \quad B_1 = 0, \quad C_1 = \varrho, \quad A_2 = 0, \quad B_2 = -1, \quad C_2 = \sigma.$$

Dann wird mit Benützung von λ als Proportionalitätsfaktor

$$\cos\alpha = \lambda \cdot \varrho. \qquad \cos\beta = \lambda \cdot \sigma, \qquad \cos\gamma = \lambda \cdot 1,$$

und wenn man wie vorher diesen Faktor λ berechnet,

$$\cos\alpha : \cos\beta : \cos\gamma : 1 = \varrho : \sigma : 1 : \sqrt{\varrho^2 + \sigma^2 + 1}. \qquad (b)$$

222. Die Gleichung einer Geraden mit vorgeschriebener Richtung durch einen gegebenen Punkt aufzustellen, wird in der Raumgeometrie überaus häufig verlangt. Sind $\cos\alpha$, $\cos\beta$, $\cos\gamma$ die gegebenen Richtungsfaktoren und P_0 der gegebene Punkt, so wird der erzeugende Punkt P auf der Geraden die Entfernung λ von P_0 haben — wo natürlich λ ein Parameter ist. Dann hat die Strecke $P_0 P$ die Projektionen $x - x_0$ bzw. $y - y_0$ und $z - z_0$ auf die drei Koordinatenachsen. Ihre Richtungsfaktoren sind die nämlichen wie diejenigen der Gerade, also

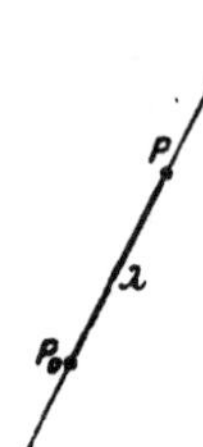

Abb. 318.

$$\cos\alpha = \frac{x - x_0}{\lambda}, \qquad \cos\beta = \frac{y - y_0}{\lambda}, \qquad \cos\gamma = \frac{z - z_0}{\lambda}$$

nach (193 b). Die Umstellung dieser drei Gleichungen,

$$x = x_0 + \lambda \cos\alpha, \qquad y = y_0 + \lambda \cos\beta, \qquad z = z_0 + \lambda \cos\gamma, \qquad (a)$$

ist eine Eigenschaft des erzeugenden Punktes P der gesuchten Geraden und damit deren Gleichung, und zwar in der Parameterdarstellung.

Meist gebraucht man eine Gleichungsform, die den Parameter nicht enthält. Sie ist unmittelbar aus der zuerst angeschriebenen Gleichungsgruppe abzulesen,

$$\frac{x - x_0}{\cos\alpha} = \frac{y - y_0}{\cos\beta} = \frac{z - z_0}{\cos\gamma}. \qquad (b)$$

Beispiel a) Die Gerade g senkrecht zur Ebene $Ax + By + Cz + D = 0$ hat die gleichen Richtungsfaktoren wie diese Ebene, nämlich $\cos\alpha = \varrho A$, $\cos\beta = \varrho B$, $\cos\gamma = \varrho C$ nach (213 b). Für die Ermittlung des Proportionalitätsfaktors ϱ gilt wieder, was an früherer Stelle erwähnt wurde, daß er meist aus der Rechnung hinausfällt und somit gar nicht berechnet werden muß. Soll etwa die Gerade g noch durch einen gegebenen Punkt $P_0 = x_0 \,|\, y_0 \,|\, z_0$ gehen, so wird nach dem Vorausgehenden ihre Gleichung sein

$$\frac{x - x_0}{\varrho A} = \frac{y - y_0}{\varrho B} = \frac{z - z_0}{\varrho C}$$

oder wenn man die Gleichungen mit ϱ multipliziert,

$$\frac{x - x_0}{A} = \frac{y - y_0}{B} = \frac{z - z_0}{C}. \qquad (c)$$

Die Gleichung der Geraden durch zwei gegebene Punkte P_1 und P_2 ermittelt man in der nämlichen Weise wie das in der ebenen Geometrie geschah. indem man als Eigenschaft des erzeugenden Punktes P angibt, daß er die Strecke $P_1 P_2$ nach dem Verhältnis λ teilt — wo λ wieder als Parameter auftritt. Dann kann man wie dort unmittelbar diese Eigenschaft anschreiben als

$$x = \frac{\lambda x_2 - x_1}{\lambda - 1}, \qquad y = \frac{\lambda y_2 - y_1}{\lambda - 1}, \qquad z = \frac{\lambda z_2 - z_1}{\lambda - 1} \tag{d}$$

und hat damit die gesuchte Gleichung in der Parameterdarstellung ermittelt. Eine elementare Rechnung entfernt aus diesen drei Gleichungen den Parameter λ und liefert die meist gebrauchte Form

$$\frac{x - x_1}{x_2 - x_1} = \frac{y - y_1}{y_2 - y_1} = \frac{z - z_1}{z_2 - z_1}, \tag{e}$$

als System von zwei Gleichungen.

Beispiel b) Die Gerade durch die beiden Punkte $P_1 = 2 \,|\, 0 \,|\, 1$ und $P_2 = -1 \,|\, 0 \,|\, 3$ hat als Gleichung

$$x = \frac{-\lambda - 2}{\lambda - 1}, \qquad y = 0, \qquad z = \frac{3\lambda - 1}{\lambda - 1}.$$

Die Elimination von λ aus der ersten und dritten Gleichung stellt im Verein mit der zweiten die Gerade dar,

$$2x + 3z - 7 = 0 \qquad \text{mit} \qquad y = 0.$$

Wendet man die Geradengleichung ohne Parameter an,

$$\frac{x - 2}{-1 - 2} = \frac{y - 0}{0 - 0} = \frac{z - 1}{3 - 1},$$

so wird von den drei gleichgesetzten Quotienten der mittlere scheinbar unendlich groß. Man überlege aber, daß der erste und dritte dieser Quotienten endlich Werte liefern, solange die Variablen selbst endlich sind, folglich muß auch der mittlere Quotient diese Eigenschaft haben; das ist aber nur möglich, wenn $y = 0$ ist. Diese Bedingung $y = 0$ und die Gleichheit des ersten und letzten Quotienten liefern in

$$y = 0 \qquad \text{mit} \qquad 2x + 3z - 7 = 0$$

wieder die Geradengleichung wie vorher.

Aufgabe: Man stelle die Geradengleichung (b) mit Hilfe des unendlich fernen Punktes auf.

Lösung: Von der Geraden kennt man einen Punkt P_0 und die Richtungsfaktoren $\cos\alpha$, $\cos\beta$, $\cos\gamma$. Man kann dann auch sagen: von der Geraden kennt man zwei Punkte, den gegebenen $P_1 = x_0 \,|\, y_0 \,|\, z_0$ und den unendlich fernen Punkt $P_2 = u\cos\alpha \,|\, u\cos\beta \,|\, u\cos\gamma$. Dann ist ihre Gleichung

$$\frac{x - x_0}{u \cos \alpha - x_0} = \frac{y - y_0}{u \cos \beta - y_0} = \frac{z - z_0}{u \cos \gamma - z_0}$$

oder

$$\frac{x - x_0}{\cos \alpha - \dfrac{x_0}{u}} = \frac{y - y_0}{\cos \beta - \dfrac{y_0}{u}} = \frac{z - z_0}{\cos \gamma - \dfrac{z_0}{u}}.$$

Setzt man $u = \infty$, so erhält man die gewünschte Gleichung.

223. Zwei Gerade $\left. \begin{array}{l} E_1 = 0 \\ E_2 = 0 \end{array} \right\}$ und $\left. \begin{array}{l} E_3 = 0 \\ E_4 = 0 \end{array} \right\}$ sind im allgemeinen **windschief**, das heißt sie haben keinen Punkt gemeinsam; man sagt dafür auch: sie kreuzen sich. Die erste Gerade g ist der Schnitt der Ebenen $E_1 = 0$ und $E_2 = 0$, die zweite Gerade g' der Schnitt der Ebenen $E_3 = 0$ und $E_4 = 0$. Verlangt man, daß die beiden Geraden g und g' sich schneiden, so hat man damit die Forderung aufgestellt. daß die vier Ebenen $E_1 = 0$, $E_2 = 0$, $E_3 = 0$, $E_4 = 0$ einen Punkt gemeinsam haben, nämlich den Schnittpunkt P_0 der beiden Geraden g und g'. Dieser Forderung genügen die vier Ebenen nach (215 d), wenn die Determinante ihres Gleichungssystems verschwindet; demnach ist

$$D = \begin{vmatrix} A_1 & B_1 & C_1 & D_1 \\ A_2 & B_2 & C_2 & D_2 \\ A_3 & B_3 & C_3 & D_3 \\ A_4 & B_4 & C_4 & D_4 \end{vmatrix} = 0 \tag{a}$$

die Bedingung, daß sich zwei Raumgerade g und g' schneiden.

Sind die beiden Geraden, die sich schneiden sollen, in der Normalform dargestellt,

$$\left. \begin{array}{l} y = mx + b \\ z = nx + c \end{array} \right\} \quad \text{und} \quad \left. \begin{array}{l} y = m'x + b' \\ z = n'x + c' \end{array} \right\},$$

so kann man natürlich diese Determinante D aufstellen, wird aber einfacher operieren, indem man setzt

$$mx + b = m'x + b', \qquad nx + c = n'x + c',$$

da ja die vier Gleichungen für den gemeinsamen Schnittpunkt P_0 gelten und somit ein zusammengehöriges Simultansystem bilden; man formt um

$$x(m - m') + b - b' = 0, \qquad x(n - n') + c - c' = 0.$$

Damit diese beiden Gleichungen sich vertragen, muß nach (50 b)

$$\begin{vmatrix} m - m' & b - b' \\ n - n' & c - c' \end{vmatrix} = 0 \quad \text{oder} \quad (m - m')(c - c') = (n - n')(b - b') \tag{b}$$

sein, das ist also die Bedingung, daß die oben dargestellten Geraden sich schneiden.

Beispiel: Um zu erfahren, welchen Wert C haben muß, damit die Gleichungen

$$\left.\begin{array}{l} x - 2y - z + 2 = 0 \\ x + y - z - 1 = 0 \end{array}\right\} \quad \text{und} \quad \left.\begin{array}{l} x - 2y + z = 0 \\ 2x - y - 2z + C = 0 \end{array}\right\}$$

sich schneiden, bringt man beide am einfachsten auf die Normalform

$$\left.\begin{array}{l} y = 1 \\ z = x \end{array}\right\} \quad \text{und} \quad \left.\begin{array}{l} y = \tfrac{4}{5}x + \tfrac{1}{5}C \\ z = \tfrac{3}{5}x + \tfrac{2}{5}C \end{array}\right\}$$

und wendet die vorausgehende Formel an, die

$$(0 - \tfrac{4}{5}) \cdot (0 - \tfrac{2}{5}C) = (1 - \tfrac{3}{5}) \cdot (1 - \tfrac{1}{5}C)$$

oder $C = 1$ ergibt. Als Kontrolle **wird** man aus dreien der angegebenen Gleichungen die Koordinaten des Schnittpunktes P_0 ermitteln, $x_0 = 1$, $y_0 = 1$, $z_0 = 1$, und in die vierte Gleichung einsetzen, die erfüllt sein muß.

224. Den **Winkel** ϑ **zweier Geraden** ermittelt man am einfachsten nach der Formel

$$\cos \vartheta = \cos \alpha_1 \cos \alpha_2 + \cos \beta_1 \cos \beta_2 + \cos \gamma_1 \cos \gamma_2,$$

wenn $\cos \alpha_1$, $\cos \beta_1$, $\cos \gamma_1$ bzw. $\cos \alpha_2$, $\cos \beta_2$, $\cos \gamma_2$ die nach (220b) oder (221a) zu ermittelnden Richtungsfaktoren der beiden Geraden sind.

Sind die beiden Geradengleichungen in der Normalform

$$\left.\begin{array}{l} y = mx + b \\ z = nx + c \end{array}\right\} \quad \text{und} \quad \left.\begin{array}{l} y = m'x + b' \\ z = n'x + c' \end{array}\right\}$$

gegeben, so sind ihre Richtungswerte bestimmt durch

$$\cos \alpha : \cos \beta : \cos \gamma : 1 = 1 : m : n : \sqrt{1 + m^2 + n^2}$$
$$\cos \alpha' : \cos \beta' : \cos \gamma' : 1 = 1 : m' : n' : \sqrt{1 + m'^2 + n'^2},$$

womit sich ergibt

$$\cos \vartheta = \frac{1 + mm' + nn'}{\sqrt{1 + m^2 + n^2}\,\sqrt{1 + m'^2 + n'^2}}. \tag{a}$$

Stehen die beiden Geraden zueinander **senkrecht**, so wird $\vartheta = 90°$ und $\cos \vartheta = 0$, weshalb in diesem Fall, endliche Konstante vorausgesetzt, gelten muß

$$1 + mm' + nn' = 0. \tag{b}$$

Sind beide Gerade einander **parallel**, dann haben sie gleiche Richtungskoeffizienten, $m' = m$, $n' = n$. Das geht natürlich auch aus der obigen Formel hervor, wenn man $\cos \vartheta = 1$ setzt. Dann muß nämlich sein

$$(1 + m^2 + n^2)(1 + m'^2 + n'^2) = (1 + mm' + nn')^2$$

oder wenn man ausrechnet und ordnet,

$$(m n' - m' n)^2 + (m - m')^2 + (n - n')^2 = 0,$$

was für reell vorausgesetzte m, n, m', n' verlangt, daß $m = m', n = n'$.

Beispiel: Wenn man den Winkel ϑ sucht, den die Geradenpaare

$$\begin{aligned}x - 2y - z + 2 &= 0 \\ x + y - z - 1 &= 0\end{aligned}\Big\} \quad \text{und} \quad \begin{aligned}x - 2y + z &= 0 \\ 2x - y - 2z + 5 &= 0\end{aligned}\Big\}$$

bilden, so bringt man am einfachsten beide auf die Normalform wie in Nr. 223,

$$\begin{aligned}y &= 1 \\ z &= x\end{aligned}\Big\} \quad \text{und} \quad \begin{aligned}y &= \tfrac{4}{5}x + 1 \\ z &= \tfrac{3}{5}x + 2\end{aligned}\Big\},$$

und erhält nach der Formel

$$\cos \vartheta = \frac{0 \cdot \tfrac{4}{5} + 1 \cdot \tfrac{3}{5} + 1}{\sqrt{0 + 1^2 + 1} \cdot \sqrt{(\tfrac{4}{5})^2 + (\tfrac{3}{5})^2 + 1}} = \tfrac{4}{5}.$$

Gerade und Ebene. Gerade und Punkt. Gerade und Gerade.

225. Die Ebene durch die gegebene Gerade $\begin{aligned}E_1 &= 0 \\ E_2 &= 0\end{aligned}\Big\}$ und den gegebenen Punkt P_0 kann man elementar auf die Ebene durch drei gegebene Punkte zurückführen, wenn man zum Punkt P_0 noch zwei Punkte P_1 und P_2 auf der gegebenen Geraden aufsucht. Ist die Gleichung der Geraden in der Normalform $\begin{aligned}y &= mx + b \\ z &= nx + c\end{aligned}\Big\}$ gegeben, so wählt man als Punkt P_1 am einfachsten den Spurpunkt im Aufriß, also $x_1 = 0$, dann ist $y_1 = b$ und $z_1 = c$. Wählt man weiter $x_2 = 1$, so wird $y_2 = m + b$ und $z_2 = n + c$. Dann heißt die Gleichung der gesuchten Ebene durch diese drei Punkte P_0, P_1, P_2

$$\begin{vmatrix} x & y & z & 1 \\ x_0 & y_0 & z_0 & 1 \\ 0 & b & c & 1 \\ 1 & m+b & n+c & 1 \end{vmatrix} = 0 \quad \text{oder} \quad \begin{vmatrix} x & y-b & z-c & 0 \\ x_0 & y_0-b & z_0-c & 0 \\ 0 & b & c & 1 \\ 1 & m & n & 0 \end{vmatrix} = 0,$$

wenn man die dritte Zeile von den übrigen subtrahiert, woraus

$$\begin{vmatrix} x & y-b & z-c \\ x_0 & y_0-b & z_0-c \\ 1 & m & n \end{vmatrix} = 0 \qquad \text{(a)}$$

als Gleichung der gesuchten Ebene erscheint.

In Spezialfällen, besonders wenn die Gleichung der Geraden nicht in der Normalform gegeben ist, kommt man meist schneller zum Ziel. wenn man überlegt: die gesuchte Ebene geht durch die gegebene Gerade $\left.\begin{array}{l} E_1 = 0 \\ E_2 = 0 \end{array}\right\}$ und muß deswegen nach Nr. 216 von der Form $E_1 - \lambda E_2 = 0$ sein. Die Unbekannte λ ermittelt man aus der noch nicht benützten Beziehung, daß der Punkt P_0 auf dieser Ebene liegt.

Beispiel a) Die Ebene durch $P_0 = 2\,|\,0\,|\,1$ und die Gerade $\left.\begin{array}{l} 2x - y + z = 0 \\ x + y - 2z - 1 = 0 \end{array}\right\}$ hat die Gleichung

$$(2x - y + z) - \lambda(x + y - 2z - 1) = 0.$$

Dieser Gleichung muß der Punkt $P_0 = 2\,|\,0\,|\,1$ genügen, also $(4 - 0 + 1) - \lambda(2 + 0 - 2 - 1) = 0$, woraus sich $\lambda = -5$ ergibt und damit die gesuchte Ebenengleichung $7x + 4y - 9z - 5 = 0$.

Eine Ebene durch zwei sich schneidende Gerade g_1 und g_2,

$$\left.\begin{array}{l} E_1 = 0 \\ E_2 = 0 \end{array}\right\} \quad \text{und} \quad \left.\begin{array}{l} E_3 = 0 \\ E_4 = 0 \end{array}\right\}$$

kann man elementar auf die Ebene durch drei Punkte zurückführen, wenn man außer dem gemeinsamen Schnittpunkt P_0 noch auf der ersten Gerade g_1 einen Punkt P_1 und auf der zweiten g_2 einen Punkt P_2 ermittelt. Empfehlen wird sich bei dieser Behandlung, die Spurpunkte in einer der drei Koordinatenebenen als Punkte P_1 und P_2 zu wählen. Sind die beiden Geradengleichungen in der Normalform gegeben,

$$\left.\begin{array}{l} y = mx + b \\ z = nx + c \end{array}\right\} \qquad \left.\begin{array}{l} y = m'x + b' \\ z = n'x + c' \end{array}\right\},$$

so wählt man neben dem Schnittpunkt $P_0 = x_0\,|\,y_0\,|\,z_0$ der beiden Geraden — damit sich beide schneiden, muß natürlich die Forderung (223 a) oder (223 b) erfüllt sein — noch ihre Spurpunkte $P_1 = 0\,|\,b\,|\,c$ und $P_2 = 0\,|\,b'\,|\,c'$ und erhält dann die Gleichung der Ebene durch diese drei Punkte in der Form

$$\begin{vmatrix} x & y & z & 1 \\ x_0 & y_0 & z_0 & 1 \\ 0 & b & c & 1 \\ 0 & b' & c' & 1 \end{vmatrix} = 0 \quad \text{oder} \quad \begin{vmatrix} x & y-b & z-c & 0 \\ x_0 & y_0-b & z_0-c & 0 \\ 0 & b & c & 1 \\ 0 & b'-b & c'-c & 0 \end{vmatrix} = 0,$$

wenn man die dritte Zeile von allen anderen Zeilen addiert, sonach

$$\begin{vmatrix} x & y-b & z-c \\ x_0 & y_0-b & z_0-c \\ 0 & b'-b & c'-c \end{vmatrix} = 0 \qquad\qquad \text{(b)}$$

als Gleichung der gesuchten Ebene.

Wie im vorausgehenden Fall kann man in speziellen Fällen, und besonders wenn die Geradengleichungen in der allgemeinen Form gegeben sind, auch folgendermaßen überlegen: die gesuchte Ebene geht durch die erste Gerade g_1 und muß daher die Gleichung $E_1 - \lambda E_2 = 0$ haben; sie geht auch durch die Gerade g_2 und hat dann die Gleichung $E_3 - \mu E_4 = 0$. Beide Gleichungen müssen bis auf einen konstanten Proportionalitätsfaktor identisch sein. Man kann somit durch den Vergleich der beiden Gleichungsformen eine der beiden Unbekannten λ und μ oder auch beide ermitteln und damit die Gleichung der Ebene selbst.

Recht einfach stellt man die Ebenengleichung noch auf, wenn man sie wieder in der Form $E_1 - \lambda E_2 = 0$ ansetzt und den Parameter durch die Bedingung bestimmt, daß irgendein Punkt P_1 der zweiten Geraden auf dieser Ebene liegt.

Beispiel b) Die beiden Geraden g_1 und g_2,

$$\left. \begin{aligned} 3x - 4y + 6z - 5 &= 0 \\ x + y - z - 1 &= 0 \end{aligned} \right\} \qquad \left. \begin{aligned} x - y - 3z + 3 &= 0 \\ 2x - y + 3z - 4 &= 0 \end{aligned} \right\}$$

schneiden sich im Punkt $P_0 = 1\,|\,1\,|\,1$, wie man leicht kontrollieren kann. Die Ebene durch g_1 und g_2 hat die Gleichung

$$(3x - 4y + 6z - 5) - \lambda(x + y - z - 1) = 0$$

bzw. $\qquad (x - y - 3z + 3) - \mu(2x - y + 3z - 4) = 0.$

Man ordnet beide Gleichungen nach den Variabeln, dann müssen die entsprechenden Koeffizienten der Variabeln proportional sein.

$$3 - \lambda = \varrho(1 - 2\mu), \quad -4 - \lambda = -\varrho(1 - \mu),$$
$$6 + \lambda = -\varrho(3 + 3\mu), \quad -5 + \lambda = \varrho(3 + 4\mu).$$

Man hat nur drei Gleichungen zur Ermittlung der Unbekannten λ, μ, ϱ notwendig, die letzte Gleichung kann daher als Kontrolle dienen. Man findet $\lambda = -1{,}5$, $\mu = -4$, $\varrho = 0{,}5$, und damit die gesuchte Gleichung entweder in der Form $E_1 - \lambda E_2 = 0$ oder $E_3 - \mu E_4 = 0$ zu $9x - 5y + 9z - 13 = 0$.

Oder man sagt wieder: die Ebene hat die Gleichung

$$(3x - 4y + 6z - 5) - \lambda(x + y - z - 1) = 0.$$

Der Aufrißspurpunkt P_1 der zweiten Geraden hat die Koordinaten $x_1 = 0$ und damit $y_1 = -\tfrac{1}{2}$, $z_1 = \tfrac{7}{6}$. Dieser Punkt $0\,|\,-\tfrac{1}{2}\,|\,\tfrac{7}{6}$ liegt auf der gesuchten Ebene, also gilt

$$(0 + 2 + 7 - 5) - \lambda(0 - \tfrac{1}{2} - \tfrac{7}{6} - 1 = 0 \quad \text{oder} \quad \lambda = -1{,}5$$

wie oben.

Die Ebene durch zwei parallele Gerade wird genau so

ermittelt wie diejenige durch zwei sich schneidende Gerade; der Schnittpunkt liegt eben hier im Unendlichen. Will man die Formel (b) anwenden, so beachte man, daß P_0 als unendlich ferner Punkt der Geraden nach (220d) die Koordinaten $u \mid um \mid un$ hat, wo $u = \infty$ ist. Dann lautet die Gleichung der gesuchten Ebene

$$\begin{vmatrix} x & y-b & z-c \\ u & um-b & un-c \\ 0 & b'-b & c'-c \end{vmatrix} = 0 \quad \text{oder} \quad \begin{vmatrix} x & y-b & z-c \\ 1 & m & n \\ 0 & b'-b & c'-c \end{vmatrix} = 0, \quad \text{(c)}$$

wenn man u als gemeinsamen Faktor der zweiten Zeile aussetzt.

Das Kennzeichen dafür, daß eine Gerade $\left.\begin{matrix} E_1 = 0 \\ E_2 = 0 \end{matrix}\right\}$ in einer gegebenen Ebene $E = 0$ liegt, oder umgekehrt daß die Ebene $E = 0$ durch diese gegebene Gerade hindurchgeht, ist die Bedingung, daß die Ebene dem Büschel durch diese Gerade angehört und demnach sich auf die Form $E_1 - \lambda E_2 = 0$ bringen lassen muß.

Beispiel c) Liegt die Gerade $\left.\begin{matrix} 2x - 4y + 3z = 0 \\ x - y + 3 = 0 \end{matrix}\right\}$ in der Ebene $11x - 19y + 12z + 9 = 0$?

Das Ebenenbüschel durch die gegebene Gerade hat die Gleichung

$$(2x - 4y + 3z) - \lambda(x - y + 3) = 0$$

oder $\qquad x(2 - \lambda) - y(4 - \lambda) + 3z - 3\lambda = 0.$

Soll die Ebene diesem Büschel angehören, so kann sie auf diese Gleichungsform gebracht werden. Man vergleicht

$$11\varrho = 2 - \lambda, \quad 19\varrho = 4 - \lambda, \quad 12\varrho = 3, \quad 9\varrho = -3\lambda$$

und findet $\lambda = -\tfrac{3}{4}$ durch alle diese vier Gleichungen bestätigt; die Ebenengleichung ist also von der Form

$$(2x - 4y + 3z) + \tfrac{3}{4}(x - y + 3) = 0.$$

226. Die Ebene durch eine gegebene Gerade $\left.\begin{matrix} E_1 = 0 \\ E_2 = 0 \end{matrix}\right\}$ parallel zu einer gegebenen Richtung $\cos\alpha$, $\cos\beta$, $\cos\gamma$ ist jedenfalls von der Form $E_1 - \lambda E_2 = 0$. Den unbekannten Parameter λ ermittelt man durch die Bedingung, daß die gesuchte Ebene durch den unendlich fernen Punkt U in der gegebenen Richtung gehen muß und daß demnach dessen Koordinaten $u\cos\alpha$, $u\cos\beta$, $u\cos\gamma$ der Gleichung $E_1 - \lambda E_2 = 0$ genügen müssen.

Die Rechnung wird im allgemeinen Fall umständlich, es soll deswegen noch ein zweiter Weg zur Ermittlung der Ebenengleichung angegeben werden. Von der Ebene kennt man drei Punkte, den **Punkt** $U = u\cos\alpha \mid u\cos\beta \mid u\cos\gamma$ und zwei beliebige Punkte auf der Geraden, etwa wie in Nr. 225 die Punkte $P_1 = 0 \mid b \mid c$ und

$P_2 = 1\,|\,m + b\,|\,n + c,$ wenn   die   Gerade   in   der   Normalform
$\left.\begin{array}{l} y = mx + b \\ z = nx + c \end{array}\right\}$ gegeben ist.   Dann hat die Ebene durch die drei
Punkte $U,\ P_1\ P_2$ die Gleichung

$$\begin{vmatrix} x & y & z & 1 \\ 0 & b & c & 1 \\ 1 & m+b & n+c & 1 \\ u\cos\alpha & u\cos\beta & u\cos\gamma & 1 \end{vmatrix} = 0 \quad\text{oder}\quad \begin{vmatrix} x & y-b & z-c & 0 \\ 0 & b & c & 1 \\ 1 & m & n & 0 \\ \cos\alpha & \cos\beta & \cos\gamma & 0 \end{vmatrix} = 0,$$

wenn man die Gleichung mit u zuerst dividiert und dann $u = \infty$
setzt, ferner von der ersten und dritten Zeile die zweite Zeile abzieht.   Entwickelt man die Determinante nach der vierten Kolonne,
so erhält man in

$$\begin{vmatrix} x & y-b & z-c \\ 1 & m & n \\ \cos\alpha & \cos\beta & \cos\gamma \end{vmatrix} = 0 \qquad\qquad\text{(a)}$$

die Gleichung der gesuchten Ebene.

Beispiel a) · Die Gleichung der Ebene durch die Gerade
$\left.\begin{array}{l} 2x - y - z = 0 \\ x + 3y - 1 = 0 \end{array}\right\}$ ist von der Form $(2x - y - z) - \lambda(x + 3y - 1) = 0.$
Man schreibt der Ebene noch vor, daß sie die Richtung $\frac{2}{3},\ \frac{2}{3},\ \frac{1}{3}$
enthalten soll.

Dann muß der unendlich ferne Punkt $U = \frac{2}{3}u\,|\,\frac{2}{3}u\,|\,\frac{1}{3}u$ in dieser
Richtung auch auf der Ebene liegen; es gilt

$$\left(2\cdot\tfrac{2}{3}u - \tfrac{2}{3}u - \tfrac{1}{3}u\right) - \lambda\left(\tfrac{2}{3}u + 3\cdot\tfrac{2}{3}u - 1\right) = 0,$$

oder wenn man mit u wegdividiert und dann $u = \infty$ setzt, $\lambda = \frac{1}{8}$.
Die Gleichung der gesuchten Ebene wird mit diesem Wert

$$15x - 11y - 8z + 1 = 0.$$

Man hätte auch unmittelbar die Formel (a) anwenden können; die
gegebene Gerade hat die Normalform $\left.\begin{array}{l} y = -\frac{1}{3}x + \frac{1}{3} \\ z = \ \ \frac{7}{3}x - \frac{1}{3} \end{array}\right\}$, es ist also
$m = -\frac{1}{3},\ n = \frac{7}{3},\ b = \frac{1}{3},\ c = -\frac{1}{3}.$ Dann wird die Gleichung der
gesuchten Ebene

$$\begin{vmatrix} x & y-\frac{1}{3} & z+\frac{1}{3} \\ 1 & -\frac{1}{3} & \frac{7}{3} \\ \frac{2}{3} & \frac{2}{3} & \frac{1}{3} \end{vmatrix} = 0 \quad\text{oder}\quad \begin{vmatrix} 3x & 3y-1 & 3z+1 \\ 3 & -1 & 7 \\ 2 & 2 & 1 \end{vmatrix} = 0$$

oder $3x\cdot(-15) + (3y - 1)\cdot 11 + (3z + 1)8 = 0$

oder $-15x + 11y + 8z - 1 = 0.$

Verlangt man die Gleichung der Ebene durch eine gegebene Gerade g_1 parallel zu einer gegebenen Geraden g_2, so hat man die nämliche Forderung gestellt wie für die soeben behandelte Gerade: es ist die Ebene durch eine Gerade g_1 aufzustellen, die die Richtung $\cos\alpha_2$, $\cos\beta_2$, $\cos\gamma_2$ enthält. Denn diese Richtung soll nach Vorschrift die zweite Gerade g_2 haben. Man hätte also nicht notwendig, eine neue Formel aufzustellen. Sind die beiden Geradengleichungen in der Normalform

$$\left.\begin{array}{l} y = mx + b \\ z = nx + c \end{array}\right\} \qquad\qquad \left.\begin{array}{l} y = m'x + b' \\ z = n'x + c' \end{array}\right\}$$

gegeben, so hat die zweite Gerade die nach (221a) zu ermittelnden Richtungsfaktoren $\cos\alpha_2 = \varrho$, $\cos\beta_2 = \varrho m'$, $\cos\gamma_2 = \varrho n'$. Dann geht die Gleichung der gesuchten Ebene aus der letzten Gleichung hervor, wenn man mit dem Proportionalitätsfaktor ϱ wegdividiert, und erhält sonach die Form

$$\begin{vmatrix} x & y - b & z - c \\ 1 & m & n \\ 1 & m' & n' \end{vmatrix} = 0. \qquad\qquad \text{(b)}$$

Da die Konstanten b' und c' in der Gleichung der zweiten Geraden keinen Einfluß auf die Richtung dieser Geraden haben, so dürfen sie natürlich in der Gleichung der verlangten Ebene nicht auftreten.

Beispiel b) Gegeben sind die beiden Geraden g_1 und g_2,

$$\left.\begin{array}{r} 3x - 4y + 6z - 5 = 0 \\ x + y - z - 1 = 0 \end{array}\right\} \quad \text{und} \quad \left.\begin{array}{r} x - y - 3z + 3 = 0 \\ x - y + 3z - 5 = 0 \end{array}\right\}$$

Eine Ebene durch die erste Gerade hat als Gleichung

$$(3x - 4y + 6z - 5) - \lambda(x + y - z - 1) = 0.$$

Soll diese Ebene der zweiten Geraden parallel sein, so muß sie durch deren unendlich fernen Punkt U_2 gehen. Die Gerade g_2 hat die Richtungsfaktoren

$$\cos\alpha_2 : \cos\beta_2 : \cos\gamma_2 = \begin{vmatrix} 1 & -1 & -3 \\ 1 & -1 & 3 \end{vmatrix} = -6 : -6 : 0 = 1 : 1 : 0,$$

und damit U_2 die Koordinaten u, u, 0. U_2 genügt der Ebenengleichung,

$$(3u - 4u + 0 - 5) - \lambda(u + u - 0 - 1) \quad \text{oder} \quad \lambda = -0{,}5,$$

wenn man mit dividiert und dann $u = \infty$ setzt; mit diesem Wert $\lambda = -0{,}5$ wird die gesuchte Ebenengleichung

$$7x - 7y + 11z - 11 = 0.$$

Das Kennzeichen dafür, daß eine gegebene Ebene $E_1 = 0$ und eine gegebene Gerade $\left.\begin{array}{l}E_2 = 0\\E_3 = 0\end{array}\right\}$ parallel sind, ist die Bedingung, daß Ebene und Gerade sich im Unendlichen schneiden. Das heißt aber nichts anderes, als daß die drei Ebenen $E_1 = 0$, $E_2 = 0$, $E_3 = 0$ sich auch im Unendlichen schneiden; damit dies zutrifft, muß nach (215 c) die Determinante

$$\triangle = \begin{vmatrix} A_1 & B_1 & C_1 \\ A_2 & B_2 & C_2 \\ A_3 & B_3 & C_3 \end{vmatrix} = 0 \tag{c}$$

sein.

Man hätte auch so überlegen können: Ist die Ebene $E_1 = 0$ parallel zur Geraden $\left.\begin{array}{l}E_2 = 0\\E_3 = 0\end{array}\right\}$, so muß es eine zu $E_1 = 0$ parallele Ebene $E_1 + c = 0$ geben, die durch die gegebene Gerade hindurchgeht. Die Bedingung dafür wurde entwickelt, es muß $E_1 + c = 0$ sich auf die Form $E_2 - \lambda E_3 = 0$ bringen lassen.

Beispiel c) Man beweise, daß die Ebene $2x - y - z - 4 = 0$ und die Gerade $\left.\begin{array}{l}x + y - 4 = 0\\3y + z + 6 = 0\end{array}\right\}$ parallel sind.

Man kann entweder die Formel (c) anwenden; es muß

$$\triangle = \begin{vmatrix} 2 & -1 & -1 \\ 1 & 1 & 0 \\ 0 & 3 & 1 \end{vmatrix} = 0$$

sein, was der Fall ist. Oder man sagt: es muß eine zur Ebene $E_1 = 0$ parallele Ebene $2x - y - z - 4 + c = 0$ oder $2x - y - z + D = 0$ geben, die durch die gegebene Gerade geht, also von der Form $(x + y - 4) - \lambda(3y + z + 6) = 0$ ist. Man vergleicht daher die beiden Gleichungsformen miteinander

$$[x + y(1 - 3\lambda) - \lambda z - (4 + 6\lambda)] = \varrho[2x - y - z + D]$$

oder

$$1 = 2\varrho, \quad 1 - 3\lambda = -\varrho, \quad -\lambda = -\varrho, \quad -(4 + 6\lambda) = D\varrho.$$

Man erhält aus den drei Gleichungen $\lambda = \varrho = 0{,}5$, $D = -14$ oder $c = -10$; die vierte Gleichung dient als Kontrolle. Damit hat man, wie verlangt, eine Gleichung $E_1 + c = 0$ gefunden, die sich auf die $E_2 - \lambda E_3 = 0$ bringen läßt.

227. Die Gleichung der Ebene durch den gegebenen Punkt P_0 parallel zu zwei gegebenen Geraden g_1 und g_2 ermittelt man, indem man von der gesuchten Ebene drei Punkte angibt, außer P_0 noch die unendlich fernen Punkte U_1 und U_2 der beiden gegebenen Geraden. Wenn deren Richtungsfaktoren $\cos\alpha_1$, $\cos\beta_1$, $\cos\gamma_1$ bzw. $\cos\alpha_2$, $\cos\beta_2$, $\cos\gamma_2$ sind, so hat nach (220d) der unendlich ferne Punkt U_1 der ersten Geraden die Koordinaten $u_1\cos\alpha_1$, $u_1\cos\beta_1$, $u_1\cos\gamma_1$ und entsprechend U_2 die Koordinaten $u_2\cos\alpha_2$, $u_2\cos\beta_2$, $u_2\cos\gamma_2$. Die Werte u_1 und u_2 werden unendlich groß. Dann lautet die Gleichung der gesuchten Ebene

$$\begin{vmatrix} x & y & z & 1 \\ x_0 & y_0 & z_0 & 1 \\ u_1\cos\alpha_1 & u_1\cos\beta_1 & u_1\cos\gamma_1 & 1 \\ u_2\cos\alpha_2 & u_2\cos\beta_2 & u_2\cos\gamma_2 & 1 \end{vmatrix}=0 \quad\text{oder}\quad \begin{vmatrix} x-x_0 & y-y_0 & z-z_0 & 0 \\ x_0 & y_0 & z_0 & 1 \\ \cos\alpha_1 & \cos\beta_1 & \cos\gamma_1 & 0 \\ \cos\alpha_2 & \cos\beta_2 & \cos\gamma_2 & 0 \end{vmatrix}=0,$$

wenn man von der ersten Zeile die zweite abzieht und ferner die Gleichung zuerst durch u_1 und u_2 dividiert und dann u_1 und u_2 gleich ∞ setzt. Entwickelt man die Determinante nach der vierten Kolonne, so erhält man

$$\begin{vmatrix} x-x_0 & y-y_0 & z-z_0 \\ \cos\alpha_1 & \cos\beta_1 & \cos\gamma_1 \\ \cos\alpha_2 & \cos\beta_2 & \cos\gamma_2 \end{vmatrix}=0 \qquad\qquad\text{(a)}$$

als gesuchte Ebenengleichung.

Aufgabe a) Gesucht ist die Gleichung der Ebene durch den Punkt $P_0=1\,|\,0\,|\,2$ parallel den Geraden g_1 und g_2,

$$\left.\begin{aligned} 2x-y+z&=0 \\ x+y-2z-1&=0 \end{aligned}\right\} \qquad\qquad \left.\begin{aligned} 4x-z-12&=0 \\ y+2z-2&=0 \end{aligned}\right\}$$

Lösung: Die erste Gerade hat die Richtungsfaktoren ϱ, 5ϱ, 3ϱ, die zweite Gerade diejenigen σ, -8σ, 4σ. (Man beachte, daß die Proportionalitätsfaktoren beider Geraden verschieden sind.) Die gesuchte Gleichung ist somit

$$\begin{vmatrix} x-1 & y-0 & z-2 \\ \varrho & 5\varrho & 3\varrho \\ \sigma & -8\sigma & 4\sigma \end{vmatrix}=0 \quad\text{oder}\quad \begin{vmatrix} x-1 & y & z-2 \\ 1 & 5 & 3 \\ 1 & -8 & 4 \end{vmatrix}=0,$$

da man die Faktoren ϱ und σ wegdividieren kann. Entwickelt man diese Determinante, so erhält man die gewöhnliche Gleichung $44x-y-13z-18=0$.

Welche Beziehung muß gelten, damit drei Richtungen in der nämlichen Ebene enthalten sind?

Wenn diese Richtungen durch die Zahlen $\cos\alpha_1$, $\cos\beta_1$, $\cos\gamma_1$ bzw. $\cos\alpha_2$, $\cos\beta_2$, $\cos\gamma_2$ und $\cos\alpha_3$, $\cos\beta_3$, $\cos\gamma_3$ gegeben sind, dann entsprechen ihnen die drei Punkte P_1' bzw. P_2' und P_3' auf der Einheitskugel mit den Koordinaten $\cos\alpha_1\,|\,\cos\beta_1\,|\,\cos\gamma_1$ bzw. $\cos\alpha_2\,|\,\cos\beta_2\,|\,\cos\gamma_2$ und $\cos\alpha_3\,|\,\cos\beta_3\,|\,\cos\gamma_3$. Sollen die drei Richtungen in der nämlichen Ebene enthalten sein, dann müssen die drei Punkte P_1', P_2', P_3' in ein und derselben Ebene durch den Nullpunkt liegen, was nach (194f)

$$\begin{vmatrix} \cos \alpha_1 & \cos \beta_1 & \cos \gamma_1 \\ \cos \alpha_2 & \cos \beta_2 & \cos \gamma_2 \\ \cos \alpha_3 & \cos \beta_3 & \cos \gamma_3 \end{vmatrix} = 0 \qquad\qquad \text{(b)}$$

erfordert.

Auf diese Gleichung wäre man auch gekommen, wenn man die Bedingung ausgeführt hätte, daß die unendlich fernen Punkte U_1, U_2, U_3 in den gegebenen drei Richtungen auf der nämlichen Ebene $Ax + By + Cz + D = 0$ liegen und daß somit ihre Koordinaten dieser Gleichung genügen.

Die Ebene durch den Punkt P_0 senkrecht zu einer gegebenen Geraden hat die nämlichen Richtungsfaktoren wie die gegebene Gerade, ihre Gleichung ist daher mit Hilfe von (212c) aufzustellen.

Aufgabe b) Gesucht ist die Gleichung der Ebene durch $P_0 = 3 \,|-2\,|\,1$
senkrecht zur Geraden $\left. \begin{array}{l} x - y - z - 1 = 0 \\ 2x + 3y + 4z - 5 = 0 \end{array} \right\}$

Lösung: Die Gerade hat nach (220b) die Richtungsfaktoren

$$\cos \alpha : \cos \beta : \cos \gamma = \begin{vmatrix} 1 & -1 & -1 \\ 2 & 3 & 4 \end{vmatrix} = -1 : -6 : 5 = 1 : 6 : -5$$

oder $\cos \alpha = \varrho$, $\cos \beta = 6\varrho$, $\cos \gamma = -5\varrho$. Die gesuchte Ebene hat die gleichen Richtungsfaktoren, es ist dann nach (212c) ihre Gleichung

$$(x-3) \cdot \varrho + (y+2) \cdot 6\varrho + (z-1)\cdot -5\varrho = 0 \quad \text{oder} \quad x + 6y - 5z + 14 = 0.$$

Aufgabe c) Man beweise Formel (b) mit Hilfe von Vektoren.

Lösung: Trägt man von einem willkürlich gewählten Punkt O aus einen Vektor $\mathfrak{r}_1$ in der ersten Richtung α_1, β_1, γ_1 an und fügt an ihn einen Vektor $\mathfrak{r}_2$ in der zweiten Richtung α_2 β_2, γ_2, so ist durch $\mathfrak{r}_1$ und $\mathfrak{r}_2$ eine Ebene bestimmt, die die beiden gegebenen Richtungen enthält. Trägt man weiterhin vom Endpunkt des zweiten Vektors aus einen dritten Vektor $\mathfrak{r}_3$ in der Richtung α_3, β_3, γ_3 an, so wird er mit $\mathfrak{r}_1$ und $\mathfrak{r}_2$ in der nämlichen Ebene liegen, wenn letztere die Richtung α_3, β_3, γ_3 enthält. Trifft dies zu, so kann man jedenfalls die Längen der drei Vektoren so wählen, daß

$$\mathfrak{r}_1 + \mathfrak{r}_2 + \mathfrak{r}_3 = 0$$

ist. Diesen Summensatz projiziert man auf die drei Achsen,

$$r_1 \cos \alpha_1 + r_2 \cos \alpha_2 + r_3 \cos \alpha_3 = 0, \quad r_1 \cos \beta_1 + r_2 \cos \beta_2 + r_3 \cos \beta_3 = 0,$$
$$r_1 \cos \gamma_1 + r_2 \cos \gamma_2 + r_3 \cos \gamma_3 = 0,$$

und erhält als Bedingung für die Verträglichkeit der erhaltenen drei Gleichungen nach (50a) die obenstehende Formel (b).

228. Die Gerade durch den Punkt P_0 senkrecht zur Ebene $Ax + By + Cz + D = 0$ hat die gleichen Richtungsfaktoren wie diese Ebene, nämlich ϱA, ϱB, ϱC. Dann hat man für ihre Gleichung direkt die Formel (222b),

$$\frac{x - x_0}{\varrho A} = \frac{y - y_0}{\varrho B} = \frac{z - z_0}{\varrho C} \quad \text{oder} \quad \frac{x - x_0}{A} = \frac{y - y_0}{B} = \frac{z - z_0}{C} \qquad \text{(a)}$$

Beispiel: Die Gerade durch den Punkt $P_0 = 0\,|\,3\,|\,6$ senkrecht zur Ebene $4x - 3y + 2z - 6 = 0$ hat die Richtungskoeffizienten $4\varrho,\ -3\varrho,\ 2\varrho$ und damit die Gleichung

$$\frac{x-0}{\underset{a}{4}} = \frac{y-3}{-3} = \frac{z-6}{2} \quad \text{oder} \quad \left.\begin{array}{l} x - 2z + 12 = 0 \\ 3x + 4y - 12 = 0 \end{array}\right\}.$$

Eine Gerade durch den Punkt P_0 senkrecht zu zwei Geraden g_1 und g_2 hat die nämlichen Richtungskoeffizienten wie eine Ebene, die zu den beiden Geraden parallel ist. Man legt eine solche Hilfsebene $Ax + By + Cz = 0$ durch den Nullpunkt parallel den beiden Geraden g_1 und g_2. Diese Hilfsebene hat die Richtungsfaktoren $\varrho A,\ \varrho B,\ \varrho C$; die gesuchte Gerade hat die nämlichen Richtungsfaktoren und somit die Gleichung

$$\frac{x - x_0}{A} = \frac{y - y_0}{B} = \frac{z - z_0}{C} \tag{b}$$

Aufgabe a) Durch den Punkt $P_0 = 1\,|\,0\,|\,2$ lege man eine Gerade senkrecht zu den beiden Geraden der Aufgabe 227a).

Lösung: Man legt die Hilfsebene durch den Nullpunkt, $44x - y - 13z = 0$; ihre Richtungsfaktoren sind $44\varrho,\ -\varrho,\ -13\varrho$. Es ist demgemäß die Gleichung der gesuchten Geraden

$$\frac{x-1}{44\varrho} = \frac{y-0}{-\varrho} = \frac{z-2}{-13\varrho} \quad \text{oder} \quad \left.\begin{array}{l} x + 44y - 1 = 0 \\ 13y - z + 2 = 0 \end{array}\right\}.$$

Der Schnittpunkt P_0 einer Ebene $E_1 = 0$ mit einer Geraden $\left.\begin{array}{l} E_2 = 0 \\ E_3 = 0 \end{array}\right\}$ ist auch gleichzeitig der Schnittpunkt der drei Ebenen $E_1 = 0,\ E_2 = 0,\ E_3 = 0$; es gilt somit für P_0 die Formel (215a).

Aufgabe b) Man ermittle analytisch den Schnittpunkt P_0 der Ebene E und der Geraden g der Abbildung.

Lösung: Die Ebene bildet die Abschnitte $a = 3,\ b = 6,\ c = 4$, hat also die Gleichung $\frac{x}{3} + \frac{y}{6} + \frac{z}{4} = 1$ oder $4x + 2y + 3z - 12 = 0$. Die Gerade hat im Grundriß die Projektion $\frac{x}{1} + \frac{y}{-2} - 1 = 0$ oder $2x - y - 2 = 0$ und im Aufriß die Projektion $\frac{y}{1} + \frac{z}{-1} - 1 = 0$ oder $y - z - 1 = 0$; ihre Gleichung ist dann $\left.\begin{array}{l} y = 2x - 2 \\ y = z + 1 \end{array}\right\}$. Die drei Gleichungen zusammen ergeben als Schnittpunkt $P_0 = \frac{25}{14}\,|\,\frac{22}{14}\,|\,\frac{8}{14}$, was durch Abmessen als <u>richtig</u> erwiesen wird, wenn man nebenbei noch den Schnittpunkt mit den Hilfsmitteln der darstellenden Geometrie aufsucht.

* Man suche die Gleichung der Geraden durch P_0, die zwei Gerade g_1 und g_2 schneidet.

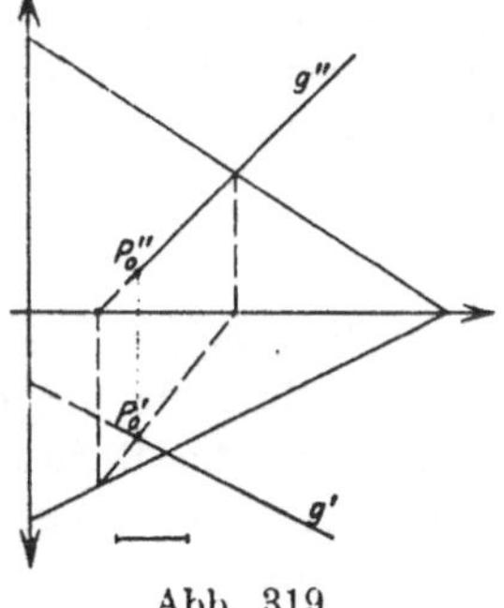

Abb. 319.

Man legt durch den Punkt P_0 und die erste Gerade g_1 eine Ebene $E = 0$ und bringt diese Ebene in P_2 zum Schnitt mit der zweiten Geraden g_2, dann geht die gesuchte Gerade durch die beiden Punkte P_0 und P_2.

Aufgabe c) Gegeben $P_0 = 2|1|0$ und zwei Gerade g_1 und g_2,

$$\left. \begin{array}{l} 3x - 2y + z - 3 = 0 \\ x - y - z + 1 = 0 \end{array} \right\} \quad \text{und} \quad \begin{array}{l} ^I \quad 2x - y + 3z - 4 = 0 \\ _E \quad -x + y + z - 1 = 0 \end{array} \left. \right\}.$$

Man lege durch P_0 eine Gerade, die g_1 und g_2 schneidet.

Lösung: Die Ebene durch P_0 und g_1 ist nach Nr. 225

$$(3x - 2y + z - 3) - \tfrac{1}{4}(x - y - z + 1) = 0 \quad \text{oder} \quad 5x - 3y + 3z - 7 = 0.$$

Sie wird von g_2 in $P_2 = 5|6|0$ geschnitten. Die gesuchte Gerade geht durch P_0 und P_2 und hat deswegen die Gleichung

$$\frac{x-5}{2-5} = \frac{y-6}{1-6} = \frac{z-0}{0-0} \quad \text{oder} \quad \left. \begin{array}{r} 5x - 3y - 7 = 0 \\ z = 0 \end{array} \right\}.$$

Um eine Gerade g zu finden, die zwei Gerade g_1 und g_2 senkrecht schneidet, wird man durch g_1 eine Hilfsebene E parallel zu g_2 legen. Jede zu dieser Ebene senkrechte Gerade ist zu g_1 und g_2 senkrecht und damit parallel der gesuchten Geraden. Legt man nun durch alle Punkte von g_1 Gerade senkrecht zur Hilfsebene, so wird unter ihnen auch die gesuchte sein. Man legt also senkrecht zu E eine weitere Hilfsebene E' durch g_1, die von der Geraden g_2 im Punkt P_0 geschnitten wird. Die Gerade durch P_0 senkrecht zur ersten Hilfsebene ist die gesuchte Gerade g.

Aufgabe d) Gesucht eine Gerade g, die die Geraden der Aufgabe c) senkrecht schneidet.

Lösung: Die Hilfsebene E durch g_1 muß durch den unendlich fernen Punkt $U_2 = -4u|-5u|u$ der zweiten Geraden gehen und hat deswegen nach Nr. 226 die Gleichung $(3x - 2y + z - 3) - \lambda(x - y - z + 1) = 0$ oder $x - y - z + 1 = 0$, weil hier $\lambda = \infty$ wird. Die Hilfsebene E' soll durch die nämliche Gerade gehen und zu E senkrecht stehen. Sie ist gleichfalls von der Form $(3x - 2y + z - 3) - \mu(x - y - z + 1) = 0$, wo μ durch die Bedingung (214d) bestimmt ist, daß die beiden Ebenen E und E' senkrecht stehen, also durch

$$1 \cdot (3 - \mu) - 1(-2 + \mu) - 1(1 + \mu) = 0 \quad \text{oder} \quad \mu = 4 : 3.$$

Dann hat die Hilfsebene E' die Gleichung $5x - 2y + 7z - 13 = 0$; sie wird von der Geraden g_2 im Punkt $P_0 = 5|6|0$ geschnitten. Die gesuchte Gerade geht durch P_0 und hat die gleichen Richtungsfaktoren wie die erste Hilfsebene, nämlich ϱ, $-\varrho$, $-\varrho$, folglich ist ihre Gleichung

$$\frac{x-5}{\varrho} = \frac{y-6}{-\varrho} = \frac{z-0}{-\varrho} \quad \text{oder} \quad \left. \begin{array}{r} x + z - 5 = 0 \\ -y + z + 6 = 0 \end{array} \right\}.$$

*229. Schließt eine Gerade mit einer Ebene den Winkel ϑ ein, so bildet sie mit der Normalen zur Ebene den Winkel $90^0 - \vartheta$. Kennt man die Richtungsfaktoren $\cos\alpha$, $\cos\beta$, $\cos\gamma$ der Ebene und diejenigen $\cos\lambda$, $\cos\mu$, $\cos\nu$ der Geraden, so ist

$$\cos(90^0 - \vartheta) = \sin\vartheta = \cos\alpha \cos\lambda + \cos\beta \cos\mu + \cos\gamma \cos\nu. \tag{a}$$

Aufgabe a) Unter welchem Winkel schneiden sich die Ebene E und die Gerade g der Abb. 319?

Lösung: Die Ebene E hat die Gleichung $4x + 2y + 3z - 12 = 0$, siehe Aufgabe 228 b), und somit die Richtungsfaktoren 4ϱ, 2ϱ, 3ϱ, wo nach der Richtungsformel $\varrho = 1 : \pm \sqrt{29}$. Die Gerade g hat die Gleichung $\left.\begin{array}{r} 2x - y - 2 = 0 \\ y - z - 1 = 0 \end{array}\right\}$ und somit die Richtungsfaktoren

$$\cos\lambda : \cos\mu : \cos\nu = \begin{vmatrix} 2 & -1 & 0 \\ 0 & 1 & -1 \end{vmatrix} = 1 : 2 : 2$$

oder $\cos\lambda = \sigma$, $\cos\mu = 2\sigma$, $\cos\nu = 2\sigma$, wo $\sigma = \pm\frac{1}{3}$ gefunden wird. Dann ist nach der vorausgehenden Formel

$$\sin\vartheta = 4\varrho\cdot\sigma + 2\varrho\cdot 2\sigma + 3\varrho\cdot 2\sigma = 14\varrho\sigma = \frac{\overset{+}{(-)}14}{3\sqrt{29}} = \frac{14\sqrt{29}}{87} = 0{,}867$$

und $\vartheta = 30^{\circ}$ rund.

Aufgabe b) Man beweise, daß die Spuren einer Ebene in den drei Rissen und die Projektionen einer zu ihr senkrechten Geraden auf die gleichen Risse ebenfalls senkrecht stehen.

Lösung: Die Ebene $Ax + By + Cz + D = 0$ hat als Grundrißspur $\left.\begin{array}{r} Ax + By + D = 0 \\ z = 0 \end{array}\right\}$ die Gerade $\left.\begin{array}{r} y = mx + b \\ z = nx + c \end{array}\right\}$ hat als Grundrißprojektion $\left.\begin{array}{r} y = mx + b \\ z = 0 \end{array}\right\}$ Im Grundriß $z = 0$ bilden beide Geraden $Ax + By + D = 0$ und $y = mx + b$ den Winkel ψ, für den nach (87 e) gilt $\operatorname{tg}\psi = \dfrac{-A - mB}{Am - B}$. Wenn nun die Ebene und die Gerade senkrecht stehen, so haben sie gleiche Richtungsfaktoren, es gilt $A : B : C = 1 : m : n$ oder $Am = B$; dann wird $\operatorname{tg}\psi = \infty$, das heißt die Ebenenspur und die Geradenprojektion stehen senkrecht zueinander. Was vom Grundriß bewiesen wurde, muß natürlich ebenso vom Aufriß und Seitenriß gelten.

Gesucht ist die Gleichung der Projektion einer Geraden $\left.\begin{array}{r} E_1 = 0 \\ E_2 = 0 \end{array}\right\}$ auf eine Ebene $E_3 = 0$. Man legt durch diese Gerade eine Ebene $E_1 - \lambda E_2 = 0$ senkrecht zur gegebenen Ebene, dann ist der Schnitt beider die gesuchte Projektion und somit deren Gleichung

$$\left.\begin{array}{r} E_1 - \lambda E_2 = 0 \\ E_3 = 0 \end{array}\right\}, \quad \text{wo} \quad \lambda = \frac{A_1 A_3 + B_1 B_3 + C_1 C_3}{A_2 A_3 + B_2 B_3 + C_2 C_3} \tag{b}$$

durch die Bedingung bestimmt ist, daß die gegebene Ebene $E_3 = 0$ und die projizierende Ebene $E_1 - \lambda E_2 = 0$ zueinander senkrecht stehen, daß also nach (214 d)

$$0 = (A_1 - \lambda A_2)A_3 + (B_1 - \lambda B_2)B_3 + (C_1 - \lambda C_2)C_3.$$

Die Projektionen der Geraden auf die Koordinatenebenen, siehe Nr. 219, sind Spezialfälle der entwickelten Gleichung und können als Kontrolle benützt werden. Will man etwa auf die z-Ebene projizieren, so wird $E_3 = 0$ zu $z = 0$ und somit $A_3 = 0$, $B_3 = 0$, $C_3 = 1$

und deswegen $\lambda = C_1 : C_2$. Ist die Gleichung in der Normalform gegeben

$$\left.\begin{array}{l} y = mx + b \\ z = nx + c \end{array}\right\} \quad \text{oder} \quad \left.\begin{array}{l} mx - y + b = 0 \\ nx - z + c = 0 \end{array}\right\}$$

so wird $C_1 = 0$ und $C_2 = -1$ und damit $\lambda = 0$ und also die Gleichung der Projektion $\left.\begin{array}{l} y = mx + b \\ z = 0 \end{array}\right\}$, was zu erwarten war.

Aufgabe c) Die Gerade g der Aufgabe 228b) soll auf die Ebene E dieser Aufgabe projiziert werden.

Lösung: Die projizierende Ebene $(2x - y - 2) - \lambda(y - z - 1) = 0$ steht senkrecht zur Ebene $4x + 2y + 3z - 12 = 0$, es gilt $2 \cdot 4 - (1 + \lambda)2 + \lambda \cdot 3 = 0$ oder $\lambda = -6$. Dann wird die projizierende Ebene $2x + 5y - 6z - 8 = 0$ und die Projektion $\left.\begin{array}{l} 2x + 5y - 6z - 8 = 0 \\ 4x + 2y + 3z - 12 = 0 \end{array}\right\}$

Kontrolle: Der Schnittpunkt von E mit g, das ist $P_0 = \frac{24}{14} \,\big|\, \frac{22}{14} \,\big|\, \frac{8}{14}$ nach Aufgabe 228b), muß auf dieser Projektion liegen.

Gesucht ist die Projektion P_1 des Punktes P_0 auf die Ebene $E = 0$. Ist die Gleichung dieser Ebene in nichtsymbolischer Form $Ax + By + Cz + D = 0$, so hat die zur Ebene senkrechte Strecke $P_0 P_1$ die gleichen Richtungsfaktoren wie die Ebene, von den Projektionen X, Y, Z der Strecke $P_0 P_1$ auf die Koordinatenachsen gilt demnach

$$X : Y : Z = A : B : C \quad \text{oder} \quad X = \lambda A, \quad Y = \lambda B, \quad Z = \lambda C.$$

Wäre λ bekannt, so würde wegen $X = x_1 - x_0$, $Y = y_1 - y_0$, $Z = z_1 - z_0$ der Punkt P_1 bestimmt sein zu $P_1 = x_0 + X \,|\, y_0 + Y \,|\, z_0 + Z$. λ ermittelt man aus der Bedingung, daß P_1 der Gleichung der Ebene genügen muß,

$$A(x_0 + \lambda A) + B(y_0 + \lambda B) + C(z_0 + \lambda C) + D = 0,$$

und findet
$$\lambda = -\frac{Ax_0 + By_0 + Cz_0 + D}{A^2 + B^2 + C^2}. \tag{c}$$

Mit diesem Wert sind dann die Koordinaten des gesuchten Punktes P_1 gefunden in der Form

$$x_1 = x_0 + \lambda A, \quad y_1 = y_0 + \lambda B, \quad z_1 = z_0 + \lambda C. \tag{d}$$

Aufgabe d) Den Punkt $P_0 = 4 \,|\, 3 \,|\, 2$ projiziere man auf die Ebene $12x + 4y + 3z - 12 = 0$ und ermittle die Koordinaten der Projektion P_1.

Lösung: Man verwendet die vorstehende Formel und erhält

$$\lambda = -\frac{12 \cdot 4 + 4 \cdot 3 + 3 \cdot 2 - 12}{144 + 16 + 9} = -\frac{54}{169}$$

und damit

$$x_1 = 4 + 12\lambda = \frac{28}{169}, \quad y_1 = 3 + 4\lambda = \frac{291}{169}, \quad z_1 = 2 + 3\lambda = \frac{176}{169}.$$

Mit der vorausstehenden Formel ist auch die Aufgabe gelöst:
In einem Punkt P_1 der Ebene $E = 0$ ein Lot zu errichten.
Dessen vorgeschriebene Länge sei d. Dann muß der gesuchte Endpunkt P_0 dieses Lotes der vorstehenden Gleichung genügen, die
man aber besser umformt

$$x_0 = x_1 - \lambda A, \qquad y_0 = y_1 - \lambda B, \qquad z_0 = z_1 - \lambda C. \tag{e}$$

Auch den Wert für λ hat man noch etwas umzuformen. Der Abstand des Punktes P_0 von der gegebenen Ebene soll nach Vorschrift
d sein; es gilt demgemäß nach (216b)

$$d = \frac{A x_0 + B y_0 + C z_0 + D}{\sqrt{A^2 + B^2 + C^2}}$$

woraus sich

$$\lambda = - \frac{d}{\sqrt{A^2 + B^2 + C^2}} \tag{f}$$

ergibt.

Aufgabe e) Im Punkt $P_1 = \tfrac{1}{2} \,|\, \tfrac{3}{4} \,|\, 1$ der Ebene $12x + 4y + 3z - 12 = 0$
errichte man ein Lot $P_1 P_0$ von der Länge $d = 3$. Gesucht sind die Koordinaten des Endpunktes P_0.

Lösung: Nach der Formel wird $A^2 + B^2 + C^2 = 169$, $\sqrt{A^2 + B^2 + C^2} = 13$
und damit $\lambda = -3 : 13$. Die Koordinaten des Endpunktes P_0 werden dann

$$x_0 = \tfrac{1}{2} + \tfrac{3}{13} \cdot 12 = 3\tfrac{7}{26}, \qquad y_0 = \tfrac{3}{4} + \tfrac{3}{13} \cdot 4 = 1\tfrac{35}{52}, \qquad z_0 = 1 + \tfrac{3}{13} \cdot 3 = 1\tfrac{9}{13}.$$

***230.** Unter dem Abstand zweier windschiefer Geraden g
und g' versteht man naturgemäß ihren kürzesten Abstand. Um ihn
zu finden, lege man durch die erste Gerade g eine Hilfsebene E
parallel zur zweiten Geraden g'. Dann hat jeder Punkt dieser
Geraden g' von der Ebene E den gleichen Abstand d und dieser
Abstand muß der kürzeste Abstand der beiden Geraden g und g'
sein. Sind die beiden Geraden g und g' durch ihre Normalgleichungen
gegeben,

$$\left. \begin{aligned} y &= mx + b \\ z &= nx + c \end{aligned} \right\} \qquad \left. \begin{aligned} y &= m'x + b' \\ z &= n'x + c' \end{aligned} \right\},$$

so hat nach (226b) die Hilfsebene die Gleichung

$$\begin{vmatrix} x & y - b & z - c \\ 1 & m & n \\ 1 & m' & n' \end{vmatrix} = 0 \quad \text{oder} \quad \begin{aligned} x(mn' - m'n) + (y - b)(n - n') \\ + (z - c)(m' - m) = 0 \end{aligned}$$

oder in der Normalform

$$\frac{x(mn' - m'n) + y(n - n') + z(m' - m) - b(n - n') - c(m' - m)}{\sqrt{(mn' - m'n)^2 + (n - n')^2 + (m' - m)^2}} = 0.$$

Man wählt irgendeinen Punkt P_0 auf der Geraden g', am einfachsten mit $x_0 = 0$ den Punkt $P_0 = 0 \,|\, b' \,|\, c'$; dessen Abstand von der Hilfsebene, nach (216 b)

$$d = \frac{(b' - b)(n - n') + (c' - c)(m' - m)}{\sqrt{(m\,n' - m'\,n)^2 + (n - n')^2 + (m' - m)^2}} \tag{a}$$

ist dann der gesuchte kürzeste Abstand der beiden windschiefen Geraden g und g'.

Als Kontrolle für diese Formel dient: wenn die beiden Geraden sich schneiden, muß d gleich Null sein, also

$$d = 0 = (b' - b)(n - n') + (c' - c)(m' - m)$$

oder $$(m - m')(c - c') = (n - n')(b - b')$$

das ist auch nach (223 b) die Bedingung dafür, daß die beiden Geraden g und g' sich schneiden.

Beispiel: Um für den Abstand der Geraden g und g',

$$\left.\begin{aligned} x - y + z - 3 &= 0 \\ 2x - y + z \phantom{{}- 3} &= 0 \end{aligned}\right\} \quad \text{und} \quad \left.\begin{aligned} 2x - y - z - 3 &= 0 \\ x - 2y - z - 4 &= 0 \end{aligned}\right\}$$

die entwickelte Formel anzuwenden, müßte man beide Gleichungen zuvor auf die Normalform bringen, indem man einmal z und das andere Mal y eliminiert. Im vorliegenden Fall läßt sich diese Form nicht herstellen, man muß demnach auf die Formel verzichten und den Weg nochmals einschlagen, der zu dieser Formel führte. Man legt durch g eine Ebene parallel g', sie hat die Gleichung

$$(x - y + z - 3) - \lambda (2x - y + z) = 0.$$

Die zweite Gerade hat die Richtungsfaktoren

$$\cos\alpha' : \cos\beta' : \cos\gamma' = \begin{vmatrix} 2 & -1 & -1 \\ 1 & -2 & -1 \end{vmatrix} = -1 : +1 : -3 = 1 : -1 : 3$$

oder $$\cos\alpha' = \varrho, \quad \cos\beta' = -\varrho, \quad \cos\gamma' = 3\varrho$$

Ihr unendlich ferner Punkt U mit den Koordinaten u, $-u$, $3u$ muß der Hilfsebene genügen, $(u + u + 3u - 3) - \lambda (2u + u + 3u) = 0$ und liefert daher $5 - \lambda 6 = 0$, wenn man $u = \infty$ berücksichtigt. Mit $\lambda = 5 : 6$ wird die Gleichung der Hilfsebene $4x + y - z + 18 = 0$ Der Aufrißpunkt der Geraden g' mit den Koordinaten $0 \,|\, -1 \,|\, -2$ hat von der Hilfsebene den Abstand $d = \dfrac{4 \cdot 0 - 1 + 2 + 18}{-\sqrt{16 + 1 + 1}} = -\dfrac{19\sqrt{2}}{6}$,

der auch gleichzeitig kürzester Abstand der beiden Geraden g und g' ist.

Man beachte, daß die vorausgehende Abstandsformel für den Grenzfall nicht mehr gilt, wenn nämlich die beiden Geraden g und g' parallel sind. Dann wird $m' = m$ und $n' = n$ und d erscheint in der unbestimmten Form $d = 0:0$. Man muß sonach für den Abstand von zwei parallelen Geraden g und g' eine neue Formel aufstellen. Diese sei zunächst aufgestellt unter der vereinfachenden Voraussetzung, daß die Ebene durch g_1 und g_2 parallel der x-Achse ist. Sucht man die Spurpunkte P_1 und P_2 beider Geraden im Aufriß, so erhält man den Abstand beider Geraden, siehe Abbildung, in der Form $d = R \cos \alpha$. R ist die Entfernung der beiden Spurpunkte P_1 und P_2, α ist der Richtungswinkel der beiden Parallelen gegen die x-Achse oder gegen eine Gerade in der x-Richtung und daher auch der Winkel zwischen R und d. Sind die beiden Parallelen in der Normalform

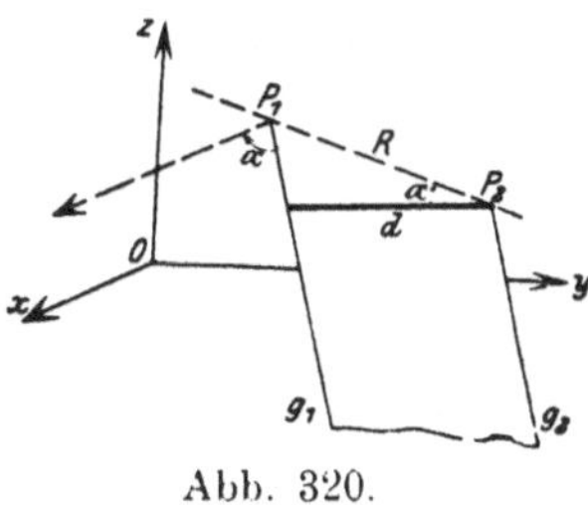

Abb. 320.

$$\left.\begin{array}{l} y = mx + b \\ z = nx + c \end{array}\right\} \qquad \left.\begin{array}{l} y = mx + b' \\ z = nx + c' \end{array}\right\}$$

gegeben, so sind die beiden Spurpunkte im Aufriß, das ist in der x-Ebene, $P_1 = 0\,|\,b\,|\,c$ und $P_2 = 0\,|\,b'\,|\,c'$ und ihre Entfernung $R = \sqrt{(b'-b)^2 + (c'-c)^2}$ Der Richtungsfaktor $\cos\alpha$ der Geraden gegen die x-Richtung ist $\cos\alpha = 1 : \sqrt{1 + m^2 + n^2}$ nach (221 a), somit wird

$$d = R \cos\alpha = \sqrt{\frac{(b'-b)^2 + (c'-c)^2}{1 + m^2 + n^2}}$$

Trifft die angegebene Voraussetzung nicht zu, so kann man von der entwickelten Formel ausgehend auf rein geometrischem Weg die allgemeine Formel angeben, indem man die Ebene durch g_1 und g_2 um die Aufrißspur $P_1 P_2$ dreht, bis sie zur x-Achse parallel wird. Die notwendige Rechnung mit Winkelfunktionen stellt aber größere Ansprüche an die Raumanschauung, es soll daher noch ein anderer, gedanklich recht einfacher und nur umständlichere Rechnungen verlangender Weg zur Aufstellung des gesuchten Abstandes angegeben werden. Man geht aus von der Formel (192h), die den Abstand eines beliebigen Punktes P von einer durch den Nullpunkt gehenden Geraden g angibt. Um sie benutzen zu können, verschiebt man das Koordinatensystem so, daß von den gegebenen Geraden g_1 und g_2 die zweite durch den Nullpunkt geht. Die Verschiebung $x = x'$, $y = y' + b'$, $z = z' + c'$ wandelt die Gleichungen der beiden Geraden g_1 und g_2 um zu

$$\left.\begin{array}{l} y' = mx' + B \\ z' = nx' + C \end{array}\right\} \qquad \text{und} \qquad \left.\begin{array}{l} y' = mx' \\ z' = nx' \end{array}\right\} \qquad \text{wo} \qquad \left.\begin{array}{l} B = b - b' \\ C = c - c' \end{array}\right\}$$

32*

Der Spurpunkt P der ersten Geraden im Aufriß hat die Koordinaten $P = 0 \mid B \mid C$, er hat von der zweiten Geraden den gesuchten Abstand d, für welchen die Formel (192h) wegen

$$\cos \alpha : \cos \beta : \cos \gamma : 1 = 1 : m : n : \sqrt{1 + m^2 + n^2}$$

liefert

$$d^2 (1 + m^2 + n^2) = B^2 + C^2 + C^2 m^2 + B^2 n^2 - 2BCmn$$
$$= B^2 + C^2 + (Bn - Cm)^2$$

oder

$$d = \sqrt{\frac{B^2 + C^2 + (Bn - Cm)^2}{1 + m^2 + n^2}}$$

als Entfernung der beiden parallelen Geraden g und g'.

Um die Entfernung eines Punktes P_0 von einer Geraden g zu ermitteln, wird man von der eben entwickelten Formel ausgehen und durch den Punkt P_0 eine Parallele g' zur gegebenen Geraden legen. Hat letztere die Gleichung

$$\left. \begin{aligned} y &= mx + b \\ z &= nx + c \end{aligned} \right\}, \quad \text{so ist} \quad \left. \begin{aligned} y &= mx + (y_0 - mx_0) \\ z &= nx + (z_0 - nx_0) \end{aligned} \right\}$$

die Gleichung der parallelen Hilfsgeraden g', somit $b' = y_0 - mx_0$ und $c' = z_0 - nx_0$. Mit diesen Werten erhält man in

$$d = \sqrt{\frac{B^2 + C^2 + (Bn - Cm)^2}{1 + m^2 + n^2}} \quad \text{wo jetzt} \quad \left. \begin{aligned} B &= b + mx_0 - y_0 \\ C &= c + nx_0 - z_0 \end{aligned} \right\} \quad \text{(c)}$$

den Abstand d des Punktes P_0 von der Geraden $\left. \begin{aligned} y &= mx + b \\ z &= nx + c \end{aligned} \right\}$

***231.** Aufgabe a) Gesucht ist die Gleichung der Geraden g senkrecht zur Ebene $x - 4y - 3 = 0$ so, daß sie die Geraden g_1 und g_2,

$$\left. \begin{aligned} 2x - y + z &= 0 \\ x + y - 2z - 1 &= 0 \end{aligned} \right\} \qquad \left. \begin{aligned} 4x - z - 12 &= 0 \\ y + 2z - 2 &= 0 \end{aligned} \right\}$$

schneidet.

Lösung: Die Gerade hat die gleichen Richtungsfaktoren wie die gegebene Ebene, nämlich $\cos \alpha : \cos \beta : \cos \gamma = 1 : -4 : 0$. In der Normalform ist die Geradengleichung $\left. \begin{aligned} y &= mx + b \\ z &= nx + c \end{aligned} \right\}$. Nach (221a) ist $\cos \alpha : \cos \beta : \cos \gamma = 1 : m : n$, was mit der ersten Aussage $1 : -4 : 0 = 1 : m : n$ oder $m = -4$ und $n = 0$ liefert. Unbekannt sind jetzt noch b und c. Die Gerade $\left. \begin{aligned} y &= -4x + b \\ z &= c \end{aligned} \right\}$ muß zunächst die Gerade g_1 schneiden. Man könnte die Bedingung (223b) aufstellen. Einfacher sagt man, die beiden Gleichungspaare von g und g_1 müssen verträglich sein, weil sie ja vom nämlichen Punkt, vom Schnittpunkt gg_1 erfüllt werden. Ebenso müssen auch die beiden Gleichungspaare von g und g_2 verträglich sein, weil beide Gerade sich schneiden sollen. Damit in den beiden simultanen Gleichungsgruppen

$$\begin{aligned} 2x - y + z &= 0 \\ x + y - 2z - 1 &= 0 \\ -4x - y \quad + b &= 0 \\ - z + c &= 0 \end{aligned} \quad \text{und} \quad \begin{aligned} 4x \quad - z - 12 &= 0 \\ y + 2z - 2 &= 0 \\ -4x - y \quad + b &= 0 \\ - z + c &= 0 \end{aligned}$$

die einzelnen Gleichungen sich nicht widersprechen, muß nach (50b) jedesmal ihre Determinante verschwinden, sonach

$$\begin{vmatrix} 2 & -1 & 1 & 0 \\ 1 & 1 & -2 & -1 \\ -4 & -1 & 0 & b \\ 0 & 0 & -1 & c \end{vmatrix} = 0 \quad \text{und} \quad \begin{vmatrix} 4 & 0 & -1 & -12 \\ 0 & 1 & 2 & -2 \\ -4 & -1 & 0 & b \\ 0 & 0 & -1 & c \end{vmatrix} = 0.$$

Beide Determinanten vereinfacht man noch, indem man zur vierten Kolonne die c-fache dritte Kolonne addiert und dann nach der vierten Zeile entwickelt; man erhält

$$\begin{vmatrix} 2 & -1 & c \\ 1 & 1 & -2c-1 \\ -4 & -1 & b \end{vmatrix} = 0 \quad \text{und} \quad \begin{vmatrix} 4 & 0 & -c-12 \\ 0 & 1 & 2c-2 \\ -4 & -1 & b \end{vmatrix} = 0$$

oder $b - 3c - 2 = 0$ und $b + c - 14 = 0$, woraus $b = 11$, $c = 3$ und als Gleichung der gesuchten Geraden $\left.\begin{aligned} y &= -4x + 11 \\ z &= \quad\quad\quad 3 \end{aligned}\right\}$ folgt.

Die Größen b und c hätte man ohne Determinanten auch elementar aus den beiden obigen Gleichungsgruppen ermitteln können.

Aufgabe b) Unter welcher Bedingung schneidet eine Gerade $\left.\begin{aligned} E_1 &= 0 \\ E_2 &= 0 \end{aligned}\right\}$ die z-Achse?

Lösung: Man kann die Formel (223a) anwenden und erhält $C_1 D_2 - C_2 D_1 = 0$. Ohne Formelhilfe überlegt man: Es muß einen Punkt $0\,|\,0\,|\,z$ der z-Achse geben, der auch auf der gegebenen Geraden liegt, von dem also gilt $A_1 \cdot 0 + B_1 \cdot 0 + C_1 z + D_1 = 0$, $A_2 \cdot 0 + B_2 \cdot 0 + C_2 z + D_2 = 0$. Damit beide Gleichungen $C_1 z + D_1 = 0$ und $C_2 z + D_2 = 0$ sich nicht widersprechen, muß gelten $C_1 D_2 = C_2 D_1$.

Aufgabe c) Vom Punkt $P_1 = 0\,|\quad|\,0$ aus trage man eine Strecke $P_1 P_2 = 10$ so ab, daß sie senkrecht steht zu den Geraden g_1 und g_2 der Aufgabe a). Gesucht ist P_2.

Lösung: Die gegebenen Geraden haben die Richtungsfaktoren

$$\cos\alpha_1 = \varrho_1, \quad \cos\beta_1 = 5\varrho_1, \quad \cos\gamma_1 = 3\varrho_1; \quad \cos\alpha_2 = \varrho_2, \quad \cos\beta_2 = -8\varrho_2, \quad \cos\gamma_2 = 4\varrho_2.$$

Dann hat die zu ihnen parallele Ebene nach (227a) die Richtungsfaktoren

$$\cos\alpha : \cos\beta : \cos\gamma = \begin{vmatrix} \varrho_1 & 5\varrho_1 & 3\varrho_1 \\ \varrho_2 & -8\varrho_2 & 4\varrho_2 \end{vmatrix} = \begin{vmatrix} 1 & 5 & 3 \\ 1 & -8 & 4 \end{vmatrix} = 44 : -1 : -13.$$

Die nämlichen Richtungsfaktoren hat die gesuchte Strecke $P_1 P_2$, so daß deren Projektionen $X = 44\varrho$, $Y = -\varrho$, $Z = -13\varrho$ sind, wo ϱ durch die gegebene Länge $P_1 P_2 = 10$ bestimmt wird, sonach durch $100 = \varrho^2 (44^2 + 1 + 13^2) = 2\,106\,\varrho^2$ oder $\varrho = \pm 0{,}218$. Man erhält zwei Strecken, die von P_1 aus beide nach entgegengesetzten Richtungen gehen, und so zwei Punkte P_2,

$$x_2 = x_1 + X = 0 \pm 0{,}218 \cdot 44 = \pm 9{,}59, \quad y_2 = 1 \mp 0{,}218,$$

$z_2 = \mp 2{,}83$, also $P_2 = 9{,}59\,|\,0{,}782\,|\,-2{,}83$ und $P_2' = -9{,}59\,|\,1{,}218\,|\,2{,}83$.

Sachverzeichnis.

(Die Zahlen sind Seitenzahlen).